LEONARDO LUIZ SILVEIRA DA SILVA

A EXCEPCIONALIDADE DA PAISAGEM E DO LUGAR

A transcendência da (i)materialidade
por meio da mediação de subjetividades

1ª Edição
Montes Claros / MG – Brasil
Editora do IFNMG
2023

LETRAMENTO

Copyright © da Editora do IFNMG
Copyright © Leonardo Luiz Silveira da Silva

Editor Executivo | **Edinei Canuto Paiva**
Editora Executiva | **Andreia Pereira da Silva**
Editor Executivo | **Gustavo Henrique Silva de Souza**
Bibliotecário(a) Responsável | **Elciax Cristina de Sousa**
Revisor(a) Responsável | **Adélia Maria de Souza**
Diagramação e Capa | **Gustavo Zeferino**
Imagem de capa | **Pedro Cervinho de Aquino Meneses Malheiros**

Copyright © 2023 by Editora Letramento
Diretor Editorial | **Gustavo Abreu**
Diretor Administrativo | **Júnior Gaudereto**
Diretor Financeiro | **Cláudio Macedo**
Logística | **Daniel Abreu**
Comunicação e Marketing | **Carol Pires**
Assistente Editorial | **Matteos Moreno e Maria Eduarda Paixão**
Designer Editorial | **Gustavo Zeferino e Luís Otávio Ferreira**

Dados Internacionais de Catalogação na Publicação (CIP) de acordo com ISBD

Silva, Leonardo Luiz Silveira da.

S586e   A excepcionalidade da paisagem e do lugar: a transcendência da (i)materialidade por meio da mediação de subjetividades / Leonardo Luiz Silveira da Silva. – Belo Horizonte: Letramento / Montes Claros: Editora do IFNMG, 2023.
790 p.; 15,5cm x 22,5cm

Inclui bibliografia.
ISBN: 978-65-88813-09-6 (Editora do IFNMG)
ISBN: 978-65-5932-259-6 (Letramento)
e-ISBN: 978-65-88813-08-9 (Editora do IFNMG)

1. Geografia. 2. Paisagem. 3. Espaço geográfico. I. Título.

CDD 910
2023-315   CDU 91

Elaborado por Odilio Hilario Moreira Junior - CRB-8/9949

Índice para catálogo sistemático:
1. Geografia 910
2. Geografia 91

Realizado depósito legal conforme
Lei 10.994 de 14/12/2004
Proibida a reprodução parcial ou total desta obra sem autorização da Editora do IFNMG
Todos os direitos desta edição reservados pela Editora do IFNMG
Tel.: (38) 3218-7326 – E-mail: proppi@ifnmg.edu.br / isbn@ifnmg.edu.br
Conheça o IFNMG: https://www.ifnmg.edu.br/

Rua Magnólia, 1086 | Bairro Caiçara
Belo Horizonte, Minas Gerais | CEP 30770-020
Telefone 31 3327-5771

editoraletramento.com.br
contato@editoraletramento.com.br
editoracasadodireito.com

À Larissa e ao Vicente, minha amada família;

Ao Luiz e à Gláucia, minhas referências.

Como Jack Zipes e muitos outros observaram, é praticamente impossível pensar nos contos de Grimm sem imaginar uma floresta. E sempre uma floresta da Alemanha setentrional. Um lugar de abetos e faias e carvalhos monstruosamente deformados, nodosos, contorcidos como os devoradores monstros vegetais de Kolbe; ou o destruidor "rei-elfo" dos amieiros do surpreendente "Erlkönig", poema de Goethe. Sempre um lugar onde os Hansel e Lisel e Franzl, para não falar nos alfaiates e soldados, correm o risco de serem roubados, assassinados, comidos, ou fisicamente transformados, ou tudo isso ao mesmo tempo. No entanto, se a floresta é o terror, é também o grande juiz. As leis romanas ali não vigoram: posição social e a força da lei convencional desaparecem nas trilhas cada vez mais estreitas. O que existe ali é uma forma de reparação primitiva e absoluta.

Simon Schama em Paisagem e Memória

sumário

SOBRE A TRADUÇÃO DE CERTAS EXPRESSÕES ESTRANGEIRAS

Este livro foi concebido por intermédio de um contato extenso com a literatura acadêmica estrangeira, sobretudo anglófona. Em determinados contextos, a tradução literal das terminologias empregadas não nos deixou confortável. Preferimos, assim, nos casos que não nos sentimos satisfeitos, deixarmos o termo ou expressão original entre colchetes, para evidenciar esta decisão [palavras estrangeiras]. Em algumas ocasiões, optamos por deixar a palavra em língua estrangeira; isto ocorreu pelo fato de certas expressões estrangeiras possuírem uso literal, e, portanto, não traduzido, já consagrado. Apesar de nossos esforços, acreditamos que nem toda escolha neste difícil processo de tradução possa encontrar consenso, o que nos motiva a antecipar desculpas ao leitor.

APRESENTAÇÃO/PREFÁCIO

A ciência - digo sempre aos meus estudantes - pode não ter todas as respostas, mas dá abrigo a todas as perguntas. E são os espíritos inquietos que provocam o questionamento de paradigmas e nos conduzem a rupturas epistemológicas, oferecendo-nos novas formas de ver o mundo. O Professor Leonardo, que assina esse livro é, possivelmente, um dos mais inquietos com os quais já convivi. Geógrafo de formação e com dois pés da antropologia, ele possui uma invejável perspectiva crítica sobre o mundo. Desconheço alguém que tenha lido tanto e que fale com tamanha paixão sobre o que compreendeu. E para além da grande curiosidade e exímio trato com as letras, trata-se de alguém que traz consigo a urgência das coisas. Um sujeito a quem não basta apenas conhecer e compreender um assunto, mas que tem o ímpeto genuinamente altruísta de querer contar a todos, divulgar, debater, aprimorar. Na minha opinião, essas características dão a ele o verniz de um cientista completo.

Meu primeiro contato com o Leonardo se deu de maneira curiosa. Em 2016 fomos aprovados no concurso público federal para a carreira de Professor do Ensino Básico, Técnico e Tecnológico do Instituto Federal do Norte de Minas Gerais. O "Leo", como me refiro a ele carinhosamente, foi aprovado em primeiro lugar, e a qualidade da sua prova didática se tornou uma espécie de lenda nos corredores da instituição: já se sabia que ali havia um educador excepcional. Algum tempo após a divulgação do resultado, já agendados os ritos de posse e entrada em exercício (estávamos em Belo Horizonte e precisaríamos ir a Montes Claros), fui contatado por ele – não me lembro se por telefone ou por e-mail – inquirindo-me sobre os trâmites da convocação. Por alguma razão ele não havia recebido as comunicações institucionais e por pouco quase perdeu a sua vaga. Ainda bem que não a perdeu, porque a publicação desse livro e a realização da investigação que o antecedeu só foi possível porque a carreira de professor federal pressupõe a disposição de tempo para a realização de atividades de pesquisa. O que para alguns poderia representar um sacrifício, para o Leonardo foi uma dádiva.

Entramos em exercício ao final do mês dezembro de 2016, quando tivemos a oportunidade de nos conhecermos pessoalmente. Ele seguiu para o município de Salinas, e eu, para Almenara. Poucas semanas depois, em janeiro de 2017, recebi um novo e-mail do Leonardo e um convite para pesquisarmos em parceria. Ele já vinha de uma longa trajetória de investigações sobre geopolítica e fronteiras, tema ao qual ainda se dedica. Trazia consigo ao menos duas décadas de leituras acerca das relações entre países, povos, nações, classes, raças, culturas, etc., e, quando nos reunimos, pude rapidamente perceber que as suas inquietações residiam no fato de que as grandes tentativas de explicações sobre os enfrentamentos sociais e territoriais ao longo da história tinham como pressuposto reificações, ou seja, tentativas de classificar grandes agrupamentos humanos de acordo com características "predominantes", imaginando-os como comunidade, e conferindo-lhes corpo, comportamento, identidade e capacidade de ação, e, por consequência, a (re)organização das relações baseadas em diferentes entendimentos ou interpretações do que seriam essas comunidades. Confesso que, até conhecer o Leonardo, isso nunca tinha me chamado atenção: referir-me aos árabes ou aos indígenas, por exemplo, como comunidades coesas ou mesmo estereotipadas não era algo que me incomodava. Tratar a ideia de cultura como algo existente, concreto e ubíquo me parecia razoável. Como geógrafo de formação teorético-quantitativa, encontrar padrões no mundo me era motivo de satisfação. Que sorte a minha ter aceitado o convite do Leonardo para refletir sobre isso.

De nossa reunião nasceu um projeto de pesquisa que tinha como principal objetivo dar vazão a essa inquietação e questionar, no âmbito da geografia, as tentativas de reificação da sociedade e seus reflexos na organização do espaço. O Leonardo, que era professor do prestigiado Colégio Magnum, em Belo Horizonte, com quase 50 aulas semanais e uma vida metropolitana caótica, de repente se viu em uma pequena cidade do interior de Minas Gerais com pouco mais de uma dezena de aulas e bastante tempo para dar asas à sua curiosidade. Suas indagações ganharam corpo, e um ano depois publicaríamos o artigo inaugural dessa pesquisa na Revista GEOgrafias (UFMG), intitulado "Cultura como comunidade imaginada: uma crítica à abordagem ontológica da cultura nos estudos geográficos". De lá pra cá a pesquisa rendeu muitos frutos, entre os quais a publicação de outros 30 artigos científicos sobre o tema, boa parte deles entre as mais prestigiadas revistas acadêmicas nacionais. Durante esse tempo tive o privilégio de servir de ouvinte, interlocutor e crítico, e tive a honra de colaborar para 13 dessas publicações. Digo isso não apenas por vaidade, mas para deixar claro ao leitor que, nesses últimos anos, eu tenho testemunhado o caráter incansável, curioso e perquiridor do Leonardo. Posso atestar que ele leu e questionou centenas de autores e obras, e afirmo que se seus textos são recheados de citações, isso apenas reflete seu desejo de dialogar com o máximo de pensadores e pesquisadores quanto seja possível. Eu apostaria que não existe disponível na rede mundial de computadores publicação em português ou inglês das últimas cinco décadas acerca dos temas pesquisados que tenha passado despercebida ao Leonardo.

Acompanhar o crescimento intelectual do Leonardo e perceber a paulatina sofisticação da sua forma de ver o mundo me impactou profundamente. Aprendi muito e afirmo que a experiência não será diferente àqueles que se propuserem a explorar sua obra. Acredito que, entre as inúmeras reflexões trazidas em seus textos, há duas contribuições inestimáveis: a primeira é de trazer ao público lusófono uma discussão já bastante avançada em âmbito internacional sobre as possibilidades de apropriação dos conceitos/categorias de análise paisagem e lugar em uma perspectiva mais-que-representacional, algo que a geografia humana brasileira captou apenas os ecos, visto que ainda mantém-se fortemente influenciada pelos trabalhos da geografia crítica-marxista das décadas de 1970-80. A segunda contribuição é de ser propositivo ao fazer dialogar o arcabouço teórico já desenvolvido com questões contemporâneas, às vezes adotando posturas radicais, sobretudo quando enfrenta a tradição de não fazer dialogar geógrafos de diferentes correntes de pensamento, algo que só é possível porque o autor consegue conscientemente transitar pela teoria e encontrar as interseções nas quais há convergências capazes de gerar novas reflexões. O ineditismo das sínteses que propõe coloca sua pesquisa na fronteira da epistemologia da geografia e, talvez por isso, têm angariado espaço em periódicos de alcance nacional.

Este livro nasce de um desejo do autor em ver essas reflexões reunidas e organizadas de forma sequenciada e, de alguma maneira, didática. Ele responde a uma inquietação sua, um sujeito que tem sido, ao mesmo tempo e paradoxalmente, elogiado e criticado pela forma que apresenta as suas ideias para a comunidade acadêmica. Conhecendo-o bem, sei que considera intolerável a tradição brasileira de utilizar o já limitado espaço de um artigo científico para resgatar conceitos básicos concernentes a qualquer tema, pois acredita que a essência da publicação científica deveria ser de avanço (e então, que avance o máximo que puder!). Por essa razão, adota o pressuposto de que o pesquisador que chega aos seus artigos já conhece os autores e as ideias que fundamentam o debate. Se por um lado essa postura é justa e desejável do ponto de vista do fazer científico, ela também é capaz de desencorajar certos perfis de acadêmicos ou de estudantes em nível de graduação interessados no tema.

Essa publicação cumpre solucionar tal questão, ao permitir que um pesquisador tenha contato com os pressupostos dessa investigação científica. Aqui, o leitor terá a oportunidade de transitar entre prestigiosos autores do mundo inteiro – alguns ainda pouco divulgados no Brasil – que refletem sobre o espaço geográfico na perspectiva relacional, não representacional e na dimensão dos afetos. Terá contato com conceitos interessantes, tais como trajeção, geogramas, ator-rede, *dasein* e *assemblage*, entre tantos outros, que trazem a noção de um paradigma alternativo para observação das relações que os indivíduos estabelecem entre si e no mundo. Mais ainda: perceberá o valor de compreender que o indivíduo, ao atuar no espaço, interage com espaços e tempos absolutos e relativos, e traz consigo experiências mundanas excepcionais. Tais experiências lhe conferem uma maneira única de decifrar e interpretar a paisagem, fazendo-o perceber não apenas o que nela é evidente, mas desvendando, a partir da sua memória sobre espaços e lugares ausentes, os segredos que ela tem a oferecer. Trata-se de uma perspectiva apurada de interpretar o mundo: se a identidade é uma quimera de lugares, as relações que os indivíduos estabelecem ali são não apenas particulares, mas também efêmeras.

A leitura da obra dá a sensação de que é escrito em um único fôlego, dado o ritmo empregado na argumentação e na escolha de não utilizar subdivisões nos capítulos. A realidade não poderia ser mais oposta. Longe das amarras das revistas acadêmicas, a abordagem adotada aqui é paciente e generosa no início, e ganha robustez e sofisticação à medida em que o leitor se permite avançar. Sem perder o rigor científico e, diante das possibilidades de um universo de infinitas páginas em branco, nesta obra ele foi capaz de dar asas às suas reflexões e demonstrar o alcance do seu conhecimento sobre a discussão. Nesse ponto obra e autor se confundem: o texto é intenso, envolvente, incita a curiosidade e o questionamento. Ao longo do manuscrito, ele revela seu estilo rápido e dinâmico e, ao mesmo tempo, sofisticado e profundo, o que demanda do leitor a justa atenção. A escrita livre que adota é instigante, e há momentos em que temos a impressão de estarmos na sua mente, ansiosos, ávidos, obcecados, a ponto de sentirmos vibrar o esforço intelectual empregado para sustentar dialeticamente suas posições e delas extrair belas sínteses. Por consequência, nos proporciona vários momentos de tensão e de alívio, que revelam a luta do autor com o seu objeto de estudo e de vitoriosamente dissecá-lo. Por fim, é preciso destacar a riqueza de figuras utilizadas no texto, que demonstram não apenas o caráter diletante do pesquisador, mas o desejo de presentear os olhos e a imaginação do leitor com ricas interpretações de imagens de diferentes espaços e tempos.

Estar com essa obra em mãos é um privilégio. Desde que sua escrita foi iniciada, fui compelido a prometer que garantiria o seu término e sua publicação em caso de força maior. Recebi diversas versões preliminares para arquivamento, e todas as vezes desejei que o Leonardo tivesse saúde, força e entusiasmo para terminá-la, mesmo porque, vendo-a pronta, concluí que não estaria à altura de tal empreitada. Sua urgência em garantir o registro do *core* de suas ideias no panteão da teoria geográfica, vez por outra, me fez lembrar de Luís de Camões quando, por ocasião de um naufrágio na foz do Rio Mekong, optou por salvar seu poema épico ao invés da sua companheira. Sabemos que "Os Lusíadas" é hoje a mais relevante obra da língua portuguesa. Não sei se o Leonardo tem qualquer pretensão desse tipo, mas sei que o afeto que ele nutre por esse manuscrito me faz apenas ser grato pela existência da tecnologia, que ao mesmo tempo evita naufrágios e a perda de informações.

Guimarães Rosa nos sugere que o que a vida nos pede é coragem. Sugiro ao leitor, em evidente paráfrase, que as quase oitocentas páginas desse manuscrito não lhe esmoreçam a curiosidade e o fôlego, outrossim, que sirvam de incentivo a se aventurar por uma reflexão madura e valiosa. Pessoalmente, sou infinitamente agradecido ao Leonardo por ter sido generoso ao me acolher em suas reflexões, responder minhas dúvidas e refletir sobre minhas críticas. Nossa travessia me permitiu conhecer novos autores, revisitar conceitos e, no limite, me provocou, enquanto geógrafo, a perceber o mundo de uma forma diferente, mais sofisticada, mais elegante e, por que não dizer, mais bonita. Espero que essa obra – que é, de muitas maneiras, um manifesto em prol de novos pensares e fazeres geográficos –, alcance ao leitor da mesma maneira que me alcançou, e que o oportunize novas formas de olhar para o mundo.

ALFREDO COSTA

Caxias do Sul, 15 de janeiro de 2023.

PREFÁCIO DO AUTOR

O espaço geográfico não é uma entidade que possa ser diretamente descrita e analisada (RELPH, 1976). Devido a esta limitação, as categorias geográficas apresentam-se como lentes que analisam porções do espaço de forma fatiada e a partir de perspectivas específicas. Dessa forma, as categorias geográficas constituem-se como instrumentos indispensáveis para o fazer geográfico; aprofundar a reflexão sobre tais instrumentos é o mesmo que aperfeiçoar a leitura crítica do espaço geográfico. A região, o território, as redes, os limites, as fronteiras, a paisagem e o lugar, ainda que possam ser problematizados em outros campos do saber, encontram na geografia o seu nicho ótimo. É importante considerar que estas categorias estão sujeitas às experiências temporais e à polissemia advinda da permanente construção e reconstrução de significados. Essencialmente vistas como recortes espaciais, as categorias em questão diferenciam-se de conceitos como povo ou etnia, pois é possível abordar estes com certa profundidade sem se referir diretamente ao espaço. Pode-se falar longamente sobre o *modus vivendi* de um povo sem se referir diretamente ao espaço que o mesmo ocupa, ainda que isto cause desconforto a um geógrafo. Por outro lado, o que seriam da região, dos territórios e das redes de fixos e fluxos sem nos referirmos à sua espacialidade? O que seriam dos limites e das fronteiras sem nos referimos a quais porções do espaço separam? E, por fim, o que seria da paisagem e do lugar sem considerações espaciais, dentre as quais a escala de abordagem ou o arranjo dos seus elementos constituintes?

É muito difícil imaginarmos um livro, um artigo, uma dissertação ou tese de natureza geográfica que não mencionem as categorias geográficas. Como foi dito, esses conceitos basilares da ciência geográfica são, acima de tudo, instrumentais. É de se surpreender que, em nossa experiência pessoal de duas décadas como professor da educação básica, tenhamos notado uma posição de pouco protagonismo ao ensino das categorias geográficas tanto nos planos de ensino quanto nos materiais didáticos. Geralmente se considera que o aluno compreende as categorias como se as mesmas se transmitissem com naturalidade nas abordagens de conteúdos específicos da geografia. Alternativamente, mas também de forma inadequada, as categorias são contempladas em tenra idade escolar para jamais serem revisitadas, o que negligencia sua abordagem em um momento formativo em que seria possível refletir com maior profundidade. Consideramos, contudo, que a inadequação tem sido problematizada, apesar de estar ainda longe do ideal. Alguns livros didáticos já posicionam a reflexão sobre as categorias no primeiro capítulo, como se estivesse disponibilizando aos estudantes as ferramentas para a construção da análise geográfica. Consideramos ainda que, apesar de percebermos uma melhora na situação, a abordagem das categorias ainda se apresenta tímida, como pudemos notar em um breve e limitado levantamento realizado com livros da primeira série do Ensino Médio utilizados em instituições educacionais privadas e públicas. Autores como Martini e Del Gaudio (2013), Goettems e Joia (2016), Vieira *et.al.* (2016), Adão e Furquim Júnior (2016), Lucci, Branco e Mendonça (2017) mostraram abordagens extremamente restritas. Já Moreira e Sene (2017), neste grupo de autores consultados, apresentaram uma abordagem mais robusta das categorias.

Negligenciar as categorias geográficas no ensino da geografia escolar trata-se, acima de tudo, de uma incoerência frente aos valores da moderna pedagogia. A geografia descritiva da escola tradicional[1], baseada na memorização, paulatinamente deu lugar para a geografia das habilidades e competências. Esta última se baseia primordialmente na aplicação de conhecimentos adquiridos para a resolução de situações-problema. A enfadonha disciplina escolar que exigia, por exemplo, a memorização do nome dos afluentes do norte e do sul do rio Amazonas passou a valorizar habilidades para além da mera descrição dos elementos que compõem a paisagem.

---

[1] Apresenta-se de forma irônica nessa discussão o fato do sufixo "grafia" da palavra geografia ser geralmente traduzido como "estudo" ou ainda "descrição". O termo grego "geografia" sugere que a terra é um texto a decifrar (DARDEL, 2011). Apesar da geografia acadêmica ter se desenvolvido em meados do século XIX, a Geografia como área do saber remonta à antiguidade. Nessa história milenar, o que predominou é o método descritivo, que deu lugar a obras icônicas como o "Cosmos" de Humboldt (CLOZIER, 1988), que sintetiza a fase do enciclopedismo geográfico. Para Pierre George, "a despeito da etimologia da palavra geografia, não poderia esta reduzir-se a uma descrição. Na verdade, a maneira de descrever já não pressupõe uma tomada de posição com relação à explicação?" (GEORGE, 1978, p.30). Discordamos do geógrafo francês neste ponto, à medida que vislumbramos o fato de ser possível descrever porções do espaço geográfico aos moldes de um inventário, sem que estabeleçamos explicações acerca das relações entre os elementos. É possível, mas não é desejável, pelo menos se tivermos compromisso com a moderna ciência geográfica.

Reforçando essa tendência e sendo até mesmo um vetor de transformação pedagógica, documentos educacionais recentemente publicados pelo governo como referência para a educação básica dão um lugar especial às categorias geográficas. Recentemente, a Base Nacional Comum Curricular (BNCC), documento que baliza também a proposta do Novo Ensino Médio a partir de itinerários formativos, versou sobre as categorias geográficas, posicionando-as como um elemento crucial para a construção do saber geográfico (BRASIL, 2018; SILVA, 2018d).

Uma vez que entendamos a importância das categorias geográficas para o ensino da geografia e para o *modus operandi* geográfico, ressalvar-nos-emos alguns pontos: **primeiramente**, as categorias geográficas não são imunes ao tempo, pois estão à prova de constantes ressignificações. Os instrumentos de interpretação da geografia – disciplina que, para além de sua institucionalidade, é um saber milenar – foram se moldando e ganhando novos significados. Novos entendimentos ora eliminam abordagens anteriores e em situações específicas podem, ainda que antagonicamente, complexificar a polissemia destas palavras úteis para a geografia. Como um importante exemplo está a raiz etimológica da categoria região, advinda de *regere,* comumente traduzida como governar ou administrar (HAESBAERT, 2010; LENCIONI, 2014). No seu sentido original, a palavra região se aproximava daquilo que hoje entendemos como território, já que expressava uma íntima relação entre o espaço e o poder. Com o tempo, o significado corográfico da região prevaleceu, dando vulto ao sentido atualizado da palavra e demarcando claramente a diferença semântica frente à categoria território. Diferenças linguísticas podem ainda denunciar confrontos epistemológicos referentes aos significados das categorias. Afinal, é de se pensar a razão pela qual os alemães utilizam a mesma palavra – *landschaft* – para região e para paisagem[2] (APPLETON, 1994; OLWIG, 1996; CLAVAL, 2001a; COSGROVE, 1985), apesar de já adiantarmos aqui neste prefácio uma reflexão que está por vir neste livro: o duplo sentido alemão mais parece uma curiosidade linguística do que uma celeuma epistemológica.

---

2 Assim como também ocorre com a palavra japonesa *keikan*, bastante próxima do sentido de *landschaft*. A ideia de paisagem na geografia japonesa carrega mais um sentido técnico – ou seja, uma palavra instrumental no fazer científico – do que meramente um sentido visual (a palavra *fukei* corresponde a concepção meramente visual da paisagem). Por isso, assim como ocorre com a palavra alemã *landschaft*, *keikan* também é utilizada como sinônimo de região (KINDA, 1997).

O **segundo ponto** que destacamos é o fato das categorias geográficas comumente serem confundidas com as expressões advindas do senso comum, de uso corriqueiro e cotidiano. Para a linguagem popular, afastada dos cânones acadêmicos, é concedida em determinadas situações uma licença poética. É possível que haja certa dose de desconforto em geógrafos dedicados aos estudos do quadro físico brasileiro, principalmente entre àqueles que pensam de forma mais ortodoxa e que são puristas quanto às etimologias originais: quando os tecnicistas se defrontam com textos de alguns poetas que sugerem a existência de "montanhas em Minas Gerais", o incômodo se manifesta com o emprego poético da expressão de forma generalizada e banal, descompromissada frente aos critérios técnicos. Novas tendências no arranjo espacial também podem colocar certos conceitos em movimento. A noção de periferia no contexto urbano, carregada originalmente de conteúdo associado à posição geográfica e ao quadro social, tornou-se polissêmica à medida que o fenômeno de criação e expansão de condomínios fechados levou moradores com maior poder aquisitivo das áreas centrais a um movimento centrífugo. Do mesmo modo, respondendo às ressignificações no seio do senso comum, as categorias região, território, redes, limites, fronteiras, paisagem e lugar podem adquirir significados cotidianos que se afastam ou apresentam incongruências frente às noções acadêmicas. Seria presunçoso e panglossiano pretender esgotar estas variações.

Apresentamos como **terceiro ponto** o fato das categorias geográficas poderem ser apropriadas de forma distinta de acordo com as diversas correntes de pensamento da geografia. Avaliaremos formas múltiplas de se conceber a paisagem e o lugar, sem, contudo, acreditarmos que exista uma abordagem correta convivendo em meio a uma pluralidade de equívocos. Este maniqueísmo ingênuo colabora mais para entrincheirar o conhecimento do que estabelecer um intercâmbio que seja capaz de transcender os rótulos das correntes de pensamento. Nossa postura não inviabiliza a emissão de opiniões; entendemos até mesmo que a abordagem estritamente material da paisagem permite atuações ambientais importantes. Todavia, é importante perceber que as distintas concepções moldam as categorias de análise, que, por sua vez, se tratam de ferramentas cotidianas dos geógrafos. Deste modo, é plausível considerar que certas ferramentas não se adequam bem a determinados empreendimentos. Assim, apontar limitações das abordagens não é o mesmo que dizer que uma dada perspectiva está errada. Concordamos com Cirqueira (2020) quanto à necessidade de promoção de permanentes discussões dialéticas entre os saberes acadêmicos dominantes e os saberes heterodoxos. Estes últimos muitas vezes transgridem alienações fortemente consolidadas no imaginário, em um movimento importante para questionar o *status quo*. É o que representou as geografias anarquistas no início do século XX, em um *zeitgeist* claramente marcado pela geografia a serviço do Estado-Nação.

Como elaborou Denis Cosgrove (1990b), confiamos que o colapso dos limites tradicionais das disciplinas e subdisciplinas irão encorajar a proliferação da diversidade teórico-metodológica. É comum que as categorizações – incluindo as correntes de pensamento – enfrentem importantes tensões entre suas dimensões arbitrárias e as distintas percepções que impulsionam estranhamentos acerca das suas constituições. Por isso, rejeitamos a *priori* o fato deste ser um livro de geografia humanista ou alinhado à nova geografia cultural ou, ainda, às teorias não-representacionais, o que não significa dizer que temos a pretensão de narrar a partir da posição neutra. O que queremos dizer é que não temos compromisso com a teoria de nenhuma corrente. O nosso compromisso é com uma abordagem que seja coerente e condizente com o acabouço teórico que construímos e que perpassou por variados discursos. Em uma lógica intertextual, reconhecemos o nosso olhar como tão híbrido e dialogado que somos incapazes de nos definirmos a partir de um rótulo dotado de claros limites.

Temos dúvida se o esforço a favor da associação entre pesquisador e rótulo faz sentido; afinal, ninguém pode ser definido por uma palavra. Todavia, estas autodefinições existem e são contraditórias à própria coletividade que alguns almejam pertencer, pois agrupamentos necessariamente carregam diversidade e seus limites, assim, flertam com arbitrariedade. Entre os que se rotulam como feministas, marxistas, dentre outros agrupamentos, existem talvez até mais divergências do que em relação a alguns que não desejam estar sob a sombra desses estereótipos. Certa vez, em uma avaliação crítica que recebemos de um artigo, fomos orientados por um parecerista a não misturarmos elementos de distintas correntes. Não conseguimos perceber benefício nesta proposição. Se assim fosse, o que seria das próprias correntes da geografia, que acabam escorregando em áreas que tradicionalmente se atribuem ao domínio de outras disciplinas? O que seria a geografia humanista sem a fenomenologia, a geografia teorético-quantitativa sem a estatística e a geografia crítica sem a filosofia e a sociologia? Como nos pontua Vicent Berdoulay (2003), a história da geografia – com suas idas e vindas que incluem o surgimento, o apogeu e o declínio de *mainstreams* – "reflete amplamente o desenvolvimento da consciência humana" e devemos estar preparados para lidar com "narrativas ideologicamente carregadas e que tenham recebido interpretações variadas e conflitantes" (BERDOULAY, 2003, p.47). Concordamos *ipsis litteris* com a crítica contundente de Gomes (2020):

> (…) na Geografia costumamos nos referir às *correntes* do pensamento. Tal expressão revela, de alguma forma, esse entendimento de que todo o conhecimento deve se filiar a um grupo bem assentado de ideias. Como as ideias não circulam sozinhas, há sempre indivíduos que se associam a elas, as difundem e com elas se confundem. Como em uma seita, os membros têm seus deuses, são sectários e intransigentes com todos os outros que a eles não se submetem. Eles são servidores das ideias e, *acorrentados* a elas, almejam sucesso e prestígio e, se possível, estabelecer uma hegemonia acadêmica em torno delas (GOMES, 2020, p.39)

Acreditamos que é nosso dever combater este sectarismo que mais prejudica do que colabora para o avanço científico.

Destacamos como **quarto ponto** o confronto acerca da possibilidade das categorias serem vistas como construções sociais, como percepções subjetivas[3] (tal como é comumente preconizado pelas abordagens idealistas/fenomenológicas) e, em outro campo analítico, serem naturalizadas como representações da ordem espacial[4] dotadas de suposta acuidade. Destacamos que as discussões sobre a arbitrariedade da região não é nova (HARTSHORNE, 1978; HEATWOLE, 1978[5];

---

3 De partida, é importante apontar nosso posicionamento acerca das subjetividades: ao afrontar o cânone do positivismo científico, a subjetividade é vista nas abordagens tradicionais como limitada e, portanto, problemática. Assim como Derek Gregory (1976) e muitos outros, acreditamos que a constituição intersubjetiva do mundo social não pode ser desacreditada por não ser compatível em relação às formas tradicionais da ciência.

4 O conceito de espaço social utilizado pela sociologia estabelece a distinção entre a materialidade e imaterialidade ao considerar a existência do espaço social objetivo e subjetivo. O espaço social objetivo é a estrutura espacial em que vivem os grupos, que, por sua vez, estão condicionados por fatores ecológicos e culturais. O espaço social subjetivo é o espaço tal como percebem os membros de grupos humanos particulares (BUTTIMER, 1986). A definição trazida entre espaço social subjetivo e objetivo é limitada. Vemos como problema a divisão rígida entre o mundo material e a mente, que é necessária para substanciar os conceitos.

5 Charles A. Heatwole (1978) problematiza a existência de um cinturão bíblico nos Estados Unidos, em uma proposta de definição regional a partir da declaração de fé em determinadas denominações religiosas. A região (cinturão) em questão

BALE, 1983[6]), assim como a problemática definição de comunidade (WATERTON; SMITH, 2010) e de cultura[7]. Consequentemente, é de se esperar que pessoas que vivem em determinadas áreas não reconheçam acuidade nas representações culturais do seu espaço vivido, como foi registrado do trabalho de James K. Good (1981) acerca de regiões vernaculares do Arkansas. Além disso, há de se considerar a crítica vinda de geógrafos alinhados com a perspectiva marxista ou radical de que a ideia de cultura ignora o fato de que no interior dessa comunidade imaginada existam importantes clivagens de natureza social. James Morris Blaut salienta: "geógrafos culturais, particularmente quando estudam culturas não ocidentais, simplesmente as tratam como se fossem desprovidas de classe" (BLAUT, 1980, p. 27).

Recentemente exploramos as arbitrariedades e as concepções imaginativas das categorias regiões e classes (SILVA, COSTA; 2020a), desta-

---

é estabelecida pelo percentual de fiéis de um conjunto específico de denominações religiosas frente ao total da população. O termo cinturão bíblico refere-se a "áreas marcadas por um ardente fundamentalismo ligado a uma interpretação literal da bíblia" (HEATWOLE, 1978, p.50). Todavia, para evidenciar o cinturão bíblico, Heatwole estabeleceu patamares numéricos a partir da divisão em três intervalos: menos de 25%, de 25% a 49,9% e 50% ou mais. Além de outros questionamentos que podemos fazer acerca da arbitrariedade de suas escolhas, é importante apontar que os números escolhidos para compor intervalos apresentam uma espacialidade frágil: o menor ajuste numérico pode reorganizar os limites sugeridos para o cinturão bíblico, evidenciando que a rigidez dos números se constitui como uma das arbitrariedades mais grosseiras. É curioso destacar que o próprio Heatwole reconhece a arbitrariedade das regionalizações na introdução do seu trabalho.

6 John Bale (1983) mensura as percepções acerca da existência de regiões vernaculares que se manifestariam a partir da identificação de práticas esportivas. Considerando a subjetividade da ideia de região, Bale aplicou exercícios para alunos buscando que os mesmos identificassem na ilha da Grã-Bretanha regiões esportivas, contrastando as percepções a partir da elaboração de um mapa para cada prática esportiva.

7 Observando o emprego geralmente adotado da palavra cultura, Jörn Seemann (2003) acredita que o conceito parece se apresentar com um viés menos etnológico e mais como um critério ou método divisor para diferenciar modos de vida e visões do mundo diferentes. Nesse sentido, o conceito de cultura se esvazia em meio a consideração dos particularismos extremos, que parecem ser mais eficazes nas explicações da agência humana do que a crença acerca de uma massa única que estaria sob a égide de um rótulo cultural. A instabilidade do conceito de cultura – problematizada em vários âmbitos, incluindo o geográfico – levou Don Mitchell (1995) a dizer que não existe aquilo que chamamos de cultura.

cando as tensões envolvendo a materialidade e a imaterialidade de suas proposições. John Agnew (1999; 2013) particulariza essa dicotomia mente-matéria ao entender que as regiões podem ser compreendidas como "reais" e, em outro ângulo de análise, como "o produto de convenções políticas e sociais que aparecem e desaparecem à medida que a história humana segue o seu curso" (AGNEW, 1999, p.91). Essas diferentes perspectivas opõem realistas e social-construcionistas, empiricistas e pós-modernistas (AGNEW, 2013). Para o autor, existe uma tensão visceral entre os antagonismos que envolvem a materialidade e a imaterialidade, ilustrada, por um lado, por meio daquilo que pertence ao domínio da realidade e, por outro, por intermédio do que é imaginativamente construído[8] (AGNEW, 1999). Dessa forma, Agnew (1999) percebe em sua reflexão sobre a região que esta categoria tanto reflete as diferenças existentes no mundo quanto as divergências que são imaginativamente percebidas. Consideramos esse tipo de elaboração uma chave interpretativa para a geografia. Até mesmos os mapas, comumente expressos pelo senso comum – de forma simplificadora – como aquilo que os geógrafos fazem, sofrem com o embate entre a imaginação e a concretude. Jörn Seemann (2010), sintetizando as ideias de alguns autores, argumentou que os mapas não são fatos consumados, mas construções sociais que podem ser questionadas. Enquanto construções sociais, os mapas serviram como instrumentos de controle, opressão e discurso para as autoridades coloniais: nações, identidades e raças foram construídas ou mistificadas por intermédio dos mapas (SEEMANN, 2010). O que ocorre com os mapas também encontra pa-

---

8 O idealismo apresenta-se como antagônico ao materialismo. Lê-se em um argumento idealista de Leonard Guelke: "A preponderância da mente e sua independência do ambiente físico deve ser reconhecida se nós nos dispomos a construir relatos históricos coerentes acerca da atividade humana" (GUELKE, 1992, p.313). Guelke foi criticado por John Chappell Jr. (1975) que argumentou que a abordagem idealista exclui a participação dos agentes ativos do ambiente natural sobre o espaço. Guelke (1976) se defendeu, mas deixou claras suas prioridades analíticas. Neste livro, não tomamos posição nesta dicotomia ideias e matéria que se apresenta falsamente como duas possíveis alternativas de leitura espacial. A compreensão da dialética entre a materialidade e as ideias é uma chave para o entendimento acerca do nosso posicionamento teórico. Similar a esta discussão, no campo da filosofia, fala-se na diferença entre o realismo o antirealismo: o primeiro é a crença em um mundo que existe objetivamente, independente das conceitualizações humanas; o segundo nega esta premissa, já que se baseia na argumentação de que os homens criam o mundo que conhecemos por intermédio de suas capacidades mentais (ANDERSON, 2004).

ralelo com as diversas categorias que transitam entre a materialidade e a imaterialidade: suas concepções, muitas vezes carregadas de conceituações rigorosas, também têm servido com instrumento de poder.

Assim, rechaçamos a dicotomia simplória que aparta o real do imaginário. É um debate que a filosofia há muito tempo trava (a dicotomia mente *versus* matéria) nos brindando com reflexões epistemológicas de muito valor. Os relativismos de Agnew têm sido muito importantes para a geopolítica e para a geografia como um todo, como ficou evidenciado na sua crítica às abordagens tradicionais da geopolítica, que, segundo ele, cairiam em uma armadilha territorial (AGNEW, 1994). Tal concepção nada mais seria do que a consideração dos Estados como atores coesos e hegemônicos do sistema-mundo, o que negligencia a ascensão de atores concorrentes ao Estado como importantes partícipes da política internacional. Mais recentemente, Agnew (2017) problematizou a categoria povo, destacando que o conceito é tão elusivo quanto às demais categorias que enfrentam os tensionamentos que envolvem a mente e matéria. O entrelace da materialidade e imaterialidade inclui certamente a paisagem e o lugar. É a partir desta premissa que pautaremos a construção deste livro.

Poderíamos então nos questionar sobre o uso das palavras paisagem e lugar no decorrer desta obra: estaremos falando das categorias geográficas em si ou de suas representações? Este questionamento só faz sentido para aquele que acredita em uma representação correta acerca da paisagem ou lugar, ou seja, de uma visão objetiva acerca das categorias em questão. Rechaçamos a visão objetiva da paisagem e do lugar e, assim, declaramos que não existe uma divisão entre um conceito visto como puro, exato, mais correto e as inúmeras representações e suas aparentes imperfeições. Lembramos que as representações da paisagem e do lugar, assim como ocorre com qualquer representação, são instáveis: devemos considera-las como fatias do espaço-tempo que, apesar pouco nos informar sobre os amplos contextos espaço-temporais aos quais estão inseridas, somente pode ser o que são justamente por tais contextos. Devemos ainda considerar que a mesma representação pode ser decodificada e interpretada de várias formas por diferentes grupos sociais (HASSON, 1996) e, de forma mais detida, pelo escrutínio identitário. A paisagem e os lugares são o que são na condição indissociável dos seres que os habitam, sentem e experienciam. Por isso, estaremos sempre considerando possibilidades de múltiplas representações, ainda que possamos localizar tendências interpretativas no tempo e no espaço. Acreditamos na ideia de que as representações, incluindo imagens, conhecimentos, fantasias, são trajetivas (BERQUE, 2017); essa ideia significa que as versões construídas pelos homens transitam entre a abstração criativa e a materialidade de sua exposição. Assim, representações não são somente distorções da realidade intangível, mas componentes concretos da constituição do mundo (MATLESS, 1992); consolidam uma série de estruturas sociais que ajudam os indivíduos a compreender ambientes que de outro modo seriam caóticos e aleatórios; as representações, assim, auxiliam os indivíduos a se comunicarem e se localizarem espacialmente (AITKEN; ZONN, 1999).

Rogério Haesbaert (2021) faz questão de destacar que a noção trazida pelo espaço socialmente construído – e extendemos aqui às categorias geográficas e outras categorias interdisciplinares das humanidades – não significa compreendê-lo como subjetivo ou arbitrário, apesar de reconhecer que distintas sociedades constroem diferentes noções de espaço e tempo. Consideramos que o componente social obviamente possui o seu peso na leitura do espaço e das categorias; contudo, ignorar variâncias perceptivas no interior de coletividades não nos parece adequado. As teorias não-representacionais e a pós-fenomenologia nos oferecem perspectivas interessantes que lidam com a subjetividade e, ao mesmo tempo, consideram o valor das construções sociais. No momento posterior ao apogeu da chamada geografia teorética-quantitativa, é notável o crescimento da importância das abordagens pós-positivistas, que celebram a importância da subjetividade. Podemos até mesmo cogitar a dominância pós-positivista no seio da geografia atual (SIMANDAN, 2016), sendo essa hegemonia mais evidente nas geografias anglófonas.

As repercussões das reificações da paisagem, dos lugares, dos povos e indivíduos ecoam como um hipertexto da modernidade, substanciadas pelo positivismo. Sabe-se que os homens não se adaptam passivamente à paisagem: registros dos tempos pré-históricos apontam para alterações paisagísticas (BALLING; FALK, 1982). Ainda assim, as formas como as relações entre o homem, o lugar e paisagem se dão são assimiladas de forma muito particular. Essa condição endossa a inconveniência da imposição de imagens ou descrições textuais como única possibilidade de leitura espacial do espaço; afinal, tal ato não condiz com a pluralidade da experiência humana[9]. Apesar das atitudes reificadoras algumas vezes respon-

---

9 Quando a geografia se propõe a refletir sobre a experiência humana, penetra em um campo de investigação antigo da filosofia, marcado pela consideração dos sentidos, sensações, percepções, cognições e também dos polos que se apresentam

derem mais por um automatismo do que por uma estratégia, sabe-se que os significados rígidos podem ser apropriados como sustentação de uma relação de poder. Afinal, ativam e reativam imagens que alimentam discursos que, por sua vez, justificam a opressão, a dominação e a ordem das coisas. Nesse sentido, "uma herança através (sic) da qual a fenomenologia contribuiu para o pensamento contemporâneo e que se faz presente na geografia, é o deslocamento que ajudou a construir deste olhar como sentido distal para um olhar corpóreo, encarnado" (MARANDOLA JR., 2018a, p.243), o que significa pensar em outro arranjo para a dicotomia sujeito-objeto, consistindo em uma crítica direta aos vícios totalizantes. Nesse sentido, vale a reflexão de Patrícia Ponte (2019a) sobre as implicações da fenomenologia na mudança dos paradigmas paisagísticos: "de acordo com as abordagens fenomenológicas, a paisagem enquanto experiência corpórea indica envolvimento, experiência física, contato através (sic) dos sentidos e do sentir", o que colabora para o rompimento do foco exclusivo da paisagem como cena, percebida exclusivamente pela visão, o que limitadamente "nos conduziu a que fossemos projetados para fora da paisagem, como se não fizéssemos parte do que vemos, como se ela estivesse apenas à nossa frente ou ao nosso redor, como se fosse possível olhar sem estarmos implicados nela" (PONTE, 2019a, p.228).

Outra virtude da fenomenologia é a sua capacidade de substanciar abordagens contemporâneas múltiplas, sobretudo no seu desdobramento "pós-fenomenológico". Destaca-se o apoio dado à teoria ator-rede, às teorias não-representacionais, dentre outras, que por meio da hibridez dos seus pressupostos, servem para desmitificar imagens que perduraram por séculos, ainda que não haja consenso sobre os conceitos, significados e implicações metodológicas que estão vinculados a este sistema filosófico (MARANDOLA JR., 2005b). Isso não significa dizer que a incorporação da fenomenologia nos libertou da cisão sujeito-objeto e de suas externalidades, afinal, a tirania paradigmática ainda ocorre por intermédio dos discursos e outras práticas. Todavia, as benesses advindas das abordagens de base fenomenológica apontam para a importância da perpetuação e disseminação das reflexões aqui

---

concorrentes e por vezes complementares: tempo-espaço, subjetividade-objetividade, história-memória, indivíduo-sociedade (MARANDOLA JR., 2005a, p.51). Yi-fu Tuan (2010) define a experiência humana como o modo como compreendemos a realidade por intermédio dos nossos sentidos e mente. Para Tuan, a experiência tem uma face passiva e outra ativa. Na face passiva, a experiência é um episódio espaço-temporal que sofremos independente de nossa vontade; na ativa, nós nos colocamos a disposição da experiência, mesmo naquelas que envolvem riscos.

propostas. Um ganho importante da abordagem em questão é a possibilidade de lidar com a plasticidade do espaço relativo, comprimido, esticado e dobrado topologicamente[10]. São as relações que ajudam a compreender a maleabilidade do espaço relativo: é o turbilhão de fluxos, redes, e trajetórias que constitui uma ordem caótica que localiza e desloca (MALPAS, 2012). Por isso o espaço relativo também é chamado de espaço relacional; por detrás destes conceitos, que podem apresentar sutis diferenças, há em comum uma visão disforme e intersubjetiva do espaço, que não é congruente ao espaço absoluto cartesiano.

A dimensão relativa do espaço traz claros reflexos para a forma de se ver a paisagem e o lugar. Pamela Shurmer-Smith problematizou que existe uma sensação acerca do espaço que nunca poderemos nos libertar, "que é sensorial, corporal e emocionalmente constituída; um sentido pessoal de espaço que pode informar ou mesmo desafiar construções lógicas formuladas em termos do econômico, do político ou do geométrico" (SHURMER-SMITH, 1994, p.349). O abandono da ideia sobre um espaço reificado que seja igualmente descritível a todos permite noções oximorônicas tais como "o global em certa medida é local", o "local tem aspecto de global", assim como "a presença pode ser ausência" e ainda "a ausência está presente" (CALLON; LAW, 2004, p.3).

Harvey (2012) argumenta que o movimento das pessoas, de bens, serviços e informações realiza-se no espaço relativo porque o dinheiro, tempo e energia, etc., são utilizados para superar a fricção da distância. Nesse sentido, o social e o político se entremeiam com o espaço-tempo. Os autores que centram seu foco nas abordagens relativas do espaço podem conduzir discussões em diferentes ângulos. Existem aqueles que focam a compressão do espaço-tempo a partir das disposições das redes de transporte, analisando os efeitos da circulação para a heterogeneização de ritmos (que por vezes alonga e por vezes comprime o espaço absoluto[11]). Existem, também, discussões que se centram na

---

10 A ideia do espaço relativo é diferente da concepção acerca do espaço físico cujas distâncias são medidas em milhas ou quilômetros. O espaço relativo é construído por intermédio de percepções sociais e distâncias imaginadas (JACKSON, 2006). Isso significa dizer que, na ótica do espaço relativo, dois pontos podem ter distâncias diferentes dependendo da condição social ou de abstrações específicas entre indivíduos.

11 "Espaço absoluto é fixo e nós registramos ou planejamos eventos dentro da moldura que o constitui. Este é o espaço de Newton e Descartes e é usualmente representado como uma grade pré-existente e imóvel que permite padronizar medições e

geografia comportamental, refletindo de que forma o afeto e toda sorte de relações emocionais, topofílicas e topofóbicas podem alterar o sentido de distância apresentado pelo substrato cartesiano neutro (FORER, 1978; BAILLY, 1986) e emocionalmente empalidecido. Tais diferenças estimularam David Harvey (2012) a diferenciar o espaço relativo do relacional. Destacam-se, por último, as diferentes representações técnicas da cartografia que, apesar de não abandonar a métrica cartesiana, podem utilizar caminhos diferentes na representação da Terra, conduzindo-nos, por exemplo, nas aguçadas diferenças existentes entre a projeção de Mercator e Peters.

Ao falarmos de espaço relativo, não conseguimos apartar as relatividades entre aquilo que pertence, de um lado, à geografia do comportamento e da percepção, e de outro, à geografia da circulação[12], em um comparativo estabelecido por Pip Forer (1978). Compreendemos que as questões da circulação acompanham o homem desde os primórdios, fazendo parte de sua perspectiva afetiva. Falar sobre a compressão tempo-espaço é também refletir sobre afetos e emoções. Desta forma, vemos o espaço relativo bastante entremeado com o espaço relacional, ainda que possamos fazer certas diferenciações nas origens das questões que imputam maior dificuldade ou facilidade de deslocamento na superfície isomórfica cartesiana do espaço absoluto. Entretanto, consideramos importante a diferenciação que Harvey faz quanto à interpretação das escolhas dos indivíduos nos espaços absoluto, relativo e relacional: para o autor (HARVEY, 2012), as escolhas dos indivíduos são claras no espaço e tempo absolutos, mas se tornam mais fluídas no espaço tempo relativo e muito difíceis de serem compreendidas no espaço relacional. O autor acredita e com ele concordamos que é somente dentro do espaço relacional que podemos confrontar numerosos aspectos da vida política contemporânea, na medida em que se trata de uma dimensão marcada pela subjetividade e consciências

---

está aberto ao cálculo. Geometricamente é o espaço de Euclides e, portanto, o espaço de todas as formas de mapeamento cadastral e práticas de engenharia" (HARVEY, 2012, p.10).

12 Em uma de suas utilizações, o conceito de espaços relativo é problematizado nos espaços urbanos na gestão do trânsito, visto que a relação entre tempo e distância apresenta-se muito variável nas grandes cidades. Esta variação é explicada pela heterogeneidade dos fluxos. Neste particular, são muitas as possibilidades de representação das deformações espaço-tempo. Em uma delas, realizada por Gordon Ewing (1974), vetores esticados e comprimidos repousam sobre o tecido urbano, denunciando a natureza particular dos fluxos.

políticas. Ainda assim, acreditamos que o espaço relativo comparativamente ao relacional possui congruências suficientes para que para fins didáticos, possamos optar em utilizar daqui em diante a expressão "espaço relativo" para falarmos de ambos contextos. Afinal, as diferenças apontadas por Harvey (2012) são compreendidas no contexto da utilização do termo "guarda-chuva" espaço relativo.

É importante dar ênfase: as reflexões sobre o espaço relativo, que também estão intimamente vinculadas à noção de tempo relativo, perpassam pelas relações dicotômicas entre as dimensões material e o imaterial. No seio da geografia, o debate que permeia as tensões entre a materialidade e a imaterialidade não é propriamente novo. J. Wreford Watson (1969) asseverou: "nem toda a geografia deriva da Terra propriamente dita; parte dela aflora justamente da nossa ideia sobre a Terra" e também concluiu que "deste modo, as imagens mentais são muito importantes para o estudo da geografia" (WATSON, 1969, p.10). Essa discussão é bem mais ampla e transcende a geografia e a filosofia: Stephen Wyn Williams (1981) reflete que o contraste entre o realismo e o idealismo claramente não está confinado somente no domínio das ciências sociais, estando presente em múltiplas elaborações que povoam a história do pensamento. Filosoficamente, o associalismo oferece alternativas na forma de lidarmos com campos opostos. O pensamento associalista objetiva investigar mais aquilo que une os opostos do que as distinções que são contidas em suas elaborações (MURDOCH, 1997), permitindo que focos tradicionalmente contraditórios, como entre as abordagens idealista e materialista, entre o global e o local, ou, ainda, entre mente e matéria, possam ser contemplados de uma forma não dualista. Acreditamos nesta perspectiva dialética[13].

---

13 A palavra dialética é empregada neste livro no sentido de uma elaboração do pensamento que busca se posicionar entre os extremos dicotômicos. A dialética apresenta-se como caminho poderoso que nos leva ao engajamento com o mundo em conflito. Entre suas virtudes está a capacidade de revelar a parcialidade de posições. "A base da dialética não é só a tese e a antítese, a posição e o seu oposto, mas as contradições que desestabilizam uma constelação de termos" (DOEL, p.2008, p.2632). Desse modo, a dialética não busca compreender qual é a participação de cada polo oposto em uma dada situação; diferentemente, aponta para a indissociabilidade do todo, onde posições essencialmente puras são compreendidas como inserções em um todo relacional complexo. Assim, as dialéticas permitem que as dicotomias possam ser substituídas por planos entrecruzados e intercambiáveis, atendendo melhor à lógica da diversidade identitária; afinal, indivíduos com muitas

A indissociabilidade que envolve o espaço e o tempo convida-nos à interdisciplinaridade. É notório que alguns problemas são comuns no seio da história, da geografia e de outras disciplinas. Assim como se trata de um lugar comum o fato de que a geografia humana desenha muitos dos seus conceitos e principais orientações filosóficas a partir de pespectivas externas à geografia (AGNEW; DUNCAN, 1981). Se há uma discussão no seio da história acerca da validade das narrativas sobre o passado – pois só poderia existir uma história "sob descrição[14]" (WHITE, 1981) constituída apenas por versões e não verdades –, ocorre situação similar na geografia, pois não haveria uma verdade sobre a descrição do espaço. É amplamente aceito no âmbito da história o fato de que "a narrativa é um tipo de unidade que torna a inclusão de alguns eventos necessária e de outros irrelevantes" (MINK, 1972, p.736).

Quem poderia afirmar que os problemas epistemológicos ligados à descrição do passado não afligem a geografia? Do mesmo modo, quem poderia joeirar os dilemas da historiografia do rol dos problemas teóricos ligados à diversidade da percepção do espaço? Queiroz Filho alerta: "Olhando para as pinturas europeias feitas do Brasil no século XVIII, por exemplo, o que vemos? Não podemos imaginar uma obra, que foi feita a partir do relato de um viajante, como a própria coisa (QUEIROZ FILHO,

---

diferenças costumeiramente são agrupados em classificações que ignoram sua diversidade em detrimento da simplificação discursiva.

14 Ankersmit (1998) argumentou que o historiador possui um olhar desconfiado para a teoria da história, pois esta, sobretudo após a incorporação da virada linguística, tem estabelecido limites rigorosos quanto ao que dizer sobre o passado. O nome de Hayden White, neste particular, se associa fortemente com a virada linguística e a problematização das narrativas na história, tornando-se o "objeto predileto da ira de muitos historiadores" (ANKERSMIT, 1998, p.185). A ideia do passado compreendido como uma narrativa arbitrária e enviesada tem penetrado nos domínios da geografia; David Matless – refletindo sobre a história do pensamento geográfico – asseverou: "Se nós procuramos utilizar histórias da geografia para ampliar e desafiar nosso senso do que a geografia deveria ser, é útil varrer os cantos negligenciados e desprezados das práticas já registradas da disciplina com o intuito de promover um espírito de legitimação" (MATLESS, 1995, p.408). Matless certamente estabelece uma crítica à crença da existência de um discurso dominante acerca da história do pensamento geográfico. Todavia, suas palavras podem fazer crer que é possível – por intermédio de um olhar apurado – esgotar experiências negligenciadas e desprezadas. O problema do discurso enviesado não é passível de eliminação, nem mesmo na narrativa mais ampla e cuidadosa. Como veremos em capítulo vindouro, é plausível considerar que até mesmo a escolha de fontes históricas é vista como ato arbitrário.

2007, p.2). Por isso devemos falar de representações[15], referindo-nos às formas mais diversas de interpretações advindas das relações entre o homem e o mundo, envolvendo a espacialidade e a temporalidade. Edward Saïd (1989) asseverou com lucidez que as representações não apenas colocam em questões tensionamentos envolvendo os meandros das formas e convenções linguísticas, mas também as tensões que entrelaçam forças transumanas, transpessoais e transculturais, tais como o inconsciente, o gênero e raça. Apesar de aparentemente serem construídas por um só homem[16], as representações acabam interferindo no espaço coletivo, por meio de sua divulgação; além disto, possuem distintos alcances e podem ser vistas como versões acerca dos fatos cotidianos. Do ponto de vista intertextual, nenhuma representação é de autoria única; no interior desta lógica, as representações são produções intertextuais que combinam discursos, mesmos aqueles que apresentam contradições entre si (LEITNER; KANG, 1999). Além disso, como foi dito, representações possuem temporalidade, à medida que são realizadas em um tempo específico; a narrativa que aborda um fato cotidiano ou trata-se sobre a paisagem ou lugar é construída a partir de uma ideação nascida em um momento ou período.

---

15 Como a etimologia da palavra sugere, a representação é uma tentativa de tornar presente algo que é ausente (ANKERSMIT, 2000); pode ser entendida como uma tentativa de trazer algo para o terreno da interpretação, em um exercício em que a materialidade e a imaterialidade se confundem. Por esta razão, Oliveira Júnior (2009) prefere dizer que representar é *estar-no-lugar-de* e não *ser-o-mesmo-que*. As representações são intertextuais, no sentido em que sua essência é relacional. Sua configuração depende de outras representações. Nesse sentido "um contato direto com aquilo que é representado é impossível, pois esse contato sempre é mediado por outras representações e pela história representacional. Assim, paradoxalmente, as representações podem ser vistas como repressoras daquilo que é representado" (ANKERSMIT, 2000, p.157). Tim Ingold (2010), em lógica similar, afirma que o conhecimento cultural não é encarnado nas representações, pois "em vez de ter suas capacidades evolutivas recheadas de estruturas que representam aspectos do mundo, os seres humanos emergem como um centro de atenção e agência cujos processos ressoam com os de seu ambiente" (INGOLD, 2010, p.21). Assim, podemos considerar a representação como ferramenta afetiva que certamente interfere nas formas as quais são empregadas a agência humana, mas não como uma variável estável imune ao tempo, espaço e à experiência individual. No sentido em que a paisagem é produzida e possui interpretações intercambiadas, torna-se representação (CROUCH, 1989) e o mesmo podemos falar sobre o lugar.

16 É pela representação que o homem se dirige ao mundo. Representar é uma atividade intelectual individual (COUTINHO, 2019).

As representações podem ser entendidas como processos e produtos; enquanto processos auxiliam na compreensão do modo de pensar de atores engajados com a paisagem e o lugar, revelando nuances acerca das interações entre as aspirações individuais e a intermediação coletiva, incluindo as formas de entrelace entre o homem e o mundo. Como um produto, as representações "fornecem chaves para a forma como as transformações espaciais operam" (ANDRÉ; BAILLY, 1993, p.281), ainda que não dimensionem a realidade utópica e intangível (BAILLY, 1990a). Por ser uma construção mental dotada por diversas camadas, é aconselhável que as representações sejam sempre intermediadas com outras representações. Não é adequado julgar representações como verdadeiras ou falsas, pelo menos no sentido positivista dos termos. O que os atores representam e os julgamentos que são trazidos com a sua representação não indicam acuidade; são meramente extratos da realidade inalcançável formuladas por estes atores e ganham relevância quando o seu conteúdo interfere nas práticas cotidianas (ANDRÉ; BAILLY, 1993).

Símbolos inseridos na paisagem são exemplos de representação; acabam ganhando força coletiva e sendo assimilados por aqueles que se identificam com certos significados que carregam; em outra escala, a paisagem como um todo, incluindo a pluralidade de símbolos nela inserida, também pode ser representada. Cotidianamente estamos diante de confrontos permanentes de representações; representar também é revelar o que não se vê (COUTINHO, 2019) além proporcionar estranhamentos frente às convicções de outrem. A busca pela compreensão de como os símbolos e a paisagem como um todo se organiza de forma a favorecer o *status quo* sócio-político tem sido, desde os anos 1980, alvo de reflexão por parte dos geógrafos identificados com a nova geografia cultural[17].

Destacamos ainda que as representações podem se apresentar como manifestações materiais (como esculturas, dioramas) e imateriais (como narrativas). Torsten Hägerstrand (1982) sugere a palavra diorama como uma analogia importante para a representação da paisagem. Em suas palavras, o autor diz: "talvez devêssemos usar uma palavra

---

17 Duncan e Duncan – parceria identificada com a corrente em questão – revelam as intenções de investigar a interface entre a paisagem e o social: "nós estamos interessados em compreender como as paisagens se integram aos processos sociais e políticos e como estes dão corpo às relações sociais do passado e do presente" (DUNCAN; DUNCAN, 2001, p.390).

que marcasse a riqueza do conceito e se afastasse da ideia convencional de paisagem". Dioramas possuem a capacidade de representar contextualmente cenas, indo além de uma ideia meramente material e abrindo a possibilidade para interpretações. Em relação à pintura, nos dá geralmente ângulos privilegiados de interpretação da tridimensionalidade do espaço. Todavia, dioramas são – assim como qualquer imagem – analogias do real (ALEGRIA, 2005). Em meio às diferenças entre as representações, é importante destacar àquelas existentes entre as formas linguísticas e imagéticas (GREGORY, 1991). Expressões imagéticas – via de regra – conseguem apresentar ao interlocutor o arranjo sistêmico dos elementos de uma forma mais rapidamente assimilável. Essas diferenças impactam nos modos como recebemos e introjetamos uma representação.

Uma das preocupações da nova geografia cultural foi compreender de que forma as representações podem operacionalizar relações de opressão (MITCHELL, 1995) e apartar classes. Recentemente, teóricos têm feito um esforço de transcender as representações como forma de compreender o ambiente relacional entre indivíduos e agentes não-humanos, naquilo que tem sido chamado de teorias não-representacionais. Esse esforço não significa negar o valor das representações como crença e como força que explica as ações do homem, mas ir além, compreendendo que as ações são fruto de uma complexa rede de estímulos que envolvem múltiplas representações (por vezes contraditórias) e outras experiências (para além da contemplação das representações alheias). A concepção do espaço geográfico acaba por passar por este terreno alagadiço das subjetividades e intertextualidades, que estão em permanente interação com a materialidade e a imaterialidade. Mente e matéria estão entrelaçadas de forma tão aninhada ao ponto de alguns assumirem a perspectiva de que é impossível traçar uma linha apartando os seus domínios. Somos contemporâneos, inclusive, do entrelace entre o ciberespaço e o espaço físico; se os espaços imaginados das redes virtuais interferem no arranjo do espaço físico, podemos também assumir a recíproca como verdadeira (GRAHAM, 1998). As relações retroalimentadas do ciberespaço e do espaço físico são exemplos muito claros da forma como se dá a dialética mente-matéria.

Silva, Juarez Augusto Silveira da. Diorama "cerco a Stalingrado", representando episódio da Segunda Guerra Mundial. Representações como os dioramas e as pinturas dialogam intertextualmente com outras representações. São sempre parciais naquilo que expressam, reprimem, ocultam e evidenciam.

Já dissemos neste prefácio que as categorias geográficas são, antes de tudo, recortes espaciais. São formas de ver o espaço a partir das lentes propostas pelo seu sentido semântico. Não são excludentes. Obviamente, se determinado recorte espacial é visto como território, também pode ser classificado como região e/ou paisagem, ser delimitado por limites e exibir fronteiras, além de abrigar lugares. As categorias definem, antes de tudo, aquilo que está sendo analisado em uma rica porção do espaço geográfico, que poderia ser analisada por diversos ângulos. Se algo inequívoco as une, é o fato de se apresentarem na epiderme da Terra: trata-se do espaço geográfico, palco de um sistema de relações (DOLLFUS, 1982) envolvendo dialeticamente o homem e o meio físico.

Há de se pesar que as formas de ler o espaço se modificaram ao sabor do *zeitgeist* acadêmico. Antes mesmo da institucionalização da geografia enquanto disciplina acadêmica prevalecia o enciclopedismo como meio de registro e transmissão do conhecimento. A preocupação com a síntese – que representou um golpe ao enciclopedismo – se consolida na ascensão positivista do século XIX. Como muitos geógrafos supuseram, a explicação geográfica deveria se dar por meio da dedução lógica[18]. A síntese jamais poderia ser alcançada em situações em que não for apoiada por leis e por lógicas matemáticas amplas o suficiente para abranger qualquer entendimento das complexas interrelações abrigadas pelo espaço (HARRIS, 1971). Após uma forte retomada neopositivista nos anos 1950 e 1960, é observada uma grande pluralidade de abordagens na geografia, incentivada, *inter alia*, por grandes movimentações acadêmicas interdisciplinares que atingiram as humanidades e as linguagens. As chamadas viradas cultural e linguística, bem como seus desdobramentos, substanciam o eixo analítico que sustenta parcela importante das reflexões teóricas deste livro. Não defendemos a obsessão nomotética e exploramos no percurso desta obra alguns dos inesgotáveis ângulos aos quais as múltiplas narrativas se expressam. Nesse sentido, acreditamos que a impossibilidade de dimensionar a totalidade das expressões geográficas no ato de interpretação do espaço é o que impede a cega obediência da geografia às regras científicas tradicionais.

O título desta obra, *A excepcionalidade da paisagem e do lugar*, indica, acima de tudo, um posicionamento teórico. Ao longo deste livro, não é nosso objetivo propor um conceito que seja mais adequado sobre a paisagem e o lugar. A estratégia que adotamos passa pela exploração dos diversos tensionamentos que perpassam pelos conceitos, a partir dos diferentes prismas dos contextos históricos e espaciais, dos usos ideológicos e das correntes de pensamento. A ideia construída em torno da excepcionalidade da paisagem e do lugar é compatível com o posicionamento teórico que negligencia a conceituação rígida das categorias; no vácuo deixado por essa ausência conceitual é oferecida a intermediação discursiva. Para que nosso posicionamento seja compreendido, se faz necessário refletir e contrapor as abordagens como meio de sustentar nosso arcabouço teórico. Em um exemplo, pode-se dizer de forma generalista que geógrafos engajados na abordagem ecológica utilizam o conceito de paisagem de forma muito distinta dos geógrafos mais identificados com a geografia humanista.

É importante apontar que o estabelecimento de um posicionamento crítico quanto à paisagem não significa impor o nosso entendimento a quem

---

18 Os efeitos do período de hegemonia do positivismo se faz sentir além dos domínios da geografia. Louis O. Mink (1968) exemplifica, no âmbito dos estudos históricos, a presença de abordagens como o de Arthur Oncken Lovejoy, que, na primeira metade do século XX propõe um método para história análoga ao da química.

pense diferente. É interessante observar que uma construção vertical, rigorosa e pouco dialogada acerca das categorias geográficas nos tornam míopes, incapazes de interagir com discursos alternativos. Lembremo-nos que os conceitos possuem significados que oscilam ao longo do tempo, sendo esta variância uma construção social. Vale lembrar o que Carl Sauer afirmou em 1956, num flerte com o social-construtivismo: "No que a geografia consiste é determinado por aquilo que os geógrafos têm trabalhado em todos os lugares e em todos os tempos" (SAUER, 1956, p.297). O sentido da paisagem, do lugar e de outras categorias geográficas também precisa ser compreendido em meio à evolução da epistemologia geográfica. Ao longo da história da disciplina, no afã de se legitimar enquanto ciência, a geografia presenciou uma discussão severa sobre o seu verdadeiro objeto e sobre os seus métodos, fato que ajuda entender a pluralidade dos sentidos de algumas de suas categorias-chave.

Quando nos referimos à excepcionalidade da paisagem e do lugar, não nos restringimos somente à discussão de um excepcionalismo material, que proporcionou a histórica e muito divulgada discussão entre Richard Hartshorne e Fred K. Schaefer (GUELKE, 1977b). Para além da descrição material do espaço, acreditamos que a excepcionalidade da paisagem e do lugar se manifesta no âmbito das percepções identitárias e na dialética permanente e transformadora que envolve o homem e o meio. É o mesmo que assumir que "a paisagem não existe em si, ela é um olhar particular sobre um fragmento da realidade geográfica, uma invenção histórica e cultural" (PASSOS, 2011, p.70). A paisagem e o lugar não se sustentam enquanto recortes espaciais dotados de limites coletivamente consensuais. Assim como a região, a paisagem e o lugar, vistos como entidades, são construções arbitrárias. De modo similar ao que ocorre com a ideia de natureza nos modernos estudos culturais, a paisagem e o lugar não se autodenominam.

Para substanciar esta discussão, adotamos a estratégia de perpassar por múltiplas abordagens contidas em vasta bibliografia, não somente para rejeitar ou chancelar posições teóricas, mas por acreditar que a nossa posição, a partir de uma perspectiva intertextual, também é gerada pelos discursos diacrônicos ora congruentes, ora antagônicos, da abordagem da paisagem e do lugar. É importante lembrar que não são poucos os geógrafos que se conformam com a ideia de que a ciência está associada a uma forma rigorosa de determinismo (AGNEW; DUNCAN, 1981). As elaborações deterministas e positivistas desprezam o caráter excepcional da paisagem e do lugar; o próprio Schaefer criticou as abordagens excepcionalistas, considerando que as mesmas representam um empecilho à análise espacial e à busca de padrões e formulações de leis (KING, 1979). Tal raciocínio nos estimula a pensar que este livro não atende às formas tradicionais de compreensão da ciência e do método. O que não nos incomoda, apesar de ser digno de registro.

Afirmamos que nenhuma paisagem é igual à outra; cada paisagem é única, insubstituível e inimitável. Possui um valor cultural e sentimental que o olhar lhe atribui. Assim, a paisagem é sempre um recorte, um fragmento de um todo que delimitamos e valoramos por alguma razão (MAGALHÃES, 2017). Essas características aqui atribuídas, que se referem a um tipo idiográfico de paisagem, podem muito bem ser aplicadas *ipsis litteris* ao lugar enquanto categoria geográfica. A escolha de abordagem de duas categorias em um mesmo livro reflete a convicção do autor: abordar com profundidade a paisagem sem penetrar no campo semântico/analítico do lugar é o mesmo que deixar um filme sem final. Nossa abordagem sobre a paisagem – que remete à sua excepcionalidade distanciando-se do nomotético e classificatório – faz com que os limites semânticos em relação à categoria lugar sejam em certa medida embaçados, o que é explicado, dentre outras coisas, pela importância dada à intersubjetividade perceptiva. Por isso, muitas análises sobre a paisagem também são aplicadas ao lugar, ainda que existam particularidades importantes a ser destacadas no âmbito de cada categoria.

A cultura é um eixo transversal na discussão presente neste livro. Concordamos com Paul Claval acerca do relevante papel da cultura na análise geográfica: "o econômico, o político e o social nunca existiram como categorias imutáveis e independentes do espaço em que se encontram. Elas dependem da cultura no seio do ambiente no qual funcionam" (CLAVAL, 2002, p.20). A partir desta premissa, é de se considerar que o papel da abordagem cultural se amplia frente às alternativas analíticas, explicando cada vez mais a multiplicação de trabalhos centrados nesta área e, concomitantemente, o crescimento da importância da abordagem cultural na geografia e nas ciências que com ela travam diálogo. É importante destacar que este livro aprofundará na discussão cultural e no seu papel acerca da paisagem e do lugar. Em nossa abordagem, a cultura não é vista como uma entidade capaz de amparar coletividades absolutamente homogêneas. Rejeitamos a crença na tangibilidade cultural espacialmente representável, acreditando que as identidades possam ocupar o espaço da desconstrução teórica da cultura, assim como crê Anthony P. Cohen (1993). No âmbito da geografia cultural, o foco dado à perspectiva identitária apresentou-se notável na virada da década de 1980 para 1990. Nesse particular, verificou-se um aumento das abordagens que visam a articulação, constituição e representação identitária (JOHNSON, 1995). Essa virada identitária no seio da geografia cultural acompanhou um movimento mais amplo já observado nas ciências sociais como um todo. Particularmente nos anos 1980-1990, a preocupação com as políticas de identidade se exacerbou; cientistas sociais passaram a dar abertura às dinâmicas de gênero e sexualidade, etnicidade e raça, bem como outras questões identitárias que, atuando de forma entrecruzada no âmbito dos indivíduos, passaram a questionar o primado da classe (JACKSON, 2016). Esse processo acaba interferindo amplamente em diversas elaborações coletivas, incluindo a cultura. É importante destacar que os debates identitários ainda permanecem ativos na contemporaneidade, ainda que tenham ganhado alguns novos contornos.

A abordagem cultural da geografia experimentou mudanças importantes desde a perspectiva vidaliana, passando pela escola de Berkeley até as abordagens que se disseminaram após a virada cultural dos anos 1960 e 1970. A virada cultural[19] trouxe repercussões dramáticas sobre a forma de se interpretar o meio ambiente (WHITE, 2004). Nesse novo paradigma, a dimensão subjetiva do homem, outrora rejeitada pela dominância da epistemologia positivista, passou a ser entendida como necessária (CLAVAL, 2011a). Em muitas abordagens identifica-

---

19 A virada cultural tem como marca um grande movimento que fez com que a abordagem cultural participasse das investigações econômicas, políticas, urbanas, desenvolvimentistas e até mesmo ambientais. A ascensão dos estudos culturais causada pelo movimento interdisciplinar da virada cultural que foi absorvido pela geografia trouxe como efeito colateral o abandono da explicação do que seja a cultura e o foco na exemplificação do que a categoria em questão se consiste. Em outros termos, pode-se falar que as discussões essencialmente epistemológicas sobre a cultura perderam terreno. A estratégia adotada da exemplificação da cultura permitiu uma miríade de abordagens que não foram muito úteis para consolidar um arcabouço teórico. O vazio deixado pela falta de abstração acerca do que seja a cultura propriamente dita permitiu avaliações como o fato da cultura não significar nada e, em outro extremo, a cultura ser tudo (MITCHELL, 2000a). Em termos práticos, a virada cultural permitiu que trabalhos de diversas áreas tivessem abordagens culturais, causando a impressão de que a cultura participa de todo particularismo analisado; ao mesmo tempo, a falta de reflexão teórica sobre a cultura contribuiu para a impressão de que a definição do conceito é vazia, afinal, qualquer coisa pode se constituir como "cultura". Essas discussões inspiraram o famoso artigo de Mitchell (1995) que critica as abordagens acerca da cultura que ocorrem no seio da geografia no período pós-virada cultural.

das com a virada cultural é defendida a ideia de que a natureza é uma invenção, justamente por não se autodenominar (SCHAMA, 2009). Se a natureza é definida pela cultura, é plausível admitir o mesmo acerca da paisagem, o que acarreta na rejeição do binarismo paisagístico natural/cultural que ainda prevalece no imaginário de muitos. Rejeitamos a tradicional divisão entre cultural e natural e, para tanto, baseamos nesta perspectiva de a expressão "paisagem cultural" é um pleonasmo. Diferentemente de Araújo e Kunz (2014) que consideram a paisagem cultural "um conceito agregador" (ARAÚJO; KUNZ, 2014, p.97), evitaremos propor esta cisão que, do ponto de vista da concepção do mundo vivido, é desagregadora. O desafio à indissociabilidade do binômio natural/cultural evidencia a desconsideração da dialética homem e meio, que é base para a leitura da paisagem e também do lugar.

É importante destacar que a geografia cultural se desenvolveu tardiamente no Brasil. Em um esforço para compreender esse diagnóstico, Corrêa e Rosendahl (2008) enumeraram como causas:

- a precária apropriação da perspectiva vidaliana por parte de geógrafos brasileiros no início do século XX, momento em que esta tradição francesa mostrava-se muito influente nos estudos culturais[20];
- o desinteresse dos geógrafos americanos que estiveram sob as influências de Sauer e a escola de Berkeley em realizar estudos no Brasil. Como uma das consequências, os paradigmas de Berkeley não repercutiram notoriamente no Brasil (CORRÊA; ROSENDAHL, 2005, p. 97);
- o momento de expansão dos cursos de graduação em geografia no Brasil, ocorrido na década de 1970, ser marcado pela influência dos paradigmas neopositivistas;
- a influência da abordagem da geografia crítica nos anos 1980, que ajudou a consolidar a ideia, dentre outras, de que a base econômica determinaria o arranjo cultural da sociedade.

Os marcos temporais do desenvolvimento da geografia no Brasil não se aplicam à geografia internacional, sobretudo a do mundo anglófono. As influências que prevaleceram no Brasil parecem se apresentar como ecos tardios de movimentações na Europa e nos Estados Unidos. Em um exemplo, a influência da geografia teorético quantitativa ocorrida

---

20 Apesar da precária apropriação da perspectiva vidaliana, a escola francesa de geografia é tida como a mais importante matriz da geografia brasileira (CORRÊA; ROSENDAHL, 2005, p. 97).

aqui nos anos 1970 se deu em um período em que a mesma estava sendo duramente criticada no mundo anglófono, que assistia ao pleno desenvolvimento do movimento conhecido como virada cultural.

Neste livro, como substrato *core* da reflexão da paisagem e do lugar, a cultura será refletida diacrônica e polissemicamente. Há de se ressaltar o cuidado com as abordagens culturais simplificadoras, como a de Samuel Huntington (1997) em *O Choque das Civilizações*. Ainda que o modelo proposto por este autor tenha alguma serventia no âmbito das relações internacionais no pós-Guerra Fria, torna-se uma lástima quando visto pelas lentes apuradas da moderna antropologia. Destacamos ainda que a abordagem reificadora da cultura apresenta-se um desafio à interpretação geográfica, como outrora asseverou Don Mitchell (1995). Esta discussão também será aprofundada neste livro.

Esta obra explora as imagens como forma de aludir à paisagem e ao lugar. Imagens captam momentos específicos do tempo, compondo a interpretação daquilo que os historiadores chamam de historiofotia. Hayden White, historiador que se dedicou ao estudo da teoria da história, argumenta que as imagens são mais adequadas do que textos para a representação de certos fenômenos, como a paisagem, guerras e as emoções humanas. Acrescenta ainda que os elementos visuais são um complemento e não um suplemento da narrativa histórica, sendo que algumas informações sobre o passado não podem ser providas por intermédio de recursos visuais (WHITE, 1988). Apesar disso, White tece uma crítica: "estamos inclinados a usar as figuras primariamente como ilustrações do nosso discurso textual. Nós não temos o hábito de explorar todas as possibilidades do uso da imagem como principal meio discursivo" (WHITE, 1988, p.1194). Para fortalecer o papel das imagens na interpretação, White ainda argumenta que a historiografia é muito mais apurada nos períodos que desfrutam do advento da fotografia e do cinema. Todavia, para a representação da paisagem e do lugar, há de se considerar a força da pintura como fonte interpretativa, à medida que ela nos revela elementos acerca do artista, do tempo e do espaço representado. As pinturas – e este livro está repleto delas – não podem ser encaradas como um elemento totalizante da interpretação, portador de uma verdade histórica e do fato ordinário da historiografia da paisagem e lugar.

Nesta obra, paisagem e lugar serão tratados como categorias geográficas. Contudo, isso não significa que a antropologia, a história e a sociologia serão alijadas. Dado o dinamismo inexorável e à passagem implacável do tempo atomístico, descrever a paisagem e o lugar bem como ler suas descrições são sempre atos que nos remetem a um tempo que já se foi. Por isso mesmo este livro é um convite ao aprofundamento da pesquisa e apropriação epistemológica da teoria da história, que abriga, por sua vez, uma discussão madura – ainda que não consensual – sobre as formas de se abordar o passado. A ascensão da nova geografia cultural e disseminação do uso da metáfora da paisagem como um texto renovaram a necessidade de uma abordagem interdisciplinar na análise paisagística. O mesmo ocorre com o lugar, à medida que as histórias de vida dos seus frequentadores – valorizando a narrativa da experiência como método – se constituem como pilares interpretativos.

No campo da subdisciplina geografia histórica, duas linhas de interpretação parecem se opor: a primeira, baseia-se no entendimento de que todo trabalho que não se preocupa com o passado, não pode ser entendido como uma produção na área de geografia histórica; a segunda linha, por sua vez, acredita que toda a geografia deveria ser considerada como geografia histórica, dada a importância do tempo na abordagem geográfica (BAKER *et.al.*, 1969)[21]. Não colocaríamos a discussão nestes termos antagônicos, pois parece ser mais sensato afirmar que o tempo é fundamental para a geografia assim como o espaço para a história. O geógrafo que transita pela teoria da história e o historiador que faz o mesmo com as discussões epistemológicas da geografia possuem mais recursos para analisar fenômenos espaço-temporais, como a paisagem e o lugar. Fred Inglis (1977), avaliando o ofício do historiador, argumentou que a paisagem é a aparência mais sólida pela qual a história pode se declarar. Indo além, salienta que para a história, "o estudo da paisagem resolve muitas dificuldades metodológicas" (INGLIS, 1977, p.489).

É de se destacar que a rigidez paradigmática nos assombra. Certa vez recebemos um parecer em um periódico acadêmico em que o leitor crítico atacou o fato do nosso artigo "conter autores de diferentes linhas de interpretação". São cometidos aqui pelo menos dois pecados. O primeiro dos pecados é o de desconsiderar que autores podem modificar

---

21 Carl Sauer, que tem seu nome vinculado à geografia cultural, é tido como um dos grandes praticantes e divulgadores da geografia histórica (BAKER, 1977). A perspectiva que defende o fato de que toda geografia é histórica sob as escusas de que o tempo é indissociável à disciplina, cria a necessidade de uma atuação arbitrária para separar aquilo que é histórico do que não é. Assim, não vemos sentido em falar sobre paisagens e lugares históricos, a não ser que essa condição componha o imaginário de um *genius loci*. É como se a paisagem e lugares históricos fossem pleonasmos.

sua forma de abordagem ao longo de suas carreiras. Como uma década nos transforma, não é mesmo? Citamos David Harvey, dono de prolífica carreira, somente para citar um exemplo muito conhecido: Harvey é um autor costumeiramente lembrado quando se fala nas modificações de abordagem, visto que o trecho final de sua carreira difere sobremaneira do inicial. O segundo pecado é o de considerar que o escopo das abordagens de autores rotulados como "diferentes" não pode em nenhuma hipótese congruir em certo campo. A nossa abordagem neste livro passa por diferentes autores e acreditamos, acima de tudo, ser mais relevante interpretar as ideias do que estabelecer rótulos nos seus argumentos, como se tivéssemos uma pretensão deslocada da razoabilidade de agrupá-los em gangues rivais, que são incomunicáveis entre si.

Outra dificuldade na comunicação é a forma de tratar as correntes de pensamento geográfico. No texto deste livro, como estratégia discursiva, é possível conceber em certos contextos as correntes como entidades. A intenção é meramente didática, de facilitar o processo comunicativo. É importante ter em mente – e não podemos lembrar todo momento sob o risco de prejudicar a fluidez de nossa narrativa – que as correntes de pensamento são rótulos e não deveriam ser tratadas como portadoras de escopos tão rígidos. O movimento da virada cultural nos instruiu quanto à transcendência da materialidade, as inadequações da reificação da cultura e a desconstrução da tangibilidade cultural, abrindo possibilidades para entendermos a cultura como permeável, dinâmica e híbrida. Não devemos conceber a cultura como um agrupamento totalizante e exclusivo de homogeneidades, devido às variações identitárias. Da mesma forma, correntes de pensamento vistas enquanto rótulos acabam agrupando mentes autônomas, peculiares, construídas por excepcionais percursos intertextuais. Denis Cosgrove queixou-se certa vez de ter sido incluído no rol de "novos geógrafos culturais", em uma associação que é realizada de forma extremamente comum.

A rigidez materializada na forma de compreender o saber como rótulos dotados de formas estanques nos conduzem às reflexões curiosas, como a de David E. M. Davim:

> Ao nosso ver, é um péssimo sinal quando as demais ciências humanas não conseguem conversar com a geografia, devido, muitas vezes, aos desencontros entre os temas eleitos como emergenciais. Não nos referimos às impossibilidades de escolhas, mas às incompatibilidades entre as preocupações. Também é um mau sinal quando a geografia busca se renovar, tendo sempre como impulso os modelos e movimentos de outras ciências

afins. Pior quando a apropriação se dá de modo profundamente defasado, como se estivéssemos correndo atrás de algum prejuízo e tentando nos colocar no ritmo de um tempo que não é nosso (…)

(…) a geografia pode, cada vez mais e melhor, traçar caminhos emergenciais por conta própria, mais independente de influências tardias e, ao mesmo tempo, se colocar na mesa do debate em condições de igualdade com os demais campos do saber (DAVIM, 2019, p.15-16).

A argumentação de Davim trata o saber a partir de uma compartimentação inadequadamente rígida. O seu artigo que reflete sobre a pesquisa na geografia humanista, elenca a importância da filosofia na abordagem da geografia e, em seus argumentos finais, desenvolve este fragmento contraditório, como se fosse algo negativo o intercâmbio e incorporação de saberes. Em uma lógica intertextual, nenhum desenvolvimento teórico é completamente puro, ao ponto de aludirem à morte do autor. Incorporações teórico-metodológicas se parecem mais regras do que exceções na história das ciências humanas. Se Davim percebe que a geografia incorpora tardiamente abordagens interdisciplinares, talvez seria o caso de sugerir esforços de abertura e não de fechamento em seu escopo. Toda influência exógena a uma disciplina é tardia por obviedade; assim como nos parece óbvio que se trata de uma virtude a incorporação ainda que tardia de reflexões que promovem o aprofundamento dos questionamentos e o avanço científico. Tenhamos em mente que é a insatisfação frente ao quantitativismo neopositivista que se apresentou como um dos principais arados do terreno da geografia humanista e de outras formas de elaboração material-transcendentes[22]. É também da rejeição a métodos e pressupostos que surgem soluções amplamente aceitas e referenciadas.

Assim, ressaltamos que não assumimos uma postura condenatória a nenhuma corrente geográfica, pois a própria história da geografia com suas idas e vindas explicam a disciplina como hoje se apresenta. Isto não significa dizer que o nosso posicionamento teórico se acomoda bem em qualquer corrente de pensamento geográfico, mas significa que – como afirma Jean Marc Besse – trabalhar com um ponto de vista teórico sobre a questão da paisagem supõe que se aceite considerar, pelo menos provisoriamente e como hipótese, a justaposição e a superposição desordenada de diferentes discursos e pontos de vista sobre a categoria em questão (BESSE, 2014a). Em um grau certamente

---

22 O materialismo mecânico da análise espacial acarretou em uma reação idealista, que foi primeiramente vinculada aos estudos comportamentais das percepções individuais [behavioural geographies], e, posteriormente, a partir da subjetividade fenomenológica (ANDERSON, 1980).

menor, isso ocorre também com a categoria lugar. Essas diferenças entre a pluralidade teórica da paisagem e do lugar se justificam pelo fato da categoria paisagem exibir uma história de evolução conceitual e teórico-epistemológica mais antiga, densa e diversa do que aquela observada na categoria lugar. A consideração da justaposição e super-posição desordenada acerca dos discursos e pontos de vista, tanto da paisagem como também do lugar, pautam a estrutura discursiva deste livro. Assim, em um exemplo, acreditamos ser importante compreen-der os efeitos do determinismo sobre o pensamento geográfico; afinal, é possível joeirar plenamente seus efeitos sobre as formas de elabora-ções que constituem nosso arcabouço teórico contemporâneo?

Estamos convictos de que a paisagem deve ser vista a partir da con-gruência de enquadramentos ontológicos e filosóficos (VAN DYKE, 2013). O mesmo se aplica ao lugar. Por enquadramentos ontológicos, entendemos a reificação da paisagem e do lugar, realizadas por abs-trações; por detrás do enquadramento ontológico, residem filosofias que sustentam as elaborações mentais. As filosofias em questão po-dem ser apropriadas de uma forma mais academicista ou cotidiana. É da interação ontológico-filosófica que percepção e expressão paisa-gística ganham vida.

Optamos, como é corriqueiro na linguagem acadêmica, pelo discurso na primeira pessoa do plural. Maria Geralda de Almeida (2020) ressalta que o emprego do "nós" remete a busca da neutralidade axiológica ado-tada pelo pesquisador, na qual prevalece uma suposta objetividade. Em um artigo, a autora justifica o emprego da primeira pessoa do singular argumentando: "o emprego do "eu" permite-nos reforçar a lembrança de que nós escrevemos com base em nossa percepção, em nosso contexto". Acrescenta ainda: "Sem dúvida, o pesquisador que emprega o "eu" fala de uma experiência pessoal, de suas percepções, de um ponto de vista seu, refletindo sua própria subjetividade, em vez de escondê-la" e por fim, completa: "Concluo que não é uma arrogância acadêmica e sim uma atitude de honestidade intelectual usar o "eu"" (ALMEIDA, 2020, p.45). Não vemos sentido nestas reflexões. Afinal, a linguagem também se torna símbolo, e, na condição de portadora de significado, pode ser constantemente ressignificada. O uso da primeira pessoa do plural ou do singular é, principalmente, uma questão estilística. Pensando de outro modo, apesar do sentido histórico da impessoalidade da narrativa es-tar vinculado às pretensões objetivas da ciência, não faz sentido pensar que a opção pela primeira pessoa do plural ateste o caráter do texto.

Significados se constroem diacrônica e intertextualmente. Assim, é importante destacar que as narrativas marcadas pelo estilo impessoal também estão enviesadas pela experiência e pelas escolhas do autor.

A tentativa de Maria Geralda de Almeida (2020) de elencar as virtudes da narrativa em primeira pessoa do singular parece contraditória: o que sugere ser honestidade intelectual parece ser uma tentativa de construir autoridade discursiva, não pelo argumento, mas pelo estilo. Não vemos propósito na argumentação da autora, sobretudo pelo que constantemente ressignificamos. Está claro a nós que o uso da primeira pessoa do plural permite falarmos das nossas experiências pessoais. A normatização estilística sequer combina com o terreno ao qual a autora discursa: discorrendo sobre a fenomenologia, Almeida (2020) anuncia que a corrente não pressupõe a atribuição de um significado prévio, sem que tenhamos contato com o fenômeno investigado. É razoável considerar que em alguns casos as pretensões objetivas do uso da primeira pessoa do plural possam se manifestar, de forma em que estilo, história e interesse discursivo se harmonizem. Todavia, textos não são merecedores de estereótipos advindos da escolha da pessoa que narra.

O que dizer sobre a ilustração da capa deste livro? Um criativo ilustrador chamado Pedro Cervinho, nosso ex-aluno, foi convidado para representar a paisagem e o lugar em um só enquadramento. Informamos-lhe acerca dos pressupostos teóricos que sustentavam a ilustração: deveria ser um enquadramento que, no âmbito da teoria que abordamos, pudesse ser chamado de paisagem e também de lugar; solicitamos que fosse representado um povoado, em que as relações simbióticas com o quadro natural ficassem mais evidenciadas; pedimos, também, que o céu fosse uma área de conflito entre imagens e ideias, representadas abstratamente, projetadas sobre o domínio material e como se dele dependesse para existir. No sentido trazido pela ilustração de capa, a interpretação da matéria e a formulação de ideias seriam processos indissociáveis. Da mesma forma em que as ideias não retratam a "realidade", a interpretação da matéria de forma objetiva também é incapaz de fazê-lo. A capacidade de convencimento e as imposições discursivas podem criar uma irresistível sensação de que meras versões posem como verdades objetivas, quando, de fato, tal status não passa de um fino verniz imposto pela autoridade legitimadora. Ficamos satisfeitos com a produção do ilustrador, que se mostrou muito atento às nossas elucubrações.

Como foi dito no início desta introdução, a paisagem e o lugar encontram na geografia o seu nicho ótimo. Apesar de reconhecermos a importância da espacialidade para estas categorias, não é possível apartá-las da temporalidade e dos empréstimos filosóficos. É sabido que os limites do escopo de cada uma das ciências e suas correntes de pensamento são arbitrários. Por isso mesmo rejeitamos o puritanismo acadêmico que compartimenta o saber e que acredita que os objetos devem ser investigados somente no interior daquilo que se convenciona ser o domínio de certa disciplina. Neste livro, empréstimos de outras disciplinas das humanidades permitirão, por intermédio de suas expertises, uma leitura assertiva sobre a ampla dialética que envolve o homem e o meio no espaço, providenciando uma dimensão holística sobre dois dos principais instrumentos do fazer geográfico: a paisagem e o lugar.

LEONARDO LUIZ SILVEIRA DA SILVA

Este livro foi escrito em Salinas, Vila Velha e Belo Horizonte.
Outubro de 2022

PRÓLOGO

No campo do conhecimento geográfico, célebres dicotomias se apresentaram e guiaram conflitos que levaram a disciplina a uma fragmentação e a construção de um amplo escopo de investigação científica. Algumas cisões metodológicas e ideológicas ocorrem em planos que, em determinados contextos, também se encontram com outras cisões. Dentre as alardeadas dicotomias geográficas destacam-se: a disciplina que busca ser neutra *versus* a militante; os métodos da geografia física *versus* métodos da geografia humana (MASSEY, 2001), o método nomotético *versus* o método idiográfico; o materialismo *versus* o idealismo[23]; a geografia geral *versus* a geografia regional e, por fim, as abordagens positivistas e neopositivistas *versus* abordagens antipositivistas. Essas dicotomias nos ajudam a entender as diversas correntes de pensamento geográfico que convivem hoje de forma mais ou menos harmoniosa, fazendo com que seja possível – apesar de não ser desejável – existirem em certos departamentos acadêmicos de geografia núcleos que se apresentam isolados e que quase não dialogam com os demais profissionais que não comungam dos seus métodos. A história da geografia se apresenta extremamente rica desde a institucionalização acadêmica, apresentando notável diversidade metodológica. Mesmo os métodos tidos como superados pelas convicções do nosso *zeitgeist* sobrevivem como fragmentos no corpo do pensamento geográfico, interferindo, mesmo que subliminarmente, na geografia contemporânea. Eis o contexto para que inúmeras categorias da geografia, incluindo a paisagem e o lugar, apresentem-se notoriamente polissêmicas.

A diversidade é o apanágio do espaço geográfico e sabe-se que a curiosidade do homem pelas paisagens e lugares remonta aos primórdios da vida em sociedade e contribui de forma importante como molde e progresso da geografia (LEWIS, 1985; PHILLIPS, 2010). A curiosidade substanciou

---

23 O idealismo em sua forma mais extremada concebe o espaço como um simples produto na percepção intersubjetiva, individual, da consciência humana. Já o materialismo em sua forma mais pura vê que tanto o homem quanto o mundo que o cerca são constituídos por um conjunto de peças com funções bem definidas, objetivamente articuladas e de comportamento previsível (HAESBAERT, 1990). Entre os extremos idealista e materialista, podemos encontrar formas intermediárias de ver o mundo.

a chamada *geographie de plein vent*[24], que, mesmo proporcionando um misto importante de sentimentos nas pessoas, evidenciou o triunfo da curiosidade sobre o medo do desconhecido. O apresentador de raridades [*raree-showman*] foi uma figura que sintetiza o desejo do homem de conhecer as possibilidades do habitar e do contemplar (PLUNKETT, 2015). Eram andarilhos que vagavam pelo continente europeu com grandes caixas de madeira que traziam furos pelos quais as lentes de lupas estavam acoplados. Dentre outras atrações, por esses furos era possível ver ilustrações sobre paisagens e lugares, bem como artefatos produzidos por povos distantes. Veronica Della Dora (2009) afirma que na contemporaneidade continuamos a ver o mundo em caixas: televisões, computadores e diversos outros dispositivos eletrônicos que nos permitem acessar as imagens de locais distantes e não familiares. É preciso considerar que, no interior do conjunto das relações do homem com o espaço, as emoções ocupam posição de destaque. É sempre importante abordar a perspectiva emocional nas reflexões sobre a paisagem e o lugar.

Cruikshank, George. *Sergeant Bell and his Raree Show*. London: Thomas Tegg, 1839, EXEBD 42992. Bill Douglas Cinema Museum, University of Exeter. Os apresentadores de raridades eram andarilhos que cobravam para que as pessoas pudessem ver imagens e objetos incomuns em um tempo em que o ato de viajar longas distâncias era muito restrito.

---

24 Geografia das velas desfraldadas, expressão de Lucien Febvre que teve sua divulgação amplificada ao ser referenciada por Eric Dardel (2011) em *O homem e a Terra*.

Conhecer a Terra é conhecer a nós mesmos (MARANDOLA JR., 2017a). Esta frase não se distancia do princípio do *dasein* heideggeriano, no qual o ser-aí[25] é o homem indissociável do espaço que habita. Faz sentido pensar que nossa sanha em ver o que jamais vimos faz parte da nossa própria concepção acerca das possibilidades do habitar, reforçando o nosso sentido em crer que nossa terra natal é o melhor lugar do mundo para se viver (TUAN, 1980) ou, ainda, inspirando sentimentos escapistas (TUAN, 1998). A paisagem e o lugar são conceitos que fazem parte desta relação afetiva e indissociável entre o homem e o espaço. Jean-Marc Besse (2006) reforça o entrelace dialético entre homem e espaço ao argumentar que a paisagem significa participação, mais que distanciamento; proximidade, mais que elevação; opacidade, mais que transparência; e, por ser "ausência de totalização é, acima de tudo, a experiência da proximidade das coisas" (BESSE, 2006, p.80).

Carl Sauer sacramentou, no início do século passado, que a paisagem é o conceito unitário da geografia. Com isso, quis dizer que a categoria em questão aglutina todas as expertises necessárias para o fazer geográfico. Por essa razão, a ideia de paisagem – que envolve a percepção e expressão de uma dada porção do espaço – acaba transitando em terrenos tão complexos quanto àqueles transitados pela própria geografia. Certamente, a paisagem tem sido por um longo tempo um dos conceitos-chave da geografia (FRIESS; JAZEEL, 2016). Curiosamente, a frouxidão conceitual da paisagem auxiliou a ampla utilização do conceito, visto que passou a ter serventia a abordagens muito diferentes entre trabalhos geográficos. O resultado dos entendimentos diferenciados sobre a categoria paisagem podem expor antagonismos de toda sorte,

---

25 *Dasein* é comumente traduzido como "ser-aí" em português, "being there" em inglês e "être-là" em francês. O conceito de *dasein* nos remete a ideia sobre a indissociável abordagem ser-espaço, o que não impediu a crítica do filósofo japonês Watsuji, que tem como um dos seus reconhecidos intérpretes Augustin Berque: Watsuji acredita que o espaço na abordagem de Heidegger é menos protagonista do que deveria ser (BERQUE, 1996). Berque salienta que "a concepção heideggeriana de espaço consiste na subordinação da espacialidade a favor da temporalidade" e o "*dasein* é sem dúvida espacial, mas antes de tudo temporal" (BERQUE, 1996, p.375). Independente desse suposto desequilíbrio envolvendo a entrelaçada dimensão do espaço-tempo é notável que o "aí", que ajuda a compor a estrutura do *dasein,* é locacional; mais que isso, não expressa somente uma posição em um espaço abstrato ou metafísico que somente se sustenta na imaginação humana, mas também num mundo concreto, prático, marcado pela interação e experiência humana entre actantes (humanos e não-humanos) da grande trama relacional (CARVALHO, 2022).

incluindo os metodológicos. O lugar, por sua vez, foi durante certo período negligenciado na abordagem geográfica, apesar de se apresentar como a categoria que de forma mais íntima associa o homem ao espaço. São nas relações de afeto e aderência (RELPH, 1976) que o lugar evidencia a intersubjetividade necessária ao seu entendimento. Tal compreensão exige, justamente por penetrar no campo das emoções humanas e flertar com as constituições identitárias, a transcendência da materialidade. Diferentemente da paisagem, que tem uma rica e variada história na evolução do pensamento geográfico, é difícil pensar o lugar em um âmbito deslocado do ângulo subjetivo.

Entretanto, é importante notar que os conceitos de paisagem e até mesmo o de lugar não são imunes à evolução diacrônica do pensamento geográfico. A paisagem, por exemplo, após ter sido foco de muita atenção no período entre guerras, perdeu o protagonismo nas décadas de 1950 e 1960 como instrumento de reflexão geográfica (COSGROVE, 1985). "No final dos anos 1960, o interesse pela paisagem na pesquisa geográfica foi renovado, em parte, pela ascensão da abordagem humanista na geografia" (COSGROVE, 1985, p.45). Já o lugar tem incorporado jargões que enriquecem a reflexão por ele carregada: não-lugares, deslugares, lugaridade, *outsiders* e *insiders* são exemplos de conceitos que foram incrementados e lançam luz à problemática que a categoria nos convida a vislumbrar.

A paisagem possui abordagens diversificadas, com entendimentos que vão desde a noção materialista radical dos conceitos até o extremo idealista. Assim como também podemos dizer sobre o lugar, de forma mais notável "a paisagem possui elasticidade e ambiguidade, necessariamente sendo impossível de apreendê-la de forma totalizante e encarcerá-la em uma definição única" (NAME, 2010, p.180). O conceito de lugar, por sua vez, é marcado por uma maior rigidez em sua abordagem. Antecipamos que a abordagem deste livro direciona-se para o entendimento que a paisagem e o lugar não podem ser vistos por intermédio de uma mera descrição material. Como nos aponta Lívia de Oliveira (2020), "o espaço da humanidade se confunde com a própria Terra. Para estudá-lo, compreendê-lo e estabelecer relações intrínsecas se faz necessário apreendê-la em suas representações, em sua concretude e em sua imagética" (OLIVEIRA, 2020, p.7). Acreditamos em uma abordagem dialética na qual o homem, a paisagem e também o lugar estão entrelaçados numa relação chamada por Augustin Berque (2017) de *trajeção*. Nessa relação, o homem interfere no meio e, pelo seu lado, o meio é partícipe da formação identitária. Nesse sentido, a objetividade e a subjetividade daria lugar a outro plano analítico: a *trajetividade*. Apesar de termos nosso entendimento sobre a paisagem e o lugar, contemplaremos também outras formas de abordagem. Afinal, é a partir do questionamento de certas ideias que podemos modular o que consideramos ser uma abordagem assertiva da paisagem e do lugar, que é aquela capaz de intermediar posicionamentos. Desse modo, faz parte da estratégia deste livro abordar as categorias em questão tanto ao logo do tempo atomístico quanto por meio de diferentes correntes.

Os estudos culturais são centrais para a abordagem da paisagem e do lugar na geografia. Nas palavras de Roberto Lobato Corrêa, "a paisagem não é apenas o produto, mas um agente ativo que desempenha importante papel na reprodução da cultura" (CORRÊA, 2011, p.13). Acreditamos que esta explanação valha também para o lugar. É importante notar que a expressão "estudos culturais" abriga uma vasta gama de pensamentos e metodologias, que trazem impacto significativo para a forma em que as categorias paisagem e lugar são abordadas. Discordando de Lester Rowntree (1988), Denis Cosgrove (1989) não vê a trajetória da geografia cultural como harmoniosa e linear. Para além de sua objeção frente ao uso do termo "evolução" aplicado à geografia cultural por Rowntree, Cosgrove vê descontinuidades e fragmentação. Além disso, é importante destacar, de antemão, que aquilo que se chama de geografia cultural representa um escopo de abordagens diferentes daquilo que se chama de geografia humanista (que, por sua vez, também é chamada de geografia humanista cultural ou geografia humanística), ainda que ambos possam ser enquadrados como "estudos culturais em geografia". É fundamental apontar que *a priori*, como congruência, destaca-se justamente o interesse destes dois campos com os estudos associados à paisagem e ao lugar. Mesmo no interior de cada uma destas correntes, é possível notar, no ato comparativo entre as produções dos autores, expressivas diferenças entre abordagens nas quais a expectativa era a similitude ou a complementariedade. Por outro lado – como nos alerta Peter Jackson (1991; 1999) e outros nomes ligados à nova geografia cultural – não é possível apartar a abordagem cultural, da social e da econômica. De fato, a nova geografia cultural centrou-se no estudo das representações e de que forma as mesmas são instrumentos para operar ideologias e disseminar valores (ANDERSON, 2018). Assim, nessa lógica, os estudos sobre a paisagem não se restringem somente a interpretar o que a paisagem significa, mas também como o significado foi produzido (ROSE, 2002). Por isso, no âmbito desta corrente, o estudo da cultura passa pela análise das relações de poder, em um claro distanciamento frente à tradição cultural saueriana. Por esta razão justificamos o fato das nossas reflexões teóricas transitarem frequentemente na análise social.

Sabe-se que desde os anos 1970 e principalmente nos anos 1980, o social construtivismo passou a inspirar abordagens geográficas, tendo impactos notórios para a geografia cultural e, mais detidamente, para o próprio uso da palavra cultura no campo da geografia. No ano de 1975, Philip L. Wagner já argumentava: "nenhum indivíduo, até mesmo aquele pertencente a uma comunidade pequena e uniforme, pode completamente representar uma cultura" (WAGNER, 1975, p.11). Essas considerações já apontavam para uma crítica a abordagem reificada da cultura, que se multiplicou posteriormente e inspirou as reflexões de Anthony Cohen (1993), Mitchell (1995) e tantos outros. Essa postura representou claramente a transcendência paulatina frente à abordagem saueriana da cultura, que por algumas décadas foi dominante na geografia. É muito importante ter em mente essa notável transição, ainda que seja curioso observar que a abordagem saueriana seja tão criticada e ao mesmo tempo possua representação em trabalhos contemporâneos. Com a disseminação e ascensão social construtivista há de se notar a expressividade do impacto sobre os conceitos de paisagem e lugar.

É preciso ter em mente que pensar sobre a paisagem é também refletir sobre a dicotomia e dialética entre o sujeito e o mundo, além da reflexão do lugar da natureza e do homem na própria paisagem (BESSE, 2008). É importante esclarecer, de partida, que a paisagem e o lugar não são a mesma coisa, mesmo quando estas categorias são definidas em parte pela presença e pelos valores dos homens que nelas vivem (MUIR, 1998a), constituindo-se, deste modo, como a core área da cultura (GIL FILHO, 2005). A paisagem, assim como o lugar, não se esgota na narração de suas características materiais. As oscilações dos conceitos, que se deslocaram entre a visão individual e social, bem como entre a matéria e as ideias, continuam gerando problemas para aqueles que são desejosos de uma definição pura e detentora de um verniz de precisão científica[26] (MACIEL,

---

26 A discussão sobre o caráter científico da geografia acompanha a disciplina desde os primórdios de sua institucionalização. Após a consolidação da chamada nova geografia (também chamada de geografia quantitativa ou pragmática) que se desenvolveu na década de 1950, a busca desenfreada pela validade dos argumentos centrou-se no cânone da metodologia positivista. De uma forma até mesmo cômica, John Fraser Hart evidencia que a obsessão positivista (revitalizada nos anos 1950

2001). Paisagem e lugar conferem ao mundo um sentido que é subordinado à experiência individual, sensorial e suscetível de uma elaboração estética singular. Já o conhecimento científico desafia, ao mesmo tempo, o pensamento simbólico[27] e a experiência sensível, tendo um poderoso centro de gravidade na pretensão de objetivar o espaço sob a forma de uma extensão homogênea, isotrópica e matematizável. A paisagem, assim como o lugar, "trata-se de uma realidade tão interior quanto exterior, tão subjetiva quanto objetiva, que se presta tanto a entrever quanto a perceber. Não é um dado objetivo, imutável, que basta ser reproduzido" (COLLOT, 2015, p.19). Congrega, portanto, natureza e cultura, materialidades e imaterialidades (BURGESS, 1996) que incluem relatos históricos e histórias de vida, constatações e percepções (DEUS; BARBOSA, 2017). A própria experiência que carregamos em âmbito individual – fundamental para a forma em que percebemos, interpretamos e expressamos a paisagem e o lugar – é temporalmente transcendente: em parte significativa da descrição e análise espacial, a cultura e a sociedade são expressas em termos pretéritos, em uma ação caracterizada pela conversão da experiência humana em um produto acabado (HARISSON, 2000). É ingenuidade e até mesmo uma espécie de centrismo temporal enviesar a interpretação social, cultural e espacial em tempos idos, eternizando descrições que trazem reflexos claros para os estudos da paisagem e do lugar.

Acreditamos que o principal mérito da abordagem que propõe a intermediação dialética entre matéria e ideias – e entre a objetividade e a subjetividade – é o dinamismo que envolve a construção de significados. O processo que Augustin Berque (2017) chamou de *trajeção* está em movimento; não é, portanto, um dado acabado. Essa característica permite lidarmos com um fator passivo e permanentemente presente na abordagem geográfica, que perturba as noções de paisagem e lugar: o tempo (e sua inexorabilidade).

---

com o neologismo "neo"positivismo) manifestou ações para além do método científico: "Essas pessoas tem feito algumas coisas estranhas na tentativa de se parecerem mais "científicas". Por um tempo, exemplificando, estava muito na moda entre os geógrafos utilizarem botas que iam até os joelhos e camisetas de flanelas vermelhas no intuito de se parecerem como geólogos, a quem consideravam serem mais cientistas do que os geógrafos. Mais recentemente, a moda entre alguns geógrafos tem sido se vincularem às salas de computadores numa tentativa de se parecerem como economistas" (HART, 1982, p.3).

27 As formas simbólicas que se manifestam na paisagem e no lugar sçao sujeitas a interpretações distintas, caracterizando-se por uma instabilidade de significados (CORRÊA, 2007).

Este livro não trata de uma mera revisão das diversas acepções do conceito de paisagem e de lugar. Marcamos posição em meio à pluralidade conceitual das categorias que aqui abordamos. Contudo, ao acreditarmos que a noção reificada da paisagem e do lugar não é adequada como parâmetro analítico do espaço corremos o risco de cair em uma espécie de paradoxo: a sistematização de uma abordagem que não reifica a paisagem e o lugar pode criar uma nova abordagem entificada destas categorias, como, por exemplo, se rotularmos a perspectiva em questão de "geografia pós-estrutural" ou, ainda, "geografia desconstrucionista". É uma espécie de paradoxo que o próprio Jacques Derrida rejeitou ao não entender seu legado teórico como pertencente ao rótulo pós-estruturalista. Como antecipamos no prefácio deste livro, não cremos na materialidade dos rótulos, como se os mesmos abrigassem uma massa homogênea de pensamento. Cremos, acima de tudo, na pluralidade e diversidade do pensamento. Por outro lado, não acreditamos que os rótulos devam ser banidos; afinal, são formas de expressão didáticas que muitas vezes facilitam a comunicação. Basta termos a compreensão de que os rótulos não se constituem como entidades monolíticas ou tiranias autocentradas quintessenciais que se impõem sobre os seus asseclas. Acrescentamos que termos como "grupo", "categoria", denotam entificação (WATSON, 1981), mas é importante notar que parece ser adequado não avaliar desenvolvimentos teóricos pelo mero emprego de uma palavra. Afinal, as palavras estão inseridas em contextos que devem ser considerados. É justo criticar palavras escolhidas para serem inseridas em textos nos quais a comunicação entre autor e leitor torna-se problemática. Por outro lado, não parece justo rotular construções textuais a partir do mero emprego isolado de termos sem que se leve em conta o conjunto articulado.

Estamos de acordo com Giuliana Andreotti sobre a paisagem, quando a autora argumenta que há "uma ampla gama de interpretações, na verdade, poderíamos dizer que há cem mil e cada uma necessita de uma abordagem diferente, porque é como uma obra de arte cuja interpretação não é certa como sugerir sempre qualquer coisa a qualquer um" (ANDREOTTI, 2010, p.264). As interpretações não variam somente entre indivíduos, como também oscilam ao sabor do tempo dentro de uma mesma mente sujeita ao inapelável assédio da experiência humana. O argumento em questão dá o tom da justificativa para o título desta obra, que batizamos como *A excepcionalidade da paisagem e do lugar*.

As correntes de pensamento, descritas por intermédio de formas reificadas, apresentam-se como tipos ideais. É de se esperar que a forma de pensar do geógrafo se encontre, hibridamente, intermediada pelos rótulos. A tentativa de se rotular como "geógrafo humanista", "marxista", "neopositivista", "pós-colonial" ou "pós-modernista" trata-se de uma inadequação mediante as formas híbridas de pensar e da excepcionalidade da mente humana. Em um livro que contempla a paisagem e o lugar, a abordagem reificada das categorias e das correntes precisa ser entendida como ferramenta de construção e desconstrução analítica. O arranjo híbrido das convicções dos geógrafos explica também a diversidade do conceito das categorias geográficas aqui contempladas. Apresentaremos no decorrer do livro nossa posição contrária ao entendimento e aplicação da noção estritamente materialista da paisagem e do lugar. Por outro lado, acreditamos também que o idealismo radical não é uma resposta adequada ao materialismo extremado. Para falarmos sobre a excepcionalidade da paisagem e do lugar precisamos nos apoiar, necessariamente, na intersubjetividade que a pauta. Dentro desta dimensão, é extremamente curioso o fato de que a abordagem não reificada da paisagem e do lugar abre espaço para a interpretação intersubjetiva que carrega, em si mesma, fragmentos de abordagens reificadas.

Escrever sobre a paisagem e o lugar nos lança também a um debate linguístico: entre polissemias, metáforas e outras figuras de linguagem, as teorizações podem criar grande obstáculos entre o comunicador e o leitor. Existem àqueles que criticam o uso indiscriminado de metáforas, sob as escusas desta figura de linguagem ser incapaz de mediar a materialidade e imaterialidade paisagística (MITCHELL, 1996a) e do lugar. Afinal, enquanto figura de linguagem, trabalharia sempre com uma abordagem idealista, já que a analogia entre elementos pode ser compreendida de forma mais ou menos distinta, sem uma clara tangibilidade. Comparadas com a linguagem literal, metáforas não são representações mais precisas da realidade, mas expressões usadas para tentar compreender um fenômeno. Quando se usa as metáforas como ferramentas de compreensão do espaço não significa que o mundo modificou, mas certamente são modificadas as formas nas quais nos engajamos com o mundo (SEEMANN, 2005a).

Por outro lado, a metáfora tem seus defensores, que acreditam que as figuras de linguagem em questão abreviam com clareza ideias que requisitariam longa exposição (TUAN, 1957), ainda que exista o perigo de sua função original "ser perdida por meio do acréscimo gradual de novos significados antes mesmo que a palavra se torne um jargão" (TUAN, 1957, p.11). Livingstone e Harisson (1980) destacam que as expressões metafóricas são sempre um convite; os autores afirmam isto pensando que a metáfora apresenta-se como um desafio ao interlocutor, que precisa compreender como realidades distintas possuem elementos que as fazem análogas. Enquanto desafio, as metáforas preservam seu valor didático, justamente por estimular de uma forma quase gamificada as mentes inquietas.

As reflexões propostas no livro *A excepcionalidade da paisagem e do lugar* pretendem se apresentar como contribuição ao pensamento geográfico, inaugurando debates que não são muito presentes em publicações brasileiras e que, mesmo em publicações estrangeiras suscitam polêmicas, como nas divergências que envolveram Don Mitchell (1995;1996b), Denis Cosgrove (1996a), Peter Jackson (1996) e James e Nancy Duncan (1996)[28] no que diz respeito ao conceito de cultura. Neste livro abordaremos diversas conceituações da paisagem e do lugar, pois, é na multiplicidade de conceitos e na experiência histórica de suas formulações que as formas híbridas de pensar conferem excepcionalidade às categorias que aqui contemplamos. A leitura sequencial dos capítulos conduzirá o leitor às concepções associadas à abordagem fenomenológico-existencial na geografia, ainda que tenhamos muito respeito e consideração com todas as abordagens que compõem a história do pensamento geográfico; considerando a hibridez do pensamento e a intertextualidade que nos molda, organizamos nosso pensamento de forma quimérica. Fragmentos de obsolescências de outrora vivem na complexa engenharia que sustenta nossa visão de mundo. Nota-se, de forma irresistível, que nesta abordagem marcada pela indissociabilidade entre o ser e o espaço, os conceitos de paisagem e lugar apresentam forte congruência. Ambos são categorias que nos auxiliam, de forma fundamental e elementar, a compreender a conexão homem-Terra (NASCIMENTO; COSTA, 2021).

---

28 Esta divergência, muito útil no que diz respeito aos estudos da geografia cultural, será explorada adiante.

1
CONSIDERAÇÕES INICIAIS
SOBRE A PAISAGEM

A paisagem não existe, objetivamente, nem em si; então ela é relativa ao que os homens pensam dela. Ela é um tipo de grade (retícula) mental, um véu mental que o ser humano coloca entre ele mesmo e o mundo, produzindo, com essa operação, a paisagem propriamente dita.

Jean Marc Besse (2014a)

É curioso pensar que a rica história do conceito de paisagem espelha em grande medida o seu caráter: nesse conceito que flutuou ao sabor da diversidade de tempos e espaços podemos observar fragmentações, justaposições, complementariedades, oposições, simbolismos e intersubjetividades. Essas características compõem justamente o apanágio paisagístico. Não podemos admitir que alguém entenda que é nosso intento expressar por intermédio deste livro um fim da história do conceito de paisagem. Enquanto autor desta obra e estando sitiado geográfica e temporalmente, temos a devida noção da incompletude do nosso lugar de fala. Temos a convicção que nossa vida e obra passarão e a fervura conceitual se manterá irrefreavelmente dinâmica, ainda que possamos apontar certas tendências por meio de rigoroso escrutínio. É um privilégio do nosso tempo a possibilidade de sermos capazes de notar que o prefixo "pós" – utilizado em inúmeras possibilidades semânticas ou teóricas – pode, ao olhar de muitos, representar a obsolescência do pensamento. No entanto, apostar na efemeridade nos parece mais lógico do que na determinação.

De partida, destacamos que toda sociedade humana possui um ambiente, que é percebido, expresso simbolicamente e adaptado aos seus propósitos. Entretanto, existem poucas antigas civilizações as quais o ambiente tornou-se explícito objeto imagético-paisagístico. De fato, somente algumas antigas civilizações na história da humanidade desenvolveram a estética da paisagem em sua plenitude. Todavia, devemos considerar ainda as respectivas esferas de influência dessas civilizações sobre os espaços adjacentes ao seu território (BERQUE, 1993), o que impacta na disseminação da concepção paisagística. Considerando essas premissas iniciais, podemos dizer que a paisagem é uma invenção. Exportada para outros povos, a noção estética da paisagem forçou a criação de neologismos que acampassem a nova ideia (SERPA, 2020a), além de promover o florescimento de formas de expressão artísticas, como a pintura e a literatura. Para conceber essa diferença entre a presença e ausência do pensamento paisagístico, se faz necessária uma crucial distinção: paisagem não é o mesmo que ambiente[29], pois a compreensão e abordagem paisagística exigiria penetrar na dimensão da subjetividade[30]. Para Berque:

> O ambiente é o aspecto objetivo do meio: ou seja, aquilo que é objetivo das relações estabelecidas entre a sociedade, o espaço e a natureza. A paisagem é a parte sensível destas relações. E deste modo, repousa em uma forma coletiva de subjetividade (BERQUE, 1993, p.33)

Nota-se, todavia, que a palavra paisagem é utilizada dentro de uma polissemia que permite diferenças muito grosseiras, ao ponto do conceito ser até mesmo concebido de forma objetiva em determinadas abordagens. Tal polissemia foi construída ao longo do tempo, razão pela qual o resgate histórico do termo apresenta-se como estratégia eficiente para a compreensão das linhas distintas do seu uso que hoje são oferecidas. As variações do termo paisagem entre abordagens objetivas e subjetivas dificultou a formação de uma base conceitual sólida, fato que levou a considerações de que o conceito só se tornou central na geografia a partir dos anos 1920 (BARBOSA; GONÇALVES, 2014). Registra-se, de forma clara, que muitas das noções vinculadas ao termo paisagem se desenvolveram antes mesmo da sistematização da geografia (BARBOSA *et al.*, 2016).

As visões da paisagem objetiva ou subjetiva são responsáveis por importante tensionamento que se apresenta no uso contemporâneo do termo. A oposição ao uso objetivo da paisagem – vista de forma dominante nos recentes estudos culturais – reside na bem estabelecida concepção do homem enquanto um animal semiótico (OLSSON, 1991), que posi-

---

29 O texto em inglês traz: "*Landscape is not the environment*" (BERQUE, 1993, p.33). A problematização de Augustin Berque já anuncia uma reflexão cujo ponto de partida distingue a noção de paisagem reificada, objetivável, daquela dotada de apelo fenomenológico.

30 Existem certas abordagens de viés positivista que tratam a paisagem como ambiente ou geossistema, o que expressa uma visão modernista de separação brutal entre o homem e a natureza, a partir da objetificação desta última a serviço das demandas antrópicas.

ciona a criatividade humana como uma ferramenta capaz de nos conceber o dom de elaborar símbolos e de interpretá-los de forma muito distinta. Sabe-se, todavia, que a paisagem se monta, também, a partir da tentativa de determinados grupos de manterem o *status quo* político-social. Muitos estudos da nova geografia cultural buscam compreender como a paisagem, seu arranjo e simbolismo atendem a esta lógica[31].

Outro tensionamento que paira sobre o termo paisagem é fruto das diferentes percepções quanto à separação entre o homem e a natureza e, por outro lado, a visão unitária da natureza que engloba o homem. Em uma das relevantes acepções – endossada pelo teórico da paisagem Georg Simmel – a noção da paisagem apenas poderia ter surgido na consciência humana quando o afastamento do homem em relação à natureza se encontrava consumado. Assim, poderiam ser aplicadas à paisagem valorizações estéticas como se a mesma fosse um objeto passível de mensuração humana. Talvez por isso – como um reflexo do tensionamento das distintas concepções envolvendo homem e natureza – Adriana Veríssimo Serrão afirme categoricamente que a "paisagem ocupa, por assim dizer, um lugar intermédio entre a natureza, a totalidade englobante, e os entes naturais, singularmente considerados

---

31 De acordo com Pierre Bordieu: "símbolos são instrumentos por excelência da integração social: como instrumentos de conhecimento e comunicação tornam possível o consenso acerca do senso sobre o mundo social que, por sua vez, contribui de forma fundamental para a reprodução da ordem social; a integração lógica é a precondição da integração moral" (BORDIEU, 1979, p.79). O autor chama de violência simbólica o processo caracterizado pelo uso do símbolo como contribuição para o exercício da dominação de uma classe sobre a outra. Acrescenta ainda que o campo da produção simbólica é um microcosmo da disputa entre classes. Concordamos com Pierre Bordieu quanto à capacidade de instrumentalização política dos símbolos, mas queremos fazer uma ressalva: não acreditamos em um consenso acerca do mundo social. Indivíduos possuem versões particulares, ainda que partilhem um número expressivo de congruências sobre suas noções. Desse modo, acreditamos que os próprios símbolos são interpretados de forma particular, apesar de compreendermos que não raramente exalam núcleos duros de pensamento que transmitem ideias relativamente homogêneas sobre o arranjo da vida social. É importante considerar que confiar em consensos sobre o mundo social significa eliminar a diferença que se manifesta no interior daquilo que comumente é chamado de classe. O mundo dos símbolos participa ativamente na reprodução do mundo social, tornando a paisagem um campo de batalha discursivo; símbolos, tanto quanto narrativas, são representações. Apesar de ser difícil crer na interpretação consensual de representações, cremos que a dimensão simbólica é apropriada instrumentalmente como uma forma de desenhar e propor o mundo. Os mecanismos políticos associados à proposição de leitura da realidade se constituem como um dos eixos de investigação prioritária da nova geografia cultural.

na sua particularidade" e ainda elabore que a paisagem "não remete para uma ideia genérica e objetivável, mas para unidades amplas e inconclusas, sempre individualizadas e diversas" (SERRÃO, 2017, p.43).

Aprioristicamente, é importante considerar que diversas dicotomias guiam as definições da paisagem: visão objetiva *versus* visão subjetiva; mente *versus* matéria; percepção dominantemente visual *versus* multissensorial; dentre outras. Essas dicotomias deveriam ser compreendidas como planos entrecruzados e multidimensionais e, em muitos casos, constituitivamente como dialéticas. Não podemos esgotar as múltiplas possibilidades de definições da paisagem a partir de esquemas simplórios, visto que tanto a complexidade do entendimento do termo e sua aplicação acadêmica fogem de lógicas meramente binárias. É notório que o final do século XX testemunhou a crescente concepção de que a paisagem e o homem se entrelaçam a tal ponto que a representação paisagística exibe um particularismo: torna-se uma versão que revela nuances identitárias. Nesse âmbito é desvalorizada a concepção da paisagem ontológica, e, *ipso facto*, pintar a paisagem torna-se um gesto de grande responsabilidade, por razões que remetem à sua essência: é que, de fato, a paisagem é essencialmente invisível. A pintura de paisagem autêntica não representa o que vemos, ela torna visível o invisível, mas como algo subtraído, distanciado (BESSE, 2006), parcial e fraturado. Todavia, durante parte importante da história – em distintas sociedades – a paisagem foi, livre de constrangimentos, vista e compreendida enquanto entidade, representável e descritível, esgotável em seus detalhes, atendendo aos anseios objetivistas.

É importante apontar que a noção de paisagem está presente na memória do ser humano antes mesmo da elaboração do conceito (MAXIMIANO, 2004). Durante a Antiguidade Clássica, o interesse na percepção da paisagem – sem que o termo ainda tivesse sido cunhado – fazia-se presente com a descrição dos lugares (OLIVEIRA, 2000). Na Roma antiga existiam sugestões paisagísticas: destacam-se os afrescos parietais nos pátios exíguos das casas de Pompéia; Agripa, magistrado romano, implantou jardins na capital do império, valorizando promontórios, bosques e quedas d´água. São exemplos que reforçam o interesse pela paisagem na Antiguidade clássica[32] (BARTALINI, 2010).

---

32 "Os romanos não tinham, porém, uma palavra que a designasse, e, pela falta dessa condição, costuma-se fazer coincidir com o início da era moderna o nascimento da ideia de paisagem, quando o termo passa a comparecer em várias línguas européias. Na mesma época, a paisagem é retomada como tema na literatura, desperta o interesse dos pintores e firma compromissos com os jardins" (BARTALINI, 2010, p.112).

Na Europa, no período medieval, a paisagem significava a terra habitada por um dado povo (ALLEN, 2011), fazendo jus ao prefixo *pays* e mostrando uma noção de que homem e natureza eram vistos conjuntamente. Na baixa Idade Média, nas línguas germânicas, a palavra paisagem surgiu como uma contrapartida às palavras latinas *regio*, *patria*, *provincia*, que se aproximavam do sentido de área, domínio, território e região. A busca em se diferenciar da esfera do poder trouxe a paisagem para uma seara de grande apelo estético, que tem seu espaço de inserção e crescimento no renascentismo.

A pintura de paisagem surgiu antes mesmo que a palavra paisagem fosse capaz de se apropriar da temática explorada nas telas. Serrão (2013) classifica como tardio o surgimento da noção de paisagem na cultura ocidental, ligando-o à modernidade e, portanto, conjuntamente à cisão entre sujeito e objeto. É de se observar que é geralmente comum a ideia de que a paisagem, enquanto um conceito de utilização sistematizada, ser uma invenção do renascimento (QUONIAM, 1988; MARANDOLA; OLIVEIRA, 2018), precisamente no final do século XV e início do XVI (COSGROVE, 1985), em um momento no qual o homem passou a ser visto como uma entidade à parte da natureza (ARAÚJO, 2018). Nesse contexto, desenvolveu-se a noção da paisagem enquanto cenário (OLWIG, 2015). Esta posição é reforçada por Teresa Alves que argumenta que do início do século XVI até o final do século XVII, o termo paisagem "não foi utilizado para designar um fato geográfico, mas o produto da arte de representar numa tela um dado acontecimento enquadrado por uma dada realidade geográfica" (ALVES, 2001, p.67). Assim, em diversas oportunidades, a paisagem foi compreendida como representação artística, principalmente informada pelos modelos de pintura: a invenção histórica da paisagem foi relacionada com a invenção do quadro na pintura, que encarnou o sentido de uma janela: a paisagem seria, portanto, o mundo tal como é visto de uma janela; uma vista emoldurada e, em todo caso, uma invenção artística (BESSE, 2014a). Enquanto um produto da vista de uma janela, é reforçada a cisão de interior/exterior, já que a paisagem é aquilo que está do lado de fora. Claude Raffestin (1977) assegura que a paisagem não era objeto de interesse dos ocidentais até a aurora do século XVI. É a necessidade de representação do Renascimento que ajuda a fundar a paisagem em um contexto que propõe a dicotomia entre o homem como sujeito e a natureza como objeto.

É importante compreender a história do conceito, pois, por intermédio dela, podemos perceber as heranças de conceituações diacronicamente dispostas que entram em confronto. Gomes e Berdoulay se perguntam: O que designa afinal a palavra paisagem, o recorte fixado sobre um suporte ou o ambiente mesmo? (GOMES; BERDOULAY, 2018, p. 359). Claramente essa dúvida se lança a partir uso renascentista da palavra paisagem. Ao mesmo tempo, os autores em questão argumentam que "essa dúvida tem sido uma marca resistente nos debates feitos na geografia sobre o estatuto das representações e suas aproximações com uma suposta realidade" (GOMES; BERDOULAY, 2018, p.359).

Richard Huggett e Chris Perkins (2007) consideram muito relevante o papel de Alexander von Humboldt (1769-1859) para a consolidação do conceito de paisagem como ferramenta geográfica. A relevância se manifesta quando Humboldt utiliza o termo como o caráter total de uma dada região, incluindo suas qualidades naturais, culturais e estéticas. No período de Humboldt, é importante destacar que o escopo das disciplinas ainda era muito fluído, visto que a institucionalização das humanidades enquanto disciplinas dotadas de departamentos acadêmicos ocorre de forma notória em meados do século XIX. De todo modo, a abordagem de Humboldt representa, ainda que simbolicamente, um ponto de inflexão importante do conceito; afinal, a sua concepção de paisagem se aproxima daquela utilizada por Carl Sauer em meados da terceira década do século XX.

A ciência moderna, que emergiu no período do renascimento e do iluminismo, trouxe consigo a promessa de que isolando a natureza como um objeto de estudo, seria possível transformá-la e controla-la em prol do benefício da sociedade (OLWIG, 2008). A natureza, assim, transforma-se em uma construção cultural quando funções são atribuídas a ela[33]

---

[33] A separação do homem e natureza torna-se mais evidente com o posterior processo de urbanização. De acordo com Margaret Fitzsimmons (1989), nossas considerações inconscientes de que o trabalho e vida intelectuais são urbanos ajudam a elaborar a cisão entre homem e natureza. De acordo com a autora, a natureza como conhecemos foi inventada na diferenciação entre cidade e o espaço rural e entre o trabalho braçal e mental, além da abstração da cultura contemporânea acerca do necessário trabalho social produtivo de nossa vida material (FITZSIMMONS, 1989, p.108). É importante notar que a forma como se elabora o binômio homem-natureza nunca assumiu uma perspectiva universal. Podemos falar em momentos em que a concepção da natureza oscilou espaço-temporalmente, e, neste histórico, não podemos falar em um fim da história: a natureza já foi concebida como um objeto a ser contemplado e um recurso a ser explorado e, em outro momento, como na filosofia de Heidegger e nas teorias não-representacionais contemporâneas como parte indissociável do próprio ser. A história da arte e o percurso da filosofia europeia não são lineares, totalizantes e universais, apesar de terem sido capazes de ditar, por meio de sua influência, tendências hegemônicas.

(LARSEN, 1992). Filósofos que refletem sobre a modernidade geralmente interpretam a paisagem como um dos dilemas centrais que se vinculam à separação entre o homem e a natureza (PAGANO, 2011). A aprazibilidade do cenário natural, idealizada em pinturas de paisagem, aprofunda-se à medida que os avanços das técnicas à disposição do homem permitem impactos notáveis em determinadas porções do espaço, permitindo uma diferenciação entre regiões antropizadas e não-antropizadas (OLWIG *et al.*, 2016). A ideia da acumulação da produção advinda do trabalho, que é uma especificidade humana bastante problematizada no século XIX, ajuda a aprofundar a separação entre homem e natureza (BURGESS, 1978). Pensando deste modo, a própria consolidação do capitalismo contribui para a cisão aqui abordada. Em um momento posterior, já no século XX, a alardeada crise ambiental – vista como externalidade do progresso inexorável – problematiza de forma contundente a cisão homem e natureza, o que nos impõe reflexões que associam o prolongamento da nossa existência enquanto espécie à percepção de nossa indissociável condição frente ao meio que habitamos. Isso significa considerar a possibilidade de ver a Terra como a nossa casa. A visão domiciliar do planeta é uma expressão que, ao mesmo tempo em que se apresenta como metáfora, chama nossa atenção para os efeitos nocivos trazidos pelo progresso.

Na renascença, a paisagem era considerada como parte integrante da pintura ao ser definida como o fundo de quadros religiosos (KIYOTANI, 2014), em um momento em que o foco era o antropocentrismo, sendo representada como detalhe ou complemento das telas. A paisagem renascentista, que explorava as interferências humanas no espaço, abordava, dentre outros elementos, vilas ricas e poderosas, palácios e castelos, de tal modo que pouca atenção era dada à representação de paisagens ordinárias (ANTROP, 2005): o monumentalismo era o foco.

Dürer, Albrecht. View of Trento, 1495. Aquarela e guache no papel. 23.8 x 35.6 cm. Kunsthalle, Bremen.
A tela de Dürer destaca de forma equilibrada o homem e a natureza, em uma proposta cênica em que os objetos são organizados dentro do seu enquadramento. A paisagem apresenta-se orgânica e funcional e alude à noção alemã de landschaft e com o duplo sentido que carrega: paisagem e região.

Séculos antes da institucionalização da geografia enquanto disciplina acadêmica – que ocorreu no século XIX – praticantes da arte da geografia estiveram engajados em desenvolver linguagens e técnicas que pudessem capturar o que os olhos poderiam ou deveriam ver na paisagem (DRIVER, 2003). No Renascimento, a paisagem passou a ser identificada como um espaço cênico abrangente e com objetos organizados dentro da totalidade daquele campo espacial unificado (OLWIG, 2011). Logicamente, como se espera das estruturas híbridas do pensar, certos artistas se destacavam por apresentarem propostas deslocadas da tendência do seu *zeitgeist*. As aquarelas de Albrecht Dürer destacam-se ao dar importância também ao quadro natural, já que o artista estava inserido em uma sociedade até então culturalmente afastada da natureza (MAXIMIANO, 2004).

De acordo com alguns autores, a discussão paisagística parece ser mais antiga no extremo leste do planeta. No Oriente, segundo Augustin Berque (1998), a noção de paisagem [*Fengjing* e *shanshui*[34]]

---

34 *Feng* e *Jing* significa vento e cena. *Shan* e *Shui* significam montanha e água. Enquanto *Feng Jing* aproxima-se da ideia da paisagem como imagem a ser percebida, *Shan Shui Hua* associa-se à paisagem como proposta de representação em ilustrações. Tanto na língua chinesa quanto na língua inglesa, a paisagem é visual.

foi desenvolvida no sul da China na virada do século quatro para o cinco, período com o qual concordam Marandola e Oliveira (2018): "os primeiros registros sobre uma reflexão explícita sobre a paisagem datam do século IV na China, cerca de mil anos antes da Europa" (MARANDOLA; OLIVEIRA, 2018, p. 143). Um dos indícios da precocidade da reflexão paisagística chinesa é o fato do texto "Introdução à pintura de paisagem" de autoria de Zong Bing [*Tsung Ping*] – músico e artista chinês que viveu entre os séculos IV e V da nossa era – ser reconhecido como o primeiro manuscrito sobre o assunto (TURNER, 2009). Existe a hipótese, apoiada por certos autores como o sinologista japonês Miyazaki Ichisada, que a unificação do continente euroasiático realizada pelo império mongol possibilitou a chegada de pintores chineses de paisagem à Europa, o que poderia ter despertado os europeus (BERQUE, 1998) à reflexão paisagística.

Em uma narrativa eurocentrista, a paisagem passou a integrar o escopo de preocupações dos artistas e viajantes, em um momento em que os horizontes para os descobrimentos de novas terras e contatos entre distintas sociedades proliferaram. A crise do sistema feudal – que não pode ser entendida como um estalo instantâneo e avassalador que cobriu toda a Europa – foi aos poucos abrindo a possibilidade do intercâmbio econômico, político e social, levando o viajante à experiência do estranhamento paisagístico. Relatos romantizados sobre paisagens jamais vistas alimentavam as imaginações e reforçavam estereótipos sobre povos e regiões inteiras. O "descobrimento da América" com seus capítulos distribuídos em diversas latitudes do Novo Mundo acentuou os etnocentrismos, numa era em que a discussão entre Las Casas e Sepúlveda (WALLERSTEIN, 2007) mostrava-se uma problematização além do seu tempo.

O interesse pela paisagem é, provavelmente, anterior à própria elaboração do seu conceito e de sua estruturação etimológica. Afinal, a reflexão sobre a paisagem foi estimulada pelas viagens e pela abertura ao mundo (GASPAR, 2001). Obedecendo a lógica envolvendo o interesse na paisagem e as viagens, podemos ousar em afirmar que à medida que se aprofunda as conexões entre os homens por intermédio dos

---

Todavia, na língua chinesa, a paisagem enquanto imagem a ser percebida alude à dimensão imaterial, pois se associa ao vento e não a terra. Estabelece-se uma espécie de paradoxo na seminal paisagem chinesa: "a visão do invisível" (DIEP, 2017).

prodígios dos transportes e da velocidade[35] a reflexão sobre a paisagem se fortalece, pois é colocada em um altar cada vez mais glorificado.

O avanço na matemática e geometria na Renascença está diretamente associado à introdução pioneira da perspectiva na pintura. Assim, muitas telas exploraram a mudança na posição do observador frente à paisagem, o que se constitui em uma grande inovação. O afresco de Pietro Perugino *Christ giving to St Peter the Keys to the Kingdom of Heaven*, pintada em 1482, é um dos marcos da inovação da perspectiva (COSGROVE, 1985). Foi a arte italiana que proveu o arquétipo estético que se desenvolveu e circulou carregando o que hoje conhecemos como a tradição perspectivista europeia na representação paisagística. Essa tradição floresceu na pintura renascentista holandesa e flamenga e persistiu pelo século XIX na arte paisagística romântica alemã e inglesa (ZARA, 2021). Foi um período de grande importância para a representação geométrica, tanto nas artes, quanto na cartografia e até mesmo para o traçado urbano. A cidade pós-medieval "se contrapunha a padrões orgânicos ou linhas irregulares, preconizando normas rígidas de composição, avenidas monumentais e dimensões amplas" destacando-se no todo da urbe "uma tendência à uniformidade, regularidade e simetria" (LIMA, 2004, p.18). Por isso, não parece razoável apartar as inovações da pintura de paisagem das modificações obserevadas no arranjo das cidades.

Apenas no final do século XVIII e no início do século XIX que as transformações induzidas pela Revolução Industrial passaram a ser consideradas como devastadoras e ameaçadoras para o meio-ambiente e para a integridade da paisagem. Concomitantemente a essas transformações, o Romantismo se desenvolveu, oferecendo novas visões sobre a natureza, a paisagem e sua evolução. Foi o mesmo momento em que as primeiras legislações de conservação ambiental e paisagística surgiram (ANTROP, 2005).

---

35 Para Paul Virilio, a supremacia recuperada pela imposição da distância-velocidade sobre o espaço (km) e o tempo (km/h) contribui para dissolver a estruturação tradicional das aparências e a percepção comum do espaço sensível. Estaríamos vivendo em uma era na qual as percepções diretas e mediatizadas se confundem para construir uma representação instantânea do espaço, do meio ambiente (VIRILIO, 1999). Acreditamos que esse processo, que apresentou diferentes intensidades na história do homem (mas com um crescente exponencial nas últimas décadas), modifica a forma de percebermos o espaço e, portanto, as paisagens.

Perugino Pietro. Christ giving to St Peter the Keys to the Kingdom of Heaven. Afresco, 1482, 330 x 550 cm, Capela Sistina, Vaticano, Roma. O afresco de Perugino constitui-se como um dos pontos de inflexão da utilização da perspectiva nas pinturas.

As reminiscências que perpassam gerações ajudam a alimentar sentimentos que variam do medo à esperança, do ódio ao amor, que somente encontram justificativa como componentes da interpretação paisagística por intermédio de uma investigação histórica, nem sempre disponível, ao observador. Assim, por muito tempo as florestas eram vistas como ambientes maléficos, onde se escondiam assassinos, bruxas e diversas criaturas que somente a imaginação humana poderia conceber (SCHAMA, 2009). Estas significações passaram a ser fortalecidas pela história oral, mas também pelo sucesso de escritores que se aventuraram pelo campo da literatura.

Como o modo de expressão é notório que a paisagem também sofre alguma influência do *zeitgeist*, é natural que encontremos propostas que buscam classificar as paisagens em períodos, como a de Marc Antrop:

- o primeiro período é o das paisagens anteriores ao século XVIII, que mantém preservadas muitas estruturas e reminiscências de um passado remoto. Elas podem ser referidas como paisagens tradicionais;
- o segundo período é o das paisagens que expressam a expansão da industrialização e urbanização, do século XIX até a Segunda Guerra Mundial. Mudanças irreversíveis e rupturas com o passado se manifestam no âmbito da cultura e da sociedade, modificando os modos de vida e a mentalidade frente a terra e o meio-ambiente. Essas são a paisagens da era da revolução;

- o terceiro período que se deu início no período pós-guerra é caracterizado pela crescente globalização e urbanização. As paisagens associadas a este período são chamadas de "novas paisagens pós-modernas" (ANTROP, 2005, p.23).

Somos céticos quanto a esta e muitas periodizações. Respeitamos o esforço de Marc Antrop. Todavia, as periodizações podem transmitir a sensação de que os processos históricos ocorrem harmoniosamente sincronizados e finalizam abruptamente. Há de se considerar que a proposta carrega forte teor etnocêntrico, desconsiderando os descompassos espaciais inerentes às diversidades humanas, bem como, no caso específico dos períodos contemplados, as divergências existentes entre a mentalidade colonizada e colonizadora. O valor didático da proposta centra-se na identificação de forças que atuaram sobre as mentalidades coletivas e sobre o espaço em dados períodos, desde que não se abrace uma ideia determinística sobre a reprodução do espaço.

Como se não bastassem às complexidades inerentes à percepção da paisagem, deparamo-nos com uma grande diversidade de técnicas de expressão imagética e de materiais utilizados que vão desde o tipo de tinta à qualidade do papel ou tela, que se misturam a um *zeitgeist* estilístico que, se não define as proposições do artista, interferem de alguma forma no seu modo de pensar e representar, tal como podemos notar comparando algumas pinturas de paisagem chinesa de diferentes dinastias.

Figura 1: Guo Xi [Kuo His]. Early Spring. 1072. Nanquim sobre rolo de seda. 28,6 x 36,5 cm. Palácio do Museu Nacional em Taipei. As pinturas de paisagem chinesa parecem ser as pioneiras. Durante a dinastia Song, Guo Xi pintou a tela Early Spring, que se trata de uma fiel representante do estilo de época. Este tipo de pintura é referida como dotada do "ângulo da totalidade" e melhor caracterizada como "paisagem monumental". Neste tipo de pintura, a paisagem é expressa enormemente, especialmente em contraste com o tamanho das figuras humanas retratadas (TURNER, 2009).

Figura 2: Li Cheng. A solitary temple amid clearing peaks, pintada aproximadamente em 960 da nossa era. Nanquim sobre rolo de seda, 111,4 x 56 cm. Nelson-Atkins Museum of Art, Kansas City, Missouri. Muitas semelhanças são observadas em relação à pintura Early Spring de Guo Xi, que foi produzida 90 anos depois. O estilo de paisagem monumental é reforçado com tons mais densos de tinta no primeiro plano contrastando com tons mais fracos nos planos de fundo. A diferença de densidade nos tons pintados denuncia a busca por soluções de representação entre o elemento distante e o próximo. A perspectiva enquanto inovação europeia foi uma técnica que atuou sobre essa demanda.

As pinturas de Guo Xi e Li Cheng podem ser comparadas dentro de semelhanças estilísticas na pintura chinesa da era da dinastia Song. Cerca de 300 anos depois, já na transição entre as dinastias Yuan e Ming, chamamos a atenção para a obra de Ni Zan. Este pintor, comparativamente a Guo Xi e a Li Cheng, tem como características em suas representações paisagísticas pinceladas muito menos vigorosas e carregadas de uma menor quantidade de tinta. A representação das árvores e montanhas é mais simples e não se nota com clareza as lavagens de tinta [*ink washes*] bastante usadas por Guo Xi. Além disso, na tela de Ni Zan, os espaços deixados vazios são muito mais presentes.

Figura 3: Ni Zan. The distant cold flow pine. Ink and wash painting. Dimensões originais não encontradas. Pintada aproximadamente em 1350. Museu do Palácio em Pequim. As comparações entre as pinturas chinesas em dinastias distintas mostram as diferenças de tendências de representação da paisagem.

De acordo com Sherman E. Lee (1954), a pintura de paisagem chinesa tem a marca de uma forte consciência ambiental que se arrasta desde o quarto século anterior à era Cristã. Para o autor, uma marca expressiva de parcela importante da pintura chinesa é a expressão emocional frente à natureza e uma rica tradição de técnicas de pinceladas (alternâncias entre pinceladas grossas e finas), criando o efeito de compensação frente à ausência de uma perspectiva caracteristicamente europeia que se desenvolve muito tempo depois.

Essas mudanças estilísticas também são muito marcadas na pintura europeia de paisagem, desenvolvida posteriormente à pintura chinesa. Na pintura europeia, do renascentismo ao romantismo, mudanças no equilíbrio do enfoque do binômio homem e natureza se fizeram sentir[36]. O interesse paisagístico na Grã-Bretanha no final do século XVIII levou a um forte culto ao pitoresco [*picturesque*]. O pitoresco não era uma simples visão sobre o espaço percebido, mas a interconexão de temas que envolviam o turismo, a arquitetura, a narrativa e a arte (WHYTE, 2002). O pitoresco tornou-se um conceito da estética que se refere à interpretação subjetiva da paisagem na pintura, fortalecendo-se durante o romantismo. Esses movimentos também apontam para certas respostas sociais e individuais ao *zeitgeist*. O pitoresco canalizou, no final do período georgiano na Inglaterra, discussões sobre o social, o político e questões sobre a saúde em um tempo marcado pela rápida industrialização e urbanização[37], ao mesmo tempo em que os ingleses estavam diante da disputa com a França revolucionária e seu apetite expansionista. No período em questão, imagens pictóricas ofereciam a divulgação de ideias que ajudavam a refletir sobre a questão da identidade nacional, em um momento em que o moderno Estado britânico estava sendo imaginado e construído (COSGROVE, 2006). Ao mesmo tempo, é importante observar que a noção de paisagem era dotada de uma perspectiva elitista

---

36 Na via romântica, há uma primazia da sensibilidade, o favorecimento de uma reconciliação: é o reatar do ser humano com o mundo (NASCIMENTO; COSTA, 2021). Entretanto, no seio da empreitada romântica, paisagem e nacionalismo por vezes congruem, estilizando cenas que buscam valorizar imagens que expressam sentimento de pertencimento ao "*pays*" (MINCA, 2007), valorizando a memória e o espírito do lugar.

37 Quando a Inglaterra tornou-se mais urbanizada a partir do século XVII, cresceu o mito da Merrie England, que se trata de uma concepção da sociedade e cultura inglesa baseada num modo idílico e pastoral (BENNETT, 1993).

na qual o apreço paisagístico estava restrito a indivíduos portadores de "sensibilidade estética superior[38]" (PAGANO, 2011, p.401).

Como característica do pitoresco destaca-se o fato de que as sensações visuais se apresentam como manchas ora mais claras, ora mais escuras, fugindo de uma perspectiva geométrica da perspectiva clássica. Não se busca no pitoresco o universal do belo, mas o particular do característico, reforçado, inclusive, pelas emoções e experiências humanas que conduzem a expressão da paisagem à noção particularista do real (ARGAN, 1992). É notável que, apesar de alguns trabalhos anteriores destacarem elementos estilícos que pertencem ao escopo de suas caracterizações, o romantismo foi fortemente associado em termos estéticos ao sublime e ao pitoresco, na busca da representação do belo (DIEP, 2017). Nesse sentido, o belo era representado e potencializado, pelos recursos estilísticos que expressavam as emoções do artista na tela. Convenciona-se que o romantismo tem se firmado como tendência na arte europeia no final do século XVIII, apresentando-se como um desafio às intenções puramente racionais de representação.

No contexto do pitoresco e do romântico, a divulgação das imagens de cenários aprazíveis ajudou a formular um senso estético que influenciou não somente a Inglaterra e a Europa, mas tornou-se um modelo para os parques urbanos americanos do século XIX (KENNEDY; SELL; ZUBE, 1988).

---

[38] Nesse sentido, a imaginação e a representação da paisagem serviram ideologicamente para naturalizar a dimensão desigual das relações sociais, ocultando certos aspectos dos processos históricos – incluindo os conflitos – que a produziram (BESSE, 2014a). Tanto a construção da ideia de paisagem reificada quanto de cultura serviram simbolicamente para operacionalizar as relações de poder; com isso queremos dizer que a paisagem compreendida como uma entidade esgotável por intermédio de uma narrativa pode ter sido utilizada por determinados grupos sociais e/ou indivíduos como reforço simbólico para as práticas políticas cotidianas.

Gilpin, William. Mountainous landscape with ruin, data desconhecida. Caneta, tinta e tinta com água sobre lápis em papel esbranquiçado lavado. 24,8 x 37,5 cm. Indianápolis Museum of Art at Newfields. O nome de William Gilpin (1724-1804) é associado à ideia do pitoresco, transmitida não só pelo seu exercício enquanto artista, mas também pela divulgação do seu livro Essays on Print. Gilpin é um grande influenciador e divulgador do pitoresco no período de consolidação do romantismo (BROWN; KEANE; KAPLAN, 1986).

O pitoresco, ao propor a expressão da paisagem em um enquadramento, corresponde a uma das alternativas do entendimento paisagístico, que é a paisagem enquanto um modo de ver [*way of seeing*]. Nesse particular, o modo de ver é a percepção específica da paisagem que é representada por alguém. Quando a ideia do pitoresco se desenvolveu, apresentou-se como uma forma de ver elitista, não apenas porque as classes abastadas da Europa que encomendavam e financiavam as pinturas, mas porque estabeleciam propostas que envolviam pinturas de paisagens rurais, explorando a riqueza particular de algumas propriedades, o que acabou construindo um tipo específico de gosto estético. Grandes magnatas pagavam para que arquitetos desenvolvessem o design de suas propriedades rurais em um estilo semelhante aos temas explorados pelo pitoresco e, curiosamente, encomendavam pinturas posteriores sobre as suas propriedades (DUNCAN, 1995).

Lorrain, Claude. A view of the Roman Campagna from Tivoli, 1644-1645. Óleo em tela, 98,2 x 131,2 cm, Buckingham Palace. Desde o final do período da renascença, já é possível falar do pitoresco, que tinha à época uma acepção literal. Edmund Burke descreveu o estilo de Claude Lorrain como pitoresco, antes mesmo da sistematização desta tipologia, consolidada no romantismo.

Em uma das acepções mais corriqueiras do senso comum, a paisagem se refere à percepção visual à distância. Nessa percepção, o observador encontra-se em uma posição topográfica privilegiada, à distância do objeto focalizado. Seria ainda, nesse sentido, o objeto no qual não estamos situados, pois o observamos. Tratar-se-ia de um pano de fundo sujeito a contemplação por outrem. Euler Sandeville Junior esclarece que esse sentido senso comum da paisagem "é melhor compreendido pela palavra panorama (pan = tudo; orama = vista) ou pela palavra prospecto (olhar adiante, ver longe)" (SANDEVILLE JUNIOR, 2005, p.50).

A paisagem passou a ser problematizada academicamente nos primórdios da institucionalização da geografia enquanto saber universitário, em meados do século XIX. De acordo com Schier (2003), o conceito de paisagem foi originalmente ligado ao positivismo, tendo forte influência das escolas alemã e francesa, que apresentavam algumas diferenças conceituais e metodológicas. Essas diferenças ganharam corpo e se transformaram em linhas de estudo que acompanharam a paisagem enquanto categoria geográfica. A primeira, de maior influência alemã, apresentou caráter mais descritivo, passando a ser conhecida como método morfológico. Essa linha de estudo "dividiu a estrutura da unidade de observação em elementos constituintes: as formas, que são examinadas pela sua função, origem e evolução" (SALGUEIRO, 2001, p.41), dando um enfoque menos sistêmico à interpretação da paisagem. A segunda, de maior influência francesa, privilegiou as características de uma dada área pelas relações que envolvem os seus atributos físico-naturais e humanos, realizando uma proposta interpretativa sistêmica, que favorecia o estudo de comparação entre áreas e ampliava a congruência do sentido de paisagem e região. É importante notar que as divergências de método descritas ocorreram em uma época em que as disciplinas buscavam a legitimação científica. A autoridade do discurso passava pela capacidade do campo do saber propor modelos, teorias e leis, o que estaria de acordo com a cartilha do cânone científico. Nesse sentido, o exercício de comparação de áreas, possível após a construção de corografias[39] e estudos regionais, permitiria a percepção de padrões, continuidades e descontinuidades que dariam suporte, em tese, a elaboração de modelos, teorias e leis[40] (desde que não objetivassem meramente a descrição de áreas). David Harvey (1986), em sua obra *Explanation in Geography*,

---

39 As corografias são trabalhos descritivos sobre as características regionais. Deram lugar paulatinamente às geografias regionais. Dada à dificuldade de se estudar os múltiplos elementos que compõem diversas porções de um determinado espaço, as corografias acabavam sendo um grande compilado de informações que eram disponíveis em diversas fontes, dando aos textos corográficos aspecto fragmentado. O famoso trabalho *Corografia Brasílica* do padre Aires de Casal, foi o primeiro livro editado no Brasil, no ano de 1817. Nele, regiões brasileiras foram descritas com alto grau de generalização, como se vê neste trecho sobre o clima da Província do Rio Grande do Sul: "O clima é temperado, participando quase igualmente do calor e do frio: o ar puro e sadio: o inverno começa em maio e acaba em outubro: o vento reina nesta estação do sudoeste e oeste, e é frígido (sic)" (AIRES DE CASAL, 1976, p.61).

40 Robert David Sack (1974) acredita que as disciplinas das ciências sociais que colocam o descobrimento de leis como primeiro objetivo perdem grande oportunidade para avançar em outros campos relevantes, devido ao fato de que, sobretudo, é muito difícil consagrar leis nesta grande área. O autor complementa: "Na ausência de leis nomotéticas confirmadas, o estabelecimento de ligações espaciais entre os fatos mostra que, pelo menos, uma condição científica necessária é atendida, pois evidencia como as coisas acontecem ao demonstrar de que modo os fatos de um possível esquema explicativo estão conectados no espaço" (SACK, 1974, p.449). Por fim, ainda completa: "A preocupação com as conexões geométricas dos fatos surge como *conditio sine qua non* do discurso geográfico" (SACK, 1974, p.449).

argumenta que a busca por leis geográficas que mudariam o patamar de relevância da disciplina, é em vão. Lembra que, mesmo na geografia física, quando a pesquisa geográfica emprega leis, estas são oriundas de áreas como a física ou a química. Em suas palavras, "as leis quando entram nas explicações físico-geográficas são simplesmente as leis fundamentais da física e da química aplicadas em circunstâncias geográficas" (HARVEY, 1986, p.108)[41].

Dentre as categorias geográficas, certamente a paisagem situa-se entre as mais polissêmicas. A diversidade de sentidos atribuídos à palavra paisagem é dada pelo seu uso no senso comum, incluindo a licença dada aos literatos; é alicerçada também pelo enfoque dado pelas crenças pessoais, construídas pelas reminiscências da evolução do conceito registradas diacronicamente. Há de se ressaltar, ainda, que as correntes de pensamento da geografia podem interferir na forma em que a leitura do espaço, e, portanto, da paisagem é realizada. Essas correntes, por sua vez, são extremamente sensíveis ao *zeitgeist* geográfico. Cabe-nos apontar elementos de reflexão epistemológica que dão substância ao emprego acadêmico do termo e que possibilitam a sua utilização enquanto instrumento de interpretação geográfica. Nos últimos anos, no que diz respeito ao conceito de paisagem, "verifica-se uma transição de enfoque do objectivável (sic) (físico/ecológico) para o fenomenal (o modo de ver, a relação sujeito/objeto)", embora ambas as posições tenham representação (SALGUEIRO, 2001, p.44). Paul Claval, por exemplo, assegura que a partir dos anos 1970 ocorreu uma forte guinada no sentido de se considerar a interpretação da paisagem a partir da experiência humana. Na sua visão, o indivíduo não é indiferente ao que vê, sendo influenciado pelo clima, vegetação e forças que os anima que estão diretamente associados ao seu "estado de alma" (CLAVAL, 2011b). São destacados ainda como pilares de interpretação da paisagem outros sentidos além da visão, sendo cogitadas as existências de paisagens táteis, auditivas e olfativas (PORTEOUS; MASTIN, 1985; PORTEOUS 1985; TORRES; KOZEL,

---

41 No artigo *Geography, geometry, and explanation*, Sack (1972) argumenta que as leis que possuem serventia à geografia são leis que também servem a outras disciplinas, reforçando a posição de David Harvey. Neste artigo, argumenta que modelos de grande repercussão como os de Von Thünen e Christaller não são teorias *stricto sensu*. Falando sobre estes modelos, Sack argumenta: "Estas acepções são tidas como explicações. Entretanto, uma lei ou teoria, diferentemente de uma acepção de um sistema axiomático não interpretado, necessita ser empiricamente confirmado (...). (...) Na ausência de qualquer outra proposição para enquadrar estes eventos, nós os chamamos de leis, teorias, ou explicações, utilizando aspas" (SACK, 1972, p.74).

2010). Apresentam-se ainda paisagens funcionais, as quais aprioristicamente parecem querer dar respostas coletivas à percepção do homem, não passando, porém, de reificações impositivas[42]. São elas, por exemplo, as paisagens-patrimônio e paisagens-recurso (GASPAR, 2001).

Nesse universo polissêmico que envolve a paisagem e o lugar temos a intenção de marcar posição e justificá-la. Adiantamos que nos situamos em uma posição que acredita na força da experiência individual como componente da percepção e descrição da paisagem e do lugar, ainda que consideremos que a vida em coletividade seja partícipe da experiência identitária. Afastamo-nos, assim, de certas abordagens culturalistas radicais, que tudo apostam na subjetividade e nada se apoiam na objetividade. Como Salgueiro (2001) ressaltou, essas diferenças na proposta de se interpretar a paisagem e definir o seu conceito continuam existindo e convivendo, embora possamos apontar tendências. É de se pensar se, no intuito de evitar as confusões envolvendo o senso comum e o rigor frente à epistemologia do termo, os geógrafos deveriam se referir à paisagem como "paisagem geográfica", por mais que o termo soe como um pleonasmo. É digno de nota que ainda assim o termo seria dúbio, pois na própria geografia existem diferenças importantes na conceituação e que não podem ser negligenciadas.

Considerando a produção do saber no contexto da origem da geografia nas universidades, é compreensível que o positivismo tenha dado o tom nas abordagens geográficas, inclusive no campo da definição do sentido de suas categorias. Como já dito, havia a necessidade de dar um caráter científico à geografia, novata na academia e que buscava a legitimação enquanto ciência (CAPEL, 2013a). Nesse sentido, o positivismo se alia à abordagem nomotética, à medida que a geografia busca ser uma disciplina que persegue a edificação de leis [*law-seeking science*] (GUELKE, 1971). É perceptível que a predominância nomotética vê a geografia regional como uma adversária, já que os estudos vinculados a esse campo destacam as excepcionalidades de uma dada porção do espaço, dificultando a elaboração de leis (GUELKE, 1977a). Eis o enredo que, no contexto da institucionalização acadêmica da geografia, explica o fato de que diversos docentes tinham formação na área das ciências da natureza, incluindo Friendrich

---

42 Seriam imposições ontológicas no sentido de possuírem a pretensão de se apresentarem enquanto entes passíveis de descrição unitária e delimitação que se imponham às percepções individuais.

Ratzel, que passou a contribuir na área da geografia política[43], produzindo, inclusive, analogias que envolviam o meio natural e a política. Como não podia ser diferente, o pensamento geográfico experimentou idas e vindas que buscaram problematizar o positivismo e posições deterministas no início do século XX, contexto vivido por Carl Sauer, importante nome dos estudos culturais em geografia, cujo legado influenciou o fazer geográfico durante um longo período após a publicação de sua obra *Morfologia da Paisagem* (DUNCAN, 1980).

A geografia assistiu, no período após a Segunda Guerra Mundial, a ascensão tardia[44] do positivismo formal[45], *pari passu* a consolidação de um novo *mainstream* da disciplina que buscava sua legitimação enquanto ciência (como ocorrido na metade do século XIX). A guinada positivista na geografia no período em questão se deu, *inter alia*, pela insatisfação com as formas idiográficas de abordagem, vistas como não científicas (BURTON, 1963). O caráter nomotético da geografia mostrou-se tão forte no período pós-guerra que o prestigioso periódico *Geographical Review* passou a publicar trabalhos de profissionais oriundos de departamentos ligados às ciências exatas, como o artigo

---

43 Termo usado deliberadamente com a intenção de se evitar anacronismos. Afinal, posteriormente o sueco Rudolph Kjellén cunhou o termo geopolítica. Tornar-se-ia, a partir deste fato, relevante a diferença entre geografia política e geopolítica (COSTA, 2013).

44 A ascensão do positivismo formal incorporado como um *mainstream* geográfico ocorreu tardia, quando críticas ao positivismo já haviam sido muito bem desenvolvidas em outras áreas então mais maduras da ciência social (SMITH, 1979). Isso não significa que o positivismo desapareceu. Ainda vive, desde as formas miméticas às híbridas, sendo capaz, inclusive, de dominar linhas de programas de pós-graduação em geografia, apesar desse não ser um movimento muito comum no Brasil. A ascensão das novas tecnologias aplicadas ao geoprocessamento deu um novo fôlego aos pressupostos positivistas aplicados à certas pesquisas geográficas.

45 As abordagens do século XIX e início do século XX que reuniam pressupostos positivistas viviam em um contexto de hegemonia dos métodos das chamadas *hard sciences*. O saber científico, de forma dominante, se dava por intermédio desses pressupostos. No contexto dos anos 1950, a ascensão neopositivista apresentou-se como um resgate de antigos pressupostos aliados e reinterpretados às novidades técnicas e tecnológicas da época, que visavam, dentro de diversas outras opções de métodos, retomar o caminho entendido como opção exclusiva da validação científica da geografia.

do físico John Q. Stewart (1947) intitulado *Empirical Mathematical Rules concerning the Distribution and Equilibrium of Population*[46].

Nesse contexto de ascensão quantitativa na geografia, a subjetividade dos valores humanos, dentre os quais os estéticos e morais, foram suprimidos (PARSONS, 1969). Já com a nomeclatura de neopositivismo, as tendências da nova geografia (geografia quantitativa) também passaram a ser problematizadas na segunda metade do século XX, dando espaço a uma miríade de questionamentos pulverizados em diversas correntes analíticas e, até mesmo, interdisciplinares. Todo este percurso impactou diretamente no significado da paisagem para a geografia, pois o seu significado e uso instrumental está diretamente associado às distintas perspectivas do "fazer geográfico", manifestados em ênfases particulares que buscavam atender as expectativas e convicções dos pesquisadores. É plausível considerar que se materializa uma zona tênue entre, por um lado, o escopo semântico e a forma de ver e instrumentalizar a paisagem, e por outro, o objeto de interesse do pesquisador. Assim, a paisagem foi alvo de lapidações conceituais realizadas pelos intelectuais. A respeito das mudanças nas abordagens da paisagem e considerando essa categoria como instrumental, podemos afirmar, analogamente, que os intelectuais agiram como trabalhadores manuais ajustando as suas ferramentas antes de executar o seu ofício.

Autor de grande renome internacional pelo conjunto de suas obras e por ter sido laureado com o prêmio Vautrin Lud, Milton Santos é comumente associado à corrente da geografia crítica. Desenvolvida com vigor nos anos 1970 e 1980 no Brasil[47] e possuindo raízes francesas, tal corrente ainda hoje não é vista como defasada. Seus entusiastas agarram-se na argumentação de que o Brasil é um país com grandes desigualdades e injustiças sociais e que a geografia deveria ser constituir como uma ferramenta de transformação da realidade social. Milton Santos, apesar de toda a envergadura alcançada, teve o seu legado alvo de críticas por alguns que não o consideram um geógrafo verdadeiramente completo,

---

46 Mesmo no auge do quantitativismo na geografia, na década de 1950, vozes destoantes apresentaram-se, como William L. Garrison: "o que estes matemáticos têm a dizer não se aplicam a nós porque a geografia não é mencionada" (GARRISON, 1956, p.5). Esta frase de Garrison se encaixa em uma avaliação contrária ao uso excessivo de estatística na pesquisa geográfica.

47 Tendo como um dos trabalhos seminais e de grande repercussão internacional o livro do marroquino francófono Yves Lacoste *A Geografia – isso serve, em primeiro lugar, para fazer a guerra.*

fato que encontraria explicação na sua suposta negligência de avaliar o espaço a partir do equilíbrio entre homem e natureza. Para seus críticos, os seus textos seriam extremamente direcionados para as causas sociais, não se tratando de uma "geografia propriamente dita".

A despeito desta polêmica, é de Santos em sua icônica obra *A Natureza do Espaço* a definição de paisagem que inicialmente iremos explorar. Ao alertar que paisagem e espaço geográfico não são sinônimos, Santos assim a conceitua: "A paisagem é o conjunto de formas que, num dado momento, exprime as heranças que representam as sucessivas relações localizadas entre o homem e a natureza" (SANTOS, 2012a, p.103). Doreen Massey (2006), refletindo a paisagem na dimensão de sua efemeridade, preferiu concebê-la como eventos ou acontecimentos. As conceituações de Santos e Massey permitem-nos avançar. Ao dizerem que a paisagem se expressa em um dado momento, atestamos a implacabilidade da ação do termpo atomístico sobre ela. Se constantemente se modifica, não é a mesma paisagem que podemos observar da janela de uma moradia construída em topografia privilegiada. Estaríamos falando sobre paisagens, no plural. Santos (2012a) salienta que a paisagem é "história congelada", mas que participa da "história viva". Seria história congelada porque se constitui como uma fotografia captada em um dado momento do tempo. Participaria da história viva porque as suas formas realizariam, no espaço, as funções sociais. São essas funções sociais e a dinâmica da natureza que garantem a efemeridade da paisagem. Barbara Bender prefere se referir à paisagem como um tempo em materialização: assim como o tempo, a paisagem está em constante movimento (BENDER, 2002), inexorável no seu dinamismo. O tempo atomístico é implacável quanto à atuação sobre os materiais e objetos que compõem a paisagem. As formas das coisas são delineadas pelo fluxo dos materiais ao longo do tempo. Assim como a Terra propriamente dita, a superfície de todo sólido é uma crosta, um *frame* captado de um dinâmico movimento degenerativo e/ou incorporador (INGOLD, 2007)[48]. Esse conjunto de ideias nos

---

[48] Corrêa endossa o raciocínio de Ingold (2007) ao afirmar que "as formas, por outro lado, derivam de processos, não tendo existência *per si*, podendo ser vistas como uma pausa, mais ou menos longa, no processo" (CORRÊA, 2017, p.4). Quoniam (1988) também dá base ao raciocínio de Ingold e Corrêa ao falar da paisagem do Arizona: "é o lugar por excelência onde as pedras tem algo a dizer, onde desertos representam a realidade topográfica que contém descontinuidades lineares e espaciais – descontinuidades de nossa percepção, mas também da geologia em movimento e de eventos espacialmente mais estáticos" (QUONIAM, 1988, p.4). É

encoraja a concordar com Coutinho (2019), que argumenta que a paisagem se estabelece como a memória das relações socioespaciais. Para além das múltiplas temporalidades, podemos falar de paisagens exclusivamente no plural a partir de outra perspectiva, a identitária, em que as múltiplas percepções que são produzidas sobre a paisagem, em um mesmo tempo, acarretam em diversas interpretações/representações.

Se por um lado tem sido questionada a desgastada ideia de que estudamos o passado para compreender o presente[49], por outro, devemos assumir que o passado interfere em alguma medida nos arranjos sócio-políticos e espaciais contemporâneos: o impacto do passado sobre o presente se dá por intermédio dos modos como o espaço fora outrora construído de modo a favorecer ou restringir ocorrências atuais (LANDZELIUS, 2003). Isso não significa dizer que o passado explica o presente, a não ser que queiramos utilizar uma forma de comunicação prosaica permeada de figuras de linguagem. Afinal, partirmos da perspectiva de que o passado não é um dado objetivo e o afeto – que interfere por sua vez nas realidades contemporâneas – é fluído o suficiente para ser tratado em âmbito individual.

A importância da interface espaço-temporal foi explorada por Derwent Whittlesey (1929) na primeira metade do século XX. O conceito que cunhou na ocasião, *sequent occupance*, refere-se justamente à possibilidade de analisar uma mesma área a partir de períodos que seriam definidos por padrões mais ou menos homogêneos nas inter-relações entre o homem e o meio. Richard Elwood Dodge (1938), intérprete de Whittlesey, reflete sobre a postura do geógrafo frente à ideia do *sequent occupance*: "Em nome do esclarecimento, o geógrafo deve pontuar as mudanças sistematicamente, de modo a compreendê-las como um reflexo das relações geográficas também em mudança" (DODGE, 1938, p.236). Whittlesey (1929) busca ainda relativizar o rigor de sua periodização ao vislumbrar a possibilidade de etapas de transição entre períodos. Em suas palavras: "A visão da geografia como uma sucessão de estágios de ocupação humana estabelece a genética de cada estágio em relação ao seu predecessor" (WHITTLESEY,

---

interessante pensar os entrelaces envolvendo as interrupções de nossa percepção e as descontinuidades dos processos dinâmicos que atuam sobre a paisagem. Por isso mesmo, é razoável considerar que a interrupção é o apanágio tanto da paisagem como ela se apresenta e como ela é percebida por nós.

49 Essa percepção atribui muita responsabilidade ao estudo do passado: novas abordagens da teoria histórica argumentam que o passado não pode explicar a totalidade do presente.

1929, p.162). Assim, a *sequent occupance* possibilita o estabelecimento de comparações geográficas ao longo do tempo. Embora corriqueiramente reconhecido como uma elaboração vinculada aos estudos de geografia histórica, a expressão *sequent occupance* também foi adaptada e adotada por geógrafos culturais e regionais (MATHEWSON, 2017).

Mesmo que determinados estudos geográficos não possam ser considerados propriamente pertencentes ao campo da geografia histórica, certamente o geógrafo, em muitos casos, incorpora o tempo em sua análise (CORRÊA, 2016), afinal, a dimensão temporal incide na experiência do espaço (OLIVEIRA, 2013). Em linha similar, Rogério Haesbaert (2021) argumenta que espaço e tempo não podem ter existência independente, separada dos processos que os produzem. Uma das chaves das conexões envolvendo a história e a geografia e, portanto, o tempo e o espaço, são justamente os eventos. Se a geografia – contrariando a etimologia da palavra – não é uma mera descrição do espaço (pois inclui a explicação sobre a distribuição, comparação, frequência e inter-relação entre fenômenos), o tempo torna-se um partícipe natural da análise geográfica.

Rhys Jones (2004) estabelece uma crítica relevante que envolve o tempo e a abordagem geográfica: para o autor, a geografia humana contemporânea experimentou uma benéfica explosão temática que foi parte dos esforços para dar voz aos grupos oprimidos; todavia, esta diversificação foi acompanhada pelo estreitamento da abordagem temporal. Isso significa dizer que os trabalhos aprofundam o seu particularismo temático estabelecendo recortes muito específicos de tempo, o que nos parece ser um dilema epistemológico da interface entre a espacialidade e a temporalidade. Apesar de utilizarem a palavra paisagem em um conceito muito específico e próximo à ideia de região e geossistema, estudos classificados como a arqueologia da paisagem exploram a interface entre tempo e espaço em uma escala temporal mais elástica, fazendo com que as fontes que sustentam a compreensão das relações pretéritas entre o homem e a natureza sejam necessariamente registros arqueológicos. Esse procedimento foi brilhantemente empenhado por Daves e Faccio (2021). Em passagens do seu artigo, assim se expressam sobre a montagem de dois elementos da paisagem pretérita, no sítio arqueológico de Piraju, estado de São Paulo:

> A característica do padrão de assentamento e análise do ambiente permite levantar a hipótese de que o grupo Guarani que habitou o local desenvolvia o manejo da agricultura, pelo fato de ali se encontrar grande concentração de fragmentos cerâmicos com formas e tamanhos característicos para o cozimento (DAVES; FACCIO, 2021, p.8).

E também:

> De acordo com o Sistema Regional de Ocupação Guarani, o formato da aldeia com núcleos de solo antropogênico é indicativo de remanescente da tapy iguassu (a casa grande). Essas casas conhecidas como cabana grande são caracterizadas, em sua planta baixa, como forma alongada elipsoidal e alongada retangular de extremidades arrendondadas com base quadrangular e cobertura de sapé até o chão, constituindo uma construção sólida e resistente (DAVES; FACCIO, 2021, p.8)

É importante notar que a arqueologia da paisagem exige a abordagem geossistêmica como forma de compreensão dos resquícios das atividades humanas devastadas pelo tempo. O estudo específico busca remontar aspectos de uma paisagem que remontam ao século XIV.

As relações entrecruzadas do tempo e do espaço vão além da geografia e da história: "o espaço e o tempo são alvo de preocupação de outros cientistas sociais tanto quanto são da geografia e da história" (BAKER, 1981, p.439). Nigel Thrift prefere dizer que "o espaço e o tempo são sempre e em qualquer lugar sociais. A sociedade é sempre e em qualquer lugar espacial e temporal" (THRIFT, 1983, p.49). Na mesma lógica destes autores, refletindo sobre as relações entre a geografia e a história, H. C. Darby (1953) abordou a "geografia que está por trás da história" e a "história por trás da geografia", destacando que não é possível desenhar uma linha separando as duas disciplinas, da mesma forma em que não é possível fixar uma data a partir de uma pesquisa geográfica para dizer que a partir dela estaremos falando de uma geografia histórica. John Langton (1988) também reforça a ideia ao pensar na geografia como uma ciência das relações espaciais e, nesse sentido,

> à medida que as relações descritas no presente e no passado só podem ser relatadas e tornadas inteligíveis a partir da referência do seu desenvolvimento ao longo do tempo, toda geografia humana deve ser histórica e toda a história deve ser sobre um lugar, e, portanto, ser geográfica (LANGTON, 1988, p.20).

A perspectiva de que toda a geografia é histórica coloca em questão a necessidade de existência das subdisciplinas "geografia histórica" [*historical geography*], "história geográfica[50] [*geographical history*]" ou

---

50 H. C. Darby assim definiu a geografia histórica em meados do século XX: "o termo geografia histórica tem sido identificado como uma abordagem na qual os dados são históricos, mas o método de análise é geográfico. O propósito do geógrafo histórico, de acordo com essa visão, é reconstruir a geografia de tempos pretéritos" (DARBY, 1953, p.4). Nota-se, todavia, diferenças quanto ao entendimento do escopo da disciplina, bem como quanto à sua nomenclatura, o que leva a alguns a conside-

ainda geografia humanista histórica[51] [*humanistic historical geography*]. A subdisciplina geografia histórica deve a sua consolidação aos nomes de A.H.Clark nos Estados Unidos e a Clifford Darby no Reino Unido, em uma época em que o neopositivismo era muito influente no seio da geografia anglófona[52] (anos 1950 até os anos iniciais da década de

rar que geografia histórica e história geográfica são subdisciplinas diferentes. Craig, Currie e Joy (2001), por exemplo, utilizaram a expressão história geográfica para se referir às relações entre a história geológica de uma região e o endemismo de uma espécie de inseto. Contudo, é possível encontrar referências com abordagens distintas sobre o termo. Da mesma forma, não há "consenso sobre o que seja a geografia histórica, apesar de existir uma concordância importante sobre o seu significado" (BAKER, 2007, p.344), que vai de encontro com a definição que Darby (1953) apresentou. Vale destacar que o termo história geográfica é menos comum do que geografia histórica. Apesar da posição do adjetivo e do substantivo indicar que "história geográfica" é um braço da geografia e "geografia histórica" um braço da história, há um registro muito variado do uso destes termos que se afasta desta lógica (BAKER, 2007). Essa problemática ilustra a dificuldade na organização de uma pesquisa ou mesmo na elaboração textual que remeta à interface espaço temporal, fazendo com que "em princípio, a diferença entre a história geográfica e a geografia histórica seja nublada" (BAKER, 2007, p.354). Ilustrando esta questão, J. K. Wright (1960) listou em um artigo inúmeras possibilidades de abordagens que entrelaçam a geografia e a história, evidenciando-nos a ampla dimensão que justifica as confusões semânticas sobre a(s) subdisciplina(s) que se preocupam com a interface histórico-geográfica.

51 Richard Dennis (1983) sugeriu o nome "geografia humanista histórica" para o subcampo do conhecimento no qual os métodos humanistas podem ser usados para interpretar "paisagens tradicionais" (DENNIS, 1983, p.591).

52 A geografia histórica emergiu no mundo ocidental, *inter alia*, como uma reação à visão de que a geografia se constituía como uma ciência espacial (HARRIS, 1991). Faz sentido, todavia, problematizar que a geografia histórica não é uma só. Enfoques e abordagens podem se distinguir a partir de diferentes bases de desenvolvimento epistemológico. Akihiro Kinda (1997) nos mostrou que são reconhecidas as características particulares da geografia histórica japonesa, começando pelo curioso fato da organização do tempo em períodos ser bem diferente do que é observado na geografia histórica ocidental. Em dois exemplos, a pré-história japonesa é muitas vezes referida ao período anterior ao século VI enquanto que a modernidade japonesa tem como início o ano de 1868, que marca o fim do Xogunato Tokugawa (1603-1868). É observado um ponto de inflexão no desenvolvimento da geografia histórica japonesa, quando no ano de 1907 o professor de geografia T. Ogawa tornou membro do departamento de história na Universidade de Kyoto. Ogawa exerceu uma influência sobre a geografia histórica no Japão como Carl Sauer exerceu sobre a geografia cultural americana. Ogawa contribuiu sobremaneira para que "quase todos os estudos japoneses de geografia histórica provessem descrições interpretativas sobre as mudanças paisagísticas" (KINDA, 1997, p.63) aproximando

1960). Apesar disso, é importante notar que, de forma expressiva, a revolução quantitativa contornou a geografia histórica, influenciando pouco a subdisciplina em questão (OGBORN, 1992). Fora do pensamento anglocêntrico podem ser encontrados percursos peculiares da geografia histórica, que acabam convertendo e sendo mais influenciados pelo pensamento norte-americano e europeu à medida que o século XX avança. É o caso da geografia histórica japonesa e chinesa. No Japão, os estudos da geografia histórica puderam colher dados desde tempos muito antigos, já que é disponível uma quantidade razoável de descrições sobre a paisagem e sociedade, característica típica de uma sociedade que se mostrou letrada desde tempos muito antigos. Talvez por isso, durante um longo tempo a geografia histórica japonesa era baseada nas mudanças paisagísticas[53] (SENDA, 1982), já que as fontes razoavelmente abundantes possibilitavam a comparação da descrição das paisagens em tempos distintos. Situação similar se apresentou na China, já que a prematuridade do poder centralizado levou à organização e sistematização relativamente precoce das informações de valor geográfico. São disponíveis dicionários chineses nacionais, provinciais e locais, em um volume extraordinário, datados do século XIV em diante. Ademais, a China apresenta-se como um espaço frutífero para a geografia histórica devido à existência de inúmeras coletâneas, notas de viagem, materiais antigos presentes em arquivos e uma quantidade

---

o foco da subdisciplina a um dos principais focos de investigação contemporâneos na geografia histórica anglófona. É importante apontar que o período de atuação de Ogawa já é marcado por uma abertura gradativa do Japão ao mundo; o caso japonês evidencia o efeito dos particularismos históricos sobre os desenvolvimentos difusos dos campos do saber. Acrescentamos que o isolacionismo japonês, observado em períodos importantes de sua história, colaborou para que a escassez de intercâmbios sustentasse um modo de vida acentuadamente vernacular, incluindo elaborações epistemológico-filosóficas com pouca influência dos desenvolvimentos observados na Europa.

53 A abundância de fontes que apresentam relatos do passado estimula análises acerca das mudanças paisagísticas ao longo do tempo. O aumento populacional chinês certamente impactou severamente as paisagens, contribuindo não somente para as modificações da cobertura vegetal e da expansão da área de cultivo, mas também para a extinção e o quase desaparecimento de um número considerável de espécies animais: "cavalos selvagens e asnos eram encontrados em muitas regiões chinesas, mas desde o século XVIII e especialmente ao longo do século XX ambos se aproximaram da extinção" (CHIANG, 2005, p.154). Além disso, são notáveis os desaparecimentos de diversos lagos chineses – cuja existência é apontada em fontes históricas – devido a intensificação das atividades humanas (CHIANG, 2005).

expressiva de antigos mapas (CHIANG, 2005). Muitos desses materiais valiosos para a pesquisa em geografia histórica são datados de um período em que a Europa apresenta carência de certo tipo de informações, sobretudo devido à dificuldade de mobilidade espacial típica da fase mais aguda do período feudal.

Para Minoru Senda (1982), muito antes da chegada de ideias geográficas vindas da Europa, intelectuais japoneses desenvolveram uma escola única de geografia histórica, empregando métodos tradicionais que interpretavam os nomes dados aos elementos da paisagem como forma de reconstruí-las descritivamente. Essa tradição intelectual seguiu suas próprias regras, mas apresentou um hiato frente à sistemática estrutura da moderna ciência. Em contrapartida, a geografia histórica chinesa apresentou vieses mais variados; incluindo em um deles uma espécie de geografia histórica militante, que estava a serviço dos interesses do império chinês (CHIANG, 2005).

De forma muito comum, nota-se um desequilíbrio entre os processos descritivos da geografia histórica e o empenho em problematizar a constituição da narrativa histórica. Mesmo pensando no universo anglófono, é notável o fato de que os grandes nomes associados à geografia histórica – como Sauer, Clark, Darby e Meinig – não se preocupam com as grandes questões associadas ao conhecimento histórico. Como resultado, há uma negligência quanto às questões associadas ao sentido da história, sendo construída uma visão essencialmente e paradoxalmente ahistórica (GUELKE, 1997; OGBORN, 1999). Em outras palavras, isso significa dizer que a participação da história e da geografia no âmbito da geografia histórica é assimétrica, pois, na verdade, o que existe seria a problematização da "geografia" a partir dos registros de mudanças temporais, o que limita o sentido da palavra "histórica" ao tempo ou ao passado, o que certamente não é suficiente para expressar parcela importante do escopo daquilo que seja história enquanto campo do saber. Rodrigues (2015) aponta que o cenário descrito também se aplica, de forma mais detida, à geografia histórica brasileira. Para o autor, a articulação entre a historicidade e espacialidade é frágil nessa subdisciplina geográfica e faz o seguinte apontamento:

> A História, o Tempo e a Temporalidade não são meramente instrumentos auxiliares que permitem uma vaga contextualização ou moldura da análise geográfica, mas compõem, tal qual a espacialidade, o centro da análise (RODRIGUES, 2005, p.251).

Rodrigues destaca ainda que conceitos como o período, a temporalidade e a historicidade devem estar organicamente articulados com a espacialidade para que seja possível identificar com clareza os recortes ou complexos espaços-temporais; sem articulação orgânica é difícil justificar as escolhas na amplitude da abordagem geo-história, fazendo com que a arbitrariedade do período e da região pareça ser um mero capricho aleatório[54]. Concordamos com Rodrigues quando o autor afirma que "é fácil identificar na geografia uma quantidade significativa de trabalhos, principalmente dissertações e teses, nas quais o capítulo do contexto histórico faz recuos e cortes no tempo que pouco ou nada contribuem para a análise da questão central" (RODRIGUES, 2015, p.251); enquanto parte constituinte da pesquisa, não basta dizer que um processo ocorreu em um dado período se não articularmos as nuances históricas à questão central. É um entrelace que exige maturidade e habilidade do pesquisador; o diálogo crítico com a história nos estimula a rechaçar definições simplistas de que a geografia histórica é o estudo das geografias do passado ou mesmo a descrição de uma determinada área em outro período de tempo (RODRIGUES, 2015). Por essas razões, somos categóricos em afirmar que um trabalho maduro de geografia histórica é, acima de tudo, uma profunda lição de epistemologia.

Outro destaque importante nos estudos de geografia histórica é o fato da interface entre temporalidade e espacialidade conduzirem os pesquisadores a escolhas metodológicas similares: Como apontou Hugh Prince (1982) sobre um levantamento entre 1976-1980, os geohistoriadores tendiam a focar a sua pesquisa em seus próprios países: entre as teses de geografia histórica defendidas em universidades britânicas, 89% se concentravam no próprio país, enquanto que na América do Norte, 67% abordavam alguma parte dos Estados Unidos ou Canadá (PRINCE, 1982). Nesse sentido, a familiaridade espacial do pesquisador com o objeto de pesquisa parece não adicionar maior complexidade do que aquelas já garantidas de se pensar o passado. No início dos anos 2000, Edward K. Muller (2004) destacou uma tendência nos estudos da geografia histórica: o autor identifica os anos 1970 como o auge das pesquisas na referida área, mas tem percebido crescente marginalização da subdisciplina. Em uma análise mais ampla, Muller argumenta que tem notado que a história tem se tornado mais

---

54 A arbitrariedade do período e da região é aqui apresentada como escolhas particulares do autor de uma pesquisa quanto a extensão de períodos a serem analisados e espaços a serem contemplados.

geográfica enquanto que a geografia tem, paulatinamente, abandonado o passado. Não colocaríamos a situação nos termos alardeados por Muller; vemos a geografia como um campo do conhecimento bastante nichado e capaz de apresentar pluralidade temática e metodológica, incluindo o segmento da geografia histórica. Todavia, o fato dos grandes nomes da geografia histórica não apresentarem densas discussões acerca da natureza do conhecimento histórico pode ter criado um descompasso importante: os anos 1970-2000 foram expressivos na renovação da teoria da história, deixando marcas importantes no debate epistemológico da disciplina. É de se supor que exista um desalinhamento entre parte dos trabalhos de geografia histórica e essa renovação ocorrida no seio da história. Como resultado, podemos ver os trabalhos de geografia histórica como epistemologicamente caducos frente ao cenário recente da história e de problematizações trazidas por nomes como Hayden White e Frank Ankersmit. Parece-nos que o rigor analítico de Muller (2004) é inadequado e encontre relativização nas palavras de Jones: "as escalas temporais e períodos de tempo que são utilizadas pelos geógrafos como um caminho para a estruturação dos relatos acerca de formações e processos socioespaciais particulares têm sido crescentemente comprimidas[55]" (JONES, 2004, p.288).

Além do estreitamento do período histórico abordado nos trabalhos de geografia histórica, outra tendência também pode ser observada: Miles Ogborn destaca que um volume grande de trabalhos no interior dessa subdisciplina "dedicou-se a se preocupar com a representação e

---

[55] Rhys Jones (2004) chegou a essa conclusão a partir de um levantamento realizado em três periódicos de língua inglesa: *Transactions of the Institute of British Geographers, Annals of the Association of American Geographers* e *Journal of Historical Geography*. Analisando artigos publicados em três períodos distintos (1956-60, 1976-80, 1996-2000), verificou que as produções na área de geografia humana têm focado em períodos cada vez mais recentes. O autor ainda refletiu sobre as razões para esse estreitamento temporal e elaborou algumas hipóteses. Dentre elas destacam-se: os trabalhos de geografia têm procurado se apresentar de forma prática e politicamente relevante, dialogando com realidades contemporâneas; a segunda hipótese de destaque seria a de que a virada cultural influenciou a geografia de modo a soterrar velhas fontes – como ocorreu com o exemplo da crítica à abordagem saueriana realizada pela nova geografia cultural – fazendo com que os geógrafos buscassem desenvolvimentos teóricos contemporâneos e deslocados de reflexões aplicadas aos antigos objetos de investigação histórica; por fim, destaca-se ainda o fato do período após a institucionalização da geografia (pós-1850) ter se tornado objeto de estudo dos geohistoriadores, em que os trabalhos históricos se confundiam com a própria história do pensamento geográfico.

as formas nas quais os "textos" – desde nomes de ruas aos romances de aventuras e relatos de viagens – se tornaram parte do processo de construção das nações [*nation-building*] e consolidação de impérios" (OGBORN, 1997, p.418). Ogborn destaca ainda que, recentemente, é possível encontrar trabalhos na área que conectam a dimensão material e simbólica por intermédio de uma combinação entre a teoria pós-colonial, materialismo histórico e psicanálise. A repercussão é clara para a abordagem da paisagem e do lugar em uma perspectiva histórica: as percepções espaciais passam a ser compreendidas como fenômenos de caráter extremamente efêmeros e intersubjetivos; é a aplicação da leitura de uma paisagem não reificada, fenomenológica ou – como queiram – (inter) subjetiva ao tempo ido. O passado não é um salvo conduto para a objetivação paisagística e do lugar. Não é o passado a condição suficiente para que a paisagem e o lugar tornem-se entes descritíveis e esgotáveis em sua totalidade, amparados descritivamente em metanarrativas dotadas de fina casca de legitimidade. Para além das questões de método, sabe-se que a geografia histórica – desde seus primórdios e em um movimento que se acentua na contemporaneidade – está longe de ser um campo unificado; ainda que posssamos notar tendências da subdisciplina, a grande variedade de abordagens contribui para nublar a ideia acerca do que se constitui um geohistoriador (EARLE, 1995). Apesar dessas discussões, é possível encontrar posições firmes quanto à essência da geografia histórica: William Gordon East (1933) – incentivado pelos debates das primeiras conferências internacionais de geografia histórica – afirmou categoricamente ainda na primeira metade do século XX que "a geografia histórica é agora bem reconhecida, sendo compreendida como a parte da geografia que investiga as interrelações pretéritas entre as sociedades humanas e o seu ambiente físico" (EAST, 1933, p.282). Refletindo sobre o perpétuo dinamismo da relação entre homem e ambiente, o autor completa:

> A geografia no futuro pode explorar oportunidades científicas e educacionais por intermédio do estudo da superfície terrestre como um *continuum* espaço temporal: tal iniciativa proporcionará a contemplação não somente da geografia das regiões do tempo atual, mas incluirá a possibilidade de analisarmos uma série de geografias do passado que culminam nas geografias atuais, que estão por si só fadadas ao desaparecimento[56] (EAST, 1933, p.292).

---

56 O argumento de William Gordon East (1933) lembra-nos o conceito de *sequent occupance*, cunhado alguns anos antes por Derwent Whittlesey (1929) e que já foi apresentando neste livro.

Apesar de podermos encontrar firmes posicionamentos como o de East, sabe-se que a subdisciplina continuou sofrendo questionamentos quanto à sua essência e método. No interior dessas incertezas ocorre a manifestação – notável desde os primórdios da geografia histórica[57] – de questionamentos quanto à utilidade do referido campo de estudo. Certamente a geografia histórica passou pelo escrutínio de seus sabatinadores, alimentados pelo espírito de época acadêmico dos anos 1950-1960, que viam no positivismo encarnado pelas ciências naturais o caminho exclusivo para a produção científica. John H. C. Patten (1970) – escrevendo em um momento de arrefecimento da sanha positivista devido à ascensão de formas alternativas de elaboração – comunicou que a geografia histórica se apresentava desde as abordagens extremamente particularistas às abordagens mais generalizadoras, reforçando a percepção da pluralidade metodológica no interior da corrente. Já em seu tempo, Patten (1970) reconheceu que isso não era um problema para a geografia histórica; diferentemente, defendeu o ponto de vista que a pluralidade envolvendo particularismos e generalizações contribuia para o constante desenvolvimento de métodos geográficos.

A despeito do percurso aqui discutido da geografia histórica, uma proposta *sui generis* se apresentou no meio acadêmico. No ocidente, em meados da década de 1960, um importante nome ganha destaque nas problematizações que estabelecem a análise conjunta do espaço e tempo: Torsten Hägerstrand. O autor desenvolveu a *time geography*, que se trata de uma proposta de grande apelo visual – com o apoio de gráficos – que representam o espaço e o tempo de forma conjunta na análise de processos. Hägerstrand edificou um núcleo de pensamento prático em meio às possibilidades subjetivas de lidar com a interface espaço-temporal. O tema central de sua proposta é a compreensão dos fluxos das pessoas através do espaço-tempo (PARKES; THRIFT, 1975). É importante destacar que o ponto de partida epistemológico do autor é a consideração de que separar o tempo do espaço é impossível

---

57 H.C.Darby (1983), nome de referência da subdisciplina da geografia histórica, deixou claro que o uso seminal da subdisciplina em questão não é temporalmente preciso. Certamente em meados do século XIX o termo já havia sido esporadicamente utilizado. Ao longo do século XX a subdisciplina foi se consolidando, com o seu nome sendo evocado de forma cada vez mais sistemática. Darby destacou a realização do Primeiro Congresso Internacional de Geografia Histórica, ocorrido no ano de 1930, realizado em Bruxelas. Nesse congresso, que contou com a presença de Darby e de outros pesquisadores ingleses, a participação de historiadores foi mais expressiva do que a de geógrafos (DARBY, 1983).

(THRIFT, 1977). Sua proposta possui potencial para ser usada como ferramenta de análise do trânsito nas cidades. Sobretudo nos ambientes urbanos, a contemporaneidade tem apresentado um profundo desafio para se pensar a mobilidade: as cidades de hoje são espaços dotados de múltiplas velocidades; a superposição métrica constitui um desafio para as nossas formas habituais de abordar o espaço (LÉVY, 2001), gerando impactos para a percepção da paisagem e do lugar.

Reforçando a interface espaço-temporal, vale também pensar na problematização de Christian Grataloup (2006), que afirma que períodos precisam ser entendidos "regionalmente". Ao fazer esta afirmativa, o autor considera que os processos históricos que marcam determinados períodos, a rigor, ocorrem de forma mais clara em determinadas porções do espaço. No interior dessa lógica, a ideia acerca de um período feudal, possui espacialidade. Barros (2022) evidencia, no campo da história, a tentação analítica em abordar grandes espaços a partir de processos que seriam idênticos; em sua abordagem o autor destaca que na história do Brasil colonial é comum identificarmos trabalhos que consideram a existência de organizações econômicas similares ao longo de todo o território. As generalizações espaciais são, na verdade, supressões de especificidades espaciais.

As problematizações entre as relações entrecruzadas entre o espaço e a temporalidade não são novas. Mesmo no âmbito do determinismo geográfico no início do século XX, a partir de autores como Ellen Semple e Ellsworth Huntington, já existiam argumentações que defendiam o ponto de vista de que eventos históricos não podiam ser vistos da mesma forma em espaços diferentes (HUNTINGTON, 1937). Todavia, esses determinismos interpretavam a relação espaço-tempo a partir de grosseiras diferenças do quadro natural. Desde os avanços trazidos pelo difusionismo nos estudos antropológicos, tornou-se um aspecto quase universalmente aceito que as relações entre o homem e o meio podem se tornar muito distintas mesmo entre ambientes naturais dotados de grandes semelhanças. Nesse sentido, o determinismo peca ao condicionar diferenças no quadro natural como linhas que demarcam distintos impactos dos eventos históricos sobre as sociedades.

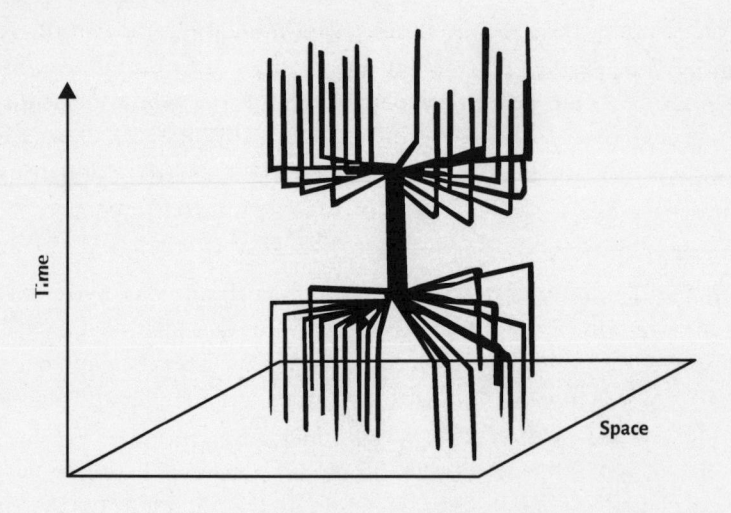

Modelo da representação proposta por Hägerstrand. O gráfico tridimensional apresenta o deslocamento de crianças para uma instituição escolar a partir de suas casas. Cada linha representa um itinerário. É importante notar que os deslocamentos ocorrem em sentidos diferentes e em um momento do tempo aproximado, que coincide com o início e o final das aulas. Fonte: (PARKES; THRIFT, 1975).

Apesar dessa suposta familiaridade do geógrafo com a temporalidade, é importante ressaltar que o tempo pode ser entendido de diferentes formas, o que explica a ocorrência de ferveroso debate entre os antropólogos e historiadores sobre o tema (FRIEDMAN, 1985). A história – em um caminho aparentemente inverso – problematiza o espaço. No início da década de 1970, John A. Jakle (1971) argumentou que muitos historiadores se apropriavam de abordagens associadas ao determinismo ambiental quando utilizavam de pressupostos geográficos em suas análises. As iniciativas apriorísticas da interface entre disciplinas costumam revelar este descompasso temporal-metodológico: abordagens já superadas da antropologia sobreviveram em formas quintessenciais durante muito tempo na geografia cultural. Não é de se surpreender que apropriações da historiografia positivista, muitas das quais alijadas das modernas historiografias, ainda repousem confortavelmente em certos trabalhos de geografia histórica.

Querendo demonstrar a importância da interseção geo-histórica, Barros (2006) argumenta que o historiador Fernand Braudel proclamou a importância da categoria geográfica espaço para o estudo das civilizações. Barros ainda admite que "quando os historiadores se deram conta de – sobretudo para certos objetos históricos serem examinados – colocar em um mesmo nível as noções de tempo e espaço"

(BARROS, 2006, p.465) logo começaram a dialogar com os conceitos mais tradicionais da geografia. Levando em conta a bidimensionalidade indissociável do tempo e espaço, Edward S. Casey argumenta que "não apenas os lugares, mas de forma mais especial as fronteiras (e em alguns casos os limites) dos lugares servem como matriz da ação histórica" (CASEY, 2007, p.509). Dessa forma, há de se considerar que o espaço é relevante como palco dos acontecimentos históricos. A concatenação destes acontecimentos pode conduzir o historiador a optar pelo recorte espacial de sua abordagem, o que sempre será um arbitrário exercício intelectual.

José D'Assunção Barros (2005) apresentou os distintos entendimentos sobre a função da história que acabam por se apresentar em uma disposição diacrônica não muito rígida:

- O estudo do passado do homem;
- O estudo do homem no tempo;
- O estudo do homem no tempo e no espaço (BARROS, 2005, p.96).

Barros (2005) ressalta que até mesmo os espaços da imaginação, da iconografia, da literatura e da virtualidade das webpages entram no rol de preocupações da história. É de se perguntar se o espaço e o tempo precisam necessariamente de uma hierarquia: a história deve relegar ao espaço o segundo plano de análise e a geografia deve fazer o mesmo com o tempo? Para Barros, aquilo que se chama hoje de geo-história introduz a geografia como parte de leitura para a história, trazendo o espaço para o primeiro plano e não mais como um mero teatro de operações. Nessa lógica, o espaço torna-se sujeito da própria história, pois não é um palco neutro: participa das elaborações identitárias e comunitárias enquanto sustentáculo da dialética homem *versus* meio. Se por um lado o meio não define o homem, como alegavam os deterministas, por outro, o ato de suprimir qualquer participação da paisagem nas formas do homem sentir, conceber, elaborar e agir evidencia-nos pobreza analítica. Se "o espaço está sujeito aos ditames do tempo, por outro lado, a temporalidade também está sujeita aos ditames do espaço e do meio geográfico" (BARROS, 2005, p.106).

O aumento da importância do espaço na história conduziu ao desenvolvimento da história local. Tratar o espaço como uma superfície isomórfica contribuiu para a elaboração das grandes explicações espaciais, em que as particularidades eram negligenciadas em detrimento de uma metanarrativa. Nesse particular, o mesmo problema que acomete a geografia, também passa a perturbar a história[58]. As comparti-mentações espaciais que serviam como referenciais analíticos do historiador são similares às unidades regionais instrumentalizadas pelos geógrafos. O recorte delimitador do espaço – sempre arbitrário como problematiza Richard Hartshorne (1978) – soma-se a outras questões que refletem sobre o valor da narrativa histórica (ANKERSMIT, 1988; WHITE, 1988). É interessante pensar que, quase como em uma ironia, o tempo, ainda que de forma passiva, é uma das forças esplêndidas que fazem com que o recorte espacial se torne caduco. Submetido à passagem do tempo atomístico, o arranjo espacial não resiste, embaralhando fixos e fluxos e redesenhando as imaterialidades.

O recorte temporal não deve delimitar um período numericamente redondo, o que se configuraria na "arbitrariedade do período". Existe, nos estudos históricos, o vício da rigidez espaço-temporal. Estudos focados na "França de Luís XIV ou o "Egito de Ramsés II" (BARROS, 2005, p.117) são indevidos. Afinal, seria muita coincidência que um problema historiográfico se explicasse pelos recortes espaciais e temporais viciados. É razoável pensar que variáveis antropológicas, econômicas, culturais, dentre outras, nos conduzam a um encaixe espaço-temporal muito específico e desalinhado frente às muitas proposições tradicionais (BARROS, 2005). Wilcock (1952) destaca que o historiador que concentra suas pesquisas em um período muito curto de tempo geralmente tem o seu trabalho questionado quanto à validade da importância histórica. Efeito similar se dá em pesquisas espacialmente muito restritas na geografia, as quais podemos chamar de micro-estudos espaciais. Publicados em revistas, os micro-estudos espaciais costumam se apresentar interessantes a um grupo muito específico de leitores e pesquisadores.

José D´Assunção Barros (2005) recomenda que o recorte espaço-temporal seja definido a partir do conjunto de fontes disponíveis sobre o assunto que se quer investigar, postura coerente do ponto de vista da pesquisa metodologicamente flexível. Percebemos que essa transferência de responsabilidade do corte espaço-temporal da pesquisa para a disposição das fontes

---

58 A geografia via-se no dilema de, ao incorporar o tempo na pesquisa, não refletir suficientemente sobre a teoria da história e o problema da narrativa, o que conduzia os geógrafos a praticarem uma história tradicional. As abordagens historiográficas que incluíam análises espaciais, por sua vez, não raramente recortavam brutalmente a área de pesquisa para conseguirem manter, com menor constrangimento, tendências associadas ao determinismo ambiental.

flerta com um risco: a amplitude das fontes pode ser extrema, com grande variação espaço-temporal, conduzindo o pesquisador a uma história universal que os próprios particularismos criticaram. Nesse caso, a interferência da arbitrariedade do historiador pode novamente ser demandada.

Avançando na interface entre o tempo e o espaço, destacamos David Wishart (2004), que faz uma síntese poderosa das similaridades entre o período histórico e a região geográfica, trazendo questões já debatidas por geógrafos proeminentes no período entre guerras e pós-1945, dentre eles Wilcock[59] (1954). Wishart acredita, de forma generalista, que os geógrafos não problematizam adequadamente os períodos históricos, e que as tradições positivistas que marcaram a geografia – e fizeram com que a busca pela construção de uma autoridade científica se tornasse uma obsessão – afastou a disciplina da história. O autor, todavia, crê que a região é muito problematizada na geografia enquanto que os historiadores não fazem o mesmo com o período histórico. Em suas palavras, assim comparou: "existe alguma discussão, mas são apenas resmungos comparados ao clamor que existe acerca da região em geografia" (WISHART, 2004, p.307). As avaliações de que a região e o período histórico – e em certo sentido o mesmo pode ser dito para a paisagem – são análogos referem-se principalmente o caráter arbitrário de suas delimitações. Os períodos históricos são construídos a partir de eventos reais que ocorrem no tempo, mas em um infinito arranjo de possíveis compartimentações temporais (WISHART, 2004).

É interessante pensar que as descrições das regiões e também da paisagem e do lugar não possuem flexibilidade temporal, o que é explicado pelo dinamismo espacial que caduca qualquer compartimentação do espaço realizada em um dado momento. Em contrapartida, "os períodos também possuem dificuldades ao lidar com o espaço: a renascença, por exemplo, não foi experimentada na China ou na Índia" (WISHART, 2004, p.310). Se, por um lado, há o risco em compartimentar o tempo apartando eventos que possuem forte interrelação, por outro, corre-se o risco de compartimentar o espaço em porções da superfície marcadas por condições muito fluídas ou mesmo possuidoras de um alto grau de homogeneidade. Wishart (2004) nos incentiva a pensar que as periodizações e as regionalizações possuem inércia: uma vez estabelecidas, passam a participar da memória de outrem, interferindo

---

59 Wilcock (1954) em seu trabalho *"region and period"* publicado na revista *Australian Geographer*, repercute a discussão regional de Richard Hartshorne, estabelecendo diversos pontos análogos entre região geográfica e o período histórico.

tal como em um intertexto em elaborações futuras. Consideramos, todavia, que a relevância dessa reflexão se torna maior em proposições históricas ou espaciais que tenham tido grande divulgação e alcance.

O método da geografia histórica é um ponto de grande debate entre os geógrafos (BASHIR, 2007). Refletindo sobre essa questão, H. C. Darby (1953) sugeriu alguns caminhos. O primeiro refere-se à compreensão do passado vinculado somente as estruturas que se apresentam enquanto vestígios. O segundo caminho diz respeito à abordagem histórica somente de elementos que não podem ser explicados em termos contemporâneos. Darby (1962) reafirmou esses caminhos posteriormente e refletindo de forma mais ampla sobre a problemática da descrição geográfica, acrescentou uma terceira via que seria "o relato do processo de mudanças que nos conduz à geografia dos dias atuais" (DARBY, 1962, p.9). Essas soluções apresentadas, sobretudo aplicadas ao estudo das paisagens, parecem vinculadas às tradições sauerianas, que também possui base historicista. Uma das questões ligadas à abordagem saueriana é sua restrição a análise aos aspectos visíveis, materializados no espaço. Assim, as mudanças de significado que transcendem o âmbito do visível são negligenciadas. A proposição de Darby (1953), assim como parte expressiva da tradição saueriana, foi contestada no período posterior à virada cultural, tendo no texto de Duncan (1980) uma proposição seminal acerca do seu questionamento.

Pensando ainda sobre a interface entre tempo e espaço enquanto geógrafo, e, mais detidamente, sobre a organização descritiva e explicativa, Darby (1962) sugeriu que os textos de geografia histórica poderiam apresentar a análise geográfica de forma contínua e que notas de rodapé de teor historiográfico poderiam apoiar a reflexão. Essa sugestão evidencia a preocupação do autor com a forma de escrita de um texto multidimensional, onde tempo e espaço se entremeiam e a descrição torna-se desafiante. Nesse sentido, um texto focado na história também poderia conter notas de rodapé com informações geográficas, a não ser que se considere a dimensão do espaço mais relevante do que a dimensão do tempo. Darby (1962) ainda vislumbra a possibilidade do texto se intercalar por tópicos que descrevem a mesma porção do espaço em tempos diferentes. Assim, o leitor poderia comparativamente compreender as mudanças temporais no espaço.

Além das complexidades inerentes à interface entre espaço e tempo, destacamos que existem, na dimensão do tempo, diferentes formas de concebê-lo. É certo que o desenvolvimento de instrumentos mais precisos de medida de tempo e, por consequência, a consolidação de uma presença temporal precisa, pavimentou o caminho para que o tempo linear substituísse paulatinamente o tempo cíclico. Percebemos este último, nos dias de hoje, como uma tipologia pré-moderna (STROHMAYER, 1997). As concepções sobre o tempo são muito ajustadas à organização social e, portanto, variam de sociedade para sociedade (HARVEY, 1990). Ao longo de suas carreiras, grandes nomes da antropologia apreciaram em explorar o fato de que as noções de tempo que naturalizamos poderem ser experimentadas por outras culturas de modo muito diferente, não somente de forma linear, como também estática ou cíclica (BLOCH, 1977). Naturalizamos tanto nossa organização do tempo ao ponto de sua problematização se apresentar como um dos mais notáveis exercícios de relativismo cultural. É interessante pensar que as datas dos calendários não são meramente marcadores do tempo; elas se originam e são expressas como medidas do espaço, tais como o movimento dos planetas, as fases da lua e os anéis de crescimento arbóreo (COSGROVE; MARTINS, 2000). No interior desta discussão relativista, há de se pontuar que os museus são representações do tempo e também do espaço. A edificação do museu, por meio do seu *layout*, organiza o tempo no interior dos seus muros (CRANG, 1994). A forma de organização das sessões do museu – sobretudo aqueles que não possuem uma temática específica – é sempre uma proposta arbitrária de compartimentação tempo-espacial. Os museus sintetizam a relativização dos períodos e das regiões, evidenciando a arbitrariedade destas categorias por meio das inquietudes que carregamos ao transitar de uma seção para outra[60].

David Harvey (1990) pondera que se o espaço e o tempo são construções sociais muitas vezes vistas como objetivas e, nesse sentido, inquestionáveis em sua compreensão, torna-se plausível considerar que os processos sociais, incluindo conflitos entre indivíduos e grupos, tem um papel nesta objetificação. Para Harvey (1990), a transição do feudalismo para o capitalismo redefiniu o conceito de espaço e tempo: a cronometria, expressa na criação de minutos e segundos, estaria a serviço da eficiência das relações de produção e de troca. O autor lembra que enquanto a hora é uma invenção do século XIII, o minuto e

---

[60] Sheldon Annis (1986) argumenta que diferentemente de um livro, um filme ou uma pintura, as múltiplas possibilidades de fluxos e observações dos elementos do museu tornam a interpretação da representação proposta pelo arranjo das seções mais complexa. Objetos podem ser vistos em sequências muito diferentes pelos seus visitantes, ainda que existam seções bem demarcadas.

o segundo foram criados no século XVII. É uma forma de expressar o domínio sobre o tempo atomístico, composto por instantes e medido pelos segundos, minutos e demais padrões de medida. O achatamento relativo do mundo devido à introdução e expansão férrea demandou padronização no tempo, sobretudo quando o volume de passageiros transportados entre as cidades aumentou exponencialmente. O relógio de ferroviário tornou-se o símbolo de uma época na qual a rigidez do tempo se expressava nos seguintes termos:

> Um atraso de trinta segundos ao sair de um terminal faz com que o ferroviário tenha que dar explicações; já um atraso de cinco minutos inaugura uma investigação enquanto que meia hora tornam apopléxicos todos os oficiais, desde o superintendente ao capataz mais simplório (COTTRELL, 1939, p.190-191).

Além das relações típicas de trabalho, quaisquer relações que se tornam mais intensas entre indivíduos e espaços ajudaram a arquitetar a necessidade de cronometragem[61], pois as considerações sobre o tempo envolvem toda forma de participação social (COTTRELL, 1939). Pensando em um microcosmo, existe a necessidade de padronização temporal com vista à coordernar o comportamento humano mesmo em sociedades dotadas de um nível mais rudimentar de organização social (ZERUBAVEL, 1982). Esse tempo socialmente arquitetado se apoia também na sazonalidade da paisagem e ajuda a construir os ciclos de trabalho. A construção do calendário e as compartimentações sociais do tempo edificam-se, dentre outras coisas, como pilares da governança (MUNN, 1992). É plausível considerar que o tempo atomístico atua como um fator indireto no arranjo da paisagem, pois a sua existência permite a atuação de outros fatores, enquanto que o tempo socialmente construído atua desde as formas indiretas às mais diretas.

As reflexões aqui postas nos levam a considerar que é necessário acrescentar o tempo como movimento ou fluxo, que é socialmente construído e pode comprimir as distâncias por intermédio do aumento da velocidade. A aniquilação do espaço pelo tempo faz parte de um processo no qual as distâncias diminuíram praticamente em uma mes-

---

61 A ausência de uma padronização do tempo entre sociedades e amplos espaços não era vista como problemática até a década de 1840, período em que o contato entre comunidades era restrito e esporádico. Mesmo quando o contato ocorria, não havia a necessidade de calibragem entre as padronizações temporais em confronto, visto que a comunicação não era instantânea como tem sido desde a invenção do telégrafo e do telefone (ZERUBAVEL, 1982).

ma proporção do ganho de velocidade das pessoas. É um efeito claro da expansão da malha ferroviária que foi observada no início do século XIX (SCHIVELBUSCH, 1978), ainda que esta expansão não tenha sido espacialmente e socialmente homogênea. A sazonalidade das estações pode impor distintas dificuldades de deslocamento no espaço, criando – em um ano – noções diferentes acerca do binômio espaço-tempo. Nessas perspectivas, o tempo possui plasticidade e relatividade.

Ainda é possível considerar o tempo pertencente à dimensão religiosa. O estudo antropológico dos balineses conduziu à compreensão de que este povo possui duas temporalidades: um passado ritualístico que rejeita a ideia de duração, sendo, portanto, eternizado, e o passado não ritualizado, mundano, que sustenta as atividades práticas como a agricultura e a política (BLOCH, 1977; APPADURAI, 1981). Não nos causa estranheza essa descrição, que é apresentada como se fosse uma demonstração do exótico: afinal, a temporalidade do antigo testamento bíblico não parece ajustada às formas contemporâneas e predominantes de lidar com o tempo que prevalecem globalmente e sustentam as atividades cotidianas ocidentais. Para o homem religioso, o espaço e o tempo não são homogêneos e nem contínuos. A experiência religiosa pressupõe uma vivência no tempo-espaço sagrado, fazendo com que possamos aludir a uma fenomenologia do tempo (ROSENDAHL, 2018a). Assim, a manifestação da hierofania deforma o tempo atomístico e o espaço cartesiano.

Jonathan Friedman (1985) acrescenta outra noção de tempo possível: àquela que se refere a uma organização social particular de dada sociedade, com um calendário próprio que subdivide de forma diferente o tempo atomístico. Entre inúmeros exemplos, é o que ocorre com o povo ainu que habita o espaço insular e as franjas continentais entre o norte do Japão e a península de Kamchatka, no extremo oeste russo. Emiko Ohnuki-Tierney (1969) – pesquisador que estudou várias características deste povo – ressaltou que a organização do calendário ainu apresenta-se como uma "simples e binária divisão do fenômeno natural" (OHNUKI-TIERNEY, 1969, p.174). Não significa que os ainu não tenham qualquer noção do tempo duracional. Claramente os ainu são preocupados com o movimento do tempo do passado para o presente. Entretanto, ao dividir o tempo em estação quente e fria, dias e noites e repartir o calendário lunar em dois, mostram que "o tempo não existe como uma abstração livre, mas como um constituinte da relação entre a natureza e a estrutura social" (OHNUKI-TIERNEY, 1969, p.174). Silva e Lima (2020) problematizam que o mesmo período de tempo atomístico conduz a temporalidades diferentes em contextos socioespaciais distintos. Para apoiar essa assertiva, exemplificam as diferentes temporalidades presentes em comunidades rurais e urbanas. De uma forma ainda mais específica, devemos considerar a possibilidade da existência de diversos entendimentos na padronização do tempo no interior daquilo que costumeiramente é chamado de cultura, nação ou qualquer coletividade que se preze: em exemplos banais de temporalidades distintas, convivemos com padrões específicos de contagem da passagem do tempo nos esportes e na música; a expectativa de vida dos pneus geralmente é expressa pela quilometragem e o momento da troca da cama das crianças se apoia mais no alcance de determinada estatura por parte do infante do que nos seus meses de vida (ZERUBAVEL, 1982).

Ainda que também compartilhemos da opinião que o sentido do tempo tem influência comunitária, acreditamos que a forma mais precisa de se tratar a temporalidade é no âmbito identitário. A própria generalização da dicotomia rural *versus* urbano apresentada por Silva e Lima (2020) evidenciam essa fragilidade. Afinal, cremos que é no entrecruzamento das experiências coletivas e individuais que a temporalidade, assim como a própria identidade, se constrói. Como ocorre com a identidade, acreditamos também que a noção da temporalidade é dinâmica, podendo ser ressignificada ao sabor das experiências assimiladas. Essa perspectiva aproxima-se da ideia acerca do tempo existencial trabalhada por Erwin W. Straus, que assevera:

> As qualificações "cedo" e "tarde", no entanto, não são, em seu conteúdo, relativas uma à outra. Elas se referem ao começo ou ao fim do dia, do ano, da vida ou da existência. Cedo e tarde, assim como jovem ou velho, designam fases, no desenrolar do devir individual (STRAUS, 2000, p.119).

A multiplicidade de entendimentos sobre o tempo nos leva a considerar que a associação tempo-paisagem possui diversas faces. Contudo, a experiência humana se dá no tempo atomístico, fazendo com que as demais temporalidades se constituam como lentes pra se ver o espaço, e, portanto, a paisagem e o lugar. Richard H. Schein argumenta que a paisagem não pode ser vista simplesmente como a "soma total da história", pois o processo de leitura de paisagem deve estar "aberto ao desafio da agregação de novas informações e de interpretações alternativas" (SCHEIN, 1997, p.376). Em uma concepção mais rigorosa, a descrição da paisagem parece estar fadada a referir-se sempre aos tempos idos. Esses entendimentos distintos acerca do tempo mostram-nos que as considerações realizadas pela história e também pela antropologia são muito relevantes para a pesquisa da paisagem. Afinal, a própria interpretação da paisagem realizada por outrem pode causar estranheza caso esteja baseada em diferentes entendimentos acerca das temporalidades.

Por isso, concordamos que não seja tão problemático associar a paisagem à história congelada. Contudo, nos parece mais sofisticada a metáfora da paisagem como um texto, ou mesmo um livro a ser consultado[62], que nos contaria sobre a história da própria natureza e do homem, bem como de suas relações, em escalas temporais diversas. Todavia, esse texto pode ser compreendido de forma distinta entre os seus leitores. Enquanto um texto, a paisagem não é somente lida a partir do olhar crítico dos estudiosos, sendo mais importante observar que é lida sem ou com pouca crítica na vida cotidiana das pessoas que agem na e por intermédio da paisagem. *Ipso facto*, ambientes construídos possuem a capacidade de reificar e consolidar as relações sociais existentes (BELL, 1999).

A opção de se ver a paisagem como texto[63] apresenta-se como metáfora relativamente comum dentre os geógrafos culturais pós-sauerianos (ROWNTREE, 1986[64]; COSGROVE; JACKSON, 1987; DUNCAN; DUNCAN,

---

62 Meredith (1985) utiliza a expressão "biografia da paisagem" para se remeter ao processo de evolução da mesma. A noção de uma biografia da paisagem "comporta as vontades individuais do povo que fez escolhas durante o processo de evolução da paisagem" o que explicaria o seu arranjo contemporâneo. "Indivíduos não podem operar fora dos ambientes socioeconômicos e físicos, mas podem mediar as interações entre ambos. Essa habilidade cria a biografia das paisagens" (MEREDITH, 1985, p.46). Lionella Scazzosi (2004) fala que os lugares podem ser entendidos como documentos, que permitem uma crescente consciência sobre as "culturas humanas passadas". Considerando a paisagem como uma abordagem de menor escala, a autora argumenta que as paisagens se constituiriam como um enorme arquivo, cheio de traços materiais e imateriais acerca da história do homem e da natureza. Mireya Folch-Serra (1989), por sua vez, afirma que as paisagens são os textos mais profundos e confiáveis sobre a organização social.

63 Em certas abordagens antropológicas o conceito de cultura também é tratado metaforicamente como um texto (NAME, 2010). As abordagens geográficas pós-estruturais e pós-modernas são vistas como o abrigo não somente da metáfora da paisagem como texto, mas também como teatro e espetáculo (COSGROVE, 1990b).

64 Lester Rowntree destaca três alertas no uso da metáfora da paisagem como texto: o primeiro alerta refere-se às discrepâncias existentes entre a paisagem descrita por um intérprete e a percepção dos seus "leitores"; o segundo alerta é o risco de privar a contínua interação entre os elementos da paisagem, estabelecendo um produto estático e acabado; o terceiro é o grau de dificuldade de se compreender (por parte do interlocutor) como se levou a interpretar o texto paisagem de uma dada forma (ROWNTREE, 1986, p.582). Não vemos sentido no primeiro e no terceiro

1988; COSGROVE, 1990a). A chamada nova geografia cultural revitalizou a ênfase da paisagem enquanto construção cultural que estrutura e dá significado ao mundo externo. Por isso, é compreensível o fato da abordagem da nova geografia cultural ser marcado pelo uso de pressupostos da semiótica (HOPKINS, 1990; SILVA, 2008). Aplicados à leitura da paisagem, a escolha pelo amparo da semiótica é apoiada pela premissa da existência de sociedades que carregam sistemas de signos; nesse sentido, qualquer ação social bem como a disposição e constituição de artefatos são vistos como parte de um sistema amplo de signos (DUNCAN, 1987). Tais signos cumprem funções muito diversificadas: são capazes de se apresentarem como anúncios e identificam, persuadem, orientam e regulam as pessoas (SCULLE; JAKLE, 2008). Ações sociais e artefatos fazem parte de um conjunto de significados que é dado por códigos. Essas características simbólicas da paisagem produzem e sustentam um sentido social. Assim, a paisagem é concebida como uma configuração simbólica, fato que fortalece metodologias que são mais interpretativas do que morfológicas. Eis o contexto que explica a ênfase dada na metáfora da paisagem enquanto texto (ROWNTREE, 1988).

Abordar a paisagem como um texto não é uma tarefa simples; à *prima facie* parece ser uma estratégia que facilita a comunicação; entretanto, o escrutínio da racionalidade nos leva a perceber que os textos podem ser tão difíceis de serem interpretados quanto às imagens. A tarefa da comunicação é certamente dificultada pelo fato da nossa linguagem se carregar de um sentido não-literal, provoado por figuras de linguagem que não são necessariamente lógicas (SITWELL, 1981). É plausível conside-

---

alerta, pois, o estranhamento perceptivo é o apanágio da paisagem percebida individualmente. Já partimos do pressuposto que as diferenças de percepção paisagística remetem às diferenças identitárias e experienciais carregadas por cada indivíduo. Não faz sentido pensar que Rowntree ressinta da materialização ontológico-positivista que é estranha à paisagem como espaço a ser percebido. Afinal, o segundo alerta, com o qual concordamos, destaca o fato de que a paisagem como texto pode colaborar para a construção de uma visão que a reifique. Nesse sentido, é importante destacar que todo "texto paisagístico" já nasce caduco. Destacamos ainda que o uso de metáforas na abordagem geográfica faz parte de uma estratégia comunicativa dotada de virtudes didáticas; esse uso não é novo, incorporando desde as produções acadêmicas ligadas às origens da institucionalização acadêmica de geografia até as produções contemporâneas. Anne Buttimer (1982) chega a afirmar que a linguagem geográfica é fundamentalmente metafórica, sendo as metáforas da anatomia humana extremamente comuns: eixos de circulação tornam-se artérias; redes são organismos; pescoço, garganta, olhos e bocas aludem às feições do relevo e Friedrich Ratzel imortalizou seu *lebensräum* a partir de uma metáfora biológica.

rar que a metáfora da paisagem como um texto carrega, com muita frequência, outras metáforas. Assim desenhamos uma situação complexa, na qual a não-literalidade se entrecruza em planos distintos ao mesmo tempo em que objetiva – como é o apanágio da linguagem – comunicar.

É importante dar destaque ao fato de que a metáfora da paisagem vista como um texto não conduz necessariamente à reificação paisagística, sendo o papel do intérprete importante nesse imbróglio. O texto acerca da paisagem, enquanto produto de uma interpretação, refere-se a um dado momento e reflete as especificidades do seu autor. Ademais, a escrita e a imagem carregam por si tensionamentos que foram brilhantemente explorados por René Magritte, por intermédio de sua obra *A traição das imagens*, também conhecida como *Ceci n´est pas une pipe*. Nessa obra, Magritte propõe a negação explícita da construção mimética. O artista faz isso propondo uma associação entre a imagem e a escrita que rompe expectativas de alinhamento. A obra nos permite elocubrar sobre as possibilidades de incongruência entre o que é visto e o que é escrito.

As abordagens teóricas sobre a paisagem estão repletas de metáforas. A linguagem literal não poderia ser mais adequada para lidar com a referência e a interpretação da paisagem? Os geógrafos lidam com fenômenos que ocorrem e se materializam além das palavras e utilizam várias maneiras de expressar informações e relações espaciais. Enquanto meio exclusivo de comunicação, o texto escrito muitas vezes é inadequado como ferramenta descritiva da paisagem. Isso se explica porque "o texto possui uma estrutura linear, consecutiva e absoluta (palavra após palavra) e não permite a representação simultânea de várias palavras e conceitos para registrar e interpretar o espaço nas suas perspectivas relativa e relacional" (SEEMANN, 2005a, p.13955). A crítica de Jörn Seemann serve aqueles que destacam as potencialidades da representação imagética e sua superioridade sobre o texto escrito. A descrição de sistemas dotados de relações complexas requer uma linguagem específica, caracterizada pela capacidade do autor de escrever quatro frases em uma. Nesse particular, as metáforas apresentam-se úteis, por serem capazes de sintetizar ideias dissimilares (SEEMANN, 2005) bem como penetrar nos domínios do simbólico.

Magritte, René. A Traição das Imagens, 1929. Óleo em tela, 60,33 x 81,12 cm, Los Angeles County Museum of Art. A provocação de Magritte, que marcou época, nos leva a pensar sobre as incongruências entre a escrita e imagem.

Recentemente, José D'Assunção Barros (2020) fez uma interessante proposição metafórica para a paisagem que também envolve a linguagem: utilizando as relações entre fixos e fluxos, recorte espacial e temporalidades, o autor propôs vermos a paisagem como um acorde musical. Para compreender a empregabilidade da metáfora de Barros é necessário considerar a paisagem como uma imagem captada do espaço, "vista em certo momento, de certo ângulo, e de acordo com determinada escala" e ainda o fato de que "não se tem paisagem, evidentemente, se não se tem um ponto de vista, e, portanto, se não existe um observador" (BARROS, 2020, p.366). A individualidade do observador é condição crucial para a compreensão da metáfora, pois Barros (2020) propõe que os deslocamentos espaciais de uma pessoa a conduzem ver distintos acordes, ou seja, diferentes relações entre o homem e o meio vistas em determinado corte espacial e em um dado ângulo, que possibilita, por sua vez, a percepção de um certo arranjo de fixos e fluxos. Para o autor, na metáfora da paisagem enquanto acorde, o espaço é visto como uma construção horizontal que vai incorporando uma "sucessão de construções transversais (os acordes-paisagens) à medida que o observador o percorre" (BARROS, 2020, p.377). Diante do olhar do caminhante, "uma sucessão de acordes de sucedem, cada qual revelando muitas notas superpostas" (BARROS, 2020, p.377). Na música, o acorde é um som que é formado pela interação de muitos sons (notas musicais), fazendo com que seja uma metáfora eficaz para representar a simultaneidade (diversas coisas que ocorrem ao mesmo tempo). Na lógica de Barros (2020), cada paisagem é um acorde, com as notas sobrepostas representando fixos e fluxos. A metáfora do autor pode ainda aludir às distintas densidades das redes que envolvem fixos e fluxos no espaço. Na dimensão da figura de linguagem, afirma que "a música das cidades é mais agitada, muda mais rapidamente à medida que caminhamos. Certas paisagens rurais podem se estender através de uma parcela bem maior de espaço sem mudanças muito significativas" (BARROS, 2020, p.378) o que poderia permitir considerarmos que nos espaços mais homogêneos como os rurais os acordes se prolongam e são recheados de menos notas.

Acreditamos ser impossível desvincular o simbolismo da paisagem. O arranjo paisagístico é produto de intencionalidades que buscam transmitir recados, implícitos ou explícitos, elaborados pelos agentes de transformação do espaço. As tentativas de comunicação por intermédio da edificação de simbolismos encorajam a leitura da paisagem como texto. A nova geografia cultural concentra-se bastante em explorar as formas simbólicas produzidas pela classe dominante, que certamente se impõem sobre a paisagem, como constam nos estudos históricos de Duncan (1990) acerca do reino cingalês de Kandy e Cosgrove sobre a arquitetura palladiana (1993a). Nesse sentido, a cultura e a paisagem por ela moldada são vistas como "a materialização das lutas sociais que estão em andamento" (ROSE, 2002, p.458). Todavia, a paisagem também é palco de outras expressões. Há, contudo, que se entender o princípio da polivocalidade (CORRÊA, 2009), à medida que a interpretação simbólica pode produzir múltiplos significados, diferindo, inclusive, versões interpretativas muito diferentes daqueles que marcaram o espaço simbolicamente. Símbolos construídos intencionalmente para reforçar a posse ou domínio de um espaço podem ser compreendidos ou até mesmo intencionalmente ressignificados por indivíduos ou grupos com interesses distintos daquele que os edificou (ROSE, 2002).

Demeritt (1994a) avalia que a maioria das abordagens que utiliza a metáfora da paisagem como texto negligencia a participação de atores naturais no arranjo paisagístico. Essa questão talvez se explique pela distinta temporalidade envolvendo as forças da natureza – que também possuem ritmos diferentes entre si – e as forças antrópicas. Não é incomum descrições paisagísticas que eternizam a natureza, como se os arranjos naturais não tivessem história. O contexto da efervescência da metáfora da paisagem-texto se deu no interior da chamada virada cultural, movimento interdisciplinar que floresceu nos anos 1970-80[65] como uma reação ao pragmatismo neopositivista. No interior da chamada virada cultural, falou-se de um movimento mais específico chamado de virada linguística, que se centrou nos discursos, na representação social e na cultura política, com impactos notáveis nas ciências humanas (BURGESS, 1996). Todavia, Demeritt (2002) alerta que existem várias viradas linguísticas, baseadas em abordagens relevantes de distintos autores. Comumente, quando se associa a virada linguística à virada cultural, é destacada a consolidação e disseminação do pós-estruturalismo[66], que muitos acreditam abrigar a noção de desconstrução que tem como grande divulgador Jacques Derrida. A desconstrução, que não é propriamente um método, questiona a capacidade do texto em carregar toda a essência autoral. Nessa lógica, as transmissões fragmentadas das ideias evidenciam a incompletude de conceitos e argumentações, fazendo com que a ideia de verdade seja substituída pela ideia de versão. O legado deste autor influenciou fortemente a geografia humana no trecho final do século XX (DOEL, 2005), sobretudo a nova geografia cultural, que pretendeu transcender o foco dado à materialidade pela tradicional geografia cultural a partir da abordagem da dimensão simbólica do espaço.

As metáforas como a da paisagem como texto podem fazer com que geógrafos entusiastas de abordagens materialistas e pragmáticas fiquem desconfortáveis. Contudo, lidamos constantemente com materialidades e imaterialidades, de tal forma que automatizamos os seus antagonismos. Muehrcke e Muehrcke (1974), por exemplo, assim falam acerca do mapa, um instrumental indispensável na vida de um geógrafo: "Um mapa é, de fato, uma metáfora. O criador do mapa tem

---

[65] No Brasil, a virada cultural floresceu de forma mais restrita e tardia, notavelmente nos anos 1990 (CORRÊA; ROSENDAHL, 2005, p.98-99).

[66] Os efeitos do pós-estruturalismo na análise espacial impactaram na desconstrução do essencialismo nas descrições. Claramente a desconstrução do essencialismo impacta também nas formas de se ver a paisagem e o lugar. As polarizações que davam ordem as descrições espaciais passaram a ser questionadas, em um extenso rol de dicotomias: o geral/específico, abstrato/concreto, nomotético/idiográfico, teorético/empírico, quantitativo/qualitativo, econômico/cultural, moderno/pré-moderno, dentre inúmeros outros binarismos (GIBSON-GRAHAM, 2004).

a pretensão de fazer com que o leitor do mapa acredite que um mosaico de pontos, linhas e áreas em um pedaço de papel seja equivalente ao mundo multidimensional" (MUEHRCKE; MUEHRCKE, 1974, p.319).

É importante observar que os textos não são inocentes; não são janelas pelas quais podemos dimensionar a realidade. A complexidade da leitura da paisagem e sua metáfora como texto encontra abrigo dentro da dimensão pós-estruturalista, que se preocupa com os significados das palavras, expressões e ideias. No interior desta perspectiva, nenhum texto é puro, nascido livre de influências de outros textos. Por isso, é construído o axioma: todo texto é intertexto de outro texto (DUNCAN; DUNCAN, 1988). Assim, a metáfora textual permite que a paisagem – vista aprioristicamente como autoral – seja compreendida como um produto de uma miríade de atores sociais que interpretam e ressignificam o espaço (DWYER; ALDERMAN, 2008). No interior deste debate, é importante destacar que as premissas pós-estruturalistas

> negam a autoria ao autor. Rejeitando a visão de que os textos são referenciais, também rejeitam a ideia de que textos são representações ou reconstruções do mundo real. Essas descrições combinam com as paisagens, pois não possuem autoria, embora possam ser simbólicas, não são obviamente referenciais, constituindo como criações intertextuais do leitor, assim como são produtos da sociedade que originalmente as construiu (DUNCAN; DUNCAN, 1988, p.120).

A paisagem pode ser analogamente ligada a um hipertexto em pelo menos dois âmbitos: no primeiro, em função dos valores que são carregados pelo seu intérprete, que são construídos "intertextualmente" devido às experiências múltiplas acumuladas espaço-temporalmente[67]; (SILVA, 2021a) no segundo âmbito, em função dos diversos processos que moldam e dão forma ao arranjo paisagístico, deslocando os elementos de tal maneira que podemos nos referir a um pastiche no qual o que era separado tornou-se unido e aquilo que era indissociável tornou-se apartado (SILVA; COSTA; SILVA, 2022).

Ao serem interpretados, de múltiplas maneiras, os textos da paisagem permitem a formulação de imagens que, a partir da visão de mundo do intérprete, são construídas representações sobre um dado aspecto da realidade (CORRÊA, 2011). Essas representações tornam-se informações

---

67 A paisagem como portadora de hipertextos permitiria a leitura de tempos pretéritos por meio de iconografias representativas de tais tempos (CARVALHO, 2017). É como consultar uma arquitetura que caiu em desuso e compreender as razões de sua obsolescência.

necessárias para o desempenho do importante papel da intermediação da realidade, no qual o intelectual deve abandonar a pretensão de dimensionar o real ou a verdade histórica, incorporando fragmentos ou ângulos que, se por um lado evidenciam as incompletudes de um todo objetivo, por outro nos capacitam a interagir com o espetacular multiverso da dicotomia homem versus meio. Entretanto, faz parte do rol de preocupações da nova geografia cultural compreender como as classes dominantes operam o conceito de cultura ao favor da manutenção do *status quo* político-social; isso significa dizer que a lógica intertextual aparentemente soa como caótica por ser disponível a todos, tanto no âmbito interpretativo quanto no ato de expressão da paisagem, por meio da edificação de simbolismos. O caos absoluto e a ampla pluralidade que supostamente se associam a paisagem é falso. Existe certa ordem e intencionalidade daqueles que possuem mais recursos para interferir na lógica paisagística; *ipso facto*, suas intervenções na paisagem acabam sendo mais notórias, ainda que se manifestem em um simbolismo subliminar. Certamente – no âmbito do ordenamento paisagístico – pessoas são induzidas a percorrerem certos caminhos no espaço que são rotas da obediência; nesses percursos obrigatórios, ritos são cumpridos, reforçando ideias sobre a classe e a diferença.

A metáfora da paisagem enquanto texto, para alguns, precisa ser aplicada, vista, desenvolvida e teorizada com parcimônia. Don Mitchell (1993) em uma resenha crítica do livro de Barnes e Duncan[68] (1992) argumentou que a utilização da metáfora textual fez com que os autores construíssem uma argumentação que desenhava duas possibilidades paralelas e antagônicas da interpretação paisagística: de um lado, a interpretação meramente material, a bruta realidade; de outro, o mundo dos textos, discurso, metáfora e da linguagem. Mitchell salienta que esta é uma falha grave na teoria, pois, trata-se de uma "posição frustrante, considerando que o que precisa ser teorizado são as complexas interações entre a materialidade e ideias. Palavras e discursos são amarrados ao mundo por poderosos atores sociais" (MITCHELL, 1993, p.474).

Judy Walton (1995) discordou da crítica de Mitchell em uma publicação no periódico *Professional Geographer*, ao argumentar que a utilização da metáfora da paisagem como texto não implica necessariamente em uma ontologia idealista (WALTON, 1995, p.62). Acrescenta ainda, em publicação posterior, uma indagação: se a materialidade da

---

[68] Livro intitulado *Writing Worlds: Discourse, text and metaphor in the representation of landscape.*

paisagem não é sentida, observada, descrita e representada, de que forma pode existir para o ser humano? (WALTON, 1996). Com esse questionamento, Walton reforça a crítica a Mitchell (1993), justamente defendendo a possibilidade da metáfora da paisagem como texto ser capaz de fazer a intermediação entre materialidade e imaterialidade.

Em tréplica a Walton (1995), Mitchell (1996a) revigorou suas considerações sobre o uso da metáfora textual da paisagem, ao dizer que a capacidade dessa metáfora em suprimir a dicotomia entre ideias e materialidade não é meritória. Mitchell a atenção para o seguinte artifício linguístico: "A paisagem é parcialmente um texto ou uma representação. Em muitos estudos ocorre uma rápida derrapagem da noção da paisagem que se assemelha a um texto rumo à paisagem vista como um texto[69]" (MITCHELL, 1996a, p.95). Mitchell (1996a) argumenta ainda que se faz necessária a abordagem material e imaterial da paisagem para que possamos continuar pensando na morfologia da paisagem, que, não importa a forma em que seja representada, possui um papel nas relações e vida social. Finalmente, Mitchell (1996a) conclui – ainda na dimensão reticente à utilização da metáfora paisagem-texto – que o significado é produzido com a linguagem mais do que refletido por ela, o que evidencia que o sentido que a paisagem assume no plano individual é produzido entre a linguagem e o mundo físico. Reside aqui a problemática de assumir a metáfora da paisagem-texto como uma predominância absoluta da linguagem em detrimento dos significados construídos também por intermédio das relações dos sujeitos com o mundo material.

Para além da discussão acerca da razoabilidade da crítica de Mitchell, acreditamos que uma abordagem assertiva da paisagem passa pela incorporação de sua materialidade e imaterialidade, em algum ponto de equilíbrio entre a objetividade e subjetividade, o que não é o mesmo que defender uma visão pragmática e positivista da paisagem.

---

69 Particularmente apreciamos a abordagem de Don Mitchell. Contudo, ao se portar como um esmiuçador-mor das palavras pode recorrer ao vício de desviar o foco daquilo que está sendo centralmente discutido. Nós mesmos optamos por nos referir algumas vezes à ideia da "metáfora da paisagem-texto", ou "paisagem como texto". Não acreditamos que a utilização destas palavras garanta que a abordagem de um autor esteja vinculada à ideia da paisagem exclusivamente vista como um texto, ainda que possam existir os radicais vinculados às abordagens imateriais. Palavras ou expressões podem muito bem ser amparadas pelo contexto do raciocínio onde estão inseridas, o que pode suprimir os problemas relativos às ambiguidades.

Acreditamos que a questão principal envolvendo a discussão entre Judy Walton e Don Mitchell não deveria ser acerca da assertividade da utilização da metáfora da paisagem como um texto; diferentemente deveria ser explorado de que forma as narrativas e interpretações paisagísticas conseguem transcender a materialidade sem que esta seja completamente abandonada em detrimento das ideias.

A abordagem da paisagem como texto nos permite ainda afirmar que a categoria geográfica em questão nunca é responsável por si mesma. Ela é transformada em processos que não são visíveis em sua escala de contemplação, replicando processos de origens externa, da mesma forma que os textos replicam ideias advindas de outros textos. James Duncan (1995) apontou que a fraqueza da metáfora intertextual reside no fato de que em muitas instâncias, as complexas conexões intertextuais são imensamente difíceis de serem dimensionadas ou percebidas (DUNCAN[70], 1995). Não entendemos isso como fraqueza. A pretensão de dimensionar o universo das conexões intertextuais é utópica tanto no plano literal da intertextualidade quanto na dimensão metafórica da paisagem como texto. De maneira semelhante, as narrativas históricas alternativas às grandes narrativas não podem se posicionar como detentoras da verdade. Grosseiramente, é razoável asseverar que é quixotesca a batalha a favor do dimensionamento da realidade, do esgotamento das narrativas e do estabelecimento da verdade. As virtudes intertextuais se apresentam justamente na possibilidade de buscar as múltiplas conexões textuais que enriquecem nossa compreensão, de forma similar ao nobre exercício de intermediação de narrativas que ajudam a enriquecer a abordagem histórica.

Duncan e Duncan (1988) dão enfoque a existência de "comunidades textuais", que seriam um grupo de pessoas que possuem um entendimento comum sobre um texto, seja ele falado ou lido, e que organizam aspectos de sua vida a partir do entendimento desse script. Entretanto, rejeitamos estes conceitos generalistas que querem nos fazer crer sobre o aspecto reinante de superestruturas sociais sobre as pessoas. O conceito de comunidades textuais sugere homogeneidade em indivíduos marcados pela pluralidade construída pela experiência. Entendemos que indivíduos podem – a partir de posicionamentos políticos ampara-

---

70 Apesar do apontamento sobre a fraqueza da intertextualidade, James Duncan é um dos grandes divulgadores da metáfora da paisagem como texto, imortalizada no seu livro *The city as a text:.The Politics of Landscape Interpretation in the Kandya Kingdom* (DUNCAN, 1990).

dos pelos mais distintos interesses – ignorar certas diferenças em prol de mudanças específicas. Parece, contudo, mais honesto do ponto de vista teórico, revelar os fundamentos da suposta homogeneidade e da sugestão de grupos que não se sustentam materialmente. Entendemos que exista "um mundo" real de coisas físicas que é independente de nossos sensos e construções mentais (PEET, 1996), desde que a palavra "mundo" não signifique totalidade ou mesmo dominância. Vale ressaltar, mesmo para aqueles que superestimam a força da base (vinculada ao arranjo das forças produtivas) e da superestrutura social como definidora das especificidades identitárias, que ambas não são fixas em si mesmo, são processuais (WILLIAMS, 2002). É interessante pensar que esse caráter dinâmico da base e superestrutura social já é, em si mesmo, um indicativo da pluralidade identitária. As convicções pessoais recebem influência e moldam a superestrutura social.

Interessante notar que James e Nancy Duncan relativizam suavemente as influências das superestruturas sociais no mesmo artigo, ao dizerem que "as interpretações são fruto de contextos sociais edificados por discursos históricos e culturais específicos; são construídas por comunidades interpretativas[71] e frequentemente, mas nem sempre, refletem sistemas de valores hegemônicos" (DUNCAN; DUNCAN, 1988, p.120). A forma como os valores hegemônicos atingem as pessoas no âmbito individual é variada, gradativa e errática. Ao mesmo tempo, seria imprudente afirmar que numa vida em sociedade, exista alguém que suprima a influência dos valores hegemônicos. Afinal, até mesmo as escolhas alternativas podem somente serem alcançadas a partir da rejeição e fuga de elementos trazidos por experiências coletivas.

Na dimensão da analogia paisagem-texto é plausível elaborar que a paisagem é o mais completo livro sobre a história de uma dada porção da superfície terrestre. O referido livro, entretanto, é escrito em diversos idiomas, alguns dos quais não dominamos, fato que nos leva a não conhecer toda a história que a paisagem carrega. Analogamente os idiomas representam as técnicas de interpretação espacial, que poderiam ser simbolizadas pela datação de rochas ou aos estudos arqueoló-

---

71 O termo comunidades interpretativas carregam ambiguidade importante de ser abordada. Pode carregar, pelo menos, dois sentidos antagônicos: o primeiro, uma comunidade que interpreta da mesma forma os textos e a paisagem, o que aproximaria do sentido de "comunidades textuais"; o segundo, uma comunidade que confronta, elabora e permanentemente modifica os significados à luz da experiência social, sem que com isso os indivíduos massifiquem o pensar.

gicos que pudessem nos fazer entender qual era a relação entre o clima e a biosfera em eras anteriores ou, com pouca margem para dúvida, de que forma vivia o homem em séculos ou milênios atrás. Estudos nesse sentido já existem, mas pensamos que, com a possibilidade do avanço das técnicas e dos métodos de pesquisa, mais páginas desse livro-paisagem poderão ser decifradas. O termo história congelada pode significar, a alguém mais descuidado, uma ideia de que os elementos que compõem a paisagem explicam-se pelas suas posições e relações de momento, o que poderia excluir o aspecto diacrônico que é fundamental para descrever a paisagem tal como ela se arranja[72].

Paulo César da Costa Gomes (2008) destaca que o fato do Palácio de Versalhes não possuir banheiros, pode conduzir a explicações e leituras sociológicas bizarras, afinal, a imponente construção possui onze hectares de telhados, 52.000 metros quadrados de pisos, sessenta e sete escadas, 2.153 janelas e setecentos cômodos. Uma explicação adequada sugere um mergulho na história da vida privada francesa, que nem sempre é realizada por aquele que se apresenta diante desse estranhamento (GOMES, 2008). E quanto às informações necessárias para a interpretação da paisagem que não estão disponíveis mediante os nossos registros? Seria a interpretação da paisagem um quebra-cabeça de peças faltantes?

Assumimos a importância de ressaltar que a paisagem sempre guardará uma parcela considerável dos seus mistérios. É impossível compreender

---

[72] Sobre a dimensão não percebida da evolução da paisagem, assim argumenta Pierre George: "Em qualquer procedimento geográfico, o primeiro passo é a observação. Todavia, o comportamento normal da observação consiste em propor problemas que deverão ser resolvidos pela explicação. Parte desses problemas provém de dados que escapam ao alcance da observação, quer por se tratar de dados pertencentes ao passado e dos quais só se pode observar os efeitos, quer pelo fato de ser necessário levar em conta certas impulsões invisíveis e muitas vezes oriundas de centros de comando exteriores ao meio imediatamente considerado. Contudo, o visível e o invisível possuem algo em comum: pelo menos até certo ponto, tanto um quanto o outro são responsáveis pela dimensão. Por outro lado, existe uma margem de interferência entre o visível e o invisível quando certas situações e estruturas ocasionam afloramentos exteriorizados, susceptíveis de observação embora seu conhecimento dependa, quanto ao conjunto, muito mais de investigações, de pesquisas de laboratório e estatísticas" (GEORGE, 1978, p.20-21). Argumenta ainda o geógrafo francês que estas pesquisas permitiriam, por intermédio do método comparativo, a elaboração de "hipóteses de generalização", que seriam guiadas, por sua vez, pela extrapolação de um dado tido como significativo (GEORGE, 1978).

a totalidade de sua evolução. Para Joan Iverson Nassauer (1995), as paisagens nos oferecem uma quantidade de informação muito maior do que conseguimos processar e utilizar. Salgueiro (2001) considera que a avaliação dos elementos da paisagem em conjunto e de suas relações (método desenvolvido de forma seminal e majoritária na escola francesa de geografia), nos levaria as ditas "dimensões ocultas da paisagem". Essas seriam associáveis ao intangível: por exemplo, a pretensa definição do escopo da cultura. É plausível considerar que nem todas essas dimensões ocultas são passíveis de serem reveladas em sua totalidade. Andreotti (2010) reforça o raciocínio, ao argumentar, primeiramente, que se houver clareza quanto ao entendimento absoluto de uma dada porção do espaço, não estaremos nos referindo à paisagem. Do ponto de vista do indivíduo, a paisagem é "o absoluto do espírito, o absoluto da psique" (ANDREOTTI, 2010, p.269), pois a mesma revive as memórias olfativas, sonoras, táteis, além de ser capaz de reconstituir em nossa mente tempos idos, aludir a arranjos sociais e sistemas políticos atuais ou que não mais existem.

A paisagem reconstitui espaços-tempos. Isso significa dizer que espaços-tempos muitas vezes cristalizados em nossa memória não sobrevivem geodesicamente na contemporaneidade. Não é possível estar em todos os lugares ao mesmo tempo. A partir dessa obviedade é de se notar que o dinamismo da paisagem extingue certos arranjos que se manifestaram em alguma fatia do espaço em um dado momento do tempo. Por isso é comum remetermos a espaços-tempos que não existem mais. É como se nutríssemos a expectativa de que certas experiências que temos com as paisagens fossem capazes de serem evocadas a qualquer momento como um testemunho inabalável de representação fidedigna e uma *ode* à cognoscibilidade: "Já fui a Paris", diria o viajante costumaz. Note que é provável que ele negligencie o tempo em seu registro, sobretudo se a sua visita à capital francesa se deu em um tempo em que o viajante em questão estime, arbitrariamente, como curto. É plausível argumentar que as paisagens são espaços temporalmente situados e sitiados, aprisionados pelas contingências do tempo inexorável. Por outro lado, também é possível dizer: "lembro-me de agosto de 1990" ou "lembro-me das eleições presidenciais brasileiras de 1989", em possibilidades as quais o narrador inverte a lógica do espaço sobre o tempo e institui a primazia do tempo sobre o espaço. Afinal, em um mesmo tempo, espaços se estruturam de forma muito diferente e, por consequência, dizemos o mesmo sobre as paisagens. Sequer podemos afirmar que diferenças de espaço são mais relevantes do que diferenças no tempo; afinal, estamos falando de dimensões diferentes que se entremeiam, porém, não se convertem: do ponto de vista da experiência humana quantos metros há em um segundo? Poderíamos converter quilômetros em horas?

É de se destacar que a história possui uma dimensão oculta. Afinal, a paisagem é construída historicamente, tanto pela natureza quanto pelo homem. Por mais que as técnicas avançadas nos deem pistas sobre o passado e a arqueologia nos apontem linhas de interpretação sobre o pretérito humano, há de se considerar que não existe verdade histórica. Nesse sentido, as narrativas históricas seriam – vistas isoladamente ou colocadas em linhas alternativas – tentativas de mediação da realidade. Além da intangibilidade peculiar às influências não visíveis da paisagem destacadas por Salgueiro (2001), as tentativas de remontagem da história seriam, *per si*, outras faces do mistério. Na mesma linha de abordagem, Serpa (2006; 2007) alerta que nem sempre a realidade visível esclarece completamente o que de fato acontece no espaço. Concluímos neste ponto que a paisagem guarda mistérios e o seu nível de compreensão será sempre parcial frente ao conjunto de informações que são carregadas pelos seus elementos constituintes.

Consideramos problemático tratar a paisagem como história viva, como fez Milton Santos, ainda que seja relativamente comum na literatura acadêmica esse tratamento dado à categoria em questão. As funções sociais realizadas pelas formas da paisagem são passíveis de ser levadas em conta até o momento em que a paisagem é percebida ou descrita. Se a paisagem é expressa em um "dado momento", tempos futuros podem não compor parcela importante do seu sentido epistemológico. São importantes, obviamente, para quem planeja e vive o espaço. Assim, o ato de descrição ou percepção da paisagem é, contrariamente à noção de história viva, o "encerramento da história"[73] enquanto discurso ou descrição. A descrição/percepção da paisagem, voltando à analogia anterior da paisagem enquanto livro, é, numa dimensão metafórica, a entrega do

---

73 Qualquer historiador que escreve um livro de história geral terá a exata noção de que o último capítulo que verse sobre a história contemporânea não decreta que a história não estará mais em movimento. Contudo, ao escrever um livro dessa natureza, é necessário fazer uma escolha de corte temporal. Ao contrário, a mercê da passagem do tempo, um historiador jamais poderia concluir um livro. O mesmo processo ocorre com o geógrafo que percebe/descreve a paisagem. Não se pode determinar o futuro, dada a complexidade de fatores que guiam a transformação do espaço. Assim, o ato de perceber ou descrever a paisagem se enquadra, *stricto sensu*, em um recorte temporal.

texto para uma editora. Trata-se da arte final de uma obra construída ao longo do tempo, mas que está sendo encerrada. Obviamente o espaço geográfico é sensível ao tempo e a paisagem se modificará. A rigor, após o encerramento da descrição da paisagem, estaremos diante de outra paisagem, vítima do seu processo contínuo de transformação. Ao comparar as mudanças entre o passado e o presente estaremos comparando "paisagens", no plural. Nesses termos, a excepcionalidade da paisagem é tamanha que deveria ser muito mais comum lermos e ouvirmos a palavra paisagens (plural) do que paisagem (singular).

Poderiam rebater nosso preciosismo àqueles que apresentam um sentido da paisagem descompromissado com o seu recorte temporal: afinal, a paisagem é polissêmica e depende da abordagem das diferentes correntes da geografia ou da própria evolução do conceito. Acreditamos que, independente da corrente da geografia, qualquer descrição que se afaste do recorte temporal para possibilitar a percepção e a descrição da paisagem metaforiza a mesma, até mesmo romantizando-a. Quanto à evolução do conceito, se faz necessária a permanente reflexão epistemológica, com base nos fundamentos mais modernos da ciência geográfica. Afinal, *au contraire*, estaríamos ainda hoje confundindo o escopo semântico de território e região, devido à sua congruência semântica pretérita. Há de considerar que o sentido das palavras está em movimento e o senso comum pode interferir no mesmo, ainda que, em determinados casos, com certas restrições. Afinal, parece existir relativo monopólio daqueles que definem o significado de cromossomos ou de átomos, deixando pouca margem de flexibilização dos seus significados.

Schier (2003) argumenta que "a paisagem está em um processo constante de desenvolvimento ou dissolução e substituição" (SCHIER, 2003, p.81). Defendemos que o uso da palavra paisagem, nesse contexto empregado por Schier e por tantos outros, pode ser substituído por "espaço geográfico" sem nenhum tipo de invalidação. Olivier Dollfus argumenta que "o espaço geográfico é um espaço mutável e diferenciado cuja aparência visível é a paisagem" (DOLLFUS, 1982, p.8). Nesse sentido, a paisagem tornar-se-ia um microcosmo do espaço geográfico. Alertamos, contudo, que a aposta no "visível" como limitação da escala da paisagem tem sido contestada por muitos. A crítica da limitação da paisagem ao campo do visível vem acompanhada, também, de argumentos que apontam de maneira clara os limites epistemológicos entre o espaço geográfico e a paisagem, que, segundo correntes humanistas, seriam dados pela capacidade do homem de perceber e interpretar certa porção do espaço (e não a sua totalidade, que seria intangível). Ou seja, a diferença fundamental entre as duas categorias seria ditada pela escala espacial da abordagem.

Carl Sauer, importante nome dos estudos culturais e da paisagem, em argumento retirado do seu clássico *A Morfologia da Paisagem* publicado em 1925, considera que a paisagem não é simplesmente uma cena atual vista por um observador. Tratar-se-ia de uma "generalização derivada da observação de cenas individuais". Esta generalização dá a paisagem um sentido material, explicado pela pretensão de transformá-la em uma entidade. O geógrafo que descreve a paisagem possui "a mesma tarefa que um pintor de paisagem". Para Sauer, a paisagem somente existe se for tratada como uma generalização, o que já aponta para a intersubjetividade de sua descrição. Afinal, quem define o que será ressaltado ou negligenciado na descrição paisagística é o intérprete. Contudo, considerando relações de poder, é plausível acatar a possibilidade de certa descrição da paisagem ser imposta a determinado grupo, interferindo na sua forma de ver até mesmo o seu espaço vivido.

É importante destacar que, para nós, levando em conta pressupostos fenomenológicos[74], a paisagem não existe enquanto fenômeno coletivo. Esta ideia é uma negação da abordagem material da paisagem, que, principalmente a partir dos anos 1980, amparou muitos teóricos que se dedicaram a estudar o sentido simbólico da paisagem, encarnado, por exemplo, nas metáforas da paisagem como texto e outras menos divulgadas como teatro, carnaval, espetáculo (COSGROVE, 1989), cinema (LUKINBEAL, 2005) e artefato (BESSE, 2006). A exploração das metáforas que atendem a um sentido da lógica do *panis et circenses*, reproduzem a ideia de que a imagem da paisagem se apresenta como forma de sustentar conhecimento e poder (COSGROVE; DANIELS, 1989). É como se o arranjo da paisagem fosse milimetricamente pensado para sustentar o *status quo* político social, por intermédio de sua estética, organização, circulação, posição e toda sorte de informação simbólica. É interessante pensar que, nesse sentido, a paisagem não se torna somente um reflexo das relações de poder; dialeticamente é partícipe dessa construção. O uso das metáforas da paisagem

---

74 A geografia constituiu-se como ciência moderna em meados século XIX sendo, então, a ciência que se ocupou do conhecimento espacial terrestre. Como ditava o *zeitgeist* do seu século fundador, a geografia se apoiou no método científico positivista no qual todo estudo geográfico se restringiu ao concreto, visível, real e mensurável. A fenomenologia é, dentre outras coisas, uma reação ao monopólio da objetividade científica (GOTO, 2013).

alienante evidencia a preocupação de cunho social que marca as reflexões de autores alinhados com pressupostos da nova geografia cultural[75]; a perspectiva em questão nos ensina que a abordagem social e cultural pode conjuntamente ser eficaz (SILVA, 2021b).

Destaca-se também, em outra face da espetacularização, a construção da paisagem como objeto de consumo. A praça Jemaa el-Fna em Marrakesh, que abriga pujante atividade comercial, certamente moldou-se esteticamente não apenas pelo compromisso com sua própria história – é de se destacar que é um patrimônio cultural – mas também com a observância das próprias expectativas que a ela são lançadas pelo olhar dos turistas (MINCA, 2007). Esse olhar é alimentado pela expectativa do consumo do exótico, possível no interior de uma atmosfera mágica de uma geografia imaginada. No cenário da praça, encantadores de serpentes não poderiam faltar: a *mise-en-scène* agrupa elementos espacialmente exógenos à praça, incorporados naquele espaço para facilitar a experiência do visitante, como em um oásis concentrador de atrações. Nesse tipo de experiência, não importa se os elementos estão desvinculados de sua origem geográfica: é a fantasia que se porta como uma representação composta por um aglutinado de incorreções geográficas. Assim, o vernacular cede espaço ao heterotópico e são nublados os limites entre o real e a ficção. Já não se sabe se as fábulas pertencem definitivamente ao lugar, que passa a ser definido mais como as expectativas que a ele são depositadas do que a parcela mais expressiva de sua representatividade histórica. Varandas e terraços no entorno da praça tornaram-se as poltronas do espetáculo. Utilizando do seu exemplo bem construído acerca da praça Jemaa el-Fna em Marrakesh, Claudio Minca (2007) destaca que a paisagem turística possui essa duplicidade quase paradoxal: a própria atividade turística ajuda a moldar a paisagem deixando suas marcas; estas, uma vez deixadas na paisagem, tornam-se também parte do objeto de consumo paisagístico. É difícil imaginar Jemaa el-Fna sem os seus famosos terraços que incluem cafés e mesas bem posicionadas para avistar a praça. Os terraços tornaram-se elementos indissociáveis da paisagem e fazem parte da expectativa de parte dos turistas que visitam o local.

Em outra dimensão do simbolismo paisagístico, fala-se ainda na metáfora da paisagem vista enquanto corpo. É interessante pensar que em

---

[75] Esta corrente da geografia rompe com a abordagem meramente material da paisagem, dando foco na dimensão não-material da paisagem e nas representações (LUKINBEAL, 2005).

uma sociedade masculinamente orientada, ocorre comumente a idealização da paisagem tal como o corpo feminino. De acordo com Douglas Porteous (1986a), pode-se falar em pornotopias, à medida que se associam montanhas a seios ou cavernas a vulvas. A própria noção da natureza é em si feminizada, representada por figuras sensualizadas que despertariam o fascínio masculino. Curiosamente, não é raro encontrar na paisagem celebrações fálicas, como em uma manifestação da ordem social hegemonicamente masculina. Cosgrove (1982), por exemplo, analisou detidamente a transformação do arranjo paisagístico de Veneza, outrora cidade de forte vocação mercantil, miticamente consolidada na contemporaneidade como portadora de atmosfera romântica e sexual.

É necessário considerar a imaginação nos estudos paisagísticos. Planejadores têm esta consciência: Tuan (1980) no seu clássico *Topofilia* abordou os esforços das cidades americanas em se autoproclamarem o centro mundial de certas atividades, num claro esforço imagético. A priori, a paisagem é percebida. A descrição da paisagem é uma tentativa de materialização da percepção, a partir de um complexo sistema que envolve as emoções, a experiência vivida e o uso dos sentidos, sendo esse um processo tão individual quanto as digitais de um polegar ou o arranjo da íris. É importante destacar que Carl Sauer foi inovador para a sua época, relativizando pressupostos positivistas que imperavam na geografia (FRANK; YAMAKI, 2018), rejeitando, por exemplo, abordagens exclusivamente quantitativas como métodos de leitura espacial. Relativizou também o determinismo ambiental ao declarar que as formas da paisagem cultural são derivadas da mente do homem e não impostas pela natureza, constituindo-se como expressões culturais[76] (MITCHELL, 2000b). Contudo, a crítica comum à sua

---

76 Anteriormente a Carl Sauer, mesmo Friedrich Ratzel – acusado de ser um ícone do determinismo ambiental pelas mais descuidadas hordas acadêmicas – já havia relativizado, numa época incomum, a relação homem e ambiente. Ao categorizar os *naturvolker* (povos da natureza) e os *kulturvolker* (povos de cultura), mencionou que os primeiros, com pouca capacidade técnica e tecnológica, estariam mais sujeitos a determinação ambiental, enquanto que os segundos poderiam amenizar a influência do ambiente no seu comportamento, devido aos prodígios tecnológicos. Claramente, a própria dicotomia ratzeliana aqui apresentada é passível de crítica, a iniciar pela nomenclatura de sua tipificação, que nos induz pensar em ausência cultural naquilo que definiu como *naturvolker*. Contudo, não mencionar essa relativização ratzeliana ao atribuir ao autor o rótulo geográfico do determinismo ambiental parece um descuido indevido. Paul Claval (2001b) afirma que Friedrich Ratzel foi o primeiro geógrafo a refletir sobre esta relativização envolvendo o domí-

abordagem é que a sua relativização não é suficiente para que o rótulo de "praticante de uma geografia cultural material" não tivesse aderência, não só em seus trabalhos como em todo o imaginário que cai sobre os limites não tão bem definidos da escola de Berkeley.

A partir da lógica da experiência individual como meio de interpretação da paisagem, consideremos um grande grupo de pessoas que visita um mirante na companhia de um guia turístico. Esse profissional pede à todos que "contemplem a paisagem". A frase possui, neste caso, sentido ambíguo. Concordamos com o entendimento de que a utilização da palavra "paisagem" se deu no âmbito de cada indivíduo, como se estivesse falando para cada um dos que estavam presentes diante da vista privilegiada. Caso o guia turístico tenha se referido ao coletivo, como se a paisagem pudesse representar, significar e ser descrita da mesma forma pelos presentes, estaríamos mediante a abordagem reificada da paisagem, pois teria ocorrido a pretensão de que a percepção individual se imponha ao coletivo. Um compromisso profundamente ligado ao sentido epistemológico da paisagem baseado na experiência individual apontaria para o uso da palavra paisagens (no plural), já que a percepção da mesma ia ser variada entre as pessoas que estavam no mirante[77]. Se todos reunissem habilidades de pintura e estivessem com pincéis, tinta a óleo e tela, quadros diferentes seriam produzidos, inclusive com distintos "enquadramentos", que remeteriam à questão da escala da paisagem. Limites imprecisos na percepção da "paisagem" aludem a já abordada excepcionalidade da mesma, manifesta na sensibilidade acomodada no âmbito da experiência individual dos pintores.

Como foi dito, na paisagem a efemeridade se impõe. O arranjo paisagístico percebido ou descrito é um mosaico de fragmentos diacrônicos[78]. Corrêa

---

nio técnico-tecnológico e a capacidade de diminuição dos efeitos da influência do meio sobre o *modus vivendi*.

77 Esta posição, cunhada anteriormente à leitura do texto de Donald Meinig (2002), encontrou no mesmo extrema congruência. Para Meinig "um exercício simples poderá desvelar, rapidamente, o problema. Tomemos um pequeno, mas variado grupo de pessoas, com o intuito de olharmos uma porção determinada da cidade ou do campo. Cada qual, a seu turno, descreverá a paisagem (aquela parte do espaço que é vista de um único ponto), detalhando sua composição e falando algo sobre o significado do que pode ser visto. Ficará logo evidente que mesmo que nos juntemos e que olhemos para a mesma direção, no mesmo instante, não veremos – não poderemos ver – a mesma paisagem." (MEINIG, 2002, p.35).

78 Chris Van Dyke (2013) problematizou a ideia da paisagem vista como um mosaico, explorando os arranjos entre os elementos que a compõe, bem como as dis-

(2022) reforça a metáfora do mosaico ao referir-se à superfície da Terra, que seria recoberta por fragmentos irregulares, mutáveis e articulados entre si. Os mosaicos que englobam os fragmentos que cobrem a superfície do planeta "ora se recobrem plenamente, ora estão parcialmente superpostos e ora, ainda, justapostos" (CORRÊA, 2022, p.3). Milton Santos (2012a), por sua vez, argumenta que tanto a paisagem quanto o espaço são "espécies de palimpsestos onde, mediante acumulações e substituições, a ação das diferentes gerações se superpõe" (SANTOS, 2012a, p.104). A paisagem nos evidencia a passagem do tempo, permitindo-nos, aprioristicamente, a fazer inferências e elaborar questionamentos. Qual seria a razão para certas estruturas do século anterior permanecerem como marcas da paisagem e outras, contemporâneas a essas, serem sumariamente substituídas? A lógica da funcionalidade e da obsolescência seria suficiente para responder tal questionamento? Acreditamos que não. Afastando-nos de uma lógica exclusivamente marxista/marxiana e/ou economicista, é de se considerar que o valor da estrutura também é culturalmente atribuído, o que poderia fazer certos registros paisagísticos resistirem temporalmente a despeito do seu esvaziamento funcional. Uma combinação complexa de elementos de tempos diferentes e que convivem sistemicamente a partir das relações entre homem e natureza constituem a paisagem, independentemente de tais elementos serem percebidos ou não por quem a interpreta. Esses são exemplos de aspectos objetivos da paisagem. Alguns autores contemporâneos têm revelado como a paisagem preserva as marcas de antigos sistemas de classe, permitindo-nos especular sobre o arranjo social pretérito.

Trata-se de um descuido com a própria essência da paisagem a consideração de que somente a contemporaneidade ou tempos recentes foram capazes de dinamizar a paisagem. Não é possível negligenciar o atual ritmo acelerado que se impõe sobre o tecido social, a economia, a política e a paisagem. Dificilmente alguém se oporia à ideia de que vivemos em uma aceleração de processos sem precedentes. Juntamente com essa aceleração, múltiplas temporalidades metafóricas estão convivendo e se encaixando funcionalmente: a carroça do catador de latinhas serve como engrenagem da cadeia produtiva que recicla componentes que estão presentes nos automóveis. Dentro dos carros que circulam pode estar um motorista que se impacienta, bloqueado pelo ritmo lento da carroça do catador que se arrasta lentamente pelo asfalto. No entanto, é de se considerar que as mudanças pertencem à essência paisagística. Não nos parece adequado quando Ruy Moreira

---

tintas temporalidades que convivem residualmente.

(2007) assim se expressa sobre as mudanças da paisagem no período anterior a 1950: "as coisas mudavam, mas o ritmo da mudança era lento. De tal modo que se os geógrafos olhassem a paisagem de um lugar e voltassem a olhá-la décadas depois, provavelmente veriam a mesma paisagem" (MOREIRA, 2007, p.57). A frase inclusive parece desprovida de lógica: se as "coisas" mudavam, como é que poderia ser vista a mesma paisagem? O ímpeto de comparar a abissal diferença rítmica das mudanças paisagísticas não pode sacrificar a concepção do dinamismo, talvez um dos pilares essenciais da ideia de paisagem.

Roberto Lobato Corrêa (2016), em um interessante artigo acerca do interesse do geógrafo pelo tempo, usou o termo paisagem poligenética referindo-se às formas produzidas em diferentes momentos do tempo por variados atores sociais que efetivaram nessas formas múltiplas funções. Para o autor, a paisagem poligenética interessa ao geógrafo "porque revela a organização do espaço que alternada, sobrevive e se re-inscreve no presente não mais em sua originalidade, mas transformada" (CORRÊA, 2016, p.4). Utilizando-se de um argumento similar ao que apresentamos no parágrafo anterior, Corrêa analisa o descompasso temporal dos elementos da paisagem a partir de três processos: a inércia, a ressignificação e refuncionalização. Na inércia, os elementos da paisagem mantém sua função e seu simbolismo; na ressignificação, a função é mantida e o simbolismo é alterado; na refuncionalização, a função é modificada.

É curioso pensar sobre uma crítica de Muir (1998a): dada a importância do tempo nos estudos da paisagem, lhe causa estranheza o fato de que, ao seu olhar, os estudos sobre as paisagens históricas têm sido marginalizados na geografia. Em suas palavras, "pode ser argumentado que a geografia é mais pobre em função da negligência frente a este aspecto central dos estudos paisagísticos" (MUIR, 1998a, p.269).

Em paisagens com pouca interferência humana – mesmo que carregada de simbolismos e apropriações culturais – as interações sistêmicas da natureza para a natureza (clima, geologia, biosfera, hidrologia, pedologia) garantem a efemeridade paisagística ao produzir modificações no meio. Estas muitas vezes são mais lentas do que o homem seja capaz de perceber, podendo se apresentar como aparentemente cíclicas (devido aos efeitos da sazonalidade, ainda que a rigor, nenhuma estação seja idêntica aos seus pares de anos anteriores), ou podem ser bruscas (movimentos de massa de causas naturais podem diferenciar notoriamente "paisagens"). As diferentes resistências de materiais ao intemperismo podem apresentar às paisagens formas antigas convivendo com formas mais novas, sendo essa a chave do entendimento de que a natureza também permite a revelação de tempos diferentes convivendo sistemicamente.

Em uma visão materialista sobre a paisagem, Marc Antrop (1998) argumenta que algumas mudanças podem modificar as estruturas existentes e criar uma paisagem completamente nova, enquanto que algumas mudanças podem não romper a identidade ou o tipo de paisagem. Em suas palavras "elementos individuais podem modificar e até mesmo desaparecer, mas a paisagem como um todo não se modifica na mesma proporção ou taxa observada na dinâmica dos seus elementos" (ANTROP, 1998, p.157). A visão de Marc Antrop é baseada na *gestalt*, também conhecida como teoria da forma ou, ainda, o holismo filosófico (ANTROP, 2000), que aplicados no pensamento sobre a paisagem conclui que o todo significa mais do que a soma das partes individualmente. Em um dos seus axiomas, o autor assevera: "cada elemento só é portador de seu significado, significância e valor de acordo com o contexto geral dos elementos em sua volta" (ANTROP, 2000, p.19), fato que conduz a três importantes consequências:

- o valor de um elemento não é absoluto: o mesmo elemento de uma paisagem pode ter um valor maior ou menor de acordo com sua posição geográfica;
- ao se modificar um elemento, o todo também é transformado;
- ao se modificar o contexto, o elemento que nele é incluído também sofre alterações em seus atributos (ANTROP, 2000, p.19).

Há de se considerar que Marc Antrop – apesar de portador de um verniz relativista – é identificado com os estudos de viés positivista da ecologia da paisagem, como ele mesmo se definiu (ANTROP, 2000). Isso ajuda a explicar a visão predominantemente materialista na sua abordagem da paisagem. O foco da ecologia da paisagem é centrado na "estrutura da paisagem e não no comportamento humano" (NASSAUER, 1995, p.230)[79]. Entretanto, é de se destacar o enorme sucesso da ecolo-

---

79 A ecologia da paisagem é um rótulo como também são as diferentes correntes da geografia exploradas neste livro. As abordagens dos autores não podem ser entendidas como uma reprodução exata do que geralmente é enquadrado no escopo dos rótulos de correntes de pensamento. Afinal, a própria descrição do escopo e das características dessas correntes de pensamento pode variar entre os pesquisadores. A ecologia da paisagem desenvolveu-se em um momento de apelo ao conservadorismo ambiental. Almo Farina alega ter esperança de que o campo de estudo "contribuirá para o desenvolvimento sustentável e a melhoria do bem-estar humano" (FARINA, 1993, p.153). Por outro lado, o planejamento da paisagem também pode

gia da paisagem em "explorar os aspectos espaciais dos sistemas ecológicos" (HUGGETT; PERKINS, 2007, p.23). Considerando as mudanças experimentadas pela própria natureza e pelo homem, Antrop diz ainda que existem modificações que seriam autônomas e outras que seriam planejadas. As modificações autônomas possuiriam "um óbvio aspecto caótico" (ANTROP, 2000, p.19). Argumenta também que a existência de propriedades privadas dificulta as modificações planejadas na paisagem, pois esbarrariam na liberdade do proprietário.

Contrastando com a materialidade da abordagem de Antrop (2000), Tim Ingold (1993) defende a visão de que os elementos paisagísticos não podem ser analisados em sua individualidade, por pertencerem a um todo que ajuda a construir o seu significado e explicar seus atributos e funções. Todavia se diferencia de Antrop ao afirmar que a parte na paisagem "não é amputada do todo, tanto no plano das ideias quanto na sua substância material. Além disso, cada lugar assume o corpo do todo por meio de um nexo particular em relação a ele, e por isso torna-se único" (INGOLD, 1993, p.155).

Utilizando a metáfora da "entropia da paisagem" Antrop (1998) propôs quantificar o grau de mudanças espaciais. Para tanto, utilizou-se de mapas topográficos e de fotografias aéreas em décadas diferentes do século XX em distintas paisagens da região nordeste de Flanders, na

---

estar a serviço do incremento da produtividade, mesmo que esta sacrifique os princípios do desenvolvimento sustentável. A ecologia da paisagem preocupa-se com a descrição da estrutura física e biológica de uma região e a descrição dos processos dinâmicos espacial e temporalmente localizados e que inter-relacionam indivíduos (MOURA-FÉ, 2014). A ideia de controle e organização da paisagem como forma de promoção do desenvolvimento econômico e militar é antiga, como nos mostra o estudo de Caravello e Giacomin (1993) acerca da organização do Império Romano. Nos anos 1960, no interior da abordagem da Teoria Geral dos Sistemas, a palavra *landschaft* foi utilizada por Victor Sotchava como sinônimo de geossistema. Nessa abordagem, a paisagem era considerada como uma formação sistêmica, formada por cinco atributos fundamentais: estrutura, funcionamento, dinâmica, evolução e informação (BRITTO; FERREIRA, 2011), em uma perspectiva mais nomotética do que idiográfica, com forte apelo na compreensão das interações entre os elementos do quadro físico. Nassauer (1995), numa crítica ao que acredita ser uma visão mais assertiva da avaliação ambiental, frisa explorando a relação dialética entre cultura e paisagem: "Uma perspectiva mais funcional rapidamente demonstra que os homens não apenas constroem e gerenciam paisagens como também reflete sobre elas, realizando ações que levam em conta o que veem (e conhecem e sentem). Essa dinâmica ajuda a explicar a estrutura da paisagem tanto como um efeito da cultura como um artefato que modifica a cultura" (NASSAUER, 1995, p.230).

Bélgica. Para elaborar sua técnica quantitativa, o autor levantou elementos materiais de três segmentos paisagísticos: os zonais (como campos de cultivo ou lagos), os pontuais (como construções isoladas) e as estruturas lineares (como canais, ferrovias ou rodovias). Apesar do esforço de Antrop ser digno dos maiores encômios, fica muito claro que essa tentativa só faz sentido em uma visão materialista radical da paisagem. Claramente, a proposta de Antrop possui o seu valor, sobretudo se servir como um alerta para o poder público quanto aos desequilíbrios ambientais provocados por mudanças rápidas. Por outro lado, a pretensão de chamar esse esforço de entropia da paisagem nos parece cometer o pecado de desconsiderar uma visão mais ampla que envolve a intersubjetividade paisagística. Os elementos a serem escolhidos como balizadores do grau de mudança de sua pesquisa foram arbitrários, fato que se agrava quando compara duas áreas distintas. É o olhar do "eu enunciador" se impondo sobre a subjetividade alheia. Parece uma *mea culpa* quando o autor salienta que "As mudanças na paisagem ocorrem de acordo com um modo relativamente caótico, apesar de que em certos tempos o homem tenta direcionar a evolução (da paisagem) por intermédio de ações planejadas. Estudar e monitorar todas as mudanças que ocorrem na paisagem é impossível" (ANTROP, 1998, p.160). Com esse argumento, o autor parece ter a dimensão das limitações de sua técnica materialista e positiva aplicada à paisagem.

Preocupado com a criação de métodos de mensuração da mudança da paisagem, Antrop (2005) destaca as forças que guiam as mudanças espaciais:

I. A acessibilidade: áreas melhor assistidas pelas redes de transporte tendem a ser mais dinâmicas. Na região amazônica, as estradas se constituem como verdadeiros eixos de destruição, concentrando a população e as atividades econômicas. Nesses espaços, a aceleração da mudança paisagística é notável comparativamente às áreas de acesso mais difícil (LAURENCE, 2009; LAURENCE, GOOSEM; LAURENCE, 2009);

Pasto às margens da rodovia BR-317, também conhecida como Carretera Interoceânica, no trecho entre as cidades de Brasiléia-Ac e Assis Brasil-AC. As rodovias na Amazônia são verdadeiros eixos de destruição ambiental. Apresentam-se, também, como componentes de uma paisagem extremamente dinâmica, o que é explicado pela acessibilidade. Foto do autor.

II. A urbanização: quando os automóveis modificaram a mobilidade das massas populacionais drasticamente, consequências diretas passaram a impactar na paisagem. Estão dentre elas a expansão das manchas urbanas, a urbanização propriamente dita e todas as terminologias que buscam contemplar as consequências do fenômeno urbano, como os exúrbios e a rurbanização (ANTROP, 2005);

III. A globalização: os impactos da globalização sobre a paisagem podem ser observados a partir dos processos e iniciativas gerais que afetam decisões e ações em escala local. Fala-se, por intermédio da globalização, em uma era de hipermobilidade, comunicações globais e, como consequência, a neutralização do lugar (no sentido do vernacular) e da distância (ANTROP, 2005). Não compartilhamos da firmeza de Gabriela G. Brandão (2019) que defendeu a ideia de que a casa revela a paisagem, tanto da porta para fora quanto da porta para dentro. No contexto globalizado, a fragilidade do vernacular é ditada pela própria arquitetura, tão híbrida quanto as identidades que habitam a paisagem e o lugar. Desse modo revelam, sobretudo no interior das casas, heterotopias complexas. A paisagem e o lugar é indissociável ao homem e à sua ação no espaço, mas os arranjos internos das casas são – apropriando a reflexão de Homy Bhabha sobre as identidades – espacialmente fendidos e temporalmente adiados. Assim, a associação direta entre paisagem e domicílio se oferece nublada. Indo além, a crença em um espelhamento da paisagem no interior da casa flerta com a reificação tanto da paisagem quanto de uma ideia de cultura vaga, delimitada e arbitrária;

IV. Calamidades: como derradeira força da mudança paisagística, Marc Antrop (2005) refere-se às calamidades. Destaca que em áreas densamente povoadas, as calamidades tendem trazer maior repercussão, pois os esforços mitigadores tendem ser grandes, podendo modificar a paisagem tão intensamente quanto à própria calamidade que a acometeu. As grandes calamidades podem, inclusive, contribuir para a alteração da ordem política, com repercussões paisagísticas, como nos aponta Thomas Homer-Dixon (1991; 1994).

Efeitos do rompimento da barragem do Fundão (Mariana-MG) em trecho da bacia do rio Doce, no município de Santa Cruz do Escalvado-MG. As calamidades possuem grande potencial para a mudança intensa e repentina da paisagem. Acervo pessoal de Alfredo Costa.

Não me parece confortável estabelecer essa tipologia proposta por Marc Antrop (2005). As mudanças na paisagem são tão amplas e diversificadas que, mesmo que propusermos uma tipologia abrangente nos restará uma impressão que alguma força modificadora da paisagem não foi contemplada, ainda que as calamidades, por exemplo, possam se manifestar de forma aparentemente dominante como força de mudança paisagística. Não percebemos na tipologia proposta uma categoria na qual se enquadrasse as modificações técnicas e tecnológicas que podem, pelo seu desenvolvimento, imprimir um dinamismo mais acelerado no quadro paisagístico. Em outro trabalho, o mesmo autor (ANTROP, 1998) reconheceu que tanto as condições naturais quanto as necessidades humanas variam durante o tempo e são controladas por fatores diferentes e extremamente interligados.

O dinamismo da paisagem deixa como legados fragmentos de tempos diferentes. Já vimos que é comum o estabelecimento de metáforas que aludem ao caráter diacrônico da formação paisagística. A analogia da paisagem com o palimpsesto – pergaminhos que continham textos antigos substituídos por novos textos que se sobrepunham aos primeiros – remete a um processo de sobreposição do novo ao antigo que permite que suas marcas possam conviver com aquilo que o substituiu. Categorizando os registros do passado que convivem com elementos de tempos contemporâneos à descrição da paisagem, Milton Santos cunhou o termo "rugosidades", assim descritas:

> Chamemos de rugosidade ao que fica do passado como forma, espaço construído, paisagem, o que resta do processo de supressão, acumulação, superposição, com que as coisas se substituem e acumulam em todos os lugares. As rugosidades se apresentam como formas isoladas ou como arranjos. É dessa forma que elas são parte deste espaço-fator. Ainda que sem tradução imediata, as rugosidades nos trazem os restos de divisões do trabalho já passadas (todas as escalas da divisão do trabalho), os restos dos tipos de capital utilizados e suas combinações técnicas e sociais com o trabalho (SANTOS, 2012a, p.140).

Thomas Parker Hughes (1983) utilizou um termo muito similar à noção de rugosidade de Milton Santos: as saliências invertidas [*reverse salients*]. O conceito alude aos componentes técnicos que se tornaram obsoletos por não acompanhar o ritmo das inovações. O próprio Milton Santos reconheceu a semelhança entre as *reverse salients* e a concepção de rugosidades (SANTOS, 2012). Todavia, o conceito de rugosidade parece ser mais amplo, por se referir as assimetrias de temporalidades de quaisquer elementos do espaço, ainda que indiretamente aponte para uma reflexão entre as inovações e a obsolescência técnica. A dinâmica da paisagem como um arranjo de distintas temporalidades é regra e não exceção: mudança e permanência não são alternativas excludentes ou dualidades simplistas. São mais uma coexistência imbricada, uma condição que existe uma na outra (SANDEVILLE JUNIOR, 2012).

Ao denominar os registros de tempos pretéritos presentes na paisagem como rugosidades, Milton Santos centrou-se nas ações humanas. Analogamente, as rugosidades também podem referir-se às marcas de tempos pretéritos produzidos pela natureza, por intermédio, por exemplo, das já mencionadas diferenças de resistência dos materiais ao intemperismo. A erosão diferencial e a existência de morros testemunho são termos associados a esse fenômeno. De toda maneira, por ser portadora da história e memória viva, a paisagem é o patrimônio fundamental de todos (LOWENTHAL, 2007).

As rugosidades ou as saliências invertidas de Hughes (1983) se manifestam de uma forma difícil de prever. Se rearrajam diacronicamente e podem se apresentar como fragmentos extremamente pulverizados ou coesos, agrupados em grandes regionais. Estudando três cidades históricas inglesas, Larry R. Ford (1978) nos apresentou distintos arranjos urbanos no que diz respeito à preservação das edificações históricas. As paisagens das cidades de Bath, Chester e Norwich, pesquisadas por Ford, nos mostram que é difícil pensar em um modelo que dê conta da multiplicidade de alternativas impostas pela agência humana. As áreas comerciais, residenciais e industriais apresentam respostas diferentes quando submetidas à passagem do tempo atomístico. Os verbos substituir e conservar – a *priori* antagônicos quando aplicados à paisagem – apresentam lógicas difíceis de serem compreendidas em sua plenitude.

Padrões generalistas de preservação e renovação

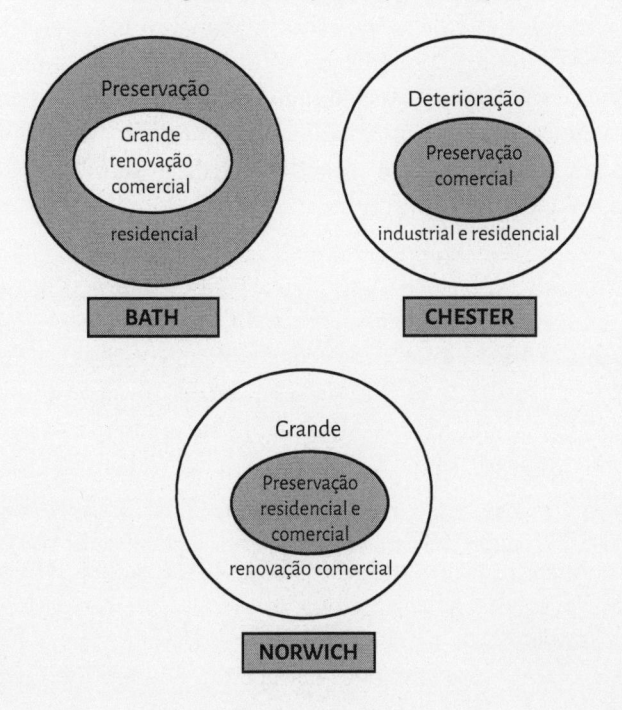

Fonte: Ford (1978)

Os elementos de tempos diferentes convivendo em uma paisagem podem denunciar as próprias contradições que são inerentes ao nosso sistema produtivo e a forma como o capital se reproduz. Larry R. Ford (1978), pensando em um ambiente urbano, declarou que se as cidades querem manter as estruturas do passado intactas precisarão lidar com a obsolescência. As novas demandas sociais que são geradas, dentre outras coisas, por recentes tecnologias que passam a compor o cotidiano e serem vistas como indispensáveis, fazem com que certos arranjos espaciais sejam necessários. O "antigo" passa a incomodar, justamente por não ser um abrigo ideal para o "novo".

Não podemos, todavia, considerar que os processos de supressão espacial são homogêneos. Em *Por uma outra globalização*, Milton Santos (2012b) declara que "ao surgir uma nova família de técnicas, as outras não desaparecem. Continuam existindo, mas o novo conjunto de instrumentos passa a ser usado pelos novos atores hegemônicos enquanto que os não hegemônicos continuam utilizando conjuntos menos atuais e menos poderosos" (SANTOS, 2012b, p.25). A posse de técnicas avançadas por determinados grupos impacta diretamente na maior capacidade ou possibilidade de reprodução do capital. A convivência de técnicas renovadas com as técnicas menos renovadas e quiçá obsoletas contribui, por sua vez, para diversificar a paisagem, inspirando os geógrafos que se identificam com a geografia crítica a dedicarem parte importante de suas vidas para entender as causas e formas de reprodução das injustiças sociais e denunciá-las.

Há aqueles que consideram, diante desse quadro, que a geografia deveria ser militante, se constituindo como um instrumento de oposição às mazelas sociais. Outros, contudo, rejeitam esta possibilidade, acreditando que a militância estimula ações por intermédio da doutrinação no ensino e na política, afastando a geografia do fazer científico. O compromisso com a militância se faz tão forte em alguns ao ponto dos mesmos não se preocuparem com rótulos que a eles são atribuídos, fazendo-os crer que é mais importante a atuação na mudança da realidade social do que a produção de artigos, dissertações ou teses que, em nome da ciência guardariam impessoalidades e posicionamentos extremamente relativistas desprovidos de juízos de valor. Milton Santos escreveu *Por uma outra globalização* no âmbito de um livro manifesto, aparentemente sem preocupações com o cânone científico padrão.

Expondo sua preocupação com as diferenças sociais que impactam diretamente nas paisagens que incluem as cidades, Milton Santos construiu um modelo de interpretação das desigualdades urbanas em *O Espaço Dividido* (SANTOS, 2014). Nele declarou que as cidades possuem o que chamou de circuito inferior e superior da economia urbana, que seriam regiões que se organizam a partir de distintas perspectivas econômicas e sociais, com diferentes lógicas de fluxos, distribuições e relações interpessoais entre comerciantes e clientes. Essa perspectiva, à luz de uma visão claramente alinhada aos pressupostos da geografia crítica, Santos propõe um modelo que ajuda a interpretar a paisagem a partir das diferenças econômico-sociais.

É preciso lembrar que intervenções humanas podem provocar descompassos estéticos em determinadas paisagens, fazendo até mesmo a comunidade que nela habita se movimentar contra as mudanças que colocariam em risco seu patrimônio. Uma cidade histórica com predominância de moradias oitocentistas poderia ser "agredida" pela chegada de um investimento arquitetônico que ao mesmo tempo anuncia um novo tempo e desafia a harmonia patrimonial paisagística. Contudo, a paisagem também pode se reinventar. O que a priori era desarmônico, pode se tornar indispensável para a memória da paisagem. Como exemplo apresenta-se a Torre Eiffel, em Paris. "Aquilo que no início parecia uma blasfêmia ética e estética e uma força exibicionista se transformou na forma que exprime quase sozinha uma cidade inteira" (ANDREOTTI, 2012, p.10). Estranhamentos paisagísticos que entram na esfera religiosa podem gerar turbulências inimagináveis. É plausível considerar que a utópica construção de uma estátua de 10 metros de altura da divindade hinduísta Ganesha em uma praça central de uma pequena cidade do interior do Brasil, portadora de fortes elementos identitários conservadores cristãos, poderia gerar sérios distúrbios que desafiariam a ordem pública.

A paisagem possui, por meio da interpretação do arranjo e das relações dos seus elementos, um grande potencial pedagógico para a geografia. O arranjo e as relações entre os elementos da paisagem justificam, inclusive, a importância do trabalho de campo em geografia. Por considerar a paisagem um objeto central de todos os ramos da investigação geográfica (NAME, 2010), Carl Sauer referiu-se a categoria em questão como "o conceito unitário da geografia". Afinal, a paisagem permite a caracterização da "peculiar associação geográfica dos fatos" (SAUER, 2008, p.98). Ou seja, a paisagem sintetiza o objeto de estudo da geografia. De maneira similar, Sauer salientou que o conceito de período sintetiza o objeto de estudo do historiador. A partir da visão saueriana, podemos cravar, axiomaticamente: "a paisagem está para a geografia assim como o período está para a história".

Eric Dardel (2011) lembra que toda a geografia está na análise da paisagem. Salienta ainda que "a paisagem é a geografia compreendida como aquilo que está em torno do homem, como ambiente terrestre. Muito mais que uma justaposição de detalhes pitorescos, a paisagem é um conjunto, uma convergência, um momento vivido, uma ligação interna, uma impressão que une todos os elementos" (DARDEL, 2011, p.30). Assim, Sauer e Dardel nos ajudam a formular a ideia de que a leitura da paisagem se constitui como um notável exercício do fazer geográfico, em sua completude.

Uma das principais tensões que existem acerca da abordagem da paisagem na geografia é se a categoria em questão é uma representação ou um fenômeno vivido, elaborações que já colocaram proeminentes intelectuais em posições antagônicas (OLWIG, 2005). Nosso ponto, neste livro, é que a paisagem é uma representação e também é um fenômeno vivido. É uma representação porque vivemos socialmente;

isto significa dizer que no ato de comunicação expressamos a nossa interpretação do mundo, ainda que parcial, para outrem. Assim, representamos a paisagem. Entretanto, nossa percepção acerca da paisagem é mais aguçada e sofisticada do que nossa capacidade de expressá-la. Carregamos nossa paisagem da mente [*inscape*], que nos afeta profundamente. Nesse sentido, a paisagem é um fenômeno vivido, incapaz de ser representado em sua totalidade. A categoria lugar também possui esse entrelace dimensional: a concomitante constituição enquanto representação e como vivência. É importante destacar que, na vida em sociedade, somos bombardeados implacavelmente por representações de toda sorte; certamente esse bombardeio é tão corriqueiro que o naturalizamos. Por meio da publicização das representações, vivem nos recônditos da nossa mente empréstimos de elaborações produzidas por outras pessoas. Essa é a beleza da intertextualidade que somente é possível pelo caráter social de nossa vida.

2
O DETERMINISMO E A PAISAGEM

À medida que os geógrafos amontoavam nas prateleiras das bibliotecas monografias preciosas e eruditas, eles eram levados a constatar que o determinismo falhava muitas vezes, que os fatos desmentiam as teorias. Ao lado das forças naturais como a chuva, o vento, o mar, o vulcão, aparece outra força natural, o homem. O homem que, com seus utensílios, a inteligência que lhe guia as mãos, é capaz de transformar a tal ponto o meio natural que, aquilo que tomamos atualmente por uma paisagem obra da natureza, não é senão o cenário construído por ele.

Pierre Monbeig (2004)

Determinismos e influências, exercidos pelo clima, topografia, construções e pessoas, estão em todos os lugares. Entretanto, esse fato não significa derradeiramente que a passividade humana é absolutamente dominante.

Yi-Fu Tuan (1994)

Discussões sobre a tensão envolvendo os particularismos e os universalismos pautaram a geografia desde a aurora de sua institucionalização. Assim como na geografia, muitas situações observadas na pesquisa histórica conduzem a objetos *sui generis;* assim, nas pesquisas de geografia histórica, "a abordagem da influência do meio ambiente sobre as sociedades se constitui como um risco" (LOWTHER, 1959, p.32). Muitos dos excessos praticados por autores acerca da interpretação da influência do meio sobre as sociedades ocorrem justamente devido a uma falha no lidar com o geral e o particular. O determinismo, no interior dessa lógica, favorece o estabelecimento de modelos e quiçá leis de aplicabilidade universal. A institucionalização da geografia como saber acadêmico ocorre em meados do século XIX, em um período marcado pela concepção que a legitimação acadêmica passava pela adoção de métodos das ciências naturais, atendendo aos desígnios positivistas. Numa posição antagônica ao determinismo, o voluntarismo – noção que atribui à vontade humana um papel mais importante do que a formação intelectual – opõem-se às múltiplas formas de manifestação determinista (THRIFT, 1983a). É importante apontar que o determinismo se adequa aos discursos de classe e generalizações quanto à natureza do comportamento humano, enquanto que o voluntarismo se associa às explicações no nível identitário, ou seja, nas soluções mais particulares, inventivas e diversificadas oferecidas pelo homem mediante os desafios impostos pelo ambiente em que vive.

As teorias deterministas foram atrativas para parte expressiva do pensamento ocidental do século XIX, sendo reforçadas pela disseminação das ideias de Charles Darwin acerca das influências ambientais no desenvolvimento das espécies. A geografia seguiu o *zeitgeist* acadêmico oitocentista, o que levou a produção de diversos estudos que apontavam as relações diretas envolvendo o homem e o ambiente em que vive, não somente quanto à produção do modo de vida e das dinamizações das paisagens, mas também acerca da elaboração de teorias racialistas que incluíam explicações sobre o nível de desenvolvimento de determinadas civilizações (JEANS, 1974).

Nos anos de 1920 começou a ser vista a sistemática oposição à abordagem determinista na geografia (JEANS, 1974). No tempo áureo do quantitativismo – em meados da década de 1950 no interior da renovação positivista da geografia – já era consolidada a percepção de que o determinismo era uma forma de elaborar o pensamento que possuía limitações, o que fica evidenciado na argumentação de Emrys Jones:

> Já há alguns anos temos firmemente o fato de que o determinismo geográfico é um modo de pensar que caiu em descrédito. Se um geógrafo acredita em tal heresia, será necessário que ele mantenha sua credibilidade escondendo o fato. A maioria que não consegue se livrar totalmente dos pressupostos deterministas acabaram se refugiando no possibilismo (JONES, 1956, p.369).

Esta percepção de Jones (1956) aqui exposta e de outros foi construída durante a primeira metade do século XX, quando grandes nomes da geografia problematizaram e evidenciaram as falhas da abordagem determinista. Anne Buttimer argumenta que a despeito da busca pela autoafirmação científica, "o início do século XX testemunhou de forma expressiva o encontro com as humanidades". Nesse particular, "a escola vidaliana de geografia humana serve com um exemplo em vários aspectos, possibilitando a abertura para o debate político e pedagógico do seu tempo" (BUTTIMER, 1990, p.17). A autora considera ainda que a geografia francesa introduziu "uma abordagem renovada da vida regional, que aninhou relatos que revelaram a interface dinâmica entre a civilização e a biosfera" (BUTTIMER, 1990, p.17). A colocação do homem como importante protagonista dos estudos da paisagem contribuiu para mitigar os efeitos do determinismo ambiental e enfatizou a capacidade criativa do ser humano em desenvolver o seu gênero de vida em regiões diversas. Nesse sentido, destacou-se a necessidade de propor as contigências da história e do comportamento humano como camadas analíticas necessárias ao relevo, clima, biomas, solos e hidrologia.

O determinismo faz parte da história do pensamento e ainda sobrevive de forma mais ou menos aparente em nossa mente, como uma espécie de sequela intertextual. Pessoas que mobilizam um pequeno conjunto de informações sobre um dado fenômeno ou que refletem sobre um tema que não são muito familiarizados, acabam tendendo a elaborar determinismos, nos quais as relações de causa e consequência são simplórias e desprovidas de um rigor científico e metodológico. A *grosso modo*, uma elaboração determinista é uma generalização sofismática, mas que muitas vezes serviu como estratégia comunicativa. Fortemente identificado com o século XIX, o determinismo se constitui como uma argumentação que busca a autoridade científica, por intermédio da elaboração de axiomas capazes de alimentar a sanha positivista. Nem mesmo alguns nomes consagrados da geografia, como Friedrich Ratzel, e da história, como Arnold Joseph Toynbee (SPATE, 1952) escaparam do rótulo de deterministas, mesmo que suas obras ainda repercutam contemporaneamente no meio acadêmico.

As formas de determinismo que interferem na análise geográfica, e, portanto, na leitura da paisagem, podem ser divididas em pelo menos três abordagens: a ambiental, a social e a cultural. Essas formas não são necessariamente excludentes, apresentando-se, muitas vezes, como possuidoras de congruências indissociáveis. O determinismo ambiental via o meio natural como uma causa e as atividades humanas como efeito: a natureza era o molde físico pela qual as atividades humanas eram produzidas (HART, 1982). Ocupou uma posição central na geografia até o início do século XX (JOHNSTON, 2017) e constituiu-se como um tema muito poderoso e persistente no pensamento ocidental (KERSTEN, 1982). O determinismo social busca explicar os arranjos sociais por meio de um fator específico. Dessa forma, associações diretas entre a alfabetização e a pobreza, criando relações de causa e consequência exclusivas, simplificam o papel da agência humana e, como já foi dito, também se incluem como discursos palatáveis ao positivismo (GUELKE, 1975). O determinismo cultural, por sua vez, baseia-se na crença de que a cultura – vista de forma reificada – é capaz de definir a relação entre homem e meio, bem como ditar o arranjo paisagístico.

William Norton (1987) traz uma brilhante contribuição ao classificar cinco paradigmas acerca da relação entre os homens e o ambiente [*land*][80]. Esses paradigmas explicitam os determinismos e foram alojados por Norton em uma tabela. Precisamos entender que as tipologias descritas por Norton podem se entrecruzar em certas abordagens, devido à hibridez das formulações mentais.

O homem e o ambiente: evolução dos conceitos

Paradigma	Comentários Básicos
Cultura como variável causal	Cultura reificada e mais importante do que as individualidades e a natureza.
Sociedade como variável causal	Fenômenos sociais podem ser explicados a partir de outros fenômenos sociais. A sociedade é reificada.
Ambiente [*land*] como variável causal	O ambiente físico é visto como o determinante da cultura e da paisagem cultural.
Homens e ambiente [*land*] entrelaçados	Ênfase da unicidade entre homem e ambiente. O paradigma nunca se tornou dominante na geografia.
Foco nas individualidades	Ênfase nos indivíduos como membros de um grupo e não nos grupos propriamente ditos.

Fonte: Adaptado de Norton (1987)

William Norton (1987) também tenta localizar no tempo as tendências que ocorreram na geografia quanto ao pensamento das relações entre o homem e o ambiente. Não podemos considerar os seus estágios como periodizações dotadas de delimitações temporais abruptas e determinantes, pois, se assim o fizéssemos, estaríamos ironicamente estabelecendo uma forma de determinismo.

O homem e o ambiente: ênfases geográficas

Estágio I – Século XIX	Estágio II – por volta de 1900	Estágio III - 1920-1970	Estágio IV - 1970-presente
Ênfase na determinação ambiental sobre o comportamento do homem.	Visões divergentes: o ambientalismo de Ratzel *versus* versões possibilistas de Vidal de la Blache, Schlüter e Sauer.	Crise do determinismo ambiental; Influência da escola dos Annales; a ascensão da análise espacial.	Rejeição a vários determinismos; emergência da visão humanista, juntamente com o idealismo, a fenomenologia e o existencialismo. Aumento do foco no indivíduo.

Fonte: Adaptado de Norton (1987)

---

80 *Land* é uma palavra que pode ser entendida em outras traduções não literais como meio ou paisagem.

O tempo, como variável passiva do arranjo desses paradigmas, não é simplesmente um marco que comporta periodizações. Certos contextos temporais ajudam a entendermos a ascensão e a obsolescência de certos pressupostos. Não é apropriado resgatar o determinismo geográfico do final do século XIX e início do XX sem considerar o *zeitgeist* acadêmico: as disciplinas de humanidades se esforçavam para estabelecer generalizações que pudessem abrigar as leis que lhes dariam a autoridade científica (WHITE, 1973; CAPEL, 2013). O pensamento determinista, que já era corriqueiro no senso comum, foi endossado na academia nesse contexto. Todavia, o contexto em questão aproximava os interesses acadêmicos do ordenamento das relações políticas entre Estados e outras centralidades políticas pré-vestfalianas. Richard Peet e outros teóricos criticaram o determinismo ambiental pelo discurso de legitimação do darwinismo social e do imperialismo racista. Em linha semelhante de pensamento, Milton Santos (2004b) argumenta que a geografia, nas primeiras décadas após a sua institucionalização acadêmica, esteve a serviço dos grandes poderes, elaborando discursos que respaldaram a colonização e o determinismo ambiental. Santos acredita que o respaldo dado pela geografia às teses deterministas contribuiu para que a disciplina não tivesse a confiança de especialistas de outras áreas.

O darwinismo social é considerado como uma das causas principais da imaturidade da geografia norte-americana no início do século XX. O rompimento paulatino dessa abordagem nos Estados Unidos foi mais notável no período pós 1ª Guerra Mundial, que permitiu que a geografia desse país "se libertasse da filosofia do determinismo científico e rejeitasse os modelos deterministas oitocentistas aplicados nas pesquisas de ciências sociais" (HERBST, 1961, p.543). É importante destacar que a história do determinismo ambiental é muito mais antiga do que a história do seu uso pelos darwinistas sociais (KAY, 1986), remontando à Grécia de Hipócrates (NORTON, 2006).

O determinismo ambiental ainda manteve-se forte nos anos iniciais do século XX apesar dos trabalhos inovadores no campo da antropologia, sobretudo aqueles produzidos por Franz Boas. Jörn Seemann (2005b) avalia que a penetração do trabalho de Boas no campo da geografia não foi profunda, o que deu sobrevida às manifestações deterministas de alguns estudos geográficos daquele tempo. Para Seemann, Franz Boas foi no fim do século XIX, o único cientista que consistentemente atacou os princípios da Teoria da Evolução Cultural e seu raciocínio dedutivo, e demonstrava a invalidade do determinismo geográfico e o caráter dominantemente etnocêntrico das pesquisas etnológicas (SEEMANN, 2005b, p.13).

Na forma do determinismo ambiental, o determinismo geográfico encontrou na teoria marxista um concorrente: de acordo com a crítica marxista, os efeitos naturais variam de acordo com o nível e a forma de organização social. Uma explicação entre as relações entre o mundo natural e a vida humana, desse modo, requer uma teoria social elaborada ou, pelo menos, algumas premissas básicas sobre o processo histórico de desenvolvimento social (PEET, 1985). Nesse sentido, a crítica marxista poderia ser apropriada para o desmonte do discurso do colonialismo, marcado pela superioridade do colonizador frente ao colonizado em diversos ângulos da relação. Jeanne Kay (1986), em uma crítica à abordagem de Richard Peet (1985), alega que não é exclusividade do marxismo o discurso condenatório da pseudociência e do racismo, posição a qual concordamos.

As bases filosóficas do determinismo geográfico passam pela própria ideia da separação entre o homem e a natureza. Ainda que se considere que os animais possam produzir comportamentos sociais, isto não significa que são capazes de acumular entendimentos culturais entre gerações. Quando se despreza essa premissa, somos levados à conclusão de que a história humana é análoga à história natural. A consideração dessa congruência absoluta entre a história humana e a história natural nos conduz a uma manifestação do determinismo da natureza agindo sobre o comportamento humano (EADES, 2011). À medida que a separação entre a natureza e sociedade se fortaleceu, foi ditado que as disciplinas científicas deveriam ter um foco específico no quadro natural ou humano, movimento que ficou claro no decorrer do século XX, fazendo com que o determinismo ambiental tornasse algo a ser condenado. Os geógrafos então abandonaram qualquer tentativa de explicar deterministicamente as relações natureza-sociedade e a maioria buscou abrigo nas ciências naturais ou nas sociais (SLUYTER, 2003). Nessa lógica, há de se considerar que as tradições enciclopedistas presentes nos trabalhos de cunho geográfico anteriores à institucionalização acadêmica da disciplina eram sujeitos ao determinismo.

Friedrich Ratzel costumeiramente é associado ao determinismo ambiental (JOHNSTON, 2017), bem como à influência do darwinismo, visto que sua formação incluiu estudos na zoologia (TUATHAIL,

2005). Na obra *Geografia Política* de 1897, Ratzel "esboçou as leis naturais que governam a expansão territorial e o aumento dos Estados" (TUATHAIL, 2005, p. 29). Ratzel daria ainda uma importância especial para a posição geográfica em sua abordagem ao admitir que os Estados encravados no interior continental e dotados de amplos limites terrestres tenderiam a se expandir em direção ao mar, dominando ou anexando vizinhos mais fracos, enquanto que os Estados marítimos tenderiam a desenvolver suas esquadras e a criar colônias (ANDRADE, 1993). A associação com as ciências naturais na forma de elaboração do raciocínio ratzeliano, fica evidenciada neste trecho:

> Ratzel colocou em voga a teoria do Estado como um fenômeno orgânico que estava sujeito às leis de crescimento e desenvolvimento. Estas eram leis que se relacionavam ao comportamento do Estado como uma entidade existente no espaço geográfico e nesse contexto ele examinou a natureza do Estado e seus requerimentos para o alcance da sobrevivência ou do sucesso. Fazendo isso ele aplicou a Teoria da Evolução nos Estados e comparou seus padrões de comportamento com os fenômenos orgânicos do mundo natural. O sucesso dos Estados, sustentava Ratzel, era firmemente baseado em seu território e a continuidade do sucesso dependia da maximização de suas vantagens territoriais. Como primeiro passo para atingir o sucesso o Estado precisava assegurar um adequado espaço vital [*Lebensraum*] (PARKER, 1998, p.17).

Hoje é majoritariamente aceito que o determinismo geográfico e o darwinismo exerceram um papel importante na origem da geografia enquanto ciência, permitindo a entrada da disciplina na ciência moderna (PEET, 1985). Isso se deve em parte devido à importância da biologia darwinista para o estabelecimento do lugar do homem na natureza. A *Teoria da evolução das espécies*, obra de grande repercussão publicada em meados do século XIX, inspirou Ratzel a propor analogias que envolviam o campo das ciências naturais e das ciências políticas[81]. Como Claude Raffestin (1980) se expressou, o legado de Ratzel está num ponto de convergência entre uma corrente de pensamento naturalista e uma corrente de pensamento sociológica. Geoffrey Parker

---

[81] Ratzel também se expressava de forma totalizante ao definir povos a partir de poucos adjetivos: "(...) o americano pensa também nos negócios com uma concentração na capacidade de pensar que costumamos apenas atribuir ao pensador especializado *per se*. Negócio é para ele uma arte e ciência, e ele se dedica a isso com disposição, com a qual nos dedicamos a um trabalho científico, e nela encontra a poesia de descobrir e decifrar" (RATZEL, 2019, p.154). Essa elaboração totalizante também é uma forma de determinismo.

(1998) salienta, por sua vez, que a metodologia de Ratzel foi baseada na aplicação de sua experiência nas ciências naturais na compreensão e explicação da atividade humana.

Richard Peet (1985) argumenta que um dos erros da abordagem ratzeliana foi o de estabelecer uma relação direta entre o solo e o Estado, em uma perspectiva determinista. Wanderley Messias da Costa (2013) relativiza, argumentando que esta relação não era tão exata quanto se supõe ser, pois o que estaria evidente no pensamento do autor é que o solo e os seus condicionantes físicos seriam "um dado geral, uma base concreta, um potencial enfim, cuja eficácia para o desenvolvimento estatal de uma nação ou de um povo dependerá antes de tudo da sua capacidade em transformar esta potencialidade em algo efetivo" (COSTA, 2013, p.35). Rogério Haesbaert lamenta o rótulo que se atribui a Ratzel ao argumentar que "o que mais se difundiu das reflexões de Ratzel foi uma leitura excessivamente determinista que não faz jus ao conjunto do rico legado do autor" (HAESBAERT, 2021, p.30).

Em abordagem similar, Alexandros Stogiannos (2019) minimiza a associação de Friedrich Ratzel com uma obsessiva leitura biológica do espaço e território. O raciocínio de Stogiannos passa justamente pelas nossas considerações iniciais neste capítulo quanto à necessidade de consideração do *zeitgeist* ratzeliano. Segundo Stogiannos (2019), a palavra organismo, muito utilizada por Ratzel, era uma metáfora extremamente comum para a descrição de qualquer estrutura organizacional (na língua portuguesa ainda se observa o emprego da metáfora nesse sentido). Além disso, Stogiannos considera que Ratzel sempre remete à ideia do Estado que é composto pela parte humana e natural, ressaltando as possibilidades da evolução cultural e social das relações humanas. Afeito às metáforas, Ratzel também se apropria da palavra espírito, referindo-se ao ímpeto humano. Nessa metáfora, evidencia-se a separação entre o homem e o destino imposto pelo meio natural, que comumente é um pensamento atribuído ao autor alemão. A relativização do destino humano também fica clara na distinção que Ratzel realiza entre os povos da natureza [*naturvolker*] e povos de cultura [*kulturvolker*]. Os primeiros seriam povos com menos recursos técnicos à disposição, que teriam sua vida mais moldada pelo ambiente em que vivem; os segundos seriam povos aos quais as capacidades técnicas e tecnológicas seriam suficientes para diminuir o impacto da influência do meio sobre o *modus vivendi*.

Don Mitchell (2000) endossa essa argumentação, ao dizer que as relações estabelecidas entre o meio ambiente e as pessoas não se configurava como um determinismo radical. Entretanto, em um aspecto, Ratzel seria bem específico: "ele era bem claro que o desenvolvimento social e cultural do Estado dependia diretamente da sua expansão territorial" (MITCHELL, 2000b, p.18).

A segunda metade do século XIX até o final da terceira década do século XX foi um período muito rico no que diz respeito às teorias geopolíticas. O determinismo ambiental, das formas mais incisivas às mais discretas, perpassa pelo pensamento político, como fica evidenciado na oposição entre Alfred Thayer Mahan e Halford Mackinder. Em sua obra *"A influência do poder marítimo através da história"* Mahan argumenta que a história do poder marítimo é notoriamente uma narrativa de discórdia, rivalidade mútua e violência entre nações (MAHAN, 2004). Isso se explicaria pela grande influência do comércio marítimo no bem-estar e na força das nações. Na lógica de Mahan, se uma nação se posicionar geograficamente em uma situação em que não é forçada a defender-se por terra e nem buscar a expansão do seu território por meio dela, terá vantagem em comparação à outra nação que possui limites continentais. Esse raciocínio explicaria a grande vantagem que a Inglaterra desfrutava enquanto poder marítimo em relação à Holanda e à França. A posição geográfica de um Estado é um dos elementos de composição do poder marítimo descrito por Mahan (KENNEDY, 1976).

Halford Mackinder, por sua vez, preocupou-se com o embate entre o poder marítimo e terrestre, formulando a teoria do *Heartland*, que foi abordada em suas três relevantes obras[82]: *"The Geographical Pivot of History* (1904), *Democratic Ideals and Reality* (1919) e *The Round World and the Winning of the Peace* (1943) (PARKER, 1982). Mackinder vivia nos tempos de declínio relativo do poder inglês. Assim, via na ascensão do poder de potências terrestres uma ameaça à hegemonia britânica, que era baseada no poder marítimo (KEARNS, 2009). Nesse sentido, como teórico, Mackinder aparece se consolida como um anti-Mahan (ARON, 2002). A tese defendida acerca da relevância do poder terrestre se baseia em uma premissa geral que se sustenta no fato de que "o poder terrestre poderia conquistar as bases do poder marítimo, caso conseguisse adicionar à sua retaguarda continental uma frente oceânica que lhe possibilitasse tornar-se um poder anfíbio, simultaneamente terrestre e marítimo" (MELLO, 1999, p.39). O pensador

---

82 Mesmo que já tenha se referido a uma área pivô no coração da Ásia na obra *The Geographical Pivot of History* de 1904, foi somente em 1919 em *Democratic Ideals and Realities* que Mackinder passou a usar o termo *Heartland* (COHEN, 2009).

inglês focou boa parte de sua ideia sobre a possível preponderância do poder terrestre na questão da mobilidade. Em dado período da história, os mares puderam garantir ao homem a mobilidade com eficácia. Em suas palavras: "a mobilidade do oceano é a rival natural da mobilidade do camelo ou do cavalo no coração do continente" (MACKINDER, 2003, p.30). Contudo, com a evolução tecnológica nos transportes, Mackinder passou a considerar o uso das ferrovias como um dos pilares da preponderância do poder terrestre sobre o marítimo.

As duas teorias de Mahan e Mackinder que expressam o embate entre o poder marítimo e o terrestre defendem a influência do meio como importante variável na definição das relações de poder entre as nações. Todavia, existem relativizações, mais notáveis em Mackinder, quanto à força do ambiente na constituição do poder Estatal. Isso nos leva a pensar: Até que ponto pode-se defender o rótulo de determinista para uma abordagem? Esses limites entre o determinismo e o não determinismo são tão problemáticos quanto à arbitrariedade do escopo das ciências e das correntes científicas, como bem refletiu Hayden White (1975).

Assim, com as considerações aqui feitas, parece-nos justo considerar que o determinismo geográfico não se manifesta de forma plebiscitária nas elaborações intelectuais: existem gradações de sua ocorrência, que vão desde as suaves interferências à observância cega dos seus pressupostos. Há de se considerar as reminiscências diacrônicas e também abordagens dotadas de um alto grau de deslocamento frente aos fundamentos que o sustentam. É de se pensar que a cruzada antideterminista talvez se apresente como um vício. Não parece sensato, afinal, desconsiderar alguma influência da paisagem sobre o comportamento humano, ainda que o determinismo, em sociedades extremamente urbanizadas e contemporâneas, manifeste-se timidamente nas mentes – incluindo formas subjacentes de pensamento – e nas ações, tal como um automatismo que replica os efeitos das demandas do passado no comportamento contemporâneo. Os pesquisadores que fizeram da oposição ao determinismo uma profissão de fé, cometem a infâmia de algumas vezes atacarem qualquer pessoa que mencione a influência do meio na organização da vida social, como se queixa Hart (1992) de ter sido vítima em um artigo em que abordou a influência – e não a imposição absoluta – do meio na organização do cultivo nas terras do sul dos Estados Unidos.

Além dessa associação direta de Ratzel com o determinismo geográfico, é muito comum a apresentação do possibilismo como uma antítese suficientemente esclarecida que teria solucionado os vícios das indevidas relações estabelecidas entre o homem e o ambiente. O possibilismo é uma doutrina que defende o fato de que o ambiente oferece ao homem algumas escolhas, limitadas, mas capazes de produzir resultados diferentes na trajetória da interação homem-meio (MARTIN, 1951; BURGESS, 1978). O grande debate do século XIX entre o determinismo e o possibilismo era importante, mas de muitas formas falso. Era essencialmente uma discussão entre uma estrita visão determinista ambiental e um idealismo fortemente impregnado por uma grande dose de materialismo. O que aparentemente era uma transcendência plena com o determinismo era, na verdade, o emprego de um idealismo particularmente consciente de suas próprias limitações discursivas (BURGESS, 1978). Dessa forma, o possibilismo é uma forma de determinismo ambiental, pois, apesar de relativizar o fato de que o ambiente fatalmente determina o destino humano, considera que o homem é influenciado fortemente pelas condições ambientais. Assim, algumas escolhas estariam à disposição do homem; todavia essas escolhas estariam limitadas pelo ambiente. É a possibilidade de existirem escolhas que faria com que sociedades submetidas a ambientes semelhantes apresentassem soluções culturais distintas (JOHNSTON, 2017). Desse modo, os fatores ambientais não determinam o comportamento ou estilo de vida, mas são uma parte do todo das influências (OAKES, 1997). William Norton (2006) compartilha dessa estreita relação entre o determinismo e o possibilismo, ao dizer que "a doutrina do determinismo ambiental defende que o ambiente físico – a natureza – determina ou pelo menos influencia o mundo humano, tanto no âmbito da cultura quanto da paisagem" (NORTON, 2006, p.43).

O determinismo ambiental teve como grande divulgadora nos Estados Unidos a geógrafa Ellen Churchill Semple (FRENKEL, 1992), que propõe uma relação de causa e efeito envolvendo as questões climáticas e outros aspectos do ambiente físico frente à cultura, o caráter regional, a organização política e a ascensão civilizacional. Deste modo, o destino de qualquer sociedade poderia ser previsto por intermédio do mapeamento de isotermas ou da umidade (FRENKEL, 1992). A construção do Canal do Panamá expôs estas questões deterministas no início do século XX. A imagem que se tinha era que o ambiente havia determinado a constituição identitária e corporal dos habitantes da região (FRENKEL, 1992), notavelmente vista como inóspita pelos estrangeiros, tal como a bacia do Congo no romance *Coração das Trevas* de Joseph Conrad.

Trabalhos da primeira metade do século XX como o de James Wreford Watson (1939) apresentam-se como uma espécie de transição do determinismo ambiental para a consideração da agência humana. Após fazer considerações sobre a força da natureza na composição da paisagem, incluindo análises climáticas e pedológicas, Watson conclui que obstáculos naturais interferem na forma do homem lidar com a paisagem, mas que essa interação sociedade-natureza conduz, a despeito das dificuldades mais notórias oferecidas pelos ambientes prístinos, ao triunfo do homem, descrito no título de seu artigo como "o fator decisivo[83]".

A abordagem ambiental determinista não se extinguiu: hoje, com a roupagem de neodeterministas, alguns autores, inclusive com grande alcance popular, têm praticado aquilo que Andrew Sluyter referiu-se como *junk science*[84]. Sluyter (2003) dedicou-se a criticar a obra de Jared Diamond, *Armas, Germes e Aço*, apontando as inconsistentes evidências do determinismo ambiental sobre as sociedades. Dentre as críticas, está o fato de que os povos nativos americanos do Oeste praticavam a agricultura, apesar das elaborações de Diamond irem contrariamente a este fato. David Saul Landes (1998) em *Riqueza e a Pobreza das Nações: por que algumas são tão ricas e outras são tão pobres*, é um dos exemplos contemporâneos de um determinismo ambiental pouco relativista, explorando, dentre outras coisas, a força do fator climático para a explicação das diferenças socioeconômicas entre os países. Em outro exemplo, Gallup, Gavíria e Lora (2007) – em uma publicação que adentra no século XXI – resgatam uma espécie de neodeterminismo em sua obra *Geografia é destino?*. Com certo relativismo, problematizam o surgimento de obras recentes como a de David Landes e Jared Diamond:

> Esse renascimento representa o triunfo da razão e da ciência sobre a desconfiança e a suposição. Ele rejeita os epítetos – "determinista", "reducionista", "fatalista" e "racista" – lançados contra aqueles que defendem que as condições geográficas influenciam o desenvolvimento. Afinal, a evidência está aí. Localização, clima e solo fazem, de fato, diferença. São eles os únicos fatores que importam para o desenvolvimento? Claro que não. Geografia é destino? Talvez, se sua importância for ignorada (GALLUP; GAVÍRIA; LORA, 2007, p.15).

---

83 O artigo de James Wreford Watson (1939) apresenta o seguinte título: *Forest or bog: Man the deciding fator.*

84 O termo refere-se a um sentido pejorativo dado a ciência, geralmente empregado em obras que possuem um verniz científico, mas que possui qualidades questionáveis por se basearem em presunções afastadas do primado da razão.

É difícil conceber que alguém desconsidere os efeitos do meio para a organização social e mesmo para o comportamento individual. Todavia, a agência humana é tão complexa que não existe uma proposição teórica capaz de estimar o grau de interferência ambiental sobre os homens. Visto isso, quando se repara trabalhos dedicados a essa temática, nos parece uma celebração do triunfo do ambiente sobre a agência humana, sem que haja uma metodologia suficiente para atestar as hipóteses. Acrescentamos ainda que essas abordagens parecem carregar as reminiscências advindas da busca histórica da geografia em se afirmar como ciência, já que a associação entre meio ambiente e sociedade, em âmbito causal, sugere o estabelecimento de modelos interpretativos e quiçá teorias e leis.

Partimos do pressuposto que o meio físico exerce alguma influência sobre as sociedades e ao mesmo tempo nos perguntamos: no que se apoiaria o pensamento que almeja extirpar toda sorte de relação entre o homem e a paisagem que o cerca? O comportamento humano não é aleatório; diferentemente da tese de um *modus vivendi ex nihilo*, acreditamos na força do binômio homem-paisagem como chave interpretativa para o registro da diversidade que é a marca indelével do planeta. Cremos que a existência de certa influência do meio físico sobre o homem é uma das garantias – existem outras, claramente – para que a superfície terrestre não se torne um meio isotrópico mediante as forças da globalização. É indevida a tentativa de precisar a força da influência do meio sobre o homem. A paisagem não é determinante no comportamento do homem, como nos impuseram certas tradições. No mundo contemporâneo marcado por grande mobilidade, as migrações fazem com que a dialética envolvendo homem e paisagem apresente-se extremamente complexa, pois as ações antrópicas são guiadas por experiências fraturadas espacialmente e interrompidas temporalmente. Nessa dialética, a influência de uma dada paisagem sobre o homem é imprecisa, indissociável de sua identidade e impossível de ser extirpada. Os determinismos ambiental, social e cultural ainda vivem no cotidiano, como heranças de um pensamento antagônico à pluralidade e autonomia identitária, bem como à dialética formativa existente entre homem e a paisagem.

3
CONSIDERAÇÕES SOBRE A TIPOLOGIA "PAISAGEM NATURAL"

A natureza é histórica. O expediente metodológico de separá-la da cultura ou de defini-la como aquilo que não foi tocado pelo homem termina sempre por trazer à discussão o fato de a natureza não se nomear como tal, não demarcar a si mesma e sua utilização, organização, conservação, preservação ou extinção resultarem da história da sociedade que sobre ela atua pelo trabalho.

Maria Ângela Faggin Pereira Leite (2011)

O dualismo entre a paisagem natural e cultural é uma proposição moderna. De acordo com essa proposição, o meio natural possui um âmbito material e objetivo que existe em si, de maneira exterior ao homem e de forma independente a todo o conhecimento (ALMEIDA, 2004). Romper com o dualismo homem e natureza exige a transcendência dos pressupostos da modernidade. É notável que a apropriação do termo paisagem pelas ciências exatas e positivistas impôs à palavra em questão uma restrição semântica: impediu-se que o termo abarcasse, ao mesmo tempo, o sujeito – o observador – e o objeto. Mesmo quando se considera o uso da expressão "meio ambiente" como uma tentativa de equivalência à paisagem, continua a se considerar apenas o suporte físico e os objetos ou traços que o identificam, ou seja, a materialidade do espaço contemplado. Essa perspectiva é muitas vezes referida como a abordagem morfológica da paisagem, na qual a dimensão simbólica é negligenciada.

É importante apontar que, no ocaso do século XIX e aurora do século XX, a noção da paisagem cultural promulgada por Otto Schlüter, Franz Boas e até mesmo Friedrich Ratzel[85], dentre outros, representou uma ruptura frente ao determinismo ambiental (TAYLOR; LENNON, 2011), justamente por conceber a capacidade inventiva e adaptativa do homem

---

85 Como se viu no capítulo anterior, a histórica associação de Ratzel frente ao determinismo ambiental é indevida; observa-se nas relativizações ratzelianas acerca das diferenças entre os *naturvolker* e *kulturvolker* a síntese da relativização do geógrafo alemão quanto às possibilidades humanas frente as relações com o meio.

frente aos desafios impostos pelo meio. Naquele momento histórico, a concepção de paisagem cultural representou uma ruptura paradigmática, que teve ampla aceitação e reinou de forma hegemônica até a consolidação dos questionamentos filosóficos acerca da base moderna do pensamento. Apesar de tais questionamentos, a separação homem e natureza na concepção paisagística encontra eco na UNESCO, instituição que, dentre outras atribuições, gerencia a lista de patrimônios em âmbito internacional. Na categorização patrimonial da UNESCO se vê a tipologia "paisagem cultural" como um termo guarda-chuva que contempla uma pletora de patrimônios espalhados pelos continentes terrestres.

A fabulosa coleção de fotografias que compõem o ensaio *Gênesis*, de Sebastião Salgado (2013), nos apresenta uma curiosa concepção da paisagem. A origem – gênesis – é expressa pelas captura de imagens advindas de locais remotos da Terra, onde a presença humana mostra-se inconsistente. Indivíduos autóctones aparentam estar simbioticamente adaptados ao ambiente ao qual estão inseridos, assim como ocorre com os animais endêmicos fotografados. Conjuntamente com o título da obra e seu arranjo fotográfico, Salgado (2013) nos transmite uma noção paisagística pré-moderna em meio à contemporaneidade. É como se o premiado fotógrafo explorasse uma fragmentação na superfície terrestre, visitando regiões em extremo descompasso espaço-temporal, como se quisesse, por meio da colossal diferença do *modus vivendi*, nos informar que nem mesmo o tempo foi capaz de eliminar registros de outra possibilidade de se relacionar com a paisagem. Entretanto, para algumas concepções da paisagem, essa cisão entre a paisagem natural e cultural nunca ocorreu *de facto*, somente imageticamente. As teorias não-representacionais, por exemplo, nos mostram por intermédio dos seus paradigmas que as formas de lidar com o ambiente ao qual está inserido não autoriza o homem a se conceber como sujeito e a paisagem como objeto. Nesse sentido, a indissociabilidade homem e paisagem é incompatível com o antagonismo que envolve as paisagens natural e cultural.

O uso contextual da palavra paisagem, ainda que não seja expressa como "paisagem natural" ou "paisagem cultural", nos diz muito sobre o sentido que o pesquisador dá à categoria geográfica em questão. Em um exemplo, Steven C. Bourassa (1988) argumenta que o termo paisagem é preferível em relação ao uso do termo meio ambiente, pois o primeiro refere-se a uma cena percebida, enquanto que o segundo a uma noção muito mais imprecisa. É importante destacar que Bourassa fez esta reflexão em um artigo que se preocupa com a avaliação da paisagem. Enquanto objeto avaliável ou porção do espaço reificada, faz sentido pensar que o processo avaliativo da paisagem precise de uma base analítica comum, ou seja, os avaliadores precisam ter clareza quanto ao objeto que está sendo avaliado. Nesse contexto, o termo meio ambiente pode realmente confundir ainda mais, pela possibilidade de referir-se à natureza como um todo ou a um bioma ou recorte específico do quadro natural.

Entre as décadas de 1950 e 1970 desenvolveu-se a concepção da paisagem como uma ferramenta dos estudos da geografia física, como uma expressão espacial dos ecossistemas (PONTE, 2020). A paisagem vista como meio ambiente ou bioma, tanto na dimensão dos estudos ecológicos ou da avaliação da paisagem, destina ao homem o papel de mero espectador (HOLZER, 1997). É plausível considerar que, em certa medida, quando se utiliza a expressão paisagem natural se imagina a percepção em que a presença do homem não se faz notada. Por "presença" podemos considerar a ocupação humana daquele espaço (ecúmenos) ou mesmo a instalação de estruturas que servem apenas para monitoramento remoto. Ainda assim, cabe problematizarmos a própria ideia sobre o que é ser natural, visto que a palavra natureza exibe vasto universo semântico (DEMERITT, 2002). Em um dentre muitos possíveis exemplos, é notável que antropólogos e geógrafos tem demonstrado que certas comunidades rurais de países periféricos constroem uma ideia de natureza diferente das prevalecentes formas modernas (ALMEIDA, 2004). Contemporaneamente, fora da dimensão positivista, a noção de que a natureza é uma invenção cultural é largamente aceita, consideração que exige a transcendência da materialidade dos elementos que compõem a paisagem.

Analisada do ponto de vista ecológico, com despreocupação sobre as questões de escala – o que pode comprometer a participação dos sentidos do homem na percepção do espaço – a paisagem natural serve, *inter alia*, como uma expressão de militância ecológica. Abordagens sombrias sobre desastres ambientais de causas antropogênicas (DAVIS, 2001) e até mesmo analogias dantescas do planeta reagindo contra a agressão sofrida pelo homem como em A *Vingança de Gaia* (LOVELOCK, 2006 e 2010), despertam consciências que encontram nas ONGs ambientais um catalisador de sua energia militante. *Pari passu* a essas abordagens encontram-se ainda àquelas mais racionalizadas, que buscam contribuir para a mediação política, como o famoso documentário *Uma Verdade Inconveniente* proposto por Al Gore ou mesmo Anthony Giddens em obra intitulada *A política da mudança climática* (GIDDENS, 2010).

Nesse contexto, a expressão paisagem natural chama a atenção para áreas não perturbadas pela presença humana e que apresentariam formas de vida frágeis, endêmicas e supostamente intocadas[86]. Assim, uma paisagem natural poderia abranger parcela expressiva da Antártica (excluindo os pequenos complexos de estações de pesquisa como Vostok, Amudsen-Scott e Comandante Ferraz), das partes mais isoladas da Amazônia, das grandes cadeias de montanha ou mesmo as pequenas ilhas remanescentes da Mata Atlântica brasileira[87]. Gareth Roberts (1994) argumenta que os impactos da ação antrópica na superfície do planeta atingiram um patamar tão expressivo que a paisagem cultural é melhor entendida se nos referirmos justamente à sua antítese: a paisagem intocada, prístina e, portanto, inexplorada. Nos exemplos geralmente utilizados como referências de paisagens naturais, a diversidade das escalas espaciais se destaca, colocando em xeque a capacidade destas "paisagens" serem também construídas por experiências sensoriais. A iniciativa de denominação de uma paisagem como natural evidencia a própria história da evolução da relação entre o homem e a natureza: se existem paisagens naturais e não naturais, temos então consolidada no imaginário coletivo que o homem não pertence à natureza, cisão que só foi possível conceber após o domínio da agricultura e a fundação das primeiras cidades, que se constituem como expressões máximas do rompimento com o nomadismo[88]. Devido às particularidades carregadas pelas distintas coletividades humanas, o desenvolvimento técnico e tecnológico seguiu descompassado, possibilitando, inclusive, a manutenção e mesmo a ampliação das desigualdades espaciais a despeitos dos benefícios que poderiam surgir a partir dos intercâmbios entre os povos. É importante destacar que a Era Moderna se impõe como um período europeu para o mundo, quando mesmo na própria Europa descompassos temporo-espaciais desmentem o mítico rótulo de um novo tempo.

---

86 A ideia de uma paisagem natural é sustentada pelo imaginário acerca de um ecossistema não perturbado e virgem, e, por isso mesmo natural, que é uma ideia presente em todos os continentes. Hoje em dia restam pouquíssimas grandes áreas terrestres que não foram tocadas em maior ou menor grau pelas culturas humanas e seus fluxos de energia/matéria e informação, até mesmo no Ártico ou na Antártica (NAVEH, 1995, p.43-54).

87 Existe certo espaço para a discussão dessas assertivas, pois a comparação entre uma mata primária e uma mata secundária bem preservadas poderiam dificultar os limiares de definição do que seria uma paisagem natural (DEMERITT, 1994b).

88 O rompimento com o nomadismo não se deu ao mesmo tempo, da mesma forma, com a mesma intensidade e, em alguns casos raros ainda não ocorreu.

Apesar disso, a Era Moderna é alardeada como um momento em que a concepção da cisão homem-natureza se faz notável.

Em alguns casos, as heranças linguísticas revelam as distintas concepções temporais que determinadas sociedades experimentaram acerca do seu ambiente. Na língua alemã existem três termos para esta problemática envolvendo tipologias paisagísticas: o primeiro é *Naturlandschaft*, que se refere à paisagem natural, englobando as formas do terreno (aspectos geomorfológicos) e a cobertura vegetal, dentre as quais as manejadas antropicamente; o segundo é *Kulturlandschaft*, que seria o resultado da transformação da paisagem natural por intermédio da ocupação humana, formando uma paisagem cultural; e, por último, o termo *Urlandschaft*, que significaria uma paisagem primitiva, com sua cobertura vegetal natural, anterior à ocupação humana e qualquer interferência de ordem antrópica (DICKINSON, 1939). A diferença entre o primeiro e o terceiro termo é sutil: o terceiro exige intocabilidade, enquanto que o primeiro não necessariamente.

A ecologia da paisagem se apresenta como um subcampo que sintetiza a separação homem-natureza e reifica a paisagem. As classificações e a sistematização parecem serem o seu *modus operandi*, que além de ilustrar a reificação da natureza e da paisagem, propõe uma rígida separação entre o científico e o não científico. Carl Troll (1997) – um expoente da ecologia da paisagem – nos chama a atenção para o fato de algumas palavras serem incorporadas em um vocabulário científico específico de determinadas disciplinas: "hoje em dia o conceito de paisagem está presente na ciência e na arte. Porém somente a geografia deu ao seu uso um valor científico, transformando-o em eixo de toda uma teoria de investigação" (TROLL, 1997, p.2). Em um dos seus escritos publicado originalmente em 1950, Troll dá o tom da reificação paisagística: "a tendência é cada vez maior em se considerar a paisagem como uma unidade orgânica e estuda-la no ritmo temporal e espacial de seus numerosos e diversos fatores" (TROLL, 1997, p.1). Na abordagem de Carl Troll, a paisagem e a ideia de região natural se entremeiam, fato que é comum na perspectiva ecológica da paisagem (SUERTEGARAY, 2019). Os limites desta unidade analítica abordados por Troll são refletidos justamente a partir questões associadas à suposta homogeneidade de processos e configuração natural, como se vê em sua reflexão sobre os pequenos recortes:

> Quanto menores são as divisões, maior importância adquirem as condições do solo frente aos aspectos climatológicos na delimitação das paisagens, pois enquanto as primeiras mudam nitidamente, os segundos produzem amplas transições (TROLL, 1997, p.5).

Analiticamente os ecólogos buscam padrões, considerando como critério a homogeneidade interna de uma paisagem, em relação à heterogeneidade externa (SUERTEGARAY, 2019). Todavia, os limites da paisagem ecológica parecem também padecer de incertezas analíticas, a começar dos pequenos recortes que seriam subunidades paisagísticas. Troll (1970) sugere o termo ecótopo a esses recortes, reconhecendo a proximidade do mesmo frente à ideia de "célula paisagística", "micropaisagem" e, ainda, "paisagem elementar". A questão que se desenha e se apresenta como problemática é a arbitrariedade desses recortes. Se a força dos arranjos das interrelações são motivos suficientes para estabelecer limites para as paisagens e para os ecótopos, apresenta-se como inevitável a necessidade de ignorar certas relações como forma de estabelecer limites. Assim, paisagens adjacentes não podem ser entendidas como áreas que não se relacionam. Esse alerta não significa dizer que não possamos vislumbrar diferenças nas intensidades das relações espaciais, sendo esse, inclusive, um notório objeto de interesse geográfico, seja para o quadro natural, como se apresenta o interesse da ecologia da paisagem, seja para o quadro humano. A reflexão aqui estabelecida serve justamente para dizer que a aparente objetividade da paisagem ecológica, vista de forma muito próxima a uma região natural, sucumbe frente à arbitrariedade daquele que recorta o espaço: os critérios que operacionalizam os recortes são produtos da mente de quem elabora. Um pequeno ajuste nos critérios pode ser o suficiente para rearranjar severamente a regionalização paisagística. Assim, a discussão de Richard Hartshorne (1978) sobre certos constrangimentos da região entendida como categoria geográfica se aplica à paisagem ecológica, vista como região natural.

O geógrafo francês Camille Vallaux (1870-1945), que concentrou suas publicações relevantes no início do século XX, apresenta a ideia de uma região natural similar ao uso que comumente se faz da paisagem natural:

> Entendemos por região natural uma extensão de território onde as características gerais da paisagem, estrutura de solo, relevo, clima, distribuição das águas, vegetação, mostram ter relações quase constantes e fáceis de enquadrar em uma definição de conjunto (VALLAUX, 2015, p.206).

Apesar de utilizar a palavra "paisagem" na definição da região natural, Vallaux mostra a associação do termo com o quadro físico. Esse fragmento foi publicado em um artigo original de 1923, dois anos antes da publicação de *A Morfologia da Paisagem* de Sauer ter sido publicada. Assim como Vallaux, Sauer também cinde a paisagem em natural e cultural. Em sua argumentação, Sauer propõe um modelo que explica a gênese da paisagem cultural a partir do seu substrato: a paisagem natural. O *zeitgeist* acadêmico da geografia no início do século XX era fortemente impregnado por valores da ciência moderna que propunham justamente essa separação entre o homem e natureza. Apesar de alguns trabalhos pioneiros expressarem relações simbólicas e emocionais que vinculavam o homem e a natureza, essa divisão passa a ser problematizada com muita intensidade na geografia anglófona a partir das repercussões teóricas advindas do período conhecido como virada cultural ocorrido em 1960-1970. No Brasil, a lógica se apresenta diferente; nota-se que as geografias culturais mais tradicionais desfrutam de um maior apelo comparativamente ao que se observa nos grandes centros geográficos.

Para além dessas cisões na forma de conceber a paisagem, é notório que o afastamento do homem frente à natureza permitiu nada menos do que a apropriação imaginativa da mesma: como fonte de recursos, como área de reserva, como território tampão, como espaço hospedeiro de cosmologias e acolhedor dos mitos e das lendas. A própria ideia de natureza é muito variável, tanto no tempo quanto no espaço. Convicto, Tim Ingold (1993) assevera que paisagem não é natureza. Sua convicção reside na dialética que propõe e envolve o homem, sua percepção e o mundo. Na mesma linha de abordagem e com a erudição que lhe é peculiar, assim traz Simon Schama no seu clássico *Paisagem e Memória* quanto à construção cultural do que é natural:

> (...) a natureza selvagem não demarca a si mesma, não se nomeia. Foi uma lei do Congresso, em 1864, que designou Yosemite Valley como o lugar do significado sagrado para a nação, durante a guerra que assinalou o momento da Queda no Jardim Americano. Tampouco a natureza selvagem venera a si mesma. Foram necessárias visitas santificantes de pregadores da Nova Inglaterra como Thomas Starr King, fotógrafos como Leander Weed, Edwaerd Muybridge e Carleton Watkins, pintores que usam tintas como Bierstadt e Thomas Moran e pintores que usam palavras como John Muir para representa-la como o parque sagrado do Oeste (...).
>
> (...) A topografia do local, estranhamente sobrenatural, com prados reluzentes atapetando o vale até as escarpas de Cathedral Rock, o rio Merced

serpenteando pelo capinzal, presta-se muitíssimo bem a essa visão de um paraíso terrestre democrático. E o fato de os visitantes terem que descer para o fundo do vale só acentua a sensação religiosa de estarem entrando em um santuário (SCHAMA, 2009, p.17).

Uma natureza que não demarca e não venera a si mesma só pode ser construída socialmente. Assim como o deslocamento entre o homem e a natureza também o foi ao longo do percurso histórico da própria humanidade. Em seu livro magistral, Simon Schama (2009) celebra a complexidade da relação homem e natureza de forma bem mais ampla do que a restrita problematização da catástrofe ecológica trazida pela ciência moderna. Mediante esse viés, Schama nos mostra que nossos mitos não foram destruídos por formas racionais de uso da terra; diferentemente, nossos mitos estão vivos e guiam nossa compreensão contemporânea acerca dos ambientes florestais, rios e montanhas. Seu objetivo é recuperar esses mitos, mostrando sua surpreendente resistência ao longo dos séculos (OGBORN, 1996).

A expressão paisagem cultural, considerando a argumentação até aqui trazida, trata-se de um pleonasmo. O que chamamos de paisagem é a paisagem cultural: não é completamente artificial, mas é o resultado de interações entre o meio ambiente – incluindo o comportamento de plantas, animais e das geografias elementares[89] – e as atividades humanas (RACKHAM, 1991). As paisagens ditas não humanizadas ou intocadas são, frequentemente, poderosos símbolos (COSGROVE, 2012). Enquanto símbolos são tão apropriadas pelo homem do que outras paisagens.

Ingold (1993) propõe ver a paisagem por meio de um neologismo: paisagem das tarefas [*taskscapes*[90]], permitindo-nos pensar que, fora da dimensão humana, não faz sentido pensarmos na paisagem. Nessa lógica o espaço é um produto da paisagem das tarefas que emerge por intermérdio das atividades humanas (ASH, 2020). As tarefas cotidianas e diversas são como lentes multifocais que, comparativamente entre indivíduos bem como entre o passado e o presente de um mesmo indivíduo, deformam a maneira de ver o mundo, com impactos para a per-

---

89 Refere-se ao comportamento dos ventos, umidade, chuva, temperatura atmosférica, eventos tectônicos, *inter alia*, vistos como eventos capazes de moldar o espaço.

90 Para Ingold (1993), a paisagem das tarefas não existe enquanto um conjunto de atividades (entendidas como ações isoladas), mas como interatividades, noção que nos oferece o dimensionamento da paisagem enquanto um espaço que é o resultado de dinâmicas entre os seus agentes.

cepção do espaço, paisagem e lugar. Dialeticamente e desmitificando a separação homem e ambiente, Bárbara Bender propõe que "as intervenções humanas não são realizadas apenas para ou na paisagem, mas com a paisagem, sendo que o que é feito interfere naquilo que pode ser feito" (BENDER, 2002, p.104). Lionella Scazzosi (2004) acrescenta que qualquer porção do espaço pode ser lida a partir dos pontos de vista cultural, natural e ambiental[91]; isolar esses pontos de vista é impossível. Por isso, "não faz sentido, teoricamente, distinguir paisagens culturais (e também históricas, antrópicas, etc) das paisagens naturais" (SCAZZOSI, 2004, p.338).

Fora do escopo de preocupações da militância ambiental[92], não faz sentido a existência de uma paisagem natural, pois, à guisa de conclusão:

- a escala da paisagem natural muitas vezes se apresentaria inapropriada frente às capacidades sensoriais humanas de percepção. Além disso, "o que aparenta ser um ambiente homogêneo de floresta em uma escala espacial é, em outra escala, um mosaico de diferentes ambientes" (DEMERITT, 1994b, p.24);
- a suposta paisagem natural teria em sua "natureza intocada", uma forte apropriação simbólica que a tornaria tão humana quanto qualquer outra porção do espaço, banalizando a ideia purista de um excepcionalismo ambiental, à medida que o caráter da paisagem é excepcional por definição, segundo uma linha baseada na experiência humana como suporte da percepção paisagística;
- a paisagem é justamente o palco dialético da interação entre o homem e a natureza. A materialidade e a imaterialidade da paisagem, assim como a objetividade e a subjetividade entremeiam-se indissociavelmente, criando constrangimentos para aqueles que ousam apartar xipófagos tão complexos.

---

91 O uso da palavra ambiental no contexto de Scazzosi diferencia-se de natural. Ambiente inclui as relações entre homem e natureza. Todavia, falar de paisagem ambiental parece remeter a um pleonasmo.

92 O discurso ambientalmente militante têm impregnado algumas publicações científicas, tornando-se tão veemente quanto os discursos sociais de base marxista. Por se tratarem de militância, perderiam a objetividade científica que a própria ecologia da paisagem busca quando idealiza métodos nomotéticos.

Não é de se estranhar que existam fortes termos concorrentes à ideia de paisagem natural. Biomas, geossistemas e conjuntos morfoclimáticos tem tido certa representação e evitam as reflexões espinhosas que permeiam a palavra paisagem. Não significa, todavia, que o sentido da paisagem para a pesquisa em geografia física apresente-se, em todos os seus elementos, como uma antítese à abordagem da geografia humana. É de se destacar a multiplicidade de abordagens das geografias físicas e humanas, ao mesmo tempo que lembramos, com ênfase, a existência daqueles geógrafos que defendem o sentido unitário da disciplina. Holzer (2004), em um artigo em que aborda parcela da obra de Augustin Berque, lembra que o autor francês argumentou que as ciências naturais estudam a paisagem como morfologia do ambiente, o que se enquadra, de certa maneira, como certos estudos de geografia humana, como, por exemplo, trabalhos de geografia cultural que ficaram marcados pelo materialismo de sua abordagem.

A abordagem exclusivamente material da paisagem, que é uma marca de parcela importante dos estudos geográficos voltados para as questões ambientais, abalroa nas concepções conflituosas que envolvem o antagonismo entre a percepção cultural da natureza e o conceito objetivo da função ecológica. Aquilo que parece uma natureza bela e aprazível pode se constituir como um antigo aterro poluído, enquanto que aquilo que aprioristicamente pode se apresentar como o retrato de um negligente abandono, pode se constituir como um rico ecossistema. "A distinção entre a função ecológica e as percepções culturais da natureza é inegável. Por exemplo, ao mesmo tempo em que os residentes suburbanos de Minnesota valorizam o canto dos pássaros, desvalorizam o habitat amadeirado que tais pássaros requerem" (NASSAUER, 1995, p.234). Essas valorizações, quando avaliadas de forma cruzada, mostram algumas vezes assimetrias e irracionalidades, que, por sua vez, aludem ao descompasso entre cultura e ciência. É importante destacar que a percepção cultural da natureza não é errada, ela é o que é. Em outras palavras, a incongruência com a racionalidade científica faz parte de suas manifestações.

A abordagem cultural da paisagem, dentre as quais podemos citar a realizada pela geografia humanista e por outras correntes que se desenvolveram após a virada cultural, é a antítese da materialidade e objetividade que marcam os pressupostos da ecologia da paisagem, e resgata a subjetividade outrora obliterada pela ascensão da geografia teorético-quantitativa dos anos 1950. A perspectiva cultural aplicada à paisagem a distancia do universo semântico da categoria região, colidindo com o sentido carregado por outra categoria: o lugar.

Particularmente, temos a paisagem como um mosaico de estruturas físicas arranjadas num conjunto similarmente dinâmico de imagens culturais e representações (CARVALHO, 2017) que é palco de um processo de produção/reprodução cultural expressa de forma intersubjetiva por aqueles que a apreciam. A intersubjetividade da paisagem, que também se aplica ao lugar, manifesta-se também pela forma indissociável que envolve o indivíduo e o mundo. Isso implica em ir além do sentido das representações da paisagem, penetrando em um campo "mais do que representacional", encampado hoje pelas chamadas teorias não-representacionais.

A perspectiva que defendemos é um chamado à colaboração interdisciplinar entre as diversas subáreas geográficas, à medida que a materialidade e a imaterialidade são componentes constituintes da paisagem. Rejeitamos abraçar convicções direcionadas para abordagens exclusivamente imateriais da paisagem, como se as ideias substituíssem por completo o plano da materialidade. Assim, concordamos com Tim Ingold que anuncia: "eu rejeito a divisão entre mundo interior e exterior – e respectivamente entre mente e matéria, significado e substância" e ainda salienta: "e por intermédio da vida na paisagem, ela se torna parte de nós, assim como nós nos tornamos parte dela" (INGOLD, 1993, p.154).

Alertamos, contudo, que se faz necessário respeitar as outras concepções sobre a paisagem, que povoam a rica história do pensamento geográfico, que está em construção e não pode ser vista como acabada. O respeito que vemos como necessário não significa nos silenciarmos quanto às perspectivas alternativas aos nossos posicionamentos, mas a disposição de participarmos de um debate construtivo capaz de afinar os discursos em todas as frentes do pensamento, incluindo, obviamente, a nossa. Afirmamos categoricamente que, apesar de não considerarmos as abordagens da paisagem como "certas" ou "erradas", acreditamos que se faz necessário transparecer ao leitor que o conceito é polissêmico e em que sentido está sendo apropriado. Que a ojeriza à epistemologia se transforme em ode.

4
SOBRE CARL SAUER E A
MORFOLOGIA DA PAISAGEM

Carl Sauer foi um dos mais influentes e controversos geógrafos do século XX (HEWES, 1983). Carregava contradições e ambiguidades do período em que viveu, o que de fato aumenta a complexidade do seu trabalho (NAME, 2010). A carreira de Sauer coincidiu com um período em que a geografia acadêmica americana assistiu a chegada de novas ideias, abordagens e debates, que contrapunham tradicionais formas de elaborar a disciplina (BOWEN, 1996). A abordagem saueriana acerca da cultura e paisagem é considerada como componente da chamada primeira fase da geografia cultural[93], que se desenvolve conjuntamente com a disseminação da institucionalização da geografia enquanto curso acadêmico (CORRÊA, 2009). A fase inicial da geografia cultural traz elementos da tradição morfológica alemã (FRANGELLI, 2012) principalmente desenvolvida por Schutler e da tradição francesa dos gêneros de vida, desenvolvida por Vidal de la Blache. Carl Sauer tem o mérito próprio de dar o impulso à abordagem cultural e aos estudos da paisagem nos Estados Unidos, apresentando um modelo próprio de interpretação paisagística que teria ampla divulgação.

Os estudos de Sauer permitiam a comparação de paisagens, ressaltando suas diferenças a partir da evolução histórica da cultura (CAETANO; BEZZI, 2011) e de suas marcas gravadas no substrato do quadro natural. É importante considerar que a própria trajetória de Sauer apresenta importantes variações, como, por exemplo, o fato desse professor ter iniciado seus estudos em geologia (KERSTEN, 1982) e estar ligado inicialmente à escola do Meio-Oeste, reduto de geógrafos inspirados

---

93 A primeira fase da geografia cultural compreende o período de 1890 a 1940. A segunda fase, de 1940 a 1970, marca o declínio dos estudos culturais em geografia, face à ascensão da abordagem hartshorniana, em um primeiro momento, e ao florescimento da geografia teórico quantitativa, em um segundo. A terceira fase, após 1970, marca uma grande abertura da abordagem cultural na geografia, marcada pela interdisciplinaridade e pela variedade de métodos (CLAVAL, 1999; CORRÊA, 2009). Nessa última fase, há uma predominância na transcendência da materialidade da cultural, rompendo com as tradições morfológicas sauerianas.

em Ratzel, Semple e Huntington (DINIZ *et al.*, 2003). Sauer mudou-se para Berkeley em 1923, em um período em que o departamento de antropologia da universidade contava com nomes como Alfred Kroeber e Robert Lowie. Sauer tratou de estabelecer relações cordiais com esses nomes, em especial com Kroeber (LEIGHLY, 1976). A chegada de Sauer em Berkeley, assim, coincide justamente com a forte incorporação da história e da antropologia em suas reflexões (BENATTI, 2016).

Escreveram mais sobre Sauer do que a respeito de qualquer outro geógrafo nos Estados Unidos (DENEVAN; MATHEWSON, 2009). Em Berkeley, orientou 37 teses de doutorado (GADE, 2011), deixando um rastro de futuros professores que estiveram sob a égide de sua influência, ainda que tenha negado em diversas ocasiões a intenção de fundar uma escola de pensamento ou mesmo produzir um batalhão de mentes dotado de pensamento homogêneo (LEIGHLY, 1979). As reverberações da antropologia do início do século XX estão fortemente presentes nas suas análises, apesar que seja possível encontrar mudanças que são esperadas em uma carreira longa e prolífica e que se distribuiu ao longo de muitas décadas. Não raramente, o pensamento de Sauer é associado à abordagem historicista[94], que rompe com o pragmatismo do positivismo do século XIX (SPETH, 2011). Frente às abordagens que o antecederam, os escritos de Sauer são considerados mais avançados do ponto de vista interpretativo (STRACHULSKI, 2015), o que representa um avanço na mera descrição das formas paisagísticas, ainda que a sua maneira de interpretar tenha recebido críticas crescentes e muito bem fundamentadas na segunda metade do século XX. Alan R. H. Baker (1979) faz uma descrição crítica

---

94 Mikesell (1978) salienta que a orientação historicista dos geógrafos culturais é tão marcante ao ponto de ser difícil de estabelecer uma clara distinção entre a geografia cultural e a geografia histórica, ou mesmo destes campos frente à história. Essa foi sua percepção revelada no final da década de 1970. Contudo, Leonard Guelke (1997) estabelece importante ressalva: embora considere o tempo como importante componente da geografia humana, Sauer desenvolveu fragilmente o conceito de história, tendo pouco a dizer sobre a história propriamente dita e as grandes questões epistemológicas que estão associadas ao estudo do tempo. A ideia saueriana de processo – que é trazida pelo autor em sua concepção acerca da formação da paisagem cultural – está mais vinculada metodologicamenta à ciência natural do que a história. A raiz desta crítica – que também atinge outros nomes vinculados à geografia histórica – nos parece estar diretamente ligada à uma confusão entre as palavras tempo e história. Usa-se comumente e de forma romântica a palavra história como uma referência estreitamente alinhada à passagem do tempo atomístico, o que gera uma falsa expectativa nos leitores que esperam problematizações densas em âmbito epistemológico.

da geografia histórica praticada na virada das décadas de 1970-1980 que acaba sendo uma síntese das objeções à abordagem saueriana presente no artigo[95] *A Morfologia da Paisagem*, produção amplamente conhecida, debatida, referenciada e criticada:

> parte expressiva da geografia histórica tem focado em como as paisagens são transformadas pelo homem mais do que no homem como um agente da transformação da paisagem, no levantamento dos artefatos mais do que nas ideias, nas ações mais do que nas atitudes, nas formas externas mais do que nos processos internos (BAKER, 1979, p.561).

Apesar de ser marcado pela abordagem historicista, Sauer é criticado por não levar em conta questões sociológicas como classe econômica e diferenças entre sexo, mesmo quando a sua abordagem conduz o leitor a refletir sobre estas questões. Para Richard Peet, é como se "Sauer começasse a investigar estas questões, chegasse ao abismo das relações sociais e, rapidamente, se afastasse de sua beira" (PEET, 2011, p.195). Além disso, Sauer não explora as questões identitárias, tratando a cultura (de forma reificada) como uma importante variável da formação paisagística.

Martin S. Kenzer (1985) – que dedicou parte importante de sua vida acadêmica aos estudos do legado saueriano – acredita que o autor alvo de suas investigações contribuiu mais para o nosso interesse acerca dos estudos da paisagem do que qualquer outro geógrafo. Em muitos aspectos, Sauer contraria o *savoir-faire* de seu tempo: mostrou-se cético quanto à validade da aplicação extensiva da quantificação como ferramenta de compreensão do espaço (MAY, 2011) e, a partir da produção saueriana, "a rejeição ao determinismo simplista foi um elemento importante e constituinte da relação entre o ser humano e o seu espaço, mais precisamente, a paisagem, que é por ele construída e reconstruída em habitat" (SASAKI, 2010, p.116). Para Sauer, o homem, em grande medida, determina seu próprio destino e a compreensão da agência humana sobre a Terra é a principal tarefa do ensino geográfico (PARSONS, 2009). Entretanto, Dawn S. Bowen (1996) destaca que nos primeiros registros de produção acadêmica de Sauer era possível encontrar versões moderadas de determinismo, que foram paulatinamente sendo evitadas, até que no artigo *The Survey Method in Geography and its Objectives* (SAUER, 1924) "deixou claros sinais aos geógrafos de que as abordagens deterministas não deveriam mais ser toleradas" (BOWEN, 1996, p.185).

---

95 O extenso artigo *A Morfologia da Paisagem* algumas vezes foi catalogado como livro (GADE, 2009).

A abordagem de Sauer é tida por alguns como conservadora e direcionada à investigação do modo de vida rural (MUIR, 1998b; CORRÊA, 2020), o que ajuda a explicar a crescente oposição aos seus fundamentos à medida que o mundo se urbaniza. Contemporaneamente ao início da carreira acadêmica de Sauer, a antropologia desenvolvia célere ruptura paradigmática, com a rejeição das premissas antropológico-evolucionistas que dominaram a segunda metade do século XX. Nesse contexto, a geografia cultural pós-lablachiana desenvolveu-se predominantemente de forma idiográfica, tratando a cultura de forma reificada, como uma entidade tangível capaz de amparar indivíduos de comportamentos homogêneos. Um dos exemplos é o artigo *The Maritime and Rural life of Norway*, escrito por Camille Vallaux (1924) no ano em que Carl Sauer desenvolvia *A Morfologia da Paisagem*. Em um trecho do artigo, Vallaux descreve:

> O solo duro e inclemente da Noruega suporta uma pequena população – apenas dois milhões e meio de habitantes em cento e vinte cinco mil milhas quadradas. E não é surpresa: lá o homem possui três inimigos - a rocha estéril, a elevada altitude e latitude. Mas o povo é robusto, notável pela tenacidade, paciência e coesão (VALLAUX, 1924, p.508).

Além da reificação cultural[96], nos trabalhos de Sauer é destacada, com ênfase, a influência da noção do superorgânico[97] trazida por Alfred

---

[96] É bem provável que a reificação cultural remonta aos tempos mais remotos; o etnocentrismo – que é um traço humano comum (TUAN, 1980) – certamente favorece uma oposição entre as visões de mundo, proporcionando intermediações de imagens míticas acerca de entidades culturais que se opõem. Todavia, é importante considerar que a formação de poderes espacialmente centralizados como os antigos impérios e, mais recentemente, a consolidação do sistema de Estados-nação, criou um contorno político para aquilo que se chama de cultura nacional. Assim, os países contemporâneos, ainda que integrem minorias ao seu corpo territorial, carregam a mítica ideia da nação e da cultura homogeneamente constituídas enquanto entes (MITCHELL, 2000a).

[97] "A tese do supraorganicismo cultural foi enunciada por Alfred Kroeber nos primeiros decénios do século XX. Defendia este autor a ideia de que as sociedades se organizavam em três níveis ontológicos distintos, mas inter-relacionados: um primeiro – o nível supraorgânico –, composto por forças e leis superiores aos indivíduos e orientadoras das suas opções, nível esse onde se situava a cultura; depois um nível intermédio – o nível orgânico –, que correspondia aos indivíduos propriamente ditos e às suas acções; e finalmente, um terceiro nível – o nível inorgânico – constituído pelas condicionantes materiais" (BRITO-HENRIQUES, 2001, p.161). Apesar de não ser uma associação direta livre de polêmica, Eduardo Brito-Henriques tem a tranquilidade para afirmar que a ideia do superorgânico, "transposta para a geogra-

Kroeber (1917) no início do século XX, que passou a ser fortemente criticada dentro da antropologia, mas que, por alguma razão, permaneceu viva em abordagens geográficas acadêmicas até pelo menos o final do século (DUNCAN, 1980[98]). A crítica centra-se justamente na abordagem voltada para a cultura material[99], que passou a ser duramente contestada. William Norton ressalta que a ideia do superorgânico é insatisfatória por trazer as seguentes noções: "indivíduos e culturas são vistos como entidades à parte" o que significa dizer que não são integrados dialeticamente: "as culturas são tidas como entidades portadoras de valores descritíveis e engessados; as culturas são vistas como corpos homogêneos;

---

fia por Carl Sauer, que estudara com Kroeber, entendia assim a cultura não como algo socialmente produzido, nascido das relações entre os indivíduos, mas como uma força superior, independente, e até, de certa forma, prevalecente à vontade dos sujeitos e às relações sociais" (BRITO-HENRIQUES, 2001, p.161). A concepção superorgânica passou a ser vista como ultrapassada à medida que o século XX avançava; seus críticos centravam sua rejeição naquilo que consideravam como uma forte associação com o determinismo. Por volta dos anos 1970, após as grandes *turns* (cultural e linguística), a abordagem superorgânica tinha basicamente seu interesse reduzido aos aspectos históricos da evolução do pensamento (AGNEW; DUNCAN, 1981).

98 David Ley (1981) celebrou a importância do texto de Duncan (1980), afirmando que o mesmo "desenvolveu um detalhado argumento que atingiu em cheio o coração da tradição saueriana, definindo que o seu conceito de cultura é teorética e filosoficamente não sofisticado" (LEY, 1981, p. 250).

99 Mikesell (1978) considera que até o ano de 1978, os geógrafos culturais demonstravam maior foco no estudo e levantamento da cultura material, sintetizada nos artefatos, arquitetura e toda sorte de evidências ligadas ao registro do trabalho humano. Em um exemplo, Pemberton (1936a) – em sua busca em compreender movimentos de difusão cultural – fez um levantamento sobre a adoção de aparelhos de rádio nos Estados Unidos, associando os resultados encontrados aos traços culturais regionais. Problematizou que a transmissão cultural é sensível à disponibilidade de infraestrutura e à renda. O exemplo de Pemberton nos apresenta uma entre inúmeras abordagens marcadas pela reificação e materialização da cultura. Associando a utilização do rádio a um traço cultural, Pemberton transmite a ideia de uma cultura passível de ser descrita no plano material. Reforça esta posição em uma publicação no mesmo ano (PEMBERTON, 1936b), quando busca estabelecer um modelo de difusão daquilo que chamou de cultura. O modelo do autor é baseado em diferentes ritmos de expansão do que chamou de traços culturais, tendo como um dos seus exemplos o uso de selos nas correspondências entregues pelos correios. O seu pressuposto inicial é que "a difusão cultural é uma ocorrência típica de todas as culturas e é caracterizada por regularidades que podem ser descritas em termos quantitativos" (PEMBERTON, 1936b, p.547).

indivíduos aceitam os valores culturais por meio de condicionamento" (NORTON, 1984, p.146). Analisando essas críticas de uma forma mais ampla, podemos dizer que o problema é centrado na determinação das relações entre indivíduos e cultura e na entificação da cultura projetada na ideia acerca de um corpo tangível, descritível e homogêneo. James Duncan atribui uma frase a Franz Boas que ilustra o teor dessas críticas: "é difícil conceber a necessidade de ver a cultura como uma entidade mística que existe paralelamente à sociedade e que possua movimento próprio" (BOAS *apud* DUNCAN, 1980). O texto de Duncan (1980) apresentou grande repercussão e é tido como um dos fundadores do movimento de rompimento com a tradição saueriana da geografia cultural. À sua crítica quanto à abordagem centrada na cultura material é uma crítica à própria reificação da cultura. Miles Richardson (1981) – em um comentário publicado no *Annals of the Association of American Geographers* – argumentou que o ímpeto em criticar a reificação cultural não pode nos conduzir à abordagem da cultura que a entenda estritamente como "interações entre as pessoas" e que "o pecado do reducionismo é tão mortal quanto o pecado da reificação" (RICHARDSON, 1981, p.284). Discordamos com veemência desse argumento, visto que a compreensão da cultura como relações estabelece a mesma a partir da intersubjetividade e da fluidez espaço-temporal, muito distante da possibilidade de qualificar a abordagem em questão como reducionista. A estratégia de considerar a cultura como o conjunto das relações entre as pessoas se assemelha à estratégia adotada por Thompson (1987) em sua interpretação acerca das classes.

O trabalho de Sauer intitulado *The personality of Mexico* é uma marca do tratamento reificado dado à cultura. Em suas palavras:

> A velha linha entre o sul civilizado e a Chichimeca tornou-se menos nítida, mas ainda existe. Nesta antítese, que em alguns tempos significava conflito e noutros a complementariedade de qualidades, repousa a força e a fraqueza, a tensão e a harmonia que construíram a personalidade do México (SAUER, 1941, p.364).

O uso do termo "personalidade" por parte de Sauer no contexto do seu artigo refere-se a um trato da paisagem que vai além do aspecto do visível. Alude às influências históricas que continuam a impactar nas transformações atuais da paisagem. Essa forma de determinismo histórico-paisagístico[100] ajuda a explicar aquilo que Sauer chamou de

---

100 Sabe-se que Sauer é tido como um nome que auxilia no questionamento do determinismo ambiental. As considerações sobre a personalidade do México reme-

personalidade do México. Se, por um lado, ultrapassa a estreita reflexão sobre o aspecto material da paisagem, por outro, ignora os efeitos da experiência histórica sobre a agência humana (COLTEN, 2010) e, ainda, define uma espacialidade na qual o fenômeno observado se manifesta, em uma inadequada rigidez geográfica.

Wil Gesler (2018) crê na forte influência não somente kroeberiana sobre Sauer, mas também de Robert Lowie, que é outro professor do departamento de antropologia de Berkeley. A crítica quanto à influência de Kroeber no pensamento de Sauer é relativizada por Martin S. Kenzer (1985), dedicado pesquisador do legado saueriano. Kenzer afirma que faz mais sentido pensar na influência do *zeitgeist* acadêmico do que propriamente na influência de Kroeber sobre Sauer. Somente no ano de 1923, alguns meses antes da escrita de *A Morfologia da Paisagem*, Sauer mudou-se para Berkeley. Sua mudança, em suas próprias palavras, buscava um ambiente mais libertário e menos condicionado de se pensar a geografia do que o que encontrava em Michigan (SAUER, 1974). Em um resgate da "paisagem intelectual de Carl Sauer", Kenzer (1985) destaca que faz muito mais sentido pensar na influência deixada pelo pai e tio de Sauer do que no departamento de Antropologia de Berkeley, que abrigava Kroeber, dentre outros. A influência de Berkeley certamente deve participar, conjuntamente com uma ampla gama de fatores, do pensamento saueriano. Em suma, Kenzer acredita que a influência de Alfred Kroeber no pensamento e obra de Carl Sauer é superestimada.

Dirce Suertegaray (2019) acredita que a abordagem paisagística de Sauer possui certa similaridade frente aos estudos ecológicos, sobretudo no âmbito descritivo, o que se explicaria pela expressão da paisagem por meio das formas e funcionalidade. Nos estudos ecológicos, contudo, as formas da paisagem estão fortemente associadas à utilização dos recursos, enquanto que na abordagem de Sauer são centradas na dimensão cultural.

É comumente criticado o excessivo foco de Sauer na produção de artefatos, o que reforçaria a preocupação com dados materiais[101], fato

---

tem a outras formas de determinismos ou de desconsideração da pluralidade da agência humana.

101 Price e Lewis alegam que Jackson, Duncan, Cosgrove, Gregory e Ley dão ênfase desmedida ao estereótipo específico do apreço aos artefatos materiais: "Eles especificamente alegam que os intelectuais de Berkeley focam seus estudos nos artefatos

que é amplamente destacado por outros autores (JACKSON, 1989; DEMERITT, 1994a; STRACHULSKI, 2015), ainda que existam aqueles que relativizam esse fato (NABOZNY, 2011[102]). Em uma das críticas relativamente comuns à escola de Berkeley e a Sauer é o fato daquilo que insistentemente chamam de cultura parecer ser tudo e ao mesmo tempo nada (SILVA; OLIVEIRA, 2021). A argumentação em questão aparenta ser uma crítica velada à frouxidão metodológica e a suposta ausência de sentido na investigação científica.

---

materiais, exibindo um curioso e antiquado fetichismo sobre itens como casas, cercas e postos de gasolina" (PRICE; LEWIS, 1993, p.3). "Gregory e Ley, especificamente foram mais longe ao dizer que a geografia cultural marcada pela obsessão pelos objetos era um pouco mais do que uma celebração paroquial e contemplação do bizarro" (PRICE; LEWIS, 1993a, p.3). Continuando na linha de defesa da escola de Berkeley, os autores apresentam estatísticas que mostram que a abordagem de artefatos materiais pelos pesquisadores de Berkeley é desprezível. Destacam ainda que "Sauer nunca limitou o termo artefato a objetos concretos. Pelo contrário, ele via toda modificação humana na paisagem como um artefato" (PRICE e LEWIS, 1993a, p.6). Duncan (1993) discorda de Price e Lewis ao indicar que a avaliação de artefatos materiais pode ser apontada como uma marca característica de Berkeley. Price e Lewis (1993b) ainda treplicaram a réplica de James Duncan, fazendo-nos entender que não há consenso sobre o exagero da escola de Berkeley ao que se refere à abordagem dos artefatos materiais. Por de trás dessa discussão, existem sérias repercussões teóricas. Como lembra Claval (2001b), o apego pela abordagem material da cultura passou a ser entendido como superado pelos geógrafos culturais, pois o avanço da modernização e padronização técnica em escala global teria eliminado as particularidades materiais, criando constrangimentos sérios aos estudos das geografias vernaculares. Por outro lado, Stuart Hall argumenta que a intensificação da globalização e todas as suas externalidades não são capazes de eliminar as diferenças, que multiplicam por intermédio do processo de reprodução cultural identificado como "repetição-com-diferença" e "reciprocidade-sem-começo". Esse imbróglio nos aponta que talvez seja mais relevante discutir as limitações da abordagem material da cultura pela sua associação com a reificação cultural inadequada do que pela suposta globalização homogeneizadora.

102 Almir Nabozny busca relativizar o estereótipo de autor excessivamente materialista que recaiu sobre Sauer a partir de outro viés. O autor argumenta: "ao abordar a materialidade não está necessariamente excluso o simbólico" assim, "as críticas que se fazem a Sauer, tomando que o autor aborda uma materialidade em absoluto, não é fielmente verdadeira" (NABOZNY, 2011, p.32). Concordamos com Almir Nabozny que a materialidade e o simbólico são indissociáveis; todavia, isso não é claro a todos. Nossa opinião é que o modelo saueriano de interpretação da paisagem, comparativamente às abordagens da nova geografia cultural e de outras renovações metodológicas, claramente possui um viés materialista mais escancarado.

No livro *Maps of Meaning*, Peter Jackson (1989) analisa – no contexto do final da década de 1980 – que a abordagem estritamente material da cultura havia tornado antiquada e que o posicionamento da cultura no centro da geografia humana está relacionado à superação de abordagens meramente descritivas sobre a paisagem e a cultura, que tinha como *modus operandi* do geógrafo o estabelecimento de um inventário de bens materiais. O rompimento com a abordagem saueriana se dá justamente com a expansão da crença de que o simbolismo da paisagem e cultura precisava ser problematizado, sem que fossem esquecidas as relações de poder que permeiam o cotidiano do homem. Por isso mesmo, o título da obra de Jackson alude a uma metáfora: os mapas de significado aludem à distribuição espacial do simbolismo extremamente dinâmico (SEEMANN, 2001) e intersubjetivamente compreendido que se apresenta na paisagem e nos lugares. Nas palavras de Peter Jackson, no primeiro capítulo de *Maps of Meaning*:

> A geografia cultural precisa urgentemente de uma reavaliação; seu conceito de cultura está desatualizado e seu interesse nas expressões físicas da cultura na paisagem é desnecessariamente limitado. Em uma tentativa de encontrar uma alternativa a esses problemas, este livro defende uma visão mais ampla da cultura incluindo seus aspectos menos tangíveis como aqueles presentes nas formas simbólicas e na prática social cotidiana (JACKSON, 1989, p.9).

Em outro contexto da geografia, inserido na chamada primeira fase da geografia cultural (CORRÊA, 2009), Sauer (1997[103]) designa o interesse da cultural material como o fundamento da aurora dos estudos geográficos. Para Sauer, os primórdios da geografia moderna e claramente os primeiros anos do século XX marcaram uma divisão na geografia que se expressa:

- pela preocupação com a adaptabilidade do homem ao meio. Este campo de interesse deveria ser chamado de geografia humana;
- pela investigação dos elementos da cultura material que conferem caráter específico à uma dada área. Este campo de investigação deveria ser chamado de geografia cultural (SAUER, 1997).

Sauer (1997) faz a ressalva de que essa é uma forma grosseira de divisão. Todavia, parece acreditar na força didática dessa classificação. Marie Price e Martin Lewis (1993a) avaliam que muitas das críticas que são feitas à obra de Sauer, principalmente as que recaem sobre

---

103 Originalmente publicada em 1931.

A *Morfologia da Paisagem*, são desmedidas e não passariam de uma replicação estereotipada de raciocínios mal formulados. Além disso, acusaram Peter Jackson, James Duncan e Denis Cosgrove de replicarem estes entendimentos equivocados.

> Os líderes da nova geografia cultural ajudaram a reforçar o entendimento de que os ensinamentos da escola de Berkeley se baseiam em fundamentos estáticos, empiristas e obcecados com relíquias paisagísticas e artefatos materiais, quando, na verdade se basearam e ainda se baseiam no dinamismo predominantemente historicista e na preocupação primária frente às relações entre a diversidade das sociedades humanas e seus ambientes naturais (PRICE; LEWIS, p.1, 1993a).

Price e Lewis (1993a) criticam aquilo que consideram uma fácil associação da abordagem de Sauer com a ideia de superorgânico e também argumentam que os novos geógrafos culturais fazem questão de incorporar tal ideia às tradições da escola de Berkeley, chamando-a de tradicional geografia cultural, que, em oposição ao novo rótulo, transmitiria emblematicamente a ideia de algo antigo e superado[104]. Price e Lewis (1993a) argumentam que a razão pela qual o entendimento acerca da tradição da escola de Berkeley se deteriorou é uma questão sem resposta. Lançam, entretanto, uma hipótese: "uma possibilidade é o fato de uma tradição muito bem consolidada não precisar de suporte" (PRICE; LEWIS, 1993a, p.5). Lily Kong (1997), por sua vez, argumenta que o artigo provocador de Price e Lewis ao defender a chamada "tradicional geografia cultural" deixa de informar exatamente o que está contido no escopo desta corrente, o que seria fundamental para o leitor compreender se a crítica da dupla de autores é justa.

Ao argumentar que os novos geógrafos culturais atacam "mais uma caricatura do que uma complexa tradição intelectual" (PRICE; LEWIS, 1993a, p.2), dentre outras acusações, era de se esperar a reação dos autores citados, como ocorreu nos comentários de Jackson, Duncan e Cosgrove publicados no periódico *Annals of the Association of American Geographers*. Denis Cosgrove (1993b) argumenta que Price e Lewis (1993a) imaginaram equivocadamente que existe uma conspiração de intelectuais qualificando pejorativamente o que seria uma tradicional geografia cultural. Destacou que possui certa objeção aos rótulos e

---

104 Schein (1997) destacou que o debate da geografia cultural contemporânea envolve a oposição entre a "velha" e a "nova" geografia cultural, num embate que chamou de guerras civis envolvendo os autores. Utilizou essa alusão justamente ao se referir à repercussão do texto de Price e Lewis (1993a).

que nunca se declarou um representante da nova geografia cultural[105]. Cosgrove ressalta o foco de Sauer na cultura material, principalmente se apoiando no fato de que "a recente virada cultural nas ciências sociais e humanidades nos ensinou que a natureza é por si só uma construção cultural" (COSGROVE, 1993b, p.516). Nesse sentido, as diferenças na compreensão e amplitude do significado da palavra artefato podem levar os intérpretes aos problemas de comunicação. É irônico pensar que a virada cultural se caracterizou, dentre outras coisas, pela preocupação quanto aos significados, principalmente se levarmos em conta que a discussão ocorreu sobre o prisma de sua influência nas humanidades. Denis Cosgrove apresentou-se como alguém disposto a quebrar paradigmas da interpretação paisagística focada na materialidade e via a escola saueriana como um bastião daquilo que opunha. Em suas palavras, tinha a intenção de

> propor estudos paisagísticos especialmente na Geografia dentro do que pareciam ser as novas orientações: situar a interpretação da paisagem dentro de uma historiografia crítica, teorizando a ideia de paisagem no interior da compreensão marxista da cultura e da sociedade e, assim, estender a abordagem da paisagem para além de uma estreita e predominante linha interpretativa centrada no design e gostos estéticos (COSGROVE, 1998, p.xiii).

Duncan (1993), por sua vez, reafirma a influência do superorgânico na geografia cultural de Carl Sauer, argumentando que Price e Lewis (1993a) entram em contradição em todos os três principais pontos de sua crítica[106]. Jackson (1993), por sua vez, acusa Price e Lewis (1993a) de imaginar rótulos antagônicos da geografia cultural, colaborando mais para o estranhamento das diferenças entre os geógrafos do que

---

105 Há uma tendência para que grandes nomes da geografia sejam enquadrados em perspectivas teóricas rígidas. Mesmo com esse questionamento acerca do vínculo com a nova geografia cultural, Cosgrove continuou sendo colocado no interior de certas perspectivas analíticas: em um artigo publicado na revista Geojournal, Santa Arias (2010), por exemplo, o inseriu no panteão dos geógrafos críticos.

106 Os três pontos da crítica de Price e Lewis (1993a) sobre a discussão da influência do superorgânico na obra saueriana são: (1) A discordância de que Sauer considerara em sua análise a cultura em detrimento dos indivíduos; (2) A rejeição da hipótese de Duncan acerca do emprego da teoria do condicionamento clássico (ou teoria Plavoviana) por parte de Sauer; (3) A alegação de que o superorgânico não poderia ser usado por Sauer, pois o mesmo era muito cético em relação às abstrações sócio-científicas, e que nem mesmo Alfred Kroeber, o elaborador da tese do superorgânico, havia aceitado os seus pressupostos plenamente (DUNCAN, 1993, p.518).

para propor um debate construtivo. Reforça que as diferenças existentes entre ele, Cosgrove e Duncan são suficientemente expressivas para que não sejam colocados sobre a sombra de uma mesma caracterização. Jackson (1993) alega que nunca defendeu a supremacia de uma escola de pensamento sobre outra e que o próprio Sauer era um advogado da interdisciplinaridade, condenando qualquer tentativa de restrição da pesquisa científica dentro de limites de certos paradigmas. Por fim, ressalta que a linguagem utilizada por Price e Lewis (1993a) não colabora para o diálogo científico, sobretudo ao distribuir adjetivos a outros colegas de área. Jörn Seeman (2000) acredita que, apesar dos intercâmbios de diferentes ideias contribuírem para o progresso científico, os debates travados entre os geógrafos saurianos e os novos geógrafos culturais evidenciaram um sectarismo, o que não deveria ser comum no meio acadêmico.

Trata-se de um fato curioso a consideração de Paul Claval (2003) acerca da geografia cultural francesa: segundo o autor, até metade da década de 1970, a corrente geográfica era marcada por um interesse maior pelos aspectos materiais da cultura, negligenciando o campo das representações. Não há como desvincular o movimento de crescimento das abordagens representacionais da cultura com o contexto mais amplo e interdisciplinar que ficou conhecido como virada cultural. Desse modo, é importante destacar que as novas abordagens culturais – que no âmbito da geografia romperam com certos paradigmas da escola de Berkeley – perpassaram além dos limites da disciplina, com empréstimos claros da filosofia, sociologia, história e linguagens.

Para além desses debates vigorosos, destacamos que, se por um lado Carl Sauer rompe com o positivismo por meio de sua abordagem, por outro, reifica a cultura, mostrando que essas características (o positivismo e a reificação da cultura) não são necessariamente congruentes. Justamente essa incongruência pode conduzir a má compreensão do legado de Sauer. Compartilhando de parcela do pensamento de Price e Lewis (1993a), Hoefle (2008) salienta que há um mau juízo de Duncan (1980) quando o mesmo critica a associação de Sauer e Kroeber, que por sinal é vastamente consolidada no imaginário da geografia cultural. Hoefle (2008) argumenta que o estigma de determinismo ambiental que recai sobre Kroeber é exagerado e começa com um entendimento impreciso acerca do título de sua obra de referência: *O Superorgânico*. Segundo o autor, o prefixo "super" no sentido empregado por Kroeber (1917) significa "além" e não uma valorização do orgânico. Para Krober, o orgânico representa as características hereditárias que são transmitidas por gerações e que interferem na forma em que vemos a cultura, sem que, contudo, definam-na. Para o autor

Não é necessário argumento para provar que nós derivamos de certas características que são transmitidas naturalmente pela hereditariedade e de outras características transmitidas por intermédio de agências (sociais) das quais a hereditariedade em nada se associa (KROEBER, 1917, p.165).

Hoefle (2008) defende que Kroeber representa uma ruptura frente à tradição da antropologia evolucionista que teve como pilares textos de Lewis Henry Morgan, Edward Burnett Tylor e James George Frazer. No texto de Kroeber percebe-se, contudo, muitas analogias com a biologia e com a evolução, o que poderia fazer com que uma leitura apressada e desatenta pudesse-nos levar a julgar um falso determinismo ambiental.

No texto de Kroeber – assim como em determinados textos de Sauer – é possível verificar o vício da abordagem reificada da cultura, como é de se supor no *zeitgeist* acadêmico da aurora do século XX. A massificação fenotípica de indivíduos de determinados grupos e dos seus comportamentos atestam o vício reificador da abordagem kroeberiana:

que o esquimó é peludo, ninguém pode afirmar: de fato, somos mais peludos que ele. Mas é afirmado que ele é protegido por gordura (...); e devora grandes quantidades de carne e óleo que dão calor, porque ele precisa. A verdadeira quantidade de sua gordura, em comparação com outros seres humanos, ainda precisa ser verificada (KROEBER, 1917, p. 168).

Joseph E. Spencer (1978) escreveu que o conceito de cultura é em todos os casos dinâmico, de tal maneira que durante o período de predominância de uma corrente interpretativa, aspectos e elementos podem mudar a partir da chegada de novas gerações de pesquisadores. É importante observar que declarar a cultura como dinâmica não significa escapar de uma abordagem reificada. Afinal, reificações podem evoluir para outras reificações.

A obra que sintetiza a força da influência de Carl Sauer é o seu artigo já mencionado neste livro e intitulado "*The morphology of landscape*", tido como um trabalho que enfrentou o determinismo ambiental do seu tempo (CORRÊA, 1995; DINIZ, *et.al.*, 2003), debate que, como dito, já estava posto na antropologia. Nesse trabalho, publicado em 1925, Sauer afirma que a paisagem tem uma identidade que é baseada em sua constituição reconhecível, limites e relação genérica com outras paisagens, que constituem um sistema geral. Sua estrutura e função são determinadas por formas integrantes e dependentes. Dito isso, a paisagem é considerada, em algum sentido, como portadora de uma qualidade orgânica (SAUER, 2008). Essa acepção evidencia, sobretudo no que diz respeito à suposta constituição reconhecível da paisagem, a sua abordagem reificada. A metodologia de Sauer tem influência das obras do alemão Otto Schlüter (1872-1959), cujos estudos sobre a paisagem contribuíram para o pensamento dos discípulos da Escola de Berkeley (SEEMANN, 2004).

Escrito em um período marcado pelas profundas cicatrizes do positivismo oitocentista, o artigo mais conhecido de Sauer é conhecido por propor um modelo que explicaria a produção da paisagem, onde se pode notar a influência da tradicional geografia alemã e o método morfológico. Neste método, o estudo da paisagem é dedicado à abordagem das formas visíveis, sendo o olhar aquilo que define o que será selecionado e incluso (COSGROVE, 1985).

No seu modelo morfológico, Sauer considera possível entender a paisagem natural e a paisagem cultural como dois fenômenos caracterizáveis. Contudo, a paisagem natural estaria contida na paisagem cultural tal como um substrato, constituindo-se como um dos componentes para a sua produção. A organização desse pensamento, esquemático, levou a produção de um famoso axioma: "A cultura é o agente, a área natural é o meio e a paisagem cultural o resultado" (SAUER, 2008, p.103). A interface com o quadro físico não surpreende aqueles que conhecem a biografia de Carl Sauer. O professor em questão teve seu nome fortemente ligado aos estudos culturais e históricos; todavia, chegou a participar de seminários na área de geografia física e a realizar pesquisas acerca das formas de relevo (HEWES, 1983). Sauer afirmou categoricamente que toda geografia é "geografia física, não porque o trabalho humano esteja condicionado ao meio, mas porque o homem, por si mesmo, é objeto indireto da investigação geográfica" (SAUER, 1997, p.4). Neste trecho, Sauer nos permite concluir que o objeto direto da investigação geográfica é o meio enquanto um produto da interação homem e natureza. Isso fica claro porque, apesar da afirmação de Sauer, "A *Morfologia da Paisagem* relega a geografia física a uma posição subordinada à geografia humana" (KERSTEN, 1982, p.63). Tal fato é coerente com a sua crítica aguçada em relação ao determinismo ambiental que, por sua vez, apresentava nas primeiras décadas do século XX tenacidade hercúlea. Partindo desses pressupostos, Sauer assevera: "a geografia cultural se interessa, portanto, pelas obras humanas que se inscrevem na superfície terrestre e imprimem uma expressão característica" (SAUER, 1997, p.4). Esses são os fundamentos de Sauer que balizam a sua organização esquemática presente na obra *A Morfologia da Paisagem*. A concepção acerca da forma da paisagem trazida por Sauer aproxima-se da ideia sobre a fisionomia da paisagem, termo cunhado por Humboldt[107] e bastante usado posteriormente por Jean Brunhes e Paul Vidal de La Blache. A expressão "fisionomia" não trata de características subjetivas da paisagem; são "realidades objetivas que identificam verdadeiramente um território, e que é necessário reconhecer, localizar, delimitar, tanto espacialmente como qualitativamente, a fim de reproduzi-las" (BESSE, 2006, p.66). Falar da paisagem em termos de fisionomia "significa que se atribui à paisagem uma densidade ontológica própria" (BESSE, 2006, p.72). Nota-se que o sentido do uso da palavra fisionomia se aproxima da concepção de morfologia, central no estudo saueriano de paisagem.

Em seu modelo, Sauer utilizava a noção de paisagem como um espaço portador de formas visíveis em certa área (SEEMANN, 2001) sendo mal esclarecidos os seus critérios de delimitação espacial. O ponto de partida para a interpretação das formas paisagísticas é o meio natural. A paisagem natural é o esplêndido substrato que se apresenta como palco das transformações humanas que permitem, por sua vez, a elaboração da paisagem cultural. A paisagem natural seria formada pela presença de fatores tais como a geognósia[108], o climático, a vegetação e o chamado fator X. Este último seria na verdade um aglutinado de fatores que se apresenta intangível e representa as diversas conexões entre as formas. É interessante perceber que a busca por modelos aparenta ser uma reminiscência positivista, enquanto que a presença da incerteza, materializada na variável "fator X", já demonstra o incômodo em relação ao pragmatismo positivista[109]. Em relação a estudos

---

107 Alexandre von Humboldt utilizou o termo fisionomia inicialmente aplicado à botânica. Tanto Brunhes com La Blache expandiram a aplicação para além da botânica, aplicando-o a interface entre o homem e a natureza, focando especialmente no *modus vivendi* de certas comunidades, incluindo a adaptação destas ao seu ambiente (BESSE, 2006).

108 Termo que caiu em desuso e que representava parte importante do campo de estudo da geologia.

109 Kong (1997) salienta que, muitos dos críticos de Sauer que publicaram na segunda metade do século XX fazem uma análise injusta ao *chef d'école* de Berkeley. Para o seu tempo, Sauer representou uma inflexão paradigmática ao questionar os determinismos ambientais. Desconsiderando essas virtudes, é possível encontrar críticas que colocam Sauer na posição de um determinista cultural, o que se trata

culturais recentes, a apropriação do meio físico por Sauer mostra-se distinta, flertando com a velha dicotomia homem e natureza. Sauer manteve em relação aos seus predecessores a importância da geografia física no estudo da cultura, estimulando, inclusive, a utilização de métodos das ciências naturais (ENTRIKIN, 1984). Nessas idas e vindas entre a tradição científica e as rupturas paradigmáticas, Sauer mostrava-se ser um homem do seu tempo; afinal, o início do século XX foi marcado por questionamentos importantes dos métodos das ciências que se institucionalizaram no século XIX. Esse movimento de ruptura e novas proposições foi muito drástico na antropologia, disciplina que certamente influenciou o legado saueriano.

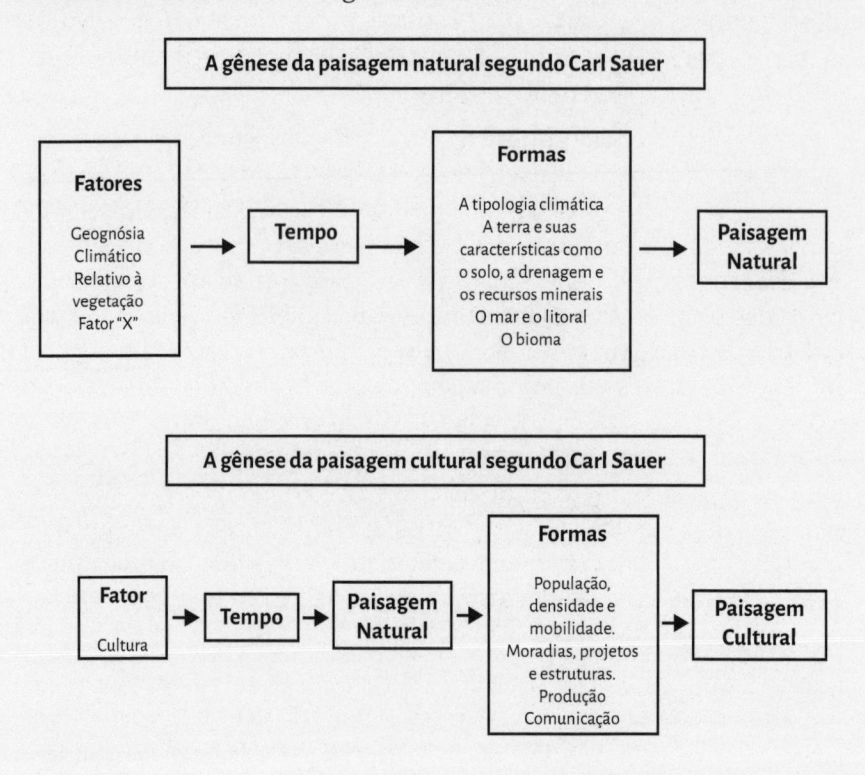

---

de uma simplificação do seu legado. Nesse sentido, ignorar a relevância de Sauer sob os auspícios descomedidos da crítica cultural é ignorar o próprio percurso pelo qual a ciência traça em seu inexorável caminho rumo ao desenvolvimento teórico e técnico. Diminuir o legado de Sauer é também negligenciar a própria história do pensamento geográfico, com suas nuances, idas e vindas. Em outras palavras, a abordagem de Sauer foi necessária para que outros pesquisadores propusessem posteriormente aperfeiçoamentos na abordagem cultural.

No modelo da gênese da paisagem cultural, a paisagem natural se estabelece como o meio para a cultura atuar ao longo do tempo e criar as suas formas constituintes. Esse modelo saueriano ainda ecoa nas elaborações geográficas, como se vê nesta elaboração de 2018, quase um século após a publicação de *"A Morfologia da Paisagem"*:

> As paisagens acabam sendo diferenciadas não apenas pelo contexto físico, mas também pelas consequências das ações culturais e da elaboração de signos representativos de cada cultura/lugar. Logo, os símbolos impostos e, também, relacionados a uma determinada paisagem imprimem nesses espaços suas características culturais, ou seja, as paisagens naturais "evoluem" para paisagens culturais (NASCIMENTO; STEINKE, 2018, p.23).

Em uma crítica centrada na inadequação do modelo saueriano na contemporaneidade, Cosgrove e Jackson afirmaram que "inevitavelmente as paisagens e regiões são identificadas como um produto de uma sociedade dominantemente agrícola, estável e pré-moderna cujas marcas[110] são ameaçadas pelo processo de modernização[111]" (COSGROVE; JACKSON, 1987, p.96). Ou seja, o modelo de Sauer estaria caduco devido o grau de interdependência socioeconômica que ditaria a aceleração do intercâmbio cultural a níveis sem precedentes. Considerando tais intercâmbios que favorecem a proliferação de heterotopias, existiria a necessidade de consideração de outro plano formativo da paisagem, que envolveriam trocas entre meios naturais bastante distintos[112].

---

110 As marcas são os registros das ações humanas no espaço geográfico.

111 Se a intenção de Cosgrove e Jackson (1987) é evidenciar a crise das paisagens/regiões vernaculares por meio do processo de modernização, precisamos antes admitir que as forças modernizantes não tornam o espaço igual, tanto do ponto de vista econômico e produtivo (SANTOS, 2012) quanto do ponto de vista cultural (HALL, 2013). Talvez os dois baluartes da geografia cultural tenham se referido à crise do autóctone e do puramente vernacular (se é que podemos considerar que esse um dia existiu). Essa crise precisa ser entendida na dimensão trazida por Rogério Haesbaert (2010), que aponta as regiões como condicionadas e condicionantes do processo de globalização. Cosgrove e Jackson (1987) fundamentam uma ideia substitutiva para a cultura em que a mesma poderia ser aniquilada e, no seu lugar, outra forma mais moderna e triunfante pudesse ocupar o seu nicho. A argumentação de Cosgrove e Jackson (1987) coincide com a de tantos outros que trazem a abordagem ontológica da cultura e o vício de sua reificação, elementos que substanciaram o icônico artigo de Mitchell (1996b), intitulado *"Não existe aquilo que chamamos de cultura: para uma reconceitualização da ideia de cultura em geografia"*.

112 Apesar da aludida caducidade do modelo de Sauer, é plausível considerar que as ideias trazidas no trabalho *A Morfologia da Paisagem* ainda inspiraram o pensamento geográfico muitas décadas depois, como se viu na enfática defesa do legado

É interessante perceber que o modelo de Sauer traz o entrecruzamento temporal entre as modificações peculiares ao dinamismo da natureza (como meio formativo da paisagem natural) e da cultura (como meio formativo da paisagem cultural). Sauer apresenta tal perspectiva como se fossem caminhos alternativos que, em uma dada dimensão, intercedem. Não fica claro, contudo, a relação dialética entre homem e meio na formação da cultura: o modelo nos informa um caminho linear que parte do natural rumo ao cultural. A própria divisão entre natureza e cultura já nos informa a negligência quanto à dialética homem-meio, que só seria exaustivamente trabalhada e apropriada na geografia na segunda metade do século XX. Nessa dialética negligenciada por Sauer, o ambiente interfere no comportamento humano, que modifica o ambiente. Este passa a interferir no homem a partir de outra perspectiva, e assim, indefinidamente, temos uma relação retroalimentada.

Todavia, a influência desse modelo percorreu o século XX. Em 1931, seis anos após a publicação de *A Morfologia da Paisagem*, Patrick Walter Bryan repete o receituário de Sauer em sua publicação, separando a paisagem natural da paisagem cultural e estabelecendo uma visão objetiva da categoria: "a atividade humana, que se desenvolve com o intento de satisfazer os desejos do homem, adapta e modifica a natureza, desse modo transformando a paisagem natural, sendo a expressão objetiva desse processo de adaptação a paisagem cultural" (BRYAN, 1931, p.273). Mostrou pelo seu trabalho a influência das metáforas orgânicas, chamando o conjunto dos objetos materiais da paisagem de anatomia e os fluxos existentes entre esses objetos de fisiologia. Vinte e sete anos depois dessa publicação, Bryan (1958) mostrou que sua noção de paisagem permanecia com a visão objetiva e materialista. Buscou apresentar, assim como Sauer fez, um modelo com cinco fatores que interferem no caráter da paisagem cultural. O percurso de Bryan é um dos inúmeros exemplos de como a influência de Carl Sauer percorreu os tempos, assim como não podemos alijar o *zeitgeist* acadêmico da primeira metade do século XX sobre as mentes dos pesquisadores.

---

sagueriano feita por Price e Lewis (1993a). Clark (1974) argumenta sobre a formação da paisagem cerca de 50 anos após a publicação de Sauer, mostrando estar sob a égide de sua infuência: "Os solos e outros aspectos da superfície sustentam a ascensão de tipos muito particulares de vegetação que, em seu âmbito, são modificados pelas ações do homem. O resultado final é uma variedade infinitamente variada que temos em nosso tempo" (CLARK, 1974, p.10).

Já foi dito neste livro que a abordagem saueriana da paisagem a reificava. O mesmo podemos falar sobre a sua ideia de cultura: "a paisagem cultural é sujeita a se modificar pelo desenvolvimento de uma cultura ou pela sua substituição" (SAUER, 2008, p.100). Ao propor a entificação da cultura, vista como um corpo físico que se substitui e ocupa porção tangível do espaço, é descompassada frente aos modernos estudos culturais, tanto no que tange à produção/reprodução cultural[113] quanto às heranças dos intercâmbios interculturais[114].

Apesar de propor a separação entre paisagem natural e a paisagem cultural, Sauer acredita que o sentido da paisagem é encontrado nos atributos físicos de uma área que são significativos para o homem e nas expressões antrópicas de uma dada área (SAUER, 2008). Estabelece assim um sentido utilitário da paisagem natural, que acaba sendo vista não puramente como natureza intocável, mas como área de reserva para atender aos desígnios futuros da humanidade. A partir de um viés ecológico em uma abordagem sistêmica e utilitarista, a paisagem natural poderia ser entendida como um espaço fundamental para garantir o equilíbrio e o bem-estar da vida nos ecúmenos.

Chama a atenção na obra *A Morfologia da Paisagem* a utilização da expressão "a perspectiva fenomenológica da ciência". O significado da palavra "fenomenológica" utilizada por Sauer precisa ser entendida dentro do contexto de sua obra. Não é o sentido da fenomenologia trazida por Husserl e Heidegger, sendo mais indicado "tratar o significado da raiz desse termo simplesmente como fenômenos experenciados ou aparências" (PENN; LUKERMANN, 2011, p.140). Sobre essa questão, Gomes (2011) preferiu dizer que Sauer não utilizou a expressão "a perspectiva fenomenológica da ciência" para manifestar qualquer engajamento com a corrente filosófica em questão. O autor argumenta que "esta expressão parece querer simplesmente significar, no discurso de Sauer, a importância que ele dava aos aspectos de ordem cultural no estudo das paisagens" (GOMES, 2011, p.326). Essa discussão é importante para a compreensão de que, no contexto saueriano, a inter-

---

113 Lembramos a pedagógica abordagem de Stuart Hall (2013) quando o autor assevera que a cultura se transforma a partir de processos caracterizados como "reciprocidade-sem-começo" e "repetição-com- diferença".

114 Neste caso, lembramos Said (2011) que nos instrui a perceber que elementos das paisagens colonizadas estão presentes nas paisagens colonizadoras e vice-versa. Tal esclarecimento estabelece a essência da aculturação: uma via de mão dupla que evidencia a natureza híbrida, permeável e dinâmica da cultura.

pretação da paisagem não é amplamente intersubjetiva. Parece justo apontar que, se por um lado Carl Sauer transcendeu o determinismo ambiental que antecedeu sua chegada à Berkeley, por outro, a sua abordagem não transcende categoricamente a leitura material dos elementos da paisagem. Como dito, essa transcendência somente iria se converter como um filão dos estudos culturais a partir das mudanças paradigmáticas ocorridas nos anos 1970. Tim Ingold (2004) – em uma explanação que vai contra a ideia de Sauer associada à formação da paisagem – alega que "as formas da paisagem não são impostas sobre um substrato material. Emergem como condensações e cristalizações de um campo relacional" e, numa concepção dialética conclui que "as paisagens são entremeadas à vida e a vida é entremeada na paisagem, em um processo que é contínuo e perpétuo" (INGOLD, 2004, p.333).

Apesar das reflexões quanto às limitações da perspectiva saueriana da leitura da paisagem e também da cultura, é importante considerarmos a relevância do seu legado; intertextualmente Sauer vive no interior de cada geógrafo que se preocupa com os estudos culturais, ainda que em gradações distintas. É possível afirmar isso mesmo para James Duncan que por intermédio de sua crítica aguda posicionou-se como um dos interlocutores mais importantes da ruptura paradigmática da geografia cultural (DUNCAN, 1980). Até os documentos da UNESCO reforçam o axioma de Sauer que fundamenta a morfologia da paisagem: "a cultura é o agente, a área natural é o meio e a paisagem cultural é o resultado", sendo este um princípio norteador ainda hoje para a teorização e listagem das paisagens culturais vistas como uma das subcategorias do patrimônio cultural (FIGUEIREDO, 2013).

No hibridismo dos discursos contemporâneos e na intertextualidade de nossa redação está Sauer, como percebemos no fragmento de Maria Geralda de Almeida (2021) acerca do imaginário cultural:

> (…) ele compõe essa identidade e esse território e é, ainda, um ramo basilar da culturalidade de um povo, pois representa a essência material que materializa a cultura. É o imaginário cultural que fundamenta a tradição e nessa perspectiva influi na manifestação física da cultura tanto no espaço, isto é, a delimitação cultural territorial, quanto na fabricação de utensílios integrantes da cultura (ALMEIDA, 2021, p.131).

Temos no fragmento pelo menos duas ideias ligadas à perspectiva saueriana: a primeira é a concepção de que a mente molda a matéria sem a clara contrapartida de que a matéria também molda dialeticamente a mente; a segunda é a reificação cultural, à medida que é cogitado uma base territorial para a cultura, como se existisse a possibilidade de traçar um limite claro que apartasse áreas culturais supostamente homogêneas. Independente de omissões e desacertos frente ao estado da arte dos estudos contemporâneos da geografia cultural, o legado de Sauer vive em nós e entre nós, tendo sido útil para o atual arranjo das reflexões contemporâneas, seja por intermédio de empréstimos diretos dos seus escritos ou pela tentativa de preenchermos as incompletudes de sua abordagem.

5
CONSIDERAÇÕES INICIAIS SOBRE O LUGAR

> Os seres humanos são atores geográficos; lugares são seus espaços de vida; todas as relações são misturadas no lugar em um emaranhado de ligações que sustentam nossos sentimentos pessoais, coletivos, memórias e símbolos. Nenhuma visão única de um lugar é factível.
>
> *Antoine Bailly* (1993)

A distinção mais comum entre o espaço absoluto e o lugar é aquela na qual o espaço é visto como desprovido de limites, vazio, divisível e sujeito às formas matemáticas de compreensão, enquanto que o lugar é visto como limitado, repleto, único e sujeito às formas interpretativas de compreensão (CRESSWELL, 2017). Assim, o espaço e o lugar são opostos fixos e eternos; considerando o espaço relativo, o sentido de espaço e lugar congruem, prevalecendo para ambos a noção do espaço vivido (AGNEW, 2005). O espaço relativo traz necessariamente uma visão interativa entre objetos, pessoas e animais por meio da intersubjetividade que pauta a noção de habitar o mundo.

Independente da leitura do espaço, seja absoluto ou relativo, é de se assumir que os lugares não são segmentos neutros e objetivos[115] do espaço físico, mas locais de envolvimento humano concreto (KARJALAINEN, 1993). Para os humanistas é um repositório de significados (ENTRIKIN, 1976), palco das experiências e da significação humana do espaço (BAILLY, 1990b; MALANSKI, 2014). O lugar é produzido no dia a dia nas relações de trabalho, sejam de afetividade, de rejeição, de circulação ou de produção de ideias (NOGUEIRA, 2020). Por isso, não é de se estranhar que a expressão espaço vivido e lugar sejam vistos como sinônimos (MALANSKI, 2014). Também faz sentido pensar que os conceitos de espaço sagrado e profano, aludam a lugares (ROSENDAHL, 2018e): os dogmas religiosos conduzem as pessoas a atribuírem significados a

---

115 Em sua cruzada desconstrucionista, Queiroz Filho (2010) destaca que o lugar sempre é uma versão. Neste sentido, como palco de uma batalha de representações, o lugar acaba sendo também um instrumento de poder. Afinal, por meio das manipulações imagéticas que as pessoas são afetadas e performam.

determinadas porções do espaço fazendo delas centros de significado, ainda que possam ter a sua extensão mal definida.

O lugar jamais pode ser tratado como se fosse um objeto; apresenta-se como um todo mais amplo percebido pela experiência coletada a partir de eventos capazes de transmitir significados. A experiência, por sua vez, é vivida por meio de todos os nossos sentidos; desse modo, as relações com o lugar consagram-se como uma experiência sensorial total (SHAMAI, 1991). À exceção de pessoas nascidas no cárcere ou com limitações extremas na locomoção, podemos dizer que durante nossa vida acumulamos a experiência de distintos lugares, o que ajuda a compreender a formação dos nossos valores, gostos e preferências. A múltipla experiência espacial nos molda ao ponto de ser plausível afirmar que as nossas identidades são quimeras de lugares (SILVA; COSTA, 2022a). Propomos essa analogia mediante o fato de que as pessoas têm as suas identidades moldadas a partir da experiência colhida em lugares diferentes. As múltiplas espacialidades que compõem as identidades fazem delas composições quiméricas.

O lugar é um espaço existencial que pode ser entendido como centro de significado ou foco de intenções e propósitos (RELPH, 1976). Os tipos de significado não precisam ser os mesmos entre os grupos culturais e tampouco os centros dos lugares precisam ser demarcados fisicamente. O lugar não é considerado uma entidade estática, mas um processo cultural continuamente definido e redefinido podendo ter como componentes o real e o imaginário (PRISTRICK; ISNART, 2013). Edward S. Casey (1983) refere-se ao lugar como uma dimensão básica na qual o passado é guardado. Acrescenta ainda que "muitas memórias, se não são expressas sobre o lugar, são ricamente enraizadas e inseparáveis dele" (CASEY, 1983, p.86). Acrescenta que "até mesmo a ideia de guardar o passado na mente carrega com seus distintos ecos uma noção mental e inexprimível do lugar" (CASEY, 1983, p.86).

Nenhum grupo humano pode sobreviver sem que desenvolva um senso sobre o ambiente em que vive (TUAN, 1991). A expressão "senso de lugar" possui um duplo sentido que geralmente é observado na literatura acadêmica. Refere tanto ao caráter ou identidade que pertence a certos lugares como também às formas como nossas próprias identidades se vinculam aos lugares, estabelecendo frente a eles um senso de pertencimento (MALPAS, 2008). Shmuel Shamai refere-se à expressão "senso de lugar" como um conceito guarda-chuva [*umbrella concept*] que engloba noções diversas como ligação com o lugar [*attachment to place*], identidade nacional e consciência regional. O termo é costumeiramente utilizado no âmbito das individualidades, carregando uma visão não-positivista (SHAMAI, 1991). Todavia, em certas abordagens ligadas às perspectivas comportamentais [*behavioural approaches*], notam-se tentativas de quantificação dos atributos dos lugares por meio de questionários aplicados em certas coletividades. Apresenta-se como ponto pacífico na literatura acadêmica o fato dos rituais, mitos e símbolos contribuírem para o fortalecimento do senso de lugar. Tal fato foi exemplificado nas experimentações pedagógicas de Gary G. Peterson e Thomas F. Saarinen (1986), postas em prática na cidade de Tucson, no Arizona.

Possuir raízes em um lugar é ter um ponto seguro para olhar o mundo exterior, um chão firme para estabelecer sua própria posição sobre a ordem das coisas e ter uma ligação espiritual e psicológica[116] com um dado espaço (RELPH, 1976). Michael Mayerfeld Bell utilizou a expressão "fantasmas do lugar" [*ghosts of place*] para aludir à humanização de objetos. "Como Dürkheim nos mostrou em *As formas elementares da vida religiosa*, a tribo Arunta que vive na Austrália experimenta a presença sagrada dos seus ancestrais em certas rochas dispostas na paisagem" (BELL, 1997, p.817). É razoável considerar que lugares nos lembram de pessoas que conviveram conosco e que já morreram, assim como personagens de um passado distante, muito além de nossas vidas. São os relatos intergeracionais que mantém acesas as relações entre lugares e pessoas dos tempos idos. Certamente os lugares podem ainda despertar vínculos com personagens de ficção, sobretudo em romances regionais. A existência de casas mal-assombradas no imaginário popular, explorada em inúmeros filmes e romances, não raramente reforça o vínculo comum entre coisas e pessoas que já morreram.

Como um local, o lugar é uma unidade, dentre várias outras, que é ligadas por uma rede de circulação. Esse sentido, aplicado exclusivamente, atendia os anseios positivistas e objetivos da geografia vista como disciplina acadêmica (HOLZER, 1999). O lugar, entretanto, possui muito mais substância do que a palavra local sugere (MALPAS, 2008; 2017). É uma entidade única, com história e significado. Os lugares encarnam

---

116 Nas competições esportivas, o lugar – referido como mando de campo – não raramente atribui vantagens à equipe que recebe o visitante, reflexo que é apresentado em vastas estatísticas esportivas em variados esportes (BALE, 1988). É largamente aceito que o lugar interfere no campo das emoções humanas, trazendo consequências para a agência do homem, o que ajudaria a compreender o fenômeno esportivo do mando de campo e inúmeras outras situações cotidianas.

as experiências e as aspirações das pessoas (TUAN, 1979a), enquanto a palavra local emana somente um senso de localização. É importante desfazer a confusão entre lugar e local. A ideia do local relaciona-se a uma noção cartográfica, ao sentido exato de apontar onde está alguém ou algo. O lugar possui uma localização no espaço, contém o local, mas como dissemos, vai muito além dele (BARTOLY, 2011). Acrescentamos que os lugares normalmente não são dotados de limites reconhecidos no mundo concreto. Por isso, certo conjunto arquitetônico pode ser considerado um lugar, assim como somente uma unidade deste conjunto. Certamente, as elaborações mentais sobre esses dois planos de escala, vindas de uma mesma pessoa em um mesmo momento do tempo, podem se apresentar bem diferentes. Isoladamente, um prédio do conjunto arquitetônico pode representar o medo ou o asco; o conjunto em si, composto por diversos outros prédios, pode representar aprazibilidade. Não há uma metodologia positivista que consiga representar o grau de intersubjetividade que o lugar carrega. É importante acrescentar que as pesquisas sobre lugares ganham geralmente o formato de estudos de caso (DANIELS, 1992), o que mostra que, apesar da escala imprecisa da abordagem do lugar (CRESSWELL, 2008), as pesquisas centram-se em grandes escalas, recorte em que é possível com maior conforto concatenar narrativas advindas da pesquisa de cunho fenomenológico[117]. Todavia, é possível aludir à escala de países ou mesmo ao planeta Terra como um lugar, dependendo da perspectiva considerada.

O estudo do espaço, em uma perspectiva humanista, é a investigação sobre os sentimentos e ideias ligadas às experiências das pessoas no contexto de sua espacialidade (TUAN, 1979a; KARJALAINEN, 2012). Dessa forma, o tempo é uma dimensão importante da perspectiva do lugar: é ao longo do tempo que se materializam as experiências. Considerando que a vida humana sempre se refere à ligação entre o lugar e o tempo, Karjalainen (2012) apropriou-se do termo *cronotopo*, inspirado em Bakhtin. A estrutura do termo alude à ideia de tempo e lugar indisso-

---

117 J. Nicholas Entrikin (2001) argumenta que a fenomenologia ajuda os geógrafos a obterem importantes respostas para a pesquisa do lugar, justamente pelo seu rico e geralmente denso foco na experiência humana. O autor considera, por outro lado, que a força da fenomenologia pode se tornar fraqueza se os estudos do lugar focarem na condição adimensional da experiência. Em outras palavras, o perigo da utilização da fenomenologia é a busca desenfreada por ver seus pressupostos a partir de lentes positivistas, incompatível com a pluralidade da condição humana. O processo de intermediação de experiências é incompatível frente ao cânone do método científico pouco flexível.

ciáveis, onde: "os índices do tempo transparecem no espaço, e o espaço reveste-se de sentido e é medido com o tempo" (KARJALAINEN, 2012, p.5). O tripé ser, tempo e lugar embasa a noção de topobiografia. Se a biografia se refere à descrição do curso da vida, a topobiografia é a expressão do curso da vida relacionada aos lugares vividos (KARJALAINEN, 2009; 2015). Esta discussão explica porque os lugares não possuem estabilidade. O exemplo da ilha Robben é notável. Distante 12 milhas da Cidade do Cabo, na África do Sul, serviu durante quase 400 anos como um lugar que acolhia dissidentes políticos, leprosos e insanos. Entre os anos de 1960 a 1991 tornou-se uma prisão de alta segurança e símbolo das desumanidades do regime do *apartheid*. Atualmente, as forças que prevalecem atuando sobre a ilha buscam fazer dela uma área de apelo turístico e conservação ambiental, incluindo ações que visam reestabelecer colônias de penguins (HOELSCHER; ALDERMAN, 2004).

Na tradição humanista, lugares têm sido estudados a partir de perspectivas históricas e artístico-literárias (TUAN, 1979a), mas, em outras perspectivas como a da geografia crítica, podem também ser pensados estritamente como um *lócus* de resistência social. Denis Cosgrove acredita em um equilíbrio entre a abordagem idealista e marxista como pilares para a interpretação dos lugares: "Nós devemos buscar uma frutífera cooperação entre a geografia humanista e a geografia social marxista em uma exploração conjunta do mundo do homem e das geografias da mente" (COSGROVE, 1978, p.71). Em um viés sociopolítico, Stephen Daniels (1992) argumenta que as relações de poder que auxiliam o entendimento do arranjo cultural e identitário, nos ajudam a perceber o lugar não como algo fixo e pré-determinado, e sim como uma porção do espaço dinâmica, justamente por ser um terreno contestado (DANIELS, 1992). Assim, os lugares adquirem identidade e significado por intermédio das intenções humanas que atuam sobre eles (COSGROVE, 1978). É importante observar que a ideia da cultura como um terreno de lutas sociais (MITCHELL, 1995) se projeta também sobre o lugar, que é um espaço de símbolos e significados, construídos, ressignificados, sublimados, ao sabor do confronto de intersubjetividades e intenções que fazem dele um palco de relações de poder. Nesse sentido, o lugar, espaço contestado, torna-se território. Ainda que o lugar seja percebido individualmente (tendo as elaborações coletivas como importante influência nessa percepção), pode ser utilizado por um conjunto expressivo de pessoas como um espaço de resistência a favor de causas raciais, de gênero, dentre outras (ENTRIKIN, 1994). Em certas ocasiões a visita a determinados lugares torna-se mais um elemento idiossincrático, que reforça o pertencimento a determinado grupo social.

Doreen Massey (2017) problematiza o lugar enquanto território, ao traçar um paralelo entre as ameaças que recaem sobre os povos indígenas amazônicos e as ondas migratórias que assediam o espaço europeu. Para Massey, em algum sentido, tanto os povos amazônicos quanto os europeus podem nos levar a considerar o lugar como um território, com direitos exclusivos aos habitantes locais. Entretanto, Massey (2017) destaca um ponto de divergência entre os exemplos: no caso dos europeus, os esforços no sentido de manutenção dos direitos dos habitantes ditos locais buscam consolidar o "localismo dos poderosos" (MASSEY, 2017, p.36). Este é o viés para que, contraditoriamente, os direitos dos povos indígenas no exemplo amazônico e dos imigrantes que adentram ao continente europeu sejam vistos com simpatia. Por isso mesmo, se faz necessário "fazer a distinção entre o localismo dos subalternos e o localismo dos poderosos" (MASSEY, 2017, p.37). É nessa seara, vista como primeiro plano perceptivo das diferenças entre povos indígenas amazônicos e europeus, que a contradição desaparece: a questão não é ser ou não um habitante "local", o que já nos leva a uma complexa discussão, mas ser ou não subalterno.

Para Werther Holzer (2013), a expressão mais visível da microterritorialidade é a lugaridade. Desse modo, para estudarmos os territórios, precisamos estudar os lugares (HOLZER, 2013). O argumento de Holzer não é inédito: a associação entre a existência de regras territoriais, territorialidade e lugares já foi discutida anteriormente por Robert Sack (1993). Para o autor, as regras territoriais que acabam por arranjar o que está dentro ou fora do lugar "permeiam, estruturam vidas e fornecem exemplos específicos de como o lugar tem poder" (SACK, 1993, p.326). As pessoas sempre estão em lugares, que restringem e permitem. Apesar de considerarmos justas as análises do lugar sob a ótica economicista e social, acreditamos que os modelos econômicos são incapazes de esgotar as dimensões da categoria geográfica em questão. Tanto a divisão social do trabalho quanto a divisão internacional do trabalho modelam arranjos que se representam na espacialidade do lugar de uma forma diversa e problemática de se perceber no âmbito das minúcias da pluralidade. Ainda que tenham representação e aludam a processos que agem sobre o tecido social e sobre o espaço como todo, essas divisões acabam tendo seus resultados nublados por outras lógicas que, em conjunto, produzem resultados dificilmente explicáveis a partir da rigidez de modelos.

O olhar socioeconômico para o espaço é uma perspectiva racional, que sucumbe, por exemplo, ao papel das emoções que conduzem a agência humana às escolhas subótimas (TSEBELIS, 1998). O exemplo das emoções é um dos planos de ação possíveis de serem imaginados e que interferem na livre atuação das forças ligadas à divisão social, internacional e quiçá territorial do trabalho.

O lugar pode, ainda, ser referido como portador de espírito ou personalidade; nesse sentido, somente os seres humanos podem ter um senso do lugar [sense of place]. Para Yi-Fu Tuan (1979) as pessoas demonstram o seu senso de lugar quando aplicam o seu discernimento ético e moral aos locais. Todavia, dialeticamente, os lugares também podem interferir na formação dos nossos valores. O lugar sempre envolve a apropriação e transformação do espaço e natureza, que são, por sua vez, inseparáveis da reprodução e mudança na sociedade no espaço e tempo (PRED, 1984). Esse processo permite que as pessoas intensifiquem a sua aderência com determinadas porções do espaço, o que nos permite considerar que o lugar, o lar e o desenvolvimento de raízes são fundamentais para as necessidades humanas e dão formas à nossa identidade cultural (BUTLER, 2007). Já foi problematizada a ideia acerca de zonas concêntricas de aderência, que aludem ao lar, à rua, ao bairro, como se a afinidade com o espaço se manifestasse por intermédio de gradações (SILVA, 2018). Apesar de apreciarmos essa ideia, consideramos que se trata de uma incorreção geométrico-geográfica, pois tais zonas não se apresentam concêntricas. As camadas de aderência que são sobrepostas se dispõem em formas aleatórias, não possuindo centros iguais. Mesmo que se considere que o lar é o centro de aderência mais intenso, isso não nos permite considerar que as camadas – nas quais as maiores fagocitam menores – possuam o mesmo centro geométrico. Essa discussão não é uma mera implicância com o uso do termo concêntrico; a preocupação é mostrar um cuidado em perceber que as camadas de aderência não se expandem de forma proporcional quando vistas da menor para a maior. Assim concluímos que os espaços de aderência se apresentam com formas complexas, onde a distância em relação ao centro pode ser muito variável entre as suas partes.

A mobilidade ou o nomadismo não impedem a ligação das pessoas com lugares. O grupo indígena Bororó, no Brasil, destrói as suas aldeias a cada três anos e as reconstrói em outra localização, o que não os impede de desenvolverem laços com os lugares em que vivem (RELPH, 1976). Na nossa sociedade contemporânea, a mobilidade das pessoas não significa necessariamente a deslugaridade [placelessness], visto que as pessoas podem desenvolver laços muito rapidamente com outras porções do espaço que possuem certas similaridades paisagísticas, assim como existem pessoas muito abertas às novas experiências (RELPH, 1976) e aderências entre sujeito e espaço. É de se destacar que a memória e a celebração podem performar em lugares. Certos festivais e rituais ficam esvaziados de sentido quando, por motiva de força maior, são transferidos de localidade (HOELSCHER; ALDERMAN, 2004).

Se comparado aos conceitos de espaço, território, região e paisagem, o lugar foi, e de certa forma continua sendo, esquecido nos trabalhos dos geógrafos (BARTOLY, 2011) ou colocado em um plano secundário (HOLZER, 1999). A busca pelo lugar enquanto categoria geográfica vitalizou-se como reação ao neopositivismo, já que propõe em sua perspectiva analítica uma rígida cisão ontológica envolvendo sujeito e objeto[118] (MARANDOLA JR., 2020a). Se, para o geógrafo humanista os lugares são criados por uma intangível rede de relações e pela vibração das emoções humanas, é plausível considerar que a ciência tradicional não pode adequadamente estudar o lugar. Desse modo, resta-nos determinar como os humanistas poderiam estudar o lugar (ENTRIKIN, 1976). Uma visão geral sobre a literatura sugere que não há um consenso sobre o método a adotar: afinal, a geografia humanista é melhor caracterizada pelo seu ecletismo em relação ao método.

Em meio ao olho do furacão da virada cultural, Caruso e Palm (1973) já haviam sinalizado a possibilidade de ver o lugar em uma perspectiva não objetiva. Os autores apontaram que o lugar deve ser entendido como percebido, e não como "*a priori* derivado e *a posteriori* transformado" (CARUSO; PALM, 1973, p.224). Todavia, a perspectiva dos autores cai em um novo problema associado à reificação, que é muito comum até os dias atuais: a sociedade torna-se o novo corpo reificado, descritível como um corpo tangível. Nessa abordagem, de maneira indevida, o lugar seria percebido socialmente, o que afronta a nossa opção por entendê-lo a partir da perspectiva identitária. Acreditamos que os lugares, assim como as identidades, se formam a partir das memórias e experiências individuais e coletivas. Assim, o lugar assume a sua excepcionalidade. Fala-se do "mesmo lugar", mas não se percebe esse espaço da mesma maneira e, muitas vezes, sequer os limites de sua extensão coincidem entre indivíduos.

---

118 Tanto a perspectiva neomarxista quanto a fenomenológica apresentam-se como tentativas de superar a separação entre sujeito (o homem) e o objeto (o espaço), apresentando, entretanto, ênfases diferentes.

Outra marca da excepcionalidade do lugar (e também da paisagem) se manifesta por intermédio do arranjo interno das relações entre os seus elementos, ou seja, propriamente daquilo que a literatura tem se referido como *assemblage*[119] (inglês) ou *agencement*[120] (francês) (CRESSWELL, 2017). As *assemblages* são formadas por componentes[121] heterogêneos em relação em um dado espaço e momento do tempo. Tais componentes incluem atores humanos e não-humanos. O conceito de *assemblages* sintetiza um conjunto de pressupostos das teorias não-representacionais (TNR). Têm tido uso crescente na geografia; seus usos e fontes utilizadas nos estudos geográficos têm apresentado expressiva variação

---

119 O termo *assemblage* é utilizado em diversos campos do saber. Na arqueologia, por exemplo, o termo é usado para se referir a um grupo de diferentes artefatos que se associam e são encontrados em um sítio. Na ecologia o sentido é similar, referindo-se a uma comunidade de espécies vivendo em um dado espaço e tempo. Já nas artes, o termo é utilizado em um sentido um pouco mais afastado, sendo, muitas vezes, utilizado como sinônimo de pastiche; pode referir-se, assim, a obras artísticas que reúnem elementos distintos (ANDERSON et. al., 2012). Optamos por não oferecer a tradução do termo, visto que não consideramos nenhuma possibilidade satisfatória. Todavia, acreditamos que a expressão "arranjos relacionais" aproxima-se do sentido do conceito. Claramente a *assemblage* é uma rede, mas especificamente percebida numa relação heterogênea em um dado espaço. Como relação heterogênea entende-se as associações estabelecidas entre agentes humanos e não-humanos. As *assemblages* são definidas como um todo no qual as propriedades emergem por intermédio das relações entre as partes. Por exemplo, os significados e as funções dos objetos apenas são construídos quando estes são inseridos nas redes de relações entre actantes (humanos e não-humanos) (EDENSOR, 2005). Nas *assemblages*, indivíduo e o todo se entrelaçam: o todo é impactado pelo indivíduo e este impacta o todo. A escala não é importante, pois a distância métrica pode não interferir nas relações entre os atores interconectados. Uma *assemblage* pode representar diferentes sistemas: redes interpessoais, cidades, mercados, Estados-nação, dentre outros. A ideia das *assemblages* é positiva ao transmitir a noção da complexidade social irredutível do mundo, tornando-se, assim, "alternativas às totalidades orgânicas ou estruturais postuladas pela ciência social clássica" (ESCOBAR, 2007, p.107). A princípio, a ideia de *assemblage* pode denotar a tentativa de reificação de uma rede; mas a instabilidade relacional e afetiva no interior das *assemblages* são incondizentes a suposta reificação. O termo passou a ser utilizado no contexto das crescentes críticas à estabilidade do estruturalismo e da rigidez das categorias e de adjetivações antagônicas (VENN, 2006).

120 O termo *assemblage* existe em francês, mas possui uso muito amplo. *Agencement* tem sido utilizado para se referir as associações heterogêneas espaço-temporais. Na língua inglesa, a tradução comumente observada para *agencement* é *assemblage* (PHILLIPS, 2006).

121 Entendidos aqui como as entidades que participam do ambiente relacional.

(MCFARLANE, 2009), apesar dos pressupostos da teoria ator-rede (TAR) e das TNR apresentarem-se como referências dominantes. É notório que a noção de *assemblage* atua criticamente à concepção modernista do espaço, incluindo não somente a crítica à métrica cartesiana, mas também às rigorosas divisões modernas entre natureza e cultura, corpo e tecnologia, espaço físico e política, *inter alia*. Ao falarmos de *assemblages*, estamos penetrando nos domínios do espaço relativo.

Para facilitar a compreensão do complexo conceito em questão, tentaremos exemplificar: pensemos em uma *assemblage* formada por praticantes costumazes de esporte do município do Rio de Janeiro; essas pessoas costumam frequentar lojas de artigos esportivos e possuir em seus guarda-roupas peças comuns; costumam acordar em horários rígidos que favoreçam a prática esportiva e tendem a preocupar-se notoriamente com aquilo que se alimentam; relacionam-se com a paisagem em sua prática esportiva, tanto com os objetos construídos pelo poder público quanto com elementos da natureza: o mar, a mata, a serra e a lagoa servem como palco de sua atividade física; esses esportistas costumazes estabelecem relações firmes com os vendedores de produtos que se associam às suas atividades, seja ele o vendedor da água de coco ou o dono da loja de artigos esportivos, podendo estabelecer relações com essas pessoas que vão além da mera atividade comercial; podem perguntar como têm passado, conversar sobre o tempo atmosférico ou mesmo sobre sugestões acerca da alimentação ou dos materiais esportivos utilizados. Além disso, os esportistas estabelecem relações entre si, inclusive por meio de ambientes virtuais, utilizados para programar passeios de bicicleta, competições de remo ou corrida. Assim, formam-se elementos em associação heterogênea: pessoas e actantes (dentre os quais atores não-humanos como materiais esportivos e a própria paisagem material). A definição de limites espaciais – o município do Rio de Janeiro – não significa dizer que as *assemblages* possuem delimitações rígidas; sabe-se, contudo, que a proximidade espacial tende a facilitar a proliferação de relações mais fortes. Entretanto, é importante observar que as novas tecnologias de transporte e comunicação têm favorecido relações à distância, tornando as *assemblages* fenômenos ainda mais complexos. Destacamos ainda que os esportistas costumazes do Rio de Janeiro não compõem somente uma *assemblage*; esses arranjos relacionais são múltiplos e podem se entrecruzar, como, por exemplo, no caso de esportistas do Rio de Janeiro que frequentam igrejas neopentecostais. Assim, um mesmo elemento – seja ele humano ou não humano – pode participar de várias *assemblages*[122].

John Allen (2012) pontua que muitas das relações que entrelaçam atores em um lugar são externas àquilo que é comumente identificado como *assemblage*. Em suas palavras: "a maneira pela qual os conjuntos se mantêm juntos sem realmente formar totalidades coerentes pode ser atribuída a uma geografia relacional que é, em parte, constituída de partes de outros lugares" (ALLEN, 2012, p.192). Essa é outra forma de expressar aquilo que muitos autores tratam ao falar sobre a indissociabilidade entre local/global que permitiu a ascensão do termo glocalização. Allen prossegue argumentando: "é precisamente por essa razão que o binarismo local/global tem tão pouca importância dentro das *assemblages* assim como a divisão entre macro e micro" (ALLEN, 2012, p.193). Uma das marcas do lugar e da paisagem é a excepcionalidade do arranjo dos seus elementos, tanto do ponto de vista relacional quanto posicional. Muito dos seus objetos – que podem parecer genuinamente próprios daquele dado espaço – vieram de diversos pontos, adjacentes ou mais distantes.

Grande parte da importância simbólica dos lugares decorre da sua associação emocional. Por isso, a percepção da existência de uma virada emocional na geografia [*emotional turn*] está associada diretamente às reflexões sobre a paisagem e o lugar, categorias que são repositórios espaciais de emoções. As músicas contribuem para a criação e fortalecimento de laços emotivos e humanos com os lugares, além de demarcarem corporeidades, territorialidades e relações sócio-espaciais (DOZENA, 2019). Até mesmo alguns instrumentos musicais são criados conforme as condições propiciadas pelos lugares (DOZENA, 2019), utilizando-se de materiais que reforçam o caráter vernacular do arranjo do lugar e de uma paisagem. Novos sons podem substituir sons antigos, acrescentando ao indivíduo a nostalgia por meio da lembrança de sons que se perderam devido ao progresso técnico. Sons acabam evidenciando microterritorialidades: buzinas podem soar como algo agressivo em uma localidade, enquanto em outra podem ser encaradas de modo natural e até mesmo como uma forma de

---

122 Para Jason Dittmer (2013) os atores que compõem as *assemblages* não podem ter suas funções reduzidas na participação do todo, visto que, sem dúvida, tais atores participam de múltiplos "todos" em um dado momento. É possível dizer que *assemblage* é uma nomenclatura que alude a um conjunto de trajetórias que se cruzam ou se engajam em diferentes extensões no espaço-tempo (FEATHERSTONE, 2011); essas trajetórias vão muito além dos domínios de uma *assemblage*, penetrando em outros campos relacionais.

comemoração. Sons de construção civil podem ser tolerados até tarde da noite em algumas localidades, enquanto em outras são estabelecidas leis ou normas para que não ultrapassem os horários comerciais (TORRES, 2018). Assim temos sonoridades distintas na mesma cidade, entre zonas hospitalares e boêmias, que acabam compondo o espírito do lugar [*genius loci*]. A geografia emocional, que também se preocupa com o impacto dos sons no bem-estar humano, consagra-se como um campo recente de investigação que busca debater o que são as emoções, como elas fazem parte da mediação espacial e de que maneira experimentamos diferentes emoções em distintos contextos geográficos (SILVA, 2019). Esse recente campo de reflexão geográfica confronta o mito de que é preciso sublimar as emoções para estabelecer uma prática genuinamente científica.

As emoções podem variar de acordo com o grau de aderência que os indivíduos possuem frente aos lugares. Edward Relph (1976) teorizou sobre a diferença que envolve o olhar e a condição dos indivíduos em relação ao lugar, propondo a dicotomia entre os "de dentro" [*insider*] e o "de fora" [*outsider*], interior [*inside*] e exterior [*outside*]. Propomos aqui a utilização do termo em inglês, por não consideramos adequadas às traduções costumeiramente empregadas. Os termos *insider/outsider* representam o nosso *status* frente à determinada porção do espaço. Já os termos *inside e outside* representa a condição de um dado espaço mediante nossa percepção. Para o autor, ser um *insider* de um lugar significa além de se identificar com ele, pertencê-lo. O *insider* experiencia o lugar, por ele é cercado e dele se torna parte. Diferentemente, o *outsider* é como um viajante que, desprovido da experiência, olha para uma cidade à distância. O senso de lugar raramente é adquirido pelo simples ato de passarmos por ele. Leva-se tempo para conhecer um lugar: a própria passagem do tempo não garante um senso de lugar. Se a experiência leva tempo, a própria passagem do tempo não garante a experiência (LEITE, 1998).

A inversão da condição de *insider* e *outsider* é o resultado da mobilidade humana. Para Relph (1976), cada um de nós se torna o centro de um tipo de espaço mental, disposto em zonas concêntricas de interesse e aderência decrescentes: "estas zonas são definidas pelas nossas intenções; se o interesse é focar em nosso lar, tudo aquilo que estiver além do lar é *outside*" (RELPH, 1976, p. 50). Como as nossas intenções podem variar ao longo do tempo, os limites entre o *inside* e o *outside* modificam. É interessante perceber a fluidez espacial destacada pelo autor, que argumenta: "em algum grau nos carregamos essas zonas conosco quando nos movemos, estamos sempre no centro do nosso espaço perceptivo e, portanto, em um lugar" (RELPH, 1976, p.50). Essa estrutura centrada no sujeito ajuda a nublar qualquer divisão rígida entre o *inside* e *outside*, incluindo aquilo que for imposto por limites físicos ou culturalmente definidos.

A centralidade que carregamos e que é associada aos círculos concêntricos de aderências decrescentes está intimamente ligada às nossas manifestações etnocêntricas. Estas últimas são posturas muito comuns e presentes em diversas comunidades ao redor do globo, dando indicativos de que realmente possa ser um comportamento universal (TUAN, 1971). Comunidades pequenas e não literadas como as do Yurok do norte da Califórnia e dos Ostiak assentados na bacia do rio Ienissei, assim como civilizações complexas como o Egito, Grécia, Pérsia e China demonstraram a noção de centralidade ao se colocarem no centro dos seus mapas e/ou de suas cosmogonias (TUAN, 1971). É interessante pensar na lógica de Werther Holzer (1999; 2013), na qual o lugar pode ser entendido como uma pausa, no sentido do deslocamento, que lhe permite atribuir centralidade. É curioso pensar que a condição estacionária ou de movimento é a que atribui a diferenciação entre *insiders* e *outsiders* como desenvolvedores do senso do lugar.

A possibilidade do lugar ser análogo a uma pausa não quer dizer que a categoria em questão esteja além da história ou seja atemporal. Significa "que o lugar denota a relação inseparável entre espaço e tempo" (HOLZER, 1999, p.73). Afinal, a pausa permite localização; esta última, por sua vez, estabelece distâncias do lugar com outros nós das redes que com ele comunicam e que configuram sua posição geográfica. As distâncias do lugar em relação a esses nós, pensadas em termos dos deslocamentos, representam o tempo. Lugares difíceis de serem alcançados pelas redes de transporte convencionais acabam trazendo em seu arranjo os sinais do isolamento. Estar em um lugar isolado, de difícil acesso, significa perceber que a jornada de retorno ou mesmo o deslocamento para outro lugar representa o esgotamento de uma quantidade expressiva de tempo. Essa percepção incorpora o *genius loci*. Parece ser o que Holzer quer nos dizer quando salienta que "o tempo, inseparável da atividade locomotora, está implícito nos lugares, a partir das ideias de movimento, esforço, liberdade, objetivo e acessibilidade" (HOLZER, 2000, p.113).

A exposição de Edward Relph (1976) quanto ao fato de carregarmos zonas concêntricas de diferentes aderências evidencia a face excepcional do lugar, percebido e entendido identitariamente. O vaguear das identidades pelo espaço carregando consigo círculos concêntricos de variado interesse e aderência parece ser uma visão ainda mais sofisticada do que aquela trazida por Joel Bonnemaison (1994), quando este autor se referiu à geometria da experiência como reticulada.

A importância atribuída aos lugares reconhecida como um sentimento pertencente a outros pode também moldar os comportamentos daqueles que com eles não se identificam. A significância cultural e histórica de Oxford e Kyoto contribuiu para que essas cidades não fossem aniquiladas na Segunda Guerra Mundial, o que não ocorreu com Coventry e Hiroshima. O reconhecimento desses valores pelos *outsiders* ficou evidente (TUAN, 1979a). Apesar dessas considerações de Yi-Fu Tuan fazerem sentido, o mesmo não pode ser dito sobre a destruição das civilizações pré-colombianas, incluindo seus monumentos, templos e outros simbolismos que compunham a sua cosmologia. Em outros termos, a missão civilizadora do século XVI faz com que o raciocínio de Tuan (1979) seja temporalmente localizado. Faz sentido pensar que o avanço da cognoscibilidade do espaço e do entendimento sobre o comportamento de outrem – que faz parte de uma temporalidade marcada pelas comunicações e transportes rápidos – tenha desenvolvido esse senso.

O lugar e a identidade são entrelaçados. Têm crescido o reconhecimento do papel do lugar na formação e influência da identidade humana (ANDERSON, 2004). A identidade de uma pessoa pode ser entendida de forma generalista como vinculada a um lugar, como, por exemplo, o londrino (TWIGGER-ROSS; UZZEL, 1996) ou o morador da Tijuca. Esse processo, contudo, faz com que os limites entre identidade e cultura misturem-se, para aqueles que acreditam na possibilidade da cultura ser descrita e delimitada. Por outro lado, em um movimento dialético, as pessoas que convivem e experenciam lugares ajudam a consolidar imagens e certos aspectos consensuais acerca de um lugar, além de serem capazes de interferir no seu plano material. Existem cidadãos com reconhecimento social tão amplo que o lugar e sua personalidade podem ser forças igualmente poderosas. Essas construções sociais reificam os lugares, que ainda assim mantém sua excepcionalidade: se por um lado um lugar pode ser entendido como uma entidade, por outro, a descrição tangível e reificada da porção do espaço em questão jamais poderá ser – nas minúncias da percepção humana – consensual. Assim como preconiza o conceito de afeto[123] [*affect*] abraçado pelas TNR, "a identidade tanto influencia quanto é influenciada pelos lugares" (ANDERSON, 2004, p.255). Sempre é importante lembrar que o plano coletivo e identitário atuam coletiva e dialeticamente nas significações e construção do lugar, o que alude à própria ideia de Halbwachs quanto à memória. O papel do lugar como um repositório de memórias coletivas é um tema de significativo interesse (ENTRIKIN, 1997). Destacamos, todavia, que a tentativa de separar a identidade e a coletividade que se associa ao lugar é uma tarefa difícil, quiçá impossível (ENTRIKIN, 1996). As identidades são formadas pelo entrecruzamento de distintos planos coletivos, que podem interferir em diferentes graus os conceitos éticos, morais e estéticos. Além disto, as identidades carregam parcelas dos lugares, com enviesamentos muito particulares. Consideramos inadequada a tentativa de descrever com exatidão a interferência de um lugar sobre uma identidade; a percepção acerca da existência do entrelace dialético que envolve identidades, coletividades e lugares já é um exercício teórico suficiente e capaz de aludir à diversidade humana.

Nossa percepção acerca das relações entre os lugares e as identidades se aproxima da noção trazida por Edward Casey (2001):

> As relações entre o eu e o lugar não são somente de influência recíproca (ao qual qualquer relato de sensibilidade ecológica poderia sustentar), mas, também, de forma mais radical, de constituição mista: cada qual é essencial para a existência do outro. Como consequência, não há lugar sem o eu e não há eu sem o lugar (CASEY, 2001, p.684).

Na perspectiva que sugere uma aproximação com o ser-aí heideggeriano, os lugares tornam-se tão dinâmicos quanto as identidades; assim, "não podem ser vistos simplesmente como um meio, mas também como o produto de ações, produzindo e sendo produzidos por intermédio da prática humana" (ANDERSON, 2004, p.255) e, porque não,

---

123 O conceito de afeto será explorado mais detidamente no capítulo que versa sobre as teorias não-representacionais. O conceito é explorado em áreas tais como a psicanálise, pós-estruturalismo, fenomenologia e pós-fenomenologia. Uma das conceituações mais recorrentes do afeto é aquela trazida por Spinoza: "afeto é o produto do encontro entre entidades e também como estas entidades são afetadas por esses encontros" (ASH, 2015, p.84). Se os afetos se dão em encontros, devemos considerar que se manifestam como relações. Ressalta-se que se considera como entidades afetivas também corpos inorgânicos, como exemplifica tão bem James Ash em um artigo relativamente recente (ASH, 2015) acerca das relações afetivas proporcionadas por objetos técnicos.

pelas contingências do meio físico. Afinal, mesmo anteriormente à presença do homem na Terra, não é possível considerar o espaço de forma estática; mudanças naturais possuem um ritmo próprio, muitas vezes mais lento do que a própria percepção humana. Contudo, tais mudanças podem ser bruscas, tal como os efeitos de um devastador tsunami como o que atingiu Banda Aceh, na Indonésia, em 2004. Mesmo as mudanças lentas podem ser responsáveis por modificações nas formas em que os agentes não-humanos afetam e são afetados pelo homem.

O lugar é único, insubstituível e não-reproduzível; revela objetos culturais que evidenciam um longo processo de antropização (VECCO, 2019). Marilena Veco (2019) argumenta que o *genius loci* – que colabora para pensarmos na excepcionalidade do lugar – é definido pela forma em que a cultura atribui diferentes texturas, formas e significados a um ambiente. A cultura é refletida aqui pela autora como uma entidade dotada de coesão, homogeneidade e quiçá estabilidade. Da mesma forma em que elementos culturais se emaranham entre as identidades dificultando a razoabilidade da concepção reificada da cultura, o *genius loci* também se torna, quando reificado, uma generalização ou uma imposição. Faz mais sentido falarmos do espírito do lugar como uma percepção identitária do que uma entidade passível de descrição e consensualmente percebida. Nesse sentido, concordamos com Jurate Markeviciene:

> o espírito do lugar refere-se primariamente à percepção e sensação humana. Não há dúvidas de que nós o sentimos. Poetas, artistas e pesquisadores presenteiam-nos com numerosas evidências desse fenômeno, e quase todos concebem o espírito do lugar advindo de uma experiência pessoal (MARKEVICIENE, 2012, p.76).

O sagrado e o profano podem se manifestar nos lugares, seja ele marcado pela presença das estruturas humanas ou pela ausência. Sabe-se, por exemplo, que muitas carvernas cársticas tornaram-se lugares sagrados para diversas religiões (PRICE; TRAVASSOS, 2016). Os lugares também edificam na mente humana a lembrança da ocorrência de eventos de toda sorte, incluindo a memória da realização de grandes feitos. O batismo de nome aos lugares – as toponímias – consagra imaginativamente a relação entre as experiências humanas e o espaço. As toponímias territorializam simbolicamente os lugares, como pode ser visto no estudo de topônimos amazônicos realizado por Alves *et. al.* (2010) e em tantos outros. Um dos primeiros atos dos colonos ao penetrarem na natureza primeva da América foi atribuir toponímias europeias nos recortes espaciais mais relevantes e, dessa forma, simbolicamente humanizar a natureza selvagem [*wilderness*] (RELPH, 1976).

Curiosamente, alguns nomes dados aos lugares no continente americano aludem às antigas toponímias de povos que habitavam as terras anteriormente à chegada dos europeus. Em um exemplo, *quinni-tuk-ut* tornou-se Connecticut (WRIGHT, 1929). O território brasileiro está amplamente grafado com toponímias de origem indígenas ou, pelo menos, compostas por fragmentos linguísticos de povos pré-cabralinos. Profundas investigações sobre as toponímias nos conduz a perceber que o assunto nos leva muito além dos domínios da linguística, penetrando no campo geohistórico, socioeconômico e antropocultural (SANTOS, 2020). É interessante pensar que a toponímia atribui significado a uma forma simbólica que se deseja batizar e que essa atribuição pode valorizar ou estigmatizar o próprio objeto (CORRÊA, 2007).

A toponímia pode ser vista, em muitos casos, como resultante da combinação entre linguagem, política territorial e identidade (CORRÊA, 2007). Isso explica o fato de movimentos ideológicos se preocuparem com a renomeação de lugares, visando apagar uma memória e instaurar um novo tempo. Pode ocorrer o resgate de toponímias antigas, a partir da intenção de resgatar antigas ordens, como é o caso do distrito de Sophiatown, situado próximo ao núcleo central da cidade de Jonhesburgo. O mesmo lugar pode ter toponímias diferentes. Geralmente se apresenta uma toponímia oficial, zelada pelo Estado, e outras toponímias concomitantes que ilustram uma vontade popular dissociada dos desígnios do poder público. Não surpreende, no interior dessa lógica, que áreas litigiosas possam apresentar duplas ou múltiplas toponímias, como o caso das Ilhas Falkland ou Maldivas, que se apresenta como um exemplo dentre uma grande quantidade selecionável. Sophiatown, distrito de Joanesburgo, sofreu morte paisagística e toponímica durante o regime do *apartheid*. Com a política de Estado de segregação em vigor, o então distrito multiétnico teve que ser desmanchado, recebendo o nome de Triomf. Com o fim do *apartheid*, como que pelas mãos de uma justiça poética, o nome de Sophiatown foi resgatado (HART; PIRIE, 1984).

Os registros toponímicos correspondem a importantes testemunhos históricos da vida social de um povo, cujo estudo corresponde a uma alternativa para a obtenção de conhecimento sobre a cosmovisão das comunidades que ocupam (ou ocuparam) determinado território ou lugar (DEUS; BARBOSA, 2017). Como em uma simbiose cultural-natural, é de se destacar que existe uma associação comum entre toponímias de viés religioso e geológico/geomorfológico, como em Santo Antônio do Monte, Saint-Germain-du-Plain ou San José del Cabo (DEUS; BARBOSA, 2017).

Insistimos na experiência como um meio para o estabelecimento e reconhecimento do lugar. Dialeticamente, conhecer um lugar é um simples fato da experiência (LUKERMANN, 1964). A noção de lugar não é dada somente pelo erguimento de uma estrutura; é a experiência com certa porção do espaço que edifica o lugar. Não é uma simples arquitetura. É um amontoado de configurações reais e lendárias (FORD, 1974). Há de se considerar que uma dada porção do espaço se constitua como um lugar mesmo sem a presença de estruturas humanas. Afinal, os acontecimentos, fiadores da experiência, tem lugar. Não faz sentido pensar no acontecimento sem referência à localização.

Os arquitetos são profissionais preocupados com a aprazibilidade ambiental. Para tanto, não é incomum para os arquitetos aprofundarem seus estudos na área da psicologia e na geografia: seus projetos levam em consideração as emoções humanas e as interações homem e ambiente como pilares para o sucesso empreendedor. Christian Norberg-Schulz (2006), arquiteto de renome, argumentou que os lugares possuem caráter. Acrescentou que a partir deste caráter podemos compreender o *genius loci*, isto é, o espírito do lugar. Em suas palavras:

> *Genius Loci* é um conceito romano. De acordo com a antiga crença romana, todo ser independente possui o seu *"genius"*, seu espírito guardião. Este espírito dá vida às pessoas e aos lugares, acompanhando-os do nascimento à morte, e determinando o seu caráter ou essência. Até mesmo os deuses possuem seu *genius*, um fato que ilustra a natureza fundamental do conceito. O *genius* desse modo denota o que uma coisa é ou o que deseja-ria ser (NORBERG-SCHULZ, 1980, p.18).

As pessoas experienciam os lugares como recortes nos quais os vários elementos interagem. Essa interação cria a "atmosfera", "senso" ou "espírito", que não podem ser reduzidos a nenhuma propriedade específica. Tal como a composição identitária, construída por memórias coletivas e individuais (HALBWACHS, 1990), o espírito do lugar é parcialmente construído pelo discurso (STRECKER, 2000), que atua na dimensão da intersubjetividade. Tal como a problemática da narrativa tão trabalhada por Hayden White em diversas obras, o espírito do lugar não pode ser esgotado no discurso. Certamente não se sustenta enquanto entidade tangível, sendo percebido de forma diferente de acordo com aquele que o experimenta. Em outras palavras, como o processo de percepção do espaço geográfico penetra nas particularidades subjetivas das indentidades, o espírito ou caráter do lugar deveria ser percebido também neste âmbito. Apesar de lugares poderem ser reconhecidos quase consensualmente por sua sacralidade, violência, censura, silêncio, luxúria, boemia, dentre outras essências, a interpretação do seu espírito pertence ao âmbito do indivíduo, entendimento que é contrário à concepção original da expressão romana. Afinal, a expressão *genius loci* aplicado ao lugar surge como uma entidade, uma reificação, como se consensualmente o caráter ou essência do lugar pudesse ser percebido por todos. Todavia, vemos utilidade no conceito, já que certos arranjos espaciais podem, até mesmo em um sentido estético, demandar harmonia: centros históricos de algumas cidades costumam estar sob o regime de rigorosa regulamentação que visa manter os traços histórico-patrimoniais das estruturas erguidas em um pretérito distante. Legislações diversas criam dificuldades de alteração em espaços reconhecidos por muitos como portadores de qualidades excepcionais, como áreas de reserva natural ou áreas sagradas.

Doreen Massey (1995) afirma que os lugares sempre são híbridos. Todavia, as qualificações que utilizamos para generalizar os lugares, reificam uma categoria que possui a subjetividade como uma de suas fortes marcas. O lugar, assim como a paisagem, precisa ser visto a partir de um olhar trajetivo, capaz de dialogar com a multiplicidade intersubjetiva e transcender as reificações. Utilizamos aqui a expressão "trajetiva" lançada por Augustin Berque, referindo-nos à intermediação dialética entre mente e matéria e, também, entre objetividade e subjetividade.

Um tema recorrente nos estudos do lugar é a reflexão do impacto que a globalização lança sobre esses espaços densos de significados e partícipes das identidades. É largamente compreendido que os locais são penetrados e moldados em termos de influências sociais originadas bem distantes deles (LEMOS, 1999). Todavia, devido à própria natureza da globalização, os efeitos sobre os lugares são muito distintos. Apesar do impacto que a globalização traz aos lugares não ser essencialmente um fato novo (MASSEY, 1995), existem particularidades recentes. Destacamos que a novidade contemporânea se apresenta na intensidade e no direcionamento dos fluxos, rearranjando heterotopias das mais variadas tipologias. Pensando na temática envolvendo a globalização e os lugares, Milton Santos (1996) nomeia um processo como o acontecer hierárquico. Este seria resultante das ordens e da informação provenientes de um lugar e realizando-se, como trabalho, em outro. Não que haja um lugar comandando outro, senão como metáfora. Mas os limites à escolha de comportamentos num lugar podem se dever aos interesses sediados em um outro (SANTOS, 1996). Essas assimetrias contribuem para a transformação dos lugares, a partir das lógicas econômicas que os guiam. Sabemos que as redes são, ao mesmo tempo, globais e locais. Globais elas são, porque cobrem todo o ecúmeno e, na verdade, constituem o principal instrumento de unificação do planeta. Mas elas também são locais, já que cada lugar, por intermédio de sua estrutura técnica e de sua estrutura informacional, acolhe uma fração, maior ou menor, das redes globais. Como locais, as redes significam, sobretudo, a produção propriamente dita. Como globais, elas principalmente se referem às outras instâncias da produção: circulação, distribuição e consumo (SANTOS, 1996). No interior desta lógica vale destacar que os lugares se constituem como pontos nos quais as redes de diferentes escalas e naturezas se encontram (MURDOCH, 1997).

Como já foi dito, o neologismo glocalização fortemente alude a esse processo dual entre o global e o local descrito por Milton Santos. A glocalização também está associada à busca de glamourização do espaço, sobretudo nas porções urbanas, onde se concentra o capital financeiro. Assim, as cidades transformam sua paisagem e os lugares em espetáculo permanente, que destrói velhos arranjos, sobrando como rugosidades os bairros-museu (DEBORD, 1997). Esses arranjos pretéritos testemunham a inexorabilidade temporal e curiosamente atendem a sanha das maiorias silenciosas (BAUDRILLARD, 2006). Há de se questionar se as redes respondem pelo estrito dualismo global *versus* local. Dotadas de distintas abrangências espaciais, arranjos e demais características particulares, torna-se uma tarefa difícil delimitar a partir e até onde se dispõem as redes locais, regionais e globais.

Entrikin (1997) considera que, mesmo diante dos notáveis impactos trazidos pela globalização à esfera do lugar, ainda se mantém relevantes os traços identitários e comunitários a despeito das pressões cosmopolitas. É como se a excepcionalidade das ligações identitárias e coletivas frente ao lugar não se massificassem plenamente a um mesmo caldeirão global, reagindo de uma forma muito particular às forças exercidas pelos agentes da globalização. O raciocínio nos lembra o célebre argumento de Stuart Hall (2013), quando o autor refere-se ao processo de reprodução cultural como uma repetição-com-diferença.

Não há lugares sem caminho, assim como não há caminhos sem lugares. A partir dessa premissa, é importante considerarmos que os lugares se inserem em um contexto espacial, no qual é alvo de fluxos de toda sorte. Lugares com densas conexões tendem a se apresentar mais cosmopolitas, enquanto que lugares mal conectados tendem a manter aspectos provincianos. Assim como ocorre com a paisagem, os lugares não se explicam por si só: o contexto espacial, fora dos seus limites mal definidos e imaginados, também é um fator partícipe do seu arranjo interno.

Os lugares são portadores de tempos distintos: ao mesmo tempo em que reúne elementos de distintas temporalidades, não pode ser visto de forma eternizada, afinal, dono de um arranjo complexo de elementos, o lugar envelhece e reage às modificações sociais impostas pela passagem do tempo atomístico. Ao mesmo tempo, os lugares reúnem fragmentos de espaços diferentes: por meio de suas heterotopias, apontam para os fluxos mais ou menos longínquos que os conectaram. Assim como ocorre com a paisagem, os lugares brincam de estar em tempos e lugares diferentes: a alusão a um dado momento no tempo ou a uma dada localização no espaço pode ser justamente um potencial atrativo que o lugar possui para afeiçoar uma determinada pessoa.

Podemos nos referir à deslugarização como processo, que se trata do enfraquecimento de distintas e diversas experiências e identidades dos lugares (RELPH, 1976). Esse processo pode ser gradativo, à medida que em tese as características do local podem se perder, já que as forças de transformação da paisagem e do lugar podem ansear a aquisição de uma roupagem mimética e, portanto, padronizada frente às outras "geografias" inspiradoras. De forma mais evidente, estruturas contemporaneamente erguidas podem se portar como *fac-similes* de outras realidades, como aeroportos, estações de transporte multimodais e shoppings (HOPKINS, 1990). Um recorte claro destas ilhas-padrão em meio a vernacularidade regional fazem com que essas novas estruturas sejam exemplos cabais de heterotopias. Particularmente essa discussão nos incomoda, pois mesmo estruturas ou arranjos miméticos podem espaços de experiência.

É de se notar que a deslugarização pode ocorrer de forma abrupta, configurando um topocídio. Se, por um lado, topocídios podem contribuir para aniquilar rapidamente a memória, por meio da sublimação da experiência, por outro lado podem ressignificar lugares, dando sentidos poderosos aos mesmos, ainda que diferentes dos que preexistiam. Quando o regime do Talebã ascendeu ao poder no Afeganistão em meados da década de 1990, colocou em prática medidas religiosas conservadoras e ortodoxas, adjetivos que foram narrados pelos meios de comunicação ocidentais à época. Independente da possibilidade das múltiplas interpretações possíveis, fato é que os budas de Bamiyan foram implodidos por ordem governamental. Os budas eram duas esculturas esculpidas em um vão de uma parede rochosa datadas entre o século IV e V d.C. Tinham perto de 53 metros de altura por 40 metros de largura. Houve grande comoção, sobretudo internacional, no ínterim entre o anúncio da aniquilação e a efetiva demolição dos budas. Todavia, a ausência dos budas de Baymian pode ter uma força maior do que a sua presença (ANDREOTTI, 2010), pois o vazio na cavidade da montanha transmite recados muito variados. No exemplo dos budas de Bamiyan, a deslugarização deu lugar a uma poderosa ressignificação.

Deslugar e não-lugar são utilizados como sinônimos, apesar de deslugar denotar processo e não-lugar uma condição. Em comum, deslugares e os não-lugares são espaços desprovidos de afetividade (MELLO, 2008). Nesse sentido é subjetivo, pois ausência de experiência para alguém pode ser um lugar rico de experiências para outro. Flávio Bartoly (2011) traz uma perspectiva muito interessante sobre a discussão dos não-lugares: para o autor, o não-lugar não pode ser tratado como uma antítese do lugar, pois também é construído pela experiência. Assim, porções do espaço que não temos experiência não são não-lugares, são somente espaços. Aquelas porções que temos experiência e que são desprovidas de significado, seriam os não-lugares (BARTOLY, 2011). O autor contesta certa dimensão do não-lugar: acredita que os ditos espaços que carregam "valores artificiais" a partir de organização e estética padronizada em âmbito mundial, como os aeroportos[124] ou shoppings, podem muito bem ser espaços de experiência e, assim, marcantes do ponto de vista do significado, posição com a qual concordamos. Assim, o não-lugar só existe enquanto uma visão objetiva e pessoal, pois o vazio de significado para alguém pode abrigar marcantes momentos para outra pessoa. Mike Crang (2002) ao abordar a mobilidade contemporânea, destaca que os não-lugares são justamente os lugares típicos da cidade do nosso tempo. Plataformas multi-modais de transporte muitas vezes fazem os cidadãos permanecerem um tempo muito curto em estações, deslocando-se em pequenas distâncias para se engajar em uma segunda ou terceira etapa em sua volta para casa. Assim, talvez a discussão sobre não-lugar ficaria vazia mediante uma sociedade extremamente móvel. É importante notar

---

124 Pressupor que a condição de local de passagem ou a previsibilidade de sua organização espacial excluem a possibilidade de estabelecer relações de pertencimento significa negar ao indivíduos sua indissociável condição de sujeito da produção do espaço (BARTOLY, 2011).

que tanto os espaços transitórios quanto as experiências efêmeras não são livres de consequências para o indivíduo (CRANG, 2002).

Para uma determinada porção do espaço se constituir um não-lugar, a ausência de experiência é provocada por uma condição social e política específica. Assim, uma dada porção do espaço é vista por ângulos diferentes de significados, em um eixo que parte da não lugaridade para a lugaridade. Também aqui a definição da essência do lugar é dada em proporções especialmente particulares, que se expressam a partir da dimensão identitária, ainda que as experiências possam ser construídas também coletivamente. Assim, não podemos ver o não-lugar como uma entidade espacial definível sobre qualquer prisma avaliativo. Desse modo, vale a pergunta: não-lugar para quem?

Bartoly (2011) lembra também que as abordagens pós-modernas comumente referem-se ao desenraizamento provocado pelas acelerações contemporâneas do ritmo de vida e, portanto, do deslocamento constante no espaço, o que poderia enfraquecer o sentido do lugar. Todavia, lembramos que a compressão espaço-tempo não é para todos, como lembrou-nos Milton Santos a partir de um viés que explora as diferenças sociais e o acesso aos transportes.

Eduardo Marandola recentemente refletiu sobre como o gosto da morte constitui a vida dos lugares: rituais, alimentação, religiosidade, esperança, prazer sexual, asco, memória, revolta, política, violência e libertação. Esses são temas instigantes para pensarmos não apenas lugares claramente voltados para morte, mas toda a multiplicidade de formas as quais a morte se apresenta em nossa vida social (MARANDOLA JR., 2018b). Tanto o lugar quanto a paisagem se arranjam a partir da organização da vida social, isso inclui todos os reflexos advindos de nossa expectativa de vida média. É a nossa vida e finitude participando da construção da paisagem e do lugar, tanto na perspectiva da materialidade circunscrita nas formas, como nas elaborações mentais imateriais. O cemitério, a igreja, o hospital e a funerária nos lembram da mortalidade, nosso implacável apanágio, ao passo que a própria lógica econômica que interfere no arranjo paisagístico se ajusta aos ciclos da nossa vida. Um mundo povoado somente por jovens ou por seres eternizados se arranjaria de uma forma diferente, tanto estética, morfológica e imaterialmente.

6
LIMITES ENTRE REGIÃO, PAISAGEM E LUGAR

A avaliação das congruências e limites entre paisagem, região e lugar é fortemente sensível ao tipo de abordagem que se dá a essas categorias. A título de exemplificação, podemos afirmar que a abordagem naturalista da paisagem distancia a mesma do sentido comumente aplicado ao lugar, que, por sua vez, possui uma menor variação semântica. Entretanto, a interpretação humanista da paisagem foi responsável por providenciar grande congruência dessa categoria com o lugar (COSGROVE, 1990b). Por essa razão, parece-nos necessário fazer alguns apontamentos quanto às oscilações semânticas, tanto espacialmente quanto temporalmente.

No pensamento geográfico que se desenvolve a partir do início do século XX, é notável alguns movimentos paradigmáticos que ainda convivem, seja como abordagens literais de seus pressupostos ou como apropriações indiretas e incorporações intertextuais. Claramente a escola de Berkeley associada à influência de Carl Sauer lança um paradigma baseado na concepção da paisagem enquanto um recorte visível do espaço, visto como o resultado da agência humana sob o substrato natural. Essa concepção aproxima a ideia de paisagem e região. Nos anos 1970 assistimos o confronto de dois paradigmas: de um lado, a paisagem enquanto região natural, sendo utilizada em um sentido muito próximo a geossistema e também vista como um espaço de mensurável valor estético; de outro, a ascensão da abordagem humanista na geografia fez com que a imaginação humana passasse a ser um pressuposto analítico da paisagem. Assim, o humanismo representa de fato uma base antagônica de análise da paisagem, ao descolar-se da materialidade explícita da abordagem de Berkeley e da paisagem "ecológica". Quando são atribuídos valores culturais capazes de transcender a matéria, depara-se com uma rede subjetiva de significados, e, nesse sentido, o conceito de paisagem e lugar torna-se mais próximo (NÓR, 2013).

Nos anos 1980, a nova geografia cultural apresenta uma forma de intermediação entre o materialismo e o idealismo das abordagens humanistas, levando em conta a dialética envolvendo mente e matéria ao pressupor que a paisagem possui materialidade capaz de interferir nas formas de organização social, que, por sua vez, interferem na paisagem (CRESSWELL, 2003). Recentemente, a expansão das teorias não-representacionais tem feito com que a ideia de espaço relativo interfira na paisagem, fazendo com que a mesma seja vista como um espaço de relações entre agentes humanos e não-humanos, criando concepções individuais acerca do espaço, direcionando parte expressiva da concepção paisagística para o âmbito da subjetividade.

É necessário refletir etimologicamente para pensarmos na paisagem em períodos anteriores à própria institucionalização da geografia. A origem da palavra paisagem na língua francesa deriva de *pays/paysans/paysages*. Essa etimologia também guia a construção da palavra em língua portuguesa. *Paysans* possui um duplo significado: pode referir-se aos habitantes de um determinado *pays*, como, literalmente, aos camponeses (DOMINGUES, 2001). A origem da palavra em francês está claramente ligada aos modos de vida rurais tradicionais. Basta lembrar que, no momento em que o termo foi cunhado, o modo de vida campesino era, dentre as realidades possíveis, muito mais expressiva do que o que encontramos hoje[125]. Assim, nas línguas latinas, as mudanças sociais e espaciais ditaram o distanciamento da palavra paisagem frente ao seu significado original. Por outro lado, o radical *pays* carrega consigo uma denotação política, aproximando paisagem e território. É certo que a paisagem "não apenas esteve no radar das pautas nacionalistas como também era conceito-chave para a formação do Estado nacional, pois passou a encarnar nela própria a identidade histórica e geográfica de uma nação" (FERNANDES; TORRES, 2020, p.9).

Como vimos no primeiro capítulo, é bem reconhecido o fato de que na Europa o conceito de paisagem e as palavras similares tanto de origem romana como germânica emergiram por volta do início do século XVI significando uma dada pintura cujo objeto primário de abordagem era o cenário natural, o que dava a abertura para o desenvolvimento do pitoresco. Entretanto, outras palavras de sentido similar se aproximam do sentido renascentista da paisagem. O significado germânico primário de

---

125 No início deste milênio a população urbana superou a população rural pela primeira vez na história da humanidade. Ainda assim, muitos países possuem a população urbana superior à rural desde meados do século XX.

paisagem incluía o homem na perspectiva do enquadramento. É interessante pensar que os resquícios de organização feudal estavam presentes naquele tempo. Na era feudal, as propriedades pertenciam a um senhor, que nelas estabelecia um complexo de direitos de uso que era reforçado pelos costumes e pelas obrigações diárias da vassalagem (OLWIG, 1996). Forma-se aqui, no enquadramento dos resquícios feudais, um sentido de domínio jurídico para a paisagem, ainda que consuetudinário.

O termo flamengo correspondente à paisagem é *landschap*, que emergiu na segunda metade do século XV na região de Flanders (PAGANO, 2011). Seu sentido – capturado pela palavra *pagus*, no latim (BALDIN, 2021) e *paese,* no italiano – foi utilizado pouco depois no contexto espaço-temporal das cidades-estado do norte da Itália (BESSE, 2006). A derivação *paesaggio*, oriunda de *paese*, oferece base para futuras traduções nas línguas latinas (SOEIRO, 2015). Já o termo *landscape* é utilizado na língua inglesa; seu correspondente em língua alemã é *landschaft*, ainda que exista uma problemática em apresentar os dois termos como sinônimos (FERNANDES, TORRES, 2020). Afinal, tanto *landschap, landschaft, pagus* e *paese* transmitem um sentido original vinculado a uma concepção jurídico-política, referindo-se à província, à pátria ou à região[126] (BESSE, 2006). A palavra *landschaft* é dada pelo prefixo "terra[127]" e sufixo "forma", havendo também a possibilidade desse sufixo ser compreendido como "associação" ou parceria" (FERNANDES; TORRES, 2020). No inglês arcaico, *landscipe* possui significado muito similar ao *landschaft* alemão, prevendo uma ligação diacrônica envolvendo pessoas e uma dada porção do espaço. Para Sauer, a ideia de formatação da terra, trazida pela palavra *landschaft*, não alude meramente à forma física, referindo-se também a

---

126 Em um resgate parcial do sentido trazido pelas palavras *landschap*, *landschaft* e *paese*, o conceito de paisagem foi progressivamente integrado ao âmbito das reivindicações nacionais: "a paisagem foi muito mobilizada, na época moderna, na França e na Alemanha e em quase toda a Europa, mas também nos Estados Unidos, para encarnar a identidade histórica e geográfica da nação. Quase sempre representada sob a aparência de uma paisagem natural, esperava-se dela que expressasse de forma exemplar os valores culturais morais e políticos da nação em dado momento da sua história. Chegou até ser pensada, às vezes, como a manifestação mais exemplar de um projeto político" (BESSE, 2004, p.108).

127 Em termos literais, a palavra terra nas línguas germânicas significa uma porção bem delimitada do espaço que pertence a alguém (FRIESS; JAZEEL, 2016). O sentido atribuído a terra [*land*] na palavra landscape, "em uma etimologia primária, refere-se a país ou região – a Escócia é a terra, país ou região dos escoceses" (OLWIG, 2008, p.1848).

uma "área produzida pela distinta associação entre formas, tanto físicas quanto culturais" (SAUER, 2008). Esta argumentação de Sauer nos aponta para o entendimento da paisagem como meio de relação da natureza e do homem. Além disso, *landschaft* tanto significa uma porção limitada da superfície terrestre que possui um ou mais elementos que lhe dão unidade, como a aparência de determinada porção do espaço tal como era percebida por um observador (SALGUEIRO, 2001).

Já *landscape*, em seu sentido mais comum, refere-se "a aparência do terreno do modo como percebemos" e "uma parcela da superfície terrestre e do céu que repousa no nosso campo de visão a partir da perspectiva de um ponto em particular (o ponto do observador)" (OLWIG, 1996, p.630). O grau de congruência entre a região e a paisagem é variável e vai depender da abordagem da pesquisa. A tradição saueriana – que ainda hoje participa das elaborações geográficas apesar de enfrentar forte contestação a partir da década de 1980 – é marcada pela expressiva congruência entre região e paisagem. Nota-se, todavia, que certas abordagens da paisagem pode fazer com que o sentido da categoria se aproxime daquele carregado pela região a partir de perspectivas diferentes, que se centram, dentre outros exemplos:

- na paisagem natural, que se associam à ideia da região natural;
- na paisagem cultural, que buscam explorar o vernacular, associando-se à ideia da região cultural;
- na paisagem econômica, que possui interface com o cultural, mas centra-se nas relações do trabalho e nas forças econômicas que arranjam a paisagem, associando-se à ideia da região econômica;
- nas paisagens urbanas ou rurais, que se associam às regiões do mesmo tipo.

De todo modo, essas abordagens temáticas supracitadas também podem apresentar-se híbridas[128]. É preciso destacar que a congruência entre região e paisagem não é ditada propriamente pela temática escolhida, mas pela concepção da paisagem como uma entidade descritível e delimitável. O recorte temático, na verdade, é um indicativo de que a des-

---

128 Como se vê na abordagem de Carminda Cavaco (2005), que ao abordar as paisagens rurais portuguesas, penetrou na avaliação das forças econômicas que incidem sobre seu arranjo. A autora reconhece introdutoriamente concepções distintas da paisagem entre diferentes profissionais. Nesse trabalho, ressentimos da reflexão sobre essas diferentes concepções no seio da própria geografia. Ao penetrar no campo das relações políticas a abordagem de Cavaco (2005) aproxima a paisagem da concepção de região econômica e quiçá da categoria território.

crição e delimitação da paisagem irão ocorrer aproximando o estudo da categoria em questão dos estudos regionais. Por outro lado, as abordagens intersubjetivas da paisagem, com foco na transcendência material dos seus elementos, possuem a percepção da constituição da paisagem conflitante entre indivíduos, assim como a definição do seu alcance espacial, o que afasta a abordagem paisagística da concepção regional.

A percepção do arranjo interrelacional de elementos em um dado recorte espacial atende ao princípio corológico que fundamenta a região. A congruência entre a ideia de região e paisagem aumenta quando se percebe que a primeira, na prática, dificilmente atende ao ideal da uniformidade como componente de seu recorte, como já foi problematizado por Robert Burnett Hall (1935) e muitos outros geógrafos das gerações que o sucederam. Contemporâneo à Hall, John Frederik Unstead (1931) acrescenta ainda que o termo *Landschaft* pode ser entendido como ambiente, o que é razoável diante dos argumentos aqui apresentados. Em suma, na língua alemã, a mesma palavra que significa paisagem, também traz o sentido de região e ambiente. *Landschaft* e o seus cognatos nas línguas escandinavas ainda são palavras usadas para descrever regiões administrativas (COSGROVE, 2006). Noutro exemplo, na língua islandesa – falada por pouco mais de 300.000 pessoas – a palavra *landskapr* também assume o duplo sentido de paisagem e região (OLWIG, 2015). Entretanto, essa questão linguística não pode ser entendida como uma deficiência na abordagem regional por parte dos alemães e islandeses.

Nos causa estranheza o fato dos sentidos diversificados da palavra *Landschaft* ser tão explorado na literatura brasileira. Fala-se sobre essa diversidade como se fosse algo excepcional ou que colocasse a geografia alemã em algum apuro epistemológico. Essa é uma celeuma vazia. Afinal, a palavra paisagem na língua portuguesa também apresenta variações importantes, dentre essas variações entendimentos que aproximam o sentido de paisagem com o de região, tal qual está posto na língua alemã. Denis Cosgrove afirma: "é difícil conceber o argumento de que a palavra *landschaft* sustenta na geografia alemã o mesmo sentido neutro das palavras área ou região como os geógrafos ingleses e americanos do período entre guerras clamam" (COSGROVE, 1985, p.57), o que mostra que o significado das palavras também deve ser interpretado a partir do seu contexto. Assim, acreditamos que a polêmica do duplo sentido da palavra paisagem na Alemanha é muito mais uma curiosidade linguística do que um imbróglio epistemológico. Sobre essas congruências, Cosgrove crava: "a paisagem compartilha e estende o conceito de região e de área, que são os conceitos que geralmente são apontados como equivalentes" (COSGROVE, 1998, p.54).

O sentido das palavras também é construído diacronicamente. Muitas palavras possuem sentido contemporâneo que se afasta do seu original etimológico. Assim, ao comparar o sentido epistemológico de paisagem e região, precisaríamos acessar a própria evolução destes conceitos para não realizarmos análises anacrônicas. O sentido original da região, que advém de *regere*[129], acabou "gradativamente perdendo terreno, o que provavelmente explica a relativa perda de importância do conceito de região para o entendimento de processos socioespaciais ligados à esfera do político" (HAESBAERT, 2010, p.22). Em sua acepção moderna, a palavra região caminhou no sentido de significar uma porção do espaço com elementos (a partir de determinado(s) critério(s)) relativamente comuns, ou, ainda, que os fatos geográficos[130] apresentam-se com relações mais intensas do que as comparadas com outros recortes regionais[131].

Para Sauer, os fatos da geografia são os fatos do lugar. Sua associação daria origem ao conceito de paisagem. A estrutura e a função da paisagem seriam determinadas por formas integradas e dependentes (SAUER, 2008), cuja integração e dependência se daria ao longo do tempo. É interessante apontar que a tradicional definição da escala da paisagem como a do alcance da visão[132] pode se apresentar incoerente face à argumentação de Carl Sauer. Afinal, as relações entre os fatos geográficos podem se apresentar:

- Fortes e relativamente homogêneas em porções do espaço que abrangem áreas que estão além da percepção visual;

---

129 Regere significa comandar ou ainda administrar, denotando a região como área de comando ou reino (HAESBAERT, 2010).

130 Fatos geográficos é uma expressão utilizada por Carl Sauer em *A Morfologia da Paisagem*. Denotam as formas e as estruturas contidas na paisagem.

131 Nesse sentido, se as relações são definidas como fluxos, regiões também podem ser definidas como redes.

132 Em uma das definições possíveis sobre a escala da paisagem, Claval assim salienta: "O termo paisagem, aparentemente, não tem mistério. Surgiu no século XV, nos países baixos, sob a forma de landskip. Aplica-se aos quadros que apresentam um pedaço da natureza, tal como a percebemos a partir de um enquadramento – uma janela, por exemplo. Os personagens tem aí um papel apenas secundário. A moldura que circunda o quadro substitui, na representação, a janela através da qual se realizava a observação" (CLAVAL, 2004, p.246).

- Fracas, desconectadas ou postas em diversas conexões relativamente independentes em áreas percebidas pela visão.

A visão de Sauer, organicista e funcional, permitir-nos-ia associar a paisagem à escala que não estaria necessariamente limitada pelo alcance da visão. Desse modo, inauguraria um discurso funcional da paisagem, que seria aprofundado após a Segunda Guerra Mundial e que permitiria, ainda, uma maior congruência entre o sentido da paisagem e da região. Esses fatos derivariam de um movimento ocorrido dentro da própria geografia marcado pelo resgate de sua validade científica. Durante e principalmente após a Segunda Guerra Mundial, fortes discussões acadêmicas foram travadas e aprofundadas acerca da validade científica da geografia, que foi tida por alguns como um saber engajado, a serviço do interesse do Estado para que o mesmo possa praticar a política no campo internacional de uma forma mais favorável e quiçá fazer a guerra (PARKER, 1998). Essa imagem recaiu fortemente sobre a geopolítica, mas replicou em toda a geografia. A acusação era justamente a mesma: a geografia era um campo do saber que facilmente ultrapassava os limites entre a "ciência pura" e o "saber engajado".

Uma reação direta ao momento da geografia no pós-Segunda Guerra Mundial foi a ascensão do neopositivismo (CAPEL, 2013b), materializada na geografia quantitativa, conhecida também como "a nova geografia". A palavra "nova" nos mostra a tentativa de reformular a geografia tal como a mesma se apresentava, sugerindo novos paradigmas como tentativa de apagar os seus incômodos estigmas. É importante lembrar que, na aurora de sua institucionalização enquanto saber acadêmico (metade do século XIX), a geografia possuía forte viés positivista, que foi sendo questionado à medida que o século XX nascia. Para Capel,

> o triunfo da reação antipositivista no fim do século XIX e começo do século XX não havia suposto o desaparecimento total daquela corrente nas ciências sociais. O positivismo continuou de forma mais ou menos escondida, e atitudes de cunho naturalista e evolucionista podem encontrar-se de uma maneira ou de outra nas primeiras décadas do século em praticamente todas as ciências, incluída a Geografia (CAPEL, 2013b, p.81).

No contexto da geografia quantitativa, destacou-se no ano de 1953 o artigo de Fred K. Schaefer: *Excepcionalismo em Geografia*. Considerando que uma das formas de legitimação da geografia como ciência é a busca de leis, Schaefer considera que é sobre os arranjos de fenômenos espaciais, e não sobre os fenômenos propriamente, que os geógrafos deveriam procurar estabelecer esquemas explicativos assemelhados às leis (JOHNSTON, 1986). Schaefer considera que a interpretação sistemática do arranjo dos elementos no espaço encontra no geógrafo o profissional ideal. Salientou enfaticamente que não teria, enquanto geógrafo, uma visão tão otimista (da validade científica da geografia) caso os profissionais da geografia abandonassem a busca por leis (SCHAEFER, 1953).

A paisagem enquanto categoria geográfica não ficou imune frente às novas tendências da geografia. Na busca incessante pelas leis, a geografia teorética e quantitativa passou a ver que o princípio da comparação entre a análise sistemática de certas porções do espaço geográfico era o seu maior nicho, assim como defendia Schaefer. Não é de se surpreender o fato de que a região tornou-se a categoria preferencial, como um instrumento de reflexão espacial que conduziria a geografia ao processo de recuperação do seu status de ciência. A partir dos anos 1960, o termo "região" substitui, sob a influência de Richard Hartshorne, quase totalmente o termo paisagem nos circuitos geográficos, principalmente na América do Norte (SCHIER, 2003). Naquele momento, o espaço geográfico construiu-se com base numa ciência teorética que pretendia exorcizar a paisagem, por considerar que a mesma, até então (meados da década de 1950), possuía caráter meramente descritivo e – o que era mais grave para os neopositivistas – subjetivo (DOMINGUES, 2001).

A ascensão da perspectiva neopositivista encontra na década de 1960 um movimento de reação ambientalista que influencia as relações internacionais, a academia e o senso comum. O apontamento de cientistas acerca da existência de questões ambientais de escala global, tais como a existência e o aumento do buraco na camada de ozônio, a chuva ácida e a crítica à capacidade destrutiva do homem, dá espaço às teses ecodesenvolvimentistas. No plano internacional, grandes conferências internacionais passaram a ser realizadas e celebradas: o encontro do Clube de Roma e, posteriormente, em 1972, a Conferência de Estocolmo. Foi nesse contexto que na Europa se desenvolve, por intermédio de geógrafos alemães, um estudo da paisagem que parte do pressuposto que essa categoria geográfica representa um conjunto específico de relações ecológicas (KENNEDY; SELL; ZUBE, 1988). A ideia que prevaleceu na América do Norte acerca do estudo das relações entre os elementos da paisagem como meio para a legitimação da geografia se fez presente na alternativa europeia, centrada, contudo, nos estudos das relações do meio físico/ecológico. A ecologia da paisagem consagrou-se como vertente europeia sendo que muitos dos seus métodos de descrição ambiental desenvolveram-se fora da geografia e foram sendo absorvidos pela disciplina, onde são adaptados e utilizados (GREGORY, 1992). Essa razão talvez sustente o fato de que os biomas ou domínios morfoclimáticos, sem nenhuma preocupação com questões associadas à escala geográfica e/ou área de abrangência da unidade espacial a que se refere, geralmente são referidos como paisagens. Nesse sentido, o uso da palavra paisagem se aproxima do sentido epistemológico da região, tal como está contido no relato de Aziz Ab´Saber:

> Num primeiro nível de abordagem, poder-se-ia dizer que as **paisagens** têm sempre o caráter de heranças de processos de atuação antiga, remodelados e modificados por processos de atuação recente. Em muitos lugares – como é o caso dos velhos planaltos e compartimentos de planaltos do Brasil – os processos antigos foram responsáveis, sobretudo, pela compartimentação geral da topografia. Nessa tarefa, as forças naturais gastaram milhões a dezena de milhões de anos (AB´SABER, 2003, p.9).

O trecho anterior associa grandes eventos geológicos e geomorfológicos ao espaço, realizando em sua abordagem recortes regionais. A influência da ecologia da paisagem e a aproximação com a ideia de região se manifestam ainda no trecho:

> Entendemos como domínio morfoclimático e fitogeográfico um conjunto espacial de certa ordem de grandeza territorial – de centenas de milhares a milhões de quilômetros quadrados de área – onde haja um esquema coerente de feições de relevo, tipos de solos, formas de vegetação e condições climático-hidrológicas. Tais domínios espaciais, de feições **paisagísticas** e ecológicas integradas, ocorrem em uma espécie de área principal, de certa dimensão e arranjo, em que as condições fisiográficas e biogeográficas formam um complexo relativamente homogêneo e extensivo (AB´SABER, 2003, p.12)

No discurso de Aziz Ab´Saber, a relativa homogeneidade aponta para o fundamento básico da ideia de região para a geografia. Já as relações sistêmicas são evidenciadas pela expressão "feições paisagísticas e ecológicas integradas", apontando-nos as reminiscências dos pressupostos da ecologia da paisagem, surgidos no contexto da ascensão da nova geografia (geografia quantitativa). Os princípios ecológicos de interpretação da paisagem, entretanto, acompanham a geografia há mais tempo. Segundo Salgueiro, "é claramente a posição dos geógrafos que veem a paisagem numa perspectiva ecológica, na convergência da geografia e da ecologia que prolongam a tradição naturalista do princípio do século[133]" (SALGUEIRO, 2001, p.44).

---

133 A autora se refere ao século XX.

No âmbito do contexto já caracterizado, Gabriel Rougerie escreveu em 1969[134] *Geografia das Paisagens*. Em sua abordagem, logo na introdução, a paisagem é celebrada como a categoria instrumental fundamental da geografia, por ser capaz de materializar as diferenciações espaciais que fundamentam o exercício da geografia e cobrem a disciplina com um verniz científico.

> É cômodo definir a Geografia como o estudo das paisagens. Não há de faltar, por certo, quem venha apontar a imprecisão e a feição qualitativa, ou mesmo "artística" da expressão; outros, movidos por um desejo de exatidão hão de preferir a cisão da realidade e falarão em paisagens morfológicas, em paisagens vegetais, em paisagens agrárias ou urbanas... Contudo, como a Geografia também consiste em localizar fatos, em apreender as diferenciações do espaço terrestre e em comparar conjuntos desvendando seu dinamismo interno e suas relações recíprocas, poderemos nos considerar no âmago desta ciência quando nos declaramos favoráveis à expressão material de tais diferenciações: a paisagem (ROUGERIE, 1971, p.7)[135].

Gabriel Rougerie (1971) aborda a paisagem como região ecológica, defendendo, contudo, a abordagem sistêmica, que se opõe a meramente descritiva. No sumário do seu livro, os capítulos receberam títulos como "as paisagens litorâneas", "as paisagens montanhosas" e "as paisagens de planícies de planaltos". Esse entendimento da paisagem como "região ecológica" foi incorporado por inúmeros geógrafos em âmbito nacional e internacional e ainda sobrevive na contemporaneidade como reminiscência, tradição e/ou convicção.

O contexto marcado pela ascensão da abordagem ambientalista da paisagem trouxe alguns impactos para o pensamento geográfico, destacando-se no âmbito das reflexões que propõe as seguintes perspectivas:

- a paisagem deixa, de forma inequívoca, de se constituir como um conceito restrito a geografia. Se nunca o foi, claramente é nesse momento que a interdisciplinaridade do conceito ficou mais clara;
- ocorre a diversificação da polissemia do conceito;
- o contato com as novas ciências do ambiente e a incorporação das variáveis ambientais oriundas de outros campos disciplinares – como a biologia, o planejamento, o urbanismo, o paisagismo e a economia –, constituem-se uma fonte de enriquecimento da geografia;

---

134 Edição original em língua francesa.

135 Edição em língua portuguesa.

- ao mesmo tempo, a participação dos outros campos de conhecimento nos estudos da paisagem passaram a representar uma ameaça à capacidade do geógrafo de se apropriar e de se constituir como referência dos estudos da paisagem (DOMINGUES, 2001).

Em oposição diametral à perspectiva ambiental, há de se destacar a reação "culturalista" à ascensão do neopositivismo na geografia, que aumentou a concepção da excepcionalidade dos trabalhos que versam sobre as culturas, negando modelos universais de interpretação da cultura no espaço. Para Claval (2002), esse processo de negação conduziu, por outro lado, a uma excessiva fragmentação da abordagem cultural. Os geógrafos culturais teriam internalizado de uma forma crua os perigos potenciais da generalização cultural (CLAVAL, 2001b) e, portanto, "em lugar de estudar a cultura inglesa, a civilização chinesa", os trabalhos culturais passaram a versar sobre "as comunidades paquistanesas no Birmingham, dos bairros ricos de Vancouver ou as mulheres dos subúrbios da zona sul de Chicago" (CLAVAL, 2002, p.24)[136]. Se por um lado consolida-se a crença de que não se pode invocar uma razão universal para explicar a organização da realidade social, por outro, há de se considerar que algumas regularidades ocorrem na vida social, permanecendo aí a relevância dos microestudos culturais descritos por Claval, bem como a relevância da paisagem enquanto fenômeno/produto da intersubjetividade. São nas particularidades que a alteridade, tão cara para o relativismo cultural, pode ser maximizada. Sobre os microestudos culturais, a pergunta ideal não nos parece ser acerca de sua validade enquanto produto; diferentemente, parece-nos ser sobre como aproveitarmos estas abordagens para avançarmos em uma reflexão mais ampla sobre a cultura. Michel Sivignon (2002), todavia, nos alerta para o que ele chama de "risco etnográfico": as descrições exaustivas e particulares dos microestudos culturais, assim como as antigas descrições dos hábitos das sociedades camponesas, podem se tornar uma geografia de curiosidades, extremamente detalhada em seus relatos e que acaba por diluir a nossa capacidade de hierarquizar elementos culturais nos textos. Em um exemplo prático, Sivignon alerta que "a prática de uma língua não pode ser colocada no mesmo plano de importância no qual está situada a forma de um telhado" (SIVIGNON, 2002, p.34).

---

136 Jacquelin Burgess percebeu esse movimento enfatizado por Paul Claval, argumentando que existe um abismo nos trabalhos acerca de paisagens culturais que envolve, de um lado, estudos teóricos [high theory] e, de outro, estudos etnográficos de pequena escala (BURGESS, 1996, p.10).

Por mais que estejamos, neste trecho do livro, abordando as idas e vindas do pensamento geográfico como estratégia para problematizar as (re) significações da paisagem enquanto categoria geográfica, é mister considerar – ainda que soe como uma obviedade – que as tendências dominantes de cada época não constituem-se, *per se*, como formas monopolistas de expressão geográfica. É importante ser dito que, na recente história da ciência geográfica instituída academicamente, vozes destoantes existiram, como percursos analíticos paralelos ao *mainstream* da geografia ou mesmo como elementos propulsores de rupturas epistemológicas.

A partir das discussões tratadas até aqui, resgatamos pergunta e ainda a sofisticamos: paisagem e região são sinônimos? De que forma a ascensão da vertente neopositivista – que passou a valorizar o estudo regional em detrimento ao estudo paisagístico – contribui para que possamos responder a questão? De que maneira a ascensão de valores ambientais fortemente ligados à ecologia da paisagem podem nos fornecer resposta sobre a congruência semântica das categorias paisagem e região?

Dois importantes fatos nos inspiram a pensar sobre a congruência semântica entre paisagem e região. O primeiro é referente ao verbete *landschaft*. Como consta nas páginas anteriores, essa palavra é utilizada como "região" e "paisagem" na língua alemã. Vimos, todavia, que este fato não é extraordinário, à medida que o contexto do emprego da palavra paisagem em outras línguas pode aproximar o sentido desta palavra com a da categoria região. O segundo fato refere-se à ascensão neopositivista experimentada pela geografia marcadamente ao longo da década de 1950. No afã de criar modelos e encontrar "leis naturais" que poderiam valorizar a disciplina (no sentido da legitimação científica), foi promovida a aproximação do conceito de paisagem e região. Neste contexto, a paisagem, considerada de definição subjetiva, passou a ser interpretada de forma mais material, com dados físicos, e, acima de tudo, lida a partir das inter-relações dos elementos que a compõem. Podemos nos referir nesse contexto à busca desenfreada por uma "reificação da paisagem".

Aprioristicamente poder-se-ia parecer uma resposta evasiva: cremos que a pergunta sobre a congruência entre a paisagem e região não é digna de uma resposta plebiscitária. Faz-se necessário considerar que as idas e vindas do pensamento geográfico podem deslocar o próprio entendimento do escopo das categorias que são instrumentais à geografia. Desse modo, vozes destoantes convivendo em tempos de fortes tendências podem dar respostas não esperadas à questão. É preciso ser dito que, dependendo da corrente analítica do pesquisador, a congruência semântica entre a paisagem e a região terá maior ou menor extensão.

O princípio da relativa homogeneidade de certa porção do espaço – que baliza o entendimento da definição da região enquanto entidade espacial – encontra paralelo na paisagem funcional, com elementos e funcionalidades espaciais descritas em sua forma, estrutura e inter-relação. O entendimento em questão integrou o *mainstream* do pensamento geográfico no período 1950-1960. Tal método empregado na leitura da paisagem evidencia a busca de padrões espaciais que seriam úteis à guisa de comparação com outras paisagens, fomentando o estabelecimento de modelos ou quiçá leis geográficas, atendendo aos desígnios da ascensão neopositivista e da ecologia da paisagem. Nesse contexto, verifica-se inequivocadamente o mesmo uso que se fazia dos estudos regionais na aurora da geografia acadêmica oitocentista: a corografia à serviço do estabelecimento de modelos e leis em nome da busca de legitimação científica, em uma verdadeira obsessão nomotética.

A abordagem (neo) positivista preocupa-se menos com a questão da escala (no que diz respeito à limitação da unidade analisada). Esse é um ponto conflituoso frente aos que consideram a experiência sensorial como fundamental para a definição de uma paisagem. Afinal, à medida que a escala analítica diminui, aumentando a área de análise, a capacidade sensorial torna-se comprometida[137]. Como argumento de defesa àqueles que são identificados com abordagens culturalistas, é difícil acreditar que um geógrafo desconsidere a relevância dos elementos sensoriais para a análise geográfica. Ao mesmo tempo, não parece adequado destinar ao lugar – entendido aqui como categoria geográfica – a reponsabilidade exclusiva da análise espacial sensorial. Apesar de comumente o lugar ser referido como uma porção do espaço sem escala definida (MASSEY, 2004; BARTOLY, 2011), os significados a ele atribuídos por meio da experiência e percepções sensoriais são extremamente dominantes, ao passo dessa categoria ser ignorada por alguns geógrafos que não acreditam na força da

---

137 Nesse sentido, a existência de uma paisagem da Bacia do Rio São Francisco, da Floresta Amazônica ou de Minas Gerais seria imprópria, pois não permitiria a atuação dos sentidos humanos em sua leitura, o que encontraria explicação na escala. Cremos que este seria o limiar entre a abordagem acadêmica e a licença dada aos literatos. Para estes últimos, o descompromisso acadêmico é um convite ao uso de figuras de linguagem que colocariam a paisagem em um significado que alijaria os usos do sentido do homem. Contudo, a abordagem do senso comum pode atender ao sentido que é atribuído à paisagem pela abordagem neopositivista.

subjetividade como ferramenta de leitura do espaço. Lowenthal (1978) argumentou que paisagem e lugar se confundem em dadas situações, mas que a primeira transmite uma noção genérica enquanto que o segundo denota especificidade. A partir dessa grande flexibilidade de escalas do lugar, podemos afirmar que a paisagem pode abrigar lugares e, inversamente, lugares podem abrigar paisagens.

Assim, a paisagem que se aproxima do sentido da região, vista como bioma ou geossistema, também pode se aproximar do sentido do lugar. Quando se fala no Pantanal, pode se pensar na paisagem enquanto bioma, na região como recorte supostamente homogêneo e no lugar enquanto espaço de afetividade e/ou significado. É de se destacar que a moderna abordagem cultural pós-saueriana, que ganha força a partir da consolidação da virada cultural, fez com que a zona de congruência semântica entre a paisagem e o lugar se ampliasse. Nesse contexto, paisagem e lugar comungam de ampla subjetividade. A rigor, estar diante de uma paisagem conduz o observador a elaboração do significado e ao ganho de experiência, fazendo parte da elaboração do lugar. A escala da paisagem pode ser a escala do lugar, o que vai depender da formulação do observador. A subjetividade extrema do corte espacial faz com que o lugar não se traduza numa conceituação generalizável (VARGAS, 2018). Desse modo, uma paisagem percebida pode ser somente um dentre muitos componentes da elaboração de um lugar, que, por sua vez, pode ser elaborado mentalmente como um espaço dotado de área maior do que a paisagem visualmente contemplada. Ainda no âmbito da perspectiva subjetiva, Wylie (2006) busca diferenciar espaço, lugar e paisagem. Associa o primeiro ao vazio, ausência e intervalo; o segundo à presença e completude; já a paisagem, considera ser a categoria capaz de trabalhar dinamicamente a ausência e presença, "rasgando as coisas ao ponto de separá-las e até mesmo juntando-as" (WYLIE, 2006, p.465). Essa perspectiva atribui ao espaço uma noção de neutralidade. Sob essa premissa, o agir sobre o espaço – seja na dimensão material ou imaterial – é um convite à reflexão acerca das demais categorias geográficas.

Sabe-se que a experiência é condição para a constituição do lugar. Na bibliografia acadêmica, a experiência é tratada de inúmeras formas[138]. Para Yi-Fu Tuan, a experiência é a totalidade dos meios pelos quais

---

138 Para Gloria Maria Vargas, a dificuldade em lidar com a categoria lugar reside em "justamente dar-lhe um sentido que tenha afinidade com o que ele sugere na vivência das pessoas. Essa dificuldade tem relação com a ampla gama de tons e ma-

conhecemos o mundo. Este conhecimento se dá por intermédio da sensação, percepção e concepção" (TUAN, 1979a, p.388). Verifica-se, de maneira dominante, que a experiência não exige presença física. Com as atuais tecnologias disponíveis, muitas imagens e até mesmo caminhadas virtuais pelas ruas de vilarejos distantes são possíveis. Julgamos, entretanto, que essas assimetrias sobre a experiência tornam também os lugares essencialmente assimétricos. A vivência e o amplo conhecimento sobre um dado espaço – a partir da memória construída por meio da passagem inexorável do tempo – criam vínculos afetivos muito intensos. Como colocar na mesma dimensão Paris, cidade que não visitamos e que exaustivamente já vimos imagens e outras descrições e Belo Horizonte, cidade que vivemos por três décadas e meia? É o que nos leva a considerar que a avaliação sobre lugares exige a reflexão: "lugar para quem?" Partir do pressuposto de que todo espaço habitado em um determinado recorte é um lugar, parece remeter à tradicional confusão entre localidade e lugar. Por outro lado, em um purismo exarcebado, bastaria considerar que, no momento em que se lê ou ouve falar de uma localidade, esta se tornaria lugar, a partir da consideração de que essa experiência basta para o estabelecimento da definição.

Yi-Fu Tuan (1979a) argumenta que o lugar pode ser pequeno como um canto de um quarto ou grande como a própria Terra. Em sua poderação, o autor diz: "é um simples fato na observação de saudosos astronautas que a Terra é o nosso lugar no universo" (TUAN, 1979a, p.421). Apesar da razoabilidade dessa afirmação, consideramos desconfortável que grandes áreas sejam definidas como palco do enraizamento e do estabelecimento de relações. Faz mais sentido referir-se a um pequeno vilarejo como palco do enraizamento, memória e experiência do que uma grande metrópole na qual sequer conhecemos parcela importante de suas vias de circulação e dos seus ângulos de visão, ainda que tenhamos visitado seus domínios. A noção de lugar torna-se mais poderosa em áreas espacialmente restritas, como àquelas ligadas a uma instituição ou cercada por muros, como a escola, o hospital, o presídio ou o mercado. Mesmo considerando tais áreas menos extensas, a ideia de lugar não abandona seus pressupostos: a presença da intersubjetividade de suas adjetivações e a incerteza das delimitações. Em um exemplo, para além do muro, pode se incorporar mentalmente a cal-

---

tizes em que se dá a experiência do lugar e no sentido que se lhe assigna" (VARGAS, 2018, p.337).

çada como um componente espacialmente integrado ao lugar; como desvincular o pipoqueiro que permanentemente ficava na calçada do cinema desse lugar de entretenimento?

Flávio Bartoly (2011) tece algumas considerações sobre a escala e o lugar:

> Ao partirmos do pressuposto de que o conceito de lugar se define e/ou trata, necessariamente, de fenômenos em "**pequena escala**", restringimos suas possibilidades de reflexão e aplicação" Ao mesmo tempo, também estamos considerando que a subjetividade e a capacidade de envolvimento do indivíduo com determinada porção do espaço possui uma variação mínima em termos de amplitude, como se conseguíssemos mediar a intensidade escalar desses sentimentos, como se todos aprendessem e conhecessem seu "espaço vivido" da mesma forma, como se a identidade e o sentido do lugar não fosse parte de uma relação mutável, estabelecida especialmente pela intencionalidade do indivíduo (...).
>
> (...) Quando se constrói conhecimento sobre as grandes áreas, estas podem deixar de ser um espaço indiferenciado para ser um lugar. Por meio da experiência no espaço, do reconhecimento de referenciais de localização e da própria vivência com outras pessoas, constrói-se um espaço familiar quanto à locomoção e também em termos de lembranças e significados, independentemente da ampliação da área (BARTOLY, 2011, p.71).

Primeiramente, há se de considerar que o uso da expressão "pequena escala" nos confude. No rigor cartográfico, sabe-se que as escalas menores referem a áreas maiores. Entretanto, o autor preferiu se expressar dessa forma, com o uso deliberado de aspas, referindo a áreas menores. Consideramos que as grandes áreas necessariamente nos fazem colidir com o incognoscível: nas grandes áreas, a nossa experiência apresenta-se reticular (BONNEMAISON, 1994) ou pontual, baseada em fragmentos ínfimos da totalidade ao qual nos referimos. Em grandes áreas, certos princípios que sustentam o lugar são banalizados. É uma problemática análoga à estabelecida pela regionalização e a negligência das exceções (HARTSHORNE, 1978): se a regionalização negligencia as exceções, o lugar expresso como uma grande área certamente negligencia o incognoscível. Por esta razão, não nos parece adequado equiparar experiência, memória, pertencimento, afetividade, do antigo cinema da cidade com o senso de nacionalismo. Visto como lugar, o Estado-Nação padece desse desconforto, com o destaque para a exceção dos micro-Estados, que, em alguns casos, são menores do que algumas metrópoles globais.

Edward Relph (1976) argumentou que, além da experiência humana, a essência do lugar reside na definição de uma dada porção do espaço como um profundo centro da existência humana. É possível uma dada área, de extensão continental, se constituir como um profundo centro da experiência humana? Consideramos ser plausível argumentar que quanto menor a área geográfica, maior a chance das relações estabelecidas com um dado espaço sejam precisamente localizadas e que o mesmo possar ser descrito e percebido com maior riqueza de detalhes, constituindo-se como um "profundo centro da experiência humana".

Apesar de nossa problematização, alertamos que a categoria lugar é dominada pela subjetividade. Não há nenhum compromisso da categoria lugar com os cânones científicos positivistas. Sujeitar um rigoroso geógrafo positivista-quantitativista à reflexão do lugar o levaria a um desconforto tão grande quanto sujeitar um humanista pouco flexível a elaborar um trabalho de geografia quantitativa. Essa discussão acaba passando pela ideia do que seja vínculo, memória e experiência. Na literatura acadêmica sobre o lugar verifica-se – ainda que indireta e interpretativamente – que experiência não exige presença. Você pode se apropriar de expectativa, fotografias, filmagens, *Google Street View* e outros recursos para compor sua experiência. Mas é claro, a presença física faz com que as expectativas anteriormente estabelecidas pelo lugar passem pelo mais rigoroso escrutínio.

Nossa intenção é apontar os constrangimentos envolvidos em enquadrar grandes áreas como lugares. Àqueles que se sentem confortáveis em dissertar sobre o lugar, recomenda-se que tenham essas questões em mente. Apesar disto, alertamos que é amplamente difundido na literatura acadêmica o fato do lugar não possuir limites claros. As elaborações mentais que a partir da experiência humana criam conceituações sobre certa porção do espaço podem idealizar diferenças nas escalas. Concordamos com Bartoly quando o autor alega que "ao mudarmos de escala, não estamos simplesmente aumentando ou diminuindo o foco de nossa lente de observação, mas transformando qualitativamente a dimensão de análise do fenômeno" (BARTOLY, 2011, p.71). Esse alerta serve não só para as variações interpretativas do lugar, mas para a análise geográfica como um todo, incluindo nela a interpretação da paisagem.

É importante destacar, à título de diferenciação, que a paisagem em relação ao lugar é concebida como se o observador estivesse sempre fora dela. Mesmo em uma perspectiva baseada na subjetividade, transcendendo o materialismo e a objetividade, a paisagem é interpretada como algo externa àquele que a percebe (CRESSWELL, 2008). Ademais, comparativamente ao lugar, a paisagem apresenta uma área de forma mais continuamente distribuída, talvez interrompida por limitações sensoriais provocadas por feições do relevo ou mesmo arranha-céus descomunais. Já o lugar pode se apresentar, como foi dito, de forma reticular. Joel Bonnemaison (1994) destaca este fato, ao argumentar que a nossa experiência espacial é mais assertivamente representada de forma reticular do que em áreas contínuas que formam polígonos.

Pauli Tapani Karjalainen considera que o lugar é proximamente entrelaçado à paisagem. "Nós habitamos um lugar que está sempre embrulhado por uma paisagem" (KARJALAINEN, 1993, p.68), o que, de acordo com o autor, é evidenciado pelo fato de muitas vezes ser a paisagem que vem à mente quando nos é pedido para descrever um lugar. Para essa afirmação de Karjalainen fazer sentido, se faz necessário considerar válida certa parcela do universo semântico da palavra paisagem.

Não podemos esquecer que a paisagem e o lugar são lentes que utilizamos para interpretar o espaço. Sua interpretação é complementar e não excludente, assim como ocorre com as demais categorias que incorporam o cânone da interpretação geográfica. A polissemia da paisagem, como dissemos, potencializa o desafio da interpretação. Alves e Deus (2014) argumentaram que trabalhar com a categoria paisagem é um risco, uma vez que a pluralidade de abordagens é imensa. É muito importante observar que ler e escrever sobre a paisagem exige, de partida, uma preocupação com o contexto. Como ato comunicativo, é necessário problematizar a epistemologia da paisagem ou, como alternativa, apresentar um contexto claro que dê subsídios ao leitor de compreender o âmbito da abordagem que está sendo tratada. Por outro lado, as diferenças de escala na definição do lugar e a imprecisão sobre o que é a experiência que é a sua base constituitiva, também adensam a sua subjetividade e complexidade.

O fato de uma só palavra (*landschaft*) da língua alemã significar paisagem e região não aponta para o fato de que o pensamento geográfico de uma das mais tradicionais escolas da geografia ignore a reflexão, em termos epistemológicos, sobre os limites das categorias. Sabemos que as palavras, empregadas em distintos contextos, podem ter significados bastante diferentes. Vimos que a ecologia da paisagem apresenta-se de maneira curiosa como partícipe dessa problemática. Nos estudos ecológicos, as diferenças entre as abordagens nomotéticas e idiográficas não ficam muito esclarecidas (MALANSON, 2002). O campo de estudo faz com que, por um lado, o endemismo e a excepcionalidade foquem na idiografia. Por outro, as classificações e as tipologias que agrupam o que é diverso são faces nomotéticas. Nesse sentido, a ecologia da paisagem poderia em tese, na sua leitura do espaço, permitir ambas as abordagens. Em uma avaliação apressada, alguém poderia cravar: a ecologia da paisagem poderia representar, pela natureza de sua preocupação, um modelo que serviria de ponte para as divergências das abordagens acerca da paisagem. Não cremos nisto. A despeito desta alardeada característica, a ecologia da paisagem também não exibe preocupações sérias com a questão da escala, recorrendo às mesmas limitações das demais abordagens (neo) positivistas[139].

Segundo José Bueno Conti: "A ideia de paisagem não se refere apenas ao que é observável, pois o conhecimento dos fenômenos e processos menos visíveis é essencial para se interpretá-la de forma cabal" (CONTI, 2014, p.240). Se as inter-relações devem ser compreendidas para a definição da amplitude espacial da paisagem, quais seriam os limites para o engendramento destas inter-relações? A grosso modo, é plausível considerar que existem relações que se manifestam em escala global. Assim, pragmaticamente, paisagem seria espaço. Não nos parece adequado seguir por esta linha. Não é uma questão de considerar que a análise integrada homem e natureza não deva ser estudada. Mas é afirmar, de maneira categórica, que a paisagem entendida dessa forma carrega constrangimentos epistemológicos e semânticos. Claramente, a paisagem dos ecologistas[140] constitui-se como uma entidade diferente da paisagem dos geógrafos culturais pós-sauerianos. Em um exemplo, a crítica à limitação do conceito da paisagem ao sentido da visão parece comum, mas encontra desdobramentos diferentes entre geógrafos ecologistas e os geógrafos culturais pós-sauerianos, principalmente aqueles alinhados aos pressupostos de correntes ad-

---

139 A limitação é quanto ao elemento sensorial: se a percepção da paisagem é integrante da mesma, pequenas escalas inviabilizam a percepção de conjunto, sendo, no máximo, um conjunto de cenas percebidas.

140 Palavras como "geossistema" ou mesmo expressões como "região ecológica" parecem facilitar as diferenciações entre geógrafos ecologistas e geógrafos culturais, fazendo, sobretudo, a leitura leiga em geografia ser mais palatável devido à polissemia carregada pela categoria paisagem.

vindas da virada cultural e que romperam com as tradições da escola de Berkeley[141].

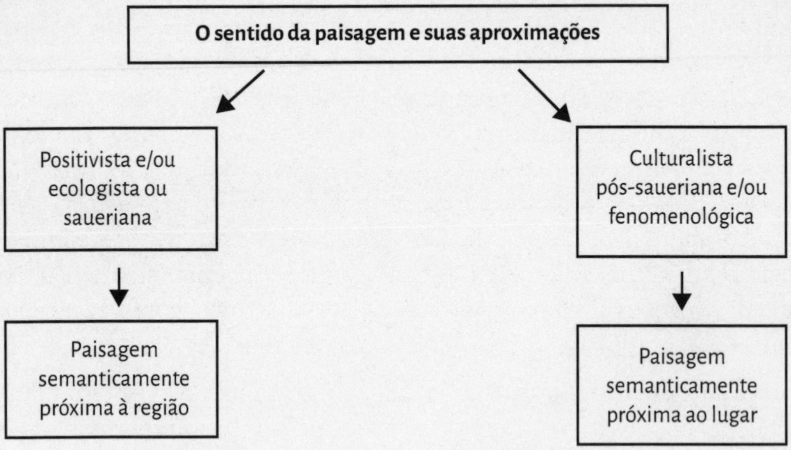
O sentido da paisagem e suas aproximações
Positivista e/ou ecologista ou saueriana
Culturalista pós-saueriana e/ou fenomenológica
Paisagem semanticamente próxima à região
Paisagem semanticamente próxima ao lugar

Fonte: Elaboração própria

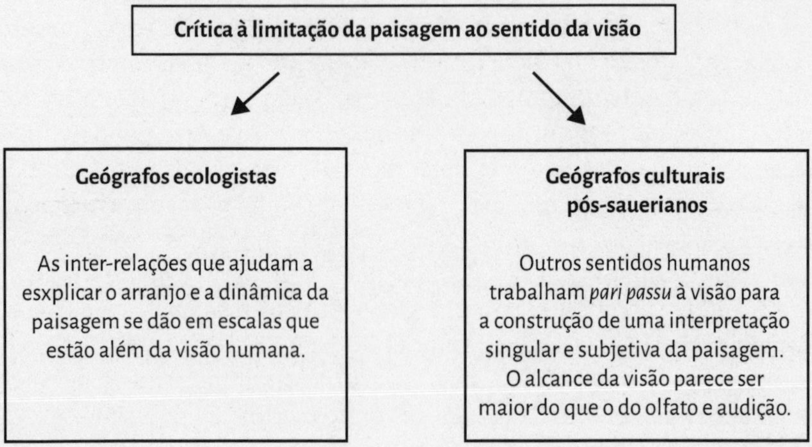
Crítica à limitação da paisagem ao sentido da visão
Geógrafos ecologistas
As inter-relações que ajudam a esxplicar o arranjo e a dinâmica da paisagem se dão em escalas que estão além da visão humana.
Geógrafos culturais pós-sauerianos
Outros sentidos humanos trabalham *pari passu* à visão para a construção de uma interpretação singular e subjetiva da paisagem. O alcance da visão parece ser maior do que o do olfato e audição.

Fonte: Elaboração própria

É importante destacar que essa categorização envolvendo ecologistas e culturalistas, já é, em si, uma generalização. No que diz respeito aos culturalistas, podemos nos referir às diferentes visões intermediadas por àqueles que abordam a cultura em suas distintas ontologias, e,

141 A tradição da escola de Berkeley vincula-se a uma abordagem predominantemente material da descrição da paisagem.

em outro extremo, por aqueles que afirmam que a cultura não existe (MITCHELL, 1995) ou que o conceito se tornou inoperante mediante a pluralidade identitária (FRANGELLI, 2009) ou pela sua inviabilidade representacional (HÄGERSTRAND, 2013[142]; SILVA; COSTA, 2018b). Independente do ponto de vista do estudioso, delimitar a paisagem é uma tarefa árdua que não passa pelos referenciais materiais passíveis de observação. Como nos diz Tim Ingold, "nenhum aspecto da paisagem é, em si mesmo, um limite" (INGOLD, 1993, p.156). Interessante pensar que a categoria lugar também não está livre dessa problemática. Além disso, Ingold ressalta que os lugares podem ter centro, mas não possuem limites. O que explica essa problemática é justamente a participação das distintas formulações mentais que participam *pari passu* às expressões materiais da paisagem pós-saueriana e do lugar. Mesmo na dimensão identitária, os limites se portam de maneira inquieta, ao sabor das ressignificações que são naturais à experiência humana.

Não é muito comum a reflexão – pelo menos àquela que se centra no âmbito epistemológico – entre a escala geográfica e a paisagem. Entendemos que a abordagem de influência positivista que propõe a congruência entre paisagem e região não se preocupa com a questão da escala. Afinal, uma regionalização pode propor a divisão de uma rua, de um bairro, de uma cidade, de uma mesorregião, de uma província ou Estado, países e até mesmo continentes. Não ocorrendo limites escalares, não se problematiza do ponto de vista epistemológico as limitações espaciais das categorias região e paisagem. O mesmo ocorre para a proposta da ecologia da paisagem, já que porções ecologicamente sistêmicas do espaço podem variar dramaticamente de extensão, assim como vemos no Brasil a diferença de extensão que existe entre os reconhecidos conjuntos morfoclimáticos. A leitura da paisagem, nessa abordagem, parte do princípio da generalização, onde os elementos geográficos passam a ser analisados em escalas geográficas pequenas, representando de forma sintética as relações geográficas (PIRES, 2017). Para José Bueno Conti, a paisagem expressa uma ideia

---

142 Torsten Hägerstrand (2013) critica as regionalizações culturais a partir da ideia material do conceito. Explicita, por meio de sua crítica, uma noção saueriana da cultura. Hägerstrand discute a dificuldade de representar cartograficamente a cultura entendida como uma expressão material, ainda que relativize a materialidade ao dizer: "geralmente só é possível determinar onde certo traço cultural poderia ser encontrado, mas não em que grau" (HÄGERSTRAND, 2013, p.349). No centro de sua crítica está o fato de que a materialidade não se expressa da mesma forma e nem com a mesma frequência, o que torna o ato de regionalizar uma arbitrariedade.

de síntese muito mais completa que a de região, território, espaço e lugar (CONTI, 2014).

Para a abordagem humanista da paisagem, que considera a percepção intersubjetiva do espaço a partir da experiência do indivíduo e se daria, inclusive, pelos sentidos humanos e pelas emoções, a escala da paisagem torna-se um elemento necessário de reflexão. A escala da percepção humana é aquela limitada pela captação dos seus sentidos. A partir dessa premissa, temos a paisagem, tida como porção do espaço percebido, como espaço compreendido e incompreendido. Sacramenta-se como espaço compreendido no momento em que a sua percepção pertence ao âmbito de cada indivíduo e consagra-se como primeira imagem. O questionamento de outrem quanto ao que foi percebido e declarado pertence a outra etapa do percurso da experiência individual. Nessa etapa, os mesmos elementos da paisagem outrora percebidos são passíveis de ser ressignificados. Os processos de percepção e ressignificação pertencem ao âmbito do indivíduo e nos oferecem uma miríade de alternativas à percepção da fisionomia e função de uma dada porção espacial.

Por outro lado, a paisagem é ao mesmo tempo espaço incompreendido, pois é impossível assegurar todos os significados do arranjo espacial visto, assim como não é possível compreender o grau e a natureza da interferência dos elementos externos que de certo modo se inter-relacionam com o espaço percebido, interferindo no arranjo paisagístico. Como argumenta Elisée Reclus, a vida insular não é determinada unicamente pela imensidão das ondas que o cercam: é necessário também considerar o grau de latitude em que ele passa a sua existência, o deslocamento anual do sol que o ilumina, as oscilações de temperatura e a direção e o ritmo dos eventos (RECLUS, 1985). Fazem parte da interpretação da paisagem as relações humanas e naturais estabelecidas entre o local, o regional e o global. É importante afirmar que não cremos que a paisagem seja uma entidade geográfica passível de ser compreendida em sua totalidade. Tal pretensão é similar à obtenção de uma "verdade histórica". Se a paisagem é constituída necessariamente de reminiscências temporais que podem esclarecer processos pretéritos que envolviam a natureza ou o homem e a natureza, a paisagem constitui-se, inclusive, como uma narrativa histórica. A pretensão de impor a narrativa histórica como realidade, livre de interpretações alternativas, soa panglossiano e obsoleto do ponto de vista metodológico.

Como já afirmamos, parece-nos impossível serem desvendados todos os segredos diacrônicos guardados pelas rugosidades espaciais e suas relações com os elementos de tempos diferentes[143] (SILVA, 2020b). O imponderável é paradoxalmente previsível; não em sua descrição, dimensão, consequência ou alcance, mas participando da consideração de muitos como um fator obscuro que participa do arranjo da paisagem e do lugar. O imponderável também alicerça eventos, como os atentados terroristas de 11 de setembro, o tsunami em Bandar Aceh e em Fukushima, a enchente em Nova Orleans provocada pelo furacão Katrina, dentre outros eventos. Por isso alguns refletem sobre o imponderável na dimensão das espectro-geografias: "A figura do fantasma (o espectro) é geralmente usada como um meio de contemplar aquilo que nós não podemos explicar, esperar, compreender ou representar" (MADDERN; ADEY, 2008, p.292).

Rose e Wylie (2006) salientam que a paisagem nos enlaça com suas vistas e enquadramentos possíveis. Todavia, a complexidade desse enlaçamento parece ser uma das explicações para a impossibilidade de compreensão da totalidade paisagística. Talvez por isso Rose e Wylie (2006) chamaram a paisagem de "cena assintótica". Nesse sentido, o esforço de compreensão da paisagem – por intermédio da investigação dos seus elementos e relações – aproxima-nos paulatinamente do entendimento da totalidade paisagística, sem que possamos, contudo, adquiri-lo em sua plenitude. Assim é uma assíntona, lançando-se na direção de um eixo, em uma aproximação que tende ao infinito, mas nunca alcançando aquele que parece ser o seu destino.

Angelo Serpa (2013), em análise similar, afirma que nem sempre a realidade visível esclarece completamente o que de fato acontece no espaço. Esses são argumentos que contribuem para justificar a necessidade de transcender a materialidade e a objetividade na análise pai-

---

143 Friess e Jazeel argumentam que a abordagem integrada da geografia humana e física permite compreender melhor as bruscas diferenciações espaciais. Por isso, afirmam: "nós acreditamos na interdisciplinaridade radical no interior da geografia" (FRIESS; JAZEEL, 2016, p.7). Com o argumento de que a paisagem obscurece certas análises espaciais, os autores creem que a interdisciplinaridade mitiga o que a abordagem fragmentada esconde. Todavia, consideramos que, independente do que os autores argumentam (com o qual concordamos), segredos paisagísticos não podem ser eliminados. Podemos considerar que tais segredos são componentes ocultos da paisagem.

sagística. A consideração do simbolismo na interpretação e expressão da paisagem parece atender a essa lógica:

> Por existirem inúmeras coisas fora do alcance da compreensão humana é que frequentemente utilizamos certos termos simbólicos como representação de conceitos que não podemos definir ou compreender integralmente. Esta é uma das razões por que todas as religiões empregam uma linguagem simbólica e se exprimem através de imagens (JUNG, 2008, p.19).

Maria Geralda de Almeida (2013a), a partir de uma perspectiva que dialoga com a pós-modernidade e o pós-fordismo, acredita que estejamos cada vez mais inseridos em ambientes de intangibilidade e de invisibilidade. Isso se explicaria pelo deslocamento dos centros de poder para escalas além das locais, distribuídos em grupos e conglomerados sem uma localização precisa. Em outra perspectiva, cresce o apelo das geografias virtuais, com games que interagem com o espaço físico material. Almeida ainda destaca que as teorias da percepção argumentam a favor do fato da realidade estar constituída, simultaneamente, por presenças e ausências, por elementos que se manifestam e outros que se escondem, cabendo aos geógrafos culturais "saber olhar o que não se vê" (ALMEIDA, 2013a, p.45).

Ainda na dimensão humanista da paisagem, destacamos ser impossível compreender todas as interdependências dos elementos da paisagem que estão além da escala dos sentidos humanos. É justamente a escala de abrangência desses sentidos que delimitam espacialmente a paisagem. A delimitação da paisagem é tênue, pois os diferentes sentidos possuem alcances diferentes. No que diz respeito à sua abrangência máxima, cremos que, enquanto há percepção sensorial, por mais limitada que esta percepção seja, estaremos lidando com o domínio da paisagem. Na janela de um avião, o ganho de altitude produz o efeito da diminuição da escala. Com o ganho de altitude, enquanto for possível identificar os elementos do espaço que estão dispostos diante do sentido da visão, falaremos de paisagem. No momento em que a altitude impedir o reconhecimento das geometrias, dentre essas linhas e texturas que a visão capta, consideramos não ser mais adequado referirmos à porção do espaço em questão como paisagem.

Para refletirmos sobre a abrangência espacial mínima da paisagem, se faz necessário retomarmos as já apontadas espinhosas delimitações observadas frente à categoria lugar. Primeiramente, consideramos que uma mesma porção do espaço – em uma mesma escala – pode se constituir como paisagem e como lugar. Contudo, essa possibilidade não se constitui como regra. Afinal, se a escala de análise for demasiadamente grande, com a abrangência espacial encurtada devido ao sério comprometimento no alcance visual horizontal imposto por questões topográficas ou por feições produzidas pelo homem, dificilmente poderíamos nos referir a tal porção do espaço como paisagem. O encurtamento visual[144] comprometeria as três peculiaridades da paisagem, a relembrar: a noção da presença dos distintos tempos na produção da porção do espaço percebida; as representações humanas no espaço percebido entendidas como produto da interação entre o homem e o meio e, por fim, as noções sobre organização (posição geográfica) dos elementos espaciais que permitem inferências sobre os fluxos.

Desse modo, não parece pertencer ao domínio da sensatez um prisioneiro em uma cela sem janelas chamar o que vê de paisagem. Mesmo alguém que está no subterrâneo de um estacionamento de um *shopping center* não deveria se referir ao que vê como paisagem. Exemplos de paisagem a partir de janelas não consideram a posição de aprisionamento interior do observador e sim a possibilidade do mesmo em visualizar aquilo que está do lado de fora. Nas salas de aula da instituição que lecionamos as janelas somente permitem enquadrar as paredes de outro prédio adjacente. Sentados em suas cadeiras, os alunos somente podem observar a textura homogênea e monótona da estrutura vizinha, demasiadamente próxima para que seja confortável assumirem que estão "contemplando a paisagem" ao olharem para as janelas. Ou seja, a existência de janelas não garante acesso visual à paisagem, apesar de se constituir como um ícone metafórico do seu contemplar.

---

144 Assim escreve Milton Santos sobre a questão da visão e a escala da paisagem: "Nossa visão depende da localização em que se está, se no chão, em um andar baixo ou alto de um edifício, num miradouro estratégico, num avião... (sic) A paisagem toma escalas diferentes e assoma diversamente aos nossos olhos, segundo o lugar onde estejamos, ampliando-se quanto mais se sobe em altura, porque desse modo desaparecem ou se atenuam os obstáculos à visão, e o horizonte vislumbrado não se rompe (SANTOS, 2014, p.68). Se a paisagem pode tomar escalas diferentes, não seriam essas paisagens distintas? A exclusão de elementos alijados pelo corte implacável de uma escala demasiadamente grande não nos prejudica quanto ao ato de analisar as interações regionais? Por outro lado, essa mesma escala grande não nos possibilita uma avaliação mais minuciosa da porção do espaço que propomos avaliar? Essas questões não nos levam a considerar que a paisagem se manifesta em uma escala, e, assim, uma mesma porção do espaço poderia pertencer a múltiplas paisagens de recortes escalares distintos? Acreditamos que a resposta para esses questionamentos é sim.

Jean Marc-Besse (2014b) assim escreve sobre angulações e paisagens:

> não consideramos sempre as paisagens sob o mesmo ângulo, nem a partir do mesmo ponto de vista. Podemos vê-las do alto, como um pássaro, ou a partir do topo de uma montanha, numa espécie de afastamento e de obliquidade sintética, ou as olhamos a partir delas mesmas, ou seja, de seu interior, e vemos as coisas, por assim dizer, por seu contorno, pelos lados, e nunca realmente de maneira completa (BESSE, 2014b, p. 241).

Besse nos atenta para a interessante questão do ângulo na paisagem e aborda implicitamente a questão da escala. Acreditamos que a limitação dada pelos sentidos do observador é o que demarca a paisagem. Entretanto, a capacidade dos sentidos varia entre distintos observadores. Assim, cremos que ângulos diferentes permitem a captação de distintas paisagens. Afinal, além das já citadas diferenças entre os indivíduos, o próprio meio pode facilitar ou dificultar a potencialização da ação dos nossos sentidos como instrumentos de percepção paisagística. É importante ressaltar que, sob o mesmo ponto de observação, dois observadores podem perceber paisagens distintas e representa-las em uma tela. Um deles pode incluir um rio que está a 8 km de distância e o outro não.

Em algumas pinturas de paisagem chinesa é possível identificar a ausência de perspectiva central: os elementos da paisagem diminuem, recuam para a linha de fundo, mas não estão organizados por uma visão central. O espaço é vasto e totalmente abarcado. Ele não é definido; não há um horizonte claro separando a terra do céu (TUAN, 2011), como se vê na tela de Hau Chiok. Se o espaço é uno em algumas das propostas chinesas de expressão da paisagem por meio da pintura, o mundo mítico encenado, por sua vez, é desprovido de tempo. "Ao contrário, na Europa, o desenvolvimento da arte da paisagem, no século XV, era evidenciado por um crescimento da consciência secular, voltada diretamente contra a ausência do tempo nas paisagens iconográficas do período medieval" (TUAN, 2011, p.11).

Vê-se, portanto, que nessa abordagem a paisagem é algo a ser percebido. Por isso, defendemos sua excepcionalidade: não enquanto entidade tangível, previsível e delimitável, mas enquanto aquilo que pode ser percebido e expressado. Quando se fala de pintura de paisagem chinesa ou de estilos e técnicas que marcam época ou se identificam com certo grupo de indivíduos, tratamos de generalizações. Afinal, a forma de perceber a paisagem é excepcional, ainda que certos contextos sociais interfiram de alguma forma nas manifestações individuais.

Destacam-se como particularidades que são mais notáveis na categoria paisagem em uma perspectiva pós-saueriana do que lugar:

- a polissemia mais ampla, incluindo noções muito diferentes;
- limitações na escala de abordagem;
- maior foco às formas e aos descompassos temporais, que sugerem inclusive a aplicação do termo rugosidades à paisagem ou outros metáforas como palimpsestos.

Uma comparação mais detida entre a paisagem pós-saueriana e o lugar torna-se comprometida justamente pela amplitude de escalas que o lugar pode assumir. A paisagem em sua abordagem pós-saueriana e o lugar são lentes diferentes para se olhar o espaço, mas conseguem congruir em algumas temáticas.

Hau Chiok. Cena das três gargantas, 2001. Técnica e dimensões e local de exposição não identificados. Algumas pinturas chinesas têm como marca a ausência de uma linha discernível no horizonte, que possa separar o céu da superfície. Essas formas de perceber e expressar a paisagem dependem de uma complexa relação do sujeito e suas experiências individuais e certos consensos coletivos. A soma dessas forças pode emular padronizações que são menos exatas do que as pessoas que creem em superestruturas sociais geralmente acreditam.

7
ERA DO GLOBALISMO E GLOBALIZAÇÃO: REGIÃO, PAISAGEM E LUGAR EM RISCO?

> A globalização é a soma multidirecional e não representável das relações materiais/semióticas. É um nome que carrega uma totalidade articulada e policêntrica. Múltiplos zeitgeists. Um emaranhado de historicidades.
>
> *James Clifford* (2012)

Já existem reflexões sobre a crise da região enquanto categoria geográfica, que estaria em curso devido a um suposto caráter homogeneizador do processo de globalização[145]. A priori a ideia faz algum sentido, à medida que o princípio que rege uma regionalização é o da diferenciação de áreas. Até que ponto este raciocínio é justo com as mudanças experimentadas pelo globalismo e pela globalização? Esse mesmo processo poderia colocar em risco a paisagem e o lugar enquanto categorias geográficas?

De início, é importante diferenciar globalismo e globalização. O primeiro termo refere-se a uma condição de cosmopolitismo advindo de um processo histórico de avanço de trocas culturais, econômicas, sociais e políticas. O segundo termo refere-se exatamente ao processo que construiu a condição de globalismo e que ainda está em movimento. É preciso ainda destacar o fato de que globalismo não significa universalidade. Na virada do milênio, "um quarto da população americana estava conectada à internet comparada a menos de um por cento da população do Sudeste Asiático" (KEOHANE; NYE JR., 2012, p.226). O mito da força homogeneizadora da globalização sobre a produção do espaço geográfico encontro eco na expressão-conceito "aldeia global" trabalhada por Mcluhan e Fiore (1971) e que foi amplamente divulgada. A aldeia global expressaria a ideia de uma homogeneização do *modus vivendi* planetário, que poderia, por sua vez, também replicar na

---

145 Para Paul Virilio, o fim da geografia também estaria sendo produzido pela globalização. O fato do controle do tempo (cronopolítica) se tornar mais importante do que o controle do espaço (geopolítica) marcaria o fim da geografia (HAESBAERT, 2012), parafraseando o fim da história de Francis Fukuyama (1992).

homogeneização das paisagens, principalmente àquelas intensamente ocupadas pelo homem. Abordagens sobre a ascensão de poderes concorrentes ao das grandes potências, como a feita por Fareed Zakaria (2008) ou Fergunson (2013) transmitem a ideia de paisagens que estariam se tornando mais parecidas a partir do equilíbrio entre aquilo que outrora se convencionou serem centro e periferia da economia mundial. A busca pela grandiosidade em cidades de nações que eram deprimidas economicamente está associada à construção de arranha-céus imensos, cassinos, fábricas, viadutos e rodovias descomunais que antes somente eram imagináveis no eixo Europa-América do Norte-Japão.

Com a intensificação da globalização, alardeia-se o fim da região enquanto categoria geográfica. Rogério Haesbaert (2010) apresenta a categoria geográfica região como condicionada e condicionante dos processos globalizantes; é amplamente reconhecido que essa condição não conduz a região ao seu desaparecimento via construção da homogeneidade espacial (LEITE, 2004). Afinal, não é plausível a consideração de que o condicionamento sofrido pelos agentes do globalismo seja o mesmo condicionamento que a região transmite às áreas adjacentes e/ou influentes. O suposto fim da diversidade espacial motiva até mesmo alguns em falar sobre o fim da geografia. Anssi Paasi (2004) argumenta que os geógrafos têm sugerido que a crescente interconexão e interdependência entre os lugares não marcam o fim da geografia, mas o começo do fim. As demandas para a compreensão da diversidade espacial aumentam em proporção similar à intensificação da cognoscibilidade terrestre provocada pela disseminação de novas tecnologias. Ao mesmo tempo, teóricos acreditam que a globalização é incapaz de promover a homogeneização em escala planetária. Ao contrário, existem aqueles que acreditam que as diferenças culturais tem se acentuado (CORRÊA, 1995). Nesse sentido, os intercâmbios globais colaborariam mais para a proliferação de particularismos do que para a construção de uma mítica aldeia global.

As reações regionais e locais às forças globalizadoras certamente apresentam-se variáveis. O estudo de Kristín Loftsdóttir (2014) sobre a abertura da Islândia ao exterior é didático em relação ao contemplarmos possibilidades *sui generis* da reação sócio-político-econômica ao processo da globalização, com repercussões óbvias na paisagem e no lugar. A abertura de grandes redes de restaurante na Islândia no início dos anos 1990 foi celebrada e utilizada politicamente como um caminho irresistível da ilha rumo ao progresso e à modernização. Todavia, sentimentos diversos contra as mudanças no *modus vivendi*, incluindo não somente novas formas de alimentação como também mudanças trabalhistas para ancorar o funcionamento das redes internacionais, mostraram-se suficientemente tóxicos aos conservadores, ameaçando esse tipo de atividade empresarial[146] (LOFTSDÓTTIR, 2014). O fenômeno preservacionista que se manifesta perante às forças transformadoras não é novo: Rowntree (1981) nos mostra que desde a década de 1860, na cidade austríaca de Salzburgo, foi registrada uma reação conservadora contra as ameaças que afrontavam a paisagem tradicional urbana vinculadas às novas tecnologias trazidas pela rápida industrialização. Ao comparar os modos como espaços e tempos distintos lidam com as transformações modernizadoras, estaremos diante de caminhos muito particulares que, apesar de possuírem congruências entre si, lhes é resguardado especificidades.

Entretanto, destacamos que uma abordagem essencialmente paroquial dos estudos do lugar não parece ser a resposta à ideia de homogeneização absoluta do planeta. Para Doreen Massey (1993), o estudo paroquial de uma localidade é aquele que foca exclusivamente no lugar em si, buscando definir para ele uma identidade única e arquetípica, embriagada de nostalgia e romantismo. Há de se considerar que mesmo em lugares tidos como ícones do caráter vernacular de um dado espaço, intercâmbios com realidades exteriores são regras e não exceções. "Até mesmo na mais "intocada" [undisturbed] pequena vila no meio do nada, a torre da igreja foi erguida a favor da glória de um Deus cujo filho nasceu em terras distantes" (MASSEY, 1993, p.144). Assim como "o quintessencial chá inglês nasceu das ações da Companhia das Índias Orientais e de plantações de cana-de-açúcar caribenhas" (MASSEY, 1993, p.145). As facilidades de deslocamento de materiais e pessoas são cruciais para a ocorrência de intercâmbios transformadores: a Palestina carente de florestas teve as suas construções mais robustas dotadas de telhados e janelas de madeira apoiadas pelos recursos naturais deslocados do Líbano e da Anatólia, afrontando à condição vernacular das construções de menor porte baseadas em pedra, tijolo e barro; a implementação do transporte por intermédio do navio a vapor e a presença de ferrovias na região do Levante fez com

---

146 O fechamento do Mcdonalds em 2009 na Islândia, no contexto de severa crise econômica, foi para alguns críticos uma evidencia de que o país estava a um passo de se retirar da comunidade internacional (LOFTSDÓTTIR, 2014). As tensões envolvendo, por um lado, o interesse no isolamento como forma de preservar valores e, por outro, a ideia de abandono e atraso, são comuns no embate local versus global que caracteriza a abertura política econômica.

que, no final do século XIX em diante, uma quantidade substancial de madeira trazida da América do Norte e da Europa passasse a concorrer com a dominante presença do cedro libanês (*Cedrus libani*) e do pinheiro do velho mundo (*Pinus brutia*) (BIGER; LIPHSCHITZ, 1995). Para os estudos do lugar, nem o paroquialismo e nem a concepção da aldeia global parecem ser abordagens teoricamente sustentáveis. Na contemporaneidade, não temos observado o enfraquecimento do senso de lugar, mas a criação de um senso heterotópico de lugar (AMIN, 2004), que é formado como uma quimera espaço-temporal.

Contudo, fábulas acerca de porções espaciais míticas politizam o espaço; a suposta pureza de um lugar, que estaria com suas tradições milenares em risco devido às influências exógenas que se assanham, compõe discursos sobre a diferença e sobre a importância de manter rituais e estéticas que serviriam, dentre outras coisas, para honrar a memória de muitos. Esse processo pode estar vinculado às pretensões nacionalistas (ENTRIKIN, 1999) (como aquelas que caracterizam os bascos, catalães, curdos e tibetanos) ou outros laços que unem multidões (como se é observado com os amish e algumas comunidades quilombolas no Brasil). É interessante pensar que a defesa intransigente do caráter vernacular se manifesta tanto a partir de se uma nostalgia anti-modernista que vislumbra a comunidade tradicional quanto na valorização pós-moderna da diferença (ENTRIKIN, 1999). Em uma era de suposta massificação estética, arquiteturas vernaculares são valorizadas; recebem a proteção de organismos nacionais e internacionais que auxiliam a sua preservação, como no caso da cidade de Safranbolu, situada na região turca do Mar Negro. As fachadas características das casas da cidade em questão abusam das molduras no entorno das janelas, produzindo peculiaridade estética. O contraste entre o detalhe da madeira, bem trabalhada em seu corte, e a rusticidade das pedras é um ponto de atenção. Situada em uma região de rica história e de grande influência de povos distintos, Safranbolu foi reconhecida pela UNESCO como patrimônio da humanidade em 1994 (AKYILDIZ, 2020).

No mundo marcado pela intensificação da globalização, o lugar continua preservando sua excepcionalidade, mas marcadamente carrega efeitos do espaço exterior sobre o seu arranjo. Faz sentido considerar que os estudos do lugar precisam levar em conta a posição geográfica, ou seja, a porção do espaço ocupada pelo lugar frente a um conjunto espacial mais amplo. As adjacências do lugar, pelo princípio da proximidade, tendem a exercer mais influência sobre o lugar. O que a globalização foi capaz de fazer é aumentar a necessidade de – *pari passu* ao levantamento do quadro posicional do lugar – fazermos o levantamento relacional do lugar frente a espaços distantes; afinal, como dito, transportes e comunicações modernos têm proporcionado relações muito fortes com o longínquo. O princípio geográfico da proximidade aplicado cegamente como definidor no quadro das relações com o lugar tende a ser insuficiente. Vemos lugares distantes ou mesmo antípodas capazes de interferir mais intensamente em uma dada porção do espaço do que os espaços adjacentes. Esse é um apontamento realizado por Milton Santos (2012b) em *Por uma outra globalização* que consegue desnudar a essência do processo em baila: o espaço apresenta-se como um mosaico extremamente pulverizado de ritmos desiguais[147] fazendo com que o uso do termo globalização cause desconforto em quem minimamente compreende o arranjo do espaço; ritmos parelhos em fragmentos distantes entre si podem melhor se associar que fragmentos vizinhos de ritmos descompassados. Talvez possamos nos referir ao quadro global como globalizações – no plural – como uma forma de mantermos o compromisso com a acuidade da leitura espacial. Ainda assim, elas seriam tantas que não serviriam como objetos de compreensão da escala global; podem ser, por outro lado, úteis como amostras regionais da natureza desigual do espaço.

Eliezer Ben-Rafael e Miriam Ben-Rafael (2015) investigaram o impacto da globalização na diversificação linguística presente na paisagem. Para tanto, investigaram cidades que desfrutam de alto grau de cosmopolitismo, como Bruxelas, Berlim e Tel-Aviv, verificando a extrema variação linguística entre zonas das cidades – como na comparação entre os guetos e os centros das cidades – e uma grande combinação possível nas comunicações bi e até mesmo trilíngues. Em um dos seus elementos de conclusão, os autores afirmaram que as paisagens linguísticas ilustram um grande paradoxo:

---

147 Os ritmos aqui tratados apresentam um duplo sentido que funciona de forma concomitante para a análise aqui posta: os ritmos podem ser entendidos como a velocidade dos fluxos que se distribuem pelo espaço e também a celeridade em que se dá a transformação das técnicas e da tecnologia. *Ipso facto*, ritmos distintos causam a impressão de provocar deslocamentos temporais entre espaços analisados em um mesmo momento do tempo atomístico.

Enquanto que, por um lado, a globalização acarreta na uniformização dos centros das cidades – por intermédio dos BCNs[148] e do inglês – transmitida do Ocidente para o resto, a globalização encoraja a migração do resto para o Ocidente o que contribui para a segmentação e a efetivação de novos contatos entre culturas e populações (...)

(...) A globalização, como temos visto, é sujeita a uma endêmica contradição. Encaminha tanto ambientes marcados pela "cidadania global" quanto pela formação de diásporas transnacionais, ou seja, formas de particularismos globais (BEN-RAFAEL; BEN-RAFAEL, 2015, p.34-35).

Utilizando-se de outros argumentos, Santos (2012b) crava que a globalização é uma fábula. O autor critica o mito da aldeia global que nos faria crer que a divulgação instantânea dos fatos e das notícias realmente atingem todos. Vai além, ao dizer que os prodígios da velocidade advindos dos modernos transportes não estão ao alcance de todos[149] e denuncia uma lógica perversa, com a qual concordamos e que já foi apresentado anteriormente, que impacta diretamente na produção do espaço e nas paisagens: novas técnicas convivem com técnicas com distintos graus de obsolescência e, quando um determinado ator não tem as condições para mobilizar as técnicas consideradas mais avançadas, torna-se, por isso mesmo, um ator de menor importância no período atual (SANTOS, 2012b, p.25).

A lógica que envolve a evolução técnica permite a convivência de novos instrumentos frente àqueles desenvolvidos no passado, obsoletos no que tange à capacidade de competição. Esse fato permite a perpetuação da diversidade tanto nas opções estéticas que são apresentadas quanto na forma de reprodução do capital. O avanço dos transportes, pelo seu lado, serviu para mudar a realidade do planeta em diversas esferas. A construção de ferrovias na Rússia czarina, com destaque para a

---

148 BCNs é um acrônimo que significa grandes nomes comerciais [*Big Commercial Names*]. Refere-se propriamente às grandes redes comerciais, não raramente presentes em diversos países, e preservam o seu nome de origem, que se apresenta, acima de tudo, como uma marca.

149 Uma ilustração bem divulgada que foi publicada no livro Condição Pós Moderna de David Harvey quer transmitir a ideia de que o mundo está encolhendo. Em um enquadramento de vários planisférios, estes diminuiriam de extensão ao longo do tempo, à medida que os transportes evoluíam, em uma sequência que partiria das carruagens e barcos à vela e que findaria nos jatos de passageiros. A chamada proposta para a ilustração é "o encolhimento do mapa do mundo graças a inovações nos transportes que aniquilam o espaço por meio do tempo" (HARVEY, 2004, p.220).

ferrovia Transiberiana que tornou a visita à Vladivostok mais acessível a um russo ocidental, foi a razão confessada por Halford Mackinder para que o autor em questão considerasse o grande potencial desse país em se tornar uma futura potência global (PARKER, 1982). "Já se deslocam mais rapidamente por terra do que por água", diria o inglês em tom de lamento em sua análise[150]. Afinal, sabidamente o século XIX é chamado de Vitoriano devido ao longevo governo da rainha Vitória e como alusão à superioridade de Londres e ao império organizado no além-mar, feito sustentado pela sua superioridade marítima.

Mesmo que os transportes não sejam acessíveis a todos, como destaca Milton Santos, dificilmente alguém estará imune aos efeitos, mesmo indiretos, das consequências de sua melhoria. É o mesmo que dizer que a maior velocidade nos deslocamentos interfere, inclusive, na realidade de quem não se desloca, pois propõe reorganização na esfera das amplas relações sociais. "Excluídos" podem permanecer "excluídos", mas o próprio significado que se dá à exclusão está em movimento, ao sabor das mudanças registradas nas técnicas e tecnologias de transporte, a serviço da alardeada aniquilação do espaço por intermédio do tempo (HARVEY, 2004). Georges Benko (1999) argumenta que as acelerações das comunicações e da informação dão a ideia de que a história está nos nossos calcanhares: ampliou-se o horizonte geográfico da informação, ao mesmo tempo em que os intervalos temporais apresentam-se mais recheados de eventos, fazendo-nos ter dificuldade em hierarquizar a relevância dos fatos cotidianos. Outrora, em uma aldeia desconectada, "o sentido existia por si mesmo. Hoje somos convidados a dar um sentido a tudo, do terrorismo no Peru ao islamismo na Argélia" (BENKO, 1999, p.209).

Eric Dardel (2011) salienta que a navegação a vapor aproximou geograficamente a América da Europa. A aviação comercial, por sua vez, pôs ao alcance de Nova York ou de Londres todas as terras habitadas. O autor aprofunda o seu raciocínio completando:

> Esse encurtamento do mundo perturbou todos os dados políticos e econômicos, criando uma interdependência planetária, ainda mais acentuada pelo telefone e pelo rádio. A intervenção dos Estados Unidos nas duas

---

150 Foi elaborada por Halford Mackinder a chamada teoria do Heartland, também conhecida como teoria do poder terrestre. Tal teoria antagonizava com a ideia transmitida pela teoria do poder marítimo, de Alfred Thayer Mahan (TUATHAIL, 2005; SEMPA, 2002; MELLO, 1999). Mackinder ocupou cargo diplomático britânico na Rússia, vendo neste país a principal ameaça à hegemonia inglesa no novo século que se iniciava (século XX).

recentes guerras mundiais pressupõe um mundo reduzido pela tecnologia dos transportes. Certas paisagens terrestres, as plantações de seringueira na Malásia, ou as explorações petrolíferas no Texas, nasceram da luta contra as distâncias. A vida material de nossas populações europeias está sujeita a uma colheita ruim de trigo na Argentina ou, no Canadá, a um bloqueio das rotas marítimas de lã, do algodão ou da celulose (DARDEL, 2011, p.10-11).

Com este raciocínio de Dardel, com o qual concordamos, temos a premissa de que a aceleração das velocidades que aniquila o espaço interfere no arranjo da paisagem. Por mais que consideremos que o raciocínio de Milton Santos traça acerca da globalização esteja correto, cremos que, mesmo para os excluídos que não desfrutam dos prodígios das técnicas e tecnologias facilitadoras da mobilidade, os efeitos se fazem sentir, com faces, intensidades e gradações distintas. Se, para muitos, vivemos a era do globalismo e do "achatamento do mundo" (FRIEDMAN, 2005), imaginem então o que pode estar por vir mediante a instauração de maiores velocidades, barateamento dos transportes rápidos e, como consequência, a ampliação da fatia da população que se desloca semanalmente através de distâncias consideráveis.

Nesse contexto de grande aceleração dos fluxos e de facilitação do deslocamento espacial fala-se em multiculturalismo, definido como "uma qualidade das atuais sociedades modernas, construídas pelas forças globalizadoras que fazem com que diferentes grupos se apresentem espacialmente mais próximos" (ENTRIKIN, 2000, p.19). Como "espacialmente mais próximos", Entrikin provavelmente referiu-se ao espaço relativo, que é o produto subjetivo da deformação do espaço físico a partir da percepção humana. O espaço relativo deforma-se frente ao espaço físico a partir das facilidades ou impedimentos de circulação, que incluem não somente a velocidade dos transportes, mas também os custos do deslocamento. Além dos transportes, devemos considerar também a circulação da informação. O achatamento tempo-espacial tornou-se um tema recorrente na geografia nos anos 1970, quando a telefonia deu um salto tecnológico, expandindo-se sobremaneira pelo espaço devido à disponibilidade infraestrutural e o barateamento dos preços (CLARK, 1974). Eis o contexto que inspira a concepção de aldeia global e também do multiculturalismo.

É importante destacar que a discussão multicultural perde o sentido para aqueles que não acreditam na cultura como uma entidade tangível; afinal, a desconstrução da cultura como algo delimitável no espaço e passível de ser descrita é contra à essência da proposição multicultural. É de se destacar que o questionamento da cultura antecede o próprio *status quo* contemporâneo do arranjo difuso e acelerado dos fluxos. Certamente, em trabalhos descritivos de geografia cultural, há relatos generalizantes sobre povos e culturas associados a determinadas paisagens. É o caso de Jean Gallais (1998), que se apoia em etnografias para refletir sobre a associação de certas sociedades e porções do espaço. Em argumento comum à linguística antropológica, Gallais explora a riqueza do vocabulário de determinados povos e sua relação com a percepção mais aguçada do espaço vivido. Todavia, cai em certos determinismos e generalizações que são comuns às abordagens anteriores a pressupostos apregoados pela virada cultural. É importante considerar que o multiculturalismo denota um determinado grau de hibridez que já é o apanágio da cultura. Entretanto, a intensificação da globalização pode disseminar e facilitar a apropriação didática de exemplos que se oferecem diantes nossos olhos; sendo esses exemplos menos sutis, facilitam a compreensão da cultura enquanto uma mítica coletividade coesa.

Nessa conjuntura da globalização *de plein vent*, percebe-se, de forma cada vez mais notável, que o arranjo da paisagem também é determinado por forças que estão muito além de sua escala de análise. Para Serpa (2010), a paisagem resulta sempre de um processo de acumulação, mas é, ao mesmo tempo, contínua no espaço e no tempo, e, também, uma sem ser totalizante. Por mais que o recorte escalar da paisagem a defina na amplitude da percepção humana, os espaços a ela adjacentes podem interferir na sua interpretação. A paisagem é modelada também por fluxos que estão além do entendimento dos sentidos, mas que auxiliam a explicar posições, formas, funções, constituindo-se enfim como um importante pilar da explicação da sua fisionomia. Este fenômeno será tão notável quanto maior for o grau de cosmopolitismo da paisagem observada, o que poderia nos levar a categorizar a paisagem em um dos extremos como vernacular e em outro extremo, cosmopolita.

A paisagem vernacular remete a um conjunto de práticas de usos continuamente ajustados com o lugar[151] (BESSE, 2014b). Apresenta-se

---

151 O caráter vernacular da paisagem se manifesta no estudo de Holzer, sobre a Região do Lagos (RJ) e a perseverança de suas tradições: "O método de extração de sal, apesar das mudanças tecnológicas quanto ao refino, continua inalterado. O processo de extração do sal define paisagem: uma paisagem de salinas marcada pelo desenho geométrico dos concentradores do sal, que se estendem como tanques de águas rasas e tranquilas pelas áreas lacustres; nos baixios despontam os galpões em estrutura de madeira rústica, onde fica armazenado o sal recolhido e o moinho

como um refúgio identitário: a paisagem vernacular e seus componentes expressam o modo com as pessoas que habitam determinada porção do espaço pensam, como se relacionam com o seu mundo, como se comunicam entre si e outros assentamentos e como se alimentam (COSTA, 2008; HOLZER, 2014). Por outro lado, a paisagem cosmopolita, comprometida com fluxos de alcance globais, transforma-se com mais velocidade e sem apreço às tradições do local, que muitas vezes são abandonadas em detrimento de novas técnicas/tecnologias. A dualidade classificatória da paisagem nesse aspecto analisado não pode ser vista a partir de lentes cartesianas, sendo que a paisagem vernacular e a cosmopolita apresentam-se como tipos antagônicos, que compreendem a realidade paisagística entre os seus eixos conceituais. Na verdade, as paisagens vernacular e cosmopolita são tipos icônicos e estanques, que se posicionam como extremos; as paisagens se encaixam, mediante esses extremos, em alguma gradação. A categorização que envolve a paisagem vernacular e a cosmopolita poderia ser justificada, precisamente, pelas diferenças na produção do espaço: porções espaciais mais ligadas aos tentáculos das redes que tornam o local e o regional interdependentes ao global tendem a produzir paisagens nas quais as conexões com elementos externos a ela possuem elevado grau de influência em sua fisionomia. Precisamos ter em mente que a paisagem vernacular, mesmo possuindo um grau de transformação mais lento do que espaços plenamente inseridos pelas redes globais, não é uma paisagem estática e morta, fechada na tradição (BESSE, 2014a). Certamente também está em movimento e possui história. É curioso pensar que o caráter vernacular de uma paisagem pode potencializar o interesse a visitação, tornando-se fonte de renda e penetração de ideias e interesses naquele espaço miticamente intocado. Com o aumento do interesse à visita, logo se nota a carência de infraestrutura voltada

---

com suas rodas de ventos. As salinas constituem-se num dos símbolos da identidade cultural da Região dos Lagos, assim como também o são os cordões arenosos de dunas margeadas pela vegetação típica de restinga, que pontuam aquele litoral. Toda essa conformação mantém uma relação de simbiose com a restinga. As salinas só existem devido a esses cordões arenosos que em épocas remotas represaram a massa de água salgada emAraruama. Nesses cordões, seja nas dunas que separam as pequenas lagunas fronteiras ao mar da grande lagoa, seja nas línguas arenosas que avançam pelas águas lacustres, os salineiros construíram seus aldeamentos. Esses pequenos núcleos de povoamento resistem ao tempo, com sua tipologia peculiar, identificados de longe pelos cataventos, marca da humanização da restinga bravia" (HOLZER, p.54, 2014).

para a atividade turística; assim, qualquer comodidade que se implante na paisagem vernacular é contraditória ao que se buscou ao visita-la, levando-nos a pensar que a quitenssencialidade histórica, incluindo nela os dissabores das limitações técnicas/tecnológicas, talvez só seja agradável ao grande público enquanto fotografia.

A rigor, é plausível concluir que toda paisagem não se explica por si só. Como já pontuamos, os elementos naturais que ajudam a compô-la também possuem grau de interdependência com elementos que estão em porções espaciais externas à capacidade dos sentidos humanos de captá-los. No caso dos elementos antrópicos, muitos dos quais ditados pelo globalismo, os elementos da fisionomia da paisagem influenciados por relações estabelecidas com áreas externas à mesma são mais facilmente perceptíveis. É provavelmente por essas razões aqui expostas que Milton Santos (*apud* SERPA, 2010) definiu que os objetos e a paisagem não têm valor por si só. O seu valor seria definido pelo espaço, pelo casamento entre o sistema de objetos e o sistema de ações. Utilizando um termo de referência espacial, é plausível admitir que o valor dos elementos da paisagem e também dela mesma são fortemente influenciados pela sua posição geográfica frente aos fluxos das redes que os conectam.

A explicação do arranjo das paisagens cosmopolitas se encontra principalmente fora delas, o que não significa que as paisagens estejam se constituindo como partícipes de uma grande massa geográfica homogênea. Afinal, cremos que cada porção do espaço entendida enquanto paisagem reage ao seu modo aos estímulos globalizantes que recebe. A partir dessa discussão aqui proposta, retomamos a questão: a intensificação da globalização provocará o fim da região, paisagem e do lugar enquanto categorias geográficas?

Primeiramente, sobre o suposto fim da região, temos que considerar a diferenciação de áreas como princípio norteador das regionalizações. Vimos nos desenvolvimentos anteriores e endossamos o raciocínio de Milton Santos que aponta para um processo de globalização que não colabora para a homogeneização do espaço, preservando e até mesmo aumentando as diferenças inter-regionais. Estaria, a partir dessa crença, mantida a validade da reflexão regional na geografia. Numa abordagem na qual paisagem e região possuem sentido fortemente congruente, o argumento serviria também para a reflexão acerca da paisagem. Mesmo considerando as reminiscências neopositivistas que se apresentam hoje de maneira mais ou menos sutil no fazer geográfico, a paisagem não está em risco.

De acordo com a definição de viés fenomenológico que considera a paisagem como certa porção do espaço percebida pelos sentidos do homem, é plausível considerar que os diferentes percursos das experiências humanas garantiriam a sua excepcionalidade. No caso de generalizações coletivas, as adjetivações aludem a supostamente consensual "bela praia de Copacabana" ou ainda à "deslumbrante topografia ouro-pretana". Nesse caso, a paisagem, em termos de fisionomia, passa a ter uma ontologia própria, uma espécie de "espírito do lugar" (PIRES, 2017). Acreditamos, contudo, que mesmo as formalizações coletivas, que produzem certa congruência na dimensão intersubjetiva das descrições, fazem com que a paisagem seja percebida/interpretada/descrita como uma entidade excepcional, por ser fruto da experiência individual. Segundo a ótica fenomenológica, a atuação de forças cosmopolitas que perturba o arranjo da paisagem não a coloca em risco, justamente por preservar a excepcionalidade de sua interpretação.

Para Stuart Hall (2013), o processo de globalização é desterritorializante nos seus efeitos. Suas compressões espaço-temporais afrouxam os laços entre a cultura e o lugar, não sendo mais fácil dizer onde um aspecto cultural se originou. O que poderíamos mapear é mais semelhante a um "processo de repetição-com-diferença, ou de reciprocidade-sem-começo" (HALL, 2013, p.40), expressões já exploradas anteriormente neste livro. Em uma abordagem pautada pela geografica crítica e com conclusão similar à abordagem cultural de Hall (2013), Milton Santos elabora: "O lugar é a oportunidade do evento. E este, ao tornar-se espaço, ainda que não perca suas marcas de origem, ganha características locais. É como se a flecha do tempo se entortasse em contato com o lugar. O evento é, ao mesmo tempo, deformante e deformado" (SANTOS, 1996, p.39). Milton Santos traz a perspectiva crítica para a abordagem do lugar, na qual o conceito em questão se entrelaça com a noção de localidade. A posição é reforçada por Doreen Massey (2004), que acredita que o lugar não é somente um produto daquilo que se direciona a ele, mas resulta também da justaposição e mistura dos fluxos, relações e conexões. Aproxima-se de Santos (1996) e também de Haesbaert (2010) quando analisa criticamente a globalização nos seguintes pontos:

- a globalização sempre se refere aquilo que vem de algum lugar. Sempre é algo externo ao lugar;
- não há fenômeno global que não tenha origens locais;
- o local é construído pelo global e, o global é construído pelo local" (MASSEY, 2004, p.99).

Stephen Daniels (1992) também se aproxima de Santos (1996), Haesbaert (2010) e Massey (2004) quando argumenta que durante algum tempo a globalização foi vista como um fenômeno que transcende o lugar e até mesmo o homogeniza; mas que passou a ser vista como um processo que também é condicionado pelo contexto cultural e pelas particularidades concretas do lugar. Nessa dialética globalização-lugar enquanto ente dual marcado pelo status de condicionante e condicionado, haveria espaço para a contemplação daquilo que é vernacular? Por mais que Stuart Hall tenha centrado suas abordagens nas identidades e nas mediações culturais ao falar sobre a repetição-com-diferença e reciprocidade-sem-começo, vemos que o raciocínio também se aplica, de modo geral, à fisionomia da paisagem. Nesse particular, atestar o que é "vernacular" (CLAVAL, 2011b) tornou-se mais difícil. Contudo, as peculiaridades do processo descrito por Stuart Hall nos ajudam a concluir que o processo de transmissão via interconexões culturais não produz *fac-símiles* paisagísticos, garantindo a sua excepcionalidade material. Acreditamos que não há globalismo ou cosmopolitismo que invalide a paisagem enquanto categoria geográfica nos termos que aqui tratamos.

A nova geografia cultural é feliz ao dar ênfase à visão da cultura como um espaço em constante tensão, reflexo das relações de poder que permeiam a sociedade. A versão consumível do lugar-pastiche – em franco dinamismo devido à busca de audiência ao seu espetáculo – claramente se opõe à ideia daquilo que é puramente vernacular (DANIELS, 1992). Lugares são pressionados a se constituírem como "bons locais para os negócios" (HARVEY, 1990). É de se perguntar em que medida o puramente vernacular é consumível, visto que o mínimo de conforto e atratividade aos visitantes pode se associar as formas-pastiche que acabam moldando o espaço como um mosaico espaço-temporal. Relíquias de um passado dito glorioso podem estar imersas em uma teia de significados estranhos ao pretérito vernacular, incorporando um novo conjunto que pode ser entendido como uma cena ou um teatro, transmitindo significados conjunturais que os povos fundadores jamais poderiam sonhar. Os particularismos parecem renovados, apesar de alguns símbolos se reproduzirem globalmente; esses símbolos são notas comuns em melodias complexas e particulares. Essa é a razão de não acreditarmos na hipótese de que a globalização represente morte do lugar. Acreditava-se que a homogeneização em escala planetária faria com que o sentido do lugar se aproximaria da noção de localização, já que a categoria seria esvaziada de sentido (MALPAS, 2008). Ledo engano.

No interior do escopo semântico de um conceito reificado de paisagem e cultura – em que as mesmas se tornam entidades delimitáveis e objetivas – a intensificação da globalização poderia conduzir à ideia da massificação extrema da cultura – um absurdo dentro da dimensão dos modernos estudos culturais – e se constituir como uma ameaça à suposta estabilidade das paisagens materialmente entendidas. Afinal, nessa lógica, a massificação cultural imporia dificuldade de justificar os limites das ditas regiões culturais.

É um fato quase consensual no pensamento das ciências políticas que as mudanças contemporâneas marcadas pelo avanço das redes transnacionais favorecem o processo que Bertrand Badie (1995; 1999) chamou de "erosão de soberania" ou ainda "fim dos territórios", ou mesmo contribuem para o aumento da prevalência de certas áreas do território nacional sobre as demais, como declarou Kenichi Ohmae (1999) ao descrever os "Estados-região". Para o teórico japonês, regiões poderosas dos países tornam-se metonimicamente a sua verdadeira face, por aglutinar poder e ser o centro de controle e comando dos Estados modernos. Esse fenômeno seria gerado por descompassos entre uma anemia rítmica característica de regiões desfavorecidas economicamente e a superaceleração dos fluxos de diversas ordens em áreas favorecidas. Essas questões contemporâneas ligadas à intensificação da globalização esfacelam a miragem de culturas estabilizadas que sustentam paisagens por meio de uma grande superestrutura cultural entificada (DOMÍNGUEZ, 2011). A visão objetiva da paisagem estritamente ligada à cultura nacional é perturbada justamente pela própria relativização do senso de nacionalidade e da integridade do território nacional. Curiosamente, as modificações impostas pela globalização podem servir até mesmo como um meio didático de desconstrução da materialidade da paisagem e da cultura.

Tanto o raciocínio oriundo da geografia crítica como o advindo dos modernos estudos culturais ajudam a compreender que a globalização, ainda que transforme essencialmente o lugar, não é capaz de eliminar sua excepcionalidade. Mesmo considerando a arbitrariedade do limite da região e a subjetividade do limite da paisagem e do lugar, a homogeneização espacial entendida como um efeito colateral da globalização eliminaria, em tese, a necessidade de setorização espacial, fazendo com que essas categorias perdessem o seu sentido. De alguma forma, com essas categorias em risco, poderia ser proclamada a morte da própria geografia. Contudo, a disciplina vive, e não por um movimento panfletário de autodefesa do nosso campo de atuação, mas por intermédio de uma constatação das formas plurais de reprodução do espaço contemporâneo que replicam nas identidades. Para além das preocupações quanto à perpetuação ou não da geografia, assumimos que a diversidade é tranquilizadora e deveras aprazível, pois nos apontam possibilidades em detrimento de certezas.

8
PERCEPÇÃO E EXPRESSÃO[152]
DA PAISAGEM

A paisagem é tensão. O termo denota precisamente as tensões por meio das quais o sujeito e objeto, o eu e mundo, encontram sua medida, equilíbrio, atenuação, impulso e recuo, proximidade e distância. Todo o valor da paisagem reside agora nessa tensão e precisão. É como a paisagem se distingue em relação ao espaço e ao lugar.

John Wylie (2006)

Talvez alguém somente possa definir o nascimento de uma civilização no momento em que o homem se torna consciente do seu entorno.

Sylvia Crowe (1962)

Precisamos considerar, *a priori*, que a discussão acerca da percepção e expressão da paisagem é enviesada pela definição acerca do que seja a paisagem propriamente dita. Dos estudos ambientais até as perspectivas fenomenológicas são observados diferentes posicionamentos acerca da percepção e da expressão paisagística. Nessa variação existem estudos que tratam as pesquisas da paisagem a partir da consideração de ideias universais[153] acerca da categoria, que se aplicariam em qualquer tempo e espaço; alternativamente existem os estudos que consideram que as ideias da paisagem não são universais, mas são aplicáveis a grandes grupos de pessoas, evidenciando, principalmente, diferenças nacionais de perspectivas; em outro extremo, existe a consideração de que as ideias da paisagem se manifestam em âmbito individual (HOWARD, 2019). Esse é um importante pilar teórico para a consideração da excepcionalidade da paisagem e também do lugar.

---

152 Consideraremos a palavra descrição como sinônimo de expressão. A descrição ou expressão da paisagem pode se dar no âmbito das narrativas orais, da pintura ou mesmo textualmente.

153 São aqui consideradas ideias sobre a paisagem não somente aquelas que constroem o sentido da paisagem, mas, mais detidamente, aquelas que a qualificam esteticamente.

Para discutirmos o ato de percepção e expressão da paisagem, faz-se necessário compreender que a percepção, a cognição e a avaliação da paisagem são processos extremamente inter-relacionados (NASSAUER, 1995). A consciência se desenvolve por intermédio da percepção, que é, por sua vez, dependente das experiências sensoriais colhidas pelo ser humano encarnado, que pensa e sente (RISSO, 2020). É importante destacar que a percepção não é o mesmo que sensação. As sensações são componentes pontuais da experiência humana, deficientes na capacidade de nos prover, por si só, formulações conjunturais bem elaboradas. A percepção, principalmente a visual, não se trata da recepção puramente passiva dos dados sensoriais, mas sua interpretação e organização em uma estrutura que lhe dá forma e sentido (COLLOT, 2015). Essa noção nos deixa claro que a percepção da paisagem é mais do que a simples resposta ao estímulo visual[154] (AOKI, 1999; TORRES, 2018). É uma forma como, por intermédio da atuação conjunta dos sentidos, as coisas do mundo natural ou humano chegam à consciência (ROCHA, 2002; 2003).

Apesar dessa tentativa de balizar o termo percepção, concordamos com a visão de Angelo Serpa (2005) quando o autor em questão alerta que o termo – no âmbito da geografia – é empregado em diferentes contextos, podendo significar "percepções, memórias, atitudes, e preferências humanas, além de outros fatores psicossociais que contribuem para algo que seria melhor caracterizado como cognição ambiental" (SERPA, 2005, p.221).

---

154 Apesar de ser relativamente comum encontrar entendimentos acerca da percepção da paisagem a partir da atuação dos múltiplos sentidos humanos, Pocock (1981a) e Bunkse (2007) afirmam que 90% de nossa participação sensorial frente à paisagem é visual, enquanto que Huang e Lin (2019) apostam em 80%. É acrescentado que parcela expressiva do restante dessa participação é auditiva e tátil (HUANG; LIN, 2019). Essa consideração desdenha da importância dada ao olfato na percepção da paisagem, destacada por Douglas Porteous (1985). Para Pocock (1993), nos estudos sensoriais, a relativa negligência quanto ao som, o tato e o olfato é atribuída ao despótico domínio da visão. Tuan (1979b), por sua vez, ressalta que desde a infância as crianças são levadas a conceber lugares distantes a partir da câmera da televisão, mais do que por intermédio de narrativas orais ou textos escritos. Esse tipo de percurso contribui para que a nossa experiência coloque, desde tenra idade, a visão numa posição privilegiada como instrumento de ativação da imaginação geográfica. Quatro décadas após as considerações de Tuan (1979b) pensamos que outras telas surgiram para concorrer com a hegemonia da televisão no aprendizado geográfico da infância, o que contribui para pensarmos na posição dominante da visão como principal sentido da percepção do espaço.

Nesses termos iniciais, há de se considerar o sentido fenomenológico da paisagem, que abarca a dimensão do visível e do invisível (MEDEIROS, 2020). Reforçando nossas elaborações do início deste capítulo, Owain Jones argumenta que "nossas relações espaciais não são meramente relações entre o corpo que sente o espaço, mas as que consideram o emaranhamento hipercomplexo espaço-temporal" (JONES, 2011, p.880). Assim, a memória importa nos processos de percepção e expressão da paisagem.

O invisível da paisagem não é composto somente pelos dados sensoriais além da visão. Incluem também as imagens que formulamos no contexto da excepcionalidade de nossa individualidade, certamente trabalhadas em uma complexa relação que incluem o conjunto de nossas memórias. É importante entender que os sentidos e a memória trabalham em um esquema complexo que é responsável pela elaboração dos significados, sendo necessário romper com aquilo que Frias (2019) chamou de "ocularcentrismo". Também é relevante ter em mente, de partida, que o processo perceptivo possui base eminentemente cultural: "o ambiente não é vivenciado nem percebido do mesmo modo pelos diversos grupos sociais diferenciados entre si segundo um grande leque de atributos que se combinam de modo complexo" (CORRÊA, 1995, p.7). Em uma problematização ainda mais específica do que a construída por Corrêa (1995), consideramos que o ambiente sequer é percebido da mesma forma no interior de grupos que supostamente possam ser considerados como homogêneos. É na sutileza do caminho solitário da experiência – entendida como um conjunto de vivências individuais e coletivas – que é construída a excepcionalidade da interpretação paisagística.

Tem sido utilizado o termo paisagens sonoras [*soundscapes*] que inclui os sons desejados e não desejados que se propagam em uma dada porção do espaço (PORTEOUS; MASTIN, 1985). As adjetivações que os sons recebem em uma dada paisagem também são subjetivas, apesar de parecer difícil imaginar o fato de alguém apreciar a imposição sonora de uma britadeira. Em exemplos bem pontuais, é até mesmo plausível considerar o som da britadeira prazeroso, como um empreiteiro ansioso em ver o bom andamento de uma obra. As adjetivações subjetivas apresentam-se como um grande desafio à avaliação da paisagem [*landscape evaluation*]. Lugares apropriados simbólica e territorialmente por gays podem se apresentar como espaços associados a toda sorte de imagem pejorativa a certa pessoa que cultive alguns valores morais específicos. Ao mesmo tempo, tais lugares se apresentam como espaços de liberdade, resistência, expressão e autoafirmação para os que o frequentam (MELLO, 2008).

Convivemos diariamente com uma quantidade gigantesca de sons, numa orquestra de timbres e volumes que vão desde o impercepível até o insuportável. A convivência constante com os sons faz com que as pessoas busquem se alienar propositalmente ao universo sonoro superpovoado (MALANSKI, 2011). Por alguma razão, o silêncio súbito que passa a dominar certo ambiente que nos acolhe é quem alerta sobre o grau da poluição a que estávamos submetidos em instantes anteriores. É razoável considerar que moradores de ambientes nos quais ecoam muitos sons possuam baixo nível de consciência auditiva (MALANSKI, 2017). A biofonia – os sons produzidos pelos animais – pode estar associada a sentimentos como pacificação ou tranquilidade; melhor percebidos nas áreas rurais, a biofonia é suprimida por sons concorrentes em espaços urbanos. Como os sentimentos devem ser tratados como possibilidades identitárias, há de se considerar a possibilidade de alguém considerar a biofonia como um agravante do tédio. Nos estudos sobre a relação entre sons e ambientes, fala-se em fidelidade acústica quando se quer referir aos sons naturais. Nesse sentido, as áreas rurais tendem a possuir mais fidelidade acústica, assim como as paisagens do passado – livres da mecânica moderna e eletrônica – tendem a possuir maior fidelidade acústica que as paisagens atuais.

Sons precisam ser considerados como fontes de bem-estar individual e comunitário (UIMONEN, 2008). Os sons produzidos pelo homem se apropriam do espaço e da paisagem, ajudando determinadas áreas a se tornarem lugares, justamente por prover experiências sonoras a quem frequenta. Quando falamos do som, em outro viés, se faz necessário considerar que o silêncio – comum em alguns lugares sacros – também compõe paisagens sonoras (PISTRICK; ISNARD, 2013). Como em uma melodia, a pausa faz parte da música. O som também pode ser controlado como forma de induzir as sensações: é o que ocorre em lugares com projetos acústicos que maximizam os efeitos das sensações sonoras. É interessante pensar que a busca pela aprazibilidade ambiental visa explorar, a priori, os aspectos associados àquilo que a visão pode perceber. Todavia, assim como ocorre com os arranjos visuais, implementações acústicas podem gerar efeitos muito poderosos na capacidade perceptiva e na avaliação de ambientes, ainda que o som seja uma dimensão negligenciada nos estudos geográficos e na estética ambiental (POCOCK, 1989).

No âmbito das relações interpessoais, o cacique Kayapó Raoni Metuktire usa o seu botoque, um adorno que vaza o seu lábio inferior e que produz um efeito na oratória e no canto. O controle do som apresenta-se, assim, como um instrumento político. Para Alessandro Dozena (2019), ao ouvir uma música, um indivíduo ouve um território. Ainda que seja uma generalização que negligencia as particularidades identitárias, musicalidades muitas vezes se associam à agrupamentos humanos específicos, especializadas e localizadas em contextos temporais. Todavia, assim como outras manifestações de cunho cultural, as musicalidades também se apresentam espacialmente fendidas e temporalmente adiadas. Desde a década de 1990, George O. Carney (1990; 1998) já havia mensurado um aumento vertiginoso no número de pesquisas que versam sobre as relações entre a música e o espaço, sobre múltiplos vieses.

Já é utilizado o termo esquizofonia (UIMONEN, 2008; TORRES, 2018) para se referir as manifestações sonoras deslocadas espacialmente e adiadas temporalmente, em um fenômeno que somente é possível devido às tecnologias de gravação de som. Não há dúvidas que as esquizofonias compõem as paisagens que incluem espaços urbanos. Os apelos dos anunciantes que se utilizam de carros de som compõem um plano da complexa melodia urbana, composta por muitas camadas de ruídos naturais e não naturais. Para além das esquizofonias, há também que se destacar que as paisagens sonoras possuem um dinamismo extremo: "sons exibem uma miríade de ritmos temporais, assim o ambiente sonoro modifica-se a cada hora, dia (e noite) e estação" (POCOCK, 1989, p.197). Outro termo utilizado no entrelace entre ambiente e som é o de auralização [*auralisation*], que expressa nossa formulação mental acerca de um som que <u>ainda</u> não foi ouvido. Para tanto, por intermédio das imagens, projetamos o som que nela é abrigado antes que ele se concretize na forma de decibéis[155]. Para as geografias literárias, o termo "<u>ainda</u>" – em destaque em linha anterior – pode ser deletado da definição: os leitores jamais irão ouvir o som da cena descrita textualmente, mas ainda assim "auralizarão" aquilo que leem, formulando impressões mentais em conjunto com a narrativa do escritor (HONES, 2015). É importante notar que a auralização nos indica que a formação da memória é um processo multissensorial.

---

155 Daniel W. Martin (1952) utilizou o verbo "to auralize" de forma pioneira. Na época, apontou que pesquisas indicavam que os músculos do mecanismo vocal movimentavam involuntariamente e de forma quase imperceptível quando realizamos leituras silenciosas. A auralização permite imaginarmos sons e, nesse sentido, a projetar as formas complexas de abstração multissensoriais que se dão quando estamos diante de pinturas ou fotografias de paisagens e lugares.

Como ignorar os sabores nas nossas elaborações acerca da paisagem e do lugar? Percebido como patrimônio imaterial, receitas culinárias se vinculam a determinadas paisagens e lugares. A busca pelos sabores não somente pode nos remeter ao tempo ido, como também pode nos levar ao espírito aventureiro desejoso pelo novo. Dentro da lógica mercantilista, a busca pelos sabores inspirou grandes viagens dos europeus ao Oriente (OLIVEIRA, 2012a). Certos patrimônios resistem ao tempo, órfãos de povos aniquilados pelos caprichos da história. Assim como persistem ainda hoje algumas estruturas de povos dizimados, os sabores e os modos de preparo dos alimentos resistem, mesmo que "narrados em livros de histórias, em costumes, ou em mitos e lendas" (OLIVEIRA, 2012b).

Também se fala em paisagens olfativas [*smellscapes*] como uma forma de aludir a certa espacialidade passível de ser associada a determinados odores. Em relação à precisão espacial e agilidade temporal no ato perceptivo, nossa capacidade olfativa apresenta-se assimétrica frente à visão (YOUNG, 2020). O olfato nos permite evitar certos alimentos contaminados e é um componente na atração sexual. Certos cheiros podem nos informar horários, pois práticas sistemáticas que produzem aromas podem nos indicar, por exemplo, que é hora do café da tarde, pontual e diariamente servido. Além disso, reviver certos odores permite lembrar-nos de alguns momentos e lugares (PORTEOUS, 1985). Em nossa experiência pessoal, lembramos vivamente do aroma de café que percebemos ao adentrarmos pela primeira vez na cidade de Nepomuceno-MG[156]. Em associação com outros sentidos, o cheiro enriquece consideravelmente nosso senso de espaço e o caráter do lugar (PORTEOUS, 1985, p.380), ainda que a intensidade, a dispersão e o alcance do odor dependam de condições atmosféricas e topográficas (HOOVER, 2009).

O sufixo *scapes* é largamente utilizado na literatura anglófona. Tim Ingold (2007) se opõe de forma veemente a utilização dos neologismos que se apropriam do sufixo: "eu abomino a moda da multiplicação dos

---

156 Para uma relação mais estreita entre um local e o cheiro, Jim Drobnick (2002) sugeriu o termo *toposmia* (topos + smell) que engloba a noção da localização espacial dos odores e sua relação com impressões particulares acerca do lugar. Entranto, como o lugar é uma categoria que não se associa com uma escala específica, consideramos que essa problematização já é realizada no interior da concepção de *smellscape*. O mesmo autor, numa clara alusão ao conceito de pitoresco, propôs um neologismo: o odoresco [*odoresque*]. Em sua concepção, o odoresco pode ser definido como "respostas afetivas a cheiros específicos do lugar que vão além da simples associação do cheiro com um espaço delimitado" (DROBNICK, 2002, p.33).

scapes de qualquer tipo" (INGOLD, 2007, p.10). Em sua concepção, qualquer recorte sensorial aplicado à paisagem é indevido, pois não pode ser concebido isoladamente. A exceção é justamente nas representações da paisagem:

> a paisagem é obviamente visível, mas torna-se exclusivamente visual quando é expressa por meio de alguma técnica, tal como pintura ou fotografia, que permite a sua visualização indireta, de uma forma em que a imagem resultante devolve a paisagem ao observador de uma forma artificialmente depurada, livre da influência de outras interferências sensoriais (INGOLD, 2007, p.10).

Ingold (2007) acredita que algo similar pode ser feito com a sonoridade da paisagem, ao submeter os sons do ambiente em algum tipo de sala escura. São estas propostas não naturais da paisagem, que não encontram paralelo frente à essência multissensorial da paisagem. A partir da complexa harmonia entre os sentidos, a paisagem é percebida. É necessário levar em conta as concepções previamente trazidas pelo intérprete da paisagem, construídas diacronicamente pela experiência. Sabe-se também que sensos construídos pelo embate entre a memória coletiva e a individual podem conduzir a certos parâmetros subjacentes que orientam a percepção da paisagem. As sinestesias, que possuem como exemplo recorrente a associação entre cores, sons e comportamentos, podem guiar certos entendimentos. É no campo da sinestesia que reside a associação muito comum entre a cor vermelha com o calor e/ou a intensa atividade e a cor azul com o frio e a passividade (TUAN, 1978). Todavia, as associações sinestésicas não são universais. Assim como as cores, os sons e aromas também podem induzir a diferentes associações em outros planos materiais e imateriais. A sinestesia torna-se, assim, uma face oculta e passiva da interpretação paisagística. Para além da sinestesia, é necessário considerar que a expressão da paisagem envolve um complexo processo comunicativo que pode adentrar no campo metafórico. Paisagens são expressas como textos, biografias, teatros e espetáculos. Podem ser referidas como domínios, regiões e até mesmo lugares, para o arrepio daqueles que anseiam maior literalidade conceitual.

O enquadramento visual da paisagem também interefere na forma em que o indivíduo percebe a cena. Não estamos nos referindo meramente a uma questão de ângulo de observação, mas também em relação ao posicionamento do observador no contexto do arranjo topográfico. Young (1992) acredita que as diferentes formas pelas quais as paisagens nos afetam vão depender não somente das excepcionalidades carregadas por cada observador, mas também por intermédio da disposição interna dos elementos da paisagem. A leitura dessa disposição está associada, dentre outros fatores, aos efeitos do arranjo do quadro topográfico no nosso contexto visual, ou seja, em relação à nossa posição geográfica. Young (1992) nos convida a refletir acerca das diferenças entre paisagens com enquadramento encurtado devido o seu contexto topográfico e paisagens extremamente abertas, dotadas de um horizonte profundo. Essas diferenças moveram o autor a refletir sobre os benefícios das fotografias aéreas na interpretação das paisagens, considerando que tais recursos permitem que a tridimensionalidade seja captada a despeito dos obstáculos que se apresentam intransponíveis à nossa visão. É importante considerar que a utilização de fotografias precisa ser entendida como um recurso complementar, à medida que restringe à interpretação da paisagem ao sentido da visão, negligenciando o caráter multissensorial da percepção paisagística, como apontou Ingold. A importância da análise multissensorial na geografia já tem permitido o emprego da expressão "*sensuous geographies*", que aprioristicamente está sendo traduzida em língua portuguesa como "geografia sensível" (ROQUÉ, 2020) ou "da sensibilidade".

Considerando as particularidades dos nossos sentidos e as considerações iniciais sobre sensações e percepção, inauguramos aqui algumas perguntas que norteiam este tópico: qual é o equilíbrio entre a objetividade e a subjetividade na percepção da paisagem? Seria a expressão da paisagem um ato que corresponde exatamente àquilo que foi percebido?

É necessário apontar que os sentidos das palavras subjetividade e objetividade aplicados à percepção da paisagem apresentam duas faces. A subjetividade pode expressar a variação de entendimento e de percepção que uma pessoa tem acerca de um fenômeno ou objeto; por outro lado, pode significar o entendimento diverso que as pessoas têm acerca dos elementos constituintes da paisagem[157] (CLAMP, 1981). A objetividade, por sua vez, pode se manifestar na reificação dos elementos da paisagem, que passam a ser passíveis de uma descrição que pretende esgotar as dimensões do ente. Em uma visão coletiva, a objetividade pode ser entendida como uma proposição consensual entre

---

157 A intersubjetividade se expressa nessas duas acepções, sempre tendo como condição a interface entre sujeitos. Na primeira acepção, a intersubjetividade se manifesta em uma complexa interface: no embate entre dois sujeitos e as relações variáveis entre os significados que atribuem aos elementos da paisagem. Na segunda acepção, a intersubjetividade se manifesta na interface das significações relativamente rígidas e distintas entre indivíduos.

indivíduos. Para Pires (2017) a paisagem é construída pela objetividade e subjetividade, que se encontram no momento percebido e interpretativo. Além disso, a autora argumenta:

> a objetividade é evidenciada a partir de um conjunto de significados culturais e simbólicos apreendidos coletivamente. A subjetividade está representada pela particularidade do olhar em relação à natureza, observando critérios simbólicos e cognitivos individuais, pois é a forma como o sujeito relaciona-se com o mundo e com outras intersubjetividades (PIRES, 2017, p.173).

A objetividade participa parcialmente da compreensão da paisagem, fato que é reforçado pelas abordagens de Gold (1980) e também Lando (1996). Concordando com Gold, Lando reforça a existência de três grandes componentes da leitura paisagística, que parecem transitar entre os extremos objetivo e subjetivo:

- "Os aspectos físicos tangíveis de uma área"
- "As atividades humanas mensuráveis";
- "Significados e símbolos impostos nos lugares pela consciência humana". (LANDO, 1996, p.8).

Nesse sentido, parece concordar Kenneth R. Olwig quando salienta que "o entendimento da paisagem reconhece a importância histórica e contemporânea da comunidade, cultura, lei e costumes no molde da existência geográfica do homem – tanto no campo das ideias quanto no das práticas" (OLWIG, 1996, p.645). A percepção da paisagem é, também, um ato solitário, pois envolve o acesso a "sistemas de memória bem gerenciados para o acesso às experiências do passado" (AOKI, 1999, p.85). A coletânea destas experiências do passado são obras únicas que estão guardadas nas mentes de cada indivíduo. São esses argumentos que ajudam a consolidar a parcela subjetiva da essência paisagística.

A objetividade, contudo, apresenta-se frágil: mesmos os aspectos físicos ditos tangíveis podem ser percebidos e expressos com ênfases distintas. A capacidade de identificar elementos paisagísticos pode ser uma habilidade adquirida coletivamente e manifesta em diferentes graus. Da mesma forma, a cognoscibilidade da paisagem se manifesta de uma forma não objetiva, sendo, portanto, uma gradação, que nos leva à lembrança dos trabalhos de John K. Wright. A *terrae incognitae* de Wright (2014) não escapa do crivo da subjetividade. A expressão, que se refere às porções do espaço que são desconhecidas, manifesta-se de forma diferente a partir de visões comunitárias e/ou individuais, pois é sensível à perspectiva da experiência. Argumenta o autor:

> De fato, se olharmos de suficientemente perto – toda a Terra parece uma imensa colcha de retalhos de mini *terrae incognitae*. Mesmo que uma área seja minuciosamente mapeada e estudada por um exército de micro geógrafos, muito sobre sua geografia sempre permaneceria desconhecida e, desse modo, se hoje não há terra incógnita em sentido absoluto, não há também terra absolutamente cógnita (WRIGHT, 2014, p.7).

Wright discursou sobre a terra incógnita em 1946. Negou, em seu contexto, a possibilidade de existir a terra absolutamente cógnita. Ainda que consideremos os prodígios do sensoriamento remoto e das novas técnicas/tecnologias cartográficas, ainda faz sentido pensar em terras incógnitas. As imagens, disponíveis sobre parte extensa da superfície terrestre, não cobrem toda a dimensão das sensações associadas ao vivenciar. Visualizar imagens significa dimensionar expectativas, mas, por outro lado, não significa vivenciar ou conhecer, verbos que demandam uma pluralidade de sensações que compõem a experiência. Em contrapartida, as imagens disponíveis sobre paisagens que não vivenciamos acabam moldando nossas expectativas e interferindo na nossa forma de perceber o espaço. As paisagens exploradas por meio de muitas imagens ou relatos – de muitas fontes diversas – como por meio da indústria cinematográfica, pintura, guias turísticos e romances, não podem nos conceder a pretensão de compreender o que é "o real"[158]. O máximo que podemos nos submeter é a um processo de intermediações de narrativas (SILVA, 2022b). "Não importa a quantidade de imagens as quais estamos expostos ou o quão claras estas imagens se apresentem em nosso subconsciente, nossa visão é sempre parcial, fraturada" (COSTA, 2008, p.161). É importante mencionar essa temática, pois, na contemporaneidade, "o conhecimento da maioria das pessoas sobre a maioria dos lugares se adquire através (sic) da mídia de vários tipos, de maneira que, para a maioria das pessoas, a representação vem antes da realidade" (COSTA, 2008, p.164[159]).

---

158 Na história, parcela importante das fontes são documentos. A pesquisa histórica centra-se na seleção e interpretação dos documentos. Para Louis O. Mink, o grande desafio do pensamento histórico é compreender o que os discursos contidos nos documentos significam (MINK, 1971). Todavia, este desafio conduz o historiador a um exercício de interpretação, e o historiador produz, a partir de sua interpretação de discursos, versões e não verdades.

159 Maria Helena Braga e Vaz da Costa (2008) aborda o papel das fantasias cinematográficas dos grandes centros urbanos americanos – em especial Nova York – para

A problemática temporal sempre é uma questão adicional à interpretação. Watson (1962) e muitos outros reconhecem que a geografia precisa da análise temporal para estabelecer seus padrões espaciais que fazem parte do seu campo de interesse. Lidar com o tempo, entretanto, é uma tarefa de difícil execução. Mesmo entre historiadores, a discussão sobre método e teoria, apesar de se mostrar extremamente robusta ao longo do século XX, apresenta-se mal resolvida. Se para os historiadores lidar com a teoria da história e suas contradições tem sido um fardo, o que dizer para os geógrafos que precisam de empréstimos historiográficos para pensar, narrar e ler a paisagem e o lugar?

Tanto o espírito de época (*zeitgeist*) quanto o espírito do lugar (*genius locci*) apresentam-se como conceitos *a priori* totalizantes que ajudariam na compreensão e interpretação das expressões paisagísticas. O *zeitgeist* e o *genius locci* não podem ser compreendidos como variáveis de equações que nos permitem a compreensão de dois ou mais indivíduos sobre um evento, que ocorre em um dado momento do tempo e em uma dada porção do espaço. Pois os indivíduos possuem interpretações particulares sobre o espírito de época e do lugar. Isso não significa que devemos desconsiderar contextos temporais e espaciais na interpretação das expressões da paisagem, mas levar em conta que a nossa interpretação é uma dentre muitas narrativas, apresentando-se com certo deslocamento frente às exatas percepções daquele que exprimiu a paisagem. Em um exemplo, a tela *Vista de Delft*, de Johannes Vermeer, expressaria o *zeitgeist* e o *genius locci* da pequena cidade de Delft no contexto da época de ouro holandesa.

É plausível considerar o período de bonança holandesa como influente na expressão de Vermeer, mas parece inútil a busca em precisar em qual proporção o *zeitgeist* interfere na sua expressão da paisagem. O mesmo podemos dizer sobre o *genius locci*, ainda que Vermeer tenha passado a sua vida na cidade retratada na tela. Afinal, é no conjunto de experiências, tanto individuais quanto coletivas, que o pintor deixa transparecer o espírito do lugar em sua famosa tela. Por essa razão, tanto o espírito

---

um efetivo reordenamento das imaginações geográficas. Mesmo no campo da ficção, já anunciada no gênero da produção fílmica, impressões sobre o urbano são tratadas com intensidade e ficam marcadas, de forma variada, nas mentes dos indivíduos. Assim como outras formas de representação, os filmes apresentam um discurso que é organizado como narrativa (FIORAVANTE, 2018), possuindo a função de um texto, com apelos sonoros e visuais que buscam – devido a inovações técnicas recentes – produzirem a sensação do telespectador estar inserido no interior da cena.

temporal quanto o espacial não podem ser compreendidos como uma entidade, como um fator tangível de interferência no processo cognitivo envolvendo a interpretação e a expressão da paisagem. Por isso, temos algum reparo na afirmativa de Pierre Monbeig quanto aos elementos da tela de Johannes Vermeer: "volume e cores são reflexos da vida econômica e social neerlandesa nas proximidades de 1650 e o amarelo da parede de Bergotte seria a expressão pictórica do ouro de Amsterdã" (MONBEIG, 2004, p.109). A ideia de reflexo remete a ideia de uma imagem espelhada. Confiamos que seria mais adequada alguma metáfora que aludisse à influência do contexto espaço-temporal na expressão de Vermeer, no lugar de uma opção que soa determinística e objetiva.

Essa discussão nos leva a questionar como descrever o *zeitgeist*. A sua descrição, não conduzindo a um corpo descritível e tangível de conteúdo, evidencia a própria dificuldade relacionada com as narrativas históricas, tanto no âmbito de sua produção, interpretação e intermediação.

Vermeer, Johannes. Vista de Delft, 1660-1661. Óleo sobre tela, 96,5 x 115,7 cm. Mauritshui, The Royal Picture Gallery. A tela em questão em seus tons amarelados expressa o tempo de bonança holandesa da era de ouro do século XVII.

David Lowenthal (1997), de uma forma dura e generalista cravou: "os historiadores sempre souberam que os interesses próprios distorcem as evidências e a interpretação. Embora compreendendo que o passado nunca possa ser recuperado de forma inalterada, os historiadores ainda lutam por uma precisão imparcial e verificável" (LOWENTHAL, 1997, p.32). Talvez isso explique certa quantidade de historiadores exclusivamente documentalistas, como se os alfarrábios e documentos antigos lhes garantissem o domínio de uma historiografia justa. Nos causa estranhamento, por outro lado, o paradoxal fato de Lowenthal (1997) ser determinista no seu relativismo: por um lado, fala pela história ou pelos historiadores como entidades totalizantes; por outro, apresenta uma magnífica visão do tempo histórico e do significado do passado ao asseverar que "épocas pretéritas diferem não somente do presente, mas de qualquer outro momento no tempo" (LOWENTHAL, 1997, p.35). David Lowenthal reafirma essa lógica em outros trabalhos, como no artigo em que comparou as comemorações sobre o centenário e o bicentenário da independência dos Estados Unidos, ocorridas respectivamente em 1876 e 1976 (LOWENTHAL, 1977). Nessas perspectivas, Lowenthal afirma que a inexorabilidade do tempo faz com que a interpretação sobre o passado oscile dinamicamente, argumento que outrora foi abordado por Baker *et. al.* (1969). A oscilação não ocorre em função da inquietude do tempo ido, mas como uma consequência das experiências individuais amealhadas em sortidos *espíritos de época* pelos autores de historiografias. Com o passar implacável do tempo atomístico, o ângulo de análise inevitavelmente se modifica, tornando-nos espectadores maravilhados do rearranjo do caleidoscópio temporal e privilegiadas testemunhas da diversidade humana e do impacto da maturidade sobre o ato de pensar. O dinamismo inspirou Baker *et. al.* (1969) a cravar que cada geração escreve sobre o passado a partir de um novo ponto de vista. Certamente o *zeitgeist* interfere na forma de se ver o passado, mas acreditamos que a afirmativa de Baker *et. al.* (1969) negligencia o papel das identidades, como se as gerações constituíssem um corpo homogêneo de pensamento. A leitura do passado é mais complexa: além das interferências do *zeitgeist* sobre a geração, há de se considerar que a multiplicidade identitária, com diferentes percursos formativos entre indivíduos. Consideramos que as identidades tornam a leitura do passado complexa o suficiente para tornar indecifrável o grau de interferência do espírito de época sobre uma geração.

Até mesmo David Lowenthal (1977) algumas vezes peca pelo vício da totalização: Refere-se às mudanças de pensamento de distintos *zeitgeists* como se pertencessem a um amplo corpo homogêneo de pensamento, como se vê no fragmento: "muitos americanos consideravam que os Estados Unidos não eram mais rural, igualitário, parcimonioso e anglo-saxão" (LOWENTHAL, 1977, p.255). Consideremos que as gradações perceptivas sobre esses conceitos são tão plurais ao ponto de não sustentarmos essa consideração de Lowenthal com conforto. Entendemos que o objetivo do autor era aludir às mudanças irresistíveis que marcaram o período 1876-1976, em seu estudo comparativo sobre as comemorações ligadas à independência americana em diferentes séculos (LOWENTHAL, 1977). Por outro lado, acreditamos que a interpretação de imagens coletivas é sempre uma generalização supressora de identidades. Essa interpretação coletiva deve ser sempre intermediadora, considerando as formas de manifestação individuais, a partir de fontes diversas. Na perspectiva da intermediação, dentro de um grupo supostamente homogêneo de pensamento, é plausível que as contradições entre as identidades possam ser tão comuns quanto às congruências.

A difícil tarefa de construção de uma narrativa histórica mediante o quadro de instabilidade do narrador e do próprio questionamento acerca da verdade histórica são motivos que inspiram David Lowenthal a intitular uma de suas obras de maior repercussão na seguinte dimensão metafórica: *The past is a foreign country*[160] (LOWENTHAL, 2015). Roberto Lobato Corrêa – em franca sintonia com a perspectiva de Lowenthal – salienta que "o passado pode ser visto como um texto incompleto, cuja leitura permite, mais do que o presente, interpretações diversas, possibilitando reconstruções adequadas às vicissitudes de cada momento e de cada grupo social" (CORRÊA, 2007, p.13).

É razoável considerar que, dentre as problematizações da passagem do tempo e os desafios de interpretar o passado, os tensionamentos entre a

---

160 Lowenthal se inspirou no romancista Leslie Poles Hartley, mais precisamente em sua obra The Go-Between (1953), como assumiu em um artigo (LOWENTHAL, 1975). A lógica do passado enquanto um "país estrangeiro" encontra eco em outros estudos e reflexões epistemológicas de geografia histórica. Frente às pesquisas que tem como alvo o quadro natural e social, a pesquisa sobre o passado apresenta-se limitada pelo método: questionários e pesquisas etnográficas geralmente não estão disponíveis, a exceção dos estudos que se referem a um passado bem recente. Esse fato inspirou Alan R. H. Baker (1997a) a jocosamente intitular um dos seus artigos como "os mortos não respondem questionários", trabalho em que levanta algumas questões acerca das limitações da pesquisa em geografia histórica. Julian Bonder (2009) – num sentido similar ao de Lowenthal – argumenta que o passado é a memória sem limites, transmitindo-nos a ideia da fluidez das interpretações.

tradição e a inovação apresentem respostas muito particulares em cada caso analisado. A tradição e a inovação precisam ser compreendidas como complementares e interdependentes; as tradições não são estáticas: se modificam temporalmente como resultado de sua dinâmica interna e como resposta às demandas externas. É o mecanismo que nos ajuda a pensar a instabilidade do passado e do presente, colocados em arranjo dialético. Nesse sentido, o presente é informado pelo passado e o passado é reconstruído pelo presente (BOHOLM, 1997).

Karen E. Till (2001) acrescenta que o passado não existe de forma literal, sendo expresso como vestígios das ações do presente, que podem durar mais do que a nossa própria existência. A autora ainda diz que para a prática da geografia histórica é necessário sempre o exercício da empatia, pois se faz necessário se colocar em uma posição de interlocução problemática, seja por escrever ou falar de um tempo, evento ou local não vivido. Mesmo que o narrador tenha familiaridade com o objeto, por se tratar de um pretérito não muito distante de uma região geográfica familiar, os problemas associados à narrativa persistem. Antigos historiadores eram portadores da autoridade discursiva; a ausência de descrição de fontes nos textos de Políbio ou Tucídides residem neste fato, como se vê:

> Um historiador antigo não cita suas autoridades porque ele mesmo se sente uma autoridade em potencial. Gostaríamos de saber de onde Políbio sabe tudo o que sabe. Gostaríamos de sabê-lo ainda mais, cada vez que seu relato ou o de Tucídides adquirem uma beleza despojada e parecem mais verdadeiros que o verdadeiro porque se conformam a alguma racionalidade política ou estratégica (VEYNE, 1983, p.20).

O movimento intelectual da virada linguística acolheu parte importante da reflexão contemporânea acerca da legitimidade da narrativa. Esse assunto é abordado com profundidade pelo historiador norte-americano Hayden White (1981). Para o autor (1984), a narrativa é um modo de discurso, uma maneira de falar e, também, um produto confeccionado pela adoção de um modo de discurso. Rechaçando a dicotomia entre a presença do "verdadeiro" e "falso" nas narrativas, o autor sugere que as divergências sejam expressas em outra oposição: real *versus* imaginário. A partir desta elaboração, White nos pergunta: "Não é possível que a questão da narrativa em qualquer discussão de teoria histórica é sempre em seu desfecho a respeito da função da imaginação na produção de uma específica verdade humana?" (WHITE, 1984, p.33). Ankersmit (2001b) aponta as limitações da narrativa ao refletir sobre uma situação paradoxal que acomete os textos: "o texto não é transparente em relação ao passado, mas chama a atenção do leitor sobre si mesmo; ao fazer isto, obscurece o passado em si" (ANKERSMIT, 2001b, p.159). Acrescenta ainda, em um argumento muito importante, que as narrativas não devem ser entendidas como relatos que se aproximam de uma história não contada (ANKERSMIT, 2010), que traria a verdade dos fatos. Este argumento rechaça a verdade histórica, reforçando a ideia de que somente existe a história "sob descrição", tal como preconizou Hayden White. Ankersmit (2010) destaca que as narrativas são representações e, como tal, assemelham-se às pinturas de paisagem que se destacam por dar ênfase àquilo que capturou a atenção do pintor.

Ana Maria Alonso (1988) acrescenta que as histórias (palavra aqui empregada no sentido de narrativas) são ideologicamente[161] construídas. Constituiriam-se como "representações do passado organizadas por esquemas interpretativos e estratégias discursivas que produzem "efeitos da verdade"[162]" (ALONSO, 1988, p.50). David Wishart (1997), por sua vez, argumenta que a tradicional escrita histórica, pautada nas metanarrativas, era alicerçada pela crença de que o "passado real" poderia ser dimensionado por intermédio do relato. Nesse sentido, a validação de relatos era um mero exercício comparativo entre as formas discursivas que se apresentavam e o passado real. Entretanto, é plausível considerar que "o passado real não está disponível" (WISHART, 1997, p.116), em um argumento similar ao trazido por Ankersmit (2010).

Hayden White argumenta que a noção sobre um evento é tão ambígua ao ponto de não fazer sentido falar em um evento *per se*, mas somente sobre eventos sob uma descrição. Nesse sentido, destaca a diferença entre eventos e fatos: "Eventos acontecem; fatos são constituídos pela subsunção de eventos que estão sob uma descrição" (WHITE,

---

161 É difícil conceber a construção de uma narrativa sem que a mesma receba forte influência ideológica, ainda que a ideologia se apresente de forma fragmentada, indireta e incompleta. James Anderson argumenta que as ideologias podem ser entendidas como sistemas de ideias que nos oferecem relatos parciais e distorcidos da realidade, servindo como um instrumento de interesse particular ou de um grupo ou classe social. De forma típica, é comum observar que as ideologias se apresentam como representações dos interesses de toda a sociedade (ANDERSON, 1973), o que responde pelos tradicionais apelos universalizantes da objetividade científica e, também, como uma forma de buscar a aceitação e disseminação nos corações e mentes que compõem a vida em coletividade.

162 Os "efeitos de verdade" empregados por Alonso (1988) referem-se às formas adotadas pela narrativa para se apresentarem como detentoras da verdade, livre de quaisquer dúvidas sobre os tempos idos.

1988, p.1196). O autor destaca que as histórias contadas nas narrativas são uma mimese das histórias vividas em alguma fatia da realidade histórica. É de se destacar que dentro da própria história existem correntes diferentes que veem as narrativas de forma distinta, chegando ao ponto de alguns estudiosos da linguagem a verem apenas como um meio transmissor da mensagem, dotada do mesmo valor de uma equação matemática ou do código morse (WHITE, 1984).

White destaca ainda que o senso moral que é trazido pela representação dos eventos públicos pretéritos difere do trazido pelas memórias pessoais. A razão pela qual as narrativas de memórias pessoais nos contam muito pouco sobre a concepção da história é que elas são repletas de crenças morais pessoais. Nesse sentido, os eventos públicos, em uma moderna historiografia, podem utilizar do processo de intermediação de narrativas, que acabam lidando com os distintos valores que amparam o discurso. Hayden White (1988) alerta que alguns suportes que buscam revelar o pretérito são problemáticos nesse sentido: analisando as historiofotias, o autor diz que filmes não conseguem em geral fazer essa intermediação, trazendo histórias lineares que são, em sua essência, simples interpretações desprovidas do choque de pontos de vista.

Felix Driver (1988) reforça a ideia, argumentando que a escrita histórica não pode estar completamente divorciada do domínio da política e da ideologia, pois, assim como todo conhecimento, é moldada por condições sociais específicas. Sempre é importamte lembrar que a política e a ideologia, assim como as identidades, não são entidades estáticas e estáveis. Assim, o passado não é um legado imutável, afinal, a história continua sendo revisada, intermediada e reescrita. O autor sintetiza: "O passado não é dado; é perpetuamente construído e reconstruído" (DRIVER, 1988, p.499). Doreen Massey também mostra sua atenção para a relativização temporal, ao argumentar que "as tradições não são apenas existentes no passado. São ativamente construídas no presente" (MASSEY, 1995, p.184). As tradições são formadas por segmentos temporais e podem ser interrompidas, alteradas, hibridizadas e criadas. Massey alerta justamente para o fato comum de pensarmos nas tradições como algo necessariamente antigo, como se o presente fosse o fim da história. Da mesma forma que o etnocentrismo parece ser um traço humano comum (TUAN, 1970; 1980), a visão do nosso tempo entendida como o ângulo historiográfico mais assertivo é uma espécie de egocentrismo temporal e tende a acompanhar as nossas impressões descuidadas. Ana Maria Alonso (1988) acrescenta ainda o fato de existir um paradoxo no discurso histórico, visto que sua credibilidade e autoridade [*authoritativeness*] são construídas vis-à-vis à sua audiência. Nesse sentido, a interpretação e descrição histórica precisam ser entendidas como fatos sociais. É um fenômeno muito similar ao que ocorre com a descrição paisagística.

Quanto às limitações das expressões, Michael Pollak (2010) preocupa-se com aquilo que chamou de gestão do indizível: mesmo em pesquisas que para compreender um evento usam entrevistas de pessoas que dele diretamente participaram, o silêncio pode se apresentar como uma variável importante. Pensando na perseguição de judeus na Europa do século XX, é certo que se tratou de uma tarefa árdua por parte de um pesquisador relativizar as narrativas de sofrimento das vítimas, já que teria chance de lhe custar um rótulo de insensível. Eis a primeira face do silêncio. A segunda face diz respeito às próprias vítimas do evento, que podem bloquear detalhes para não reviver o trauma. Certamente o nazismo foi um dos períodos mais estudados da historiografia do século XX. Ainda assim, trata-se de um campo minado discursivo[163].

Considerando a problematização até aqui realizada acerca da narrativa histórica, resgatamos o argumento de David Wishart (2004), quando o autor considera que nossa decisão arbitrária de delimitar regiões (e acrescentamos a paisagem e o lugar) e períodos são análogos ao ato de escrever narrativas. Periodizações e regionalizações são parcelas da arte de representar, pois seus autores impõem no ato comunicativo recortes que são frutos de sua visão sobre um dado objeto. Assim, períodos e regiões não podem ser vistos como entidades, assim como a paisagem e o lugar: diferentemente, são parte de nossa argumentação.

O que fazermos com a pluralidade de interpretações? Ankersmit (2001a) percebe o anseio de alguns historiadores em propor uma história teórica que reverteria a pulverização excessiva da compreensão do passado. A multiplicação de estudos no âmbito da microhistória é um dos efeitos claros do incômodo quanto a tradicional predominância de metanarrativas. Ou seja, a negação da totalidade parece condu-

---

163 "Ao invés de arriscar produzir um mal-entendido em uma questão tão grave, não é melhor se abster de falar? Poucos períodos históricos foram tão estudados quanto o nazista, assim como sua política antissemita e o extermínio dos judeus. Entretanto, e apesar da abundante literatura e do lugar deste período nas mídias, ele frequentemente permanece um tabu nas histórias individuais na Alemanha e na Áustria, nas conversas familiares, e mais ainda nas biografias dos personagens públicos" (POLLAK, 2010, p.10).

zir à especialização da abordagem. A proposição de "uma real integração entre as especializações ainda é difícil de atingir. A historiografia integral leva à enumeração antes do que à integração" (ANKERSMIT, 2001a, p.114). Essa é uma preocupação real quando ocorre a proposição de intermediações discursivas. Confessamos que esse receio nos acometeu na escrita deste livro, já que abordamos uma pletora de posicionamentos quanto à paisagem e o lugar. Nosso esforço em evitar que este livro não ganhasse um aspecto meramente enumerador explica a insistência em tomadas de posição durante o processo descritivo. Nunca desejamos que a *Excepcionalidade da paisagem e do lugar* se constituísse como um almanaque de posicionamentos acerca das duas categorias geográficas em questão.

A polifonia, estratégia utilizada em etnografias, é uma forma de intermediar o discurso: envolve a substituição de uma voz autoral por diversas vozes, cada uma com seu estilo próprio. Nesse processo, os relatos escritos ou falados dos sujeitos individuais são usados e colocados em justaposição com as reflexões mais acadêmicas do etnógrafo (CRANG, 1990). A polifonia não pode ser entendida como um meio de eliminar o viés do texto. O autor continua a ser quem elabora as perguntas, conduz as entrevistas, sequencia o material coletado e o articula em meio a uma lógica arbitrariamente definida. É plausível considerar que, deparando-se com o texto polifônico, ao menos uma das vozes não-autorais que dele participa possa se incomodar com o contexto em que sua visão de mundo foi inserida em meio ao universo do texto. Nesse sentido, o texto polifônico não parece ter a sua virtude situada na capacidade de eliminar vieses e construir uma etnografia dita autêntica; diferentemente, a virtude parece situada na problematização acerca da importância do deslocamento discursivo para a compreensão do fato social a partir de ângulos plurais.

A polifonia e qualquer outra estratégia de intermediação discursiva agride às formas mais tradicionais de elaboração textual. São muitas perspectivas que apontam o fato da história ser tão ofensiva aos cânones positivistas e aos anseios de objetividade, como também ocorre com muitas correntes de pensamento geográfico. White (1981; 1992) revela que a história também passa pela discussão acerca do seu caráter científico. Carl G. Hempel – na primeira metade do século XX – já havia argumentado que a maioria das explicações em história e sociologia falha em explicitar regularidades que sejam aplicáveis em diversos contextos (HEMPEL, 1942), o que caracteriza o saber científico típico das *hard sciences*. Hayden White crava: "se a história é uma ciência, é de um tipo muito estranho e possivelmente não se encaixa no senso moderno e teorético estabelecido do termo" (WHITE, 1981, p.796). Wishart (1997) adentra nesta discussão argumentando que a "subjetividade não significa ausência de teoria" e que "as teorias permeiam a escrita das narrativas" (WISHART, 1997, p.115) visto que a tomada de decisões sobre a linguagem adotada e o que incluir e ignorar na escrita histórica demandam reflexões teóricas.

A discussão sobre teoria da história é muito importante para o estudo da paisagem e do lugar. O dinamismo paisagístico sempre se oferece ao geógrafo; este, quando se depara com uma descrição paisagística textual ou imagética está diante do exercício da força passiva do tempo atomístico sobre o arranjo da porção do espaço contemplada. Stephen Daniels (1992) acredita que qualquer autor que tentar escrever narrativas sobre um lugar, estará diante de uma tarefa complexa. Afinal, tal tentativa não se resume a uma questão de buscar um encaixe entre as grandes narrativas histórico-geográficas aos acontecimentos locais, mas a considerar as histórias, alegorias e lendas reunidas no lugar e ao redor dele. Nesse sentido, a *thick description* etnográfica parece ser útil, ao possibilitar o contato do pesquisador com "as complexas camadas ou dimensões do significado nos rituais culturais, a partir da descrição dos mesmos em detalhes a partir de diversos pontos de vista, situando esses textos descritivos nos termos de distintos contextos" (DANIELS, 1992, p.319). Nessa perspectiva, é importante para o pesquisador ouvir histórias sobre as histórias.

Estudando os resquícios pretéritos deixados na paisagem em uma sociedade escandinava – mais precisamente no distrito de Jaeren situado na porção sudoeste da Noruega – Gunhild Setten chega à conclusão que a frase de David Lowenthal acerca do passado deva ser substituída por: *"the past is a familiar country"* (SETTEN, 2004, p.409). Em seu argumento, considera que certas marcas do passado na paisagem fazem mais sentido aos atuais moradores de Jaeren – que transmitiram valores culturais diacronicamente entre as gerações – do que a eventuais estrangeiros que visitem a região e estejam completamente desconectados da história local.

Manifestação estudantil nas ruas de Ouro Preto em 1983, período final da ditadura militar brasileira. Para um estrangeiro fora do contexto, esse momento representa um "país estrangeiro" (LOWENTHAL, 2015). Para quem vivenciou estes momentos, a fotografia promove uma visita a um "país familiar" (SETTEN, 2004). Fonte: Autor desconhecido.

A discussão sobre o que o passado representa acaba em um terreno escorregadio. É justo considerar esse fato, pois, dentre outras coisas, não podemos avaliar o tempo sem considerarmos o espaço. Qualquer fato histórico ocorreu em algum lugar. A familiaridade com o espaço atribui inevitáveis vantagens de se interpretar o tempo, apesar da relação entre ambos não ser passível de ser equacionada, ou seja, as dimensões do tempo e espaço não são absolutamente simétricas. Claramente, o jogo espaço-temporal tem a subjetividade como árbitro. O cruzamento analítico das dimensões do espaço e do tempo é bem explorado em suas minúcias pela subdisciplina chamada geografia histórica. O estudo da paisagem faz parte do eixo norteador da subdisciplina em questão. Michael Williams (1989) considera que os estudos sobre a paisagem nos conduzem à zona fronteiriça de debate entre a geografia e história. Concordamos com essa perspectiva, afinal, quando a paisagem acaba de ser expressa, já pertence ao passado. A interpretação da paisagem possui efemeridade similar a uma fotografia. O momento captado já não é o presente. Interpretar os relatos da paisagem em qualquer tipo de forma comunicativa, seja por intermédio de textos literários romanceados, historiografias de forte viés acadêmico, fotografia, pintura ou música, é desafiar as mesmas problemáticas enfrentadas pela narrativa histórica, que foram, por sua vez, tão bem trabalhadas por Hayden White no conjunto de sua obra. Denis Cosgrove (2012) destaca o interesse dos geógrafos quanto ao estudo das paisagens-relíquias, aludindo às destacadas rugosidades ou aos *reverse sailants* que, temporalmente díspares frente ao conjunto a que se associam, acabam constituindo-se como fontes documentais sobre um momento do passado que se queira abordar. A disparidade temporal da paisagem não é exceção, é regra. A paisagem sempre reúne elementos de tempos diferentes, inclusive àquelas pouco alteradas pela presença do homem, visto que os materiais que a natureza produz possuem diferentes resistências às irresistíveis transformações outrora eternizadas axiomaticamente por Lavoisier.

Em perspectiva semelhante à de David Lowenthal (1997), Denis Cosgrove (2012) argumentou que, olhando para as formas da paisagem, é difícil recuperar o seu significado para aqueles que diretamente estiveram envolvidos com sua produção. Complementa ainda, lançando-nos luz, que a interpretação que fazemos dos componentes paisagísticos diz tanto sobre nós mesmos e nossas suposições culturais quanto sobre o seu significado original (COSGROVE, 2012). Por outro lado, há de se problematizar o que Cosgrove quis dizer ao se referir a um "significado original". Por quem ele é dado? Teria refletido que a transformação da paisagem pode ser um ato solitário? Se as mudanças na paisagem envolvem a coletividade, não é possível concebermos um significado original; no máximo, poderíamos considerar "significados originais", no plural. Essa questão é problemática: a instabilidade do significado é verificada ao longo do tempo, de tal maneira que as pessoas envolvidas no erguimento de uma estrutura a ressignificam diversas vezes durante o próprio processo de construção. Assim se dá com a dialética envolvendo homem e o ambiente: a interação permanente garante a efemeridade dos símbolos e dos significados.

Peirce Lewis (1985) argumentou que uma boa descrição geográfica nos conduz a duas direções: a primeira seria a direção estética, que estaria vinculada à capacidade de provocar emoções mais ou menos intensas; a segunda direção seria a intelectual, que seria capaz de provocar forte reflexão, povoando o pensamento. O autor tem o cuidado de dizer que essas esferas podem sobrepor-se. Não conseguimos perceber essa sobreposição como uma possibilidade e sim como a condição da paisagem. Quanto mais se aprofunda na teoria da paisagem, mais se percebe que essas divisões, tal como mente e matéria, sujeito e objeto, objetividade e subjetividade, homem e natureza só se sustentam em um entrelace dialético.

As intermediações realizadas a partir das múltiplas representações das paisagens levam-nos a terrenos escorregadios, onde dicotomias e dialéticas se embatem contraditoriamente. Por meio dessas intermediações entramos no fogo cruzado entre o materialismo e o idealismo. Das ideologias religiosas às ligadas ao pensamento político-econômico, assistimos o campo da imaterialidade trazer inúmeras repercussões ao mundo material. Sociedades podem se dividir na interpretação de fatos, como se viu no caso de grande repercussão acerca da condenação de Alfred Dreyfus durante a Terceira República Francesa (ARENDT, 2012). Dreyfus, capitão da artilharia do exército francês foi acusado de traição. De fé e origem judaica, o caso escancarou questões relativas ao antissemitismo na França. O texto manifesto *J´accuse…! Lettre au président de la république* de autoria do consagrado escritor Émile Zola sintetiza as divisões ideológicas e a alta temperatura dos debates presentes na França relativas à culpabilidade de Dreyfus. Inúmeros outros exemplos poderiam ser citados, mostrando como as ideias surgem e convencem multidões. Ideologias totalitárias ascenderam com grande apoio popular, trazendo efeitos muito reais para as sociedades, em uma mostra que a divisão entre o mundo das ideias e o material somente faz sentido se for abordada dialeticamente.

A discussão que envolve a objetividade e a subjetividade é realizada com maestria por Augustin Berque (2012). Preocupado quanto à questão dos significados dos objetos, Berque cria uma oposição entre *topos* e *chôra*, conceitos que antagonizam, respectivamente, a dimensão meramente descritiva dos objetos e a descrição holística, que vai muito além de sua manifestação física. Para exemplificar a oposição destes conceitos, Berque promove a reflexão acerca de um lápis:

Os significados do lápis entre topos e chôra

Topos	Chôra
Posicionamento do lápis de acordo com as coordenadas geográficas; mensuração de sua forma, massa e seus constituintes. Por meio desse procedimento saberemos fisicamente o que é um lápis.	Dimensionamento simbólico sobre a escrita da palavra e o que ela representa; os processos produtivos vinculados ao lápis, como a exploração florestal, o minério para o grafite, as fábricas de papel (pois o lápis não escreve no vazio) e os transportes para a condução do lápis ao mercado;

Fonte: Adaptado de Berque (2012)

Berque afirma que "a realidade vai além do material, ao mesmo tempo retornando a ele também" (BERQUE, 2012, p.7). É curioso pensarmos também que as ideias humanas moldam a paisagem, ao mesmo tempo em que a experiência humana molda as ideias (WALTON, 1995) e que esta dialética expressa que "cada forma simbólica possui um papel de sentido e significado nessa estruturação, sendo parte de um universo que é constituído pelo material e imaterial[164]" (SILVA; GIL FILHO, 2020, p.165). Tim Ingold (2007) fez uma distinção entre o que chamou de mundo físico [*physical world*] e ambiente [*environment*] que endossa a transcendência material abordada por Berque. Para Ingold (2007), enquanto o mundo físico existe em si mesmo, o ambiente é continuamente construído e significado nas relações edificadas entre seres e objetos. No seio dessa distinção, "as propriedades dos materiais, considerados constituintes de um ambiente, não podem ser identificados a partir de significados fixos e determinações essenciais, mas são bastante processuais e relacionais" (INGOLD, 2007, p.14). Tim Ingold nos coloca a refletir sobre essa assertiva quando se questiona:

> Nós podemos alcançar as estrelas, mas não lhes tocar; seriam elas realidades materiais as quais os humanos podem se contactar ou existem somente em nossa mente? É a lua parte do nosso mundo material ou somente dos cosmonautas que tocaram na superfície da paisagem lunar? E sobre a luz do sol? A vida depende dela. Se a luz do sol é um constituinte do mundo material, teríamos que admitir que não somente a paisagem diurna difere materialmente da noturna, mas também que a sombra de um aspecto da paisagem, como a de uma rocha ou árvore, é também parte do mundo material tão quanto os próprios objetos que permitem sua projeção (INGOLD, 2007, p. 3).

---

164 Caetano e Bezzi (2011) argumentam que se deve compreender a paisagem não somente através (sic) de sua materialidade, mas considerar sua imaterialidade. Em seu artigo, as autoras descrevem bem as diferenças entre o plano material e imaterial, mas ressentimos de algo que é fundamental para o debate: a noção de que a materialidade e a imaterialidade se entrelaçam perpetuamente. As autoras chegam perto dessa noção quando abordam as marcas da religião no espaço, mas, como o aninhamento das manifestações materiais e imateriais é preponderante na leitura paisagística, recomenda-se que, *pari passu* à diferenciação entre matéria e ideias haja explicitamente a noção do emaranhamento dialético destes planos. Assim, destacamos que a interpretação paisagística não passa somente pela identificação do plano material e imaterial, mas também pela percepção de um entrelace contínuo que levam autores como Berque, Cosgrove e Ingold a rejeitarem a rígida separação entre matéria e mente.

Para contemplar essa dimensão transcendente dos objetos materiais, Augustin Berque sugeriu a palavra geograma ao anunciar que "imaginar a Terra sem o céu, ou o inverso, não passa de uma abstração" (BERQUE, 2012, p.8). Como dito, enquanto geogramas que superam a dimensão da descrição física, os objetos não podem ser meramente descritos em sua constituição aparente. O trecho a seguir explora o simbolismo que está por detrás dos corpos físicos:

> A espécie humana se tornou o que é devido a um processo imensamente longo durante o qual o fisiológico, o técnico e o simbólico não cessaram de interagir. Pelo que nos diz respeito, essa interação se traduziu por uma "exteriorização" progressiva das funções do corpo humano, que começou quando os nossos ancestrais, por assim dizer, extraíram seus incisivos de suas bocas para colocá-los na mão, na forma de pedras lascadas. Momento bem considerável e da maior eficácia! Esse vantajoso processo nunca parou de se ampliar, constituindo, assim, pouco a pouco, nosso "corpo social" que é exterior ao nosso "corpo animal", que só faz estender as funções naturais que fazem parte, com todas as coisas que as compõem, de nossa corporeidade global (BERQUE, 2012, p.9).

A reflexão de Berque se associa diretamente no processo descritivo da paisagem e do lugar. Os objetos que compõem essas duas categorias geográficas vão além do seu corpo físico, constituindo-se como *geogramas*. A reflexão assemelha-se ao argumento de Cosgrove (1983) acerca da atividade humana: para o autor, toda atividade humana é, ao mesmo tempo, material e simbólica, produção e comunicação. A forma de Augustin Berque elaborar a materialidade e a imaterialidade constitui-se como uma maneira de criticar a dicotomia entre a objetividade e a subjetividade. Na dimensão de Augustin Berque, a objetividade e a subjetividade, matéria e ideias, são extensões de um mesmo fenômeno, sendo sua dicotomia, *stricto sensu*, falaciosa. De certa forma os *geogramas* (BERQUE, 2012) apresentam-se periféricos ao seu pensamento, que tem no conceito de *trajeção* (BERQUE, 2017) uma síntese mais contundente:

> A *trajeção*, por sua vez, é o processo evolutivo no qual o ambiente é antropizado pela técnica e humanizado pelo símbolo, o que o faz um meio humano e onde, simultaneamente, em retorno, este meio condiciona o homem para, indefinidamente, humaniza-lo de volta e assim por diante (BERQUE, 2017, p.6)[165].

---

165 A concepção de Berque também é utilizada em um viés que aborda o simbolismo e o poder, como se vê no trabalho de Brian J. Graham: "O poder social requer espaço. O seu exercício dá forma ao espaço que, por sua vez, dá forma ao poder social" (GRAHAM, 1994, p.258). Certamente o efeito looping evidenciado por Berque

Assim Berque define que o ambiente e o homem estão em constante interação material e imaterial, de tal maneira que se torna desafiante separar essas duas dimensões interativas. Dessa forma, contestando a dicotomia entre a objetividade e a subjetividade que guiam a interpretação da paisagem, o autor define que "em suma, a realidade do meio não é propriamente objetiva (porque ela pressupõe uma interpretação), nem propriamente subjetiva (porque ela pressupõe o ambiente). Ela é *trajetiva*" (BERQUE, 2017, p.7)[166]. Berque nomeia um processo já assimilado por muitos geógrafos; a palavra trajeção ajuda a sintetizar o trânsito entre a materialidade e a imaterialidade. Joanna C. Long assim tentou explicar o processo: "a paisagem é simultaneamente material e conceitual porque as pessoas transformam a paisagem por meio dos processos de trabalho e categorização; os padrões da paisagem resultantes influenciam os hábitos da prática e do pensamento" (LONG, 2009, p.63). Se por um lado não se consagra como um pensamento seminal acerca das relações entre a materialidade e imaterialidade paisagística, por outro, o percurso teórico de Augustin Berque possui grande solidez; seus neologismos dialogam e explicitam de forma didática a dialética entre ideias e materialidade. Em uma publicação no ano de 1984 intitulada *Paysage-empreinte, paysage-matrice: éléments de problématique pour une géographie culturelle*, Augustin Berque traz os poderosos conceitos de paisagem-marca[167] [*paysage-empreinte*] e paisa-

---

não é estéril. Na dimensão humana, as identidades não se formam livremente; apesar de carregarem marcas das próprias escolhas pessoais, as identidades são assediadas pelo convívio coletivo, marcado, *inter alia*, pelas relações de poder. Existe, portanto, uma verticalidade na relação homem e ambiente e uma horizontalidade entre os homens. A verticalidade e a horizontalidade são dimensões que interagem entre si. A metáfora da verticalidade e da horizontalidade foi apenas uma estratégia para apontar dimensões que não são congruentes em sua totalidade, mas que em determinado ponto se tocam.

166 Como o próprio Augustin Berque (2019) evidenciou, o pensamento trajetivo certamente inspirou-se na filosofia de Watsuji Tesurô (1889-1960), mais precisamente na obra *fudô*, palavra traduzida pelo próprio Berque como "meio". Watsuji diz que o meio é permeado pela subjetividade humana, que, em retorno, é permeada pelo meio. O conceito de *fudosei*, traduzido por Berque como mediação [*mediance*], expressa o momento estrutural da existência humana, evidenciando relações espaço-temporais entre o homem e o meio.

167 Este conceito tem sido traduzido na literatura acadêmica brasileira como paisagem-marca. Não ficamos totalmente satisfeitos com a tradução, visto que a palavra *empreinte* é traduzida literalmente em francês como pegada. Acreditamos que a ideia de pegada pode transmitir movimento e não estaticidade; a palavra marca transmite uma ideia de estaticidade.

gem-matriz [*paysage-matrice*], que dialogam fortemente com as concepções de *geogramas* e *trajeção*. Na concepção de Berque (1984), a paisagem desempenha um duplo papel: ser o registro das marcas que dizem respeito aos atores que se relacionaram com determinados espaços (paisagem-marca) e, ao mesmo tempo, por intermédio das suas marcas, participar de esquemas de percepção, concepção e ação (paisagem-matriz). O que é elaborado mentalmente a partir da interação do homem frente às marcas paisagísticas contribui para as formas como se dão as ações humanas. Assim, da mesma maneira como a mente interfere na matéria e, inversamente, a matéria interfere na mente, a paisagem-marca interfere na paisagem-matriz, que, por sua vez, inspira a ação humana que deixa novas marcas na paisagem. A abordagem de Augustin Berque não parece muito distinta da trazida por Joel Bonnemaison (2005) que considera a paisagem como algo a ser visto e, portanto, material; ao mesmo tempo vê a paisagem como encantável, em uma possibilidade material-transcendente. Dessa forma, a materialidade e o encantamento também se entrelaçam, produzindo efeitos muito similares ao ciclo trajetivo de Berque. Para Bonnemaison, os estudos da paisagem realizados no interior da geografia cultural abordam três dimensões, sendo que essas dimensões são, nas novas abordagens culturais, vistas como entrelaçadas. As dimensões descritas pelo autor são:

- das relações de poder que atuam no arranjo da paisagem;
- da configuração geográfica, levando em conta não somente o quadro físico natural, mas também as estruturas humanas;
- do geosimbolismo, já que o homem inscreve e ilustra seus valores na paisagem. Nesse caso os elementos se diferenciam da configuração geográfica por penetrar em uma análise metafísica (BONNEMAISON, 2005).

No contexto da virada cultural, multiplicaram-se as abordagens que buscam ir além da materialidade na interpretação espacial, como a de James Wreford Watson (1971). Entretanto, o entusiasmo com a transcendência da materialidade levou alguns autores a pregarem um idealismo radicalizado que negava qualquer objetividade e materialidade na análise geográfica. Maria Geralda de Almeida (1993), em um exemplo crítico ao pensamento trajetivo de Augustin Berque, assim se expressa: "sua análise de paisagem é desprovida de certos elementos importantes; é uma paisagem cuja produção passa completamente à margem de questões próprias das sociedades capitalistas" e ainda completa: "não há uma referência sequer às instituições sociais, tensões, conflitos sociais, por exemplo. Sua "paisagem" aparece, pois, esterilizada e com toda a suavidade de uma pintura japonesa" (ALMEIDA, 1993, p. 45-46). Discordamos do rigor desse pensamento. Parece-nos muito claro que a abordagem de Berque não penetra detidamente nesses campos de análise social deliberadamente. Em sua proposta material-transcendente, está claro que os aspectos ressentidos por Almeida (1993) fazem parte do conjunto analítico da paisagem, em uma evidente dialética entre as materialidades (dentre as quais as marcas sociais) e as ideias. A pós-fenomenologia e as teorias não-representacionais – que reagem à abdicação material do idealismo – aproximam da estratégia de Berque, que definitivamente não nega os efeitos da materialidade na composição da paisagem. Concordamos com Sarah Whatmore (2006) que argumenta que a criatividade da geografia cultural não é gerada por uma sucessão de "novas viradas", mas pelo resgate das reminiscências deixadas por esses movimentos intelectuais ao longo do tempo que é destinado a lidar com os excessos das geografias mais-que-humanas. Isso significa dizer que a negligência quanto à reflexão acerca do mundo material é tão preocupante quanto os vícios de uma abordagem exclusivamente materialista.

Acreditamos que Augustin Berque conseguiu sintetizar e dar nome aos processos nos quais a materialidade e a imaterialidade dialogam e se fomentam. Seus méritos concentram-se na capacidade de explicação acerca da complexa interação entre homem e ambiente. Na concepção de Berque, não há uma zona de contato entre as elaborações objetivas e subjetivas. A *trajeção* representa uma franca relação retroalimentada e permanente de constituição daquilo que Sauer (2008) chamou de "fatos geográficos". É como se a *trajeção* fosse o fenômeno em si, e não um processo que une fenômenos. A *trajeção* é a totalidade da relação homem ambiente[168], que não pode ser dimensionada em toda sua constituição, tamanha é a infinidade de pensamentos e ações que direta ou indiretamente contribuem para modelar a dimensão do visível. Atribuindo mais complexificação, acrescenta-se ainda que a *trajeção* incorpora noções que são construídas socialmente. Dessa forma, a dialética entre o homem e o meio é perpendicular à dialética entre a memória individual e coletiva.

---

168 Edward Soja (1999) argumenta que, a partir da virada cultural, tanto a economia política radical quanto os estudos críticos culturais congruem na percepção de que a totalidade da vida social é simultaneamente real e imaginada, materialmente amparada e alimentada com representações simbólicas e metafóricas, que possibilitam, por sua vez, a construção da consciência humana, os valores estéticos e a ideologia. Essa é uma mediação que não se apresenta materialista e tampouco idealista.

Em 1978, Denis Cosgrove já abordava as dialéticas que envolvem o homem e o ambiente, a materialidade e a imaterialidade, ao dizer que "as ideias humanas moldam a paisagem, as intenções humanas criam e mantém lugares, mas a nossa experiência no espaço e no lugar propriamente molda as ideias humanas" (COSGROVE, 1978, p.66), e ainda salienta: "a racionalidade dialética requer que a mente e a matéria sejam vistas em interação uma com a outra" (COSGROVE, 1978, p.70). Há de se considerar que as relações entre o homem e o ambiente envolvem as próprias relações entre os homens, já que as imagens sobre a paisagem, o lugar e os fenômenos que os mesmos carregam são produzidos no âmbito individual e passam pelo escrutínio coletivo. Constantemente ressignificadas, essas imagens tornam-se ações práticas ou simbólicas que atuam sobre o ambiente, que se transforma e passa a transformar o homem. A participação social nesse processo é um fato que atribui na *trajeção* de Augustin Berque (2017) um elemento a mais de complexidade dialética[169].

Outros nomes como J. Wreford Watson (1983) endossam o trânsito entre a materialidade e a imaterialidade:

> Eu tenho concluído que a alma da geografia é a geografia da alma. Parcela do progresso da geografia tem sido mostrar que os sonhos e as ambições, sentimentos e crenças (em outras palavras, as coisas que são associadas ao espírito humano) são a medida, e desse modo formatam o mapa das geografias do mundo. Decidem qual estrutura geológica, quais formas da terra, quais climas e sistemas ecológicos terão importância ou irão jazer na insignificância geográfica (WATSON, 1983, p.393).

As abordagens paisagísticas que rompem com a tradição morfológico-material saueriana são ainda incipientes na geografia cultural brasileira. Recentemente tem se multiplicado os trabalhos que transcendem a materialidade[170] e vão ao domínio das perspectivas imateriais. Todavia,

---

169 Estas elucubrações embasam a chamada virada espacial [*spatial turn*], que, no seio da sociologia, trouxe a reflexão acerca do status do espaço: seria a categoria em questão uma consequência da ação humana ou opera como uma estrutura que auxilia a explicar a agência? (LÖW, 2013). Precisaríamos ver o espaço como matéria ou ideia? Essas falsas dicotomias conduzem à abordagem dialética. A virada espacial, nesse sentido, é marcada pela valorização da atuação do espaço como agente e resultado dos processos sociais, até então centrados de forma desequilibrada nos efeitos do tempo.

170 Como a interessante proposta de Patrícia Ponte (2019b; 2020), que aborda aquilo que chamou de paisagens-grafite. Expressos majoritariamente nas áreas urbanas, o grafite carrega por si mesmo uma dimensão simbólica e material. Ponte (2019b) destaca que por meio dos embates políticos com os gestores públicos, a

percebemos que alguns estabelecem um tipo de procedimento com o qual discordamos: na ânsia da transcendência material, mente e matéria são apresentados de forma apartada, na contramão do que teorizou Berque (2012; 2017) e outros. É importante destacar que os trabalhos que estudam paisagens e se aventuram pela dialética mente e matéria tem apresentado procedimentos muito distintos. Apesar de alguns procedimentos apresentarem-se como ferramentas aparentemente eficazes para a abordagem proposta, não há consenso quanto às metodologias empregadas. Sabe-se, contudo, que os procedimentos tendem a romper com as tradições positivistas da ciência, abrindo possibilidades, *ipso facto*, para críticas advindas de portadores de concepções tradicionais do fazer científico.

Acreditamos nas ideias de Berque (2012 e 2017) acerca dos geogramas e da trajeção[171]. Tais ideias não se constituem como uma condenação do materialismo, e sim como uma abordagem dialética envolvendo mente e matéria, o ambiente e o homem. Consideramos que não é adequado que a crítica ao monopólio da materialidade nos conduza ao idealismo extremado[172]. Leonard Guelke (1979b), entusiasta do idealismo, assumiu: "minha posição é o idealismo metafísico, porque, em oposição ao naturalismo e ao materialismo, considera que a atividade mental tem uma vida própria que é independente das coisas e processos materiais" (GUELKE, 1979b, p.80). A frase de Guelke possui contornos paradoxais: por um lado, não fica evidenciada a dialética entre matéria e mente, fundamental na reflexão de Berque; por outro, ao utilizar a palavra metafísica, Guelke evidencia que o seu idealismo não ignora a materialidade como composição da leitura espacial.

---

materialidade da arte se expressa na dimensão imaterial de forma muito distinta: em uma dada gestão o grafite é entendido como um meio de aprazibilidade estética e de autêntica expressão; em outro governo, o grafite é visto como uma sujeira a ser limpa.

171 Exploramos detidamente o tema em Silva (2020).

172 Élvio Rodrigues Martins (2007), refletindo sobre os objetivos da ciência geográfica, nos brinda com um trecho que mostra o risco do idealismo exacerbado: "É recorrente que, no desespero ou na impotência de identificar o objeto da ciência geográfica, a frase salvadora e revestida de tolerância seja: "a geografia é o que os geógrafos fazem dela". Isso abre para o espaço o "vale tudo", e eventualmente se perde com isso o fundamento geográfico que é presente na realidade. Perde-se isso, e o que é pior, perde-se também a importância e o significado do geográfico na constituição da realidade" (MARTINS, 2007, p.38).

A argumentação central do idealismo para Leonard Guelke (1974) é que a explicação do comportamento racional humano demanda um modo de entendimento bastante diferente da explicação de fenômenos não humanos. A visão idealista de Guelke como opção para a geografia humana tem como objetivo a autonomia e a idiografia desse campo de estudo em alternativa às abordagens nomotéticas que caracterizam a metodologia das ciências da natureza (GUELKE, 1982). Em sua perspectiva, Guelke acredita que um geógrafo que deseja estudar um grupo de trabalhadores rurais não precisa de detalhada informação sobre a constituição física destes trabalhadores, sendo mais importantes as formas em que cada um deles entende cotidianamente aquela atividade, tanto como constituintes dos seus labores cotidianos quanto composições de suas identidades e visões de mundo. Todavia, para Guelke, alguns aspectos da vida material não podem ser negligenciados: na dimensão do mesmo exemplo dos trabalhadores rurais, argumenta que o acometimento por uma enfermidade, que faz parte de um dado material, é importante para entender a forma como um trabalhador doente se relaciona com o trabalho. Tal argumento nos faz conceber melhor o seu aparente paradoxo idealista-metafísico.

Existem aqueles que criticam severamente a abordagem de Guelke. Michael Curry (1982a; 1982b) se apresenta como um dos seus críticos. Curry acredita que ele e Guelke "carregam noções muito diferentes daquilo que possa ser uma disciplina intelectual formal" (CURRY, 1982b, p.58). Apesar de reconhecer a repercussão da abordagem de Guelke para a geografia, estabelece como problemáticos os seguintes pontos do artigo *"An idealist alternative in human geography"* (GUELKE, 1974), que se trata de um trabalho ampla repercussão:

* argumenta que a escolha racional, defendido por Guelke como o foco para a interpretação dos pensamentos que estão por trás das ações humanas, não consegue esgotar as preocupações dos geógrafos referentes ao espaço, lugar e a paisagem. Curry (1982a) diverge do escopo assumido por Guelke acerca da posição racional do homem[173];

---

173 As escolhas racionais do homem podem ser baseadas em fantasias que não se sustentam em nenhum ângulo da materialidade. O que se torna mais relevante para a compreensão do comportamento humano é a ação que está por trás daquilo que se acredita ser "a verdade" e não a "verdade" necessariamente (LUKERMANN, 1964). A complexidade de se entender e interpretar as escolhas racionais aumenta quando consideramos as ações em múltiplas arenas políticas. Quando a ação do

- Curry critica a forma como Guelke se apropria da abordagem do historiador Robin George Collingwood. Guelke vê uma associação direta entre a ação do homem e o pensamento que está por trás dele. A ação seria uma expressão ou manifestação do pensamento. Curry acredita que a abordagem é limitada, pois acredita que onde Guelke vê uma chave para a interpretação da ação humana, "o geógrafo vê um complexo mundo de complexos lugares e ações, um mundo no qual as intencionalidades participam de forma mais incisiva em um caso e menos incisiva em outro; um mundo, enfim, no qual a magnitude do papel das intencionalidades pode ser determinado apenas em uma base individual, caso por caso, observando as formas de vida[174] [forms of life] individualmente" (CURRY, 1982a ,p.38);
- Curry acredita que a abordagem de Guelke acerca do idealismo é fracamente amparada pelos grandes teóricos da filosofia. Vê que os geógrafos "são turistas na terra da filosofia" (CURRY, 1982a, p.40), e, portanto, essas abordagens precisam de aportes teóricos bem mais robustos do que os que Guelke oferece[175].

---

homem aparentemente não condiz com o "princípio da racionalidade", diz-se que foi feita uma opção subótima, em que os ganhos [payoffs] advindos de um jogo não foram os melhores possíveis. A perspectiva do homem racional não permite espaço para esse tipo de escolha. Contudo, tais escolhas parecem se observar na dinâmica concreta das interações. Sem abandonar o pressuposto da racionalidade, podemos explicar tais escolhas: George Tsebelis (1998) trabalha com a hipótese dos jogos aninhados – que seriam jogos em múltiplas arenas – a partir das quais escolhas subótimas seriam possíveis. Na visão de Tsebelis (1998), casos de escolhas aparentemente subótimas seriam exemplos de discordância entre o sujeito que realizou a ação e o intérprete. Segundo essa abordagem, haveria duas possibilidades explicativas para essa discordância: ou o sujeito que realiza a ação de fato escolhe uma estratégia não-ótima (ação irracional) ou o intérprete estaria enganado: não teria observado, nesse caso, o conjunto dos jogos que estariam sendo jogados pelo sujeito observado.

174 O famoso conceito lablachiano "gêneros de vida" é geralmente traduzido para a língua inglesa como *lifeways*. Apesar disso, o sentido aplicado no contexto da frase de Michael Curry possui aproximação com o sentido lablachiano.

175 Três anos antes dos comentários de Curry (1982), o próprio Guelke (1979a) apresenta-se cauteloso quanto à abordagem filosófica na geografia. Ao mesmo tempo em que assume que a filosofia é muito importante como um instrumento de reflexão sobre a natureza e o sentido da pesquisa geográfica, alega que os geógrafos não são filósofos e que não devem perder o foco nos objetivos da geografia, a despeito dos seus interesses quanto o aprofundamento nas reflexões filosóficas.

É importante destacar que considerar a relevância do campo material e das abstrações para a leitura do espaço não garante a interpretação dialética da interpretação geográfica. A visão fragmentada destes campos dicotômicos de interpretação pode conduzir a uma leitura simplificada que leve o intérprete a uma espécie de soma descritiva das dimensões mente e matéria. A trajeção de Augustin Berque é virtuosa por colocar mente e matéria em um mesmo plano analítico, no qual a própria transformação do espaço opera por meio de uma relação entremeada e indissociável. O idealismo metafísico assumido como *modus operandi* de Guelke (1979b) não parece jazer na dialética trajetiva berqueniana: "a abordagem idealista para a explicação das ações humanas não negligencia os aspectos materiais da existência humana, mas insiste que tais aspectos devam ser tratados a partir do pensamento dos indivíduos que estão envolvidos" (GUELKE, 1974 p.200). Na perspectiva trajetiva, fica evidenciado que a argumentação de Guelke falha ao não apontar os efeitos da materialidade sobre as ideias, propondo somente o caminho inverso da interpretação. Alan R. H. Baker, também buscando o rompimento com a dicotomia entre o que chamou de "totalitarismo do positivismo" e a "anarquia da fenomenologia[176]" (BAKER, 1978, p.497), alertou que "o idealismo não é a única alternativa ao positivismo" (BAKER, 1979, p.565).

A discussão entre materialidade e imaterialidade se abriga no interior do social-construtivismo. Nos anos 1980 e 1990 o social-construtivismo tornou-se um modo dominante de análise social e cultural, penetrando, inclusive, no campo da geografia. O artigo de Don Mitchell (1995) que promove a desconstrução do conceito de cultura e que tanto repercutiu, bebe nas fontes desse desenvolvimento: sua visão sobre a cultura como socialmente construída é tida como uma abordagem crua do social-construtivismo. Ben Anderson e Paul Harrison (2010) assim referem-se ao social-construtivismo:

> O ímpeto inicial do social-construtivismo e de todo o seu investimento crítico nos anos 1980 e 1990 repousa, pelo menos no âmbito da geografia humana, em duas perspectivas. A primeira é o reconhecimento da natureza

---

176 Baker (1978) associa a "história como aquilo que realmente aconteceu" como uma marca do positivismo, sendo, portanto, um totalitarismo, uma imposição de metanarrativa. Por outro lado, "a história como aquilo que foi experenciado" é uma marca do idealismo e da fenomenologia, onde os significados são variáveis de acordo com a interpretação do partícipe ou mesmo do *outsider*. Nesse caso, referiu ao "anarquismo fenomenológico", não como uma frouxidão de método, mas como uma pluralidade de significados que colocam em risco até mesmo a estabilidade dos fatos.

arbitrária do ordenamento simbólico, reconhecendo o fato de que os símbolos são "inventados" e não "naturais". A segunda centra-se na ênfase dada na natureza plural e contestada (ou pelo menos contestável) da ordem simbólica e dos lugares a elas associadas (ANDERSON; HARRINSON, 2010, p.5).

O debate promovido pelo social-construvismo – que envolve as dimensões materiais e imateriais no contexto da leitura do binômio homem-ambiente – cria sérias dificuldades para os pesquisadores que trabalham com a perspectiva de avaliação de paisagens [landscape evaluation]. Principalmente estimulada entre geógrafos britânicos, o interesse na avaliação da paisagem tornou-se muito forte e disseminado, notavelmente no período entre 1965 e 1980 (COSGROVE, 1985). David Jacques (1995) reconhece no período destacado por Denis Cosgrove um enorme número de trabalhos nos dois lados do Atlântico. Entretanto, é possível observar nos últimos vinte anos um novo fôlego dado à temática, sendo observada uma miríade de publicações que reificam a paisagem a partir de um ideal estético, utilizando como suporte para o método programas de computador que trabalham com a perspectiva da imagem, tanto enquanto estímulo aos entrevistados quanto como proposição de intervenção paisagística. Wayne D. Iverson (1985) foi um dos pioneiros a propor a avaliação da paisagem a partir da perspectiva de softwares que trabalham com imagens. Essas abordagens que apartam sujeito e objeto partem do pressuposto da possibilidade de entender e mensurar a aprazibilidade da paisagem a partir de consensos ou quase consensos. Torna-se um desafio na dimensão da avaliação das paisagens a discussão acerca da possibilidade de verbalizarmos aquilo que estamos vendo (ACKING; SORTE, 1973) o que acaba inspirando uma discussão secundária sobre a própria linguagem.

Estimulada por intermédio de propósitos de planejamento em um contexto marcado pela crescente militância ambiental[177], a avaliação de paisagens, apesar de trabalhar a percepção do espaço, apresentou-se distinta frente à abordagem humanista que estava em voga nos Estados

---

177 Para Edmund C. Penning-Rowsell (1981), a avaliação de paisagens foi incentivada pela crescente conscientização acerca da deterioração paisagística ocorrida devido à expansão urbana e manejo inadequado que levou a uma demanda quanto à preservação de paisagens que poderiam ser vistas como portadoras de importantes atributos. Não é de se desconsiderar o fato da temática ambiental também ter se tornado pauta de grande discussão acadêmica e cotidiana, amplificada pelas grandes conferências ambientais que passaram a incorporar a agenda da alta diplomacia. É justamente por essa linha que argumentam Kennedy, Sell e Zube (1988), ao descrever que houve um interesse reativo da estética da paisagem frente à multiplicação dos movimentos ambientalistas dos anos 1960 e 1970.

Unidos. Notórias diferenças se destacam. A primeira delas é que a avaliação da paisagem, em parcela importante de suas propostas, buscava qualificar de maneira totalizante o espaço, em uma estratégia que permitia intervenções mais assertivas do poder público. Desse modo, muitos dos artigos de avaliação da paisagem tinham aspectos de relatórios nos quais a elaboração buscava a formalização de uma imagem consensual da paisagem[178]. Fortemente pautada na cisão entre sujeito e objeto, os trabalhos associados à avaliação de paisagens centravam-se ou na qualificação estética do objeto (a paisagem em si) ou na compreensão dos estímulos que moviam respostas no sujeito (os avaliadores da paisagem). Um exemplo deste segundo tipo de trabalho de avaliação de paisagens é a pesquisa de Huang e Lin (2019), que foca na compreensão de como as cores nas fotografias de paisagens provocam estímulos nas pessoas[179].

O cânone paradigmático da geografia humanista abrigava reflexões que perpassavam pelas relações entre o homem e o meio por intermédio de um viés identitário e material-transcendente. Esse aspecto da geografia humanista torna a diferença gritante entre as duas perspectivas, ainda que ambas possam ser enquadradas como atuantes no campo da "percepção paisagística". Os fundamentos da nova geografia cultural e das recentes abordagens ligadas às teorias não-representacionais na geografia apresentam-se muito deslocadas frente à tradicional avaliação paisagística, de tal modo que a comparação da concepção de paisagem entre essas correntes nos faz crer que estamos diante de diferentes categorias da geografia. As considerações identitárias acerca da avaliação paisagística parte do pressuposto que o gosto é espacialmente e temporalmente localizado, negando o seu suposto cará-

---

178 Penning-Rowsell (1979) destaca que as avaliações paisagísticas só se tornam úteis se o grau de consenso estético for alto. Isso se deve ao fato de que os trabalhos sobre a avaliação de paisagem servem à implementação de políticas públicas: sem consenso, a intervenção pode deixar uma parcela expressiva das pessoas que estão em contato frequente com uma dada paisagem insatisfeitas com a intervenção.

179 A utilização de fotografias na avaliação paisagística reforça o ocularcentrismo, visto que ignora a participação de outros sentidos na construção de preferências sobre paisagens. Analisando as preferências em um ambiente urbano, HERZOG *et al.* (1976) agruparam fotografias em cinco grupo, aos quais chamaram de dimensões: cultural, contemporânea, comercial, entretenimento e do campus, sendo que esta última se referia às estruturas ligadas ao campus universitário da cidade de Grand Rapids, em Michigan. Acreditamos que esta estratégia pauta por duas arbitrariedades. A primeira dela é a própria escolha da fotografia. A segunda é o agrupamento de fotografias em classes.

ter pré-determinado e fixo (ANDERSON, 2005). É interessante pensar que – a partir dessas premissas identitárias – o dinamismo do gosto mostra-se tão ativo quanto a própria paisagem em movimento. Assim, podemos nos aproximar do entrelace mente e matéria, pois colocamos a materialidade e a imaterialidade em perspectivas dinâmicas nas quais a espacialidade e a temporalidade daquilo que é analisado importam.

Apesar da *landscape evaluation* se preocupar com a morfologia dos atributos visuais da paisagem (UNWIN, 1975) – o que torna a sua abordagem estritamente material – é possível encontrar algumas abordagens de exceção, híbridas em sua concepção metodológica, que são capazes de penetrar no campo dos aspectos emocionais do homem. Tais abordagens de exceção ganharam representação nas últimas décadas. Essas diferenças de abordagem que convivem no interior da avaliação das paisagens foram contempladas em um artigo assinado por Kennedy, Sell e Zube (1988). Os autores destacam que existem duas abordagens na avaliação da paisagem merecedoras de ênfase: a objetiva e a subjetiva. Na primeira delas o homem é visto como uma entidade à parte da paisagem, que, por sua vez, é vista como um objeto. Nessa perspectiva, a paisagem pode afetar as pessoas ou, por outro lado, as pessoas podem manipular a paisagem, o que apresenta uma abordagem desprovida de dialética. Já na abordagem subjetiva, há a concepção de que homens interagem com a paisagem da mesma forma em que fariam com outros homens. Assim, "os homens não poderiam modificar a paisagem sem que esse gesto trouxesse modificações a eles mesmos" (KENNEDY; SELL; ZUBE, 1988, p.42). A abordagem subjetiva aproxima a avaliação das paisagens das reflexões mais contemporâneas vinculadas aos estudos da geografia cultural.

A subjetividade também precisa ser considerada como um pano de fundo interpretativo para a coleta de informações associadas às preferências estéticas paisagísticas. Jay Appleton (2000) defendeu a ideia de que os gostos e as preferências que desenvolvemos e que interferem na interpretação da paisagem são influenciados pelo impacto da cultura[180], da sociedade e das experiências individuais. Essas variáveis de influência na composição estética de nossas preferências atuariam, na

---

180 Appleton (1994) relativiza a abordagem reificada da cultura ao argumentar que a composição dos gostos varia enormemente, não somente entre culturas que são diferentes no espaço e no tempo, mas entre os diferentes indivíduos que são identificados com essas culturas. Desse modo, aponta que desacredita em culturas como reservatórios homogêneos de identidades.

visão do autor, sobre os padrões inatos de comportamentos, alguns dos quais vinculados, por exemplo, ao instinto de sobrevivência. Apesar de considerarmos alguma validade nesses argumentos, há de reconhecer polêmica nos mesmos[181]. Na literatura sobre a avaliação das paisagens é possível perceber o embate e/ou entrelace entre as concepções acerca da interferência das características inatas na avaliação paisagística e a apreciação estética socialmente construída (ADEVI; GRAHN, 2012). É difícil conceber no complexo e variado comportamento do homem certos padrões inatos. Ao mesmo tempo, é plausível considerar que as nossas preferências estéticas interferem dramaticamente na percepção e na descrição da paisagem. Por isso concordamos com David Lowenthal[182] (1978) quanto ao seu argumento de que o contexto da interação entre homem e meio depende:

---

181 Em um artigo publicado em 1998, Appleton desabafa que frequentemente tem sido acusado de argumentar que as transmissões genéticas dos nossos padrões de comportamentos instintivos definem os nossos gostos estéticos acerca da paisagem. Discordando destas críticas, pontua: "o que argumentei e que ainda sustento é que as influências culturais, sociais, históricas além das nossas influências pessoais não operam em um vácuo, mas modificam algo que já está ali" (APPLETON, 1998, p.265).

182 A década de 1950 geralmente é referenciada como um período em que a paisagem foi negligenciada nas abordagens geográficas. Apesar das investidas de Sauer na década de 1920 que reivindicaram centralidade à paisagem na abordagem geográfica (apesar de dar ênfase aos aspectos morfológicos, à descrição do visível e à materialidade,) é possível notar posteriormente forças contrárias a categoria em questão. Dentre essas forças se posicionam as problematizações de Richard Hartshorne feitas no final da década de 1930 quanto à imprecisão do significado da paisagem e, também, a ascensão da geografia teorético-quantitativa no período pós-2ª Guerra. David Lowenthal é tido como um dos nomes importantes do resgate da paisagem após a hegemonia quantitativista (OLWIG, 2003a). Mais que isso, Lowenthal foi um dos responsáveis por levar a geografia "para além das restrições impostas pela abordagem morfológica de Sauer" contribuindo para que a geografia "realizasse o sonho de Sauer de construir uma síntese da paisagem geográfica e do entendimento cultural" (OLWIG, 2003a, p.876). Fica claro nesse desenvolvimento de Kenneth Olwig (2003a) que a abordagem de David Lowenthal foi uma das pioneiras quanto à capacidade de transcender à materialidade do modelo morfológico de interpretação da paisagem, além de lidar com um significado atribuído à paisagem que supera o estigma da imprecisão alardeado por Richard Hartshorne. É importante considerar que a própria abordagem de Lowenthal amadurece ao longo de sua carreira. Comparativamente, os textos do início dos anos 1960, bastante influenciados pela ascensão da abordagem da avaliação das paisagens [*landscape evaluation*], apresentam menos rigor quanto à transcendência da materialidade paisagística. Em uma

- do humor e da circunstância;
- do tempo, da iluminação[183] e da hora do dia;
- se a observação está sendo feita a pé ou em um veículo;
- se o observador está parado ou em movimento;
- se o objeto de contemplação foi deliberadamente escolhido ou se a interação é acidental e, portanto, inesperada (LOWENTHAL, 1978, p.375).

Refletindo ainda sobre o valor atribuído a paisagem, Appleton (1994) salienta que o prazer em relação à contemplação e à experiência frente a uma determinada porção do espaço se dá na interação do observador com a paisagem, independente da quantidade de objetos que nela estão inseridos e que podem carregar dimensões simbólicas. Nesse sentido, um deserto – pobre em objetos – pode se constituir aos olhos de um observador um local aprazível. Appleton (1975) considera que para a avaliação da paisagem existe um vácuo teórico, pois não há método que seja livre de constrangimentos[184]. Owen D. Manning (1995), em uma linguagem um pouco mais alentadora, argumenta que o design de paisagens – que também reflete sobre os aspectos avaliativos e perceptivos – sofrem com a carência de critérios sólidos.

A consideração sobre a paisagem entendida como uma entidade passível de ser valorada objetivamente não significa que os pesquisadores ignoram as distintas percepções entre os indivíduos. Entretanto, é relativamente comum os trabalhos que buscam comparar médias perceptivas entre distintos cortes sociais, sejam por idade, renda, sexo, contextos culturais e familiaridade frente à paisagem (BUTLER, 2016). No caso em questão, a metodologia recorre a uma dupla entificação: a

---

elaboração pesadamente estatística sobre a percepção ambiental, Lowenthal e Riel (1972) constituem-se como exemplo da alardeada transição do autor. Apesar da abordagem estatística, Lowenthal e sua parceria buscam problematizar os distintos olhares sobre a paisagem, ainda que sua proposta busque alcançar valorizações espaciais construídas coletivamente.

183 A importância da iluminação para a percepção e expressão da paisagem também é explorada por Olwig (2011). Lugares como o interior das catedrais góticas exploram com muita eficiência a penetração da luz através dos seus vitrais, contribuindo para a construção de um ambiente de excepcionalidade sacra, como lembra Tuan (2013b).

184 Uma das dificuldades relacionadas à falta de consenso metodológico na avaliação das paisagens é a natureza intangível do conceito de beleza paisagística (BLACKSELL; GILG, 1975).

da própria paisagem enquanto uma entidade avaliável a partir de consensos ou divergências coletivas e a dos grupos sociais arbitrariamente delimitados e escolhidos.

Apesar desse pessimismo quanto à assertividade de métodos de avaliação da paisagem, podemos encontrar na literatura acadêmica inúmeras proposições (FADEL, 2016). Appleton (1994) sugere que podem ser criados mapeamentos acerca dos atributos qualitativos da paisagem, desde que os mesmos sejam apresentados como mapas de probabilidade. O autor faz essa sugestão por crer que a probabilidade tem a capacidade de apresentar uma miríade de respostas acerca dos potenciais qualitativos da paisagem. Discordamos com veemência. A solução da probabilidade se apresenta como totalizante, representando em sua configuração resultados médios. O uso da probabilidade é paradoxal à teoria e incompatível com a própria conclusão de Appleton (1994) acerca da variedade identitária que está contida no interior daquilo que se convenciona chamar ou entender como uma cultura. Os resultados médios possuem somente curiosidade estatística. Não representam nenhum fenômeno tangível, pois qualidades como a beleza e a tranquilidade de uma paisagem não podem ser apresentados como pontos médios. O ideal é a representação unitária da percepção de indivíduos, ainda que a quantidade da amostra não represente a totalidade do espaço investigado. A sugestão probabilística de Appleton (1994) se encaixa na dimensão da avaliação de Carys Swanwick (1989): as abordagens de avaliação da paisagem são, em sua maioria, positivistas, buscando medir e quantificar a paisagem e a "beleza natural" a partir de uma generalização das respostas de um público selecionado. Quanto a esse tópico, nossa opinião é corroborada por Denis Cosgrove (1990b).

O quantitativismo se oferece como um modo de lidar com a intersubjetividade que permeia a percepção e avaliação paisagística. Julgamos que os resultados muitas vezes podem se apresentar frágeis, enviesados e/ou vazios de significado. Até mesmo a recuperação de pacientes em períodos pós-cirúrgicos já foi colocada em questão, a partir de supostos efeitos que as janelas dos hospitais podem proporcionar: pacientes que tem à sua disposição a vista da copa de árvores se recuperariam mais rapidamente do que aqueles submetidos a vista bloqueada pelo concreto de outras alas da edificação hospitalar (ULRICH *et.al*, 1984). Do ponto de vista do lugar, um centro hospitalar monumental pode ser impessoal o suficiente para que a pessoa sinta a deslugaridade [*placelessness*] (KEARNS, 1993). A falta de vínculo afetivo pode não atrapalhar a recuperação de um paciente, mas, por outro lado, pode também não contribuir: o sentimento de acolhimento frente ao lugar pode despertar sentimentos que permitem o florescimento de uma sensação de bem-estar. Apesar de considerarmos a existência de psicosomatismos, nem todo malabarismo numérico é capaz de nos conduzir a conclusões firmes acerca do estímulo da paisagem em um grupo amplo de pessoas.

Edmund C. Penning-Rowsell (1981) destaca que o início dos anos 1970 foi marcado, no campo da avaliação de paisagens, pelo incremento de métodos estatísticos. O próprio autor (PENNING-ROWSELL, 1979) analisou fragmentadamente uma área rural nas cercanias de Londres utilizando a estatística. Criou, contudo, quatro classes nas quais os resultados estatísticos se enquadravam. Essa classificação tinha como extremos as categorias "extremamente atrativo" e "não-atrativo", o que vemos como um eufemismo arbitrário que visa ocultar a frieza trazida pelos números médios. Ekman e Kuennapas (1962) sintetizam em sua proposta a força do quantitativismo no início da década de 1960, propondo em seu trabalho a quantificação das preferências estéticas. Na mesma linha, K. D. Fines (1968) propôs uma escala de valorização dos atributos paisagísticos que variou de 0 a 32, representando os resultados estatísticos em partes fragmentadas do condado de East Sussex; Fines enfrentou a crítica feroz de Brancher (1969), que se opôs às variações de escala na análise e ao tamanho da amostra utilizada (tanto de fotografias quanto de pessoas que avaliaram a paisagem). Apesar de considerar o trabalho de Fines (1968) como fortemente simplificador, Brancher (1969) parece pregar um maior rigor estatístico, com sua crítica distante de uma oposição à formulação da imagem coletiva sobre uma paisagem vista enquanto entidade.

David L. Linton (1968) afirma que a avaliação das florestas, da água e dos recursos minerais em termos quantitativos é fundamental para uma administração territorial eficaz, evidenciando também o espírito de época na passagem das décadas 1960-1970 que nos ajuda a compreender o estado da arte das pesquisas sobre a avaliação das paisagens. A contínua crítica à subjetividade, que colocaria dificuldades quanto à postura reativa frente aos resultados colhidos, levou a elaboração de técnicas cada vez mais complexas de estatísticas que eram, de fato, tentativas de apurar a objetividade.

Philip Dearden (1984), além de utilizar recursos estatísticos para associar às preferências paisagísticas à familiaridade frente a determinados biomas e também frente às variáveis socioeconômicas, fez uso de fotografias em seu método. As fotografias servem como estímulo para as respostas dos entrevistados, que formam a base do procedimento estatístico. Kroh e Gimblett (1992), em seu estudo sobre a avaliação paisagística que teve como alvo o condado de Henry, em Indiana, também fizeram uso de fotografias como apoio de sua proposta metodológico-estatística visando mensurar fatores dinâmicos que influenciam a percepção. O uso da palavra "determinar" nos objetivos da pesquisa de Kroh e Gimblett (1992) evidenciam a natureza do seu trabalho, que prima pela objetividade. Há que se apontar três questões diretamente associadas ao uso das fotografias. A primeira delas é que seu uso reforça o ocularcentrismo da percepção paisagística tradicional, visto que exclui a análise multissensorial como possibilidade. A segunda questão é que evidencia a cisão sujeito e objeto, condizente com as tradicionais elaborações positivistas que repousam sobre o pensamento da modernidade e da ciência objetiva. A terceira questão é que as fotografias evidenciam ângulos de observação cuja escolha é notoriamente arbitrária; em certo sentido um determinado ângulo, sugestivo, pode ser entendido como uma manipulação do pesquisador sobre o pesquisado.

Balling e Falk (1982) também fizeram uso de dados estatísticos, considerando distintos grupos de idade para a avaliação paisagística. Além dos problemas já apresentados quanto ao uso da estatística, soma-se a questão da categorização de imagens a serem avaliadas: os autores escolheram cinco biomas, dentre eles a savana, a floresta decídua temperada, a floresta de coníferas, a floresta tropical e o deserto como alvo do seu escrutínio. Parte-se do pressuposto que esses biomas podem ser consolidados a partir de uma imagem ou estreita experiência que dê conta de abranger todas as possibilidades de variações que ocorrem dentro da tipologia. A pesquisa de Balling e Falk (1982) colide justamente nas questões das arbitrariedades classificatórias e estatísticas.

Rachel Kaplan (1977), explorando o tema da investigação acerca das preferências ambientais[185] [*environmental preference*], abordou o instrumento EPQ (*Environmental Preference Questionnaire*) como possibilidade. Questionários deste tipo utilizam escalas numéricas para avaliar como as pessoas atribuem valor (quantitativamente) aos diferentes tipos de

---

185 No interior do tema da avaliação paisagística, vê-se de forma muito comum à palavra ambiente ser utilizada como sinônimo de paisagem. O sentido de ambiente e paisagem no tema da avaliação paisagística pode ser entendido como "espaço de vivência".

ambientes, condições atmosféricas e até mesmo investigam comportamentos sociais mediante determinadas situações[186]. É importante dizer, considerando-se o objetivo da pesquisa, que há uma grande diferença na investigação da relação homem-paisagem que pode estar direcionada:

- aos atributos da paisagem avaliados por uma coletividade;
- à reação de um indivíduo, ou de um grupo de indivíduos avaliados cada um em sua particularidade quanto à percepção ambiental ou aos estímulos que o ambiente lhes provoca.

Acreditamos que a crença em uma quantificação coletiva da paisagem é indevida e confiamos nas investigações identitárias, como problematizaremos mais à frente. No caso da ferramenta EPQ problematizada por Kaplan (1977), percebemos que o grande problema de sua utilização é a arbitrariedade da escolha das opções do questionário. Mesmo que conte com um grande número de opções, como o EPQ apresentado por Kaplan (1977), tais ferramentas apresentam-se inadequadas: por um lado, apresentam-se como capazes de dimensionar as "preferências ambientais", por outro, mostram-se como uma opção totalizante que não passa de um conjunto de escolhas definidas pelo investigador, suprimindo a liberdade interpretativa do entrevistado. No final dos anos 1960 e durante os anos 1970 e 1980 foram produzidas uma grande sorte de esforços estatísticos que – a despeito da criatividade dos autores quanto às formas de manejar os números – caíam no mesmo pecado de buscar uma indevida quantificação totalizante de um grupo de pessoas. Encaixa-se nesses trabalhos o esforço do trio Shafer Jr, Hamilton Jr. e Elizabeth Schmidt (1969) e, em uma investida mais recente, Purcell *et.al.* (1994), que agruparam resultados de preferências paisagísticas individuais de estudantes universitários italianos e australianos, com a finalidade de estabelecer comparações entre os dois grupos.

Jay Appleton deu mostras ao longo de três de suas obras que se incomoda com a ineficácia de métodos objetivos para a avaliação da paisagem. Sugere que "se nós não podemos compreender os princípios que explicam as nossas preferências (estéticas), pelo menos poderíamos perguntar as pessoas qual é o alcance de suas preferências" (APPLETON, 1975, p.121) e escancara o seu ressentimento: "nós

---

[186] Em um exemplo, no EPQ analisado por Kaplan (1977), há uma pergunta sobre que tipo de ação pode aliviar um estado de stress. Dentre as possibilidades de análise do entrevistado, que precisa atribuir notas em uma escala numérica, estão as opções "ir ao cinema", "comer", "dormir" e "dar uma volta pela praia".

precisamos tolerar certa dose de subjetividade antes de termos algo que realmente faça sentido para colocar no lugar" (APPLETON, 1975, p.123). Utilizando destas palavras, Jay Appleton parece considerar que a subjetividade é imperfeita enquanto solução teórica e que o desenvolvimento da teoria talvez possa apresentar um método objetivo sobre a avaliação da paisagem que substitua aquilo que considera como imperfeições subjetivas. Price (1976) também mostra incômodo com a incomensurabilidade da subjetividade bruta, ao dizer que tal perspectiva oferece um espaço quase ilimitado para discordâncias e distorções. O autor acredita que a avaliação subjetiva da paisagem ganha em utilidade e persuasão à medida que se torna mais comensurável, numa clara alusão à manipulação estatística das opiniões individuais. Price (1976) demonstra a obsessão em mensurar a avaliação paisagística: "para obter a objetividade (ou, pelo menos, a subjetividade de ampla base) na avaliação paisagística, é preciso medir as preferências reveladas pelos que frequentam [*consumers*] a paisagem" (PRICE, 1976, p.829). Nos anos 1990, especialmente, fortaleceu-se uma tendência na avaliação de paisagens da utilização do GIS – *geographic information system* –, fato que pode ser explicado pela ampla popularização dos computadores e pelo desenvolvimento de softwares de mapeamentos. Esses adventos tornaram-se mais disseminados nas universidades e também em uso doméstico. Enquadra-se nesta lógica o trabalho de Bishop e Hulse (1994) que utilizaram o GIS e bastante esforço estatístico para mensurar a beleza cênica de uma área de seis quilômetros quadrados do estado de Oregon, nos Estados Unidos.

Neil David Weinstein (1976), analisando a problemática do uso da estatística na avaliação da paisagem, argumentou que no ímpeto de retratar as complexas variáveis que envolvem a percepção humana, arranjos estatísticos igualmente complexos são sugeridos e empregados. Segundo o autor, "infelizmente, quanto mais complexa for a problematização estatística, mais provável se torna o fato dos resultados numéricos se tornarem difíceis de serem interpretados" e ainda pondera como cenário de pesquisa: "ou alguma das premissas que sublinham o modelo estatístico acabam sendo violadas" (WEINSTEIN, 1976, p.612). Entendemos a preocupação de Weinstein (1976), mas acreditamos que o problema se apresenta anterior ao ponto de analisar os resultados estatísticos: sabemos que as totalizações estatísticas, que buscam apresentar um número que seja representativo de um grande grupo de pessoas, praticam um desserviço. Esse número – enquanto soma simples ou resultado de uma sofisticada equação – representa uma fantasia que se sustenta na crença de que as impressões pessoais podem ser diluídas aritmeticamente dando uma noção de conjunto. Ironicamente, os resultados coletivos atacam justamente aquilo que deveriam zelar: os dados sobre as opiniões pessoais são justamente as fontes mais tangíveis e objetivas que podem ser colhidas. Ao pretender apresentar a avaliação da paisagem enquanto resultado coletivo, essas tentativas esculpem, por meio de seu infrutífero esforço aritmético, um número esvaziado de significados que diz muito pouco por si só.

Outro aspecto importante presente nos esforços de avaliação de paisagens é apresentado por Paul Brassley (1998), que explora o fato de que a maioria dos métodos não reconhece a importância da efemeridade. Segundo o autor, antes do século XV qualquer pintura sobre a paisagem rural representava a natureza intocada em uma eterna primavera. Essa negligência é notória na arte europeia, já que o continente sofre grandes mudanças paisagísticas devido a sua posição geográfica, junto à zona temperada do hemisfério norte do planeta. Com a consolidação do realismo no início do século XV, os efeitos das estações do ano passaram a ser representados na arte europeia. Brassley (1998) destaca a importância de considerarmos a efemeridade na avaliação paisagística: primeiro, as pessoas respondem comportamentalmente às efemeridades paisagísticas; segundo, a efemeridade lança um grande desafio na avaliação de paisagens baseada em uma investigação em um dado momento do tempo; terceiro, a efemeridade normalmente não é um tópico que entra no processo de planejamento da paisagem.

O ato de medir preferências e valores sobre a paisagem e lugares é discutido amplamente na bibliografia, sobretudo estrangeira. Apesar desse fato, é notório que os pesquisadores que se ocupam da avaliação da paisagem não exibem métodos consensuais (AOKI, 1999). É de se destacar que é pobremente compreendido como o valor atribuído à paisagem varia de acordo com a localização e época (LOWENTHAL, 2007a).

A falta de consenso não diminui o interesse pela área, que, dentre outras finalidades, se constitui como uma ferramenta de ação de gestores públicos[187] (PENNING-ROWSELL, 1975). Há um interesse inclusive

---

187 Existem exemplos de paisagens geridas por agentes públicos que buscavam exaltar o nacionalismo. A formação da paisagem nacional-socialista-alemã prezou por normas paisagísticas que incluíam a proibição da utilização de plantas que não

econômico, que guia grupos poderosos a explorar o potencial cênico da paisagem e sua apreciação estética (TRAVASSOS, 2014). É problemática a validação de avaliações paisagísticas. Penning-Rowsell (1982) destaca que a preferência do público, sobretudo no âmbito da implementação de uma política pública somente pode ser validada e tida como útil se três condições forem atendidas:

- se o consenso obtido no levantamento for expressivo;
- se as pesquisas não forem enviesadas (buscando produzir resultados a favor de algum propósito);
- se as avaliações forem baseadas em julgamentos racionais e não meramente em respostas randômicas (PENNING-ROWSELL, 1982, p.103).

Essas observações se apresentam como cuidados que os trabalhos – sejam acadêmicos ou técnicos a respeito da avaliação paisagística – devem incorporar. O mesmo autor (PENNING-ROWSELL, 1975) salienta que um dos principais problemas da avalição da paisagem é o fato dos métodos empregados não condizerem com os objetivos da avaliação. O autor aponta que os objetivos podem ser divididos em quatro grupos:

- Preservação da paisagem;
- Proteção da paisagem, que apesar de próximo ao sentido da preservação, se impõe de uma forma menos restritiva frente ao planejamento de mudanças paisagísticas;
- Políticas de recreação;
- Melhoria paisagística (PENNING-ROWSELL, 1975).

Outra crítica de Penning-Rowsell (1975) é o fato de muitos trabalhos técnicos ou acadêmicos de avaliação da paisagem não considerarem os "frequentadores da paisagem" [landscape users] em seus métodos. Uma de nossas hipóteses para esse fato é justamente a presença do poder público como um dos principais clientes dos trabalhos técnicos de avaliação da paisagem. Exigindo projetos de implementação em um espaço de tempo relativamente curto (dentro do período de um mandato), resultados objetivos parecem ser melhor recebidos do que a apresentação de intersubjetividades que possam fragmentar o espaço

---

fossem consideradas nativas do ponto de vista germânico. Assim, as orlas das matas consistiriam de espécies de madeira nativa, compatível com a região. Nas diretrizes de planejamento paisagístico, as espécies locais eram tidas como ideais, saudáveis e esteticamente superiores frente ás espécies exógenas (GRÖNING, 2004).

em um mosaico de pequenas partes que expressam particularidades identitárias. Para a implementação de políticas públicas, parece ser exequível resultados que construam imaginários regionais, parcelando a paisagem em regiões míticas que podem estar, na verdade, dissociadas de uma parcela dos "frequentadores da paisagem".

É interessante pensar nas contradições que permeiam essa tentativa de generalização dos atributos paisagísticos no ato comparativo. Na busca por dados que possam instrumentar a comparação de paisagens, alguns pesquisadores tendem a se aproximar de métodos quantitativos que possam servir de análise entre diferentes porções do espaço geográfico. Assim, os atributos cênicos passam a ser reificados e, uma vez materializados, são passíveis de serem classificados em alguma composição estatística. A contradição reside na consideração intersubjetiva dos valores cênicos paisagísticos face à materialização objetiva de atributos de paisagens distintas. É no ato de comparação entre paisagens que se evidencia o choque entre a subjetividade (que participa no momento da escolha dos atributos paisagísticos) e a objetividade (que se manifesta no ato comparativo).

Percebendo esse problema, Roger Crofts (1975) argumenta que uma das maiores críticas que recaem sobre os trabalhos de avaliação da paisagem é a seleção subjetiva de elementos paisagísticos que serão avaliados. Em suas palavras, "a seleção é baseada no conhecimento do pesquisador sobre a paisagem e sua visão usualmente prejudicada acerca de quais fatores são escolhidos como elementos de qualidade cênica". Salienta ainda que "as escolhas são afetadas pela experiência individual, expertise, estrutura educacional e cultural da pessoa que desenvolve a técnica (de avaliação da paisagem)" (CROFTS, 1975, p.128).

Niemann (1986), por outro lado, aplicou um método estatístico de avaliação de paisagens no condado de Leipzig, Alemanha. Em seu esforço, dividiu o espaço em unidades com áreas não equivalentes e as chamou de paisagens, comparando materialmente atributos do quadro físico das mesmas, como "suscetibilidade de erosão hídrica" e "consumo de água pela vegetação". Nessa perspectiva, o seu trabalho apresentou-se fortemente vinculado à tradição objetiva, pertencendo ao amplo campo de pesquisa da Ecologia da Paisagem. Pontualmente na pesquisa de Niemann (1986), as unidades paisagísticas elencadas podem ser referidas como *landschaft*, pois o uso da palavra paisagem e região possuem sentido similar, como vimos em capítulos anteriores. Dentro da dimensão da intersubjetividade, não é razoável delimitar paisagens.

Há certo apoio quanto à ideia de que a avaliação estética da paisagem depende de princípios biológicos e culturais (BOURASSA, 1988). Os princípios biológicos envolvem reações naturais que são associadas aos instintos do homem. Em um exemplo, a disponibilidade de água em boas condições poderia estimular a avaliação positiva de uma paisagem, visto que a substância é fundamental para a vida. Contudo, mensurar o balanço entre o fator biológico e cultural na avaliação paisagística é problemático. Para o autor, a teoria ótima para a compreensão da valorização estética da paisagem repousa em algum equilíbrio entre a força da biologia e da cultura como constituintes de nossas preferências ambientais. Esse tipo de posicionamento evita os seguintes antagonismos axiomáticos:

- o instinto do homem explica as manifestações culturais;
- as manifestações culturais podem anular os instintos humanos (BOURASSA, 1990).

Essa discussão, aparentemente já superada por envolver determinismos bastante problematizados e academicamente condenados, evitam os vícios de certas considerações como a associação entre as preferências estéticas das paisagens com áreas percebidas como um habitat com maior chance de sobrevivência humana. Esses tipos de determinismos, que valorizam muito o fator do instinto biológico, parecem não conseguir explicar os vínculos topofílicos associados à experiência e à memória. Bourassa (1990), em sua reflexão teórica, nos lembra dos trabalhos de Lev Vygotsky como uma alternativa à mediação das interferências biológicas e culturais na apreciação paisagística[188].

É também presente na literatura de avaliação de paisagens a tentativa de comparar as percepções de distintos grupos sociais, como se vê no trabalho de Byoung E. Yang e Rachel Kaplan (1990). Em seu artigo, os autores dividiram os participantes das entrevistas de percepção a partir de três grupos: cidadãos coreanos, estudantes coreanos e turistas estrangeiros. Submeteram esses grupos à avaliação de distintas paisa-

---

188 A lembrança de Bourassa (1990) à obra de Vygostky é pontual nos conceitos de filogênese [phylogenesis], sociogênese e ontogênese. A primeira refere-se às características e comportamentos inatos do indivíduo; a segunda refere-se àquilo que é socialmente apreendido; a terceira refere-se ao desenvolvimento individual, ou seja, as características particulares de cada indivíduo.

gens, dentre as quais algumas tidas como vernaculares e outras como ocidentalizadas, todas presentes em território coreano. Para além desse estudo, Rachel Kaplan se envereda em uma verdadeira cruzada cujo objetivo é comparar as preferências paisagísticas de certos grupos sociais, como é possível ver em Kaplan e Herbert (1987) e em Kaplan e Talbot (1988). O ponto de partida é a hipótese de que grupos sociais poderiam apresentar preferências paisagísticas semelhantes entre os seus indivíduos. A correlação estatística aplicada no conjunto de respostas é a base comparativa dos grupos sociais dessas investigações.

Temos muitas objeções a esse tipo de estudo, visto que o método comete o equívoco de compreender as pessoas como pertencentes a grupos heterogêneos entre si, quando, na verdade, a heterogeneidade se manifesta em uma infradimensão, que é a identitária, ou seja, no interior de cada grupo. A tentativa definir as preferências de grupos sociais em relação à paisagem encontrou defensores, sobretudo nas décadas de 1970-1980, como se vê em David L. Jacques (JACQUES, 1980; JACQUES; SHUTTLEWORTH 1981). Qualquer grupo social que seja delimitado para fins de uma investigação científica é, na verdade, um corte arbitrário que desconsidera a transversalidade de outras clivagens. Ou seja, a delimitação social nos leva à negligência quanto às múltiplas arenas sociais aninhadas. Em um dado espaço, podemos aludir a territórios justapostos pelas diferenças, seja de gêneros, faixas-etárias, étnico-raciais (SERPA, 2020b) e tantas outras. Nesse sentido, o nosso cotidiano nos conduz ao contato com uma geografia "plástica e efêmera" (SERPA, 2020b, P.440). Tips e Savasdisara (1986) também buscaram diferenciar a avaliação paisagística a partir de diferentes grupos, utilizando-se de critérios como a idade, o sexo, a renda e a religião. Em sua conclusão, disseram que "as diferenças não eram estatisticamente significantes" (TIPS; SAVASDISARA, 1986, p.229). O enquadramento das pessoas em classe como forma de buscar um comportamento padrão comete esse equívoco: a desconsideração de que ninguém pode ser definido por uma palavra, reificação ou impressão.

Ademais, pontualmente, o estudo de Yang e Kaplan (1990) seleciona paisagens a serem avaliadas a partir de um olhar já enviesado dos autores. As paisagens selecionadas apresentam-se reificadas e dotadas de rótulos, como "ocidentalizada" e "vernacular". É como se a estereotipia fosse o ponto de partida da investigação. As heterotopias e as alterações antrópicas culturalmente híbridas – dentre as quais as próprias inserções arquitetônicas – dificultam o estabelecimento de qualquer adjetivação que tenha a pretensão de se impor coletivamente como representativa dos cenários escolhidos.

A despeito de nossa discordância frente à metodologia de Yang e Kaplan (1990) e similares, temos a consciência do tamanho do desafio da avaliação de paisagens e confiamos que a construção de um sentido coeso e coletivo atribuído ao espaço é incompatível com a diversidade identitária carregada pelos homens, independente do recorte social que se possa fazer. Pensando nas dificuldades presentes na avaliação das paisagens, Anderson e Smith (2001) argumentam que é difícil compreender as emoções e também agir mediante esta compreensão. Penning-Rowsell (1982) também concorda com essa argumentação, o que fica claro ao expressar que a possibilidade de identificação de paisagens com diferentes atributos e valorizações é discutível. Clamp (1981) prefere se expressar argumentando que nenhum método de avaliação paisagística é plenamente satisfatório. Por essas razões descritas, é de grande valor o esforço de Zube, Sell e Taylor (1982) que fizeram um enorme levantamento acerca dos trabalhos na área de avaliação da paisagem publicados em vinte revistas americanas, canadenses e britânicas de grande repercussão. Ao todo, os autores avaliaram 160 artigos de modo a estabelecer uma tipologia das abordagens sobre a avaliação de paisagens. A tipologia sugerida foi chamada de "paradigmas emergentes da percepção da paisagem" e foi dividida em quatro categorias:

- O paradigma do expert: é caracterizado pelo fato da avaliação da paisagem ser realizada por observadores especialistas e treinados. Suas especialidades envolvem a experiência nas artes, design, ecologia ou no gerenciamento de recursos;
- O paradigma psicofísico: é caracterizado pela realização de testes de estímulo de determinados grupos populacionais, a partir dos quais se acredita que possa determinar os atributos paisagísticos;
- O paradigma cognitivo: além da informação ser recolhida do observador, leva-se em conta as suas experiências pretéritas, sua expectativa para o futuro e suas condições socioculturais para que então seja estabelecido o significado atribuído à paisagem;
- O paradigma experiencial: nesta categoria os valores da paisagem são estabelecidos no contexto da interação homem-paisagem, onde ambos são moldados em um processo continuamente dialético (ZUBE, SELL e TAYLOR, p.8, 1982).

Em um quadro que busca simplificar o entendimento da paisagem e da participação do homem dentre as variações dos paradigmas, Zube, Sell e Taylor (1982) elaboraram uma tabela que aponta para as diferenças notáveis dos trabalhos que avaliaram:

A participação humana e o entendimento da paisagem por Zube, Sell e Taylor (1982)

Paradigma/Conceito	Expert	psicofísico	cognitivo	experencial
Participação Humana	Passiva ————————————▶ Ativa			
Paisagem	Dimensional ————————————▶ Holística			

Fonte: Adaptado de Zube, Sell e Taylor (1982)

No período mensurado por Zube, Sell e Taylor (1982), observou-se uma paulatina e ininterrupta perda de importância relativa dos artigos que utilizavam o paradigma do expert, o que significa a retirada do foco da percepção da paisagem do pesquisador a favor daqueles que habitam a parcela do espaço observada. Mais do que acreditarmos na força da intersubjetividade, cremos que a chave para esta mensuração reside no abandono da pretensão de um consenso estatístico ou representação cartográfica zonal sobre os resultados da avaliação paisagística, que se constituem como um fenômeno emotivo. No lugar do vácuo anunciado por Appleton (1975), oferecemos a possibilidade de representação cartográfica das opiniões de indivíduos sobre fenômenos associados à paisagem e ao lugar. Buscando mensurar as fobias relacionadas ao cemitério da cidade de Salinas-MG, produzimos uma cartografia identitária (SILVA; COSTA; MATOS, 2021) que rejeita as representações coletivas acerca das emoções. As cartografias identitárias negam – em sua proposta de execução que é baseada na rejeição da reificação da cultura e dos seus componentes – a descrição totalizante e objetiva da paisagem. Entendemos que os anseios totalizantes ligados à avaliação da paisagem e do lugar podem estar condicionados aos benefícios da implementação de políticas públicas que observem os resultados dessa avaliação. Para a aprovação e implementação de políticas públicas, os relatórios que chegam aos executores muitas vezes precisam estar pautados pela objetividade que é, por sua vez, contraditória à condição intersubjetiva das manifestações identitárias. Por outro lado, acreditamos que a nossa proposição de representação identitária pode, em determinadas situações, apontar para algumas áreas nas quais se observe certo padrão comportamental.

Aprioristicamente, pelo fato das opiniões identitárias de nossa sugestão serem expressas em uma escala de 1 a 10, nosso método parece ser contraditório às críticas que elaboramos à estatística de Niemann (1986). Todavia, as diferenças entre nossos métodos e os de Niemann são crassas. Enquanto Niemann propôs uma estatística que objetivou uma imagem sobre o espaço, o que propomos foi a exibição da percepção identitária, desprovida da pretensão de formar polígonos (zonas) que representassem imagens médias sobre os fenômenos perceptivos que investigamos. Em outras palavras, investigamos pontualmente impressões identitárias sobre o espaço, sem a pretensão de reificar áreas tendo como referência os sentimentos. Isso não significa dizer que os nossos mapeamentos são desprovidos de viés: "mapas são sempre envoltos com as geografias que pretendem representar; dessa forma pode ser lidos como textos que articulam algumas relações sociais e negligenciam outras" (HANLON, 2001, p.19). Enquanto representações, os mapas carregam uma miríade de escolhas dos seus idealizadores, sendo tão enviesados quanto qualquer narrativa. Contudo, acreditamos que o nosso mérito centra-se na crítica à representação da cultura no espaço e/ou no vislumbre quanto à possibilidade de se ver comportamentos relativamente homogêneos sendo expressos em áreas poligonais, o que evidencia as visões/representações totalizantes que julgamos serem inadequadas.

Independente do intangível equilíbrio entre a força da superestrutura social e da experiência individual na composição identitária, é possível mensurar desde sofrimentos emocionais aos prazeres paisagísticos. Pensando ainda sobre a atuação do poder público, os dados objetivos sempre possuirão relevância. A proposição lançada neste exemplo das fobias associadas ao cemitério de Salinas-MG não pretende substituir, por exemplo, informações quantitativas sobre a ocorrência de acidentes escorpiônicos. Todavia, *pari passu* aos dados objetivos, as emoções possuem impactos reais na vida das pessoas e não podem ser subestimadas. Vale a pena lembrar que os aplicativos de aparelhos de celular possuem um grande potencial para abordar as percepções individuais e já têm sido problematizados na literatura acadêmica (GARTNER, 2012) como meio de associar as emoções e o espaço. Os mapas a seguir apresentam duas das seis variáveis que investigamos (SILVA; COSTA; MATOS, 2021).

Percepção individual de riscos para a qualidade da água

Área de entorno do cemitério antigo de Salinas / MG

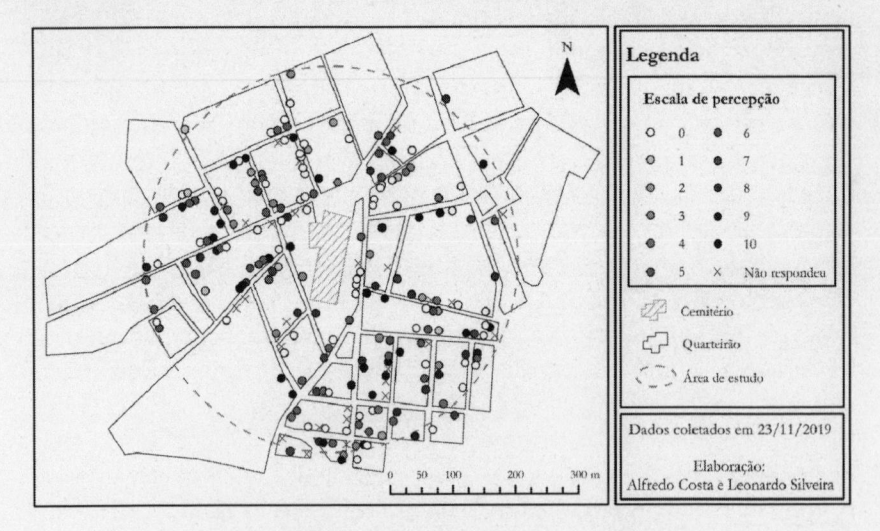

Percepção individual de associação com animais indesejáveis

Área de entorno do cemitério antigo de Salinas / MG

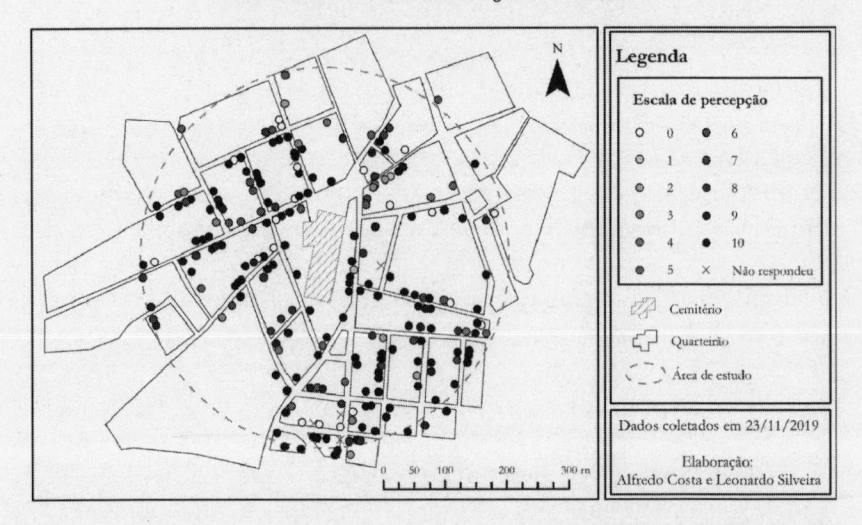

Fonte: SILVA; COSTA; MATOS (2021).

Ainda que seja polêmico associar percepções a números, o método construído para representar cartograficamente as espacialidades do medo podem trazer resultados úteis para gestores públicos. Uma das grandes questões é a problemática comparação de valores entre indivíduos diferentes, visto que a escala de 1 a 10 pode ser apropriada de forma muito distinta no imaginário das pessoas. Entretanto, a percepção do desconforto expressso em números pode induzir a investigações mais detalhadas de fundo fenomenológico; nesse caso, representações como as que foram propostas podem servir como sinais de alerta para as autoridades, gestores e investigadores.

A incongruência entre os processos de percepção e descrição da paisagem é melhor compreendida por intermédio da grande pluralidade de variáveis que se interpõem à relação homem e meio. Em um texto de grande repercussão, Donald W. Meinig (2002) descreve dez versões possíveis de uma mesma cena paisagística, levando-nos a crer acerca da existência de dez paisagens em um mesmo ângulo e abrangência. Em sua visão, as versões seriam distintas valorizações que o indivíduo estabeleceria no ato de percepção e descrição paisagística. Apesar disso, o autor salienta que as "dez paisagens não esgotam as possibilidades desta cena, mas podem sugerir algo sobre a complexidade do tópico" (MEINIG, 2002, p.45), deixando claro que é plausível considerar que existam outras valorizações que não foram descritas e ressaltando que a importância de descrever algumas valorizações inesgotáveis sobre a paisagem é didática: destacar a multiplicidade dos sentidos da paisagem que interferem na percepção e descrição da mesma. Ter conosco essa prerrogativa possibilita-nos afastar do vício da reificação da paisagem.

Para o autor, as dez versões da mesma cena se estabelecem a partir da valorização da paisagem enquanto

- natureza, em que as forças naturais sobre a composição paisagística são supervalorizadas frente à capacidade humana de interferir no ambiente;
- habitat, que traria a noção de que o homem estaria domesticando a terra para torna-la habitável;
- artefato, marcada pela supervalorização da marca do homem no espaço. Nesta visão o homem é um conquistador da natureza;
- sistema, em que se dá o destaque as relações sistêmicas entre os elementos da própria paisagem e até mesmo fora de sua amplitude, em outras escalas;
- problema, marcada pelo destaque as grandes questões contempladas em uma dada área. Nesta visão, cada paisagem evoca indignação e alarme, constituindo-se como um espelho dos malefícios de nossa sociedade;

- riqueza, que traria um valor monetário a tudo o que veem;
- ideologia, em que o arranjo paisagístico é explicado por visões ideológicas tais como a força da religião, as desigualdades do capitalismo, a pós-modernidade e muitas outras concepções;
- história, em que o quadro paisagístico pode ser visualizado em termos de camadas de história, complexamente entrelaçadas. Esta forma de ver a paisagem se assemelha a noção das rugosidades espaciais de Santos (2012);
- lugar, marcada pela valorização do que é vivenciado pelos sentidos humanos;
- estética, em que a descrição preocupa-se com os atributos artísticos/aprazíveis daquilo que é percebido e descrito[189].

As dez versões da mesma cena não podem ser compreendidas isoladamente. Precisam ser entendidas como componentes que interferem na nossa percepção e descrição paisagística. Tais componentes atuam concomitantemente, com mais ou menos força nos recônditos de nossa mente. É a experiência humana – que se constitui como um caminho excepcional a cada um de nós – que dita o arranjo da nossa forma de ver, ler, compreender e expressar o mundo. É a condição da nossa formação identitária forjada pela experiência humana que atesta a força do aforismo vitoriano: "*A beleza está nos olhos de quem vê*". Douglas Porteous (1986b) aponta que a abordagem de Meinig falha por desconsiderar o entrelace entre mente e paisagem, à medida que a paisagem deixa marcas na mente e passa a ser incorporada por nós. Essa dialética entre mente e matéria passou a ser incorporada na abordagem de muitos teóricos da paisagem, como, por exemplo, Augustin Berque.

Reforçando a excepcionalidade da percepção da paisagem, David Lowenthal frisa que "o vento e as condições do tempo [*weather*], a disposição de luz e sombras, nuvens e o céu limpo, o caráter sazonal das folhagens, a agitação dos pássaros, animais e pessoas fazem de

---

189 O desejo de restauro de certos elementos paisagísticos, fortemente centrado na busca por determinados padrões estéticos, contribuem para apagar algumas marcas da paisagem (COSTA, 2008). As dez versões de uma mesma cena de Meinig (2002) podem, de acordo com a valorização que se dá a uma das cenas na leitura da paisagem, colocar as demais em um papel irrisório como componente interpretativo do espaço geográfico. Podem, por outro lado, se retroalimentar. É certo que a proposta de Meinig apresenta-nos uma espécie de sistema mental no qual as forças nem sempre correlatas atuam concomitantemente na nossa forma de ver o mundo.

cada vislumbre uma nova cena, mesmo que a observação seja feita de um mesmo ponto" (LOWENTHAL, 2007a, p.636).

Os significados "culturais e simbólicos" presentes na paisagem e que são apreendidos coletivamente representam, do ponto de vista do receptor, fenômenos ressignificados e valorizados de formas distintas. Para exemplificar, imaginemos as variações de significado atribuídas às águas do Rio Jordão, que corre caprichosamente entre alguns dos limites políticos mais conturbados do planeta: entre as suas variações de significado estão os sentidos que se escalonam do mais alto grau de sacralidade e misticismo, ao seu valor patrimonial histórico, ao uso prático de suas águas para a agricultura e sobrevivência das comunidades ribeirinhas, ao seu significado político como demarcador natural dos limites interestatais e, ainda, valores estéticos e outros que possamos ter negligenciado. Todas estas variáveis se apresentam com valorações distintas. São, inclusive, construídas também por intermédio da vida em sociedade e se entrecruzam como ingredientes de interferência na interpretação da paisagem. As combinações de valorização entre estes elementos são infinitas, reassumindo àquilo que já foi ressaltado algumas vezes ao longo do texto: a excepcionalidade é um caráter da paisagem.

Desse modo, refutamos a ideia de que os significados culturais e simbólicos aprendidos coletivamente se constituam como elementos de interpretação objetiva da paisagem. Cremos que a experiência individual, tida por Pires como inclusas no domínio da intersubjetividade, não pode ser separada analiticamente dos significados culturais e simbólicos apreendidos coletivamente. Dessa forma, objetividade e intersubjetividade se entremeiam, formando uma só entidade analítica, com prevalência do que é intersubjetivo. Consideramos inócua a tentativa de separar o que é supostamente coletivo daquilo que é exclusivo da interpretação individual. É importante destacarmos que não negamos a existência de construções coletivas, pois a pluralidade perceptiva não invalida a afirmação de que os seres humanos compartilham de determinadas percepções comuns (ROCHA, 2007). O que afirmamos é a nossa incapacidade de isolar aquilo que é coletivo do que é fruto da experiência individual no ato da percepção e descrição paisagística. Destacamos ainda que o que é coletivo está em movimento, sendo constantemente revisto/ressignificado por meio das experimentações individuais que são capazes, por sua vez, de interferir também na realidade coletiva[190]. Concluímos que

---

190 Sobre as ressignificações, assim traz Albert Hourani a respeito da Caaba de Meca: "A parte mais obscura da vida de Maomé, na narrativa dos biógrafos, é a

tanto a descrição quanto a percepção são atos que exigem formulações mentais essencialmente excepcionais. Acreditamos que essa é a chave para entendermos que a paisagem, percebida e expressa, comunga desta excepcionalidade. Para Lowenthal (1961), a experiência, única, precisa ser analisada como um fenômeno centrado no indivíduo. "Cada visão de mundo particular é única porque todos reagem ao meio de uma forma diferente. Nós elegemos ver certos aspectos do mundo e evitamos ou negligenciamos outros". Além disso, "tudo o que nós sabemos sobre um objeto afeta o modo em que o mesmo é interpretado", e, assim, "nenhum objeto se apresenta igual para dois destinatários[191]" [*percipients*] (LOWENTHAL, 1961, p.251).

Sobre as dimensões objetiva e subjetiva na interpretação do espaço, Denis Cosgrove as coloca em reflexão quando propõe o contraste da abordagem humanista frente à marxista (geografia crítica):

> A geografia humanista posiciona a cultura como central para o seu objetivo: compreender o mundo vivido pelos grupos humanos. A Geografia Marxista reconhece por si mesma que o mundo vivido, embora constituído simbolicamente, é material e não deve negar a sua objetividade. O mundo vivido não é simplesmente um produto da consciência humana irrestrita, mas precisamente é o encontro coletivo entre a consciência e o mundo material (COSGROVE, 1983, p.1).

Concordamos com a abordagem de Cosgrove (1983) sobre a oposição entre a geografia humanista e a geografia marxista[192] e vamos além:

---

inicial. Dizem-nos que ele nasceu em Meca, uma aldeia da Arábia Ocidental, talvez no ano de 570, ou por volta disso. Sua família pertencia à tribo dos coraixitas, embora não à parte mais poderosa. Os membros desta tribo eram mercadores que mantinham acordos com tribos pastoris em torno de Meca, e também relações com a Síria e o sudoeste da península. Diz-se ainda que tinha uma ligação com o santuário da aldeia, a Caaba, onde se guardavam imagens de deuses locais" (HOURANI, 2001, p.32). A partir do trecho de Hourani, vimos que a Caaba era anteriormente valorizada pelo culto politeísta. Hoje sabemos que se valorizou como um símbolo sacro islâmico.

191 *Percipients*, traduzido como destinatários, é uma palavra que não pode ser entendida literalmente no contexto da frase. Uma tradução que evitasse a figura de linguagem talvez pudesse oferecer a expressão "intérprete da paisagem".

192 Já a abordagem profundamente marcada pelos dogmas da geografia marxista carrega a dimensão reificadora da leitura da paisagem, materializando-a e, por vezes, enxergando disposições que são produto de forças antagônicas, como fez Milton Santos (2004a) ao propor um modelo que dividia ambientes urbanos entre dois circuitos: o inferior e o superior.

está implícita na argumentação do autor uma crítica à abordagem humanista radical, que não vê objetividade/materialidade em nada. A poderosa frase "o mundo vivido é o encontro coletivo entre a consciência e o mundo material", mostra uma forma assertiva de ler o mundo, sendo uma receita importante, inclusive, para a leitura da paisagem.

Todo esse desenvolvimento só faz sentido para a paisagem entendida pela geografia humanista como uma categoria definida pela experiência humana e percebida por meio dos sentidos. As abordagens neopositivistas, dentre as quais àquelas oriundas da geografia teorética e quantitativa, além daquelas advindas da ecologia da paisagem, são pautadas pela busca de objetividade e materialidade na leitura da paisagem. Os pressupostos da geografia humanista não serviriam ao debate neopositivista. Por existirem estas diferentes correntes e coexistirem reminiscências metodológicas construídas ao longo do tempo, não podemos afirmar que exista uma abordagem correta e outra errada, sob o risco de nos posicionarmos como arautos da tirania paradigmática. Nós mesmos, que defendemos neste livro o uso da palavra paisagem a partir de dialéticas entrecruzadas, recentemente publicamos um livro de análise regional que emprega o termo em um sentido da ecologia da paisagem. Nesse emprego utilizado na apresentação de uma recente obra, claramente a paisagem poderia ser substituída pela palavra região ou geossistema:

> Como versa sobre uma sub-região do Norte brasileiro, grandes questões amazônicas compõem ainda o pano de fundo do tema abordado, pelo fato do bioma em questão se apresentar como paisagem do objeto de estudo (SILVA, 2018a).

Faz-se necessário entender o contexto da obra para analisar o sentido que se atribui a paisagem. Entretanto, para quem não possui habilidades específicas na área ou que jamais tenha refletido epistemologicamente sobre a paisagem, os diferentes usos podem levar à banalização da categoria em questão. Em uma categoria tão plural como a paisagem, acreditamos ser importante destacar o sentido que se quer imprimir neste importante instrumental geográfico. É o que deveria ter sido feito de maneira explícita nessa publicação de 2018.

Quanto à percepção e descrição da paisagem, acreditamos que se tratam de atos que, apesar de apresentarem certa congruência, são essencialmente distintos. A percepção da paisagem se refere a uma formulação ancorada pela força sensorial do indivíduo. Uma vez em contato com uma paisagem, um indivíduo é capaz de percebê-la. Caso possua deficiências sensoriais, irá perceber a paisagem dentro de suas limitações. A descrição da paisagem, por sua vez, pode ser oral e textual (por intermédio de parágrafos, versos e mesmo ilustrações/pinturas). Contudo, nem toda descrição é completamente livre. Paisagens que despertam sensações eróticas podem não ser expressas fielmente às suas formulações no caso de um indivíduo que se submete a um panóptico familiar conservador ou a constrangimentos religiosos. Paisagens que despertam em um dado indivíduo sentimentos de crítica social podem ser expressas com teor crítico comprometido pela censura eventualmente praticada por regimes ditatoriais[193]. Como os indivíduos são inseridos em contextos políticos e sociais, é difícil imaginar que, mesmo nas sociedades mais libertárias, a percepção da paisagem e a descrição apresentem-se absolutamente congruentes. Ou seja, nem tudo aquilo que é percebido, é descrito. Por outro lado, pode se fazer necessário um desapego moral e ético para que a percepção e a descrição paisagística maximizem sua zona de congruência. Ainda assim, considerando como os elementos culturais partícipes da composição identitária diferem no grau de expressividade, as descrições podem evidenciar contradições e ambiguidades, o que nos sugere estarmos alertas quanto ao fato da superfície das paisagens revelarem ou esconderem o que nela se entremeia (RELPH, 2001).

Desse modo, se por um lado a percepção da paisagem é um ato que pertence ao âmbito do indivíduo – construído pelas suas experiências que ajudam a moldar as preferências – a expressão da paisagem é uma forma de representação social. Afinal, seja a expressão da paisagem oral, pictórica ou textual, está sujeita a apreciação de outrem. Essa é a razão para que, mediante uma expressão paisagística, precisamos ter em mente que a mesma é sempre o produto de alguém, trazendo, indubitavelmente, as marcas da individualidade de quem a percebe (GIL FILHO, 2005).

Del Rio (1999) propôs um esquema que busca apresentar os fatores que interferem na percepção ambiental. Ainda que possamos afirmar que se trata de uma simplificação da capacidade inventiva da mente

---

193 Robert Alan Dahl (2005) em seu clássico Poliarquia estabelece três condições essenciais para o estabelecimento de um regime democrático. Uma das condições seria os cidadãos serem capazes de formular preferências, enquanto que outra condição seria a capacidade de exprimir as mesmas. Colocando a formulação e a capacidade de expressão das preferências como condições diferentes, Dahl nos mostra que nem sempre aquilo que é formulado é passível de ser expresso. Essa transposição se daria, inclusive, em um processo de amadurecimento dos regimes políticos.

humana, o esquema ajuda-nos a perceber o caráter excepcional da paisagem e também do lugar, categorias entendidas aqui como fenômenos passíveis de serem percebidos. O esquema de Del Rio (1999), disposto a seguir, foi adaptado pensando nas aplicações diretas na reflexão das categorias paisagem e lugar.

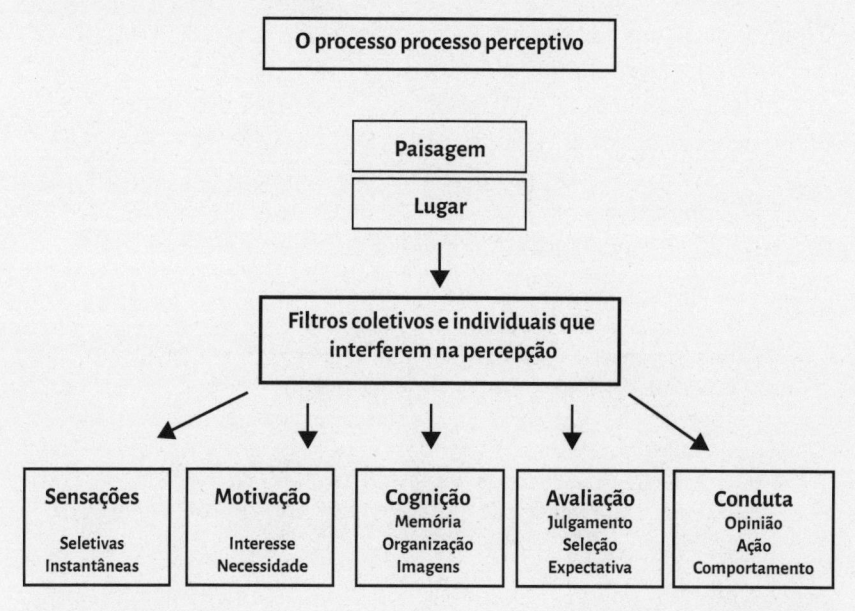

Fonte: Adaptado de Del Rio (1999).

Acrescentamos que, dentro da pluralidade daquilo que Del Rio (1999) chamou de filtros coletivos e individuais, existe subjetividade. Apesar dos esquemas aludirem a uma ordem positivista do pensamento, faz-se necessária a relativização: esses filtros são formulações que não sobrevivem isoladamente; estão inseridos no interior de um complexo engendramento que envolve os demais filtros. Assim, trata-se de uma tarefa impossível o isolamento da participação de cada um desses filtros na percepção ambiental. Outra questão que se apresenta é que esse modelo pode trazer uma falsa sensação de estabilidade. As variáveis do esquema apresentam-se em franco dinamismo. É como se o tempo se estabelecesse como um agente passivo capaz de interferir em todas as variáveis descritas. É difícil perceber, por meio deste esquema, a dialética envolvendo o homem e o meio, que se estabelece como um ciclo; parafraseando Stuart Hall (2013), numa repetição-com-diferença e em uma reciprocidade-sem-começo:

- a interferência do homem na paisagem a modifica;

- a paisagem modificada interfere na visão do homem sobre o espaço;
- as novas ações do homem são fundamentadas pela sua experiência frente à paisagem modificada.

É importante destacar que as condições gerais de um indivíduo também podem impactar na capacidade de percepção da paisagem. Crianças de pouca idade têm a sua visão ainda não desenvolvida em sua plenitude, enquanto os mais idosos podem passar a ter problemas com a visão e audição. Certas doenças podem também minar a capacidade perceptiva dos indivíduos (LOWENTHAL, 1961) e se constituírem como uma variável que interfere no esquema descrito por Del Rio (1999), o que nos faz lembrar a surpresa de Miguilim ao driblar a miopia, no romance de João Guimarães Rosa:

> Mas então, de repente, Miguilim parou em frente ao doutor. Todo tremia, quase sem coragem de dizer o que tinha vontade. Por fim, disse. Pediu. O doutor entendeu e achou graça. Tirou os óculos, pôs na cara de Miguilim. E Miguilim olhou para todos, com tanta força. Saiu lá fora. Olhou os matos escuros de cima do morro, aqui a casa, a cerca de feijão-bravo e são-caetano; o céu, o curral, o quintal; os olhos redondos e os vidros altos da manhã. Olhou, mais longe, o gado pastando perto do brejo, florido de são-josés, como um algodão. O verde dos buritis, na primeira vereda. O Mutúm era bonito! Agora ele sabia (ROSA, 2017, p.430).

Para além das distorções perceptivas experimentadas pelo personagem de João Guimarães Rosa, Paul Virilio (1999) preocupa-se com um fenômeno contemporâneo, também associado a uma experiência sensorial deficiente:

> A observação direta dos fenômenos visíveis é substituída por uma teleobservação na qual o observador não tem mais contato imediato com a realidade observada. Se esse súbito distanciamento oferece a possibilidade de abranger as mais vastas extensões jamais percebidas (geográficas ou planetárias), ao mesmo tempo revela-se arriscado, já que a ausência da percepção imediata da realidade concreta engendra um desequilíbrio perigoso entre o sensível e o inteligível, que só pode provocar erros de interpretação tanto mais fatais quanto mais os meios de teledetecção e telecomunicação forem performativos, ou melhor: videoperformativos (VIRILIO, 1999, p.23).

Certamente as limitações sensoriais já nos acompanham desde a contemplação da pintura e da fotografia. Talvez o que Virilio esteja alertando é a hegemonia das representações frente ao que chamou de "realidade concreta". Como esse equilíbrio entre representações e o "contato real" com o ambiente ainda parece estar em ajuste (a favor das representações), é difícil até mesmo prever os resultados do fenômeno denunciado. É plausível considerar que as representações e performances tem maior capacidade indutiva a partir da perspectiva de quem as elabora. Por um lado, as representações modernas proveem um maior grau de cognoscibilidade do espaço terrestre; por outro, seria a ampliação das representações mais uma forma sutil de aparvalhamento das massas?

Ressaltamos que a aposta realizada por alguns geógrafos (PILE, 1991) de se apoiar na psicanálise como forma de interpretar os relatos sobre a paisagem e o lugar é interessante. Certamente uma detalhada descrição de uma paisagem ou de um lugar com os quais se tenha tido muita experiência carrega subliminar ou explicitamente traumas, repressões e outros marcos que possuem permanência na memória. A busca e reflexão sobre as experiências marcantes são temas recorrentes da geografia humanista. A interface com a psicanálise e a prática psicoterapêutica (BONDI, 1999) permite, metodologicamente, acessar essa temática já reconhecidamente importante na geografia a partir de outro viés.

Como síntese desse capítulo, trouxemos uma parcela muito importante da essência da excepcionalidade da paisagem, que também se replica ao lugar. Os processos de interpretação e descrição do espaço são únicos; a partir desta perspectiva, podemos fazer uma analogia com a crítica que Hayden White (1973; 1975) faz acerca das historiografias: somente existem eventos sob uma descrição, assim como a própria história é sob descrição. Tal como as narrativas históricas, só existe expressão paisagística e do lugar que estejam sob um enviesamento identitário, sujeitas a toda a complexidade particular carregada por cada um de nós.

Ao falarmos sobre a percepção e a expressão da paisagem devemos considerar dialéticas entrecruzadas: no plano material-constitutivo[194] a paisagem carrega as marcas dos seus agentes, sejam naturais ou sociais. Referimo-nos aos agentes sociais ao pensarmos nas formas nas quais as questões relativas à ideia de raça, renda, nação, gênero, sexo, deficiência física, ideologias (incluindo a própria concepção sobre a finitude humana), inter alia, marcam a paisagem. Um geólogo que examina as forças dos agentes que atuam no intemperismo de uma rocha nem sempre consegue joeirar os impactos desses fatores sobre a materialidade geológica. Isso se deve pelo fato da atuação de alguns agentes nublar a ação de outros. Da forma semelhante isso ocorre com os agentes sociais atuantes na paisagem. O plano material-constitutivo é, desse modo, moldado coletivamente, ainda que forças opressoras

---

194 Este plano se trata da paisagem tal como ela se apresenta, em sua materialidade.

consigam muitas vezes impor sua assinatura de forma mais notável no tecido paisagístico. Assim, a paisagem deve ser vista no plano material-constitutivo como palco e produto de dialéticas[195] (MITCHELL, 2002), além de se apresentar propriamente como elemento capaz de atuar sobre a composição identitária.

No plano interpretativo, que engloba a percepção e a expressão paisagística, a paisagem também carrega as dialéticas que sustentam a experiência humana: as relações sociais em rede, o confronto entre a materialidade e a imaterialidade e tantas outras que ajudam a constituir as identidades, que, por sua vez, se apresentam parcialmente coerentes e em certa medida contraditórias no arranjo dos elementos que lhes compõem. O plano interpretativo é formado numa relação em rede, mas o percurso formativo é individual e, portanto, excepcional. Afinal, as redes não são estáticas e tampouco homogêneas ao longo do seu tecido. Indivíduos podem ser vistos como pontos ou nós das redes; sua posição relativa no interior da rede é exclusiva. Isso nos ajuda a perceber que as relações em rede são denunciantes da excepcionalidade da experiência humana. Assim, "a experiência de cada indivíduo apresenta uma interpretação para uma determinada paisagem" (NASCIMENTO; STEINKE, 2018). Desse modo, o plano interpretativo possui certa congruência com o plano espacial-relacional, que é marcado pelas dialéticas envolvendo as relações entre o indivíduo e as múltiplas paisagens habitadas ou conhecidas. Comparativamente, o conhecimento de outras paisagens, que faz parte do percurso da experiência humana, contribui para a interpretação e a expressão de uma dada paisagem. Assim como ocorre no plano interpretativo, o plano espacial-relacional envolve relações em rede, mas, a rigor, o percurso da experiência é individual.

Ao separarmos os planos do que chamamos de dialéticas entrecruzadas da paisagem, não queremos apartar mente e matéria. Temos a consciência que tais planos aqui propostos também interagem entre si

---

195 A ideia da paisagem enquanto palco e produto de dialéticas é similar à ideia de Augustin Berque acerca da paisagem como marca e matriz. A paisagem como palco de dialéticas é compreendida como o espaço físico em que os agentes da mudança paisagística atuam dialeticamente em sua modelação; a paisagem enquanto produto de dialéticas é a efêmera organização do espaço capaz de sustentar dialeticamente a relação entre matéria e mente, em um processo de suma importância no que tange à forja identitária. Nesse sentido, é importante lembrar que as identidades são tão efêmeras quanto à própria paisagem.

dialeticamente. É impossível passarmos uma linha que seja capaz de separar os efeitos de cada um destes planos na interpretação e expressão paisagística. Enquanto um conjunto coeso, os três planos destacados são indissociáveis. Essa é a razão para considerarmos necessário refletirmos sobre a paisagem enquanto dialética entrecruzada. É importante destacar que esse não é um modelo positivista de interpretação da paisagem, logo, o balanço de cada dialética entrecruzada é extremamente variável. As dialéticas entrecruzadas são a base para a consideração da excepcionalidade da paisagem. Acreditamos que os pressupostos aqui apresentados também servem para a interpretação e expressão do lugar. Paisagem e lugar não surgem *ex nihilo*; portanto, a interpretação e a expressão dessas categorias – que devem envolver dicotomias e dialéticas, dentre as quais matéria e ideias – são mais relevantes do que abordagens reificadas, mancas e superficiais, que propõem, dentre outros impropérios, a separação entre o homem e a natureza.

9
A PAISAGEM, A PINTURA E A LITERATURA

> No pensamento histórico tem ocorrido um grande debate sobre se a história é ciência ou arte. Esse tem sido um debate desnecessário porque a história, assim como a geografia, são ao mesmo tempo ciência e arte. A geografia é uma ciência no sentido em que os fatos que procuramos precisam ser examinados e até mesmo medidos com cuidado e acuidade. É também uma arte à medida que qualquer apresentação dos fatos precisa ser seletiva e envolve escolha, gosto e julgamento.
>
> *H.C. Darby* (1962)

Richard Muir (1998a) salienta que a paisagem, do ponto de vista estético, é uma combinação entre arte, artefato e natureza, o que justifica a interface arte-paisagem. Poesias e música modernas não raramente são marcadas por atributos emocionalmente carregados sobre o significado de lugar (BUTTIMER, 2015). É notável que, paulatinamente, a geografia tem se posicionado mais próxima ao estudo da arte e dos trabalhos dos historiadores da arte e da literatura. Para Alessandro Dozena, "as artes permitem a configuração de uma geografia existencial e subjetiva, pela elaboração de um conhecimento sensível dos territórios, que coloca em dúvida as oposições entre o real e o imaginário, e entre o conhecimento e a ficção" (DOZENA, 2020, p.77). No campo das palavras, o poeta escreve sobre coisas que também são alvo de preocupação do geógrafo: as pessoas e o seu modo de viver em certos tempos e espaços (KIRMAN, 2007). Existe uma crença já consolidada de que o uso da poesia pode se tornar um interessante instrumento de aprendizado geográfico (KIRMAN, 2007; FOSTER, 2012). O mesmo ocorre com os romances históricos. Buscando aproximar a literatura da historiografia tida como metodologicamente mais rigorosa, Alan Baker diz que tanto aqueles tidos como romancistas quanto os historiadores "dissolvem a certeza dos eventos nas múltiplas possibilidades de narrativas" (BAKER, 1997b, p.273)[196]. Ronald W. Hepburn (1958),

---

[196] Discussão similar é trazida por Tim Ingold acerca das etnografias: "a descrição etnográfica, podemos bem dizer, é mais uma arte do que uma ciência, mas não possui menos acuidade ou credibilidade do que a ciência" (INGOLD, 2014, p.385).

defendendo a apropriação literária e escrevendo em uma época de forte questionamento do caráter científico das ciências humanas, argumentou que a ideia de que a poesia é uma atividade essencialmente imaginativa não a afasta das demandas lógicas. O mesmo ocorre com certos gêneros discriminados por uma visão purista-positiva do fazer científico, como o romance histórico. Fredric Jameson (2007) assevera que a arte do romance histórico se manifesta na habilidade e engenhosidade de configurar e exprimir a interseção entre a representação de eventos e as biografias de indivíduos comuns e de grandes figuras. Assim como em historiografias tradicionais, os romances históricos também passam pelo crivo do escrutínio praticado pelos que questionam as arbitrariedades das narrativas. *Ipso facto*, textos ficcionais, assim como as narrativas históricas, apresentam-se como ferramentas potenciais aos geógrafos (BROOKER-GROSS, 1981).

O interesse nas narrativas ficcionais e nas particularidades da narrativa se mostra presente em amplo espectro da geografia humana. A geografia humanista parece ter sido o celeiro de trabalhos que usaram obras ficcionais para a proposição de uma reflexão de valoroso teor geográfico. Nos anos mais recentes temos visto muitos trabalhos publicados em prestigiosas revistas que exploram narrativas ficcionais em esforços que incluem abordagens feministas, históricas, econômicas, raciais que são estruturadas em metodologias afinadas com os pressupostos da teoria ator-rede, o pós-humanismo, a fenomenologia, as teorias pós-coloniais e não-representacionais (CAMERON, 2012). Louis O. Mink (1970), todavia, destaca que as narrativas históricas encorajam expectativas acerca do relato real sobre o tempo e espaço e, diferentemente da ficção, sofrem com a incorporação de novas fontes à pesquisa, bem como às novas análises e interpretações de outros historiadores. As intertextualidades dos relatos históricos carregam consigo essas fontes de conflito de interpretação e incorporação de fontes.

Se, por um lado, textos trazem intertextualidades diacrônicas, é notável que as expressões corporais também carreguem a ancestralidade, como é o caso dos movimentos da capoeira, repletos de sentidos e simbolismos (RODRIGUES, 2020). Aparentemente insignificantes, gestos podem ser tão ou mais ricos como ferramentas de leitura do tempo em movimento do que monumentos erguidos que sustentam a memória de muitos. Donald Meinig destacou que na Syracuse University, assim como em muitas universidades dos Estados Unidos, o departamento de geografia engloba um núcleo de pesquisa de artes e ciências, destacando o quanto as expressões artísticas são importantes para o fazer geográfico (MEINIG, 1983). Esse fato alimenta a oposição do pragmatismo objetivista à crença sobre a utilidade da subjetividade como instrumento de leitura do espaço geográfico. A proximidade entre a geografia e a arte é mal vista pelo positivismo pela perda da objetividade que é cara àqueles que somente veem ciência dentro de certos parâmetros. A superação desses limites não é um fato especialmente novo, visto que Alexandre von Humboldt transitou entre a literatura e a ciência, apresentando uma linguagem de rigor técnico, mas que repetidamente exprimia os sentimentos e as emoções do narrador (BRITO, 2015). Na primeira metade do século XX – em uma abordagem que também podemos chamar de pioneira – John N. L. Baker (1931) analisou a geografia presente em um conjunto de obras de Daniel Defoe. Somente a partir da segunda metade do século XX podemos assumir o uso amplo da interface entre a geografia e as abordagens artísticas e literárias.

Para Bret Wallach (1997), todo trabalho de arte se constitui como uma forma de representar um fenômeno que se manifesta espacialmente a partir de escolhas pessoais do artista. Assim, Wallach se pergunta: "Todo trabalho de arte é uma construção. E toda descrição geográfica do mundo também não é?" (WALLACH, 1997, p.99). Dantas e Morais (2018) complementam essa discussão ao afirmar que o conhecimento geográfico se instaura antes de qualquer elucidação científica. A ciência, assim, não surge *ex-nihilo*, mas como o produto de experiências e enquanto resultado de imaginações e questionamentos sobre o mundo.

Um dos maiores benefícios do uso da literatura na interpretação geográfica (e o mesmo poderíamos falar sobre a pintura) é a negação das formas extremas da filosofia e metodologia positivista (SILK, 1984). É de se destacar que "uma importante consideração que emergiu dessas viradas pós-positivistas na geografia é a ideia de que a paisagem cultural é mais do que o produto final da atividade humana que poderia ser simplesmente lido como um reflexo de quem a criou" (SCHEIN, 1997, p.662). Jen Jack Gieseking (2017) é rigoroso ao considerar que apenas o acesso à imaginação por intermédio do processo de construção de histórias permite que o subjetivo e o objetivo sejam transpostos, particularmente por meio de obras de arte e da literatura. Essa transposição sugerida por Gieseking claramente rompe com paradigmas positivistas. Deborah Hart (1986) endossa parte do raciocínio ao centrar-se na literatura em sua argumentação: "a geografia literária emergiu como uma jovem subdisciplina que usou a subjetividade do romancista, poeta, dramaturgo e autobiógrafo para complementar, dilatar a abordagem, desafiar e até mesmo corrigir o empiricismo do observador orientado quantitativamente" (HART, 1986, p.191). Considerando esse pressuposto, como ignorar as intermediações entre a realidade e a ficção nas narrativas de John Ruskin, brilhantemente exploradas por Denis Cosgrove[197] (1979)? É inequívoco que "a literatura, o cinema, o mapa, o enigma, a imagem e o romance expandem o campo da experiência e aprendizagem do homem; fazem-no viver situações inesperadas e o projetam para além da historicidade e de seu lugar" (DANTAS; MORAIS, 2018, p.57). Alguns geógrafos acreditam na força da escrita literária como uma importante fonte de dados: "é um particular interesse dos geógrafos a habilidade da literatura em expor o sutil relacionamento homem e ambiente" de tal maneira que nos possibilita "revelar contradições e polaridades da existência humana" (CHAMBERLAIN, 1995, p.307). Dito isso, a literatura parece se consagrar como "uma matéria prima que prova ou ilustra diversas posições teóricas assumidas pelos geógrafos" (SHARP, 2000, p.329). Ao mesmo tempo, é notório que os estudos literários, em seu núcleo principal, raramente estabeleçam o foco analítico no domínio da espacialidade (HONES, 2008), o que faz da literatura um instrumento a ser explorado pelos geógrafos. Especialmente no campo da geografia histórica, a literatura apresenta-se de forma indubitável como fonte relevante da percepção do homem do passado acerca de antigas paisagens e lugares (LAMME III, 1977).

A leitura de um romance certamente revela aspectos do contexto social, político, econômico e ambiental que influenciaram o escritor, mesmo nas narrativas inverossímeis. Por isso existe uma riqueza formidável de ma-

---

[197] Penetrando na interface entre ciência e ficção, Cosgrove (1979) estabelece um paralelo entre a ideia de paisagem de Carl Sauer e de John Ruskin. De acordo com Cosgrove, os elementos-chave da morfologia da paisagem de ambos são os mesmos. É destacado que "Sauer não estava preocupado com a moralidade da agência humana, mas o papel dessa agência na transformação da paisagem era mais destacado em sua abordagem do que na de Ruskin" (COSGROVE, 1979, p.61). É importante destacar que as questões morais de Ruskin destacadas por Cosgrove somente foram se tornar alvo de escrutínio sistemático por parte de geógrafos somente na segunda metade do século XX. Nas palavras de Cosgrove: "Se Ruskin e Sauer aproximaram teoricamente na sua proposição sobre a paisagem, devemos considerar que tanto Sauer reduziu a geografia a um pouco mais do que a arte literária da paisagem quanto Ruskin reduziu a arte da paisagem a um esboço topográfico" (COSGROVE, 1979, p.61). A reflexão de Cosgrove nos instiga a pensar nos malefícios oriundos da rigidez de posições.

teriais instrutivos a serem peneirados localizados na interface da geografia e da literatura imaginativa (GESLER, 2004), encorajando um crescente corpo de geógrafos a se dedicarem a compreender de que forma a literatura tem impacto na percepção ambiental e *vice versa*. Edith Joan Miller (1989) analisou o uso da obra *Life on Mississippi* (1883), de autoria de Mark Twain (1835-1910), no ensino de geografia; pontuou que apesar da obra possuir apenas uma parcela autobiográfica, expressa indiretamente as percepções do autor sobre a icônica bacia hidrográfica norte-americana: Twain era um piloto de barco a vapor licenciado e conhecia com profundidade as nuances do Mississippi. Os escritos de Mark Twain tornam-se, dessa forma, valorosos para a geografia histórica, visto que não é fácil colher informações sobre a paisagem e os lugares em meados do século XIX (MILLER, 1989). Outro exemplo de mistura de traços autorais com a narrativa ficcional é a escrita de William Faulkner, outro baluarte da literatura norte-americana; no conto *The Bear* (1948), apresentou descrições contundentes de transformações paisagísticas ligadas à retirada da cobertura vegetal, causada pela pressão para a expansão de terras cultiváveis que pudessem acolher o plantio de algodão. Faulkner – laureado com o prêmio nobel de literatura de 1949 – era profundamente ligado aos tempos idos. Deu sinais em sua vida que se incomodava com as grandes e bruscas mudanças na paisagem. Além disso, é comum ler sobre sua biografia o fato do autor guardar quinquilharias em um tempo em que a preocupação com a preservação da memória não era comum. Escrevendo em 1947 para o editor de um jornal em Oxford, Faulkner questionou a proposta de demolição de um antigo tribunal para a construção de um novo prédio de mesma função. É interessante pensar que Faulkner se preocupava mais com as alterações do passado do que com uma militância ambiental intransigente. A ausência do peso quanto à consciência ambiental é um sintoma do *zeitgeist* de suas obras.

O peso das impressões autobiográficas dos romances regionais emprestadas às narrativas, incluindo as ficcionais, nos ajuda a compreender impressões possíveis sobre o espaço. Lily Kong e Lily Kay (1998) argumentam que os geógrafos regionais tem se debruçado sobre os romances regionais como meio de compreender o caráter, a personalidade e a identidade das regiões. Essa é uma posição ao qual concorda Douglas C. D. Pocock: em um resgate histórico, Pocock (1981b) argumenta que, na Inglaterra, o segundo quartel do século XIX passou a registrar um número grande de romancistas que descreviam detalhadamente localidades particulares, dando origem a um gênero da literatura inglesa que foi chamado de "romance regional inglês". Todavia, o século XIX era um tempo em que a geografia era marcada por uma lógica restrita e objetiva de pensar, que negava a apropriação da literatura imaginativa como instrumento para explorar as relações homem e ambiente nos âmbitos da paisagem e do lugar. Avaliando o período mais recente dos estudos regionais, Karjalainen (2012; 2015) amplia a consideração de Pocock ao afirmar que os romances regionais são comumente utilizados como meio de obtenção de informações geográficas. O autor destaca ainda que "na leitura hermenêutica, o interesse não está focado na paisagem "real[198]", mas nas maneiras como o lugar é experenciado, interpretado e avaliado ao longo de uma vida" (KARJALAINEN, 2012, p.11). São essas razões que alçam os geógrafos regionais ao lado dos geógrafos humanistas como dois dos grupos mais entusiasmados com a interface entre a geografia e a literatura. Para Joanne P. Sharp, os geógrafos regionais são seduzidos pelo grande potencial descritivo que a literatura carrega, enquanto que os humanistas buscam na literatura um instrumento de captação do que é menos tangível e reservado aos aspectos mais particulares da experiência humana (SHARP, 2000). A autora argumenta ainda que, para alguns geógrafos, a literatura expressa visões burguesas sobre o mundo; nesse sentido a literatura seria um formidável instrumento para os geógrafos críticos por meio da intermediação dos textos literários frente às narrativas antagônicas que se apresentam em diversos suportes.

Quando se mostra capaz de problematizar as continuidades e mudanças espaciais, a literatura exibe seu potencial como ferramenta útil se aplicada nos estudos das regiões, paisagens e lugares (SANDBERG; MARSH, 1988). Explorando a interface entre as disciplinas, Ronald Bordessa chega a escrever que "literatura e geografia não são mais do que categorias convenientes que auxiliam a localizar nós mesmos em um meio coletivo" (BORDESSA, 1988, p.272). Certamente Bordessa utiliza de uma retórica argumentativa muito linear, típica de uma frase de efeito; todavia, reconhecemos o fato de que tanto a geografia quanto a literatura terem essa capacidade de orientação. Não restam dúvidas que os geógrafos e novelistas colaboram para o ganho de consciência acerca da paisagem e do lugar. Novelistas são capazes de transferir sua experiência do lugar para os seus leitores por intermédio da descrição de lugares, seus sons e cheiros. É difícil compreender a capacidade dos romances em

---

198 No sentido posto, a paisagem "real" representa a ideia de uma paisagem objetiva, passível de ser descrita e reificada enquanto fenômeno espacial.

apresentar a significância emocional das paisagens mediante os parâmetros da cientificidade da geografia objetiva (SIMPSON-HOUSLEY, 1988). Ressaltamos que romances antigos podem se constituir como fontes exclusivas de informação sobre regiões, paisagens e lugares: o romance *Shirley* (publicado em 1849), de autoria da escritora inglesa Charlotte Brontë, traz detalhes importantes sobre a geografia física de Yorkshire e das relações das pessoas com a indústria têxtil (GILBERT, 1960).

Refletindo sobre o papel da literatura na leitura espacial, Nigel Thrift (1983b) argumenta que os lugares possuem significados que são produzidos em um amplo processo de criação cultural; assim, os significados dos lugares vão além de sua simples expressão, pois não surgem do nada. Partindo desse pressuposto, o autor considera que "a literatura é um caminho pelo qual tais significados são produzidos conjuntamente com a cultura e atribuído ao lugar, do mesmo modo que o lugar é geralmente apropriado como meio de produção de significado para a literatura" (THRIFT, 1983b, p.21). O autor destaca que esse processo dialético envolvendo a atribuição e apropriação de significados entre o lugar e a literatura não é neutro, pois envolvem decisões políticas e relações de poder. Acreditamos que um processo muito similar ocorre entre a paisagem e a literatura. Há de se destacar que a literatura enquanto meio enviesado de comunicação, possui grande capacidade de disseminação: textos literários são mais fluídos e pertencem, se não a uma comunicação em massa, a uma plataforma muito eficiente e plural de espalhamento de ideias (OSBORNE, 1988). Em exemplos triviais, Charles Dickens, Mark Twain ou Machado de Assis imortalizaram textos cujo domínio público só pode ser igualado a uma classe extremamente excepcional de trabalhos acadêmicos. Acreditamos que reside aqui o elemento de maior importância na utilização e problematização da literatura enquanto representação do mundo.

Douglas Porteous (1987) percebe que o uso da literatura como instrumento de leitura do espaço vem crescendo, mas ressalva que as relações topofílicas são mais exploradas do que as topofóbicas. Explorando obras de Malcolm Lowry, Porteous propõe uma discussão sobre as paisagens da morte [*deathscapes*] (neologismo cunhado por Lowry), e aponta que as formas fóbicas exploradas dos lugares e das paisagens abordadas pelo poeta servem para pensarmos em certos arranjos espaciais que hoje se oferecem: zonas de guerra, campo de refugiados, áreas de testes militares representam, "potencial ou simbolicamente, a morte de seres humanos, ecossistemas ou de culturas" (PORTEOUS, 1987, p.43).

Marc Brosseau sintetiza as apropriações da literatura que são observadas nas abordagens dos geógrafos:

- nos estudos regionais, na busca de uma descrição mais vívida dos lugares;
- na abordagem humanista, objetivando transcrições da experiência espacial;
- na geografia radical, visando as reflexões quanto à justiça social;
- na busca de se estabelecer um paralelo entre a história da geografia e a história das ideias literárias;
- na busca de refletir acerca dos problemas referentes à representação (BROSSEAU, 1994, p.333).

Além de geografias literárias, Jon Anderson e Angharad Saunders (2015) referem-se ao campo conciliatório da geografia e literatura como geografia da ficção, que estaria particularmente interessada em examinar como o real e o imaginado juntam-se e separam-se. Douglas R. McManis (1978), em um estudo sobre os lugares e a literatura, abordou como os contos de mistérios acabam fazendo com que os lugares sejam minuciosamente descritos. Na avaliação do autor, a constituição dos lugares ajuda a explicar o *modus operandi* dos criminosos e quiçá conferem pistas sobre sua própria identidade, que acabam sendo úteis para o desfecho das tramas. Alinhados às teorias sobre o lugar, os contos de mistério trazem a perspectiva de indivíduo e espaço como partes de um todo indissociável. Nesse sentido o entendimento do lugar ajuda a compreender o indivíduo e, também, reciprocamente, o entendimento do indivíduo nos permite elaborar uma melhor compreensão do lugar. Nos contos de mistério, os clássicos personagens investigadores como Hercule Poirot de Agatha Christie, quando confrontados com lugares que não conhecem e que foram palcos de crimes, precisam transcender a dicotomia do olhar "de dentro" e "de fora" [*insider/outsider*] proposta por Edward Relph (1976) para a resolução de enigmas (MCMANIS, 1978). Contos de grande repercussão podem ainda ajudar a elaboração de conceitos sobre lugares que foram palco das tramas, em um curioso alinhamento entre o mundo literário e o mundo vivido. É importante destacar as virtudes da literatura para o aprendizado intercultural, como foi demonstrado pelas práticas de Bethany Marchetti (1993) acerca da abordagem da literatura japonesa em sala de aula.

As críticas sobre o uso das artes e da literatura apresentam-se na elusiva abstração sobre a materialidade e a imaterialidade. Formas objetivas e pretensamente "puras" cientificamente prezam pela materialidade absoluta, o que explica, no âmbito de suas formulações, o vilipêndio da subjetividade como ferramenta alternativa da análise geográfica. É importante considerar que a geografia e a literatura encontram-se tanto no mundo real quanto no mundo mental. "No mundo real, se encontram onde a descrição e a análise são compartilhadas entre geógrafos e escritores; no mundo mental, o encontro se dá no momento em que o entendimento sobre pessoas e lugares é buscado e a explicação sobre o seu relacionamento é almejado" (WATSON, 1983, p.386). John Fraser Hart (1982) salienta que a geografia é ao mesmo tempo tanto arte quanto ciência, pois o entendimento do sentido de uma área não pode ser reduzido ao processo formal de investigação científica. Dito isso, é razoável considerar que a resposta às encruzilhadas metodológicas envolvendo a combinação da objetividade e subjetividade não pode ser encontrada na opção pela materialidade extremada.

As grandes obras literárias e pictóricas deixam legados em múltiplas frentes. Participam da experiência do leitor/observador e, em alguma medida, impactam na sua concepção sobre certa porção do espaço e os indivíduos a ela atrelados (HUDSON, 1986). É comumente aceito o fato de que os grandes escritores e pintores conseguem, por meio de seu ofício, modificar e dar forma na maneira em que as pessoas percebem o espaço geográfico (EDWARDS, 2019). As porções do espaço representadas nas telas de John Constable tornaram-se tão famosas quanto às próprias pinturas (BISHOP, 1991; DANIELS, 1991). De forma similar, é plausível considerar que a literatura é capaz de interferir na valorização das paisagens e dos lugares por intermédio das grandes obras. O sertão e as veredas de Minas Gerais foram divulgados por Guimarães Rosa, assim como as florestas da Europa Central foram construídas por intermédio de uma mistura de mistério, curiosidade e topofobia pelos irmãos Grimm. É interessante pensar que, para além do legado deixado pelos escritores e artistas, a terra natal de personalidades que amealharam sucesso acaba sendo valorizada, mesmo que não tenha sido tratada diretamente pelas suas obras. Esse fenômeno parece ser mais intenso em pequenas localidades, que acabam despertando em algumas pessoas o interesse de visita, como se as experiências mais concretas estabelecidas com certas paisagens e lugares pudessem nos ajudar a compreender o brilhantismo de algumas mentes. Torna-se assim o desnudar da genialidade por intermédio da busca de reviver a experiência espacial do gênio, numa tentativa desprovida de fundamentos atrelados ao primado da razão. Parcela das visitas a Stratford-upon-Avon e Itabira em parte se devem, respectivamente, à busca quase mística de compreensão da mente e quiçá do legado de William Shakespeare e Carlos Drummond de Andrade. É o espaço esgueirando-se entre o plano material e imaterial, naquele conceito platônico de *chôra*, resgatado por Augustin Berque (2004) nos estudos geográficos da paisagem.

Há uma preocupação, digna de relevância, de que as manifestações artísticas não representem o conjunto da sociedade. As artes e a literatura não estariam acessíveis ou participariam da mesma forma do conjunto das reflexões formuladas entre as classes mais abastadas e as empobrecidas (SILK, 1984). Apesar de ser uma preocupação plausível, há de se destacar que a condição social geralmente não é impeditiva no que diz respeito às manifestações artísticas. No caso extremo de um flagelo social absoluto, não é só a arte que tem o seu acesso vedado, e sim todo tipo de ação social, ao ponto das preocupações com a sobrevivência dominarem aquele que literalmente se posiciona à margem da integração social. Nesse caso, qualquer elemento que esteja fora do âmbito da sobrevivência é desprovido de sentido, não somente o acesso e produção artística.

Frequentemente os trabalhos dos geógrafos culturais têm incluído as pinturas como ferramentas analíticas (WALLACH, 1997). A despeito de suas limitações quanto à cobertura espacial (enquadramento) e acuidade na representação (REES, 1973), a pintura se enquadra como uma potencial ferramenta para o eclético profissional que é o geógrafo. Apesar da existência de pinturas rupestres, que são identificadas mesmo em áreas sem iluminação natural de cavernas (TRAVASSOS; RODRIGUES; MOTTA, 2012), não existem pinturas muito antigas. A diminuição do número de pinturas é exponencial em cada século anterior ao vitoriano. Pinturas representam também as emoções humanas e podem aludir à tentativa do artista de transmitir dogmas. Por isso, interpretações literais podem ser problemáticas. Pinturas antigas representavam o gado em dimensões bem menores do que o homem, o que se tratava de uma tentativa do artista de hierarquizar as coisas vivas (REES, 1973). As mudanças na percepção da relação entre o homem e a natureza repercutiram também nas formas de representação da pintura, assim como as diferenças de estilo, técnicas e mudança nos contextos sociais, dentre as quais as de ordem religiosa. Apesar destas questões destacadas, as pinturas guardam virtudes. H. C. Darby (1962) destaca que as pinturas têm o potencial de mostrar o todo simultaneamente ao intérprete, enquanto que os textos literários só podem ser interpretados após a leitura de linha por linha de seu conteúdo.

É importante destacar que a pintura pode subverter e confrontar a ordem social, expressando a inquietação do artista. O pós-impressionismo de Vincent Van Gogh exala a espiritualidade do artista, sendo que a relação muito particular que o pintor possui com as cores e as pinceladas enfantizam e acentuam aquilo que está muito além da reprodução objetiva da paisagem retratada (RODRIGUES, 2018). Nesse sentido, é possível compreender porque as abordagens objetivas da geografia não atribuem valor à utilização da arte como instrumento de análise geográfica. Uma tela como *Passeio ao Crepúsculo* de Van Gogh penetra na dimensão da leitura identitária da paisagem, fugindo de qualquer possibilidade nomotética de se pensar a geografia. Na pintura de Van Gogh em questão, "o amarelo aproxima a lua e a mulher; e o azul integra as montanhas e o homem. Essa correspondência entre as cores extrapola a simples noção de coincidência e alimenta a perspectiva da integração entre os elementos humanos e naturais" (RODRIGUES, 2018, p.44), possibilitando-nos a experiência de contemplar um conjunto harmônico entre homem e natureza.

Van Gogh, Vincent. Passeio ao Crepúsculo, 1889-1890. Óleo sobre tela, 52 x 47 cm, Museu de Arte de São Paulo. Na tela de Van Gogh, as cores transmitem ideias fortes. As roupas do casal dialogam com as cores presentes no horizonte, tanto no céu (amarelo) quanto na colina (azul). Tanto as cores quanto o vigor das pinceladas do artista ajudam-nos a compreender a expressão da arte para além da objetividade paisagística.

Rachel Ziady De Lue (1998) argumenta que os impressionistas em suas pinturas paisagísticas buscam captar não a paisagem propriamente dita, mas a sensação produzida pela paisagem. É importante destacar a problemática envolvendo os pintores e o rótulo estilístico a eles atribuído. É muito comum pintores atravessarem fases de experimentação e posteriormente buscarem recuos estilísticos, além do próprio ganho de maturidade e o acesso a novos materiais de trabalho possibilitarem inflexões importantes em suas tendências.

Para além das cores vibrantes, o impressionismo de Claude Monet nos mostra que a retirada da linha de contorno das figuras provoca progressivamente a fusão do sujeito com o espaço, criando uma representação pictórica da experiência com o mundo (RUGGERI, 2019). A natureza e o homem se apresentam entrelaçados até mesmo na exploração dos reflexos dos corpos hídricos, comum em Monet, onde realidade e reflexo, materialidade e imaterialidade, ambiente e presença humana funde-se caprichosamente em uma harmoniosa representação, como é o caso da tela *O barco em Giverny*. A fusão sujeito-mundo é também explorada por Camille Pissarro em *"A cowherd at Valhermeil, Auvers-sur-Oise"*, em uma tela significativa para expressar o apreço do pintor em relação à vida pastoril.

Monet, Claudio. O barco em Giverny, 1887. Óleo sobre tela, 98 x 131 cm, Museu de Orsay, Paris. As linhas mal definidas dos corpos e o reflexo proporcionam a experiência do entrelace homem e ambiente.

Pissarro, Camille. A Cowherd at Valhermeil, Auvers-sur-Oise, 1874. Óleo sobre tela, 54,9 x 92,1 cm, Metropolitan Museum of Art, New York.

Na primeira metade do século XIX, o Oeste americano foi romantizado pelas abordagens de um grupo expressivo de pintores. Em uma reação clara ao racionalismo que marcou profundamente a era do iluminismo, os pintores eram influenciados pelo romantismo, que não era necessariamente guiado pela ciência, mas pelas emoções (ALLEN, 1992). Temas como a pastorícia e o apelo pelas descrições etnográficas que até descreviam o mundo mágico do ritualismo indígena eram frequentes na pintura desse tempo. Alfred Jacob Miller foi um dos artistas que marcaram esse período romântico de idealização do Oeste americano. Em meio a temas pastorícios, destacava a nobreza do indígena, que seria uma característica inata marcante e se constituía como uma expectativa de comportamento social "anterior ao contato expressivo com o homem branco, que poderia fazer com que o indígena adquirisse os seus sórdidos hábitos" (ALLEN, 1992, p.32). Essa visão é uma antítese da imagem bárbara e selvagem muito relatada à época da aurora colonial do continente americano.

Alfred Jacob Miller. The Trapper´s bride, 1846-47. Óleo sobre tela, 91,4 x 71,1 cm, Eiteljorg Museum of American Indians and Western Art, Indianapolis, Indiana. A visão romântica e idealizada do nobre selvagem trazia no imaginário a pureza não somente da mulher indígena, mas de todos os índios do oeste americano.

A visão romântica do oeste americano se estende ao quadro físico, não sendo rara a representação da paisagem como um éden verdejante, como na tela *Fort Pierre* de George Catlin. Essas representações imagéticas ajudam a consolidar o Oeste magnífico, como se a paisagem se oferecesse à colonização.

George Catlin, Fort Pierre. 1832, Óleo em tela, 28.5 x 36.8 cm, Smithsonian Art Museum. A representação do Oeste americano na primeira metade do século XIX como férteis planícies propícias à colonização é muito comum.

A visão sobre o Oeste verdejante ganhou força com a incorporação de Lousianna em 1803. John Allen destaca que no momento da incorporação desse território aos Estados Unidos, a população americana estava – em sua grande maioria – "despreparada para compreender aquilo que havia sido anexado" (ALLEN, 1971) ao país. O capítulo da história da formação territorial americana em questão marca a expansão para as terras à oeste da calha principal de drenagem da bacia do Mississipi, possuindo, além do sentido prático da expansão, uma grande carga simbólica. Segundo John Allen, não são raras as representações do Oeste americano que divulgam não somente as potencialidades agrícolas das novas terras, mas também a facilidade de escoamento da produção a partir de uma rede de canais fluviais navegáveis cuja as virtudes são superestimadas (ALLEN, 1971).

A invenção da tradição romântica na descrição do Oeste americano ainda vive em diferentes instâncias do imaginário comum e "os esforços dos revisionistas históricos de mostrar o Oeste como ele realmente era tem tido relativamente pouco efeito sobre a contínua aceitação da tradição romântica entre o público americano" (ALLEN, 1992, p.39). A visão média do americano passou a incluir, com a ascensão posterior da indústria cinematográfica e da consolidação do gênero Western, a figura do herói destemido, como diversas vezes foi protagonizado por John Wayne (BARBOSA, 1998).

Em outro mito paisagístico – que se apresenta como uma antítese ao Oeste verdejante – foi divulgada com certa representatividade a imagem de um grande deserto americano, que se extenderia do Missouri às Montanhas Rochosas. Watson (1969) reforça que o mito desértico desta porção central do território norte-americano sequer encontra respaldo na sazonalidade: "até mesmo em períodos de intensa seca, a área em questão não poderia ser chamada de deserto" e, contrariamente a essa percepção, "a maior parte da região foi habitada por pessoas que dependem da agricultura para a sua subsistência" (WATSON, 1969, p.19). Pode-se observar na área do deserto imagético em questão parcela expressiva da região conhecida como cinturão do trigo (SILVA, 2021c).

Dentro da perspectiva das fortes imagens projetadas sobre a paisagem, temos a ideia da América pré-colombiana prístina. O mito prístino refere-se à ideia de que na época da chegada de Colombo à América (1492), o continente em questão tratava-se de um paraíso intocado. A desconstrução do mito prístino da América (DENEVAN, 1992) pode ajudar a consolidar a visão do oeste intocado, sobre outra perspectiva: algumas projeções demográficas acerca da América em 1492 apontam para um continente longe de ser considerado um vazio intocado. Com propostas de cifras que variam de 15 a 80 milhões de indivíduos, a chegada do europeu na América representou o maior desastre demográfico já visto (DENEVAN, 1992, p.370). De acordo com William M. Denevan, em 1750 o continente americano era habitado – numa conta que incluía os colonizadores, escravos e indígenas remanescentes – por 30 por cento da população que podia ser contada em 1492. A capacidade de transformação da paisagem declinou no período, e, provavelmente, em um intervalo de 250 anos entre 1492 e 1750, a natureza tenha reclamado para si certas modificações antrópicas realizadas na paisagem. De todo modo, é relativamente forte a ideia de que a ausência de artefatos humanos tenha chocado àqueles que penetraram nas entranhas da porção norte das Américas (LOWENTHAL, 1968).

Denevan (1992) conclui que é extremamente provável que a paisagem das Américas de 1750, para além das franjas litorâneas ocupadas e castigadas pelos colonizadores, se assemelhasse de fato com a fantasia do Éden intocado, reforçando a imagem que cai sobre os povos remanescentes indígenas: indivíduos em uma plena simbiose com a natureza, em áreas espaçadas e com abundância de recursos. É interessante observar como a ideia do bom selvagem e defensor inconteste da natureza ainda ecoa sobre as populações remanescentes. O mito da América prístina associa-se também com a ideia de desbravamento e colonização a partir do Éden. Uma sociedade que poderia repetir a trajetória do homem na Terra no espaço metafísico habitado por Adão e Eva. Essas percepções motivaram David Lowenthal (1968) a cravar que "os americanos constroem para amanhã e não para hoje. Eles amam o seu país, não da forma como ele é, mas como poderá ser" e, por fim sacramenta: "O atual cenário americano não é de uma paisagem acabada, mas o embrião de um futuro grandioso" (LOWENTHAL, 1968, p.75-76). Apesar da abordagem de David Lowenthal por vezes nos fascinar, nos incomoda as suas frequentes generalizações sobre as percepções coletivas, tal como "os americanos percebem, os ingleses sentem...". Por isso somente é vantajoso pensar na presença de uma superestrutura social que interfere nas percepções e formulações sobre a paisagem e o lugar, sem considerarmos a prevalência um determinismo nacionalista que é negligente com a força das experiências individuais.

Martyn J. Bowden (1992), por sua vez, destaca que as imagens prístinas da América são muitas, oscilando desde a imaginação sobre uma floresta primitiva à ideia de um grande deserto. Nesse caso, é reforçado o poder da imaginação geográfica, em um exemplo em que o conceito sobre a paisagem é formulado sem um contato direto com a experiência. Imagens como as descritas por Denevan (1992) e Bowden (1992) precisam ser entendidas como manifestações da superestrutura social. É inadequada a consideração de imagens como a visão consensual de coletividades. Nassauer (1995) reforça a visão de Bowden (1992) ao argumentar que a resistência à mudança das imagens sobre povos, lugares e paisagens exercida pela superestrutura social não evitou que os valores culturais se modificassem, o que incluí a visão do americano médio sobre o oeste selvagem [*Wilderness*]. Bowden (1992) busca relativizar os determinismos imagéticos paisagísticos ao produzir um quadro que se assemelha a uma linha do tempo, associando imagens a séculos específicos. Essa alternativa de Bowden não anula nossa consideração sobre o modo pela qual as ditas "imagens" precisam ser compreendidas no estudo da paisagem. A confiança em imagens consensuais negligencia a capacidade de expressão singular das identidades.

Don Mitchell (1998) argumenta, pontualmente acerca das tradicionais imagens do oeste americano, que novas imagens são desesperadamente necessárias; os velhos mitos sobre a fronteira – incluindo a presença do homem branco conquistador repleto de virtudes desbravando a natureza selvagem – não são somente imprecisos, mas nocivos quanto a deturpação acerca da elaboração de como a região foi realmente construída. Não significa que devemos ter a pretensão de construir uma narrativa ao ponto de obter a verdade onisciente; mas capacitarmos para sermos capazes de estabelecer uma interlocução que dê minimamente espaço ao contraditório, intermediando vozes e pontos de vista, sem deixarmos de estar conscientes de que nossas escolhas são as marcas arbitrárias que nos afastam invariavelmente da verdade histórica.

Para além da pintura, também podemos identificar diversas e crescentes conexões envolvendo a geografia – sobretudo em sua corrente humanista – e a literatura. Como uma mostra de que este entendimento não é tão recente, no ano de 1974, no encontro anual da AAG, uma sessão inteira foi devotada aos estudos da paisagem por intermédio da literatura (POCOCK, 1988). Amorim Filho (2008) salienta que a ascensão da chamada nova geografia cultural[199] possibilitou que a exploração dos sentidos da paisagem, lugar e do uso da literatura surgissem como formas alternativas e promissoras de pesquisa. Entretanto, é mais comum que se associe a ascensão da interface entre a geografia e a literatura a partir da consolidação da geografia humanista e também o pós-estruturalismo: Douglas Porteous, por exemplo, escreveu que as relações entre a geografia e literatura são antigas, mas revigoraram-se com o surgimento das abordagens humanistas na geografia (PORTEOUS, 1985). Em uma mesma linha de pensamento, Lily Kong

---

[199] Que surge no contexto da crise da tradicional geografia cultural, quase concomitantemente ao movimento conhecido como "virada cultural". Foi apoiada na crítica à ideia lablachiana de gênero de vida e à abordagem da escola de Berkeley, criticada pelo enfoque na cultura estritamente material. O rápido processo de urbanização e a intensificação do processo de globalização teriam colocado em xeque alguns dos pressupostos lablachianos (JACKSON, 1980; OAKES, 1997; AMORIM FILHO, 2008), que foram questionados, sobretudo, pelo pós-estruturalismo e pela pós-modernidade. Sivignon (2002) prefere especificar ao dizer que em nossas sociedades industrializadas e urbanizadas, as características culturais interveem pouco nas técnicas de produção, sendo essa a razão para a inadaptação da noção de gênero de vida. O resgate da geografia cultural com o novo rótulo se deu no contexto da profusão de correntes alternativas ao neopositivismo dos anos 1950, sendo passível de ser identificada, com robustez, nos anos 1980.

e Lily Tay argumentam que "desde os anos 1970, quando a abordagem humanista na geografia ganhou ascendência, a análise geográfica dos trabalhos literários tem ganhado espaço na agenda de pesquisa" (KONG; TAY, 1998, p.133). Talvez essa aproximação entre a literatura e a geografia humanista encontre explicação nas argumentações de Yi-Fu Tuan (1989): o autor salienta que a técnica do geógrafo humanista cultural é basicamente a de um contador de histórias [*storyteller*], que é alguém que conhece bem as pessoas cuja história conta, mas que ao mesmo tempo, ao encarnar o papel de quem narra a história, estabelece um distanciamento frente ao objeto de sua contemplação. O contador de história e o geógrafo humanista reivindicam explicar os fenômenos apenas como se eles existissem em uma região específica do espaço e tempo (TUAN, 1989), não se prestando à construção de metanarrativas por focar mais em particularismos do que em generalizações, para o arrepio das pretensões objetivas da ciência positivista. Emilie Cameron (2012) argumenta – a partir de uma perspectiva pós-estruturalista – que se aceitarmos a posição de que o conhecimento é construído narrativamente, devemos considerar que toda escrita geográfica é uma forma de contação de histórias [*storytelling*]. Não é de se estranhar que a ascensão dos paradigmas pós-estruturalistas esteja relacionada com o aumento exponencial da exploração das ficções em trabalhos geográficos.

Apesar dessas considerações, Saunders (2010) considera que os estudos literários apoiam mais a aproximação entre a geografia e a literatura do que a própria geografia o faz[200]. A justificativa mais comum para as ligações entre as duas disciplinas reside na percepção da literatura como um banco vívido de descrições sobre a paisagem e os modos de vida (MEINIG, 1983). Além da pintura, a poesia também apresenta suas potencialidades. Geógrafos como James Wreford-Watson e Jay Appleton destacaram-se por intermédio da produção poética (CRESSWELL, 2013). Da mesma forma em que é possível ver geógrafos produzindo poesia, é "possível identificar uma pletora de poetas utilizando títulos que conotam temas de pertencimento ou deslocamento

---

200 O entrelace entre a geografia e literatura é visto sobre outro ângulo por Moraes e Callai: em um posicionamento dialético, as autoras argumentam que "trabalhar a literatura juntamente com outras disciplinas não é torná-la uma facilitadora, isto é, apenas recurso didático. A perspectiva interdisciplinar abre uma possibilidade de diálogo entre ciências distintas, tendo como preocupação considerar, antes de tudo, os sujeitos/alunos e a construção do conhecimento" (MORAES; CALLAI, 2020, p.322).

frente aos lugares, o que é compatível com a atual mobilidade que presenciamos no mundo" (CRESSWELL, 2013, p.143). É importante destacar que a geografia também possui uma face literária que fica evidenciada no ato geográfico de elaborar histórias que aludem às mudanças das paisagens e dos lugares. As descrições sobre as formas da paisagem presentes em trabalhos literários são eivadas de forte simbolismo, carregando as invisibilidades da memória, do sofrimento e nostalgia, sentimentos que carregam o espaço de valores que transcendem a realidade física, impondo-lhe certo senso sagrado (LANDO, 1996).

O pensar sobre as conexões entre a geografia e a literatura tem colaborado para a adoção de tipologias que pretendem organizar os estudos e a abordagem dos autores. Collot (2012) propõe três tipologias:

- a geografia da literatura: estudaria o contexto espacial em que as obras são produzidas e se preocuparia também com contextos histórico, social e cultural;
- a geocrítica: estudaria as representações do espaço na própria constituição do texto;
- a geopoética: teria como objeto de preocupação as relações entre espaço, as formas e gêneros literários (COLLOT, 2012, p.20).

A literatura não apenas nos dá sinais sobre a experiência humana, mas também contém modos de lidar com algumas das maiores dificuldades da síntese descritiva (MEINIG, 1983). É notável o fato de que a literatura não somente reconstitui, mas também é capaz de formular a experiência humana. O *conto de Natal* de Charles Dickens (2003) – lançado originalmente em 1843 – foi capaz de consolidar certos procedimentos natalinos que passaram a impregnar a mentalidade ocidental. Neologismos também surgem da literatura, tais como as palavras "quixotesco", "panglossiano" ou "dantesco", sendo muitas vezes utilizados com um automatismo que nos faz esquecer de sua etimologia. Indo além, aspectos mentais de crenças socialmente consolidadas parecem trazer consequências para o mundo físico, como consta no relato:

> Um indivíduo consciente de que é objeto de um malefício fica profundamente convencido, pelas tradições mais solenes do seu grupo, de que está condenado, e parentes e amigos compartilham a certeza. A partir de então, a comunidade se retrai, todos se afastam do maldito e se comportam com ele como se, além de já estar morto, representasse uma fonte de perigo para todos os que cercam. Em toda ocasião e em cada um dos seus gestos, o corpo social sugere a morte à pobre vítima, que não tenta escapar do que considera ser seu inelutável destino. E logo são celebrados para ela os ritos

sagrados que a conduzirão ao reino das trevas. Brutalmente alijado, de saída, de seus laços familiares e sociais, e excluído de todas as funções e atividades por intermédio das quais o indivíduo tomava consciência de si mesmo, e enfrentando em seguida as mesmas forças imperiosas, novamente conjuradas com o único propósito de bani-lo do reino dos vivos, o enfeitiçado cede à força combinada do terror que sente e da retirada súbita e total dos múltiplos sistemas de referência fornecidos pela conivência do grupo e, finalmente, à sua inversão definitiva quando, de vivo e sujeito de direitos e de obrigações, passa a ser proclamado morto, objeto de temor, de ritos e proibições. A integridade física não resiste à dissolução da personalidade social (...)
(...) Um indígena australiano, vítima de um feitiço desse gênero no mês de abril de 1956, foi levado moribundo ao hospital de Darwin. Ligado a um pulmão artificial e alimentado por meio de uma sonda, foi se recuperando pouco a pouco, convencido de que "a magia do homem branco é mais forte" (LÉVI-STRAUSS, 2008, p.181).

Claude Lévi-Strauss mostra-nos como o mundo material e as construções sociais que pertencem ao imaginário coletivo podem ser congruentes. Processo semelhante pode ocorrer em romances literários de repercussão, como vimos no exemplo de Dickens, em que a narrativa do escritor pode contribuir para a formulação de comportamentos que estão presentes no cotidiano. Apesar das potencialidades reconhecidas da arte de representar e formular a experiência humana existe certo ceticismo quanto ao seu uso acadêmico. Críticas mais contundentes referentes a experimentação da arte como instrumento de leitura do espaço geográfico centram-se na dificuldade em conceber o personagem assumido pelo artista ao representar sua obra. A arte ilustraria as convicções e visões de mundo do artista ou a de um personagem por ele interpretado? Essa dúvida colocaria em xeque a utilização da arte em trabalhos geográficos?

É obsoleta a questão de saber se no discurso literário – tanto poético como romanesco – o autor como pessoa está ausente e o "eu" é um puro sujeito da enunciação (COMBE, 2010). "A gênese do conceito de "sujeito lírico" é, portanto, inseparável da questão das relações entre literatura e biografia, e do problema da "referencialidade" da obra literária. O poeta lírico não se opõe tanto ao autor quanto ao autobiógrafo como sujeito da enunciação e do enunciado" (COMBE, 2010, p.120). Assim que um fato é narrado, a voz perde sua origem, a morte do autor ocorre e a escrita começa (BARTHES, 1977); a intertextualidade não é evitada em qualquer gênero textual e, desse modo, o autor combina textos preexistentes em novas formas.

Essa é uma questão similar a do pintor e de sua obra. Um protagonista criado em um romance, por mais que exiba características que representem a oposição aos valores do escritor, é dependente das experiências do seu criador intelectual, incluindo, dentre essas experiências, a assimilação de textos de gêneros e autores distintos. O antagonismo dos valores do protagonista somente será reconhecido pelo autor se o mesmo partir das bases dos seus próprios princípios e valores. Michel Collot preferiu uma abordagem menos determinante da questão, ao salientar que "quase nenhuma obra literária deixa de refletir, ainda que diretamente, as circunstâncias do lugar de existência do escritor" (COLLOT, 2012, p.22). Em um dos muitos exemplos que poderiam ser citados, destacamos que a biografia do romancista Arnold Bennett mostra seu interesse pela geografia e contemplação das paisagens e dos lugares. Visitou a região de Staffordshire Potteries como forma de reunir material para a escrita do seu romance *Anna of the Five Towns* (HUDSON, 1982). Expressou a crença de que a vida humana era, em um grau considerável, determinada pelo meio ambiente. Bennett viveu em um tempo em que o determinismo ambiental participava fortemente das elaborações geográficas. Como separar as impressões pessoais de Arnold Bennett do sujeito da enunciação dos seus romances? E ainda, como extirpar a narrativa de Bennett do seu *zeitgeist*? Apartar objetivamente o indissociável é um ato análogo às tentativas classificatórias de textos como romances históricos ou como a chamada "historiografia oficial". O ato em questão é alinhado com o paradigma modernista (ANKERSMITT, 2001b).

As associações vão além: a crença de Collot acerca da obra literária é também compartilhada por Hayden White (1988), no âmbito das historiografias. O autor (WHITE, 1973) sacramenta que toda narrativa histórica tem um elemento de interpretação. White abordou outra face dos dilemas discursivos. Travando uma reflexão no âmbito da teoria da história, argumentou que os historiadores se veem, no ato da construção da narrativa, em um dilema que envolve a função analítica do discurso e as exigências das técnicas de contação de história [*storytelling*], que acabam se constituindo como forças conflitantes. Analisando a produção de filmes feministas, o autor salienta que os produtores têm se preocupado

não somente na descrição da vida das mulheres tanto no passado quanto no presente de forma confiável e acurada, como também em trazer a reflexão quanto as conveções da representação histórica e análise que, pretendendo não fazer nada mais do que "contar que realmente aconteceu", efetivamente apresentam uma versão patriarcal da história (WHITE, 1988, p.1199).

White nos alerta que a acuidade dos detalhes da narrativa vai depender justamente do caminho escolhido para representar tanto o passado quanto o nosso pensamento sobre a sua importância histórica. O risco que se corre é que a busca obstinada do épico e do espetacular pode resultar na negligência quanto às relevâncias analíticas em detrimento da construção de narrativas palatáveis e insinuantes, nas quais o apelo emocional oblitera a razão. White ainda acrescenta que há mais fatos do que a capacidade do historiador de incluí-los nas narrativas[201]. O fato do historiador se ver obrigado a escolher o que incluir e excluir na composição de sua narrativa revela a ação da interpretação, dentre muitas que seriam possíveis mediante o mesmo arsenal de documentos e informações disponíveis. Essa é uma das razões para a rejeição da tese do "olhar inocente" do historiador estabelecida por Leopold von Ranke (WHITE, 1973). As formas de interpretação histórica têm se modificado quanto à sua predominância, como se vê desde o período de atuação de Ranke. Descrição e explicação histórica eram termos predominantes na primeira metade do século XX, constituindo-se como alicerces de uma história objetiva. Nas primeiras décadas a partir da segunda metade do século XX, a descrição e explicação passaram a conviver, de forma cada vez mais intensa, com a expressão "interpretação histórica" (ANKERSMIT, 1988). Essa transição serviu para relativizar a "verdade histórica". Todavia, Ankersmit (1988) não se satisfaz com a ideia acerca da existência de um passado a ser interpretado, pois acredita que o historiador representa o passado: "Como um pintor, o historiador representa a realidade (histórica) dando-lhe um sentido por meio do significado do seu texto, o que a realidade não faz por si mesma" (ANKERSMIT, 1988, p.214). O ato de representar é similar ao ato de ocupar o lugar de fala. Se a realidade não pode falar por si mesma, qualquer exercício historiográfico é um ato representativo. De forma similar, a paisagem e o lugar também não falam por si. Nessa lógica, são sempre representados.

Talvez seja relevante considerar as sóbrias distinções entre o historiador e o historicista, realizadas pelo próprio White (1975) e por tantos outros. O historiador preocupa-se em elaborar pontos de vista, enquanto o historicista prefere construir teorias envolvendo os dados diacrônicos.

---

[201] Neste aspecto concorda Lévi-Strauss (1989) em *O Pensamento Selvagem*: "o que é verdadeiro para a constituição do fato histórico não o é menos para sua seleção. Também desse ponto de vista, o historiador e o agente histórico escolhem, destacam e recortam, pois uma história verdadeiramente total os poria perante o caos" (LÉVI-STRAUSS, p.285).

Enquanto "o historiador estuda o passado em si mesmo, o historicista deseja utilizar o conhecimento sobre o passado para entender os problemas do presente ou, pior, para prever o caminho do desenvolvimento histórico futuro" (WHITE, 1975, p.48). Essa diferença entre o historiador e o historicista explica justamente as diferentes posições em relação ao entendimento da essência da narrativa histórica. Utilizar o conhecimento do passado para compreender o presente e quiçá predizer o futuro exigiria um método dentro dos cânones científicos. White (1973) mostra-se tão cético à isenção das narrativas que compõem as historiografias quanto à própria possibilidade da história ser considerada ciência.

Da mesma forma em que a discussão sobre as relações entre o autor e o sujeito da enunciação parece ser antiquada e superada, assim nos parece ser a discussão sobre a necessidade, tanto da história quanto da geografia – esta última na sua vertente próxima aos estudos das humanidades –, em se provar científica[202]. Para as ciências humanas não parece prudente ignorar o papel da literatura nas estruturas discursivas. A literatura ajuda a explicar a constituição das abordagens sobre a paisagem e o lugar, mesmo nos trabalhos contemporâneos que seguem métodos que desfazem do valor literário. Isso se explica, pois, em uma perspectiva intertextual, fontes literárias irremediavelmente participam da nossa forma de perceber, articular e expressar.

Na primeira metade do século passado, a poesia já era vista como um instrumento de investigação geográfica, capaz de portar inúmeros valores práticos que auxiliam na educação da disciplina (RENNER, 1929). Fazendo jus ao sufixo "grafia" presente em geografia, a poesia é mais uma forma de "escrever" sobre a Terra (ESHUN; MADGE, 2012). Poemas chineses escritos no período de antigas dinastias são instrumentos poderosos para a apresentação de experiências e eventos desenrolados em determinados lugares e tempos. Títulos da poesia tradicional chinesa frequentemente identificam tanto a localização quanto o período de sua escrita, como em um diário, e, com considerável concretude espa-

---

202 Para Hayden White (1973), a busca pelas generalizações apresentava-se importante pelo fato de providenciar a busca pelas leis, que dariam autoridade científica à história. Ou seja, as generalizações maqueiam a diversidade, fazendo com que a busca de leis por esse caminho seja falsa. White alerta, em um endosso à Nietzsche, que as generalizações podem fazer com que o trabalho do historiador seja inútil. Isso se explica porque o resíduo da verdade que é contida na generalização, após a remoção da parte obscura e insolúvel, nada mais é do que o mais comum dos conhecimentos.

ço-temporal, serve como um registro histórico de pensamentos e emoções (WANG, 1990). Apesar do quadro físico não ter mudado no mesmo ritmo do que as técnicas e tecnologias humanas, é certo que as inovações modificaram a forma do homem interagir com o meio, fazendo com que o mundo seja percebido de uma maneira muito diferente do que era nos primórdios civilizacionais. As poesias e outras expressões literárias possuem um valor muito grande no Oriente. Para exemplificar esse valor acentuado, temos o fato de que, no Ocidente, a pedra foi um material muito usado na construção de monumentos, enquanto que na China e no Japão usa-se frequentemente a madeira, que não resiste tanto às agressões do tempo. A civilização chinesa é antiga, mas a paisagem chinesa tem poucas estruturas muito antigas feitas pelo homem (TUAN, 2013). Nesse sentido, a poesia e outras formas de expressão tornam-se meios importantes de remontar aquilo que o tempo apagou ou nublou.

A poesia foi muito utilizada em vários tempos e espaços como formas de resistência ao poder colonial (ESHUN; MADGE, 2012). Aimé Cesaire foi um exemplo da utilização da ferramenta poética como instrumento anticolonial. É didática a forma como os seus escritos espelham a estrutura de sua identidade militante.

> E estamos de pé agora, meu país e eu, os cabelos ao vento, minha mão pequena agora no seu punho enorme e a força não está em nós, mas acima de nós, numa voz que verruma a noite e a audiência como a penetrância de uma vespa apocalíptica. E a voz proclama que a Europa durante séculos nos cevou de mentiras e inchou de pestilências,
> Porque não é verdade que a obra do homem está acabada
> Que não temos nada a fazer no mundo
> Que parasitamos o mundo
> Que basta que marquemos o nosso passo pelo passo do mundo
> Ao contrário a obra do homem apenas começou
> E falta ao homem conquistar toda interdição imobilizada nos recantos do seu fervor
> E nenhuma raça possui o monopólio da beleza, da inteligência da força
> E há lugar para todos no encontro marcado da conquista e sabemos agora que o sol gira em torno da terra iluminando a parcela fixada por nossa única vontade e que toda estrela cai do céu na terra pelo nosso comando sem limite (CÉSAIRE, 2012, p. 79-81)

Neste trecho de *Diário de um Retorno ao país Natal*, livro-poema que é um expoente literário de Aimé Césaire, a mistura de poesia e prosa é marcada pelo pensamento sobre a identidade cultural negra em contexto colonial. Nesse texto fundador da negritude poética, fica evidente a tarefa hercúlea e inglória de joeirar o autor como pessoa do "eu" alternativo sujeito da enunciação. Esse é um exemplo didático da questão e não uma exceção em meio a um amontoado de exemplos, não importando se o texto do autor está na dimensão da poesia, em textos manifestos como Memmi (1977), Fanon (2005, 2008), Santos (2012), Freud (2011) ou em obras que seguem rigorosamente o cânone acadêmico.

Os diversos poemas do Soweto, na África do Sul, evidenciam como a literatura pode aludir, para além da geografia, ao ato político. Soweto tornou-se alvo de uma série de poesias de resistência, que o enquadravam como um gueto simbólico de desumanização, opressão e violência institucionalizada. A poesia, que tinha o Soweto como foco, enquadrou-se como uma extensão da tradição oral da sociedade negra. O "efeito transformador da poesia era geralmente efetivo em função da habilidade do poeta de comunicar acerca da angústia física e psicológica da experiência colonial e do *apartheid*" (ESHUN; MADGE, 2012, p.5-6). No contexto de um crescente processo de consciência política e da busca em valorizar as raízes tradicionais, a poesia tornou-se, para o Soweto, um meio preferido de expressão criativa (HART, 1986). A violência repressora, pelo seu lado, foi incapaz de apagar os elementos de apropriações simbólicas. Na verdade, as ações violentas ajudaram a reforçar símbolos contra o regime do *apartheid*, como a muito divulgada morte do garoto Hector Pieterson, de 12 anos, ocorrida no contexto do Levante de Soweto em 1976. O garoto tornou-se um símbolo da resistência contra o regime. Hoje existe um memorial que leva o seu nome. Tanto Césaire quanto os poetas que abordaram o Soweto produziram textos com alto teor militante. A poesia possui um valor expressivo por algumas vezes ser um nicho que oferece a linguagem para àquilo que não pode ser dito, "além de conter, dentro de uma perspectiva colonial, o privilégio da ontologia ocidental acerca da racionalidade sobre as emoções, paixões e sentimentos" (ESHUN; MADGE, 2012, p.17).

As intencionalidades não parecem ser exceção da produção textual, sendo mais plausível considerarmos a sua participação no texto como regra. Para Pocock (1988), o escritor espelha a sociedade. O trabalho do escritor é um produto da sociedade, uma construção social. Não se trata de um meio neutro ou passivo de comunicação. Até mesmo a fantasia, representada por mitos e lendas, deve ser considerada. Afinal, a fantasia expressa o escapismo e não pode ser rigorosamente separadas do real, contribuindo direta ou indiretamente para a sua compreensão (TUAN, 1990). Há de se destacar que, por meio de um texto literário, não é possível separar do narrador parte da experiência paisagística que é ficcional daquela que é presenciada (TRAVASSOS; SILVA; BORGES, 2018). A leitura e a presença são componentes complementares da experiência, que se tornam, no ato de expressão, indiscerníveis. Isso não diminui a força da geografia literária como um campo de estudo, pois é na complexidade que é construída a experiência humana: vagueando entre a coletividade e a individualidade, entre o passado e presente, entre ali e aqui, entre textos, sons, imagens, cheiros e eventos táteis. Os elementos que compõem a experiência humana não podem ser isolados e, a partir desse isolamento, terem seus impactos exatamente dimensionados.

Já foi dito que a subjetividade não diminui o valor da geografia literária. Júlio Verne imortalizou o personagem Mathias Sandorf, que, por meio de uma extraordinária fuga de uma prisão na atual Croácia, utilizou o sistema de drenagem cárstico para escapar dos seus perseguidores. Se por um lado, o romance não pode ser entendido como um instrumento duro de pesquisa espeleológica ou carstológica, por outro, a abordagem de Verne se enquadra, no mínimo, como uma narrativa inspiradora no tocante ao mundo subterrâneo (TRAVASSOS; SILVA; BORGES, 2018), além de se constituir como uma fonte perceptiva. Já o escritor Howard Phillips Lovecraft (1890-1937) explorou as fronteiras entre a ficção e a realidade ao associar criaturas míticas à paisagem, além de estabelecer uma geografia imaginativa associada às paisagens que nunca havia explorado, como se vê na obra *Nas montanhas da loucura* que se passa no então subexplorado continente Antártico. Lovecraft explorou o desconhecimento da Terra como fonte do medo (KNEALE, 2006).

Os textos não podem ser entendidos como completamente autorais. Os textos são construções intertextuais, compreensíveis somente nos termos de outros textos (CULLER, 1976). A intertextualidade, que é um dos termos mais utilizados no vocabulário crítico contemporâneo (ALLEN, 2000), "enfatiza que ler é colocar um trabalho em um espaço discursivo, relacionando-o a outros textos e códigos desse espaço. Escrever também é uma atividade similar: é assumir uma posição em um espaço discursivo" (CULLER, 1976, p.1383). Em uma abordagem e título provocativos, Paul Gunnar Olsson (1983) publicou o manifesto intertextual *Expressed Impressions of Impressed Expressions*. O autor nos aponta que um texto é uma textura de palavras. Para ele, nenhuma palavra é uma nova palavra, pois são oriundas de outros textos e contextos. Assim, todas as expressões carregam múltiplas imagens: aquilo que é lembrado, desmembrado e, às vezes, apagado. No seu apego a intertextualidade e à desconstrução, o autor ainda provoca: "cidades são metáforas e teorias das cidades são metáforas das metáforas", concluindo *a posteriori* de forma generalista que "teorias são metáforas de metáforas[203]" (OLSSON, 1983, p.61; p.63).

É plausível considerar que a paisagem pode se enquadrar como um texto que possui interface com outros textos. Há três planos de justificativa para compreendermos a intertextualidade da paisagem:

- Plano da intertextualidade literal: a expressão da paisagem por meio da linguagem apresenta interface com outros textos, não só sobre a paisagem descrita ou genericamente sobre paisagens, mas sobre qualquer abordagem;

- Plano da intertextualidade metafórica: a paisagem pode ser vista como um texto a ser lido; sua expressão é um texto produzido. Neste plano, como lembra-nos Halbwachs (1990), a interpretação da paisagem é guiada diacronicamente pela experiência humana, moldada pela memória individual e coletiva. A intertextualidade se manifesta, na dimensão metafórica, por intermédio da dependência das identidades (e do conjunto de valores e preferências carregados pelo indivíduo) frente à vida em

---

[203] Olsson (2009) também problematiza os mapas, que, enquanto forma de linguagem, também se apresentam como textos. Para Olsson, os mapas são um produto da imaginação que possibilitam fazer que o ausente esteja presente e ao mesmo tempo o presente esteja ausente. Em sua chuva de trocadilhos que é uma particularidade de sua escrita, Olsson justifica o paradoxo da ausência-presença que seria carregado pelos mapas: "para ser mais exato, um mapa é o entrelaçamento de imagem e história, um palimpsesto de muitas camadas nas quais a superfície me mostra onde estou e mais profundamente me conta tanto de onde vim quanto para onde deverei ir" (OLSSON, 2009, p.102). A inexorabilidade temporal faz com que a representação cartográfica nunca seja eternizada, a não ser que objetive de fato se apresentar como um elemento histórico. A rigor, todo mapa é histórico. Assim como ocorre com a descrição paisagística, o mapa capta um momento no qual parcela do espaço foi representada. O mapa nunca expressa o espaço como ele é; a partir das escolhas realizadas pelo cartógrafo, o mapa traz informações selecionadas sobre o espaço. Neste ponto lembramo-nos da crítica de Richard Hartshorne (1978) quanto à arbitrariedade das regiões, visto que a produção dos mapas parece padecer dos mesmos vícios. A incompletude do mapa traz, muitas vezes, informações que não poderiam ser apresentadas isoladamente, tal é o grau de interação com outras informações que foram negligenciadas pelo cartógrafo. Esse é um problema que atinge a cartografia temática. Ademais, os mapas também precisam ser vistos a partir do prisma da intertextualidade, visto que as formas de representação e escolhas de mapas preteritamente produzidos inspiram soluções cotidianas na produção cartográfica.

sociedade. Ainda que desacreditemos no determinismo de uma superestrutura social capaz de criar uma massa monolítica de sujeitos, é inegável a força da influência da vida em sociedade na composição identitária. Assim, da mesma forma que textos são compreendidos por outros textos, a paisagem é individualmente percebida e expressa (ações que não são completamente congruentes) pela força da influência das experiências sociais;

- Plano na intertextualidade espaço-temporal: é plausível considerar que a paisagem percebida em um plano material e mesmo imaterial não se explica enquanto fotografia: é necessário o entendimento de processos além de sua escala de análise para a sua compreensão e eventos ocorridos em tempos idos que somente deixaram suas cicatrizes. Nesta metáfora, salientamos que a intertextualidade paisagística nos leva a crer que uma explicação mais aprofundada sobre o espaço observado envolve o conhecimento de outro lugar e de outro tempo, como textos nem sempre acessíveis aos intérpretes.

Quanto à capacidade da obra de retratar fielmente a paisagem, Pocock (1988) argumenta que o texto nunca se apresenta como uma janela transparente para o mundo, e o mesmo acontece com a pintura. "Sempre haverá um lado escuro da paisagem não contemplado pela mensagem, seja do texto ou da pintura" (PORTEOUS, 1988, p.95). Esta visão é compartilhada por Judy Walton que diz que os textos não espelham a paisagem, por serem construções intertextuais abertos à multiplicidade de significados e leituras (WALTON, 1995, p.63). Todavia, a literatura consagra-se como uma fonte inegável de acesso à informação paisagística, sem a pretensão de esgotar a sua descrição ou se constituir como um espelho. Por isso confiamos, dentre outros exemplos literários, na força da obra de João Guimarães Rosa como um instrumento de auxílio do leitor à compreensão de certos elementos do sertão de Minas Gerais em parte do século XX (EVANGELISTA; TRAVASSOS, 2019).

A literatura, em especial, mantém uma relação histórica e íntima mais reconhecida, principalmente por intermédio das viagens de exploração e aventuras (COLLOT, 2012), que deram forma, a grosso modo, a dois tipos de narrativas:

- um conjunto de obras em que o romanesco é a finalidade maior;
- um outro conjunto de trabalhos para os quais os itinerários, regiões, lugares e paisagens são os próprios objetivos (AMORIM FILHO, 2008).

Dentro dessa segunda tipologia destacou-se o geógrafo Ibn Batutta, que por meio de suas viagens realizadas no século XIV através de variados itinerários do norte da África e Pensínsula Arábica, escreveu sua rihla[204]. A obra de Ibn Batutta revela o seu olhar sobre aspectos da paisagem das porções do espaço que visitou, destacando, inclusive, os locais sagrados como a caverna de Hira (TRAVASSOS; AMORIM FILHO, 2016), situada hoje na Arábia Saudita. Friedrich von Martius e Johann Baptist von Spix expedicionaram pelo Brasil na primeira metade do século XIX e publicam posteriormente descrições sobre as paisagens que contemplaram. Além de informações mais técnicas, como as relativas à taxonomia das espécies, Martius e Spix abordaram em sua escrita sensações que tiveram diante de certas paisagens, fazendo com que o seu texto transitasse entre o científico e o poético (RÜSCHE, 2014). As grandes jornadas despertam curiosidade em muitas pessoas; no campo da literatura logo veem à nossa mente a *Odisséia* de Homero, *Don Quixote* de Miguel de Cervantes e as *Aventuras de Huckleberry Finn* de Mark Twain (GESLER, 2004). O numeroso séquito de leitores entusiastas dessas obras consagradas endossa a estupenda curiosidade acerca das descrições de paisagens incógnitas.

Amorim Filho (2008) elaborou um quadro classificatório que envolve as literaturas de viagem, mostrando-nos justamente a gradação das diferenças existentes entre as abordagens que tendiam ao romance daquelas ditas científicas.

Alguns tipos de literaturas ligadas às viagens, na Europa do século XIX

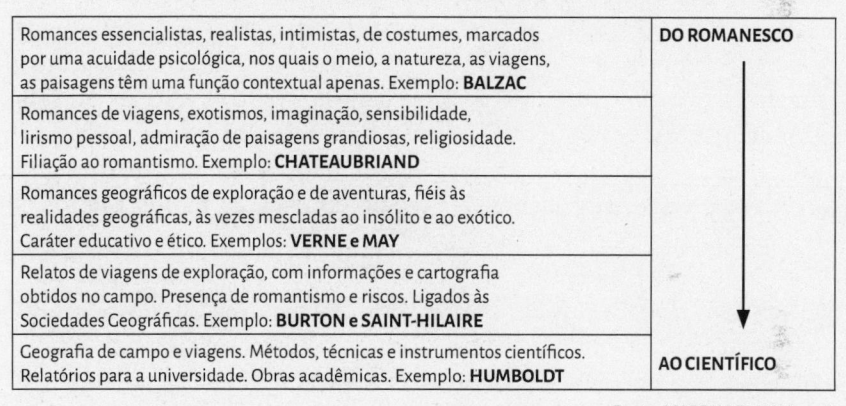

Romances essencialistas, realistas, intimistas, de costumes, marcados por uma acuidade psicológica, nos quais o meio, a natureza, as viagens, as paisagens têm uma função contextual apenas. Exemplo: **BALZAC**	**DO ROMANESCO**
Romances de viagens, exotismos, imaginação, sensibilidade, lirismo pessoal, admiração de paisagens grandiosas, religiosidade. Filiação ao romantismo. Exemplo: **CHATEAUBRIAND**	
Romances geográficos de exploração e de aventuras, fiéis às realidades geográficas, às vezes mescladas ao insólito e ao exótico. Caráter educativo e ético. Exemplos: **VERNE e MAY**	
Relatos de viagens de exploração, com informações e cartografia obtidos no campo. Presença de romantismo e riscos. Ligados às Sociedades Geográficas. Exemplo: **BURTON e SAINT-HILAIRE**	
Geografia de campo e viagens. Métodos, técnicas e instrumentos científicos. Relatórios para a universidade. Obras acadêmicas. Exemplo: **HUMBOLDT**	**AO CIENTÍFICO**

Fonte: AMORIM FILHO (2008)

---

204 Palavra árabe que se refere a um relato de viagem.

Mesmo a literatura destacadamente romanesca possui seu valor como ferramenta geográfica e descrição da paisagem, fato que é alicerçado por três forças:

- A obsolescência acerca da discussão sobre quem é o narrador na literatura;
- O valor do fantástico como campo de investigação, como nos ensinou Tuan (1990);
- A importância das obras literárias para impulsionar o interesse acerca da geografia em geral (AMORIM FILHO, 2008).

A subjetividade da interpretação individual do fato político, social ou da própria leitura da paisagem é, analogamente ao pensamento de Halbwachs (1990), construída pelas relações complexas envolvendo as memórias individuais e coletivas. Essa complexidade que atribui à paisagem, que incluem características como a intersubjetividade e excepcionalidade, não a invalida como objeto de investigação científica. Da mesma forma, a expressão literária ou pictórica apresenta-se também complexa em sua dimensão, à medida que o "eu" do artista e o "eu" alternativo da enunciação constituem-se como um só corpo híbrido. Negar a validade da pintura e da literatura como ferramentas de interpretação paisagística é estar em uma condição de contradição com a própria ideia de subjetividade, hibridismo e dinamismo da paisagem.

Em distintos tempos e espaços são reconhecidas as formas de censura que atingiram a literatura, a pintura e as artes em geral. A censura não é um problema da teoria, pois se constitui com uma condição humana que está no interior e além de regimes políticos. Nem tudo aquilo que se percebe, se exprime, mesmo nas sociedades ditas mais libertárias. Fica evidente que a questão também precisa ser trabalhada em gradações, afinal, parece ser injusto comparar o que os pais banalmente omitem dos filhos com manifestações que levam ao risco da morte. Em casos extremos, lembramos o atentado que vitimou recentemente jornalistas do periódico Charlie Hebdo em Paris ou o risco que pairou sobre Kurt Westergaard e que continua a pairar sobre Salman Rushdie[205]. É curioso notar que em ambientes repressores o "eu" alternativo da enunciação não parece ser um escudo eficiente para a transmissão de ideias, em mais uma mostra que, mesmo no senso comum, essa dissociação pode não ser reconhecida. Olsson (1983) preocupou-se com a assimetria entre o

---

[205] Posteriormente a esta elaboração textual, de fato, Salman Rushdie foi alvejado por uma tentativa de assassinato nos Estados Unidos.

escritor e o leitor: "nós lemos em busca de conhecimento e informação e toda escrita é radicalmente autobiográfica" e, assim, "a linguagem para o leitor é um meio de verdade e para o escritor um meio de ação" e, como consequência, "há uma contradição entre a palavra como verdade e a palavra como ação" e "mesmo que exista o desejo que a gramática possa estar no plano do visível e do audível, aquilo que é comunicado não é o que é dito" (OLSSON, 1983, p.61). Da mesma forma podemos pensar nas limitações comunicativas de outras formas textuais e não gramaticais, como, por exemplo, a pintura ou a escultura.

Qual seria de fato o constrangimento acerca da existência do desajuste entre ideias e comunicação? O desejo de congruência absoluta entre o que é pensado e o que é comunicado se assemelha a busca panglossiana pela verdade. A literatura e a pintura enriquecem a disposição de narrativas paisagísticas que servem para que possamos intermediar a realidade. Por mais que a pretensão de dimensionamento da realidade seja absurda em uma teoria baseada nas subjetividades, a pluralidade de narrativas nos possibilita o confronto de ideias, o exercício da alteridade e a prática do relativismo, tão caros aos estudos culturais. Reside neste ponto a relevância da literatura e das artes na pesquisa paisagística, acima de eventuais constrangimentos. Essa discussão não é fácil de ser assimilada por aqueles que tratam a cultura de maneira reificada, como se fosse passível de descrição e ocupasse espaços onde pudesse se dispor como um tecido homogêneo. Nesta lógica, indivíduos tornam-se meros replicadores miniaturizados da entidade social e cultural que os abriga (COHEN, 1993), contexto marcado pelo esvaziamento do valor das identidades. Ao longo da história do pensamento geográfico, geógrafos culturais adotaram modelos interpretativos altamente deterministas, ignorando o livre-arbítrio e a criatividade humana (AGNEW; DUNCAN, 1981). É importante confiar na força das identidades, as quais – mesmo repousando no leito de certas superestruturas sociais – fazem valer as diferenças de valores e visões de mundo, ainda que possamos dizer que algumas dessas diferenças possam se apresentar sutis. O mesmo podemos dizer sobre aqueles que acreditam na força das metanarrativas, que se apresentam como aniquiladoras de discursos alternativos e opositora das intermediações discursivas. Acreditamos que as posições identitárias não são aniquiladas pelos discursos totalizantes, sejam estes sobre a abordagem ontológica da cultura, classes e os anseios de esgotamento da verdade utópica exalados pelas metanarrativas.

10
ESPAÇOS FENDIDOS E TEMPOS ADIADOS

A representação geográfica é um jeito de ser e de falar da Terra, o grande teatro da aventura humana. É também o mediador da experiência espacial a partir de um ponto de vista existencial, descobrindo as interações entre o homem e seu meio ambiente e o papel dos lugares na realização da dinâmica humana.

Antoine Bailly (1993)

A excepcionalidade da paisagem e do lugar se manifesta fenomenologicamente. Para lidar com o caráter relativamente polissêmico dessa corrente, consideremos o sentido trazido por Edward S. Casey (2001): "uma forma de filosofia que tenta oferecer uma descrição direta da experiência em primeira pessoa" (CASEY, 2001, p.683). Neste âmbito, a excepcionalidade da paisagem e do lugar se sustenta tanto no âmbito das percepções quanto no ato de representação. Para além das perspectivas sensoriais, emocionais e materiais, os limites da paisagem e do lugar são definidos pela imaginação; são construídas *inscapes*, ou seja, imagens particulares formuladas pela mente humana, excepcionais em seu arranjo, ainda que passíveis de serem reinventadas ao sabor da passagem do tempo e da experimentação de novas experiências. Isso quer dizer que as formas como as experiências sensoriais colhidas em um dado momento são processadas pelo indivíduo dependem, também, do próprio conjunto de experiências que o mesmo carrega e que ajudam na formulação de valores éticos, morais e estéticos. Dessa forma, o caráter único da paisagem e do lugar se apresenta tal como a excepcionalidade da identidade de quem os observa, percebe e descreve. Por sua vez, a descrição/expressão paisagística oferece – no ato comunicativo – textos, discursos e/ou imagens cuja representação é sempre a aproximação imperfeita do objeto original. Nesse sentido, viver e conviver nos conduz irrestivelmente ao confronto de imperfeições excepcionais sobre a paisagem e o lugar. Em outras palavras, "aprender a viver junto é, acima de tudo, aprender a compreender os outros e suas representações espaciais" (ANDRÉ; BAILLY, 1998, p.279).

Homi Bhabha assevera: "A identidade é sempre o processo problemático de acesso a uma imagem da totalidade" (BHABHA, 2013, p.94). Do mesmo modo, a percepção e a descrição da paisagem, mesmo com as diferenças entre si, também podem ocupar o lugar da palavra identidade na frase de Bhabha. Em ambos os casos, as frases se apresentam axiomaticamente. Assim elaboramos a seguinte assertiva de forte apelo intertextual:

"A percepção e a descrição da paisagem são sempre processos problemáticos de acesso a uma totalidade".

As semelhanças entre a paisagem e a identidade não cessam aqui. Bhabha vai além ao decretar que a representação da identidade é espacialmente fendida e temporalmente adiada. Suas fendas espaciais manifestar-se-iam no momento em que é capaz de tornar presente algo ausente. É temporalmente adiada, pois, é a representação de um tempo que está sempre no pretérito, em distintas posições temporais (BHABHA, 2013). Neste ponto, ampliamos as similitudes entre paisagem e identidade. Ambas são espacialmente fendidas e temporalmente adiadas.

A paisagem é espacialmente fendida, pois pode carregar elementos originários de espaços diferentes em um mesmo enquadramento sensorial. O deslocamento de tais elementos paisagísticos, quando naturais, não se trata de uma fenda espacial. Para que essa aconteça, se faz necessária a participação ativa do homem, cumprindo com os seus desejos estéticos, políticos, morais ou sociais no ofício de agente transformador do espaço. Nesse sentido, o obelisco egípcio na avenida Campos Elísios em Paris é um exemplo de uma notável fenda espacial. Assim como qualquer elemento paisagístico, as fendas espaciais podem ser percebidas e podem ser descritas. Nesta última ação, podem ainda pertencer ao campo da ficção, morada da abstração de desejos, frustrações e dos estereótipos.

A experiência colonial tem o poder de demonstrar com clareza as fendas espaciais e os descompassos temporais. De acordo com Ashis Nandy (2015), certos ambientes têm uma peculiar tendência de conservar elementos advindos de outras culturas que se tornaram recessivos nessas. Em exemplos cabais, "A Inglaterra vitoriana e eduardiana ainda está mais viva em bolsões da Índia do que na Inglaterra[206]" e

---

206 Nandy certamente não alude aos enclaves coloniais britânicos que buscavam recriar a Inglaterra em meio ao território indiano. A ideia trazida no texto refere-se a um suposto quadro geral da Índia que, assim como outros territórios que pas-

"a Pérsia sobrevive na Índia nas suas versões islâmica e pré-islâmica, de muitas maneiras mais confortavelmente do que no Irã de hoje" (NANDY, 2015, p.84). Ainda assim, esses espelhamentos são simulacros, não podendo se constituir como uma reprodução exata das formas originais. É certo que "o legado do colonialismo nega a possibilidade de uma identidade inglesa estável e unitária" (SHARP, 1994, p.67), mas é importante destacar que o sistema colonial consolidado na modernidade não é o único meio de provimento desses estranhamentos espaço-temporais destacados por Nandy (2015). O deslocamento e a inserção heterotópica dos elementos culturais garantem à originalidade das representações, ainda que possam, à *prima facie*, remeter às lembranças do seu lugar de origem. As narrativas que apresentam as culturas como corpos tangíveis, deslocáveis espacialmente em um movimento livre de consequências em sua constituição, desconsideram a sua real essência. O fato das culturas serem abertas à revisão, revitalização e subversão (APPADURAI, 1981) cria constrangimentos até mesmo para o uso indiscriminado da palavra "cultura", como bem destacam Cohen (1993) e Mitchell (1995).

---

saram pela experiência colonial, assimilaram valores sociais, políticos e estéticos. Uma vez interrompida a colonização, os ritmos das inserções das inovações inglesas estagnaram e passaram a sofrer outras influências que garantem o seu caráter *sui generis*. Ainda assim, torna-se irresistível viajar para a Índia e absorver um pouco do passado inglês, ainda que inserido em um complexo híbrido de influências que se acentuaram posteriormente à colonização. Quanto aos enclaves ingleses, a linha de análise se apresenta distinta: as chamadas estações inglesas de montanha buscavam a criação de conjuntos funcionais administrativos do império britânico, que visavam se instalar em áreas de temperaturas mais amenas, como nas cidades de Shimla (Himachal Pradesh) e em Udhagamandalan (Tamil Nadu). As estações inglesas incluíam igrejas cristãs, escolas privadas que ensinam a língua inglesa e diversas implementações recreacionais que buscavam recriar um ambiente da metrópole (KENNY, 1995). A poetisa inglesa Emily Eden (1797-1869) deixou registrado em seus escritos o conforto que sentia na estação inglesa de Shimla, capital da província indiana setentrional do Himachal Pradesh, situada a 2276 metros de altitude. A poetisa destacou o desconforto que sentia ao descer do navio em Calcutá, em planície de ventos quentes. Destacou que em Shimla se sentia confortável como em qualquer lugar na Inglaterra (KENNY, 1995). É importante considerar, ainda que não se possa quantificar, que teses deterministas do ponto de vista climático, que visam até mesmo associar as temperaturas médias às faculdades mentais e à organização social, podem ter contribuído para a intolerância do colonizador inglês nas áreas tórridas de menor altitude (KENNY, 1997).

A pintura orientalista de Jean-León Gérôme *Snake Charmer* (1879) explora a escala do lugar, mas é um vívido exemplo de fendas espaciais no ato descritivo. Nessa pintura, o jovem rapaz nu é incongruente com diversos elementos que estão em sua volta. Segundo a crítica de Walter B. Denny (1993) existe um grupo com vestimentas típicas otomanas que eram encontradas em terras balcânicas, sentados de frente a um muro com azulejos Iznik (localidade próxima ao estreito de Bósforo situado na atual Turquia), com armadura persa da dinastia Qajar (outrora presente em terras situadas no atual Irã). Além disso, "encantadores de serpentes nus não faziam parte da cultura popular otomana" (DENNY, 1993, p.220). A improbabilidade da reunião de elementos geograficamente dispersos aumenta em meio ao contexto histórico que se pretendeu representar, sendo razoavelmente aceito em contextos pós-modernos. Provavelmente ocorreu, no caso dessa representação, uma descrição estereotipada de uma cena "oriental".

Gérôme, Jean-León. Snake Charmer, 1879. Óleo sobre tela, 82,2 x 121 cm. Clark Art Institute, Williamstown, Massachussets, Estados Unidos.

A pintura de Gérôme é icônica ao ponto de ter sido escolhida para ilustrar a capa de uma das edições do conceituado livro "*Orientalismo: o Oriente como uma invenção do Ocidente*", de Edward Saïd (2007). A esse processo de representação espacial imaginativa e "fendida", que só existe na dimensão dos estereótipos, propusemos chamar de "supressão da geografia" (SILVA, 2018b). Nas chamadas paisagens vernaculares, marcadas pelo trabalho do homem que se associa simbioticamente com a área na qual uma determinada sociedade, povo ou comunidade estão sitiados, é de se considerar que as fendas espaciais são mais raras. Contudo, quando estão presentes, destoam de tal maneira do conjunto do quadro paisagístico que passam a ser facilmente percebidas e, quiçá, tornam-se ícones referenciais.

A paisagem, assim como as identidades analisadas por Bhabha, também é temporalmente adiada. Construídas diacronicamente, trazem à tona tempos que estão "em outro lugar" (expressão utilizada por Bhabha quando se referiu às identidades). O "outro lugar", para Bhabha, é justamente um tempo que não é o nosso. A expressão reforça a existência das reminiscências históricas, da analogia-cliché palimpsesto, tão utilizada para o estudo da paisagem e, por fim, do neologismo rugosidades cunhado por Milton Santos. A expressão "temporalmente adiada" também transmite uma irresistível ideia de mudança de ritmo ou interrupção de um dado processo. A paisagem é construída por diferentes ritmos, tanto por atores naturais quanto pelo homem. Em paisagens que experimentam forte sazonalidade, as diferenças no ritmo da atuação do intemperismo são notáveis. Por outro lado, processos históricos que são centrados em acontecimentos políticos e sociais podem se constituir como o vetor de rupturas e transformações ou mesmo de morosidade nas mudanças paisagísticas. Acontecimentos como a queda de *anciens régimes* a favor de repúblicas representaram guinadas paisagísticas importantes, tanto nos centros urbanos quanto nas áreas rurais, interferindo na distribuição da terra, nas ferramentas e maquinários, na organização do trabalho e nas expressões estético-arquitetônicas.

O tempo atomístico é inexorável e, desse modo, um vetor constante da dinâmica paisagística. Contudo, é importante perceber que os adiamentos temporais relativos se manifestam em dois âmbitos. No primeiro, pelo fato da percepção e da descrição ser, sempre, sobre algo que se foi. Já no segundo âmbito, pelas quebras de ritmo de transformação histórica. Nesse sentido, a expressão "adiamentos temporais", utilizada analogamente ao sentido trazido por Homi Bhabha, talvez pudesse ser substituída de forma mais eficaz por "oscilações temporais". Essas seriam guiadas pelas diferenças de ritmos impostos pelos processos históricos que impactam nas paisagens. Muitos processos ou uma rede de processos engendrada podem mesmo ser descritos genericamente, como fez Karl Polanyi ao citar os "100 anos de paz", ou a "Década de 1920 conservadora" e a "Década de 1930 revolucionária" (POLANYI, 2012); ou ainda Eric Hobsbawn (1995), que descreveu um "breve século XX". Essas descrições são definições de períodos históricos que teriam para a história um papel similar ao da paisagem para a geografia: ser conceitos unitários, que sintetizam os interesses das disciplinas e reúnem a aplicação dos saberes. As interferências desses processos no modo de vida da sociedade e que dão vida aos períodos históricos não atingem de maneira homogênea os indivíduos e, tampouco, tem a sua atuação percebida da mesma forma.

Historiadores, arquitetos e outros profissionais das humanidades são, em um número expressivo, conhecedores do fato de que os estilos arquitetônicos das igrejas comumente respondem aos processos políticos e sociais. Por essa razão, visitas guiadas com turmas de alunos às igrejas centenárias são ricas pedagogicamente. Pensando além da escala do lugar, inovações tecnológicas de grande repercussão são capazes de produzir mudanças marcantes na paisagem. São impactantes as diferenças antes e depois do advento da iluminação pública e da popularização da eletricidade de uso doméstico. Eventos como estes podem propor acelerações nas mudanças da paisagem que, posteriormente, podem ser desaceleradas. Desse modo, "a paisagem tem, pois, um movimento que pode ser mais ou menos rápido. As formas não nascem apenas das possibilidades técnicas de uma época; dependem também das condições econômicas, políticas, culturais, etc" (SANTOS, 2014, p.68). Certamente, os fragmentos temporais distribuídos pela paisagem respondem pela assimetria rítmica das transformações espaciais. A dimensão do tempo é fundamental para o entendimento geográfico, da mesma forma que a dimensão espacial é crucial para o entendimento histórico. O homem se enquadra como um agente geográfico, usando e modificando o ambiente – e, portanto, a paisagem – ao longo do tempo de acordo com suas habilidades e suas vontades. Para dimensionar a importância do tempo para o estudo geográfico, Carl Sauer o chamou de "a quarta dimensão da geografia" (SAUER, 1974), que, como vimos, produz efeitos tão fragmentados na paisagem e no lugar quanto à dimensão fendida do espaço.

11
O VALOR EMOCIONAL DAS PAISAGENS E DOS LUGARES

A paisagem se unifica em torno de uma tonalidade afetiva dominante, perfeitamente válida ainda que refratária a toda redução puramente científica. Ela coloca em questão a totalidade do ser humano, suas ligações existenciais com a Terra, ou, se preferirmos, sua geograficidade original: a Terra como lugar, base e meio de sua realização.

Eric Dardel (2011)

Como poderiam nossas práticas científicas serem separadas de nossa existência interior e dos seus aspectos afetivos e emocionais?

Antonie S. Bailly (1993)

É na dimensão da palavra geograficidade que são expressas as relações emocionais que os indivíduos estabelecem com determinadas porções do espaço geográfico. As emoções podem claramente alterar o modo em que vemos o mundo, afetando, inclusive, o nosso senso de tempo e de espaço (DAVIDSON; MILIGAN, 2004). É exatamente o que é defendido no trabalho de Ben Anderson sobre os efeitos do tédio para a percepção do espaço: um dos seus resultados imediatos é "a noção de que o tempo-espaço não se movem" (ANDERSON, 2004, p.743). O tédio, assim como outras emoções, apresenta-se em gradações; este é o motivo pelo qual é difícil estabelecer comparativos entre indivíduos e entre diferentes momentos do tempo envolvendo um mesmo indivíduo. Em nosso âmbito pessoal é notório que algumas viagens de ida possam parecer ter a duração diferente do que a viagem de volta, mesmo tendo o mesmo tempo de duração. Esse parece ser um indício de como as emoções interferem na criação de espaços relativos.

Não podemos afirmar, de forma literal, que determinados espaços abrigam as memórias registradas pela experiência humana. Afinal, as memórias se dão na relação entre espaço e indivíduo, onde o ser-aí [*dasein*] assume, na perspectiva heideggeriana[207], o papel de indissociar o ser humano que vê, experimenta e sente do ambiente que em dado momento o abriga[208]. Todavia, estar diante de paisagens e lugares familiares é resgatar o tempo ido e evocar emoções, armazenadas enquanto experiência. Na perspectiva do ser-aí, lugares e paisagens não armazenam memórias, mas participam de sua ativação junto à indissociável presença do homem. O ser-aí é um conceito que concebe o encontro do tempo e espaço; a espacialidade manifesta na percepção individual concebida e vivida pelo nosso cotidiano não encontra representação nas formas geometricamente mensuráveis, cartesianas (ELDEN, 1999). É a subjetividade de nosso ser, inserido no mundo em dada condição espacial e temporal que deforma o cartesianismo da representação do espaço. Sequer podemos dizer que cada um de nós carrega um molde deformado da versão cartesiana do espaço, pois, ao sabor de nossa experiência cotidiana, a ideia subjetiva do espaço ressignifica-se e, assim, apresenta-se volátil. A experiência "é um termo que abrange as diferentes maneiras por intermédio das quais uma pessoa conhece e constrói a realidade. Essas maneiras variam desde os sentidos mais diretos e passivos como o olfato, paladar e tato, até a percepção visual ativa e a maneira indireta de simbolização" (TUAN, 2013a, p.17). Desse modo, cheiros e gostos podem nos fazer referência a diversas situações sociais vividas e locais visitados. Além da visão, sempre é importante lembrar que nossos sentidos possuem inegavelmente referência espacial.

A totalidade da superfície terrestre é incognoscível a qualquer ser humano. Dessa forma, o espaço conhecido tende a se tornar nosso cosmos. Nesse contexto, desenvolvemos um sentido de centralidade que pertence ao escopo do nosso etnocentrismo. Em um mundo marcado pelas comunicações rápidas e difusas, é difícil para as pequenas comunidades acreditarem que estão no centro das coisas, embora algo dessa fé seja necessário se elas desejam prosperar (TUAN, 1980). Os planejadores urbanos parecem reconhecer essa necessidade, e proclamam, por exemplo,

---

207 Muitos geógrafos humanistas referenciam Heidegger em suas publicações. O filósofo alemão tem o mérito de problematizar a existência para além do tempo, entrecruzando o mesmo com o espaço. Assim, cria-se a concepção de que o espaço não é "apenas um contêiner ou uma realidade apriorística da natureza; diferentemente, ele precisa ser pensado e investigado como condição e resultado de processos sociais" (LÖW, 2013, p.17).

208 Anne Buttimer (2006) argumenta que em muitas populações rotuladas como "indígenas", é possível notar em sua cosmologia a perspectiva de que a natureza e a identidade humana são inseparáveis. Isso nos revela que esta ideia não repousa exclusivamente em abordagens da filosofia ocidental.

que Salinas-MG é a capital mundial da cachaça, enquanto Sheboygan, no Wisconsin, é a da salsicha. A cartografia antiga evidencia o senso de centralidade de povos antigos, como, por exemplo, no mapa produzido em tabuleta de argila e carregado de caracteres cuneiformes dotado de 2500 anos: em exibição pública no museu britânico, recebeu o nome de "Mapa babilônico do mundo" (BROTTON, 2014). Nos mapas antigos, comumente, o centro do mapeamento foca no ponto de vista do cartógrafo.

A raiz "topo" alude à palavra grega *tópos*, que significa lugar. Essa raiz dá origem a diversas palavras que buscam captar a relação emocional do homem com o espaço[209]. Apesar da associação direta com o lugar, as palavras topofilia, topofobia, topocídio e topo-reabilitação podem se referir também à paisagem. A palavra topofilia é um neologismo, útil quando pode ser definida em um sentido amplo, incluindo todos os laços afetivos dos seres humanos com o meio ambiente material (TUAN, 1980). Dessa palavra derivam-se as demais palavras da família *tópos*. As afeições com a paisagem e com o lugar podem se justificar por múltiplas razões, dentre as quais podemos citar o apreço estético – que é, sem dúvida, socialmente construído –, o contato físico com o meio ambiental[210], a busca pela saúde[211], a familiaridade e a afeição, como, também, o patriotismo[212] (TUAN, 1980).

---

209 O projeto de teorização da intimidade humana em relação à Terra tem com frequência resultado na invenção de novos termos, tais como topofilia, geopiedade, biofilia, topoanálises, noogênesis, visão sinóptica e eutopia, geosofia, ecosofia, ou mesmo no resgate de outros termos criados outrora, tais como nostalgia, habitar e até mesmo o lugar (BISHOP, 1994).

210 O contato físico com o ambiente pode fazer com que associemos determinadas paisagens ou lugares com sensações de frescor, umidade, frio ou calor e com sons específicos da natureza.

211 Sabe-se que, no passado, o tratamento de determinadas enfermidades englobava o aconselhamento de busca por determinados ambientes. Estas tradições ainda vivem hoje.

212 Certas paisagens e lugares podem simbolicamente aludir a uma pátria, potencializando os sentimentos associados à determinada porção do espaço. Um dos mais eficientes instrumentos psicológicos desta associação sentimental envolvendo a pátria e o espaço que ela ocupa é o nacionalismo, que, assim como os valores estéticos atribuídos à paisagem e ao lugar, também é socialmente construído. Não é de se estranhar que movimentos nacionalistas tenham se fortificado no contexto do romantismo. Negando a reificação da ideia de nação, Benedict Anderson (2008) as referiu como comunidades imaginadas, o que nos exige a consideração acerca das representações simbólicas (BARBOSA, 2011) para a sua compreensão.

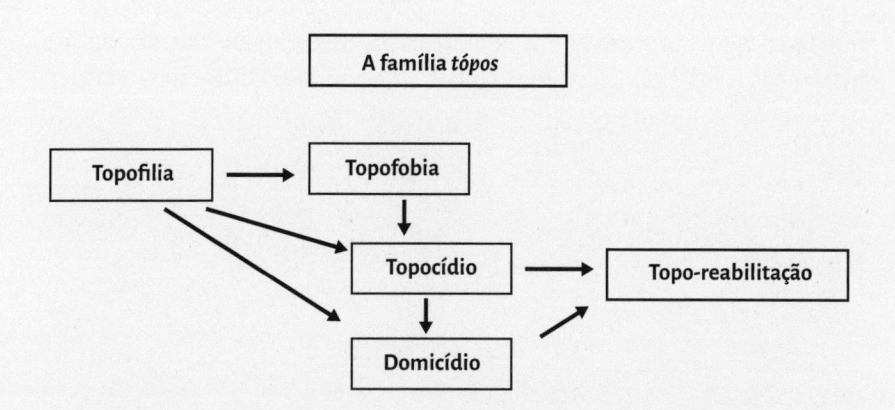

As relações emocionais com a paisagem são muito intensas e caras quando se consolidam e se arraigam na memória. É como se o espaço passasse a se constituir como uma extensão de sua identidade. As feições do espaço podem ativar memórias instaladas nos recônditos de nossa mente e nos fazer rememorar situações, traumas, e diversos outros flashes da nossa experiência. Assim, paisagens podem nos trazer sensações boas, mas, por outro lado, podem trazer más lembranças, impressões e mesmo temores transcendentais. Para Yi-Fu Tuan (2005), se pensarmos em paisagens do medo certas imagens acudirão à nossa mente, tais como: o medo do escuro e a sensação de abandono quando criança; ansiedade em lugares desconhecidos ou em reuniões sociais; pavor dos mortos e do sobrenatural; medo das doenças, guerras e catástrofes naturais; desconforto ao ver hospitais e prisões e o medo de assaltantes em ruas desertas e em certos bairros. Os medos materializam de forma espacialmente tangível – como no interior dos muros de um cemitério –, ou imprecisos, como o andar em uma área famosa pelo acometimento de crimes. Essas topofobias são construídas por mecanismos similares às topofilias. Faz sentido até mesmo creditar sentimentos topofóbicos ao escopo dos topofílicos. Em um processo de demarcação de terras de um determinado povo indígena, parece se constituir como ponto pacífico ao olhar da antropologia o fato de que as paisagens do medo – que incorporam as cosmologias dos povos – devem ser levadas em conta como partes integrantes e indivisíveis do seu território simbólico. A expressão da paisagem por meio da arte pode considerar o sagrado e o profano lado a lado, como parcelas indissociáveis da percepção. A ameaça do mar revolto contrasta, na tela de Hokusai, com o simbolismo e a sacralidade do monte Fuji.

Hokusai, Katsushinka. A grande onda de Kanagawa, 1830. Xilogravura sobre papel. 25,7 x 37,9 cm. Museu Metropolitano de Arte, Nova Iorque.

O dinamismo paisagístico pode conduzir a um processo de transformação tão profunda de uma determinada porção do espaço ao ponto de podermos considerar a existência de topocídios. Estes expressariam a aniquilação de paisagens e lugares com as quais são estabelecidos vínculos sentimentais. Situada em área de tradicional atuação da atividade mineradora, Itabira, em Minas Gerais, assistiu a transformação das linhas do seu horizonte. Um dos seus ilustres cidadãos, Carlos Drummond de Andrade (1984), expressa por meio da poesia a amargura que caracteriza o topocídio.

O Maior Trem do Mundo

O maior trem do mundo
Leva minha terra
Para a Alemanha
Leva minha terra
Para o Canadá
Leva minha terra
Para o Japão

O maior trem do mundo
Puxado por cinco locomotivas a óleo diesel
Engatadas geminadas desembestadas
Leva meu tempo, minha infância, minha vida
Triturada em 163 vagões de minério e destruição
O maior trem do mundo
Transporta a coisa mínima do mundo
Meu coração itabirano

Lá vai o trem maior do mundo
Vai serpenteando, vai sumindo
E um dia, eu sei não voltará
Pois nem terra nem coração existem mais.

Carlos Drummond de Andrade

A poesia escrita pelo poeta mostra os efeitos do topocídio: mudanças físicas na paisagem conduzindo a perda de parte das memórias de fases importantes de sua vida. O texto poderoso de Carlos Drummond de Andrade é o instrumento pela qual o poeta deblatera sua nostalgia. É pedagógico ao nos lançar a ideia de que paisagem e a memória apresentam-se indissociáveis. Ademais, possui um tom político, de denúncia, ao apontar as relações espaciais que são estabelecidas entre Itabira e o mercado exterior ávido pelo minério.

O topocídio também é abordado academicamente. Douglas Porteous (1989) escreveu um robusto trabalho sobre a destruição de uma pequena vila inglesa chamada Howdendyke. Na contracapa do livro, propõe o questionamento: Como, em uma sociedade democrática, pode uma vila inglesa, contra a vontade dos seus moradores, ser legalmente aniquilada a favor do desenvolvimento industrial? Ao longo do seu livro – marcado pelo tom de forte crítica social – Porteous faz um denso resgate histórico sobre a cidade, como se quisesse fazer com que o leitor se sentisse parte do cenário descrito, para então explicar o processo que conduziu ao topocídio: a pequena vila tornou-se paulatinamente uma espécie de apoio portuário à navegação fluvial e assistiu as residências serem transformadas em galpões e estaleiros. Situada entre Hull, York e Leeds, e pressionada pela atração desses centros maiores, Howdendyke atrofiou e praticamente desapareceu para a perplexidade dos seus nostálgicos cidadãos.

Devoto a essa temática, Douglas Porteous em parceria com Sandra Smith (2001) sugeriu um termo para a destruição do lugar que serve como moradia: domicídio (*domicide*). O domicídio é uma forma de topocídio. Para explicá-lo, os autores centram na violência do homem provocada por conflitos, que acabam provocando uma experiência traumática de deslocamento. Muitas vezes a fuga forçada provoca perdas materiais – como os bens deixados para trás – e também emocionais. Afinal, o lugar abriga memórias muito intensas e expressam as experiências trazidas pelo indivíduo. Crises ambientais também podem causar a destruição do lar. A sazonalidade climática faz parte do cotidiano de parcela expressiva da população, podendo provocar deslocamentos periódicos de curta distância (TUAN, 1998). Contudo, mudanças ambientais drásticas e definitivas podem provocar imigração em massa. A cidade de Muynak, no Uzbequistão, tornou-se praticamente fantasma devido o processo de diminuição do volume das águas do Mar de Aral. Antes situada junto às suas margens, dista atualmente a 75 quilômetros de suas águas (VILLIERS, 2002). Melancolicamente, a cidade abandonada, de tom pálido e clima semidesértico, ergueu uma estrutura chamada Memorial do Mar de Aral, onde as novas gerações podem conhecer as relações pretéritas do homem com um ambiente que não existe mais.

As mudanças climáticas têm sido apontadas como fonte de conflitos futuros. No início da década de 1990, Thomas Homer-Dixon (1991) apontou que estas mudanças são capazes de provocar migrações em massa que, por sua vez, causam choques identitários. Por um lado, geralmente sabemos que podemos contar com um determinado parente ou mesmo um vizinho quando nos encontramos em uma dada situação de dificuldade. Por outro, um estranho pode despertar os sentimentos mais ambíguos: de alguém que ameaça o nosso lar a um salvador. Pessoas em várias partes do mundo, em suas cosmologias específicas, têm lendas que mencionam a existência de seres superiores e bondosos além do seu próprio mundo conhecido (TUAN, 1986). As migrações em massa da contemporaneidade, muitas das quais se enquadram em efeitos colaterais das forças domicídicas, tendem a despertar sentimentos xenófobos – especialmente fortes em períodos de crise econômica – e provocar um novo espiral de violência.

Um fenômeno específico vem acometendo as cidades e contribui para o domicídio: a gentrificação. Este fenômeno é entendido, no seu sentido clássico, em um processo de transformação urbana que promove a atração da classe média para uma determinada área da cidade, expulsando a classe trabalhadora e outros grupos de menor renda (ISLAM, 2005). A incapacidade desses grupos de se manterem em uma dada área que assiste a especulação e a valorização imobiliária promove a sua mudança de endereço, constituindo-se como um domicídio. A valorização imobiliária não somente expulsa os antigos habitantes, mas também modifica a paisagem, inclusive em seu âmbito estético: novas arquiteturas e novas relações comerciais são estabelecidas frente à comunidade e desapropriações alargam eixos de circulação.

Seriam os topocídios e os domicídios eventos definitivos ou existiria a possibilidade de reverter os processos que conduziram à morte da paisagem e do lugar? Amorim Filho (1996) sugeriu, aumentando os membros da família *tópos*, o uso da palavra topo-reabilitação referindo-se a situações nas quais a paisagem e os lugares que sofreram bruscas alterações pudessem reconstituir suas feições originais. O termo também foi referido por Marandola (2017b). Contudo, pensamos que, ao menos no âmbito do rigor da etimologia que a palavra topo-reabilitação carrega, não seja possível estabelecer uma plena reabilitação, ou seja, apagar por completo as marcas topocídicas. Reabilitar no âmbito da expressão sugerida por Amorim Filho significa habilitar novamente um dado espaço para a relação que o mesmo se estabelecia com os indivíduos. O movimento de reabilitação exige a recuperação ou reconstituição da sua função original. As experiências construídas na relação dos indivíduos com a paisagem e os lugares se acumulam diacronicamente. Nesse particular, os traumas provocados pelo topocídio podem ser insuperáveis, ainda que, do ponto de vista estético, findado o processo de topo-reabilitação, a paisagem e o lugar tenham se aproximado do arranjo anterior ao evento que o atingiu. Essa reflexão nos leva a considerar que os processos topocídicos não são somente materiais. É justamente esse fato que nos leva a considerar a topo-reabilitação de maneira cautelosa. O fogo que atingiu a Catedral de Notre Dame em Paris ocorrido em 2019 movimentou um esforço de reconstrução de suas estruturas avariadas. O trabalho de recuperação da catedral, acompanhado de perto por curadores interessados na manutenção das características originais, não livrará a Catedral de Notre Dame da memória do incêndio em questão. Grosseiramente, a topo-reabilitação adiciona novas páginas na narrativa histórica, sendo incapaz de apagar as marcas dos processos topocídicos que incidiram sobre a paisagem e o lugar.

12
A PAISAGEM COMO MILITÂNCIA

É difícil para qualquer cultura próspera evitar ver a si mesmo como um centro iluminado em meio à escuridão.

Yi-Fu Tuan (1970)

Embora o poder político que está por trás do uso da paisagem seja difícil de contestar, as formas pelas quais esse uso atua é menos clara, ainda que não seja menos importante.

David Crouch (2010)

Já abordamos que os atos de percepção e descrição da paisagem podem não se constituir como congruentes. A descrição da paisagem ao longo da história serviu para reforçar posicionamentos que pertenciam aos *zeitgeists*; pode exibir claros aspectos da militância político-ideológica, inclusive as que pertencem a um pretérito longínquo. Neste caso, a interpretação da paisagem representa, acima de tudo, uma escolha de narrativa histórica (SILVA, 2020c). É importante lembrar que a expressão paisagística é uma representação; como tal pode se apresentar em diferentes linguagens, desde as pictóricas às linguísticas. Essas representações dominantes não eliminam narrativas coadjuvantes; *ipso facto*, o terreno das representações é um campo de batalha discursivo (SILVA; COSTA, 2022b). Derek Gregory (1995) afirma que as figurações do lugar, paisagem e espaço dramatizam a distância e a diferença de um modo em que o nosso espaço é demarcado e dividido frente ao espaço de outros. Apesar de reconhecermos esses tensionamentos e dedicarmos este capítulo a abordagem que envolve representação e poder, acreditamos que as representações, do mesmo modo que carregam estereótipos, são também, não raramente, estereotipadas. Isso significa dizer que as representações, para além de sua autoria, são descritas a partir de poucos adjetivos que dão ênfase em generalizações superficiais e negligenciam a substância das inferências mais sofisticadas.

Edward Saïd (1989) destacou o orientalismo que, em sua ala dominante, seria não somente um campo de estudos sobre o Oriente imaginado, mas uma ideologia fortemente enviesada que serviu para estereotipar povos e paisagens. O autor teve o cuidado de afirmar que são muitas as manifestações orientalistas (SAÏD, 2007). Ainda assim, Saïd vai muito além de uma ideia contrária a revanchismos quando alega que a resposta ao orientalismo não é o ocidentalismo: o autor se opõe aos mecanismos descritivos simplórios, já que tem a consciência e nos lembra em vários momentos que ninguém é uma coisa só e que nenhum povo pode ser definido por um punhado de adjetivos[213]. Apesar disso, Saïd (2007) estabelece no trecho final de sua *magnus opus* uma tipologia que visa identificar as características do orientalismo. Ainda que seja claro ao dizer que esta tipologia não são categorias excludentes entre si, parece nos dar a impressão de esgotar as manifestações orientalistas, como se o orientalismo por si só tivesse limites discerníveis e fosse uma entidade descritível. É uma questão curiosa porque o próprio Saïd (2007) manifesta-se contrário a esse tipo de construção ontológica. É sempre incômodo fazer crítica a Edward Saïd, não somente pela relevância do seu legado para os estudos culturais e pós-coloniais, mas pela densidade do seu texto permitir a abertura de interpretações que visitam a nublada fronteira entre o explícito e o não-dito. Todavia, o espaço para as críticas a Saïd é relativamente bem marcado: dentre as vozes denunciantes, Derek Gregory (1995) endossa a crítica de que a construção do orientalismo feita por Saïd é muito homogênea. O exemplo das limitações apontadas no texto de Saïd (2007) é extremamente sutil e demanda experimentação para ser percebido. Por outro lado, são incontáveis os exemplos explícitos nos quais estereótipos produzidos sobre pessoas, povos e espaços são também – em uma espécie de paradoxo – definidos como se não fossem variáveis e pudessem ser facilmente categorizados em suas manifestações. Não é só na geografia crítica, palco de grande fartura desse fenômeno paradoxal, que podemos identificar os estereótipos dos estereótipos. A problemática nos leva a questão: existem alternativas para escapar dessa espécie de armadilha discursiva?

As noções de ambivalência [*ambivalence*] e mimetismo [*mimicry*] trazidas por Homy Bhabha (1984) instrumentalizam as múltiplas possibilidades de representação. A ambivalência torna-se instrumento por meio do

---

213 As repercussões dessas generalizações não são inexpressivas: apesar de ser considerado um grande antropólogo, geógrafo e cientista natural, Henri Duveyrier foi reponsável por edificar uma visão de grande repercussão acerca da mulher tuaregue, tida como dotada de libido irrefreável (HEFFERNAN, 1989). Mesmo as representações produzidas pelos homens da ciência podem ser totalizantes e afetarem os juízos das relações entre povos, como, por exemplo, na relação colonial entre a França e o norte da África.

paradoxo da imagem projetada do colonizador para o colonizado: às vezes pejorativa e por vezes atrativa, em formulações tão dinâmicas e híbridas ao ponto de se constituírem como uma quimera errante. O mimetismo, por sua vez, instrumentaliza as representações por intermédio da denúncia do caráter falacioso da missão civilizadora: o colono mimético busca reproduzir o colonizador, mas nunca se elevará à sua posição, ainda que se esforce em aprender a língua do dominador, se batizar em sua crença, ter o seu estudo e seu conhecimento de mundo e penetrar e se apropriar dos seus mais detidos recônditos cosmológicos. Ambivalência e mimetismo são processos que podem ser identificados em larga medida nas relações coloniais; todavia, os resultados que colhidos devido à visão ambivalente do colonizador e do mimetismo do colonizado são tão particulares ao ponto de – analisados em suas nuances – serem únicos, rondando a esfera identitária.

Não é só nas relações coloniais que o discurso se reproduz fragmentado e estereotipado, mas certamente o ambiente colonial é tão farto de exemplos notórios que se torna um alvo preferencial de reflexão e também de iniciativas didáticas. As fragmentações discursivas que conduzem a extrema pulverização de estereótipos realçam, quando comparadas, elementos em comum. Por isso alguns autores buscam formular tipologias que aludam a tais semelhanças, como fez Edward Saïd ao propor quatro dogmas do orientalismo. As tipologias não podem criar a fantasia de que as representações são rígidas ou enquadradas em formas idênticas de pensamento. A intermediação discursiva, que denunciam pontos comuns nas representações também evidenciam as grandes diferenças, dimensionando-nos as envergaduras da percepção, do entendimento e da criatividade do homem.

Se nós só podemos admitir a existência de narrativas dotadas de viés, precisamos entender as intermediações discursivas como um campo de batalha. Se algumas imagens são preponderantes, isto não quer dizer que são detentoras da verdade; são fruto de um resultado histórico das relações de poder, que para além da disputa por territórios e recursos, penetram no âmbito de um contestado terreno metafísico. Estereótipos costumam ser desconstruídos a partir de diferentes vieses. É necessário, contudo, que os estereótipos sejam intermediados, pois vimos que os mecanismos de classificações dos mesmos – seja por tipologias ou pela criação de conceitos que servem como um anteparo totalizante – criam paradoxos discursivos. A intermediação, longe de se posicionar como a narrativa verdadeira, mitiga a postura totalizante que se porta como uma sombra da estrutura discursiva.

Como promover intermediações de representações? Vimos que nem mesmo a destreza de Edward Saïd (2007) o tornou imune às críticas quanto a construção relativamente homogênea do orientalismo, que se porta paradoxalmente como um estereótipo dos estereótipos. Acreditamos que parcela expressiva dos que se aventuram em criticar Saïd não colocariam o seu pecado analítico nesses termos; mas é notória a insatisfação entre o desequilíbrio existente entre a crítica aguçadíssima, erudita, realizada por diferentes representações e o estabelecimento de uma tipologia centrada em quatro dogmas que abarcariam todas as manifestações orientalistas. Independente deste ponto de crítica, o próprio Saïd (2007) é um exemplo de bem sucedida intermediação discursiva, tanto em *Orientalismo* quanto em *Cultura e Imperialismo* (SAÏD, 2011). Intermediar as representações exige entremear distintos vieses empregados em diferentes formas de comunicação, o que nos permite considerar que romances, textos acadêmicos, pinturas, canções, monumentos, enfim, todo tipo de produção passível de carregar conteúdo simbólico, são expostos em seus vieses. Nesse processo de intermediação é importante considerar que a metanarrativa é despedaçada, o senso de verdade esvai e é evidenciado o terreno de lutas das representações, sem que tenhamos que, em um nível epistemológico, evidenciá-lo. Não significa dizer que essa é a fórmula mágica de um texto que busca ser neutro, que evidencia a obsessão desajuizada de envernizar cientificamente a abordagem. Temos a consciência que mesmo uma intermediação discursiva possui seu viés; o texto terá escolhas de organização muito particulares que carregarão invariavelmente a marca do autor. Todavia, são mitigados os efeitos do monopólio da verdade que caracteriza as metanarrativas.

Derek Gregory (1995) realiza uma tentativa de intermediação discursiva ao comparar as geografias imaginativas do Egito produzidas por Florence Nightingale e Gustave Flaubert. Afirma: "eu insisto que o processo de textualização e visualização que estão envolvidos na construção e colonização do Egito são complexos, pontuados por intermédio de assuntos múltiplos e, em algumas ocasiões, contraditórios" (GREGORY, 1995, p.30). Gregory expõe as diferenças de visão carregadas por dois escritores europeus que visitaram o Egito em um mesmo período (meados do século XIX). O texto do seu artigo claramente se esforça para nos mostrar que as imagens produzidas – mesmo a partir de mentes submetidas a experiências semelhantes – geram geografias imaginativas muito diferentes. A intermediação discursiva de Derek

Gregory (1995) é brilhante no que diz respeito ao aprofundamento dos elementos que pretende comparar – os textos de Nightingale e Flaubert –, mas, por outro lado, existem possibilidades das intermediações explorarem múltiplas formas de texto, dentre os pictóricos e linguísticos, temporalidades, espacialidades e ir além de um confronto binário de narrativas. O desafio é conseguir articular esses procedimentos no espaço limitado e rigoroso de uma comunicação científica. Por outro lado, claramente entendemos a estratégia de Derek Gregory, que era justamente explorar a pluralidade imaginativa de autores a partir de procedência, espacialidades e temporalidades similares, mas que guardavam questões particulares em sua trajetória que eram suficientes para reforçarmos impressões de que o orientalismo não é um só. As imagens das *Mil e uma Noites* – extremamente penetrantes pela sua imponência literária e disseminação do seu texto – são absorvidas e replicadas de um modo muito particular e, portanto, se despedaçam também excepcionalmente a partir da experiência espacial com o objeto alvo da ação descritiva. É importante dizer que as ressignificações não são estáveis e flutuam ao sabor da acumulação da experiência temporal e espacial; mesmo as experiências deslocadas no tempo e no espaço, como aquelas que Nightingale e Flaubert tiveram em momentos posteriores em espaços exteriores ao Cairo, são suficientes para desestabilizar as imagens. Afinal, somos extremamente sensíveis ao ato comparativo. Assim, o ato descritivo sempre se torna caduco.

O debate traz à tona a preocupação sobre o ponto ótimo da intermediação discursiva; afinal, é panglossiano imaginar o esgotamento de versões na construção de nossa narrativa. Não há aqui a sugestão de um número; estamos lidando com um terreno marcado por intangibilidades. Sabe-se que a habilidade de narrar também deve ser levada em conta, pois a intermediação muito fragmentada peca por não ser inteligível. Cremos que o mais importante é sermos capazes de minimamente antagonizar visões, sem querermos construir a autêntica narrativa verossímel. Esta estratégia nega a adoção de metanarrativas e, mesmo não discursando em uma linha ortodoxamente epistemológica, fica evidenciado o terreno de batalhas das representações. A intermediação discursiva, desse modo, além de mitigar os efeitos das narrativas enviesadas – ainda que não seja capaz de eliminá-los – mostra-nos como as expressões culturais são produzidas e reproduzidas em um contestado terreno de lutas sociais. Este parece ser um esclarecimento que precisamos ter em mente.

Qual é a importância de discutirmos a representação e os recônditos da imaginação geográfica? Temos conosco o pressuposto de que as representações são capazes de interferir no plano material, pois alimentam as relações afetivas; desse modo, o plano material permanentemente assediado pelas ideias interfere nas representações. Por isso assumimos que discutir as geografias imaginativas não é o mesmo que promover elucubrações vazias, aprisionadas em sonhos inertes. Imagens não são estéreis; *au contrarie*, fertilizam a materialidade mundana.

A colonização das Américas proporcionou o enfrentamento dos etnocentrismos dos colonizadores e colonizados. Não raramente, o ponto de vista do colonizador expunha a dicotomia envolvendo a luz e as sombras. Em pinturas coloniais, a luz não raramente representava a razão, o progresso, àquilo que é certo e o sagrado; a sombra, em oposição, representava a irracionalidade, a barbárie, o que é errado e atrasado e o profano. Na tela de John Gast intitulada *O Progresso Americano* (1872), o autor explora uma figura metafísica – Colúmbia[214] – se deslocando por levitação pelas pradarias norte-americanas. A entidade se desloca no rumo oeste, adentrando no interior norte americano. Por onde a entidade já passou, o progresso se instalou, em uma área iluminada da tela. Na pintura em questão, Colúmbia representa o progresso, que teria se iniciado no leste. No oeste ainda não visitado pela entidade está a área escura da tela, onde é possível identificar povos nativos americanos em retirada, devido ao avanço irresistível das luzes. O avanço de Colúmbia representa a missão civilizadora, que se constitui como uma justificativa moral para a colonização europeia da América, que passa, inclusive, pela conversão em massa dos nativos. A subjugação dos povos nativos era um dever moral do europeu, que tinha obrigações civilizatórias na ocupação do continente (WALLERSTEIN, 2007). A definição de humanidade e civilização – delineada e reforçada pelo iluminismo – depende do oposto ao seu ideal como uma forma de autoafirmação. Desse modo, a criação imagética do não-humano, incivilizado, selvagem, auxilia a compreensão da existência de territórios não-europeus marcados pelo déficit racional. Nesse contexto, a colonização para os colonizados é uma benção (HUGGAN; TIFFIN, 2007). Para além das relações entre seres humanos, criou-se imageticamente uma espécie de imperialismo ecológico, no qual ideais estéticos trouxeram consequências para a valorização da paisagem; em dado contexto a introdução de plantas e animais exóticos representou uma abominação estética e, assim,

---

214 Personificação feminina dos Estados Unidos e nome poético para o continente americano.

um risco de adulteração e falsificação da fauna, flora e paisagem (OLWIG, 2003b)[215]. Esta não parece ter sido uma preocupação quanto ao espaço colonial: monoculturas baseadas em espécies exóticas homogeneizaram vastas áreas das colônias a serviço da sanha mercantil das metrópoles, como ocorreu outrora com o ciclo açucareiro no nordeste brasileiro[216]. A abominação que seria causada pela inserção de espécies faunísticas e florísticas no núcleo imaginativo e etnocêntrico do espaço metropolitano não se aplica às inserções de espécies exóticas no espaço colonial[217]. Assim, as relações de poder vão moldando as paisagens a partir do que é visto como adequado, permitido, inadequado e proibido. Kenneth R. Olwig (2003b) argumenta que é notório o estabelecimento do paralelo entre a ameaça representada pelas espécies, "raças" e "culturas" estrangeiras

---

215 Alix Cooper (2003) acrescenta que a crítica quanto à assimilação de uma dieta baseada nas espécies exóticas ao continente europeu trouxe questionamentos de natureza econômica e até sanitária: sobretudo após a ascensão do mercantilismo, os europeus teriam fechado os olhos quanto às potencialidades de suas espécies nativas e empobrecido suas finanças por intermédio da busca de produtos de terras longínquas. É atribuída a Jan Van Beverwyck – um oficial holandês que viveu durante o século de ouro dos países baixos – a seguinte frase: "As ervas estrangeiras não são mais adequadas aos nossos corpos do que as tarifas alfandegárias às nossas almas" (COOPER, 2003, p.51). Era comum a associação do consumo de alimentos de base exótica por parte dos europeus à deterioração da saúde (COOPER, 2003).

216 A preocupação e a mensuração do impacto ambiental da introdução de espécies exógenas em determinados ambientes são relativamente recentes (HALL, 2003). Dentre as preocupações mais recorrentes está no desequilíbrio da cadeia alimentar e das populações faunísticas e florísticas.

217 É interessante pensar que a dicotomia classificatória entre espécies exóticas e nativas é uma decisão política. Como argumenta Simon Schama (2009), a natureza não se define. Poder-se-ia dizer, a partir desta premissa, que o conceito de paisagem natural sequer existe, pois desde que a paisagem é percebida e interpretada pelo homem passa a ser primordialmente cultural (CAMPELO, 2013). Para além dessa dicotomia natural-cultural, seria melhor assumir a paisagem que inclui a noção da natureza e do homem como indissociáveis. Karsten Schnack (2009) prefere dizer que as nossas visões sobre a natureza são parte da cultura e, como tal, são históricas; nunca são só sobre a natureza propriamente dita, mas sobre a nossa relação com o meio natural. Assim, as diferenças entre o exotismo e o caráter nativo [*nativeness*] das espécies respondem por uma divisão espacial imaginada, cultural e politicamente elaborada. Pensando em termos práticos, uma dada espécie tida como exótica em um sistema classificatório poderia ser compreendida ucronicamente como nativa em outra classificação. É de se considerar que o debate em questão remete às arbitrariedades da construção das regiões: comparativamente a uma proposta seminal de regionalização é possível unir o que é apartado e apartar o que é unido.

caso sejam inseridas no núcleo metropolitano. São concepções que trazem efeitos não somente para o arranjo das paisagens e dos lugares ao longo do tempo, mas também para a forma como o espaço é percebido.

A luz e a sombras, utilizados nas representações, atendem a uma lógica dicotômica em que as virtudes de um polo são reforçadas pelos horrores de seu antagonismo. Como joeirar o sentido da luz e das sombras, em alguma medida, de uma estrutura religiosa guiada pelos textos sagrados? "No princípio Deus criou o céu e a terra. E a terra era sem forma e vazia; havia trevas sobre a face do abismo; e o espírito de Deus se movia sobre a face das águas. E disse Deus: Haja luz; e houve a luz. E viu Deus que era boa a luz; e fez Deus a separação entre a luz e as trevas" (GÊNESIS 1:1-4). É plausível considerar estes impactos nas representações paisagísticas.

> Deus é luz, ou, colocando de outra maneira, luz é Deus. No mundo humano, a luz é o esclarecimento intelectual ou iluminação espiritual. Mais do que em qualquer outra religião, como o budismo, a luz no cristianismo dá um rico e variado significado simbólico à literatura, à arte e à arquitetura. Na arte, os santos são reconhecidos pelos seus halos. Na arquitetura, nas catedrais góticas, a luz é um fato físico e simbólico que atinge um pico de esplendor e poder figurativo (TUAN, 2013b, p. 11).

Gast, John. *O Progresso Americano*, 1872. Litografia em cores, 37,6 x 49 cm. Library of Congress Prints and Photographs Division, Washington, DC.

Fonte: www.loc.gov/pictures/item/97507547/

Meirelles, Victor. A primeira missa no Brasil, 1860. Óleo sobre tela, 268 x 356 cm. Museu nacional de Belas Artes, Rio de Janeiro. Fonte: https://rceliamendonca.com/tag/primeira-missa-no-brasil/

Pintada doze anos antes, a tela *A primeira missa no Brasil* (1860), de Victor Meirelles, possui efeito semelhante quanto à disposição de áreas claras e escuras da tela. Além disso, os nativos da tela de Meirelles se misturam com a vegetação, como se a intenção fosse reforçar os seus status de "pureza ecológica" ou de povos indissociáveis da natureza. Em oposição, os povos colonizadores, detentores de técnicas e tecnologias mais avançadas, já teriam obtido esta separação frente à natureza.

O modernismo e o imperialismo congruem em diversos pontos. Muitos dos paradigmas da modernidade substanciaram as relações de poder entre colonizadores e colonizados. No interior da modernidade, "o conhecimento geográfico representa uma ferramenta do império, possibilitando tanto a aquisição territorial quanto a exploração de recursos" (DRIVER, 1992, p.27). Felix Driver ainda salienta:

> os heróis da paisagem colonial – o explorador, o caçador, o soldado, o missionário, o administrador, o senhorio – são todos gêneros de uma maneira muito particular, provedores de modelos morais para uma geração de construidores do império. O conhecimento geográfico, em um senso geral, foi inevitavelmente por intermédio dessas figuras (DRIVER, 1992, p.27).

Inevitavelmente pensamos em personagens como Cecil Rhodes e toda a influência que o mesmo gerou sobre a população nativa africana e sobre o modo dos europeus se relacionarem com as terras colonizadas. Para além dos personagens reais, acreditamos que a literatura também foi capaz de consolidar as geografias imaginativas sobre as terras colonizadas, num ato militante de distintos graus de intencionalidade. Os exploradores coloniais "conquistaram" a verdade, não porque expuseram os segredos internos das regiões aos quais viajaram, mas porque estabeleceram uma forma particular de leitura sobre estas paisagens (DRIVER, 1992), os lugares e os povos que ali habitavam.

Ao lado de Rudyard Kipling, Joseph Conrad provavelmente é um dos autores de livros de ficção mais explorados pelos estudos pós-coloniais. Seu livro *Coração das Trevas* [*Heart of Darkness*], escrito em 1899, é um dos marcos da literatura mundial. Integra, também, o cânone da crítica literária pós-colonial. A obra de Conrad contém um mundo de impressões e ilusões no qual as certezas convencionais são radicalmente desafiadas (DRIVER, 1992). As trevas, na dimensão do eu lírico do protagonista, era o interior da África Equatorial, na bacia do rio Congo, local onde "as moscas não picavam, apunhalavam" (CONRAD, 2010, p.34). O protagonista, um inglês do período colonial, encarou a missão de navegar rumo ao continente africano e penetrar na bacia do Rio Congo, para compreender o que havia ocorrido com o antigo gerente de um posto comercial que explorava o marfim, Kurtz, já que o personagem em questão havia deixado de se comunicar com a Inglaterra. O autor constrói a sua história em uma narrativa moldura, na qual Marlow conta aos seus companheiros como foi a sua missão na África. A jornada de Marlow em direção à África assemelha-se, pelo tom da narrativa, em uma descida rumo ao inferno (ACHERAÏOU, 2009). A materialidade da relação colonial é expressa pela existência do marfim, bem valioso para a metrópole. É importante notar que a narrativa de Conrad é construída como um aviso: o acesso ao bem de consumo e a morte andam de braços dados; em certa interpretação podemos considerar que a extração da matéria-prima do coração da selva africana é uma tarefa das mais difíceis. O moribundo Kurtz, em sua "insubstancialidade falante" (SAÏD, 1974, p.132) é a representação da desistência ou fracasso daquele específico projeto colonial no Congo. O protagonista Marlow, por sua vez, executa a jornada de ida racional para a selva, onde a tarefa colonial é compreendida como uma relação de exploração metrópole-colônia. No retorno, seja na condição de Kurtz ou na forte experiência vivida por Marlow, são apresentadas as consequências da exploração africana, do ponto de vista do colonizador. É irresistível a sensação de que, dado o suposto estado primitivo da população local conjugado com a natureza hostil, a missão civilizadora sequer é aplicável no coração das trevas. Cria-se um abismo entre a Inglaterra e o Congo: os estranhamentos evidenciam espaços e tempos tão destoantes que fazem com que a ação civilizatória perca o seu sentido. A missão civilizatória, para o Congo, seria como atirar pérolas aos porcos.

No livro *Coração das Trevas*, a paisagem da África equatorial é apresentada como uma personificação da ameaça, como se vê no trecho: "... mas havia nele um rio, em especial, um rio extremamente grande, que se podia ver no mapa como uma imensa serpente desenrolada com a cabeça no mar, o corpo em repouso percorrendo uma extensa curva num imenso território e a cauda perdida nas profundezas da região" (CONRAD, 2010, p.17). A forma de descrição dos povos africanos aos quais teve contato é profundamente marcada pela antropologia evolucionista, que acreditava em um único processo evolutivo linear e utópico, tendo como referência o próprio desenvolvimento inglês. Eis a narrativa de Marlow, no trecho em que o protagonista relata o primeiro contato com os nativos africanos:

> Mas, de repente, quando dobrávamos morosamente uma curva, haveria um vislumbre de paredes de junco, de telhados de palha pontudos, uma explosão de gritos, um turbilhão de membros negros, uma massa de mãos aplaudindo, de pés batendo no chão, de corpos balançando, de olhos revirando, sob a dobra da folhagem pesada e imóvel. O barco prosseguia, com esforço, lentamente, à margem de um frenesi indecifrável e negro. O homem pré-histórico estava nos amaldiçoando, venerando, saudando – quem saberia dizer? Estávamos fora do alcance da compreensão de nossa vizinhança; deslizávamos por ela como espectros, maravilhados e secretamente apavorados como pessoas sãs ficariam diante de uma explosão de alegria num hospício. Não podíamos entender porque estávamos longe demais e não podíamos recordar porque estávamos viajando na noite das eras primitivas, daquelas eras que passaram quase sem deixar marca – e nenhuma memória (...).
>
> (...) Eles uivavam e pulavam, e rodopiavam, e faziam caretas medonhas; mas o que apavorava era exatamente a ideia de humanidade deles – como a sua -, a ideia de seu parentesco remoto com essa gritaria selvagem e impetuosa. (CONRAD, 2010, p 64).

O "coração das trevas", expressão que dá título ao romance, remete espacialmente a uma paisagem portadora da ameaça, do atraso, da ausência de regras, do místico, do desprezível, do anômalo, e de uma sorte de outros adjetivos pejorativos. As interpretações da paisagem que remetem ao passado fazem parte de um entendimento etnocêntrico de que o *mo-*

dus vivendi experimentado pelo intérprete é o tempo presente. O texto transmite vivamente a sensação de que a condição bizarra do mundo colonial, aos olhos do narrador europeu, desumaniza mesmo o homem mais civilizado, parafraseando Aimé Césaire. O mundo colonial é um outro universo, dimensão moral, como se uma espécie de lei marcial agisse permanentemente (CÉSAIRE, 2010). É importante observar que os comportamentos humanos tidos como primitivos e inaceitáveis, como o canibalismo, não ocorrem no vazio: a paisagem da África equatorial, precisamente do Congo Belga, é o cenário que permite que o ser humano esteja no estado de estagnação temporal que o congela na pré-história. Não é somente o homem colonizado que é construído imageticamente pelo colonizador; a paisagem também é; as portas entre o Éden verdejante e o Sheol hebraico são, nesse sentido, adjacentes e idênticas. Afinal, atração e repulsa também podem ser entendidas como estados emocionais transitórios, que variam de acordo com o *zeitgeist*. Na obra *Coração das Trevas*, a paisagem é feminizada por intermédio de uma persistente retórica personificante, sendo construída como uma entidade que fala, age, testemunha e acusa. A personificação da paisagem anima a natureza selvagem, intocada [*wilderness*] (BARNETT, 1996); a penetração da embarcação do protagonista pelo interior da bacia do Congo se assemelha a invasão de um corpo estranho ao ambiente, que a qualquer momento poderia ser repelido por meio de uma reação espontânea.

Não podemos falar acerca da existência de um orientalismo, africanismo, ocidentalismo como se fosse um conjunto interpretativo extremamente homogêneo. As imagens flutuam ao sabor do tempo e espaço, possibilitando intermediações pertinentes e problematizadoras de generalizações. Cheryl Mcewan (1996) confrontou narrativas de escritoras inglesas do período vitoriano que abordaram a África Ocidental: *A Residence at Sierra Leone* (1849), de Elizabeth Melville; *Round the Black Man´s Garden* (1893), de Zélie Colvile; *Travels in West Africa* (1895), de Mary Kingsley e *A Resident´s Wife in Nigeria* (1908) de Constance Larymore foram as obras analisadas. Nota-se que há um significativo espaçamento temporal entre elas, de quase seis décadas. Neste intervalo, o espírito de época apresenta-se bastante demonstrado nas publicações. Na publicação de Melvile, a propaganda antiescravista inglesa ajuda a construir um pano de fundo para a narrativa de que Serra Leoa e arredores são paraísos somente ameaçados pelos traficantes de escravos. As primeiras décadas posteriores à obra de Melville mostraram a falha nas ações de conversão religiosa dos nativos e o crescimento do registro de mortalidade entre os colonos devido às doenças tipicamente tropicais. Desse modo, a África Ocidental tornou-se exótica, pouco familiar e aterrorizante. O clima tido como severo e a prevalência de doenças foram usados como argumentos a favor do abandono britânico da África Ocidental. As modificações das imagens ao longo do tempo e sua variação ao longo do espaço ainda encontram diferentes posicionamentos de acordo com o interlocutor. Todavia, em comum, as narrativas variadas acerca de paisagens exógenas à vivência do narrador apresentam-se como alimento intertextual para construção de outras narrativas e concepções. Visões muito repetidas e divulgadas podem apresentar-se fortes o suficiente para sobreviver em mentes que povoam espaços e tempos diferentes, mesmo que notoriamente as mais superficiais experiências possam desafiá-las quebrantando a fina casca de verossimilhança. Em um artigo, atentamos para a existência de interpretações que negligenciam informações sobre o desenvolvimento histórico e eternizam estereótipos sobre indivíduos e a cultura. Estendemos esta reflexão também à paisagem e ao lugar. Estas categorias também são passíveis de sofrerem os efeitos da supressão da experiência histórica por parte do intérprete (SILVA, 2018c).

Levando-se em conta a multiplicidade de arranjos identitários é que consideramos a possibilidade de uma grande diversidade de percepções ambientais. Yi-Fu Tuan (1980) lembra-nos uma passagem muito didática contida na obra clássica dos estudos antropológicos *Os Nuer*, de Evans-Pritchard: "ninguém convence aos Nuer que aquela paisagem duramente árida na qual habitam não se trata do melhor lugar do mundo para se viver". Certamente as preferências paisagísticas dos Nuer não são idênticas. Contudo, o sentimento passado pela pintura *Le pays de la soif* do francês Eugène Fromentin (1820-1876) talvez pudesse ser interpretado por parcela do povo Nuer como histeria ou exagero europeu. A tela em questão retrata a Argélia sob ocupação francesa, sendo apresentada como uma barreira ou ameaça à vida (HEFFERNAN, 1991).

As distintas impressões sobre o deserto, entre nativos e colonizadores, apresentam de forma inequívoca a força do deslocamento identitário e mesmo das impressões estereotipadas. Por essa razão, provavelmente, Homy Bhabha referiu-se às identidades como um processo problemático de acesso à totalidade: qual seria a totalidade paisagística do deserto do Saara? Uma visão mais afetuosa e consolidada no corpo cultural de certos povos nativos saarauís? Ou um ambiente topofóbico (TUAN, 2005) como descrição intersubjetiva dominante do europeu oitocentista (SILVA; DINIZ, 2019)?

Fromentin, Eugène. *Le pays de la soif*, 1820-1876. *Óleo sobre tela*, 103 x 143,2 cm. Musee d´Orsay, Paris.

Fonte: musee-orsay.fr

Na tela de Fromentin, "Embora a região apareça como uma barreira, uma ameaça à vida, a mesma poderia ser transformada caso o braço estendido do moribundo fosse agarrado pela mão benigna do imperialismo francês" (HEFFERNAN, 1991, p.40), em uma interpretação paisagística condizente com os interesses da missão civilizadora.

A pintura de Gustave Guillaumet (1867), intitulada *Le Sahara* (Figura 5) reforça o sentido de ameaça paisagística representado pelo deserto. Na tela de tons pálidos e sol escaldante, está na posição central do desenho a carcaça de um camelo. Se o animal, reconhecidamente adaptado à aridez, não resistiu as supostamente maléficas características paisagísticas, quem resistirá? Segundo a interpretação de Michael J. Heffernan (1991), "é difícil evitar a consideração de que o observador está voltado para o norte, na direção da Europa", considerando ainda que "aparece uma iluminação benigna, quase santa, que aparenta ser um oásis, uma caravana ou até mesmo uma peregrinação" (HEFFERNAN, 1991, p.40), sendo, de qualquer forma, um elemento em que aos olhos do observador representa um refrigério, ou quiçá um desafogo ou libertação.

Guillaumet, Gustave. Le Sahara, 1867. Óleo sobre tela, 110,5 x 200,5 cm. Musee d´Orsay, Paris.

Fonte: musee-orsay.fr

Se a expressão/interpretação da paisagem é fortemente conduzida pelas emoções, o que poderemos dizer sobre as paisagens de guerra? As relações entre os Estados e o terrorismo em escala global podem ser avaliadas pelo âmbito das emoções, que são elementos interpretativos muito poderosos (MÖISI, 2009). Certos autores ainda não entraram em um consenso em como entender as emoções e o que fazer com esse entendimento (ANDERSON; SMITH, 2001). Independentemente dessas dúvidas que recaem sobre os métodos que lidam com as emoções, sabe-se que as guerras possuem forte apelo emocional: precedem o Estado, sendo quase tão antigas quanto o próprio homem. Atingem "os lugares mais secretos do coração humano, lugares em que o ego dissolve os propósitos racionais, onde reina o orgulho, onde a emoção é suprema, onde o instinto é rei" (KEEGAN, 2006, p.18). Acompanham o desenvolvimento da humanidade da mesma forma que as artes o fazem. É um fato muito comum guerras terem sido descritas pelas artes, até mesmo se considerarmos eventos contemporâneos como os registrados na década de 1990 nos Balcãs, que inspiraram inúmeros artistas a expressarem a paisagem percebida (SALECL, 2001). Se, por intermédio das artes, as emoções humanas são passíveis de serem representadas, as guerras também o são. Afinal, possuem o potencial, ao lado das grandes tragédias, de marcarem corações e mentes. Todavia, as guerras apresentam dimensão ambígua, ao poder despertar no homem o sofrimento profundo e ao mesmo tempo o sentimento de uma glória alcançada.

Por intermédio das pinturas, artistas representaram diversas faces da guerra. Por meio do seu olhar, a representação intersubjetiva da realidade ganha forma, revelando os sentidos, denunciando os horrores, glorificando as realizações de um fenômeno corriqueiro e que foi capaz, segundo estimativas, de ceifar 187 milhões de vidas ao longo do século XX, que foi tido como o mais mortífero de toda a história documentada (HOBSBAWN, 2007). As guerras marcam de forma decisiva a paisagem. A intersubjetividade do significado trazido pela guerra é análoga às próprias características da paisagem enquanto categoria geográfica. Dessa forma, a guerra poderá contribuir para a construção de paisagens do medo (TUAN, 2005) e da glória.

A paisagem pode ser expressa por diversas formas de linguagem. Para Pratt (2009), as artes se constituem como uma forma de linguagem que também está a serviço de relações de poder. Segundo a autora, as guerras podem ser expressas em quatro operações linguísticas, que dialogariam frontalmente com o campo das emoções. Seriam elas "a exortação, a ofensa, a decepção e a meditação" (PRATT, 2009, p.1517). Propusemos em uma tipologia para as paisagens de guerra (SILVA; PASSOS, 2018) cinco dimensões: a metafórica, a heroica, a etnocêntrica, a realista (a guerra como ela é) e a humanista. Todavia, é importante destacar que as tipologias não esgotam as possibilidades representacionais. Ademais, representações enquadradas em uma tipologia não pautam pela homogeneidade absoluta do pensamento; diferentemente, apresentam certas características semelhantes mediante a um rol extenso de diferenças. As tipologias possuem relevância, pois são poderosas ferramentas didáticas: ao destacar semelhanças e serem identificadas diferenças entre representações de uma mesma categoria, estabelecemos uma profunda reflexão acerca de processos, influências e relações, bem como aludimos à extensão do seu alcance.

Em nossa proposta quanto às paisagens de guerra, a **dimensão metafórica** é a categoria díspar frente às demais. Afinal, a mesma não trata da guerra em si enquanto fenômeno político. Trata, na verdade, da guerra como analogia, possuindo o real sentido de esforço (tal como utilizado na expressão "guerra contra as drogas"). A tela de Peter Bruegel, o velho, intitulada *The Triumph of Death* (1562-1563), é um exemplo da dimensão metafórica da paisagem de guerra. Típica paisagem utópica do medo, a pintura de Bruegel, tal como um pesadelo, "repete os alertas da cristandade medieval: a morte é uma realidade presente no mundo, vitimando homens, mulheres, altos, baixos, ricos e pobres", lembrando ainda que as forças militares de nada servem na luta contra ela (THON, 1968, p.292). Para Peter Thon, o conflito criado pela pintura de Bruegel é tão violento que ameaça até mesmo a mensagem cristã renascentista acerca da temática (THON, 1968, p.293).

Bruegel, Pieter. The Triumph of Death, 1562-1563. Óleo sobre painel, 117 x 162 cm. Museu do Prado, Madrid.

O pessimismo pouco usual evidente no realismo de sua abordagem que foi detalhada da pintura sugere que o pintor pode ter sido influenciado pelo fato de ter testemunhado episódios sistemáticos de violência, que se tornariam fartos no final da década de 1560 na Holanda, que se esforçava na ocasião para se desmembrar politicamente da Espanha. Mesmo que tal análise seja coerente com a realidade, a pintura não escapa da dimensão metafórica, pois a oposição que se apresenta na ilustração não envolve exércitos de distintas nações, e sim o homem e um inimigo comum: a morte.

A **dimensão heroica**, por sua vez, é uma categoria das paisagens de guerra marcada pela exaltação de uma ação militar que glorifica um personagem ou mesmo um exército. Jean-León Gérôme, pintor de várias obras que se enquadram na tipologia da Arte Orientalista, retrata por intermédio de sua tela intitulada *Oedipus* (1886) a ocupação francesa no Egito em 1798, colocando a figura de Napoleão Bonaparte à frente da esfinge. A construção em ruínas alude a um passado de glória que dá lugar a uma ação militar gloriosa, ocidental: um triunfo que ao olhar descuidado e supressor da história soa como um capítulo final. Para Çeylan Tawadros (1988), na tela em voga, Napoleão busca dominar o Oriente por intermédio da compreensão do mesmo, estabelecendo a interdependência entre poder e conhecimento.

Gérôme, Jean-León. Oedipus, 1886. Óleo sobre tela, 61,6 x 102,9 cm. Hearst Castle, San Simeon, California, Estados Unidos. A invasão do Egito por Napoleão em 1798 foi acompanhada por comissões científicas que buscaram compreender as potencialidades regionais do território recém-ocupado. Esse episódio científico-militar é tido como um marco nas relações entre o Ocidente e o Oriente, sendo um marco simbólico das geografias imaginativas do orientalismo (PINTO, 2019). Ao mesmo tempo, na figura de Napoleão, é representado o herói mítico.

A contemplação gloriosa de Napoleão à esfinge significaria, dentre outras possibilidades, o domínio por meio do conhecimento. A paisagem em tons pálidos encontra as mais vivas cores na figura de Napoleão, "fazendo-o dominar a tela assim como dominou as planícies do Egito" (TAWADROS, 1988, p.54). Ao fundo da tela, o que parecem ser regimentos militares repousando em uma planície, atestam o momento da vitória de Napoleão após o esforço militar, compondo em seu enquadramento uma paisagem de guerra, na imediata consolidação do *status quo post bellum*.

Em *The unending Cult of human sacrifice* (1934), é apresentada por Christopher Richard Wynne Nevinson um exemplo da **dimensão etnocêntrica** das pinturas de guerra. O prolífico pintor foi um dentre os primeiros artistas britânicos a testemunhar o sofrimento e a carnificina advindos da Primeira Guerra Mundial, já que trabalhou como motorista voluntário de ambulâncias no *front* ocidental da guerra, entre os anos de 1914-1915 (DOHERTY, 1992). Na obra em questão, Nevinson trabalha com elementos anacrônicos, como caças cruzando os céus sobrevoando cavaleiros de castelos medievais e, também, bigas romanas, posicionadas em uma zona mais acinzentada da tela. A oposição de elementos de tempos diferentes apresenta o foco em uma questão permanente da guerra: a paisagem de guerra é também um palco de sacrifício humano, ocorrido pelos auspícios religiosos.

Nevinson, C.R.W. *The unending cult of human sacrifice*, 1934. *Óleo sobre tela, 46 x 61 cm. Imperial War Museum, Londres.*

A paisagem, vista do ponto de vista cristão – portanto, etnocêntrica – mistura e promove o balanço entre a violência e o sagrado, a morte e a fé, incluindo em seus elementos componentes crucifixos, pessoas pertencentes ao clero e mesmo santos, identificados pela presença do halo. Nevinson também pode colaborar com uma típica paisagem que se enquadra na **dimensão realista** da guerra em uma de suas obras mais famosas: *Paths of Glory* (1917). A tela em questão exibe dois soldados britânicos mortos em combate, em uma paisagem marcada pela predominância de tons pálidos, que se misturam à camuflagem dos seus uniformes. Era amplamente divulgada a participação de Nevinson no front ocidental da guerra, fazendo com que se fortaleça no imaginário coletivo a crença de que a paisagem retratada na pintura reproduz o realismo de uma cena captada pelos seus olhos. É justamente esse realismo que custou para a tela *Paths of Glory* a censura, apesar das razões para a mesma não terem sido muito esclarecidas (DOHERTY, 1992). A censura surgiu na época da apresentação da pintura (1918) justamente em um ponto extremamente sensível da guerra para os britânicos, à medida que "a devastadora batalha de Paschendale havia acabado de terminar" (DOHERTY, 1992, p.69), trazendo cifras importantes quanto ao número de britânicos mortos e feridos.

Nevinson, C.R.W. Paths of Glory, 1917. Óleo sobre tela, 46 x 61 cm. Imperial War Museum, Londres.

Pablo Picasso morava em Paris quando em 1937 a cidade de Guernica, situada no norte espanhol, mais precisamente na região basca, foi implacavelmente bombardeada pela aviação alemã. O ano de 1937 foi, inclusive, marcado pelo bombardeio de diversas cidades espanholas, dentre as quais Barcelona e Madrid. Para Francisco Alambert (2008), *Guernica* (1937) é um caso raro em que uma obra é revolucionária no campo da arte moderna e também do ponto de vista histórico. Nesse sentido, a crítica a respeito dos efeitos da guerra ultrapassa gerações, tornando a abordagem da pintura uma paisagem surrealista que se enquadra em uma **dimensão humanista** das paisagens de guerra. O foco da pintura é a crítica que a mesma carrega sobre os efeitos da guerra e não o enquadramento de uma paisagem, entendida enquanto categoria geográfica, reconhecível. Assim, sofrimento e angústia são elementos explorados preferíveis aos aspectos reconhecíveis da paisagem. Este é o diferencial da categoria da dimensão humanista das paisagens de guerra, frente à categoria realista, que busca explorar os elementos paisagísticos reconhecíveis.

Picasso, Pablo. Guernica, 1937. Pintura a óleo. 350 x 776 cm. Museu Nacional Centro de Arte Reina Sofia, Madri.

Por meio das cinco categorizações das paisagens de guerra, propusemos o dimensionamento do espectro da intersubjetividade do fenômeno guerra, expresso por intermédio das seguintes dimensões: a metafórica, a heroica, a etnocêntrica, a realista (a guerra como ela é) e a humanista. A paisagem, enquanto categoria geográfica, é sujeita à variáveis contextuais, dentre as quais os aspectos emocionais presentes no artista. A linguagem artística exprime e nos alerta, ainda que analisada de forma sistêmica, que as diferenças que residem nos sentidos das paisagens de guerra podem também ser as mesmas que povoam o imaginário dos homens que ocupam altos cargos da política.

As assimetrias existentes quanto aos valores éticos e morais que permeiam o fazer geopolítico podem evitar a guerra ou mesmo a eclodir. Dessa forma, o entendimento da violência entre os homens passa também pela necessidade do entendimento da condição do outro e do exercício da alteridade. Defendemos a posição de que os diferentes valores dados à guerra e expressos por meio das paisagens de guerra também se constituem como componentes da análise geopolítica. É plausível considerar que as paisagens de guerra se enquadram como exemplos didáticos de expressões militantes das paisagens, afinal, a expressão ou interpretação da paisagem possui conteúdo político que revela a forma em que o intérprete vê o fenômeno.

Joeirar a paisagem e o lugar nos parece difícil, sobretudo em expressões pictóricas. Essa separação torna-se uma tarefa ainda mais hercúlea quando tratamos de expressões pictóricas de espaços metafísicos. Da mesma forma, apresenta-se como uma tarefa árdua a separação entre militância e etnocentrismo. A imposição política parece ser a imposição de valores que são construídos individual e coletivamente. O etnocentrismo é um traço humano comum e é necessário para que as culturas prosperem. Quando o senso de centralidade e/ou superioridade se despedaça, é muito provável que a cultura decline (TUAN, 1980). Nesse sentido, o etnocentrismo é, acima de tudo, um ato político. Ajudou a justificar ética e moralmente a missão civilizadora europeia no período colonial pós-séc. XVI. Assim, o etnocentrismo é capaz de produzir paisagens e lugares militantes, que existem somente no campo da interpretação individual e coletiva. Apesar de não expressarem "verdades universais" *de facto*, as interpretações paisagísticas etnocêntricas se constituem como entes passíveis de descrição. Possuem, por meio desta característica, a função de replicar e formular "consensos", que passam a ser entendidos como fatos objetivos, tangíveis e descritíveis.

Doutrinas se impõem sobre indivíduos e coletividades, fazendo com que a forma pela qual o espaço é entendido e expresso seja guiado por certos dogmas. É o que ocorre com o orientalismo, muito problematizado pelas ciências humanas e que tem na bibliografia de Edward Saïd um dos seus textos canônicos. A palavra orientalismo era, durante os séculos XVIII e XIX, geralmente usada para se referir ao trabalho do orientalista, um erudito versado na língua e na literatura oriental. No mundo das artes, servia para identificar uma característica ou um estilo específico que também estava associado às nações orientais. No último quarto do século XVIII e no primeiro quarto do século XIX, a palavra tornou-se, no contexto do domínio britânico na Índia, uma forma de se referir aos problemas enfrentados pelos oficiais da Companhia das Índias Orientais marcada pelo uso de uma abordagem conservadora e romântica (MACFIE, 2002). Em sua origem, notavelmente, o orientalismo se tratava de um campo de produção genuinamente europeu, marcado pela atuação acadêmica, literária e artística (SILVA, 2013; 2016). Afinal, o fazer orientalista possuía na essência a descrição do outro por parte do interlocutor europeu, que carregava, por sua vez, a experiência recente da colonização, posicionando o seu lugar de fala no âmbito metropolitano.

Para o europeu, o Oriente era geograficamente variado, construído em uma narrativa ou expressão artística como imagem decorrente de um complexo processo de acúmulo de experiências. Não há como dizer que os estímulos que ajudam a construir e estereotipar imagens orientais são iguais entre pessoas diferentes, mesmo que tais pessoas residam em um mesmo país, em uma mesma cidade e que professem a mesma fé. Na pluralidade abrigada pela Europa, é razoável considerar que os "orientalismos" são muitos. Os estímulos que atuam em um inglês médio do último quartel do século vitoriano são bem distintos dos que atuam em um prussiano que seja seu contemporâneo. Essa diferença continua a existir quaisquer que sejam os recortes espaço temporais, levando-nos a considerar que a identidade é um ponto de partida seguro para evitar a generalização.

Geograficamente, a franja de contato entre os povos europeus e os povos de fé islâmica, sobretudo os árabes, é muito extensa. Ao longo da história, tal área foi espacialmente dinâmica, devido aos avanços e recuos territoriais de europeus e povos de origem árabe e turca. A extensão da franja de contato torna plausível considerar que a própria experiência do embate árabe/muçulmano com a Europa cristã foi diversificada, dotada de dominâncias ora colaborativas, ora conflituosas. Por isso, afirmamos com segurança que o orientalismo também é diverso. Apesar desta conclusão, na mentalidade do orientalista, certos estímulos semelhantes interferem na construção do oriental enquanto indivíduo e o Oriente enquanto paisagem. Não há como ignorar as heranças deixadas pela longa ocupação dos povos árabes na península ibérica ou pelo avanço territorial do império turco-otomano nos Bálcãs. Assim como as Cruzadas deixaram marcas relacionais entre cristãos e povos de fé islâmica que ultrapassaram gerações, colonizando corações e mentes. Esses resquícios atuam na mentalidade dos indivíduos como formas de superestrutura social, que, se por um lado é incapaz de definir as suas formas de pensar, por outro, é capaz de interferir, ainda que de forma subjacente, na formulação de certas preferências e opiniões.

Contemporaneamente, o orientalismo é entendido como uma doutrina que abarca as formas dominantes de expressão que o Ocidente utiliza em sua caracterização do Oriente, destacando-se, neste último, o mundo islâmico. O orientalismo tratava de apresentar, nas mais diversas formas de expressão, distintas regiões do mundo marcadas pela colonização europeia. A vasta área geográfica contemplada em sua abordagem coincidia com a atribuição insistente de poucos adjetivos aos povos que lá habitavam. A construção do imaginário que transformava os povos "ditos" orientais em uma massa comum que unia o Norte da África, o

Oriente Médio, a Ásia Central e a Índia, contribuiu para negligenciar a diversidade cultural das áreas abordadas e enfatizar o seu exotismo (SILVA, 2016). Por trás dessa ação prevalecia o contraste entre os povos "civilizados" europeus e àqueles outros orientais que precisariam da iluminação europeia para abandonar costumes bestiais que os afastavam da civilização. Somada a esta noção se desenhava o binômio homem e ambiente a partir de imagens do dito Oriente como uma terra desértica, povoada por indivíduos de outra moralidade, portadores de uma sensualidade incontrolável – que é, inclusive, uma marca notória da arte orientalista –, constituindo-se nem mais nem menos do que um exótico oásis pronto para ser conquistado pela aventura do Ocidental (SCHIOCCHET, 2011). Na era Vitoriana, essa noção se aprofunda. Neste contexto, a Antropologia se institucionaliza enquanto disciplina e dissemina as ideias produzidas pela sua corrente embrionária: o evolucionismo cultural. O orientalismo, por sua vez, encontra associação frente àquilo que vinha sendo produzido no contexto da origem da Antropologia, o que é explicado pelo forte estímulo do imperialismo e do colonialismo no fazer científico e em outros campos da vida cotidiana.

Indubitavelmente, as etnografias do século XIX dentre as quais as orientalistas condizem com o contexto histórico em que a Europa vivia. Ainda que no século XIX a Inglaterra se posicionasse como grande potência e a sua produção acadêmica acompanhasse esse posicionamento, o orientalismo já havia ganhado relevância no século anterior em outros países como a França e na Prússia, manifestando-se por intermédio de inúmeras obras. O orientalismo germânico floresceu com influência de Antoine-Isaac Silvestre de Sacy, que foi o mentor de muitos orientalistas alemães, como Georg Wilhelm Freytag (MACFIE, 2002). Essas distintas manifestações do orientalismo reforçam que o mesmo não é único, sendo construções alicerçadas e expressas a partir das experiências dos indivíduos e da própria sociedade em que está inserido. Faz-se necessário destacar que Edward Saïd (2007) aponta para um resultado notável que envolve o arranjo entre imaginação, relativização e reificação: a possibilidade do oriental acreditar na imagem que é criada pelo orientalista.

Três dos maiores expoentes da academia britânica de Antropologia produziram modelos de abordagem com destacado viés etnocêntrico. São eles: Lewis Henry Morgan (1818-1881), Edward Burnett Tylor (1832-1917) e James George Frazer (1854-1941). Morgan produziu em 1877 um trabalho cujo título é *"A sociedade Antiga: Ou as investigações sobre as linhas do progresso humano desde a selvageria, através da barbárie, até a civilização*". Neste trabalho, Morgan cria categorias que são na verdade estágios de evolução, tendo como referência o estágio em que se encontra a sua própria sociedade como sendo o mais evoluído dentre todos os possíveis. Essas abordagens só seriam seriamente desafiadas no início do século XX, destacando-se os estudos pioneiros de Franz Boas (LARAIA, 2009; VIERTLER, 1988).

Como foi dito, o orientalismo, nas suas diversas manifestações, bebia nas mesmas fontes que a Antropologia do século XIX. Parece plausível indicar que tais expressões reforçavam o sentido da missão civilizadora, mote maior do colonialismo. No contexto da missão civilizadora, mais do que um direito, era um dever das potências coloniais europeias como França e Inglaterra promover o desenvolvimento econômico, social e cultural de povos ao redor do mundo. Apesar do evolucionismo antropológico e o orientalismo se portarem como instrumentos apropriados para a justificativa e legitimação da missão civilizadora, não são de todo congruentes. Uma das marcantes características do fazer orientalista, para Said (2007), era justamente a descrição do Oriente como uma imagem, com características imutáveis, como se fosse imune à experiência histórica, enquanto que o evolucionismo antropológico se apoiava em uma única possibilidade evolutiva histórico-utópica (SILVA, 2016). Contudo, considerando uma perspectiva fenomenológica, o orientalismo se manifesta de forma variada. É importante considerar que a imagem construída pelo orientalista suprime a experiência histórica, eterniza estética e valorosamente o indivíduo, a paisagem e a arte do oriental, mas, por outro lado, é variada quando comparamos produções de orientalistas diferentes, ou mesmo orientalistas em distintas fases de sua carreira literária ou artística. Isso ocorre porque as formas de supressão temporal e geográfica são variadas e comuns no ato representativo.

Dentre as expressões acadêmicas, literárias e artísticas do século XIX, o orientalismo se destaca. O campo mais fértil dessas produções era o continente europeu que estava cercado ao sul e sudoeste por povos ditos orientais, que tinha como principal característica a fé islâmica. Ainda que em suas abordagens o orientalismo não se limite a contemplar somente a religião islâmica, a mesma se constituiu como um tema dos mais frequentes. Isto se explica principalmente pela geografia do Islã e pela história da sua relação com o continente europeu e com o cristianismo. Quanto à geografia do Islã, há de se considerar que um grande arco de países de maioria muçulmana que se estende do extremo ocidental do Magrebe à Ásia Menor estabelece esplêndido cerco geográfico a Europa, sujeitando-a e também sendo sujeito a uma relação de estranhamento. Como foi dito, abundam exemplos de conquistas territoriais (tanto do Islã frente à Europa cristã quanto desta última em relação ao primeiro), violência e, mesmo em tempos de paz, relações econômicas e culturais suficientes para causar o estranhamento, como aborda Michael Curtis (2009) em *Orientalism and Islam*. A expressiva zona de contato entre europeus e os povos de fé islâmica inspirou a oposição entre "nós e eles". A história de séculos anteriores contribuiu para a formulação de um imaginário e a atribuição de adjetivos generalistas, à medida que o embate militar que a Europa experimentou nas Cruzadas, nos Bálcãs e na Península Ibérica (Invasão árabe e Guerra de Reconquista) expôs as diferenças entre os europeus e os orientais. Contudo, é importante destacar que o orientalismo não se baseia somente em um olhar sobre a fé do outro. Ainda que a fé seja muito relevante no que tange à formação da moral, da ética e de amplas nuances da vida cotidiana, o orientalismo é capaz de expressar uma relação mais ampla do homem frente à paisagem e ao lugar. Essa relação, por sua vez, é marcada pelos dogmas orientalistas, descritos por Saïd, e acabam por produzir expressões paisagísticas militantes:

> O primeiro dos dogmas é a diferença absoluta e sistemática entre o ocidente, que é racional, desenvolvido, humanitário, superior, e o Oriente, que é aberrante, não desenvolvido, inferior;
> O segundo dogma é que as abstrações sobre o Oriente, particularmente as baseadas em textos que representam uma civilização oriental clássica, são sempre preferíveis a evidências diretas tiradas das modernas realidades orientais;
> Um terceiro dogma é que o Oriente é eterno, uniforme e incapaz de se definir; portanto supõe-se ser inevitável e até cientificamente objetivo um vocabulário altamente generalizado e sistemático para descrever o Oriente de um ponto de vista ocidental;
> Um quarto dogma é que o Oriente é no fundo algo a ser temido (o perigo amarelo, as hordas mongóis) ou controlado (pela pacificação, por pesquisa e por desenvolvimento, pela ocupação cabal, sempre que possível) (SAID, 2007, p.401-402).

Estes dogmas abriram a possibilidade de crítica a Edward Saïd, pois de certa forma apresenta-se como uma tipologia limitadora. Como vimos, Derek Gregory (1995) acredita que a concepção do orientalismo trazida por Saïd é homogênea. Acreditamos que, ainda que as tipologias possuam virtudes didáticas, o ato classificatório de representações cai no paradoxo de limitar a pluralidade imaginativa, sendo uma forma de estereótipo dos estereótipos que são criticados. De toda forma, a tipologia dogmática de Saïd pode ter seus elementos visíveis nas representações; temos, contudo, que ter o cuidado de considerar que a tipologia não esgota a complexidade da representação. As reflexões orientalistas de Saïd podem ser aplicadas além do mundo islâmico: é de se ressaltar que as pinturas e outros registros de ocidentais sobre o Japão apresentem estereótipos como mulheres sempre de quimono e outras características que ressaltam expressões tradicionalíssimas do arquipélago, incluindo samurais com espadas (TAKEUCHI, 1999).

Em sua fase orientalista, Jean Auguste Ingres pintou uma de suas obras notáveis: *La Grand Odalisque* (1814). Na pintura vemos uma figura feminina nua em uma cama, com o corpo levemente inclinado pelo apoio de seu antebraço esquerdo sobre duas almofadas. O olhar é fixo e, com ele, Ingres estabelece um nível primário de interação com o espectador: não somente revela sua visão sobre a personagem e o ambiente retratados, mas coloca o observador na posição de *voyeur*. Argan (1992) argumenta que este olhar *voyeur* seria intencional, uma vez que o virtuoso pintor propositalmente cria um estranhamento anatômico a partir da criação de algumas vértebras a mais na coluna da figura, alongando seu torso para que o olhar do espectador percorresse mais tempo sobre seu corpo. A pintura seria o instante congelado no momento em que a odalisca se descobre observada pelo espectador estrangeiro. Sua reação ao puxar a cortina é plausivelmente traduzida como se a sua nudez não fosse permitida ao *voyeur* (SILVA; PASSOS, 2020).

Ingres dispõe no ambiente alguns elementos que possibilitam o reconhecimento do tema orientalista: um cachimbo apoiado em um incensário aceso no canto inferior direito, o leque de penas de pavão na mão direita, o cinto dourado ornamentado e o turbante, que por ser a única vestimenta da figura, contribui para uma caracterização fantasiosa, exótica e até fetichista pelo tema representado. Consequentemente, cria uma visão estereotipada da mulher oriental, que, por sua vez, reproduz os cânones do ideal de beleza ocidental, evidenciado pela modelo caucasiana: a obra não pode ser um documento representativo daquela realidade, mas um olhar europeu sobre ela.

Ingres, Jean-August. La Grande Odalisque, 1814. Óleo sobre tela, 91 × 162 cm. Louvre, Paris.

Segundo Juan Eduardo Campo (1991), a produção imagética da mulher muçulmana em sua privacidade no harém é "mais um produto da imaginação masculina euroamericana do que uma realidade Oriental", sendo que a maior ironia em meio esta temática é "a procura de transformar uma prática muçulmana conectada com a preservação de uma virtude moral na vida doméstica de homens e mulheres em uma fantasia pervertida permeada de imoralidade" (CAMPO, 1991, p.32). Jeniffer Yee (2004) destaca que era extremamente incomum a entrada de homens ocidentais em haréns reais, o que reforça o caráter imaginário acerca das representações orientalistas. Não obstante, Yee (2004) mostrou em um artigo que cartões-postais da Indochina produzidos durante o período do jugo francês exploravam, dentre outras imagens coloniais, a montagem de um harém. Se por um lado faltava nesses cartões-postais o cenário suntuoso de haréns arábicos, por outro eram comuns as montagens de cenas de nativas nuas com vestimentas típicas que buscavam explorar a fantasia erótico-exótica. Haréns na Indochina trata-se de uma experiência heterotópica, capaz de nos mostrar que os limites do que seja o Oriente imaginativamente construído não são firmemente estabelecidos, nem temporalmente tampouco espacialmente.

Há de se destacar que, no contexto abordado, os cartões-postais precisam ser vistos como construções dos Estados colonizadores. Isso significa dizer que são formas de comunicação entre o Estado e os seus cidadãos. Essa é uma característica que, frente às pinturas orientalistas oitocentistas realizadas pela intencionalidade criativa de pintores, apresenta significativa diferença quanto à autoridade discursiva do objeto retratado. Algumas missões organizadas pelos Estados coloniais costumavam incluir alguns artistas e cientistas que, muito influenciados pelas intencionalidades coloniais, podiam fazer com que sua produção se aproximasse de algo como uma comunicação oficial do Estado para seus cidadãos. Os cartões-postais desempenham certamente esse papel. Existiam, todavia, artistas independentes que desfrutavam de um grau maior de autonomia. Assim como as pinturas orientalistas do século XIX e os cartões-postais da Indochina abordados por Jeniffer Yee (2004), os cartões-postais produzidos durante o período colonial retratando diversas regiões do Oriente Médio eram muito comuns no sistema de correio europeu. As temáticas compunham faces muito conhecidas e exploradas pelos estudos orientalistas, como o destaque da sensualidade feminina, o nobre selvagem, as relações sociais extremamente hierarquizadas, a luta pela sobrevivência em meio à paisagem árida, entre outras (BURNS, 2004). É interessante pensar que os cartões-postais possuem um lugar de fala que pode ser visto como privilegiado: ingleses e franceses recebiam suas correspondências oriundas das áreas coloniais com as imagens orientalistas: é como se a comunicação se aproveitasse dessa posição valorosa para afirmar: "estamos nessas terras exóticas e, portanto, sabemos exatamente como as coisas são por aqui".

As expressões orientalistas, assim como outras expressões militantes, penetram no campo da subjetividade e nos brindam com arquétipos e estereótipos. Propomos, contudo, uma reflexão: se a concepção e expressão da paisagem e do lugar são excepcionais, derivados também das ricas experiências individuais, serão sempre estereotipadas. Afinal, é utopia imaginarmos que alguém possa ter acesso a todas as informações possíveis acerca do espaço a ser descrito. Mesmo que isso fosse possível, não é razoável considerar que alguém, mesmo intelectual mais erudito, fosse capaz de mobilizar toda a informação de maneira neutra, criando uma versão objetiva da descrição. Por isso, descrições paisagísticas nos oferecem, quando muito, intermediações da realidade intangível. Formulações frequentemente reproduzidas pela estrutura social contribuem para a eternização de imagens de um pretérito não mais observável[218]. É um mecanismo que atua de forma permanente sobre

---

218 A crítica de Edward Saïd às obras de Bernard Lewis (2002; 2003; 2004; 2010) centrou-se, dentre outras argumentações, no fato do especialista britânico nos estudos do Oriente Médio suprimir quantidade significativa da experiência histórica, reproduzindo imagens clássicas em contextos contemporâneos, eternizando o mítico Oriente (SILVA, 2016).

coletividades, sendo especialmente responsivo quando a experiência com o fenômeno a ser analisado se resume às narrativas orais que, funcionalmente como oráculos gregos, se apresentam como portadoras da onisciência e verdade. Consagra-se nessa situação a ausência multissensorial frente ao fenômeno que se deseja significar. É o mesmo que falar sobre aquilo que não se conhece. No passado, as ilhas eram vistas como espaços desconectados do cotidiano continental, sendo frequentemente estereotipadas como bastiões do exotismo. As dificuldades de acessá-las devido ao que Hans J. Morgenthau (2003) referiu-se como o poder parador das águas[219], trouxe para o final do século XVIII uma ideia relativamente comum de que as ilhas eram registros vivos de modos de vida que haviam sido extintos em muitos lugares, aniquilados pelo progresso (LOWENTHAL, 2007b). Foi numa ilha que Agatha Christie (2000) conseguiu criar uma atmosfera de mistério e isolamento e conceber a trama do romance *Ten little niggers*[220], publicado originalmente em 1939.

Em certa parcela as imagens do passado são eternizadas, ignorando o fato de que muitas ilhas são mais conectadas do que diversos anecúmenos no interior continental. A densamente ocupada ilha de Singapura desfruta de um grau de cosmopolitismo dificilmente visto em outras partes do planeta, constituindo-se com um dos principais nós da aviação comercial contemporânea. Por outro lado, certas ilhas do estado-arquipélago de Kiribati, distantes de sua capital Baikiri e do atol de Tarawa, podem reanimar as imagens que eternizam o insular, ainda que o viver em anecúmenos continentais possa igualmente nos conduzir a considerar as geografias vernaculares. Essas imagens que se eternizam são tão seriamente vivas que o governo de Fiji, recentemente, pediu desculpas à comunidade internacional a respeito do seu canibalismo pretérito (LOWENTHAL, 2007b).

Existe uma metáfora melanésia que alude a uma situação mais próxima à integração do que ao isolamento insular. O viver em um arquipélago é visto como assumir a forma de uma árvore e de uma canoa. No caso da forma da árvore, é construída uma alusão às raízes identitárias da ilha-natal; no caso da forma de canoa, é representada uma

---

219 O "poder parador das águas" foi uma reflexão proposta por Morgenthau (2003) no livro *A política entre as nações*, quando aludiu ao papel dos oceanos como um dificultador para os inimigos invadirem arquipélagos como o Japão ou o Reino-Unido, ao mesmo tempo em que apontou que as nações insulares também sofrem com a logística demandada por uma guerra continental.

220 Publicada posteriormente com o título *And then there were none*.

vida em movimento, entre as ilhas do arquipélago. Apesar da vida em trânsito, a metáfora da canoa é útil porque significa dizer que o dinamismo espacial não apagou as marcas identitárias diretamente ligadas ao lugar de nascimento, expressas pela composição da madeira constituinte, advinda, por sua vez, da árvore (BONNEMAISON, 1994). Os fluxos entre as ilhas formam um espaço reticulado fundamental para que se desenvolva a territorialidade baseada em princípios de ligação, que foram bastante explorados por Claude Raffestin (1980) no livro *Por uma geografia do Poder*. Talvez esteja nesses fluxos proporcionados pelas canoas parcela importante da explicação da origem do território dos atuais Estados-Arquipélagos.

Em um caminho oposto ao constrangimento fijiano quanto ao canibalismo pretérito, o passado glorioso pode ser eternizado em substituição a um presente não tão marcante. Fala-se de uma arquitetura, literatura, moda, e – de uma forma mais abrangente – de um período vitoriano. Um século de conquistas expressivas, simbolizado na rainha sentada ao trono do império oitocentista em que não havia pôr-do-sol. A imposição da *pax britannica* não era só militar: a rainha dos mares abrigava o panteão científico. O impacto do darwinismo consolidara o *soft power*[221] imperial que era manifesto para além dos canhões navais. Tal situação pode ter motivado David Lowenthal e Hugh C. Price a cravarem que "o passado tem um domínio tão forte ao ponto dos ingleses considerarem-no mais substancial do que o presente" (LOWENTHAL; PRICE, 1965, p.204). Apesar de estarmos genericamente de acordo com a força do passado glorioso, não ficamos confortáveis em cravar padrões comportamentais em um grupo tão amplo como "os ingleses".

Vimos que imagens sobre o passado podem influenciar na forma de se ver a paisagem, ainda que certas referências comuns respaldadas por um pretérito distante não encontre aplicabilidade direta nos arranjos das formas atuais. Por outro lado, certos recortes espaciais, possíveis principalmente por meio de ângulos fotográficos, podem induzir significações. Se a paisagem é delimitada pelos sentidos, é possível dizer que o enquadramento espacial que retrata a paisagem pode se constituir, em si mesmo, um ato militante. Áreas que exibem grandes dife-

---

221 O *soft power*, comumente traduzido como "poder brando", tornou-se um jargão das relações internacionais e refere-se ao poder exercido por meio da admiração acerca dos valores morais, éticos e influência cultural. O poder brando de um país baseia-se pesadamente em três recursos básicos: valores culturais, políticos e a repercussão positiva das práticas adotadas na política externa (NYE JR., 2002; 2012).

renças entre os seus elementos podem, por meio do enquadramento retratado, fazer com que as diferenças se destaquem e se tornem dominantes nas percepções do observador. Muitas fotografias enquadradas com a intenção de provocar estranhamentos e direcionar impressões povoam os livros de geografia. Por essas questões, não devemos considerar o gênero fotográfico como uma perfeita definição do realismo (HASSAN, 2003a). Uma das alternativas-cliché da exploração de ângulos fotográficos é o enquadramento em zonas limítrofes de bairros de classe alta e aglomerados habitacionais de baixa renda, com a intenção de provocar reflexão por meio de consensos estéticos. Tais enquadramentos podem se encaixar como expressões militantes da paisagem.

É interessante pensar que esse tipo de movimento é um *anti-gestalt*, no sentido em que o enquadramento tira a capacidade de quem vislumbra a fotografia de fazer associações conjunturais. Em um pressuposto que é um dos pilares da *gestalt*, a parte não pode ser somente avaliada sem o contexto do todo. Por outro lado, é muito desafiador pensar que qualquer recorte espacial que possa ser observado e formulado como "uma paisagem" está inserido em um contexto espacial mais amplo. O registro de paisagens de áreas tidas como degradadas estética e socialmente também possuem um papel insurgente. Ao buscar ângulos que privilegiam modos de vida desconhecidos por muitos (até mesmo por questões associadas à invisibilidade social), é possível que as fotografias atuem como agente de problematização de estereótipos, ao propor novas abordagens que em nada lembram os adjetivos consolidados no imaginário de muitos. Ademais, destaca-se o fato das imagens, inclusive as fotografias, serem sempre parcelas da realidade intangível. Destaca-se o argumento de Oliveira Júnior, para quem as "imagens são também multiplicidades a serem consideradas no entendimento da atual configuração espacial e dos potenciais devires que cada lugar engendra" (OLIVEIRA JÚNIOR, 2009). É de se considerar que

> Fotografias e filmes têm, em nossa cultura, esta *aura de verdade irrefutável* que algumas imagens nos trazem... tanto por manterem uma semelhança física – visual e auditiva – com o real que "representam" quanto por acreditarmos que essa correspondência entre o objeto fotografado ou filmado e a fotografia ou o filme desse objeto seja fruto de um processo inevitável, disparado no momento exato em que se aperta o botão da máquina de captura. Os mapas também carregam em si esta *aura de verdade irrefutável*, mas não por verossimilhança ou processo ótico-químico instrumental, mas por credibilidade histórica nas fórmulas matemáticas que subjazem às obras cartográficas (OLIVEIRA JÚNIOR, 2009 p.21).

Fotografias podem "revelar espaços "invisíveis" e desconstruir estereótipos, mas, sobretudo, expor o poder de agência das próprias imagens, as quais interferem na estruturação material ou imaginária dos lugares e no acionamento de metáforas visuais que organizam a sociedade" (MACIEL; VASCONCELOS, 2020, p.6). Queiroz Filho (2007) também aborda a problemática ou argumentar que um desenho, uma fotografia ou uma cena não se constituem como uma realidade ontológica. Tais representações "nunca são a própria coisa que está lá, mas algo mediado. Basta imaginarmos o que está fora do enquadramento. Aliás, a própria ideia de quadro, nos sugere isso, uma escolha, um olhar sobre" (QUEIROZ FILHO, 2007, p.2), que contribuem para a formação de ideias a respeito de um lugar/paisagem e que podem induzir a performance humana. Por isso, imagens e representações também se posicionam como instrumentos pertencentes a arena da política.

Barragem Santa Lúcia, na cidade de Belo Horizonte. Prédios de alto padrão são vizinhos de aglomerados habitacionais de baixa renda. O enquadramento da fotografia, que expressa o campo da visão do observador, também é uma escolha. As intencionalidades que visam provocar estranhamentos estéticos ou lançamento de conceitos fazem com que estes enquadramentos possam ser vistos como expressões militantes das paisagens. Foto do autor.

Edmund C. Penning-Rowsell chamou a atenção para o uso de fotografias como meio de avaliação da paisagem. Para o autor "fotografias não são consideradas suficientemente próximas da realidade, apesar de existirem algumas evidências que as avaliações de fotografias podem se apresentar próximas das avaliações feitas *in loco*" (PENNING-ROWSELL, 1982, p.99). Essas diferenças entre a avaliação de uma paisagem por meio da fotografia e *in loco* evidenciam as limitações das fotos como provedora de experiências multissensoriais, além de possibilitar enquadramentos por parte do fotógrafo no intuito de forçar certas impressões. É uma opinião similar a de Weinstein (1976), ao criticar métodos de avaliação paisagística [*landscape evaluation*] que utilizam fotografias no intuito de mensurar os estímulos de entrevistados a partir de imagens selecionadas. Weinstein critica a arbitrariedade da escolha das fotografias, que são selecionadas pelo pesquisador. Bernáldez *et al.* (1988) destacam que as limitações da fotografia apontam – para além da questão da arbitrariedade do ângulo – para o comprometimento da percepção de profundidade. Estamos neste ponto claramente referindo também a uma questão de altura do observador frente à paisagem disposta. A dimensão vertical, que também se associa a angulação, pode interferir nas avaliações estéticas e nas impressões paisagísticas (FADEL, 2016). Com essas considerações torna-se plausível afirmar que a fotografia tem o poder de gerar no observador questionamentos sobre "os pensamentos que levaram o fotógrafo a posicionar determinados ângulo e olhar ao invés de outros possíveis" (NASCIMENTO; STEINKE, 2018, p.29).

Apesar das limitações apontadas, as fotografias possuem seu papel como agentes da formação de preferências. Stilgoe (1984) argumenta que as revistas no início do século XX tiveram um papel importante para a construção de certos "consensos" estéticos acerca da paisagem. Para o autor, as revistas de fotografia ajudaram a consolidar um imaginário do que seriam paisagens aprazíveis de áreas rurais (STILGOE, 1984). É importante considerar que os sensos estéticos são socialmente construídos. Crianças podem ser consideradas como criaturas da natureza por ainda não terem introjetado os valores estéticos. Na polaridade entre natureza e cultura, as crianças tendem se mover na direção da cultura à medida que aceitam os valores e assumem as formas colocadas pela sociedade (TUAN, 1995a).

Em outra forma de militância, as expressões metafísicas da paisagem, por serem produtos da imaginação, muitas vezes possuem o interesse único de transmitir ideias ou criticar eventos, não se preocupando com a orientação espacial. Na tela "*Criança geopolítica assiste ao nascimento do novo homem*" (1943), de Salvador Dalí, o espaço torna-se detalhe em meio à representação metafísica do mundo situado em um ambiente árido, quiçá devastado. O mundo tornou-se parte de uma paisagem metafísica. Os horrores da Segunda Guerra Mundial provocaram o nascimento de um novo homem, que seria o despertar de uma nova consciência. Na pintura, uma mulher que acolhe uma criança aponta para o nascimento da nova consciência, num gesto fatigado, que transmite vagamente a esperança de melhores tempos.

Dalí, Salvador. *Criança geopolítica assiste ao nascimento do novo homem*, 1943. Óleo sobre tela, 45,7 x 52 cm. Museu Salvador Dalí, São Petersburgo.

Dentro da dimensão metafórica e metafísica, as relações entre espaço e poder podem ser expressas, como foi visto a partir da representação de John Gast na tela *O Progresso Americano*. John Vanderlyn pintou a tela *Ariadne Asleep on the Isle of Naxos*. Nesta tela, a protagonista aparece nua e brilhantemente branca repousando sobre a grama. A floresta luxuriante está em um segundo plano, enquanto que no fundo do quadro, à direita, é representado o oceano. No detalhe, um navio de Teseu parece estar ancorando. Ariadne é uma metáfora: a América a ser tomada, virgem, como um recurso a ser explorado (WALLACH, 1997). Em sua brancura, representa o parâmetro de beleza estética e sensualidade europeu. John Vanderlyn representou a paisagem como recurso, ao mesmo tempo em que denuncia relações de poder intercontinentais de certo tempo histórico. Sawyer e Agrawal (2000) destacam a sexualização como dogma colonial: ao mesmo tempo em que o pensamento ocidental feminiza a natureza, há uma preocupação de que a sexualidade irrefreável e a reprodução de não-brancos possam acarretar em populações numerosas que venham ameaçar o equilíbrio ambiental e social, em uma tese que revigora premissas malthusianas. Para os autores em questão, a imaginação colonial marca "as topografias e as pessoas nativas como espaços femininos a serem violados e, dessa forma, instauram uma hierarquia sexual e racial entre colonizador e colonizado" (SAWYER; AGRAWAL, 2000, p. 72).

Vanderlyn, John. Ariadne Asleep on the Isle of Naxos. 1809-1814. Óleo sobre tela, 224 x 175 cm. Pennsylvania academy of fine arts, Philadelphia.

O ato de nomeação se associa à tomada de posse. A descoberta de Américo Vespúcio possibilitou o batismo do Novo Mundo a partir de uma referência à feminilidade: América. A hierarquização de sexo em sociedades patriarcais é reproduzida simbolicamente no âmbito colonial. A relação de poder entre subordinado e subordinador se projeta subliminarmente na missão civilizadora. A ilustração original de Johanes Stradano mostra a América como uma mulher nua e assustada, como se fosse pega desprevenida, indefesa e incapaz de decidir sobre o seu futuro. É de se destacar que "a obsessão com a nudez e sexualidade feminina nativa não era uma mera e inocente fantasia masculina. O corpo feminino, nos âmbitos literal e metafórico, era o terreno primário no qual o colonialismo europeu afirmava o seu poder" (SAWYER; AGRAWAL, 2000, p.79).

Galle, Theodoor. Americo Vespucio awakens a sleeping America. 1575-1580, gravura reproduzida do original de Stradano, Johanes, 27 x 20 cm. The Metropolitan Museum of Art, Nova York.

Não restam dúvidas de que as expressões metafísicas das paisagens são frutos da imaginação. Contudo, considerando a pluralidade das expressões paisagísticas, podemos salientar que todas são imaginadas. Esta assertiva é coerente com o questionamento acerca da existência de uma realidade tangível, que se materialize em utópico consenso sobre a percepção espacial. Nessa perspectiva, toda forma de expressão da paisagem é a exposição de um particular ponto de vista sobre uma porção específica da superfície do planeta. Assim, as expressões sobre a paisagem irremediavelmente militam, pois participam do conjunto de experiências de quem as acessam, permitindo-nos aludir a uma metáfora intertextual.

Do ponto de vista prático, para além do universo estrito do simbolismo, as políticas de Estado podem trazer impactos expressivos na paisagem. Comumente dotadas de políticas especiais, as zonas de fronteira são vistas como espaços estratégicos pelos países que as abrigam. Dessa forma, é corriqueiro observar nessas áreas benefícios tributários para aqueles que desejam abrir negócios. Tornam-se, assim, espaços com vocações comerciais e/ou industriais (SILVA, 2017a; 2017b; 2017c). Para além das fronteiras, as zonas francas podem se estabelecer em áreas que enfrentam desafios logísticos severos. Nesse caso, as zonas francas constituem como uma forma de mitigar os efeitos colaterais advindos desses desafios. O estabelecimento da Zona Franca de Manaus é um exemplo. Os microestados europeus como Liechtenstein e Andorra eliminaram diversas tarifas sobre a comercialização de produtos, fazendo com que o comércio transfronteiriço se constitua como uma de suas vocações econômicas, com consequências notáveis para a paisagem.

A passagem através dos limites entre Estados também nos faz lembrar de que forma a política atuando sobre o espaço interfere no arranjo paisagístico. Muitas vezes não é somente uma questão de mudança linguística – na qual as placas de trânsito ou informações turísticas lembram-nos que não estamos mais no país-natal – mas uma questão de assimetrias em todo tipo de legislação que provocam resultados muito visíveis. André-Louis Sanguin (2015) nos lembra das abruptas mudanças na paisagem que são observadas na passagem pelo limite entre o Haiti e a República Dominicana. Este caso, quase um clichê nos estudos fronteiriços, mostra como as diferenças na legislação ambiental podem mostrar, de um lado do limite, precisamente no Haiti, "uma imensa erosão regressiva, devido a uma sucessão ininterrupta de deslizamentos do solo, pois o escudo protetor da floresta desapareceu completamente", enquanto que a República Dominicana "adota uma política sensível à preservação da floresta tropical" (SANGUIN, 2015, p.396).

Esforços que visam fortalecer imagens com propósitos de marketing sobre regiões ou cidades também possuem impactos paisagísticos (TUAN, 1980). Paris esforçou-se para criar uma imagem: "O arco do triunfo, a pirâmide do Louvre e a ópera da Bastilha celebravam ao mesmo tempo a identidade nacional francesa e reforçava a aposta de Paris para se alçar ao status de capital cultural de uma nova Europa" (COSGROVE, 1989, p.565). Convém lembrar que foram notórios os esforços de Barcelona no período anterior as olimpíadas de 1992 no sentido de reformular sua urbanização da mesma forma em que um anfitrião limpa a sua casa para receber visitas. Fronteiras militarizadas também evidenciam o papel da política na paisagem, seja por intermédio de muralhas, cercas ou pela presença das forças armadas, seu material bélico e seus quartéis (SANGUIN, 2015). O muro de Berlim separava paisagens fortemente moldadas pela ideologia política, sendo, ao lado do limite que separa dois países na península da Coreia os maiores exemplos-clichê.

Zona Franca de Cobija, Pando, Bolívia. Beneficiada pela legislação das Zonas Francas Bolivianas, a capital do departamento de Pando situa-se junto ao limite boliviano-brasileiro e tem a sua paisagem marcada pelo comércio pujante. Parcela expressiva do seu comércio é direcionada aos clientes brasileiros. Fonte: Foto do autor.

A paisagem jamais pode ser vista de forma indissociável das relações de poder. Sejam estas simbólicas ou práticas, deixam inegavelmente as suas marcas. Talvez o receio de alguns pesquisadores da paisagem quanto às abordagens relativistas e subjetivas da paisagem seja a negligência quanto às consequências materiais das relações de poder. Lembremo-nos que mesmo Don Mitchell (1995; 1999) – visto por alguns como um radical dos significados – destacou que a defesa de uma abordagem não reificada da cultura não nos leva necessariamente a negar a materialidade das externalidades oriundas das relações de poder.

13

QUID PRO QUO ENTRE MITCHELL, COSGROVE, JACKSON E OS DUNCAN

> Recentes tentativas de reteorização da ideia de cultura na geografia tem levado a formular a cultura como prática e a paisagem como lugar.
>
> *Peter Jackson* (1986)

A cultura teve um papel significativo na geografia humana desde o fim do século XIX, e firmou-se como um tema muito ativo de produção acadêmica até os anos 1950, quando experimentou um forte declínio. Os estudos culturais potencializam o próprio estudo da paisagem e do lugar. O declínio dos estudos culturais nos anos da ascensão neopositivista representou a colocação da paisagem em um papel secundário nos estudos geográficos. Além da primazia quantitativista na geografia, o declínio dos estudos culturais se devia à crença muito disseminada de que os processos de modernização, urbanização e a intensificação da globalização colocariam a cultura em xeque, o que fez com que muitos geógrafos culturais enveredassem em direção aos estudos de geografia histórica (CLAVAL, 2001b). Nas palavras de Paul Claval, no período do declínio dos estudos culturais, "os geógrafos estavam mais interessados na exploração de uma lógica geral que englobasse a vida social e econômica e sua organização no espaço do que buscar explicações para as formas específicas que os arranjos tomavam em diferentes circunstâncias" (CLAVAL, 2001b, p.128). Ou seja, como um fantasma que retorna para assombrar, a busca pelo estabelecimento de leis – que se apresentava como uma obsessão oitocentista da geografia – foi resgatada pela ascensão neopositivista dos anos 1950. Posteriormente, é notável que "as reações mais fortes ao neopositivismo vieram das perspectivas fenomenológicas e do radicalismo[222] crítico" (CLAVAL, 2001b, p.132) o que explica alguns novos direcionamentos para a pesquisa geográfica, como o crescente interesse na história da geografia e na

---

[222] O rótulo de "radicalismo crítico" atribuído à geografia crítica é muito difundido. Isto explica o fato da expressão "geografia radical" ser entendida como um sinônimo de geografia crítica.

geografia histórica (GLICK, 1987), bem como a ascensão da geografia humanista e a geografia crítica ou radical.

Particularmente, a abordagem cultural na geografia passou por rupturas paradigmáticas notáveis. William Norton (1987) considera que até 1970, no âmbito da geografia, o conceito de cultura não havia sido passado por um sério escrutínio. Esta situação levou a geografia cultural a utilizar conceituações que traziam uma ideia tradicional da cultura, que prevaleceu no século XIX e pautava pela sua reificação. O ataque a essa tradição, a partir dos anos 1970, também representou um ataque aos paradigmas da escola de Berkeley e ao legado de Carl Sauer. As reações ao neopositivismo dos anos 1960 precipitaram inaugurações epistemológicas que possibilitaram o amadurecimento do debate cultural no seio da geografia. De modo mais notável, as críticas à abordagem neopositivista na geografia se multiplicaram no período conhecido como "virada cultural[223]" [*cultural turn*], que teve seu florescimento localizado no final da década de 1960 e durante os anos 1970 enquanto movimento interdisciplinar. Para se falar de uma virada cultural na geografia há certo descompasso temporal, sendo talvez seja mais relevante apontar o final da década de 1970 e o início dos anos 1980 como sua aurora (BARNETT, 1998). O texto de James Duncan (1980) não raramente é apontado como um ponto de partida da virada cultural na geografia, ainda que seus fundamentos tenham seus detratores[224].

---

223 A virada cultural possui como marca a rejeição de epistemologias positivistas e tem como ênfase os estudos sobre os significados. O pós-modernismo, pós-colonialismo e pós-estruturalismo ajudam a consolidar os seus paradigmas. A virada cultural mobilizou o complexo arcabouço que busca relacionar a antropologia, a psicologia, a linguística, a filosofia e a arte para a compreensão da cultura (ALMEIDA, 2013B; PEDROSA, 2016).

224 Além da forte crítica de Price e Lewis (1993) que foi direcionada a diversos autores identificados com a nova geografia cultural e à crítica à tradição saueriana, Richard Symanski (1981) criticou diretamente o icônico texto de Duncan "*The superorganic in american cultural geography*". Independente do valor de algumas pontuações de Symanski, é inegável que o texto de Duncan, por meio da ampla repercussão de sua publicação, contribuiu para aguçar o olhar sobre as limitações da chamada tradicional geografia cultural, que tem na figura de Carl Sauer e Wilbur Zelinsky dois de seus baluartes. É inegável que a passagem dos anos 1970 para os anos 1980 flexionou – ainda que não se possa estabelecer um ponto de ruptura preciso – a dominante perspectiva da leitura cultural do espaço a partir de lentes focadas na materialidade da paisagem para uma abordagem marcada pela transcendência material e consideração dos simbolismos.

Enquanto fenômeno intelectual, a virada cultural espalhou sua influência em inúmeras áreas do conhecimento, produzindo um rearranjo não somente na geografia cultural[225], mas amplamente na geografia humana. Lawrence Grossberg, no final da década de 1980, salientou que os estudos culturais tinham assumido o protagonismo na vida intelectual e acadêmica dos Estados Unidos, fazendo com que não mais se tolerasse o fato dos estudos culturais serem considerados como abordagens marginais (GROSSBERG, 1989). Por outro lado, o próprio autor reconheceu que "quanto mais se fala da cultura, parece que menos claro sua definição se torna" (GROSSBERG, 1989, p.414), mostrando que nem mesmo o protagonismo da abordagem cultural foi capaz de eliminar a sua problemática abordagem. Clive Barnett (1998), por sua vez, preocupa-se com o rótulo "virada cultural". O autor acredita que se o conceito de cultura é difícil de delinear – como é largamente defendido – e o mesmo ocorre com aquilo que se entende como "virada cultural". É preciso ter em mente que este movimento intelectual agrupa abordagens distintas e até mesmo contraditórias entre si.

Apesar da observação quanto à falta de consenso quanto ao entendimento da cultura, conceito central de suas abordagens, a virada cultural "tem sido positiva para a geografia, permitindo que novas teorias críticas pudessem emergir, abrindo espaço para a abordagem de tópicos que eram considerados fora do escopo da abordagem geográfica" (VALENTINE, 2001, p.167) e, ainda "ofereceu novas perspectivas para os problemas explorados pelos geógrafos culturais durante a primeira metade do século XX" (CLAVAL, 2001b, p.129). Como uma onda avassaladora que se consolidou nos anos 1970 no ambiente acadêmico americano e britânico, tornou-se fato consensual que a cultura é um fator-chave para o entendimento do arranjo econômico, político e social. Como alvo da investigação cultural, proliferaram-se as temáticas acerca dos significados (com forte influência pós-estruturalista) e das identidades. É um equívoco pensar que a virada cultural tenha fomentado a estruturação de um corpo coeso de reflexão sobre a cultura, pautado em características comuns. Todavia, a transcendência da materialidade na abordagem cultural é uma característica marcante nas abordagens, fazendo com que temáticas como a geografia das religiões pudessem ser renovadas a partir de novas perspectivas que incluíam as relações entre o

---

225 A geografia cultural, apesar da grande influência da escola de Berkeley, já era, no contexto da virada cultural, uma corrente que abrigava um grupo muito distinto de geógrafos (MIKESELL, 1978).

espaço e o simbolismo (SAMPAIO; VANDERLINDE, 2020). Por outro lado, a crítica à exclusividade da materialidade – que foi realizada no seio da virada cultural – incomodou alguns pensadores que acreditavam que certos entendimentos poderiam prejudicar não somente o papel social da geografia, mas a própria leitura do espaço entremeado pela mente e matéria, em um fenômeno dialético. Isso se deve ao receio de que as abordagens contrárias à hegemonia do materialismo pudessem rejeitar toda materialidade e abraçar alguma forma de idealismo radical.

Esse incômodo de alguns intelectuais ajuda a explicar o surgimento da nova geografia cultural, na década de 1980, que tem no texto de James Duncan (1980) um dos símbolos da aurora do seu período. É impossível desvincular a nova geografia cultural das influências da virada cultural, que, como vimos, possui viés interdisciplinar. A *grosso modo*, enquanto a virada cultural ficou bem marcada pelo foco nas identidades, a nova geografia cultural, por sua vez, focou-se no social, no simbólico e nas relações de poder[226] (CORRÊA; ROSENDAHL, 2011), ainda que seja possível identificar diversidade dentro da abordagem. Na verdade, devido à pluralidade tanto da virada cultural como da nova geografia cultural, é difícil estabelecer linhas tão claras, o que sequer é desejável, pois reforçaria a ideia das correntes de pensamento como rótulos rígidos e de escopo inflexível. Em uma análise generalista, Daniel Paiva (2017) destaca a influência do construtivismo social como base paradigmática da nova geografia cultural, elencando como importantes características compartilhadas os seguintes tópicos:

- As ordens simbólicas societárias são socialmente construídas e arbitrárias;
- A interpretação das ordens simbólicas e societárias é plural e contestada, diferindo de lugar para lugar.

Além de focar no simbolismo cultural como um instrumento e uma manifestação das relações de poder, algumas abordagens identificadas com a nova geografia cultural preocupam-se com as dinâmicas de poder e a influência das estruturas simbólicas nas práticas cotidianas. A frase de Richard Schein sintetiza os pressupostos da nova geografia

---

226 Para Gregson (1992), é impossível para a geografia social e para a nova geografia cultural permanecerem como portadoras de identidades distintas. Em suas palavras: "A crescente concordância entre a geografia social e a nova geografia cultural reflete como as ideias de uma tem influenciado e transformado a outra, e ainda, ao mesmo tempo, serve para criar uma situação na qual é impossível ver onde uma termina e a outra começa" (GREGSON, 1992, p.391).

cultural: "A materialidade e o simbolismo da paisagem articula qualquer discurso sobre o modo de vida americano e se oferece como um meio de reprodução social e cultural" (SCHEIN, 1999, p.189). É importante destacar que, apesar dos trabalhos da nova geografia cultural florescerem no mundo anglófono, as aplicações de seus pressupostos não se limitam à paisagem americana ou inglesa. Ademais, destaca-se na argumentação de Schein o papel dual da paisagem enquanto produto e instrumento das relações sociais. Este é um ponto crucial da discussão acerca da abordagem representacional da nova geografia cultural.

Em um trabalho que reflete sobre o tensionsamento de posições divergentes quanto à construção de um anel rodoviário nas cercanias do Cairo, no Egito, Mitch Rose fala em "política da paisagem" [*politics of landscape*]: "Isso é o que eu quero me referir como política da paisagem: não sobre as implicações políticas da paisagem posta, mas a política do gerenciamento da paisagem cuja imagem não pode ser posta" (ROSE, 2007, p.461). Concordamos com Rose quanto à necessidade de compreendermos os processos que nos conduzem à paisagem tal como ela é; afinal, se a paisagem é capaz de influenciar a forma como as relações sociais se dão, os seus processos de negociação e gerenciamento são etapas muito importantes visando a construção de uma sociedade mais justa e representativa. Todavia, acreditamos que o termo políticas da paisagem não pode se limitar às etapas do gerenciamento e negociação, pois as "implicações políticas da paisagem posta" são indissociáveis frente às demais etapas; afinal, essas implicações atribuem ao homem – ainda que de maneira subconsciente ou rudimentarmente elaborada – a experiência necessária que o move a se tornar um partícipe do gerenciamento paisagístico. A leitura do trabalho de Rose (2007) nos permite compreender as razões da sua alardeada separação entre gerenciamento, ação e consequências do arranjo da paisagem sobre as pessoas: para o autor, a política da paisagem é a arte de gerenciar o inesperado. "Em consonância frente à parte expressiva do atual pensamento geográfico, a paisagem aqui tratada não é conceitualizada como um signo estabilizado, mas como um trabalho ou marca que convida as subjetividades a tomar forma" (ROSE, 2007, p.462). Este argumento de Rose também nos permite ponderar que, apesar de acreditarmos em certa aleatoriedade das interpretações dos elementos da paisagem, signos podem ser edificados de forma a induzir impressões; tal processo pode não ocorrer *ipsis literis* às intencionalidades das forças que governaram o erguimento de uma estrutura ou arranjo paisagístico, mas podem apresentar um poderoso grau de influência, inclusive motivando ações por parte dos intérpretes que curiosamente são em seu desfavor, o que se dá por meio de uma espécie de mecanismo subliminar. A reflexão em questão nos traz à mente o paradoxo denunciado por Edward Saïd (2003) sobre os resultados da força do orientalismo: a possibilidade do árabe se ver próximo das formas estereotipadas que são construídas pelo Ocidente.

Mesmo que possamos perceber distinções entre os autores que se identificam com a nova geografia cultural, esta se apresenta justamente como uma corrente capaz de atuar em um nicho deficiente da fenomenologia clássica[227], que é tida como socialmente estéril, dentre outras limitações. Como uma forma de expor as sutis diferenças entre algumas das abordagens que apresentam força na geografia cultural contemporânea, destacamos que a pós-fenomenologia – muitas vezes identificada como um campo dotado de grande interseção com as teorias não-representacionais – reivindica ser capaz de atuar no âmbito das relações de poder entre indivíduos, penetrando, por consequência, no terreno das diferenças econômico-sociais. Utilizando-se dos pressupostos teóricos do filósofo Don Idhe, os autores Ash e Simpson (2016) ressaltam que a pós-fenomenologia é "uma tentativa de escapar da natureza sujeito-centrada do pensamento da fenomenologia clássica" (ASH; SIMPSON, 2016, p.43). Por isso mesmo, a pós-fenomenologia é uma das importantes filosofias[228] que sustentam as teorias não-representacionais, que centra o seu arcabouço teórico – incluindo o seu vocabulário próprio – na relação entre atores humanos e não humanos.

Atuante no período de florescimento da nova geografia cultural, James Morris Blaut (1980) vincula à abordagem cultural com a abordagem política e social, entendendo que pertencem a um todo indissociável. Acredita

---

227 Na abordagem da geografia, as aplicações da fenomenologia clássica na leitura do espaço conduziram à concepção de uma fenomenologia do mundo vivido. Esta aplicação na geografia não é livre de críticas: supostamente carrega pressupostos e aplicações a-críticos e despolitizados, além de não destacar a natureza diferente da experiência vivida (MCCOMARCK, 2017). Ash e Simpson (2014), por sua vez, destacam que a fenomenologia é criticada por supostamente não contemplar a manipulação das pessoas realizadas pelas forças sociais objetivas, além de ser etnocêntrica e carregar uma estética masculina.

228 É importante destacar que a pós-fenomenologia não possui ênfase, escopo e argumentação diretamente pós-estrutural. Diferentemente, dá ênfase aos objetos/materialidade (mas também nos desdobramentos afetivos das relações desses atores não-humanos frente aos homens) em oposição ao foco na textualidade e desconstrução textual, que é uma marca do pós-estruturalismo (ASH; SIMPSON, 2016).

que não existem culturas como unidades genuínas na sociedade, visto que os limites estatais e o senso de nacionalidade interferem sobremaneira na espacialidade e constituição daquilo que se considera como cultura. Assim, crê que o verdadeiro e holístico conceito a ser tratado não deveria ser o de cultura, mas o de nação (BLAUT, 1980, p.26), pois este politiza a neutralidade da palavra cultura. Saindo da esfera política e penetrando na sociológica, Blaut lembra – como já abordamos no prefácio deste livro – que as culturas possuem no seu interior classes, fazendo com que certas aproximações entre coletividades criem instabilidade no próprio conceito de cultura. Em um exemplo, Blaut argumenta que trabalhadores tâmiles têm mais em comum com os trabalhadores bengalis do que frente à classe de mercadores tâmiles. Esta questão nos leva a pensar na funcionalidade do conceito de cultura. Entretanto, Blaut (1980) argumenta que a cultura é claramente associada à indivíduos quanto a coletividades, não havendo contradições no seu uso concomitante à estas duas dimensões. O autor acrescenta que o foco no indivíduo tem levado às abordagens que abandonam a cultura em detrimento das identidades.

Não ficamos tão confortáveis como James Morris Blaut (1980) com esse uso da cultura no âmbito coletivo e do indivíduo. Ainda que Maurice Halbwachs (1990) tenha nos apontado a existência de uma dialética formativa das identidades que se constrói no âmbito da experiência individual e coletiva, não parece ser adequado utilizar um conceito elusivo como a cultura nesse *front*. É uma questão que vai muito além de uma pureza comunicativa, já que entendemos que as metáforas e outras formas de linguagem não literais podem se constituir como estratégias discursivas. No caso da cultura, considerando que o termo pode ser reificado de inúmeras formas, o uso duplo do conceito na dimensão de um sujeito e de uma coletividade parece mais atrapalhar do que contribuir para o discurso teórico. Nos parece claro que o uso da palavra cultura como representativo da coletividade tem o potencial de reificar. Esse uso é diferente da consideração acerca da descrença quanto a existência de dimensões coletiva e individual autossuficientes, que existem independentemente. Sempre é importante pontuar que o indivíduo é entremeado pela coletividade; logo, não existe indivíduo sem que exista relações coletivas; de forma similar, não existe coletividade sem a contribuição das individualidades. Ambas as dimensões, coletiva e individual, são dinâmicas; a cultura, tão efêmera quanto a própria paisagem e o lugar, somente pode ser lida por meio de relações estabelecidas entre o coletivo, o indivíduo e paisagem. Não nos parece inadequado condenar a cultura reificada e apontar soluções que busquem ler a mesma como relações. Essa solução lhe garante efemeridade e contínua análise das relações entre indivíduos, coletividade e paisagem.

Acrescentamos que Blaut (1980) aponta que a palavra cultura traz uma cara de historicidade, enquanto que a identidade não o faz. Mais uma vez discordamos. A identidade apresenta a história em pelo menos duas dimensões: o tempo atomístico é um meio passivo da acumulação da experiência, seja ela individual ou coletiva; além disso, as identidades são temporalmente adiadas (BHABHA, 2013) trazendo retalhos temporais enquanto fragmentos descompassados, fazendo com que o corpo identitário se constitua como uma quimera diacrônica. Blaut (1980) ainda elabora uma crítica muito comum dos marxistas ao desconstrucionismo de classe, ao dizer que o foco no indivíduo reforça o discurso liberal meritocrático, no qual, não importa a sua cor – ou qualquer outra característica que o identifique a um grupo social -, o mérito pode conduzí-lo às conquistas mais solenes. Acreditamos firmemente que a desconstrução das classes e da cultura a favor das identidades não inviabiliza a luta por uma sociedade mais justa.

A congruência entre os elementos da virada cultural e da nova geografia cultural ficam evidenciados em sua busca comum por uma abordagem antipositivista e no seu foco interdisciplinar. É possível considerar abordagens identificadas com a nova geografia cultural que "recebem aportes da fenomenologia, hermenêutica, materialismo histórico e dialético, das ciências sociais como a antropologia interpretativa, linguística, história da arte e semiótica" (CORRÊA, 2011, p.8). Pelas razões salientadas, há de ter em mente que – em algumas abordagens – os limites epistemológicos não são tão rígidos entre a virada cultural e a nova geografia cultural, sendo que esta última acompanha a primeira ao absorver vários aspectos do pós-modernismo (PEDROSA, 2016). Contudo, algumas particularidades da pós-modernidade colocam em dificuldades certos pressupostos da teoria social, encampada não raramente pela nova geografia cultural. De acordo com Nicky Gregson, as novas teorias culturais criam apuros para as tradicionais abordagens das teorias sociais, como fica clara neste trecho:

> Sem dúvida, com a teoria cultural assumindo o principal plano de análise da pós-modernidade ao mesmo tempo em que a teoria social parece condenada como parte de um projeto da modernidade, parcela importante da geografia social encontra-se despojada de uma direção teorética fascinante, parecendo estar de um lado, agarrada dinossauricamente ao passado e, por outro, refugiando-se no empirismo (GREGSON, p.139, 1995).

Apesar da virada cultural e do florescimento da nova geografia cultural serem muitas vezes apresentados como rupturas grosseiras das abordagens culturais, precisamos considerar o seu verdadeiro caráter: não passam de rótulos. São os pesquisadores que, por meio de suas experiências que sustentam os seus escritos, materializam as formas de pensar, essencialmente híbridas e intertextuais. Vale o alerta de Marvin W. Mikesell, referindo-se mais detidamente à geografia cultural: "Eu acredito que o histórico da geografia cultural revela a continuidade mais do que a descontinuidade, o que implica que o trabalho dos pioneiros possui alguma vigência atual" (MIKESELL, 1978, p.4). Denis Cosgrove (1989) considera tal abordagem romântica, pelo fato da geografia cultural carregar no seu percurso importantes rupturas. Quando falamos sobre as existências de "viradas", obviamente estamos nos referindo às rupturas. O que vemos como inadequada é a rotulação do pensamento de autores de acordo com as correntes de pensamento que a eles está associada. Cria-se a ideia falaciosa de que todos que estão identificados com certa corrente pensam da mesma forma, enquanto que, na verdade, uma corrente pode abrigar formas muito distintas de pensar, como é esperado, devido à natureza híbrida e excepcional de cada percurso intelectual. Nota-se, por exemplo, que a hegemonia da abordagem geográfica-histórico-antropológica da geografia cultural foi quebrada a partir da década de 1980, com a notável diversificação de conexões com muitas outras áreas do conhecimento (CORRÊA, 2011).

De todo modo, tanto o rótulo da virada cultural quanto o da nova geografia cultural representam um rompimento com as tradições neopositivistas que ganharam corpo nos anos 1950 e também frente aos tradicionais estudos culturais, que, no caso da geografia, são representados comumente pela escola de Berkeley que herda, por sua vez, o legado saueriano. Esse é o breve contexto do ambiente acadêmico que explica a grande efervescência de ideias do período entre 1980-1990, com grandes debates portadores de divergências e concordâncias que prolificamente semearam a geografia em geral e, certamente, a geografia cultural (KONG, 1997). Negando a existência de um rígido limite entre a virada cultural e a nova geografia cultural, certas características já estavam presentes anos 1980 no debate geográfico sobre a cultura e a paisagem:

- O afastamento da noção reificada da cultura;
- O reconhecimento da essência simbólica da paisagem e a importância dos seus sentidos em oposição ao foco nas formas materiais;

- A atenção dada à cultura popular em oposição a expressões culturais que favorecem as elites;
- A ideia da paisagem como um texto e a aplicação da análise semiótica aos estudos da paisagem (KONG, 1997, p.179).

De todo modo, na interpretação da paisagem é possível dissociar em extremos teóricos as abordagens de viés fortemente cultural das sociais, ainda que seja recomendável tratar essas dimensões dialeticamente. Reflexões sobre o hibridismo cultural e os efeitos da globalização sobre as identidades, além da pastichização do espaço, podem estar pouco compromissadas com a teoria social. Em outro extremo, uma abordagem marxista da paisagem pode ver a categoria em questão sob a ótica da reprodução material da luta de classes, a partir da dicotomia entre exploradores e explorados, negligenciando empréstimos da teoria cultural. Em uma escala mais ampla, pode-se pensar o social a partir das relações de exploração para além dos domínios da paisagem; nessa lógica, as paisagens seriam regidas por relações de poder que estão além de sua escala, sendo denominadas paisagens derivadas (SANTOS, 2004b). É interessante pensar que alguns temas sobre a paisagem entram em uma zona de congruência entre o cultural e social, como, por exemplo, a metáfora da paisagem enquanto espetáculo. Nesta metáfora, a reprodução da paisagem se daria a partir de uma lógica de modificação da paisagem observando certos consensos estéticos de contribuiriam para um contínuo processo de aprazibilidade e encantamento. Por penetrar no lamacento terreno da estética, a problematização da paisagem como espetáculo requer empréstimos de teorias culturais, da semiótica e das artes em geral; ao mesmo tempo, a lógica de encantamento atenderia aos interesses de maximização da reprodução do capital que trariam, necessariamente e como efeito colateral, a consequência da gentrificação.

As abordagens que comumente são identificadas como alinhadas aos pressupostos da nova geografia cultural, costumam nos ofertar reflexões interessantes nas quais a dimensão social e cultural congruem. Barnett (2004) chama a atenção para o seguinte fato: se, a partir da virada cultural, os geógrafos passaram a fazer um grande esforço para incluir a discussão cultural em seus trabalhos, é de se destacar que, apesar disto, não se formou um consenso sobre o que a dimensão da cultura se refere. Em meio à profusão de novas metodologias aplicadas ao estudo da cultura e a multiplicação do interesse nesse campo de investigação científica, grandes discussões foram travadas entre nomes consagrados da geografia.

Insistimos que, para o debate proposto no livro, a compreensão e o uso da palavra cultura traz reflexos diretos para a categoria paisagem. Esta é a razão para nosso enfoque. A paisagem e a cultura carregam em si uma oposição constante entre "materialidade" e "imaterialidade" (NAME, 2010), o que nos ajuda a entender a discussão entre os autores identificados com a nova geografia cultural. O rico e intenso debate derivou da abordagem de Don Mitchell (1995) que consistiu, além do seu caráter propositivo, como uma crítica contundente a outros geógrafos culturais prolíficos, a quem os acusou de reificar o conceito de cultura. Segundo Mitchell, ao trazer novos conceitos/ressignificações para a cultura, esses geógrafos permaneciam na esfera da ontologização[229], com a pretensão de sofisticar a reificação da cultura, sem abolir esta prática. Para Lily Kong, a despeito das críticas realizadas a diversos autores, a maior relevância do artigo reside no seu papel em promover "a manutenção da roda da re-teorização girando, que se faz necessário para que ocorram avanços no campo da subdisciplina[230]" (KONG, 1997, p.182).

O incômodo de Mitchell se manifestou no período imediatamente após a consolidação da chamada nova geografia cultural. No interior deste rótulo, as intencionalidades de contemplação das questões sociais fazem com que a estratégia comunicativa da reificação de categorias tais como raça, etnia e cultura tornem-se, também, uma estratégia político-ideológica. Uma vez sendo tratadas como entidades reificadas, raça, etnia e cultura podem ser utilizadas como instrumento de luta social. Sendo descritíveis e passíveis de delimitação, essas categorias podem, por exemplo, reivindicar certas políticas governamentais. Todavia, Mitchell parece crer que a reificação é mais nociva do que benéfica: acredita que a entificação, particularmente referente à categoria cultura (mas aplicável a outras categorias), "é uma imposição, um processo de nomear e definir que expõe o poder

---

229 No seu artigo, Mitchell (1995) criticou a abordagem ontológica da cultura. Ao dizer que *"there´s no such (ontological) thing as culture"* (MITCHELL, 1995, p.103), quis se referir as abordagens que possuem a pretensão de definir o que seja cultura. Ao longo do seu artigo utiliza o verbo reificar como sinônimo de ontologizar, como se vê na frase: "The idea of culture is constantly implemented, constantly reified (…)" (MITCHELL, 1995, p.110). Claramente, o uso da expressão "abordagem ontológica da cultura" no sentido empregado por Mitchell refere-se ao entendimento da cultura como uma entidade tangível, passível de descrição.

230 Kong referiu-se aos estudos culturais em geografia quando usou o termo subdisciplina, sem querer fazer, no contexto de sua mensagem, uma referência discriminatória entre a chamada tradicional geografia cultural e a nova geografia cultural.

das classes dominantes e que permite a desmitificação de movimentos oposicionais" (MITCHELL, 1999, p.47).

Uma leitura incompleta ou apressada de Mitchell (1999) pode levar a crer que o autor é desprovido de sensibilidade social. Este, definitivamente, não é o caso de sua abordagem. Em uma conclusão importante, após criticar a reificação da cultura, sugere que uma agenda relevante para a geografia cultural é a compreensão de como os grupos poderosos operacionalizam historicamente a noção de cultura[231]. Mitchell mostrou posteriormente que esta era uma sincera preocupação pessoal, à medida que investiu na escrita de textos que exploravam essa seara. Em *"Cultural landscapes: just landscapes or landscapes of justice"* (MITCHELL, 2003), o autor refletiu sobre o modo em que a paisagem se dinamiza favorecendo certos grupos em detrimento de outros, chamando certas transformações espaciais de "paisagens da injustiça" que levam à "degeneração da sociedade" (MITCHELL, 2003, p.793). Reafirma na conclusão do artigo sua posição socialmente engajada ao salientar que "os estudos da paisagem não podem mais ser somente sobre a paisagem[232]" e que "os estudos da paisagem precisam ser dedicados a considerar que a paisagem é o alicerce e um meio de obtenção da justiça" (MITCHELL, 2003, p.793). A particularidade da abordagem de Mitchell é justamente sua capacidade de transcender o materialismo ao mesmo tempo em que se mantém preocupado com as questões sociais. Há uma frase do autor que justamente sintentiza essa característica: "a propriedade, assim como a paisagem, é o lugar de luta que é simultaneamente material e representacional" (MITCHELL, 2001, p.273). Para Mitchell, a paisagem precisa ser vista a partir das relações de poder e de suas contradições.

Paralelamente a esses esclarecimentos, é crucial conceber que a crítica quanto à reificação da cultura não é o mesmo que defender o fim das manifestações culturais, assim como a crítica quanto à reificação da raça não é o mesmo que assegurar que o racismo não existe. Se vê com frequência a incapacidade de militantes de separar esses elementos, fazendo com que os teóricos críticos das abordagens reificadas sejam vítimas costumazes da retórica favorável aos grupos oprimidos.

---

231 Reflexão também incluída na abordagem de Caroline A. Mills (1988), que argumenta que a noção de hegemonia caminha ao lado da dominação cultural, fazendo-nos pensar acerca de quem exerce o poder e, portanto, define as concepções de gostos e boas maneiras.

232 No sentido aqui empregado, Mitchell traz a ideia de que os estudos da paisagem não podem ser meramente descritivos e socialmente estéreis.

Abordagens intelectualmente densas não raramente são acusadas de academicismo vazio, como se a reflexão profunda e cuidadosa fosse sempre incompatível com os interesses dos oprimidos. Resta-nos refletir se a ira dos militantes reside no âmbito da incompreensão teórica ou simplesmente no ato político deliberado (afinal, crer na teorização não reificada exige do militante uma reinvenção do discurso). Ao mesmo tempo, fica claro em outro texto de Mitchell (1993) que o mesmo não prega a invalidade da abordagem material como componente do espaço (e, portanto, da paisagem e do lugar), mas que é necessário o desenvolvimento de uma teoria que contemple as complexas relações envolvendo a materialidade e a imaterialidade.

Entre os anos de 1995 e 1996 foi possível assistir um debate que acrescentou muito aos intermediadores e leitores. A revista *Transactions of the Institute of British Geographers,* que publicou em 1995 *"There's No Such Thing as Culture: Towards a Reconceptualization of the Idea of Culture in Geography"* de Mitchell, nos brindou com os artigos-resposta de Cosgrove (1996a), Jackson (1996) e James e Nancy Duncan (1996). Tivemos ainda a chance de termos a tréplica de Don Mitchell (1996b) publicada no mesmo ano. Destacaremos alguns dos principais pontos do debate:

I. Peter Jackson (1996)

- Faz no seu artigo-resposta uma autocrítica sobre o uso indevido da palavra "meio" ou "domínio" quando se quer falar sobre cultura. Essas palavras sugerem delimitação e seriam indicativos da abordagem ontológica da cultura. Concorda neste aspecto com Mitchell: "Contudo, aceito que as metáforas de domínio, nível, meio e arena mantêm suas próprias cargas ideológicas e reificam "cultura" a um grau que agora eu acharia inaceitável[233]" (JACKSON, 2008, p.104);

---

233 A paisagem também possui suas metáforas. Como vimos anteriormente, a paisagem enquanto texto é uma das mais difundidas no estudo da categoria. Para além da expressão "paisagem natural", outras possibilidades como paisagens "do consumo", "residual", "emergente", "excluída", dentre outras, se apresentam nos estudos geográficos (CORRÊA, 2014). As metáforas apresentam-se em um fogo cruzado: se, por um lado, possuem um potencial pedagógico para destacar aquilo que se quer tratar, por outro, ligam o alerta sobre a possibilidade de abordagem reificada da paisagem, como se o sentido da categoria estritamente fosse aquilo que se pretendeu tratar. Paisagem não é só o quadro social, bem como não se restringe ao seu quadro natural; tampouco a paisagem nega absolutamente a materialidade à favor de um simbolismo intersubjetivo imaterial.

- Acredita que exista certa materialidade na cultura, dando a entender que o posicionamento de Mitchell (1995) é radical. Argumenta que o que definimos convencionalmente como cultura ganha muito de seu poder a partir de sua materialidade aparente. Em suas palavras, "sem tal preocupação pelo mundo material, arriscamo-nos a produzir uma geografia cultural anêmica, onde as únicas lutas são sobre a linguagem e políticas de representação" (JACKSON, 2008, p.104);
- Teme que o argumento central de Mitchell possa servir como discurso para opressores mal intencionados, interessados e manter o *status quo* social: afinal, como assevera Mitchell (1995), a cultura é uma ferramenta política a favor da manutenção do arranjo social, e, portanto, da paisagem. Jackson teme que a negação ontológica radical da cultura sirva como discurso conservador[234] (JACKSON, 2008).

II. Denis Cosgrove (1996a)

- Discorda de Mitchell acerca do fato de novos geógrafos culturais estarem obcecad+os em melhorar a definição de cultura, sem que este esforço traga o conceito para fora de uma abordagem ontológica. Alega que Mitchell citou autores sem que tenha compreendido a verdadeira intenção dos mesmos (COSGROVE, 1996a);
- Defende a ideia de que as metáforas que se associam a espacialidade, tais como nível, meio, domínio ou arena não precisam de um apoio teórico para serem adequadas a se referirem à cultura. Cosgrove assevera que "uma metáfora é um artifício linguístico – uma construção retórica desenvolvida e desdobrada dentro de uma argumentação persuasiva, não uma técnica de explanação científica" (COSGROVE, 2008, p.108). Mitchell acredita que muitas dessas metáforas servem para reificar a cultura, por essa razão sugere a necessidade de que a metáforas sejam embasadas teoricamente. Por serem palavras não literais, podem dificultar a comunicação entre o autor e o leitor do texto, sobretudo no caso de um conceito caótico como o de cultura (MITCHELL, 1995). Hoefle (2008) concorda com o ponto de vista de Cosgrove

---

234 Este é um ponto extremamente conflitivo do pensamento. Um argumento é que as reificações da cultura podem conduzir a construção de conceitos que favorecem a apropriação e reprodução elitista. Por outro lado, existe o argumento de que a não reificação pode conduzir a uma situação na qual ocorre um esvaziamento da apropriação de grupos oprimidos dos seus instrumentos de pertencimento e reconhecimento que servem, por sua vez, ao campo da luta social e política.

(1996a), ao afirmar que o conceito de "cultura", como também o de "economia" ou o de "política", são todas abstrações intelectuais construídas para entender outra abstração: a "sociedade". Para Hoefle[235], "somente um radical empiricista como Mitchell sustenta um debate meramente ontológico, assumindo que "cultura" não tem existência em si, sendo apenas uma construção ideológica" (HOEFLE, 2008, p.131).

III. James e Nancy Duncan

• A partir da crítica de Mitchell acerca da ideia de cultura, alegam que o autor indevidamente quer separar as ideias das práticas materiais. Os autores acreditam que exista indissociabilidade entre esses elementos. Os Duncan acreditam que as ideias são reais, assim como as suas consequências. Utilizam para tanto o exemplo abordado por Mitchell (1995), a raça, reforçando que "não é uma categoria científica legítima, mas que o racismo certamente existe[236]. Os racistas desdobram a categoria raça e consequências muito reais resultam disto" (DUNCAN; DUNCAN, 2008, p.111);

---

235 Apesar do verniz de sofisticação crítica do texto de Hoefle (2008), o mesmo dá mostras de uma abordagem reificadora da cultura, não apenas em um mero jogo de palavras e metáforas, mas por intermédio do entendimento processual de gênese e transformação cultural. Argumenta sobre um uso contraditório da ideia de cultura, primeiro ao afirmar que "após longos debates chegaram a um acordo na Antropologia contemporânea para tratar a cultura como um artifício analítico construído para entender a vida em sociedade, não sendo, portanto, uma entidade ontologicamente reificada" (HOEFLE, 2008, p.132). Contraditoriamente complementa que "da mesma forma, as divisas fenomenais e espaciais, externas e internas da cultura são delimitadas arbitrariamente para analisar as relações intra e interculturais" (Idem). Ora, se existe a pretensão de delimitação cultural, a sua reificação está dada e sua posição teórica está tomada. O autor finalmente celebra a reificação cultural: "As culturas não estão isoladas no mundo, pois o mundo contemporâneo se caracteriza por processos de diversidade e globalização cultural" (Idem).

236 Esta é uma confusão muito comum aos críticos dos desconstrucionistas. Mitchell desconstruiu a materialidade da cultura, e isso bastou para que James e Nancy Duncan sacramentarem que os efeitos da cultura são materiais, analogamente ao seu exemplo envolvendo raça e racismo. Consideramos que desconstruir a materialidade de certos conceitos e concepções não significa desacreditar nos efeitos da crença acerca de sua existência. É difícil imaginar um intelectual que conceba a ideia de rejeitar a materialidade dos efeitos do racismo e da cultura sobre a paisagem e vida cotidiana. Mitchell concentra justamente no fato dessas materializações estarem a serviço de relações de poder, e servirem discursivamente às elites.

- Acreditam que Mitchell (1995) acaba sendo mais tolerante com certas abordagens ontológicas da cultura do que com outras. Para tanto, utilizam as diferenças na abordagem de Mitchell quanto à Raymond Williams e à Zukin, que tratariam a cultura de uma forma muito semelhante e próxima ao sentido ontológico que tanto critica;
- Todavia, os Duncan concordam com Mitchell (1995) quando o mesmo afirma que "a cultura é um termo escorregadio, difícil de definir, que os geógrafos culturais deveriam dar mais atenção ao problema de seu status ontológico e que sempre há o perigo de reificá-la, dando-lhe poderes causais" (DUNCAN; DUNCAN, 2008, p.115).

IV. A tréplica de Don Mitchell (1996b)

- Discorda de Cosgrove (1996a) ao afirmar que as metáforas – as que são utilizadas em sentido espacial como alusões à cultura – precisam ser fundamentadas pelo fato de vivermos em um mundo social, em que a linguagem pode nos reservar armadilhas comunicativas. Concordamos com essa perspectiva de Don Mitchell e revelamos incômodo com a leitura de Bousnina e Picheral (2002) que usam a palavra célula para se referirem a uma dada área que reuniria semelhanças em suas características culturais. Além disso, dão tratamento semelhante à ideia de nação, contrapondo a famosa desconstrução realizada por Bennedict Anderson (2013) que trata a categoria em questão como "comunidade imaginada".
- Mantém a posição que Jackson e os Duncans em trabalhos pretéritos não evitaram o problema da reificação da cultura;
- Reconhece que no artigo-resposta Jackson (1996) e os Duncans (1996) concordam com a premissa central de que não existe tal coisa ontológica como a cultura, confessando estar gratificado pelo fato dos autores em questão tenham ímpeto em tornar sua posição tão explícita (MITCHELL, 1996);
- Reconhece que Jackson (1996) tem razão ao afirmar que a ideia trazida em seu artigo provocador (MITCHELL, 1995) pode levar ao entendimento equivocado de que exista uma defesa da separação plena entre a materialidade e as ideias. Mitchell (1996b) acredita, inclusive, que Cosgrove (1996a) e os Duncans (1996) justamente foram conduzidos a essa interpretação equivocada;
- Reforça que não vê a sua abordagem sobre a cultura como contraditória. Em suas palavras: "Só espero que fique claro que a "forma diferente" que precisa ser teorizada não é apenas uma

questão de propor uma melhor noção ontológica de cultura" (MITCHELL, 2008, p.119);

- Acha injusta a crítica dos Duncans (1996) acerca da possibilidade de considerar os teóricos culturais, dentre eles os geógrafos, de irreais sobre qual é exatamente seu objeto de estudo. Elucida a suposta má compreensão dos Duncans ao afirmar que "os geógrafos (e outros teóricos culturais) citam continuamente noções reificadas de cultura mesmo quando não é essa a sua intenção e, por esse motivo, reificam a cultura em entidades distintas e delimitadas" (MITCHELL, 2008, p.120).

O debate entre esses autores de grande renome nos estudos culturais representou um avanço na reflexão que envolve cultura e espaço, deixando importantes contribuições para a reflexão da paisagem e do lugar. Entre eles, um ponto consensual é que a abordagem reificada da cultura é inadequada[237]. Nesse sentido, o texto de Mitchell (1995) representou um marco para a geografia cultural, pois despertou e agitou a discussão em torno dessa problemática. Anssi Paasi (2003), sete anos após o *quid pro quo*, escreveu um artigo sobre região e lugar que versava, principalmente, sobre o conceito de identidade regional. Mesmo sem entrar no mérito da discussão Mitchell-Jackson-Cosgrove-Duncans, Paasi apresenta uma abordagem não reificada sobre as identidades que passa por fundamentos muito semelhantes aos discutidos pelo quinteto. Em sua reflexão metodológica sobre a identidade regional, Paasi (2003) argumenta que uma das maiores dificuldades que se associa ao fato de escrever ou falar sobre o assunto em questão é que estes atos criam, concomitantemente, uma agenda para entender a sua essência. Utilizando-se de Bourdieu, Paasi (2003) argumenta que palavras tem o poder de produzir "coisas", criar fantasias, fobias, ou simplesmente imagens equivocadas. O autor considera ainda que o conhecimento humano é baseado na identificação e classificação. Este fato acaba por gerar demandas, no senso comum e na academia, por rótulos e imagens simplificadas que tornam menos dolorosa a tarefa comunicativa. Indo na contramão da abordagem reificada da identidade regional, Paasi salienta que, dentro dessa temática, "um outro problema é a suposição implícita e muito comum de que a identidade

---

237 Cosgrove (1996a), por meio de sua crítica, argumenta que aquilo que Mitchell chama de abordagem ontológica se faz necessário como um artifício linguístico, como vimos. Dessa forma, acredita que Mitchell desconsiderou as intenções de quem usou metáforas vistas como reificadoras da cultura.

regional é um fenômeno empiricamente existente em um dada região e que pode ser adequadamente analisado utilizando-se um corpo específico de materiais de pesquisa" (PAASI, 2003, p.480). Neste trecho, especificamente, Paasi nega a tangibilidade da identidade regional. Apesar disto, o autor argumenta que as pessoas têm maior segurança em apontar o que define a sua identidade do que "o que dá forma a categorias tais como a nacionalidade, a classe, a ocupação ou a região de habitação" (PAASI, 2003, p.475).

Por outro lado, é possível reconhecer que certas paisagens e lugares tornam-se icônicas para parcela expressiva das pessoas. Mesmo sem nunca ter visitado Paris e Roma, o Arco do Triunfo e o Coliseu transformaram-se, para muitos, em símbolos que são corriqueiramente identificados com espaços que vão além das cidades que os abrigam. Assim, essas magníficas arquiteturas expressam ao mesmo tempo as cidades, a região e o país. O seu tombamento como patrimônio internacional pode até mesmo expressar a genialidade da própria espécie humana, num movimento em que o local e o global se estranham. O Cristo Redentor, o Taj Mahal, Angkor, a cidade proibida, o Monte Rushmore, são todos exemplos dessa identificação do monumento com os lugares e com sua expressão regional. Todavia, o significado que essa associação atribui aos lugares e às paisagens é variado e submetido ao escrutínio da experiência humana. O letão Edmunds V. Bunkse (2001) acredita que o mar Báltico, os rios Gauja, Daugava e Venta, o lago Burtnieku e antigos castelos medievais constituem a iconografia nacional da letoniedade [Latvian-ness] ostensivamente reconhecida por todos. O apego às iconografias é uma regra e não exceção paisagística. Pode, contudo, mostrar-se especialmente pujante em certas coletividades que sofreram historicamente com a ocupação estrangeira, como é o caso da Letônia, onde pairou o receio do extermínio linguístico que poderia conduzir ao esquecimento de registros culturais, dentre os quais a rica literatura letã. Certamente o notável orgulho letão acerca do seu folclore e literatura é explicado, dentre outras questões, pela influência histórica do julgo colonizador. Apesar dessas questões, é plausível considerar que os elementos que identificam a letoniedade não se hierarquizam da mesma forma entre os letões, o que é explicado justamente pela essência excepcional que caracteriza as identidades.

Toda essa discussão passa pela reflexão sobre a tangibilidade da cultura e sua capacidade de se expressar de forma totalizante. O constrangimento acerca do uso de metáforas como forma de alusão à espacialidade da cultura, especialmente "domínio", "território", "reino" ou "região" foi abordada por Don Mitchell. Nós temos teorizado os efeitos nocivos dessa reificação tanto na representação espacial quanto no entendimento para além da cartografia (SILVA; COSTA, 2018a; 2018b e 2020b). As reminiscências do debate Mitchell-Jackson-Cosgrove-Duncans se fazem presentes na geografia contemporânea. Apesar do debate do quinteto ter sido traduzido em língua portuguesa graças a uma iniciativa da revista Espaço e Cultura da UERJ, não é um tema recorrente em publicações brasileiras. Isto nos leva a crer que a importância desse debate foi subvalorizada no seio da geografia cultural brasileira. Por outro lado, dentre os intelectuais da geografia humanista é corriqueiro perceber em seus métodos a presunção de que a reificação cultural é inadequada. O foco do pensamento no indivíduo, o exercício da alteridade e a pesquisa fenomenológica já presumem que os vícios da abordagem reificada da cultura tenham sido superados. Avaliamos, entretanto, que o resgate e avanço desse debate é necessário na geografia brasileira. Afinal, a ausência dessas discussões pode continuar perpetuando noções já superadas no ensino básico e também na academia.

14
ENTRE CULTURA E RAÇA: A MILITÂNCIA QUE REIFICA

Como vimos, a chamada "virada cultural", que se desenvolveu na década de 1970, destacou-se pelo foco dado à construção de identidades. Por outro lado, as relações sociais amparadas pelas normas, códigos de comportamento, sentimentos e valores morais ficaram legadas a um segundo plano em sua abordagem (JACKSON, 1997). Outra marca da virada cultural é a crença de que o debate cultural é o *locus* privilegiado do anúncio das inadequações das formas marxistas de explicação social, além da oposição ao quantitativismo positivista. Para Barnett (2004), os argumentos identificados com a virada cultural são fortemente dependentes da crítica pós-modernista acerca das epistemologias totalizantes e essencialistas, das quais o marxismo – taxado de economicista, reducionista, determinista e baseado em classes[238] – é um suspeito primário. Por outro lado, é comumente dito que a virada cultural marginalizou a geografia social e perdeu consistência política[239] (VALENTINE, 2001), percepção que pode ter fomentado a guinada em direção à abordagem social dos anos 1980. Em uma crítica ampla à virada cultural, Gill Valentine salienta

> Os críticos à virada cultural argumentam que a abordagem centrada em significados, identidade e representações talvez tenham conduzido geógrafos a perder a referência das consequências e efeitos muito reais das identidades sociais e processos, ignorando a economia política da diferença e as relações de poder (VALENTINE, 2001, p.168).

---

[238] A crítica à fundamentação da análise espacial a partir de classes não passa somente pela reificação/arbitrariedade da composição da classe: no contexto geográfico, a ideia de classe e grupos sociais muitas vezes foi apresentada como relações entre áreas, obliterando outras divisões sociais possíveis no interior das áreas (ANDERSON, 1973).

[239] A dita geografia cultural tradicional também sofreu críticas similares àquelas que foram observadas na virada cultural. Geógrafos sociais, sobretudo na Alemanha, classificaram o período morfológico que tem em Otto Schlüter e Sauer expoentes como um momento estéril, que representou em "verdadeiro empecilho para o desenvolvimento da geografia social" (SEEMANN, 2004, p.73).

A nova geografia cultural surge no espaço dessas críticas e ganhou força nos anos 1980 a partir das publicações de autores como Peter Jackson, Denis Cosgrove, e James Duncan. Desvinculou-se da preocupação da constituição das identidades, centrando-se no entendimento da produção simbólica e em seu papel em ordenar o espaço. Em contraste com a tradicional geografia cultural americana que se tornou alvo de suas críticas, a nova geografia cultural "estava fortemente ligada à sociologia e à geografia britânica, apresentando-se profundamente preocupada com as questões ligadas ao espaço, relações de poder e a diversidade cultural das práticas cotidianas" (SCOTT, 2004, p.24). Para Tim Cresswell (2010), a nova geografia cultural que teve "o seu chamado à guerra" [call to arms] em meados da década de 1980, trata-se de um projeto inacabado. Este status não é explicado por alguma deficiência teórica em seus pressupostos, mas pelo fato do mundo ser marcado pelas desigualdades e injustiças e ainda existir o motivo da academia ser o espaço de denúncia e se constituir como ferramenta de conscientização. Quanto utiliza a palavra injustiça, Cresswell refere-se "ao tipo que envolve a sistemática assimetria de arranjo de poder que permitem a ocorrência da opressão e exploração" (CRESSWELL, 2010, p.172).

Heidi Scott (2004) destaca que a nova geografia cultural foi desenvolvida e abordada por diversos geógrafos fora do Reino Unido, estando, contudo, represada quase exclusivamente no mundo anglófono. O debate visto entre Mitchell (1995) e autores identificados com a nova geografia cultural como Jackson e Cosgrove pode transmitir uma impressão deficiente: a ideia acerca de um disseminado antagonismo entre as características comuns da virada cultural e da nova geografia cultural. Sabe-se que ambas compartilham similitudes, tais como a influência da escola feminista, do pós-estruturalismo, do pós-modernismo e da teoria pós-colonial (SCOTT, 2004). As diferenças centradas nos objetos de investigação dos pesquisadores culturais é que, principalmente, possibilitaram a criação desses rótulos. Para ilustrar o fato, Denis Cosgrove, comumente associado à nova geografia cultural, rejeitou as fáceis associações do seu nome com o rótulo[240] (COSGROVE, 1993b). Encaixar

---

240 Corrêa (2014), por exemplo, argumentando sobre a formação de Denis Cosgrove, assim diz: "(...) diferentes autores contribuíram, assim, para que Cosgrove pudesse participar ativa e decisivamente na criação da nova geografia cultural, distinta daquela da Escola de Berkeley. Essa geografia cultural tinha em Cosgrove dos anos 70 e 80 uma forte marca do marxismo, que o levou a uma crítica radical à geografia saueriana" (CORRÊA, 2014, p.39). Mesmo em um artigo biográfico sobre Denis Cosgrove, é possível ler que "seu trabalho será lembrado como um

intelectuais nesses rótulos torna-se, inclusive, paradoxal às perspectivas pós-estruturalistas que os sustentam, justamente pelo fato dessa ação desconsiderar as estruturas híbridas de pensamento. Contudo, isso não representou consenso dentro da discussão cultural do final do século XX. As divergências de foco daqueles que, por um lado, centravam-se nas identidades e na discussão sobre significados (chegando ao ponto de Mitchell cravar que a cultura não existe da forma em que entendemos) e, por outro, nas questões sociais mais amplas e nas relações de poder movimentaram críticas, réplicas e tréplicas nas principais revistas e fóruns de discussão nos Estados Unidos e Reino Unido.

Esse se tornou um debate infindável dentro da geografia cultural. Mesmo posicionando-se no campo de pesquisa sobre o consumo e o comportamento consumista, Peter Jackson alerta que "precisamos transcender o dualismo existente entre o "econômico" e o "cultural" se quisermos fazer sérios progressos na compreensão das culturas comerciais e sua associação com as formas materiais" (JACKSON, 1997, p.187), mostrando que a abordagem radical que apartou temas e métodos assumindo em alguns casos tons partidários na academia é mais nociva do que útil. É importante notar que a oposição ao marxismo – elemento comum em abordagens identificadas com os pressupostos da virada cultural – fez com que alguns autores da nova geografia cultural pudessem ser alvos de críticas, o que nos mostra que os rótulos muitas vezes colaboram para a incompreensão: existem gradações que variam do mais grosseiro ao mais sutil no que diz respeito às apropriações teóricas, o que garante a existência de formas híbridas do pensar.

A discussão a respeito do entendimento da cultura presente no embate Mitchell-Jackson-Cosgrove-Duncans teve como um dos seus focos a oposição entre ideias e materialidade. Dentro deste escopo, a categoria raça foi analogamente posicionada como a categoria cultura, no que diz respeito à reflexão entre conceitos imateriais e materiais. Apesar da raça, na perspectiva da espécie humana, já há muito tempo ser reconhecida como uma ficção (GATES JR., 1985), é notável que existam aqueles que acreditam em sua materialidade, deliberada ou inconscientemente. Na perspectiva da crença deliberada da materialidade da raça, a aposta é direcionada aos benefícios que a reificação da categoria traz aos movimentos militantes atrelados aos que sofrem com o racismo. Guimarães (2002), na mesma linha que os Duncans

___

pioneiro nas novas geografias culturais mostrando a sua eficácia na integração do humanismo com a disciplina" (TOWNSEND, 2015, p.67).

(1996), acredita que o termo raça é inadequado para apontar as diferenças de cor, mas que o racismo[241] se pratica por intermédio da categoria em questão. Paul Gilroy (1998), por sua vez, declara-se contrário à utilização da palavra raça, negando a sua materialidade. Sua posição é endossada pelos seguintes argumentos:

- No tocante à espécie humana não existem raças biológicas;
- O conceito de raça é parte de um discurso científico errôneo e de um discurso político racista, autoritário, anti-igualitário e antidemocrático;
- O uso do termo "raça" apenas reifica uma categoria política abusiva.

A transcendência da materialidade da raça é, de todo modo, um assunto relativamente novo, vigorosamente discutido na segunda metade do século XX em diante. Mesmo W.E.B. Du Bois – portador de denso repertório pan-africanista – foi incapaz de promover esta transcendência em sua plenitude (APPIAH, 1985). Assim se desenha divergências que podem ser grosseiramente descritas em suas extremidades. Existem os que se opõem ao uso do conceito de raça pelas ciências sociais; estes se baseiam na negativa da biologia de conceber raças humanas ou na consideração de que essa noção é tão impregnada de ideologias opressivas que o seu uso não poderia ter outra serventia senão perpetuar e reificar as justificativas naturalistas para as desigualdades entre os grupos humanos[242]. Em posição anti-racialista como a de Gilroy, Kay J. Anderson (1987) assevera que o uso de categorias raciais precisa apoiar a justificativa de sua existência em argumentos que estão para além do âmbito biológico. Assim, a crença de que seja possível construir um conceito de raça propriamente sociológico, deve prescindir

---

241 Na linguagem diária, na imprensa e mesmo na literatura especializada, a palavra racismo tem muitos significados diferentes, ainda que correlatos. Racismo, em primeiro lugar, é referido como sendo uma doutrina, quer se queira científica, quer não, que prega a existência de raças humanas, com diferentes qualidades e habilidades, ordenadas de tal modo que as raças formem um gradiente hierárquico de qualidades morais, psicológicas, físicas e intelectuais. Mesmo entre os que aceitam esta acepção de racismo *qua* doutrina, pode-se, ainda, distinguir aqueles para quem a simples crença em raças humanas já constitui racismo e aqueloutros para quem tal crença é tida apenas como racialismo, chamando estes últimos de racismo tão-somente as doutrinas que pregam a superioridade ou inferioridade das raças (GUIMARÃES, 2004, p.17).

242 Raça, como conceito, tem origem no século XIX. A ideia do conceito provém de um período de expansão colonial e foi largamente empregada como um argumento legitimador da dominação europeia (GUIBERNAU, 1997).

qualquer fundamentação natural, objetiva ou biológica (GUIMARÃES, 2009). Para Guimarães (2009, p.22), somente "uma definição nominalista de raça seria capaz de evitar o paradoxo de empregar-se de modo crítico (científico) uma noção cuja principal razão de ser é justificar uma ordem acrítica (ideológica)".

A ideia de raça, enquanto categoria reificada, acaba se manifestando de formas múltiplas, mesmo naqueles que buscam ultrapassar determinismos biológicos. Jeffrey Prager (1982) aborda as explicações para a presença pouco expressiva dos negros no balé. Aponta que existem algumas argumentações biológicas, que defendem que o biótipo dos negros não favorece a prática dessa dança. Essas argumentações são totalizantes, ou seja, eliminam a pluralidade realística a favor de uma mítica homogeneidade corpórea. É uma massificação da categoria social, evidenciando uma das expressões do preconceito e do racismo. Há os que atacam o determinismo biológico, buscando explicações na área social: pais negros preferem dar o que de comer e vestir seus filhos do que investir em uma dança. Essa opção apresenta-se como um eufemismo para a pré-determinação. No afã de se negar a reificação de um mítico tipo corpóreo negro, reifica-se uma condição social única para toda a categoria racial. Em outras palavras, um determinismo é trocado por outro. Claramente a questão social tem sua contribuição para entendermos certos fenômenos observáveis cotidianamente. Todavia, o estabelecimento de uma relação direta de causa e consequência reifica o negro como uma expressão coletiva, desprovida de individualidade, na qual o social e o racial se unem produzindo um fenômeno totalizante. Nesta situação, o arranjo social se lança no espaço de argumentação de forma expansiva e dominante, restando pouco espaço para a interpretação dos efeitos variáveis do racismo sobre os indivíduos. Logicamente que ainda haveria espaço para uma explicação dialética que envolve renda e racismo, mas a questão central é aquela que aponta Prager: "essas concepções sobre a raça dão a sua contribuição para a perpetuação e tolerância desses padrões de iniquidade" (PRAGER, 1982, p.103).

Os guetos formados por chineses em algumas cidades da América do Norte, como em Vancouver, acabam ganhando delimitações arbitrárias no espaço e sendo batizados por nomes que aludem às origens reais ou imaginativas dos seus habitantes, como ocorre com as diversas *Chinatowns*. Assim como se verifica quanto à categoria raça, as *Chinatowns* norte-americanas formularam suas imagens historicamente (ANDERSON, 1987). As *Chinatows* possuem um *genius locci* dotado de elementos forçosamente quase consensuais, produzido por imagens tão poderosas que são capazes de serem replicadas por pessoas que tiveram diferentes experiências com seu espaço. Essas imagens são pouco flexíveis, pois as adjetivações que simbioticamente se associam às raças e a um espaço habitado por elas se eternizam em um mecanismo similar ao denunciado por Edward Saïd (2007) em *Orientalismo*. Saïd salienta que um dos dogmas do orientalismo é a consideração do oriental como uma figura representativa da idade média ou antiguidade clássica reproduzida *ad aeternum*. O julgamento do outro como desprovido de história evidencia a falta de interesse quanto a um intercâmbio mais profundo entre valores e crenças potencialmente conflitantes. Sabe-se que o bairro Liberdade em São Paulo – um marco da imigração oriental paulistana – possui notórias diferenças, à despeito das imagens muito comuns reproduzidas sobre seu espaço. No seu estudo sobre a *Chinatown* de Vancouver, Kay J. Anderson (1987) descreveu como imagens percebidas muito comuns a ideia sobre a sujeira, a prostituição, os jogos, os estranhos hábitos culinários e talvez uma das mais fortes e degradantes imagens: a de *Chinatown* como um covil opiáceo. Em uma conclusão muito interessante, Anderson assim argumenta sobre a problemática que envolve as imagens dos *outsiders* sobre a *Chinatown* de Toronto:

> Eu argumentei que *Chinatown* era uma construção social que pertencia à sociedade europeia branca de Vancouver (...)
> (...) Isto não é argumentar que *Chinatown* era uma ficção da imaginação europeia; nem mesmo negar que a jogatina, o uso do ópio e as condições sanitárias precárias estavam presentes no distrito de colonização chinesa. O ponto é que *Chinatown* é uma caracterização compartilhada construída e distribuída por e para os europeus que, ao arbitrariamente conferirem o status de *outsiders* a esses pioneiros da Columbia Britânica[243], estavam afirmando a sua própria identidade e privilégio (ANDERSON, 1987, p.594).

Em outra conclusão importante de seu estudo, Kay J. Anderson (1987) argumenta que *Chinatown* atesta a importância do lugar na construção de um sistema de classificação racial, lembrando-nos, como é importante termos em mente que as construções imaginativas possuem, além de sua historicidade, a espacialidade. A reificação da chinesidade [*chineseness*]

---

[243] O status arbitrário da definição de *outsider* aos chineses e descendentes se explica pelo fato da Columbia Britânica experimentar sua ocupação a partir da imigração de diversas nacionalidades. Observando rigorosamente a ocupação histórica, é difícil criar um critério para separar grupos que poderiam ser entendidos como nativos ou enraizados, apartando-os de outras realidades dotadas de percursos semelhantes.

assim como a crença na materialidade de culturas ancestrais vernaculares como corpos homogêneos é inadequada. Como pensar em uma chinesidade objetiva tendo como base as pluralidades identitárias colhidas entre chineses de Hong Kong, uma terceira geração de chineses residentes na Malásia, os próprios chineses que nasceram e vivem na China, um descendente de chineses que nasceu e vive na África do Sul e a quarta geração de chineses canadenses que habitam Vancouver (ANDERSON, 1987)?

As *Chinatowns* mostram – por meio de uma construção social desamparada de acuidade histórica e antropológica – de que forma as imaterialidades trazem repercussões reais à paisagem e ao lugar. Esses guetos orientais são excelentes exemplos de quando uma reificação entrecruzada da raça e da cultura moldam determinadas porções do espaço.

A reificação de ideias e palavras que representam coletividades conduz à supressão das diferenças identitárias. Já abordamos que a cultura experimenta este problema de representatividade, assim como a raça e classe. Thompson (1987) rejeita a reificação da classe[244], alegando que a mesma é uma relação e "como qualquer outra relação, é algo fluído que escapa à análise ao tentarmos imobilizá-la num dado momento e dissecar sua estrutura" (THOMPSON, 1987, p.9-10). Entretanto, ao analisar a tensão envolvendo identidade e representação coletiva, o autor assim assevera:

> Se detivermos a história num determinado ponto, não há classes, mas simplesmente uma multidão de indivíduos com um amontoado de experiências. Mas se examinarmos esses homens durante um período adequado de mudanças sociais, observaremos padrões em suas relações, suas ideias e suas instituições. A classe é definida pelos homens enquanto vivem sua própria história e, ao final, essa é a sua única definição (THOMPSON, 1987, p. 11-12).

A argumentação de Thompson é coerente com a sua ideia de classe enquanto relação, pois esta se dá no tempo em movimento. Essas relações não podem ser vistas como constituintes de uma coisa, de um fenômeno reificado. As relações, constituídas pelas escolhas dos homens em meio aos laços de poder espaço-temporalmente instáveis, são suficientemente efêmeras para desconstruir as classes reificadas. A crença na existência da classe, todavia, ajuda a compreender o estabelecimento de certas relações, o que dificulta a separação entre as dimensões materiais e imateriais. Estando de acordo com a ideia de Thompson, pensamos que a cultura e a raça, den-

---

244 Thompson (1987) alega que em muitos textos marxistas contemporâneos é possível ver essa abordagem, que julga inadequada, da classe reificada. São mal colocadas as tentativas de dar uma medida direta e essencialista à classe: as relações sociais não podem ser medidas senão pelos seus efeitos (HARVEY, 2012).

tre outros agrupamentos coletivos que transitam entre ideias e concretude, possam ser pensadas como relações. Talvez estas relações sejam capazes de se constituir como elos de interseção entre a mente e a matéria.

Estamos cada vez mais convictos de que se trata de um academicismo vazio a consideração de que as categorias reificadas, seja classe, raça, nação/nacionalidade, dentre outras, são meras invenções e/ou convenções sociais. Esse tipo de posicionamento negligencia os efeitos práticos da crença coletiva acerca dessas invenções, ou seja – parafraseando Thompson –, das relações que são produzidas a partir dessas crenças. É de se imaginar o quanto soaria desconectado de uma leitura memorial um dicurso desconstruidor da ideia de nacionalidade realizado em Srebrenica, localidade situada na Bósnia-Herzegovina que testemunhou um massacre dirigido por um viés étnico-nacionalista[245]. Esta não é uma questão de mera sensibilidade com os que sofreram diretamente com a tragédia, mas trata-se de uma situação exemplar, dentre muitas que seriam possíveis relatar, que é impossível apartar o efeito real das crenças.

Peter Jackson (1996) alertou que a abordagem de Mitchell (1995) – intolerante com a reificação cultural – poderia ser entendida como uma manifestação extrema do idealismo. Buscando uma conciliação entre o materialismo e o idealismo, Jackson (1998) assim assevera:

> As teorias de construção social não pretendem impor que a raça é uma ficção desprovida de efeitos materiais, mas que os modos de pensar e as práticas racialistas variam significativamente de tempo para tempo e de lugar para lugar (JACKSON, 1998, p.99).

As palavras raça e cultura reúnem muitas coincidências. Ambas enfrentam essa discussão que envolve a sua materialidade/imaterialidade. A abordagem reificada de ambas categorias não se sustenta no aspecto visível, tangível. O uso material destas categorias conduz, deliberadamente ou em um nível subliminar, à política. Como nos lembra Mitchell (1996b): a cultura serve como um instrumento para ordenar, dominar e, talvez resistir. O mesmo pode ser dito sobre a categoria raça. Jackson

---

245 James Riding (2020) argumenta que a edificação do memorial do massacre de Srebrenica, dentre outros atos e monumentos que visam sustentar a memória de muitos, tornou-se um ato político que continua a reforçar a divisão étnica. É interessante pensar que algumas ações para a perpetuação da memória reforçam as diferenças que se constituíram como base para a violência. Para muitos, a diferença não deve conduzir à violência; todavia, certas narrativas do passado podem, em alguma medida, inspirar revanchismos pautados na diferença.

(1998) ainda nos lembra que raça e gênero são construções sociais mais enraizadas na política e na história do que na genética e biologia.

Posicionamo-nos como Paul Gilroy (1998), ao acreditarmos que o uso da palavra raça reifica uma categoria política abusiva, o que não significa dizer, obviamente, que a crença sobre a existência da raça não produza efeitos reais no nosso cotidiano. Em uma vida em sociedade, ninguém está completamente imune aos efeitos racialistas, seja como vítima do preconceito racial ou como interferência na construção dos valores. Entendemos que a utilização da palavra raça favorece àqueles que se sentem prejudicados socialmente pelo estado das coisas e que serve como delimitador – ainda que tênue – da contemplação de políticas governamentais. Entretanto, esse caminho reforça a diferença. Nosso posicionamento parece ser mais fácil de ser adotado por àqueles que não estão na posição de sofrer os efeitos diretos do racismo, opondo-se àqueles que se apresentam ansiosos para a correção das injustiças históricas. Seriam de fato essas duas vias antagônicas e incompatíveis? A questão merece um desenvolvimento mais aprofundado em um texto particularmente comprometido com essa temática.

A utilização reificada da palavra cultura, por sua vez, pode favorecer ao conservadorismo e a manutenção do arranjo social. Explicações causais que levam em conta uma suposta constituição cultural, tangível e descritível, desenham a atuação de uma superestrutura homogeneizadora de comportamentos e servem para o conformismo quanto ao *status quo social*. Por outro lado, o uso da palavra cultura no sentido reificado, pode favorecer também a resistência de certas práticas e mesmo identificar certas coletividades como coesas e merecedoras de demarcações de terra e outras políticas governamentais, como ocorre com certas populações ditas tradicionais, como é o caso dos quilombolas e indígenas.

O uso reificado das palavras raça e cultura se justifica por meio das relações sociais de poder, que, em um nível subliminar do entendimento, se reproduzem pelo senso comum. Os opressores de hoje podem ser os oprimidos de amanhã, ainda que as sequelas históricas das relações de poder diacronicamente experimentadas não nos permitam sugerir repetições rigorosamente cíclicas. A história prossegue a sua narrativa, com elementos diferentes que a enriquece. Nesse particular, a abordagem reificada da raça e da cultura serve à militância, favorecendo a formulação de justificativas morais para determinados entendimentos. Assim sendo, qual o sentido do intelectual não engajado na militância em se apropriar das reificações?

Mesmo em seu texto elegante e furioso contido na obra *Os Condenados da Terra*, Frantz Fanon (2005), crítico ácido da colonização, desconstruiu a oposição bem *versus* mal, comumente utilizada no embate entre oprimidos e opressores:

> O olhar que o colonizado lança sobre a cidade do colono é um olhar de luxúria, de inveja. Sonhos de posse. Todos os modos de posse: sentar-se à mesa do colono, deitar-se na cama do colono, se possível com a mulher dele. O colono não ignora isso e, constata amargamente e sempre em alerta: "Eles querem o nosso lugar". É verdade, não há um colonizado que não sonhe, ao menos uma vez por dia, instalar-se no lugar do colono (FANON, 2005, p.56).

A fórmula é repetida em *Pele Negra Máscaras Brancas*, obra na qual Fanon argumenta que "o negro quer ser branco" (FANON, 2008, p.27), referindo-se não a cor propriamente dita, mas a posição que o branco ocupa, entendimento que fica claro quando se expressa: "alguns negros querem, custe o que custar, demonstrar aos brancos a riqueza do seu pensamento, a potência respeitável do seu espírito" (FANON, 2008, p.27). São estes mecanismos de empoderamento, que alçam o indivíduo em outro equilíbrio na balança entre sofrer e exercer a opressão. Os conceitos de ambivalência e mimetismo problematizados por Homy Bhabha (1984) dão eco ao debate lançado por Frantz Fanon: a ambivalência descreve a mistura entre a atração e repulsão que marca a relação entre colonizador e colonizado; na lógica da ambivalência, o sujeito colonizado não é a oposição simplória ao colonizador. O olhar do colonizador para o colono e também para as paisagens e lugares coloniais se apresenta paradoxal, sendo ao mesmo tempo tratado com desdenho e desejo; considerado ao mesmo tempo insignificante e valoroso; fraco e ameaçador. Essas polarizações entrelaçadas não possuem um ponto ótimo intermédio; as percepções são perpetuamente ajustáveis ao sabor da experiência colonial e variáveis de acordo com as identidades que as analisam. O mimetismo, por sua vez, corresponde à imitação dos colonizadores praticada pelos colonizados, fruto da relação assimétrica de poder do exercício colonial. A ação mimética resulta na repetição e não na possibilidade do colonizado se tornar essencialmente um colonizador. O colonizado desempenha a ação mimética mesmo que de forma inconsciente e acaba se constituindo como cópias parciais dos colonizadores (SANTOS *et. al.*, 2019). É o discurso colonial que encoraja os sujeitos colonizados – embriagados pelos caprichos da missão civilizadora – a se tornarem *fac-símiles* do colonizador. O resultado nunca é uma simples reprodução dos traços dos colonizadores, mas sim uma cópia borrada, tal como Fanon problematiza em *Pele Negra Máscaras Brancas*: a tentativa dos habitantes das colônias francesas em evitar sotaques típicos que denunciariam sua origem não impede deslizes linguísticos e outros sinais que negariam a "pureza metropolitana". Desse modo, precisamos entender, no contexto colonial, a diferença entre ser inglês e ser anglicizado; pois "o mimetismo é como uma camuflagem e não uma harmonização ou repressão da diferença" (BHABHA, 1984, p.131). Os impactos desse processo também se manifestam no âmbito das paisagens. Em um exemplo, a glória imperial francesa encarnada no obelisco egípcio encravado na avenida Champs-Élysées é reproduzida mundo a fora, de Buenos Aires, passando por Belo Horizonte a Washington. Dessa forma, é comum encontrarmos exemplos de paisagens miméticas que são camuflagens da concepção original. As montagens paisagísticas que buscam replicar cenários ou monumentos, realizadas noutros tempos e espaços, por mais que sejam cópias muito bem feitas do original, jamais alcançam o caráter genuíno daquilo que imitam.

É importante observar que a ambivalência e o mimetismo são processos que, vistos como expressões coletivas, não conduzem à reificação de paisagens, lugares e indivíduos; *au contrarie*, servem para entendermos a excepcionalidade das representações, apresentando-se, mesmo no interior de um específico microcosmo colonial, de forma híbrida e fragmentada. As consequências da ambivalência e do mimetismo são tão pontuais ao ponto de se manifestarem identitariamente. Talvez possamos dizer que a ambivalência e o mimetismo produzam, no âmbito de uma individualidade e em certa temporalidade, uma concepção reificada acerca de espaços, tempos e povos, pois resultam em representações. Homy Bhabha (1984) argumenta que no processo colonial existe uma tensão permanente entre a visão panóptica sincrônica de dominação e uma contrapressão do diacronismo histórico. Isso significa considerar que os processos coloniais são marcados pela existência de ritmos distintos e particulares das temporalidades em vigor nos territórios colonizados e colonizadores. É uma tarefa quase impossível identificar *in loco*, no ato colonial, os descompassos dessas temporalidades, muitas vezes sutis, mas que em períodos longos de colonização podem se mostrar consideráveis. É o processo que explica o que Ashis Nandy percebeu, ainda que a Índia tenha obtido sua independência formal em 1947: a Inglaterra vitoriana é mais fácil de ser encontrada na Índia contemporânea do que na atual Grã-Bretanha.

Sendo o homem um animal político, muito se explica a partir das relações de poder, incluindo as representações ambivalentes e tentativas miméticas. Não existem mocinhos e bandidos tais como elegem muitas das narrativas históricas simplórias. Fora do âmbito da postura simplória, interlocutores podem insistir que a abordagem reificada da cultura e da raça possui como serventia a militância política, pois como diz o clichê, o que une os indivíduos é mais forte do que aquilo que separa. Dai, coletividades tratadas como entidades massivas e homogêneas apresentam melhor coesão discursiva. Todavia, no interior dessas entidades supostamente homogêneas, outros jogos são praticados de forma a hierarquizar demandas a partir do interesse de alguns poucos, fazendo com que seja estreitada a diferença entre o mecanismo que rege o ambiente interno de um grupo social frente daquele que governa o ambiente externo. Assim, não há espaço físico ou metafísico que escape das formas mais sorrateiras da política. É digno de consideração o fato de que a ambivalência e o mimetismo possam estar presentes em reificações temporalmente e espacialmente pontuais; expressões pessoais podem ser absorvidas como desejos coletivos. É importante termos a consciência da fluidez marcada pelas instabilidades lançadas pelas espacialidades, temporalidades e diversidades identitárias. Estamos de acordo com Mitchell (1995) e Gilroy (1998) sobre as inconveniências do ato de reificar.

Os dilemas que envolvem a materialidade e a imaterialidade são tão complexos que, mesmo os pesquisadores que se debruçam sobre essa reflexão epistemológica podem acidental ou deliberadamente escorregar para a dimensão da reificação daquilo que não é conveniente ser reificado. Pedrosa (2016), buscando relativizar a imaterialidade radical, assim argumenta:

> Contudo, ao admitir a cultura como algo invariavelmente transitório, corremos o risco de ofuscarmos o fato de existirem fenômenos de longa duração que podem mudar de aparência, mas em essência permanecem iguais. Por exemplo, o caudilhismo latino-americano é algo que infelizmente faz parte da nossa tradição cultural e mesmo que ele se reinvente, persiste por um longo prazo com fundamentos mais ou menos semelhantes (PEDROSA, 2016, p.54)

A expressão "nossa tradição cultural" aponta para a consideração de uma superestrutura social passível de ser definida espaço-temporalmente. Nossa discordância reside na identificação de elementos atuando como fantasmas e causando efeitos sobre uma imaginada superestrutura social. Estes elementos, como foi exemplificado o caudilhismo latino-americano, seriam "reinventados no tempo", mas portadores de fundamentos semelhantes, como se o tempo trocasse as suas embalagens e mantivessem o seu conteúdo. A eternização do caudilhismo – reificado e imune ao tempo – trata-se exatamente da ideia que já trabalhamos no contexto das *Chinatows*. Edward Saïd (2007) chamou de supressão da experiência histórica a ação motivada pelo fato das imagens de um Oriente clássico serem preferíveis às modernas realidades orientais. Se, por um lado, não podemos negar a ação do patrimonialismo, do racismo ou do machismo sobre determinado agrupamento populacional, é ingênuo considerar que esses "ismos" atuem como imagem congelada e reificada sobre corações e mentes. Ainda há de se considerar que – no âmbito de sua formação identitária – as pessoas respondem de forma muito particular à influência dos "ismos", de tal maneira que sugerir um conjunto de indivíduos passíveis de serem delimitados e agrupados a partir de certas homogeneidades alude a uma ação arbitrária e desprovida de cuidado. Parece-nos que é inadequado reificar os "ismos" tanto na forma de definir sua essência quanto na mensuração dos seus efeitos. Enquanto pensadores das humanidades, o elixir do nosso ofício parece apontar para os atos de lidar e intermediar as reificações, pois, por intermédio dessas generalizações grosseiras podemos compreender melhor certos comportamentos sociais, incluindo tensões e conflitos. A liberdade do pensar, todavia, nos permite aventurar por um processo permanente de desconstrução do significado e construção de uma imaterialidade mediadora, parecendo ser esta a justa medida da complexa questão.

15
CULTURA, PAISAGEM E IMAGINAÇÃO

Que maravilha é ser humano. Ser um humano é ser abençoado com a faculdade da imaginação, saber a arte de fazer o ausente presente e experimentar como as palavras se transformam em significado e passam a habitar entre nós.

Paul Gunnar Olsson (2007)

Zelando pela tradição exploratória da geografia, somos forçados a afirmar a importância da imaginação geográfica, como uma questão de sabedoria prática e reflexão acadêmica, incluindo o prazer e o encantamento em nome do amor que as pessoas têm em aprender sobre o mundo e dos lugares nele inseridos.

Stephen Daniels (2011)

A paisagem e cultura parecem se entrelaçar. Mesmo quando falamos de "paisagens naturais", o homem estará presente para descrevê-la e significá-la. Desse modo, a forma como uma dita paisagem natural é expressa seria carregada de componentes culturais. Tendo isso em mente, nos perturba o fato de que não existe aquilo que chamamos de cultura (MITCHELL, 1995; 1999), afinal, esta assertiva possui um impacto expressivo nas nossas considerações acerca da paisagem. Por detrás da rejeição à reificação cultural, existe a consideração de que o imaginário coletivo, apesar de influenciar severamente a leitura da paisagem, não é capaz de determinar a interpretação paisagística. Se assim fosse, a paisagem poderia ser, de fato, tratada como um ente passível de descrição e, assim, apresentar-se como um conceito totalizante, absoluto, que independeria da experiência individual. Por isso, não concordamos com a posição de Michel Maffesoli (2001) quando o autor destaca que a cultura pode ser identificada de forma precisa, utilizando para tanto argumentos que remontam a ideia de cultura trabalhada por Carl Sauer[246].

---

246 Maffesoli assim se expressa sobre a cultura: "A cultura pode ser identificada de forma precisa, seja por meio das grandes obras da cultura, no sentido restrito do termo, teatro, literatura, música, ou, no sentido amplo, antropológico, os fatos da vida cotidiana, as formas de organização de uma sociedade, os costumes, as maneiras de vestir-se, de produzir" (MAFFESOLI, 2001, p.75).

Constitui-se como um clichê o argumento de que o conceito de cultura é um dos mais problemáticos das humanidades. Independente dos termos sugeridos para a definição de cultura, parece-nos muito claro que a sua abordagem reificada é problemática para as ciências humanas e, em especial, para a geografia, dada as dificuldades especiais localizadas na tentativa de compreender as interações entre cultura e espaço. Don Mitchell (1999) ressalta os problemas da insistência da abordagem ontológica da cultura:

> a ideia de cultura exige localização; requer que as distinções sejam claramente demarcadas às custas da confusão escalar da interação social;
> cultura é uma ideia que integra dividindo, mesmo quando mais e mais atividades são submetidas à sua influência;
> por meio de sua própria complexidade, a cultura serve para ofuscar aquilo que se propõe nomear;
> o poder da cultura está em sua capacidade de ser usada para descrever, rotular ou identificar atividades em entidades estáveis, de modo que possam ser chamadas de atributos de um povo (MITCHELL, 1999, p.47).

A descrição ou delimitação de uma cultura é um processo de generalização. Afinal, você pode se descrever como um brasileiro que não se sente representado, no âmbito de sua individualidade, pelo samba e futebol. A cultura é uma imposição, um processo social de nomear e definir. Expõe os poderes das classes dominantes, mas também permite a desmitificação de movimentos oposicionais (MITCHELL, 1999). Como vimos, Don Mitchell argumenta que ocorre com o conceito de cultura algo similar ao conceito de raça: apesar dos conceitos se apresentarem como delimitadores de uma realidade social, não se sustentam como fenômenos tangíveis, passíveis de descrição. Contudo, as reificações colonizam corações e mentes, processo que ocorre por intermédio de uma imposição que encontra lugar em um tecido social marcado pelas relações assimétricas de poder. Para compreender os arranjos sociais se faz necessário – mesmo para os arautos da abordagem não reificada da cultura – penetrar nos domínios da reificação. Questões como esta evidenciam a dificuldade de se criar modelos de leitura do comportamento humano.

Parece útil referir novamente à Maffesoli (2001), mas, desta vez, com concordância. O autor faz uma diferenciação entre imagens e imaginário que nos ajuda a compreender as formas pelas quais as crenças impactam na tangibilidade mundana, lembrando-nos do conceito de trajeção de Augustin Berque. Maffesoli destaca que não são as imagens que produz o imaginário, mas o contrário. Assim, a imagem não é um suporte, mas o resultado da imaginação. O autor exemplifica argumentando que existe um imaginário que paira sobre Paris e que gera uma forma particular de pensar a arquitetura, os jardins públicos, a decoração das casas. Assim, o imaginário de Paris faz a capital francesa ser o que é. Acrescenta que o processo em questão é um constructo histórico e resultado de uma aura consolidada sobre o espaço parisiense que continua a produzir novas imagens. É importante apontar que a aura que atua sobre Paris descrita por Maffesoli não é uma entidade capaz de determinar padrões rígidos de comportamento por intermédio de uma espécie de hipnose coletiva. Os anseios individuais, as experimentações que vão além de quase-consensos garantem a diversidade espacial. A Torre Eiffel um dia apresentou-se como elemento destoante e passou, a partir do seu erguimento, a trazer novos entendimentos para a paisagem parisiense. Parece-nos evidente que o mecanismo que opera a trajeção envolvendo a materialidade e a imaterialidade e, o imaginário e a concretude, exige a consideração de uma dialética envolvendo as concepções coletivas e a experiência individual. Assim, mente e matéria, coletividade e individualidade, além do espaço e tempo, são planos dialéticos entrecruzados.

Nossa discordância frente à Maffesoli talvez se manifeste justamente no peso em que o autor dá à dimensão individual-identitária nesses processos de interpretação e ação, que, podem ser traduzidos como relações de afeto e performance. Vistas à *prima facie*, as diferenças das nossas argumentações frente à Maffesoli parecem sutis:

> Tenho tendência a desvalorizar o papel do indivíduo. Mas claro que o indivíduo existe. O individualismo é uma concepção moderna. Todo o meu trabalho tenta mostrar que, de fato, não há predominância do individualismo. Evidente que o imaginário coletivo repercute no indivíduo de maneira particular. Cada sujeito está apto a ler o imaginário com certa autonomia. Porém, quando se examina o problema com atenção, repito, vê-se que o imaginário de um indivíduo é muito pouco individual, mas, sobretudo, grupal, comunitário, tribal, partilhado (MAFFESOLI, 2001, p.80).

Analisando a argumentação de forma mais detida verifica-se que o autor considera a participação da dimensão individual-identitária, mas a coloca praticamente como um simulacro do comportamento coletivo. Certamente não concordamos com essa argumentação que esvazia severamente a autonomia da dimensão individual-identitária. A força da coletividade, como bem aponta Maffesoli, não pode ser ignorada; sabe-se que aquilo que costumeiramente chamam de cultura é constituída de realidades e signos que foram inventados para descrevê-la, dominá-la e verbalizá-la. Carrega, portanto, uma dimensão simbólica. Gestos repetidos em público assumem novas significações. Transformam-se em rituais e criam, para aqueles que os praticam ou que os assistem, um sentimento de comunidade compartilhada (CLAVAL, 2001a). Para que membros de uma sociedade disponham de conhecimentos geográficos satisfatórios em matéria de orientação, batizam terrenos e cobrem os espaços conhecidos com nomes de lugares: as toponímias (CLAVAL, 2011b). Fala-se, também, de regionímias (os Alpes, a Savoia, a Dauphiné, a região de Lyon). Tanto as toponímias como as regionímias podem ter a sua dimensão georreferenciada e, assumindo o status de espaços administrativos, tornam-se territórios.

Contudo, nem sempre o espaço culturalmente percebido por certo conjunto de pessoas condiz com a sólida construção georreferenciada do seu território, mesmo que este tenha se projetado como a representação espacial da cultura em questão. Ao mesmo tempo, nem sempre os rituais são assimilados da mesma forma pelas pessoas pertencentes à mesma comunidade. É possível encontrar, em alguma cidade brasileira, uma pessoa que seja assídua frequentadora de templos religiosos católicos e que observe uma quantidade expressiva dos dogmas assumidos como posição oficial desta religião. Essa mesma pessoa poderá acreditar, ao mesmo tempo, na reencarnação, elemento pertencente à crença espírita. Esse exemplo pueril serve somente para demonstrar como as estruturas híbridas das identidades dificultam na consolidação da ideia de uma cultura reificada.

Essas inconsistências encontram explicação no pressuposto inicial na abordagem que propomos: a natureza híbrida da cultura[247] e das identidades, seguramente amparada em vasta bibliografia, com destaque aos pensadores que foram enquadrados na corrente pós-colonial. Podemos citar, dentre muitos outros nomes de destaque: Dipesh Chakrabarty (2000), Edward Saïd (2007, 2011), Terry Eagleton (2011), Stuart Hall (2006, 2013), Homi Bhabha (2013) e Ashis Nandy (2015). Particularmente interessado nos efeitos culturais das migrações caribenhas, Hall (2013) refletiu sobre a experiência de barbadianos no Reino Unido, concluindo que, se por um lado não apagaram sua barbadianidade [*barbadianess*], por outro, não construíram uma identidade inglesa.

---

247 Nestor Canclini relativiza a ideia de uma ampla hibridação cultural ao afirmar que o conceito em questão pode sugerir fácil integração e fusão de culturas, sem dar peso às contradições e ao que não se deixa hibridar. O autor critica ainda à noção da hibridação como a harmonização de mundos fragmentados e beligerantes, como se a experiência transcultural pudesse, num passe de mágica, ensinar a alteridade (CANCLINI, 2011).

A experiência migratória, por meio de sua particularidade, conduziu os imigrantes a uma condição não barbadiana e não inglesa; sabe-se, ainda, que no nível identitário esses cidadãos de Barbados dotados de trajetórias excepcionais, também não podem ser tratados como iguais. Por esta razão parece adequado relativizar a perspectiva de que Estados-nação impõem fronteiras rígidas dentre as quais se espera que as culturas floresçam. Outros acreditam ainda que os limites desempenham um papel proeminente e até mesmo determinístico ao que tange à construção do discurso identitário contemporâneo (NEWMAN, 2006).

Considerando a essência da cultura, é plausível considerar que a mesma não é passível de ser delimitada. Existe a expectativa de que a cultura seja um constructo coletivo. Se as identidades expressam individualidades, espera-se que as culturas expressem consolidações coletivas. Acreditar na rigidez dos limites para a determinação das culturas trata-se de crer no engodo ou agarrar-se em uma crença que não se cumpre no primado da razão. Não só porque as experiências humanas muitas vezes ignoram os limites estatais, mas, principalmente, pela natureza híbrida e permeável das culturas. Estas características lançam-nos dúvidas sobre a possibilidade de considerarmos manifestações culturais ou a própria cultura como algo passível de ser regionalizado (SILVA; COSTA, 2018).

Determinadas "áreas culturais" como o território simbólico ianomâmi ou o Curdistão podem apresentar um verniz de sofisticação ao serem representadas ignorando os limites dos Estados-nação modernos. Mapas etnográficos, entretanto, suprimem a diferença cultural, a memória histórica e a organização social ao sugerirem em sua representação espacial alguma espécie de ordem e homogeneidade (GUPTA; FERGUNSON, 1992). Quando nos deparamos com as regionalizações culturais estamos, na verdade, diante de propostas de compartimentação espaciais que abordam temas que podem se apresentar de forma bastante variada. O conjunto de temáticas pode ser hierarquizado em temas que variam de maior grau de especificidade até o maior grau de generalização. No topo desta hierarquia está a própria representação da "cultura", ainda que neste caso a proposição de recorte regional possa apresentar de forma mal definida os critérios para o estabelecimento dos limites e, portanto, das próprias unidades regionais. Em outro extremo hierárquico se enquadrariam temáticas como "gosto musical" ou até mesmo a posição quanto a temas como a "legalidade do aborto" ou a "aprovação do casamento de pessoas do mesmo sexo".

A cultura supostamente monolítica não passa de um mosaico de identidades. As investigações e representações que ousam abordar temáticas culturais de elevado grau de especificidade parecem mais sérias quando investigam o indivíduo e evitam a estereotipação de imagens coletivas. Neste particular, encontram como alicerce metodológico a fenômenologia[248], que pressupõe o contato direto do investigador com o fenômeno investigado. Na fenomenologia, a experiência frente ao fenômeno é valorizada e não há uma noção clara do que se vai encontrar e como as revelações irão ocorrer. É demandada a flexibilidade no arranjo dos instrumentos do método, já que o mesmo deve se adaptar à natureza e circunstâncias do fenômeno (ALMEIDA, 2020). Assim, as imagens prévias e hipóteses de investigação típicas de uma abordagem positivista são abandonadas a favor de resultados potencialmente inesperados e muitas vezes capazes de ameaçar dogmas e estereótipos. É relevante notar que, recentemente, temos observado uma movimentação teórica: a premissa de que o sujeito existe antes da experiência têm dado lugar à investigação de como o sujeito se constitui como ser por meio da experiência (ASH; SIMPSON, 2016). Esta movimentação teórica tem nos deixado mais confortável, pois partimos da perspectiva de que ser e experenciar são condições indissociáveis.

Em seu livro *Place and Placelesness*, Edward Relph afirma acerca da base fenomenológica do conhecimento geográfico: "os fundamentos do conhecimento geográfico repousam diretamente das experiências e consciências que temos acerca do mundo em que vivemos" (RELPH, 1976, p.4). Sendo o conjunto das experiências que constroem a consciência realizados por intermédio de uma trajetória única pertencente a cada indivíduo, não parece adequada a tentativa de criar generalizações acerca de temáticas culturais com alto grau de especificidade. Qualquer tentativa de formulação de uma imagem geral acerca de um elemento cultural de alta especificidade não passará de uma grosseira generalização.

---

248 A abordagem fenomenológica em geografia – que se desenvolveu como uma alternativa à dominância do positivismo nos anos 1950-60 – tem como uma das suas maiores objeções o fato de sua filosofia concentrar-se nos significados e percepções individuais. Esse tipo de reducionismo (abordagem em nível identitário) cria dificuldades para que a fenomenologia possa ser entendida como uma verdadeira ciência social. Entretanto, as abordagens intersubjetivas parecem justamente atuar no vácuo social fenomenológico, visto que a intersubjetividade é social per si. Jackson apresenta uma crítica relevante ao salientar que a desenvoltura e robustez teórica da abordagem fenomenológica em geografia apresentam-se assimétricas frente às proposições práticas (JACKSON, 1981).

Hierarquização de alguns temas culturais

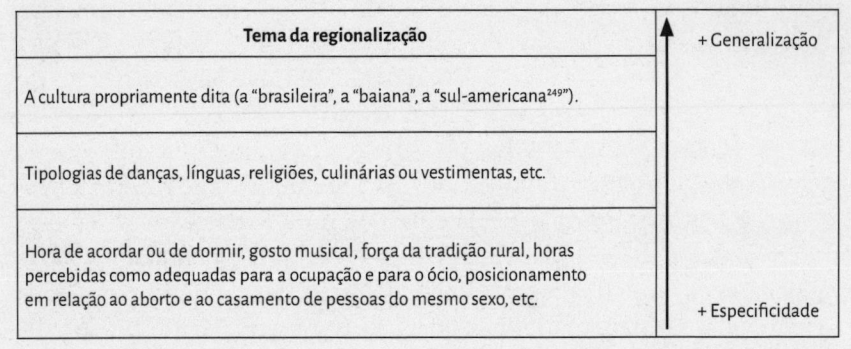

Tema da regionalização	
A cultura propriamente dita (a "brasileira", a "baiana", a "sul-americana"[249]).	+ Generalização
Tipologias de danças, línguas, religiões, culinárias ou vestimentas, etc.	
Hora de acordar ou de dormir, gosto musical, força da tradição rural, horas percebidas como adequadas para a ocupação e para o ócio, posicionamento em relação ao aborto e ao casamento de pessoas do mesmo sexo, etc.	+ Especificidade

Fonte: Silva e Costa (2018)

Mapas de apelo turístico, muitas vezes, apresentam na área cartografada ícones distribuídos de maneira sortida que expressam aspectos culturais. Com a associação imprecisa entre elementos cartografados e o espaço, tais mapas evitam a armadilha do estabelecimento de limites em fenômenos culturais. Entretanto, se por um lado mapas como o apresentado evitam os limites que pretensamente apresentam as regiões culturais como unidades coesas e até mesmo impermeáveis, por outro lado, a cartografia em questão peca por negligenciar a pluralidade identitária e por impor uma organização espacial ao apreciador (SILVA; COSTA, 2018).

---

249 A cultura brasileira, baiana ou sul-americana se constituem como generalizações não pela sua escala espacial, mas pelo tema que abordam.

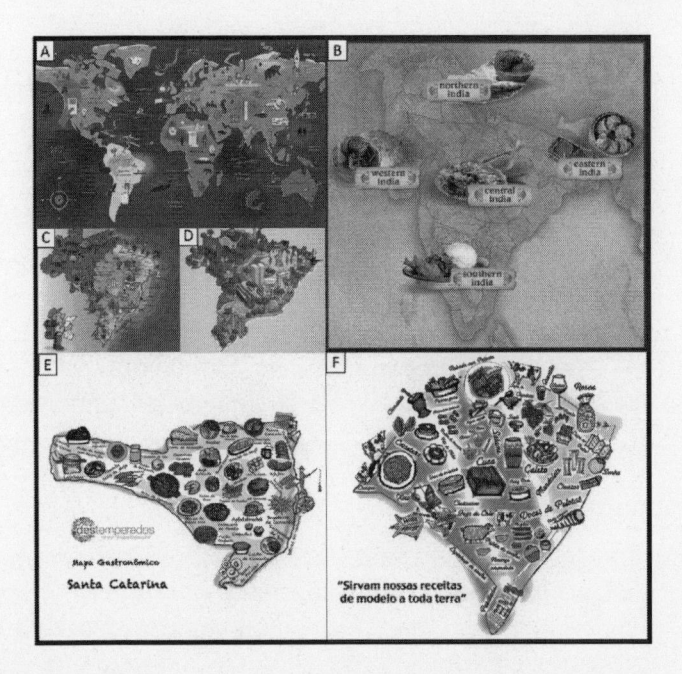

A) Representação cartográfica das manifestações culturais no mundo; B) Representação cartográfica da culinária na Índia; C e D) Representações de manifestações culturais no Brasil; E e F) Respectivamente, mapas sobre a culinária dos estados de Santa Catarina e Rio Grande do Sul. Fonte: Silva e Costa (2018).

Refletindo sobre a tangibilidade de categorias das ciências humanas, destacamos Bennedict Anderson (2008), que assim diz, defendendo a ideia de que a nação é uma comunidade imaginada: "Ela é imaginada porque mesmo os membros da mais minúscula das nações jamais conhecerão, encontrarão ou nem sequer ouvirão falar da maioria de seus companheiros, embora todos tenham em mente a imagem viva da comunhão entre eles" (ANDERSON, 2008, p.32). O autor desenvolve ainda a ideia de que "qualquer comunidade maior do que a aldeia primordial do contato face a face (e talvez mesmo ela) é imaginada" (ANDERSON, 2008, p.33). A proposição de Anderson é amparada, aplicada e reinterpretada por muitos autores, como Kevin M. Doak (1997) em seu estudo sobre a evolução da ideia de nação japonesa[250]. Para

---

250 A partir da restauração Meiji pode-se falar da aceleração do processo de criação do moderno Estado japonês, que abrigaria a nação. Doak (1997) destaca que a restauração do poder do imperador se deu a partir de interesses escusos de alguns dos grandes proprietários de terras, vinculados a Satsuma e Choshu. A centralização do poder institucional do Japão na figura do imperador fez com houvesse um governo no país, mas sem que se formasse uma nação, já que a estrutura territorial fragmentada da época do xogunato colaborou para que a ideia de uma nação unificada no

Doak, existe um desajuste entre a percepção da imagem da nação a partir dos seus nacionais comparativamente à imagem produzida pelos estrangeiros, o que já nos mostra, de partida, que o imaginário acerca da nação não é composto por uma elaboração mental única. Pensando na particularidade da ideia de nação japonesa, Doak (1997) conclui que o mito da nação se edifica a partir de outras categorias imaginadas, como, por exemplo, a de etnia. No caso japonês há uma ideia comumente difundida de que a homogeneidade étnica do país é um dos trunfos nacionais; todavia, esquece-se que a própria ideia de etnia também é definida arbitrariamente. No período militarmente ativo da história do Japão moderno – precisamente na primeira metade do século XX – a ideia acerca da existência de uma nação étnica japonesa [*minzoku*] serviu a um discurso geopolítico que incluiu noções de coesão e superioridade.

Diante de tudo o que discutimos e nos apoiando em Anderson, Doak e em tantos outros autores que desconstroem a reificação de categorias das ciências humanas, propomos uma dimensão semelhante para a cultura: uma imaginação coletiva. Maurice Halbwachs nos ensina que as nossas identidades carregam memórias individuais e coletivas. Assim, todo indivíduo traria estas duas memórias e adotaria atitudes muito diferentes e mesmo contrárias: de um lado, é no quadro de sua personalidade ou de sua vida pessoal que viriam tomar lugar suas lembranças; do outro, seria capaz, em alguns momentos, de se comportar simplesmente como membro de um grupo que contribui para evocar e manter lembranças impessoais, à medida que essas interessam ao grupo (HALBWACHS, 1990).

---

arquipélago não exibisse, na prática, mitos fundadores capazes de prover verdadeira união nacional. O caso japonês evidencia que a congruência entre a dimensão cultural e política não é absoluta, o que ajuda a explicar os desajustes relativamente comuns entre Estado e nação. Para Doak (1997), a concepção de nação se expressa fortemente no domínio da cultura, que inclui as expressões artísticas que se constituem como lugar de memória [*lieux de mémoire*] de uma coletividade; o Estado geralmente não possui amplo controle sobre essas questões culturais, ainda que possa praticar a censura. Nota-se, todavia, que as expressivas distorções entre nação e Estado foram obliteradas no discurso *minzoku* acerca da nação étnica japonesa, que amparou imaginativamente o ímpeto expansionista do arquipélago. A narrativa da nação étnica é um discurso dentre muitos, que buscaram justificar ao longo da história da humanidade ações políticas controversas, com destaque para a ideia acerca da missão civilizadora na ocupação ibérica das Américas e o *lebensräum* alemão.

As memórias coletivas descritas por Halbwachs (1990) permitem o desfrute do sentimento de pertencimento de grupo e, ao mesmo tempo, contribuem para a evocação e manutenção das lembranças impessoais. O significado das experiências coletivas, por sua vez, pode repousar em dimensões semelhantes da percepção e do entendimento, o que é explicado pelo confronto dialético com as experiências individuais. Dada à excepcionalidade da trajetória das experiências individuais, as experiências coletivas são vivenciadas a partir de distintas emoções, crenças e racionalizações. Generaliza-se, por intermédio de aproximações, aquilo que seja cultura. Os seus pilares constituintes, muitas vezes repetidos, passam a ser entendidos como descritores de uma entidade tangível, quando, na verdade, não passam de arquétipos miseráveis se comparados à pluralidade identitária. Assim, a cultura, bem como categorias sacrossantas das humanidades tais como nação ou raça – como bem asseverou, no caso desta última, Don Mitchell (1999) – funcionam melhor como crenças coletivas do que como entidades tangíveis. Claramente, para chegar a esse entendimento, não é possível trazer a tiracolo pressupostos tradicionais que balizam o conceito de cultura, como, por exemplo, a ideia de uma entidade rígida, monolítica, que reage por meio de subtrações ou adições diacrônicas e que não seria capaz, por exemplo, de se hibridizar espaço-temporalmente. A mera pretensão da cultura de se portar como detentora de variáveis sociais implacáveis que atingem igualmente os indivíduos apresenta-se antagônica à ideia aqui defendida.

Os elementos constituintes da cultura podem ainda ter efeitos que atuam, no âmbito da individualidade ou da coletividade, de forma mais ativa ou passiva. As diferenças entre a atividade ou passividade desses efeitos também não podem ser entendidas em dois extremos. Há de se perceber, por exemplo, que os dogmas religiosos possuem efeitos mais passivos do que o gosto culinário. Em termos práticos, alguns comportamentos passivos podem encontrar fundamentação em dogmas religiosos ainda que o indivíduo não reconheça a origem destes fundamentos.

Cremos que a cultura é uma imaginação coletiva detentora de um conjunto estereotipado de elementos. Nesse sentido, não estamos negando a existência da cultura, mas acreditamos que a pretensão de determinação de sua totalidade é mítica, o que é explicado, por sua vez, pela natureza intersubjetiva de sua delimitação (tanto em sua descrição como em seu alcance espacial). Vivendo como entidade mítica, a cultura e os elementos que são reconhecidos como integrantes do seu corpo intangível, atuam dialética e permanentemente no cotidiano dos indivíduos, produzindo, contudo, efeitos muito distintos. Esses elementos identificados como componentes da cultura passam a ser tão reconhecidos que são repetidos em verso e prosa, ainda que não façam parte de experiências essencialmente ligadas ao convívio cotidiano de uma parcela importante de pessoas que os reconhece.

A intangibilidade da cultura poderia ser exemplificada pela forma como a mesma é entendida. Como reagiria um grupo de pessoas mediante a indagação: de que forma você descreveria a cultura brasileira ou, em outra escala, a cultura mineira? Para ilustrar a falta de consenso sobre o tema, aplicamos 152 questionários em um grupo relativamente homogêneo (estudantes pertencentes ao mesmo nível de ensino, à mesma cidade e instituição de ensino). Este grupo trata-se de alunos do Instituto Federal do Norte de Minas Gerais, na cidade de Salinas, matriculados entre a 1ª e a 3ª série do Ensino Médio Técnico. O questionário fazia a seguinte solicitação: "Liste, por ordem de importância, palavras ou expressões que, na sua visão, melhor representam a cultura brasileira. Faça o mesmo para a cultura mineira". Dentre os resultados apresentados, para a cultura brasileira, tivemos 181 palavras ou expressões distintas. Dentre as que mais foram citadas se apresentaram:

Palavras ou expressões que melhor representam a cultura brasileira segundo um grupo específico de alunos*

Palavra ou expressão	Número de citações	Percentual de citações
Carnaval	79	10,2%
Futebol	71	9,1%
Culinária	43	5,5%
Feijoada	28	3,6%
Samba	26	3,3%
Festas/comemorações	22	2,8%
Músicas/Musicalidade	22	2,8%
Corrupção	18	2,3%
Praia/Litoral	17	2,2%
Diversidade	17	2,2%
Outras	**434**	**55,9%**
Total	**777**	**100,0%**

*152 questionários aplicados a alunos do Ensino Médio Técnico do IFNMG-Campus Salinas.

Fonte: Organizado por Silva e Costa (2019).

Dentre as palavras ou expressões citadas, também mensuramos aquelas que foram citadas na primeira posição, como as mais representativas. Obtivemos como resultado:

Palavras ou expressões apresentadas como as que mais representam a cultura brasileira segundo um grupo específico de alunos

Palavra ou expressão	Número de citações	Percentual de citações
Futebol	26	17,1%
Carnaval	26	17,1%
Samba	10	6,6%
Culinária	7	4,6%
Festas/comemorações	7	4,6%
Diversidade	6	3,9%
Corrupção	6	3,9%
Feijoada	3	2,0%
Política	3	2,0%
Receptividade	3	2,0%
Jeitinho Brasileiro	3	2,0%
Outras	**52**	**34,2%**
Total	**152**	**100,0%**

*152 questionários aplicados a alunos do Ensino Médio Técnico do IFNMG-Campus Salinas

.Fonte: Organizado por Silva e Costa (2019).

A pulverização de respostas também se manifestou nos questionários acerca da cultura mineira, como se vê nos Quadros 5 e 6:

Palavras ou expressões que melhor representam a cultura mineira segundo um grupo específico de alunos*

Palavra ou expressão	Número de citações	Percentual de citações
Linguagem/gírias/sotaque	91	12,1%
Pão de queijo	78	10,4%
Culinária	56	7,5%
Festa de São João	33	4,4%
Queijo	33	4,4%
Receptividade/Acolhimento	21	2,8%
Roça/Ruralidade/Fazenda	20	2,7%
Forró	17	2,3%
Minerais/Mineração	17	2,3%
Pequi	12	1,6%
Outras	372	49,6%
Total	750	100,0%

*152 questionários aplicados a alunos do Ensino Médio Técnico do IFNMG-Campus Salinas.

Fonte: Organizado pelos autores

Palavras ou expressões apresentadas como as que mais representam a cultura mineira segundo um grupo específico de alunos

Palavra ou expressão	Número de citações	Percentual de citações
Pão de Queijo	36	23,7%
Linguagem/Gírias/Sotaque	29	19,1%
Culinária	22	14,5%
Festa de São João	8	5,3%
Queijo	7	4,6%
Humildade/Simplicidade	3	2,0%
Acolhimento/Receptividade	3	2,0%
Outras	44	28,9%
Total	152	100,0%

*152 questionários aplicados a alunos do Ensino Médio Técnico do IFNMG-Campus Salinas.

Fonte: Organizado pelos autores

Estes resultados somente ilustram a intangibilidade da cultura, reforçando nossos apontamentos quanto à mesma se tratar de uma imaginação coletiva mal delimitada em seu escopo e constituição. Maria Fernanda Alegria (2010) fez um percurso similar a esse levantamento: tendo como público-alvo estudantes portugueses e alguns jovens recém-formados, a autora investigou imagens que são construídas acerca de alguns países; como em nossa investigação, foram observadas imagens extremamente plurais, o que evidencia grande variação de estímulos e informações que são recebidas entre indivíduos, bem como a forma que estes processam informações similares. A pluralidade de imagens encontrada pela autora a encorajou classificar palavras que se associavam aos países em grupos como "cultura e história", "turismo e gastronomia", opção que chegamos a cogitar em nosso levantamento, mas que acabamos rejeitando por considerar que tais agrupamentos representariam uma arbitrariedade a mais a ser inserida no processo de pesquisa. Acreditamos que as impressões diversas devem se portar fluídas ao máximo, evitando os aprisionamentos em classes. Sabemos, todavia, que nossa opção é mais árdua de ser analisada devido à extrema fragmentação que dificulta a elaboração de impressões gerais sobre o objeto investigado.

"Qualquer "realidade" é, em primeiro lugar, uma representação" (ALEGRIA, 2010, p.28); a proposição de representações sujeita os interlocutores a estranhamentos, discordâncias e concordâncias. Hall (2006) aborda que, na contemporaneidade marcada pela existência predominante de identidades pós-modernas, a apropriação de valores morais e estéticos apresenta-se profundamente fraturada, em um processo de deslocamento espaço-temporal do sujeito que agride as bases constituintes do senso de nacionalidade, "reforçando laços e lealdades culturais "acima" e "abaixo" do nível do Estado-Nação" (HALL, 2016, p.73). Processo similar ocorre com os regionalismos e com outras representações espaciais culturais de maior escala: sempre inserindo e excluindo as dimensões relativas do micro e do macro, transformando a tangibilidade da cultura em uma fábula. É um processo dialético tal como aquele que Haesbaert (2012) salienta como determinante do caráter regional no mundo globalizado: condicionado e condicionante de suas forças, que atribuem ao seu caráter implacável dinamismo, mostrando-nos uma inevitável composição quimérica. Por isso, não nos causa estranheza o fato de alguns ícones nacionais e regionais, cantados em verso e prosa, sejam obliterados pelo caráter errático da identidade. A partir dessas considerações sobre a cultura, podemos pensar sobre o impacto dos entendimentos apresentados para a categoria paisagem. De que forma a noção reificada da cultura interfere na reflexão sobre a paisagem?

No sentido atribuído à paisagem entendida como bioma ou geossistema, a abordagem reificada da categoria geográfica em questão transmite uma vaga ideia de homogeneização da porção do espaço entificada. Este fato é reforçado pelos mapeamentos que sugerem padrões paisagísticos ao longo de vastas áreas, que expressam entidades tais como "o Cerrado" ou "a Floresta Amazônica". A entificação da paisagem neste tipo de abordagem ignora o complexo engendramento entre solos, climas, relevo, hidrografia que resulta em uma miríade de expressões taxonômicas em áreas pretensamente homogêneas. A utilização da palavra geossistema parece ser uma tentativa de correção dessa lacuna, sugerindo, no seu próprio vocábulo, que a análise sistêmica estaria presente no rol das preocupações de quem se apropria da palavra. Contudo, não me parece que o uso desta palavra garanta a supressão dos vícios da abordagem reificada.

É de se supor que tal questão seja um problema centrado na questão da comunicação. Afinal, é da alçada do geógrafo a consideração sobre a natureza do espaço. Geógrafos compreendem o sentido da representação espacial, sabendo apontar que, por de trás da generalização, existe diversidade. Como ferramenta educacional, a abordagem reificada da paisagem enquanto bioma ou geossistema pode criar vícios analíticos nos leigos que demandarão esforços para terem seus efeitos atenuados.

Quanto à abordagem que coloca a cultura como elemento partícipe da paisagem, temos uma cisão clara: de um lado a abordagem fenomenológica da cultura, que nega a abordagem reificada (MITCHELL, 1999; SILVA; COSTA, 2018); de outro, a abordagem que trata a cultura como se fosse um ente. Esta última traz consequências à reflexão geográfica e ao uso da categoria paisagem. Ao tratar a cultura como uma entidade e, por consequência, a paisagem também, o interlocutor terá que lidar com alguns efeitos colaterais. São eles:

I. *A crença na existência de superestruturas agindo de forma determinante sobre o espaço:* essa crença parte do pressuposto de que elementos culturais de alta generalização tais como a religião, o vestuário e a culinária exercem uma força permanente e homogênea sobre a paisagem, atingindo o homem e o meio da mesma forma. Esse tipo de entendimento desconsidera as particularidades identitárias que acabam revelando à natureza híbrida da cultura, que, por sua vez, garantem a diversidade do espaço geográfico mesmo em ambientes tidos como culturalmente homogêneos.

II. *A simplificação da relação entre o homem e o ambiente:* acreditamos que a paisagem é construída a partir de um complexo processo que envolve as escolhas individuais e definições coletivas. No lugar de superestruturas definidoras do arranjo paisagístico, cremos na força das escolhas individuais, que podem, por sua vez, serem mais ou menos afetadas pelo que se convenciona serem os elementos constituintes de uma utópica cultura, reificada e manifesta em diversas escalas. Mesmo nas paisagens vernaculares – cada vez mais difíceis de serem percebidas – a força da individualidade se manifesta, dando o tom da diversidade do espaço. A força do coletivo, contudo, sempre se faz presente, em algum nível. Afinal, em um exemplo fantasioso, é muito difícil para algum hobitt[251] não ter a porta de sua casa em formato circular. Quando a cultura e a paisagem são interpretadas a partir de uma noção reificadora, simplifica-se a relação homem e ambiente, justamente pelo fato de se negligenciar a força dos diferentes elementos identitários para o arranjo paisagístico.

III. *O favorecimento à atual lógica de produção e ressignificação dos fatos geográficos[252] que espelham o resultado de um viciado processo de imposição e submissão:* em uma crítica que se encontra na interseção entre a geografia crítica e a humanista, concordamos com Mitchell (1999) quando o mesmo acredita que a abordagem reificada da cultura serve como um instrumento de imposição das classes dominantes sobre os subalternos. Em argumento similar, Edward Saïd (2000) salienta que a invenção das tradições era composta por práticas muito utilizadas pelas autoridades como um meio para consolidar regras nas sociedades de massa. Para o autor, no momento em que pequenas unidades sociais como a vila e a família estavam se dissolvendo, as autoridades precisavam encontrar outras maneiras de conectar um grande número de pessoas. A imposição de uma paisagem tangível, descritível, parece ser uma tentativa de homogeneizar as percepções individuais, de modo em que o *status quo* dos arranjos dos fatos geográficos se mantenha.

---

251 Classe de criatura criada pela literatura de J. R. R. Tolkien na obra *Lord of the rings*.

252 Optamos aqui em resgatar o conceito de fatos geográficos de Carl Sauer, entendidos como os elementos que compõem a paisagem.

Nesta estratégia, mudanças bruscas na ordem das coisas podem ser entendidas como um sacrilégio. Simplificadamente, pode se construir a ideia de que a mudança da paisagem necessariamente significa perda. Do ponto de vista prático, a manutenção espacial *ad aeternum* de certos corredores de circulação e de suas características pode fazer com que a especulação imobiliária e a pujança comercial contemplem certos grupos sociais em detrimento de outros. Entendidas como tradição ou patrimônio, o *status quo* dos elementos da paisagem podem até mesmo ter outro aliado além das classes dominantes: o ordenamento jurídico. A legislação pode favorecer a manutenção de certas lógicas contidas na paisagem, tornando-se uma ferramenta para o atual arranjo dos fatos geográficos e das relações sociais que são estabelecidas em um dado domínio. A lei também pode estar a favor das mudanças que favorecem certos grupos sociais. A lei de uso e ocupação do solo urbano pode se modificar ao sabor do lobby de grandes empreendedores imobiliários, modificando drasticamente a paisagem.

Rejeitar a reificação cultural é transitar por caminhos árduos que apresentam obstáculos ligados ao tradicionalismo e às generalizações sustentadas por muitos, gerações após gerações. O entrelace mente e paisagem nos oferece uma dialética que ajuda a compreender a excepcionalidade das paisagens, dos lugares, das identidades e o questionamento daquilo que se aponta comumente como cultura. O termo "paisagem interior" [*inscape*], cunhada pelo poeta Gerard Manley Hopkins, alude ao modo como a paisagem se revela e é compreendida de forma excepcional por cada indivíduo (PORTEOUS, 1986b). De forma similar, a noção de "paisagem da mente" teve ocorrência na literatura e na arte desde o final do século XIX (PORTEOUS, 1986b). Martin Heidegger também explorou, no campo da filosofia, intermediações entre o ser e o ambiente por intermédio da noção do *dasein*, bastante disseminada a partir da publicação do livro *Ser e o Tempo* no ano de 1927.

Em uma interessante reflexão, Douglas Porteous (1986b) argumenta que o aninhamento entre a mente e a paisagem é um dos pilares para a compreensão da esquizofrenia. Pessoas diagnosticadas com a esquizofrenia tipicamente apresentam dificuldade de separar-se dos seus ambientes. Esta é uma razão pela qual a noção de *dasein* tem aplicabilidade reconhecida na psicopatologia (BARBOSA, 1998). Não menos interessante é a relativização de Porteous (1986b) explicitada quando o autor argumenta que a dialética mente e paisagem talvez seja mais sã do que a visão que prevalece na modernidade ocidental desde a revolução científica do século XVII.

É importante acrescentar que a relação entre o homem e o ambiente circundante não é espacialmente fixa, flutuando ao sabor do deslocamento humano pelo espaço. Assim, "a imaginação geográfica é sempre enraizada, pelo menos em parte, no senso de diferença entre lugares, no reconhecimento de que outras partes do nosso mundo se diferenciam de modo significativo dos lugares e regiões que nós nos reconhecemos na condição de "insiders"" (COSGROVE; DANIELS, 1989, p.171). A excepcionalidade das experiências espaciais do homem nos auxilia a compreender a essência excepcional da paisagem e do lugar. A percepção humana e a formulação de imagens são sensíveis ao ato comparativo da nossa experiência espacial, crucial para elaborarmos julgamentos, dentre os quais, estéticos. Valores supostamente consensuais são, na verdade, variáveis que atingem indivíduos a partir de distintos impactos.

O estudo de Leila M. Harris (2014) sobre as "geografias imaginativas do verde na Turquia" é uma possibilidade didática de refletirmos – para além da proposta da autora – a razão pela qual os ditos consensos imagéticos não ameaçam a pluralidade perceptiva. O oeste turco, devido a maior umidade, é tido como paisagisticamente mais verde em relação às outras áreas do país, enquanto que a aridez, analisada de forma generalista, é expressiva no leste. O imaginário construído na relação turco-europeia consagra-se a partir de elaborações que associam o verdejante continente europeu aos avanços civilizacionais e, por outro lado, a aridez do Oriente Médio ao atraso e barbárie. A celebração de paisagens verdes "e a rejeição às paisagens áridas, carregam uma implícita celebração do oeste turco e também da Europa" (HARRIS, 2014, p.808). Além disso, esses sensos estéticos "mapeiam uma longa construção do imaginário geográfico e de aspirações turcas em se associar mais proximamente à Europa e ao Ocidente, descolando-se do Oriente Médio" (HARRIS, 2014, p.808).

Apesar de ser muito interessante a forma como a autora reflete sobre as construções estéticas ao longo da história – passando por uma análise das relações de poder entre povos que habitam porções da Terra de distintas características – é muito importante avançar e destacar como operam os panfletos imaginários. As reflexões de Harris (2014) alimentam-se das próprias elucubrações de Saïd (2007) sobre as relações Ocidente-Oriente; como o autor da obra *Orientalismo* nos apresenta, são muitos os orientalismos; por isso mesmo, assim como não devemos definir a cultura enquanto entidade tangível e delimitável em sua constituição, não podemos fazer o mesmo com os estereótipos culturais. Uma mesma representação sobre povos e paisagens é interpretada de forma diferente entre os interlocutores que a aprecia, seja ela apresentada na forma de uma narrativa oral, texto escrito, pintura ou escultura. Da mesma forma, a ideia do oeste turco verdejante pode ser elaborada de forma tão sortida como são as inúmeras representações sobre o tema. Ao não pensarmos nisto, corremos o risco de estereotipar os estereótipos, numa crítica que até mesmo Saïd sofreu (GREGORY, 1995).

É impossível apartar a colonização das formas de elaboração das paisagens imaginativas da Austrália e da Nova Zelândia. Os dois territórios coloniais ingleses são moldados a partir de uma coleção de imagens associadas ao caráter pastoral, fabricadas principalmente no período entre o século XVIII e XIX e que, de certa forma, ainda alimentam percepções atuais. De acordo com Swaffield e Bowring (2001), os processos de construção e reconstrução das nações envolvem versões conflitantes que não são somente um fenômeno histórico: continuam moldando e sendo moldados pelas paisagens atuais. Assim, devemos considerar que as imagens sobre as paisagens não variam somente entre os indivíduos, mas também ao longo do tempo. As representações sobre o espaço devem ser entendidas como manifestações extremamente instáveis.

Falar sobre consensos acerca das imagens é uma generalização grosseira. Assim a imaginação geográfica deve ser vista: excepcional no tempo, no espaço e entre indivíduos. No plano de ação, a imaginação geográfica é capaz de interferir na agência humana, sendo um componente mais ou menos relevante no estímulo das ações sobre o meio físico, mas nunca explicando a totalidade do comportamento humano. A imaginação atua dialeticamente, interferindo no meio físico que, de forma retroalimentada, interfere nas elaborações imagéticas. Sem a imaginação, é impossível compreender a construção e expansão de jardins verdejantes na Anatólia ocidental. Na costa turca do Egeu, o esforço em constituir-se, aparentar-se e ser noticiado enquanto verde reside justamente no fogo cruzado da dialética mente-matéria. É importante, como vimos, considerar mentes que vejam o esforço verdejante como uma alienação infrutífera, como uma sequela colonial. Até que ponto, nesse caso, podemos nos declarar livres das influências das representações estereotipadas sobre povos e paisagens? Temos que considerar que nós mesmos reproduzimos, ainda que de forma subliminar e/ou desprovida de consciência, os assédios da experiência espaço-temporal sobre nossa memória. Atire a primeira pedra aquele que se declarar imune ao afeto do machismo, racismo e toda sorte de "ismos" que abrigamos.

16
A GEOGRAFIA HUMANISTA, A PAISAGEM E O LUGAR

Anne Buttimer ressalta a importância da abordagem humanista: "para cada interpretação geográfica da terra habitada teremos premissas implícitas sobre a natureza da condição humana" (BUTTIMER, 2008, p.105). Talvez por esta razão, abordagens de vieses humanistas[253] antecederam muito o rótulo carregado por autores que passaram a ser identificados com essa corrente na segunda metade do século XX.

Assim como ocorreu com as novas abordagens da geografia que se multiplicaram na passagem dos anos 1960 e 1970, a abordagem humanista é vista como uma reação contra o que acreditavam ser uma visão extremamente objetiva, estreita, mecanicista e determinista do

[253] Causa estranheza à primeira análise o fato de que o humanismo filosófico, fundamental para o desenvolvimento da geografia humanista, não se constitui como uma unanimidade entre os pensadores identificados com esta corrente geográfica (MEINIG, 1983). Edward Relph (1981) considera que as perspectivas humanistas se infiltraram nas ciências sociais e comportamentais provocando um resultado paradoxal: a perspectiva humanista está sendo solicitada a resolver os próprios problemas humanos e ambientais que o humanismo científico ajudou a construir. Para Relph (1981), o humanismo em qualquer uma de suas formas não é mais digno de aspiração, tendo se tornado uma ortodoxia que circula em torno de si e que impede pensamentos e relativizações por intermédio de seus slogans sentimentais. Em uma crítica mais forte, Relph ainda declara que o humanismo incentiva a dependência de conhecimentos espúrios, esforça-se para dominar a natureza e não fez nada para prevenir ou reduzir a desumanidade do homem (SEAMON, 1983). Para Neil Badmington (2004), ao colocar a figura do homem no centro das coisas, o humanismo flerta com pressupostos absolutos: o discurso antropocêntrico carrega uma série de oposições binárias, tais como humano/não-humano, natural/cultural, sujeito/objeto, dentre outras. Esta perspectiva trazida por Badmington aponta a grosseira diferença entre as filosofias pós-estruturalistas, pós-modernistas e pós-humanistas e o humanismo filosófico. Entretanto, sempre é importante considerarmos que as correntes filosóficas são rótulos. Não parece justo alinhar autores que são normalmente vinculados a essas filosofias a um punhado de pressupostos rigorosamente inflexíveis.

homem aplicada aos estudos das ciências humanas (ENTRIKIN, 1976; BRITO-HENRIQUES, 2001; BESSE, 2006; FERREIRA, 2013; NASCIMENTO; COSTA, 2021). As limitações das abordagens neopositivistas na geografia também inspiraram respostas além do humanismo; destacamos entre essas respostas o desenvolvimento e a disseminação da chamada geografia radical (CLAVAL, 1981), também chamada de geografia crítica e – de uma forma mais limitadora – de geografia marxista.

É uma visão bem disseminada entre os críticos do neopositivismo e de sua face quantitativa empregada na geografia que se trata de uma missão o resgate da subjetividade humana para um campo em que o objetivismo científico tornou-se dominante[254] (BUTTIMER, 1990). Encaixa-se nesta formulação a busca por uma geografia romântica (TUAN, 2013b; MARANDOLA JR., 2017a), no sentido do rompimento com o racionalismo exacerbado pós-iluminista. Sabe-se, todavia, que o humanismo tem sido criticado por não considerar seriamente os efeitos das estruturas sociais na análise[255], enquanto que os estruturalistas, em um polo oposto, falhariam – pelo menos em sua abordagem mais ortodoxa – por não considerar as variâncias individuais na análise do fato social e geográfico. Logicamente que essas críticas se referem às posições teóricas quintessenciais, desconsiderando a probabilidade de abordagens híbridas. A pós-fenomenologia[256], por exemplo, já evidencia a preocupação em atender a essas críticas direcionadas aos dois

---

254 "A geografia, na sua versão positiva, tornou-se uma ciência social que estuda as distribuições espaciais, as estruturas espaciais, as circulações espaciais, os comportamentos espaicais de atores supostamente racionais e, portanto, modelizáveis" (BESSE, 2006, p.77).

255 Além das críticas acerca da esterilidade social, as investigações fenomenológicas são comumente criticadas – sobretudo à luz de uma ótica objetivista – por serem portadoras de uma essência abstrata/idealista e aprofundarem o debate em um terreno da psicologia (FERREIRA, 2013) que é estranho à maioria dos geógrafos.

256 Como *modus operandi* da pós-fenomenologia temos: "problematizar aspectos não resolvidos pela fenomenologia, especialmente quando se pensa nas transformações sociais e nas novas formas de sociabilidade contemporânea, em contextos que não faziam parte do pensar daqueles filósofos, mas sem renunciar ao projeto fenomenológico" (MARANDOLA JR., 2013, p.58). No seio da pós-fenomenologia há uma crítica quanto à metafísica da presença; o foco centra-se na alteridade e em uma nova configuração da relação entre homem e ambiente. Nesse sentido somos constituitivamente assombrados pelo que é o outro (ASH; SIMPSON, 2016), o que significa dizer que, diferentemente da fenomenologia, a pós-fenomenologia penetra de forma mais decisiva nas questões sociais.

polos de abordagem. Ash e Simpson (2016) esclarecem que enquanto a fenomenologia tem como ponto de partida a correlação entre sujeito e objeto, sendo que o sujeito é o primeiro termo, a pós-fenomenologia tem como ponto de partida as relações. Todavia, é importante considerar que a pós-fenomenologia não abandona os principais pressupostos da fenomenologia: diferentemente, trata de reconfigurar e expandir as fronteiras conceituais e analíticas da fenomenologia (ASH; SIMPSON, 2016).

A geografia comportamental [*behavioural geography*] e os estudos sobre a percepção ambiental, notavelmente presentes na década de 1960, substanciam parte dos pressupostos da geografia humanista[257] (ROQUÉ, 2020). Entretanto, apesar de ser entendida como uma forma de reorientar os trabalhos quantitativos da abordagem científico-espacial, a geografia comportamental manteve traços generalistas da estrutura positivista em seus métodos científicos[258] (JOHNSTON; SIDAWAY, 2016). O apelo humanista cresceu – *pari passu* às investidas pioneiras de certos geógrafos no período imediatamente após a Segunda Guerra Mundial – já apresentado neste texto como reativo ao neopositivismo (POCOCK, 1983; GOLD; GOODEY, 1983; LEITE, 1998) e àquilo que foi percebido como excesso de quantificação na geografia. De forma mais pontual, a oposição ao determinismo, ao economicismo e o aumento de publicações que aboliam as intencionalidades humanas compuseram o terreno fértil que sustentou a construção da abordagem humanista (LEY, 1981). Cosgrove (1978) prefere relativizar ao escrever que as razões para a recepção mais favorável aos métodos subjetivos entre cientistas anglo-saxões[259] dos anos 1970 são complexas, mas certamen-

---

257 Nos anos 1970, é plausível argumentar que o desenvolvimento da geografia humanista se beneficiou bastante das pesquisas comportamentais e perceptivas (SEAMON; LUNDBERG, 2017).

258 Apesar de focar no indivíduo como tomador de decisões, a geografia comportamental pretendia explicar e prever as ações humanas (JOHNSTON; SIDAWAY, 2016) o que aludia a um esquema de causa e consequência típico da dominância positivista do tempo em que se desenvolveu. Assim, diferentemente da geografia humanista que é alimentada principalmente pela fenomenologia, a geografia comportamental se apoia em pressupostos positivistas, tendo seu foco principalmente centrado na psicologia ambiental (LAGOPOULOS, 1993).

259 Para além da geografia anglo-saxã, é importante pontuar que geografias advindas de outras matrizes, como a japonesa, experimentaram processos similares de questionamento da hegemonia objetiva do quantitativismo e objetivismo. A geografia japonesa – apesar de ter sido bastante influenciada pela geografia ocidental – as-

te incluem o descontentamento com as filosofias positivistas. Holzer (1997) acrescenta que, como contexto do surgimento da geografia humanista, deve ser levado em conta movimentos intelectuais do final dos anos sessenta, a saber: o movimento hippie, a fervura política estudantil e o questionamento feroz dos padrões culturais e políticos instituídos. Meinig (1983), por sua vez, acredita que as incapacidades da geografia de responder a certas questões sociais nos fizeram testemunhar o crescente interesse na geografia humanista.

As origens da geografia humanista e dos seus pilares fundadores ajudam a explicar a composição de uma corrente de pensamento de forte base interdisciplinar. É notável, por exemplo, a interface da geografia humanista com a arquitetura: David Seamon e Werther Holzer lecionam ou já lecionaram disciplinas do departamento em questão, visto que o tema da aprazibilidade ambiental é cara para as formulações arquitetônicas. Essa trajetória congruente da geografia e da arquitetura ficou muito clara na redação do memorial de Holzer (2020) visando a sua progressão para a classe de professor titular. Sabe-se também dos empréstimos filosóficos e sociológicos que dão suporte à reflexão humanista na geografia.

Genericamente, os geógrafos humanistas podem ser melhor entendidos como profissionais que buscam resgatar a consciência pré-científica acerca do meio-ambiente. J. Nicholas Entrikin argumentou, referindo-se aos anos 1970: "o humanismo contemporâneo na geografia enfatiza o estudo dos significados, valores, objetivos e propósitos" (ENTRIKIN, 1976, p.616). Antes do período de efervescência téorica na geografia (1960-1970) é possível registrar abordagens humanistas, muitas das quais subvalorizadas no contexto em que foram produzidas. Eis alguns exemplos dos pioneiros[260]:

---

sistiu nos anos 1980 crescente apelo por abordagens vinculadas a epistemologias não-europeias que rompiam justamente com pilares positivistas de pensamento (TAKEUCHI; NOZAWA, 1988).

260 Craig S. Campbell (1994) acrescenta no rol dos pioneiros do humanismo em geografia Richard Hartshorne. Em um artigo que defende essa posição, lembra que Hartshorne defende a imaterialidade das regiões, à medida que as mesmas não passariam de construções arbitrárias. Ao mesmo tempo, Campbell defende que Hartshorne defendeu o uso acadêmico da imaterialidade, à medida que julgava que os fenômenos imateriais são tão objetivos quanto os materiais. Em uma conhecida passagem, Hartshorne dizia que o aumento do roubo aos bancos e da depressão entre fazendeiros durante o período de seca é um dado tão objetivo quanto à medida das polegadas de chuva que mensuram a intensidade da seca. Apesar de alguns argumentos de Campbell serem coerentes e baseados nas obras mais famosas de

- Alexander Von Humboldt (1769-1859) interessou-se pelas pinturas de paisagens e na forma pela qual estas formas de expressão contribuíram para consciência pública acerca das regiões naturais da Terra;
- Johannes Gabriel Granö (1882-1956) esforçou-se para desenvolver a interpretação da paisagem sensível à percepção;
- Paul Vidal de La Blache (1845-1918) desenvolveu o campo de estudos de gênero de vida;
- Watsuji Tetsurô (1889-1960), que apoiado na filosofia de Martin Heidegger, trouxe os conceitos de *fûdo* e *fûdosei* para o campo das reflexões sobre as relações homem e ambiente[261] (BERQUE, 2004).
- Eric Dardel (1899-1967), historiador que examinou a geograficidade e é tido como o primeiro a elaborar uma obra de geografia fenomenológica[262] (MARANDOLA JR., 2013);
- John Kirtland Wright (1891-1969), que incentivou os geógrafos a incluírem a perspectiva humanista em seus estudos, por meio da inclusão da subjetividade dos valores das pessoas na análise geográfica;
- William Kirk (1921-1987), que desenvolveu o conceito de *behavioral environmental*, que contém a ideia de que o meio-ambiente não é um dado objetivo, sendo expresso intersubjetivamente entre indivíduos e grupos (SEAMON; LUNDBERG, 2017).

Hartshorne, não temos o mesmo conforto de colocá-lo ao lado das abordagens dos humanistas aqui referenciados, já que em sua obra não há o mesmo aprofundamento em temas humanistas como ocorre na geosofia de Wright ou na geograficidade de Dardel. Todavia, é de se destacar que o pensamento regional de Hartshorne o conduz a um intenso debate com Fred Schaefer, em um resgate do embate idiográfico-nomotético que amadurece o terreno para as contestações do neopositivismo aplicado à geografia.

261 Watsuji Tetsurô é um filósofo com poucas traduções em línguas ocidentais. As relações estreitas de Augustin Berque e o Japão colocaram o geógrafo francófono em contato com a obra do filósofo japonês, fazendo-o perceber que o rótulo de determinista ambiental que recai sobre Watsuji é injusto, sendo provavelmente explicado por um problema de tradução frente aos conceitos-chave de sua obra (BERQUE, 2004). A concepção de *fudô* leva em conta a fenomenologia para a interpretação do meio ocupado pelo homem; apesar de, à primeira vista, a concepção do filósofo japonês congruir com a perspectiva de Martin Heidegger em *"O Ser e o Tempo"*, fica evidenciado em seu texto a crítica ao *dasein*: o conceito de Heidegger pecaria por negligenciar a dimensão social (BERQUE, 1996).

262 A geografia humanista é o principal ponto de origem dos engajamentos geográficos com a fenomenologia (ASH; SIMPSON, 2016).

As pesquisas de Wright e Kirk substanciaram os subcampos da geografia comportamental e percepção ambiental, desenvolvidos nos anos 1960. Felix Driver (1988) acrescenta que a ascensão da análise qualitativa na pesquisa em geografia humana, marcadamente a partir dos anos 1970, refletiu uma disseminada convicção de que os métodos positivistas são inadequados no manejo das múltiplas variâncias da experiência individual. Enquanto as correntes cientificistas da geografia procuram a imparcialidade e a objetividade da análise, a abordagem humanista está marcada pelo envolvimento do pesquisador com o objeto e a adoção da subjetividade como parte da análise (CABRAL, 2000). Uma das categorias-chave da abordagem humanista em geografia é o espaço existencial, que em muito se difere do espaço cartesiano das coordenadas geográficas. Um dos primários objetivos dos geógrafos humanistas é a compreensão da estrutura do espaço existencial (ENTRIKIN, 1976) bem como seus reflexos da dialética homem *versus* meio como variável da composição identitária. O espaço existencial representa uma área de significados e valores compartilhados por um grupo, como o espaço da vizinhança ou o espaço nacional (ENTRIKIN, 1976). Em um nível identitário, o espaço existencial pode expressar os seus limites de forma excepcional, podendo se aproximar do conceito de lugar. A distância do espaço existencial não é medida em quilômetros ou metros: é mensurada a partir da intensidade da conectividade emocional. Nesse contexto, para alguém estar perto de um lugar ou paisagem significa que tais recortes espaciais possuem significados valorosos para este indivíduo (ENTRIKIN, 1976, p.626).

É importante apontar que a geografia humanista não pode ser igualada a uma forma de fenomenologia geográfica, assim como a fenomenologia não pode ser igualada ao humanismo (ASH; SIMPSON, 2016). Apesar de ser uma abordagem muito importante da geografia humanista, existem outras fontes filosóficas que se manifestam no interior da corrente, como, por exemplo: a "geographie humaine" de Vidal de la Blache, o existencialismo e o social interacionismo. Destacamos ainda que, na aurora da geografia humanista, era possível a confusão com o rótulo de geografia comportamental. Esta última, contudo, se dirigia mais para uma psicologia behaviorista, aplicada diretamente em trabalhos encomendados acerca de levantamentos de mercado, como pontos locacionais mais valiosos para a implantação de centros comerciais ou industriais. O termo geografia humanista foi sugerido por Yi-Fu Tuan em 1972, que acabou predominando sobre a sugestão de Edward Relph: geografia fenomenológica (OLIVEIRA, 2001). Lembrando as considerações de Werther Holzer, Lívia de Oliveira (2001) afirma que a melhor tradução para *"Humanistic Geography"* é geografia humanista, e não humanística[263]. Como suporte para esta afirmação, Oliveira afirma que humanista é uma palavra que é um adjetivo em língua portuguesa, associado ao substantivo "humanista", que se refere, por sua vez, ao humanismo filosófico e ao estudo das humanidades. Destaca que o termo humanista indica uma corrente da geografia diferenciada da geografia positivista, sendo que ninguém assume a flexão "positivística" (OLIVEIRA, 2001).

São muitos os nomes que se associam à geografia humanista, que se consolida nos anos 1970. Destacamos que a "geografia humanista" é também um rótulo e, como tal, abriga generalizações que ocultam diferenças que podem ser grosseiras entre os teóricos que são identificados com a corrente em questão. A diferença mais marcante talvez seja aquela que envolve a abordagem humanista centrada nas emoções, valores, significados intersubjetivos e, por outro lado, àquela centrada nas questões de cunho social. É interessante levar em conta que a reação ao quantitativismo positivista também se centrou no apelo às questões sociais. Esta característica de abordagem ficou tão marcante ao ponto de outro rótulo se consolidar na década de 1970: a geografia radical.

> De Paris e Berkeley ecoaram protestos de estudantes contra estruturas políticas opressivas e injustiça social. Dentro dos muros da academia também surgiram questionamentos contra as estruturas políticas e injustiça social. No interior dos muros acadêmicos também se desenvolveu uma resistência às reivindicações hegemônicas do positivismo e estruturalismo (…).
> (…) Nos cursos de geografia social urbana e percepção ambiental, mulheres, negros e outras minorias foram inseridos nos currículos departamentais e grupos especiais foram formados em torno destas temáticas junto a AAG (BUTTIMER, 2008, p.107).

Há certa confusão entre a geografia humanista e a geografia cultural. Grafa-se corriqueiramente "geografia humanista cultural", sendo esta, dentre outras, uma das motivações. É importante dizer que a geografia cultural e a geografia humanista não são sinônimos. Por mais incômodo que seja rotular abordagens e discutir os limiares desses rótulos, é importante dizer que a geografia cultural tradicional, amparada pela tradição saueriana, relativizava o determinismo ambiental, mas não se posicionava em um âmbito intersubjetivo da leitura do espaço, marca

---

[263] O termo geografia humanística é relativamente bem difundido, inclusive no interior dos círculos acadêmicos brasileiros.

do humanismo na geografia. Após a onda neopositivista dos anos 1950, criou-se um terreno fértil para o questionamento do quantitativismo na geografia ao mesmo tempo em que possibilitou o aumento da pluralidade das abordagens geográficas. Afinal, os críticos do positivismo lógico se apoiaram em soluções que variavam desde posições teóricas que tinham pretensão de se constituírem como antíteses à quantificação espacial[264] às formas positivistas mais relativistas, que apresentavam a subjetividade como possibilidade ao mesmo tempo em que ofereciam modelos de leitura espacial[265]. Leonard Guelke (1975) destacou que uma falha crucial da abordagem positivista é a sua deficiência na consideração da pluralidade do comportamento humano bem como na compreensão do pensamento que está por detrás das ações antrópicas.

Como foi dito, a geografia humanista desenvolveu-se nos anos 1970. Este desenvolvimento ocorreu concomitantemente a outras abordagens de viés cultural. Dentro da pluralidade de opções reativas ao neopositivismo, é possível destacar a existência de uma geografia cultural radical[266], na qual o entendimento da cultura como meio de resistência e dominação prevaleceu (COSGROVE, 1983). Por esta razão torna-se importante destacar mais detidamente os elementos que caracterizam a geografia humanista para então refletir como sua abordagem colabora para a reflexão acerca da paisagem e do lugar.

Na reflexão sobre as características da geografia humanista, concordamos com Eduardo Marandola que salienta que o "humanismo em geografia é uma postura" que "deve transcender as orientações teórico-metodológicas internas da ciência geográfica, sendo uma

---

264 As antíteses do neopositivismo negligenciavam a possibilidade de construção de modelos como ferramentas de leitura do espaço, já que viam nesta empreitada um anseio de legitimação da geografia como ciência. Aquilo que aparentemente se constituía como uma preocupação metodológica das antíteses neopositivistas viria ser um dos pontos mais criticados e rebatidos da geografia humanista.

265 Como argumentou David Ley (1981) no início da década de 1980, o caráter excessivamente subjetivo da geografia humanista tem sido balanceado com a introdução de certos métodos de pesquisa.

266 A chamada nova geografia cultural, que floresceu nos anos 1980, parece ter abrigado teóricos que buscaram se descolar do rótulo da geografia radical ou marxista. Enquanto proposta de abordagem, a nova geografia cultural aproxima-se da corrente radical pela importância que dá ao social, ao político e ao econômico (CRESSWELL, 2010). Muitos novos geógrafos culturais apresentam-se fortemente engajados com a ontologia marxista, enquanto que outros acabam incorporando elementos da geografia humanista (MELS, 2003).

postura ética, de orientação científica do pesquisador e da pesquisa" (MARANDOLA JR., 2005c). Ainda que o humanismo seja um dos pilares que compõem o pensamento dos autores identificados com essa subárea geográfica, é possível ver diferenças nas abordagens. Para Seamon e Lundberg (2017), dois modelos complementares de abordagem podem ser grosseiramente destacados. Os geógrafos humanistas teriam suas abordagens descritas como:

A. Explicações sobre a experiência: seriam abordagens mais associadas aos "estudos do lugar" e identificadas com autores como Anne Buttimer, Douglas Pocock, Edward Relph, David Seamon e Yi-Fu Tuan[267]. Parte expressiva dos seus trabalhos se apoiaria na fenomenologia[268] como base para a interpretação do lugar e da paisagem[269] utilizando uma vasta gama de recursos investigativos que incluiriam a experiência individual, argumentos filosóficos, arquivos de reportagem, literatura imaginativa e evidências experienciais advindas da fotografia, filmes e outras expressões midiático-artísticas (SEAMON; LUNDBERG, 2017);

B. Interpretações dos mundos sociais: seriam abordagens identificadas com o trabalho de autores como James Duncan, David Ley, Marwyn Samuels, Susan Smith, Graham Rowles e John Western.

---

267 Cosgrove (1978) crítica dois expoentes deste grupo de autores. Para ele, Edward Relph e Yi-Fu Tuan subestimam o tempo e a mudança como variáveis interpretativas do espaço, o que encontraria explicação no método escolhido por tais autores, vinculado à consciência humana: "Seu método fenomenológico provê uma grande interpretação acerca do que o lugar e a paisagem representam para nós, particularmente enquanto indivíduos. Contudo, suas premissas são idealistas quando se referem às experiências coletivas" (COSGROVE, 1978, p.70). O autor acredita que faltam aos dois grandes nomes do estudo da geografia humanista um trabalho mais atento com o mundo material e com certos aspectos sociais. Por isso mesmo defende que a teoria ideal para a interpretação do lugar e da paisagem está na mediação entre o idealismo e a geografia social marxista (COSGROVE, 1978).

268 O termo fenomenologia foi utilizado poucas vezes na geografia anteriormente à sua incorporação pela geografia humanista. Ainda assim, nessas ocasiões, muita pouca atenção foi dada aceca do seu significado (ENTRIKIN, 1976). De acordo com Nicholas Entrikin (1976) o uso do termo fenomenológico [*phenomenological*] no interior da perspectiva humanista foi originalmente utilizado em dois artigos da revista *The Canadian Geographer*: "*Geography, Phenomenology, and the Study of Human Nature*", de autoria de Tuan (1971) e "*An Inquiry into the Relations Between Phenomenology and Geography*", de autoria de Edward Relph (1970).

269 John Wylie (2019) salienta que a paisagem pode ser definida, fenomenologicamente, como a tensão criativa do eu e o mundo.

Tem como base uma miríade de tradições filosóficas ligadas ao pragmatismo, interacionismo simbólico, pós-estruturalismo e perspectivas (neo) marxistas. Esses pesquisadores identificados com estas abordagens interpretam o lugar como uma construção social. Nos anos 1980 e 1990, a característica social-construtivista da abordagem do lugar tornou-se uma ponte significativa para o pensamento pós-estruturalista aplicado à nova geografia cultural (SEAMON; LUNDBERG, 2017). Suas elaborações sociais permitiram ainda, em abordagens recentes, sustentar alguns dos pressupostos da fenomenologia crítica e a pós-fenomenologia (KINKAID, 2020).

Como vimos, a geografia humanista que busca focar na investigação da experiência humana se apoia na fenomenologia, que, por sua vez, rejeita impetuosamente o cartesianismo dualista expresso pela dicotomia mente versus matéria. Ao fazê-lo, a fenomenologia ataca premissas e métodos das ciências naturais, afinal, crê que na dimensão positivista "o mundo vivido infinitamente rico que liga a existência humana a uma variedade de atitudes é reduzido a um pobre sistema de significados ditados pelas convicções de um cientista" (RELPH, 1970, p.195). Assim, torna-se claro que a fenomenologia é uma filosofia que se baseia na crença de que o conhecimento não existe independente do homem, mas que se produz e se acumula por meio da experiência humana no mundo. "Em termos mais simples, a fenomenologia é o estudo interpretativo da experiência humana" (SEAMON, 2019, p.5). Em âmbito geográfico, a fenomenologia[270] pode prover contribuições para a compreensão da valorização subjetiva do espaço geográfico, e, portanto, de suas paisagens (STRACHULSKI, 2015) e dos seus lugares. Assim, a fenomenologia consiste em um método de investigação que advém da pura consciência, sem a pressuposição de um mundo físico apartado da mesma (WALMSLEY, 1974[271]). Em seus pressupostos,

---

270 E. Husserl, M. Heidegger e M. Merleau-Ponty são nomes recorrentes que contribuem para a sustentação da abordagem fenomenológica em geografia. Além deles, é possível perceber a presença pontual de E. Cassirer, G. Bachelard e A. Schultz (MARANDOLA JR., 2020b).

271 Dennis James Walmsley (1974) avaliou – em publicação que data da metade da década de 1970 – que a fenomenologia ainda era negligenciada na geografia. Apontou dentre as razões que justificariam a negligência em questão o apego de grandes nomes da geografia a uma forma positivista de fazer a pesquisa geográfica e ao fato dos autores da filosofia que sustentam a discussão fenomenológica, como Husserl, Heidegger, Merleau-Ponty e Sartre não serem conhecidos profundamente

a mente não pode ser reduzida à matéria. Nesse sentido, a fenomenologia apresenta-se como uma forma de idealismo. Seu método e sua perspectiva filosófica estão diretamente ligadas ao existencialismo e a hermenêutica (SEAMON, 2019). Os fenômenos por ela investigados podem ser "qualquer objeto, evento, situação ou experiência que uma pessoa possa ver, ouvir, tocar, cheirar, sentir, intuir, conhecer, compreender ou viver" (SEAMON, 2019, p.6).

Para Relph, destacam-se como características da fenomenologia:

- a importância do mundo vivido da experiência;
- a oposição à ditadura e ao absolutismo do pensamento científico frente às formas alternativas de pensar;
- a tentativa de formular algum método de investigação que seja alternativo ao teste de hipóteses e desenvolvimento de teorias (RELPH, 1970, p.193).

David Seamon (2019) pondera que apesar da fenomenologia suplantar as divisões idealistas e realistas entre pessoa e mundo, enfrenta o grande desafio de descrever o mundo da pessoa de um modo que escape da dicotomia sujeito-objeto. A escrita de um trabalho fenomenológico, para ser justo à sua filosofia fundante, precisa ser elaborada de uma forma bastante amadurecida, justamente por objetivar uma transcendência que não é comum em nosso percurso formativo.

Yi-Fu Tuan (1965) – no contexto do florescimento de abordagens críticas ao positivismo – argumenta que até mesmo o vocabulário dos geógrafos acabava por denunciar o viés humanista e fenomenológico. Quando os geógrafos anglófonos tentavam expressar o ambiente, no sentido francês trazido pela palavra *milieu*, a palavra "*environment*" tendia a assumir uma perspectiva alinhada às formas de expressão das "*hard sciences*", enquanto que os humanistas preferiam o uso da palavra *world*. O método fenomenológico destaca-se como um procedimento de descrição do mundo cotidiano da experiência imediata do homem, incluindo neste rol as ações, memórias, fantasias e percepções, o que claramente representa um antagonismo frente à perspectiva objetiva do neopositivismo da chamada geografia quantitativa. Entretanto, a geografia humanista mais identificada com as questões sociais também se antagoniza com o neopositivismo, o que se explica pelo entendimento de

---

pelos geógrafos. Certamente, desde a avaliação de Walmsley (1974), a abordagem fenomenológica cresceu e amadureceu na geografia, ainda que não se apresente dominante como *mainstream* analítico.

que os métodos quantitativos se apresentam socialmente estéreis. Dentre os dois agrupamentos de humanistas realizados por Seamon e Lundberg (2017), o primeiro é geralmente a imagem quase consensual que define a geografia humanista, como indica J. Nicholas Entrikin: "A filosofia que sublinha a abordagem humanista é fenomenologia existencial" (ENTRIKIN, 1976, p.615). Já o segundo agrupamento, "interpretação dos mundos sociais", apresenta-se no imaginário não como uma geografia humanista miticamente quintessencial, mas como uma elaboração híbrida e responsiva aos ataques à fenomenologia.

Recentemente fala-se em fenomenologia crítica[272] e na já abordada pós-fenomenologia[273]. Estas alternativas paradigmáticas surgem a partir de críticas à fenomenologia clássica, principalmente àquelas centradas na incapacidade desta filosofia de abordar profundamente as questões associadas às relações de poder entre os indivíduos[274], em lidar com as transformações sociais e novas formas de sociabilidade contemporânea (MARANDOLA JR., 2013). Nessa discussão crítica à fenomenologia, mais uma vez é reanimado o debate entre mente e maté-

---

[272] A fenomenologia crítica é tida como uma vertente paralela da pós-fenomenologia (KINKAID, 2020).

[273] Cada paradigma tem sua forma de reagir à ausência do poder na abordagem característica da fenomenologia clássica. Os fenomenologistas críticos, assim como os pós-fenomenologistas, pregam a transcendência do sujeito. Especificamente, os fenomenologistas críticos centram-se na interpretação do sujeito nas relações com os outros e no contexto das relações desiguais de poder. Os pós-fenomenologistas, por sua vez, ao desconstruírem o sujeito fenomenológico clássico, focam no fato de que os efeitos das diferenças de classe não podem ser analisados de maneira pré-estabelecida (KINKAID, 2020).

[274] O debate proposto pela pós-fenomenologia, de certo modo, lembra os grandes debates propostos pela nova geografia cultural, que tinham em sua agenda interesses com questões sociais, mas que não reproduziam o peso da materialidade trazida pela herança da leitura morfológica da paisagem advinda da escola de Berkeley. Contudo, certas abordagens na nova geografia cultural negligenciam identidades em detrimento das coletividades. O foco dos novos mainstreams do período 1960-1980 – tanto da filosofia como de outras disciplinas das humanidades – na desconstrução e nas particularidades das identidades, foram pontos de críticas daqueles que consideravam as novas abordagens socialmente estéreis. Para James Ash (2020), a abordagem pós-fenomenológica sugere que o poder é inerente a quase todo espaço, visto que qualquer dinâmica entre entidades – que gera diferenciação e distanciação espacial – quase sempre se apresenta desigual. A abordagem pós-fenomenológica da geografia questiona as relações entre a extensividade do espaço e a intensidade do poder (ASH, 2020, p.7).

ria, no qual é defendida pelos pós-fenomenologistas a transcendência humana, ou seja, ir além dos limites da nossa própria consciência, penetrando inclusive no campo da agência de animais e objetos materiais. A experiência humana não se limitaria ao próprio corpo, se constituindo como uma força criativa distribuída através dos corpos e mundos (como objetos, eventos, lugares, espaços), que possuiriam força performativa e constitutiva (LEA, 2009). Para Suzy Adams (2007), enquanto a fenomenologia se preocupa com a filosofia da consciência e do sujeito, as abordagens pós-fenomenológicas dão ênfase na confrontação antrópica frente ao mundo, incluindo a articulação cultural desta confrontação, o que incorporaria "uma visão trans-subjetiva do significado, carente de permanente elucidação e interrogação" (ADAMS, 2007, p.3). Poderíamos aludir, mediante os termos aqui apresentados, a experiência como um fenômeno sempre relacional e dialético. Frente à fenomenologia clássica, há um deslocamento do foco da experiência do sujeito para um campo interativo onde sujeito e objetos passam a ser compreendidos como parte de uma dialética indissociável. Nesse sentido, lembra-nos a proposta trajetiva de Augustin Berque (2017).

A prática transcendente defendida pela pós-fenomenologia se constituiria como uma forma de rejeitar a distinção sujeito-objeto, já que a fenomenologia clássica era vista como centrada no sujeito, o que criava dificuldades para a abordagem relacional do poder e do arranjo social. Desse modo, diferentemente da fenomenologia clássica, a pós-fenomenologia acredita que o sentido e o conhecimento são produzidos em uma relação envolvendo as condições materiais que participam da experiência humana. É importante notar que, para a abordagem pós-fenomenológica, os significados advindos das diferenças sociais não podem ser entendidos como pré-estabelecidos. Nesse âmbito elaborativo, a abordagem da diferença é emergente e relacional, sendo construída por meio das relações materiais e sociais e apresentando-se extremamente dinâmica e ressignificada ao sabor dos rumos ditados pela experiência. Assim, a pós-fenomenologia preocupa-se com o vácuo das relações de poder deixado pela fenomenologia clássica, mas não vê a interpretação dessas relações como algo pré-definido que sirva como chave interpretativa para a coletividade. Maurice Merleau-Ponty acaba sendo muito referenciado pela abordagem pós-fenomenológica, justamente por apresentar seu arcabouço teórico de forma não-dualística (KINKAID, 2020).

Ash e Simpson (2019) destacam que existe um grande campo de avanço nas implementações de pressupostos pós-fenomenológicos nas práticas geográficas. Não são muitos os geógrafos que trabalham com a perspectiva em questão. No Brasil, a carência de trabalhos no campo é ainda mais notável. É importante observar que, assim como ocorre com a fenomenologia, a pós-fenomenologia escapa dos parâmetros de uma rigorosa filosofia científica e se torna mais próxima de um estilo de escrita, uma forma não tão rigorosamente definida de contemplar as questões socioespaciais: "a fenomenologia é menos um método rigoroso que segue pressupostos estritos de um pensador e mais um estilo de trabalho que incorpora elementos advindos dos trabalhos de diversos autores" (ASH; SIMPSON; 2019, p.4). Esta crença já é bem consolidada: a fenomenologia tem sido tratada como uma ideia desprovida de um núcleo coerente. Essa situação se explicaria de uma falha da própria fenomenologia em clarear seu método e escopo (ASH; SIMPSON, 2019). É no espírito da proposta fenomenológica – mais do que na prática de procedimentos fenomenológicos – que o intelectual orienta a direção de sua pesquisa.

Um estilo de escrita pós-fenomenológico consiste em criar linguagens e vocabulários que estabeleçam conexões entre coisas antes desconexas e, por meio dessa conexão, sejam produzidas novas formas de pensar, ver e sentir essas coisas. Isso significa dizer que em relação à fenomenologia, a abordagem pós-fenomenológica penetra de forma mais decisiva no âmbito da materialidade mundana e sua capacidade afetiva. Ash e Simpson (2019) destacam duas formas de compreender as relações entre seres e objetos na perspectiva pós-fenomenológica: a primeira é o fascínio [*allure*], que seria o âmbito em que os objetos despertam atenção, interesse e, portanto, afetam os seres; a segunda forma é chamada pelos autores de ressonância [*resonance*], que se refere ao momento em que os objetos colidem com os sentidos humanos e modificam tanto outros objetos quanto os humanos nesse processo.

Em um terreno de certa congruência com a geografia crítica e também à nova geografia cultural, a geografia humanista socialmente engajada – que inclui orientações filosóficas ligadas à fenomenologia crítica e à pós-fenomenologia – se apresenta como uma resposta à crítica daqueles que avaliam a abordagem humanista excessivamente idealista. Todavia, dependendo do ângulo de abordagem, o grupo de humanistas socialmente engajados pode ser visto como demasiadamente materialista. Se a divisão da geografia humanista em dois grupos (explicações sobre a experiência e interpretação dos mundos sociais) proposta por Seamon e Lundberg (2017) já nos causa certo incômodo, limitar a crítica à desgastada dicotomia entre o idealismo e o materialismo nos parece uma posição que pouco contribui ao avanço teórico.

É certo que, surgida em um contexto que defendia a liberdade e flexibilização dos métodos de pesquisa, a geografia humanista enfrenta, *a priori*, um paradoxo: ao demonizar os métodos positivistas, apresenta uma face não tão libertária assim (POCOCK, 1983). Podemos, entretanto, relativizar este argumento tendo como base as reflexões de Comte-Spoville sobre a tolerância: ser tolerante não significa tolerar tudo, pelo menos se quisermos que a tolerância seja uma virtude (COMTE-SPONVILLE, 2009).

A geografia humanista recebeu críticas bem fundamentadas e variadas por parte de geógrafos quantitativistas e marxistas, feministas e pós-estruturalistas. Os geógrafos quantitativistas centraram a crítica no método de pesquisa humanista: como poderiam os geógrafos humanistas estar certos de que suas conclusões interpretativas possuíam acuidade e, portanto, confiança? Não são poucos àqueles que creem que o comportamento humano não pode ser estudado cientificamente (SACK, 1982). Há certa representatividade na ideia de que um sistema filosófico heterodoxo como a fenomenologia – um dos pilares da abordagem humanista – não dialoga com o fazer científico, e, portanto, seria mais útil como uma orientação ou como uma postura (MARANDOLA JR., 2013). Segundo Pocock (1983), existem os que defendem que para mensurar "significados" são necessários critérios, sob o risco da fenomenologia em geografia tornar-se indistinguível da pintura de paisagem[275] ou da poesia. Ademais, existem trabalhos humanistas que buscam apresentar estudos de caso em recortes espaciais bem específicos, como o artigo de Vieira e Alves (2020) focado no município de Passa Quatro-MG. Como ocorre em outros artigos com recorte semelhante, o uso de entrevistas é visto com descrença por parte de uma visão quantitativista mais pura, pois costumam representar amostras muito pouco expressivas do todo em que querem representar.

Em resposta, os humanistas pontuaram que sua abordagem indutiva é compatível com a riqueza e complexidade da situação e dos eventos

---

[275] Não concordamos com esta posição, que desfaz da pintura de paisagem enquanto possibilidade de servir à interpretação da paisagem (e o mesmo afirmamos sobre a poesia). Superando as questões interpretativas que separam o pintor do seu eu-lírico, a pintura de paisagem é documental para a pesquisa humanista. Para tanto, ver o capítulo "A paisagem, a pintura e a literatura".

humanos. O ser humano, nesta concepção, não é exclusivamente razão; mas alguém que tem sensações, isto é, que sente, percebe e forma imagens a partir da subjetividade (JECSON, 2010). Diferentemente de muitos campos da ciência, as humanidades possuem tolerância com a ambivalência, ambiguidade, paradoxo e ironia. Afinal, faz parte do ofício das humanidades lidar com a imensa complexidade da vida humana (TUAN, 1976). As conclusões de qualquer estudo humanista não são nem mais nem menos do que uma possibilidade interpretativa aberta ao escrutínio público e de outras partes interessadas (SEAMON; LUNDBERG, 2017). Trata-se de um campo da geografia que engloba expressões artísticas, sejam elas quais forem, se utilizando dos seus métodos para estabelecer "verdades[276]" no ato de informar as atividades humanas no ambiente (BUNKSE, 1990). Esse conjunto de ideias ajuda-nos a entender funções centrais da geografia humanista: expressar, salvar e cultivar, de uma forma particular, os laços invisíveis que unem elementos em um lugar específico levando-se em conta o contexto civilizacional (BUNKSE, 1990). Sabe-se que os laços invisíveis que são construídos em âmbito emocional são interpretados de forma deficitária pelas abordagens positivistas, focadas em métodos de pesquisa que visam à objetividade. Sobre o tamanho pouco expressivo de amostras aplicadas em recortes espaciais, acreditamos que a questão mais relevante não seja propriamente a quantidade de entrevistados, e sim o que se faz com os dados coletados. Não se pode a partir de uma pequena amostra que explora aspectos identitários produzir argumentações que sirvam para toda a coletividade. Vemos, por exemplo, que essa é uma condução equivocada de Vieira e Alves (2020) e de alguns outros que se utilizam do mesmo subterfúgio. Perde-se, na verdade, a possibilidade de propor uma intermediação de narrativas identitárias, por intermédio da ânsia em explorar resultados falsamente totalizantes.

Geralmente se observa que – para os geógrafos humanistas – a diferença existente entre a natureza objetiva e subjetiva do fato social fundamenta a forma de pensar. É comum encontrar críticas dos humanistas quanto ao tratamento do ser humano como um objeto e a

---

276 Optamos no ato da tradução em manter a palavra "verdades" utilizada por Edmunds V. Bunkse (1990) como uma oportunidade para reforçarmos o perigo de sua apropriação neste contexto: a ambiguidade se manifesta à medida que "verdades" é uma palavra que pode ser entendida como "versões interpretativas" (que é o que consideramos ter sido a intenção de Bunkse) e não na criação de consensos objetivos acerca das visões sobre a paisagem e o lugar.

incapacidade do cientista social de se perceber inserido na posição da subjetividade (ENTRIKIN, 1991). Tais críticas se estendem aos estudos corológicos (de diferenciação de áreas), campo na qual se percebe em alguma medida uma tentativa de validação científica dos estudos geográficos por intermédio do olhar de uma ciência social positivista. Preocupados justamente em evitar a objetivação positivista, alguns humanistas destacam um mundo particular de sentimentos que estão além do escrutínio racional. Na tentativa de capturar a qualidade holística da experiência do lugar, os humanistas buscam entender o olhar de quem vivencia a porção do espaço analisada. De uma perspectiva humanista, "o significado do lugar é inseparável da consciência daqueles que a habitam" (ENTRIKIN, 1991, p.20).

Os geógrafos feministas criticam a suposta natureza essencialista da geografia humanista, que seria acrítica ao assumir uma imutável condição humana universal, que ignoraria, por sua vez, as diferenças individuais e de grupo, incluindo nesta gama questões raciais, de gênero e as diferenças econômicas. A crítica feminista ainda centra-se no fato da geografia humanista possuir um implícito viés machista que coloca o pesquisador homem capaz de interpretar as experiências de mulheres, além do mesmo ocorrer em relação a gays e lésbicas. Já certos marxistas acreditam que os humanistas concentram-se muito na agência humana em detrimento das estruturas sociais e relações de poder (SEAMON; LUNDBERG, 2017). Os humanistas se defendem dessas críticas ao argumentar que reconhecem as diferenças entre os indivíduos e grupos em seus trabalhos e que o método da observação participativa e outros recursos qualitativos de pesquisa servem para transpor esta barreira do local de fala, tão bem explorado por Spivak[277] (2010). Sobre as críticas marxistas, os humanistas respondem que sua

---

277 Em "Pode o subalterno falar?", Gayatri Chakrovarty Spivak (2010) oferece uma análise alternativa das relações entre o discurso do Ocidente e a possibilidade da mulher subalterna falar. Considerando que o sentido utilizado para "falar" não é simplesmente disparar palavras pela boca e sim ter suas ideias consideradas, ouvidas, racionalizadas ainda que contrapostas, Spivak considera que a mulher subalterna não pode falar, assim como o Ocidente impõe uma lógica na qual a sua produção intelectual, que deveria ser libertária como princípio científico, se posiciona justamente como cúmplice dos seus interesses econômicos internacionais. A mulher subalterna é analogamente analisada como o mundo não ocidental e até mesmo como a ciência, subalterna a interesses escusos. Outrossim, os métodos qualitativos aos quais se referem os geógrafos humanistas que serviriam para superar as barreiras impostas pelo lugar de fala precisam ser analisados com cautela. A observação

perspectiva permite examinar fenômenos como poder, exclusão, resistência e conflito. Contudo, há um reconhecimento que pouco tem sido feito na direção dos estudos desses fenômenos já que existe uma concentração em temáticas como a liberdade, a criatividade e autonomia individual e de grupo. Os humanistas aceitam as considerações marxistas que colocam as condições estruturais como críticas para a compreensão da ação humana, mas ressaltam que, igualmente importante, é o papel dos valores, crenças, visões de mundo e intenções das pessoas (SEAMON; LUNDBERG, 2017).

Pós-estruturalistas criticam o fato dos geógrafos humanistas centrarem suas pesquisas no lugar, pertencimento, enraizamento em detrimento do não lugar, não pertencimento e mobilidade. Além disso, certo grupo de pós-estruturalistas questionam se existe mesmo o lugar no mundo pós-moderno, marcado pela globalização, o não-lugar [*non-places*] e o hiperespaço. No mundo de ambientes virtuais a distinção entre lugares reais e imaginados tem sido criticada por aqueles que são identificados com pressupostos da pós-modernidade. Os geógrafos humanistas respondem que mesmo que alguns lugares sejam erodidos pela globalização, outros são fortalecidos. Argumentam ainda que, mesmo que tenha crescido a importância da comunicação digital, do hiperespaço e dos ambientes virtuais, os espaços reais mantém sua importância primordial, pois as pessoas são seres portadores de corpo [*bodily beings*] que possuem uma inevitável vida em algum espaço físico (SEAMON; LUNDBERG, 2017). Isto significa dizer que as sensações corporais (calor, frio, ventania, aridez, umidade, impressões olfativas e táteis) que ajudam a integrar a noção de lugar são invariavelmente esvaziadas em proposições virtuais.

Apresentamos o contexto do surgimento da geografia humanista, suas características e suas críticas. Logo podemos nos perguntar se a geografia humanista deveria exercer o monopólio da reflexão sobre a categoria paisagem? Como percebemos, a geografia humanista desenvolveu-se a partir de princípios libertários. Uma reivindicação de monopólio sobre a abordagem da paisagem além de não possuir fundamentos seria contraditória aos seus próprios princípios. A geografia humanista abriu-se ao diálogo com elementos de outras disciplinas, como a psicologia e a filosofia, fazendo com que a tolerância paradigmática fosse uma marca de sua abordagem. Por outro lado, surgiu como antítese da abordagem quantitativista e neopositivista. Considerando esse contexto do seu

---

participativa, por si, não garante a verdadeira fala dos subalternos, pelo menos na lógica de Spivak.

surgimento, é razoável pensar que alguém que se identifique com os pressupostos humanistas tenha dificuldade em conceber a paisagem e o lugar de forma objetivável, plenamente material.

A paisagem objetivável que se enquadra em diferentes ontologias, não é excepcional. Enquadra-se em um sistema de classificação, em uma tipologia generalizante e tangível que se apresenta em distintas porções do espaço e responde pelos anseios de paradigmas científicos positivistas. O título deste livro *a excepcionalidade da paisagem e do lugar* é uma tomada de posição analítica, que considera que os usos da palavra paisagem e lugar sugerem a intersubjetividade, que explica, *inter alia*, a sua excepcionalidade. Nesse contexto, a abordagem reificada neopositivista já tem feito algum esforço para encontrar palavras substitutivas para a paisagem, como biomas, geossistemas, domínios morfoclimáticos, em uma busca que faz com que o recorte espacial imaginado para aquilo que inicialmente convencionou-se chamar de paisagem aproxime-se do sentido de região ou mesmo "região natural".

As correntes de pensamento ou de abordagem geográfica tal como a geografia humanista são rótulos, muitas vezes atribuídos aos autores pela comunidade acadêmica. Autores rotulados, inclusive, podem discordar das rotulações a eles atribuídas. Existem muitos acadêmicos em um estágio maduro da carreira e prolíficos em suas produções que rejeitam os rótulos que sobre eles recaem. Isso ocorre muitas vezes por considerarem as estruturas híbridas do pensar e influências difusas que compõem sua visão de mundo. As rotulações podem ter serventia didática, mas, por outro lado, engessam a fluidez do pensamento e reduzem autores a certos paradigmas que são inconsistentes com o conjunto de sua obra ou mesmo com o seu percurso biográfico, que pode conter idas e vindas. David Harvey sempre é muito lembrado quando alguém exemplifica as mudanças na forma de pensar, ainda que seja muito utilizado tanto por geógrafos identificados com a temática da geografia crítica quanto com a pós-modernidade. Dentro da geografia humanista, como vimos, existem abordagens e objetos de investigação distintos. Assim como outras correntes geográficas, não pode ser considerada monoliticamente.

Pelas razões argumentadas, seria insensato defender o monopólio da geografia humanista quanto à investigação, uso e reflexão da paisagem. Por outro lado, defendemos a intersubjetividade como caminho necessário à sua interpretação. Certos geógrafos identificados com os pressupostos da geografia crítica – que se desenvolveu em um contexto similar ao da geografia humanista – defenderam a interpretação da paisagem com um enfoque fortemente centrado nas estruturas sociais que oprimem e são oprimidas, que exploram o trabalho e são exploradas, que se apropriam do centro e da periferia, dentre outras polarizações. Reconhecemos o valor destes trabalhos denunciantes de mazelas sociais como propulsores do desenvolvimento do pensamento crítico e como ferramenta de luta social. Contudo, esperar intersubjetividade nestas abordagens é postura exageradamente otimista. Do ponto de vista filosófico, a luta contra a opressão e mazelas sociais dela advindas não significa libertação contra a alienação do pensamento.

> Todas as energias são consumidas para manter essa massa em emulsão dirigida e para impedi-la de cair em sua inércia pânica e em seu silêncio (BAUDRILLARD, 1993, p.24-25).

A energia desferida para os oprimidos, caso resulte em movimento, conduz as massas para uma nova acomodação que dela se espera: inércia pânica e silêncio. As generalizações sobre o social e seus interesses são materializações míticas dotadas de um verniz de liberdade e que paradoxalmente aprisionam corações e mentes. Baudrillard segue apontando os vícios das massas:

> Como não é mais do reino da vontade nem do da representação, ela cai sob o golpe do diagnóstico, da adivinhação pura e simples – de onde o reino universal da informação e da estatística: é preciso ausculta-la, senti-la, retirar-lhe algum oráculo. Daí o furor de sedução, de solicitude e de solicitação em torno dela. Daí a predição por ressonância, os efeitos da antecipação e de futuro da multidão em miragens como: "o povo francês pensa... A maioria dos alemães reprova... Toda a Inglaterra vibra com o nascimento do príncipe...., etc." – espelho que tende a um reconhecimento sempre cego, sempre ausente (BAUDRILLARD, 1993, p.25).

Ideias que se manifestam como "os oprimidos desejam...", "os trabalhadores querem..." ou "os mais pobres acham..." são formulações presentes indiretamente na crítica de Jean Baudrillard (1993). As argumentações militantes se enquadram no campo da intersubjetividade crítica ou estariam mais próximas de uma metanarrativa com pretensão de se sobrepor a outra fantasia narrada? Como dissemos, as motivações são nobres: em um contexto do neopositivismo quantitativista surge uma demanda para a problematização do social. Entretanto, não parece ser esta a forma mais sensata de pensar o sentido da paisagem. Na perspectiva social com foco nas classes, objetiva-se produzir a paisagem de uma forma que visa desfazer certas lógicas e tendências, utilizando-se, para isto, falsos consensos grupais. O chavão "a união faz a força" suprime desejos individuais em nome de consensos falaciosos em uma estratégia que faz muito sentido na lógica de uma luta de classes. As vitórias de classe travadas no campo da luta social não podem ser entendidas como necessariamente a realização plena de desejos individuais. Feministas, gays, ambientalistas, religiosos e outros grupos não são homogêneos.

Revelamos que uma das faces da expressão da paisagem é a militância (ver o capítulo "A paisagem como militância"), sendo que estas expressões (literárias, pictóricas, orais) representam narrativas históricas. As expressões militantes das paisagens, contudo, não são atos necessariamente coletivos. São formas de percepção espacial possibilitadas pela experiência humana, e, portanto, são analogamente comparáveis às narrativas históricas. A interpretação das paisagens militantes feita por outrem passa por um processo de intermediação de narrativas sobre o mesmo objeto, sem que se pretenda construir uma verdade (ou definição objetiva) sobre a paisagem. Indivíduos pertencentes à mesma classe social produzem narrativas diferenciadas sobre o espaço, incluindo a sua produção e seu histórico de lutas. Assim, as paisagens militantes não escapam de uma abordagem intersubjetiva. Em algum grau, como já foi dito, toda expressão da paisagem é militante, afinal, ilustra-nos uma crença manifestada histórica e imageticamente.

Não se deseja aqui diminuir o ativismo social e nem mesmo refletir sobre a validade científica das argumentações militantes. Afinal, dentro de uma fatia mais radical do neopositivismo, não há ciência fora dos seus métodos. Em antíteses, Feyerabend (2011) construiu um tratado contra o método e Prigogine (2011) proclamou o fim das certezas. Nas gradações metodológicas que envolvem a objetividade e a subjetividade, a abordagem radical da geografia está longe de se posicionar no outro extremo da imposição neopositivista.

A epistemologia da paisagem necessita de uma abordagem mais libertária, sem que isso signifique uma tolerância absolutamente permissiva. O sentido da paisagem não se apresenta por intermédio exclusivo de expressões coletivas. Fundamentos ligados à coletividade compõem a leitura da paisagem, mas não a determinam. Dessa forma, a intersubjetividade é o caminho mais assertivo para a abordagem paisagística. O recurso à intersubjetividade é, para a paisagem, muito mais significativo do que o rótulo de humanista em uma abordagem. Como vimos, existe uma percepção, no interior da geografia humanista, da existência de uma divisão grosseira entre intelectuais que buscam a interpretação do lugar a partir de perspectivas fenomenológicas e outros que veem o lugar como uma construção social. Essas diferenças já conduzem a interpretações distintas do espaço, com reflexos consideráveis na leitura da paisagem e do lugar.

A literatura da geografia humanista centra-se nas categorias paisagem e lugar como referências analíticas. Defendemos o fato de que a paisagem enquanto espaço intersubjetivamente percebido e expresso demanda e comunga de métodos analíticos similares aos utilizados por certos autores que se enquadram ou são enquadrados na corrente da geografia humanista. Não é, definitivamente, a questão de defender o monopólio da geografia humanista sobre a leitura da paisagem. Afinal, esta defesa significaria a desconsideração sobre as estruturas híbridas do pensar. A intersubjetividade na leitura da paisagem e do lugar se expressa para além dos limites paradigmáticos da geografia humanista e, como vimos, mesmo no interior desta corrente a abordagem radicalmente idealista pode ser deficiente. De nossa parte, não se trata de buscar um discurso politicamente correto. Afinal, nossa posição está bem marcada: o pensamento centrado no pragmatismo, que parte do pressuposto de que os fenômenos existem e se apresentam objetivos, claramente distinguíveis, tangíveis e independentes da intersubjetividade do olhar dos observadores (SMITH, 1984) não nos parece adequado para a reflexão da paisagem.

O mesmo podemos dizer sobre o lugar, com a seguinte particularidade: suas abordagens objetivas não são tão relevantes como aquelas que vemos na paisagem (comumente ecoados em trabalhos de biogeografia e geomorfologia, por exemplo). Convenciona-se associar o lugar a uma porção do espaço em que a experiência humana não pode ser desconsiderada. No senso comum, o risco reside na imposição das percepções de um grupo ou de um indivíduo sobre a leitura do espaço, em um etnocentrismo toscamente elaborado e dotado de pretensão universalizante. Diferentemente, a intersubjetividade propõe a leitura do lugar focada no indivíduo. Sem a hierarquização valorativa das versões perceptivas, a intersubjetividade passa a estar carregada de princípios humanistas e democráticos[278]. Também faz parte de uma consideração objetiva tratar o lugar como localidade, tal como vimos no capítulo "Considerações iniciais sobre o lugar".

---

[278] A partir do uso da palavra "democráticos", tivemos metaforicamente a pretensão de aludir ao sentido em que as múltiplas percepções e narrativas possuem peso semelhante na leitura do espaço. Nesta acepção, nenhuma visão é passível de se impor sobre a outra, sob a escusa de ser portadora da verdade ou mesmo se tornar mais palatável do ponto de vista científico.

Como dito, o monopólio da transcendência da materialidade não se limita à abordagem da geografia humanista. Como não acreditamos em limites bem marcados entre os campos de pensamento, cremos que a paisagem e o lugar devem ser abordados por perspectivas que não se limitam à materialidade e, ao mesmo tempo, não se encontrem na dimensão do idealismo extremo. Assim como argumenta Don Mitchell (1993), nos parece razoável considerar que a abordagem assertiva se encaixa justamente em uma intermediação da complexa relação entre mente e matéria, sendo a sua dialética – como bem trabalha Augustin Berque (2012, 2017) – um elusivo ponto ótimo da abordagem da paisagem e lugar. Não existe um modelo que se apresente como um solucionador da problemática da leitura da paisagem e lugar, pois o processo de intermediação na abordagem dessas categorias é permanente. A intermediação é um aperfeiçoamento sem fim, cada vez mais rico ao contrastar narrativas e consultar as historiografias e historiofotias, sem a mínima pretensão de entregar um produto acabado. Sempre é necessário alertar que tanto a geografia humanista quanto as geografias pós-estruturais ou pós-modernistas possuem o risco de – uma vez nascidas em um contexto de rejeição ao positivismo e à panglossiana busca de afirmação científica – colocarem-se no extremo idealista, negando toda a materialidade. As abordagens da paisagem e do lugar são muito libertárias para estarem presas ao domínio de uma corrente de pensamento, por isso não acreditamos que a geografia humanista e nenhuma outra corrente se coloquem como um habitat exclusivo da interpretação das categorias em questão.

Muitas vezes, neste livro, o positivismo/neopositivismo foi tratado, aparentemente, com desdém. Os pressupostos positivistas – como já pudemos notar – representam uma posição de grande distanciamento dos fundamentos que sustentam a ideia da excepcionalidade da paisagem e do lugar. Por esta razão, fica evidenciada a marginalização positivista nas reflexões deste livro. Contudo, o argumento que construímos não é o mesmo que dizer que não há validade no positivismo ou que aqueles que se apoiam em seus fundamentos produzem trabalhos sem valor. Como Peter Jackson felizmente assevera, essas oposições metodológicas que podem conduzir a verdadeiros campos de batalha, muitas vezes nos conduzem "a uma visão simplificada da história intelectual, negando a importância das continuidades históricas, exagerando quanto à coerência de diferentes escolas de pensamento e encorajando características hostis em detrimento de uma caracterização precisa pautada pela crítica construtiva" (JACKSON, 2000, p.9).

A história do pensamento geográfico apresenta-se como um campo de investigação justamente pela importância das discordâncias teórias, avanços e recuos que se observaram no seio da disciplina. Como negar as influências do positivismo e seu passado hegemônico em nossa perspectiva formativa? As convicções antipositivistas que aqui se apresentam se desenharam justamente a partir da negação de pressupostos positivistas. O idealismo defendido por Leonard Guelke (1975) se consolidou a partir da consideração de que, para a geografia histórica, o quantitativismo positivista trazia na melhor das hipóteses um retrato incompleto sobre o passado; na pior das hipóteses seria uma descrição estatística estéril. Do ponto de vista intertextual, o positivismo faz parte até mesmo das elaborações de Guelke, que pautou parcela importante de suas reflexões nas limitações positivistas enquanto método para a geografia. Seguindo por essa linha de pensamento, não temos a pretensão de declaramos o nosso raciocínio absolutamente apartado do positivismo, pois a problematização quanto às suas limitações exige a reflexão sobre seus pressupostos e certas incorporações na nossa lógica do pensar, que se apresentam, ainda que subliminarmente, como peças da complexa engrenagem do pensamento.

17
A CONDIÇÃO PÓS-MODERNA, A PAISAGEM E O LUGAR

Já se passou tempo suficiente para que seja possível desenhar o impacto do pensamento pós-moderno na geografia humana. Pelo lado que mais se destaca, o poder mítico do essencialismo tem sido ferido, talvez mortalmente; a diferença tem sido legitimizada, independente de sua fonte (por exemplo, diferenças de gênero, raça, etnicidade, orientação sexual); aqueles que se situavam além dos tradicionais centros de poder tem sido emancipados e empoderados; dilemas metodológicos emergentes tem chamado nossa atenção (incluindo diferentes formas de ver e representar).

Michael Dear (1994b)

No final dos anos 1980, o debate acerca do pós-moderno se intensificou nas ciências humanas, ao ponto de se tornar a *lingua franca* do discurso intelectual (LEY; 1993; GRAHAM, 1995). No encontro anual da AAG (*Association of American Geographers*) em 1988, sete sessões consecutivas foram destinadas ao debate pós-moderno e seus efeitos na geografia (CURRY, 1991). De partida, é importante ter em mente que – como ocorre em diversos outros campos – a resposta dos geógrafos à ascensão do pensamento pós-moderno não é homogênea (LAGOPOULOS, 1993). A heterogeneidade das abordagens dos geógrafos frente à abordagem pós-moderna é esperada, sobretudo quando percebemos que os pressupostos da pós-modernidade já propõem esse tipo de abertura. Considerando a heterogeneidade de abordagens, Denis Cosgrove (1994) afirmou que não podia concordar com a existência de um rígido conceito de pós-modernidade, pois isso significaria assumir uma posição essencialista, contrária à polivocalidade pós-moderna.

Para além da geografia, a discussão pós-moderna gira em torno de alguns eixos de debate, alguns dos quais marcados por reflexões específicas; essa diversidade é responsável pela dificuldade de estabelecimento de parâmetros para a abordagem pós-moderna (SALVI, 2000). Independente disso, estamos de acordo com Lawrence D. Berg (1993) quando o autor argumenta que o pós-modernismo – entendido enquanto conjunto de pressupostos e/ou paradigmas – afeta claramente a pesquisa geográfica, já que atinge fortemente o caráter do discurso sobre o espaço, tempo e história. Além de resgatar o debate cultural na seara espacial, pressupostos pós-modernistas colaboraram para a quebra do monopólio das narrativas e para a instabilidade de significados. Sob as escusas da existência de "espaços relativos" tão relevantes quanto o espaço métrico tradicionalmente representado, categorias-chave da geografia como região, escala e o próprio espaço passaram a ser rearranjadas a partir da desconstrução pós-estruturalista[279] (LAGOPOULOS, 1993), que substancia a sanha pós-moderna pela transcendência da materialidade e do metadiscurso. Por esta razão, Derek Gregory (1989) considera que a pós-modernidade levanta questões muito urgentes sobre o espaço, a paisagem e o lugar sob a ótica da produção da vida social. Ademais, é relativamente bem aceito de que os pressupostos da pós-modernidade possuem o mérito de relativizar a força de teorias consagradas; como nos aponta Lagopoulos (1993), o conflito entre teorias sociais é desejável porque proporciona novas visões e entendimentos tanto sobre metodologias como quanto ao fato analisado na investigação científica. Para os estudos da paisagem, a ascensão dos pressupostos pós-modernos colaborou para o viés mais interpretativo da categoria, desconstruindo a ideia da paisagem objetiva, descritível e coletivamente compreendida. Nesse particular, é destacado o fato de que a ascensão de pressupostos pós-modernistas na geografia como um todo – ocorrida na década de 1980 – é concomitante com o desenvolvimento das abordagens da paisagem como texto e, também, da paisagem como um modo de ver [*way of seeing*], expressão consagrada por Denis Cosgrove (ASADPOUR, 2018).

---

279 A intertextualidade se apresenta como um fundamento pós-estruturalista, trazendo reflexos para outras áreas para além dos manuscritos: até mesmo a arquitetura foi influenciada por esse tipo de reflexão. Assim crava Alexandros Lagopoulos: "Todo texto realiza uma operação de colagem e montagem de outros textos. Essa operação intertextual é uma característica do design pós-moderno" (LAGOPOULOS, 1993, p.260). O princípio estético kantiano da unidade estética do objeto é substituida pela fragmentação, descontinuidade e disordem dos componentes do produto imaginado. O design pós-moderno reúne distintas influências espaço temporais em um grande mosaico; nesse sentido apresenta-se pseudo-histórica, operando por meio de uma canibalização randômica dos estilos do passado (LAGOPOULOS, 1993). Dessa forma, o design pós-moderno apresenta-se soberbo em sua proposta: deseja por meio do conjunto de suas influências fragmentadas indicarem o triunfo sobre o espaço e o tempo. A associação feita entre o texto escrito e o design arquitetônico evidencia o caráter da influência dos pressupostos pós-modernos sobre as diversas áreas da vida social.

A priori, é importante destacar que há dúvidas sobre a origem exata dos termos "pós-moderno", "pós-modernidade" e "pós-modernismo". É importante compreender, de partida, que "pós-moderno(a)" refere-se a uma condição, "pós-modernidade" a um período específico marcado por certa condição (OLIVEIRA, 2019), enquanto que o pós-modernismo refere-se a um dogmatismo[280] e revelaria a consciência da condição pós-moderna (SALVI, 2000). Em linha similar, Michael Curry (1991) argumenta que o debate pós-moderno pode ser relativo a um estilo, a um período[281] ou a um método. Apesar de se derivarem de noções confusas (BENKO, 1999), "pós-moderno", "pós-modernismo" e "pós-modernidade" pretendem exprimir a mesma e complexa abordagem[282]. Ihab Hassan (1986), autor que destinou muita energia para a abordagem da pós-modernidade em diversos artigos, assumiu que a proposição de uma definição rigorosa do termo é inadequada, assim como também acredita que seja indevido propor uma definição bem delimitada e rígida sobre a modernidade. Como a condição pós-moderna provoca impactos em diversas áreas – desde a estética até relações sociais mais específicas – existe a possibilidade de um descompasso analítico-temporal: certos tempos, espaços e identidades podem ser enquadrados em pós-modernos em um domínio, modernos em outros e até mesmo em pré-modernos. Isso sig-

---

280 Ainda que possa ser entendido como uma espécie de paradoxo: o dogmatismo antidogmático.

281 Apesar de Jameson considerar que a década de 1960 é possivelmente a aurora da pós-modernidade, outros autores – como David Harvey – acreditam que seja melhor considerar meados da década de 1970 como marco temporal, sobretudo quando vinculamos o estabelecimento da condição pós-moderna à crise do petróleo. Essa crise estimulou uma grande reestruturação do sistema capitalista que teve como base a flexibilização produtiva (PUNTER, 1988). Andreas Huyssen (1984), por sua vez, argumenta que os Estados Unidos são vistos como um espaço de vanguarda do pós-modernismo nos anos 1960; em uma consideração heterodoxa, considera que o pós-modernismo dos anos 1960 não era um movimento de rejeição do modernismo como um todo, mas somente da abordagem moderna que floresceu e ganhou formas particulares nos Estados Unidos dos anos 1950, na fase inicial da Guerra Fria. Ainda que não nos posicionemos sobre esses imbróglios temporais, é importante considerar que o pós-modernismo também está em movimento e é responsivo às grandes questões do seu tempo e espaço.

282 Nestas distintas compreensões acerca do sentido do "pós-moderno" – que nos conduzem ao questionamento se a palavra é um corpo teórico ou uma temporalidade – Craig Calhoun (1993) explicita a possibilidade de entrelace das perspectivas ao argumentar que uma reivindicação não rara é o argumento da necessidade de uma teoria pós-moderna devido ao fato de vivermos em um período pós-moderno.

nifica dizer que um determinado conjunto arquitetônico pode ser amplamente compreendido como uma expressão pós-moderna, ao mesmo tempo em que a segregação entre classes arbitrariamente delimitadas que se impõe entre o conjunto e as adjacências pode ser compreendida como uma manifestação moderna.

A ideia de pós-modernidade emergiu nos primeiros anos após a Segunda Guerra Mundial, mas o seu uso seminal não corresponde exatamente ao uso holístico que se deu nos anos 1960 e 1970 (MINCA, 2009). Esse renascer pós-modernista na segunda metade do século XX precisa ser entendido como uma manifestação intelectual, estética e cultural extremamente heterogênea, ainda que nos seus primórdios tenha se apoiado como muita força no campo da arquitetura[283] e da teoria literária (GREGORY, 1989). É curioso pensar que existem muitos sensos aplicados à ideia de pós-modernidade, e, nesse particular, a tentativa de capturar a essência do que seja a condição pós-moderna é vista como um ato de heresia pelos autores identificados com a temática (PILE; ROSE, 1992). É justamente esta diversidade de manifestações tidas como pós-modernas que dificultam a precisão temporal das origens da pós-modernidade. Ihab Hassan (1985) listou, em um dos seus artigos que refletem sobre a pós-modernidade, uma série de nomes de intelectuais e artistas geralmente vinculados ao pensamento pós-moderno. A lista incluiu nomes da filosofia, história, psicanálise, filosofia política, filosofia da ciência, teoria literária, dança e música. Após montar sua dedicada lista, Hassan destacou que o conjunto de nomes estava longe de se apresentar homogêneo e refletiu que a heterogeneidade impede considerarmos aquilo que se chama de pensamento pós-moderno como um movimento, paradigma ou escola. Hassan destaca uma importante consideração com a qual concordamos que impacta na capacidade de definição do que seja a pós-modernidade:

> Modernismo e pós-modernismo não são separados por uma cortina de ferro ou muralha da China; a história é um palimpsesto e a cultura é permeada pelo tempo ido, tempo presente e o porvir. Todos nós somos, eu suspeito, um pouco vitorianos, modernos e pós-modernos, pelo menos (HASSAN, 1985, p.121).

---

283 Nas obras arquitetônicas tidas como pós-modernas, se vê com frequência elementos de referência histórica, alusões culturais, paródia e colagem. Há o entendimento que o projeto arquitetônico pós-moderno decompõe diversos estilos e ironicamente os reagrupa (PUNTER, 1988). Para John Punter, o pós-modernismo, particularmente na arquitetura e no design urbano, "é caracterizado pelas tensões entre o re-trabalho [*reworking*] e a rejeição das ideias do movimento modernista e uma essencial esquizofrenia sobre o passado e o presente (PUNTER, 1988, p.22).

Soja (1999) sugere que devemos resistir às fáceis aceitações de outras pessoas às definições de pós-modernismo, sobretudo àquelas que desejam impor um limite ao debate e ao universo semântico do conceito. Além disso, é difícil decidir se o pós-modernismo corresponde a uma autêntica mudança de episteme ou de paradigma, ou se, por outro lado, ele somente reciclou procedimentos antigos num contexto diferente (BENKO, 1999). É sempre importante considerar que períodos são generalizações de processos que se manifestam em uma dada porção do espaço. É ingênuo considerar que eventos de suposto alcance global impactem no espaço da mesma forma. James Derrick Sidaway (1990) outrora afirmou que "embora o debate internacional aponte para o fim do fordismo, nós não podemos perder de vista o fato de que a organização fordista do trabalho tem sido reforçada em alguns novos centros da indústria mundial" (SIDAWAY, 1990, p.302). O exemplo do fordismo talvez seja mais complexo para se pensar o arranjo atual da indústria global, pouco mais de trinta anos após os escritos de Sidaway. Todavia, o raciocínio nos leva a considerar os distintos ritmos de transformação espacial que dificultam balizar o mundo a partir de uma dada condição, seja pós-moderna ou pós-industrial. Precisamos considerar diferenças rítmicas do espaço-tempo[284], o que inspira Ester Limonad a afirmar que

> um dos paradoxos que enfrentamos em nossa análise é o fato de vivermos em uma sociedade pós-moderna que ainda não atingiu por completo a modernidade. Anos atrás falava-se em coexistência de formas arcaicas e modernas, em desenvolvimento desigual e combinado. Hoje assistimos, presenciamos e vivenciamos uma articulação quase orgânica entre estas formas (LIMONAD, 2000, p.95).

Dissertar sobre a pós-modernidade é desafiante. Afinal, o argumento da pós-modernidade lança um desafio às demais correntes filosóficas. Na sua forma mais pura, o pós-modernismo representa um ataque fundamental à filosofia contemporânea (DEAR, 1988 e 1994a), permitindo-nos questionar a hegemonia das formas de pensar vinculadas ao Ocidente[285] (GREGORY, 1987). Essencialmente pós-paradigmático,

---

284 Ainda há de se considerar que a ascensão do pensamento pós-moderno não implicou que ideias, instituições e teorias do passado interromperam a sua capacidade de mostrar suas reminiscências do presente (HASSAN, 1985).

285 Neste particular, estamos nos referindo à própria perspectiva da modernidade. É geralmente aceito que ocorreu a consolidação da ordem social, política, econômica e intelectual do período moderno no pensamento iluminista do século XVIII. No core destas ordens, reside uma crença acerca de um mundo reconhecível e a pos-

como assim definiu Derek Gregory (1989), o pós-modernismo abriga simpatizantes que se apresentam imensamente desconfiados frente a qualquer tentativa de construção de um sistema de pensamento que reivindique a capacidade de explicar tudo. Nesse sentido, as bases da reflexão pós-moderna ganham terreno à medida que o legado da modernidade cai em suspeição, não sendo mais capaz de compreender os arranjos que se apresentam diante de nós; por exemplo, a "sociedade não é mais caracterizada pela predominância de um sistema de valores simples, monolítico, que permeia e estrutura seus vários subsistemas" (WOLIN, 1984, p.10). Ao invés disso, os subsistemas passam a ser compreendidos como portadores de uma lógica própria. Entretanto, a própria delimitação do que seja um subsistema passa a ser compreendida como problemática e arbitrária. É como se a ojeriza à elaboração de conjuntos prevalecesse, ao mesmo tempo em que são celebradas as particularidades da essência identitária ou unitária.

Denis Cosgrove escreveu que "estamos testemunhando as limitações do discurso linear" (COSGROVE, 1990c, p.353). Além disso, considerando as condições contemporâneas[286], Cosgrove considera que o discurso modernista pautado na edificação de grandes teorias explicativas falha em capturar sentidos consistentes porque é impossível concatenar em uma grande cadeia os eventos em causalidade. Nesse particular, as visões dicotômicas do mundo, excessivamente totalizantes, possuem um determinismo incompatível com a pluralidade pós-moderna. Dentre as dicotomias modernas destacam-se as divisões entre mente e matéria, homem e natureza[287], sujeito e objeto, intuição e razão. É importante considerar que a própria diferença envolvendo as concepções de moderno e pós-moderno, entendidas como expressões monolíticas em oposição, atendem a perspectiva da filosofia moderna (BERG,

---

sibilidade de revelar sua verdadeira essência. A realidade era tida como portadora de uma lógica interna, organizada de acordo com leis universais (EDWARDS, 1996).

286 Nestas condições destacam-se a difusão das informações em um nível sem precedentes e a oferta de uma miríade de pontos de vista e narrativas. Destaca-se o questionamento quanto à temporalidade da pós-modernidade: seriam os seus novos paradigmas uma resposta aos novos arranjos que se configuram ou simplesmente uma forma diferente de se interpretar aquilo que sempre esteve posto? Acreditamos que a resposta a este questionamento envolve as duas possibilidades.

287 A pós-modernidade como a aurora de uma nova era integra a natureza e a cultura porque rejeita, no terreno moral, o privilégio dos seres humanos (BORDESSA, 1993).

1993). As contradições não param aqui; Lawrence D. Berg (1993) evidencia outra face contraditória da discussão pós-moderna ao salientar que o termo "teoria pós-moderna" é essencialista per si, enquanto que o pensamento pós-moderno traria pressupostos anti-essencialistas. Os relativismos extremados que são associados à condição pós-moderna certamente provocam contradições e situações paradoxais. Ihab Hassan se pergunta: "eu poderia refletir sobre a crise de significado se os meus próprios significados refletem e ajudam a fazer com que essa crise seja, ao nosso tempo, plausível?" (HASSAN, 1987, p.437). Ao propor os seus questionamentos, a base do pensamento pós-moderno apresenta, a priori, uma face libertária; as relativizações pós-modernas podem nos encorajar a pensar que podemos escapar da metafísica da presença[288]; por outro lado, o relativismo como regra parece de alguma forma se apresentar inflexível.

Sabe-se que as indeterminações propostas pelo pensamento pós-moderno conduzem à fragmentação (FOLCH-SERRA, 1989) e ao excessivo particularismo, que criam dificuldades discursivas e atacam os pilares do pensamento dito ocidental. No lugar de ordem e razão, prevalecem o caos e a incapacidade de mensurar, modelar e classificar. Mario Blaser (2009) salienta que a modernidade e as formas de pensamento que nela se apoiam são – cada uma em seu âmbito – possibilidades de conceber a ciência e ler o mundo[289]. No interior desta lógica, conheceríamos o mundo não tal-como-ele-é, mas como uma mediação realizada por intermé-

---

288 Conceito importante para os desconstrucionistas, a metafísica da presença expressa o desejo pelo acesso imediato ao significado. Como aponta o conceito de *differànce*, palavras e signos são incapazes de evocar o que significam. Desse modo, o significado é sempre adiado ou postergado numa cadeia de significantes. Como existe o desejo pelo significado imediato, há a construção de uma metafísica que expressa o privilégio da presença sobre a ausência. No âmbito do extremo relativismo de significados, a metafísica da presença é algo a mais a ser desconstruído pelo discurso.

289 Jeff Malpas (1992) argumenta que a contrução de "verdades" como um caminho para a compreensão do mundo é um alicerce da modernidade. Discutindo sobre o tema, o autor traz o exemplo do nazismo, dizendo que o discurso do regime é sustentado pela modernidade à medida que cria uma narrativa e apresenta-se intolerante quanto ao contraditório. Em suas palavras, o "holocausto não deve ser compreendido como um tropeço na marcha evolutiva da cultura ocidental, mas como uma expressão do terror contida no coração da cultura ocidental" (MALPAS, 1992, p.291). O autor salienta que a apropriação nazista da verdade nos conduz à suspeição da verdade propriamente dita. Se algo como os horrores de Auschwitz pode ocorrer em nome da verdade, então claramente a verdade merece ser abando-

dio de sistemas simbólicos, incluindo a linguagem, pelos quais podemos o experenciar e representar (EDWARDS, 1996). Por isso mesmo, conhecimento, discurso e poder estão entremeados na concepção pós-moderna. Afinal, se o discurso não é uma verdade, constituindo-se como uma versão, é razoável que englobe tentativas de construção de um envoltório verossímil, já que convencer faz parte do exercício do poder.

A crítica que ataca a hegemonia da modernidade e do fazer científico moderno é extremamente ampla. Era de se esperar, portanto, que o pós-modernismo se tornasse alvo de um detalhado e plural escrutínio por parte de uma miríade de intelectuais. No âmbito da geografia, o pós-modernismo encontra resistência e até hostilidade por parte de alguns que percebem sua chegada como uma ameaça à disciplina (MINCA, 2009). Notavelmente, autores identificados com o marxismo[290] e com outras teorias sociais tem se dedicado a promover críticas contundentes. Afinal, em suas elaborações, "o pós-modernismo mostra-se crítico às grandes dicotomias como burguesia-proletariado, capitalismo-socialismo e materialismo-idealismo" (SOJA, 1999, p.71), pois tais construções teóricas apresentam-se restritivas e reducionistas, silenciando a força de outras escolhas e vozes que possam se apresentar como alternativas que superam os domínios do pensamento binário. Assim, o pós-modernismo valoriza o pensamento que destaca o caos da vida moderna e a impossibilidade de lidar com ela pela via racional (EVANGELISTA, 1999), afinal, "a realidade é um quebra-cabeça, uma colcha de retalhos de infinita complexidade, um caleidoscópio eclé-

---

nada. Malpas (1992) esclarece que o pensamento pós-moderno não rejeita a noção de verdade em si, mas a perspectiva de uma verdade realista ou objetiva.

290 Os pressupostos pós-modernos tem sido descritos como antimarxistas e têm sido adotados por alguns pesquisadores que se rotulam ou são rotulados como pós-marxistas (MINCA, 2009). Ao propor a desconstrução do significado das materialidades, abordagens pós-modernistas colocam as premissas marxistas em uma situação de desconforto tal como também faz o idealismo da geografia humanista. Soja (1999), por sua vez, alega que o pós-modernismo não propõe um pleno rompimento nem com a modernidade e nem com o marxismo, centrando a sua energia na negação dos binarismos que são carregados por tais campos de pensamento. Há de se considerar que a ideia de uma materialidade rígida na abordagem marxista é indevida frente ao conjunto da obra, visto que o conceito de valor que é trabalhado pelo autor possui elusividade a partir de sua essência relacional (HARVEY, 2012). Todavia, é importante destacar que o marxismo foi apropriado na geografia não raramente como um acabouço teórico que atendia aos desenhos estruturalistas da organização do espaço.

tico e a insistência do modernismo nas generalizações é uma fantasia arrogante" (WARF, 1990, p.591). É interessante pensar que, apesar da ascensão dos pressupostos da pós-modernidade, "o discurso geográfico permanece na metafísica da oposição binária" (DOEL, 1992, p. 163). Doel destaca que é possível encontrar, mesmo em alguns autores identificados com a reflexão pós-moderna, a apresentação de esquemas binários e polarizados que visam comparar a modernidade com a pós-modernidade. Doel classificou tais esquemas como infâmes[291], pois não são capazes de abarcar a essência da dialética que entrelaça o moderno e o pós-moderno. Os esquemas binários encorajam a ideia de uma escolha: como apontam Scott e Simpson-Housley (1989), a noção de que alguém deva escolher entre a modernidade e a pós-modernidade é, por si só, uma instância altamente modernista.

Se a desconstrução não é uma simples reversão do que foi construído, o pós-moderno não é simploriamente aquilo que não é moderno (DOEL, 1992). Na lógica de Doel, se o pós-moderno é a negação e o inverso dos termos do moderno, temos, reciprocamente, o fato de que a negação e inversão também são praticadas pelo moderno frente ao seu polo antagônico. A modernidade sobrevive e derrota o desafio pós-moderno, mas a certo custo: para a modernidade, negar e inverter o diferente é uma tentativa de manter-se inabalável; todavia, acaba trazendo o pós-moderno para dentro de si, despedaçando sua especificidade histórica e epistemológica. De forma pueril, poderíamos exemplificar dizendo que o salgado que nega ser doce já é alterado em sua essência pelo doce. É uma lógica que contraria o estruturalismo polarizado e de limites arbitrários e que pertence ao domínio da dialética, do *aufheben* hegeliano (DOEL, 1992).

Destacando um elemento contemporâneo à ascensão do pós-modernismo, Anne Buttimer (1979) ressalta o papel da ascensão das mídias audiovisuais como meios de compartilhar questões e respostas em uma grande variedade de contextos. O alcance das mídias contemporâneas tem possibilitado o acesso aos particularismos; por outro lado, certas reações de espectros ideológicos conservadores extremados têm se apresentado proeminentes como reação ao pluralismo. As múltiplas

---

291 Doel argumentou que "uma das mais comuns e sérias confusões com a disputa entre moderno e pós-moderno é a apresentação de uma série de qualidades do moderno e, também, do pós-moderno como sua negação (a infame tabulação de duas colunas)" (DOEL, 1992, p.171). Esse raciocínio parece o ponto de vista da modernidade sobre o embate de ideias modernas e pós-modernas.

ofertas de narrativas também podem ser vistas como um elemento de explicação do negacionismo extremado, onde nada é factível. As características do pensamento pós-moderno desafiam o dogmatismo de diversas ideologias, inclusive as religiosas. Em uma encíclica, Karol Wojtila – o papa João Paulo II – utilizou o termo pós-modernismo para condenar o relativismo extremo de valores e crenças, além do que chamou de ironia e ceticismo direcionados à razão, que negam a possibilidade de construção de qualquer verdade, seja humana ou divina (HASSAN, 2003b).

É importante acrescentar que poucas pessoas tem um claro senso sobre o que a pós-modernidade significa. De acordo com Claudio Minca (2009), não existe um corpo singular e coerente acerca de uma teoria pós-moderna, o que ocorre justamente pela natureza dos pressupostos. É certo que a falta de consenso sobre o que é o "pós-moderno" nos conduz à incerteza sobre suas raízes históricas e seu desenvolvimento teórico ao longo do tempo (MINCA, 2009). Barney Warf (1990) declarou que o termo pós-modernismo é irritante, pois apenas indica o que nega a ser e não exatamente o que é. O autor alonga esta crítica a outras palavras que usam do mesmo subterfúgio, como pós-industrial, pós-fordismo, pós-marxismo e pós-estruturalismo.

Os princípios sobre os quais repousavam as sociedades ocidentais perderam a sua credibilidade: é isto que leva muitos a dizer que vivemos a passagem para a pós-modernidade (CLAVAL, 1999). O pós-modernismo é basicamente uma revolta contra a racionalidade do modernismo (DEAR, 1994a; CORREIA, 2008) e do iluminismo, despertando um olhar mais detalhado e sensível à diferença[292] e utilizando formas inovadoras de estratégias textuais (PILE; ROSE, 1992). Estaríamos – pelo menos desde os anos 1980 – testemunhando uma avassaladora deslegitimação dos códigos primordiais da sociedade moderna (HASSAN, 1986). É importante notar que, utilizados enquanto períodos históricos, tanto o pós-modernismo como o modernismo são criticados. Kwane Anthony Appiah (1991) argumenta que em uma concepção weberiana, a autoridade de figuras carismáticas que governaram grandes massas, como Stalin, Hitler, Mao e Kwane Nkrumah é irracional. Todavia, são figuras do chamado período moderno. Ao mesmo tempo, a secularização parece longe de acontecer: "religiões prosperam em toda parte do mundo; mais de noventa por cento dos

---

[292] Na abordagem pós-moderna, é justamente a sensibilidade à diferença que estimula a descontrução de categorias e a crítica à imposição de limites teóricos rígidos.

norte americanos ainda cultivam alguma forma de teísmo" (APPIAH, 1991, p.344). Para Appiah, estes exemplos não simbolizam o triunfo da razão iluminista, que se apoia, *inter alia*, no fim do carisma e na universalização do secular. O autor ainda diz que o que estamos assistindo não é o fim das religiões, mas a sua mercantilização. Por fim, Appiah (1991) acredita que a pós-modernidade pode ser vista como uma reteorização acerca dessas dinâmicas subjacentes que provocam mudanças na modernidade, sobretudo se a mercantilização for concebida como uma forma de racionalização. Nesse sentido, aproxima-se daqueles que acreditam que o momento que vivemos é um novo estágio do capitalismo globalizado, e não propriamente uma ruptura com a modernidade.

Para Rogério Haesbaert (1997), o pós-modernismo colocou em xeque a própria legitimidade da razão como fundamento ou como única via para o conhecimento e a transformação do mundo. Portanto, é plausível considerar que o ponto de partida do pós-modernismo é a superação dos pilares que sustentam o modernismo. Muitos acreditam que esses pilares ainda estão de pé, apesar de estarem sujeitos a processos diferentes e mais intensos. Esta é uma argumentação contrária à pós-modernidade. No contexto de negação à pós-modernidade, é comum a referência à palavra hipermodernidade. Em um exemplo importante acerca dessa desconfiança acerca do vigor dos pressupostos pós-modernos, Zygmunt Bauman (2001), em uma de suas obras mais icônicas, evita o uso da pós-modernidade ao preferir dissertar sobre a "liquidez da modernidade". Alguns argumentam que as modificações espaço-temporais ajudaram a edificar o modernismo. Da mesma forma, o pós-modernismo poderia ser entendido como o conjunto de respostas dadas às novas experiências espaço-temporais (JACKSON, 1991). Certamente, a segunda metade do século XX experimentou uma grande aceleração e volume de fluxos que rasgam a superfície do planeta. O que geralmente se questiona é se os efeitos da aceleração em questão e as novas condições sociais, culturais e políticas são suficientes para anunciarmos um inequívoco rompimento com a modernidade. Os que defendem a superação da modernidade geralmente tomam como referência as crises que adentram o campo das ideologias políticas, dos conceitos estéticos, dos raciocínios científicos, das concepções religiosas, das críticas filosóficas e culturais, enfim, de todo o espectro do conhecer (LEMOS, 1999).

Do ponto de vista teórico, a denominada pós-modernidade nega o universalismo e a generalização, que eram qualidades e procedimentos inerentes à modernidade. Há o questionamento quanto à existência de fronteiras rigorosas que dividem o saber em campos especializados (CORRÊA, 2000). Em oposição aos modernistas, há uma predominância do irracional que utiliza como ferramentas as formas, cores, imagens, metáforas e os sentidos, que são permanentemente reatualizados e reconstruídos. O modernismo busca uma verdade universal e repousar sobre a estabilidade do significado, usualmente por intermédio de um metadiscurso ou metanarrativa. O pós-modernismo assumiu a forma de uma revolta contra as rígidas convenções existentes sobre os métodos e linguagem[293] (DEAR, 1988 e 1994a; EAGLETON, 1998; ANDERSON, 1999; LEMOS, 1999; CORRÊA, 2000). Nas sociedades contemporâneas do "mundo pós-moderno", onde signos e símbolos são reciclados e até mesmo invertidos em diferentes contextos, não há estabilidade de significados, mas sim a liberdade da intertextualidade e interpretação (KONG, 1997). Para Jean-François Lyotard, a aurora da pós-modernidade é marcada pela ascensão de uma sociedade "que se baseia menos numa antropologia newtoniana (como o estruturalismo ou a teoria dos sistemas) e mais numa pragmática das partículas de linguagem" (LYOTARD, 2009, p.xvi). Por estas razões a abordagem pós-moderna é vista como portadora de um relativismo radical (MINCA, 2009).

Sem sombra de dúvidas, um dos desafios do nosso tempo é lidar com a quantidade de informação que nos é disponível. Franklin Rudolf Ankersmit (2001a) preocupa-se com os efeitos do aumento exponencial do volume de informação sobre a produção científica no campo das humanidades. Ilustrando suas preocupações por meio de um exemplo, o autor alega que no início dos anos 1970, quem quisesse adentrar na filosofia política de Thomas Hobbes precisaria apenas de dois comentários importantes sobre a sua obra. Acrescenta que, no fim da década de 1989, alguém que "tenha a coragem de tentar dizer algo significativo a respeito de Hobbes terá de ter lido uma pilha de vinte a vinte e cinco estudos tão cuidadosamente escritos quanto

---

293 Para Elspeth Graham (1995), ao colaborar para a ocorrência da virada linguística ocorrida no seio das ciências sociais, introduzindo noções como a textualidade e desconstrução, o pós-modernismo abriu nossos olhos para a possibilidade da linguagem aprisionar o discurso. Usando uma linguagem metafórica, o autor assim escreveu: *"Postmodernism opens our eyes to the prison house of language"* (GRAHAM, p.176, 1995).

abrangentes" e que estes estudos "são de tão alta qualidade que não podemos nos dar ao luxo de não lê-los" (ANKERSMIT, 2001a, p.113). O crescimento incomensurável da informação acadêmica também é uma marca do nosso tempo, caracterizado pela expansão de fluxos de toda ordem[294]. No exemplo de Ankersmit, as consequências do fenômeno se apresentam: "a discussão sobre a obra de Hobbes torna-se uma discussão sobre a interpretação da obra de Hobbes, em vez de ser um debate sobre a obra em si" (ANKERSMIT, 2001a, p.113). Do ponto de vista historiográfico, em meio à profusão de narrativas, há quem possa declarar o fim da história, sobre bases muito distintas de Hegel, Kojève ou Fukuyama: "devido a tantas interpretações, o texto em si tornou-se vago" e é ingênua "a crença de que o texto poderia oferecer uma solução para o nosso problema de interpretação" e como resultado paradoxal da situação em questão, "o texto em si não tem mais autoridade em uma interpretação" e, enfim, "não temos mais textos, mais passado, apenas interpretações destes" (ANKERSMIT, 2001a, p.113-114). O autor em questão não declara o fim da história, mas certamente reflete a disciplina a partir de outras bases teóricas distintas daquelas que por muito tempo dominaram o campo de produção acadêmica. O mesmo processo apontado por Ankersmit também não pode acometer as descrições espaciais? A multiplicação de narrativas sobre o lugar e sobre a paisagem também não poderia se tornar um fenômeno que colocaria em risco a descrição da Terra – ou seja, a geo-grafia?

A necessidade de propor eficaz intermediação temporo-espacial urge. Interpretações históricas do passado e as descrições espaciais se tornam reconhecíveis e adquirem suas identidades por meio do contraste com outras interpretações. "Qualquer um que conheça apenas uma interpretação, por exemplo, da Guerra Fria, não conhece nenhuma interpretação desse fenômeno" e, portanto, "todo *insight* histórico" e também geográfico, "tem, portanto, intrisecamente uma natureza paradoxal" (ANKERSMIT, 2001a, p.120). Todavia, ao propor intermediações, devemos ter os cuidados para que o texto não se torne apenas um compêndio de distintas narrativas, ou seja, uma enumeração fria.

---

294 "As grandes obras da história da historiografia, como as de Tocqueville, Marx, Burckhardt, Weber, Huizinga ou Braudel têm provado ser os maiores estimulantes de uma nova onda de publicações, em vez de concluir uma genealogia de informação como se o problema em questão tivesse sido definitivamente solucionado. Paradoxalmente, quanto mais poderosa e autoritária a interpretação, mais análises ela suscita" (ANKERSMIT, 2001a, p.118).

Não é a questão de clamar pela "posse da verdade" por intermédio do julgamento do fato, mas tirar conclusões sobre o próprio estado da arte dos estudos que por ora são realizados, sabedores que intermediações futuras podem nos levar a questionar nossas próprias elaborações. Alguns podem até mesmo alegar que se envergonham de algo que tenham escrito, mas, talvez, seja mais justa uma autopiedade direcionada ao fato de que o questionamento sobre as próprias elaborações nos conduzam à felicitação e não à vergonha: acreditamos que o questionamento em tela é uma forma de percebermos a complexificação da nossa intermediação, que é aparentemente correlata ao amadurecimento das teorizações. É desejável que um texto de nossa autoria seja visto por nós como incompleto com o passar do tempo. Isso mostra que após a publicação do texto continuamos a amealhar experiência e a avaliar nossas produções sob outro ângulo crítico.

É interessante a conclusão de Ankersmit (2001a) acerca do objeto de interesse da história em meio às condições pós-modernas: "o foco não está mais no passado em si, mas na incogruência entre passado e presente, entre a linguagem que usamos para falar do passado e o passado em si. Não há mais uma linha que perpassa a história, que neutralize esta incogruência" (ANKERSMIT, 2001a, p.132). Em uma paráfrase, podemos concluir que na descrição geográfica pós-moderna, o foco não está mais no espaço em si, mas na incogruência entre o intérprete do espaço e o seu arranjo, entre a linguagem que utilizamos para falar do espaço e o espaço em si. A incogruência em questão não é passível de neutralização, visto que não existe um espaço que possa ser materialmente inventariado e imageticamente percebido da mesma forma.

O quadro em tela nos permite entender que a antítese do discurso da modernidade prega o anarquismo epistemológico aos modos de Paul Feyerabend (2011). É curioso pensar que o recuo diante da totalidade, a ênfase nos fragmentos da realidade e a desconstrução de uma ideia de verdade fazem com que se reafirme um fetiche pela epistemologia (PEDROSA, 2016). Eis é a conjuntura que explica o fato dos efeitos do discurso pós-modernista apresentarem-se desestabilizadores e anárquicos (DEAR, 1988). Talvez seja essa a razão para o despertar de manifestos tão apaixonados contra os seus pressupostos. Apresentar o pós-modernismo a alguém é quase o mesmo que dizer que as bases que sustentam a sua crença não existem.

Relativamente a outras disciplinas, o debate pós-moderno chegou tardiamente na geografia. Claudio Minca (2009) estabelece o período entre

1986 e 1988 como os anos que marcaram as publicações pioneiras da pós-modernidade na geografia. Tanto Edward Soja (1993) em *Geografias pós-modernas*[295] quanto David Harvey (2004[296]) em *A Condição pós-moderna* escreveram críticas à ideia de pós-modernidade, o que não impediu o aumento do volume de trabalhos geográficos associados a esse campo (DEAR, 1994a). Os autores em questão são consagrados como nomes importantes do movimento intelectual que foi descrito como virada espacial[297] [*spatial turn*], que possibilitou a expansão da utilização

---

295 Ao repensar a modernidade e trazer Henri Lefebvre para o estudo de Los Angeles, o texto *Geografias pós-modernas* de Soja teve grande impacto na virada espacial [*spatial turn*] desenvolvida nos Estados Unidos. A noção de Soja acerca da dialética socioespacial é central para a compreensão do espaço como um produto social que possui suas raízes nas práticas, poder e ideologia (ARIAS, 2010).

296 Assim como a obra de Soja, a primeira edição da obra *Condição pós-moderna* de Harvey foi lançada em 1989. Michael Dear argumenta que Edward Soja e David Harvey elaboraram uma reconstrução modernista da teoria urbana (DEAR, 1991). Em uma das explanações de Dear, é ressaltado que o texto de Soja e Harvey reprimem epistemologias alternativas e subjetividades que não congruem com o escopo da metanarrativa que propõem. Para Dear, o uso de estratégias iluministas nas narrativas de Soja e Harvey reafirma a modernidade dos seus argumentos, estreitando, no interior dessa perspectiva, a noção do que seja a pós-modernidade. Em outro ângulo de análise, faz sentido considerar que as abordagens de Soja e Harvey consideram o fenômeno pós-moderno como um novo momento marcado por novas configurações econômicas no espaço que se apropriam de bases da própria modernidade. Pile e Rose criticam em particular o livro *Condição pós-moderna* de autoria de Harvey, apontando a negligencia da obra em posicionar questões raciais e de gênero como centrais nas relações sociais, ignorando assim "o patriarcalismo e o racismo como formas centrais de opressão" (PILE; ROSE, 1992, p.127). Classificando Harvey no interior do grupo de geógrafos radicais (também chamados de marxistas), Pile e Rose argumentam que o autor vê a política, a cultura e a sociedade exclusivamente a partir das lentes do capital, classificando esta estratégia como sexista e racista, adequada à tirania da masculinidade branca (PILE; ROSE, 1992, p. 127). Não colocaríamos nesses termos a abordagem de Harvey, justamente por considerarmos que as questões raciais e de gênero não esgotam as possibilidades de contemplação das narrativas. Se Harvey apresenta-se limitado, Pile e Rose também apresentam outra limitação, ainda que sua abordagem exale indícios de uma expansão triunfante da análise social. De todo modo, a crítica de Pile e Rose (1992) também apresenta elementos característicos do modernismo, como, por exemplo, a confiança em categorias-chave como base da interpretação social, incluindo em sua perspectiva a desconsideração acerca da diferença no interior de tais categorias e homogeneizando tudo aquilo que diferencia a partir de algumas semelhanças.

297 A virada espacial fez com que a espacialidade assumisse o papel mais importante na interpretação dos fatos sociais, suplantando, por exemplo, a temporalida-

das categorias geográficas de forma interdisciplinar, nublando os outrora rígidos limites entre as disciplinas vinculadas às ciências humanas.

Parte importante do contexto que é descrito para amparar a ascensão da reflexão pós-moderna também substancia a virada espacial, de tal modo que os dois movimentos intelectuais não podem ser vistos de maneira absolutamente apartada (FINNEGAN, 2008; ARIAS, 2010). Soja e Harvey preocupam-se em suas reflexões com as novas formas de produção que se organizam na replicação de fluxos, impondo diferentes ritmos, reorganizando a paisagem e proporcionando o aprofundamento das desigualdades já pronunciadas que se apresentam no tecido social (FRIEDLAND, 1992). Nessa lógica, o capital apenas pode exercer seu pleno domínio sobre o espaço por intermédio da criação de meios físicos de produção e circulação de pessoas, bens e finanças.

Para além das questões que envolvem o espaço e a reprodução do capital, Edward Soja mostrou-se preocupado com os efeitos da pós-modernidade na compartimentação do saber no interior da geografia: "O domínio das categorias, incluindo as fronteiras e separações mais antigas vem-se enfraquecendo. O que era central está agora sendo empurrado para as margens, enquanto que as orlas antes discretas afirmaram ousadamente uma centralidade recém-descoberta" (SOJA, 1993, p.77) e conclui, como em um alerta: "essa geografia desordenada e inquietante é, a meu ver, parte da situação pós-moderna, de uma crise contemporânea que está repleta de perigos e de novas possibilidades" (SOJA, 1993, p.78). Além desta crítica, é de destacar em sua obra a avaliação que faz acerca dos efeitos da pós-modernidade nos ambientes urbanos.

David Harvey (2004), por sua vez, estabelece uma crítica ao pós-modernismo a partir de um viés econômico e social, que explicaria o arranjo cultural da sociedade pós-fordista. A flexibilização espacial produtiva, que proporcionou um rearranjo econômico em âmbito global, pertenceria a uma mesma lógica de explicação da condição pós-moderna, opinião que é compartilhada por Luís Mendes (2011). A evolução e barateamento dos

---

de e outras variáveis analíticas. Não significa que o espaço anulou outras formas de análise, mas passou a exercer a primazia na preocupação de muitos analistas (BLAIR, 1998). Lagopoulos também destaca o papel de Soja e Harvey: "Na geografia, a tendência pós-moderna encontrou expressão não somente na preocupação com o fenômeno geográfico e nas teorias como sistemas de significado, mas também no questionamento acerca de um novo papel do espaço na geografia e nas ciências sociais em geral, tal como foi exemplificado recentemente nos livros de Soja e Harvey" (LAGOPOULOS, 1993, p. 255).

transportes favoreceu a acentuação do processo descrito por Harvey como compressão do espaço-tempo, trazendo para o âmbito cultural efeitos visíveis: os intercâmbios culturais – ora irresistíveis devido à nova natureza da mobilidade humana, de mercadorias, finanças e informação – se explicam também pelos interesses do capital. A espetacularização da cultura se torna um componente dos novos tempos. Para além de uma mera intencionalidade estética de incorporação do exógeno, há um espetáculo bestializado: a tentativa de empoderamento simbólico por intermédio da exposição de fragmentos de geografias distantes, que se encaixam como troféus-souvenir que aludem ao triunfo das distâncias por meio das capacidades técnicas/tecnológicas e econômicas. Forma-se aquilo que Herculano Cachinho (2006) chamou de *consumactor*: o cidadão consumidor hipnotizado pelas forças que espetacularizam o espaço e alienam a mente. Em uma importante consideração, Cachinho (2006) argumenta que o cidadão, seja na condição de residente ou de turista, desempenha ao mesmo tempo a função de espectador e ator, de protagonistas e de acontecimento. Torna-se parte indissociável do cenário e, nesta condição, potencializa a capacidade do espetáculo de encantar[298].

Certamente, as comunicações instantâneas se apresentam como uma das faces mais notáveis do triunfo da tecnologia sobre o espaço. Os impactos sobre a vida social e sobre a percepção do espaço são avassaladores. A disseminação da internet e dos aparelhos celulares fagocitaram distâncias. A recente pandemia da Covid-19 escancarou as múltiplas possibilidades de tele-trabalho e do ensino à distância, a despeito das discussões críticas que são lançadas sobre essas modalidades. É necessário um esforço cada vez maior para desfrutar da sensação de isolamento, para o apuro dos diretores de filmes que exploram o terror psicológico. O advento dos celulares auxilia notoriamente para a mitigação dessa sensação: na obra *O Iluminado* – de Stephen King – Jack Torrance e sua família teriam outro conforto no hotel Overlook, isolado pela neve invernal nos anos 1980; no ano de 1990, em *Misery*[299]

---

298 Cidades no passado também buscavam encantar. A obsessão pelos arranha-céus no início do século XX eram sinônimo de grandeza e vanguarda (MAGNOLI, 2005). A diferença para a contemporaneidade espetacularizada está na totalidade da *mise em scène*: hoje vemos um arranjo pleno de elementos que tanto pleiteiam significar quanto ser úteis em suas funções, descolando-nos das intencionalidades e juntando-nos às promessas e ilusões.

299 *Misery* foi adaptado para o cinema e adotou em sua versão brasileira o título "Louca Obsessão".

– do mesmo autor – Paul Sheldon poderia ter diminuído sua angústia por meio da posse de um celular. Ainda pode se discutir a questão sob o prisma da exclusão social (que impede o acesso ao celular) e das deficiências na cobertura dos sinais dos celulares (que paulatinamente tem diminuído). É interessante pensar que o isolamento se tornou aparentemente tão difícil ao ponto de ser comercializado: alguns hotéis luxuosos – situados em zonas de sombra da cobertura de sinais de celulares – ofertam a experiência da desintoxicação digital, como o Eremito Parrano, na Úmbria, Itália.

É razoável considerar que os impactos do arranjo pós-moderno nas grandes cidades impactam sobre todos os cidadãos, mesmo que de forma distinta, não importando a sua condição social. Adjetivos tem sido direcionados à nova condição da sociedade pós-moderna e, por inerência, à cidade: indeterminação, fragmentação, hiper-realidade, ironia das formas, superficialidade, hedonismo e busca pela beleza, esquizofrenia, paródia, travestismo, pastiche, sobrecarga de estímulos, descentração do sujeito; todavia, nenhum destes adjetivos possui a capacidade de sintetizar o espírito da nova cidade como os conceitos de espetáculo, simulação, teatralidade e representação social (CACHINHO, 2006).

Edward Relph (2001) concluiu, em meio a essa discussão sobre a espetacularização espacial, que as novas tecnologias têm tornado as paisagens fake mais fáceis de serem realizadas. O urbano, palco de concentradas atividades econômicas, é o ambiente preferencial dessas tendências. Manifesta-se uma tentativa de tornar as cidades em parques temáticos e os cidadãos em sua audiência (RELPH, 2001). Lugares retratados midiaticamente de certa maneira podem passar a ter suas descrições vistas como virtudes que despertam o interesse de visitação e, a partir disto, incorporar as imagens fantasiadas, numa dialética perturbadora entre ideias e materialidade a serviço dos interesses econômicos. Ester Limonad (2000) complementa: "com a revolução tecnológica, (incluindo os avanços vistos na área de) informática, a cidade deixa de ser o locus privilegiado da produção e torna-se espaço do consumo – em que se consome não apenas na cidade, mas a cidade enquanto objeto e representação" (LIMONAD, 2000, p.94), argumento que reforça a posição de Cachinho (2006). É perturbadora a argumentação de que os espetáculos montados como pastiches configuram-se como aprazibilidades impossíveis; queremos com isso dizer que a montagem do espetáculo pode aludir a um mundo possível que essencialmente não se sustenta por detrás do fino verniz da representação. As promessas aparentes trazidas pelos arranjos espaciais podem apontar, por exemplo, para um mundo de felicidade plena que, enquanto imagem, oblitera as dificuldades e o sofrimento cotidiano. É uma impressão similar à visita de um parque temático, onde a exaltação de emoções positivas embriaga a consciência acerca do fato sociopolítico. Nesse sentido Cachinho argumenta: "quando olhamos atentamente para o ambiente construído nestes novos espaços de consumo, muitas dúvidas se levantam se os lugares e os acontecimentos narrados pelas citações, as colagens e o pastiche que lhe dão forma, cor e alma, alguma vez existiram" (CACHINHO, 2006, p.40).

A pós-modernidade enquanto processo não pode ser vista como uma onda homogeneizadora. Cidades-espetáculo devem ser vistas pelo prisma de um espectro. Onde o vernacular e o provinciano parecem viver em alguma medida, a espetacularização ainda não é plena. Poderíamos refletir sobre a espetacularização paisagística mesmo em pequenas comunidades dotadas de códigos particulares: não seria a espetacularização, no âmbito da vida em sociedade, um fim em si mesmo? Acreditamos que estaríamos abordando fenômenos distintos: a lógica de reprodução econômica não é, de partida, universal; no interior da sanha hipnótica do consumo reside o deslocamento entre funcionalidade e aparência. A melhoria e barateamento das comunicações e os transportes colaboraram para que as imagens e intencionalidades atacassem paulatinamente o âmago do que é vernacular. *Pari Passu* a este movimento, assistimos também o fenômeno do deslocamento das plateias. A espetacularização não se monta exclusivamente para atender um público espacial e numeralmente restrito. Neste ponto, o espetáculo deixa de ser meramente uma estratégia de comunicação e passa a se constituir como uma estratégia de mercado bem sucedida. Há de se considerar que existem bons e maus espetáculos: aqueles de qualidade duvidosa devem se esforçar para tornarem-se mais aprazíveis ao grande público, pelo menos se quiserem capitalizar. É preciso pontuar que o próprio vernacular pode ser alvo da espetacularização; neste caso, para atender o grande público, apresentar-se-ia como híbrido e impuro, onde as manchas vernaculares se espremem em meio a caixas eletrônicos e outras comodidades.

O componente econômico claramente não pode ser afastado dessa análise, incluindo a expansão da flexibilização produtiva. Para Harvey, um dos notórios impactos da flexibilização produtiva foi a acentuação da volatilidade e efemeridade de modas, produtos, técnicas de produção, processos de trabalho, ideias e ideologias, valores e práticas estabelecidas (HARVEY, 2004, p.258). No âmbito do consumo, Harvey fala da hegemonia do descartável e da obsolescência instantânea. Analisa também que os símbolos de riqueza, de posição, de fama e poder sempre tiveram importância na sociedade burguesa, mas nunca tanto quanto na contemporaneidade. A pluralidade das imagens que passa a ser a marca da segunda metade do século XX "pode ser interpretada parcialmente como uma luta dos grupos oprimidos de qualquer espécie para estabelecer a sua identidade (em termos da cultura da rua, estilos musicais, manias e modas criadas para eles mesmos)" (HARVEY, 2004, p.261). O pós-fordismo e seu arranjo nas relações econômicas ajudariam a explicar as consequências socioculturais, além das novas faces de exploração econômica do rearranjo sistêmico. Como também ocorre com Edward Soja, é de se destacar o fato de que David Harvey estabelece a sua crítica à condição pós-moderna a partir de uma perspectiva moderna: o marxismo (ALMEIDA, 2013a).

No Brasil, a abertura para o debate da pós-modernidade na geografia foi ainda mais tardia comparativamente ao mundo anglófono e francófono. As obras de Soja (1993) e Harvey (2004) – originalmente publicadas em 1989 – tiveram grande divulgação acadêmica, estando presente nas bibliotecas das principais universidades. Parte dessa ampla divulgação explica-se justamente pelas suas formas de abordagem dotadas de forte apelo social, fazendo com que tivessem boa receptividade. O período de reabertura política no Brasil – ocorrida nos anos 1980 – esteve fortemente associado às leituras vistas como subversivas durante o regime militar, que substanciaram o desenvolvimento da geografia crítica brasileira. O ambiente político repressivo no Brasil explica certa imaturidade da geografia crítica brasileira frente às experiências europeias e americanas. Afinal, foi criada pela censura uma dificuldade de se estabelecer um franco diálogo com outros centros importantes da teoria crítica, como a França, o Reino Unido e os Estados Unidos. *Pari Passu* a este contexto, epistemologias que pregavam o rompimento com a ordem econômica global, motivadas pelo senso da existência de nações proletárias[300] (LACOSTE, 1978), bem como as literaturas pós-coloniais e decoloniais,

---

300 A ideia de nações proletárias expressa uma alusão à luta de classes marxista. No sentido desta expressão, assim como trabalhadores são explorados por patrões por meio da posse privada dos meios de produção, os países subdesenvolvidos são explorados pelos desenvolvidos por intermédio da divisão internacional do trabalho. Yves Lacoste (1978) afirma que a noção carregada pela expressão trata-se de uma falsificação do marxismo, pois conduz a considerar a população de cada Estado como um todo, e de fato como uma sociedade sem classes. Lacoste lembra

reafirmaram a expressividade da geografia crítica. Acrescenta-se neste bojo a influência do alcance internacional da obra de Milton Santos, que acabou sendo um grande divulgador da geografia crítica no Brasil, alcançando projeção ainda maior após ser laureado com o prêmio Vautrin Lud no ano de 1994. Como os pressupostos pós-modernistas e os da geografia crítica antagonizam em muitos pontos, é compreensível que as críticas de abordagens marxistas e materialistas aos lampejos de discussões pós-modernas tenham se tornado tão ou mais abundantes do que as problematizações referentes às personificações do coletivo e outras materializações que passaram a ser alvo do escrutínio desconstrucionista.

Há, todavia, um paradoxo que envolve as teorias sociais e a pós-modernidade. Por um lado, a pós-modernidade desconstrói a materialidade das classes e propõe a intermediação de discursos, comprometendo as bases teóricas que substanciam os movimentos sociais, pelo menos em suas expressões quintessenciais. Por outro lado, certas manifestações sociais e expressões paisagísticas pós-modernas são explicadas pelas teorias sociais. Este paradoxo somente é possível devido à pluralidade de sentidos que a pós-modernidade carrega. Exprime, também, relações dessas formas de pensar no plano das ideias e das materializações, explicitando a oposição entre o idealismo e o materialismo. Preferimos nos referir ao fenômeno descrito como paradoxo à medida que consideramos que as duas manifestações aparentemente contraditórias das relações entre o pós-modernismo e as teorias sociais estão em um mesmo plano analítico, e não em planos diferentes e independentes. Afinal, acreditamos em um processo dialético que envolve as ideias e a materialidade. Sabe-se, todavia, que o contexto das críticas e insatisfações direcionadas à antiga abordagem de classe deu origem ao que é chamado de "novos movimentos sociais", que são caracterizados pelo foco nas identidades, autonomia e realização pessoal, mais do que em benefícios materiais (CALHOUN, 1993). Estes movimentos são vistos como "pertencentes mais à dimensão da sociedade civil do que vinculados a atores estatais ou econômicos" (CALHOUN, 1993, p.86) e os indivíduos que deles participam são mais dificilmente encaixados em grandes rótulos.

Retornando às criticas globais que recaem sobre o pós-modernismo, o autor Terry Eagleton (1998) vê problemática na etimologia da palavra. Eagleton questiona se o prefixo "pós" tem valor histórico ou teórico (ou mesmo os dois). Se o valor for teórico, constituiria como uma proposta concorrente às filosofias que sustentaram à modernidade. Por outro lado,

---

ainda que "países subdesenvolvidos não são povoados somente por explorados; contam com exploradores poderosos" (LACOSTE, 1978, p.18).

se for histórico, associaria a uma data específica, em um processo até mais amplo que envolveria o limite entre "espíritos de época" que seria capaz de anunciar uma nova era. Concordamos que a palavra pós-modernidade pode mais confundir do que esclarecer. A ideia de moderno, etimologicamente, prolonga o presente. Nesta lógica, estaríamos permanentemente na modernidade (HAESBAERT, 1997), independente do rearranjo dos pressupostos que ditam a sociedade e a política do nosso tempo.

Para Eagleton (1998), o pós-modernismo recusa a ideia de que exista uma entidade chamada história, dotada de propósito e sentido imanentes. Esse argumento é sustentado pela rejeição às metanarrativas (BUTLER, 2002; MINCA, 2009; LYOTARD, 2009), a negação à verdade histórica e à pretensão de dimensionar a totalidade a partir das normas advidas da racionalidade iluminista (CALHOUN, 1993). Lança-se, porém, outra reflexão teórica: "Se a história como a modernidade concebe não passa de uma ilusão, então algumas alegações pós-modernistas, com efeito, mostraram-se verdadeiras o tempo todo, ainda que não possamos distinguir com precisão verdadeiras para quem" (EAGLETON, 1998, p.38). Por esta razão, Eagleton acredita que o pós-modernismo não está proferindo outra narrativa sobre a história. Estaria negando que a história tem forma de história (EAGLETON, 1998). Para Haesbaert (1997), a modernidade é desafiada precisamente quando, por múltiplas razões, desaparece a possibilidade de seguir falando da história como uma entidade unitária. Este argumento assemelha-se ao pensamento de Perry Anderson, que aponta para o fato da deslegitimação das grandes narrativas sofrerem com a falta do peso da temporalidade ou definição temporal. Para Anderson, é coerente para a teoria que as metanarrativas sejam tratadas como indevidas desde sempre (ANDERSON, 1999). Nesse sentido há uma densa questão que envolve os pilares de uma reflexão pós-modernista desenvolvida no século XX e sua aplicação em outros tempos. Parece claro que o pós-modernismo torna o ofício historiográfico assimétrico. Em certos tempos e espaços torna-se difícil propor narrativas concorrentes às hegemônicas em um nível similar de detalhamento, o que é explicado pela ausência das fontes de pesquisa, seja qual for o seu formato. Certamente, narrativas da colonização brasileira do século XVI apresentarão profunda assimetria envolvendo o lugar de fala do colonizador, os diversos povos indígenas que aqui estavam estabelecidos e o africano escravizado, de múltiplas origens. A busca pela simetria das narrativas, em muitos contextos, é panglossiana. Todavia, em certas condições espaço-temporais, a intermediação de narrativas pode apresentar-se manca, incapaz de propiciar o confronto de eventos de forma assertiva.

As críticas à falta de sensibilidade social recaem sobre os pós-modernistas. Edward Relph salienta: "Não sei como é possível desenvolver uma visão e advogar por reformas sociais se nós não podemos ter clareza em como descrever o mundo" e ainda prega: "é desonesto desistir da visão de uma sociedade justa simplesmente porque o mundo pós-moderno é uma bagunça" (RELPH, 2001, p.150). Essas insatisfações e receios compõem críticas bem desenvolvidas ao pós-modernismo. Na base modernista marxista, o sujeito começa a ser pensado como nação, cultura, classe social, raça, ou seja, como um sujeito coletivo (LEMOS, 1999). O pós-modernismo rompe com esta ideia, ao pressupor que ninguém pode ser comparado a ninguém, abrindo espaço para o seguinte paradoxo: a negação absoluta acerca da identificação das pessoas com classes pode conduzir a situações que causam estranheza, como o fato de negar que Donald Trump seja capitalista (EAGLETON, 1998). Defendendo a razoabilidade das classes como categoria analítica, Terry Eagleton (1998) complementa que não há razão de assumir que, para as coisas pertencerem à mesma classe precisem todas apresentar exatamente as mesmas características essenciais. É justamente este argumento de Eagleton que vemos como problemático. Primeiramente, a afirmação do autor nos faz pensar como as pessoas verdadeiramente entendem as coisas inseridas na mesma classe. O fato de não haver razão de pensar que exista diferença no interior da classe social garante que as pessoas assim o entendam e ajam conforme esta premissa? No papel de proeminente intelectual, Terry Eagleton tem essa clareza e deve se policiar constantemente de modo a evitar a tentação totalizante. O pensamento estrutural notavelmente detém a hegemonia da observação à *prima facie*, como, por exemplo, nos faz opor o cru e o cozido[301] (LÉVI-STRAUSS, 1964). Em segundo, acreditamos que no caso das pessoas, não devem ser as características essenciais que as definem como pertencentes ao grupo "A" ou "B". O deslocamento dessa decisão deve ser feito para o âmbito do sujeito, independente das características. Mediante a natureza híbrida e permeável das culturas que o próprio Eagleton (2011) reconhece, não parece ser assertivo estabelecer uma linha arbitrária para

---

[301] Quanto à problematização destes dualismos, a lucidez de Oskar Hermann K. Spate (1960) apresenta-se como um bálsamo: "nunca iremos compreender a totalidade das coisas; mas se deixarmos de ver que todos esses dualismos têm uma interação dialética, não vamos apreender sequer que existe uma unidade cósmica" (SPATE, 1960, p.383).

definir a quantidade de características compartilhadas que possa nos fazer decidir sobre o enquadramento de elementos em uma dada tipologia identitária. Neste particular, as premissas pós-estrutrurais do pós-modernismo tem atacado a epistemologia e metodologia modernista: "a abordagem estrutural aplicada à realidade – enquanto conjunto de fenômenos observáveis e empiricamente verificáveis como fatos objetivos – tem sido desafiada por outras perspectivas que defendem que a realidade é socialmente construída" (BLAIKIE, 1996, p.82). Nesse sentido, os significados possuem instabilidade como representação de uma coletividade e também enquanto manutenção de características descritíveis no *continuum* espaço-temporal. Georges Benko, em uma visão que apoiamos, argumenta que o apelo à diferença absoluta é somente uma conduta de crise quando ela se separa do reconhecimento dos conflitos sociais (BENKO, 1999, p.202-203). Isto significa dizer que, mesmo considerando as diferenças identitárias que tornam a própria ideia de classe uma representação imprecisa (SILVA; COSTA, 2020a), há espaço para agrupamentos em defesa de pautas comuns.

Stephen Frenkel (1992) argumentando sobre a construção do Canal do Panamá, trouxe-nos uma situação curiosa acerca dos fragmentos identitários que testam as imagens de classes como agrupamentos coesos. Disse que a questão da cor da pele dos trabalhadores era uma justificativa para atribuí-los às funções que eram mal remuneradas, sendo empregadas principalmente pelos nativos das Índias Ocidentais Britânicas. Todavia, a chegada de negros americanos fez com que os mesmos reivindicassem melhor remuneração e emprego em funções diversificadas que pressionavam a narrativa determinista que ora era empregada. "A contradição entre nacionalidade e raça levou à solução administrativa de exclusão dos negros americanos da empreitada" (FRENKEL, 1992, p.149).

No seu livro *Identidade cultural na pós-modernidade*, Stuart Hall (2016) nos lembrou do icônico caso da indicação de Clarence Thomas para a Suprema Corte americana, realizada pelo ex-presidente George H. W. Bush. Thomas – que se declarava negro – também se declarava pertencente a um espectro político conservador, o que atendia aos anseios do ex-presidente de formar uma maioria conservadora na Suprema Corte. Eis que a situação provocou um esfacelamento de posições envolvendo a cor e o espectro político. Como exemplo, negros progressistas estavam desgostosos com o espectro politico de Thomas, mas satisfeitos pela representatividade racial na corte. A situação ficou ainda mais complexa quando Clarence

Thomas, já pertencente à elite judiciária, foi acusado de assédio sexual por Anita Hill, uma funcionária subalterna, fazendo com que considerações sobre a raça (socialmente entendida), o posicionamento político, a classe social e a questão sexual tornassem variáveis importantes do apoio ou não à efetivação de Thomas como juiz associado da suprema corte americana. Stuart Hall utiliza este exemplo para argumentar que as paisagens políticas do mundo moderno são fraturadas por identificações rivais e deslocantes, que são "advindas, especialmente, da erosão da "identidade mestra" da classe e da emergência de novas identidades, pertencentes à nova base política definida pelos novos movimentos sociais" (HALL, 2006, p.21). O autor ainda acrescenta que "as pessoas não identificam mais seus interesses sociais exclusivamente em termos de classe" e, assim,

> a classe não pode servir como um dispositivo discursivo ou uma categoria mobilizadora através da qual todos os variados interesses e todas as variadas identidades das pessoas possam ser reconciliadas e representadas (HALL, 2006, p.20-21).

O exemplo do juiz Clarence Thomas nos leva a pensar que os indivíduos são um amontoado de classes sobrepostas e contraditórias. Todavia, consideramos que a própria ideia de classe como um corpo homogêneo é utópica. Esta discussão está vinculada ao pressuposto presente no discurso pós-moderno conhecido como crise das representações[302] (JACKSON, 1991, FLAHERTY, 2002) com repercussões claras para a visão purista e ortodoxa acerca do lugar de fala. No pressuposto em questão, as representações são compreendidas como expressões máximas do particularismo, sendo localizadas em parcelas extremamente fatiadas do espaço-tempo e vinculadas à dimensão identitária em detrimento da coletividade; nesse sentido, as representações não contemplam à realidade utopicamente tangível, sendo sempre interpretações fraturadas, parciais e pertencentes ao âmbito da limitada capacidade individual de dimensionar a completude daquilo que é comunicado. A crise das

---

302 Norman K. Denzin (2002) assevera que a crise das representações é uma tríplice crise: a da própria representação, da legitimação e da prática. A crise da legitimação se manifesta em meio às nossas preocupações em conferir autoridade aos nossos textos; já a crise da prática se manifesta em uma espécie de paradoxo: como podemos modificar o mundo se ele próprio pode ser visto como um texto interpretado de múltiplas maneiras? Como consequência da crise das representações, Tim Ingold (2014) destaca as discussões sobre o lugar de fala; sobre as epistemologias que são mais adequadas para sustentar as narrativas; sobre a medida em que podemos separar a presença do autor do texto frente ao conteúdo da narrativa e de que forma o processo de escrita pode ser produzido de uma forma mais colaborativa.

representações evidencia-se quando o ato de representar passa a ser visto como a exposição de uma mera versão dos fatos. O entrecruzamento de posições presentes no caso do juiz Clarence Thomas não é capaz de aludir à fragmentações de versões sobre os fatos; serve-nos, contudo, para compreender as macro-fraturas presentes no discurso racial e/ou de classe. No interior da reflexão identitária e no âmbito da formação da consciência política, David Harvey considera as fragmentações expostas por Stuart Hall – ainda que não se refira ao autor – e destaca que não podemos compreender "o terreno mutável no qual as subjetividades políticas se formam e ações políticas ocorrem sem pensar sobre o que acontece em termos relacionais" (HARVEY, 2012, p.17).

Stuart Hall (2006), falando sobre as identidades pós-iluministas, classificou as mesmas em três categorias: como sujeito do iluminismo; sociológico e, por fim, pós-moderno. A transição entre estas categorias identitárias não se dá por marcas temporais, mas por processos históricos que não ocorrem necessariamente concomitantes em todas as partes do planeta. Concordamos com Hall a respeito de uma mudança recente que tem consolidado o sujeito pós-moderno. Temos observamos com mais clareza as fragmentações e contradições identitárias, ainda que não seja este um movimento propriamente global. Em uma aldeia de indígenas isolados talvez não seja possível destacar as fragmentações identitárias do sujeito pós-moderno. Todavia, a partir da categorização de Hall, há o perigo de se ver a etapa do sujeito sociológico – anterior a do sujeito pós-moderno – como identidades coesas e plenamente estáveis, imunes à experiência humana e seus percursos individuais. Claramente existem processos que impactam no arranjo identitário; acreditamos, entretanto, que a tarefa de descrevê-los não deve nos levar a ver coesão absoluta em classes e estabilidade identitária em tempos pretéritos ou em agrupamentos humanos específicos. Essas impressões muitas vezes podem ser produzidas no ato comparativo: a aceleração da fragmentação identitária é notável naquilo que Hall chamou de sujeito pós-moderno; este, colocado ao lado de um sujeito que representa uma pureza identitária mítica, pode fazer com que – por intermédio de sua extrema fragmentação e contradição – produza a impressão de que a estabilidade identitária exista, assim como as classes sociais entendidas como blocos monolíticos. Após apresentar sua categorização, Stuart Hall relativiza, chegando ao ponto no qual consideremos adequado abordarmos as identidades:

Tentar mapear a história da noção de sujeito moderno é um exercício extremamente difícil. A ideia de que as identidades eram plenamente unificadas e coerentes e que agora se tornaram totalmente deslocadas é uma forma altamente simplista de contar a história do sujeito moderno (HALL, 2006, p.24).

De todo modo, há uma grande questão quando essa teorização desconstruidora de classes esbarra nas políticas públicas. Sem uma definição tangível sobre o que seja povo, nação, raça, classe, dentre outras categorias, o discurso político de atendimento à subalternidade se esvazia. A mobilização política, por sua vez, também depende da ideia de consenso de grupo, tanto no que diz respeito às pautas reivindicatórias quanto na construção dos simbolismos, dogmas e pressupostos que servem de amálgama das identidades em torno do grupo social[303]. Nesse sentido, Terry Eagleton (1998) lamenta a colaboração do pós-modernismo para a desconstrução da ideia de uma história material, que poderia servir como narrativa apropriada à militância social e política[304]. Acredita que o fato de não existir uma narrativa para amparar as vítimas das injustiças ser algo a lamentar. Temos aqui outro desacordo teórico: o fato de múltiplas narrativas serem consideradas como interpretações da realidade intangível não significa que devamos dar o mesmo valor a to-

---

303 O materialismo pode ser aplicado a favor da reificação de classes e fenômenos sociopolíticos. Duncan e Ley (1982) destacam que o marxismo estrutural reifica entidades tais como o capital e o modo de produção, como se os mesmos fossem seres conscientes. O mesmo ocorre com o proletariado e a burguesia.

304 Raymond Williams (2011) argumenta, avaliando as limitações do materialismo: "há então uma tendência, em qualquer materialismo, em qualquer momento de sua história, em descobrir-se preso em suas próprias generalizações recentes e, ao defendê-las, em confundir seu próprio caráter: supor que se trate de um sistema como os outros, de um tipo explanatório presumível, ou que seja razoável estabelecer contrastes com os outros sistemas (categóricos) não no plano dos procedimentos, mas no de seus próprios achados ou leis. O que acontece é óbvio. Os resultados de novas investigações materiais são interpretados como tendo superado o materialismo" (WILLIAMS, 2011, p.140). O que Raymond Williams expõe é o paradoxo do materialismo, como se, enquanto condição teórica que exige desconstrução e reconstrução a partir do escrutínio filosófico enveredasse necessariamente ao campo das ideias, descaracterizando sua "pureza material mítica". Apesar disto, a crença na materialidade ainda possui valor político, de modo que o próprio Williams identifica que "os modos materialistas de investigação têm sido conectados, embora nunca exclusivamente, a certas formas radicais de luta política" (WILLIAMS, 2011, p.140). Por isso não nos surpreende o fato de que as discussões teóricas travadas com materialistas acabam sendo trazidas para o campo da práxis, onde pressupostos materialistas sobrevivem serenamente aos ataques desmaterializadores.

das as interpretações. Particularmente entramos também em desacordo com pós-modernistas radicais. Nosso argumento nessa tentativa de mediação entre Terry Eagleton e a posição pós-modernista quintessencial é de que desconstruir o monopólio da verdade de qualquer narrativa não implica automaticamente na impossibilidade de hierarquizar as versões. Nesse caso, a opressão e a subalternidade histórica se constituem como potenciais juízes, faltando-nos um mecanismo que liga estes árbitros metafóricos ao domínio das práticas. É justamente o vácuo em questão que pode abrigar as manifestações intelectuais, a luta social e até mesmo a violência, em uma forma teórico-prática explorada por Hannah Arendt (2009). No campo teórico, todavia, sempre é importante lembrar que as narrativas são expressões espaço-temporais. Como a história continuará submetida à inexorabilidade temporal, a hierarquização das narrativas também precisa de revisões e ajustes constantes, por parte de quem as elabora e de quem as interpreta.

É possível encontrar, no entanto, engajamento frente a narrativas subalternas por parte de autores que versam a partir dos pressupostos da pós-modernidade. Nesse sentido, a preocupação com o "social" se mistura com outra obcecada empreitada pós-moderna: o fetiche pela subalternidade se explica não por uma militância pontual, mas como tentativa de encontrar nas narrativas de grupos minoritários e/ou oprimidos discursos que antagonizam com as metanarrativas tradicionais. Esta estratégia evidencia polarizações em múltiplas arenas analíticas e permite que se estabeleça, por meio das posições que se antagonizam, a possibilidade de intermediação, desde que não se carregue a ingênua pretensão de dimensionar o "real". A problematização das narrativas, tão bem trabalhadas por Hayden White ou Frank R. Ankersmit nos mostra que buscar no presente um reflexo do passado é postura panglossiana. Para Beatriz Sarlo (2006) essa expectativa de encontrar o passado por intermédio do presente é nutrida pelo historicista fanático. Em um artigo no qual reflete sobre os conflitos e as representações culturais na Argentina, Sarlo destaca que nas últimas cinco décadas os canais midiáticos assumiram o protagonismo no ato de hierarquizar versões. O alcance midiático cresceu exponencialmente e – *pari passu* a este movimento – as versões por eles trazidas passaram a ser oferecidas não como possibilidades, mas como fatos. Não raramente é repetido pelos programas jornalísticos que os mesmos são pautados pela credibilidade, como se a utopia de uma narrativa verdadadeira se desmantelasse mediante uma narrativa onisciente.

É de se destacar que a rejeição aos binarismos que opõem negros e brancos, patrões e trabalhadores, homem e mulher, desenvolvimento e subdesenvolvimento faz parte de uma atitude muito identificada com os pressupostos da pós-modernidade e de certas correntes sensivelmente associadas a elementos ressaltados pela virada cultural. Contudo, nem toda manifestação da diferença apresenta-se simétrica. Por exemplo, entre o desenvolvimento e o subdesenvolvimento existe uma gradação que pode ser pontualmente posicionada a partir da definição de alguns critérios. O mesmo não se pode dizer quanto à dicotomia envolvendo o homem enquanto sujeito e o ambiente como objeto. Edward Soja (1999), indo na contramão do que alguns pensadores apontam, argumenta que a crítica do pós-modernismo não abomina os termos oposicionais, como também não busca posições intermediárias no espaço imaginativo envolvendo os binarismos. Indo além, Soja ainda acredita que "o pós-modernismo sequer busca uma síntese dialética, mas sim uma abertura do binarismo às novas possibilidades de entendimento prático" (SOJA, 1999, p.71). Visto desta forma, a virada pós-moderna não se traduz numa demanda obcecada por uma completa ruptura com o modernismo ou com o marxismo[305], "embora esta visão seja geralmente sustentada por alguns escritores pós-modernistas exuberantes" (SOJA, 1999, p.71). Nos chama muita atenção na argumentação de Soja à denúncia às limitações das dialéticas que intentam intermediar antagonismos. Apesar da proposta intermediadora de binarismos sustentada pela abordagem dialética representar um avanço frente às abordagens cartesianas e inflexíveis, apresenta-se, por outro lado, problemática: ao definir binarismos a desconstruir e intermediar, a abordagem dialética cria infinitas posições, mas dentro de limites polarizados. Dicotomias são sedentas em se apresentar totalizantes, quando nem sempre é o caso. Para fins didáticos, apontamos que a dialética que problematiza a dicotomia entre a hetero e a homossexualidade vêm se mostrando cada vez mais incapaz de se apresentar totalizante. Em outro exemplo, a virtuosa trajetividade de Augustin Berque (2017) que aborda dialeticamente a relação entre o homem e o meio também se constitui em um binarismo

---

305 O apontamento quanto a não ruptura do pós-modernismo com o modernismo e o marxismo refere-se quase a uma consideração intertextual: considera-se que certos elementos destas ideologias podem compor certas elaborações pós-modernas. Contudo, é difícil mesmo para relativismo de Soja (1999) considerar que o materialismo e as consolidadas dicotomias sustentadas pelo marxismo encontre espaço enquanto discurso dominante do pós-modernismo.

dicotômico e totalizante. Entretanto, neste último caso, não conseguimos elaborar algum reparo teórico.

Desconstruir posições parece ser, superficialmente, o paradoxo da pós-modernidade. Afinal, a pós-modernidade também se constitui em uma posição teórica. Apesar de argumentos baseados em oposições tais como local-global ou socialista-capitalista não serem razoáveis para a dimensão pós-moderna (RELPH, 2001), argumentar que ninguém possa ser comparado essencialmente a ninguém equivale a uma afirmação universalista e totalizante (EAGLETON, 1998). Ironicamente, alguém que se identifica essencialmente com diversos pressupostos pós-modernistas pode se irritar em ser identificado como um pensador desta corrente. É importante observar que – apesar desses aparentes paradoxos – se os pressupostos pós-modernistas se montam de tal forma que as suas próprias formulações são constantemente reformuladas, temos pelo menos dois resultados: a coerência teórica de um lado; e, de outro, uma ameaça à própria filosofia. Dear (1988) lembra que os pós-modernistas são acusados de promover o fim da filosofia. Apesar de considerar que não há um método claro para reconstruir o que os pós-modernistas desconstroem, Michael Dear acredita que a hermenêutica é um campo possível de racionalidade a partir da desconstrução (DEAR, 1988). A rejeição de uma metodologia hegemônica também tem duas faces: ao negar e desconstruir conceitos e significados é possível dizer que a pós-modernidade poderia estar, em sua forma mais pura, à serviço da neutralidade, que é um anseio da ciência moderna. Por outro lado, o permanente estado de desconstrução desmonta a tradição científica.

A globalização e a pós-modernidade parecem estar intricadas. A expansão do volume e da velocidade dos fluxos tem acentuado o hibridismo do *modus vivendi*. Ao mesmo tempo, o ritmo dos avanços técnicos e tecnológicos é frenético. Vivemos em uma era em que as novidades tecnológicas são substituídas antes mesmo de serem popularizadas; nas palavras de Ester Limonad (2000), o novo já nasce obsoleto. A velocidade dos processos que pautam a vida cotidiana parece ser capaz de nos induzir a crer que nada está sob o nosso controle, levando-nos a uma irresistível sensação de incerteza. Nossa cognição não consegue inteiramente assimilar toda a informação disposta pela forma arquitetônica, pelas ofertas midiáticas, pelas novidades da moda, dentre outras coisas. Nossa sociedade e as redes de informação do capitalismo – que são ultracapilarizadas – transportam uma quantidade de informação absurda (PEDROSA, 2016) que é impossível de ser processada em sua totalidade. A desconstrução de dogmas modernistas, para além da metodologia científica, traz repercussões em todas essas áreas descritas, desenhando a chamada sociedade pós-moderna.

Há uma convicção acerca da irreversibilidade da globalização, bem como acerca do caráter irresistível de seus efeitos (MASSEY, 2002). Todavia, devido às diferenças que marcam a intensidade em que a globalização atua na superfície do globo, podemos admitir que certas premissas pós-modernas possam ser melhor assumidas em alguns espaços em detrimentos de outros. A oposição entre o cosmopolitismo absoluto, em um extremo, e do provincianismo, em outro, é relevante para o julgamento da validade da pós-modernidade. Los Angeles é citada como *locus classicus* de uma cultura popular global e crescente, não apenas pelo óbvio caso de Hollywood e sua constelação de fenômenos culturais, mas pela diversidade étnica, de linguagens e de estilos de vida, sua cultura política, seu culto ao automóvel, e sua morfologia residencial: em suma, sua paisagem (COSGROVE, 2006). "Los Angeles está em toda parte. É global, no sentido mais pleno da palavra. Em parte alguma isso é mais evidente do que em sua projeção cultural e seu alcance ideológico, além de sua quase onipresente exibição de si mesma no cinema, como uma máquina retangular de sonhos para o mundo" (SOJA, 1993, p.268).

Acreditamos que uma avaliação de um cidadão de Los Angeles, nos Estados Unidos e de outro cidadão em Faya-Largeau – no interior do território do Chade – poderia resultar em impressões muito diferentes sobre os efeitos da pós-modernidade na arquitetura, nas artes, na música, no pensamento e na paisagem, desde que os fundamentos para suas avaliações se limitassem à escala do local. A noção vinculada a desajustes no ritmo do globalismo conduz à percepção de distintos tempos (não atomísticos) convivendo paradoxalmente numa mesma cronologia, tal como numa crença da antropologia vitoriana em uma única narrativa linear utópica acerca do desenvolvimento civilizacional. Para Doreen Massey (2002), a ideia de estar à frente quanto ao desenvolvimento econômico e ao grau de globalismo/cosmopolitismo "efetivamente torna a geografia em história e o espaço em tempo" (MASSEY, 2002, p.293). A autora ainda se pergunta: "não podemos cogitar os lugares tendo duas próprias trajetórias?" (MASSEY, 2002, p.293).

A ideia de pós-modernidade, do ponto de vista espacial, remete às trocas e à permeabilidade do lugar e da paisagem, que são penetrados e moldados em termos de influências sociais originadas bem distantes deles (LEMOS, 1999). Lugares e paisagens são porosos e incompletos, dinamizando-se em função das influências que são externas à sua constituição (BARNES, 2004), tanto do ponto de vista ideológico e cultural quanto do ponto de vista material. Edward Relph considera que a descrição geográfica tem sido surpreendentemente difícil pela influência das confusões da pós-modernidade. Para o autor, "as culturas, paisagens e estilos estão sendo misturados e novamente inseridos como detritos em uma moraina terminal ao mesmo tempo em que ascenderam dúvidas significativas quanto à legitimidade do conhecimento racional" (RELPH, 2001, p.150). Esta condição associada ao lugar instigou Michel Foucault (2002) a falar de heterotopias. Vindo inicialmente do campo de estudo da anatomia, a palavra heterotopia aplicada ao espaço alude à presença de elementos ou arranjos que não são originais a um dado lugar e que por lá marcam presença. Assim, certos elementos ou arranjos de elementos em um lugar refletem outros lugares ou mesmo são lugares no interior de lugares, sem que, por meio dessa característica, desvincule-se funcionalmente dos elementos não-heterotópicos que a eles se integram. Isso significa dizer que os elementos deslocados de sua posição genuína acabam possuindo funcionalidade em suas novas posições. O autor destaca que navios são por excelência heterotópicos: na imensidão do mar, aquela estrutura insiste em flutuar sobre o domínio das águas, como um elemento externo. Destaca também que as heterotopias podem ser arranjos funcionais que se apresentam destacados em sua inserção em certos contextos espaciais, como os antigos internatos, asilos e cemitérios (FOUCAULT, 2013).

As heterotopias não surgiram recentemente. As grandes pedras que compõem o milenar Stonehenge foram trazidas de outros lugares. As heterotopias, por meio de sua dinâmica, criam novos tipos de lugares que tendem a se apresentar, pelo menos durante um período, como pontos de passagens obrigatórias para outros lugares (BARNES, 2004). As atuais geografias e suas paisagens não são menos indeterminadas, deslocadas e perplexas do que as epistemologias pós-modernas. A heterotopia parece ser uma forma precisa de ver o mundo e englobar a geografia arbitrária da justaposição de elementos (RELPH, 2001). É necessário ser dito que a condição heterotópica está mais próxima de uma regra do que de uma exceção.

O neologismo glocalização fortemente alude a esse processo. A glocalização está, por sua vez, associada à busca de glamourização do espaço, sobretudo o urbano, onde se concentra o capital financeiro. Assim, as cidades transformam sua paisagem e os lugares em espetáculo permanente (DEBORD, 1997), destruindo velhos arranjos, restando como rugosidades (SANTOS 2012b e 2014) ou palimpsestos fragmentos que testemunham a inexorabilidade temporal. Surge dessa lógica, dentre outras coisas, os bairros-museu, que atendem, por sua vez, à sede bestializada das maiorias silenciosas (BAUDRILLARD, 2006). A glocalização está associada, por sua vez, a ideia do pós-fordismo. Com a recessão de 1973, o fordismo – minado pela crescente competição internacional, lucros corporativos em baixa e inflação acelerada – mergulhara numa crise de superacumulação adiada por muito tempo (ANDERSON, 1999). Não raramente o pós-fordismo é associado como uma mudança econômica que favoreceu a intensificação da globalização e a consolidação da pós-modernidade (ANDERSON, 1999; PEREIRA, 2002; HARVEY, 2004). A fluidez das etapas de produção, que agora se espalhavam pelo globo em busca da minimização dos custos, foi sustentada pelo desenvolvimento dos transportes e barateamento dos fretes. É possível observar até mesmo as sedes das grandes corporações migrarem de país, em busca de posições mais vantajosas, fazendo com que alguns já vejam evidências de uma nova ordem geopolítica, como Fareed Zakaria (2008) em *O mundo pós-americano*. Outros, como Giovanni Arrighi, ainda veem possibilidade dos tradicionais centros econômicos em serem capazes de "deter o curso da histórica capitalista" (ARRIGHI, 1996, p.370), marcada por inversões e inflexões.

A dificuldade de analisar o real impacto da pós-modernidade na paisagem e no lugar reside justamente na multiplicidade de efeitos que atuam sobre o espaço, tanto no arcabouço físico quanto na própria sociedade. Além disso, a pós-modernidade pode ser entendida como uma forma de ver o mundo, ou ainda, uma lente epistemológico-filosófica que posiciona o olhar em outra perspectiva. Para Barney Warf (1990), o pós-modernismo não é um novo paradigma; é, de fato, uma oposição a todos os paradigmas. Todavia, quando se fala de uma "geografia pós-moderna", considera-se um campo ainda em construção que pensa em formas de apropriar os pressupostos da pós-modernidade na análise espacial. Assim, não parece ser uma grande distorção denominar a geografia pós-moderna de "corrente geográfica". Do ponto de vista das categorias paisagem e lugar, a cidade parece ser o lócus principal do interesse da análise pós-moderna. Ambientes urbanos parecem ser mais sensíveis aos pressupostos que tentam explicar tanto a origem quanto as consequências da pós-modernidade. É importante diferenciar como se entende a condição pós-moderna antes de avaliar os impactos espaciais. Elencamos quatro planos distintos nos quais a pós-modernidade é projetada e que possuem impactos mais agudos na abordagem geográfica[306]. Ao elencá-los não nutrimos a pretensão de esgotar todo o universo semântico que a palavra carrega. São eles:

- uma nova temporalidade;
- uma nova forma de organização produtiva;
- um rearranjo na morfologia urbana, no planejamento da cidade e na arquitetura;
- uma nova corrente interpretativa da análise espacial.

Cada um destes planos distintos carrega os seus efeitos em múltiplas dimensões. Ademais não podem ser vistos como categorias estanques: precisam ser entendidos em uma relação dialética, pois os seus efeitos atuam sobre a vida cotidiana, trazendo reflexos tanto para o campo das ideias como para a materialidade.

A pós-modernidade como **uma nova temporalidade** presume que o espaço está sujeito a uma nova ordem que propõe o seu arranjo. Todavia, as diferenças espaciais – sobretudo àquelas vinculadas às conexões – fazem com que determinadas áreas sejam mais sensíveis do que outras aos rearranjos sugeridos pela pós-modernidade. Nesse sentido, a pós-modernidade torna-se um instrumento para o aprofundamento das diferenças que já eram expressivas entre as áreas melhor estruturadas e conectadas frente aos pontos periféricos das diversas redes entremeadas em escala global. A nova temporalidade pós-moderna também pode anunciar uma perspectiva filosófica capaz de solapar antigas e deficientes epistemes, impondo uma era de tirania paradigmática, como se os pressupostos filosóficos da pós-modernidade se apresentassem como um fim da história epistemológico. Essa avaliação é contraditória ao próprio princípio da intertextualidade, que vê nos fragmentos das experiências de múltiplas correntes acadêmicas os elementos para a construção discursiva. Por outro lado, pode-se entender que a nova temporalidade pós-moderna permite uma constante reelaboração do discurso, não almejando, *ipsis litteris*, o alcance do fim da história epistemológico, sendo este, inclusive, entendido como mais uma pretensão da modernidade.

---

306 Refletindo sobre a diversidade da abordagem pós-moderna, Salvi (2000) elencou como planos distintos de análise as consequências de tal abordagem no campo das artes, da literatura, da arquitetura e da filosofia.

Assim, as epistemologias da modernidade passam a ser vistas como insuficientes no que diz respeito à capacidade de ler o espaço, a paisagem e o lugar. No vácuo de sua negação surgem formas híbridas do pensamento, que ignoram tanto os princípios positivistas quanto o compromisso pelo materialismo ou idealismo em suas manifestações mais extremadas. A intermediação do materialismo e do idealismo permite a dialética entre matéria e ideias, fundamental para o ato contínuo de desconstrução e construção, caro para a pós-modernidade. São sobre essas lentes intermediadoras que a paisagem e o lugar são vistos no contexto da nova temporalidade pós-moderna. Resta-nos perguntar quem se apropria destes pressupostos filosóficos, pois, apesar do aumento exponencial de trabalhos sobre a pós-modernidade na última década, é necessário reconhecer que trata-se de um discurso majoritariamente academicista, descolado das reflexões cotidianas.

A pós-modernidade vista como **uma nova forma de organização produtiva** apresenta a assimilação da lógica pós-fordista (MENDES, 2011; MINCA 2009) e a fluidez das atividades econômicas. O impacto para a paisagem, para o lugar e para a vida cotidiana são notáveis. O advento e a popularização da internet caducaram certas atividades econômicas e levou certos lugares ao topocídio. Em um exemplo, as locadoras de filmes desapareceram do espaço urbano. Certamente eram lugares que as pessoas guardavam memórias afetivas. As vendas pela internet também transformaram as lojas físicas. O crescimento da participação dessa modalidade de vendas ainda está impactando a paisagem urbana, criando dificuldades para os empreendedores. É cada vez mais difícil imaginar a existência de mercados locais e mesmo regionais, sobretudo em uma era de fretes cada vez mais baratos. Livrarias, bem como jornais e revistas têm experimentado dificuldades com a digitalização da informação, assim como o próprio mercado editorial de livros têm se adequado às novas formas impostas pelo rearranjo social.

A força da transformação econômica – que resulta não raramente na cartelização ou formação de oligopólios e monopólios – ajudam-nos a entender a razão pela qual alguns geógrafos identificados com a geografia crítica acabam enveredando em avaliações sobre os efeitos da pós-modernidade. Essa abordagem reificada da pós-modernidade como um ente avassalador capaz de modificar a lógica produtiva em âmbito global, desperta o incômodo daqueles que enxergam um sistema alternativo, baseados em lógicas mais solidárias e distributivas (SEN, 2000; BOFF, 2002; SANTOS, 2012b). A pós-modernidade por um lado acentua as razões para a crítica social e, em outra fatia de sua polissemia, cria dificuldades discursivas aos movimentos sociais pela crítica permanente aos significados e desconstrução do sentido de classes.

A pós-modernidade pode ainda ser vista como **um rearranjo na morfologia urbana, no planejamento da cidade e na arquitetura.** A partir desta visão, a pós-modernidade não é só um fenômeno estético, mas também social. Não é possível separar a logica da pós-modernidade e seus impactos na paisagem e no lugar dos interesses econômicos (MINCA, 2009). Nesse sentido, o processo de fluidez econômica provocado pela acumulação flexível é indissociável à fetichização da heterotopia e da edificação de geografias-pastiche[307]. Luís Mendes avalia o impacto das novas formas de organização produtiva sobre os espaços urbanos: a "transição para o novo regime de acumulação flexível do capital lê-se no território através do aumento da fragmentação urbana e de um mapeamento mais complexo das atividades e funções urbanas" (MENDES, 2011, p.477). O autor ainda completa, sobre o conjunto urbano: "nas teorias da condição urbana pós-moderna, a cidade é hoje apreendida como um sistema complexo, irredutível à separação em funções elementares e em zonas estanques" (MENDES, 2011, p.477). Os tradicionais CBD [*central business district*] em uma condição urbana pós-moderna tendem a se desmanchar em fragmentos. A centralidade do urbano é substituída pela policentralidade[308], formando uma

---

307 As geografias-pastiche são um neologismo que criamos para nos referirmos ao agrupamento de elementos de distintos espaços em um mesmo lugar ou paisagem. Podem se manifestar de forma tangível, de amplo reconhecimento, ou podem se manifestar no campo imaginativo. Enquanto imaginação, as geografias-pastiche unem aquilo que é espacialmente separado e/ou separam o que é indissociável, em um ato de supressão da experiência geográfica. Denis Cosgrove (1990b) afirma que os geógrafos humanistas dos anos 1970 atacaram as concepções teatrais da paisagem alegando que as mesmas, muitas vezes frutos de um esforço a favor do marketing urbano, não são autênticas. Os marxistas, por sua vez, as viam como mais uma evidencia dos efeitos da acumulação flexível para o espaço. As geografias-pastiche, cruciais para a montagem da paisagem-espetáculo, teriam o propósito de encantamento. Nesse sentido, a sua compreensão exige a mobilização de fundamentos da geografia humanista (estética, sensação e aprazibilidade) e da geografia crítica (valor, interesse, mercado e gentrificação). Cosgrove (1990b) afirma, contudo, que o julgamento acerca da autenticidade é difícil de ser sustentado mediante as formas de organização e produção do espaço no mundo pós-industrial.

308 Teresa Barata Salgueiro (1997) examina as mudanças que atingiram Lisboa e que conduziram à capital portuguesa a um rearranjo policêntrico. Para a autora, "com o avanço da sociedade de serviços, o centro tradicional não teve capacidade de

grande rede de aglomerações de vários tamanhos, desenhando uma nova geografia urbana[309]. Em um redesenho quase oximorônico, "os subúrbios estão sendo cada vez mais urbanizados, à medida que a metrópole moderna monocêntrica se transforma em uma cidade regional policêntrica, abrangendo uma ampla rede de aglomerações de vários tamanhos" (SOJA, 2011, p.460). É plausível considerar que as formas fragmentadas assumidas pelos guetos urbanos se constroem – dentre outras variáveis – devido às forças mercadológicas. Tal fato é exemplificado pelo que Appiah (1991) chama de neotradicional: guiado pelo que é mais palatável ao consumo e à lógica econômica em geral, as formas tradicionais ganham uma roupagem que visa atender a demanda. Sabemos que a hibridez é uma condição cultural, mas Appiah trabalha nessa perspectiva o mecanismo econômico que confere a hibridez aos produtos materiais da cultura. A abordagem de Appiah centrou-se na arte africana, mas, de forma interpretativa, podemos avaliar fenômenos semelhantes na arquitetura, culinária, moda, dentre outros aspectos da vida cotidiana que possuem impacto sobre a paisagem e o lugar.

O fenômeno da policentralidade não é absolutamente correlacionado ao cosmopolitismo. Todavia, grandes centros urbanos tendem a demonstrar com mais clareza a policentralidade e, pela expressividade do seu tamanho, acabam constituindo-se como pontos de convergência de fluxos de toda sorte e degustando da cosmopoliticidade. Podemos assim dizer que a policentralidade e o cosmopolitismo são fenômenos que possuem certa congruência, assim como o entrelace entre o local, o regional e o global. Essa ideia é contraditória à perspectiva de Salgueiro (1998): a autora, refletindo sobre a fragmentação policêntrica dos centros urbanos, argumenta que a pulverização em enclaves territoriais não apresenta "continuidade com a estrutura socioespacial que os cerca" (SALGUEIRO, 1998, p.39). Esse argumento é contrário à própria perspectiva de atração dos investimentos produtivos. A lógica locacional

---

resposta para as novas procuras de espaço de escritórios e as empresas instalam-se em áreas mais amplas e com menos limitações" (SALGUEIRO, 1997, p.182-183).

309 A importância histórica das áreas centrais das cidades, quando reduzida, produz um ponto de inflexão nas referências e ordenação dos fluxos urbanos (SILVA, 2020a). A reorganização do espaço urbano é mais do que uma nova espacialidade; é a reconstrução simbólica do espaço da urbe. As novas dinâmicas urbanas, advindas das condições associadas ao globalismo, modificam as formas pelas quais os estudos regionais se organizam. A análise regional hoje passa pelas mudanças observadas tanto na organização interna das cidades quanto nas relações nas redes as quais estão inseridas (SOJA, 2015).

atribui valores aos lugares a partir de sua posição geográfica, o que acaba fazendo com que um investimento seja espacialmente estratégico. Não é possível afirmar que aquilo que é chamado de enclave territorial brote aleatoriamente no tecido espacial. O que dizer sobre a interação orgânica desses enclaves com os fluxos de toda ordem articulados pelo entorno, que utilizam as mesmas artérias de circulação, misturando-se e afetando-se mutuamente? Por outro lado, a existência do enclave é notada pela diferenciação espacial, pela existência de uma abrupta descontinuidade no padrão de processos e de arranjos paisagísticos circunvizinhos. Isso não significa, todavia, desconexão absoluta com espaços adjacentes, a não ser que se deseje utilizar a força de uma expressão generalista, que carrega consigo os riscos da falta de acuidade analítica.

As recriações dos guetos como fragmentos do espaço das cidades pós-modernas acabam atendendo paradoxalmente à lógica do espaço urbano como um sistema mais amplo. Guetos neotradicionais acabam se constituindo palatáveis e locus de consumo do exótico. Ao mesmo tempo posicionam-se como fragmentos necessários para a cidade clamar o seu cosmopolitismo e o apreço à diferença. Os guetos notavelmente "étnicos" podem abrigar restaurantes etnicamente compatíveis que criam aos seus visitantes uma experiência de transcendência cultural, dominada por um fetiche alienado incapaz de apartar o tradicional do neotradicional. Para o consumo, a incapacidade reflexiva do consumidor é o que menos importa, pois, dialeticamente, se oferece como cardápio aquilo que o consumidor também deseja. Qualquer ação diferente por parte do empreendedor está sob o risco de comprometer o bom andamento dos negócios. Por outro lado, Yi-Fu Tuan (1995b) destaca que a necessidade de singularidade – mesmo em um âmbito individual – e a defesa de tradições coletivas fazem parte de um movimento reativo à crescente interdependência e conectividade do mundo contemporâneo. As distintas culinárias compõem o cenário fragmentado da metrópole entendida como pós-moderna, exacerbando o cosmopolitismo, atendendo à lógica da fetichização (COOKE; CRANG, 1996) e a tentativa por parte do empreendedor de manter as suas tradições, ainda que contraditoriamente experimentem formas neotradicionais de apresentação. É o que Peter Jackson (1999) teoriza quando fala sobre a mercantilização da diferença cultural. O produto deste movimento é uma força que atua sobre a urbe a favor da fragmentação e da exaltação da diferença, onde as heterotopias são bem-vindas. A fragmentação, desse modo, também está a serviço da ordem econômica. Jackson faz questão de lembrar que todas as culturas são mercantilizadas em diferentes graus (JACKSON, 1999, p.101). Essa é uma área de diálogo entre abordagens ligadas à nova geografia cultural e as pós-modernas. Por um lado, a pós-modernidade nos auxiliam a compreender as geografias-pastiche da pós-modernidade, e, por outro, os reforços simbólicos que ajudam a explicar "o mundo em uma cena" atendem à lógica da paisagem enquanto espetáculo ou teatro, montada pela ordem econômica que tranforma o consumo do exótico em atração, num flerte esplêndido com o racismo. É como Jon May (1996) argumenta acerca do consumo de culinária exógena: "a compreensão das mercadorias por intermédio da noção do exótico sugere a operação de uma estrutura racista, porque o exótico em si mesmo se apresenta como um produto da imaginação branca" (MAY, 1996, p.63). Essas problematizações acerca da abordagem de elementos culturais a partir de um viés de classe e de relações de poder são comumente contempladas por pesquisadores que se identificam com a nova geografia cultural.

Para além da culinária dos guetos pulverizados, Los Angeles celebra eventos culturais gourmetizados e palatáveis ao grande público interétnico:

> Mexicanos americanos vão até a Praça de Cinco de Maio nos dias de festa. Japoneses americanos construíram uma praça na Pequena Tóquio para abrigar concertos, festivais e outras celebrações. *Chinatown* abriga os festivais das comunidades sino-americanas (LEES, 1994, p.452).

Lynn Hollen Lees (1994) acrescenta ao debate aqui posto que não é toda cidade que claramente evidencia a policentralidade. O autor analisa que esse fenômeno de transição da monocentralidade para a policentralidade é recente e ainda limitado. Tem se convencionado chamar o arranjo policentrado de certas urbes de organização urbana pós-moderna. Evidencia-se que, neste caso, a pós-modernidade não é um marco temporal: é o resultado da intensidade de certas forças sobre porções específicas do espaço geográfico. Lees (1994) aborda que a fragmentação urbana tem esvaziado o centro político das cidades, que se trata do local ao qual comumente realizam-se as manifestações públicas. O autor utiliza-se do exemplo de Los Angeles, típica metrópole pós-moderna, para abordar o assunto: "embora Los Angeles não possua um centro que sirva como centro simbólico de poder e autoridade, muitas outras cidades dos Estados Unidos possuem" (LEES, 1994, p.455); o autor elenca a partir deste destaque uma série de cidades e seus respectivos centros políticos: "A prefeitura e o Parkway na Filadélfia, a sede do governo estadual em Boston, o Capitólio em

Washington D.C, a praça Jackson em Nova Orleans, o Empire State Plaza em Albany e o Daley Plaza em Chicago" (LEES, 1994, p.455). Precisamos afirmar que há espaço para que novas simbologias sejam construídas e referenciadas, sobretudo em um processo de policentralização aguda. Todavia, parece irrefutável que a pulverização de centralidades dificulta a apropriação simbólica que torne um centro específico em lócus hegemônico da manifestação política.

O impacto da fragmentação da cidade sobre o lugar é notório: ora sua centralidade observa perda relativa de posição, ora sua posição periférica torna-se mais central. É de se pesar, contudo, que cidades de tamanhos diferentes experimentem esse processo de forma distinta. Além disso, o próprio papel que as cidades desempenham nas redes urbanas regionais, nacionais e globais indicam a intensidade do fenômeno pós-moderno. Edward Soja (1993) argumenta sobre Los Angeles:

> Quase todos os marcos do novo CBD de Los Angeles foram construídos nos últimos quinze anos e expressam espalhafatosamente sua consolidação como cidade-mundo. Agora, mais da metade das grandes propriedades pertence, parcial ou integralmente, a estrangeiros, embora grande parte dessa presença territorial permaneça oculta da visão (...)
> (...) Através de uma lei histórica de preservação e renovação, existe agora, em torno do centro da cidade, uma vitrina enganosamente harmonizada de cidades étnicas e encraves econômicos especializados, que desempenham papéis fundamentais, embora às vezes um tanto ruidosamente, na reurbanização e internacionalização contemporânea de Los Angeles (...)
> (...) Há um deslumbrante conjunto de paisagens nessa coroa compartimentalizada do centro da cidade: as lojas vietnamitas e as moradias no estilo de Hong Kong de uma Chinatown que vem sendo remodelada; a modernização dos remanescentes que ainda resistem da antiga Pequena Tóquio, financiada pela Grande Tóquio; a pseudo-SoHo induzida, feita de sótãos e galerias de artistas que pairam perto das exposições de galeria de arte do Contemporâneo Temporário; os restos protegidos de El Pueblo, na rua Olvera, dominada pela Calmex, e na Old Plaza reformada; os mercados atacadistas de produtos agrícolas, flores e artigos de joalheria, estranhamente anacrônicos, que vêm crescendo enquanto outros centros de cidades se desfazem de seus equivalentes (SOJA, 1993, p.286-288).

Assim Soja examinou a fragmentação de Los Angeles, manifesta não somente nas diferenças das nacionalidades como também nas distintas especializações e condições econômicas. No ambiente chamado por Soja (2011) de pós-metrópole [*postmetropolis*], que se trata justamente dessa ideia de um novo ambiente urbano policentrado, a disputa pelo mercado torna-se avassaladora, exigindo novas estratégias de marketing. A transição da cidade moderna para a pós-metropole pode ser especialmente traumática para alguns empreendedores que não entendem ou demoram a reagir às mudanças nos mercados. O rearranjo policêntrico também traz dificuldades para outras formas de planejamento urbano, exigindo a gestão coletiva de poderes municipais ou distritais para desafios como a oferta de serviços públicos e o combate à criminalidade.

A gentrificação em guetos urbanos surge como uma das manifestações do fenômeno de fragmentação social da cidade pós-moderna (MILLS, 1988; MENDES, 2011). Liz Bondi (1992) identifica que as mulheres empregadas em profissões bem remuneradas têm se demonstrado importantes agentes de gentrificação, à medida que as áreas centrais das cidades oferecem um ambiente adequado aos arranjos domésticos não tradicionais. As modificações socioespaciais fazem com que os modelos tradicionais de geografia urbana acerca da morfologia das cidades[310] não atendam ao arranjo da cidade pós-moderna. As poderosas forças dos atores econômicos e as novas condições da vida social atuam sobre a cidade como uma onda avassaladora. Todavia, as rugosidades e os *reverse salients*, que se apresentam como nódoas de um tecido urbano extremamente desigual e pré-existente, absorvem e replicam de forma distinta as tendências insinuantes de transformação espacial. Eis a razão para que o novo fenômeno que prostra a cidade frente aos seus desígnios apresente-se, por um lado, imageticamente como uma força coesa e homogênea, e, por outro, seja a razão primordial para a ampliação das desigualdades intraurbanas.

---

310 Os modelos acerca das estruturas internas das cidades geralmente apresentam-se dispostos em círculos concêntricos ou em vastas áreas poligonais supostamente homogêneas. Ernst Griffin e Larry Ford (1980) desenvolveram um modelo próprio para as cidades latino-americanas que continha círculos concêntricos cortados por alguns eixos que desempenhavam o papel de corredores. No livro *Manual de Geografia Urbana*, Milton Santos (2008) descreve a morfologia do tecido urbano a partir de modelos descritivos que pretendem servir como base explicativa de todas as porções do espaço subdesenvolvido. Talvez no passado os modelos conseguissem cumprir com maior eficácia o papel interpretativo, tal como os dois circuitos da economia urbana (SANTOS, 2004a). As geografias pós-modernas apontam para a pulverização do espaço urbano, num mosaico de difícil representação, tornando modelos urbanos tentativas vazias de explicar o espaço fragmentado. Mesmo o muito divulgado modelo dos lugares centrais de Walter Christaller (1966) é colocado em questão, pois, para além do arranjo urbano, as funções e as relações das cidades tem se tornado muito diferente: o que está próximo a nós pode estabelecer relações menos importantes conosco do que o que está distante.

Bondi (1992) abordou de que forma as diferenças de gênero impactam na arquitetura e na organização das cidades. Considera que os grandes arranha-céus representam simbolicamente tanto o poder econômico quanto, do ponto de vista religioso, representa o pilar cósmico que sai da terra em direção ao céu. Ao mesmo tempo, o erguimento de arranha-céus e outras estruturas verticalizadas remetem ao fálus, numa interpretação muito recorrente (BONDI, 1992). Em uma demonstração de como o gênero deve ser levado em conta na interpretação simbólica da paisagem, certos lugares acabam se apresentando como nichos específicos de frequentadores. Um exemplo é a oposição percebida entre os bares de vinhos [*wine bars*] e os *pubs*: enquanto que os primeiros são mais tolerantes ou menos hostis a expressões alternativas de sexualidade, os segundos são sexualmente segregados, sexistas e heterosexistas (BONDI, 1992). É de se acrescentar que o feminismo desempenha uma influência chave no enfraquecimento das certezas e autoridade das formas modernistas de expressão (BONDI, 1992).

Os efeitos sociais são igualmente notáveis: a multiplicidade de gêneros, as distintas musicalidades, modelos de família e outras tipologias que pulverizam a ordem social fazem que a cidade pós-moderna seja o lugar preferencial da morte do vernacular. O processo de transferência de bits geográficos e trocas culturais não são exatamente novos, mas nos tempos pré-modernos os processos eram suficientemente lentos e ineficientes ao ponto de quase sempre serem adaptados às circunstâncias locais (RELPH, 2001). A crença no avanço da pós-modernidade como fenômeno nos leva a afirmar que não somente as chamadas cidades-globais estão sob esses efeitos. No ano de 2014, tivemos a oportunidade de visitar Okayama, no Japão, cidade habitada por pouco mais de 700.000 habitantes. Quebrando a expectativa de encontrar a hegemonia do vernacular e das mais solenes tradições locais, tivemos a chance de assistir artistas japoneses performando em frente à estação do metrô. Na sequência se apresentaram um grupo de *street dancers*, um grupo gospel remetendo às tradições do sul dos Estados Unidos e, em seguida, uma exímia dançarina de dança do ventre, que juntamente com o seu figurino nos levaram a uma inapelável reflexão sobre a lógica das formações identitárias. As paisagens vernaculares têm sido colocadas em xeque. Argumentar sobre a instabilidade dos significados e expulsar toda e qualquer autenticidade da paisagem virou um clichê pós-moderno (CROUCH, 1991). A hibridez arquitetônica, as heterotopias, a fragmentação do espaço urbano e a reunião de experiências identitárias extremamente marcadas pelo deslocamento espacial são múltiplos efeitos da pós-modernidade percebidas na paisagem e no lugar.

A pós-modernidade pode ainda ser entendida como **uma nova corrente interpretativa da análise espacial.** Para Timothy Oakes (1997), a proliferação do debate pós-moderno no seio da geografia colaborou para o renascimento da discussão sobre o lugar enquanto categoria geográfica. Sabe-se, todavia, que as fragmentações espaciais e desconstruções de significados levam a alguns declarem o fim da região e da própria geografia (HAESBAERT, 2012). Apesar da existência dessas reflexões que questionam o âmago do pensamento geográfico, Paul Claval (2001b) – em meio à cruzada desconstrucionista pós-moderna – acredita que a geografia certamente não está disposta a descobrir leis universais sobre o espaço geográfico, mas tem a disposição de explorar as diferentes lógicas envolvendo a distribuição humana e a experiência, penetrando em sua estrutura interna para estabelecer comparações.

Michael Dear (1988) – que justamente se destaca por propor debates seminais sobre a geografia e a pós-modernidade – acredita que a referida corrente de pensamento chegou para ficar. Nesse sentido, argumenta que a geografia deve propor uma forma de lidar com os pressupostos pós-modernos se tiver a pretensão de se colocar em posição relevante no debate dentro das disciplinas das humanidades. À *grosso modo*, as novas formas de pensar associadas à pós-modernidade ajudam a consolidar às críticas às abordagens materialistas da paisagem e do lugar, amplindo o espaço para as abordagens idealistas e para a dilética envolvendo ideias e materialidade. A reflexão de Augustin Berque (2017) sobre a *trajeção* – por propor um processo perpétuo de ressignificação entre as ideias e o mundo material – congruiu com os pressupostos da perspectiva pós-estruturalista desconstrucionista. O grande mérito da abordagem em questão, como já foi dito em outros capítulos deste livro, é a consideração da atuação passiva do tempo atomístico, à medida que as descrições e representações sobre a paisagem e o lugar podem sempre pertencer a um momento do tempo já não mais observável. A dialética contínua entre matéria e ideias permite entendermos o processo de percepção e descrição paisagística como um frame de um conteúdo dinâmico. Por outro lado, a desconstrução passa não somente pela revisão da posição material e ideológica, mas também pela intermediação das múltiplas relações que envolvem indivíduos e o meio. Assim, quando se diz que a paisagem e o lugar são expressos em um dado momento, a *trajeção* torna-se uma proposta que pretende solucionar dois problemas teóricos: primeiramente, lida com as múltiplas temporalidades da paisagem e do lugar; em segundo, ataca a falsa dicotomia entre ideias e matéria, bem como a intermediação entre o materialismo e idealismo.

Como foi dito, o pós-estruturalismo oferece bases para processo de desconstrução e reconstrução dos significados[311], substanciando os pressupostos pós-modernistas. Leonard Guelke, por exemplo, classifica o pós-estruturalismo como um movimento aliado ao pós-modernismo (GUELKE, 2003, p.98). Desenvolvida originalmente na França no período conhecido como virada linguística, a discussão pós-estrutural chegou à geografia no final dos anos 1980 e início dos anos 1990. O foco das interlocuções recaiu sobre a representação, que se tornou chave para os geógrafos interessados em contribuir para o debate pós-estruturalista (WOODWARD, DIXON; JONES, 2009). Para além das questões linguísticas, o pós-estruturalismo rejeita a noção de que a vida social pode ser explicada em termos de alguma superestrutura social. Esta é justamente uma das premissas do estruturalismo e aparece em algumas versões mais cruas do realismo. A crítica pós-moderna "parece congruir com as queixas daqueles que veem no estruturalismo um deslocamento do sujeito humano" (GREGORY, 1989, p.70).

A dialética entre matéria e ideias, que inclui um processo de reconstrução contínua dos significados, também se manifesta no campo da intertextualidade, noção que integra um conjunto de pressupostos pós-estruturalistas (SCHLOSSER, 2018). O intertexto é um campo relacional que serve à produção de novos contextos. Entre o ato de ler e escrever, significados são desestabilizados e estabilizados novamente. Assim, os significados não podem ser entendidos como fixos. Ao contrário, estão sempre em processo, esperando a sua desconstrução (WOODWARD; DIXON; JONES, 2009). Dois campos de pesquisa são apontados como parte da agenda da geografia pós-estruturalista: o primeiro centra-se na investigação da participação do contexto espacial na formação discursiva; o segundo campo foca na compreensão da representação do espaço propriamente dita (WOODWARD; DIXON; JONES, 2009).

---

[311] David Demeritt (2002) analisou as diversas formas que essa desconstrução pode ser realizada, para além da abordagem de Jacques Derrida. Demeritt considerou as desconstruções teóricas, da linguagem, fenomenológica, dentre outras. Estamos tratando a desconstrução aqui como um processo genérico, considerando estas diversidades pertencentes ao mesmo bojo, sabedores, entretanto, de que há um corpo de pensamento próprio para objetos/fenômenos diferentes.

A paisagem vista como um texto – que é uma abordagem que já foi contemplada neste livro – encaixa-se em alguns pressupostos pós-estruturalistas. Ao estabelecer a paisagem como intertexto, abre-se a possibilidade de considerar as formas integradas de pensamento. A intertextualidade muitas vezes é referida como a morte do autor. Nesta perspeciva, nenhum texto é plenamente autoral e o lugar de fala é questionado, o que interfere no valor que é atribuído ao discurso atribuído a classes específicas, bem como às narrativas subalternas. É por esta razão que autores marxistas escolhem como alguns dos seus inimigos preferenciais os pressupostos da pós-modernidade e a desconstrução pós-estruturalista que vem à reboque. Em uma espécie de conclusão do seu livro *As ilusões do pós-modernismo*, Terry Eagleton (1998) assim sacramenta sobre o pensamento pós-moderno:

> No confronto com seus adversários políticos, a esquerda, hoje mais do que nunca, precisa de sólidos fundamentos éticos e mesmo antropológicos: é provável que nada menos que isso nos possa suprir dos recursos políticos de que necessitamos. E, nessa área, o pós-modernismo acaba sendo mais parte do problema do que da solução (EAGLETON, 1998, p. 130).

Fica evidenciado o embate entre teoria e militância. É difícil encontrar argumentos que desconsiderem a relevância das injustiças sociais fruto das relações de poder historicamente construídas. Todavia, o pensamento pós-moderno parece criar dificuldades práticas para a militância. Nas palavras de Warf, quanto aos pressupostos da pós-modernidade, "é difícil conectar as questões com a materialidade da vida social" (WARF, 1990, p.588). O autor prossegue expondo:

> Quando divorciada de um sério entendimento da vida social, o discurso pós-modernista torna-se uma vazia celebração kafkaesca de aparências sobre a realidade, estilos acima dos conteúdos, imagens prevalecendo sobre a substância. Nesse respeito, o pós-modernismo pode ser tão desumanizador quanto o modernismo na abordagem destas lutas (WARF, 1990, p.588).

Esta abordagem reforça uma crítica comum ao pós-modernismo: o mesmo seria inábil em propor um substituto viável ao modernismo que tanto rejeita. O desajuste entre teoria pós-moderna e aplicações práticas direcionadas ao pensamento social parece se explicar por uma imaturidade do campo de pensamento. Como já dissemos, parece existir uma lacuna entre a percepção da injustiça social como fenômeno e a forma de contribuição do pós-modernismo para tratar a questão. Não é de se estranhar que o pós-modernismo seja acusado de academicismo vazio. No campo da discussão teórica há robustez na reflexão: a desconstrução do lugar de fala, dos significados e o questionamento sobre as classes entendidas como corpos homogêneos de pensamento, são problematizações muito bem amparadas e suportadas pela teoria. Talvez o apreço pela diversidade, instabilidade e excepcionalidade bem marcantes na teoria pós-moderna sejam a chave para uma nova e abrangente perspectiva sobre a tolerância.

Dentro do embate envolvendo a pós-modernidade, o pós-estruturalismo e a reflexão social, Oakes (1997) considera que o revigoramento do conceito de lugar realizado pelos pressupostos dessas correntes criou um drama para as políticas culturais e sociais. Tal afirmação parte da perspectiva de que as posições dessas correntes implicam na criação da resistência quanto aos efeitos objetivos do capitalismo, patriarcalismo, colonialismo, nacionalismos, e uma miríade de outros "ismos". Esta posição não é o mesmo que negar a atuação destas doutrinas sobre o comportamento humano, mas acreditar que é impossível isolar os seus efeitos sobre uma dada coletividade ou individualidade, já que os "ismos" atuam conjuntamente. A referida atuação conjunta das doutrinas nos faz entender que a contradição do pensamento e comportamento humano não é uma exceção. Fragmentos doutrinários congruem, antagonizam e se complementam caleidoscopicamente. O lugar é sem dúvida um terreno de lutas. Tais lutas, todavia, não podem ser totalmente encaixadas em termos de uma resistência às hegemonias históricas e espaciais. Fazendo uma contraposição entre pós-modernidade e modernidade, Timothy Oakes salienta: "O lugar, eu argumento, representa a geografia da modernidade e toda a sua riqueza contraditória" (OAKES, 1997, p.520). É interessante pensar que, com esta frase, o autor refere-se a pós-modernidade como conjunto retalhado de discursos modernos.

Há uma má interpretação de que a consideração de múltiplas narrativas e a quebra do monopólio da verdade histórica nos conduzam a uma posição de colocar todas as tentativas de intermediação da realidade em um mesmo plano valorativo. Este é um tema muito sensível para a contemporaneidade. Com a democratização do acesso à internet, a disponibilidade e ritmo de atualização da informação aumentaram exponencialmente. A externalidade diretamente ligada a este processo é a disseminação das *fake news*, que interferem em vários âmbitos da vida cotidiana. Sob as escusas de que toda narrativa é válida, há quem defenda que o planeta Terra é um plano. Ao mesmo tempo, teorias conspiratórias das razoáveis às mais esdrúxulas se oferecem. Surge no vácuo da demolição das metanarrativas idealizada pelo pós-modernismo a possibilidade de intermediação de pontos de vista. É justamente a riqueza de nossa experiência frente ao fenômeno interpretado pela nossa intermediação que promove inapelavelmente a hierarquização de narrativas. Como o processo de intermediação não se esgota devido à essência inexorável da totalidade, estamos fadados a confrontar, descontruir e ressignificar o sentido daquilo que, em um nível pessoal, apresenta-se a nós como o domínio do real. Por essa razão, posições fortemente enviesadas por doutrinas e fracamente intermediadas no campo discursivo acabam evidenciadas sob o olhar de um interlocutor que se encontra imerso em um processo mais diversificado de intermediação. As fake news são filhas de um processo empobrecido de intermediação de narrativas; podem ainda ser valorizadas se por meio de sua utilização existe intencionalidade política.

É importante ressaltar que o materialismo característico das estratégias discursivas de parte importante das teorias sociais e também da militância não podem ser visto como o único responsável pela separação entre ideias e o mundo material. Afinal, em outra posição antagônica ao materialismo, o idealismo também propõe esta separação, ao enfatizar que "as pessoas devem ser entendidas a partir daquilo que acreditam, como entendem a si mesmos e como representam o mundo em que vivem" (GUELKE, 2003, p.100). Para Leonard Guelke, o idealismo adota uma posição que divide o mundo mental da vida humana do mundo natural dos fenômenos (GUELKE, 2003). O materialismo e o idealismo apresentam-se como rótulos, assim como as correntes de pensamento geográfico, incluindo nesse rol a abordagem pós-moderna na geografia. As manifestações teóricas dos seus escopos apresentam-se sempre incompletas, como fatias de sua totalidade. Nas lacunas do corpo teórico, jazem inserções estranhas à sua forma mais purista, revelando-nos frames heterotópicos do saber, que às vezes podem até mesmo se apresentar contraditórios frente ao conjunto teórico que os abriga. Por esta razão, o pós-modernismo pode ser visto ou descrito também de formas diferentes, o que não é supreendente, visto que a situação em questão parece evidenciar o apanágio dos rótulos.

Destacamos que se apresenta como falsa a assertiva que de a pós-modernidade cria constrangimentos somente às abordagens materialistas, poupando as idealistas do seu escrutínio. Segundo Guelke (2003), o idealismo e quiçá o humanismo tradicional parecem ser ameaçados por certas abordagens pós-modernistas francesas que acreditam que as pessoas são produto de forças que não controlam e que, desse modo, o poder e não a razão prevalece na formatação das ideias. Guelke considera o pós-modernismo francês como um caso à parte por acreditar na forte influência da filosofia de Friedrich Nietzche sobre suas ideias. Certamente, as críticas de autores envolvidos com a teoria social de base materialista parecem ter sido mais abundantes, incisivas e até certo ponto, emotivas: comumente o sofrimento humano é utilizado como estratégia para a invalidação da obsessão desconstrucionista pós-modernista, como feito por Eagleton (1998) e outros. O sofrimento humano, em suas diferentes instâncias, merece atenção prioritária. O que está em questão é a forma pela qual as mazelas sociais acabam sendo apropriadas nas estratégias discursivas.

A partir de uma perspectiva idealista, Leonard Guelke afirma que "a geografia não precisa do pós-modernismo para cumprir sua missão acadêmica" (GUELKE, 2003, p.113), argumento distinto da opinião de Michael Dear (1988) que assevera que a pós-modernidade chegou para ficar, e que a geografia, se quiser manter o protagonismo no debate interdisciplinar das humanidades, precisa aprender a lidar com o seus pressupostos. Ao desfazer do pós-modernismo, Guelke acredita que poucos geógrafos querem o retorno ao cienticifismo da era da revolução quantitativa da geografia, mas que "os geógrafos precisam da fundamentação filosófica para a construção de um conhecimento geográfico seguro" (GUELKE, 2003, p.114). Acrescenta ainda: "uma abordagem idealista dedicada à compreensão das pessoas como agentes conscientes de suas atividades e criações e a insistência do papel central da evidência é bem recomendável ao conhecimento geográfico" (GUELKE, 2003, p.114). Conclui finalmente, como em um *ode* ao idealismo:

> Em tudo o que as pessoas tem feito na, com e para a Terra como seres autoconscientes, sociais e intencionais, existem pensamentos e ideias humanas que o geógrafo pode procurar desvendar e entender de maneira sistemática e responsável (GUELKE, p.114, 2003).

Como já abordamos, a separação proposta por Leonard Guelke em diversas publicações sobre a existência de planos materiais e imateriais analisáveis em dimensões distintas reforça a dicotomia e ignora a dialética na leitura espacial, assim como fazem os materialistas convictos. As reflexões sobre a imaterialidade são muito importantes, mas sua razoabilidade se situa na dialética: as ideias substanciam as ações com impactos na materialidade que, por sua vez, moldam as ideias. Concordamos com a posição de Harrison e Livingstone (1979) que acreditam que a visão idealista de Guelke é contraditória, pois, uma vez posta apartada da materialidade, está firmemente ancorada em pressupostos positivistas que julga combater.

Os pensamentos pós-modernos, por atacarem os "ismos", criam esse desconforto. A dialética melhor se acomoda na discussão pós-moderna justamente pelo fato de sua abordagem facilitar o foco em múltiplas versões, narrativas, nas tentativas de intermediação e na crítica de modelos universais que atendam às perspectivas da ciência tradicional. Certamente a abordagem pós-modernista, pela ruptura paradgmática que propõe, acaba mobilizando entusiastas e detratores. Como o pós-modernismo se manifesta em múltiplas frentes, torna-se extremamente difícil avaliar a validade dos seus pressupostos. Há a necessidade de considerar as questões etimológicas e semânticas: se referirmos à pós-modernidade como uma nova era, talvez ainda não esteja consolidada. As bases do modernismo foram tão bem fundadas e arraigadas que não foram completamente corroídas e colapsadas pelos desafios que são postos pela contemporaneidade. Por outro lado, as reflexões propostas pelo debate pós-moderno lançam questões interessantes à abordagem da paisagem e do lugar, centrando o foco na percepção identitária, nos novos arranjos sociais e contemplando desde as geografias-pastiche às fragmentações do espaço urbano.

18
AS TEORIAS NÃO-REPRESENTACIONAIS, A PAISAGEM E O LUGAR

Precisamos assumir a fluidez sujeito-objeto, ter bem claro os problemas do conhecimento em dois prismas: o teórico e o prático e não esquecer que conhecer o outro é conhecer a nós mesmos e ao mundo.

Eduardo Marandola Jr. (2005b)

Se eu e o meu corpo somos um só, e o meu corpo sem dúvida faz parte da materialidade do mundo, então como que o corpo-que-sou se envolve com o mundo?

Tim Ingold (2007)

Nosso chamado é para a consideração de uma topologia que permita uma crítica permanente às verdades espaciais, uma topologia que não seja substituta, mas um incentivo para o desenvolvimento da teoria espacial pós-estruturalista.

Lauren Martin e Anna J. Secor (2014)

Em comparação com outras disciplinas, a crítica das representações chegou relativamente tarde nos debates na geografia em virtude do seu próprio nome: geo-grafia (com hífen) como modo de (d)escrever a Terra. Descrição também é uma forma de representação.

Jörn Seemann (2015)

No contexto da perspectiva pós-moderna aplicada aos trabalhos das ciências sociais, podemos falar de uma crise das representações (DUNCAN; SHARP, 1993), já que é crescente a descrença quanto a capacidade da linguagem em refletir adequadamente a realidade (CURRY, 1991). Nesse âmbito, narrativas são versões e o papel do intelectual é confrontá-las e intermediá-las. A inquietação contra a apresentação binária dos fatos geográficos, incluindo os elementos da ordem política, social e filosófica, estimulou a organização de uma série de pressupostos filosóficos em torno de correntes que carregam o prefixo "pós" e o sufixo "ismo" (CASTREE; NASH, 2004) em um movimento temporalmente notável a partir do final dos anos 1980 e início dos 1990. A partir da absorção os pressupostos ligados à instabilidade dos significados advinda do pensamento pós-moderno, das premissas do social construtivismo, a influência da teoria ator-rede (TAR), dentre outras perspectivas que relativizam a materialidade da ordem simbólica[312], foi composto o terreno fértil que substanciou aquilo que tem sido chamado de teorias não-representacionais[313] (TNR). Assim como a TAR[314], as TNR se desenvolvem no interior dos contornos epistemológicos da chamada virada pós-social.

O que dá sentido em pensar na não-representação é justamente a dúvida quanto a capacidade das representações espelharem as relações entre os seres humanos. Até que ponto as conceituações tomadas como certas são de fato capazes de explicar o comportamento humano? Seriam as representações de fato consensuais e capazes de afetar homogeneamente os indivíduos? Se as interpretações acerca das representações – e as próprias representações sobre os mesmos fatos – são múltiplas, como lidar com o árduo terreno da comunicação? São questionamentos que fazem os geógrafos buscarem praticar a "geografia do que acontece" (THRIFT, 2008). Edward Thompson (1987) mostrou-se cético quanto as representações tomadas como certas e cravou que as classes deveriam ser vistas como relações. Essa postura não difere muito da procura em praticar a geografia do que acontece. Parte-se do pressuposto que a tangibilidade do mundo se dá nas práticas cotidianas. É importante dizer que isso não significa ignorar as abstrações, dentre as quais as crenças ideológicas e a formação de valores; mas significa pontuar que a vida cotidiana é eficaz para apontar as relações entrelaçadas entre mente e matéria. É o cotidiano que se mostra capaz de evidenciar a vida relacional; e é no seio dos métodos de pesquisa que buscam compreender o cotidiano que os entrelaces entre o afeto e a prática seriam elucidados. Assim, a busca obsessiva pelas práticas cotidianas está diretamente ligada ao rompimento com as tradicionais formas de lidar com as representações.

---

312 Como a fenomenologia, a pós-fenomenologia e o pós-humanismo.

313 É importante destacar que as influências que substanciam as TNR podem carregar diferenças, como as divergências observáveis entre a teoria ator-rede e a pós-fenomenologia, que serão exploradas adiante.

314 A partir dos anos 1990 notou-se um impacto expressivo da TAR na geografia. O alcance e aplicabilidade da TAR em diversas temáticas que são de preocupação geográfica contribuíram para a popularização da teoria em questão entre subcampos geográficos (MÜLLER; SCHURR, 2016).

No interior das TNR reside a ideia de que o social não pode ser presumido (COWAN; MORGAN; MCDERMONT, 2009). Considerando a perspectiva etimológica da sociologia – construída por meio da ideia de uma "ciência das associações" – tanto a TAR quanto as TNR não pautam a possibilidade de compreender um corpo social tangível, passível de descrição. A instabilidade das relações entre atores dispostos em rede explica essa inviabilidade. É necessário considerar as TNR como herdeira do pensamento relacional, em substituição a uma velha tradição de se ver a política; assim, é impossível apartar as TNR da chamada virada relacional [*relational turn*][315], que propõe que as relações espaciais substituam o pensamento que considera que corpos estáveis como "a sociedade" ou "o território" se constituam como base da reflexão política (JONES, 2009). No interior dessa lógica, os pressupostos das TNR consideram a possibilidade de vermos corpos instáveis, de limites flutuantes e tênues que são presumidos mediante à complexidade de fluxos, formalizando arranjos relacionais heterogêneos, chamados na literatura estrangeira de *assemblages*.

De forma mais básica, podemos definir as *assemblages* como uma coleção de relações envolvendo entidades heterogêneas e que perduram durante algum tempo (MÜLLER; SCHURR, 2016). Isto significa considerar as relações entre atores humanos e não-humanos[316]. Por isso, também substancia o arcabouço das TNR a chamada geografia mais-que-humana [*more-than-human geography*], que tem no centro de suas premissas a ideia de que a vida humana só pode ser compreendida se analisada de forma emaranhada com elementos não-humanos (PITT, 2015)[317], o que

---

315 Para Martin Jones (2009), pensar o espaço relacionalmente se tornou o mantra da geografia humana no início do século XXI, sendo aplicado em diversos subcampos de investigação geográfica.

316 Os atores não-humanos são, muitas vezes, politizados por intermédio de sistemas classificatórios. Sua inserção em determinadas tipologias nos ajuda a compreender como se dá a sua contribuição afetiva. Peter Coates (2003) aborda a politização da natureza ao refletir sobre a construção acerca da oposição entre espécies tidas como nativas e exóticas. Os limites espaciais que dá a uma espécie o caráter de nativo [nativeness] são limites arbitrários e, por vezes, ditados pela política. Não é raro associarmos certas espécies a países específicos sendo que suas eventuais virtudes são dignas de "orgulho nacional", como é o caso da tulipa holandesa ou o urso panda na China.

317 Da mesma forma, a busca por equilibrar a importância dos atores não-humanos na leitura do espaço e sociedade estimula a procurarmos apoio naquilo que tem sido chamado de pós-humanismo. Esta filosofia – ainda mal definida em suas práticas – tem sido compreendida como uma condição histórica em que vivemos e,

inclui a relação humana com objetos, plantas e animais. Fala-se particularmente sobre as geografias animais, visto que o nosso cotidiano é marcado pela trama de relações entre os homens e outras espécies que coabitam o mundo. Vestimos, vivemos e trabalhamos com os animais; nos alimentamos deles ao mesmo tempo que tentamos salvá-los, mimamos, caçamos, compramos, vendemos, trocamos, amamos, tememos, odiamos (COLTRO, 2016) e os manipulamos geneticamente. Não é possível ignorar o afeto que nos envolve nessa rede heterogênea que nos amarra com as outras espécies do reino animal. No contexto das chamadas redes heterogêneas que compõem as *assemblages*, fala-se também das geografias elementais: afinal, as forças da natureza são capazes de afetar toda sorte de atividades humanas, interferindo em nossa performance.

Os métodos associados a essas perspectivas distanciam-se das formas positivistas de elaboração, consistindo em experimentações qualitativas que visam compreender como se dão as associações heterogêneas entre atores (DAVIES; DWYER, 2007) e elementos não-humanos. A palavra actante tem sido utilizada como um termo neutro para se referir aos atores (humanos) e os não-humanos. Considerando as relações entre os actantes, não é de se surpreender que os pesquisadores que se alinham às perspectivas não-representacionais tenham como um dos objetos centrais de sua investigação os diversos modos aos quais os nossos corpos participam do mundo que nos cerca (WATERTON, 2019).

O ponto de partida da reflexão mais-que-humana parece ter forte respaldo na observação cotidiana: animais de estimação e plantas cultivadas em casa, por exemplo, podem estimular planejamentos particulares para que as pessoas possam viajar sem deixar os não-humanos em apuros por falta de assistência. Essa situação pode incluir desde a necessidade de regar uma planta à alimentação de peixes em um aquário. A partir de tenra idade, crianças são bombardeadas por representações que

---

ao mesmo tempo, uma perspectiva teórica, assim como ocorre com a ideia acerca do que é o pós-modernismo. A condição histórica que marca uma era pós-humana é delineada pelos prodígios da biotecnologia que incluem transferências de genes e órgãos entre espécies e o avanço da dependência humana das máquinas – incluindo a inteligência artificial – que tem perturbado a definição idealizada do homem como sujeito separado da natureza e no comando de si mesmo e dos demais atores não-humanos (CASTREE; NASH, 2006). Até certo ponto o pós-humanismo alimenta o pós-colonialismo, justamente por criticar o humanismo que carregaria em sua história uma concepção de raça que define alguns humanos mais humanos do que outros por intermédio de sua distância relativa frente à natureza (CASTREE; NASH, 2006).

exageram e humanizam respostas emocionais de elementos não-humanos: os animais são componentes frequentes dos desenhos animados e clipes musicais não raramente sendo apresentados a partir de antropomorfismos que buscam potencializar a identificação de emoções humanas (LORIMER, 2010): no universo mágico, elefantes usam óculos, ratos possuem profissões, cães dirigem veículos e todos eles apresentam marcantes episódios de ira, manifestações de saudade, pena, compaixão, tolerância, ganância, *inter alia*[318]. Se, por um lado, o respaldo teórico do pensamento mais-que-humano é bem firme, o mesmo não se pode dizer sobre as experimentações práticas. Existe uma gama de trabalhos na literatura acadêmica anglófona que utiliza formas muito diferentes de explorar e compreender as relações entre os elementos heterogêneos componentes das *assemblages*. Nos parece, no acesso que tivemos a certas fontes, que é necessário um maior amadurecimento epistemológico para a consolidação do campo de estudo em questão.

As *assemblages* se apresentam como um misto dessas relações heterogêneas que faz com que seus elementos constituintes se afetem mutualmente. É importante notar que a efemeridade do arranjo relacional das *assemblages* não nos permite considerar que estamos nos referindo a um organismo ou uma entidade; diferentemente, ao usar o termo, estamos nos referindo às unidades provisórias que possuem causas complexas de existência e que não podem ter sua explicação reduzida às suas partes componentes[319] (ANDERSON et. al., 2012). É importante perceber que – em muitas ocasiões – conjuntos específicos de relações parecem manter-se de forma relativamente forte mesmo que sejam contraditórias entre si e carreguem entre os seus atores – que são os protagonistas das relações – grandes diferenças. Em um exemplo, a reflexão acerca das *assemblages* pode reorientar os entendimentos de raça ao focar a análise

---

318 No Brasil a temática apresenta-se explorada de forma inicial. Pelo seu pioneirismo, a tese de Fábio Luiz Zanardi Coltro (COLTRO, 2016), defendida recentemente na Universidade Estadual de Londrina, tornou-se uma referência importante das geografias animais da lusofonia.

319 Fala-se da relevância das relações de exterioridade para uma compreensão mais apurada das *assemblages*. A ocorrência de um grande *blackout* em 2003 nos Estados Unidos gerou eventos em cascata que deixaram cinquenta milhões de pessoas e uma área de vinte quatro mil quilômetros quadrados sem eletricidade (BENNETT, 2005). O exemplo mostra que a busca pelo melhor entendimento das relações e do comportamento dos atores associados não pode, durante este momento de colapso energético, estar restrito aos elementos partícipes das *assemblages* (ANDERSON et. al., 2012). É imprescindível buscar as relações de exterioridade.

desta categoria mediante os entendimentos interativos de diferenciação social em momentos de encontro (ANDERSON et. al., 2012). Este foco nos permite ver a raça como simultaneamente fluída e fixa, mostrando diversos planos entrecruzados pelos quais a categoria mostra sua relevância nas relações, o que incluiria um grande emaranhado de representações, agências, percepções e afetos guiados por distintos pontos de vista. Ao mesmo tempo, a abordagem em questão reconhece a tendência da raça de produzir arranjos relacionais e afetivos dotados de certa estabilidade (ANDERSON et. al., 2012), o que rascunharia sua reificação débil e aparente que alimenta a ilusão estruturalista.

O conceito de *assemblage* é anterior ao próprio desenvolvimento do arcabouço teórico das TNR e, ao lado de afeto, talvez sejam as palavras mais representativas daquilo que hoje se denomina como virada relacional [*relational turn*] (ANDERSON et. al. 2012). O termo região talvez não seja adequado a ser empregado como substituto de *assemblages*[320], o que se explica pela natureza extremamente volátil das relações que pautariam a extensão e delimitação das áreas marcadas pela maior intensidade de relações entre atores. A própria regionalização – tal como um discurso, um texto ou uma ilustração, é uma representação. Apesar desta importante ressalva, é possível nos estudos das TNR fazermos um levantamento das relações entre corpos, que nos permite perceber aquilo que a bibliografia estrangeira chama de sintonização [*attunement*]. É por intermédio da percepção da sintonização que podemos falar das *assemblages*. Por outro lado, a tentativa de delimitação rígida das *assemblages* é uma espécie de discurso totalizante, que privilegia conjuntos em detrimento das especificidades do ator, no âmbito de sua individualidade. É importante considerar que, na perspectiva das TNR, as representações são construções que não conseguem *per si* explicar o fato e o arranjo social e, tampouco se constituírem como meios de explicação da totalidade paisagística e do lugar. Substancia estas concepções o fato da incapacidade de falarmos ou escrevermos sobre as coisas que sentimos: a dança, o choro, o choque, o toque, gestos e muitas outras ações são aporéticas e, portanto, não miméticas (LAURIER; PHILO, 2006). Müller e Schurr (2016) destacam que a concepção de *assemblages* se associa melhor aos pressupostos das TNR do que da TAR. Isto ocorre porque a TAR se adequa melhor ao que é fixo e estável, enquanto que as *assemblages* possui uma abertura para o inesperado, constituindo-se como um microcosmo dos pressupostos das TNR.

---

320 Tendemos a traduzir as assemblages como arranjos relacionais heterogêneos.

As TNR possuem um vocabulário muito próprio, e é comum encontrar artigos com grande densidade teórica. Constituem-se como um grande desafio aos iniciados, que além de se familiarizar com uma série de conceitos, ainda precisam superar a barreira de uma epistemologia quase erudita. Acreditamos, assim, que faz sentido a crítica do professor Jörn Seemann (2015) presente em uma raríssima publicação brasileira acerca das TNR; para o autor

> a leitura de textos com base nas teorias não-representacionais não é fácil. Trata-se de constructos muito densos, carregados de uma fundamentação teórica e filosófica muito pesada que frequentemente negligencia o trabalho empírico. Existe o risco de criar um estilo rebuscado e uma linguagem codificada que apenas permitem o acesso de poucas pessoas iniciadas, quase como um culto ou uma casta (SEEMANN, 2015, p.43).

Apesar do termo TNR ter surgido em meados da década de 1990 (SIMPSON, 2017), as bases filosóficas que sustentam a articulação de suas premissas são anteriores (CADMAN, 2009). Certamente, as TNR possuem sólida sustentação advinda da geografia humana, congruindo com os campos de investigação dos estudos culturais e das humanidades como um todo; é um mosaico de ideias teóricas oriundas de subcampos específicos e que nela encontram convergência: estudos da cultura material, da ciência e tecnologia, filosofia continental, ecologia política, geografia cultural, ecologia antropológica, filosofia biológica, sociologia do corpo e das emoções, dentre outros (VANNINI, 2015). Isto ajuda a explicar o fato dos trabalhos identificados com as TNR apresentarem abordagens muito diferentes.

Expressas no plural, as TNR não consistem verdadeiramente em teorias, sendo a expressão melhor compreendida como formas de elaborar processos e práticas. O termo foi cunhado por Nigel Thrift[321], referindo-se a um conjunto de trabalhos que dão ênfase ao modo como o espaço e o tempo emergem por intermédio de práticas corporificadas [*embodied practices*] (MACPHERSON, 2010). Isso significa dizer que o corpo e o ambiente que lhe provoca estímulos e respostas precisam ser analisados conjuntamente, numa relação que é ao mesmo tempo marcada pelo afeto e capacidade de afetar[322]. Pela importância atribuída pelas TNR ao processo

---

321 Mais do que qualquer outro autor, o trabalho de Nigel Thrift tornou-se sinônimo das teorias não-representacionais (LORIMER, 2007).

322 Em uma lógica similar, Tim Ingold (2013) analisa o processo de animização a partir do afeto: "a animização é o potencial dinâmico e transformativo de todo um campo de relações dentro do qual os seres de todos os tipos, incluindo pessoas e coisas, geram a existência um do outro de forma contínua e recíproca" (INGOLD,

que consegue sintetizar, o termo "afeto" é o mais popular da corrente em questão (BONDI, 2005; BARNETT, 2008). O foco no afeto permite a ênfase na pré-cognição como um instrumento de sensação, imaginação e ação que alimenta os rituais do dia-a-dia. Por isso mesmo, um caminho importante para a pesquisa em TNR é o levantamento e a compreensão dos fluxos que permeiam a vida cotidiana (THRIFT, 2008). Dito isto, podemos sintetizar que o afeto é uma camada da existência incorporada [*embodied existence*] e apresenta-se duplamente localizado: primeiramente, no campo relacional em-entre [*in-between*] corpos e, segundo, no nível abaixo da consciência intencional (BARNETT, 2008). Estas duas localizações se entrelaçam. Levando em conta esse fato, poderíamos considerar que a concepção do afeto desconsideraria a perspectiva sociopolítica, por estar centrado no subconsciente. Apesar de trabalhos associados à perspectiva psicológica serem bem-vindos nas TNR, existe também – como poderíamos supor em uma abordagem pós-fenomenológica – a dimensão sócio-política: o afeto é consistentemente percebido como um meio de manipulação (BARNETT, 2008). Nigel Thrift (2004) argumenta que a descoberta de novos meios de praticar o afeto é também a descoberta de um novo meio de manipulação por parte dos poderosos.

A partir desta perspectiva, faz sentido pensar que a pesquisa no campo das TNR concentre-se em eventos, compreendidos como acontecimentos, desdobramentos, ocorrências regulares inspiradas (mas não sobredeterminadas) por antecipações (pertencentes ao campo da pré-cognição) e ações inesperadas que estilhaçam as expectativas (VANNINI, 2015). Faz sentido pensar que, ao lado de afeto, outro conceito fundamental das TNR seja o de atuação [*performance*]. Atores atuam nas novelas e nos teatros, mas outros indivíduos também atuam sem ter em mãos nenhum *script*. Atletas atuam correndo mais rápido ou golpeando mais fortemente; carros modernos atuam dirigindo com mais eficiência ou se adaptando às condições da estrada e, em outro exemplo, amantes atuam no prolongamento do intercurso sexual buscando agradar mais o parceiro (VANINNI, 2015). Afeto e *performance* são conceitos que precisam ser vistos em conexão, pois, "as dinâmicas afetivas são vistas como dispositivos para que o corpo possa performar certas ações, incluindo o discurso" (HUTTA, 2015, p.296).

2013, p.12). Nesse sentido trazido por Ingold, "ser" é uma condição relacional. Problematizando a condição do animista, Ingold afirma que a nossa experiência nos ensina que se não sabemos se uma coisa está viva ou não, é melhor apostar que está e se precaver. Portanto, "todos nós nos tornamos animistas enrustidos sem, obviamente, ter percebido" (INGOLD, 2013, p.12).

A noção de afeto tem sido encontrada espalhada em trabalhos que lidam com as emoções em geografia – e, como consequência, o seu significado permanece elusivo" (PILE, 2010, p.8). Ben Anderson (2017) reforça a elusividade do afeto ao asseverar que não há uma definição simples desta palavra na geografia ou em outras disciplinas, assim como ocorre com termos como emoções ou sentimentos. Em uma de suas compreensões, o afeto é entendido como um conjunto de variáveis que compõe a experiência cotidiana dos indivíduos e que se materializam por meio de práticas corporificadas [*embodied practices*], que passam, por sua vez, a serem manifestações do afeto que atingem outros corpos. Assim, nas TNR, é dada grande importância aos corpos, pois estes são os veículos do afeto e, consequentemente, seus subprodutos: paixões, emoções, intensidades e sentimentos (THRIFT, 2008).

As relações entre corpos por meio do afeto são mais uma mostra de que a dicotomia materialidade *versus* imaterialidade é inapropriada na perspectiva das TNR. Nessa lógica, toda prática é corporificada, justamente por trabalhar as dimensões das ideias e da matéria, em um conjunto indissociável e não discernível. Steven Pile destaca que o afeto exibe uma via de mão dupla, pois "demonstra a capacidade transpessoal que um corpo tem de ser afetado e de afetar (como resultado daquilo que vivencia)" (PILE, 2010, p.8), argumento endossado por Ben Anderson (2016). Assim, o afeto não é simplesmente pessoal ou interpessoal: é transpessoal, à medida que se desenha no relacionamento de muitos corpos. Partindo dessas considerações, é plausível considerar que o afeto se expressa ao mesmo tempo com e entre os corpos.

É importante ressaltar que o afeto não é estático, pois acompanha o movimento dos corpos, modificando sua essência e intensidade ao sabor das distâncias e posições. Os deslocamentos espaciais, sobretudo para lugares nunca visitados, são ricos quando considerados na perspectiva da experiência e do ganho de sabedoria (SIMANDAN, 2013). As rotas pré-definidas em determinados rumos e que observam o percurso das vias de circulação, respondem por certa arbitrariedade político-social que possui uma história particular. Tais arbitrariedades impõem, em alguma medida para as pessoas que trajetam com frequência, percursos idênticos ou similares que submetem as pessoas à paisagens e lugares vistos a partir de um mesmo ângulo.

Nigel Thrift (2000) destaca que afeto é diferente de sentimentos e emoções; trata-se de uma experiência não consciente e, portanto, é um termo abstrato (SHOUSE, 2005). O afeto é melhor compreendido como uma elaboração não consciente que guia as ações humanas. Certamente o afeto se desenvolve em rede, pois todos os atores são afetados e afetam em algum nível. *Ipso facto*, o afeto precisa ser compreendido a partir da perspectiva dialética da materialidade/imaterialidade que, por sua vez, auxilia na explicação das condutas (aqui entendidas como a agência humana) e na ocorrência de eventos.

O foco das TNR nas relações entre atores humanos e não-humanos deriva-se da forte influência da teoria ator-rede. A análise das relações em rede tem apresentado uma recente face informacional, baseada na proliferação de softwares e outras ferramentas de informação que permitem manipular um conjunto muito extenso de dados, como foi visto no trabalho de Vinicius Netto *et.al.* (2017), que exploraram postagens no *twitter* para mensurar os deslocamentos de indivíduos no município do Rio de Janeiro, fazendo ainda inferências às diferenciações de renda do seu objeto de investigação. Com este trabalho, Netto *et.al.* (2017) inferiram de que forma a renda pode interferir nos deslocamentos, chamando o seu levantamento de "uma geografia temporal do encontro". É interessante observar trabalhos que tem buscado abordar as interações entre agentes humanos e não-humanos tem apresentado formas distintas de método, ainda que a sugestão de Bruno Latour (1993) seja a de "seguir os atores" envolvidos em rede, o que significa buscar compreender o seu cotidiano e as formas de interação.

Russell Hitchings (2003) seguiu as considerações de Latour e investigou as interações entre as plantas de jardins e as pessoas que com elas se relacionam. Hitchings apresentou um método que analisava os atores em cadeias afetivas: o afeto das pessoas sobre as plantas, o afeto das plantas sobre as pessoas e, por fim, a intermediação desses afetos, naquilo que chamou de *"chains of enrolment in the garden"* (HITCHINGS, 2003, p.109). É importante perceber que essas cadeias não existem no seu estado puro, visto que se entrelaçam dialeticamente. Em abordagem similar, Pitt (2015) buscou compreender as relações entre jardineiros e plantas e destacou uma importante problemática temporal: por serem muitas vezes mais lentas, é difícil perceber as atividades e as mudanças das plantas, assim como as de inúmeros agentes não-humanos. Por isso é importante a utilização de métodos como a comparação de fotografias em distintos momentos no tempo. Trabalhos que utilizam esta perspectiva mais-que-humana podem problematizar escalas bem diferentes, como fez Ruth Panelli (2009) ao cravar que o eucalipto se tornou um ator muito poderoso da sociedade australiana, sendo crucial para a compreensão acerca das mudanças na paisagem e estrutura social do país em questão.

Ben Anderson (2005) também seguiu as orientações de Latour ao estabelecer uma reflexão sobre gostos e julgamentos das pessoas. Assim como Hitchings, Anderson intermediou a narrativa do seu texto com os relatos de pessoas que serviram para endossar suas argumentações acerca da instabilidade das preferências. Nas TNR, o formato das entrevistas costuma ser marcado por perguntas que não sugerem respostas objetivas, como se houvesse a intenção de possibilitar ao ator investigado organizar e hierarquizar os elementos presentes em sua resposta. Esta característica, inclusive, nos indica a utilização do termo "relato" como mais apropriado do que "resposta" à interação comunicativa entre investigador e objeto. Russell Hitchings (2012), por exemplo, argumenta que é importante deixar as pessoas falarem sobre as suas práticas, ainda que isto não seja uma tarefa fácil. Por isso mesmo, o cuidado do investigador com a interação frente ao entrevistado deve ser extremo: é necessário que sejam criadas condições confortáveis para que a entrevista revele o cotidiano; se o que era esperado pelo entrevistado não for ressaltado, talvez seja porque não ocupa uma posição de relevância tal como a expectativa previa.

Em outro exemplo, Gail Adams-Hutcheson (2019) analisou as relações entre atores humanos e não-humanos; em uma abordagem original, falou sobre geografias elementais [*elemental geographies*], que se consistem nas investigações das atividades humanas frente aos elementos (como o ar e o fogo)[323] e forças da natureza. Em seu artigo – de forma mais específica – centrou-se nas relações entre as condições da atmosfera e o comportamento humano. Adams-Hutcheson focou-se em fazendeiros neozelandeses da região de Waikato para compreender os efeitos das relações afetivas que envolvem essas *assemblages*. Entre seus resultados, concluiu que a classe dos fazendeiros é, geralmente, exposta a níveis de estresse muito altos devido à ansiedade quanto às questões climatológicas. O autor trouxe informações que apontam desordens de humor e ansiedade dos fazendeiros de Waikato acima da média nacional. De forma óbvia, sabe-se que as condições atmosféricas se associam diretamente aos resultados da agropecuária. O acompanhamento da previsão do tempo torna-se uma obsessão tão grande para os produtores do campo ao ponto das diferenças entre milímetros de chuva serem comemorados ou lamentados. As geografias elementais

---

323 Em um exemplo, Sasha Engelmann (2015) abordou de que forma o ar pode intermediar as relações entre elementos humanos e não humanos.

afetam não somente após a ocorrência de infortúnios ou generosidades climáticas, pois a dimensão dos imaginários climáticos [*climate imaginaries*] deve ser considerada: o termo tem sido utilizado como um meio de aludir as diferentes formas de expressão e respostas afetivas que resultam dos discursos públicos que ressaltam os riscos de morar nas áreas costeiras. Sabe-se que as mudanças climáticas são exploradas frequentemente nos noticiários e as áreas costeiras acabam preferencialmente sendo apresentadas como zonas de risco, ameaçadas tanto pela penetração de fortes tornados e furacões, quanto pela ocorrência de tempestades e a elevação do nível do mar. Soluções arquitetônicas e planejamentos urbanos aplicados em algumas áreas litorâneas levam em conta os imaginários climáticos mesmo antes de algumas das previsões mais catastróficas se confirmarem (RIESTO *et.al.*, 2021).

Cristina Zara (2021), em uma perspectiva mais-que-representacional similar às geografias elementais, estabeleceu um comparativo das relações estabelecidas entre as pessoas e as águas da cidade italiana de Veneza e da indiana Vanarasi, cidade sagrada hindu. Ambas as cidades devem à sua prosperidade econômica, significância política e identidade cultural às águas; todavia, apresentam um histórico sociocultural extremamente distinto. As relações que envolvem as águas e as pessoas dessas cidades formam *assemblages*[324], o que não significa que os laços entremeados entre atores humanos e não-humanos estão paralisados espacial e temporalmente. As ricas narrativas das histórias de Veneza e Vanarasi mostram entrelaces distintos entre os homens e as águas, que foram rearranjados a partir do dinamismo histórico que é o apanágio do caráter elusivo das relações de atores mais-que-representacionais. O potencial afetivo das águas é extremo, justamente pelas múltiplas possibilidades de interação entre as pessoas e a sua superfície. Krause e Strang (2016) sugerem que se focarmos nossos estudos nas formas como as relações sociais e hidrológicas são interconectadas e mutuamente constitutivas chegaremos a uma compreensão mais profunda do papel da água na vida social. Essa melhor compreensão possibilita o ganho de ferramentas teóricas importantes para uma melhor gestão dos recursos hídricos. A perspectiva em questão permitiu que Leah M.

---

324 Também no interior da temática entre a água e a sociedade, Philip Hayward (2012) analisou os arquipélagos como *assemblages*, já que as relações mais-que-humanas se apresentam fortes entre as ilhas que integram a comunidade insular. O termo comunidade aplicado neste contexto serve tanto no sentido de comunidade imaginada quando comunidade desenhada a partir das relações entre atores.

Gibbs (2009) destacasse o papel dos lugares e paisagens marcadas pela presença da água como dotados de grande potencial para revelar as complexas relações de um mundo mais-que-humano.

Para além das possibilidades de análise das influências elementais em *assemblages*, David Bissell (2009), por sua vez, destacou de que forma as dores crônicas podem interferir nas relações de afeto. Para o autor, a dor, tanto a física quanto a emocional, é não-representacional; isto se explica pela incapacidade de ser compreendida discursivamente (BISSELL, 2009) e apresentar-se instável. Diferentemente do afeto, a dor é um processo pessoal e interno. Todavia, é capaz de interagir com a dimensão afetiva.

Em outro trabalho que aborda premissas comumente contidas nas TNR, o antropólogo Tim Ingold (2004) analisou de que forma o advento dos calçados modificou a forma do homem de se relacionar e perceber o ambiente ao qual está inserido. Percebe-se que é necessário, na perspectiva das TNR, transcender a materialidade do espaço cartesiano, compreendendo o mesmo como relacional. O espaço relativo abriga a paisagem e lugar igualmente relativos, produzidos, elaborados e reelaborados pela ação complexa das múltiplas agências em jogo: referimo-nos aqui aos atores humanos e a diversificados atores não humanos. Na lógica desta afirmação, David Crouch assevera que: "o espaço é relacional, subjetivo e pessoal" e apresenta-se como "um relativo produto de inter-relações conectado por meio de identidades e entidades que o provém de direções, escalas, sentidos, limites e diferença" (CROUCH, 2017, p. 4). Nesta perspectiva espacial não-cartesiana, ao invés de pensarmos em termos de superfícies – com duas dimensões – ou esferas – com três dimensões – somos estimulados a pensar em termos dos nós que articulam as redes e que possuem tantas dimensões quanto possuem conexões. Assim, as redes não podem ser descritas sem que reconheçamos suas complexas e difusas capilaridades, que não são acolhidas pelas noções trazidas pelos conceitos de nível, camada, esfera, categoria e estrutura (LATOUR, 1996). Fica claro que na perspectiva das TNR – assim como ocorre com a teoria ator-rede – o espaço relativo não é simétrico frente ao espaço cartesiano, o que nos permite refletir topologicamente. Diante do exposto, é muito importante para as TNR a consideração do materialismo relacional[325]. Segundo Thrift (2008), o corpo humano é o que é pela sua inigualável capacidade de se envolver com os objetos. O exemplo de Ingold (2004) acerca dos calçados nos permite essa consi-

---

[325] A consideração da dimensão da materialidade a partir de uma miríade de entendimentos individuais que se entrelaçam e se afetam mutuamente.

deração, mas poderíamos povoar a reflexão com exemplos que aludem à conexão entre atores humanos e não humanos. Fiquemos com as reflexões de como um automóvel se torna a extensão do corpo de um motorista e de como a raquete se torna parte do corpo de um tenista.

Thrift (2000), no artigo *Afterwords* – trabalho que se tornou uma referência para os pesquisadores que flertam com a perspectiva aqui tratada –, acredita que as TNR é um estilo de pensar, podendo este ser referido como "não-representacionalista". Em suas palavras: "notem que eu utilizo a palavra *estilo* deliberadamente: esse não é um novo edifício teórico que está sendo construído, mas um meio de valorizar e trabalhar com as atividades práticas do dia-a-dia da forma em que elas ocorrem" (THRIFT, 2000, p.216, destaque nosso). Assim, várias formas de pensar que assumem suas premissas são chamadas de TNR, pois o acrônimo agrupa elaborações diversas (SIMPSON, 2017). É importante considerar que as TNR precisam ser compreendidas como experimentais. Os teóricos envolvidos com o campo tendem a antipatizar com tendências conservadoras demasiadamente empíricas das ciências sociais tradicionais, bem como frente às convenções do realismo e – de forma notória e mais ampla – frente a qualquer manifestação positivista (THRIFT, 2008).

A abordagem das TNR tem tido destaque – notavelmente a partir dos primeiros anos do século XXI – principalmente no âmbito da geografia cultural (PAIVA, 2017). Tem o seu *core* no Reino Unido, apresentando influência em todo o mundo anglófono e em alguns países europeus (PAIVA, 2018). Apesar das TNR recentemente terem se tornado relevantes nos estudos culturais em geografia, não apagaram outras perspectivas, o que reforça o fato da abordagem cultural em geografia manter o seu caráter pluralista. No Brasil, em particular, a discussão sobre as TNR no âmbito da geografia é extremamente incipiente.

Uma das motivações para o desenvolvimento das TNR é a percepção de que a virada cultural deixou lacunas quanto ao caráter elusivo da representação cultural, das complexas interações de poder e das ações que são frutos de automatismos, subliminaridades e até mesmo da alienação e do não-intencional: "a teoria não-representacional é uma abordagem que visa a compreensão do mundo em termos da efetividade, mais do que pela sua representação" (THRIFT, 2000, p.216). Complementando Thrift, Paul Harrison (2007) argumenta que na perspectiva das TNR, a representação é constitutivamente inadequada, à medida que é sempre estratégica e seletiva, mesmo quando não pretende ser. Por isso mesmo, a perspectiva das TNR é vista por alguns como crítica à nova geografia cultural, que, nos anos 1980 e 1990 "tendeu a conceber a paisagem somente em termos de representação e como um "modo de ver ideológico"" (MACPHERSON, 2010, p.6). Além disso, a abordagem das TNR, assim como outras que incluem a possibilidade da agência não-humana na análise geográfica, já apresentam em si uma diferença frente à nova geografia cultural (SOUZA JÚNIOR, 2021).

Para termos uma noção do caráter recente da perspectiva não-representacional, basta observarmos a confissão do proeminente professor Tim Cresswell (2012): assistindo a uma exposição de Nigel Thrift no final dos anos 1990, ouviu pela primeira vez o termo não-representacional; perguntando a Thrift após o evento a respeito do que se tratava o termo, ouviu uma rápida explicação e continuou sem entender (CRESSWELL, 2012), o que o motivou posteriormente a investir nessa nova abordagem que se instalava nos estudos culturais.

Reconhecendo a pluralidade das TNR, Nigel Thrift (2000) em *Afterwords* identificou três principais abordagens/aplicações que até a data da publicação do seu artigo vinham ganhando destaque. Thrift salientou que estas três principais abordagens se apoiam e não são excludentes. São elas:

- contribuições na área da teoria feminista[326];
- conexões envolvendo a psicologia social, a geografia humana e a teoria ator-rede;
- desenvolvimentos que utilizavam-se de preceitos biológicos, naquilo que percebeu como "uma crescente escola de filosofia biológica" (THRIFT, 2000, p.217), centrada em reflexões sobre o corpo e áreas pouco palatáveis aos geógrafos, como, por exemplo, a genética.

---

326 Davidson e Bondi (2004) destacam que as geografias emocionais, no interior das TNR, especialmente contribuem e estão entrelaçadas com as geografias feministas. Porém, é possível encontrar abordagens das geografias emocionais aplicadas a outros campos de estudo. Anderson e Harrison (2006) avaliam que a congruência entre a geografia social e a emocional pode ser problemática: é amplamente apoiada a consideração de que a emoção é um componente de todo o aspecto da vida humana, mas, no interior do grupo social que se avalia – como é o caso das geografias feministas, dentre outras – corre-se o risco de buscar uma análise que seja representativa de toda a coletividade, o que não combina com a pluralidade identitária que está sob o rótulo de um grupo social oprimido. Isso não significa que não seja relevante a consideração do pertencimento a uma classe por parte de um indivíduo avaliado por entrevistas ou por outras metodologias. Mas significa que é relevante buscar fórmulas que deem vazão à perspectiva coletiva e identitária.

As TNR contam com uma abordagem que procura transcender a compreensão do simbolismo como finalidade, buscando contemplar o entendimento mais profundo sobre o indivíduo, sua capacidade de ação no ambiente e de que formas estas ações são potencializadas ou constrangidas pelas materialidades que com ele se relacionam. Na abordagem em questão, é marcada a oposição à geografia que vê o ato de representação como fixo (CRESSWELL, 2012) pregando a transcendência da materialidade e também do idealismo, assim como podemos ver nas elaborações de Augustin Berque e de tantos outros que veem a divisão entre mente e matéria como infrutífera. Assim, no interior dessa perspectiva, paisagens e lugares não são entendidos como entidades em si mesmos, sendo defendida a necessidade de pensarmos nosso entorno conjuntamente com o modo pelo qual a paisagem e os lugares nos forçam a pensar e sentir (WATERTON, 2019), ou seja, uma perspectiva dialética, que inclui o pensamento relacional.

Na perspectiva das TNR, a paisagem é uma ideia e um espaço material que precisam ser constantemente repensados. Neste processo, o corpo possui uma fundamental importância para a constituição das paisagens assim como as paisagens possuem importância na constituição dos corpos (MACPHERSON, 2010). Para Thrift (2000) não existe um mundo meramente contemplativo: o mundo que é palco de nossas ações carrega efeitos "que precisam ser relacionados a uma corrente infinita de circunstâncias" (THRIFT, 2000, p.217). Assim, o mundo está sendo feito, é processual e está em permanente ação. No lugar de uma reificação, ou, em outras palavras, de uma descrição lacrada da paisagem e do lugar, temos o porvir infinito e em constante reativação. A agência humana, por sua vez, representa a corporificação da complexa relação entre indivíduos, animais e coisas em espaços e tempos particulares (numa visão não newtoniana acerca do espaço-tempo). A agência humana não memoriza o passado: o encena, trazendo-o de volta à vida, como em uma narrativa dotada de intencionalidades e imperfeições. Da mesma forma, a ação humana não espelha espaços, os reflete de forma incompleta, como fragmentos que montam um mosaico cujo conjunto é tão minuciosamente diverso ao ponto de ser excepcional.

Macpherson (2016) analisa, no âmbito das premissas das TNR, a possibilidade do uso da caminhada como método investigativo das práticas corporificadas, que são, como vimos, fruto da relação indissociável homem e paisagem. A autora afirma que "nos anos recentes, tem ocorrido um aumento no uso da mobilidade participatória, métodos etnográficos e qualitativos na pesquisa paisagística" (MACPHERSON, 2016, p.425). A autora considera que as práticas que envolvem a mobilidade revelam as múltiplas e dinâmicas formas assumidas pela paisagem e o modo como são experenciadas, valorizadas, imaginadas e remontadas por diferentes pessoas em diferentes tempos. Os métodos de análise da paisagem por meio da mobilidade têm sido celebrados por oferecer ao pesquisador novos espaços de investigação que rompem com o tradicional modo estático de entrevista em que sujeito e objeto estão sentados no sofá. (MACPHERSON, 2016). Jones *et.al.* (2008) consideram a caminhada-entrevista uma técnica ideal para explorar tópicos envolvendo as relações das pessoas com o espaço, ainda que alertem que não existe um consenso de como conectar o que as pessoas dizem ao local em que foi dito.

Em uma conclusão importante, Macpherson salienta que a caminhada não é somente um método de aquisição de conhecimento sobre a paisagem, mas, também, provém a percepção de como a paisagem – enquanto ideia, espaço e experiência – afeta a própria caminhada e testa as concepções metodológicas acerca da sua escolha metodológica. Macpherson (2016) preocupa-se com as limitações do uso da caminhada, à medida que nem todas as pessoas podem ou tem a disposição de se submeter a esta atividade. Assim, certo grupo de incapacitados ou desinteressados pode não ser contemplado na metodologia. Além disso, se faz necessário considerar as condições atmosféricas bem como a sazonalidade, que traz repercussões muito intensas nas relações entre o homem e paisagem, aumentando o risco de que excepcionalidades possam ser tratadas como regra. Por fim, destaca-se que as caminhadas longas podem ter impacto na dor e interferir nas reações fisiológicas, proporcionando o aumento do nível de endorfina. Essas mudanças fisiológicas possuem a capacidade de interferir na forma de ver o mundo, em um exemplo diretamente associado às perspectivas tratadas pelas TNR: a paisagem e seus desafios de mobilidade podem interferir na forma do homem de conceber o ambiente; em contrapartida, o homem, uma vez desafiado pelas longas distâncias ou pelo trajeto íngreme, se motiva a estabelecer modificações na paisagem a favor do seu bem-estar. Todavia, a interação homem e ambiente não possui uma fórmula pronta; as longas caminhadas associadas às peregrinações religiosas podem fazer com que os peregrinos concebam a dor como parte de um processo de renovação espiritual[327].

---

327 Para alguns peregrinos muçulmanos do oeste africano, a dificuldade imposta pela travessia de áreas áridas é vista como uma penitência que possibilita o perdão pelas falhas (BIRKS, 1977a), o que se apresenta como uma justificativa para a manu-

As razões apresentadas nos motivam a considerar a discussão não-representacional como, ao mesmo tempo, sistêmica e particular. É sistêmica por ser amplamente relacional e considerar as múltiplas agências que guiam nossa consciência e o agir. É particular, pois, cada um de nós carrega uma posição excepcional acerca da nossa forma de se relacionar com o mundo. Por meio dessas características, abre-se espaço no âmbito das TNR para o desenvolvimento do debate sobre o renascimento da política e da ética, o que demanda a consideração de certos procedimentos filosóficos (LORIMER, 2008), exigindo, no âmbito da geografia, a interdisciplinaridade. O apoio de múltiplas disciplinas é a face da abordagem cultural da geografia contemporânea (DANIELS, 2010), ainda que formas de expressão antigas que remontam à Sauer resistam em certos nichos, de forma encorpada ou em fragmentos.

Na discussão não-representacional, o mundo acaba sendo compreendido como um grande palco de interações que percorrem corpos, lugares e paisagens. Cada um dos personagens dessa grande rede pode impactar, de forma mais ou menos notável, na coletividade. Em contrapartida, o caráter elusivo da leitura da paisagem e o dinamismo das identidades que estão sempre em formação, criam certas dificuldades para o pensar e agir social, pelo menos em suas abordagens tradicionais pautadas na ideia de classe e de interesses coletivos. Hannah Macpherson argumenta que uma saída para o caráter elusivo das identidades que marca o antiessencialismo das TNR é o "essencialismo estratégico" ou a "concretude bem situada" (MACPHERSON, 2011, p.546). Com estas duas expressões, Macpherson alude ao fato de que existem certas características que podem ser agrupadas e pensadas socialmente, ainda que os indivíduos sejam – mesmo aqueles rotulados como pertencentes à mesma classe – muito distintos entre si. Macpherson (2011) alega que todos nós encontramos o problema de sermos instados a adotar procedimentos que nos posicionam como sujeitos capazes de penetrar no âmbito de certas áreas do debate político. Isto significa considerar que generalizações essencialistas talvez sejam necessárias para lidar com certos debates. Ao mesmo tempo, Macpherson (2011) alega que é difícil saber quando recusar esses procedimentos de modo a manter a fidelidade frente à complexidade do mundo, marcada pela instabilidade e pela presença de identidades fragmentadas.

---

tenção dessa modalidade de percurso à Meca, apesar do crescente uso do transporte aéreo (BIRKS, 1977b).

Daniel Paiva (2017) destaca que o rótulo de "teorias não-representacionais" pode gerar um engano para quem se aventura em buscar a compreensão dos seus paradigmas. Isto se deve pelo fato da teoria defender a transcendência da representação, da compreensão do simbólico, e não uma negação ou exclusão, como o nome atribuído ao seu corpo de pensamento indica. Essa posição é endossada por muitos autores identificados com as TNR que fazem questão de assumir que a abordagem não exclui as representações (SEEMANN, 2015). Por isto, é apontado que o nome mais correto em substituição às TNR possa ser "teorias mais-que-representacionais" (PAIVA, 2017, p.160) como foi sugerido por Hayden Lorimer (2005). De fato, tem sido percebido na literatura um crescimento recente do uso do termo mais-que-representacional em detrimento de "teorias não-representacionais", como se vê no trabalho de Emma Waterton (2019).

As TNR têm como pressuposto o fato de que a paisagem não se constitui como uma mera representação; seria, ao invés disso, um processo vivo (CAROLAN, 2008). Isto significa dizer que, ao considerar as formas como o afeto e a performance se dispõem no espaço, as representações não podem ser compreendidas como estáveis; *au contrarie*, apresentam-se extremamente instáveis, participando da relação simbiótica entre o ser e o espaço. Nesse sentido, é importante a consideração de que o espaço é um palco do confronto permanente de representações. Esta é a razão para a contestação do termo não-representacional; as TNR não desconsideram as representações, mas promove uma problematização específica das mesmas, considerando-as como promotoras das relações afetivas. Se para a nova geografia cultural a paisagem pode ser vista como um texto, para as TNR esse "texto paisagístico" seria um dos elementos que atua nas relações afetivas e na forma de perceber o espaço. Podemos falar em incorporação das representações. *Ipso facto*, entre a nova geografia cultural e as TNR temos, como estratégia da compreensão do espaço, um claro deslocamento da perspectiva da classe em direção a do indivíduo.

As TNR posicionam-se como uma reação ao construtivismo social, dominante nos anos 1980 e 1990 e que embasa parcela importante dos desenvolvimentos teóricos advindos da nova geografia cultural e da geografia humana como um todo. O rompimento observado em relação ao construtivismo social é estabelecido quando as TNR criticam a separação entre o mundo e os significados que lhe são atribuídos, afirmando que o conhecimento não é apartado da realidade na qual foi produzido, o que remete mais uma vez à crítica entre a separação entre mente e matéria (PAIVA, 2017). Fica claro a demanda das TNR pela transcendência mente-matéria, sendo esta um motivo de preocupação teórica de alguns autores identificados com a nova geografia cultural, como podemos identificar no artigo de Don Mitchell (1995).

Como aponta Lorimer (2005), no contexto das TNR é possível identificar a tentativa de transcendência mente e matéria em esforços direcionados para a compreensão das relações entre plantas, animais[328], coisas e pessoas. Com a expansão da tradicional noção de "agência", a teoria é geralmente posicionada como pós-humanista[329] (CRESSWELL, 2012). Ao propor a ampliação da noção de agência, a teoria ator-rede desenvolvida nos anos 1980, possui, como foi anunciado, franca interação frente às TNR. Como a lógica cronológica nos permite considerar, certamente a teoria ator-rede contribuiu para o desenvolvimento do arcabouço das TNR. Todavia, enquanto a teoria ator-rede (TAR) defende a simetria entre a agência humana e não-humana[330] (LAW, 1992), as TNR tendem a enfatizar "as práticas expressivas dos homens como as mais indicativas da fluidez e da perturbação da vida cotidiana" (CADMAN, 2009, p.3).

Como a TAR substancia as TNR, cabe-nos aqui um maior aprofundamento em seu arcabouço teórico, que tem como expoentes Bruno Latour e John Law (NOBRE; PEDRO, 2010). A TAR é um caminho útil para pensarmos como as relações espaciais se inserem em redes complexas[331], e, desta forma, é uma teoria eficaz para lidar com os pragmá-

---

328 Como vimos, existem grandes potencialidades de exploração das relações entre animais e homens, não somente envolvendo os animais de estimação, mas os múltiplos sentidos que se apresentam na domesticação e pastoreio de animais, vistos, dentre uma miríade de possibilidades, como oferta de proteção contra o frio e alimentação (LORIMER, 2006).

329 O foco do homem como agente é muito poderoso no humanismo. As TNR expandem a noção da agência até mesmo para objetos inanimados. Todavia, como veremos, Tim Ingold (2012) prefere utilizar a palavra coisa quando reflete sobre a agência não-humana. Nas páginas seguintes a consideração do antropólogo sobre o assunto será apresentada.

330 A TAR trata a consideração acerca da dominância da agência humana ou não-humana sobre a rede como um reducionismo. No contexto da ordem social, essas agências humana e não-humana estão entrelaçadas de forma indissociável (LAW, 1992). "Pensar, agir, escrever, amar, ganhar – todos estes atributos que nós normalmente associamos aos seres humanos, são gerados em redes que passam através e se ramificam com e por intermédio do corpo" (LAW, 1992, p.384).

331 As redes que envolvem as relações entre pessoas e quaisquer outros objetos têm sido referidas como "redes de associação heterogêneas" (MCBRIDE, 2003) ou ainda, "redes padronizadas de materiais heterogêneos" (LAW, 1992).

ticos dualismos entre natureza/sociedade e local/global, que por tanto tempo tem afligido o trabalho geográfico (MURDOCH, 1998). As relações entre atores, a partir de múltiplas perspectivas, inspiram a consideração do espaço-tempo relativo. Para além das orientações cartesianas, compreende-se que as distintas percepções individuais conduzem à topológica perspectiva da maleabilidade representacional do espaço, que, por sua vez, é uma reação à forma como as pessoas superam as distâncias e se relacionam com o tempo-espaço (INKPEN; COLLIER; RILEY, 2007). O relativismo espacial não é um assunto novo na geografia. Foi bastante problematizado por David Harvey em *A condição pós-moderna*, obra de grande repercussão. A perspectiva do espaço relativo é um tema caro às TAR e também as TNR, o que se explica justamente pelo papel desempenhado pelas relações entre elementos humanos e não-humanos da rede. Na TAR, atores não podem ser concebidos como identidades fixas, mas como fluxos, como objetos circulantes em processo de experimentação (LATOUR, 1996), o que auxilia o entendimento acerca da natureza plástica do espaço-tempo. As distintas acelerações no espaço se constituem como elementos que auxiliam na explicação acerca das múltiplas percepções acerca da paisagem e do lugar[332]. Além disso, explicam a natureza e os desdobramentos advindos das relações entre os elementos da rede. É curioso pensar que em uma mesma rede se projetem um grande número de espaços e tempos, que se entrecruzam e mutuamente se impactam por meio de ressignificações. Cada arranjo relativo espaço-temporal pertence à dimensão do indivíduo, que por sua vez interage de maneira indissociável com o espaço relativo. A relação do indivíduo com o espaço é capaz de interferir na noção do espaço tempo-relativo de outros indivíduos. As distorções plásticas do espaço-tempo, por sua vez, auxiliam na compreensão da diversidade formativa das identidades, o que nos evidencia uma relação simbiótica e perpétua entre espaço-tempo-ator-rede.

Destacamos ainda que o processo de estabelecimento de redes ironiza o espaço cartesiano, ao vincular pontos distantes e mutuamente

---

[332] As múltiplas possibilidades de acesso às técnicas/tecnologias de transporte variam entre indivíduos e exigem distintos sacrifícios de renda. Mas não é somente a força da aceleração que produz as dobras espaciais, que podem ora alongar ou retrair o espaço relativo. Os constrangimentos políticos surgem como esplêndidos partícipes, como se vê no notório exemplo de John Allen (2011) que, ao referir-se ao que chamou de território distorcido da Palestina, considerou o sentido imagético e real entre proximidade e distância entre pessoas e lugares, em uma região marcada por severas restrições de circulação.

impactados em sua relação e, ao mesmo tempo, ignorar certas adjacências. Este é o argumento comumente empenhado na TAR que sustenta a consideração de que não existe uma hierarquia entre as escalas (entre grandes, médias ou pequenas escalas) (MCBRIDE, 2003), pois fenômenos que ocorrem nas proximidades de um ponto analisado, dado o arranjo das redes, podem ter menor influência sobre o ponto em questão do que fenômenos ocorridos em distâncias muito maiores. Latour busca esclarecer a inutilidade da escala para a TAR ao dizer que "uma rede nunca é maior do que outra; é simplesmente mais longa ou mais intensamente conectada" (LATOUR, 1996, p. 371). É curioso pensar que esta questão fere o princípio da proximidade geográfica, claramente sustentado no espaço objetivo-cartesiano. Por isso se fala, no âmbito da TAR e também das TNR, de espaço relativo. John Allen avalia esse papel irrelevante da escala no âmbito da TAR ao dizer que "a integridade do objeto e as formas como as redes sustentam certas coisas juntas é considerado mais importante do que as preocupações acerca da integridade territorial ou escalar" (ALLEN, 2011, p.288).

A pós-fenomenologia também tem na ideia de espaço relativo um de seus pressupostos básicos[333]. Assim como as TAR e as TNR, a abordagem pós-fenomenológica considera que o espaço não pode ser entendido de forma reificada, como um todo coerente (ASH, 2020). As diferentes assimetrias de poder constroem concepções distintas sobre "o que é próximo" e "o que é distante", distorcendo plasticamente o espaço e permitindo que falemos em topologias espaciais. No âmbito da pós-fenomenologia, a diferença para a TAR e as TNR é melhor percebida no foco dado às desigualdades e assimetrias de poder como força motriz da distorção espaço-tempo. Assim, "a pós-fenomenologia busca entender como todos os tipos de entidades" (incluindo agentes não-humanos – *parênteses nosso*), "que são aparentemente inconsequentes, produzem espaços que possibilitam, articulam e ampliam as desigualdades" (ASH, 2020, p.10). Sobre o emprego do espaço relativo na análise geográfica, David Harvey (2012) pondera que há um sério perigo em restringirmos a análise somente ao relacional e vivido, como se a materialidade e o espaço absoluto fossem desprovidos de importância. Neste

---

333 Considerando o foco no espaço relativo e nas desigualdades que alimentam a pluralidade de percepções que sustentam a relatividade do espaço, a pós-fenomenologia se preocupa tanto com a geografia fenomenológica quanto com a relacional (ASH, 2020).

ponto destacado por Harvey retomamos de forma incansável a perspectiva de que relações, ideias e materialidade não são inconciliáveis.

O uso da palavra topologia é recorrente no debate sobre espaço e tempo relativos. O pensamento topológico carrega a promessa de uma teoria espacial pós-euclidiana e pós-cartesiana, ou seja, uma forma de pensar as relações, o espaço e o movimento além das grandezas métricas, mapeamentos e cálculos (JONES, 2009; ALLEN, 2011b; PAASI, 2011; MARTIN; SECOR, 2014). O espaço pensado relacionalmente passou a ser defendido por um rol extenso de autores, em perspectivas muito distintas, mas motivados por fatores similares: a intensificação da circulação econômica, hipermobilidade, a compressão espaço-temporal são forças que passaram a demandar formas não-ortodoxas de interpretação geográfica[334]. A partir

---

334 Um dos exemplos de impacto no pensamento relacional na geografia são as novas abordagens geopolíticas que vem substituindo formas tradicionais de interpretação baseadas na crença acerca da existência de um espaço estático e dividido entre Estados-nação. O mundo contemporâneo oferece uma armadilha territorial à investigação geopolítica. Em um artigo de grande repercussão, John Agnew (1994) refletiu sobre como as três premissas tradicionais da geopolítica tem se tornado obsoletas na contemporaneidade, sendo elas: o Estado como unidades fixas de espaço soberano; a polaridade envolvendo o ambiente doméstico e o estrangeiro e a consideração do Estado como recipiente que guarda a totalidade de sociedades. A tradição geopolítica centrada nessas três premissas sobrevive em grande medida no pensamento geopolítico e nas relações internacionais. O vício em ver os Estados como conteúdos de territorialidade fixa é apresentado como "armadilha territorial" [*territorial trap*], pois, desconsidera os efeitos espaciais das interações entre as entidades geográficas. Agnew (1994) argumenta que no espaço relativo da política contemporânea, a territorialidade precisa ser compreendida como um fenômeno fluído e não associado aos limites políticos convencionais. A crítica do autor é direcionada não somente à tradição geopolítica, mas a parte expressiva do campo das relações internacionais, já que considera que parte expressiva do *mainstream* dessa disciplina – à exceção da teoria crítica das relações internacionais – sucumbe ao que chamou de armadilha territorial, que contribui para "deshistoricizar e descontextualizar processos de formação e desintegração do Estado" (AGNEW, 1994, p.59). Outrora, em uma ocasião em que ainda não conhecíamos esse artigo específico de John Agnew (1994), escrevemos sobre as dificuldades da geopolítica tradicional em apresentar soluções para os desafios políticos contemporâneos, numa linha similar ao autor (SILVA, 2018c). A perspectiva de Agnew abre a possibilidade para compreendermos a geopolítica para além da cartografia cartesiana, em um âmbito que favorece as perspectivas relacionais e apresentam conceitos tais como territorialidade e nação fluídos. Tal fluidez faz com que confiná-los aos limites territoriais convencionais possa ser inadequado. Orvar Lofgren (2007) trabalha a ideia de espaço transnacional a partir da compreensão da atuação de redes transnacionais em Öresund, Dinamarca; Öresund ampliou seu caráter transnacional ao favorecer a

deste fato, consolida-se a compreensão de que o espaço não pode mais ser visto em uma hierarquia que envolve as relações entre o global e o local: a dependência do pensamento escalar é substituída pela obsessão em mensurar e compreender a conectividade, independente da escala.

É importante destacar que a topologia tem suas raízes na matemática, precisamente na geometria: Bernhard Riemann contribuiu para a expansão da geometria não-euclidiana demonstrando que o espaço euclidiano não era uma verdade absoluta ou um fundamento científico, constituindo-se como uma possibilidade de representação dentre outras. Na geografia, o uso da palavra topologia é metafórico, constituindo-se como um dispositivo heurístico (MARTIN; SECOR, 2014). Apesar de estar associado a tais origens matemáticas, Lauren Martin e Anna J. Secor (2014), com os quais concordamos, consideram que o uso da topologia na geografia deve estar menos preocupado com a fidelidade frente aos princípios matemáticos que regem o conceito e direcionar a atenção à articulação da palavra frente à ideia pós-estruturalista do espaço[335]. Os autores consideram que a topologia tem se posicionado como uma porta de entrada não apenas para a reflexão espacial que utiliza pressupostos pós-estruturalistas, mas também de pensar o pós-estruturalismo espacialmente (MARTIN; SECOR, 2014). O pensamento relacional dissolve os limites entre objetos e espaço; é nesse sentido em que se pode afirmar que o espaço não existe enquanto uma entidade ou por si só; os objetos são o espaço e o espaço é o arranjo de objetos, que estão em um perpétuo porvir de redes e eventos heterogêneos (JONES, 2009). Aplicando essa premissa na relação entre homens e ambiente, há de se considerar que "não há distinção entre o indivíduo e o seu ambiente" (JONES, 2009, p.492).

Se o espaço somente pode ser definido por intermédio da relação entre actantes (humanos e não-humanos), há de se considerar a instabilidade das definições no espaço-tempo: não há um lugar definido ou fixo para localizar às relações, seja pelo dinamismo do deslocamento dos actantes que protagonizam os fluxos e seja pelo volume, velocidade, direcionamento e distância dos fluxos que são estabelecidos entre

---

intensificação de fluxos internacionais por meio da construção em um túnel e uma ponte que liga a Dinamarca à Suécia. Nessa perspectiva, o dinamismo das redes impacta de forma muito direta no dinamismo da própria nação.

335 Stuart Elden (2011), por exemplo, problematiza a falta de consideração por parte dos geógrafos de abordagens da geometria pós-euclidianas que poderiam estar a serviço da leitura do espaço relativo.

os fixos (que sabemos que não são tão fixos assim). Daí a necessidade de adoção de uma perspectiva não-euclidiana para o espaço. A consideração do espaço relativo e topológico interfere dramaticamente na forma pela qual compreendemos diversas categorias utilizadas pela geografia. Afinal, as categorias possuem espacialidade; desse modo, se o espaço é visto a partir das relações, topologicamente, é razoável pensar que, no interior dessa perspectiva, essas categorias também sejam vistas por esse prisma. Por isso, um conjunto razoável de intelectuais passa a compreender a sociedade, a cultura, o território, o lugar, a paisagem e a região a partir da perspectiva relacional. Outro ponto importante nessa discussão é a definição do que seja "relações": em uma perspectiva materialista, falar-se-ia de fluxos materiais tais como o deslocamento de objetos de toda sorte; já na perspectiva idealista, apontar-se-ia o fluxo das ideias, imaginações e afetos; em uma perspectiva não-representacional, considerar-se-ia tanto a materialidade quanto a imaterialidade mundana, em um entrelace tão intenso que não seria confortável a tarefa de separar esses dois dimensionamentos.

Certamente a TAR inclui nas suas possibilidades de interpretação – sobretudo quando estabelece a interface com a geografia – a consideração do espaço topológico. Bruno Latour (1996), autor de contribuições seminais na TAR, argumenta que em muitas ocasiões a teoria tem sido mal interpretada. O autor exemplifica que nada é mais integrado, compulsório e estrategicamente organizado do que a rede de computadores. Entretanto, "a teoria ator-rede pode ressentir de todas as características de uma rede técnica – pode ser local, pode não possuir caminhos compulsórios e não apresentar posições nodais estratégicas" (LATOUR, 1996, p.369). Outra crítica de Latour é a expectativa nutrida por alguns pesquisadores de que a TAR projeta redes simétricas às redes que envolvem exclusivamente pessoas. A consideração da agência não-humana faz com que a perspectiva da TAR "as redes sociais possam ser incluídas na descrição, mas sem que desfrutem de privilégio ou proeminência" (LATOUR, 1996, p.370)[336]. Latour (1996) ainda alerta que a TAR não contempla a dicotomia *dentro/fora*. Para o autor, a partir da perspectiva relacional, "a única questão que deve ser feita é se existe uma conexão estabelecida entre elementos" (LATOUR, 1996, p.372).

---

336 Latour escreveu sobre a temática em questão no ano de 1996. Imaginamos que talvez, analisando as condições atuais da sociedade, um papel mais proeminente seja atribuído às redes.

Trabalhando com a perspectiva da TAR, pesquisadores buscam compreender a rede que envolve atores e suas relações e, por meio disto, entender de que forma as interações entre as partes contribuem para explicar as identidades e os arranjos sociais[337]. Todavia, como Bruno Latour salienta, se faz necessário considerar a agência não-humana. Neil Mcbride (2003) aconselha, refletindo somente no plano das redes sociais:

> Os potenciais atores de uma rede precisam ser identificados e perfilados. Sua cultura e valores precisam ser considerados. Além disto, uma análise sobre os seus interesses deve ser realizada. Atores devem ser examinados como indivíduos e enquanto grupos (MCBRIDE, 2003, p.274).

A recomendação de Mcbride (2003) vê a dialética individual/coletiva indissociável para a teoria. Aprioristicamente, nas leituras sobre TAR, não há um rigor quanto à tipologia das relações que devem ser levantadas. Assim como na pesquisa fenomenológica, a definição prévia do que é necessário ser investigado não condiz com a ideia de se lançar em um mundo desconhecido, no qual os primeiros contatos são fontes primárias de inspiração ao investigador. Assim, é alertado que os pesquisadores devem evitar métodos que impõe uma definição fixa e unilateral sobre as interações entre atores, pois não é plausível encaixar modelos pré-concebidos em um projeto de pesquisa antes de pesquisar as próprias redes que estamos investigando (RUMING, 2009). De todo modo, Mcbride nos apresenta possibilidades: "interações entre atores precisam ser traçadas. Textos, artefatos técnicos, circulação de pessoas e dinheiro no interior da rede; interações entre atores envolvendo estes intermediários devem ser registradas" (MCBRIDE, 2003, p.274). No âmbito das interrelações, parece-nos uma questão digna de reflexão a preocupação de Inkpen, Collier e Riley: "se as entidades estão conectadas, então se assume que estas entidades existem anteriormente às relações, enquanto que uma parte-chave da TAR é a crença de que as relações definem a entidade" (INKPEN; COLLIER; RILEY, 2007, p.537). Contudo, existir e se relacionar parecem – na perspectiva das TAR – verbos que se unem do alfa ao ômega.

Para Kristian Ruming, "TAR é uma agenda de pesquisa que é baseada na instabilidade teórica do ator; mais que isso, parte da perspectiva da indeterminância radical do ator" (RUMING, 2009, p.453). O processo de mapeamento das relações que animam a rede é chamado de "tradução" [translation] (NOBRE; PEDRO, 2010). Apesar do alerta

---

337 Não há na TAR – como ocorre na pós-fenomenologia – o foco absolutamente centrado nas questões das desigualdades.

mencionado acerca das considerações sobre a rede, Jonathan Murdoch (1998) alega que existem tipos de redes estáveis em que as entidades são alinhadas e que, desta forma, a tradução é plenamente esgotada. Murdoch chama estas redes de "espaços de prescrição". Todavia, para o autor, existem as redes instáveis, que ocupam um espaço marcado pela fluidez e permanente rearranjo, ao qual chama de "espaços de negociação" (MURDOCH, 1998, p.362). Essa dicotomia proposta por Murdoch (1998) serve para fins didáticos. Contudo, parece-nos ser necessário considerar esses tipos ideais de rede como extremos de um espectro, onde as "traduções" factíveis se distribuem. Assim, não existe a possibilidade real de esgotar a "tradução" e tampouco não existe nenhuma dose de estabilidade nas relações.

Parece ser uma área nublada da TAR a determinação da rede a ser analisada. Bruno Latour (1996) salienta que a TAR não foca na delimitação da rede propriamente dita; diferentemente, o foco é exatamente nos fluxos relacionais. Parte-se da perspectiva de que a pesquisa utilizando a TAR é a tradução de uma seletiva e situada rede que foi levantada pelo pesquisador. Mais que isso, o poder do tradutor-pesquisador é o de falar pelos atores da rede analisada, contando histórias de uma forma diferente do que poderiam se expressar os sujeitos da pesquisa (RUMING, 2009). Este é exatamente o problema que envolve as narrativas históricas que foi tão discutido por Hayden White e outros e que já foi explorado neste livro. Além disso, a determinação da amplitude da rede a ser investigada sempre é problemática, visto que a produção final da interação pesquisada é pautada pela decisão do pesquisador acerca daquilo que é representado ou suprimido, baseado primariamente no seu próprio posicionamento acadêmico, seu acesso aos atores no processo de determinação da rede e seus objetivos de pesquisa (RUMING, 2009). Nessa lógica, toda pesquisa é "uma simples narrativa (ou tradução) contada por uma pessoa em particular, em um tempo específico e para uma determinada audiência" (RUMING, 2009, p.455). A determinação da amplitude da rede e das relações que serão estudadas pelo pesquisador na perspectiva da TAR lembra as críticas quanto à arbitrariedade da definição da região na geografia e do período na história.

Como dito, a expansão da noção de agência é uma marca característica da teoria ator-rede e das TNR. Mas como se daria, de fato, a agência não-humana? Casey D. Allen (2011a) nos oferece um exemplo: "uma cadeira próxima de você está em um dado local, e você, o ator, sabe que ela está lá; o fato de você ter consciência disto faz com que a cadeira esteja-lhe conectada. Este objeto, então, faz parte de sua rede" (ALLEN, 2011a, p.276). John Law (1992), pensando nas relações entre homens e materiais, argumenta: "Se os materiais desaparecessem, o mesmo também ocorreria com aquilo que chamamos de ordem social" e completa: "A teoria ator-rede afirma que a ordem é um efeito gerado por meios heterogêneos" (LAW, 1992, p.382).

Assim, as relações entre o ator e sua rede precisam ser vistas a partir da materialidade e da imaterialidade, num enlace dialético. Reside aí, para a perspectiva de alguns, a importância primordial da teoria ator-rede no estudo da paisagem e do lugar, já que permite que "o pesquisador, o artista, ou quem quer que seja, abordar qualquer entidade, tal como uma teoria, objeto ou coisa, dando aos estudos amplitude e profundidade" (ALLEN, 2011a, p.277). A teoria ator-rede possui virtudes nos estudos da paisagem e do lugar, permitindo que interpretemos seu espaço a partir até mesmo de relações que estão além do campo da visão. Por outro, a questão das escalas de abordagem dos estudos geográficos que utilizem a teoria ator-rede apresenta-se problemática. Afinal, o grau de entrelace entre os elementos da paisagem e do lugar é de grande amplitude espacial, ainda que perceptivelmente variável. Assim, recortar espacialmente o estudo das relações parece flertar com a mesma problemática da arbitrariedade regional, explorada por Hartshorne (1978), Agnew (1999, 2013), Silva e Costa (2020c) e tantos outros. Cabe ainda a crítica humanista de que a teoria ator-rede dá ênfase demasiada na agência não-humana, perspectiva na qual as teorias não-representacionais parecem buscar corrigir.

Aproximando-se bastante da ideia trazida pelos *geogramas* de Augustin Berque (2012), a transcendência da materialidade carregada pelas TNR é sintetizada pelo entendimento relacional das coisas com os indivíduos. O conceito de *affordances*[338] se refere justamente às possibilidades de relação entre organismos e objetos que ocorrem por intermédio de estímulos dos segundos nos primeiros (PAIVA, 2017). *Affordances* designa "a qualidade de um objeto que convida e permite que se faça algo com ele" (INGOLD, 2012, p.28). Parte-se da crença de que as pessoas podem agir sobre os objetos que as circundam e, então, "os objetos "agem de volta" e fazem com que elas façam ou permitem que elas alcancem aquilo que de outro modo não conseguiriam" (INGOLD, 2012, p.33). A relação entre pessoas e objetos pode ser tão intensa ao ponto dos objetos serem

---

338 Tim Ingold (2012) argumenta que na literatura especializada, o termo *affordances* tem sido mantido em língua inglesa.

proximamente estimados como extensão dos corpos das pessoas que os utilizam. É de se imaginar a relação estabelecida entre uma pessoa situada em um terreno amplo e pedregoso e o seu calçado. Carros transformam pessoas em trajetórias puras; as autoestradas podem se tornar palco de uma suspensão da consciência como se os automóveis tivessem pilotos-automáticos. Nesse sentido, o interior do carro torna-se um não-espaço por meio de sua condição de insularidade frente ao mundo exterior. A paisagem da estrada é "espaçada no pára-brisas, desprovida de detalhes, não se constituindo mais como um mundo de objetos, mas um cenário achatado em um presente perpétuo e indiferenciado" (EDENSOR, 2013, p.153).

É muito relevante a crítica que Tim Ingold (2012) faz à ideia da agência dos objetos. Para compreender o teor da crítica, se faz necessário diferenciar objeto de coisa: Ingold defende a ideia de que dar forma a algo é decretar a morte, pois a vida se dá em movimento. Em sua lógica, o objeto possui forma; a coisa está em movimento, pois se apresenta indissociável com elementos que estão além do seu corpo. Exemplificando, Ingold (2012) argumenta que a árvore se apresenta como "árvore-no-ar", à medida que o contínuo movimento de sua folhagem é permitido pelo vento. Da mesma forma, o peixe se apresenta como "peixe-na-água" e a pipa como "pipa-no-ar". É este movimento que faz a árvore, o peixe e a pipa, coisas. Ingold (2012) acrescenta que "o objeto se coloca diante de nós como um fato consumado", enquanto que a coisa "é um acontecer, ou melhor, um lugar onde vários aconteceres se entrelaçam" (INGOLD, 2012, p.29). Por isso, "a ideia de que objetos tem agência é, na melhor das hipóteses, uma figura de linguagem imposta a nós (anglófonos, ao menos) pela estrutura de uma linguagem que exige de todo verbo de ação um sujeito nominal" (INGOLD, 2012, p.34). E finalmente conclui: "na pior hipótese, ela (a ideia de que objetos tem agência) tem levado grandes mentes a se enganar de um modo que não gostaríamos de repetir. Com efeito, tomar a vida de coisas pela agência de objetos é realizar uma dupla redução: de coisas a objetos, e de vida a agência" (INGOLD, 2012, p.34).

Nota-se que a partir dessa perspectiva a ideia de agência humana sobre a paisagem e o lugar é substituída por outra agência, mais ampla, capaz de agregar a ação do homem não como uma manifestação autônoma de sua inventividade, mas como uma espécie de pensamento-em-ação [*thought-in-action*]. Nesta agência ampla, o pensamento e ação se entrelaçam dialeticamente, e os efeitos do mundo material (entendido por Ingold como o arranjo de "coisas") sobre as ideias não podem ser descartados. Deste modo, a separação entre corpo e mente é diminuída quando se salienta que o pensamento é gerado *in locus* e *in acto*, e que é por meio da espacialidade do corpo que o sujeito pensa o mundo (PAIVA, 2018). Essas características das chamadas TNR aproximam seu ideário com outras perspectivas reativas, como o pós-estruturalismo e a pós-fenomenologia (PAIVA, 2017), sendo importante considerar que existem diferenças entre tais perspectivas, como já foi destacado neste livro. É de se considerar os efeitos da abordagem não-representacional nos métodos de pesquisa, já que estes passam a "apontar para o estudo das formações sociais, preocupando-se menos com estabelecer fatos e mais com descrever realidades" (PAIVA, 2018, p.161-162). Optamos por preservar a transcrição de Daniel Paiva, *ipsis litteris*, mas consideramos que o uso da palavra "realidades" talvez não seja o mais adequado. A palavra realidades transmite uma noção que pode ser entendida como uma descrição entificada, objetiva e quiçá imune ao tempo. É importante considerar que as TNR criticam a eternização de cenários. Por isso, preferimos a ideia de arranjo, que carrega um sentido mais efêmero. Diante do exposto, fica mais fácil compreender a razão pela qual um dos objetos de interesse predileto das TNR é a investigação de práticas cotidianas, como a música, a dança, a caminhada, a jardinagem e o ato de ir às compras (CADMAN, 2009). Apesar de não existir um corpo consolidado de procedimentos metodológicos associados, investigações no campo das TNR têm utilizado métodos antropológicos como as etnografias e a observação participante. Philip Vaninni descreve o rol de metodologias já utilizadas nas pesquisas ligadas às TNR:

> Pesquisadores das TNR conduzem entrevistas, focam em grupos, observações, observações participantes, introspecções, pesquisa de arquivos, estudos de caso, intervenções artísticas, performances e uma pletora de outras tradições de coleta de dados associados a muitos outros paradigmas e teorias (VANINNI, 2005, p.11).

Algumas práticas das TNR e também da teoria ator-rede (ALLEN, 2011a) evidenciam relações que permitem aludir ao conceito do ser-aí [*dasein*] de Martin Heidegger, que avalia o ser em seu contexto situacional, ou seja, em suas relações com os outros seres humanos, com a paisagem, o lugar (de forma mais ampla) e com coisas mais específicas (de forma mais restrita), o que possibilita quebrar com alguns vícios enraizados da modernidade. Na lógica de Heidegger, a condição fundamental é como ser-no-mundo, ou seja, não existe o dualismo entre o homem e o mundo, sendo que este último é a extensão do ser[339] (ROEHE; DUTRA, 2014). É salutar diferenciar, todavia, o nível ontológico do ôntico no âmbito do *dasein* heideggeriano: o ontológico refere-se à simbiose homem e ambiente pensada no ser humano enquanto espécie; já o nível ôntico diz respeito ao desdobramento individual do *dasein*, que se associaria ao plano do indíviduo ou mesmo de agrupamentos humanos[340]. No que diz respeito à relação entre indivíduo e paisagem no âmbito das TNR, Hannah Macpherson expressa que a abordagem ajuda a "compreender o corpo e a paisagem como entidades dinâmicas e dependentes que devem ser pensadas conjuntamente" (MACPHERSON, 2010, p.3). É relevante pontuar que Watsuji questiona o trato dado por Heidegger à espacialidade: para Watsuji, a temporalidade é a dimensão mais importante do *dasein* heideggeriano, assimetria que o filósofo japonês busca corrigir no interior da sua concepção de *fudô* (BERQUE, 1996), traduzida por Augustin Berque como "meio humano" [*human milieu*].

---

339 Eduardo Marandola Jr. (2017b), na dimensão da discussão aqui travada, analisou os impactos da destruição da comunidade de Bento Rodrigues situada no município de Mariana-MG causada pelo rompimento de uma barragem de mineração. O autor argumenta que os destinos dos lugares se entrelaçam com o nosso próprio destino. Nesse sentido, a morte do lugar é a própria morte do ser, visto que a ligação simbiótica entre lugar e indivíduo foi, no caso de Bento Rodrigues, destroçada irremedialvemente. Aquilo que se convenciona chamar de topocídio, nesta lógica, é mais do que a supressão física de uma localidade. Há de se pensar na dimensão existencial daqueles que se entrelaçam com os espaços suprimidos. Falando sobre a morte, é importante considerar o senso de mortalidade como uma variável de arranjo paisagístico, incluindo os efeitos nas relações entre pessoas e agentes não-humanos. O ser humano enquanto mortal, uma vez existindo, possui uma constante relação com a sua própria morte (DASTUR, 2000). Isto significa pensar nos efeitos da gestão da mortalidade para a construção da paisagem: evita-se a morte e prepara-se para ela, ainda que o afeto da morte sobre os indivíduos tenha graduações muito particulares e que possam variar ao longo do tempo, do amadurecimento, do estado psicológico, das convicções religiosas, e de quaisquer outras concepções filosóficas. Certamente, a crença na vida após a morte impacta na paisagem, assim como a descrença também.

340 Para a filosofia do japonês Watsuji, centrada na concepção de *fudô*, a diferenciação ontológica e ôntica não é adequada. Wastsuji considera o meio como ontológico-ôntico, o que significa dizer que a estrutura da existência humana não é menos social do que individual (BERQUE, 2016). Considerando a existência de uma forma dialética entre indivíduo e coletividade, não faz sentido analisar separadamente a dimensão ontológica da ôntica, pois elas somente existirão em teoria, não em prática.

Ainda que não tenha mencionado as TNR, Pauli Tapani Karjalainen (2012) expressou sua noção de lugar marcada pela perspectiva em que espaço e indivíduo se fundem. Para o autor, "o espaço está internamente conectado com o ego e com o tempo. Lugar, tempo e ego compõem uma hélice tripla cujas espirais se projetam para fora promovendo o encontro pessoal do indivíduo com o mundo" (KARJALAINEN, 2012, p.5). A noção de topobiografia desenvolvida por Karjalainen (2009) sintetiza justamente esta forma de ver o homem, o espaço e também o tempo de forma indissociável. Ainda nesta perspectiva, John Wylie (2016) referiu-se à ontopologia, termo que combina *ontologia* e *topos* e associa a existência à localização. O pensamento ontopológico considera as conexões entre as pessoas e a paisagem: "certas pessoas e certas paisagens se pertencem e são feitas de sua própria interação; são envolvidas conjuntamente e carregam as impressões desta relação. São inextricavelmente entrelaçadas" (WYLIE, 2016, p.409).

Buscando ser didático acerca das relações do ser e o mundo, Tim Ingold (2013) sugere duas representações para o ser, que possuem apelo espacial.

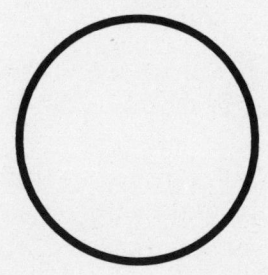

Na primeira representação, tal como um círculo, define a separação do ser e o mundo. O organismo está delimitado pelo círculo e interage da sua maneira ao ambiente, que é externo. Em uma segunda representação, Ingold sugere esta disposição para o ser:

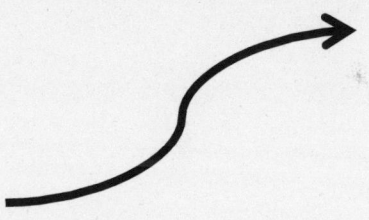

E assim discorre:

> Nessa representação não há dentro ou fora, e nenhum limite que separe os dois domínios. Pelo contrário, há uma trilha marcando um movimento ou crescimento. Cada trilha traça uma relação. Mas a relação não está entre uma coisa e outra – entre o organismo "aqui" e o ambiente "lá". Ao contrário, é uma trilha ao longo do qual a vida é vivida: um fio em um tecido de trilhas, que formam a textura do mundo da vida. É essa textura a que me refiro quando falo de organismos que estão sendo construídos dentro de um campo relacional. Não é um campo de pontos interconectados, mas de linhas entrelaçadas, não uma rede, mas uma teia (INGOLD, 2013, p.15).

Ingold alerta que a representação do ser em linha é uma simplificação, pois a vida dos organismos geralmente não se estende ao longo de uma trilha, multiplicando-se, de fato, por intermédio de várias trilhas que se entrelaçam, tanto de outros seres, como do próprio ser. É neste grande novelo que devemos pensar o afeto relacional, conceito central das TNR.

A consideração do ser contextual permite transcender as tradicionais geometrias de poder, sendo salutar para a geografia e para outros campos do conhecimento rever posições enviesadas e que fizeram parte do seu desenvolvimento histórico. A multiplicidade do ser-aí ôntico nos instiga a esmiuçar o plano ontológico do conceito, convidando-nos a experimentar ângulos particulares da indissociável relação do homem com o mundo. Esta experimentação nos conduz a irresistível intermediação de percepções, sensações e avaliações que levam as grandes narrativas e explicações se tornarem uma versão, o que, como vimos, embasa também os fundamentos pós-modernos. Se trata de propor a ampliação do pensamento por meio de intermediações exploradoras da fluidez relacional que acomete o indivíduo, a coletividade, a paisagem e o lugar frente à conjuntura histórica que lhes contém. A multiplicidade de ângulos possibilitados pela constituição do ser-aí não deve intimidar a reflexão filosófica: a própria biografia de Heidegger, que assumiu o posto de reitor de uma universidade alemã durante o regime nazista, é marcada pela manutenção de manuscritos inalterados, irremediavelmente assediados pelo porvir histórico. Sabe-se que pela carga histórica recebida pelo nazismo, muitos desses manuscritos e quaisquer outros documentos teriam chance razoável de ter o seu conteúdo obliterado como forma de auto-defesa. Para alguns intérpretes de Heidegger, isto é revelador quanto à importância da errância, desprovida do medo de errar, para a própria elaboração do pensamento (MARANDOLA JR., 2020c).

A discussão que envolve o entrelace homem-mundo nos permite adentrar de forma mais detida nos pressupostos das TNR. Pensar as emoções na geografia permite compreendê-la numa perspectiva relacional, que não está localizada somente no plano do indivíduo, mas também se direcionando na relação dele com o espaço e com os outros indivíduos. Assim, o âmbito emocional oferece uma mediação da nossa relação com o espaço (SILVA, 2018). É importante destacar que os sentimentos e as emoções atuam na complexa interação envolvendo os homens e também estes e os elementos não-humanos, contribuindo para a ocorrência de eventos que podem possuir grande magnitude em sua abrangência ou mesmo se restringir aos fatos corriqueiros e que passam desapercebidos no plano da vida cotidiana (THRIFT, 2004). Na dimensão das TNR, há consideração de que as emoções são mediadas pelo corpo. Se o corpo se indissocia frente ao espaço, existe a necessidade de vermos corpo, sentimento, emoção, ação, espaço (SILVA, 2016) e o próprio conceito de afeto intrinsecamente relacionados. Esta é a razão pela qual acreditamos que a busca por separar sentimentos, emoções e afetos como coisas diferentes causa estranheza, como estabelece Eric Shouse (2005) e tantos outros.

Se os sentimentos se manifestam no plano da individualidade e as emoções na coletividade, reside aqui a utilidade destes termos. Ao analisar as redes de afeto permeadas por sentimentos e emoções, fazemos um exercício similar ao de Maurice Halbwachs (1990) quando este faz uma distinção entre memórias individuais e coletivas. O embate entre individualidade e coletividade – salvo situações extremamente excepcionais e que se sustentam somente em plano hipotético – não é uma colisão, é um entrelace. Por isso a discussão só se sustenta no plano teórico-epistemológico. Assim, o que elaboramos individualmente como resultado do afeto é o sentimento; já aquilo que alimentamos no plano coletivo são emoções. Mas, como dissemos, sentimentos e emoções se entrelaçam.

É relativamente comum a noção de que as emoções são socialmente construídas (SILVA, 2016), mas há de se considerar, no plano das TNR, a agência não humana como partícipe da construção emocional. Esgueirando-se entre a materialidade e a imaterialidade, o afeto é incapaz de ser representado (PILE, 2010) *per si*, ainda que as mais diversas representações interfiram em sua dinâmica. A dimensão não-representacional do afeto se explica justamente pelo mesmo ser definido por meio de conteúdos conscientes e inconscientes, sendo expresso por intermédio de reações corpóreas autônomas (ANDERSON, 2017). Assim como as emoções, o afeto é relevante nas nossas relações cotidianas, não podendo ser demonstrado ou plenamente compreendido (PILE, 2010). Nesse sentido, o afeto pode estimular eventos que no ato de sua ocorrência expressam mais do que as suas causas aparentes. Assim, as representações sempre falham em relação ao afeto, pois este excede a fixidez e a contenção. Considerando que o afeto se manifesta na dialética "com" e "entre" corpos [*in-between bodies*], é possível elaborar que as atitudes ou "eventos" que aparentemente são causados por ações individuais possam impactar na coletividade.

Como conceitos que participam ativamente das TNR, acreditamos ser importante destacar detidamente as diferenças entre as emoções e o afeto, que substanciam os subcampos das *emotional geographies* e *affectual geographies*. É notória a percepção de que ambos combinam elementos de forte interdisciplinaridade dentro do campo das humanidades. São claras a interfaces com a filosofia, a antropologia, a sociologia, bem como com as subáreas dos estudos culturais e de gênero (THIEN, 2005). De acordo com Steven Pile, destacam-se como diferenças:

- emoções e afetos são fluídos. Entretanto, faz mais sentido pensar que as emoções se movem e o afeto circula, já que a sua constituição se ressignifica perpetuamente na relação entre corpos;
- pesquisas na área das geografias emocionais envolvem conversas diretas com as pessoas acerca daquilo que estão sentido, ao passo que nas pesquisas das geografias do afeto isso não é comum;
- o corpo é importante tanto para as geografias emocionais quando as geografias do afeto. Todavia, o corpo é visto a partir da pessoalidade na primeira[341] enquanto que na segunda, prevalece a visão da transpessoalidade corpórea;
- nas geografias emocionais o afeto permanece como um objeto psicológico, ainda que repouse no subconsciente. Nas geografias afetivas, o afeto nunca é um objeto da consciência, nem mesmo pertence ao subconsciente (PILE, 2010), não sendo, portanto, um "pensamento".

Deborah Thien (2005) faz uma ressalva importante sobre os limites nublados entre as geografias emocionais e as do afeto. Para a autora, a oposição que costumeiramente é feita entre emoções e a razão faz com que alguns autores busquem escapar do rótulo de "geografia emocional" já que seus trabalhos poderiam ser considerados irracionais e desprovidos de rigor acadêmico. Assim, existe um alijamento do termo "emo-

---

341 Davidson e Milligan (2004) destacam que é importante o reconhecimento da participação das emoções na corporificação de práticas que, deste modo, "permitem-nos concluir que nós precisamos explorar como nos sentimos – assim como pensamos – por intermédio do corpo" (DAVIDSON; MILLIGAN, 2004, p.523).

tion" a favor do termo "affect" (THIEN, 2005). O alijamento em questão mais parece uma tentativa de propagandear rótulos do que uma ação causada por uma séria reflexão epistemológica; afinal, o afeto, assim como as emoções, possui uma face intangível. É curioso que as emoções e também o afeto não são somente objetos a serem analisados pelo acadêmico utopicamente neutro. Afinal, assim como Rebekah Widdowfield (2000) elabora, as emoções podem interferir na própria relação do pesquisador com suas fontes e a forma escolhida para estruturar e comunicar sua pesquisa. O medo pode fazer um pesquisador a abandonar um projeto ou alterar sua abordagem (WIDDOWFIELD, 2000).

Por ser um campo de estudo relativamente recente, as TNR ainda carecem de maior consolidação teórica e metodológica. Steven Pile (2010) – expondo uma das dúvidas que cultiva em relação ao arcabouço teórico – confessa que não sabemos como o afeto se transmite de um corpo para o outro. O autor reconhece que há muito trabalho a ser feito no campo das geografias emocionais e as do afeto (PILE, 2010), duas áreas identificadas com as TNR. Ruming (2009) destaca uma crítica recorrente à TAR que também pode ser extendida às TNR: apesar da força da teoria se basear na premissa de que o mundo é construído por complexos imbróglios entre atores humanos e não-humanos, é notada uma aparente incapacidade de reconhecimento e entendimento acerca de como e porquê os mesmos atores não-humanos podem ser interpretados e utilizados de distintas maneiras. É destacado ainda que as relações em rede que são visualizadas na TAR e nas TNR sofrem quanto à determinação da escala geográfica. O objetivo em tal leitura de espaço e lugar não é minimizar os seus significados e os fenômenos que são expressos neles, mas o de ver as localidades como uma parte de um ambiente de rede maior, que não é separado do global e do transnacional (RUMING, 2009). Deste modo, as relações da rede investigada se extende muito além do confinamento espacial da localidade pesquisada. O problema disso é o ganho de complexidade em uma teoria que está longe de ter aplicações simples. Serve tanto para a TAR quanto para as TNR a consciência de que, seja qual for a abordagem metodológica, é impossível esgotar as relações estabelecidas pelos atores em uma pesquisa. Uma das sugestões que se consolida é justamente elencar quais relações entre atores são prioritárias [first-order approximations] (RUMING, 2009), escolha que entraria irremedialvelmente no rol de arbitrariedades do pesquisador, tais como críticas que se assemelham àquelas que comumente são direcionadas à arbitrariedade da região (HARTSHORNE, 1978) e do período (BARROS, 2005).

As TNR deixam claros os complexos fundamentos que envolvem a leitura da Terra, incluindo as reflexões sobre a paisagem e o lugar, colocando o homem como um ativo partícipe do arranjo espacial. Faz sentido pensar a paisagem e o lugar, no âmbito da investigação da TNR, em conjunto com a vida humana que os anima. A agência humana participa da paisagem-em-transformação, sendo indissociável. Além disso, as tentativas de separar mente e matéria, indivíduo e coletividade são infrutíferas. A extrema multiplicidade que envolve a interface entre a agência humana e não humana nos indica que a paisagem e o lugar precisam ser vistos a partir da excepcionalidade carregada por cada um de nós, o que severamente assombra as tradições nomotéticas da geografia. Contudo, o nosso íntimo, as nossas impressões, expressões, emoções e afetos também são construídos pela vida em sociedade. Assim, são comuns as abordagens das TNR que buscam apresentar as relações corporificadas que resultam das agências, das emoções e do afeto, e não meramente descrever as noções identitárias mostrando como o indivíduo, a coletividade e a Terra (incluindo aqui a perspectiva da agência não-humana) se relacionam. Como vimos, estes arranjos multi-relacionais têm sido referidos na literatura como *assemblages*, termo utilizado tanto nas TNR quanto na teoria ator-rede. Na definição de Anderson e Mcfarlane (2011): "*assemblages* são compostas de elementos heterogêneos que podem ser humanos ou não-humanos, orgânicos ou inorgânicos, técnicos ou naturais" (ANDERSON; MCFARLANE, 2011, p.124) que formam o espaço social provisório[342].

Como operacionalizar essas concepções das TNR? Para encarar o beco metodológico aparentemente sem saída, Nigel Thrift (2004) vê a tradição fenomenológica como um suporte para a compreensão de como as emoções se corporificam na vida cotidiana. Reforçando Thrift, Steven Pile (2010) elabora que a geografia emocional e a do afeto cultivam forte simpatia com a fenomenologia. Indo além, outros autores ousam penetrar na interdisciplinariedade que envolve a psicanálise e a geografia, para promover a revelação do não dito (deliberadamente censurado) e do inconsciente. Pile destaca que "investigações que lidam com as emoções na geografia têm sido fortemente influenciadas pelo pensamento psicanalítico e psicoterapêutico" (PILE, 2010, p.7). Em linha similar, Macpherson

---

342 O espaço social é chamado de provisório no contexto em questão pelo fato dos elementos constituintes das montagens poderem se rearranjar, surgir ou mesmo desaparecer. O conceito de *assemblage* foi também abordado no capítulo "Considerações iniciais sobre o lugar".

(2010) alerta que as relações corpo-paisagem envolvem tanto a ação não intencional quanto a impressão subjetiva. Deste modo, entrevistas e relatos autoreportados apresentam-se de forma inadequada enquanto fontes exclusivas de informações acerca da essência das relações corpo-paisagem, o que encoraja alguns pesquisadores a se aventurarem no campo da neurociência. Paul Kingsbury (2007) destaca o reconhecimento da importância do entrelace entre a psicanálise e a geografia, destacando que alguns pesquisadores tratam a psicanálise como uma disciplina de forte apelo espacial. O autor acrescenta que, "desde meados da década de 1990, geógrafos sociais e culturais têm usado diversas abordagens psicoanalíticas para teorizar criticamente os espaços de exclusão social, dominação e antagonismo" (KINGSBURY, 2007, p.237).

Felicity Callard (2003) argumenta que a interdisciplinaridade é vista geralmente como salutar, mas que guarda seus perigos. Especialmente no encontro entre a geografia e a psicanálise "são confrontados princípios, modos de operação e compromissos metodológicos muito diferentes entre si, fazendo com que a ameaça de uma violenta incorporação ou expulsão seja grande" (CALLARD, 2003, p.297). Na interface da geografia com a psicanálise se posiciona como uma dificuldade para o geógrafo psicanaliticamente leigo o fato de que "não há possibilidade de acessar diretamente o inconsciente" (PILE, 2011). Callard ainda completa: "argumento que a geografia, em sua ânsia em incorporar a psicanálise, tem transformado as suas partes à sua própria imagem, fazendo com que, assim, diferença torne-se igualdade e o incomensurável em comensurável" (CALLARD, 2003, p.297). O alerta de Callard, todavia, não significa que a interdisciplinaridade em questão é impossível. Frantz Fanon demonstrou em *Pele Negra Máscaras Brancas* – originalmente publicado em 1952 – um modo assertivo de trabalho da sociologia/antropologia e a psicanálise, apresentando de que forma certos fetiches contribuem para o preconceito racial. Fanon, entretanto, além de filósofo era psiquiatra.

Transcender as aparências das relações entre os atores das redes parece ser uma das grandes problemáticas tanto da TAR quanto da TNR. A dimensão do "não dito" é considerável e escapa às metodologias pautadas em entrevistas. Sabe-se que atores poderosos de uma rede podem usar seu poder para interferir dramaticamente no conjunto de interrelações que estão inseridos (MCBRIDE, 2003). Identificar estes grandes "players" é *sine qua non* para a eficácia da tradução [*translation*] das redes.

No Brasil, as TNR são um campo novo; poucos são os geógrafos brasileiros que produzem reflexões e se apropriam dos seus pressupostos. Devemos, inclusive, considerar a dificuldade de atribuição de pareceres positivos de artigos que abordam as TNR no Brasil, pelo fato de ser muito comum a falta de intimidade com os pressupostos analíticos. Mesmo no mundo anglófono, as TNR possuem seus detratores. Destacam-se como argumentos críticos o fato de ser uma teoria muito abstrata, que não consegue penetrar na dimensão mais intimista da relação das pessoas com sua vida, apresentando-se, portanto, de forma inumana, distanciada, desvinculada, não cumprindo em termos práticos com aquilo que a teoria projetou (BONDI, 2005). Não compartilhamos do rigor desta crítica, mas percebemos, de fato, que as TNR apresentam-se como um campo que ainda carece de amadurecimento metodológico. Por detrás de sua teoria densa e bem embasada existem tentativas que despertam mais suspeição em seus métodos do que admiração por aquilo que se pretendeu problematizar.

Soa interessante a ironia de Eric Laurier e Chris Philo: "em primeiro lugar, os autores das TNR estão lutando para descobrir a melhor forma de resistir à representação, dado que nas duas últimas duas décadas a geografia cultural construiu um edifício sobre elas" (LAURIER; PHILO, 2006, p.354). Esta frase é bastante significativa, pois as abordagens marcadas por interpretações que vão além das representações constituem-se como um pressuposto das TNR. Explicando melhor a ironia, os autores complementam: "para ser franco, a afirmação é que toda linguagem é representação, toda conexão com a realidade é por intermédio das representações e, sistemas de representação têm sido construídos para mascarar, distrair e, com efeito, servir aos interesses ideológicos" (LAURIER; PHILO, 2006, p.354). O argumento dos autores – que parece identificar-se fortemente com os pressupostos da nova geografia cultural – lembram justamente da importância de não permitir que abordagens culturais sejam socialmente estéreis[343].

Independente dessas críticas, as TNR nos colocam diante de novas possibilidades de ler a paisagem e o lugar. Faz parte do pressuposto das TNR – assim como ocorre com outras abordagens conhecidas como "mais-que-humanas" – que a paisagem e o lugar "devem ser compreendidos na inseparabilidade dos mundos multi-espécies que os compõem" (SOUZA JÚNIOR, 2021, p.4). A abordagem relacional das TNR endossa a

---

343 Abordamos esta problemática em Silva (2021b).

ideia da excepcionalidade da paisagem do lugar: os relacionamentos humanos e não-humanos são entremeados de afetos que deformam o espaço cartesiano, perturbando de forma notável as impressões espaço-temporais; a plasticidade do espaço relativo traz impressões individualizadas sobre as relações entre seres, lugares e paisagens. *Ipso facto*, as noções reificadas da paisagem e do lugar tornam-se somente elementos da fervura afetiva, não sendo capazes de condicionar indivíduos, mas influenciando-os. No âmbito das TNR, sabe-se que o pensamento relacional (assim como ocorre na teoria ator-rede), lança luz sobre processos nos quais os elementos heterogêneos interagem caleidoscopicamente produzindo novas realidades (VAN DYKE, 2013). Todavia, essas realidades não são objetivas; pertencem ao âmbito do indivíduo e da natureza do afeto que o atinge e desestabiliza as elaborações advindas de sua experiência. Desse modo, essas novas realidades não formam a mesma entidade sob o olhar identitário, ainda que a abstração sobre elas esteja contida sob o teto de uma mesma toponímia.

Destacamos que as paisagens montadas como espetáculo e como estruturas opressoras e de manutenção do *status quo* social – defendidas pela perspectiva da nova geografia cultural – entram, na perspectiva da TNR, também como uma variável afetiva. É de se destacar o fato de que tanto a nova geografia cultural quanto as TNR se destacam – pelo menos no núcleo duro de sua abordagem – por considerar a relação mente e matéria como dialética e indissociável.

Não poderíamos deixar de destacar que as problematizações acerca do ciberespaço são cada vez mais necessárias na interpretação geográfica. Sabe-se que a ideia sobre o espaço, a territorialidade e a dinâmica da vida humana baseada no lugar tem sido reconfigurada a partir da lógica de ampliação do acesso à internet. Os debates sobre a vida digital tornam as antigas concepções de espaço, lugar, tempo e corpo deveras obsoletas (GRAHAM, 1998). Nesse sentido, espaços virtuais e físicos são necessariamente "produzidos de forma conjunta como uma parte da restruturação do sistema político-econômico capitalista" (GRAHAM, 1998, p.167). A lógica do afeto, cara aos pressupostos das TNR, deve levar em conta as relações entre o ciberespaço e o espaço físico; as ditas relações em rede, importantes para as TNR, destacam-se não somente nas conexões virtuais próprias da internet, mas também nas relações entre a internet e o próprio mundo físico. O ciberespaço nos coloca numa experiência de descolamento espacial frente à nossa experiência física e localizada. Para Stephen Graham (1998), devemos considerar nosso "estado de suspensão" entre essas duas condições. O aninhamento entre o mundo físico e o ciberespaço mostra-se como um esplêndido exemplo dos impactos das ideias sobre a matéria, bem como um campo muito promissor para a compreensão do afeto enquanto conceito das TNR.

Denis Cosgrove (1996b) destacou que os festejos de lançamento do *Windows 95* colocaram em evidência planos distintos e entrelaçados que explicam a vida em sociedade. De um lado, eventos de intencionalidade publicitária fortemente centrados no mundo executivo, celebrando as virtudes da tecnologia em uma "atividade não-corpórea"; de outro, atividades ligadas à prostituição e ao consumo de drogas, que representam as trocas mais íntimas, físicas e emocionais entre corpos (COSGROVE, 1996b, p.1495). É possível desvincular os triunfos das atividades não-corpóreas das delícias físicas, sejam estas centradas no pueril exemplo de um gole da bebida predileta? É importante lembrar que as ideias possuem valor e podem ser vendidas antes mesmo de se materializarem; muitas vezes, considerando qualquer etapa da cadeia produtiva, nem se faz necessária a materialização de uma ideia para que haja a produção de riqueza. Isso não significa dizer que o mundo material caminha para uma derrocada enquanto o mundo das ideias torna-se dominante. Somos matéria e, apesar de sermos capazes de questionar o sentido da vida e da morte, nossa constituição é espacial e temporalmente situada; não há muito a se fazer sobre isso. É na dialética mente-matéria que encontramos nosso bálsamo.

19
A PAISAGEM, O LUGAR E O PATRIMÔNIO

Construções têm sido compreendidas como domesticações do espaço. Domesticar o espaço é domá-lo, construindo limites que arrancam seus lugares. As construções têm suas medidas concebidas pela nossa necessidade de controlar o ambiente. O controle não deve ser compreendido de forma estreita: não é somente uma questão de criar um ambiente artificial que nos oferece proteção contra um mundo geralmente pouco amistoso; tão importante quanto o controle físico é o controle psicológico. Pesquisas acerca da origem da arquitetura nos levam não somente à necessidade de abrigo, mas também a necessidade de controlar o espaço por intermédio dos símbolos.

Karsten Harries (1982)

O passado é um terreno potencialmente contestado onde memoriais são localizados temporal e espacialmente, em um processo que desempenha um papel fundamental em manejar o que deve ser lembrado e esquecido.

Owen J. Dwyer e Derek H. Alderman (2008)

A memória não é simplesmente uma lembrança de tempos passados; está também ancorada em lugares que representam o passado e que são visualizados em alvenaria e bronze.

Nuala Johnson (2002)

A fluidez da história é solidificada em representações estatuescas.

Martin Auster (1997)

Cada paisagem nos lança questões sobre de que maneira o arranjo das formas em sua construção incluem e excluem grupos sociais e modos de conservação da memória, além de contar metanarrativas sobre a sociedade e sua relação com o espaço (OGBORN, 1996). A noção politizada da paisagem é bastante notável em ambientes altamente antropizados. Apesar de abrigar vozes destoantes que deixam suas marcas no espaço, podemos dizer que a paisagem é construída de forma soberba, numa imposição simbólica que faz dela um campo de batalha discursivo. Vistas como conjuntos, paisagens são incapazes de representar preferências e formas de expressão identitárias, sendo colchas de retalhos discursivos ora congruentes, ora antagônicos. As paisagens acolhem os patrimônios, seja na dimensão imaterial ou material. Certas lógicas que se aplicam à paisagem são replicadas no patrimônio, como veremos a seguir.

O conceito de patrimônio se cristaliza por meio das tradições culturais, artefatos e monumentos herdados do passado. É carregado de valor, abrangendo e às vezes obscurecendo diferenças de interpretação que são dependentes de variáveis-chave, como classe, gênero e localidade; nesse sentido o patrimônio se associa a uma estrutura mais ampla de ideologias ora dominantes, ora subversivas. Assim, "a ideia de patrimônio pode ser vista como reforçadora ou desafiadora dos padrões de poder" (HARDY, 1988, p.333). Aquilo que se considera como patrimônio varia muito entre diferentes povos e ao longo do tempo[344]. Entretanto, a capacidade que o patrimônio tem de estabelecer um vínculo com as pessoas é universal (LOWENTHAL, 2005). Nota-se que até a primeira metade do século XX, a concepção de patrimônio cultural resumia-se às obras de arte estritamente associadas às classes economicamente dominantes. Com a revisão do conceito de cultura, a expressão patrimônio cultural paulatinamente passou a incorporar tanto a chamada cultura erudita como aquilo que costumeiramente é referido como cultura popular (MONASTIRSKY, 2009).

Um dos exemplos de que a ideia do patrimônio não é exclusivamente ocidental é o fato de o Japão ter adotado, após a restauração Meiji no século XIX, uma legislação de proteção a bens arquiteturais e artísticos antigos. Nesta legislação japonesa é introduzida a concepção de "tesouro nacional" para aludir a tais bens. Primeiramente, o esforço japonês centrou-se, sobretudo, nos bens de viés religioso xintoísta. Somente em 1919 a legislação japonesa incorpora a ideia de patrimônio natural. Em

---

344 No Brasil, quando se criou o SPHAN (Serviço de Patrimônio Histórico e Artístico Nacional) no ano de 1937, as discussões sobre o campo patrimonial eram traçadas principalmente por arquitetos, com pouca participação de teóricos da cultura. Isto nos ajuda a pensar que os bens patrimoniais instituídos eram voltados para a ideia de um patrimônio edificado (ARARIPE, 2004). Não é algo destoante do espírito de época acadêmico, visto que na década anterior à criação do SPHAN, Sauer publicava "A Morfologia da Paisagem", trabalho que enfatizou os aspectos visíveis e materiais da paisagem que eram produzidos sobre o substrato natural. Contemporaneamente, a visão estritamente material do patrimônio é amplamente considerada limitada, pois é mister que "se veja o patrimônio como parte integrante da comunidade onde está inserido, numa representação das manifestações sociais que marcam ou marcaram suas vidas, conquistas, sonhos, realizações e que constroem a história, e a possibilidade de olhar esse patrimônio como memória social" (ARARIPE, 2004, p.113) e, dessa forma, como um actante não-humano que afeta em algum grau o indivíduo.

1950, a legislação japonesa adota a expressão que aproxima o país das práticas ocidentais: emprega-se o termo "patrimônio cultural intangível" como referência aos bens culturais (HARTOG, 2006). Vale destacar que a Carta de Atenas – manifesto urbanístico elaborado durante o IV Congresso Internacional de Arquitetura Moderna (1933) – já expõe uma noção mais padronizada sobre o patrimônio, que alcança seu auge "com a mundialização dos valores e padrões ocidentais e outros elementos relacionados à patrimonialização" (SILVA, p.407, 2015).

Talvez por isso possamos pensar em um processo paulatino de institucionalização do patrimônio, regido pela UNESCO, que universaliza e padroniza princípios patrimoniais. A cada ano, a lista dos sítios de patrimônio universal se alonga (HARTOG, 2006). À medida que se anuncia ou se reclama memórias de maneira generalizada, passa a fazer sentido a consideração de que tudo seria patrimônio ou suscetível de se tornar. A "febre patrimonial" parece também trazer reflexos para os critérios temporais: a patrimonialização ou a museuficação [*museumification*[345]] vem se aproximando sempre mais do presente, sendo preciso ouvir sugestões tais como: nenhuma obra de arquiteto vivo seria legalmente considerada como monumento histórico. Isto é um indício muito claro do tempo presente que já se apresenta historicizado (HARTOG, 2006)[346]. A destruição do Muro de Berlim, seguida da sua museuficação instantânea foi um bom exemplo, com a sua imediata mercantilização. Imediatamente foram postas à venda amostras de pequenos fragmentos de cimento devidamente marcadas com um selo de veracidade (HARTOG, 2006). Há uma crítica recorrente de que o crescimento do interesse pelo patrimônio está trazendo um sufocante volume de bens inventariados, assim como uma diversidade ingerenciável (LOWENTHAL, 2011). O preservacionismo já foi descrito como uma perigosa epidemia abastecida por pessoas que,

---

345 Termo usado por Hartog (2006).

346 Barbara Kirshenblatt-Gimblett (1995) argumenta que a multiplicação dos lugares de memória evidencia a crise da memória que marca a contemporaneidade. É importante considerar a velocidade em que as mudanças técnicas e tecnológicas vêm ocorrendo, solapando modos de vida que sequer se consolidam plenamente no seio da sociedade. É um efeito provocado pela obsolescência de técnicas e tecnologias que são substituídas antes mesmo de se popularizarem. As amplas desigualdades sociais podem causar este fenômeno, fazendo com que um grupo expressivo de pessoas não tenha acesso a certas possibilidades. Talvez esta característica da contemporaneidade possa contribuir para a ansiedade quanto ao registro de práticas cada vez mais atuais, já que se torna racional nutrir a expectativa de que novos arranjos da vida cotidiana são tão efêmeros que correm o risco de serem mal registrados.

no ímpeto de proteger a herança arquitetônica, acabam degradando-os, gentrificando e saneando centros urbanos históricos.

É de se pensar otimisticamente que as gerações vindouras poderão vislumbrar paisagens com contrastes temporais ainda mais notáveis. Isto se explica pelo esforço de preservação ocorrido por intermédio de políticas públicas e da atuação de instituições visando à conservação da memória. Os memoriais e os atos de celebração constituem-se como meios potentes de expressão da memória, possibilitando a conexão do sentido histórico[347] com as identidades culturais contemporâneas (WHITERS, 1996). Se hoje podemos ver a paisagem analogamente como um palimpsesto, poderemos traçar a expectativa de que mais camadas temporais estejam sujeitas ao escrutínio de gerações vindouras, pelo menos no que tange ao patrimônio antropizado. Já o que se chama de patrimônio natural, precisamos considerar que é mais difícil supor o seu futuro.

Comparando patrimônios naturais e culturais, há de se destacar a dimensão distinta na intenção da preservação. Lowenthal (2005) argumenta – trazendo consigo uma noção da modernidade que aparta a natureza do homem – que natureza é sempre o outro, enquanto que o patrimônio cultural pode ser identificado como importante para o próprio passado e para a identidade cultural. Discordamos em parte, pois, fiéis à nossa concepção dialética envolvendo o homem e o meio, espaços ditos naturais também são palco da experiência humana. Em uma noção topofílica (TUAN, 1980), tais espaços naturais – uma vez experienciados – podem se constituir como memória afetiva e fazer parte das considerações de outrem tanto quanto qualquer patrimônio cultural. É notável que a divisão entre patrimônio cultural e natural parece ter mais utilidade enquanto uma forma de catalogar os bens do que enquanto uma proposição que afina a teoria. Contudo, destacamos que essa é uma divisão que a própria UNESCO propôs em 1972, na ocasião da Convenção Mundial do Patrimônio (RÖSSLER, 2006) [*World Heritage Convention*]. Lowenthal (2005) busca uma proposição interativa entre estas duas tipologias patrimoniais ao destacar que "aquele que abomina a devastação ambiental praticada pelo homem precisa balancear as perdas naturais e os ganhos civilizacionais" (LOWENTHAL, 2005, p.90). O autor lembra que o desmatamento da Índia e da Nova Inglaterra audou a criar um patrimônio cultural de muito valor, assim

---

347 Ainda que o sentido histórico seja amplamente discutido nas interpretações diversas sobre o passado.

como os troncos de pinheiros da Dalmácia foram sacrificados nos erguimentos dos incomparáveis palácios de Veneza.

Um conceito central da efetivação do processo de patrimonialização é que o elemento a ser tombado permita transmitir valor a um conjunto expressivo da sociedade, independente do grau de segmentação e, portanto, da heterogeneidade de um dado grupo populacional. As políticas patrimoniais geralmente enfrentam três tipos de obstáculos: as desigualdades econômicas de uma sociedade, a falta de reconhecimento do valor patrimonial por parte da população e as injustiças percebidas acerca da proposta de representação. Estes obstáculos muitas vezes congruem, aumentando o caráter de dissociação entre determinado grupo social e o patrimônio. Em termos práticos, o poder de decisão sobre o que é e o que não é patrimônio não é usufruído por toda a população (WATERTON; SMITH, 2010).

Em um movimento curioso, a UNESCO vem ameaçando a retirada de bens da lista do patrimônio mundial devido a problemas de preservação e gestão. O caso de Dresden foi tomado como exemplar, visto que o governo local desafiou a UNESCO quando resolveu consultar a população, por meio de um plebiscito, consultando acerca de sua preferência em construir uma ponte e desafogar o tráfego ou permanecer com o título de patrimônio mundial. A população preferiu a ponte. Até hoje foram retirados apenas dois bens da lista – o outro, um patrimônio natural (FIGUEIREDO, 2013). A UNESCO desempenha um papel simbólico importante no apoio à preservação patrimonial. Todavia, não é condição *sine qua non* para o recebimento de chancela patrimonial por parte da UNESCO que certa estrutura seja compreendida como patrimônio por parte da população que dela usufrui. Quando pensamos no binômio paisagem-memória, não nos referimos somente ao patrimônio histórico institucionalizado, como bem aponta Otávio Costa (2008). Também nos referimos a um patrimônio identificado por paisagens aparentemente banais, mas que são igualmente portadoras de múltiplos significados e experiências sociais. Estar consciente disto nos auxilia a transcender a tradicional materialidade dos grandes monumentos e da dita história oficial, que pode estar a serviço, como nos alertam Mitchell (1995) e tantos outros, da utilização da cultura como uma ferramenta de dominação.

Além da dicotomia natural e cultural, é entremeada na dimensão patrimonial as concepções binárias de material e imaterial [*tangible/intangible*]. É importante destacar, de antemão, que esse binarismo alimenta os debates em torno da divisão, dada como universal, entre as objetividades das estruturas – que sustentariam narrativas seguras, seriais e quantificáveis, capazes de reconstruir a sociedade tal como verdadeiramente eram – e a subjetividade das representações (CHARTIER, 1991). Os patrimônios imateriais aludem aos modos de fabricação e às tradições ligadas a atividades laborais e produtos que são tradicionalmente ligados a uma dada porção do espaço. Diferentemente dos patrimônios materiais, os imateriais não podem ser georreferenciados, a não ser que a partir deles sejam produzidas generalizações espaciais problemáticas. Em Minas Gerais, são exemplos de patrimônios imateriais a produção de vinho nos municípios de Andradas e Caldas (CHELOTTI; MEDEIROS, 2020), além do Queijo Minas Artesanal (NETTO, 2011), que está, por sua vez, vinculado a certo agrupamento de municípios mineiros. Existe uma crítica envolvendo a categorização do patrimônio que é direcionada ao fato das categorizações serem arbitrárias (KIRSCHENBLATT-GIMBLETT, 2004). De fato, existem expressões materiais que não se enquadram isoladamente em uma categoria, expondo a fragilidade da imposição rígida dos limites conceituais acerca da classificação patrimonial. Considerando uma concepção material-transcendente, concordamos com Fátima M. A. Araripe, quando a mesma afirma:

> quando falamos de patrimônio cultural estamos nos referindo ao conjunto de tudo que tem significação, aquilo que tem sentido social, não importando se esse patrimônio é algo materializado (visível) ou simplesmente manifestações da cultura que se apresentam através do cidadão comum (ARARIPE, 2004, p.113)

Se por um lado a divisão entre patrimônio cultural e natural expressa a ideia da separação entre homem e natureza que é uma das bases filosóficas da modernidade, por outro a divisão entre patrimônio material e imaterial expressa a separação entre mente e matéria que tanto foi criticada por geógrafos culturais do período pós-virada cultural, incluindo dentre eles Augustin Berque e Denis Cosgrove. O conceito de trajeção problematizado por Berque, como vimos anteriormente, sintetiza o modo de ver a materialidade e a imaterialidade de forma conjunta, como dimensões indissociáveis. Por outro lado, como aponta Diana Taylor (2011), algumas sociedades não possuem contruções que queiram preservar e lugares considerados patrimônios mundiais têm sido desproporcionalmente localizados no mundo desenvolvido. Mas essas sociedades sem apelo pelos monumentos apresentam práticas e tradições que precisam de credibilidade e proteção. Algumas dessas manifestações tidas como imateriais estão desaparecendo ou mudando drasticamente. O quadro em questão poderia por si só justificar a categorização dicotômica entre material e imaterial; mesmo que se apresente sem atender a perspectiva teórica em que mente e matéria são indissociáveis, a dicotomia serve para chamar a atenção para o valor de certas manifestações não edificadas.

Independente dessas celeumas classificatórias e filosóficas, o aumento da demanda pela patrimonialização têm se tornado notável nas últimas décadas. A necessidade das pessoas de acessar as marcas na paisagem em um mundo marcado por rápidas mudanças está associada ao desejo de permanecer em contato com memórias físicas do seu passado[348] (COSGROVE, 1990a). A sensação da perda de referências e o desligamento frente ao passado, mediante a aceleração do tempo, levam à necessidade de aproximação e recuperação dos tempos idos (MONASTIRSKY, 2009). Esse movimento está motivando comunidades a preservarem cenas e estruturas que não haviam sido pensadas como algo a ser preservado (LOWENTHAL, 1979; TIMOTHY, 1997; OSBORNE, 1998). É importante apontar que, quando preservamos artefatos e monumentos, não apenas recuperamos o passado e a cultura de um tempo ido, mas também alargamos e enriquecemos nossa concepção geral do mundo, e deste modo, inevitavelmente, por meio de um processo que talvez seja não intencional, desenvolvemos mais um senso sobre nós mesmos (TUAN, 1980b).

Foi observado um grande *boom* na construção de memoriais e estátuas a partir da segunda metade do século XIX. O crescimento exponencial de monumentos na paisagem associa-se diretamente com o fortalecimento dos nacionalismos e da compreensão que a edificação de estruturas que remetessem a ideia de nação é uma forma eficaz de expandir os valores nacionais para os recônditos dos corações e mentes dos cidadãos. Assim, é compreendido que os memoriais e as estátuas possuem um papel muito relevante na articulação política (BOHOLM, 1997).

Monumentos geralmente se apresentam como elementos enigmáticos na paisagem: são ao mesmo tempo elementos tangíveis da pai-

---

348 As revoluções, assim como outras mudanças político-sociais abruptas que transmitem uma sensação de um abanono perpétuo ao *status quo ante*, podem motivar estranhamentos temporais. Em âmbito europeu, a Revolução Francesa e as Guerras Napoleônicas fizeram com que até mesmo tempos recentes a estes eventos parecessem remotos e irrecuperáveis. A Revolução Industrial em certa medida também desempenhou este papel, assim como a ascensão do nacionalismo, que conseguiu promover um sentimento de identidade coletiva em alguns antigos monumentos que viriam se tornar símbolos (LOWENTHAL, 2015).

sagem cultural e propagadores de sentidos advindos do simbolismo que carregam (CUDNY; APPELBLAD, 2020). É importante dizer sobre esse particular que os símbolos podem ser vistos como mecanismos que controlam o fluxo de informação; não são criados acidentalmente, constituindo-se deliberadamente como meios de comunicação eficazes (ROWNTREE; CONKEY, 1980). Os símbolos nos lembram do passado e ao mesmo tempo precisam da passagem do tempo para se tornarem o que são (LOWENTHAL, 1975): gravados na paisagem, os monumentos e o(s) símbolo(s) que carregam inscrevem na paisagem mensagens que se irradiam espacialmente, à medida que passam a compor o cotidiano dos homens. Os monumentos estão situados espacialmente embora alguns possam ser deslocados, como se vê em diversos exemplos de espólios de guerra trazidos à Europa. A rigidez de sua posição[349] e de sua temporalidade fundadora[350] contrasta com a fluidez do seu significado: as narrativas abrigadas pelos monumentos podem ser amplamente avaliadas como inverossímeis mediante contextos de tempos posteriores ao seu erguimento. É o tempo em movimento que ajuda a explicar as mudanças de contexto social que amparam as contestações acerca de homenagens a figuras vistas como polêmicas ou politicamente incorretas. É interessante pensar que estátuas hoje erguidas podem, num futuro distante, serem vistas como extremamente como inadequadas, portadoras de mensagens problemáticas para contextos vindouros. Isto leva-nos a pensar quais elementos de nossa vida cotidiana poderão ser vistos como absurdos ou – numa linguagem eivada de eufemismo – como obsolescências típicas do homem do tempo ido.

Apesar do crescente reconhecimento quanto ao valor das estruturas patrimoniais, recentemente tornou-se notável em diversos pontos do espaço geográfico o questionamento acerca da presença de patrimônios que aludem a costumes odiosos e práticas imorais. O tempo, inexoravelmente

---

[349] Deslocamentos de estruturas trazem consigo um processo irresistível de ressignificação. A réplica da Pedra de Roseta enviada ao Egito não preenche o vácuo deixado pela retirada do monumento original, que é um espólio colonial que repousa em museu londrino. Da mesma forma, o deslocamento espaço-temporal provocado pela colocação do obelisco egípcio na avenida Campos Elísios em Paris traz, *per si*, novos sentidos ao monumento. É importante considerar que a paisagem enquanto um campo de batalha simbólico tem nas ressignificações um processo corriqueiro e não uma situação excepcional. São as narrativas representacionais que vestem os ícones paisagísticos, encontrando tantas versões quanto é possível ser abrigado pela diversidade da mente humana.

[350] Relíquias históricas, monumentos e memoriais são situados temporalmente em um passado relembrado ou imaginado (RAIVO, 2015).

implacável como fator passivo das mudanças sociais, faz com que a contestação que recai sobre os monumentos não possa ser explicada somente pelo desejo de revisionismo histórico. A homenagem a um escravizador certamente está deslocada dos princípios amplamente compreendidos como corretos na contemporaneidade; todavia, faz mais sentido pensar que não é só o simbolismo carregado pelo monumento que está sendo atacado, mas principalmente o simbolismo do ataque ao monumento é que está sendo promovido. Assim, o gesto da tentativa de supressão do monumento ganha contornos meramente políticos, mais relevantes do que a instância didática carregada pelo revisionismo. Quando a estátua de Borba Gato pegava fogo em São Paulo sob as escusas de ser um escravizador, certo analista refletiu que o ataque era injusto, utilizando para sua análise um revisionismo da figura do bandeirante. Parece-nos que o analista se esqueceu da relevância do simbolismo do ato em si, que indica mais uma tentativa de transformar o presente do que o passado.

Não é de se surpreender, dada à relevância dos simbolismos, a derrubada generalizada de estátuas do ditador baathista Saddam Hussein logo após a invasão norte-americana ao Iraque em 2003, bem como a aniquilação das ruínas históricas de Palmyra realizada pelo ISIS (*Islamic State of Iraq and Syria*)[351] em território sírio e o fato de, mais recentemente, a estátua do bandeirante Borba Gato arder em chamas na cidade de São Paulo durante um protesto, como referido anteriormente. Forest e Johnson (2018) falam sobre movimentos nos Estados Unidos para a retirada de monumentos confederados que aludem à supremacia branca[352]. Os autores destacam que existe um entendimento que tais movimentos são equivocados por "apagar a história", ainda que a alusão ao passado carregue consigo episódios de grande sofrimento a muitas pessoas. Os defensores da manutenção desses monumentos polêmicos

---

[351] Ömür Harmarsah (2015) traz um importante ponto de vista sobre a aniquilação patrimonial por parte do ISIS: para o autor, a destruição do patrimônio arqueológico tem como objetivo suprimir o senso de pertecimento à paisagem e ao lugar. Em outras palavras, é uma forma de desterritorialização simbólica. O modus operandi do ISIS foi classificado pelo autor como super-moderno, já que "incorpora as mais poderosas ferramentas da hiper-realidade ao disseminar seus atos violentos" (HARMARSAH, 2015), tanto contra pessoas quanto contra o patrimônio.

[352] Em diversas cidades dos Estados Unidos foram erguidos monumentos que aludem a luta contra a supremacia branca: é possível econtrá-los em Topeka, Kansas; Little Rock, Arkansas; Oxford, Mississipi; Birmingham, Alabama; Albany, Georgia e Orangeburg, na Carolina do Sul, localidades cujos nomes são sinônimos do embate racial (DWYER, 2000; 2004).

argumentam que "o registro histórico não deve ser alterado para contemplar sensibilidades contemporâneas", pois, "a paisagem simbólica é um tipo de arquivo histórico cujos itens não devem ser removidos" (FOREST; JOHNSON, 2018, p.3). Tem se observado nos Estados Unidos e em outros países discussões que envolvem em âmbito simbólico as questões raciais: em Richmond, Virgínia, a instalação da estátua do tenista Arthur Ashe foi precedida de muito debate e controvérsia, principalmente por ser realizada na avenida dos monumentos da cidade, que abrigava, dentre outros, a estátua de Robert E. Lee, nome de destaque do exército dos Estados Confederados (EVANS, 2021). O simbolismo da militância da causa negra, carregada pela representação de Arthur Ashe e a tentativa de manter a escravidão por parte dos confederados tornam a avenida um lugar portador de expressões oximorônicas[353]. O surgimento de monumentos próximos a outros pré-existentes pode modificar o senso de conjunto paisagístico: uma organização não-governamental russa instalou um memorial em homenagem às vítimas de repressão política a poucos passos da estátua do fundador do serviço secreto policial soviético Felix Dzerzhinksii (FOREST; JOHNSON, 2018).

A crença de que as formas simbólicas espaciais são dotadas de um sentido político, assim como a ideia de que a paisagem é um campo de batalhas de múltiplas narrativas, é bastante explorada pela nova geografia cultural, em particular na reflexão acerca da paisagem vista enquanto texto[354]. De acordo com Roberto Lobato Corrêa (2007, p.10), no interior dessa perspectiva que relaciona o simbólico e o poder, considera-se que os idealizadores do simbólico visam:

---

353 A localização dos monumentos representa muito mais do que visibilidade e acessibilidade. Além de seu caráter absoluto – referente ao sítio do monumento – e de seu caráter relativo – referente à acessibilidade face aos espaços sociais e econômicos da cidade –, a localização apresenta um caráter relacional, que inclui os significados que foram construídos a seu respeito pelos diversos grupos sociais. Este é um ponto importante porque o monumento pode incorporar os significados já atribuídos à sua localização (CORRÊA, 2005). Inversamente, a localização de um monumento pode minimizar ou reverter os significados atribuídos ao lugar, estabelecendo-se uma ambiguidade locacional (CORRÊA, 2005).

354 A ascensão do pós-estruturalismo permitiu ver as relações sociais a partir de outro prisma, com impacto relevante nas artes, incluindo a interpretação do patrimônio. Clichés comumente utilizados na interpretação de monumentos foram substituídos por discursos de maior profundidade que incluem a intermediação de narrativas (CUDNY; APPELBLAD, 2020). O patrimônio, a par de sua existência real, constitui uma formação discursiva (VELOSO, 2006).

- glorificar o passado, acentuando alguns aspectos julgados relevantes para o presente e o futuro;
- reconstruir o passado, conferindo-lhe novos significados. Neste caso, como no anterior, tradições podem ser inventadas;
- transmitir valores de um grupo como se fossem de todos. Neste tópico estão envolvidas fortes relações de poder;
- afirmar a identidade de um grupo religioso, étnico, racial ou social. A identidade nacional tem sido objeto de inúmeras formas simbólicas;
- sugerir que o futuro já chegou, sendo portador de características julgadas positivas;
- criar "lugares de memória", cuja função é a de estabelecer ou manter a coesão social em torno de um passado comum[355].

Têm sido usual a utilização do termo "arquitetura de guerra" [*warchitecture*], que significa uma doutrina de utilização de estratégias militares que tem como objetivo o ataque ao habitat, incluindo a identidade arquitetônica e o patrimônio. É uma estratégia que faz parte de uma face não muito explorada do genocídio e etnicídio. Um sistemático ato de destruição patrimonial como ato de guerra não apenas suprime a moral e a cultura de uma nação, mas consiste em um ato deliberado de destruição da memória de um povo e – à *grosso modo* – de sua existência (FARHAN; AKEF; NASAR, 2020).

O simbolismo carregado pelos monumentos é geralmente um tema de grande interesse para os geógrafos que conduzem a sua pesquisa a partir dos pressupostos da nova geografia cultural[356]. O campo patrimonial também é bastante fértil para a discussão de temáticas vinculadas ao feminismo. Apesar da figura feminina ser utilizada em algumas simbologias tais como a estátua da liberdade, mulheres raramente aparecem em esculturas como lideranças políticas e culturais (JOHNSON, 1995). Para além disso, o simbolismo fálico povoa densamente a paisagem, incluindo em formas discretas de arranjo arquitetônico que muitas vezes

---

355 É importante destacar que estas funções elencadas por Corrêa (2007) não são excludentes entre si.

356 Os monumentos são poderosos meios de comunicar valores, crenças e utopias e afirmar o poder daqueles que os construíram (CORRÊA, 2005). *Ipso facto*, mais do que tratar os monumentos como meras construções que visam à melhoria estética da paisagem e do lugar, pesquisas acadêmicas que remontam à década de 1980 vem dando ênfase ao significado político e cultural que transbordam de sua materialidade (JOHNSON, 2002).

não são alvo de nossa atenção primária. No interior dessa seara simbólica, Martin Auster (1997) considera que a paisagem como um todo é carregada de simbolismo, mas, em uma análise mais detida e particular, existem elementos que a compõem que contém um simbolismo *per si*. Assim como acontecimentos podem tornar-se tão grandiosos quanto os anos que marcam sua cronologia – vide o binômio 1789 e queda da Bastilha –, monumentos podem dominar as paisagens. As simbologias que carregam extravasam os seus domínios, como se passássemos a ver os seus arredores sobre as lentes coloridas de sua influência.

Existe uma parcela de simbolismo que é difícil de ser absorvido e comunicado, pois permanece em uma espécie de patamar subliminar, fazendo sentido somente a quem busca se informar sobre os detalhes arquitetônicos do monumento. Geralmente faz parte deste rol o simbolismo que envolve os números associados à construção de um monumento. A gigantesca mesquita de Çamlica – inaugurada em março de 2019 – evidencia esse tipo de simbolismo: quatro dos seis grandes minaretes do conjunto arquitetônico possuem exatamente 107,1 metros de altura, que aludem à vitória do império Seljúcida sobre o Bizantino na batalha de Manzikert, ocorrida no ano de 1071. A história nos conta que este triunfo seljúcida contribuiu decisivamente para minar a autoridade bizantina na Anatólia e abriu o caminho para a invasão turca e a progressiva "turquificação" regional (HAMMOND, 2020). Mesmo não sendo compreendidas, as mensagens arquitetônicas são capazes de nos afetar. Em áreas de grande visitação, o significado da atmosfera paisagística é compreendido por uma análise superficial da forma como as pessoas se comportam em um dado ambiente. Não é necessário compreender o simbolismo sacro de uma igreja para logo perceber que se trata de um local de contemplação e concentração. Como aponta Shanti Sumartojo (2016), o simbolismo arquitetônico – assim como o contexto paisagístico dos memoriais – contribui sobremaneira para a construção de uma atmosfera afetiva que intensifica a experiência dos rituais. Não se faz necessário conhecer profundamente as intencionalidades simbólicas de um monumento para ser afetado pelo texto que o seu sistema simbólico carrega.

Além de expressar a dimensão simbólica, os monumentos carregam muitas vezes funções práticas na vida cotidiana das pessoas. Todavia, não são imunes ao tempo: os fatos históricos que se dão na paisagem em que participam e a apropriação do seu lugar como palco de eventos pode contribuir para a agregação de novas simbologias. Dependendo da relevância dos fatos que se dão, as concepções originais pode até mesmo ficar em um segundo plano. Os fatos podem dominar o significado dos lugares. É difícil, por exemplo, separar a igreja da Candelária no Rio de Janeiro da chacina ocorrida em 1993, quando oito jovens perderam a vida em seu entorno. É importante pontuar que não é necessária uma arquitetura arrojada e um trabalho descomunal de erguimento para que um dado monumento possa ser constituído de fortíssima simbologia.

Como pode o patrimônio carregar e ter um compromisso com um viés? Qual é a importância deste fato, já que as pessoas traduzem os elementos da paisagem de uma maneira própria e excepcional? A resposta é a dialética que constitui nossa identidade. Pois se o patrimônio carrega valores enviesados, é plausível considerar que de certo modo os transmite, afetando os receptores das mensagens patrimoniais que, por sua vez, os processam e reelaboram interpretações sobre o patrimônio. Afinal, como nos esclarece a trajeção berqueniana, o homem atribui significado ao meio e é significado por ele também. É importante considerar que o tombamento de um bem patrimonial se apresenta como uma forma de romper com o livre percurso dessa dialética: um tombamento muitas vezes significa um congelamento estético, como se o patrimônio passasse a ser imune ao tempo. Proibições de intervenções nas fachadas, nos materiais e nas cores e tipos de tintas utilizados limitam as alterações que o homem poderia produzir nos bens materiais. Tal fato evidencia como o tombamento também pode ser entendido como um ato político de um certo grupo visando a perpetuação de uma dada materialidade patrimonial.

Monumentos públicos despertam o interesse de geógrafos por expressarem fortemente a relação entre as pessoas e os lugares. No interior da lógica simbólica devemos considerar que os monumentos carregam mensagens, que metaforicamente podem ser compreendidas como textos; estas mensagens estão em diálogo com a situação contextual da paisagem e do lugar. É importante dizer que a interpretação das mensagens extraídas dos monumentos é problemática e fluída (AUSTER, 1997). Afinal, textos podem ser interpretados de forma diferente entre indivíduos. A leitura textual pode envolver um ato político; uma vez compreendido o sentido do texto, este pode ter o seu conteúdo representado em uma narrativa e ser transmitido a partir de distintas bases em relação àquelas que se aproximam de sua narrativa fundadora. Por isso, podemos considerar os monumentos enquanto alegorias[357], ou seja, figuras de linguagem que sig-

---

357 Etimologicamente, alegoria deriva de *allos* (outro) e *agorium* (falar na ágora ou – em um sentido derivado – usar linguagem pública). Quando se fala em alegoria, é comum defini-la como uma figura de linguagem capaz de exprimir, de forma

nificam mais do que a literalidade expressa. Considerando este âmbito, a celebração do passado consagra-se como um palco de disputa, já que existe a competição e o conflito envolvendo diferentes atores sociais interessados em narrar o passado ao seu modo. Nesse sentido, os memoriais são lugares que se tornam palco de disputa entre narrativas. Pensando nas relações entre imagem, patrimônio e poder, Emma Waterton (2009) argumenta que as imagens são socialmente constituídas e condicionadas e, deste modo, entrelaçadas com a noção de poder. A autora afirma ainda que as imagens "são criadas, mediadas e selecionadas de acordo com arranjos culturais e ideológicos específicos" (WATERTON, 2009, p.38), constituindo-se não somente como um ato de representação, mas como uma prática ideológica, fazendo parte de um processo de assumir posição no mundo, mais do que refletir sobre ele (WATERTON, 2009).

Há um processo de debate e negociação entre grupos sociais para disputarem o direito de decidirem o que é comemorado e qual versão do passado irá se tornar visível para o público (DWYER; ALDERMAN, 2008). A memória pode ser inventada e, para isto, a paisagem desempenha papel chave, já que exibe cenas que transmitem mensagens sobre um passado que as elites desejam recriar. As formas simbólicas espaciais constituem o veículo para essa transmissão. Trata-se da paisagem da simulação do passado, que transporta o observador a um pretérito que jamais existiu, criando uma memória seletiva e equivocada (CORRÊA, 2016). Por estas razões supracitadas, é importante que haja o incentivo às pesquisas que relacionem a designação ou nomeação do patrimônio cultural aos conflitos sociais e políticos presentes em cada "paisagem social[358]" (VELOSO, 2006, aspas inseridas).

Poucas pessoas trazem à mente, pelo menos *a priori*, imagens negativas advindas dos patrimônios materiais. São raros os que lembram por meio das pirâmides a escravidão e o incesto; muitos também esquecem

---

concreta, uma ideia abstrata. Vale, nesse ponto, destacar a diferença entre alegoria e metáfora: "Embora uma alegoria e uma metáfora partam de princípios semelhantes, elas diferem entre si. Ambas estabelecem uma relação entre dois elementos concretos para expressar um significado abstrato. Mas, enquanto a metáfora é construída a partir de uma associação que se apóia na semelhança entre dois elementos diferentes, a associação da alegoria é feita de forma arbitrária, sem nenhuma regra de similaridade" (SOUKI, 2006, p.94).

358 "Paisagem social" foi um termo empregado pela autora (VELOSO, 2006) e que mereceria maior desenvolvimento. Aprioristicamente, acreditamos que toda paisagem é social, não fazendo sentido a distinção proposta.

a arrogância imperial do Arco de Titus e o absolutismo implacável de Versalhes (LOWENTHAL, 2011). Assim, o patrimônio pode representar um passado visto como não muito honroso por parcela dos indivíduos que o experenciam. Apesar da possibilidade dessas associações, é bem estabelecido que o patrimônio não se apresenta como uma narrativa singular e fixa, mas uma série de interpretações socialmente construídas sobre o passado (ATKINSON, 2007). Apesar da possibilidade das múltiplas interpretações da paisagem e do patrimônio, certamente algumas versões ou pelo menos alguns elementos no interior de narrativas acabam apresentando-se de forma dominante. É provável que essa dominância traga impactos – ao menos em uma dimensão subliminar – aos mais cuidadosos e relativistas intelectuais que lidam com o passado.

É importante lembrar que – em apontamentos comumente realizados por David Lowenthal e Hayden White – o passado não é uma entidade estável, visto que o presente se submete ao dinamismo da passagem do tempo atomístico e de todas as contingências trazidas por esta força passiva, modificando as lentes utilizadas para avaliar a paisagem, o lugar e o patrimônio. Essa é uma das razões para que o patrimônio se configure como arena para a luta sobre significação e sentido. Lewis (1975) analisou as modificações dos antigos centros históricos de algumas cidades norte-americanas. Em seu trabalho, argumentou que muitas das cidades analisadas foram incapazes de conservar estruturas anteriores ao florescimento da indústria automobilística. O autor considera que uma das grandes explicações para que a preservação patrimonial ocorresse aquém do que poderia ter sido realizado é o fato dos defensores do patrimônio gastarem "muito tempo agindo e pouco tempo pensando sobre a razão de querermos preservar coisas antigas" (LEWIS, 1975, p.6). O autor elenca cinco grandes razões em defesa da conservação patrimonial, dispostos a seguir:

- a memória cultural: pois devemos ter um senso acerca da nossa própria história. Nessa lógica, os patrimônios são compreendidos como fontes historiográficas;
- a textura antiga: segundo o autor, causa-nos sensação de prazer tatear estruturas que remetem ao passado;
- a organização espacial: as modificações expressivas nos resquícios antigos da paisagem podem nos impor desconforto espacial, mediante a criação de espaços muito abertos ou fechados;
- a diversidade ambiental: já que a preservação patrimonial ajuda a compor uma paisagem heterogênea;

- o ganho econômico: a preservação patrimonial atrai turistas, movimentando a economia regional. Além disto, as próprias unidades preservadas poderem se transformar uma fonte de renda por meio das contribuições de visitantes.

Sabe-se que a interpretação patrimonial é mais do que uma mera regurgitação do passado: a leitura do patrimônio revela dialéticas que estão em jogo. A personalidade e a experiência do intérprete estão inseridas nas versões apresentadas sobre a interpretação patrimonial (OLSEN; TIMOTHY, 2002). Existem diferentes tipos de experiência com o patrimônio. É provável que uma visita à Meca represente uma experiência mais intensa a um muçulmano do que a uma pessoa que tenha outra fé (TIMOTHY, 1997). Este argumento nos ajuda a pensar de que forma o patrimônio pode ser contestado: é um fato observável que linhas de interpretação acerca do patrimônio colidam e apresentem em seu escopo uma parcela de significados antagônicos entre si e em proporção suficientemente notável para que, aos olhos de alguém, uma narrativa caia em uma posição de incredulidade.

A etimologia da palavra monumento vem do latim *monere*, que significa aconselhar, instruir, lembrar. Em determinado âmbito, podemos considerar um monumento como um amontoado de materiais como pedra e madeira. Ao sabor do curso histórico, outros pensamentos passam a ser inscritos ou projetados sobre sua essência material, tanto em âmbito literal ou metafórico (AUSTER, 1997). Traz consigo um significado fundador e ao mesmo tempo uma intencionalidade política (CORRÊA, 2005), que podem ser mais explícitos por meio de textos inseridos em placas informativas.

Os monumentos – entendidos como formas simbólicas tais como estátuas, obeliscos, colunas e templos – podem ser portadores de um sentido identitário nacional. Representações materiais de eventos passados integram o meio ambiente construído, compondo de modo marcante a paisagem de determinados espaços públicos da cidade (CORRÊA, 2005). É comum ver, nas cidades de fronteira, estátuas que buscam eternizar a memória militar, ressaltando a importância do dever cívico do cidadão de fronteira em se constituir como um guardião do território nacional. Para além das estátuas, não é raro observarmos que a própria paisagem de fronteira tem um viés militarizado, com a presença de batalhões do exército e fortes históricos.

Monumento em Cobija, capital do departamento boliviano de Pando. Cobija é uma cidade situada junto ao limite Bolívia-Brasil. Nas cidades de fronteira é comum a existência de monumentos que aludam à memória militar, incluindo homenagens a figuras militares e ao esforço de guerra de um povo. Fonte: Foto do autor.

Monumentos são erguidos para valorizar e lembrar grandes feitos. A força dos memoriais de guerra, que homenageiam os combatentes que morreram em honra da nação mítica, apresenta-se grandiosa (GOUGH, 2000). Quase invariavelmente os mortos de guerra são lembrados como mártires, que deram a vida para que a atual geração desfrute da vida nos moldes nos quais conhecem e geralmente apreciam. Este apreço se explica por uma espécie de mito da caverna, no qual a impossibilidade de conhecer uma realidade alternativa eleva o presente a um patamar de alta consideração. Para além desta questão, o mito da nação é muito poderoso, sendo os cerimoniais corriqueiramente solenes; muitas vezes o respeito e a consideração são construídos não somente socialmente, mas também por força da lei, já que o desrespeito aos símbolos patrióticos pode, em muitos países, se constituir como crime. Esta é uma das razões nas quais alguns veem muita congruência entre as categorias nação e cultura: seus universos semânticos flutuam sem precisão em seus limites, por vezes se colidindo e apresentando notável congruência.

Wilbur Zelinsky (1986) destaca a força do Estado e do nacionalismo sobre a paisagem. Destaca que o Estado pode selecionar aquilo que deve ser lembrado pelo conjunto de sua população. Esta orientação, contudo, pode variar ao sabor da história: nos Estados Unidos, até as duas primeiras décadas do século XX, pode-se notar vigorosa inclinação no erguimento de estruturas que aludiam de alguma forma à Revolução Americana. A partir de 1920, este padrão claramente se modificou (ZELINSKY, 1986). Nos Estados Unidos a lealdade do cidadão perante o Estado e ao conjunto de valores nacionalistas apresenta-se destacada. É possível observar, mesmo no âmbito da propriedade privada, uma profusão de bandeiras nacionais (ZELINSKY, 1986).

Se, por um lado, a origem dos Estados-nação é relativamente recente, por outro, as ideias comunitárias atravessam os séculos, geralmente sustentadas pela premissa de que a identidade de um grupo deriva de um patrimônio coletivo. Estados nacionais buscaram manter essas identidades, lançando luz sobre a trajetória histórica de um grupo cultural por intermédio da preservação de elementos do ambiente construído, das condições de replicação dos espetáculos memoriais, da arte, dos museus e dos monumentos (JOHNSON, 1999). Por isso, não é difícil perceber que as nações tenham ajudado a construir paisagens marcadas pela memória histórica coletiva composta de monumentos relembrando eventos enobrecedores, triunfos sobre a barbárie ou o martírio de cidadãos que deram sua vida em prol da luta pela existência nacional (CHARLESWORTH, 1994).

Mesmo os monumentos que homenageiam causas que buscam ressaltar o orgulho nacional podem ser alvo de contestação, como é o caso do grande debate realizado na Austrália acerca das estátuas e memoriais de guerra, que levaram à morte 60.000 australianos e enviaram 300.000 pessoas às missões militares no exterior. Existem interpretações de grande respaldo na história australiana que apresentam a narrativa de que o envolvimento do país na Primeira Guerra Mundial foi um erro, sendo esta uma das argumentações para a minimização da relevância dos monumentos que homenageiam os partícipes do conflito (JEANS, 1988).

Sobre a capacidade dos monumentos em expressar valores nacionais, destaca-se o primoroso trabalho de James Bell (1999) acerca das mudanças simbólicas da paisagem de Tashkent, no Uzbequistão. É importante ressaltar, de partida, que o Uzbequistão foi ocupado pelo império russo na segunda metade do século XIX. Com a ascensão soviética na primeira metade do século XX, destacou-se uma política de opressão da nacionalidade uzbeque e dos símbolos czarinos, que incluiu mudanças estéticas na paisagem da capital do país. Partindo do pressuposto de Benedict Anderson sobre a ideia de nação como uma comunidade imaginada[359], temos o nacionalismo como um campo discursivo, estruturado por mitos de identidade nacional (BELL, 1999); neste particular, o simbolismo na paisagem é um reforçador discursivo dos valores nacionais, sejam eles direcionados às velhas tradições uzbeques pré-coloniais ou ao período soviético.

Para os soviéticos, era importante transformar a Tashkent em uma cidade moderna, estruturada a partir da ordem político-social soviética. A praça vermelha, importante espaço público da cidade uzbeque, assistiu um processo de sovietização que arrasou duas estruturas czarinas – a mansão do governador geral e Catedral do Salvador Ressucitado [*Spaso-Preobrazhenskiy Sobor*] – e ergueu prédios administrativos e um monumento dedicado à Lênin. Processo similar ocorreu na icônica rua Sheikhantaurskaya, importante artéria viária que une a velha e a nova Tashkent. A rua em questão foi alargada, pavimentada e ganhou árvores, em uma estética similar a algumas capitais europeias. Estruturas tradicionais ao longo da rua foram destruídas, à exceção de alguns monumentos que remontavam ao século XVI (BELL, 1999). O que aconteceu na paisagem de Tashkent encontrou eco em movimentos similares da vida social. Da mesma forma em que as construções antigas foram substituídas por novas, funcionários mais antigos que trabalhavam nas repartições desde o Uzbequistão czarino foram sendo substituídos por jovens uzbeques que foram educados e politizados durante a era soviética (BELL, 1999).

O terremoto que atingiu Tashkent em 1966 abriu uma nova oportunidade para a revitalização estética da cidade. A antiga praça vermelha, que passou a ser chamada de Praça Lênin, teve seu espaço ampliado, recebeu novos prédios públicos e grandes fontes que imitavam um oásis. Além disso, a praça recebeu um museu de Lênin e a maior estátua do líder soviético já construída em qualquer ponto da União Soviética, tendo sua implantação concluída em 1974 (BELL, 1999). Com o fim da URSS e a independência do Uzbequistão a Praça Lênin foi novamente reestruturada. A estátua do líder soviético foi retirada e, no seu lugar, foi instalada a escultura de um globo no antigo pedestal, simbolizan-

---

[359] Muitos estudiosos têm se dedicado a mostrar a natureza inventada e construída da nação e da identidade nacional, bem como apresentar a necessidade da construção de mitos para justificar o nacionalismo (LEITNER; KANG, 1999).

do a independência do país. Em movimento similar, uma estátua de Tamerlão – um herói nacional conquistador que viveu a maior parte de sua vida no século XIV – substituiu o busto de Karl Marx (BELL, 1999).

As questões tão bem exploradas por James Bell (1999) ocorreram de forma bastante similar em outros países que estavam sob a égide de influência soviética durante o período da Guerra Fria. Com o desmantelamento do bloco soviético, estátuas de Lênin, Marx, além de certo número de homenagens a lideranças comunistas húngaras e memoriais de guerra soviéticos erguidos após o final da Segunda Guerra Mundial foram questionados e derrubados na Hungria (FOOTE; TÓTH; ÁRVAY, 2000). Na Lituânia, os sucessivos desmantelamentos dos memoriais comunistas receberam o nome de *Leninopad* e representavam não somente um afastamento da ideologia dita comunista, mas também uma reafirmação de autonomia mediante o afastamento da presença russa. *Pari Passu* ao *Leninopad*, memoriais foram erguidos em homenagem às vítimas do regime que imperou durante os anos da cortina de ferro (MAKHOTINA, 2021). No centro de Moscou – precisamente na Praça Vermelha – talvez a mais questionada relíquia patrimonial da Guerra Fria ainda se sustente, apesar da grande polêmica em torno dela: trata-se do mausoléu de Lênin, um monumento que hospeda o corpo preservado do ex-líder soviético. Para alguns, o memorial a Lênin serve como uma lembrança embaraçosa de um passado soviético fracassado; para outros, uma lembrança importante da Revolução Russa e certos aspectos positivos advindos da experiência da ditadura que prevaleceu no ínterim compreendido de 1922 a 1991 (MITCHELL, 2003).

A história moderna é repleta de exemplos da criação de um amontoado de símbolos criados para enfatizar regimes pós-revolucionários. Novos símbolos propostos buscam remover a evidência de regimes depostos ao mesmo tempo em que buscam afirmar o regime usurpador. Países que passaram por revoluções e deposições dinásticas em curto espaço de tempo são excelentes exemplos de toponímias provisórias. Enquadra-se nesse particular o Irã, que em menos de sessenta anos passou pela deposição da dinastia Cajar [*Qajar*] (1925), ascensão e queda da dinastia Reza Pahlevi (1925-1979) e Revolução Islâmica (1979). Em uma prática bastante usual de regimes altamente centralizados, o governo iraniano dos Pahlevi ordenou a mudança do nome de muitos povoados e cidades durante os anos 1930. O próprio nome do país modificou-se em 1935 de Pérsia para Irã. A Revolução Iraniana, que possibilitou a ascensão de uma teocracia, inaugurou um novo período de instabilidade das toponímias. Em um exemplo, o estratégico porto de Bandar-e Pahlavi (Porto Pahlavi) passou a ser chamado de Bandar-e Enzeli, o que se tratou de um resgate do antigo nome de base linguística gilaki. Já a avenida Pahlavi, que atravessa Teerã, passou a ser chamada de avenida Vali Asr, numa referência direta a um imã xiita (LEWIS, 1982).

A memória nacional é a mais legítima das memórias coletivas (POLLAK, 1989). Como em qualquer processo de negociação, a memória nacional carrega percepções reprimidas que ficam à margem das meta-narrativas sobre a nação. A repressão memorial é moldada pela angústia de não encontrar uma escuta, de ser punido por aquilo que se diz, ou, ao menos, pelo silêncio estratégico que busca evitar a exposição a mal-entendidos (POLLAK, 1989). As mudanças na ordem política abrem a possibilidade de um período de franca renegociação da memória nacional, geralmente conduzindo dada sociedade a um festejo apoteótico de simbolismos outrora reprimidos. A derrubada de simbolismos antigos, como a estátua de ditadores, representa, *inter alia*, a possibilidade de evidenciar o que foi reprimido da memória nacional. Aqueles indivíduos identificados com o *status quo ante*, passam a experimentar sensações irresistíveis de um mergulho em uma atmosférica simbolicamente tóxica. Do ponto de vista de um *outsider*, há uma tendência para que as portas da toxidade e da apoteose simbólica sejam adjacentes e idênticas. Nas palavras de Michael Pollak, "Distinguir entre conjunturas favoráveis ou desfavoráveis às memórias marginalizadas é de saída reconhecer a que ponto o presente colore o passado" (POLLAK, 1989, p.8).

Tão importante quanto avaliar a destruição dos símbolos da Guerra Fria que povoaram (e ainda povoam) a paisagem urbana torna-se a avaliação dos esforços para a criação de novos memoriais e a restauração de templos históricos e religiosos negligenciados durante décadas. Na concepção da paisagem vista como texto, a transição observada entre os regimes políticos possibilita que sejam apagados certos trechos do texto paisagístico e, em seus lugares, inseridos novas passagens textuais. Na linguagem metafórica de Barros (2020), dos acordes-paisagem, falamos da substituição de algumas notas por outras no interior do acorde.

A independência do continente africano também propiciou um forte questionamento quanto ao simbolismo paisagístico, evidenciando um confronto da paisagem colonial frente à proposta de uma nova paisagem pós-colonial. Este movimento ficou ainda mais evidente com a ascensão da ideologia pan-africanista e o impetuoso sopro autonomista advindo da Conferência de Bandung (1955). Laragh Larsen (2012) analisou as modificações na paisagem urbana de Nairóbi, no Quênia, país que outrora fora colonizado pelo império britânico. Após a independência, Nairóbi assistiu a retirada de monumentos que celebravam o poder imperial inglês, em um movimento de reafirmação da autonomia nacional. A estátua do lorde Delamere – uma das principais lideranças colonizadoras do Quênia – foi retirada da área urbana de Nairóbi em 3 de novembro de 1963 e conduzida para as proximidades do lago Elementaita, um mês antes da independência formal do país e tendo, portanto, seu destino atrelado às forças políticas autonomistas que já se desenhavam no horizonte político do país do leste africano (LARSEN, 2012).

Refletindo sobre a passagem do período colonial para o pós-colonial, Zeynep Çelik (1999) argumenta que os lugares simbólicos da cultura colonizadora continuam trazendo significados nos períodos pós-coloniais devido à sua capacidade de adquirir novos sentidos que permitem que tais lugares se constituam como lugares de memória para os àqueles que foram colonizados. Esta é uma das razões para que o simbolismo colonizador seja um alvo preferencial da ação das novas forças autonomistas pós-independência. Assim como se viu no exemplo de Nairóbi, trazido por Larsen (2012), Argel também assistiu supressões simbólicas. A praça das armas, espaço colonial na capital argelina, possuía uma estética de controle: sua grande esplanada contrapunha-se às apinhadas ruelas da cidade, servindo como um espaço de reunião, manobras de veículos militares e controle, diante da presença do antigo palácio do governo outrora submetido ao comando otomano. No interior da praça, a estátua pomposa do duque de Orleans simbolizava o controle francês. Com a independência argelina, a estátua foi retirada e a praça trocou de nome, passando a ser chamada de Praça dos Mártires, em memória dos argelinos que perderam a vida na Guerra de Independência da Argélia (1954-1962) (ÇELIK, 1999).

Taiwan apresenta-se também como um notável exemplo das mudanças simbólicas da paisagem que buscam entrar em sintonia com o *status quo* político. Com a anexação da ilha ao território chinês, foi feito um esforço para apagar as memórias ligadas ao período de jugo japonês, o que incluiu a substituição de toponímias e imposição arquitetônica, de forma mais visível na capital Taipei. Nesta cidade, as novas toponímias atribuídas às ruas passaram a espelhar a espacialidade chinesa: como exemplo, lugares no sul da China deram nomes às ruas da porção sul de Taipei. De fato, o mapa chinês foi desenhado no tecido urbano da cidade taiwanesa por meio das toponímias. Entretanto, vale ressaltar que, desde os anos 1980, observa-se um movimento de contestação em relação à presença dos símbolos que expressam o comando nacionalista autoritário chinês (LEITNER; KANG, 1999).

Em movimento similar, Duncan Light (2004) destaca o estudo de caso de Bucareste, capital da Romênia. Na cidade em questão, o fim do regime socialista conduziu a um processo de renomeação das toponímias das ruas que celebravam o *status quo* político. Assim como reconhecem outros estudiosos do tema, Light afirma que "os nomes que comemoram eventos-chave ou personalidades sobre a história de um país são manifestações da ordem política e podem ser expressões significativas na identidade nacional dotadas de relevante poder simbólico" (LIGHT, 2004, p.154). Em Budapeste, na Hungria, a experiência da transição política foi similar à Bucareste. Todavia, notou-se na experiência húngara que, se por um lado o processo de destruição de símbolos ligados à antiga ordem política teve forte apelo popular, por outro, a discussão sobre nomes de ruas, estátuas e memoriais que iriam substituir a antiga ordem não encontrou consenso (PALONEN, 2008).

Também foi contestada a construção e inauguração da estátua em memória de sir Arthur "Bomber" Harris, ocorrida em Londres em junho de 1992: se por um lado Arthus Harris é considerado um herói militar inglês, por outro, é tido como um dos grandes responsáveis por mortes de civis nas cidades alemãs, além da marcante devastação da cidade de Dresden (JOHNSON, 1995). Vale a pena destacar que o caso em questão envolve sentimentos transnacionais. Certamente o simbolismo pode ir além das questões de identidade nacional: Andrew Charlesworth (1994) explorou em um trabalho as tentativas de ressignificação de Auschwitz realizadas por comunistas e católicos poloneses. O poderoso simbolismo do antigo campo de concentração nazista também pode ser abordado por perspectivas distintas. É também notável o exemplo da Basílica de Sacre Couer, em Paris, que se impõe não somente pela sua riqueza arquitetônica – um monumental templo religioso de estilo Bizantino –, mas também por ter assistido e sido palco de movimentações políticas importantes em uma França efervescente (HARVEY, 1979). Assume uma posição de comando, no topo da colina Montmatre, numa estratégia claramente utilizada nas cidades monárquicas brasileiras de topografia inquieta. Assim, destaca-se no *skyline* como uma espécie de panóptico que zela pela urbe que a acolhe. A basílica parisiense foi ressignificada ao sabor das movimentações políticas, carregando uma história recheada de grandes acontecimentos que nunca poderiam ser previstos pelos homens que trabalharam no seu erguimento. Muitas vezes os monumentos são descritos pelo simbolismo que carregam. A descrição, em tempo presente, ignora o dinamismo diacrônico que é indissociável do monumento. Assim, a descrição, seja ela em qual tempo for feita, é um recorte. Novas significações estão sendo elaboradas, sendo o tempo atomístico o fator passivo diretamente associado ao acúmulo experiencial e simbólico. A descrição do monumento carrega, também, os problemas que advêm da narrativa histórica e que foram problematizados por Hayden White no conjunto de sua obra. Na perspectiva daquele que descreve, certos simbolismos podem ser supervalorizados e outros obliterados. Causa estranhamento – apesar de ser um ato muito comum – quando as descrições sobre monumentos tratam a sua história finalizada, como se estivessem eternizados em seu significado.

A politização da arte e a estetização da política apresentam-se como duas faces de uma mesma moeda. O brilhante arquiteto Berthold K. H. Albert Speer serviu ao governo de Hitler, sendo responsável por diversas obras e recomendações estéticas que auxiliavam a transmissão da ideologia nazista por meio do simbolismo. São inúmeras as obras que transmitiam simbolicamente as pretensões e convicções de Adolf Hitler e seus apoiadores (MITCHELL, 2003) quanto à formalização de um mítico ideal nacional. Nas palavras de Katharyne Mitchell, "patriotismo e imperialismo estavam ligados por Hitler e Speer na formação estética do império imaginado do Terceiro Reich" (MITCHELL, 2003, p.444).

O patrimônio imaterial também se entrelaça com o nacionalismo. Em países banhados pelo Golfo Pérsico, como os Emirados Árabes Unidos, a falcoaria tem sido posicionada como um esporte que precisa ser protegido frente à sanha dos esportes globalizados. Observa-se que o avanço do cosmopolitismo nos Estados do Golfo Pérsico tem colocado em xeque antigas tradições[360]. Questões demográficas também se apresentam como uma ameaça, afinal, um percentual expressivo da população dos Emirados Árabes Unidos é nascida fora dos limites nacionais, e o mesmo ocorre nos seus baluartes cosmopolitas: as urbes de Dubai e Abu Dhabi.

---

360 Como aponta Matthew Maclean (2017), os *booms* econômico e urbano dos Emirados Árabes Unidos fizeram com que uma grande conurbação urbana baseada na implementação de obras de engenharia monumentais e impressionantes expressões arquitetônicas se formasse no eixo que engloba Abu Dhabi, Dubai e Ras al-Khaimah. A rápida expansão urbana impôs uma nova ordem estética à paisagem regional, fazendo com que crescesse a preocupação com a preservação de trechos antigos das cidades agora inseridas em uma mesma conurbação urbana.

Todavia, a força de preservação da falcoaria apresenta-se centrada nas elites nacionais. O esporte não possui grande apelo popular por ser tão caro quanto os esportes equestres. Tanto a aquisição do pássaro quanto os cuidados que são necessários ao animal são exorbitantes[361] (KOCH, 2015). A defesa da falcoaria apresenta-se, assim, como uma decisão da elite. Mesmo que o esporte seja reconhecido como patrimônio por uma parte expressiva da população, é necessário compreender que o seu caráter excludente é justamente um princípio contrário à edificação patrimonial. A prática da falcoaria é, para além do lazer, uma manifestação de status social. Para Natalie Koch, "mais do que um marcador de status social, a construção da falcoaria como um esporte patrimonial no Golfo (Pérsico) é um discurso nativo que busca ressaltar um imaginado modo de vida árabe primordial" (KOCH, 2015, p.528). É importante considerar que os esportes podem ser incorporados como patrimônio nacional mesmo se não forem originalmente criados em determinados países. Essa incorporação geralmente se dá pela formação de uma tradição nacional de praticantes aliado com algum histórico de sucesso esportivo em competições internacionais, que ajudam a reforçar a imagem de "terra de um dado esporte". O rugby na Nova Zelândia e o futebol no Brasil parecem ser bons exemplos (BAIRNER, 2009).

Para pensar a edificação patrimonial é fundamental que se tenha clara a diferença entre história e memória. A história é um conceito temporal relativo, enquanto que a memória é um conceito temporal relacional. Se o lugar é meramente historicizado no espaço relativo por meio do erguimento de certo tipo de monumento, então isso impõe uma narrativa fixa no espaço, dotada de viés. O efeito será o encerramento de futuras possibilidades e interpretações[362] (HARVEY, 2012). Tal fechamento tenderá a estreitar a potência geradora que permitiria construir um futuro diferente. Mas é justamente a memória que reabre o campo de luta acerca do significado, podendo agir incontrolavelmente em momentos de crise em

---

361 Cada pássaro chega a custar 80.000 dólares. O cuidado com o animal é tão intensivo que exige a contratação de um empregado para cada animal adquirido (KOCH, 2015).

362 Entendemos que David Harvey (2012) referiu-se ao encerramento representacional, ou seja, o erguimento do monumento é um ato de imposição de uma narrativa na posição de quem o constrói, ainda que posteriormente possam existir movimentos de ressignificação e/ou contestação do significado. Deste modo, do ponto de vista das forças associadas ao erguimento do monumento, o ato de construção monumental tem o efeito de um pretenso "fim da história simbólico".

prol da revelação de novos significados. O modo como o local poderia ser vivido por aqueles que o encontram se torna então imprevisível e incerto. A memória coletiva[363] - um difuso e poderoso sentido que tanto permeia uma cena – pode desempenhar um papel significativo na animação dos movimentos políticos e sociais[364]. O relato acerca do passado

---

363 A diferenciação da memória coletiva e da memória individual tem como uma das principais referências o trabalho de Maurice Halbwachs (1990). É importante notar que as dimensões coletiva e individual da memória se entrelaçam dialeticamente. Aprioristicamente a memória parece ser um fenômeno individual, mas precisa ser compreendida como um fenômeno coletivo e social (POLLAK, 1992), "porque mesmo o indivíduo que se empenha em reconstituir e reorganizar suas lembranças irá inevitavelmente recorrer às lembranças de outros, e não apenas olhar para dentro de si mesmo em conexão com um processo meramente fisiológico de reviver mentalmente fatos já vivenciados" (BARROS, 2017, p.14): eis a dimensão intertextual da memória. Apesar da diferenciação entre coletiva e individual, é importante notar que as características fundamentais das memórias se expressam em ambas, incluindo nessas características a fluidez e reconstrução permanente que polariza com a fixidez das representações. Outra característica comum do entrelace envolvendo a memória individual e a coletiva é o notável equilíbrio precário de um sem número de contradições e tensões (POLLAK, 1989). Segundo José D'assunção Barros "a realidade social nos oferece um número indefinido de grupos, cada qual com a sua memória coletiva, entrelaçando-se em uma rede social extremamente complexa. Grupos se opõem uns aos outros, incluem-se e excluem-se mutuamente, segmentam-se uns a partir de outro, avançam paralela ou entrelaçadamente no tempo e convivem no mesmo espaço social. Cada indivíduo participa na verdade de muitos grupos, cada qual com a sua memória: a vizinhança, o trabalho, o grupo ao que pertenceu na fase escolar, e, ao mesmo tempo, a grupos maiores que também trazem a sua memória coletiva: a religião, a nação, a carreira profissional. Assim, considera-se como memória coletiva a evocação de lembranças interpessoais realizadas por um determinado grupo de pessoas (BARROS, 2011). A memória coletiva não é de fato única, e somente se pode falar esta expressão no singular como recurso discursivo para a identificação e delineamento de um campo, porque há na verdade inúmeras memórias coletivas" (BARROS, 2009, p.48). É importante pontuar que, apesar da memória coletiva englobar fragmentos das memórias individuais, não pode ser dito que é composta de mero somatório das elaborações identitárias, pois a memória coletiva evoluiria a partir de uma dinâmica própria que é diferente das dinâmicas observadas nas memórias individuais (BARROS, 2017, p.13).

364 O processo de patrimonialização é um ato político que manifesta em amplo espectro: se considerarmos o plano da institucionalização patrimonial assegurada pelo poder público, é um ato político evidente; no plano dos costumes cotidianos, envolvendo atores não-estatais, a patrimonialização é também uma forma de operar relações de poder por intermédio de um universo cultural material-transcendente. É sempre importante lembrar o que parece ser óbvio: não é o Estado quem detém o monopólio das relações de poder.

chamado de "história oficial[365]" carrega o discurso de alguém e se impõe como uma narrativa ditatorial alienante e poderosa; a história oficial carrega uma narrativa que por si só não reinventa tradições, ligando a história dos ancestrais ao tempo indiferenciado dos heróis, dos mitos e das origens (NORA, 1989). Nossa memória, por outro lado, possui traços históricos peneirados e sortidos, em constante reorganização e problematização. Por isso, "a memória é um fenômeno perpetuamente atual, que nos traz sempre ao presente, enquanto que a história é a representação do passado" (NORA, 1989, p.8), uma reconstrução sempre problemática e incompleta do que não existe mais (MONASTIRSKY, 2009). Nesse sentido, para a memória, seja coletiva ou individual, a fluidez é a palavra de ordem: no processo de referência à história, "a memória coletiva muda sua interpretação seletivamente, enfatizando, suprimindo, elaborando e reelaborando diferentes aspectos interpretativos dos registros históricos" (ZERUBAVEL, 1994, p.73). O mesmo pode ser dito da memória individual, visto que a memória coletiva também se configura por meio das instâncias individuais.

Diferente da memória coletiva, a história oficial não se preocupa com um processo de negociação[366] das memórias individuais, impondo-se

---

365 Tanto os conceitos de memória quanto de história são apresentados na bibliografia ora de forma literal, ora como figura de linguagem. Na dimensão da literalidade, a história oficial é escrita pelo Estado, compondo discursos e jazendo nos alfarrábios dos arquivos públicos. Mudanças políticas abruptas, como no contexto extremo de uma revolução, podem fazer com que a história oficial se despedace e se reinvente, para assumir uma nova morfologia de verdade onisciente e imutável. Esse tipo de mudança é diferente daquela experimentada pela memória, entendida em seu sentido literal como uma estrutura cognitiva fluída e diuturnamente afetada pelas variáveis que compõem a vida cotidiana. *Ipso facto* argumenta-se, como fez Pierre Nora (1989), que a memória é sempre do tempo presente, pois quimericamente se embaralha e se ressignifica. Nesse sentido, a história oficial assume um viés objetivo; a memória, por sua vez – sempre um produto da interseção das relações coletivas e individuais como bem lembrou-nos Halbwachs (1990) –, está contida nos domínios da subjetividade.

366 O termo negociação é utilizado por Maurice Halbwachs (1990) e também Michael Pollak (1989). Preferimos em certa aplicação o uso do termo intermediação e cabe neste ponto explicar o porquê: a palavra negociação transmite, mais do que intermediação, uma ideia de um acordo democrático dotado de relativa isonomia acerca das escolhas. Além disso, o termo negociação envolve a perspectiva da participação entre partes divergentes de um processo decisório, enquanto que a palavra intermediação alude a um processo de seleção, organização, problematização e reescrita arbitrária daquilo que em alguma medida diverge. Assim, quando falamos tão

como uma metanarrativa pouco flexível sobre os acontecimentos do passado. Já a memória coletiva apresenta-se fluida, capaz de se reiventar. Esses pressupostos aqui trazidos só fazem sentido a partir da compreensão de que o passado não pode ser construído, já que é sempre seletivamente explorado. No seio desta discussão, chama a atenção o episódio histórico do cerco romano à fortaleza de Massada, ocorrido entre o ano de 73 e 74 da era Cristã. No episódio em questão, a historiografia oficial e a memória coletiva têm apresentado alinhamento[367]: o confinamento de um contingente de 1000 judeus zealotes em Massada, entre mulheres e crianças, conduziu a um suicídio coletivo mediante iminente invasão romana (ZERUBAVEL, 1994). É notável que a historiografia acerca do episódio histórico em questão centre-se na ideia de uma categoria mais elusiva – a morte patriótica – suprimindo a ênfase no suicídio em massa. Assim, o suicídio tornou-se um detalhe marginal na narrativa. Qual seria o interesse da história oficial e da memória coletiva buscarem esse alinhamento? Sabe-se que o suicídio transmite a ideia de uma solução escapista, o que poderia se configurar em uma opção pouco honrosa em certas interpretações. Ao evitar o suicídio, a narrativa dá ênfase no judeu pronto para lutar até o amargo fim em prol da glorificação de uma vida nacional judaica na antiguidade em contraste "com os dois mil anos de condenação dos judeus no exílio e sua suposta mentalidade submissa" (ZERUBAVEL, 1994, p.77). Existe ainda, não menos importante, uma motivação religiosa para que as narrativas não enfatizem o suicídio: a religião judaica condena o suicídio ao colocá-lo no patamar de uma violação da doutrina do controle divino sobre a vida e a morte.

---

somente acerca da existência de um fenômeno como a memória coletiva, podemos falar de uma formulação negociada; mas quando ousamos descrever a memória coletiva, consideramos ser mais adequado falarmos de uma essência estruturada em um processo de intermediação das memórias individuais, pois a nossa descrição, sempre arbirtrária, pautará obliterações e ênfases, e, neste caso, estará distante daquilo que a ideia de uma negociação transmite. É sempre importante destacar que a negociação/intermediação das memórias individuais como atos para a formação da memória coletiva não fazem com que esta última seja compreendida como um mero somatório de características: a negociação/intermediação leva a memória coletiva a possuir uma face sempre dinamizada e inédita, incapaz de ser reconhecida por intermédio de uma ampla varredura das individualidades.

367 Devido o caráter fluído da memória coletiva devemos considerar a possibilidade de que a mesma, em movimento, se afaste da perspectiva da historiografia oficial. Todavia, há de se avaliar que em determinadas situações, amarras ideológicas e mitos fundadores possam limitar a fluidez da memória de modo a aumentar a fricção do seu movimento interpretativo.

No judaísmo não são previstos alguns rituais fúnebres àqueles que praticam o suicídio, bem como as sepulturas dos suicidas são separadas do terreno comunal das demais sepulturas. O exemplo em questão alimenta as nossas possibilidades de considerarmos a seletividade da narrativa histórica e da memória coletiva.

O patrimônio – enquanto algo passível de tombamento ou legitimação por parte do Estado – é diretamente relacionado à memória coletiva. É sempre um produto de uma escolha, tendo, portanto, caráter arbitrário. Assim, o patrimônio precisa ser entendido como uma construção social de extrema importância política, pois "significa a constituição de algo que será a representação do passado histórico e cultural de uma sociedade" (MONASTIRSKY, 2009, p.330) e, assim, lembranças e exclusões dos registros históricos são escolhas de um processo que é similar ao da memória.

José D'Assunção Barros (2009; 2011; 2017) destaca que a rejeição ao entendimento da memória concebida como um mero acúmulo passivo de informação encontrou respaldo não somente nas problematizações acadêmicas – tendo como pioneiro Maurice Halbwachs – mas também nos avanços recentes nos processos biológicos da mente. Assim, a memória não pode ser compreendida metaforicamente como um espaço inerte, no qual se depositam e se acumulam lembranças; diferentemente, deve ser compreendida "como espaço vivo, político e simbólico no qual se lida de maneira dinâmica e criativa com as lembranças e com os esquecimentos que restituem o ser social a cada instante" (BARROS, 2009, p.37). É de se rejeitar que a história seja memória, pois há uma interrupção entre a sociedade que lê essa história – incluindo testemunhas e atores ativamente partícipes dos fatos descritos – dos acontecimentos que nela são narrados. A interrupção aqui descrita é uma mutilação da memória, visto que seu caráter permanentemente reelaborador é incondizente com a fixidez da representação. Se a abordagem positivista permite a consideração acerca da existência de uma história universal, o mesmo não pode ser dito acerca de uma memória universal, visto que, mesmo no âmbito da memória coletiva, estaremos nos referindo a um grupo limitado e situado no tempo e no espaço (BARROS, 2009).

Na contemporaneidade, com o desenvolvimento do sentimento de mudança político-social internalizada como um dever seja no âmbito da inquietude teórica ou da ação política, ocorreu o alargamento do abismo entre história e memória. As certezas, as narrativas lineares e a metahistória tem sido demonizadas. Em outro extremo ao ataque à rigidez historiográfica, temos o vício da fluidez absoluta que não hierarquiza os valores das versões sobre o passado. O triunfo absoluto da memória sobre a história parece nos conduzir a problemas teóricos e práticos tão sérios quanto os trazidos pelas grandes narrativas.

Do ponto de vista prático, é recorrente a problemática que envolve a história e memória; David Harvey (2012) dá o exemplo do Marco Zero das torres gêmeas de Nova Iorque ao dizer que o memorial "não pode ser outra coisa além de um lugar de memória coletiva, e o problema dos arquitetos é traduzir esta sensibilidade difusa em um espaço absoluto de tijolos, cimento, aço e vidro" (HARVEY, 1992, p.26). Harvey destaca a dificuldade dos monumentos em expressarem a amplitude da memória a partir do exemplo do Marco Zero em Nova Iorque. Argumenta que é necessária extrapolação e ressignificação para compreender que por detrás do sofrimento das vítimas dos atentados terroristas, existe uma rica história e detalhada memória ligada às incoerências da política externa dos Estados Unidos, que outrora apoiaram Osama Bin Laden e os *mujaheddins* tendo como inimigo comum a presença soviética na Ásia Central; acrescenta-se ainda o fato de que, posteriormente, os Estados Unidos ignoraram a ascensão ao poder do Talibã em 1996 que, em um efeito dominó, participou do empoderamento da rede terrorista *Al Quaeda* e da gênese de sua capacidade de se organizar e promover o ataque em território americano. Terroristas curiosamente estabeleceram uma leitura simbólica dialética entre os seus ícones e valores frente ao dos norte-americanos. Neste âmbito, o atentado terrorista parece querer expor uma ironia, evidenciando contradições da política externa americana dando margem para uma narrativa de autoreflexão sobre uma coresponsabilidade acerca do evento violento.

É interessante pensar que o monumento do Marco Zero se tornou um ponto no meio da linearidade da história e da memória a partir da recente retomada do poder pelo Talibã no Afeganistão, consolidada em agosto de 2021. Não há limites para a pluralidade das interpretações. Nós mesmos não pretendemos aqui esgotar as narrativas sobre os eventos históricos que se conectam e dão fôlego à materialidade patrimonial; apenas intermediamos a história por detrás do monumento, certos de que nossa narrativa pode certamente apresentar-se desalinhada frente à perspectiva das forças que o ergueram. Pierre Nora (1989) argumenta que museus, arquivos, cemitérios, festivais, monumentos e santuários conferem ilusões de eternidade; na dimensão nostálgica dessas instituições devocionais rituais são estimulados. Em sociedades que costumeiramente nivelam particularidades, as instituições devocionais criam sinais de pertencimento a um grupo, que são muito importantes para a perpetuação destas instituições.

Segundo David Lowenthal (1998), o patrimônio não é a mesma coisa que a história. Monumentos e festivais nunca ajudam a história[368], pois protegem erros e consolidam e ajudam a reproduzir preconceitos[369]. O patrimônio não diverge da história em ser enviesado, mas no compromisso com o viés que carrega. Os historiadores, pelo seu lado, objetivam reduzir o seu viés; o patrimônio sanciona-o e fortifica-o. Acreditamos que o patrimônio é capaz de ajudar a história; por mais que consideremos que o patrimônio é enviesado, tal como preconiza Lowenthal, há de se considerar que o seu viés permite ao historiador propor intermediações de narrativas. Esta problematização não objetiva negar a capacidade do patrimônio em penetrar na consciência popular e se constituir como uma ferramenta estratégica do poderoso, proporcionando não somente discursos de classe ou de diversas ideologias, mas especialmente indicar a absorção de conceitos como o nacionalismo e o patriotismo (HARDY, 1988). Nota-se, porém, que o patrimônio também serve às manifestações e perpetuação de ideias subversivas. Apesar do simbolismo do patrimônio muitas vezes se referir à dimensão da representação de classe, acreditamos que, assim como ocorre com todos os ícones paisagísticos (incluindo os não-humanos), as interpretações patrimoniais pertencem ao plano individual, não ocorrendo coesão absoluta entre os indivíduos supostamente inseridos em uma mesma classe. Entretanto, em nome de determinados objetivos individuais que também podem se tornar coletivos, a ideia de classe torna-se uma ferramenta útil. É neste tensionamento que o indivíduo e o coletivo, assim como as ideias e as tangibilidades se confrontam.

No âmbito patrimonial, religião e política se entrelaçam: os monumentos são responsivos frente às duas esferas. Os exemplos que mostram a atuação conjunta da religião e da política no patrimônio

---

368 Neste trecho, o uso da palavra história, por David Lowenthal, claramente alude a uma forma de remontar o passado que é distanciada da pretensão de estabelecer uma verdade ou uma narrativa linear que implacavelmente retumba nos corações e nas mentes de todos. Ao dizer que monumentos e festivais nunca ajudam a história, Lowenthal evidencia a rigidez da representação, que é incapaz de esgotar os relatos sobre o passado.

369 Em uma mesma linha, Katharyne Mitchell (2003) argumenta que os monumentos não são mais do que ferramentas selecionadas que ajudam a memória: incentiva-nos a lembrar de algumas coisas e esquecer outras, fato que pode ser aplicado de uma forma mais ampla ao patrimônio.

abundam. Pensando nas contestações e ressignificações do patrimônio, sempre se trata de um excelente exemplo lembrar que a Caaba islâmica um dia serviu a cultos politeístas (HOURANI, 2001). Alguns grupos religiosos definem a si mesmos e buscam consolidar sua existência e longevidade por meio de sua narrativa histórica e do seu patrimônio construído, como mostraram Olsen e Timothy (2002) em sua pesquisa que contrastou o acervo patrimonial dos mórmons frente ao das cisões que deles surgiram, como a igreja da Comunidade de Cristo.

Geralmente o ato prático de preservação do patrimônio não encontra respaldo para além dos benefícios econômicos. Os benefícios sociais e espirituais são pobremente entendidos (LOWENTHAL, 2011). Sabe-se que a mercantilização de tudo – extremamente notável em nosso tempo – coloca o processo de patrimonialização como um aliado dos planejamentos de desenvolvimento econômico regional (BRITO-HENRIQUES, 2004). Afinal, contribui para a formação de imagens mais atrativas de lugares às atividades turísticas. É interessante pensar que a patrimonialização pode gerar um efeito que vai além de suas cercanias, interferindo nas relações econômicas e sociais que se manifestam em gradações concêntricas, ainda que imperfeitas à luz do rigor geométrico.

O turismo histórico e patrimonial transformou-se em um ramo muito importante da atividade turística, envolvendo um volume muito grande de pessoas e cifras astronômicas. Neste particular destacam-se tanto o patrimônio natural quando o construído (OLSEN; TIMOTHY, 2002). A literatura acadêmica sugere que a ansiedade quanto ao futuro e a nostalgia referente a um tempo controlado e conhecido faz com que as pessoas olhem para o passado de forma saudosa (CAMERON; GATEWOOD, 2000). Esta temática foi muito bem explorada no filme *Meia Noite em Paris* de Woody Allen, que propôs, em sua narrativa, que gerações diferentes em distintos tempos sempre preferem o passado. Alertamos, contudo, que essa conjuntura é totalizante; faz mais sentido pensarmos em posturas distintas, com opiniões diferentes em relação ao passado[370]. Afinal, experiências particulares podem trazer à tona um passado tão traumatizante que seria melhor criar mecanismos para evitar a sua lembrança. Por isso

---

370 A atividade turística, em sua sanha economicista, pode transformar o patrimônio em um fetiche; isto significa considerar apenas o patrimônio como produto objetivado. Este é um risco da contemporaneidade que tudo mercantiliza (VELOSO, 2016). O conceito de geogramas problematizado por Augustin Berque permite explorarmos o objeto para além de sua restrição objetiva, penetrando no campo das *affordances* e das relações entre objetos e sujeitos.

não concordamos com David Lowenthal (2011) quando o autor afirma que as pessoas não querem visitar outros lugares, mas outros tempos: cidades muradas medievais, templos budistas, pirâmides maias, tumbas egípcias e elementos de um mundo desaparecido. Em nossa opinião, não faz sentido estabelecer esta distinção entre espaço e tempo. As relíquias não são separadas dos espaços nos quais foram concebidas. O binômio patrimônio/espaço precisa ser contemplado conjuntamente, pois são indissociáveis. Seria mais correto dizer que, no afã de visitas patrimoniais, pessoas buscam visitar locais-tempo; esta expressão evidencia uma indissociabilidade excepcional, que só pode ser visitada de fato enquanto figura de linguagem. Tal argumento não busca diminuir a importância da história no interesse patrimonial. *Au contraire*, ressalta o valor da história em um âmbito de maior especificidade: o patrimônio alude a um dado período do tempo situado em dada paisagem e lugar. No mesmo texto, Lowenthal (2011) evidencia a importância do espaço na questão patrimonial, ainda que de forma implícita; o autor salienta que os tempos coloniais atraem cem milhões de visitantes por ano nos sítios históricos americanos, dirigidos pela nostalgia de acessar as relíquias do artesanato e a ligação íntima entre as comunidades e seus laços íntimos com a natureza (LOWENTHAL, 2011). Parece-nos claro que o estabelecimento de "laços com a natureza", que poderia ser expresso como "relações dos homens com o meio físico", se dão em uma dada porção do espaço. As características do meio físico certamente inspiram atitudes e soluções que visam a produção do bem-estar humano, permitindo que os registros materiais e imateriais sejam temporal e espacialmente situados.

O ato de patrimonialização em si representa uma ação presente que utiliza o passado como recurso. Pois, quando um monumento ou um saber torna-se patrimônio, existe hoje, mais do que em outros tempos, uma pressão quase inevitável para que ocorra a sua gourmetização. Barbara Kirshenblatt-Gimblett (1995) alega que a patrimonialização é um modo de produção cultural. Concordamos com a autora em questão, com o detalhe de adicionarmos cautelosamente uma ênfase na expressão "produção cultural": (re)produção, pois aquilo que foi elevado à categoria de patrimônio não surge *ex-nihilo*.

O turismo e a patrimonialização são colaborativas entre si: o patrimônio aumenta o potencial de visitação de uma dada localidade e o turismo, por sua vez, faz com que o patrimônio seja economicamente autossustentável por intermédio de sua visitação (KIRSHENBLATT-GIMBLETT, 1995). Um conjunto de monumentos de grande valor histórico pode sofrer com a ação do tempo caso não capitalize por intermédio da atividade turística ou com a boa vontade do governo. O rótulo de patrimônio pode criar para um monumento uma nova página econômica de sua história, capitalizando recursos que, se bem empregados, podem servir a uma gestão de sucesso. O tombamento de um monumento por parte do poder público pode não garantir a segurança da conservação dos seus traços históricos: em um efeito contrário, pode acelerar sua degradação, visto que anuncia o fim de adaptações funcionais que buscam mitigar sua inadequação. A patrimonialização, por sua vez, dá uma nova função àquilo que jazia no domínio da obsolescência operacional.

É preciso apontar que o turismo em massa pode colocar em risco à preservação ambiental, tanto por intermédio de fatores diretos, tais como aqueles vinculados à depredação patrimonial, quanto indiretos, como, por exemplo, a especulação imobiliária que interfere no arranjo paisagístico que compõem o patrimônio. Nem mesmo o patrimônio agrário está livre desse assédio: na ilha de Bali, na Indonésia, a liberalização político-econômica – que aumentou paulatinamente desde a década de 1990 – tem colocado em risco os *subak*, que são os tradicionais terraços de plantio que se distribuem pelas colinas da ilha. O fenômeno tem sido desencadeado, principalmente, pela expansão da atividade turística da ilha, frequentemente vista como um balneário atraente. Os terraços têm sido desarticulados a favor da expansão de estruturas turísticas e especulação imobiliária (WARDANA, 2020). Em Najaf – cidade iraquiana de grande importância religiosa para os muçulmanos xiitas[371] – as adequações de acesso ao santuário do Imã Ali colocaram em risco um conjunto patrimonial. O santuário se localiza na porção central da cidade histórica de Najaf, no interior de uma rede caótica de pequenas vielas e habitações antigas que se apinhavam ao sabor de um período pré-automobilístico, quando não havia a preocupação com as nuances típicas da circulação em urbes modernas. Paulatinamente foram realizadas intervenções radiais na velha cidade para facilitar o acesso à porção central onde se localiza o santuário. Estas intervenções destruíram antigas habitações e um grande bazar que ficava na face oeste do santuário. As modificações causaram uma profunda ruptura na estrutura urbana e transformaram a organização espacial da cida-

---

371 O santuário tem importância internacional, visto que o seu caráter sacro é reconhecido e estimado pelos xiitas de outras nações, como aqueles que habitam o Irã. É comum em Najaf a realização de visitas de fiéis vindos do exterior.

de. Adicionalmente, "ocorreu perda de rico patrimônio arquitetônico, além do desaparecimento de atividades tradicionais e um patrimônio cultural associado ao lugar" (FARHAN; AKEF; NASAR, 2020, p.828).

De todo modo, tanto os lugares míticos quanto os religiosos baseados em poderosas imagens usufruem das projeções materiais e simbólicas advindas do patrimônio; os geógrafos reconhecem a importância destas projeções imagéticas como meios de propagandear lugares (JOHNSON, 1999). As ruínas de Machu Picchu, antigas edificações erguidas pelo império incaico, não raramente são apresentadas como portadoras de propriedades místicas. Certos lugares possuem valor sagrado e de cura; o Monte das Oliveiras é local de contemplação e silêncio enquanto que as águas do Ganges sustentam o simbolismo cotidiano hindu, celebrando rituais de vida e de morte. É importante notar que as geografias imaginativas podem desestabilizar a memória oficial (SILVEIRA, 2020): uma ruína[372] pode despertar fantasias relacionadas a pessoas e eventos que podem jamais terem se associado às suas entranhas e quiçá adjacências. Além disso, um patrimônio pode apresentar uma compreensão mística que conflita com versões essencialmente ligadas aos registros oficiais.

Toponímias que buscam homenagear pessoas ou eventos podem se tornar patrimônios[373] à medida que o simbolismo que nomeia um dado espaço faz dele um lugar detentor de sentido e história própria. Nota-se que o batismo do nome de ruas pertence à narrativa oficial da história (AZARYAHU, 1996), ou seja, a narrativa que é contada pelo poder instituído e que acaba compondo os arquivos públicos. No Brasil é comum o nome de ruas ser trocado ou proposto em áreas de expansão de cidades a partir da iniciativa do poder legislativo, com ou sem articulação com movimentos de base popular.

---

372 As ruínas carregam poderosos significados. Por trás do vazio e do abandono situam-se processos marcados por interrupções e preferências. A ruína representa uma forma contemporânea de resistência (SILVEIRA, 2020), à medida que, antes de um eventual tombamento, encontra-se em um limbo caótico: enquanto rugosidade espaço-temporal não foi reconhecida como capaz de revelar o próprio sentido da inadequação que carrega.

373 O batismo de nome de ruas possui uma dupla função: a simbólica, que fica evidente no sentido da homenagem prestada e a prática, já que o nome da rua serve como um referencial espacial. Já um monumento comemorativo somente possui a dimensão simbólica como fortemente hegemônica (AZARYAHU, 1996).

Nos ambientes urbanos, a toponímia atribuída às ruas é um importante meio de resgate do passado (ALDERMAN, 2003). Nessas toponímias, as homenagens às personalidades são bastante destacadas: Martin Luther King Jr. – até a data de publicação de Derek H. Alderman (2003) – dava nome a 483 ruas de cidades norte-americanas. O autor destaca que a comemoração e representação pública do passado fazem parte de um processo socialmente construído e contestado (ALDERMAN, 2009). *Ipso facto*, é importante apontar que as homenagens não se dão sem polêmica: há uma discussão sobre o legado de King entre brancos e afro-americanos, como, também, existe uma discussão acerca da forma apropriada de homenagem ou estratégia de perpetuação de sua memória entre as lideranças negras. A discussão passa pela decisão acerca de qual rua batizar; em uma das problematizações, o nome de King mereceria estar vinculado a corredores de circulação mais estratégicos em detrimento de ruelas periféricas. Além disso, há de se considerar a possibilidade de entendimento de que a toponímia atribuída às ruas seria uma forma vulgar e incompatível de honrar a memória de King. Como ressalta Alderman (2003), as controvérsias em questão – que se dão no interior de grupos afrodescendentes – evidenciam o mito acerca da homogeneidade de pensamento no interior de determinados grupos sociais. Há se apontar, também, que assim como qualquer reputação histórica, o legado de King é submetido a extenso escrutínio, apresentando-se como fértil campo de abrigo de interpretações concorrentes, até mesmo se avaliarmos somente dentre os seus mais devotados apoiadores (ALDERMAN, 2003).

O uso do batismo de nomes de ruas como propósitos de homenagem é instrumental na capacidade de transformar o ambiente urbano em um cenário político virtual. O domínio da habilidade de controlar os significados que são atribuídos à paisagem é uma importante expressão do poder (AZARYAHU, 1996). As normas modernas que regulam o batismo de nome às ruas geralmente consideram que o é ato faz parte da prerrogativa das autoridades (AZARYAHU, 1996). Deste modo, aquilo que aparenta ser um desinteressado dever administrativo se consagra na prática como uma expressão de poder que infesta a dimensão simbólica do espaço vivido. Compreendendo esta dimensão, movimentos sociais podem atuar de forma a pressionar as autoridades a substituir nomes outrora atribuídos a figuras polêmicas e a incluir homenagens que pertencem ao seu campo de interesse. O uso extensivo de nome de ruas, assim como de navios, hospitais, escolas e cidades como comemoração às lideranças soviéticas foi uma marca do regime que se prolongou de 1922 a 1991.

A prática em questão foi introduzida após a morte de Lênin em 1924 e atingiu proporções extremas nas décadas de 1930 e 1940, no contexto do culto à personalidade de Stalin (AZARYAHU, 1996). Com o fim da União Soviética, estes simbolismos desmancharam e muitas toponímias foram substituídas no território russo.

Em uma escala menor do que a das cidades, uma mesma lógica se cumpre no que diz respeito à relação entre as toponímias e a territorialização simbólica. Azaryahu e Golan (2001) mostraram de que forma o mapa de Israel é hebraicizado em suas toponímias, como uma forma de nacional-simbolismo que busca reafirmar a territorialização da pátria. Os nomes oficiais dos lugares à época do mandato britânico na Palestina eram em sua maioria arábicos ou vinculados às tradições cristãs. A hebraicização do mapa de Israel, em um movimento que se acentuou após a criação do Estado no final da década de 1940, configurou-se como "um estágio substancial na história espacial de Israel moderno" (AZARYAHU; GOLAN, 2001, p.178). Ainda hoje, para além da toponímia oficial, é possível ver dupla nomenclatura em diversos lugares em Israel. Nomes duplos aos mesmos espaços evidenciam a contestação: Falkland e Malvinas; Kinneret e Tiberíades; são estes alguns exemplos de uma gama de duplicidade que atestam projeções distintas e territorialidades em confronto que cobrem o tecido político e simbólico da superfície terrestre.

Em um movimento semelhante a hebraicização toponímica israelense, a Grécia assistiu após 1830 a helenização dos lugares, quando nomenclaturas turcas, eslavas e italianas passaram gradativamente a ser substituídas por nomes gregos (AZARYAHU; GOLAN, 2001, p.178). Fica evidenciado por meio destes gestos, que poderiam ser apresentados por intermédio de uma miríade de exemplos, que a territorialização simbólica é muito importante e está longe de se constituir como um mero capricho estético ou fonético. Para além das questões restritas somente às ações dos Estados nacionais, é importante perceber que o simbolismo que marca a paisagem age como um texto que anuncia, influencia e busca estabelecer certa ordem socioespacial. Entre oprimidos e opressores, Estado e sociedade civil, instituições e indivíduos, a paisagem é marcada com uma série de simbologias ora congruentes ora antagônicas, que compõem uma caótica melodia de crenças, interesses e desejos.

Hegemonia e contestação estão presentes na lógica simbólica da paisagem, mas não podem ser dimensões essencializadas. São múltiplos os interesses e manifestações hegemônicos, assim como existem diversas faces contestatórias e muitas delas são contraditórias entre si.

Reafirmamos o que a abordagem da nova geografia cultural nos traz: a paisagem é um campo de batalhas discursivo e suas marcas são narrativas e induções que afetam as pessoas. Entretanto, não estamos confortáveis em assumir que a simbologia paisagística se expressa por intermédio de classes entendidas como entidades homogêneas; dito isto, há de se considerar que os próprios textos narrados pelos símbolos impressos na paisagem podem ser lidos e interpretados de forma distinta entre indivíduos. Isto significa dizer que nos traz mais conforto interpretar os fundamentos trazidos pela nova geografia cultural a partir do âmbito identitário em detrimento do coletivo. Não é o mesmo que negar a existência e relevância da ideia de classe sobre a paisagem, o lugar e o patrimônio. É importante lembrar, neste ponto, da forma como Maurice Halbwachs (1990) nos informa sobre as operações da memória. Para o autor, no âmbito da memória, há o entremear de uma dimensão individual e uma dimensão coletiva. Isso não significa dizer que a dimensão coletiva é dominada pela ideia de uma classe. Nenhum indivíduo pertence a somente uma categoria classificatória. Compomos diversas classes; as combinações de classes que carregamos ajudam-nos a compreender a nossa formação identitária. É justamente a essência fragmentada da identidade, temporalmente adiada e espacialmente fendida, que nos mobiliza a pensarmos na excepcionalidade interpretativa e discursiva acerca da paisagem, do lugar e do patrimônio.

A paisagem é, assim, palco de um embate dialético entre hegemonias e contestações; ainda assim, acreditamos que as grandes questões sociais possam ser compreendidas por meio do viés identitário. Acreditamos que o monopólio do pensamento de classe sobre a reflexão social deixou expressivo legado sobre o saber acadêmico e cotidiano; por isso mesmo ir além das coletividades e penetrar no domínio identitário não é confortável. Muitas das epistemologias que buscam essa superação ainda apresentam caráter experimental e vemos como promissor o campo das teorias não-representacionais (TNR), já bem estabelecido nas geografias culturais transatlânticas anglófonas. As TNR possibilitam a problematização da dimensão afetiva do patrimônio, ou seja, de que forma os sítios, lugares e experiências patrimoniais interferem no arranjo da vida social e política, particularmente em termos de produção de sentimentos de pertença, identidade, inclusão e, por consequência, marginalização, subjugação e exclusão (WATERTON, 2014). Essa dimensão afetiva é capaz de promover distintas formulações emocionais que nos ajudam a compreender os comportamentos dos indivíduos.

Mais do que focar em como o patrimônio nos conta uma história imprecisa, parecem ser questões mais interessantes aos geógrafos examinar os efeitos práticos da dimensão simbólica, além de buscar um avanço na interface com a semiótica, afinal, é importante compreender de que maneiras os espaços patrimoniais – assim como quaisquer marcas paisagísticas de apelo simbólico – traduzem processos culturais e políticos para audiências populares (JOHNSON, 1999). Apresenta-se também como uma perspectiva importante aquela que é trazida por Timur Hammond: ao invés de assumirmos que um determinado patrimônio "está inserido em uma região pré-existente, devemos dedicar atenção mais detida às formas como as pessoas e as construções produzem as regiões por intermédio das conexões simbólicas e materiais" (HAMMOND, 2020, p.2).

20
A NAÇÃO E A PAISAGEM

> Nações, como Anderson pontua, são comunidades imaginadas. Não emergem espontaneamente oriundas de uma fonte primordial, sendo ficções compartilhadas e mantidas por intermédio da mídia, da educação, de produtos culturais e programas de governo. Na mitologia nacionalista a nação é geralmente representada incorporada na paisagem.
>
> *Eva Mackey* (2000)

> Nações, assim como as narrativas, perdem suas origens nos mitos do tempo e só plenamente realizam seus horizontes na mente das pessoas.
>
> *Homy Bhabha* (1990)

> O nacionalismo permanece como uma força incrivelmente poderosa, não apenas em momentos "quentes" de conflito ou crise, mas também na comunicação cotidiana e penetrante da identidade, da história e dos valores.
>
> *Daniel Hammet* (2021)

A palavra nação é uma das mais utilizadas e ao mesmo tempo menos compreendidas. A diversidade do seu significado tem se tornado, por si, uma ferramenta ideológica a ser apropriada pela agenda política de grupos dotados de vieses bastante distintos. É notável, inclusive, o seu uso paradoxal, tanto como justificativa para a implementação de políticas por parte de um governo como, também, pela ausência da adoção de certas medidas (PENROSE, 2009). Desse modo, o sentimento nacionalista se apresenta como uma massa moldável e utilizável que podem agir a favor da governança.

É importante destacar, de início, que a paisagem é um elemento central para a formação das identidades e do nacionalismo. O seu papel na construção do mito da nação é de suma importância (DAYARATNE, 2012). Trajetivamente há de se considerar que o nacionalismo também impacta a paisagem, pois afeta de forma incisiva os agentes que deixam suas marcas na superfície terrestre. As imagens nacionais formam-se a partir de uma mistura envolvendo projeções externas – algumas das quais advindas da experiência colonial – e imagens construídas pelos nacionais – podemos aqui chamar de internas – que se entrelaçam dialeticamente com a materialidade da paisagem. Nesse sentido, a trajeção berqueniana é muito útil para pensarmos o mito da nação, construindo dialeticamente e se apresentando em movimento. Considerando o nacionalismo como uma ideologia fundamental na criação e manutenção dos Estados-nação, precisamos reconhecer que possui uma específica localização sociohistórica: o nacionalismo não pode existir sem a aspiração de formação de certo Estado-nação, apresenta-se como um modo de descrição de uma comunidade e se constitui como uma forma específica de consciência (BILLIG, 1995). Apesar disso, grandes feitos atribuídos a um povo no passado certamente auxiliam a construção de narrativas acerca da superioridade e do direito a um lugar no mundo (YUMUL; ÖZKIRIMLI, 2000). O passado expansionista e dotado de célebres conquistas militares por parte de romanos, gregos, otomanos e mongóis inspiram comunidades contemporâneas e tendem a injetar certa dose de orgulho.

A dita abordagem modernista do nacionalismo (BELL, 2003) defende que a emergência do sentimento em questão somente se desenvolve onde existe a perspectiva acerca da criação e existência de um Estado[374]. No caso de povos sem Estado, movimentos nacionalistas adormecidos podem se revigorar mediante a percepção de ameaça à existência da nação; o ambiente de insegurança dos curdos na Turquia, Síria e Iraque certamente colaborou para o reavivamento e mobilização do nacionalismo curdo. Enquanto bascos e quebecois geralmente discutem as ameaças que pairam sobre sua língua e cultura, curdos experimentam um alto grau de insegurança material e imaterial que vai muito além do ataque aos seus costumes (IÇDUYGU; ROMANO; SIRKECI, 1999). Ações temporalmente espaçadas como os ataques de Saddam Hussein aos curdos do Iraque e às perseguições sofridas pelos curdos na Turquia colaboram – paradoxalmente ao olhar de quem os persegue – para que a latência do nacionalismo curdo se torne organização e militância.

---

[374] A existência de um Estado centralizado é uma parte importante da visão nacionalista sobre o mundo. Mas o Estado por si só não é universalmente presente: existem ou existiram sociedades tribais sem Estado nas quais a ordem é ou foi mantida pela balança de poder entre segmentos tribais, mais do que por uma agência central (GELLNER, 1997). É necessário apontar que existem aqueles que consideram que o nacionalismo é uma manifestação natural; chamados de primordialistas por Ernest Gellner (1997), pessoas que nutrem essa crença acreditam que a necessidade de se agrupar em torno de uma nação é uma característica inata. Essa não é a nossa posição, como também não é a de Gelnner.

Bennedict Anderson (2008) destaca que a mídia – revolucionada a partir das prensas de impressão – permitiu a partir do século XVIII que uma mensagem comum chegasse à grande audiência. A leitura em massa dos jornais tornou-se uma forma de celebração coletiva da nação[375] (HAMMETT, 2021), premissa explorada por Yumul e Özkirimli (2000) em uma pesquisa acerca do nacionalismo banal[376] nos jornais

---

[375] É importante lembrar que existe uma divisão entre historiadores acerca do surgimento das nações: existem aqueles que consideram que este é um fenômeno originalmente localizado no medievo europeu, o que contrasta com outros que consideram uma manifestação moderna, pós-Revolução Francesa (SMITH, 2008). Ernest Renan (1990), por exemplo, afirmam que as nações são fenômenos relativamente novos na história da humanidade e que os antigos impérios não se tratavam – em nenhum ângulo de análise – de nações. O autor salienta: "a antiguidade clássica tinha repúblicas, reinos municipais, confederações locais e impérios, mas dificilmente se pode dizer que tinha nações em nossa compreensão do termo (RENAN, 1990, p.9).

[376] O termo nacionalismo banal foi criado por Michael Billig (1995) e se refere às ações de teor nacionalistas que são implícitas, apesar de estarem presentes no cotidiano das pessoas. A imagem metonímica do nacionalismo banal não é uma bandeira erguida e agitada com paixão intensa; é a de uma bandeira discretamente pendurada em um prédio público (YUMUL; ÖZKIRIMLI, 2000). Essa categoria de ações se opõe ao nacionalismo quente [*hot nationalism*], constituído de ações mais diretas. Todavia, Kathryn Crameri (2000) aponta – em seu estudo sobre o nacionalismo banal da Catalunha – que essa prática aparentemente pouco afetiva pode se constituir como esforços para a manutenção do nacionalismo quente, de modo a mobilizar a população a apoiar a demanda por processos separatistas/independentistas. O nacionalismo quente, por sua vez, torna-se notório em momentos de crise política, em que o Estado-nação vê sua integridade em risco. Configura-se, assim, como uma resposta às ameaças que possam se apresentar ao Estado. A importância da teorização de Michael Billig reside em sua capacidade de explicar o fenômeno do impacto não-consciente dos símbolos nacionais sobre os indivíduos e na sociedade como um todo (HUMMEL, 2017). Sua abordagem estimulou diversos pesquisadores a abandonar as posições exclusivamente extremas do nacionalismo (BENWELL; NÚÑEZ; AMIGO, 2019) e inspirou outros conceitos como desdobramento, como ocorreu com James Derrick Sidaway (2003; 2008). O autor em questão, confessando ter se inspirado no termo de Billig, o autor cunhou o termo "geopolítica banal" referindo-se as ações cotidianas e novas medidas de segurança adotadas em âmbito global após os atentados terroristas de 11 de setembro de 2001, que inclui um novo modo de guerra tecnológica por parte dos Estados Unidos e os seus aliados da OTAN (SIDAWAY, 2001). Apesar de inspirar amplamente a atual geração de pesquisadores que se debruçam sobre o tema do nacionalismo, Michael Billig também foi alvo de críticas e ceticismo, como se vê no artigo de Michael Skey (2009) publicado no periódico *The Sociological Review*. Skey considera que a ideia que paira sobre a dicotomia envolvendo o nacionalismo banal e o nacionalismo quente é simpló-

turcos. O *core* do pensamento nacionalista é a crença de que o Estado nacional – identificado com uma cultura nacional e empenhado em protegê-la – é uma unidade política natural. Isso significa dizer que nacionalistas consideram que o Estado é uma instituição universal da sociedade humana (GELLNER, 1997). Michael Skey (2009) relativiza as formas de atuação da mídia como construtora do nacionalismo; para o autor, a era das novas tecnologias que geralmente transcendem as fronteiras nacionais tornaram as relações envolvendo a mídia e nação mais complexas e fluídas, com destaque para o advento e disseminação da internet, da transmissão via satélite e dos telefones celulares. Apesar da língua ainda se apresentar como uma barreira na transmissão das notícias, a fluidez da informação tem ignorado solenemente as fronteiras nacionais e desempenhado, assim, um papel diferente daquele exercido pelos meios de comunicação outrora confinados ao espaço nacional e que tanto motivaram Bennedict Anderson, dentre outros, a pensar no papel da mídia para o fortalecimento da ideia de nação. Quanto à capacidade afetiva da mídia sobre as pessoas, concordamos com a ponderação de Michael Billig (2009) que rejeita a possibilidade de pessoas serem receptoras passivas das mensagens midiáticas; ainda que se fale sobre a existência de uma cultura de massa, sabe-se que as influências dos diversos meios midiáticos sobre as pessoas afetam diferentemente indivíduos. Entretanto, é repetida e formulada uma ideia geral tanto sobre valores éticos e estéticos quanto acerca do nacionalismo banal. Essa ideia geral possui um núcleo duro aparentemente consensual; todavia, por intermédio de rigoroso escrutínio, poderíamos perceber suaves variações, sobreposições, congruências e incongruências quando a comparação das imagens carregadas em âmbito identitário torna-se o parâmetro da análise. Homy Bhabha (1990a) nos ajuda a pensar nas diferenças descritivas da nação quando diz que a categoria em questão carrega uma ambivalência: as discrepâncias da linguagem de quem escreve sobre a nação frente a vida de quem convive no espaço nacional. A ambivalência destacada por Bhabha não é uma mera dicotomia; é importante notar que viver na nação é um ato posicional, relacional e, portanto, único, dotado de características que contrastam muitas vezes com relatos reificados sobre a nação.

---

ria, desprovida de complexidade. Além disso, o autor considera que Billig falha ao pensar o nacionalismo no contexto do mundo globalizado; nesse particular, o autor acredita que Billig promove a justaposição envolvendo globalização e americanização, o que é indevido.

Bhabha (1990b) considera que interseções que envolvem o tempo e o lugar constituem a "problemática experiência moderna da nação ocidental" (BHABHA, 1990b, p.293). Sabe-se que os tempos idos são muito importantes para a construção da nação; é a passagem do tempo que permite o reconhecimento e a glorificação das grandes sagas e a construção dos heróis e mitos nacionais. Concomitantemente, sabe-se que a nação torna-se, na mente daqueles que a idealizam, um lugar. Tempos adiados e espaços fendidos constituem-se como apanágio do entrecruzamento espaço-temporal: poderia o espaço-tempo nacional, ou seja, a conjunção entre temporalidade e lugar, ser compreendida como fixa entre àqueles que acreditam pertencer à mesma nação? Quais são os limites temporais da constituição nacional, visto que não raramente a nação é construída por elementos imemoriais que perdem sua origem precisa no recuo do tempo? Para alguns, a nação vive em um tempo homogêneo e vazio (CHATTERJEE, 2001). Para além de Bhabha, recentes teorias acerca das identidades nacionais e culturais apontam para o fato de que, apesar de costumeiramente apresentarem-se como fenômenos fixos e permanentes, as identidades estão continuamente sendo construídas (JACKSON, 1998). *Ipso facto*, é necessário considerar as imprecisões dos limites da nação imaginada que certamente podem não coincidir com o desenho político da colcha de retalhos territorial do sistema-mundo. A fluidez do espaço-tempo consagra-se, pelos motivos aqui expostos, como mais uma faceta do caráter imaginado da nação. Homy Bhabha acrescenta a essa discussão que a própria ideia de povo – homogeneidade inventada pela modernidade – trata-se de um "corpo arcaico de uma massa despótica ou totalitária" (BHABHA, 1990b, p.294). Desse modo, a categoria apresenta-se como uma arbitrariedade que silencia certas nuances identitárias tais como as origens muito difusas que expõem fraturas desgastadas envolvendo critérios étnicos e culturais. O autor destaca que a metáfora da paisagem vista como paisagem-interior [*inscape*] da identidade nacional enfatiza a naturalização da retórica da afiliação nacional bem como suas formas de expressão coletiva (BHABHA, 1990b).

A discussão trazida por Bhabha aponta para os três grandes pecados da representação: o primeiro é o seu pleito totalizante, ou seja, a consideração – feita por quem elabora ou interpreta – de que a representação é a manifestação de uma panvisão do mundo, ou, em outras palavras, um consenso primordial e infatigável. O segundo pecado é a supressão da experiência histórica, manifesta quando, no ato representacional, elementos de tempos diferentes e logo incongruentes são reunidos em uma cena anacrônica. O terceiro pecado é a supressão da experiência geográfica, que se manifesta, por sua vez, quando elementos de distintas espacialidades são reunidos em uma mesma cena. Nesse caso, não se trata da manifestação de uma singela heterotopia, mas de uma cena-pastiche que somente se sustenta na imaginação humana.

Conjuntamente, as supressões do espaço-tempo estereotipam; tais estereótipos – sujeitos à sanha totalizante – tendem a eternização, ou seja, ao tempo congelado. Essa é uma tendência que não se confirma como um resultado inapelável, visto que o terreno das representações também é um palco de batalhas simbólicas (SILVA, 2022a; SILVA; COSTA, 2022b). É importante apontar que os estereótipos que recaem sobre as coletividades são relativamente mais estáveis do que as identidades. Talvez por isso seja tão difícil desvencilhar das marcas do carimbo que atesta a corrupção do brasileiro, qualidade repetida em verso e prosa em diversas situações cotidianas. Esse exemplo trata-se de fato de uma explicação fácil e que possui a serventia de eliminar problematizações mais sofisticadas e, portanto, mais dolorosas de serem elaboradas. É importante notar que o pecado do pleito totalizante das representações é, na verdade, um metapecado: os pecados das supressões do espaço-tempo se manifestam no seio do grande pecado da totalização/generalização.

A ideia do nacionalismo banal de Billig (1995) é amparada pela metáfora da paisagem lida como um texto. O nacionalismo banal se impregna na paisagem e passa frequentemente recados lembrando-nos da nossa condição nacional. Essa composição paisagística pode ser entendida para além de um texto, como um palco, uma montagem ficcional que nos submete a uma poderosa hipnose. Nesse sentido, parece complementar a ideia de Duncan S. A. Bell (2003) que fala sobre as existências das paisagens dos mitos [*mythscapes*], conceito capaz de aludir à capacidade inventiva do homem, ao mesmo tempo em que flerta com temas como dominação e subordinação.

É fundamental ter em mente que a nação é uma representação. Não é de se estranhar que a experiência de Gornja Siga seja tratada com sarcasmo: trata-se de uma pequena extensão de sete quilômetros quadrados posicionada junto às margens de um trecho balcânico do Danúbio, espremida entre a Sérvia e a Croácia e que foi declarada independente em 2015 (RIDING; DAHLMAN, 2022). É um trecho de várzea visto como litigioso, apesar do aparente desinteresse Sérvio. Criado por Vít Jedlicka, Gornja Siga – também conhecida como Liberland – é um assombro ao sistema mundo; alusões à sua existência soam como um lembrete acerca do caráter imaginativo de todas as nações. Ao desmitificar Gornja Siga, autoridades de outros Estados buscam utilizar argumentações que desqualificam a materialidade e a eternidade da ideia de Jedlinka; ao fazerem isso, contudo, chamam a atenção para os mais atentos de que tais qualidades não estão presentes em lugar algum.

A nação é uma comunidade imaginada – como afirmou Anderson –, e, assim, apresenta-se como uma forma de construção e interpretação do espaço social (WILLIAMS; SMITH, 1983). O nacionalismo é uma forma de consciência acerca dessa imaginação[377]. Nessa lógica, é necessário compreender que o Estado-nação nunca foi meramente uma entidade política; para além desse status, constitui-se como uma formação simbólica, um sistema de representações, que produzem justamente a ideia da nação como comunidade imaginada (HALL, 1993). O cientista político e antropólogo indiano Partha Chatterjee (1993) ressalta a relevância do pensamento de Bennedict Anderson como uma base teórica alternativa para se pensar a nação: a compreensão dominante que vigorava em

---

[377] Colin Williams e Anthony D. Smith (1983) argumentam que o nacionalismo é sempre a luta pelo controle de uma terra; acreditamos que essa afirmativa carrega problemas, visto que o nacionalismo pode ser bastante passional mesmo no interior de um território já comandado por certa nação. Talvez possamos considerar que a intensidade afetiva do nacionalismo possa estar diretamente relacionada com a percepção de que certos valores nacionais sofrem constante ameaça. Certos regimes políticos, criados e sustentados por parcela dos "nacionais", podem ser vistos como ameaçadores aos valores nacionais, assim como a eleição de determinados candidatos ou partidos políticos em regimes em que a alternância de poder é possível. Nesse caso, o nacionalismo não se expressa como uma luta pelo controle de uma terra. Deveríamos assumir que o nacionalismo é sempre a luta pela manutenção dos valores nacionais, que se manifestam, por sua vez, em uma dada espacialidade preferencial. É importante apontar no seio desse debate que as expressões identitárias que encontram abrigo na comunidade imaginada projetam distintas territorialidades. Isso significa considerar que as nações são comunidades imaginadas, mas essas imaginações não são homogêneas entre os indivíduos. Williams e Smith ainda afirmam: "o nacionalismo como ideologia e movimento podem ser visto como um modo dominante de politizar o espaço por intermédio da consideração de que uma de suas porções se trata de um território distinguível e histórico" (WILLIAMS; SMITH, 1983, p.504), perspectiva ao qual não nos opomos. Parece-nos que o nacionalismo e a politização espacial caminham juntos: Os simbolismos impressos na paisagem são frutos, dentre outras perspectivas afetivas, de valores nacionais; cravejar o espaço desses simbolismos – muitas vezes frutos de negociações entre grupos sociais – e, acima de tudo, um ato político. A espacialidade dos símbolos evidencia a territorialidade simbólica.

período anterior a publicação do livro *Comunidades Imaginadas* – obra bastante disseminada no Ocidente – era pautada por uma visão excessivamente exotizada acerca do sentimento nacionalista. A *magnum opus* de Anderson – tida como um dos mais influentes livros do final do século XX (CHATTERJEE, 1999) – permitiu, dentre outras coisas, a tratar o fenômeno nacional como parte indissociável da história universal do mundo moderno (CHATTERJEE, 1993). Como não poderia ser diferente, a obra de Anderson não se apresenta livre de críticas. Chatterjee apresenta o seu principal ponto de discordância: "se os nacionalismos ao redor do mundo devem escolher e moldar sua comunidade imaginada a partir de certas formas europeias e americanas já moduladas e disponíveis a eles, o que lhes resta imaginar?" (CHATTERJEE, 1993, p.5).

A crítica de Chatterjee (1991; 1993) à essência imaginativa da nação passa pelo destaque às formas miméticas de assimilação da organização política que pautam as relações pós-coloniais (mas cujo raciocínio teórico serviria para interpretar quaisquer relações assimétricas). Talvez Chatterjee e Anderson precisem conversar para construírem um consenso acerca daquilo que chamam de "imaginação": por concepção seria o ato imaginativo libertário e original? Um dos legados importantes do pós-estruturalismo é a percepção de que as construções textuais e imagéticas nunca são plenamente autorais, vinculando-se aos resíduos representacionais que incorporaram nossa experiência. Independente desse questionamento, quando comparamos abordagens reificadas da nação percebemos uma grande dificuldade conceitual, o que já evidencia o caráter elusivo do conceito. Valery A. Tishkov está de acordo ao afirmar que "todas as tentativas de desenvolvimento de um consenso terminológico acerca da nação resultaram em um grande fracasso" (TISHKOV, 2000, p.627). A nação apresenta-se como uma solidariedade de grande escala, constituída pelo sentimento do sacrifício dos antepassados e daqueles que ainda estão dispostos a se martirizar pela sua ideia; pressupõe um passado apesar de ser sintetizada no presente por fatos tangíveis, nomeáveis e consentidos, que constituem os claros desejos expressos de uma vida em comum (RENAN, 1990).

Eric Hobsbawn (1996) destacou que toda a superfície do ecúmeno terrestre está loteada em Estados-nação. A partir deste fato, destaca que o senso de nacionalidade não se comporta nos limites políticos do Estado, exemplificando que parte expressiva dos alemães possuem, simultaneamente, duas ou três identidades, pautadas no pertencimento a uma tribo: os saxões, os suábios e os francos. Essas identidades são reminiscências históricas que ajudam a compreender o estatuto da nacionalidade, que é um fenômeno relativamente recente e impetuoso, capaz de solapar as diferenças entre indivíduos por intermédio de uma reunião de simbolismos e do sentimento de comunidade.

Estados-nação podem expandir e recuar sua base territorial ao longo de sua história. A ideia de nação é vinculada também a uma experiência espacial, ao entrelace da comunidade e a paisagem, que se apresenta como o substrato da nação. É justamente esse substrato que opera como o forno dos mitos e das lendas e que abriga o simbolismo do dia a dia, marca e matriz de um povo[378]. Identidades nacionais naturalizam-se quando não são percebidas como componentes de comunidades imaginadas. Isso significa dizer que suas características são tidas como existentes desde os primórdios do antropoceno. Nesse sentido, são tão arraigadas como as próprias características do quadro físico que se oferece à nação, sejam elas geomorfológicas, geográficas, hidrográficas, climatológicas ou fitogeográficas. Quando uma nação é estabelecida, a forma pela qual a comunidade é imaginada sofre mudança radical; a comunidade não precisa ser ativamente despertada, o que se explica pelo fato da sua existência ser constantemente sinalizada simbolicamente. Essa é a situação que abriga o chamado nacionalismo banal de Michael Billig (1995). Nesse ponto, o processo de imaginação que idealiza e sustenta a nação torna-se mais passivo do que ativo (CRAMERI, 2000). O nacionalismo exala a territorialidade nacional; as projeções nacionais ocupam o espaço coletivo e individual como uma epidemia incontrolável: a ideia de comunhão pautada nos símbolos da nação "gentilmente se entrelaça com as práticas rotineiras diárias" (HIGGINS, 2004, p.634).

Nesse sentido, a nação está em todo lugar. Mais do que uma manifestação confinada a momentos de extravagância e celebração ou centradas espacialmente em quartéis das forças armadas, o nacionalismo cotidiano, dito banal, apresenta-se como uma condição endêmica do espaço territorial nacional (HIGGINS, 2004; FOX, 2017), ainda que os limites da nação também sejam construídos imaginativamente. É por isso que somos levados a concluir que a cartografia oficial do Estado também pode se constituir como uma forma de nacionalismo banal, ajudando a construir na imaginação coletiva os limites espaciais da nação (BATUMAN, 2010). É necessário, todavia, relativizar essa visão acerca da ação cotidiana do nacionalismo. O Estado-nação não se apresenta territorializado de maneira

---

378 Ver Berque (1984).

uniforme, ainda que no interior de suas linhas territoriais seja consagrado o território *de jure*. Isso significa dizer que a territorialização desigual provoca territorialidades desconexas e assimétricas, fazendo com que a presença cotidiana do chamado nacionalismo banal não se manifeste de forma homogeneamente impetuosa em todos os recônditos do Estado-nação. Essa lógica também se aplica às regiões dotadas de diferentes graus de autonomia, desprovidas de autoridade estatal própria e portadoras de nacionalismo latente ou ativo. Nesse prisma entre a latência e a atividade, o nacionalismo também oscilará ao longo da superfície territorial, pois esse é o apanágio da aplicação do poder sobre superfícies relativamente extensas.

Analisando a simbologia implementada com o intuito de celebrar a nação e os valores nacionais, Pål Kostø (2006) afirmou que em Estados recém-criados, a bandeira, o hino e outros emblemas podem colaborar tanto para unir como para dividir os cidadãos. O destaque desse autor nos faz lembrar que a paisagem é sempre um terreno simbolicamente contestado, o que nos leva a crer que as marcas do nacionalismo banal não são digeridas de forma unânime entre os "nacionais". Pål Kostø (2006) destaca ainda que as impressões e expressões nacionalistas na paisagem não são necessariamente conduzidas exclusivamente pelo espectro político da direita. Comparando as manifestações nacionalistas em distintas temporalidades na Noruega, o autor destacou que o nacionalismo no período Entre-Guerras estava fortemente associado à direita política; todavia, durante a campanha no início dos anos 1970 acerca da adesão política da Noruega às instituições supranacionais em âmbito europeu, o movimento contrário [*No-movement*] utilizou-se de temas e símbolos nacionalistas e era dominado pela articulação de forças políticas centristas e de esquerda. Sabe-se, apesar disso, que o conservadorismo político – que inclui políticas rigorosas contra imigração e os direitos dos imigrantes – tem sido apropriado de forma intensa por partidos de ultradireita em diversos regimes.

Immanuel Wallerstein (2002) apresentou o período pós-Guerra Fria como desafiador para a discussão que envolve o Estado, os nacionais e os imigrantes. Originalmente escrita na década de 1990, a obra *Após o Liberalismo* do sociólogo americano destacou que o aumento das interconexões globais possibilitadas pelo avanço irrefreável da globalização tendia a corroer em curto prazo valores democráticos e liberais. Nesse sentido, desenvolver-se-ia uma força impetuosa controladora de fluxos migratórios transnacionais e de certos aspectos da sociedade multicultural. Tal processo, previsto por Wallerstein e observável no nosso tempo com maior clareza, favorece o fortalecimento de partidos e teses ultradireitistas e evidenciam uma reação sistêmica do nacionalismo às ameaças que pairam sobre a condição nacional. Assim, cresce o senso de que os imigrantes são beneficiários das ações de bem-estar social governamentais ao mesmo tempo em que não possuem compromisso ou solidariedade com a comunidade política da nação que os hospeda (CHATTERJEE, 1997).

O senso da distinção cultural é muito importante para a formulação da ideia de comunidade imaginada. Nesse senso, é abrigada a crença de que a nação possui características peculiares que são tratadas como se fossem geneticamente determinadas. As características em questão podem ser elogiosas ou pejorativas; desse modo, frases como "os turcos são um povo vocacionado para a indústria", "árabes são exímios comerciantes", "japoneses são excelentes matemáticos", assim como "a corrupção está inserida na cultura brasileira" e "franceses tomam pouco banho" tornam-se epítetos da nacionalidade. Como afirma Pål Kostø (2006), a identidade nacional não é uma qualidade inata dos seres humanos e tampouco é adquirida naturalmente à medida que crescemos. Tal como qualquer identidade, ela é aprendida. Apesar das possibilidades de características negativas atribuídas à nação serem assimiladas pelos nacionais, é mais comum a ideia da identidade nacional ser tida como superior e exclusiva. Afinal, quando a ilusão do etnocentrismo se despedaça, a crença imagética acerca da existência de uma cultura – assim como as ações que visam sua perpetuação – se colocam em uma zona de risco (TUAN, 1980). A edificação da comunidade imaginada comumente se dá não só pela atribuição de qualidades extraordinárias, mas também por intermédio da crença acerca de um povo escolhido dotado de qualidades sagradas, ideia guiada pelos sensos de etnocentrismo e exclusividade. Essa avaliação positiva acerca do caráter nacional é acompanhada por mensagens explícitas ou ocultas acerca da inferioridade dos estrangeiros (YUMUL; ÖZKIRIMLI, 2000).

O fato da nação se constituir como uma comunidade imaginada possibilita desavenças sobre a tangibilidade nacional: quando se fala acerca da nação bengali, certamente se formula, em meio a uma coletividade, visões muito plurais sobre a entidade em questão. Bengali é um termo que tem carregado diferentes significados para as pessoas ao longo da história, como a comunidade das pessoas que falam a língua bengali, aqueles que habitam a Bengala Ocidental e os habitantes do atual Bangladesh. No caso do Bangladesh, o termo bengali inclui uma comunidade de pessoas que se dividem principalmente entre duas importantes religiões: o hinduísmo e o islamismo. O caráter elusivo do conceito de nação permite em situações como a da nação bengali que a narrativa que faz uso do termo se aproprie da forma como melhor lhe interessa, fazendo com que a arbitrariedade se torne uma decisão de caráter político (KAPLAN; HERB, 2011). Apesar disso, é importante apontar que a ideia de comunidade imaginada aplicada à nação não significa dizer que exista uma aleatoriedade puramente idealista: nações, nacionalismos e identidades não são simplesmente produtos da imaginação, mas encontram inspiração e associação frente à materialidade mundana (REMBOLD; CARRIER; 2011). Essa é justamente a razão da associação entre a nação e um dado espaço ser cara ao nacionalista; o substrato material é fundamental para o entrelace trajetivo que elabora e reelabora a ideia de nação, seus elementos constituintes e seu simbolismo.

A nação e o nacionalismo possuem espacialidade; as características compartilhadas de um povo são produzidas a partir das relações diacronicamente construídas com a paisagem, que, por intermédio do afeto[379], torna-se também um lugar. A categoria lugar ganha relevância no estudo sobre nação quando a dicotomia entre o exílio e a terra natal se apresenta. Formulações binárias advindas da dicotomia lar/exílio apresentam-se como ponto em comum das sociedades palestinas e israelenses penetrando nas diversas classes, partidos políticos, grupos étnicos e religião (HAVRELOCK, 2007). O exílio – tão participativo na história de alguns povos – pode se tornar um componente importante da formulação da nação, moldando o seu caráter, seja por meio de poesia melancólica do abandono do lar ou das promessas de reação violenta em busca da retomada da terra natal. No caso de uma nação diaspórica, ausência e presença, deslocamento e centralidade tornam-se a base da ideologia nacional.

O periódico *National Identities* – importante publicação que abriga investigações acerca do fenômeno do nacionalismo e a nação – mostra a importância da geografia para a temática a partir da composição do seu

---

379 As nações estão entre os mais amplos grupos sociais que as pessoas podem desenvolver o sentimento de pertencimento. Psicólogos têm caracterizado as ligações humanas frente aos grupos de grande ordem, incluindo Estados e nações, como um dos mais significativos e poderosos componentes da motivação humana (BUTZ, 2009). David A. Butz oferece uma possibilidade cotidiana para refletirmos acerca do valor psicológico e afetivo dos símbolos nacionais: "as pessoas condenam moralmente e de forma rápida a limpeza de um banheiro que utilize uma bandeira nacional, mesmo quando o ato é feito em ambiente privado e, dessa forma, desconhecido por muita gente" (BUTZ, 2009, p.784).

corpo editorial e da própria formação do seu diretor, um geógrafo. Kaplan e Herb (2011) salientam que o nacionalismo é uma doutrina intrinsecamente geográfica que busca conjugar um grupo autoidentificado – uma nação – com certa área dotada de limites e soberania – um Estado. Sabe-se, todavia, que regimes políticos podem ter sua imagem desvencilhada dos valores ditos nacionais. Durante os anos do regime comunista – por intermédio da apropriação de emblemas nacionais tais como o hino, cores nacionais e imagens de eventos históricos de relevância – a oposição política na Polônia passou paulatinamente a controlar a esfera simbólica e consequentemente obteve sucesso na deslegitimação da ditadura comunista como representativa do povo polaco (JAKUBOWSKA, 1990).

Michael Billig (1995) argumenta que a bandeira nacional é uma lembrança banal da nacionalidade. Todavia, apresenta-se muito eficaz, pela capacidade de evocar emoções. As bandeiras dos países são frequentemente tratadas como sagradas e são cercadas de culto. Em alguns países a bandeira nacional possui seu próprio festival, como ocorre em 14 de junho nos Estados Unidos e 2 de maio na Polônia (JASKULOWSKI, 2016). Na lei americana consta um código de procedimentos vinculados à bandeira com notável grau de especificidade. Em muitos países, como na Argentina, Áustria, Alemanha, Polônia, Romênia, Turquia e Índia, atos públicos de destruição ou mutilação da bandeira são definidos por lei como insultos e são criminalizados. Narrativas épicas podem estar diretamente vinculadas às bandeiras nacionais; dinamarqueses acreditam que a sua bandeira é a mais antiga dentre as bandeiras nacionais contemporâneas. Ademais, de acordo com a mitologia nacional dinamarquesa, a bandeira caiu do céu no século XIII durante a batalha de Lyndanisse que até então tinha desdobramentos desfavoráveis para os dinamarqueses. O rei dinamarquês Valdemar II capturou a bandeira antes que ela tocasse ao chão, empunhou-a restaurando animicamente o seu exército, que foi capaz de derrotar o exército estoniano rival (JASKULOWSKI, 2016).

No Brasil recente, Jair Bolsonaro conseguiu associar seu nome a alguns símbolos nacionais tradicionais, como a bandeira[380] brasileira. É notável que o conservadorismo e os símbolos nacionais se associem.

---

380 A bandeira nacional revela a natureza januísta do nacionalismo [*janus-faced nature*]: trata-se de um fenômeno que se consolida como símbolo nacional a partir da Revolução Francesa e Americana, sendo, portanto, moderno, mas apresenta-se também aparentemente arcaico, o que é evidenciado pela sua magia (JASKULOWSKI, 2016). Krzysztof Jaskulowski (2016) argumenta que a bandeira nacional é mágica pela sua capacidade de representação metonímica para certo grupo de pessoas. Isso

Afinal, o nacionalismo em evidência acentua a oposição entre nós e os outros: estrangeiros *versus* nacionais, patriotas *versus* párias, defensores *versus* deturpadores da dita boa moral acabam apartados por intermédio de um processo de transformação do complexo tecido social em um plano cartesiano. Com a sua ênfase em unir os nacionais em torno da mítica nação, o nacionalismo apresenta a si mesmo como uma doutrina desprovida de classes. Todavia, na prática se observa algo diferente: o nacionalismo tem sido usado por grupos sociais muito diferentes para os mais distintos propósitos, percorrendo uma gama variada e combinada de ideologias que se distribuem em amplo espectro da política (ANDERSON, 1986).

A intensificação do nacionalismo e ufanismo parece ser capaz de acentuar nichos sociais e potencializar xenofobias. É importante notar que a intensificação do nacionalismo não é somente capaz de diferenciar os estrangeiros dos nacionais; é também capaz de proporcionar divisões no interior do universo dos nacionais a partir do critério das distintas aderências que as pessoas têm em relação às teses nacionalistas: alguns creem de forma mais fervorosa no mito da comunidade imaginada. *Ipso facto* é necessário considerar a possibilidade de ultranacionalistas se posicionarem de forma ideologicamente equidistante entre anarquistas compatriotas e estrangeiros que já apresentam algum grau de aderência frente à nação que habitam. Nessa comparação, tanto os anarquistas quanto os estrangeiros carregariam elementos indesejáveis ao cânone ideológico ultranacional. Muitas vezes, para uma ortodoxa ideologia nacionalista, o estrangeiro que faz juras de amor e fidelidade à nova pátria não passa de um elemento mimético aos moldes da reflexão de Homy Bhabha (1984). Nos parece claro que o nacionalismo precisa ser visto como algo que une e que concomitantemente aparta as pessoas. É um paradoxo que precisa ser considerado.

Abstrações sobre a paisagem – o arcabouço da nação (SILVA; SILVA, 2022) – povoam a mente e afetam indivíduos, que reagem deixando suas marcas no espaço mediante crenças tomadas como certas. Os simbolismos expressos na paisagem são sinais de uma comunidade imaginada e afetam continuamente as pessoas que convivem com suas marcas espaciais inscritas. A paisagem, assim, apresenta-se como uma prensa capaz de marcar continuamente corações e mentes; ao mesmo tempo, é passível de ser renovada, trazendo marcas que revelam in-

---

significa dizer que algumas pessoas comportam como se a bandeira nacional se constituísse integralmente como a própria nação (JASKULOWSKI, 2016).

terpretações bem particulares oriundas das identidades. O processo dialético inspirado em Berque (1984) que vê a paisagem como marca e matriz, expressa a criatividade humana e se aplica de maneira formidável à temática aqui abordada. Assim, é importante considerar que a nação enquanto ente percebido e descritível é variável ao sabor das interpretações identitárias. David A. Butz (2009) destaca que alguns indivíduos possuem associações positivas frente a alguns símbolos nacionais enquanto que outros possuem associações negativas frente aos mesmos símbolos. O autor argumenta que para compreender a razão dessas diferenças se faz necessário transitar pelos terrenos interdisciplinares que envolvem a antropologia, a ciência política, a sociologia e a psicologia social e cultural.

Em determinados períodos, as relações entre sociedade, Estado e paisagem em torno da ideia mítica acerca da nação podem se tornar muito intensas. É o que ocorre nos períodos em que países recebem grandes eventos internacionais, como as Olimpíadas e a Copa do Mundo de futebol. No Brasil, nem é necessário que o país seja a sede da Copa do Mundo para que possa se notar nas grandes cidades uma profusão de bandeiras e as cores verde e amarela cobrindo muros e até mesmo as ruas. Angharad Closs Stephens (2015) chamou este fenômeno temporário de atmosferas afetivas [*affective atmospheres*] do nacionalismo, em seu estudo que avaliou o afeto durante as Olimpíadas de Londres realizada em 2012.

É interessante e incomum pensar em gradações acerca da condição mítica da nação, como fez Maunu Häyrynen: "Tem sido argumentado que, enquanto comunidade imaginada, a Finlândia deve ser, devido ao seu rápido processo de construção nacional [*nation-building*] e sua forte unidade cultural, mais "imaginada" do que outras nações mais antigas" (HÄYRYNEN, 2000). Independente desse adendo à ideia de nação enquanto comunidade imaginada, destacamos que a noção do conceito em questão em qualquer tempo e lugar é moldada a partir de forças multifacetadas centrífugas e centrípetas que precisam ser contextualizadas tanto mediante discursos locais como os globais (DAYARATNE, 2012). É necessário compreender a relevância das representações para a construção das comunidades imaginadas: as representações são por si só imaginadas; assim – tal como quaisquer outros elementos apresentados no substrato material – interferem na imaginação.

É muito interessante o estudo de Pauliina Raento e Stanley Brunn (2008) acerca dos selos postais finlandeses que circularam no período entre 1917 e 2000. Os selos postais narram a evolução do Estado, da nação e sociedade; são produtos do Estado e estão constantemente presentes em situações cotidianas. Os autores concluem que os selos postais servem para a construção da comunidade imaginada por intermédio de um nacionalismo banal garantindo a visibilidade da pátria em paisagens cotidianas. Desse modo, evitam que os cidadãos esqueçam quem eles são (ou que é esperado que eles sejam) e onde eles pertencem (ou que é esperado que pertençam) (RAENTO; BRUNN, 2008). O simbolismo cotidiano que dá vida ao nacionalismo banal também foi uma estratégia de projeção do poder imperial sobre as colônias: os poderes coloniais europeus utilizaram a iconografia dos selos postais como meio para retratar os nativos africanos e a paisagem africana de forma racializada e exótica, de modo a estigmatizá-los e legitimar o seu jugo sobre o continente. Após a independência, proliferou-se como *modus operandi* dos administradores dos novos estados independentes africanos a emulação das estratégias simbólicas coloniais, formando uma rede coesa de elementos que sustentam o nacionalismo banal (FULLER, 2015). Os esforços da era colonial em produzir selos retratando africanos como a periferia territorial do império foram substituídos pela iniciativa dos nacionalistas dos recém-formados Estados-nação em criar selos que ressaltavam a chegada da modernidade e do desenvolvimento econômico; as mudanças simbólicas passaram a apontar claramente para um glorioso mundo pós-colonial embriagado pela expectativa de um futuro otimista. Nesse sentido destaca-se o trabalho de Harcourt Fuller (2015) sobre os esforços simbólicos do governo de Kwame Kkrumah em Gana (1960-1966).

As reflexões de Fuller (2015) e Raento e Brunn (2008) sobre o papel dos selos para a construção da comunidade imaginada pode muito bem ser aplicada às mais diversas formas de representação que participam ativamente da vida cotidiana, incluindo os sistemas de ensino: "os currículos educacionais nacionais que são apresentados na escola são comumente dotados de grande teor geopolítico e repletos de referência à nacionalidade e a ênfase na formação de "bons cidadãos"" (BENWELL, 2014, p.53), instigando a lealdade ao Estado e o pensamento patriótico. As datas comemorativas são também comumente celebradas no sistema educacional, tal como ocorre nas ilhas Falkland/Malvinas no dia 14 de junho, conhecido como dia da libertação. Essa data alude ao dia do abandono do pleito argentino em relação à posse do território ultramarino britânico (BENWELL, 2014). Já na Argentina, é comum que no dia 2 de abril muitos canais televisivos abordem o aniversário do início da guerra, contando com programas que convidam veteranos do conflito e historiadores para relatarem e analisarem o acontecimento (BENWELL, 2011). Em estudo anterior, Brunn (2001) analisou os selos impressos nos países recém-formados após a fragmentação da URSS, além da Iugoslávia e Thecoeslováquia ocorrida nos últimos anos do século XX. O autor fez um levantamento sobre a imagem estampada no primeiro selo dos países recém-criados reforçando a impressão do seu uso como um instrumento notável do nacionalismo banal: constam como primeira estampa postal imagens do brasão de armas, da bandeira nacional, do mapa do país, de vestimentas tradicionais, dentre outros aspectos que compõem a identidade nacional. O uso dos selos como instrumento geopolítico já é conhecido há muito tempo. Existem registros até mesmo de respostas de um país para o outro por meio dos selos: o Reino Unido lançou uma coleção especial acerca do centenário de colonização das ilhas Falkland/Malvinas em 1933; como resposta, a Argentina produziu um selo que mostrava o território da Argentina incorporando o arquipélago hoje administrado pelo Reino Unido (DAVIS, 1985).

Em mais um exemplo de manifestação do nacionalismo banal, Jonathan Leib (2011) analisou diversas placas licenciadas de automóveis dos Estados Unidos e do Canadá. O autor destacou que a consolidação da era do automóvel colaborou intensamente para a produção de uma paisagem dos sinais [*signscapes*], composta por informações úteis para a circulação dos veículos. No interior da paisagem dos sinais, as placas licenciadas de carros são "sinais errantes" [*moving signs*] por estarem sempre em movimento. Leib destacou que por intermédio de suas imagens e slogans as placas contribuem para o senso de pertencimento ao lugar e também para a maneira na qual as pessoas conceituam elas mesmas sendo geograficamente situadas (LEIB, 2011). O autor destaca que as placas licenciadas são manifestações do nacionalismo banal pelo fato dos governos as usarem também para propósitos políticos: "para estabelecer soberania, projetar reivindicações geopolíticas sobre o território e promover identidade e ideologia nacionalista" (LEIB, 2011, p.38). Nos Estados Unidos, mensagens religiosas e patriotas são comuns nas placas licenciadas, fazendo com que alguns proprietários de veículos questionem tais mensagens sob as escusas da liberdade de pensamento.

No Canadá, precisamente na província francófona do Québec, placas licenciadas de automóveis passaram a carregar mensagens em 1963, quando a província que abriga movimento separatista/autonomista passou a estampar a frase "a bela província" [*La belle province*]". Quando o

Partido Quebecois (P.Q) – de viés nacionalista – chegou ao poder, substituiu o mote da bela província, visto como servil e conformista em relação ao status político do Quebec frente à federação. Em seu lugar, surge a frase "Eu me lembro" [*Je me souviens*]. A frase alude à lembrança da história quebecois, evocando para os nacionalistas três séculos de presença francesa na América do Norte (LEIB, 2011). Em algum momento na conclusão do seu artigo, Jonathan Leib (2011) afirma que as mensagens trazidas pelos dinheiro, selos e toponímias são internalizadas com eficácia pelos cidadãos devido o seu caráter onipresente. Tornam-se assim formas muito contundentes de manifestação do nacionalismo banal. Ou, pelo menos, são manifestações simbólicas dotadas de potencial para exercer o nacionalismo banal: como o estudo de Jan Penrose (2011) concluiu, os procedimentos de design das cédulas podem ser arbitrários, inconsistentes e também aleatórios numa aparente contradição entre as premissas acerca da criação de objetos estatais e os resultados do seu estudo prático, levando o autor a considerar que uma pesquisa mais ampla merece ser feita em contextos geográficos mais variados[381].

Existem diversas outras formas do nacionalismo banal se manifestar na vida cotidiana. Os hinos nacionais apresentam-se particularmente como uma "banalidade não tão banal", por serem capazes de afetar emocionalmente indivíduos que se identificam com a comunidade imaginada que julgam pertencer. Existem sugestões de que a composição do hino – particularmente o recado que por ele é transmitido – pode impactar em atitudes sobre a paz. Segunda essa crença, se

---

[381] Penrose também pondera que é difícil cravar o envolvimento direto do Estado na produção do nacionalismo banal por intermédio de cédulas, visto que são nublados os limites que separam a agência do Estado da agência dos indivíduos. O autor ainda destaca que a produção de cédulas se dá por intermédio da instituição do Banco Central que, em muitos países possui autonomia frente ao Estado prevista em lei. Ademais, o processo de produção se dá muitas vezes por meio do estabelecimento de uma comissão ou mesmo pela atuação de um designer contratado para esse fim (PENROSE, 2011). Do ponto de vista afetivo, Jan Penrose parece considerar que o Estado indiretamente age sobre a produção de cédulas; afinal, mesmo o solitário designer que recebeu a incumbência de produzir uma coleção de cédulas é afetado em alguma medida pela ideia acerca da existência do Estado e dos efeitos materiais produzidos pelas suas leis. Assim, o autor conclui: "cédulas são afetadas pelo Estado, mas isso não significa dizer que são produzidas e controladas por um Estado tangível" (PENROSE, 2011, p.438) que seria responsável por definir detalhadamente a morfologia desse nacionalismo banal. Reflexões como a de Penrose podem ser aplicadas às moedas, aos selos, e a outros objetos de grande apelo simbólico.

o hino nacional de um país glorifica a guerra, então o povo desse país tenderia a melhor receber a possibilidade da guerra (HUMMEL, 2017). Para Daniel Hummel (2017), os hinos nacionais são diversos em sua abordagem sobre a guerra e a paz. O autor exemplifica que o hino da Albânia destaca a necessidade da luta pela nação e da possibilidade da morte como um mártir nacional; comparativamente, o hino senegalês destaca a necessidade de largar a espada e buscar de forma obcecada a paz. Apesar desses destaques, Hummel argumenta que essas ideias carecem de uma metodologia mais rígida para serem comprovadas e que se apresentam meramente como hipóteses. De todo modo, é plausível considerar que as mensagens do nacionalismo banal afetam em alguma medida àqueles que julgam pertencer a uma comunidade. Mesmo aqueles que se julgam livres e imunes à qualquer influência da ideia de nação muitas vezes são traídos por situações cotidianas bem banais: quando refletem sobre a alienação que os afoga é o momento em que percebem estar torcendo para um desconhecido em um torneio de judô somente pelo fato do atleta ter nascido em seu país.

Para além dos hinos, a paisagem é cravejada por elementos nacionais vistos como objetos da dita cultura material. Por essa razão, não somente a nova geografia cultural oferece resposta e método ao estudo do nacionalismo: as teorias não-representacionais (TNR) e as geografias mais-que-humanas são capazes de trabalhar a dimensão do afeto, ou seja, a capacidade dos objetos materiais não-humanos imbuídos de significado nacionalista catequizarem os cidadãos e impactar em sua performance. Trabalhos identificados com as teorias não-representacionais tem representado a dimensão do nacionalismo incorporado [embodied nationalism] que se centra justamente nas relações entre afeto e performance, como fez o artigo de Militz e Schurr (2016) acerca de manifestações do nacionalismo banal azeri. Essas abordagens partem do pressuposto de que as nações não são apenas discursos, mas também práticas incorporadas [embodied practices] por diferentes atores que performam na paisagem e no lugar e que são afetados pela crença acerca da existência da nação (JONES; MERRIMAN, 2012). Esse tipo de premissa considera que o espaço não pode ser visto meramente como territorial, mas também como relacional: são justamente as relações heterogêneas em rede – que envolvem atores humanos e não-humanos – que engenham a dimensão afetiva e impactam dramaticamente na performance das pessoas. As chamadas práticas incorporadas são justamente a performance dos corpos sob influência afetiva.

Pensando na perspectiva das relações em rede, as TNR podem contribuir com o debate envolvendo nacionalismo e a paisagem a partir da concepção das *assemblages*, ou seja, dos agrupamentos que envolvem as relações heterogêneas entre elementos humanos e não humanos, incluindo não somente os animais, mas também objetos. Essa premissa significa que o projeto de construção coletiva da nação é produzido pelo intermédio do alcance de múltiplos discursos, de práticas incorporadas e objetos materiais (JONES; MERRIMAN, 2012). Para exemplificar essa possibilidade, destacamos o trabalho de Tim Ederson (2004), que explorou o significado das relações entre os automóveis e a sociedade para a produção e a consolidação de identidades nacionais. Tais relações evidenciam também a sociedade em movimento: a masculinidade associada às origens do automóvel ainda apresenta marcas muito importantes na vida contemporânea, mas certamente não se mantém inabalável e simétrica à masculinidade automobilística associada às relações seminais entre o homem e o carro. Assim, o automóvel, por meio de suas *affordances*, de sua participação nas *assemblages* e de seu afeto, também colabora para a construção de ideias, que impactam na sua materialidade[382]. O carro – o mais icônico artefato do século XX (EDERSON, 2004) – acaba tornando-se também ícone nacional, por ser essencialmente responsivo às relações historicamente construídas em conjunto com a sociedade que o abriga. Marcas e modelos específicos são tidos comumente como um reflexo da alma de um povo; o Rolls-Royce está para o orgulho inglês como a Ferrari para a Itália; de modo inverso, certas marcas e modelos podem – a partir de um olhar pejorativo estrangeiro – serem vistas como estigmas de um povo. Os Ladas russos e o Trabants da Alemanha Oriental eram, para além da cortina de ferro, vistos comumente como exemplos de obsolescência e ineficácia dos regimes políticos e do modo de produção dos povos que os abrigavam. Assim, é necessário considerar o universo semântico das TNR e seu corpo teórico como possibilidades de compreender como o automóvel e diversos outros artefatos e simbolismos presentes na paisagem expressam valores da sociedade que o abriga.

---

382 Por exemplo, com o aumento da participação feminina no mercado automobilístico, são criados modelos tidos como "feminizados" ou próprios para as mulheres. Ainda que se possa criticar essas respostas mercadológicas como uma falsa inclusão ou igualdade perante o homem, fica evidenciado que os novos arranjos sociais impactam na materialidade de objetos específicos.

Na ótica das TNR, as diversas manifestações do nacionalismo banal apresentam-se como resultados performativos e afetivos frutos da crença na existência da nação. Performance e afeto são entrelaçados: a performance deixa as suas marcas nas relações sociais e na espacialidade mundana; um desfile patriótico que possui temporalidade limitada é tão perfomativo quanto a construção de um monumento de homenagem à pátria, claramente menos efêmero. Em ambos exemplos, atores só irão performar porque estão afetados pela crença acerca da existência nacional. O afeto, por sua vez, não é uma manifestação *ex nihilo*: marcas materiais na paisagem e no lugar deixadas por ações perfomativas, artefatos produzidos e rituais efêmeros presentes nas relações cotidianas lhe dão substância. Determinar quem surgiu primeiro dentre a performance ou afeto é tarefa similar à resolução do dilema do ovo e da galinha.

O pensamento em rede, característico das TNR, tem como importante virtude a capacidade de deslocar a concepção teórica das categorias instrumentais – tais como a nação – da posição de um conceito definido de forma objetiva e coletiva de acordo com abordagens tradicionais em direção a uma concepção fluída baseada nas relações. Nessa perspectiva, a nação seria aquilo que as relações determinam que ela seja. Essa postura teórica exige investigações permanentes sobre o fenômeno e nos coloca em posições privilegiadas de análise: a abordagem das TNR potencializa nossa capacidade de compreensão das diferenças aparentes no fervor nacionalista percebido no seio de distintas nações. Outra potencialidade da abordagem não-representacional é a irrefreável percepção de que no interior daquilo que se chama de nação as pessoas vinculam-se de forma muito variada com as "redes nacionais". Crang e Tolia-Kelly (2010) sintetizam essas potencialidades ao argumentar que a produção e circulação de sensações e sentimentos, mais do que o conhecimento cívico, são cruciais para a exclusão ou inclusão de diferentes pessoas em torno da intensidade afetiva nacional.

Outra potencialidade do pensamento em rede é refletir sobre as relações orientadas pela crença acerca da nação e que extrapolam os limites dos estados-nação. Sabe-se que os estados não podem ser vistos como recipientes que contém as nações: os limites dos Estados podem se reajustar ao longo da história, mas, certamente, o rearranjo das redes que envolvem as nações é muito mais fluído, conduzindo a situações como a que podemos hoje observar na Ucrânia. A maior parte da elite russa é inclinada a conceber a Ucrânia enquanto Estado independente como um fenômeno temporário, sentimento que também é compartilhado por parcela expressiva da população (SOLCHANYK, 1998). O ponto de partida da Ucrânia independente após-1991 já era visto como problemático, já que existia um ceticismo generalizado acerca da estabilidade do Estado, marcado por importantes assimetrias entre a sua porção ocidental e oriental (ZHURZHENKO, 2002).

A invasão russa à Ucrânia em fevereiro de 2022 tornou pública mediante extensa cobertura midiática de que forma os tentáculos russos que alcançam o país serviram para desestabilizar a sua integridade territorial[383]. Dentre esses tentáculos metafóricos destacam-se o uso extensivo do idioma russo em províncias ucranianas orientais[384] e a existência de um viés ideológico não integracionista frente ao bloco europeu, tanto na perspectiva econômica (adesão à União Europeia) quanto na política (adesão à OTAN). O reflexo dessas diferenças ideológicas se manifesta no resultado das eleições no país, momento que evidencia preferências político-partidárias – e, portanto, ideológicas – muito expressivas entre o leste e o oeste ucraniano (KHMELKO; WILSON, 1998). Tais diferenças têm sido registradas desde as eleições presidenciais de junho e julho de 1994, poucos anos após a independência ucraniana (JACKSON, 1998). Soma-se a essas questões o seguinte destaque: na Segunda Guerra Mundial foram registrados combates que envolveram ucranianos ocidentais e orientais posicionados em diferentes posições entre as forças beligerantes; é possível notar, ainda, que do ponto de vista religioso são percebidas crescentes contradições envolvendo a igreja ortodoxa de Moscou e a de Kiev, com reverberações no interior do território ucraniano (ZHURZHENKO, 2002).

Ipso facto, no contexto ucraniano a estabilidade territorial apresenta-se como uma promessa de difícil exequibilidade. É importante notar que o caso ucraniano não é só uma questão acerca de diferenças político-culturais importantes no interior de um território; soma-se a isso a presença da Rússia enquanto potência adjacente, desejosa de ampliar a sua influência e que usa o passado como discurso legitimador para

---

383 É importante apontar que, no caso da Ucrânia, as redes russas parecem mais atuar no sentido de enfraquecer o exercício do nacionalismo ucraniano do que promover o nacionalismo russo propriamente dito. É como se os grupos russófonos orientais desejassem a autonomia, mas não sob bases ucranianas (SOLCHANYK, 1998).

384 A russofonia dominante nas províncias orientais ucranianas tornou-se no período pós-1991 sinônimo de orientação pró-comunista, de nostalgia soviética, tendências pan-eslavistas e favoráveis à reunificação com a Rússia (ZHURZHENKO, 2002).

o seu assédio. Ademais, as características particulares da assimetria ucraniana ilustram territórios separatistas e/ou autonomistas do leste bastante entrelaçados com a potência interessada[385]. É de se pensar acerca da possibilidade dos Estados utilizarem das vantagens advindas da incongruência entre a força do nacionalismo e os limites territoriais para estabelecerem estratégias no plano internacional. Um conceito eivado de afeto e já consagrado no plano da política internacional é o de poder brando [*soft power*], de Joseph Nye Jr.: "os tipos de recursos associados ao poder brando com frequência incluem fatores intangíveis como instituições, ideias, valores, cultura e a legitimidade percebida das políticas" (NYE JR., 2012, p.44). Esses fatores intangíveis somente são construídos por meio das relações engendradas pelas redes.

As redes não podem ser vistas somente a partir das relações tangíveis. É necessário considerar as redes a partir de uma perspectiva holística, que inclui o afeto. Nesse particular, o conceito de nacionalismo banal mostra-se bastante eficaz para pensarmos as distintas maneiras como se estrutura o afeto em torno da nação. A escola é um ponto de partida muito importante não somente para o conhecimento cívico, mas para o desenvolvimento afetivo. Nesse universo escolar, não somente a realização de projetos escolares e eventos cívicos comemorativos como o dia da bandeira ou da independência se destacam: os livros didáticos apresentam-se como uma banalidade cotidiana que fomenta as redes de afeto. Alguns países adotam certas coleções de livros didáticos no ensino básico e realizam grandes compras fornecendo-os no serviço público, como ocorre no Brasil. A adoção desses livros didáticos pode passar pelo crivo de gestores do estado, interessados na divulgação de certas narrativas palatáveis ao nacionalismo. O trabalho de Karina Korostelina (2013) revelou as tensões entre as narrativas propostas pelos livros de história na Ucrânia, dispostos ao sistema de ensino de todo país, e as diferenças de entendimento acerca dessas narrativas por parte dos professores. Como a Ucrânia é um país dotado de importantes diferenças no ordenamento cultural, alguns professores – sobretudo na porção leste do país – não reconhecem como válida a narrativa nacionalista ucraniana, que vilaniza a Rússia. Já na porção

---

385 É importante destacar que os russófonos ucranianos constituem um grupo muito particular, diferenciando-se substancialmente em termos de valores e atitudes tanto de russos que habitam a Ucrânia quanto de ucraniófonos ucranianos (RIABCHOUK, 1998). Isso permite compreender o fato de que nem todos os russófonos são a favor da integração territorial de províncias do leste à Rússia.

oeste, predomina o sentimento anti-Rússia e pró-europeia entre professores que participaram de entrevistas semiestruturadas realizadas por Korostelina (2013), o que é um indício de diferenças regionais nas relações entre o professorado e a narrativa oficial do Estado que encontra eco nos livros utilizados nas redes públicas.

Não é possível excluir os esportes das manifestações mais recorrentes do nacionalismo banal. As competições esportivas, sejam elas disputadas por meio dos esportes individuais ou coletivos, estão impregnadas de associações com a nacionalidade. Os rituais esportivos de abertura das competições ou premiação comumente dão espaço para o hino e a bandeira. É de se destacar que geralmente os esportistas mais bem-sucedidos apresentam sua nacionalidade como uma vestimenta diária: é difícil não pensar nos binômios Rafael Nadal-Espanha ou Roger Federer-Suíça. Alguns confrontos entre selecionados nacionais de esporte coletivos comumente apresentam na cobertura jornalística termos bélicos ligados às disputas esportivas: é possível ler a respeito dos destaques individuais das seleções que os atletas expoentes são como armas ou arsenais. Assim, Cristiano Ronaldo é a arma de Portugal contra seleções adversárias. Usa-se na vitória o ufanismo exacerbado; na derrota esportiva, todavia, pode-se minimizar o resultado a partir da escusa de que o evento disputado é apenas um jogo. Natalie Koch (2013) destaca que historicamente os regimes autoritários apresenta um forte interesse em promover tanto o esporte de elite quanto o de massa. Durante a Guerra Fria, países que integravam a Cortina de Ferro apresentavam resultados expressivos nos quadros de medalhas das olimpíadas, fruto de um investimento maciço dos governos ditatoriais em esportes individuais. Após a fragmentação da URSS em 1991, o Casaquistão manteve suas intencionalidades de manutenção de investimento nos esportes, com programas governamentais de pagamento de 250 mil dólares para os medalhistas de ouro nas Olimpíadas de Londres de 2012 (KOCH, 2013).

Para além das disputas esportivas, o nacionalismo também sustentou comparações quanto à aprazibilidade paisagística. Essas comparações, de teor fortemente etnocêntrico, permitem noções como: "nada é tão belo quanto o céu da Itália" ou "como é excepcional o horizonte da Grécia". Essas noções são valorações que exprimem o sentimento de centralidade perante o mundo e aproximam as categorias nação, paisagem e lugar. Muitos mitos tornam-se indissociáveis às feições da natureza, fazendo com que em um nível mental fortaleça a ideia de uma territorialização simbólica, que será mais relevante quanto mais disseminado e presente na vida cotidiana se apresentem os mitos. O monte Etna, localizado na Sicília, é palco de mitos greco-romanos (BUXTON, 2016): neste caso, talvez não seja a aprazibilidade o valor solitário a ser edificado na feição paisagística, mas a morada de narrativas mitológicas que, para além de celebrar esteticamente a paisagem, abrigam valores éticos e morais construídos ao longo do tempo e lembrados cosmologicamente. No extremo norte da Itália, os entrelaces da sociedade e as feições físicas construíram significados culturais que também superam a dimensão da aprazibilidade: o movimento autonomista da Padânia, encampado pela Liga Norte – partido político de extrema direita italiano – foi construído a partir de significações culturais que ressaltam, sobretudo, a diferença do *modus vivendi* alpino. Criou-se um imaginário reforçado por diversos veículos dentre os quais o Caderno da Padânia [*Quaderni Padani*], periódico de caráter autonomista que possuia grande circulação no seu período de atividade, entre 1995 e 2011. Nesse imaginário dominante, as regiões das planícies colhiam as mazelas da globalização, da deturpação das tradições e da degradação ambiental; em oposição a esse cenário, as regiões alpinas preservam o modo de vida tradicional, tornando-se para os autonomistas como um ideal a ser buscado ou mantido[386] (HUYSSEUNE, 2010).

A valorização dos elementos da paisagem faz parte da própria elaboração nacional. Durante muito tempo a Islândia – outrora sob o jugo dinamarquês – era vista como dotada de uma paisagem anormal, não-natural e até mesmo diabólica. A transformação de uma distópica anormalidade para uma utópica excepcionalidade de bases positivas foi consolidada no romantismo[387] e na celebração da natureza sublime. Essa transição coincide com o advento da consciência nacional islan-

---

386 A oposição à imigração – *pari passu* às concepções xenófobas de organização social – também é compartilhada por parcela importante dos autonomistas, o que fica evidenciado na análise espacial dos resultados de eleições recentes na Itália: a porção setentrional italiana tem apoiado certos partidos e ideologias políticas não compartilhadas pelo restante do conjunto territorial nacional, como foi problematizado em um artigo de John Agnew (1995).

387 É relativamente comum a associação das origens do nacionalismo com o romantismo. Em uma visão recorrente, romancistas viam as nações como povos, unidades fundamentais e naturais que compõem o todo da humanidade. Sabe-se que o social construtivismo ataca fundamentalmente a ideia acerca da essência natural da nação; todavia, é estimulante pensar que um grande número de pessoas compreenda e aja como se tal essência natural existisse (PENROSE, 2009).

desa (HALINK, 2014). O exemplo islandês não é, em nenhuma hipótese, excepcional; a nação possui uma espacialidade – ainda que mal definida entre os indivíduos que compartilham a comunidade imaginada – que é fundada em uma territorialização simbólica. É na dimensão do simbolismo que se manifesta a valorização das feições paisagísticas.

O caso japonês elucida bem a questão da valorização paisagística como ode à nação: sabe-se que o século XIX foi marcado pela ascensão do nacionalismo no ambiente europeu, o que certamente colaborou para os tensionamentos do velho continente que acabaram por culminar na Primeira Grande Guerra Mundial (1914-1918). No Japão, nas décadas finais do século XIX, mudanças profundas ocorreram em âmbito político e social: a Era Meiji (1868-1912) possibilitou um período de rápido crescimento econômico e empoderamento relativo do arquipélago mediante o sistema-mundo. Nesse contexto, o aumento das relações políticas e econômicas entre o Japão e o Ocidente colaborou para o desenvolvimento de um sentimento de oposição à possibilidade de ocidentalização extrema do arquipélago oriental[388], dando contornos à rápida ascensão no nacionalismo nipônico.

A construção do nacionalismo japonês foi em larga medida apoiada pela exaltação das potencialidades paisagísticas do país. O final do século XIX assistiu a publicação de *A Paisagem Japonesa* [*Nihon Fukeiron*] (1894) de autoria de Shiga Shigetaka (1863-1927): esse livro, incluso no programa educacional em diversos níveis de ensino e, portanto, obtendo grande alcance para o público japonês, é tido como uma obra controversa. Esse status deriva-se do fato do autor ressaltar as potencialidades paisagísticas do Japão e, comparativamente às paisagens de países vizinhos, como a China[389], defender o arquipélago-nação como dotado de superioridade geográfica. Por isso mesmo, a obra em questão que se opõe à ocidentalização é tida como um estudo da paisagem japonesa e, ao mesmo tempo, um misto de ufanismo, nacionalismo e ode ao imperialismo (TAKEUSHI, 1999; GAVIN, 2000). A obra de Shiga Shigetaka encontra paralelo com a Breve Geografia da Ucrânia [*Korotka Heohrafiia Ukrainy*] de Stepan Rudnyts'kyi: com grande penetração no sistema escolar, o livro do autor ucraniano tornou-se um

---

388 Em consonância com o estabelecimento de diversos acordos comerciais firmados com muitas nações ocidentais em 1858, o Japão abriu uma quantidade expressiva dos seus portos ao comércio internacional (TAKEUCHI, 1999).

389 Masako Gavin (2000) afirmou que a obra de Shiga Shigetaka é compreendida por alguns como dotada de uma hostilidade contra a China.

importante ícone afetivo da sociedade do país e, por definir parâmetros do espaço nacional, ajudou a criar consensos e dar direção ao *nationhood* do seu país (STEBELSKY, 2011). Tanto no caso da obra japonesa quanto na ucraniana, percebemos a importância da produção em série de livros para a disseminação do sentimento nacionalista, somente possível após as melhorias técnicas e tecnológicas. São exemplos claros da importância dada por Bennedict Anderson às prensas de impressão e a mídia impressa (pode-se hoje falar das mídias digitais).

Masako Gavin destaca que, no Japão, as relações entre o ambiente e a natureza "era estática e confinada aos limites das propriedades residenciais, não muito além dos jardins" (GAVIN, 2000, p.222). Essa característica japonesa seria uma barreira para a construção iconográfica de uma paisagem nacionalista. É difícil conceber essa ideia como uma resposta coletiva, já que o próprio Katsushika Hokusai (1760-1849) chegou a explorar paisagens como o monte Fuji em suas pinturas. Além disso, ao longo deste livro já demonstramos nossa oposição às afirmações de um suposto caráter padronizado de uma dada coletividade. Isso inclui considerar a hipótese de que Hokusai, até pela expressão que obteve, seja um homem rompedor da ordem de apreciação estética do seu *zeitgeist*. Outro ponto a ser destacado é que consideramos ser plausível que as pinturas de Hokusai tiveram alcance e disseminação menores do que a obra de Shiga. A disseminação popular das telas de Hokusai provavelmente enfrentou obstáculos de toda sorte, inclusive a dificuldade de reprodução de *fac-símiles* e incorporação da arte em questão em análises textuais que fossem amplamente divulgadas. Já o livro de Shiga expandiu-se de forma notória, incluindo sua penetração nas redes educacionais, como visto.

De toda maneira, Gavin (2000) constrói uma narrativa em seu estudo que nos aponta para uma mudança de mentalidade japonesa, que passou a construir ícones paisagísticos nacionais. O autor afirmou que Shiga destacou elementos da paisagem que ressaltavam o orgulho de ser japonês. O monte Fuji não deixou de ser ressaltado: para Shiga, a altura, a curvatura simétrica de suas encostas e sua grandeza solitária[390] tornava o Fuji uma das mais famosas montanhas do mundo (GAVIN, 2000).

---

390 Expressão que destaca sua imponência frente as adjacências.

Hokusai, Katsushika. Fine Wind, Clear Weather (também conhecido como Fuji Vermelho). 1831, Xilogravura, 244 x 381 mm, Museum of Fine Arts, Boston. Hokusai ressaltava elementos da paisagem japonesa favorecendo, por intermédio da repercussão de suas obras, uma coesão entre a ascensão nacionalista e a valorização da paisagem.

A Paisagem Japonesa de Shiga utiliza-se muito do repertório comparativo para a valorização dos elementos paisagísticos japoneses frente a países diversos. A comparação com a China, como já foi apontado, era um dos seus expedientes. Mas é possível encontrar comparações com paisagens europeias que incluíam à conclusão frequente acerca de uma suposta superioridade japonesa. É interessante pensar que no sentido trazido por Shiga, a paisagem torna-se o arcabouço da nação, o substrato que torna o habitar aprazível e que justifica a valorização japonesa frente a outros países. Aparentemente pueril, a narrativa de Shiga, assim como outras que usam argumentos similares, abusam do senso de centralidade perante o mundo, reforçando a oposição nós *versus* os outros e tensionando a dicotomia internalidade *versus* exterioridade. No contexto global da passagem do século XIX para o XX, esse é um ingrediente importante para compreender o senso de superioridade de uma nação bem como se torna uma base teórica para as ações imperialistas, assim como um dia o discurso da missão civilizadora tornou-se uma justificativa moral para a colonização europeia da América.

Não é de se surpreender que o JNTO (*Japan National Tourism Organization*) por meio do seu *website* traga uma narrativa que aponte a excepcionalidade japonesa em relação às respostas ambientais às passagens das quatro estações do ano (MORI, 2014). Até que ponto textos como o de Shiga não deixaram marcas indeléveis nos corações e mentes nipônicos? E, também, até que ponto as ligações entre a paisagem e o orgulho nacional afetam as pessoas? Em um exemplo, sabe-se que, no caso japonês, os camicases [*Kamikazes*] encontravam conforto simbólico para o irremediável encontro com a morte na simbologia da flor de cerejeira: símbolo nacional do Japão, a cerejeira exibe a florada em um período extremamente curto; de modo similar, os jovens homens japoneses tinham que seguir o imperador na guerra até a morte. A flor da cerejeira e o jovem soldado que oferece a vida pelo país se igualam na exibição de uma vida curta, sendo que a beleza estética da flor é análoga à beleza do sacrifício do jovem pela nação. Por conta disso, os aviões dos jovens camicases eram decorados com as flores da cerejeira.

O nacionalismo é reconhecido como capaz de mover as pessoas a performarem o impensável; mesmo no mundo utópico desenhado por Francis Fukuyama (1992) baseado na expansão triunfante do liberalismo e da democracia, o sentimento nacionalista surge – ao lado das diversas formas de fundamentalismos – como potenciais ameaças à construção de uma grande superfície sociopolítica isomórfica no planeta. Quando o nacionalismo é o tema de nossa reflexão, se faz necessário pensar em um afeto intergeracional, capaz de sobreviver em alguma medida ao longo do tempo, mesmo sofrendo intensa repressão, como foi no caso das quase sete décadas de regime ditatorial pós-revolução socialista na URSS (CHATTERJEE, 2012). O desmantelamento do império incentivou os reclames dos chechenos, daguestaneses e ossetas que, dentre muitos outros povos, buscam seu lugar ao sol no sistema internacional de Estados.

A apropriação simbólica da natureza com propósitos nacionalistas é muito comum. O cedro estampa a bandeira nacional libanesa e assim como os cactos – chamados pelos palestinos de *saber* – é carregado de conteúdo simbólico. No caso do cacto palestino, é importante destacar que o seu significado foi construído em um passado distante, anterior à formação dos modernos Estados nacionais. Os cactos eram dominantes na paisagem palestina, tendo, além de sua função histórica, o papel de limitar as propriedades e campos de cultivo. No processo de construção de significado cultural, os cactos tornaram-se símbolos de paciência e resiliência. Quando palestinos passam por um período de dificuldades, é comum evocarem o mantra: "*saber as-sabbar*", que significa "a paciência dos cactos" (ABUFARHA, 2008). Os acontecimentos acomodados pelo tempo trouxeram e revitalizaram outros simbolismos na Palestina. Com a criação do Estado de Israel e o deslocamento da população palestina de certas áreas costeiras, fortaleceu-se a força simbólica da laranja: o cultivo estava prosperando desde o início dos anos 1930, ganhando o mercado europeu e tornando-se um elemento de referência nacional palestina. A laranja era cultivada principalmente nas bordas litorâneas e a produção palestina foi desarticulada e concomitantemente foi articulada a produção israelense. A laranja assim tornou-se uma analogia à perda territorial: tanto a laranja quanto às perdas territoriais da nação palestina – então amparada em um Estado árabe de acordo com o Plano de Partilha de 1947 – passaram a ser entendidos como apropriações indevidas por parte dos israelenses. A partir da década de 1970, quando a demanda palestina passa a centrar-se na autonomia da Cisjordânia e da Faixa de Gaza, outro simbolismo ganha força: as oliveiras. Cultivados nas áreas de topografia acidentada da Cisjordânia, essas árvores possuem representatividade no território demandado pelos palestinos. Durante a primeira *Intifada* – o levante palestino contra a ocupação israelense ocorrido no período 1987-1992 – as instituições públicas palestinas, universidades e escolas estiveram fechadas durante o período da colheita da azeitona, para permitir que um número expressivo de palestinos passasse pela experiência simbólica, de modo a fomentar o nacionalismo banal e, conjuntamente, sua carga afetiva (ABUFARHA, 2008). Apresenta-se ainda como quarto elemento vegetal apropriado simbolicamente na Palestina a flor de papoula. A espécie dominante nas terras palestinas possui as cores da bandeira nacional: o vermelho, o preto, o branco (em um discreto anel ao redor do centro da flor) e o verde.

Flor de papoula, selo postal palestino. Fonte: Disponível em https://colnect.com/en/stamps/stamp/150210-Poppy-Flowers_Fruits-Palestinian_Territory em 24 de Abril de 2022. A flor de papoula é um símbolo nacional palestino e, em um dos seus significados culturais, representa o sangue dos mártires nacionais.

A construção simbólica recorrente da papoula é guiada pela interpretação de que o vermelho dominante em suas pétalas representa o sangue dos mártires palestinos, que deram a vida pela nação. De forma complementar, a flor ainda traz significados associados à renovação, ressureição e à vida. Tamanha a sua representatividade, a papoula já estampou selos postais palestinos. Assim, no plano afetivo, quatro espécies vegetais tornaram-se importantes e incorporaram o universo simbólico nacional palestino, em uma construção diacrônica e que possui explicações em seu contexto histórico e nas relações estabelecidas entre o homem e a paisagem. Assim, a história das transformações simbólicas espaço-temporais experimentadas pela sociedade palestina nos oferece um ângulo privilegiado para a compreensão de como os significados simbólicos são historicamente construídos e como a simbolização é um processo cultural dinâmico que responde às realidades políticas e aos desafios sociais (ABUFARHA, 2008).

A paisagem também é explorada pelo nacionalismo por meio de outros veículos: enquanto alguns hinos nacionais fazem referência às antigas batalhas, aos líderes e heróis nacionais, outros dão foco à paisagem nacional. Destaca-se nesse particular o hino croata que celebra a "beleza da terra natal", o dinamarquês que glorifica sua "amada terra" e o sueco, ainda mais impetuoso ao afimar que o seu país é a mais "amável terra de todo o planeta" (BAIRNER, 2009). A tulipa é vista como uma flor nacional holandesa, enquanto que no Brasil animais endêmicos estampam as cédulas atualmente em circulação. Os historiadores empregam o termo "civilização hidráulica" para se referirem às antigas civilizações que ocuparam as margens de rios de expressão: os egípcios se associam ao Nilo, os chineses ao Azul e ao Amarelo e os babilônicos à bacia Tigre-Eufrates. A ideia acerca da existência de rios nacionais é um fenômeno da modernidade, mas expressa um passado de relações intensas associadas à paisagem fluvial [riverscapes] (CUSACK, 2006).

Essas relações construíram, ao longo do tempo, um importante legado cultural: nesse sentido é útil a problematização acerca da paisagem das tarefas [Taskscape] de Tim Ingold (1993), pois o trabalho é uma das formas mais expressivas de relacionamento entre o homem e o ambiente. Muitos rios desepenharam e ainda desempenham o papel de se apresentar como o limite natural entre Estados. Nota-se, por exemplo, que parcela importante dos limites brasileiros é demarcada por rios. As tensões territoriais que se projetam nos rios puderam construir ao longo da história distintas apropriações simbólicas de nações que se relacionaram com o mesmo espaço ou com adjacências. Um exemplo que nos veem à mente é o rio Jordão, bem como algumas de suas partes: no extremo jusante, o Mar Morto; no extremo montante, o lago Kinneret

(Tiberíades para a toponímia árabe). Mas não são somente os rios que detém o monopólio do simbolismo; claramente os rios desempenham um papel importante nessa matéria, o que é justificado pela sua grande importância para o sustento de antigas civilizações como para a agricultura pretérita e contemporânea. Todavia, devemos considerar florestas, montanhas, vulcões, cavernas e outras feições paisagísticas que receberam carga simbólica advinda de diferentes povos.

Questões como aquelas que são levantadas por intermédio da leitura da obra de Shiga Shigetaka apontam para reflexão acerca das paisagens nacionalmente imaginadas. Augustin Berque (2019), por exemplo, lembra que Touraine é uma região da França na qual, supostamente, o mais puro francês é falado. Do ponto de vista racional percebemos que esse argumento, que ilustra uma imagem, não faz muito sentido: a língua – como de um modo geral aquilo que se convenciona chamar de cultura – está sempre em movimento, construindo-se e reconstruindo-se. Todavia, à medida que se baliza o francês puro a partir de Touraine, todas as variações da língua francesa podem ser julgadas a partir de sua aproximação frente aquilo que se convenciona considerar o ideal de pureza: nesse sentido, fica evidenciado o entrelace mente-matéria, num processo de causa e consequência perpétuo. O exemplo linguístico de Touraine pode se aplicar a muitas outras possibilidades simbólicas da paisagem.

As mudanças das representações paisagísticas ao longo do tempo revelam tendências do *zeitgeist*, oferecendo-nos exemplos dos mais curiosos: as representações da paisagem finlandesa pré-nacional – dos séculos XVII e XVIII – buscam explorar o caráter supostamente exótico, selvagem e pouco conhecido da Finlândia como periferia europeia. Não é surpresa, por essa razão, que a Finlândia tenha sido confundida por muito tempo com a Lapônia. A partir do século XVIII, nota-se mudança significativa na orientação das representações finlandesas: a influência do pitoresco, já consagrado na Inglaterra daquele tempo como ideal estético, passa a explorar nas paisagens da Finlândia a até então ignorada conjunção envolvendo lagos e florestas (HÄYRYNEN, 2000). Analisando a dinâmica das representações das paisagens nacionais ao longo do tempo, Häyrynen argumentou que cabe a analogia com a operação do giro de um caleidoscópio: em suas palavras, "qualquer mudança resultará em outra harmoniosa e cristalina imagem do Estado-nação" (HÄYRYNEN, 2000, p.18).

A paisagem pode ser entendida como um objeto a ser modelado para melhor acolher os ideais da nação. Essa concepção advém de uma noção modernista sobre a paisagem, que assim como a natureza, passou a ser entendida como um objeto de consumo. São ideias que desconsideram os princípios do entrelace homem-espaço, do *dasein* heideggeriano, da dialética mente e matéria e do pensamento berqueniano. A ideia de uma paisagem capaz de ser modelada para servir como um palco ideal para a nação desconsidera o fato de que a própria paisagem interfere nas coletividades e individualidades que povoam o território nacional. Os fundamentos dessa desconsideração são sustentados pela divisão rigorosa entre o homem e o meio natural. Ehard Mäding (1909-1998), um dos apologistas da noção de paisagem nacional-socialista alemã, trouxe no seu livro "a gestão da terra" [*landespflege*] ideias vinculadas ao tratamento da paisagem como objeto. Mäding declarou que o design da paisagem era, à época do nazismo, a mais decisiva tarefa cultural. Além disso, previu que os alemães seriam a primeira nação ocidental a dotar a paisagem do seu ambiente espiritual e, em destaque, acreditou que pela primeira vez na história da humanidade um povo conscientemente iria determinar as condições de vida ideais para o seu bem-estar físico (GROENING, 2007). No caso alemão, o esforço de construção de uma paisagem que abrigasse o espírito nacional envolve até mesmo o replantio de espécies tidas como nacionalmente endêmicas: se houvesse uma dificuldade em determinar se uma dada espécie era de fato genuinamente nacional, a estratégia era "reivindicar pelo menos que a espécie seja associada ao Europa Central". Essa é claramente uma fraqueza para aqueles que desejam nacionalizar plantas, "mas ainda é possível associar as espécies a um domínio étnico-identitário, como, por exemplo, considerar certas plantas como germânicas ou eslavas" (GROENING, 2007, p.603).

As abordagens que focam na compreensão da paisagem como um palco que contém simbolismos diversos são abrigadas principalmente pelo rótulo da nova geografia cultural. Como já apresentado ao longo deste livro, a corrente em questão trabalha com a perspectiva de que as dimensões material e imaterial se entrelaçam. Nesse sentido, os simbolismos materializados na paisagem interferem no plano das ideias e, consequentemente, trazem repercussões para a materialidade moldada pelo homem. Essa descrição é um processo dialético entre mente e matéria que Augustin Berque chamou de trajeção. Essas são noções muito úteis para facilitar a nossa compreensão acerca da disputa e edificação dos elementos simbólicos na paisagem, incluindo esforços monumentais de erguimento de uma paisagem eivada de um sentido de nacionalidade. Ghazi Falah (1996) pontua que a paisagem pode ser concebida como um produto da luta entre interesses em conflitos advindos de grupos distintos que procuram exercer a dominação sobre um determinado espaço. Em seu estudo sobre as transformações da paisagem simbólica em Israel, Falah salientou que as autoridades israelenses desenvolveram a estratégia de remoção de traços culturais preteritamente consolidados por outros povos na paisagem de Israel e, assim, "estancando e enfraquecendo as reinvindicações palestinas sobre o território" (FALAH, 1996, p.257) em uma clara estratégia de "de-significação" [*de-signification*], que também pode ser compreendida como estratégia de desterritorialização simbólica. Entre o plano de partilha da ONU (1947) – que dividiu o espaço de certo trecho do levante entre árabes e judeus – e a oficialização da partilha (1948), destacam-se meses dotados de fluxos migratórios expressivos. Nesse particular, os massacres ocorridos em vilas árabes como a de Dayr Yassin (1948) serviram como motivação para o despertar do escapismo árabe. Um total de 81 vilas árabes desapareceu por completo (FALAH, 1996), mudando bruscamente a paisagem em nome de uma nova ordem política que teve o sionismo – movimento de criação de um lar nacional para o povo judeu – um dos seus baluartes. O caso do Levante não é isolado: eliminar uma determinada população de uma terra natal, prometida ou "de direito" como estratégia de criar um Estado mais seguro, etnicamente homogêneo e estável é, em algum sentido, tão antigo quanto à própria Antiguidade. Entre a Alemanha nazista, passando pelo genocídio armênio e chegando à Sérvia de Slobodan Milosevic, existe um número substancial de episódios de violência que buscaram criar uma paisagem genuinamente nacional livre de elementos vistos como indesejados.

Apesar da crescente atenção para a temática e a ampla condenação (por meio da tipificação como crime de guerra), episódios de limpeza étnica continuam sendo registrados nos dois últimos séculos (BELL-FIALKOFF, 1993). O nacionalismo é entremeado por um dogmatismo que contém fundamentos quase espirituais que afetam profundamente as pessoas conduzindo-as a atitudes extremadas, incluindo o desejo de purificar a nação de grupos estranhos aos seus valores. Não é surpresa para ninguém o fato de que a existência de religiões diferentes em um mesmo espaço pode conduzir à violência entre as pessoas; por outro lado, a conversão religiosa pode mitigar a violência. Nas empreitadas de limpeza étnica, a opção da conversão não está presente (BELL-FIALKOFF, 1993).

A paisagem portadora de símbolos, incluindo aqueles de identificação nacionalista, ajuda a definir os limites da nação imaginada e, em uma via de mão dupla, é criada e transformada pela ideia de nação. As imagens da nação, guiadas, *inter alia,* pelos símbolos presentes na paisagem, refletem e reforçam contradições amplas nas representações acerca do espaço nacional. Algumas dessas imagens são construídas em termos relativos, o que é curioso: o Canadá é representado feminilizado frente aos Estados Unidos, enquanto que a província do Quebec – dona de um nacionalismo a parte – feminiliza-se frente ao Canadá. As representações que contrastam o masculino e o feminino expressam supostas relações de subserviência e exploração da mulher em relação ao homem (MACKEY, 2000).

Os cartões-postais são exemplos curiosos de apresentação de paisagens e lugares. Busca-se por meio deles ressaltar eventuais potencialidades; destacam-se invariavelmente sazonalidades as quais as paisagens apresentam-se supostamente mais aprazíveis, a partir de ângulos privilegiados em um dia de iluminação privilegiada. Assim como ocorre com as fotografias, os cartões postais tanto influenciam como refletem percepções e preferências paisagísticas (MARSH, 1985). No interior dessa lógica, o mito colonial da África do Sul como um espaço vazio e prístino a ser explorado pelos ingleses conduziu a produção de cartões-postais que buscavam ressaltar essas características. Notoriamente, a partir do início do século XX, o turismo sul-africano passou a dar ênfase nas belezas naturais e na vida selvagem e, em medida similar, na então chamada vida tribal primitiva (VAN EEDEN, 2011).

Um conjunto de cartões postais[391] produzido no período entre a década de 1940 e 1970 pela SARPDT (*South African Railways Publicity and Travel Department*) – companhia ferroviária que atuava no país – apresentou a habilidade de "evocar uma nostalgia artificial acerca de um passado que jamais existiu[392], apresentando um autorretrato do país em um momento particular da história" (VAN EEDEN, 2011, p.600). A fundação da SARPDT foi um marco para o turismo sul-africano: as redes ferroviárias ligaram o

---

391 Os cartões postais tornaram-se, na primeira metade do século XX, uma forma muito recorrente de comunicação. Em 1900, canadenses enviaram pelos correios 27.000 cartões postais; no ano de 1913, como resultado de um crescimento exponencial, foi registrado no Canadá o envio de 60 milhões de cartões postais (MARSH, 1985).

392 Um dos mitos bem consolidados sobre a África do Sul era a ideia de um passado pré-colonial desprovido da presença humana. Tanto os afrikaners quanto os sul-africanos anglófonos absorveram em alguma medida o mito de que a colonização europeia da África do Sul coincidiu com a chegada dos povos negros vindos de regiões setentrionais.

interior com as áreas costeiras, possibilitando a popularização de áreas como Muizenberg situada nas cercanias da Cidade do Cabo, Drakensberg e o Transvaal Oriental, todas incorporadas como cenas típicas da África do Sul. O trabalho de Jeanne Van Eeden (2011) mostra que o conjunto de cartões postais produzidos pela companhia ferroviária e analisados em sua pesquisa acerca das imagens construídas acerca da África do Sul expõe uma visão ideologicamente dominante da sociedade, reproduzindo uma forma de ver a paisagem que está eivada de práticas discriminatórias relacionadas ao consumo da paisagem. Afinal, a atividade do turismo, potencializada pela expansão das linhas férreas na África do Sul, não é altamente inclusiva, deixando uma parcela de pessoas desprovidas de recursos econômicos à margem de suas proposições.

Na paisagem, é de se destacar o fato da arquitetura vernacular ser considerada um patrimônio nacional, muitas vezes protegida pela força da lei. A arquitetura expressa significados e seus símbolos inspiram a perpetuação de ideologias. Assim, a paisagem e a arquitetura são campos de batalhas aos quais interesses nacionais conflitantes são intermediados, suprimidos, alterados e perpetuados.

O estudo acerca da força simbólica das toponímias incorporou um dos objetos de investigação da prolífica carreira de Wilbur Zelinsky. O autor em questão examinou, dentre outros objetos de interesse, o simbolismo das toponímias como instrumentos de reforço do nacionalismo. Zelinsky (1983) identificou que no interior dos simbolismos nacionais norte-americanos, nada consegue instigar questões mais relevantes de interesse histórico e geográfico do que os modos como os nomes de apelo nacionalistas batizam objetos, pessoas, empresas, produtos comerciais, organizações sociais, autoestradas, pontes, escolas, armamentos militares e, principalmente, lugares. Zelinsky destaca os Estados Unidos como um caso *sui generis*, em que o apelo nacional-toponímico não encontra paralelo em outro lugar. O país em questão celebra inúmeros heróis patrióticos e outros cidadãos notáveis em suas toponímias. Destaca-se, também, um grande número de nomes vinculados à Grécia e Roma antiga. O estudo de Zelinsky (1983) destaca que é bem disseminado nos Estados Unidos a ideia de que o país é a tardia realização dos ideais republicanos de Atenas e Roma – assim como também é entendida como a nova *Eretz Yisrael* – o que provoca profundas implicações políticas, intelectuais e artísticas no seio da nação. É interessante pensar como os valores tidos como originais de terras distantes ganham estatura simbólica ao terem nomes oriundos do seu espaço original trazidos ao espaço apropriador. De acordo com

Zelinsky (1983), o fenômeno aqui descrito explica a grande disseminação de Alexandrias e Cesareas pela superfície norte-americana.

O estudo de Zelinsky (1983) pautou por perpassar pela história da formação institucional, ideológica e simbólica dos Estados Unidos, levando o autor a reconhecer que a miríade de toponímias nacionalistas se apresenta como características duráveis, mas arqueológicas, da cena americana. Isso significa dizer que as toponímias perduraram ao longo do tempo, desde as datas mais antigas do seu batismo; todavia, para compreendê-las como uma densa rede simbólico-nacionalista se faz necessário considerar minimamente o espírito de época dos primeiros anos após a independência do país, quando uma poderosa maré de euforia patriótica varreu a então jovem nação. Desse modo, as toponímias constituem-se mais como efeitos do que causas do nacionalismo, apesar de continuarem afetando os corações e mentes dos nacionais.

Se por um lado os Estados Unidos mostram suas raízes nacionais advindas de séculos anteriores, em outros países, como o Bahrein, os movimentos explícitos que visaram à construção da identidade nacional apenas começaram poucas décadas após o descobrimento de generosas reservas petrolíferas. As mudanças econômicas no Bahrein permitiram a transição de uma sociedade em grande medida organizada em um passado tribal para uma coesão em torno de novos símbolos e imagens nacionais (DAYARATNE, 2012). Por meio do hibridismo arquitetônico, no qual aspectos vernaculares se misturam às soluções ocidentais, o Bahrein assistiu o rearranjo de suas áreas de pujança econômica: muitas das moradias e edifícios residenciais imitaram o monumentalismo das formas arquitetônicas associadas ao renascentismo italiana. Esses empréstimos eram vistos como formas que poderiam expressar o status de uma nação enriquecida. A inspiração na arquitetura de certas cidades ocidentais, para as quais as elites do Bahrein frequentemente viajavam, permitia o estabelecimento de símbolos capazes de expressar em termos inequívocos a prosperidade que a economia do petróleo trouxe (DAYARATNE, 2012).

Torre de vento da casa de Isa Bin Ali em Muharraq, Bahrein. As torres de vento apresentam-se como um elemento da arquitetura vernacular barenita.

Fonte: https://upload.wikimedia.org/wikipedia/commons/0/0e/Isa_Bin_Ali_House.jpg

É importante dizer que, no caso barenita, a ocidentalização arquitetônica foi um processo de repetição-com-diferença – expressão imortalizada por Stuart Hall – já que elementos da arquitetura vernacular passaram a ser ressaltados e a conviver em arranjos híbridos. Nessa lógica, destacamos as torres de vento, marca característica do *skyline* de muitas cidades do mundo árabe, mas que assumem certas particularidades regionais que lhes dão uma identidade própria e até mesmo uma expressão nacional. É de se destacar que o Bahrein não é culturalmente homogêneo e sua sociedade é composta por diversos grupos étnicos, religiosos e linguísticos minoritários. Todavia, os simbolismos que sustentam o nacionalismo refletem uma homogeneida-de desejada e tão mítica quanto à própria ideia de nação.

Com a aceleração dos fluxos intercontinentais que caracterização a glo-balização, é difícil falar no vernacular. Consta no artigo de Samir Pandya (2020) o seguinte questionamento: estaria assim a identidade nacional sacrificada a favor da modernidade? Ernest Gellner (1997) pondera essa questão a partir da seguinte racionalização acerca da contemporaneidade industrial:

1. Hostilidade étnica e separatismo requerem diferenças culturais para existirem, sem as quais os grupos étnicos ou nações não conseguiriam se distinguir dos seus inimigos;
2. A organização social industrial erode nuances culturais;
3. Desse modo; o avanço do industrialismo erode a base do nacionalismo;
4. Assim, o progresso do industrialismo significa o enfraquecimento do nacionalismo (GELLNER, 1997, p.32).

Stuart Hall (1993) acredita que esse pensamento acerca de uma eventual crise do sentimento nacionalista na contemporaneidade passa pelo fato de ligações muito fortes com a ideia de nação, tais como tribo, região, lugar e religião têm sido considerados como particularismos arcaicos nos quais a modernidade capitalista – de forma gradual ou violenta – dissolve ou substitui. O autor destaca ainda que a tensão envolvendo, por um lado, a tendência do capitalismo em desenvolver o Estado nacional e as culturas nacionais e, por outro, os imperativos transnacionais mais recentes "é uma contradição manifesta no coração da modernidade" (HALL, 1993, p.353-354).

Francis Fukuyama declarou, no ano de 1989, que o fim da história seria conflagrado com a hegemonia absoluta da democracia liberal pelo mundo. Uma das ameaças a essa conflagração seria a proliferação de movimentos nacionalistas e fundamentalistas. A expansão de valores democráticos e liberais está fortemente relacionada não somente a sociedades altamente urbanizadas no contexto de uma era industrial, mas também com as interrelações político-econômicas que marcam o processo de globalização. Faz sentido pensar que o ataque aos pilares do nacionalismo pode justamente gerar um efeito contrário: os nacionalistas, vendo os seus caros valores sendo ameaçados a favor de uma comunidade dita global, podem se motivar a adotar estratégias de conservação nacional, como, por exemplo, o apoio aos partidos de ultradireita e adoção de práticas racialistas e xenófobas. Em um interessante trabalho, Marco Antosich (2009) avaliou o vigor das identidades nacionais em um período marcado pela intensificação da globalização, visto que é um senso comum que a ideia de nação pode estar sendo colocada em risco. O autor chegou à conclusão de que esse não é o caso do nacionalismo da maioria esmagadora da Europa Ocidental, apontando durante seu texto algumas evidências. O autor utiliza uma série de tabelas construídas a partir de dados da *Eurobarometer Standard Surveys*, visando apresentar que, a despeito da intensificação da globalização, o orgulho nacional e o senso de ligação com a nação permaneceram praticamente inabaláveis em diversos países da Europa Ocidental entre 1982 e 2005.

Tabela: Orgulho Nacional: (soma entre muito orgulhoso e em alguma medida orgulhoso) em % dos entrevistados

País	1982	1988	1994	1999	2002	2005
Irlanda	90	94	96	99	98	98
Finlândia	____	____	____	94	96	97
Grécia	91	92	92	97	97	96
Espanha	____	88	87	92	93	93
Portugal	____	88	90	92	93	90
Suécia				88	92	92
Áustria	____	____	____	92	92	92
Grã-Gretanha	89	84	85	95	92	93
Irlanda do Norte	87	84	91	92	93	77
Luxemburgo	87	88	84	87	88	93
Dinamarca	83	78	88	93	91	93
Itália	77	85	83	86	94	93
França	81	80	75	87	89	92
Holanda	77	84	73	87	87	88
Bélgica	63	71	75	77	83	85
Alemanha Ocidental	64	68	56	73	76	71
Alemanha Oriental	____	____	55	67	75	76

Fonte: *Eurobarometer Standard Surveys apud* Antonsich (2009) – dados arbitrariamente extraídos de uma tabela mais complexa com a intenção de facilitar a visualização. A pergunta que dá substancia à tabela é: "Would you say that you are very proud, quite proud, not very proud, or not all proud to be [nationality]?"

A passagem dos anos 1980 para 1990 foi marcada por mudanças políticas expressivas para a Europa, com a entrada de novos atores políticos advindos da fragmentação da URSS e pelos avanços na implementação da zona do Euro. A pesquisa divulgada por Antonsich (2009) mostra que mesmo em anos bastante turbulentos, pelo menos na Europa Ocidental, o nacionalismo não parece ter se fragilizado[393]. Parece ser essa também a convicção de Koch e Paasi:

---

[393] Para ver mais dados da pesquisa da *Eurobarometer Standard Surveys,* incluindo informações sobre o senso de ligação nacional [*national attachment*], consultar:

A despeito do aumento significativo de tendências de transnacionalização da vida econômica e das migrações, o nacionalismo – seja lá como for entendido ou definido – é ainda a ideologia territorial dominante do mundo contemporâneo e, em muitos Estados, têm se tornado ainda mais relevante (KOCH; PAASI, 2016, p. 2).

É importante apontar que os vínculos nacionais jamais podem ser considerados como uma estrutura imposta capaz de afetar homogeneamente indivíduos, sobretudo em uma era de intensos fluxos transnacionais. Rembold e Carrier afirmam que em tempos de reorganizações territoriais e de maior mobilidade pessoal "as ligações com o nacional ainda persistem, embora com novas qualidades, pois os vínculos nacionais não são mais considerados como parte de uma estrutura imposta, mas como o produto de uma escolha autoreflexiva" (REMBOLD; CARRIER, 2011, p.374). É difícil estimar o marco temporal da mudança de uma era de imposição estrutural para a era de um hibridismo extremamente fragmentado de valores identitários. Ao longo deste livro demonstramos ter dificuldade com categorias reificadas que agem como estruturas sobre indivíduos. É mais confortável crer alternativamente em escolhas autoreflexivas que, mesmo dentro de coletividades reconhecidamente bastante homogêneas, são capazes de pronunciar particularidades importantes em nível identitário. Por outro lado, pensando em um pretérito marcado por frágeis redes de circulação, é plausível considerar que quando a diversidade não está ao alcance das mãos devido à hegemonia do vernacular, as opções para aquilo que Rembold e Carrier (2011) chamaram de escolha autoreflexiva são limitadas. Por isso estes autores talvez estejam analisando o impacto de mudanças diacrônicas, visto que se debruçam sobre os efeitos da globalização sobre os nacionalismos.

As diferenças entre as identidades regionais e nacionais podem não se expressar de uma forma tão clara: uma parcela significativa dos países contém regiões que participam de uma identidade nacional mais ampla ao mesmo tempo em que mantém vínculos específicos de uma identidade regional. Essa situação nos estimula a pensar nas origens do Estado-nação; após a delimitação territorial de um país, as relações dos indivíduos com a paisagem prosseguem ocorrendo no ciclo trajetivo, no qual as formulações mentais interferem na materialidade mundana e, em retorno, o substrato material interfere na produção de ideias. Em países dotados de grande extensão territorial e acentuadas diferenças paisagísticas, a tendência é que as particularidades das relações sejam pronunciadas ao passar do tem-

---

Antonsich (2009).

po, destacando identidades regionais. É nesse tensionamento que a força do mito da nação é testada: coesão e estabilidade da nação dependem que a ideia de pertencimento a uma coletividade mais ampla seja mais pronunciada do que as particularidades locais ou regionais. Mesmo considerando as diversidades paisagísticas, é plausível considerar que o arranjo das redes nacionais – que possibilita a circulação de toda ordem – possa mitigar as excepcionalidades a partir de uma ordenação estratégica nos fluxos e quiçá possibilite a sobreposição do nacional ao local ou regional. Agnew e Brusa (1999) apresentam – em um artigo que avalia a identidade regional da Padânia e suas diferenças frente ao conjunto italiano – dados bastante interessantes sobre o entrelace das identidades locais, regionais e nacionais. Questionários aplicados na Itália ressaltaram a importância da escala local para a formação identitária, mas fica evidenciado que as escalas regionais e nacionais não são de importância inexpressiva. A exposição a seguir coletada a partir dos estudos de Agnew e Brusa (1999) evidencia a necessidade de pensar em formulações multi-escalares quando o tema é a identidade nacional; trabalhando com escalas que podem até mesmo ser repartidas em classes mais numerosas do que o nacional, regional e local, podemos vislumbrar identidades nacionais fluídas, tornando o processo de sua descrição um exercício de arbitrariedade por parte do intelectual.

Tabela: Qual dessas unidades espaciais você sente-se mais fortemente associado? E em segundo lugar? Pesquisa de jovens italianos de 15 a 24 anos de idade

	Primeira escolha	Segunda escolha	Total
A cidade na qual vivo	40,2	19,2	59,4
A região ou província	10,5	23,2	33,7
Itália	32,2	31,8	64,0
Europa	3,1	13,1	16,2
O mundo em geral	12,6	10,6	23,2
Sem resposta	1,4	2,2	3,6
Total	100,0	100,0	

Fonte: *Luce 7 December 1997 apud* Agnew e Brusa (1999)

A espacialidade da identidade nacional se expressa como uma colcha de retalhos de múltiplas escalas e temporalidades. O esforço por parte dos nacionalistas em repetir valores arbitrariamente selecionados como "nacionais" é de suma importância: sem o nacionalismo banal que se expressa no cotidiano não existiria forte coesão entre a mítica identidade nacional e a experiência carregada em âmbito identitário. Os recortes da região, cidade, vila, mesmo considerando suas particularidades de escala, epistemológica e semântica, acabam sendo alcançados, em gradações variáveis, pelos tentáculos nacionais. Assim, a nação se apresenta como uma estrutura ontológica e prática mais ampla do que as realidades locais. É plausível considerar que as diferenças locais acabam de um modo ou de outro sendo absorvidas em um código mais amplo de significados (EDERSON, 2004). Esta absorção não significa desaparecimento. Neste sentido é sagaz o esclarecimento de Rogério Haesbaert (2010): a região precisa ser vista como condicionada e condicionante dos espaços adjacentes.

Concordamos com Stanley D. Brunn (2001) quando o autor destaca que as imagens e os símbolos do nacionalismo são usados pelo Estado como um meio de manipulação da opinião pública. Do ponto de vista prático essa manipulação se manifesta na forma de descrição dos eventos chave das histórias oficiais, na publicação de propaganda, no batismo das toponímias e mesmo no arranjo das coleções de museus administrados pelo poder público. Assim, o nacionalismo desempenha uma função muito similar ao daquilo que comumente é chamado de cultura: como alguns nomes ligados à nova geografia cultural afirmam (MITCHELL, 1995; COSGROVE, 1996; DUNCAN; DUNCAN, 1996), o conceito de cultura é operacionalizado por classes dominantes para a maximização do cumprimento de interesses escusos.

Flagg, James Montgomery. Propaganda de recrutamento norte-americano durante o período da 1ª Guerra Mundial, 1917. Litografia, 102,3 x 75,5 cm. Divisão de Gravuras e Fotografias da Biblioteca do Congresso norte-americano. Licença Creative Commons. Símbolos nacionais atuam em âmbito afetivo, manipulando comunidades imaginadas.

A consciência nacional consagra-se como uma ideia, muitas vezes absorvida e repetida pelos nacionais (CONFINO; SKARIA, 2002). Todavia, a ideia em questão não é inerte. A consideração acerca de sua existência é uma esplêndida força de afeto, capaz de gerar ímpeto naqueles que nela acreditam ou nela possuem certo grau de aceitação. É justamente esse ímpeto que transforma a ideia em marca paisagística, para assim – de forma indefinida e trajetiva – retroalimentar a comunidade imaginada.

Crameri (2000) destaca a atuação de simbolismos contraditórios e concomitantes em seu estudo sobre a Catalunha. No seu artigo, a autora avalia em que medida a autonomia parcial do *Generalitat* – o governo da Catalunha – permite a implementação de políticas socio-culturais que buscam preservar o nacionalismo catalão. Isso significa dizer que a inexistência do Estado catalão independente não representa uma barreira ao nacionalismo banal, pelo menos em certos níveis. Na Catalunha, muitas figuras públicas se apresentam ou são apresentados como catalães mais do que espanhóis, como é o caso de alguns políticos, escritores, cantores, personalidades da mídia, intelectuais e esportistas. O nacionalismo banal catalão – não-violento – se sobrepõe ao espanhol. A dança tradicional (*La Sardana*), a existência de dias nacionais ou certos feriados de especificidade regional como o dia de São Jordi e as ações de cunho nacionalista do *Futbol Club Barcelona* – um dos times de futebol mais vitoriosos da Europa – atuam como um amálgama em torno da ideia da nação catalã. A paisagem da Catalunha é um texto nacionalista: a língua catalã é uma presença visual e audível mesmo para aqueles que preferem falar castelhano, afinal, as comunicações de trânsito, as edições dos jornais locais vendidas nos quiosques, a programação na televisão, os nomes dos prédios públicos, todos remetem a existência da nação catalã (CRAMERI, 2000). Como o nacionalismo espanhol de alguma maneira também se projeta na Catalunha, temos um confronto simbólico que pode ser interpretado de formas bastante variadas. Existem aqueles habitantes da Catalunha que possuem o entendimento de que o nacionalismo catalão é, em certa medida, híbrido frente ao nacionalismo espanhol (CRAMERI, 2000).

Uma alternativa que parece ser uma solução interessante para a mensuração da força da influência dos simbolismos em um mesmo espaço é a abordagem de redes. Quando Keinichi Ohmae (1999) defendeu a posição acerca da existência dos Estados-região, referiu-se justamente aos diferentes adensamentos de fluxos que unem fixos e se distribuem no espaço intranacional. As áreas de maior concentração de fluxos são justamente as de maior concentração econômica e populacional e, *ipso facto*, de maior relevância política. É plausível considerar que existem áreas de maior capacidade de influência no espaço nacional e que acabam ditando os valores que compõem o nacionalismo banal:

é possível encontrar uma massa de torcedores do Flamengo no Piauí, mas não é possível dizer o mesmo sobre torcedores do River do Piauí no Rio de Janeiro. Esse exemplo futebolístico pode ser projetado em múltiplas formas de nacionalismo banal fazendo com que seja sensato considerar que as próprias expressões nacionais são construídas a partir de um processo de negociação e/ou intermediação assimétrico. Isso significa dizer que o nacionalismo banal se funda arbitrariamente, sendo uma construção política que promove inclusões e exclusões acerca do que seja a ideia da nação que representa. No mito nacionalista, "os eventos históricos são esculpidos em tradições culturais que determinam a identidade coletiva enquanto configuram sistemas de poder" (HAVRELOCK, 2007, p.120).

Confino e Skaria (2002) apresentam uma lúcida explanação da interação entre o local e o nacional; para os autores, a ideia nacional não chega como um ente externo e avassalador que apaga o local; diferentemente, o entrelace nacional e local faz com que existam diferentes significados nacionais nas escalas locais. Assim, o nacionalismo não esgota, supera ou transcende o local; *au contrarie*, na era dos nacionalismos o local continua a viver ao lado e além da perspectiva nacional. A ideia de Confino e Skaria (2002) aponta para a fragilidade da nação como entidade reificada e descritível, capaz de representar amplas realidades espaciais. Os entrelaces entre as múltiplas escalas espaciais é a essência formativa da ideia de nação. *Ipso facto*, a nação precisa ser compreendida como constitutivamente negociada, arbitrada e em permanente tensionamento. Ao mesmo tempo, há de se abrir a possibilidade para diferenças nas narrativas que constituem o mito da nação: no caso da Guerra das Malvinas/Falkland ocorrida em 1982, nota-se ainda hoje, na Argentina, diferenças na forma como a guerra é abordada tanto entre diferentes sistemas de ensino (público versus privado) quanto na comparação inter-regional[394] (BENWELL, 2014). É

---

394 Em entrevista dada em 26 de março de 2013, o então ministro da educação da Argentina declarou que as províncias meridionais da Argentina estavam muito mais envolvidas na guerra de 1982. Alegou ainda que as províncias mais distantes tinham outros assuntos de distração, incluindo a Copa do mundo que ocorria naquele ano. Todavia, algumas províncias específicas do norte, como Corrientes, forneceram uma quantidade expressiva de jovens militares para o conflito, o que colabora para a perpetuação de uma memória bem marcada (BENWELL, 2014). Anssi Paasi (2016) também aborda o papel do currículo escolar para a manifestação do nacionalismo banal. Escrevendo sobre a Finlândia, o autor destacou que a história e a geografia são mobilizadas nas escolas como instrumentos do processo

importante apontar, contudo, que a lógica em meio às variações de narrativas não é muito clara: enquanto os discursos oficiais dos sistemas educacionais argentinos priorizam abordagens mais paroquiais acerca da disputa territorial no Atlântico Sul, é possível encontrar escolas e professores específicos em Río Gallego[395] que dão ênfase às possibilidades de cooperação entre as comunidades continentais e insulares internacionais.

A compreensão dos arranjos das redes que atuam no espaço nacional e mesmo transnacional é muito importante para entender as tendências na formulação acerca da ideia de nação. Como Claude Raffestin (1980) outrora nos instruiu, as redes são capazes de territorializar o espaço, fazendo com que o exercício do poder seja mais eficaz em áreas de adensamento e mais frágeis em vazios desconectados das principais redes políticas nacionais. Jouni Häkli (2008) abordou em um artigo de que forma a Finlândia construiu-se como nação a partir de um espaço relativo e diacrônico fluído concomitante à rigidez de seus limites internacionais. No caso estudado, o autor analisou o processo histórico de formação territorial finlandesa: de 1200-1809 o atual território era um anexo do reino da Suécia, subordinado a Estocolmo; de 1809 a 1917 tornou-se um grão-ducado russo e, finalmente, a partir de 1917 tornou-se independente.

É interessante pensar que, nesse caso finlandês, as redes de circulação que organizam a vida social, política e econômica estavam orientadas para o oeste (em direção à capital sueca) durante longo período e, na época do grão-ducado, passaram a se orientar para o leste (em direção a São Petersburgo) (HÄKLI, 2008). O exemplo finlandês nos mostra que em muitos casos as diferenças podem ser bem acentuadas entre a ideia de nação e a base territorial que se institucionalizou como Estado. O nacionalismo pode até mesmo ser acolhido no interior de um Estado trazendo relações simbióticas com paisagens não inseridas

---

de *nation-building*. Acrescentou que os livros escolares de geografia introduzem o Estado finlandês às crianças, com seus limites e reproduzem estereótipos de seus cidadãos, bem como apresentam representações até mesmo racistas de outras nações. Os aspectos introdutórios do ensino da geografia que remetem aos temas nacionais tendem a pautar por abordagens nacionalistas ufanistas e com baixo teor crítico, tornando-se um instrumento importante de iniciação nacional aos estudantes de tenra idade.

395 Cidade argentina situada em latitude similar à Porto Stanley, principal povoado das ilhas Malvinas/Falkland.

no território atualmente desfrutado. Essa situação reflete relações espaciais pretéritas de uma comunidade frente a certos espaços e, quiçá, torna a reinvindicação de incorporação de certos territórios como um reclame que compõe nacionalidades.

Outro bom exemplo do arranjo das redes e a construção de ideia de nação foi apresentado pelo estudo de Benwell, Núñez e Amigo (2019) acerca da região da Patagônia-Aysén, no Chile. A região em questão foi durante muito tempo mal assistida pelas redes de transporte e comunicação chilenas. Durante parcela importante do século XX, muitos dos seus cidadãos desempenham suas atividades comerciais e educacionais no lado Argentino da fronteira; além disso, as emergências de caráter humanitário eram melhor assistidas pela Argentina do que pelo Chile, como ocorreu durante o episódio da erupção do vulcão Hudson em 1991. A dependência da região chilena frente à Argentina diminuiu substancialmente com a construção da Carretera Austral, rodovia que conectou a Patagônia chilena com o conjunto nacional. No entanto, a vigência das redes em um longo período de tempo deixa marcas expressivas na memória de um povo: "os legados da mobilidade, práticas e interações através das fronteiras ficaram enraizadas na memória e na identidade regional, auxiliando-nos a compreender a presença de bandeiras argentinas nos protestos de 2012[396]" (BENWELL; NÚÑEZ; AMIGO, 2019, p.721).

É importante apontar que o papel das redes não é totalizante: nem mesmo os tentáculos dos fluxos que unem fixos são capazes de determinar o domínio pleno de certas narrativas e visões de mundo. É resguardado ao âmbito identitário as variações destoantes das narrativas oficiais. Entretanto, ponderamos que as grandes narrativas trazidas pelas redes nacionais e pelo simbolismo que habita a paisagem são capazes de afetar amplamente os indivíduos, ainda que não possam garantir a colonização absoluta das mentes de todos. Por isso, devemos considerar, por exemplo, a possibilidade da existência de ateístas nas localidades mais ferrenhamente religiosas e conservadoras. Analisando como se manifestam as formas nacionalistas de afeto, Merriman e Jones (2016) sugerem que sentimentos, sensibilidades e as identidades não podem ser vistos simplesmente como dimensões estanques que possuem certa área de interseção; diferentemente, estas dimen-

---

396 Os protestos de 2012 na região da Patagônia chilena tiveram como pilares demandas pulverizadas e apresentadas pelos que desejavam melhorias das condições socioeconômicas locais.

sões comportam-se morfologicamente como labaredas caracterizadas por movimentos abruptos e descontínuos que expressam relações de presença e ausência, ou seja, relações e não-relações. Os autores valorizam a metáfora da labareda, pois, concluem que o trepidar de sua morfologia inquieta não apenas aponta para ocorrências e não ocorrências, mas também, havendo ocorrência, aludem à intensidade em que a mesma se dá. Os autores concordam assim que certos indivíduos podem ser mais afetados do que outros (MERRIMAN; JONES, 2016).

Mapa: Região da Patagônia-Aysén

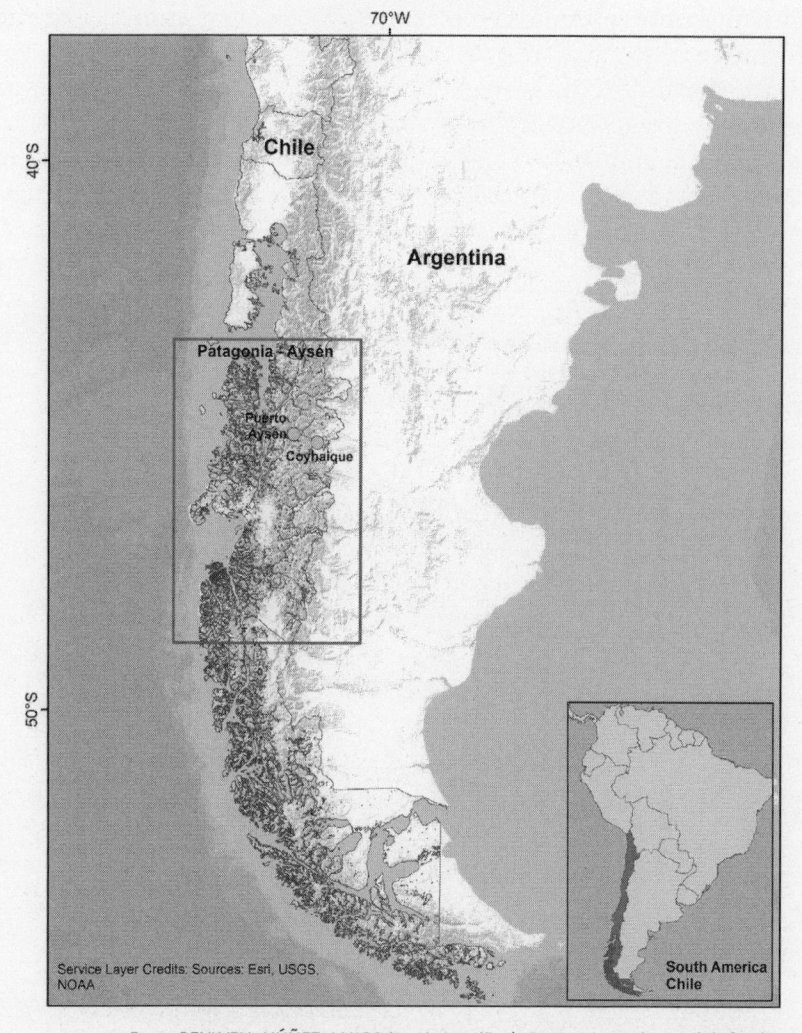

Fonte: BENWELL; NÚÑEZ; AMIGO (2019). A região da Patagonia-Aysén, no Chile foi, durante muito tempo, mais alvejada pelos tentáculos das redes nacionais argentinas do que das chilenas. Por mais que projetos de conexão da região com o conjunto nacional chileno tenham sido implementados, as memórias das associações transnacionais estão presentes.

Dialéticas e entrelaces nos parecem ser palavras de ordem na leitura paisagística. Quando dedicamos um capítulo à discussão acerca das relações entre a paisagem e a nação não tivemos a intenção de considerar que o senso de nação esgota as possibilidades dos simbolismos paisagísticos. Estamos atentos à inquietação de Anu Sabhlok quando a autora indiana reforça o status de comunidade imaginada da nação e evidencia a principal tarefa teórica quando pensamos nas relações com a paisagem: desenvolver um modo de perceber como as imaginações nacionais são construídas e se interagem com outras imaginações como gênero, classe, casta, sexualidade e raça em contextos geográficos e históricos específicos (SABHLOK, 2010). Consideramos que as categorias imaginadas são tão ativas em sua inter-relação que se torna uma tarefa inexequível associar marcas na paisagem exclusivamente à consequência da crença em uma categoria específica. É importante lembrar a intertextualidade que marca as nossas interpretações – que centralmente nos esclarece que textos se originam de outros textos – e da própria pluralidade identitária, notoriamente híbrida. As categorias imaginadas certamente nos afetam em gradações distintas, fazendo com que as marcas que deixamos na paisagem sejam resultado de uma complexa trama de afetos que, por sua vez, movem nossa performance. A nação está na paisagem, mas os efeitos do seu afeto – ou seja, os efeitos das performances dos indivíduos afetados pela ideia de nação – são nublados pelos afetos de uma miríade de comunidades imaginadas diversas[397] que atuam concomitantemente à nação no tecido paisagístico. Por outro lado, a nação se alimenta da paisagem: é do entrelace da comunidade imaginada com certa espacialidade que os mitos nacionais se fundam, perpetuam, significam e ressignificam. O ciclo trajetivo entre a materialidade paisagística e a ideia de nação faz com que a paisagem seja o arcabouço da nação e, portanto, concomitantemente marca e matriz que revela o pretérito e projeta o futuro daquilo que Bennedict Anderson outrora chamou de comunidade imaginada.

---

[397] Chamamos aqui de outras comunidades imaginadas as demais construções que Anu Sabhlok (2010) destacou como atuantes nas marcas paisagísticas, como gênero, raça e outras.

21
O FOLCLORE E A PAISAGEM

As narrativas míticas, em muitos casos, situam-se em interfaces; na transição entre o real e o imaginário, o tangível e intangível, o subjetivo e coletivo, entre o mundo material e o transmundano, entre o humano e não humano.

Jânio Roque Barros de Castro (2020)

Historicamente o termo folclore foi tratado como sinônimo de invenção, concepção que possui representatividade atual. Apesar do seu caráter ficcional, é imprudente duvidar do seu grande potencial afetivo. A imaterialidade de suas expressões, subjetivas, são capazes de – em certo grau – interferirem na performance humana (ABRAHAMS, 1993). Assim, o folclore possui presença elusiva, resiste às racionalizações e ainda é capaz, por intermédio de suas diversas manifestações, de afetar as pessoas e interferir em sua ação. Ademais, o folclore torna-se uma presença ausente, visto que, mesmo pertencendo ao campo ficcional, consegue interferir nas relações sociais e na produção do espaço. Muitas das lendas e dos personagens folclóricos apresentam uma função social: alertar as crianças sobre o perigo das florestas, dos animais peçonhentos, dos lagos e mares, bem como apontar o risco de se afastar dos adultos; buscam também coibir certos comportamentos sociais, como é o caso da mula-sem-cabeça no Brasil, que mitifica um pesado fardo às mulheres que se relacionam com párocos. O folclore também tem a função de imputar responsabilidades no ato de explicação de tragédias ou fenômenos sazonais, de reforçar dogmas religiosos e de ressaltar virtudes de pessoas que se tornaram protagonistas de narrativas. Hong-Key Yoon (1979), em um período de grande efervescência metodológica na geografia, declarou que o folclore tinha um grande potencial para o estudo das relações entre o homem e o ambiente, precisamente no que diz respeito às intervenções humanas na paisagem. Este é hoje um entendimento mais amplo acerca do potencial do folclore.

No final do século XIX, mais precisamente em 1878 na Inglaterra e 1888 nos Estados Unidos, foram fundadas sociedades dedicadas ao estudo do folclore (DELBEM, 2007). Todavia, a utilização do folclore como campo de investigação científica enfrenta desafios muito similares ao uso da literatura e das artes[398] (TAYLOR, 1952). É de se destacar que o folclore possui notórias especificidades, ainda que os desafios de sua utilização como elementos para a investigação científica sejam similares à literatura e artes. As lendas, mitos, amuletos, personagens e provérbios que se disseminaram através das gerações, diferente da maior parte das obras literárias, não possuem clara temporalidade, misturando-se com o próprio mito fundador de um povo. Mesmo as sociedades que não desenvolveram a escrita, o folclore se mostra presente através das tradições transmitidas pela oralidade. Yoon (1979) destaca que estudiosos do folclore apontam que a oralidade é central nas transmissões das tradições que perpassam gerações, ao ponto do termo em voga ser referido como uma "arte verbal[399]" (BASCOM, 1955, p.245; YOON, 1979, p.635). É importante destacar que se constitui como característica e papel da literatura oral em uma sociedade a tentativa infatigável de garantir a representatividade de todo o grupo social. É uma conclusão comum para os especialistas que a literatura oral é, por definição, "um corpo de expressão comum que contém conhecimentos e valores contidos em uma forma de expressão que passou pelo escrutínio de todo um grupo de pessoas" (BUNKSE, 1978, p.561).

É de se notar que os eventos mitológicos são representados simultaneamente mesmo quando poderíamos dizer que ocorreram em diferentes momentos do passado (MORPHY, 1995). O seu caráter imemorial se assemelha ao mito fundador do nacionalismo[400]; muitas vezes o próprio folclore é apropriado pelo Estado e utilizado cotidianamente como formas de nacionalismo banal. Em vários países o estudo do

---

398 Para Bunkse, "o folclore pode se constituir, pelo menos em alguns casos, como o equivalente às tradições literárias no que se refere a se portar como um indicador da cultura de um povo, seu senso coletivo de lugar no mundo e dos significados aos quais atribuem à paisagem" (BUNKSE, 1978, p.556).

399 Nos Estados Unidos, quando o folclore foi institucionalizado como um legítimo campo de investigação, encontrou abrigo no departamento de literatura como literatura oral, ao passo que nos departamentos de antropologia era reconhecido como arte verbal (KIRSHENBLATT-GIMBLETT, 1998). A arte verbal é composta e transmitida verbalmente, ao passo que a literatura é composta e transmitida por intermédio da escrita (BASCOM, 1955).

400 Estados-nação atuam continuamente para a mistificação dos seus regimes e para a construção de uma ideia de abrigo, terra natal, para os seus cidadãos. Assim como o folclore, os elementos nacionais são ficções poderosas, úteis politicamente (ABRAHAMS, 1993).

folclore foi marcado por uma ênfase fortemente nacionalista; sua investigação geralmente foi conduzida por agentes governamentais que subsidiaram a pesquisa e clarificaram os interesses quanto aos seus resultados (HERSKOVITS, 1946). Concordamos com Edmunds V. Bunkse quando o autor em questão afirma: "superficialmente, o folclore é entretenimento, mas intrinsecamente concede meios de lidar com temas que são evitados e que se constituem como tabus" (BUNKSE, 1978, p.560). Por tudo o que foi tido, é plausível considerar o folclore como um registro cultural (BENNETT, 1993).

Faz sentido pensar no entrelace entre a língua, o nacionalismo e o folclore. Antes da formação dos Estados nacionais vestfalianos, a língua demonstrou ser um importante amálgama entre as pessoas e suas tradições orais e escritas[401]. Assim, o folclore não pode ser compreendido como um fenômeno exclusivamente moderno, ainda que a modernidade tenha reservado um lugar importante às lendas e aos mitos como reforçadores da nacionalidade. A construção da identidade nacional é muito importante para as jovens nações; a invenção sobre a nação posteriormente a criação formal de um novo Estado no sistema-mundo tem a função de legitimar a existência do Estado em questão. Nesse processo de invenção, as representações na área artística são muito importantes (BOWRING, 2002), sendo capazes de criar ideias suficientemente consolidadas ao ponto de interferirem diretamente na materialidade mundana.

É importante notar que a língua é muito importante para a transmissão de mitos e lendas. Não é surpresa que, na era colonial, um esforço tenha sido feito por muitos imperialistas em suprimir a língua local (TAYLOR, 2011). A supressão em questão interfere no arranjo da paisagem tangível, já que a língua está presente em toda forma de comunicação entre as pessoas, mas também interfere na intangibilidade da paisagem, visto que mitos e lendas possuem geograficidade. A Turquia experimentou um processo de abrupta modificação linguística em sua formação nacional. O passado Otomano da Turquia passou a ser suprimido pelas medidas implantadas por Mustafa Kemal Atärtuk, que buscou inaugurar uma república laica no período pós-1923, que aproximava o país culturalmente da Europa e o afastava da Ásia, sobretudo do Oriente Médio. A linguagem utilizada por intelectuais otomanos era composta de forma expressiva pelo vocabulário e regras gramati-

---

401 Sem o desenvolvimento da língua escrita, contos e locais lendários eram muito raros, como nos mostra o estudo de Vykintas Vaitkevicius (2011) sobre o folclore letão.

cais arábicos e persas (BASGÖZ, 1972). A turquização da Anatólia representou para além das mudanças na seara política, uma negação do passado otomano que passou a ser visto, acima de tudo, como legado imperialista. Quando o famoso folclorista húngaro Ignácz Kúnos visitou a Turquia em 1880 e revelou o seu projeto de coletar e resgatar informações do folclore turco, autoridades otomanas o alertaram para se engajar em assuntos mais sérios. É notório que o resgate do folclore é um elemento de reavivamento nacionalista. Em 1880, otomanos viam com desprezo essas tentativas de resgate do simbolismo turco, pois tal esforço ameaçava o *status quo* da Anatólia (BASGÖZ, 1972).

O folclore tornou-se um campo de investigação específica na passagem dos séculos XIX e XX. Era possível apontar que certos investigadores eram folcloristas e, dentre esses, havia àqueles que reivindicavam um status científico para o folclore enquanto campo de estudo (BENNETT, 1994). Hoje o folclore é visto de forma mais comum como um campo de atuação interdisciplinar[402]. Lowenthal (1997) traz um argumento com o qual concordamos: o autor afirma que a abordagem do folclore precisa ser interdisciplinar e estabelece uma crítica ao rigor dos historiadores quando veem outros profissionais caminhando pelo terreno folclórico, que coloca o tempo em uma posição central: "É bom encontrar historiadores, tradicionalmente avessos a teorizar sobre o seu próprio negócio, tão alertas com a forma como outras disciplinas constroem individual e coletivamente a memória" (LOWENTHAL, 1997, p.31). Para além desta crítica, é de se notar que o folclore exige uma conjunção muito bem feita na análise do espaço-tempo. De acordo com a formação do profissional, certamente podemos notar alguns desequilíbrios analíticos, que, se muito pronunciados, podem comprometer a qualidade da pesquisa. Além da abordagem espaço-temporal, no estudo do folclore são muito bem-vindos aprofundamentos filosóficos e sociológicos.

Com o incremento da análise geográfica, certamente os estudos sobre o folclore passaram a exibir maior complexidade. No início dos anos 1980, Lornell e Mealor Jr. (1983) alertaram que poucos geógrafos se utilizavam da investigação do folclore como indicador de padrões espaciais e, por outro lado, os folcloristas também não costumavam exibir um reconheci-

---

402 Existem aqueles que defendem que o que é estudo pelo folclore seja abrigado por um termo alternativo. O argumento prático para negar o uso do termo é que a palavra folclore falha em comunicar e representar imaterialidades de um povo em meio à transculturalidade, além de nos incentivar a esquecer da essência comoditizadora da era pós-moderna (ORING, 1998).

mento da dimensão espacial do folclore. Ainda hoje é possível notar que os estudos do folclore não ocupam um papel relevante na geografia cultural. Muitos dos estudos atuais utilizam padrões indevidos caracterizados pela generalização e supressão das variações identitárias. Parece essa ser uma tradição das definições apriorísticas vindas a reboque do termo geografia folclórica [*folk geography*]. Cunhado por Eugene Wilhelm em 1968, o termo geografia folclórica era entendido como o campo de estudo que investiga a distribuição espacial de todos os aspectos materiais e imateriais do folclore. Parece-nos uma visão muito limitada acerca das potencialidades da geografia para o campo de estudo do folclore. Tal visão é reforçada por outros textos de meados do século passado, dentre os quais o artigo de Karl A. Sinnhuber que – analisando as superstições aplicadas aos dias de semana na Alemanha – cravou que o interesse do geógrafo não é o de compreender se a sexta-feira é considerada um dia de sorte ou azar, mas a distribuição espacial dessa crença (SINNHUBER, 1957, p.389). Ou seja, por meio desse argumento, Sinnhuber acredita que a contribuição do geógrafo é centrada na espacialidade da manifestação folclórica e não na compreensão de sua gênese. A geografia pode ir muito além da tentativa de compreender a distribuição espacial das expressões folclóricas, pois é evidente que as relações entre o homem e a paisagem se constituem como um arcabouço do folclore.

A visão de Sinnhuber (1957) está alinhada com visões tradicionais das culturas, que as reificavam como entes estáticos espacialmente. Variações importantes de mesmos elementos de expressão folclórica já nos apontam a dificuldade de apresentar visões totalizantes ou representações que expressam sua ocorrência espacial em áreas sólidas e contínuas. Essas soluções indevidas de representação aludem a falsos consensos de entendimento entre as pessoas e já foram devidamente escrutinizadas anteriormente neste livro e em um artigo (SILVA; COSTA, 2020b). Fala-se na existência de uma consciência regional, que seria a expressão de alguns elementos em comum por parte de uma maioria. Os elementos folclóricos podem ser entendidos como representações que ocorrem no interior da consciência regional; sua delimitação, todavia, experimenta limitações similares àquelas advindas da arbitrariedade regional. Em uma evidencia do trabalho conjunto entre a materialidade e a imaterialidade, é de se notar que as representações da identidade regional, incluindo as folclóricas, também podem ser apropriadas como recursos explorados pelo marketing regional e propósitos econômicos (PAASI, 2003). Este processo é a gourmetização do folclore, capaz de fazer com que a forçada colocação de limites em certas expressões folclóricas contorne propriedades privadas e territórios administrativos; afinal, na lógica da gourmetização, é importante apontar a diferença dos territórios gourmetizados frente à vizinhança desprovida de atrações. O espaço exibe uma pletora de competições, sendo importante ressaltar as virtudes em âmbito regional. Nem mesmo diante da lógica da gourmetização a materialidade doma o domínio do imaterial; a subjetividade humana ainda prevalece como garantidora da excepcionalidade da interpretação e representação.

Para compreender o papel da geografia para a interpretação folclórica de uma forma mais holística, é necessário transcender a dimensão exclusiva da cultura material e considerar o papel relevante das identidades no âmbito de suas excepcionalidades afetivas e performativas. Isto significa dizer que cada identidade contribui para que o folclore se apresente como um conjunto de expressões dotadas de dinamismo, hibridismo e heterogeneidades. Tal argumento trata-se de uma chave interpretativa que se aplica àquilo que comumente se chama ou se entende por cultura, que, *à prima facie*, parece se apresentar como um conceito mais amplo do que meramente o folclore. Em uma perspectiva construcionista, tanto o folclore quanto a cultura são aquilo que as pessoas fazem deles. Isto significa dizer que, assim como foi problematizado com a cultura (MITCHELL, 1995), a definição do que é ou não é folclore pode fazer parte de uma estratégia pertencente ao binômio poder-manipulação.

Como encaixar o folclore na dialética envolvendo o homem e o meio? Indivíduos e culturas apropriam-se dos espaços naturais, constituindo-os em artefatos a partir de suas intenções e de suas ações. Pensar na Terra como morada do homem é flertar com a geograficidade que permeia sua superfície, fazendo com que consideremos objetos e a própria paisagem como geogramas capazes de acampar a esfera simbólica e outros usos práticos. É plausível considerar, neste particular, que a memória e a transmissão parcial das experiências prévias tornam-se fundamentais para a compreensão das ações humanas (HOLZER, 2000) em qualquer momento do tempo, incluindo, obviamente, a contemporaneidade. Não é de se estranhar que o estudo do folclore enseje a abordagem interdisciplinar: as dimensões do tempo e do espaço precisam ser contempladas com profundidade e acuidade para dar luz a uma proposta assertiva.

É importante considerar que a instabilidade de símbolos e significados é condição do processo permanente de ressignificação, no qual o meio interfere no indivíduo e, de forma recíproca, o indivíduo interfere no meio. As figuras folclóricas e os mitos jamais podem ser entendidos como elementos estabilizados. *Au contrarie*, fazem parte da dialética entre o homem e o meio, sendo ressignificados e reinterpretados. Todavia, o folclore revela interferências espaço-temporais plausíveis, que não definem os personagens folclóricos e nem as lendas, mas trazem generalizações sobre *zeitgeists* e particularidades paisagísticas. As inúmeras versões de figuras folclóricas e de formas aos quais as lendas são contadas mostram os aspectos advindos de interpretações identitárias. A multiplicidade de versões, curiosamente, atua no exercício de novas interpretações e ressignificações intermediadas no âmbito identitário. A paisagem se apresenta em uma dialética entre a materialidade e a imaterialidade, e também entre a objetividade e subjetividade. De forma análoga, o folclore também se manifesta dialeticamente, entre seus pressupostos legíveis (considerações sobre o *zeitgeist* e sobre a paisagem) e ilegíveis (as interpretações identitárias sobre o folclore). Assim, narrativas de lendas e representações de figuras folclóricas sempre são versões, que nos capacitam a praticar o valoroso ato de intermediação, somente possível ao contrastarmos as versões.

O folclore carrega, por meio das histórias orais e diversas representações perpetuadas intergeracionalmente, vestígios que muitas vezes estão ocultos sobre povos que até mesmo foram totalmente dizimados. Incorporações em forma de automatismos muitas vezes não nos induzem a pensar sobre as origens de certas tradições, e, desta forma, as crenças e saberes populares se apresentam naturalizados como se pertencessem ao rol das escolhas de nossa geração. Subliminarmente, muitas práticas e elaborações mentais possuem origens temporalmente longínquas e deslocadas espacialmente. É razoável posicionar os vestígios ocultos que se manifestam na sociedade, na paisagem e nos lugares como pertencentes ao campo das espectro-geografias. Por isso mesmo, assim como ocorre com a paisagem, o folclore guarda os seus mistérios; nem todos os seus elementos possuem origem cognoscível. Mesmo em sociedades tidas como dotadas de grande apelo vernacular, elementos do folclore surgem espacialmente deslocados, dialogando com paisagens distantes. Um exemplo seria a existência de figuras folclóricas ligadas às florestas densas incorporando povos assentados em campos abertos[403]. Muitas vezes, nesses casos, o tempo não nos dá

---

403 Existem evidências de que os mitos se reproduzem espacialmente e são adaptados a certas condições locais, ou mesmo inspiram formativamente outros mitos. Quando surgem em extremos geográficos, tendem a se mostrar em áreas intermé-

pistas sobre o deslocamento espacial, seja pela ausência de registros escritos ou outros documentos produzidos à época de uma temporalidade que seria esclarecedora. Em alguns casos, tradições orais podem esclarecer os descompassos espaciais; todavia, como dito, nem sempre é possível desvendar as origens folclóricas.

Há de se considerar que o folclore não se porte simplesmente como um espelho da atual sociedade que o abriga. O folclore opera no seio de uma sociedade de forma a financiar a conformidade de aceitação das normas culturais, de modo a influenciar a continuidade cultural de geração em geração. Todavia, assim como a cultura é dinâmica, o folclore também o é, enfrentando o assédio de forças similares que impedem a letargia do seu movimento. Os descompassos espaciais também se somam às diferenças de ritmos históricos: o folclore oferece pistas para eventos do passado e para costumes arcaicos que não perduram dentre as atuais práticas (BASCOM, 1954). Apesar dos elementos folclóricos não se apresentarem da mesma forma tanto ao longo do tempo quanto entre indivíduos diferentes, é plausível considerar que a velocidade do seu dinamismo não acompanha as mudanças sociais *in loco*. Assim, muitas vezes, elementos folclóricos aludem a um passado rural[404] que não mais se sustenta. As evidências de descompasso histórico-espacial do folclore não o tornam menos valioso: é de se notar que um grande número de contos folclóricos se apresentarem como mais abrangentes do que a expressão literária de um povo (BASCOM, 1954). Muitas vezes, etnografias que negligenciam aspectos do folclore não conseguem capturar as flutuações espaço-temporais de um povo e que são passíveis de serem decifradas na abordagem folclórica.

A *priori*, poderia alguém afirmar que as correspondências espaciais e temporais frente aos elementos do folclore não são importantes, à medida que o caráter ficcional dos elementos folclóricos faz com que a inventividade humana seja o limite para a constituição do inventário dos saberes populares. Neste livro, vimos em muitas ocasiões que

---

dias (LÉVI-STRAUSS, 1978), o que justamente mostra sua capacidade reprodutiva para além de seu espaço fundador.

404 Existem duas crenças errôneas que tradicionalmente são atribuídas ao folclore e que merecem a nossa atenção: a primeira delas é a que o folclore um atributo exclusivo da vida rural e das pessoas de ambientes pré-industriais de baixa classe, sendo, portanto, particular de trabalhadores mal remunerados; a segunda delas é que o folclore representa tradições culturais sempre localizadas em um passado distante e pré-histórico (BUNKSE, 1978).

a mente humana é guiada pelas experiências frente à materialidade mundana ou às representações sobre o espaço. Numa concepção intertextual, os elementos folclóricos e o seu dinamismo são oriundos de fontes previamente existentes e inspiram fontes futuras, o que envolve um perpétuo escrutínio popular sobre a dimensão do mito e alterações mais bruscas ou suaves em sua narrativa. O verdadeiro substrato do mito não é o compromisso com a racionalidade, mas é o simbolismo e o seu afeto. As histórias de caráter mitológico são – ou parecem ser – arbitrárias, sem significado e absurdas; apesar disso, reaparecem um pouco por toda a parte (LÉVI-STRAUSS, 1978) e interferem no arranjo paisagístico por intermédio do seu afeto, o que não significa dizer que todas as pessoas são afetadas com a mesma intensidade e respondem da mesma maneira à sua influência. Dito isso, é importante conceber que o mito se apresenta com duas faces: uma conceitual e outra perceptual (OLIVEIRA, 2015). Lugares e paisagens podem se tornar míticos, devido às manifestações hierofânicas e ao folclore que possui espacialidade e sustenta a memória.

Compreender mitos exige um esforço que vai além da leitura de textos; é impossível compreender um mito da mesma maneira que lemos uma novela ou um artigo de jornal. Lévi-Strauss (1978) nos esclarece que a absorção do conteúdo de um texto que se dá gradativamente por intermédio de linha por linha e, na maior parte das línguas, da esquerda para a direita, é analogamente insuficiente para compreender o mito. Para Lévi-Strauss isto se explica porque temos que aprender os mitos como totalidades e descobrir que o seu significado básico não está ligado à sequência dos acontecimentos, mas antes, se assim se pode dizer, a grupos de acontecimentos, ainda que tais eventos ocorram em momentos diferentes da história. No campo da analogia em questão, Lévi-Strauss (1978) brilhantemente sugere que temos que ler o mito como se lê uma partitura musical, pois tal sugestão se apresenta como uma forma de representação menos linear e gradativa do que um texto. De acordo com William R. Bascom (1954), Bronislaw Malinowski esforçou-se para obter um entendimento sistêmico dos nativos de Trobriand, já que "os sentidos completos das origens dos seus mitos tornam-se claros apenas quando o sistema de parentesco, o conceito de cidadania e direitos hereditários ao território incluindo as áreas de pesca são compreendidos" (BASCOM, 1954, p.338). Sabe-se que o esforço de Malinowski exigiu uma longa imersão na sociedade analisada. É interessante pensar que a compreensão da organização político-social dos nativos permitiu que Malinowski sofisticasse sua abordagem, fazendo com que a leitura sobre a cosmologia do povo estudado não fosse feita tal como um texto, mas como uma partitura musical, tal como sugerido por Lévi-Strauss.

É importante destacar que mesmo o método mais elaborado de descrição do folclore não é capaz de abordar a totalidade do sentido do elemento avaliado. Assim, não acreditamos que um mito possa "ser compreendido em sua totalidade" (LÉVI-STRAUSS, 1978), do mesmo modo como acreditamos que o folclore como um todo e a paisagem também não possam. Todavia, a abordagem contextual do mito e do folclore – análoga a uma partitura musical em oposição à linearidade de um texto (LÉVI-STRAUSS, 1978) – confere maior acuidade analítica ao intérprete.

É importante relativizar os impactos dos elementos da paisagem sobre a imaginação humana. É certo que geossistemas semelhantes podem produzir interpretações muito distintas que espelham as diferentes relações estabelecidas entre o homem e o meio. Por outro lado, longe de defendermos o determinismo ambiental como forma de leitura do comportamento humano, é de se considerar que, em alguma proporção, certos terrenos, climas e solos ajudam a moldar o modo de vida de comunidades locais que, em retorno, desenvolvem sentimentos acerca do ambiente (WILLIAMS; SMITH, 1983).

Pierre Denys-Montfort, ilustração gravada por Étienne Claude Voysard. Le Poulpe Colossal, Histoire naturelle générale et particulière des mollusques, animaux sans vertebres et a sang blanc. Illustration PL. XXVI, Tome Second, L`Imprimerie de F. Dufart, Paris, 424 p., 1801. Kraken: ilustração realizada a partir de relatos de navegantes franceses que reportaram o ataque da criatura colossal às embarcações na costa da Angola. Disponível em <https://www.biodiversitylibrary.org/page/35755328#page/1/mode/1up>.

Certamente comunidades que vivem no interior continental, distante de áreas oceânicas ou lacustres, têm pouca possibilidade de genuinamente produzir em seu folclore criaturas como o Kraken. É de se notar – como é mostrado pelo exemplo do Kraken e de tantos outros – que os elementos não-humanos da paisagem sempre tem sido fonte de inspiração para a imaginação humana e, portanto, participam dos elementos folclóricos. As montanhas sagradas, os bosques, rochas, rios, lagos, cavernas, pradarias e os espíritos assombrados da floresta abundam nos antigos mitos e lendas dos povos (HUDSON, 1986, p.116). É papel da geografia a busca pela compreensão das relações entre os elementos folclóricos e a paisagem, já que tais reflexões permitem entender como se deu a adaptação do homem frente aos desafios e possibilidades oferecidas pelo meio ao qual estão inseridos.

Ao mesmo tempo, marcas impressas pelo homem também podem ser carregados de significados folclóricos, sendo o palco de ricas narrativas. As estradas de corpos [*corpse roads*] eram caminhos fúnebres muito importantes em uma época em que a população rural era mais expressiva, permitindo que os mortos fossem levados às igrejas e ao cemitério comunitário. Os percursos se constituíam em trilhas ou rastros que passaram a ganhar significados especiais. Lendas sobre aparições, maldições, amuletos e toda sorte de elementos sobrenaturais passaram a estar ligados à existência dessas estradas de corpos que atravessavam colinas e se perdiam na vista dos transeuntes (DUNN, 2020).

A tradicional geografia folclórica trabalhou com conceitos de grande apelo geográfico, como o de região folclórica [*folk culture region*], difusão cultural e integração cultural (LORNELL; MEALOR JR., 1983). Tais conceitos ajudam a compreender as variações espaço-temporais que envolvem os elementos da cultura material e imaterial que são tidos como patrimônio folclórico. Muitas vezes, num processo de repetição-com-diferença, mitos e lendas aludem ao entrelace do homem frente às outras paisagens que sequer são conhecidas por aqueles que acolhem as manifestações folclóricas como parte do seu arcabouço cultural. Esse fato se explica pelas conexões entre espaços, permitindo, dentre uma miríade de exemplos, que o lobisomem – o licantropo seminalmente helênico – seja considerado como parte do folclore brasileiro[405]. Em uma escala nacional brasileira, é possível ver uma miríade de versões locais da lenda do corpo seco: grosseiramente, tal lenda alude ao fato de uma pessoa que realizou crueldades em vida não conseguir desencarnar-se plenamente, aparecendo vez ou outra como uma espécie de zumbi, se arrastando e assombrando quem quer que seja.

De certo, os personagens folclóricos possuem espacialidade mal definida. Observaria o saci os limites nacionais entre o Brasil e o Uruguai,

---

[405] Luís da Câmara Cascudo (2012) crava que o lobisomem foi trazido pelo colono europeu, sendo a tradição clássica oriundo da Grécia. O autor destaca ainda o caráter extremamente disseminado do personagem folclórico pelas regiões brasileiras. Mesmo as causas para que uma pessoa se torne lobisomem variam grandemente entre as narrativas folclóricas brasileiras.

não realizando suas peraltices para além das porções meridionais do Chuí? Seria possível encontrar um consenso sobre quais igapós amazônicos poderia surgir a Iara e seu canto hipnótico? Ou ainda, teria o curupira uma associação clara com um bioma específico, ou a sua saga em defesa das matas ignora as diferenças entre a Mata Atlântica, o Cerrado, a Caatinga, dentre outras formações? Já abordamos que o folclore é mal definido no tempo; também precisamos colocar a sua precisão espacial em xeque.

Pode-se pensar que vivemos em uma era marcada pela crescente racionalização e que, portanto, o folclore tenha perdido a sua capacidade afetiva e indutora da performance. Não nos parece que existam sinais claros nesse sentido. É importante notar que o folclore é atemporal. Continua a ser produzido, com as suas manifestações se adaptando às novas formas de organização social e às técnicas e tecnologias. Não é, assim, algo relativo a um passado místico e esquecido. Outro equívoco comum é a concepção de que o estudo do folclore é exclusivamente relativo aos espaços rurais. Certamente as áreas urbanas também oferecem campos muito ricos para a investigação (LORNELL; MEALOR JR., 1983). As cidades podem documentar – até com mais riqueza do que as áreas rurais – lendas e mitos que se associam exclusivamente ao seu espaço. Vale destacar que mesmo as pessoas mais racionais podem sucumbir afetivamente às irracionalidades, ainda que por um curto momento no tempo. Por mais que seja absurdo cogitar a existência do Yara-ma-yha-who – personagem do folclore aborígene – é possível que uma concentração de figueiras se apresente para algumas pessoas australianas – e, portanto, familiarizadas com o personagem em questão – como um espaço topofóbico.

Kalmykov, Anton. Yara-ma-yha-who. Ilustração digital. Disponível em https://www.
artstation.com/artwork/GX1rv1. O Yara-ma-yha-who é uma criatura do folclore aborígene
que ataca as pessoas que passam nas proximidades de figueirais. Utilizando suas ventosas
situadas na ponta dos seus dedos, a criatura drena o sangue de suas vítimas.

A lição de moral trazida por uma lenda ou mesmo um personagem folclórico pode ser tão poderosa ao ponto da irracionalidade da superstição ficar em um plano completamente secundário. É difícil conceber que um japonês médio acredite na capacidade de um peixe provocar sismos, mas a beleza da lição de moral que dá contornos à essência do caráter de namazu – personagem folclórico nipônico – resiste às racionalizações. Segundo reza o folclore do Japão, namazu é um peixe mítico que balança poderosamente a sua cauda no oceano, provocando sismos e tsunamis. O que aparentemente se apresenta como uma essência maléfica é, na verdade, a busca do equilíbrio social: nas representações recorrentes, namazu somente causa os sismos quando percebe que a sociedade japonesa está demasiadamente desunida. Os sismos arrasadores que atingem o arquipélago japonês forçariam o aparecimento do sentimento de solidariedade mediante o esforço de reconstrução.

Autor desconhecido. Takemikazuchi pins down a catfish (namazu) with a spirit stone (kaname-ishi) to prevent earthquakes. 1855, período Edo. Disponível em: <https://f.hatena.ne.jp/superbody/20170703204740>. O namazu é uma criatura com caráter justiceiro, criando tragédias como forma de moldar uma sociedade vista como mais apropriada.

O estudo do folclore apresentou idas e vindas como campo legítimo de investigação científica. Peter Burke (2004) destacou três fases no estudo do folclore, sendo elas a era da harmonia, da suspeição e da reaproximação. A era da harmonia se inicia na origem do folclore enquanto um conceito e vai até a década de 1920, num período em que os limites entre as disciplinas não eram tão rigorosos. O acadêmico alemão Wilhelm

Heinrich Riehl era visto tanto como um historiador cultural quanto como um folclorista. A era da suspeição – que se iniciaria em 1920 e se alonga até meados dos anos 1970 – é marcada por um nítido delineamento do escopo da história, antropologia e sociologia. Nesse contexto, o folclore foi negligenciado como campo de estudo, não sendo acolhido em departamentos de pesquisa específicos. Há de se lembrar que, mesmo dentre as ciências humanas, desenvolveu-se no período um esforço dos campos de investigação para se legitimarem enquanto ciência. A partir dos anos 1970, a sorte dos estudos do folclore modificou-se. Burke chama o período de reaproximação, que coincide com a consolidação da virada cultural e de outras movimentações intelectuais contrárias ao rigor positivista.

Existiria um ponto de partida para a interpretação folclórica? De que modo o estudo do folclore é relevante para o estudo da paisagem? São essas perguntas importantes que justificam a inserção deste capítulo na discussão deste livro. É importante reafirmar que o folclore não está morto no mundo intensamente globalizado. O que temos assistido na era digital é a aceleração da hibridização que é, por sua vez, um apanágio do folclore e da cultura, mesmos em tempos imemoriais. Trevor J. Blank (2018) propõe que – levando em conta as características da nossa era – folcloristas não busquem levantar cada meme produzido e destacar suas excepcionalidades. Diferentemente, sugere que os estudiosos do folclore busquem documentar os principais padrões emergentes do nosso tempo, suas principais motivações e os mais relevantes comportamentos simbólicos do folclore hibridizado que manifesta tanto online quanto na comunicação face a face (BLANK, 2018).

Como foi dito, a pesquisa folclórica exige interdisciplinaridade. As ênfases dadas pelo pesquisador podem ressaltar virtudes e fragilidades do ato investigativo. Interpretar as influências do espaço-tempo para a constituição do elemento folclórico é um passo muito importante, mas que parece uma ação limitada sem considerações sociológicas. A análise histórica permitirá a compreensão dos hibridismos, pois se torna possível compreender as relações entre povos estabelecidos ao longo do tempo histórico. Os elementos folclóricos carregam as marcas das relações que já não existem mais, além daquelas que se perpetuam. Da mesma forma, a história auxilia a geografia, pois o tempo pode apontar como se deu a evolução das relações de um povo com o meio, bem como revelar processos de deslocamentos espaciais via êxodo. A história pode ainda ajudar a sociologia a entender porque certos procedimentos sociais foram abandonados e outros foram criados, considerando a passagem do tempo e os efeitos das inovações técnicas e intercâmbios culturais.

A análise geográfica se dá *in situ* e externamente: as relações estabelecidas entre determinado povo e a paisagem podem ser compreendidas a partir da posição atual do povo em questão ou ainda revelar relações com elementos paisagísticos externos, que mostram claramente a influência do caráter migratório ou do intercâmbio cultural. A análise sociológica foca na justificativa para a existência do elemento folclórico. Todo elemento folclórico possui justificativa. Quando não a encontramos é porque nos faltaram fontes seguras para fazê-lo. A narrativa folclórica se perpetua no tempo e por vezes pode manter certas tradições que aludem às técnicas do passado, que não são mais observadas. Ao mesmo tempo, as técnicas também podem se associar com paisagens ausentes, que se associam aos deslocamentos culturais já abordados aqui.

Como abordou Lévi-Strauss (1978), para compreender o mito talvez seja melhor vê-lo como partitura e não como um texto sequenciado com início, meio e fim. O mesmo pode ser dito sobre o estudo do folclore. Assim, abordagens históricas, geográficas e sociológicas se retroalimentam e precisam ser compreendidas sistemicamente, sem que haja uma fórmula precisa sobre a ordem da investigação.

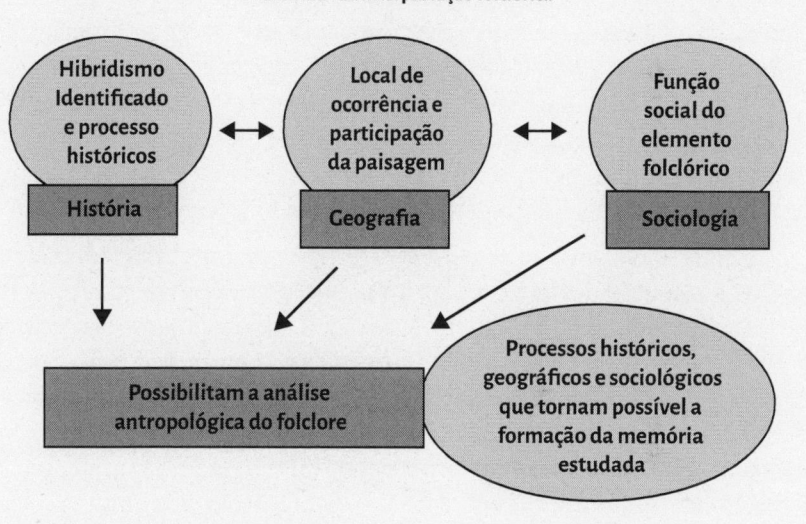

"Partitura" da interpretação folclórica

Fonte: Organizado pelo autor.

Fala-se em geografia folclórica como campo de estudo, mas sabe-se, pelo caráter interdisciplinar do estudo folclórico, que as relações entre a paisagem e o homem são um dos acordes da partitura da interpretação dos mitos, lendas, amuletos, provérbios e brincadeiras populares. Não é prudente, em nenhuma hipótese, extirpar parcela do conhecimento indissociável que compõe o folclore. Os estudos folclóricos não se limitam ao espaço ou ao tempo; diferentemente, são mais do que a soma de dados espaciais e temporais. Ao afirmarmos que a pesquisa folclórica é espaço-temporal exige-se a abordagem integrada, que é diferente da soma de elementos que não se comunicam. Assim, sabe-se que por meio do folclore compreendemos parcela da relação do homem com o espaço ao qual está assentado. Mas, mais que isso, é importante considerar que tal compreensão se dá em meio a uma complexa estrutura integrada que exige a comunicação entre saberes.

Outra dimensão dos estudos folclóricos é a investigação acerca dos impactos da existência dos seus elementos sobre as pessoas. Como trabalhos associados à nova geografia cultural costumam ressaltar, a cultura é muitas vezes utilizada pelos poderosos como meio de perpetuação no poder (MITCHELL, 1995; COSGROVE, 1996; JACKSON, 1996). Por outro lado, certos autores como Kirshenblatt-Gimblett ampliam as possibilidades de instrumentalização do folclore, ao ver que o mesmo se equilibra entre "o seu papel conservador como ferramenta do nacionalismo e o seu potencial como crítica radical quanto os abusos do poder" (KIRSHENBLATT-GIMBLETT, 1998, p.299). Nota-se que, no caso brasileiro, alguns elementos do folclore apresentem funcionalidade abolicionista. É de se perguntar se, na consolidação e disseminação dos elementos folclóricos em questão, não havia pelo menos parcela da elite político-social engajada com estes interesses de aparência subalterna.

Não é absurdo considerar que os elementos folclóricos também atendam aos intentos dessa natureza, à medida que imputam nas pessoas certos comportamentos. É importante dizer, sobretudo, que faz sentido pensar na dimensão afetiva quando pensamos no impacto do folclore sobre as pessoas: na dimensão em questão podemos nos deslocar do pensamento de classe e povo indo em direção ao foco identitário. É razoável considerar que os elementos folclóricos afetam de forma muito diferente os indivíduos, mesmo aqueles inseridos em uma mesma coletividade. Como pontua Barry Mcdonald (1997), a tradição não determina a ação, sendo melhor referida como um potencial ontológico, podendo ser ou não ser engajada nas atuais circunstâncias históricas, o que dependerá das intenções dos atores sociais. Assim, a tradição deve ser analisada baseada nas escolhas pessoais, visto que o impacto das tradições nos indivíduos e a forma pela qual tais tradições são dinamizadas no tempo e no espaço residem em alguma medida em um âmbito inconsciente (MCDONALD, 1997), o que nos sugere a abordagem identitária. Assim, o estudo das relações entre indivíduos e elementos não-humanos que é sustentado pelas teorias não-representacionais (TNR) pode se apresentar como um meio eficiente de abordar o afeto dos elementos folclóricos sobre as pessoas e também sobre a materialidade mundana.

22
A MANIFESTAÇÃO DA RELIGIÃO NO ESPAÇO E SEUS EFEITOS PARA A PAISAGEM E O LUGAR

O tema da morte no fim da vida tem ocupado de uma forma impressionante a imaginação humana e, especialmente, o pensamento religioso do homem.

Pierre Deffontaines (1953)

Rituais, símbolos e mitos são pistas através das quais o espaço, o tempo e a vida sagrada podem ser compreendidos.

Gregory J. Levine (1986)

A investigação e exposição das relações entre a religião e geografia é tarefa científica da geografia da religião[406] que forma, assim, um ramo da geografia cultural (FICKELER, 2008), tido como um dos campos mais recentes de investigação geográfica[407] (JACKOWSKI, 2002). A religião, que é inerentemente social, se expressa no e através do espaço

---

[406] Convenciona-se que o objeto da geografia da religião é tanto o estudo do impacto da religião sobre a paisagem quanto analisar o impacto da paisagem sobre a religião (JACKOWSKI, 2002). A geografia da religião tem alcançado sofisticação desde os tempos em que os deterministas ambientais afirmavam que as forças físicas geraram tipos religiosos. Os argumentos deterministas são um indicativo de um materialismo vulgar do qual os geógrafos, com razão, passaram paulatinamente a serem cautelosos quanto à sua análise (LEVINE, 1986).

[407] Santos (2002) acredita que, por um lado, o (neo) positivismo foi responsável pela negligência quanto aos estudos da geografia da religião no Brasil; por outro, destaca que a geografia marxista também sufocou a dimensão geográfica das religiões no espaço social. Frangelli (2012) destaca que desde a institucionalização da geografia, a subdisciplina da geografia das regiões foi negligenciada. A autora considera que a negligência em questão também pode ser percebida em estudos externos, como na sociologia da religião, em que a análise espacial da religião não foi protagonista. A geografia da religião tem sido apontada como uma área dotada de deficiências importantes, com ausência de progresso. Para os críticos da área, os estudos da geografia da religião apresentariam desarranjo e incoerência, possuindo diversos tópicos intocados e questões sem resposta (HOLLOWAY; VALINS, 2002).

(KNOTT, 2005). Nota-se que os critérios culturais podem ser tão importantes quanto fatores como o clima e a tecnologia para influenciar a construção do espaço (ROSENDAHL, 2018b), fazendo com que a religião torna-se muito relevante para a interpretação espacial. É um fato plenamente estabelecido que a religião possui uma dimensão geográfica; ao mesmo tempo, reconhece-se que as concepções religiosas são um fator importante para a dinamização das paisagens, tanto de maneira direta quanto indireta (ISAAC, 1963). Apesar do impacto da religião na paisagem ser amplamente considerado, é comumente compreendido como uma marca de eras arcaicas que desconheciam as virtudes da racionalidade e da ciência (SINHA, 1995). O passado religioso vive nas edificações religiosas e nos lugares sagrados, muitos dos quais continuam a ser venerados. Esquece-se que a própria religião não é imune ao tempo; seu corpo doutrinário e suas formas de atuação sobre a paisagem e os lugares se modificam. As marcas religiosas que se apresentam na paisagem abrigam distintas temporalidades religiosas, com a possibilidade de algumas delas apresentarem-se conflitantes entre si.

A paisagem é um palco de expressão ideológica, incluindo as crenças religiosas; de retorno, a configuração da paisagem também afeta o desenvolvimento das crenças (LEVINE, 1986). O estudo geográfico da relação entre espaço, política e sagrado permite repensar a importância da produção de espaços sacralizados (ROSENDAHL, 2018f): é certo que as instituições religiosas projetam territorialidade no espaço, sendo fundamental para as mesmas o exercício do ato de marcação da paisagem com seus simbolismos. Assim, paisagem, território e religiosidade precisam ser vistos como dimensões interativas.

O aumento do volume de produções acadêmicas voltadas para o estudo da relação entre a religião e o espaço não garantiu um consenso entre as formas de abordagem e sequer a geografia da religião é amplamente compreendida como um núcleo de certa autonomia no campo de pesquisa geográfica. Existe a crença que as pesquisas espaciais sobre a religião podem estar inseridas em outros campos de pesquisa mais amplos, justamente por apresentarem métodos semelhantes aos já aplicados em outros campos de abordagem geográfica. Um dos problemas da fragmentação excessiva dos temas de pesquisa é o risco que se corre em dificultar o diálogo interdisciplinar e intermetodológico, já que não raramente fragmentações desse tipo acabam acompanhadas de certo purismo que desencandeia em uma espécie de tirania paradigmática.

Uma das questões metodológicas que provoca grande inquietação entre os geógrafos é a utilização de textos religiosos acompanhada da reflexão profunda dotada de requintes teológicos sobre os dogmas da religião. Há o entendimento por parte de alguns geógrafos que o entendimento profundo da religião auxilia na compreensão das relações estabelecidas entre religião, paisagem e lugar[408]. Todavia, uma dedicação muito profunda no sentido dessa compreensão pode levar alguns a acreditar que o texto possa fugir dos objetivos da geografia. Para o geógrafo, é na espacialidade da pesquisa que se resolve o problema de atribuição da abordagem, sem negligenciar empréstimos da sociologia, filosofia, história e antropologia que, sem sombra de dúvidas, são muito bem-vindas em estudos acerca das relações entre a religião e o espaço.

Nos anos 1960, o estudo da geografia das religiões envolvia primariamente o levantamento dos padrões globais de difusão espacial, limites e marcas na paisagem associadas às religiões do mundo (BUTTIMER, 2006). Considerando a interface entre a antropologia e a geografia, já existiam no início da segunda metade do século XX pesquisas que investigavam como as religiões ditam certos tabus sobre a vida cotidiana, influenciando deste modo a vida econômica e política. Anne Buttimer avalia que essas abordagens mais tradicionais da geografia voltadas para a abordagem espacial eram opacas, por negligenciar diversas tensões envolvendo crentes e observadores e a forma como os valores

---

408 Muitos pesquisadores acreditam que para se entender o impacto das religiões no arranjo da paisagem, é recomendável que se compreenda o corpo doutrinário que constitui ideologicamente a fé investigada. Yosseph Shilhav (1983) nos instruiu que comumente as sinagogas são construídas observando rígidos aspectos funcionais, que se relacionam diretamente com a acessibilidade da comunidade judaica. O simbolismo da posição geográfica fica em um segundo plano frente aos aspectos funcionais. Por outro lado, nas íngremes ladeiras de Ouro Preto-MG, igrejas católicas se impõem na paisagem, aproveitando-se de posições privilegiadas no contexto topográfico, nas quais nem sempre a facilidade do acesso é fator primordial para a definição do seu local de construção. A interpretação do simbolismo religioso que está impregnado na paisagem é, muitas vezes, uma tarefa de difícil realização por parte de um membro externo da comunidade religiosa. Talvez esse fato tenha motivado Rosendahl (2012) defender uma preparação prévia por parte do investigador acerca das práticas espaciais religiosas do grupo que se deseja observar. Na lógica da observação participante, o pesquisador não deve apresentar um comportamento de estranhamento ou de recusa ao ato ritualístico praticado. A preparação prévia certamente possibilita a compreensão de formas simbólicas que poderiam não ser percebidas ou compreendidas; analogamente, tais formas poderiam se portar como um idioma estrangeiro que precisa ser codificado.

do observador interferiam nas abordagens[409]. Há de se perceber que, enquanto tema cultural, a decisão de impor limites espaciais à religião é sempre um exercício problemático, tendo em vista a sua disposição fluída no espaço, bem como o hibridismo e dinamismo que incorporam a sua essência. A abordagem espacial da religião experimenta de forma amarga as problemáticas associadas à representação espacial da cultura (SILVA; COSTA, 2018a; SILVA; COSTA, 2020b). Analisando de uma forma ainda mais ampla, a evolução dos modos de interpretar a paisagem encontra coincidência nas mudanças percebidas na forma de se interpretar a religião no espaço.

De fato, durante muito tempo, os estudos que buscam refletir sobre a associação entre o espaço e a religião eram dominantemente deterministas do ponto de vista ambiental. O simbolismo carregado por uma região estava determinado pelas condições do ambiente que amparou o surgimento de uma religião. Assim, o inferno para os esquimós era um lugar de escuridão, tempestade e frio intenso; para os judeus, por outro lado, o inferno era o lugar do fogo eterno (KONG, 1990). A perspectiva weberiana foi a responsável, na década de 1920, por proporcionar um ponto de inflexão nas abordagens que envolviam as relações entre o espaço e a religião. Max Weber se deslocaria do raciocínio consolidado pelo determinismo ambiental, preocupando-se com a influência da religião nas estruturas social e econômica (KONG, 1990). Após a Segunda Guerra Mundial, multiplicaram-se trabalhos que passaram a investigar de que forma a religião interfere na paisagem. Entretanto, somente no período pós-virada cultural se tornou relevante o número de trabalhos que passaram a versar sobre a existência de uma relação dialética entre o meio – e, portanto, a paisagem e o lugar – e a religião, fazendo-nos crer que as investigações unidirecionais que negligenciam a dialética passassem a ser entendidas como irrealistas (KONG, 1990). A transcendência da materialidade se transforma em uma perspectiva formidável para o estudo das relações entre a religião e o espaço. Neste particular, o simbolismo torna-se um nicho espetacular para se compreender a dinâmica da dialética que envolve o homem e o meio e também para compreender as relações entre os próprios homens.

---

409 Anne Buttimer (2006) assume que nos estudos da geografia da religião o que a fascina é o papel da geografia, mais detidamente do mundo físico com seus ritmos climáticos sazonais, vida selvagem e habitabilidade, como forças que moldam sensibilidades, práticas e liturgias religiosas das comunidades de fé dispostas no mundo.

É preciso entender que o positivismo do século XIX e o neopositivismo que emerge na metade do século XX possuem posição marcadamente contrária ao idealismo, sendo esta uma das explicações para a carência de estudos da geografia das religiões (ROSENDAHL, 2003). Até a década de 1980 havia muita resistência aos estudos da geografia da religião no Brasil, apesar da heterogeneidade de crenças do país inspirar um movimento contrário. Até a década citada, a religião era citada nos estudos regionais e não analisada em sua espacialidade (ROSENDAHL, 2020). Com a proliferação desses estudos no exterior e ações pioneiras de alguns pesquisadores aqui no Brasil, o quadro começou a mudar no início dos anos 1990.

Fernandes e Gil Filho (2011), assim como Pereira (2013), consideram que, no Brasil, duas abordagens tornaram-se claras nos estudos da geografia da religião. Em uma primeira linha interpretativa, o sagrado é algo existente em si, uma entidade passível de ser descrita e catalogada, manifesta no simbolismo paisagístico. A descrição do sagrado, nesta concepção, ignora as subjetividades perceptivas e a dialética envolvendo mente e matéria. A possibilidade de esgotamento descritivo do sagrado elimina a intersubjetividade, criando uma forma de sagrado-ontológico. São justamente esses pontos que são explorados em uma segunda linha interpretativa, pautada na existência de um sagrado não-ontológico: "nesta abordagem temos um sagrado epistemológico entendido como forma de conhecimento, funcionando como um mecanismo cognitivo que liga o universo dos fatos ao universo simbólico" (FERNANDES; GIL FILHO, 2011, p.215). O peso da individualidade na interpretação do sagrado se faz notar nesta segunda linha interpretativa, ainda que saibamos que, enquanto seres sociais, as relações interpessoais afetam-nos. Concordamos com o desenvolvimento dos autores; todavia, no mesmo artigo, tais autores afirmam que:

> "o ser humano se caracteriza por superar o mundo biológico, essa ruptura do mundo natural é submetida através (sic) da cultura, a partir dela nos afastamos do mundo dos fatos, a tal ponto que, para nós, passa a ser mais real o mundo dos símbolos" (FERNANDES; GIL FILHO, 2011, p.213).

Discordamos deste raciocínio em particular, e o próprio Gil Filho afirma em outra oportunidade: "embora a vida se desenrole em um universo de fatos brutos, vivemos efetivamente num universo simbólico plasmado por meio de formas simbólicas como o mito, a religião, as artes e as ciências" (GIL FILHO, 2014, p.143). Compreendemos que o autor considere a existência de uma dialética envolvendo a materialidade e o simbolismo intersubjetivo, mas discordamos da possibilidade de que "afastamos do mundo dos fatos, a tal ponto que, para nós, passa a ser mais real o mundo dos símbolos". A abordagem dialética justamente torna caduca a necessidade de extração do plano simbólico do plano material; a indissociabilidade mente-matéria faz com que esta perspectiva da predominância simbólica frente ao mundo físico ou mundo factível se torne sem sentido. Quando Rosendhal argumenta que "a religião nunca é apenas metafísica" (ROSENDHAL, 2001, p.15), se faz necessário pontuar que também não é uma soma do plano físico e metafísico. Afinal, o sentido do entrelace destes dois planos difere do sentido de uma mera soma.

É amplamente consensual a associação entre a origem das primeiras cidades e o domínio da agricultura. Acrescenta-se a esse consenso uma ideia menos divulgada e que conta com certo apelo na literatura especializada: santuários religiosos deram origem a muitas cidades. Essa ideia é reforçada pelo fato dos registros encontrados nas ruínas serem mais de natureza religiosa do que político-econômica. Ou, poderia se dizer que, a religião impregnava as esferas político-econômicas ao ponto de torna-las sutilezas em meio à hegemonia da crença, o que nos faz pensar em modelos de organização política teocráticos ou similares[410]. Apesar desses laços fortes entre os santuários e a origens de cidades, nos parece claro que alguns dos santuários famosos jamais vieram a se tornar grandes cidades. "Religiosamente falando, Londres e Bagdá são secundárias em relação à Canterbury e Meca" (ROSENDAHL, 2018b, p.49).

---

[410] O fato das transformações político-sociais poderem impactar severa e abruptamente nas relações religiosas, com efeitos sobre a paisagem e o lugar, nos conduz a relativizar a força de determinados prognósticos. No ano de 1999, Zeny Rosendahl afirmou: "No Brasil, a interação entre sistemas religiosos tradicionais e sistemas de crenças afro-brasileiros ocorre, nos dias atuais, com relativa tolerância. Essa tolerância pacífica que existe em alguns territórios permite que as pessoas tenham filiação religiosa pluralista no consumo de bens simbólicos em espaços sagrados de diferentes sistemas religiosos" (ROSENDAHL, 2018c, p.84). Certamente um prognóstico produzido duas décadas adiante acerca da existência de uma "relativa tolerância" entre as religiões tradicionais e sistemas de crença afro-brasileiros pode sucumbir a um olhar mais atento aos inúmeros incidentes colhidos nos últimos anos. Passadas duas décadas após a consideração de Rosendahl, encaramos com menos otimismo o caráter tolerante das relações inter-religiosas no Brasil, ainda que a situação possa ser vista como de menor gravidade do que em choques religiosos observáveis em outros países, sobretudo naqueles nos quais se adiciona as diferenças étnicas à discrepância religiosa.

O sagrado apresenta-se implícito na natureza, tanto em traços individuais da paisagem como na paisagem como um todo (FICKELER, 2008). Cavernas têm sido utilizadas como palco de diversos cultos. Essas apropriações simbólicas se apresentam como um fenômeno que se manifesta em todo o ecúmeno, como se vê em Travassos (2009). Rios e lagos sagrados[411] se apresentam em diversos continentes, assim como bosques e montanhas. Os cultos de montanha atingem sua eficácia máxima na paisagem quando inspiram e abrigam a construção de estruturas religiosas, seja na própria montanha, na forma de santuários de montanha em seus pés, encostas ou picos, ou em sua vizinhança imediata (FICKELER, 2008).

Aparentemente para quem habita a Terra, o sol é o supremo poder cósmico. Para os ameríndios, o sol é o espírito universal e o motivo de uma dança; é a luz para Buda e o olho do universo para os hindus; é o olho que tudo vê e que tudo sabe de Alá para os muçulmanos; o sol é ainda o guia da vontade de Deus para os judeus (WEIGHTMAN, 1996) e ocupa uma posição importante no culto de diversos credos politeístas. O fogo também é capaz de iluminar lugares; a pira imponente simboliza criação, destruição, transformação, transcendência, purificação e renovação. É comum o fato do fogo não ser visto somente como sagrado, mas como a manifestação da divindade todo-poderosa (WEIGHTMAN, 1996). A religião da iluminação interior – o budismo – frequentemente pratica a iluminação externa dos seus templos e estupas; luzes também se destacam no festival dos barcos na Tailândia e na festa das lâmpadas de manteiga em Lhasa, no Tibete (FICKELER, 2008).

Existe uma longa tradição vinculada à crença de que poderes curadores estão vinculados ao ambiente físico (GESLER, 1992). As crenças religiosas podem criar a ideia de que certos lugares possuem capacidades terapêuticas. A despeito das potencialidades acerca dos benefícios de um ar supostamente excepcional, das plantas medicinais, de fontes hídricas específicas, do frio ou do calor para o trato de certas condições médicas, pode-se criar o vínculo entre a manifestação do sagrado no espaço e a cura. São inúmeros os exemplos de lugares que possuem a funcionalidade da cura: dos locais de peregrinação como Lourdes, na França, às paisagens sagradas dos indígenas americanos (ROSE, 2012). Se por um lado a medicina não consegue comprovar as relações do lugar e da paisagem com a cura, sabe-se que a crença tem potencial psicossomático, podendo agir com um placebo, tanto para o agravo de uma condição de saúde ou para a melhoria, ainda que temporária, do quadro geral do bem-estar. Estas crenças são bastante disseminadas

---

411 Além da sacralidade, rios e lagos podem ser compreendidos como portadores de efeitos curativos, como ocorre no Ganges e no Jordão.

em diversas sociedades ao redor do mundo (GESLER, 2018). Fala-se em paisagens terapêuticas, que precisam ser compreendidas além de sua realidade objetiva; cada indivíduo pode responder diferente às potencialidades da paisagem, de acordo com a cosmologia que carrega (THORSEN, 2015). A resposta terapêutica dos indivíduos à paisagem apresenta-se, assim, posicionada no interior do entrelace materialidade versus imaterialidade, o que torna difícil avaliar em uma eventual melhora de um paciente que enfrenta uma moléstia qual é o peso da umidade relativa do ar ou de crenças específicas para a constituição do quadro clínico.

Plantas também podem ser consideradas sagradas, como ocorre com a faia para os adeptos de algumas religiões da Ásia setentrional. O arbusto sakaki (*Cleyera japonica*) também é considerado sagrado para o xintoísmo e seus galhos são usados em muitas cerimônias (FICKELER, 2008). Na cosmologia nórdica, o Yggdrasil – muitas vezes representado como um freixo colossal (*Fraxinus Excelsior*) – ocupa um lugar de grande relevância mística. No sul do Brasil, uma tradição trazida pelos alemães se perpetua: Osterbaum, a árvore da páscoa. Em tal tradição, as árvores caducas são enfeitadas por ovos de páscoa coloridos. O galho seco representa o sepulcro de Jesus Cristo, aludindo ao frio e à morte. As cores dos ovos representam a ressureição de Cristo (CRICHYNO, 2017). Simon Schama (2009) avaliou que a introdução da árvore de natal pagã na cultura cristã está associada ao ressentimento do cristianismo de não possuir uma sacralidade árborea específica, ainda que o Monte das Oliveiras ocupe uma posição afetiva importante. É importante destacar que a atribuição de sacralidade a uma paisagem pode protegê-la da degradação antrópica, ou, pelo menos, submetê-la a um ritmo diferente de degradação. Paisagens sacras podem se apresentar como ilhas regulares de natureza intocada em meio a espaços bastante antropizados (FICKELER, 2008).

A religião cristã possui forte viés antropocêntrico. Não apenas estabeleceu o dualismo entre homem e natureza, mas insistiu que faz parte dos propósitos divinos que o homem explore a natureza para as suas necessidades. Em outras palavras, o cristianismo destruiu o antigo sentimento da sacralidade da natureza e legitimou sua livre exploração. O cristianismo ainda fundou uma concepção acerca do progresso perpétuo, uma ideia que era desconhecida da antiguidade greco-romana e também do Oriente (TUAN, 1970). O budismo na China é pelo menos em parte responsável pela preservação de árvores ao redor do complexo do templo, surgindo como ilhas verdes ao redor de um cenário desnudo. Por outro lado, o Budismo introduziu na China a ideia de cremação dos mortos; do século X até o XIV as cremações era comuns o suficiente no sudeste chinês ao ponto das províncias costeiras experimentarem escassez de lenha (TUAN, 1970).

No âmbito dos estudos em geografia da religião, abordagens exclusivamente focadas na materialidade pecam por acreditar que a racionalidade econômica dita a ordem paisagística. Entre as dimensões do sagrado e do profano residem escolhas humanas que desafiam a racionalidade econômica, mostrando-nos claramente que as crenças religiosas podem interferir severamente no arranjo da paisagem. Há de se considerar que intervenções na paisagem podem ignorar as soluções mais baratas para que aspectos da fé não sejam profanados ou contestados. A religião afeta indivíduos que, sob sua égide, performam na paisagem impondo marcas. Tais impressões paisagísticas, de retorno, reanimam a crença e a força dos dogmas ao servirem como textos lidos por aqueles capazes de interpretá-los. Esse é um tipo de consideração que só é possível ser feita a partir da concepção de que a cultura – e, portanto, o seu subproduto religião – estão em movimento e não são entidades estáticas no sentido espacial, temporal e em suas constituições.

A religião, como é muito ligada ao conjunto dos comportamentos sociais, apresenta as manifestações espaciais do sagrado intimamente conectadas com as formas as quais o homem se associa ao meio ao qual está instalado. Já em 1953, Pierre Deffontaines assumia a força da religião como componente de explicação para o comportamento humano frente as relações com a paisagem. É importante pontuar que nem mesmo as sociedades entendidas como seculares estão livre do assédio da religião, seja em seus comportamentos por meio de replicações e assimilações que tornam os valores híbridos, seja por marcas do passado ainda presentes na paisagem. Jeremy R. Carrette (1999) defende esse ponto de vista ao afirmar que o chamado espaço secular é por si só um meio híbrido formado por religiões do passado. Se faz necessário destacar que um dos importantes temas contemporâneos no estudo geográfico sobre as religiões é o impacto da secularização na paisagem e no lugar[412] (KONG, 1990). Primeiramente, é de se observar

---

412 Sobretudo em sociedades laicas, existe uma tensão notável entre o planejamento do espaço por parte do poder público e as intenções de organização do espaço a partir da fé. A instalação de prédios religiosos evidencia a luta entre valores pragmáticos, voltados ao planejamento racional e uso eficiente da terra e os interesses dos religiosos (KONG, 1993). Em certas religiões, a diferença entre o interesse do Estado e da fé pode até mesmo ser irreconciliável, como, por exemplo, algumas pessoas vinculadas à religião das Testemunhas de Jeová que rejeitam o alistamento militar (KONG, 1993).

que a secularização possui impacto pouco expressivo por ser uma tendência relativamente recente e pouco marcante em sua duração histórica, ao contrário da força das milenares tradições religiosas. Segundo, é necessário relativizar a secularização como uma tendência inequívoca, visto que percebemos no início deste novo século em regiões e países diferentes o fortalecimento do fundamentalismo e a ascensão de governos conservadores fortemente apoiados por grupos religiosos.

O trabalho de Hiroshi Tanaka (1984) também se apresenta como um importante legado da reflexão que envolve o simbolismo, o espaço e a religião. Tanaka parte do pressuposto que a paisagem expressa em algum grau a ideologia e a visão de mundo dos seus agentes para investigar as marcas simbólicas deixadas pelo budismo na região de Kyoto e Nara. É importante o relativismo de Tanaka, evidenciado na expressão "em algum grau". Afinal, como a nova geografia cultural nos instrui, a paisagem é o resultado das relações sociais e, portanto, de poder. O entrecruzamento de interesses acaba fazendo com que a paisagem exiba o resultado de interesses tácita ou explicitamente negociados em seu plano morfológico, em mais uma mostra que a análise apartada entre mente e matéria é indevida para a sua contemplação. Tanaka (1984) mostra que as diferenças ideológicas no interior do budismo dão fruto às distintas correntes as quais o autor chama de escolas: são elas a Mikkyo, Jodokyo e Zen. O autor mostra que os templos associados às escolas citadas observam certo padrão em sua distribuição geográfica, notavelmente observando as características topográficas.

Utilizando-se de um mapeamento hipsométrico, Tanaka (1984) mostra que, na região de Kyoto e Nara, os templos budistas Mikkyo buscaram se instalar nas elevadas altimetrias. No budismo Zen, por sua vez, os templos se instalaram nos sopés das elevações. De acordo com o autor, na doutrina Zen, "é defendida a importância do cenário e é atribuído significado não somente às instalações do templo, mas também às montanhas, rios, pontes que se situam nos arredores" (TANAKA, 1984, p.245). A ideologia Zen vincula-se diretamente ao arranjo arquitetônico que é peculiar dos seus templos, já que devido à sua inserção em uma topografia plana, existia maior facilidade de arranjar simetricamente as suas principais edificações: "quando o clérigo Eisai trouxe o Zen ao Japão vindo da China, introduziu os conceitos estéticos de regularidade e simetria para o arranjo arquitetô-

---

O próprio tombamento do patrimônio religioso pode representar, por um lado, uma aliança entre o Estado e o interesse religioso; por outro lado, o tombamento pode representar o aumento do apelo turístico, o que pode gerar uma espécie de choque de simbolismos entre os praticantes da fé e os turistas (KONG, 1993).

nico dos templos" (TANAKA, 1984, p.250). Os jardins dos templos budistas também sofrem influência direta da relação entremeada entre a ideologia e posição geográfica. Instalados nas montanhas, os templos Mikkyo não apresentam jardins, visto que se posicionavam em áreas pedregosas. Tal situação contrastava com os enormes jardins Jodokyo e com a jardinagem Zen, que, apesar de geralmente utilizar áreas menores, apresentavam-se extremamente detalhados.

A ancestralidade já nos revela a manifestação da religião no arranjo espacial. Deffontaines (1953) pontua que a existência de vilas totêmicas em muitas áreas oceânicas, os povoamentos solares da antiga Escandinávia, assim como diversas vilas aos quais as moradias se apinhavam em torno do conjunto de igrejas e cemitérios são exemplos de organização humana que levam em conta fundamentos religiosos como meio de organização da vida social. As edificações religiosas do passado, assim como objetos religiosos, podem ser ressignificados. Nessa lógica, é plausível admitir que o paganismo incorporado em credos monoteístas contemporâneos é muito mais comum do que se imagina. Isto é o mesmo que assumir que o hibridismo nas formas religiosas parece uma condição generalista e não uma exceção. É inerente às expressões simbólicas a capacidade formidável de apresentação de um mosaico intertextual de múltiplas temporalidades que se aglutinam. Desta aglutinação podemos perceber a reinterpretação de símbolos pré-existentes, permitindo a expressão sobreposta de dogmas em meio a pedra, o barro e madeira.

É relevante ressaltar que alguns acreditam que a contemporaneidade eleva à condição intertextual a um patamar jamais visto, pois presenciamos a aceleração de fluxos, o aumento do intercâmbio de textos e trocas de experiências entre indivíduos e grupos. Assim como as expressões arquitetônicas pós-modernas, o simbolismo religioso tende a se apresentar como um pastiche. É de se notar que na atualidade elementos simbólicos religiosos acabam refletindo um tempo no qual "a individualização e subjetivação da crença e o desmantelamento dos laços tradicionais entre a crença e o pertencimento a uma comunidade local" (HERVIEU-LÉGER, 2002) se mostram notáveis. Soma-se a isto uma era marcada pela intensa movimentação de indivíduos pelo espaço e pela explosão das formas mais variadas de comunicação. Essas novas características contribuem para a formação de novas formas de sociabilidade religiosa que imprimem tendências e ritmos diferentes na paisagem.

Menir cristianizado na Bretanha, em Dol-de-Bretagne. Acervo do Museu de la carte postale de Baud. Disponível em <https://artsandculture.google.com/asset/menhir-du-champ-dolent-pr%C3%A8s-dol/iAE7TdQV6hCCqg>. Menires cristianizados podem ser antigas estruturas ressignificadas ou criações inteiramente pós-cristãs miméticas, de inspiração pagã.

Existem muitas evidências, no Egito antigo, da conversão de templos para o uso cristão (GRINSELL, 1986). É provável que muitos menires pré-históricos tenham sido cristianizados também, com a colocação de cruzes do seu topo. É difícil e talvez impossível distinguir a ressignificação dos menires pré-históricos da construção pós-cristã religiosamente híbrida, realizada a partir da incorporação idealista de estruturas pagãs. Talvez seja possível tal distinção se um enterro pré-histórico seja descoberto na base do menir (GRINSELL, 1986). É importante notar que não há um mundo puro, sem inscrições e livre de símbolos que precedem a significação, pois já nascemos envoltos de uma espacialidade repleta de significados. Lugares e paisagens já se apresentam constituídos pelas histórias de interação envolvendo humanos e não-humanos (IVAKHIV, 2006). É necessário um retorno imemorial na história para que essas perspectivas possam ser questionadas.

A riqueza simbólica das crenças religiosas é imensurável e não há dúvidas quanto à sua capacidade de marcar a paisagem. Essas marcas podem não representar as formas de crença hodiernas, ou seja, tem o potencial de relembrar como as antigas gerações expressavam sua fé por meio de inscrições paisagísticas. Rupturas dogmáticas no credo podem impor modificações bruscas na paisagem. Essas rupturas podem possuir causas muito variadas, dentre elas a ascensão de um poder político que defenda a hegemonia de uma fé na paisagem, considerando que certas marcas na paisagem se constituam como heresias que precisam ser removidas. De forma similar, novas interpretações da fé a partir da aceitação e disseminação de compreensões teológicas podem suprimir certas expressões paisagísticas, ainda que o valor arqueológico daquilo que foi suprimido possa ser reconhecido, o que inclui a possibilidade de existirem políticas de conservação patrimonial.

A interpretação dos efeitos da religião na paisagem exige a compreensão de como as pessoas imprimem os seus valores e crenças em formas arquitetônicas. A ideia de conformação simbólica trazida por Ernst Cassirer tem sido apropriada por alguns geógrafos da religião, pois tem o potencial de sintetizar o fato de que as formas simbólicas são conformadoras de espacialidades. O foco dado em tais formas não é em sua substância, mas em sua função (GIL FILHO; SILVA, 2019). O pensamento cassireriano adquire relevância uma vez que se sabe que a percepção da paisagem se dá por meio da intermediação das formas simbólicas (TORRES, 2019). A forma simbólica impressa na paisagem pode fornecer indicadores sobre a presença de certos grupos sociais naquele espaço, incluindo a presença de imigrantes (ROSENDAHL, 2018d) que manifestam sua fé. As marcas paisagísticas da religião podem ainda evidenciar associações das crenças com determinados saberes técnicos: os maias, por exemplo, construíram centros cerimoniais bem planejados e coerentes com os conhecimentos astronômicos.

As soluções arquitetônicas adotadas pelas estruturas religiosas buscam realçar e reafirmar elementos da fé, enaltecer dogmas, orientar a circulação dos fiéis e, enfim, promover todo tipo de comunicação. Há de se lembrar que na perspectiva dos estudos das formas simbólicas, é plausível considerar a paisagem como texto ou intertexto. Isso significa dizer que as formas arquitetônicas que repousam na paisagem e no lugar também podem ser lidas como textos. Sabe-se, por exemplo, que a luz é fundamental para a experiência religiosa: sua presença ou ausência separa o sagrado do profano favorecendo percepções sensoriais e a intensidade das emoções (WEIGHTMAN, 1996; ROSENDAHL, 2018d). Ainda que haja variações nessas interpretações, a luz é vista como a essência da vida, em contraste com a escuridão, geralmente vista como a morte inevitável. Na criação bíblica, o comando *Fiat Lux* erradicou a escuridão da face do abismo, senso este um passo fundamental da obra divina. Vitrais de algumas igrejas são cuidadosamente planejados para gerarem efeitos quando atravessados pela luz, provocando um resultado que apresenta grande diversidade de cores no interior do espaço sagrado. A representação dos santos e das demais figuras sacras do cristianismo não raramente apresentam halos e auréolas douradas que simbolizam a iluminação. O pagode de Shwedagon, em Yangon, Myanmar, é uma edificação que supera os 100 metros de altura e é capaz de emanar iluminação. Para além de sua imponência estrutural, o Shwedagon lança sua influência à grande distância por intermédio do artifício da iluminação marcada pelo brilho dourado. Sabe-se, todavia, que a cor mais frequentemente utilizada para a representação do sagrado é a branca, ou, com brilho metálico, a prata. O branco ainda pode representar a morte pacífica e a sacralidade ou pureza divina de certos animais, como o cavalo branco, o cisne ou a cegonha. Com sacralidade similar, apresenta-se o amarelo e especialmente o dourado, com o seu brilho metálico (FICKELER, 2008).

Sons cerimoniais ecoam na paisagem e no lugar; sinos e diversos instrumentos musicais, além de cânticos de louvor exercem um papel afetivo relevante (FICKELER, 2008). Edificações podem ser erguidas levando em conta uma arquitetura que privilegie a propagação de sons. A existência de números sagrados condiciona fortemente a vida cerimonial, trazendo efeitos para a paisagem. Os números podem ser levados em consideração no ato de construção de edificações e nas soluções arquitetônicas. Sabe-se que a quantidade de janelas, torres ou portas de uma estrutura podem fazer alusão a números sagrados (FICKELER, 2008).

A abordagem do fenômeno religioso a partir das relações sociais exige uma dimensão instável e socialmente construída. Gil Filho afirma em outra oportunidade que a geografia do sagrado está muito mais ligada "à rede de relações em torno da experiência do sagrado do que propriamente às molduras perenes de um espaço sagrado coisificado" (GIL FILHO, 2001, p.12). Esta concepção – que consideramos acertada – exige uma interpretação mais-que-representacional para as hierofanias; *pari passu* a esta estratégia, reside a demanda para a abordagem dialética entre o planos material e imaterial. Todavia, as preocupações explicitadas por Gil Filho em diversas publicações quanto à inadequação de abordagens da geografia cultural vinculadas exclusivamente à materialidade visível é uma crítica importante, que é endossada por Kong (2010).

A construção da sacralidade no espaço pode ter ou não interferência do histórico do uso do lugar. Alguns lugares sacros edificados pelas igrejas neopentecostais são propriedades com diferentes graus de reforma física e que um dia se prestaram a funções muito variadas, desde bares, supermercados ou a outros tipos de estabelecimento comercial. No judaísmo, particularmente, o lugar é santificado a partir da observação do seu histórico de uso. Dependendo do fim para qual o espaço foi utilizado anteriormente, não poderá ser uma sinagoga, pois o lugar tem um significado importante e é onde a fé e a cultura serão evidenciadas, demonstrando sua reverência a seus antepassados (SANTOS; KOZEL, 2013).

O sagrado é alimentado simbolicamente pelas diversas formas de registros da atividade humana no meio em que vive, incluindo múltiplas tentativas de ressignificação simbólica. A dimensão afetiva do sagrado – como é o apanágio das mais variadas formas de afeto – pode ser manipulada pelos poderosos, na tentativa de influir na performance dos que nela creem. Nas cidades mineradoras do Brasil colonial, igrejas eram construídas em posições privilegiadas da topografia, impondo no ambiente uma espécie de sacralização panóptica. Rosendahl analisa a engenharia afetiva de cidades pré-colombianas de forma a endossar o que tratamos aqui:

> As cidades cerimoniais como Cholula, Monte Albán, Tula, Xochicalco, El Tajín, Chichén Itzá e Tenochtitlán caracterizavam-se por sua organização interna específica. Essas cidades sugerem uma ordem espacial hierarquizada, centradas no espaço sagrado. Geridas por cleros organizados e dirigentes diversos, essas cidades sagradas eram assinaladas por templos piramidais, pátios cerimoniais, praças de mercado e terraços. As elites sacerdotais organizavam as cidades em torno do santuário que ligava o povo ao mundo sobrenatural (ROSENDAHL, 2018b, p.58).

Meca, Vanarasi, Lhasa, Kyoto e Roma são hierópolis de diferentes religiões (ROSENDAHL, 2003), mostrando que as hierofanias possuem espacialidade e se imortalizam material e imaterialmente em determinadas paisagens e lugares. As hierópolis ou cidades-santuário são centros urbanos possuidores de simbolismo religioso e dotadas de caráter sagrado atribuído ao seu espaço, constituindo-se como centro de convergência de peregrinos e palco de festividades (ROSENDAHL, 2018b). Devido à atratividade de santuários e o fato do mesmo estar envolto em uma rede de fluxos, a peregrinação apresenta-se como um tema muito relevante nos estudos de geografia da religião. É importante notar que a peregrinação não é uma prática universal religiosa. Existem religiões que incentivam a peregrinação, enquanto que outras não a incluem em suas práticas. O tema das peregrinações para lugares sagrados tem atraído, desde a segunda metade do século passado, atração dos geógrafos (SOPHER, 1981; ROSENDHAL, 2002). É de se notar que cidades que são alvo da peregrinação cresceram em torno de santuários, templos e locais sagrados (ISAAC, 1963), fazendo com que a geografia das peregrinações também seja relevante para a geografia urbana.

Hiroshi Tanaka (1981) refere-se à peregrinação como um sistema espacial dotado de valor simbólico. Concordamos com a afirmação, pois uma peregrinação une simbolicamente fixos por intermédio de fluxos. Do ponto de vista fenomenológico, é necessário considerar que habitar a Terra como lugar e paisagem é incluir uma dimensão mítica que valoriza diferencialmente o espaço. Assim, caminhar sobre o espaço alimenta a geograficidade e abre a possibilidade de reafirmações e inovações das sensações, enriquecendo nossa experiência espacial e constituindo-se como um ato de reafirmação da nossa condição terrena (SOUZA, 2018). O significado dos santuários que são alvo de peregrinação podem se modificar drasticamente, mesmo considerando a excepcionalidade do seu sentido: numa era da gourmetização de tudo, o significado dominantemente religioso de Santiago de Compostela tem sido modificado para o de curiosidade cultural, no qual o lugar de reza torna-se uma atração patrimonial (KONG, 2001). É claro que formas afetivas e performativas ainda podem ser registradas com registros de árdua penitência e fé; todavia, outros sentidos precisam também ser considerados em qualquer análise do espaço sagrado em questão.

Há de se considerar que as peregrinações são espacialmente dinâmicas: locais de peregrinação surgem, declinam e, em alguns casos, podem até mesmo se mover. Por estas razões o padrão espacial das peregrinações modifica-se ao longo do tempo (TANAKA, 1981). Estudando as peregrinações budistas na ilha de Shikoku que compõe o arquipélago japonês, Tanaka (1981) identificou 88 estruturas que compõem o sistema simbólico. O autor destacou que fatos político-sociais podem rearranjar o trajeto dos peregrinos. Os meios de transporte moderno, por exemplo, modificaram a tradicional ordem de visita das estruturas, o que é explicado pelo fato de alguns lugares sagrados não serem acessados por veículos. Tanaka (1981) destaca também que durante o período Edo (1603-1868) o livre movimento de uma prefeitura para outra havia sido impedido, o que acabou estimulando o surgimento de subperegrinações: rotas de peregrinação parciais que cumpriam trajetos onde o deslocamento era permitido.

É importante destacar que o uso de transportes modernos nas peregrinações interfere na percepção que as pessoas têm das mesmas, sobretudo por conferir conforto à experiência peregrina, além de comprimir o espaço-tempo da rota. Em alguns casos, as motivações da peregrinação não residem somente no âmbito da necessidade de visitar locais sagrados, mas também no sacrifício físico em percorrer longas distâncias a pé. Nesse sentido, até mesmo a mercantilização das rotas de peregrinação, por meio da instalação de comodidades aos peregrinos, contribuem para a descaracterização e mesmo ressignificação do sistema simbólico. Esse fenômeno recente tem colaborado para que a atividade turística e o ato de peregrinar se aproximem tanto ao ponto de ser difícil estabelecer diferença (SINGH; AHMAD, 2021). É notável que a gourmetização de tudo, inclusive da prática da fé, ampliou as possibilidades da peregrinação: antes um ato doloroso e excludente, caminha para ser um produto feito à justa medida do interesse do comprador.

Strawberry Fields, memorial em homenagem a John Lennon construído no Central Park em Nova Iorque, tornou-se um local de peregrinação secular. Robert J. Kruse II (2003) tentou mostrar em um artigo como que a significação de um local alvo de significação deve ser entendida como aberta às múltiplas interpretações. Para tanto, ressalta-se uma máxima: embora um centro de peregrinação seja fixo no espaço, não é fixo em significado. Os mecanismos de peregrinação secular se assemelham àqueles observados na peregrinação religiosa. A santificação de John Lennon por muitos dos seus fãs fizeram que muitos lugares que são associados ao cantor e aos Beatles tornassem sagrados (KRUSE II, 2003). Os significados do memorial transcendem à atividade musical do ídolo, aludindo a questões associadas à paz mundial e a políticas tidas como esquerdistas. Se a santificação de John Lennon e a sacralização de Strawberry Fields só cabem como uma figura de linguagem, é de se notar que as semelhanças com os processos religiosos são muitas. O mito e a religião são fenômenos da cultura que se assemelham, pois toda religião possui um mito fundador. Não há diferença radical entre o pensamento mítico e religioso; nessa lógica, "não podemos fixar o ponto onde cessa o mito e tem início a religião, pois, no curso de sua história, a religião permanece indissoluvelmente conectada e impregnada com elementos míticos" (TORRES, p.312, 2019). É de se notar que "o mito, até em suas formas mais cruas e rudimentares, abriga alguns motivos que, em certo sentido, antecipam os ideais religiosos superiores de depois. O mito é, portanto, desde o início, religião em potencial[413]". (TORRES, p.312, 2019). O caso em questão envolvendo o espaço de memória de John Lennon não é único em seu tipo: Strawberry Fields é um local de peregrinação similar a outros lugares associados a estrelas do rock, tal como Jim Morrison, Elvis Presley e Kurt Cobain.

A experiência do sagrado remonta a comportamentos individuais e coletivos bastante remotos na história da humanidade. Nos últimos séculos há de se notar um crescente processo de secularização da consciência, ou seja, um crescente número de indivíduos que encaram o mundo e suas próprias vidas sem a ajuda das interpretações religiosas. É de se destacar que a consciência secularizada de indivíduos não é uniforme, sendo que cada grupo étnico-social (ROSENDAHL, 2018c) e também cada indivíduo no interior desses grupos tem sido atingido de forma diferente. A secularização crescente, pelo seu caráter recente, arrasta consigo um pretérito de fé fervorosa. Ainda que se racionalize a separação entre o Estado e a Igreja bem como entre a fé e a razão, existe um lastro social antigo marcado pela forte presença da fé e que se mantém em manifestações secularizadas, ainda que de forma inconsciente. Nesse âmbito, devemos considerar a possibilidade de um convicto ateísta nascido na Índia do nosso tempo carregar consigo valores facilmente identificados com o hinduísmo e pactuados ao longo das gerações. Ainda mais irônico seria comparar um ateísta latino-americano e um do subcontinente indiano e perceber que as principais diferenças manifestas em seus valores éticos e morais seriam aquelas advindas das crenças religiosas impregnadas no tecido social. Nossa sugestão se baseia na plausibilidade do fato de muitas das expressões e inscrições paisagísticas serem guiadas por crenças latentes e socialmente construídas, que carregam consigo valores de distintas temporalidades.

---

413 Uma distinção válida entre o mito e a religião é a presença de um discurso fundador nesta última, vinculado a um texto sagrado ou uma narrativa que se perpetua na oralidade. (TORRES, 2019).

Rosendahl (2018d) propõe uma diferenciação nas formas de interpretar o espaço sagrado que se enquadrariam em dois grupos: as tradicionais e as pós-modernas. Nas chamadas formas tradicionais, o caráter sagrado de um santuário seria definido por si mesmo: sua força seria gerada internamente e seus significados seriam pré-determinados, o que significa considerar a existência de uma dimensão objetiva da sacralidade. Já nas interpretações pós-modernas, o significado intrínseco ao santuário é aparente. O santuário forneceria um espaço ritualístico para os significados que os fiéis já trazem para o espaço sagrado. Os peregrinos, na concepção pós-moderna, impõem ao santuário o poder milagroso que eles trazem de si mesmos (ROSENDAHL, 2018d). Essa diferenciação entre as formas tradicionais e pós-modernas de interpretação são, na verdade, um eixo de deslocamento que vai, de um extremo, da reificação absoluta dos conceitos que teriam um sentido coletivo até, em outro extremo, às definições excepcionais identitárias. Como temos construído ao longo desse livro, a escolha de uma posição entre esses extremos não parece ser frutífera, visto que não existe identidade imune ao âmbito coletivo e, também, não existe coletividade que suprima a variação identitária. Assim, é plausível considerar que o espaço sagrado se manifeste a partir de construções coletivas, mas que tenha compreensões e gradações afetivas distintas entre os indivíduos. A importância da valorização identitária no estudo da religião têm se tornado relevante, fazendo com que, por exemplo, note-se o crescimento da abordagem fenomenológica[414] aplicada

---

414 Em uma abordagem de viés fenomenológico, temos o pressuposto de que cada religião impõe empiricamente sensações e sentimentos únicos e múltiplos aos seus membros. O significado dado fica evidente a partir do sentimento que é aflorado e das manifestações que são exteriorizadas; logo, a crença e a religião são sentidas interna e externamente por quem a pratica (SANTOS; KOZEL, 2013). Precisamos considerar que, projetando a visão de mundo sobre as lentes do sagrado e do profano, temos que a religião é também responsável por experiências e entendimentos que se manifestam no plano coletivo e individual e que, portanto, torna-se um fator para a consideração da excepcionalidade da paisagem e do lugar. A abordagem fenomenológica aplicada à religião permite considerarmos a multiplicidade de entendimentos relativos aos geossímbolos impressos na paisagem e nos lugares. Nas estradas, destacam-se como geossímbolos, além das placas de sinalização de trânsito, cruzes possuidoras de distintos graus de sofisticação material. Geralmente aludem aos acidentes automobilísticos com vítimas fatais, podendo sua instalação possuir um caráter de consolação, prevenção, denúncia ou ainda revelar o fator devocional da(s) vítima(s) (PONTES; CAMPOS, 2010). Da mesma forma, o sentimento de quem se depara com essas cruzes pode ser bastante variado entre os motoristas

ao campo de estudo (KNOTT, 2010). Alguns autores tem se esforçado para compreender o fenômeno religioso no espaço a partir da interação com recortes sociais e mesmo pós-coloniais, como se vê no estudo de Liny Biswas (1984).

Em uma investigação acerca dos templos hindus em Calcutá, Liny Biswas (1984) analisou de que formas as mudanças sociais, urbanas e os impactos da colonização britânica na Índia interfeririam no arranjo arquitetônico. Seu estudo investigou as tendências desviantes das tradicionais formas de construção dos templos hindus em três séculos de transformação, que foram suficientes para fazer com que Calcutá deixasse o status de uma vila pesqueira para se tornar um enorme aglomerado urbano. O crescimento urbano de Calcutá claramente está associado às modificações arquitetônicas nos templos. É importante considerar que as diferenças espaço-temporais muitas vezes são ignoradas pelo olhar do *outsider*. Como Edward Saïd argumenta, a visão ocidental sobre o Oriente é predominantemente eternizada, com a preferência de uma imagem estática advinda da temporalidade do Oriente Clássico. Mais que isso, a partir do olhar orientalista, o Oriente é ahistórico. Assim, a arquitetura dos templos hindus – dinâmica e diversa como toda estrutura simbólica submetida ao escrutínio espaço-temporal – tende a ser negligenciada a partir da representação de poucas imagens. Sabemos, assim, que não é privilégio do Ocidente a diversificação de estilos e de épocas, o que nos permite assimilar a ideia de que as diversificações simbólicas e suas mudanças temporais são um fenômeno universal, ainda que ocorra em intensidades e variedades distintas. Biswas (1984) aponta em seu estudo que os templos erguidos na metade do século XIX em Calcutá expressam fortemente a influência arquitetônica europeia, o que ajuda a justificar, *inter alia*, o fato da colonialidade e a pós-colonialidade serem tão relevantes nos chamados estudos culturais e, por consequência, para a geografia da religião.

Mudanças na ordem social também devem ser consideradas, o que é um expediente comum para um grande número de geógrafos identificados com a chamada nova geografia cultural. Segundo Biswas (1984), mudanças sociais possibilitaram a proliferação de templos, já que em dado período do século XIX, tornou-se mais fácil o fato de famílias

---

e demais transeuntes. Dentre uma pletora de possibilidades, destaca-se como sentimentos possíveis o consolo em meio a tragédia, a prevenção, a denúncia quanto ao risco de se transitar em determinada rodovia ou simplesmente a revelação de um fator devocional.

comuns se tornarem fundadoras de templos. Por isso a nova geografia cultural apresenta como virtude sua preocupação com as formas pelas quais as expressões simbólicas acabam ilustrando o resultado de relações de poder. É importante considerar também as mudanças migratórias: a migração cubana para a Flórida acarretou no fortalecimento de um sincretismo afro-cubano chamado Santería, particularmente em Miami. Para alguns, o crescente interesse na Santería por parte de imigrantes cubanos se explica pelo fato da adesão à religião em questão se tratar de uma forma de manter a identidade cultural (CURTIS, 1980). O cosmopolitismo religioso presente nas paisagens reflete o grau de atratividade que uma cidade exerce sobre vastas áreas do globo, assim como ocorre quando se nota a variada manifestação de outros segmentos como a culinária, o artesanato, a arquitetura e outros.

Uma miríade de outros recortes coletivos poderia ser feita e discursos serem produzidos sobre as interações da religião frente às ordens coletivas alternativas. Fala-se, por exemplo, que a era pós-colonial assistiu certas rupturas na ordem paisagística que revelaram relações distintas que a sociedade passou a ter com a religião enquanto instituição e como afeto. Independente da comparação entre espaço colonial e espaço pós-colonial autônomo, sabe-se que no seio da discussão geográfica argumentos poderiam também ser produzidos a partir de posições feministas, racialistas, anarquistas, dentre outros. A análise multidimensional da sobreposição de classes frente à ordem religiosa nos encoraja a ver o espaço a partir do prisma identitário. Sabe-se, que com isso, não se pretende eliminar o papel das classes no arranjo paisagístico, mas é ressaltado que ninguém pode ser simploriamente definido por intermédio de uma palavra. A performance humana parece sempre ser a forma mais eficaz de se compreender o afeto, que é o vetor resultante do assédio das coletividades sobre o indivíduo. De forma distinta das impositivas e pretensiosas reificações de fenômenos espaciais, o sentido do lugar sagrado precisa ser compreendido não em termos do seu lugar propriamente dito, a partir de uma descrição estável ao longo do tempo e comum a todos os indivíduos. Diferentemente, a compreensão do lugar sagrado se dá pelas práticas sociais que se reproduzem em seu espaço e que ajudam a constituir (mas não definir) as identidades daqueles que frequentam o seu espaço (KONG, 2001). Sabe-se, todavia, que as identidades que transitam pelo local sagrado carregam diversos tensionamentos com gradações bem variáveis entre as pessoas: significações seculares e religiosas, contestações inter-religiosas advindas de comunidades multi-religiosas, política entre as nações, políticas de gênero, classe e raça, *inter alia*. Lily Kong (2001) lembra que tais discussões encontram representação simbólica na própria paisagem: patriarcalismo, racismo e classismo são comumente refletidos e reforçados pelo arranjo dos cemitérios e pela conformação simbólica dos memoriais e tumbas.

Deffontainnes (1953) apontou já ao seu tempo que o sagrado penetra em uma interseção entre o estado psicológico dos indivíduos e as manifestações da natureza. O autor destacou que essas relações são extremamente confusas. É amplamente difundido contemporaneamente que o destaque feito aqui por Deffontaines se enquadra na dialética mente e matéria, dimensões vistas por muitos, sobretudo após o movimento da virada cultural, como indissociáveis. É de se destacar que as formas as quais os lugares, paisagens e a experiência religiosa são concebidos não podem ser vistos de maneira isolada de outros aspectos das relações sociais e materiais (COOPER, 1992).

Nota-se que novas direções para o pensamento e a organização da geografia das religiões têm se destacado recentemente. As relações afetivas e as formas de incorporação que produzem e são produzidas no espaço religioso e espiritual precisam ser contempladas se quisermos desenvolver análises mais detalhadas e complexas (HOLLOWAY, 2006). Certamente a consideração das relações de afeto contribui para desmitificar a ideia acerca da existência de uma superestrutura religiosa capaz de interferir de forma similar nos indivíduos, explicando padrões da agência humana a partir de uma mítica massa homogênea de fiéis. A consideração das relações de afeto e seus reflexos na performance possui a virtude de contemplar múltiplos entendimentos e impactos emocionais dos dogmas sobre mentes distintas. Fala-se em "paisagens espirituais" em uma abordagem que seria capaz de promover a compreensão acerca do modo pelo qual a fé, a crença, a religião e a fenomenologia podem iluminar a noção do *dasein* (DEWSBURY; CLOKE, 2009).

23
A EXCEPCIONALIDADE DA PAISAGEM E DO LUGAR

A importância de pensar a paisagem é remeter-se ao lugar. Pois racionalmente buscamos a aprazibilidade e o bem-estar para nós e para aqueles que estimamos. A aprazibilidade e o bem-estar são alcançados não somente pelo respeito ao equilíbrio ambiental, mas também pelas crenças e significados que atribuímos ao espaço vivido. É um princípio que fundamenta o viver em sociedade o desenvolvimento de uma responsabilidade de gestão do ambiente de forma a criar conforto para as gerações futuras. Este cliché muito utilizado pelo dogmatismo do desenvolvimento sustentável se ampara, por sua vez, pela percepção de que o presente não é o fim da história e que nós, ao mesmo tempo, representamos uma ínfima parcela do espaço-tempo. A busca pelo equilíbrio do planeta, que passa pelo zelo que se tem com a natureza, trata-se de uma preocupação que une as diversas formas de interpretar a paisagem e o lugar. Seja qual for a abordagem da paisagem, existirá – de forma subjacente ou mais explícita – a preocupação com o equilíbrio ambiental: podemos verificar as preocupações ecológicas dentre garantir o sustento humano, preservar a memória ou criar e/ou preservar a aprazibilidade e o conforto estético e ambiental. Nesse sentido, os estudos sobre a paisagem, por mais distintos que se apresentem os seus paradigmas, veem nas relações entre o homem e o meio, entendidos como elementos apartados ou unos, a necessidade de uma construção harmoniosa que transcenda a própria duração da vida humana. O cuidado com a paisagem é, acima de tudo, uma forma metafórica de eternização de nossa passagem pelo planeta. Se por um lado as paisagens são capazes de carregar os nossos registros, por outro, nossas marcas somente poderão ser interpretadas desde que possamos ensinar às gerações vindouras os valores necessários para que a espécie humana se perpetue.

A paisagem apresenta sentido fluído desde o início da utilização da palavra, seja no Ocidente ou no Oriente. Os seus significados passaram a variar de acordo com o espírito de época, retratando tendências registradas na particularidade do espaço e tempo. O determinismo outrora dominante, e que hoje, para muitos, parece teoricamente insustentável, ajudou à consolidação de um pensamento no qual a natureza apresentava-se desvinculada da humanidade. Esse tipo de ideação que aparta o homem da natureza e que simboliza o pensamento moderno contribuiu para que a paisagem fosse vista como natural e cultural. Como vimos neste livro, correntes pós-positivistas que se consolidaram após a virada cultural passaram a questionar essa cisão grosseira que envolve o homem e natureza, bem como outras compartimentações tal como mente e matéria. Paradigmas que desafiaram a ordem determinista trouxeram impactos significativos na forma de se ler a paisagem. Apresenta-se como uma espécie de paradoxo nos estudos culturais o fato das paisagens serem geralmente apresentadas de forma já estruturada, refletindo o seu significado ideológico, ao mesmo tempo em que contém sujeitos que a habitam e interpretam de forma flexível (WYLIE, 2005). É de se ressaltar que, fora do núcleo duro do que seja geografia, pensadores precocemente rejeitaram a divisão homem e natureza, seja por intermédio do movimento estético-filosófico do romantismo, seja por iniciativas como a de Martin Heidegger, autor que, nas primeiras décadas do século XX, cunhou o termo *dasein,* aplicando-o à indissociabilidade entre o homem e o mundo.

No campo da geografia, a influência de Carl Sauer mostrou-se mais ampla do que a de autores dotados de abordagens heterodoxas, como John K. Wright e Eric Dardel. A partir da publicação do artigo *A morfologia da paisagem* em meados da década de 1920 a predominância da forma saueriana de se ver e interpretar a paisagem perdurou, sendo desafiada a partir dos ventos da virada cultural em geografia. É certo que a ascensão neopositivista da década de 1950 ao início dos anos 1960 colocou categorias como a paisagem e o lugar em um limbo. O resgate paisagístico se deu no seio da avaliação de paisagens [*landscape evaluation*], corrente que tratou a paisagem como um objeto que possuía a descrição passível de ser esgotada, ou seja, a paisagem teria uma representação ideal. Com a ascensão da virada cultural e com empréstimos do pós-estruturalismo e da fenomenologia na geografia, novas opções que não eram estritamente restritas à materialidade mundana passaram a ser ofertadas. A crítica de Duncan (1980) ao método saueriano talvez tenha sido a que mais ecoou, constituindo-se como um convite à ruptura da hegemonia de Carl Sauer na geografia cultural e nos estudos da paisagem. Posteriormente à Duncan (1980) foram registrados uma miríade de trabalhos em linha similar, ainda que algumas vozes saudosas e conflitantes tenham surgido como defensoras de Carl Sauer e da escola de Berkeley. O método morfológico de Sauer aplicado à leitura da paisagem, focado principalmente na materialidade dos registros culturais, passaria a dar espaço às abordagens interpretativas, (inter)subjetivas e fenomenológicas, que evidenciaram a indissociabilidade entre mente e matéria.

É claro que Sauer ainda vive na geografia contemporânea, seja literalmente ou intertextualmente. Sua base de pensamento foi fundamental para que a transcendência da materialidade na análise da paisagem se arranjasse a partir dos seus pressupostos. Há de se acrescentar que a virada cultural não eliminou os problemas teóricos associados à geografia cultural e aos estudos da paisagem, tampouco conduziu geógrafos à produção de trabalhos metodologicamente uniformes. Vale destacar que a indissociabilidade envolvendo o espaço e o tempo nos métodos de estudo e descrição da paisagem e do lugar mostrou-se tão ou mais complexa do que as soluções dialéticas que buscaram entrelaçar a materialidade e a imaterialidade. Cresceu o reconhecimento de que a historicidade e geograficidade são solidárias na instituição de um mundo propriamente humano (BESSE, 2006), mas ao mesmo tempo não houve amadurecimento e crescimento proporcionais na abordagem espaço-temporal. A despeito disto, criou-se a concepção de que a paisagem, assim como o lugar, nunca é, mas sempre foi e sempre será (THRIFT, 2000). O ato de descrição sempre remete, a rigor, ao tempo ido; elucubrações permitem-nos ousar a elaborar projeções que buscam mostrar arranjos paisagísticos futuros. Representar a paisagem é falar de outro tempo, que não é o presente.

É importante destacar que a leitura de paisagens em momentos específicos do passado constitui-se como um duplo desafio: o pesquisador precisa considerar, no caso em questão, dois deslocamentos de perspectiva relevantes: o primeiro refere-se à abordagem do espírito do lugar; o segundo refere-se ao espírito do tempo (CORRÊA, 2016). Há espacialidade no tempo e temporalidade no espaço. A análise conjunta do espaço tempo fragmenta irremediavelmente representações sólidas e totalizantes da paisagem e do lugar. Muitas vezes visto como um período, o feudalismo não varreu a Europa em uma superfície continua, em um raciocínio no qual a espacialidade requinta a temporalidade; muitas vezes visto como uma espacialidade, o ciclo econômico do açúcar no Brasil não integrou solidamente áreas contínuas e, mais que isso, a temporalidade de sua manifestação no espaço foi marcado pela errância, em um raciocínio no qual a temporalidade requinta a espacialidade. Os exemplos nos permitem considerar que espaços-tempos vistos em conjunto detalham de tal maneira paisagens e lugares ao ponto de colocarmos em xeque a integridade de períodos e regiões. Assim, quando nos referimos a paisagens e lugares, precisamos ver essas categorias sob o arranjo de uma teia complexa e excepcional que interfere em sua constituição. Assim, é plausível afirmar que paisagens e lugares são contextuais, estruturando-se a partir das relações que estabelecem frente a outros espaços e outros tempos.

Ademais, é importante considerar o olhar excepcional do indivíduo que vê, sente e lê a paisagem e o lugar. As dez cenas de Meinig (2002) são didáticas para compreendermos a complexidade que envolve a leitura da paisagem, tão complexa que faz com que o ponto de apoio analítico torne-se uma excepcionalidade identitária. O raciocínio aqui exposto e construído ao longo deste livro é próximo à Jon Rodiek (1988), que afirma que a paisagem é uma parte intrínseca da experiência ao longo da vida. Todavia, o quanto a paisagem nos afeta e o que carregamos dela varia entre os indivíduos.

Os novos tempos parecem não ser capazes de nos impor uma homogeneidade arrebatadora capaz de assolar as individualidades excepcionais e colonizar corações e mentes dos intérpretes das paisagens e dos lugares. A globalização nos prova vivamente a capacidade de (re) produzir o espaço a partir de processos como a repetição-com-diferença e a reciprocidade-sem-começo descritas por Stuart Hall (2013), embaralhando caleidoscopicamente o arranjo dos elementos espaciais ao invés de promover uma mítica homogeneização do mundo. A fábula denunciada por Milton Santos e por tantos outros ainda é capaz de hipnotizar aqueles que creem numa nova era marcada pela ascensão da cidadania universal. A diversidade que persiste é aquela que garante as múltiplas relações dos homens com suas paisagens e lugares, ajudando a fervilhar o caldeirão de identidades temporalmente adiadas e espacialmente fendidas, termos preconizados por Bhabha (2013). A diversidade identitária também persiste, a despeito do assédio das diversas classes apresentadas muitas vezes como agrupamentos homogêneos, mas que não passam de fantasias criadas como meio de promoção da luta social e também armadilhas esplêndidas dos poderosos para apaziguar massas e manter o *status quo* social.

A paisagem e o lugar se entrelaçam. A afetividade provocada pela relação homem e mundo nublam os limites semânticos das categorias em questão, pelo menos se consideramos a abordagem da paisagem pós-positivista. Como disse Karjalainen, "habitamos um lugar que está sempre embrulhado por uma paisagem" (KARJALAINEN, 1993, p.68). No âmbito material-transcendente, no qual consideramos o afeto e a performance humana, embaralham-se os limites dos significados das categorias em questão. O homem é afetado pela sua experiência espacial e performa sobre o espaço contribuindo para novos arranjos afetivos, dinamizando a si mesmo, outros homens e também animais e plantas, o que tem justificado o investimento relativamente recente de muitos geógrafos nas geografias mais-que-humanas. É válido o apontamento de Tim Cresswell (2008), que diz que a paisagem em relação ao lugar é concebida como se o intérprete estivesse sempre fora dela; ou ainda, podemos dizer, que o lugar remete de forma mais poderosa à experiência profunda e ao pertencimento.

A paisagem e o lugar possuem relações fortes com a memória. Maurice Halbwachs (1990) destaca as relações indissociáveis entre a memória coletiva e a individual. A indissociabilidade entre estas dimensões nos conduz plausivelmente à excepcionalidade da memória. Como sujeitos submetidos ao escrutínio coletivo, não podemos ignorar a composição social na nossa perspectiva afetiva e performativa, o que inclui o assédio das categorias imaginadas sobre o nosso sentir-agir, dentre as quais raça, nação, cultura, *inter alia*. Também devemos considerar, como seres que participam de coletividades, os efeitos do assédio das representações sobre nós. Os corpos humanos são concebidos como suporte das realidades sociais (CLAVAL, 2022). Todavia, faz sentido pensarmos que somos excepcionalidades ambulantes, já que percorremos caminhos excepcionais na superfície da Terra, colhendo experiências espaço-temporais únicas que montam nosso pastiche identitário.

Dentre a pluralidade de representações que interferem no nosso plano afetivo, é necessário considerar as artes e a literatura como um campo fértil. Componentes da nossa visão de mundo, pinturas, esculturas, dioramas e obras literárias ficcionais possuem um valor inestimável para a compreensão da dimensão do afeto. Pelo alcance muitas vezes atingido pelas obras, as representações ficcionais podem até mesmo possuir maior capacidade afetiva do que trabalhos acadêmicos rigorosamente comprometidos com o cânone científico. É importante acrescentar que as representações podem ter compromisso com a política, pois muitas vezes servem para endossar ou questionar posições dominantes, ou mesmo reivindicar pontos específicos de uma pauta social. O debate ocorrido em meados da década de 1990 envolvendo Don Mitchell, Denis Cosgrove, Peter Jackson e os Duncan foi instrutivo nesse sentido: assim como a nova geografia cultural apregoa, esses nomes evidenciaram a preocupação quanto às formas aos quais as forças hegemônicas podem se apoiar em ideias coletivamente consagradas e disseminadas para se perpetuarem no poder. Dentre tais ideias se apresentam a cultura, a raça e a nação.

As ideias possuem espacialidade. Representam concepções que advêm das relações estabelecidas entre o homem e a paisagem. Não existe um mundo das ideias completamente desvinculado do plano da materialidade. Augustin Berque cunhou o termo trajeção como um modo didático de compreender a indissociabilidade entre mente e matéria: as ideias impactam na materialidade que inspira, por sua vez, as ideias. Por isso mesmo a paisagem é ao mesmo tempo marca e matriz, pois apresenta suas impressões e inspira a elaboração de expressões. Nessa concepção da paisagem, o ficcional e o verdadeiro tornam-se epítetos de mesmo valor, pois podem provocar efeitos espaciais consideráveis e serem estímulos para o revigoramento e criação de ideias. Por isso, considerar a nação (ANDERSON, 2008) ou a cultura (SILVA; COSTA, 2018b) como comunidades imaginadas e defender o antirracialismo (GILROY, 1998) não significa duvidar dos efeitos espaciais e, portanto, para a paisagem e o lugar que são provocados por essas categorias. Compreender o ciclo trajetivo entre mente e matéria é, acima de tudo, um esclarecimento necessário para compreender como os discursos utilizam as categorias imaginadas para apoiar e operar políticas de poder.

Geógrafos que se identificam com a corrente da geografia humanista geralmente não apresentam constrangimento em incorporar como objetos ou materiais de pesquisa fontes pouco convencionais ao *mainstream* tradicional da pesquisa geográfica, que é predominantemente positivista. Ademais, é se de reconhecer a importância das pesquisas e elaborações da geografia humanista como possibilidades da geografia superar as dicotomias da modernidade, tais como homem *versus* natureza e mente *versus* matéria. A despeito disso, sabe-se que uma crítica recorrente à geografia humanista seria sua esterilidade social, já que a subdisciplina em questão, considerando o equilíbrio entre o idealismo e o materialismo, tenderia mais ao primeiro, negligenciando questões puramente materiais e vinculadas à posição social. Sem querer fazer esse julgamento, já que falar sobre correntes é sempre um exercício de representação[415] que ignora as variações que repousam sobre seu rótulo, é necessário apontar duas questões. A primeira delas é que não parece prudente apartar o idealismo do materialismo; as correntes filosóficas em questão são extremos de posições que geralmente se apresentam em gradações dialéticas. Um trabalho puramente idealista conterá tantos pecados quanto um trabalho materialista quintessencial. A segunda questão é que a reflexão no campo das ideias, incluindo categorias como o afeto e as emoções, não impede a abordagem social. É este o cuidado que a pós-fenomenologia tem tido ao nos oferecer seus pressupostos.

A abordagem pós-moderna na geografia – que ascendeu com muita força nos anos 1980 e início dos 1990 – tem sofrido críticas similares as já experimentadas pela geografia humanista. O discurso pós-estruturalista presente no escrutínio pós-moderno tem sido acusado de ser socialmente vazio por muito apostar na desconstrução de significados e na pertinência das intermediações discursivas, o que é uma fuga das metanarrativas da modernidade. Os efeitos do pós-estruturalismo e do pós-modernismo para a interpretação da paisagem e o lugar são notórios, já que há um deslocamento das metarepresentações em direção ao confronto de imagens sobre o espaço. Ademais, é relevante destacar as formas-pastiche (SILVA; COSTA; SILVA, 2022) assumidas pela paisagem e lugar. Tais formas acabam, com muita intensidade, incorporando elementos que lhes são externos e desenhando um paradoxo notável: os espaços presentes incorporam espaços ausentes (SILVA; COSTA, 2022). Tal situação nos exige normalizar expressões como o pastiche, as heterotopias, as multiterritorialidades, dentre outras capazes de expressar o apanágio do espaço.

O viés identitário na interpretação da paisagem e do lugar tem assumido uma posição de relevância na interpretação espacial realizada pela geografia anglófona. No Brasil, a tradição saueriana ainda apresenta uma curiosa participação na interpretação cultural. Os trabalhos brasileiros de geografia cultural que se apresentam como novidade geralmente assumem pressupostos da nova geografia cultural, que se desenvolveu no exterior na década de 1980. Tal descompasso entre a geografia cultural brasileira e anglófona é notório e é de se ressaltar que nem todas as razões para o apego às tradições culturais são devidamente compreendidas. Sabe-se, todavia, que formas de abordagem

---

415 Como vimos, Denis Cosgrove sequer se via incorporado à nova geografia cultural.

identitária das questões culturais não solaparam a abordagem simbólica da nova geografia cultural, que ainda possui muita força em países como os Estados Unidos e o Reino Unido.

O conhecimento que se tem sobre o mundo sempre se dá por intermédio de representações. O conhecimento do homem é baseado nas percepções que tem acerca da superfície terrestre e sobre as representações que compartilham entre si, a partir de suas percepções individuais (CLAVAL, 2011a). Quando se fala sobre o espaço relativo, temos que considerar o impacto dessa elaboração para as demais categorias geográficas, incluindo a paisagem e o lugar. O espaço relativo desconstrói as certezas cartesianas e oferece em seu lugar uma visão pautada nas relações que as pessoas possuem frente o mundo, o que significa dizer que pessoas distintas em uma mesma localização geográfica podem compreender as distâncias métricas de forma diferente em sua representação. Por exemplo, um indivíduo dotado de grandiosos recursos financeiros pode ver a distância como um obstáculo menor ao deslocamento do que um indivíduo desprovido de recursos.

É importante notar que a questão relacional não se expressa somente no âmbito econômico: um atleta pode ver o deslocamento como um obstáculo menos exigente do que uma pessoa que enfrenta dificuldades de locomoção devido à limitações do seu corpo. Assim, o espaço pode ser representado de uma forma muito diferente entre os indivíduos. Há quem coloque o pensamento relacional em abordagem de classe, como, por exemplo, se os ricos, negros ou povos indígenas tivessem uma imagem homogênea do mundo. Todavia, esse pensamento é uma deturpação imprecisa dos princípios do pensamento relacional. Afinal, indivíduos se constituem como um aglomerado de pertencimentos que lhes garante a excepcionalidade analítica. Ninguém é só uma pessoa rica. Por detrás desta qualificação existe um homem ou uma mulher, preferências sexuais diversas, opções de gênero, cor, posicionamentos políticos, religião e diversos grupos sociais, incluindo a família e uma pletora de arranjos relacionais que afetam o indivíduo e, portanto, implicam em sua forma de ver o mundo, a paisagem, o lugar e neles performar. Portanto, é necessário afirmar que nossas relações e interações emocionais se entrelaçam e ajudam a formar a fábrica de nossa geografia pessoal única (DAVIDSON; MILLIGAN, 2004).

As teorias não-representacionais (TNR) tem oferecido um rol de possibilidades para a abordagem relacional. Não é vista como uma corrente da geografia propriamente dita, mas como um aglomerado de metodologias que possuem elementos em comum, dentre eles o pensar relacional e a valorização identitária na leitura do espaço. A estratégia de Bruno Latour (1993) no âmbito da TAR, de "seguir os atores" é tomada de empréstimo pelos pesquisadores que se aventuram pela TNR, fazendo com que a expressão empregada por Nigel Thrift – "a geografia daquilo que acontece" – e que alude ao campo de investigação em tela seja justíssima. As abordagens da TNR apresentam-se radicalmente identitárias; todavia, as experimentações relacionais incluem as participações comunitárias como componentes do afeto e da performance do indivíduo. É de se notar que a importância da participação coletiva nas TNR é ilustrada pela utilização sistemática do conceito de *assemblage*. Tal conceito se refere a cada uma das dimensões entrecruzadas que apresentam participações/engajamentos coletivos dos indivíduos em redes socioespaciais. É também importante notar que as TNR tornaram-se um termo guarda-chuva para englobar outras subcorrentes. Por exemplo, fala-se hoje em geografias animais ou geografias mais-que-humanas no interior das TNR, o que significa considerar a possibilidade de interação relacional de pessoas, animais e objetos e nos exige a utilização do útil termo *affordances*, já abordado neste livro.

Considerando os pressupostos não-representacionais, há de se afirmar que as representações estariam em crise? Absolutamente não é o caso. Todavia, precisamos ter em mente as mudanças do seu papel na interpretação da paisagem e do lugar. As representações em um pensamento associado aos paradigmas da modernidade se enquadram no âmbito de metanarrativas, como se as manifestações do interlocutor fossem a expressão de um grande grupo de pessoas e até mesmo, de forma insensata, se apresentassem como a expressão da humanidade. Representações são versões passíveis de serem intermediadas como qualquer narrativa. Assim, não é de se surpreender que Hayden Lorimer tenha dito que as TNR deveriam ser expressas como geografias mais-que-representacionais. Afinal, o pensamento relacional não elimina a possibilidade das representações – ainda que intermediadas – afetarem os indivíduos que tiveram acesso a elas. Uma vez afetados pelas múltiplas representações, esses indivíduos performam na paisagem e no lugar. Na lógica não-representacional, as representações que são produzidas constituem-se como um recorte excepcional do espaço-tempo. A ausência da estabilidade representacional provavelmente contribuiu para que Nigel Thrift pensasse no termo não-representacional.

O patrimônio, a nação e o folclore são dimensões amplamente entrelaçadas do ponto de vista relacional. Como foi visto nos capítulos finais deste livro, o plano material das manifestações patrimoniais, folclóricas e nacionais não pode ser visto como um fim em si mesmo. Por detrás da materialidade aparentemente autônoma reside uma dialética que torna os materiais co-dependentes das ideias, num elo trajetivo (BERQUE, 2017). As formas como as pessoas se relacionam com o patrimônio e o folclore demandam uma avaliação identitária, e, portanto, excepcional. Dessa forma, o patrimônio e o folclore sintetizam a excepcionalidade da paisagem e do lugar.

A interpretação da dimensão religiosa, por sua vez, é bastante responsiva às próprias modificações que ocorreram no seio da geografia que se referem à interpretação da paisagem. O viés objetivo-materialista de outrora passou a dar espaço às dimensões mais intersubjetivas e idealistas. Como muitas vezes a fé é potencializada e manifesta em meio à coletividade, é curioso observar que as perspectivas não-relacionais parecem se apresentar promissoras para a geografia da religião. Lembramos que o dogmatismo religioso muitas vezes se expressa por meio de objetos ritualísticos e/ou sacros que estão envolvidos em uma complexa rede de relações mais-que-humanas.

A paisagem e o lugar não se reduzem à morfologia, nem se reduzem às subjetividades e tampouco são sinônimos de natureza e meio ambiente. A paisagem e o lugar interligam esses mundos (RISSO, 2020), mas não são uma mera soma das dimensões vistas como apartadas pelos pressupostos da modernidade. Em outras palavras, vistos numa relação dialética entre a mente e a matéria, a paisagem e o lugar não são a soma de mente mais matéria. Ademais, ver a paisagem e o lugar a partir de uma perspectiva relacional reforça o caráter excepcional dessas categorias. Mesmo porções do espaço muito parecidas estão, em sua individualidade, inseridas em contextos espaciais mais amplos e diversificados.

William Bunge (1966) argumentou que a consideração da unicidade de uma dada porção do espaço [*location*] constitui um erro chave praticado por aqueles que trabalham com a análise regional. Partindo do pressuposto de que a ciência é a inimiga mortal da unicidade (afinal, as comparações e verificações de padrões embasam a ciência tradicional), Bunge ressalta que todas as localizações no espaço [*locations*] são comparáveis. Para tanto, recorre a uma analogia vulgar na qual critica o purismo da excepcionalidade ao dizer que nem todo cereal açucarado [*snowflake*] é idêntico, mas, mesmo assim, compartilham entre si muitos aspectos. Ressalva-se o tipo de lente que Bunge usa para olhar para o espaço. Sua crítica centra-se em uma visão materialista do espaço, na qual uma dada localização geográfica [*location*] ou mesmo a paisagem e o lugar são passíveis de serem descritos em sua materialidade, em um viés objetivo e pretensamente esgotável. Nosso argumento neste livro foi justamente contrário a essa visão, já que pautamos pela transcendência da materialidade. Os objetos da paisagem e do lugar devem ser vistos como geogramas (BERQUE, 2012) e estão em uma dimensão não contemplada da análise de William Bunge.

Toda ciência – considerando certo rigor – se preocupa com o estudo do único. Quando um físico estuda partículas em um laboratório, ele está lidando com um fenômeno específico em um recorte do tempo e espaço. Rigorosamente, todos os experimentos e resultados são únicos no sentido em que não podem ser exatamente replicados. Hartshorne reconhece a importância das leis, mas nega que a busca por elas seja a finalidade da ciência (GUELKE, 1977b). A busca do exercício da comparação como método geográfico foi e tem sido uma força a favor da reificação de categorias, da exploração exclusiva do seu materialismo e da crença na possibilidade de esgotamento da descrição. Definir o que é paisagem e o lugar, transformando-os rigorosamente em entes, certamente contribui para a aplicação de metodologias positivistas no âmbito da pesquisa geográfica.

A condição excepcional da paisagem e do lugar não é explicada por intermédio de uma visão estruturalista insuficiente que opõe interesses ecológicos e desenvolvimentistas, liberais e socialistas, masculinos e femininos ou sêniores e juvenis. Tais oposições, apesar de militarem contra uma visão unificada da paisagem (LOWENTHAL, 2007), não são suficientes para nos fazer pensar que no interior de cada um destes segmentos em oposição existe uma ampla diversidade de identidades que foram moldadas por diferentes forjas experienciais.

A excepcionalidade da paisagem e do lugar se manifesta em diversos âmbitos. Primeiramente, a paisagem e o lugar são lidos a partir de recortes espaço-temporais únicos. Segundo, as descrições da paisagem e do lugar se dão por meio de um viés identitário, já que o modo como interpretamos o espaço varia ao sabor de nossa experiência. Considerando que a própria experiência também possui espacialidade, fomos motivados (SILVA; COSTA, 2022a) a argumentar que as identidades se constituem como uma quimera de lugares: múltiplas espacialidades dotadas de distintas temporalidades que se integram em um pastiche. Terceiro, a excepcionalidade da paisagem e do lugar possui contexto espaço-relacional e é dada pela sua articulação extremamente dinâmica com os espaços externos (MASSEY, 1995). Isso significa dizer que, por possuírem localização, ainda que a delimitação precisa seja elusiva, a paisagem e o lugar sofrem os efeitos do seu contexto espacial. Em outras palavras, elementos que estão externos à sua localização, por meio da lógica relacional, interferem em seu arranjo. As relações das paisagens e lugares com as porções espaciais exteriores não possuem necessariamente alcance planetário, o que vai depender do grau de cosmopolitismo que dada porção do espaço exibe. Como a diferença é o apanágio do espaço geográfico, precisamos considerar que a posição geográfica – que inclui os elementos que se arranjam externamente à localização da paisagem e do lugar – é mais um fator que evidencia a excepcionalidade das categorias em questão. É importante notar que o contexto espacial não traz sequelas somente para a materialidade, transcendendo-a e impactando nas ideias e no afeto. Em uma linguagem poética – apesar de alguns defenderem o fim da geografia – podemos afirmar que a geografia importa.

Se a paisagem e o lugar são excepcionais, o que fazer com o ato descritivo? Como incorporar tais discussões na geografia? É impossível contextualizar a descrição frente à totalidade ou mesmo posicioná-la mediante o conjunto de percepções possíveis, pois o conjunto em questão é inesgotável, tanto espacialmente (percepções e descrições são tão múltiplas quanto a diversidade identitária) quanto temporalmente (a experiência acumulada ao longo do tempo se dinamiza paulatinamente, como reação às mudanças espaciais e relacionais). O que nos resta é estabelecermos a intermediação discursiva, que é a incorporação da diversidade de interpretações, versões/representações em nossa análise. O volume de informação que nos é disponível, em uma era digital, é descomunal. Tal fato cria uma miragem preocupante: muitos acreditam que as múltiplas narrativas que estão disponíveis sobre o mesmo fato ou fenômeno balizam os valores dos argumentos. Ledo engano! O fato de existirem múltiplas narrativas e interpretações sobre a Terra não nos coloca na condição de valorar a ideia de terraplanistas tal como valoramos as representações geoidais do planeta.

Assim, intermediar discursos sobre a paisagem e o lugar não significa nos posicionar mítica e neutralmente frente ao objeto de investigação. Os relatos e as interpretações devem levar em conta as múltiplas representações, com atenção redobrada em versões nas quais estimamos encontrar apelo em muitas mentes. A intermediação discursiva terá maior acuidade quanto melhor for a capacidade comunicativa da narrativa. É importante o estabelecimento de múltiplas comparações pois, entre semelhanças e antagonismos se notará, irresistivelmente, a face da excepcionalidade da paisagem e do lugar. Nota-se que a intermediação discursiva, mais que um modelo teórico, é uma atitude. O seu aperfeiçoamento não possui limite. É um dilema semelhante ao de um escritor aprisionado entre a publicação de um livro e sua reescrita, já que é possível acreditar que o texto sempre pode ser aperfeiçoado.

É uma espécie de paradoxo o fato da intermediação discursiva ser libertária ao ponto de sua associação com correntes da geografia ou filosofia ser compreendida como um aprisionamento teórico. Todavia, a postura do narrador em rejeitar os paradigmas modernos conduzem naturalmente narrativas à pós-modernidade. Por sua vez, a perspectiva de valorização das identidades parece pressupor minimamente de nuances fenomenológicas e pós-estruturalistas.

Reconhecemos problemas advindos da tensão que envolve o entrevistador e o entrevistado, entre o pesquisador e o seu objeto de pesquisa. Assim como Spivak (2010) propõe ao subalterno, Steven Pile (1991) acredita que devemos favorecer um ambiente mais confortável e libertário possível para aquele que se posiciona e representa. Tal postura nos auxilia a compreender as manifestações de tensões identitárias que envolvem as diferenças de cor, de posição socioeconômica, de sexo, de idade e de outros agrupamentos que podem ser elaborados mentalmente, incluindo a tensão envolvendo os *insiders* e *outsiders* relativos à paisagem e ao lugar.

É plausível considerar a capacidade das tensões identitárias de interferirem severamente nas fontes coletadas para a pesquisa da paisagem e do lugar. A tentativa de resolver as tensões oposicionais no levantamento de fontes identitárias levam alguns geógrafos a se aventurarem até mesmo no campo da psicanálise (PILE, 1991), já que a descrição da paisagem e do lugar poderia revelar traumas, repressões e outros episódios marcantes da mente. A compreensão das ideias que movem as ações que repercutem sobre o mundo material e, em um *continuum*, entender a forma como a materialidade reorganiza dialeticamente as ideias, expressam um eixo importante das relações que organizam a paisagem e o lugar.

Sempre é importante apontar que a leitura dialética da paisagem e do lugar não entrelaça somente a diferença entre o homem e o ambiente (ou homem e natureza): destaca-se com notoriedade o entrelace entre o ser e o mundo que habita e também as experiências individuais e aquelas colhidas mediante a coletividade. Por esta razão, a opção por tratar dois extremos como base para a postura dialética pode não ser a solução teórica para a interpretação do espaço. No mesmo contexto em que alguns veem a gradação dicotômica ordenando o espaço, outros podem ver múltiplas relações entrelaçadas, envolvendo um sem número de polos em oposição. Assim, em determinadas situações, até mesmo a abordagem dialética pode ser simplificadora, pois pode se apresentar limitada por dois polos que supostamente se configuram como a amplitude do mundo, em um viés totalizante. Nota-se, por exemplo, que a dialética homem-natureza não consegue expressar os comportamentos humanos em sua plenitude, à medida que as relações entre os homens apresentam-se como dialéticas que se entrecruzam em planos diferentes. São, portanto, dialéticas multidimensionais que parecem melhor explicar o comportamento humano e o arranjo do espaço. A interação complexa das dialéticas multidimensionais só pode ser tratada no nível identitário, pois cada mente torna-se protagonista desse entrelace dialético, fazendo com que as categorias coletivas corriqueiramente entificadas (como cultura, raça, família, nação ou sociedade) expressem de forma dinâmica e imprecisa aquilo que prometem abrigar. Nota-se que as identidades são tão excepcionais quanto à paisagem e o lugar. Devemos concluir que a paisagem e o lugar são **expressões identitárias**.

Em diversas oportunidades, este livro defendeu que paisagens e lugares são expressos por intermédio de representações. Assim como ocorre com qualquer narrativa, as expressões da paisagem e o do lugar possuem o potencial de desconstruir metanarrativas. Por outro lado, é de se destacar que as categorias em questão carregam o viés de quem as expressa. Assim como ocorre com qualquer texto que busca tornar presente uma manifestação espaço-temporal ausente, a paisagem e o lugar sofrem dilemas já bastante sabatinados que são muito similares aos temas da teoria da história. A busca por uma descrição objetiva da paisagem é tão complicada quanto a busca pelo dimensionamento da realidade ou da verdade histórica. Ninguém irá resolver a problemática que envolve a descrição. Essa afirmativa é frustrante para quem anseia modelos ou teorias que nos apontem como dimensionar a realidade. No âmbito de sua excepcionalidade, é muito importante termos em mente que a paisagem e o lugar são **narrativas**, dotadas de viés e que espelham as relações estabelecidas entre o sujeito e o mundo.

Na perspectiva que trabalhamos, paisagem e lugar não são entidades. São formas particulares e excepcionais de apreender o mundo. Tais formas somente podem ser compreendidas por meio das relações entre indivíduos e atores não-humanos, que sustentam o afeto e guiam a performance. A apreensão da paisagem e do lugar depende da posição relativa do indivíduo com a trama na qual está envolvido, que engloba atores entrelaçados que carregam em sua individualidade experiência espaciais muito distintas. Por isso, a paisagem e o lugar são **arranjos relacionais heterogêneos**, ou *assemblages*, fluídos ao ponto de somente existirem no campo das representações. É certo que por detrás de uma pintura reside uma trama complexa de relações que guiam o sujeito que elaborou a representação. Como a representação é incapaz de exprimir a memória de todos, fala-se das abordagens não-representacionais. Hayden Lorimer parece ter razão quando se queixa do termo "não-representacional" e argumenta que as representações são mais um dos diversos elementos que nos afetam. Como o autor argumentou, faz sentido pensar em abordagens mais-que-representacionais como meio de aludirmos à excepcionalidade da paisagem e do lugar.

E quanto ao rico histórico da evolução do conceito de paisagem, bem como aos múltiplos entendimentos relativos à paisagem e ao lugar que muitas vezes se associam a correntes específicas da geografia? Precisariam estes ser descartados sumariamente em nome da abordagem que desenvolvemos? Não. As distintas abordagens, mesmo aquelas que aparentemente antagonizam frente à nossa perspectiva, são marcas indeléveis em nossa estrutura formativa. Nesse sentido, abordagens que apartam homem e natureza servem como representações que ajudam a intermediar posicionamentos e manejar ideias e narrativas. Portanto, não há porque radicalizar e declarar certas abordagens como desprovidas de valor. É na dimensão da intertextualidade que as ideias se perpetuam. As antigas cicatrizes compõem nosso atual arranjo instável, mesmo que queiramos escondê-las.

REFERÊNCIAS

ABRAHAMS, Roger D. Phantoms in Romantic Nationalism in Folkloristics. **The Journal of American Folklore**, v.106, n.419, p.3-37, Winter, 1993.

AB'SÁBER, Aziz. **Os Domínios de Natureza no Brasil: potencialidades paisagísticas.** São Paulo: Ateliê Editorial, 2003.

ABUFARHA, Nasser. Land of Symbols: Cactus, Poppies, Orange and Olive Trees in Palestine. **Identities: Global Studies in Culture and Power**, v.15, i.3, p.343-368, 2008.

ACHERAÏOU, Amar. **Joseph Conrad and the reader: questioning modern theories of narrative and readership**. Palgrave Macmillian, 2009.

ACKING, Carl-Axel; SORTE, Gunnar Jarle. How Do We Verbalize What We See? **Landscape Architecture Magazine**, v.64, n.1, p.470-475, October, 1973.

ADAMS-HUTCHESON, Gail. Farming in the troposphere: drawing together affective atmospheres and elemental geographies. **Social & Cultural Geography**, v.20, i.7, p.1004-1023, 2019.

ADAMS, Suzy. Introduction to post-phenomenology. **Thesis Eleven**, n.90, p.3-5, August, 2007.

ADÃO, Edilson; Furquim Junior, Laércio. **Geografia em rede 1**. São Paulo: FTD, 2016.

ADEVI, Anna A; GRAHN, Patrik. Preferences for Landscapes: A Matter of Cultural Determinants or Innate Reflexes that Point to Our Evolutionary Background? **Landscape Research**, v.37, n.1, p.27-49, 2012.

AGNEW, John. The territorial trap: the geographical assumptions of international relations theory. **Review of International Political Economy**, v.1, n.1, p.53-80, Spring, 1994.

AGNEW, John. The Rethoric of Regionalism: The Northern League in Italian Politics, 1983-1994. **Transactions of the Institute of British Geographers**, v.20, n.2, p.156-172, 1995.

AGNEW, John. Regions on the mind does not equal regions of the mind. **Progress in Human Geography**, v.23, i.1, p.91-96, 1999.

AGNEW, John. Space: Place. (in): CLOKE, Paul; JOHNSTON, Ron. **Spaces of geographical thought: Deconstructing Human Geographies Binaries.** London, Thousand Oaks and New Delhi: Sage Publications Ltd., 2005.

AGNEW, John. Arguing with regions. **Regional Studies**, v.47, n.1, p.6-17, 2013.

AGNEW, John. The tragedy of the nation-state. **Territory, Politics, Governance**, v.5, n.4, p.347-350, 2017.

AGNEW, John; BRUSA, Carlo. New Rules of National Identity? The Northern League and Political Identity in Contemporary Northern Italy. **National Identities**, v.1, n.2, p.117-133, 1999.

AGNEW, John; DUNCAN, James S. The transfer of ideas into Anglo-American human geography. **Progress in Human Geography**, v.5, i.1, p.42-57, March, 1981.

AIKEN, Charles S. A Geographical Approach to William Faulkner´s "The Bear". **Geographical Review**, v.71, n.4, p.446-459, October, 1981.

AIRES DE CASAL, Manuel. **Corografia Brasílica ou Relação Histórico-Geográfica do Reino do Brasil**. São Paulo: Livraria Itatiaia Editora, 1976.

AITKEN, Stuart C.; ZONN, Leo E. Re-apresentando o lugar-pastiche. (in): CORRÊA, Roberto Lobato; ROSENDAHL, Zeny (Orgs.) **Cinema, Música e Espaço**. Rio de Janeiro: Eduerj, 1999.

AKYILDIZ, Nihal Arda. The Importance of Vernacular Architecture With Tangible Cultural Heritage Value in Sustainable Development: Analysis Of Traditional Safranbolu Town. **International Journal of Engineering Research and Development**, v.16, i.11, p.49-57, November, 2020.

ALAMBERT, Francisco. Arte, imagem e Guerra: Picasso Guernica, Brasil. Londrina: **Domínios da Imagem**, v.1, n.2, p.57-72, 2008.

ALDERMAN, Derek H. Street names and the scaling of memory: the politics of commemorating Martin Luther King Jr. within the African American community. **Area**, v.35, n.2, p.163-173, 2003.

ALDERMAN, Derek H. Street Names as Memorial Arenas: The Reputational Politics of Comemorating Martin Luther King Jr. in a Georgia County. (in) VUOLTEENAHO, Jani; BERG, Lawrence D. **Critical Toponymies**. London: Routledge, 2009.

ALEGRIA, Maria Fernanda. Representações sobre a imagem na aprendizagem geográfica. **Finisterra**, v.XL, n.79, p.177-193, 2005.

ALEGRIA, Maria Fernanda. Geografias do mundo imaginado. **Finisterra**, v.XLV, n.89, p.27-46, 2010.

ALLEN, Casey D. On Actor-Network Theory and landscape. **Area**, v.43, n.3, p.274-280, 2011.

ALLEN, Graham. **Intertextuality: the new critical idiom**. London and New York: Routledge, 2000.

ALLEN, John L. Geographical Knowledge & American Images of the Louisiana Territory. **Western History Association**, v.2, n.2, p.151-170, April, 1971.

ALLEN, John L. Horizons of the sublime: the invention of the romantic West. **Journal of Historical Geography**, v.18, n.1, p.27-40, 1992.

ALLEN, John L. Topological twists: Power´s shifting geographies. **Dialogues in Human Geography**, v.1, n.3, p.283-298, 2011a.

ALLEN, John L. Powerful assemblages? **Area**, v.43, n.2, p.154-157, 2011b.

ALLEN, John L. A more tha relational geography? **Dialogues in Human Geography**, v.2, n.2, p.190-193, 2012.

ALMEIDA, Maria Geralda de. Geografia Cultural e geógrafos culturalistas: uma leitura francesa. **Geosul**, ano VIII, n.15, p.40-52, 1993.

ALMEIDA, Maria Geralda de. A reinvenção da natureza. **Espaço e Cultura**, n.17-18, p.41-53, Jan./Dez., 2004.

ALMEIDA, Maria Geralda de. A propósito do trato do invisível, do intangível e do discurso na geografia cultural. **Revista da ANPEGE**, v.9, n.11, p.41-50, Jan./Jun., 2013a.

ALMEIDA, Maria Geralda de. Fundamentações teóricas e perspectivas na geografia cultural. **Geografia e Pesquisa**, v.7, n.2, p.28-43, 2013b.

ALMEIDA, Maria Geralda de. Eu, geógrafa pesquisadora, e a Fenomenologia. **Geograficidade**, v.10, número especial, p.38-47, Outono, 2020.

ALMEIDA, Maria Geralda de. Paisagem: uma contribuição da arte para a geografia sociocultural. **Espaço e Cultura**, n.49, p.125-142, Jan./Jun., 2021.

ALONSO, Ana Maria. The Effects of Truth: Re-Presentations of the Past and the Imagining of Community. **Journal of Historical Sociology**, v.1, n.1, p.33-57, March, 1988.

ALVES, Juliana Araújo (*et. al*). Natureza, sociedade e cultura: a amazônia (re) inventada a partir de seus topônimos. **RA' E GA**, n.19, p.7-17, 2010.

ALVES, Rahyan de Carvalho; DEUS, José Antônio de Souza. O não-lugar e as paisagens do medo: nuances topofóbicas. **Revista Eletrônica Georaguaia**, v.4, n.1, p.70-82, 2014.

ALVES, Teresa. Paisagem – em busca do lugar perdido. **Finisterra**, v.XXXVI, n.72, p.67-74, 2001.

AMIN, Ash. Regions unbond: towards a new politics of place. **Geografiska Annaler**, v.86 B, n.1, p.33-44, 2004.

AMORIM FILHO, Oswaldo Bueno. Topofilia, topofobia e topocídio em Minas Gerais. In: DEL RIO, V.; OLIVEIRA, L. de. (Orgs.). **Percepção ambiental: a experiência brasileira.** São Carlos: Studio Nobel, Universidade Federal de São Carlos, 1996.

AMORIM FILHO, Oswaldo Bueno. Literaturas de explorações e aventuras: As "viagens extraordinárias" de Júlio Verne. **Sociedade e Natureza**, v.20, n.2, Dezembro, p.107-119, 2008.

ANDERSON, Ben. Time-stilled space-slowed: how boredom matters. **Geoforum**, v.35, i.6, p.739-754, 2004.

ANDERSON, Ben. Practices of judgement and domestic geographies of affect. **Social & Cultural Geography**, v.6, n.5, p.645-659, 2005.

ANDERSON, Ben. Becoming and being hopeful: towards a theory of affect. **Environmental and Planning D: Society and Space**, v.24, p.733-752, 2016.

ANDERSON, Ben. Affect. (In): **The International Encyclopedia of Geography: people, the Earth, Environmental and Geography**, John Wiley & Sons, p.1-3, 2017.

ANDERSON, Ben. Cultural geography II: the force of representations. **Progress in Human Geography**, v.43, i.6, p.1120-1132, 2018.

ANDERSON, Ben *et. al.* On assemblages and geography. **Dialogues in Human Geography**, v.2, i.2, p.171-189, 2012.

ANDERSON, Ben; HARRISON, Paul. Questioning affect and emotion. **Area**, v.38, n.3, p.333-335, September, 2006.

ANDERSON, Ben; HARRISON, Paul. The promise of non-representational theories. (in): ANDERSON, Ben; HARRISON, Paul. **Taking-Place: Non-Representational Theories and Geography**. London: Ashgate, 2010.

ANDERSON, Ben; MCFARLANE, Colin. Assemblage and Geography. **Area**, v.43, n.2, p.124-127, 2011.

ANDERSON, Benedict. **Comunidades Imaginadas**. São Paulo: Companhia das letras, 2008.

ANDERSON, James. Ideology in Geography: An Introduction. **Antipode**, v.5, n.3, p.1-6, 1973.

ANDERSON, James. Towards a materialist conception of geography. **Geoforum**, v.11, n.12, p.171-178, 1980.

ANDERSON, James. On theories of nationalism and the size of states. **Antipode**, v.18, n.2, p.218-232, 1986.

ANDERSON, Jon. Talking Whilst Walking: a geographical archaeology of knowledge. **Area**, v.36, n.3, p.254-261, 2004.

ANDERSON, Jon; SAUNDERS, Angharad. Relational Literary Geographies: co-Producing Page and Place. **Literary Geographies**, v.1, n.2, p.115-119, 2015.

ANDERSON, Kay, J. The idea of Chinatown: The Power of Place and Institucional Pratice in the Making of Racial Category. **Annals of the Association of American Geographers**, v.77, n.4, p.580-598, 1987.

ANDERSON, Kay J.; SMITH, Susan. Emotional Geographies. **Transactions of the Institute of British Geographers**, v.26, n.1, p.7-10, 2001.

ANDERSON, Perry. **As origens da pós-modernidade**. Rio de Janeiro: Jorge Zahar, 1999.

ANDRADE, Manuel Correia de. **Geopolítica do Brasil**. São Paulo: Ática, 1993.

ANDRÉ, Yves; BAILLY, Antonie S. Spatial representations of territories and the world. **Prospects**, v.XXVIII, n.2, p.278-284, June, 1998.

ANDREOTTI, Giuliana. Paisagens do espírito: a encenação da alma. **Ateliê Geográfico**, v.4, n.4, p.264-280, 2010.

ANDREOTTI, Giuliana. O senso ético e estético da paisagem. **RA' E GA**, n.24, p. 5-17, 2012.

ANNIS, Sheldon. The museum as a staging ground or symbolic action. **Museum International**, v.38, i.3, p.168-171, 1986.

ANKERSMIT, Franklin Rudolf. Historical Representation. **History & Theory**, v.27, n.3, p.205-228, October, 1988.

ANKERSMIT, Franklin Rudolf. Hayden White's appeal to the historians. **History & Theory**, v.37, i.2, p.182-193, May, 1998.

ANKERSMIT, Franklin Rudolf. The representation as the representation of experience. **Metaphilosophy**, v.31, i.1-2, January, 2000.

ANKERSMIT, Franklin Rudolf. Historiografia e pós-modernismo. **Topoi**, p.113-135, Março, 2001a.

ANKERSMIT, Franklin Rudolf. Resposta a Zagorin. **Topoi**, p.153-173, Março, 2001b.

ANKERSMIT, Frankiln Rudolf. Truth in History and Literature. **Narrative**, v.18, n.1, p.29-50, January, 2010.

ANTONSICH, Marco. National identities in the age of globalisation: the case of Western Europe. **National Identities**, v.11, n.3, p.281-299, 2009.

ANTROP, Marc. Landscape change: Plan or chaos? **Landscape and Urban Planning**, n.41, p.155-161, 1998.

ANTROP, Marc. Background concepts for integrated landscape analysis. **Agriculture, Ecosystems & Environment**, n.77, p.17-28, 2000.

ANTROP, Marc. Why landscapes of the past are important for the future. **Landscape and urban planning**, n.70, p.21-34, 2005.

AOKI, Yoji. Review article: trends in the study of the psychological evaluation of landscape. **Landscape Research**, v.24, n.1, p.85-94, 1999.

APPADURAI, Arjun. The Past as a Scarce Resource. **Man**, new series, v.16, n.2, p.201-219, 1981.

APPIAH, Kwame Anthony. The Uncompleted Argument: Du Bois and the Illusion of Race. **Critical Inquiry**, n.12, p.21-37, Autumn, 1985.

APPIAH, Kwame Anthony. Is the Post- in Postmodernism the Post- in Postcolonial? **Critical Inquiry**, n.17, p.336-357, Winter, 1991.

APPLETON, Jay. Landscape evaluation: the theoretical vacuum. **Transactions of the Institute of British Geographers**, n.66, November, p.120-123, 1975.

APPLETON, Jay. Running before we can walk: are we ready to map "beauty"? **Landscape Research**, v.19, n.3, p.112-119, 1994.

APPLETON, Jay. Nature as Honorary Art. **Environmental Values**, v.7, n.3, p.255-266, 1998.

APPLETON, Jay. What landscapes means to me. **Landscapes**, v.1, n.2, p.94-97, 2000.

ARARIPE, Fátima Maria Alencar. Do patrimônio cultural e seus significados. **Transiformação**, v.16, n.2, p.111-122, Mai/Ago., 2004.

ARAÚJO, Andreia Maria Bezerra de. Paisagem e arte: uma relação indivisível. **Paisagem Ambiente**, n.41, p.59-82, 2018.

ARAÚJO, Gilvan Charles Cerqueira de; KUNZ, Sidelmar Alves da Silva. O conceito de paisagem sígnica aplicado à geografia: mosaico de sentidos perpassados pelo cultural e subjetivo. **Linguagem Acadêmica**, v.4, n.2, p.91-112, Jul./Dez., 2014.

ARENDT, Hannah. **Sobre a violência.** Rio de Janeiro: Civilização Brasileira, 2009.

ARENDT, Hannah. **Origens do Totalitarismo: antissemitismo, imperialismo e totalitarismo.** São Paulo: Companhia de Bolso, 2012.

ARGAN, Guilio Carlo. **Arte moderna: do Iluminismo aos movimentos contemporâneos.** São Paulo: Companhia das Letras, 1992.

ARIAS, Santa. Rethinking space: na outsider´s view of the spatial turn. **GeoJournal**, v.75, p.29-41, 2010.

ARON, Raymond. **Paz e Guerra entre as nações.** Brasília: Editora da Universidade de Brasília, 2002.

ARRIGHI, Giovanni. **O longo século XX.** Rio de Janeiro: Contraponto; São Paulo: Unesp, 1996.

ASADPOUR, Ali. Vernacular Landscape; The Transition of the Past Concepts to the Contemporary Context. (in): **Middle East Landscape Architecture Conference (MELAC): landscape in transition.** Tehran: p.1-9, May, 2018.

ASH, James. Technology and affect: towards a theory of inorganically organized. **Emotion, Space and Society**, v.14, p.84-90, February, 2015.

ASH, James. Post-Phenomenology and space: A geography of comprehension, form and power. **Transactions of the Institute of British Geographers**, v.45, i.1, p.181-193, March, 2020.

ASH, James; SIMPSON, Paul. Geography and post-phenomenology. **Progress in Human Geography**, v.40, n.1, p.48-66, 2016.

ASH, James; SIMPSON, Paul. Postphenomenology and Method: Styles for Thinking the (Non) Human. **GeoHumanities**, v.5, i.1, p.139-156, 2019.

ATKINSON, David. Kitsch geographies and the everyday spaces of social memory. **Environmental and Planning A**, v.39, i.3, p.521-540, March, 2007.

AUSTER, Martin. Monument in a landscape: the question of "meaning". **Australian Geographer**, v.28, n.2, p.219-227, 1997.

AZARYAHU, Maoz. The power of commemorative street names. **Environmental and Planning D: Society and Space**, v.14, i.3, p.311-330, June, 1996.

AZARYAHU, Maoz; GOLAN, Arnon. (Re)naming the landscape: The formation of the Hebrew map of Israel 1949-1960. **Journal of Historical Geography**, v.27, n.2, p.178-195, 2001.

BADIE, Bertrand. **O Fim dos territórios. Ensaio sobre a desordem internacional e sobre a utilidade social do respeito.** Lisboa: Instituto Piaget, 1995.

BADIE, Bertrand. **Um mundo sem soberania. Os Estados entre o artifício e a responsabilidade.** Lisboa: Instituto Piaget, 1999.

BADMINGTON, Neil. Mapping posthumanism. **Environmental and Planning A**, v.36, i.8, p.1344-1351, August, 2004.

BAILLY, Antonie S. Subjective Distance and Spatial Representations. **Geoforum**, v.17, n.1, p.81-88, 1986.

BAILLY, Antonie S. Paysages et representations. **Mappemonde**, n.3, p.10-13, 1990a.

BAILLY, Antonie S. Les représentations de la distance et l´espace: mythes et constructions mentales. **Revue d´économie régionale et urbaine**, n.2, p.265-270, 1990b.

BAILLY, Antonie S. Spatial Imaginary and Geography: A Plea for the Geography of Representations. **Geoforum**, v.31, n.3, p.247-250, 1993.

BAIRNER, Alan. National sports and national landscapes: In defence of primordialism. **National Identities**, v.11, n.3, p.223-239, 2009.

BAKER, Alan R. H. (*et. al.*). The Future of the Past. **Area**, v.1, n.4, p.46-51, 1969.

BAKER, Alan R. H. Historical Geography. **Progress in Human Geography**, v.1, i.3, p.465-474, October, 1977.

BAKER, Alan R. H. Historical Geography: understanding and experiencing the past. **Progress in Human Geography**, v.2, i.3, p.495-504, March, 1978.

BAKER, Alan R. H. Historical Geography: a new beginning? **Progress in Human Geography**, v.3, i.4, p.560-570, December, 1979.

BAKER, Alan R. H. An historico-geographical perspective on time and space and on period and place. **Progress in Human Geography**, v.5, i.3, p.439-443, September, 1981.

BAKER, Alan R. H. "The dead don´t answer questionnaires": Researching and writing historical geography. **Journal of Geography in Higher Education**, v.21, n.2, p.231-243, 1997a.

BAKER, Alan R. H. Historical Novels and Historical Geography. **Area**, v.29, n.3, p.269-273, September, 1997b.

BAKER, Alan R. H. Classifying Geographical History. **The Professional Geographer**, v.59, n.3, p.344-356, 2007.

BAKER, John Norman Leonard. The geography of Daniel Defoe. **The Scottish Geographical Magazine**, v.XLVII, n.5, p.257-269, September, 1931.

BALDIN, Rafael. Sobre o conceito de paisagem geográfica. **Paisagem e Ambiente**, v.32, n.47, p.1-17, 2021.

BALE, John. Mapping Vernacular Regions in the Classroom. **Journal of Geography**, v.82, n.6, p.274-276, 1983.

BALE, John. The place of "place" in cultural studies of sports. **Progress in Human Geography**, v.12, i.4, p.507-524, December, 1988.

BALLING, John D.; FALK, John H. Development of visual preference for natural environments. **Environmental and Behaviour**, v.14, n.1, p.5-28, January, 1982.

BARBOSA, David Tavares (*et al.*). A paisagem como conceito: As contribuições do CBG 2014 e da 2015 AAG Annual Meeting. (in:) Belo Horizonte: **4º Colóquio Íbero-americano Paisagem Cultural Patrimônio e Projeto**, 2016.

BARBOSA, Jorge Luiz. Paisagens Americanas: Imagens e Representação do Wilderness. **Espaço e Cultura**, UERJ, n.5, p.1-14, 1998.

BARBOSA, Liriane Gonçalves; GONÇALVES, Diogo Laércio. A paisagem em geografia: diferentes escolas e abordagens. **Élisée, Revista de Geografia UEG**, v.3, n.2, p.92-110, jul./dez., 2014.

BARBOSA, Márcia Fagundes. Nação, um discurso simbólico da modernidade. **Crítica Cultural**, v.6, n.1, p.203-216, Jan./Jul., 2011.

BARBOSA, Márcio F. A noção de ser no mundo em Heidegger e sua aplicação na psicopatologia. **Psicologia: Ciência e Profissão**, v.18, n.3, p.2-13, 1998.

BARNES, Trevor. Placing ideas: genius loci, heterotopia and geography´s quantitative revolution. **Progress in Human Geography**, v.28, n.5, p.565-595, 2004.

BARNES, Trevor J; DUNCAN, James S. **Writing Worlds: Discourse, Text and Metaphor in the Representation of Landscape**. London and New York: Routledge, 1992.

BARNETT, Clive. "A Choice of Nightmares": Narration and desire in Heart of Darkness. **Gender, Place & Culture: A Journal of Feminist Geography**, v.3, n.3, p.277-292, 1996.

BARNETT, Clive. The cultural turn: fashion or progress in human geography? **Antipode**, v.30, n.4, p.379-394, 1998.

BARNETT, Clive. A critique of cultural turn (in): DUNCAN, James S.; JOHNSON, Nuala C.; SCHEIN, Richard H. **A companion to cultural geography**. Malden: Blackwell Publishing ltd, 2004.

BARNETT, Clive. Political affects in public space: normative blind-spotts in now-representational ontologies. **Transactions of the Institute of British Geographers**, v.33, n.2, p.186-200, April, 2008.

BARROS, José D´Assunção. História, região e espacialidade. **Revista de História Regional**, v.10, n.1, p.95-129, Verão, 2005.

BARROS, José D´Assunção. História, Espaço e Tempo. **Varia Historia**, v.22, n.36, p.460-476, 2006.

BARROS, José D´Assunção. História e memória – uma relação na confluência entre tempo e espaço. **Mouseion**, v.3, n.5, Jan./Jul., 2009.

BARROS, José D´Assunção. Memória e História: uma discussão conceitual. **Tempos Históricos**, v.15, p.317-343, 2011.

BARROS, José D´Assunção. Tempos e lugares da memória – uma relação com a História. **Historiae**, v.8, n.1, p.9-30, 2017.

BARROS, José D´Assunção. Uma nova proposta para a leitura do espaço geográfico: os acordes-paisagens. **Revista de Geografia**, v.37, n.2, p.365-384, 2020.

BARROS, José D´Assunção. História local e história regional – a historiografia do pequeno espaço. **Revista Tamoios**, v.18, n.2, p.22-53, 2022.

BARTALINI, Vladimir. Arte e Paisagem: uma união instável e sempre renovada. **Paisagem Ambiente**, n.27, p.111-130, 2010.

BARTHES, Roland. **Image, Music and Text**. London: Fontana, 1977.

BARTOLY, Flávio. Debates e perspectivas do lugar na geografia. **Geographias**, v.13, n.26, p.66-91, 2011.

BASCOM, William R. Four Functions of Folklore. **The Journal of American Folklore**, v.67, n.266, p.333-349, Oct./Dez., 1954.

BASCOM, William R. Verbal art. **The Journal of American Folklore**, v.68, n.269, p.245-252, Jul./Sep., 1955.

BASGÖZ, Ilhan. Folklore Studies and Nationalism in Turkey. **Journal of the Folklore Institute**, v.9, n.2/3, p.162-176, Aug./Dec., 1972.

BASHIR, Abbas. A case for historical and landscape approaches to geography. **Futy – Journal of the Environmental**, v.2, n.1, p.53-62, 2007.

BATUMAN, Bülent. The shape of the nation: Visual production of nationalism through maps in Turkey. **Political Geography**, v.29, i.4, p.220-234, 2010.

BAUDRILLARD, Jean. **À sombra das maiorias silenciosas: o fim do social e o surgimento das massas**. São Paulo: Editora Brasiliense, 1993.

BAUMAN, Zygmunt. **Modernidade líquida**. Rio de Janeiro: Jorge Zahar, 2001.

BELL, Duncan S. A. Mythscapes: memory, mythology, and national identity. **British Journal of Sociology**, v.54, n.1, p.63-81, March, 2003.

BELL, James. Redefining national identity in Uzbekistan: symbolic tensions in Tashkent´s official public landscape. **Cultural Geographies**, v.6, n.2, p.183-213, 1999.

BELL, Michael Mayerfeld. The Ghosts of Place. **Theory and Society**, v.26, n.6, p.813-836, December, 1997.

BELL-FIALKOFF, Andrew. A brief history of ethnic cleansing. **Foreign Affairs**, v.72, n.3, p.110-121, Summer, 1993.

BEN-RAFAEL, Eliezer; BEN-RAFAEL, Miriam. Linguistic landscapes in an era of multiple globalizations. **Linguistic Landscape**, v.1, n.1/2, p.19-37, 2015.

BENATTI, Camila. A geografia cultural: das concepções clássicas às novas tendências e dinâmicas na contemporaneidade. **Geosaberes**, v.7, n.13, p.2-11, Jul./Dez., 2016.

BENDER, Barbara. Time and landscape. **Current Anthropology**, v.43, Aug./Oct., p.103-112, 2002.

BENNETT, Gillian. Folklore Studies and the English Rural Myth. **Rural History**, v.4, n.1, p.77-91, 1993.

BENNETT, Gillian. Geologists and Folklorists: Cultural Evolution and "The Science of Folklore". **Folklore**, v.105, n.1-2, p.25-37, 1994.

BENNETT, Jane. The agency of assemblages and the North American blackout. **Public Culture**, v.17, i.3, p.445-465, 2005.

BENKO, Georges. Modernidade, pós-modernidade e ciência social. **Revista do Departamento de Geografia**, n.13, p.187-213, 1999.

BENWELL, Matthew C. From banal to the blatant: Expressions of nationalism in secondary schools in Argentina and the Falkland Islands. **Geoforum**, v.52, p.51-60, 2014.

BENWELL, Matthew C.; DODDS, Klaus. Argentine territorial nationalism revisited: The Malvinas/Falkland dispute and geographies of everyday nationalism. **Political Geography**, v.30, p.441-449, 2011.

BENWELL, Matthew C.; NÚÑEZ, Andrés; AMIGO, Catalina. Flagging the nations: Citzens´active engangements with everyday nationalism in Patagonia, Chile. **Area**, v.51, n.4, p.719-727, 2019.

BERDOULAY, Vicent. A abordagem contextual. **Espaço e Cultura**, n.16, p.47-56, Jul./Dez, 2003.

BERG, Lawrence D. Between modernism and postmodernism. **Progress in Human Geography**, v.17, i.4, p.490-507, December, 1993.

BERNÁLDEZ, F. G. *et al*. Real landscapes vesus photographed landscapes: preference dimensions. **Landscape Research**, v.13, n.1, p.10-11, 1988.

BERQUE, Augustin. Paysage-empreinte, paysage-matrice: Eléments de problématique por une gógraphie culturelle. **L´espace géographique**, tome 13, n.1, p.33-34, 1984.

BERQUE, Augustin. Beyond the modern landscape. **Architectural Association school of Architecture**, n.25, p.33-37, Summer, 1993.

BERQUE, Augustin. The Question of Space: from Heidegger to Watsuji. **Ecumene**, v.3, n.4, p.373-383, 1996.

BERQUE, Augustin. Landscape and Immanence. **Thesis Eleven**, n.54, p.106-116, August, 1998.

BERQUE, Augustin. Offspring of Watsuji´s theory of mileu (Fûdo). **Geojournal**, n.60, p.389-396, 2004.

BERQUE, Augustin. Geogramas, por uma ontologia dos fatos geográficos. **Geograficidade**, v.2, n.1, p.4-12, Verão, 2012.

BERQUE, Augustin. A cosmofania das realidades geográficas. **Geograficidade**, v.7, n.2, p.4-16, Inverno, 2017.

BERQUE, Augustin. **Poetics of the Earth: natural history and human history.** New York: Routledge, 2019.

BESSE, Jean-Marc. **Ver a Terra: Seis ensaios sobre a paisagem e a geografia.** São Paulo: Perspectiva, 2006.

BESSE, Jean-Marc. Landscape: between loss and history. **Critique d´art**, n.32, Autumn, 2008.

BESSE, Jean-Marc. **O gosto do mundo: exercícios de paisagem.** Rio de Janeiro: Eduerj, 2014a.

BESSE, Jean-Marc. Entre a Geografia e a ética: a paisagem e a questão do bem-estar. São Paulo: **Geousp: Espaço e Tempo**, v.18, n.2, p.241-252, 2014b.

BHABHA, Homi K. Of Mimicry and Man: The Ambivalence of Colonial Discourse. **October, Discipleship: A special Issue in Psychoanalysis**, v.28, p.125-133, Spring, 1984.

BHABHA, Homi K. Introduction: narrating the nation. (in): BHABHA, Homi K. **Nation and Narration**. London: Routledge, 1990a.

BHABHA, Homi K. DissemiNation: time, narrative, and the margins of the modern nation. (in): BHABHA, Homi K. **Nation and Narration**. London: Routledge, 1990b.

BHABHA, Homi K. **O local da cultura.** Belo Horizonte: Editora UFMG, 2013.

BIGER, Gideon; LIPHSCHITZ, Nili. Foreign tree species as construction timber in nineteenth-century Palestine. **Journal of Historical Geography**, v.21, n.3, p.262-277, 1995.

BILLIG, Michael. **Banal Nationalism.** London: Sage Publications, 1995.

BILLIG, Michael. Reflecting on a critical engagement with banal nationalism – reply to Skey. **The Sociological Review**, v.57, i.2, p.347-352, May, 2009.

BIRKS, J. S. Overland pilmigrage from West Africa to Meca: anachronism or fashion? **Geography**, v.62, n.3, p.215-217, July, 1977a.

BIRKS, J. S. The Meca Pilmigrage by West African pastoral Nomads. **The Journal of Modern African Studies**, v.15, n.1, p.47-58, March, 1977b.

BISHOP, Ian D; HULSE, David W. Prediction of scenic beauty using mapped data and geographic information systems. **Landscape and Urban Planning**, v.30, p.59-70, 1994.

BISHOP, Peter. Constable country: diet, landscape and national identity. **Landscape Research**, v.16, i.2, p.31-36, 1991.

BISHOP, Peter. Residence on Earth: anima mundi and a sense of geographical "belonging". **Ecumene**, v.1, n.1, p.51-64, 1994.

BISSELL, David. Obdurate pains, transient intensities: affect and the chronically pained body. **Environment and Planning A**, v.41, i.4, p.911-928, April, 2009.

BISWAS, Liny. Evolution of Hindu Temples in Calcutá. **Journal of Cultural Geography**, v.4, n.2, p.73-85, 1984.

BLACKSELL, Mark; GILG, Andrew W. Landscape evaluation in practice – the case of south-east Devon. **Transactions of the Institute of British Geographers**, n.66, p.135-140, November, 1975.

BLAIKIE, Piers M. Post-modernism and global environmental change. **Global Environmental Change**, v.6, n.2, p.81-85, 1996.

BLAIR, Sara. Cultural Geography and the Place of Literary. **American Literary History**, v.10, n.3, p.544-567, Autumn, 1998.

BLANK, Trevor J. Folklore and the internet: The Challenge of an Ephemeral Landscape. **Humanities**, v.7, ed.2, p.1-8, 2018.

BLASER, Mario. Political Ontology. **Cultural Studies**, v.23, n.5-6, p.873-896, 2009.

BLAUT, James Morris. A Radical Critique of Cultural Geography. **Antipode**, v.12, i.2, p.25-29, September, 1980.

BLOCH, Maurice. The Past and the Present in the Present. **Man**, new series, v.12, n.2, p.278-292, August, 1977.

BOFF, Leonardo. **Do iceberg à Arca de Noé: O nascimento de uma ética planetária.** Rio de Janeiro: Garamond, 2002.

BOHOLM, Asa. Reinvented Histories: Medieval Rome as Memorial Landscape. **Cultural Geographies**, v.4, n.3, p.247-272, 1997.

BONDER, Julian. On Memory, Trauma, Public Space, Monuments, and Memorials. **Places**, v.21, n.1, p.62-69, 2009.

BONDI, Liz. Gender symbols and urban landscapes. **Progress in Human Geography**, v.16, i.2, p.157-170, 1992.

BONDI, Liz. Stages on Journeys: Some Remarks about Human Geography and Pychotherapeutic Practice. **Professional Geographer**, v.51, n.1, p.11-24, 1999.

BONDI, Liz. Making connections and thinking through emotions: between geography and psychotherapy. **Transactions of the Institute of British Geographers**, v.30, n.4, p.433-448, December, 2005.

BONNEMAISON, Joel. The Metaphor of the tree and the canoe. Tradução de Peter Crowe. **Pacific Arts**, n.9-10, p.21-24, Jul.,1994.

BONNEMAISON, Joel. **Culture and Space: Conceiving a New Cultural Geography.** London and New York: I. B. Tauris & Co. Ltd., 2005.

BORDESSA, Ronald. The city in canadian literature: realist and symbolic interpretations. **The Canadian Geographer**, v.32, n.3, p.272-274, 1988.

BORDESSA, Ronald. Geography, Postmodernism, and Environmental Concern. **The Canadian Geographer**, v.37, n.2, p.147-156, 1993.

BOURDIEU, Pierre. Symbolic Power. **Critique of Anthropology**, v.4, n.77, p.77-85, 1979.

BOURASSA, Steven C. Toward a Theory of landscape Aesthetics. **Landscape and Urban Planning**, v.15, p.241-252, 1988.

BOURASSA, Steven C. A Paradigm for Landscape Aesthetics. **Environmental and Behaviour**, v.22, n.6, November, 1990.

BOUSNINA, Mongi; Picheral, Jean-Marie Miossec Henri. Reflexões rápidas sobre algumas relações entre cultura e o espaço geográfico. **Espaço e Cultura**, UERJ, n.14, p.41-49, 2002.

BOWDEN, Martyn J. The invention of American tradition. **Journal of Historical Geography**, v.18, n.1, p.3-26, 1992.

BOWEN, Dawn S. Carl Sauer, Field Exploration, ad the Development of American Geographic Thought. *Southeastern Geographer*, v.36, n.2, p.176-191, November, 1996.

BOWRING, Jacky. Reading the Phone Book: Cultural landscape myths in public art. **Landscape Research**, v.27, n.4, p.343-358, 2002.

BRANCHER, D. M. Critique of K. D. Fines: Landscape evaluation. A research project in East Sussex. **Regional Studies**, v.3, n.1, p.91-92, 1969.

BRANDÃO, Gabriela Gazola. A paisagem e a casa: da porta para fora e da porta para dentro. **Geografias**, Edição Especial, p.41-54, 2019.

BRASIL. Ministério da Educação. **Base Nacional Comum Curricular.** Brasília: CNE, 2018.

BRASSLEY, Paul.On the unrecognized significance of the ephemeral landscape. **Landscape Research**, v.23, n.2, p.119-132, 1998.

BRITO, Thiago. Humboldt entre a filosofia da natureza e a ciência moderna. *Revista* **Sociedade e Natureza**, v.27, n.2, p.195-208, Mai./Ago., 2015.

BRITO-HENRIQUES, Eduardo. Os temas culturais na investigação geográfica: breve retrospectiva e ponto da situação. **Inforgeo**, v.16, n.17, p.153-165, 2001.

BRITO-HENRIQUES, Eduardo. O patrimônio nas políticas territoriais. **Actas do V Congresso de Geografia Portuguesa**, p.1-11, 2004. Disponível em: http://www.apgeo.pt/files/docs/CD_V_Congresso_APG/web/_pdf/E5_14Out_Eduardo%20Brito%20Henriques.pdf em 23 de julho de 2021.

BRITTO, Monique Cristine de; FERREIRA, Cássia de Castro Martins. Paisagem e as diferentes abordagens geográficas. **Revista de Geografia – PPGEO**, v.2, n.1, p.1-10, 2011.

BROOKER-GROSS, Susan R. Landscape and social values in popular children's literature: Nancy Drew's mistery. **Journal of Geography**, v.80, n.2, p.59-64, 1981.

BROSSEAU, Marc. Geography's literature. **Progress in Human Geography**, v.18, n.3, p.333-353, 1994.

BROTTON, Jerry. **Uma história do mundo em doze mapas**. Rio de Janeiro: Zahar, 2014.

BROWN, Terry; KEANE, Tim; KAPLAN, Stephen. Aesthetics and management: bridging the gap. **Landscape and Urban Planning**, n.13, p.1-10, 1986.

BRUNN, Stanley D. Stamps as iconography: Celebrating the independence of new European and Central Asian states. **GeoJournal**, v.52, p.315-323, 2000.

BRYAN, Patrick Walter. The cultural landscape. **Geography**, v.16, n.4, p.273-284, December, 1931.

BRYAN, Patrick Walter. Geography and Landscape: Address to the Geographical Association. **Geography**, v.43, n.1, p.1-9, January, 1958.

BUNGE, William. Annals Commentary: Locations are not unique. **Annals of the Association of American Geographers**, v.56, i.2, p.375-376, 1966.

BUNKSE, Edmunds Valdemars. Commoner Attitudes toward landscape and nature. **Annals of the Association of American Geographers**, v.68, n.4, December, 1978.

BUNKSE, Edmunds Valdemars. Saint-Exupèry's Geography Lesson: art and Science in the Creation and Cultivation of Landscape Values. **Annals of the Association of American Geographers**, v.80, n.1, p.96-108, 1990.

BUNKSE, Edmunds Valdemars. The case of the missing sublime in Latvian landscape aesthetics and ethics. **Ethics, Place & Environment: a Journal of Philosophy & Geography**, v.4, n.3, p.235-246, 2001.

BUNKSE, Edmunds Valdemars. Feeling is believing, or landscape as way of being in the world. **Geografiska Annaler**, v.89, i.3, p.219-231, 2007.

BURGESS, Jacquelin. Editorial. **Landscape Research**, v.21, n.1, p.5-12, 1996.

BURGESS, Rod. The concept of nature in Geography and Marxism. **Antipode**, v.10, n.2, p.1-11, 1978.

BURKE, Peter. History and folklore: a historiographical survey. **Folklore**, v.115, n.2, p.133-139, 2004.

BURNS, Peter M. Six postcards from Arabia: A visual discourse of colonial travels in the Orient. **Tourist Studies**, v.4, i.3, p.255-275, 2004.

BURTON, Ian. The Quantitative Revolution and Theoretical Geography. **The Canadian Geographer**, v.22, i.4, p.151-162, 1963.

BUTLER, Andrew. Dynamic of integrating landscape values in landscape character assessment: the hidden dominance of the objective outsider. **Landscape Research**, v.41, i.2, p.239-252, January, 2016.

BUTLER, Christopher. **Post-Modernism: A Very Short Introduction.** Oxford: Oxford University Press, 2002.

BUTLER, Toby. Memoryscape: How Audio Walks Can Deepen Our Sense of Place by Integrating Art, Oral History and Cultural Geography. **Geography Compass**, v.1, n.3, p.360-372, 2007.

BUTTIMER, Anne. Reason, Rationality, and Human Creativity. **Geografiska Annaler: Series B, Human Geography**, v.61, n.1, p.43-49, 1979.

BUTTIMER, Anne. Musing on Helicon: Root Metaphors and Geography. **Geografiska Annaler, series B, Human Geography**, v.64, n.2, p.89-96, 1982.

BUTTIMER, Anne. O espaço social numa perspectiva interdisciplinar. (in): SANTOS, Milton; ADELIA, M. de Souza. **O espaço interdisciplinar**. São Paulo: Livraria Nobel, 1986.

BUTTIMER, Anne. Geography, Humanism, and Global Concern. **Annals of the Association of American Geographers**, v.80, n.1, p.1-33, 1990.

BUTTIMER, Anne. Afterword: Reflections on geography, Religion, and Belief Systems. **Annals of the Association of American Geographers**, v.96, n.1, p.197-202, 2006.

BUTTIMER, Anne. Humanism and relevance in geography. **Scottish Geographical Journal**, v.115, n.2, p.103-116, 2008.

BUTTIMER, Anne. Lar, horizontes de alcance e o sentido de lugar. **Geograficidade**, v.5, n.1, p.4-18, 2015.

BUTZ, David A. National Symbols as Agents of Psychological and Social Change. **Political Psychology**, v.30, n.5, p.779-804, 2009.

BUXTON, Richard. Mount Etnain the Greco-roman imaginaire: Culture and Liquid Fire. (in): MCINERNEY, Jeremy; SLUITER, Ineke. **Valuing Landscape in Classical Antiquity: Natural Environment and Cultural Imagination**. Leiden and Boston: Koninklijke Brill, 2016.

CABRAL, Luiz Otávio. A paisagem enquanto fenômeno vivido. **Geosul,** v.15, n.30, p.34-45, Jul/Dez, 2000.

CACHINHO, Herculano. Consumactor: da condição do indivíduo na cidade pós--moderna. **Finisterra**, v.XLI, n.81, p.33-56, 2006.

CADMAN, Louisa. Nonrepresentational Theory/Nonrepresentational Geographies. (In): KITCHEN, Rob; THRIFT, Nigel (eds.). **International Encyclopedia of Human Geography** (1ˢᵗ Edition). Oxford: Elsevier, p.456-463, 2009.

CAETANO, Jessica Nene; BEZZI, Meri Lourdes. Reflexões na geografia cultural: a materialidade e a imaterialidade da cultura. **Sociedade & Natureza**, ano 23, n.3, p.453-466, Set./Dez., 2011.

CALHOUN, Craig. Postmodernism as Pseudohistory. **Theory, Culture, Society**, v.10, n.75, p.75-96, 1993.

CALLARD, Felicity. The taming of psychoanalysis in geography. **Social & Cultural Geography**, v.4, n.3, p.295-312, 2003.

CALLON, Michel; LAW, John. Guest editorial. **Environmental and Planning: Society and Space**, v.22, p.3-11, 2004.

CAMERON, Catherine M.; GATEWOOD, John B. Un-Remembered Past: What People Want from Visits to Historical Sites. **The Public Historian**, v.22, n.3, p.107-127, Summer, 2000.

CAMERON, Emilie. New geographies of story and storytelling. **Progress in Human Geography**, v.36, i.5, p.573-592, February, 2012.

CAMPBELL, Craig S. The Second Nature of Geography: Hartshorne as Humanist. **Professional Geographer**, v.46, n.4, p.411-417, 1994.

CAMPELO, Álvaro. A paisagem: introdução a uma gramática do "espaço". (in): VIEIRA, Antônio; COSTA, Francisco. **Antropologia do espaço.** Guimarães: UMDGEO – Departamento de Geografia da Universidade de Minho, 2013.

CAMPO, Juan Eduardo. Orientalist representations of muslim domestic space in Egypt. Berkeley: **Traditional Dwellings and Settlements Review**, v.3, n.1, p.29-42, Fall, 1991.

CANCLINI, Nestor. **Culturas Híbridas.** São Paulo: Edusp, 2011.

CAPEL, Horácio. Ruptura e continuidade no pensamento geográfico. (in): CAPEL, Horacio. **Ruptura e continuidade no pensamento geográfico.** Maringá: EDUEM, 2013.

CAPEL, Horácio. Neopositivismo e Geografia Quantitativa. (in): CAPEL, Horacio. **Ruptura e continuidade no pensamento geográfico.** Maringá: EDUEM, 2013.

CARAVELLO, G. U.; GIACOMIN, F. Landscape ecology aspects in a territory centuriated in Roman Times. **Landscape and Urban Planning**, v.24, i.1-4, p.77-85, July, 1993.

CARNEY, George O. Geography of Music: Inventory and Prospect. **Journal of Culture Geography**, v.10, n.2, p.35-48, 1990.

CARNEY, George O. Music Geography. **Journal of Cultural Geography**, v.18, n.1, p.1-10, 1998.

CAROLAN, Michael S. More-than-Representational knowledge/s of the Countryside: How We Think as Bodies. **Sociologia Ruralis**, v.48, n.4, p.408-422, October, 2008.

CARRETE, Jeremy R. **Religion and culture by Michel Foucault**. Manchester: Manchester University Press, 1999.

CARVALHO, Caê Garcia. Geografia e Ontologia: cumplicidade de ser entre sujeito e lugar, ser e espaço. **Geographia**, v.24, n.52, p.1-16, e52209, 2022.

CARVALHO, José Luiz de. Denis Cosgrove e o desenvolvimento da perspectiva simbólica e iconográfica da paisagem. **Geograficidade**, v.7, n.2, p.87-97, 2017.

CARUSO, Douglas; PALM, Risa. Social Space and Social Place. **The Professional Geographer**, v.25, i.3, p.221-225, August, 1973.

CASCUDO, Luís da Câmara. **Geografia dos mitos brasileiros**. São Paulo: Global, 2012.

CASEY, Edward S. Keeping the Past in Mind. **The Review of Metaphysics**, v.37, n.1, p.77-95, September, 1983.

CASEY, Edward S. Between Geography and Philosophy: What Does It Mean to Be in the Place-World? **Annals of the Association of American Geographers**, v.91, n.4, p.683-693, 2001.

CASEY, Edward S. Boundary, place, and event in the spatiality of history. **Rethinking History: The Journal of Theory and Pratice**, v.11, n.4, p.507-512, 2007.

CASTREE, Noel; NASH, Catherine. Introduction: posthumanism in question. **Environmental and Planning A**, v.36, i.8, p.1341-1343, August, 2004.

CASTREE, Noel; NASH, Catherine. Editorial: Posthuman geographies. **Social & Cultural Studies**, v.7, n.4, p.501-504, August, 2006.

CASTRO, Jânio Roque Barros de. Narrativas míticas e questões territoriais: contextos paisagísticos, lugares e sujeitos. **Revista Presença Geográfica**, v.7, n.1, p.51-60, 2020.

CAVACO, Carminda. As paisagens rurais: do determinismo natural ao determinismo político. **Finisterra**, v.XL, n.79, p.73-101, 2005.

ÇELIK, Zeynep. Colonial/postcolonial intersections. **Third Text**, v.13, n.49, p.63-72, 1999.

CÉSAIRE, Aimé. **Discurso sobre o colonialismo**. Florianópolis: Letras contemporâneas, 2010.

CÉSAIRE, Aimé. **Diário de um Retorno ao País Natal**. São Paulo: Edusp, 2012.

CHAKRABARTY, Dipesh. **Postcolonial thought and historical difference**. New Jersey: Princeton University Press, 2000.

CHAMBERLAIN, Paul G. The metaphorical vision in the literary landscape of William Shakespeare. **The Canadian Geographer**, v.39, n.4, p.306-322, 1995.

CHAPPELL JR., John E. The Ecological Dimension: Russian and American Views. **Annals of the Association of American Geographers**, v.65, n.2, p.144-162, 1975.

CHARLESWORTH, Andrew. Contesting places of memory: the case of Auschwitz. **Environmental and Planning D: Society and Space**, v.12, i.5, p.579-593, October, 1994.

CHARTIER, Roger. O mundo como representação. **Estudos Avançados**, v.11, n.5, p.173-191, 1991.

CHATTERJEE, Partha. Whose Imagined Community? **Millenium: Journal of International Studies**, v.20, n.3, p.521-525, 1991.

CHATTERJEE, Partha. **The nation and its fragments**. New Jersey: Princeton University Press, 1993.

CHATTERJEE, Partha. Beyond the Nation? Or Within? **Economic and Political Weekly**, v.32, n.1/2, p.30-34, January, 1997.

CHATTERJEE, Partha. Anderson´s utopia. **Diacritics**, v.29, n.4, p.128-134, Winter, 1999.

CHATTERJEE, Partha. The nation in heterogeneous time. **The Indian Economic & Social History Review**, v.38, i.4, p.399-418, December, 2001.

CHATTERJEE, Partha. Nationalism Today. **Rethinking Marxism: A Journal of Economics, Culture & Society**, v.24, n.1, p.9-25, 2012.

CHELOTTI, Marcelo Cervo; MEDEIROS, Rosa Maria Vieira. Paisagens residuais e museu do vinho: patrimônio vitivinícola no sul de Minas Gerais. **ParaOnde!?**, v.13, n.1, p.1-20, 2020.

CHIANG, Tao-Chang. Historical Geography in China. **Progress in Human Geography**, v.29, n.2, p.148-164, 2005.

CHRISTALLER, Walter. **Central places in Southern Germany**. London: Prentice-Hall/ Englewood Cliffs, 1966.

CHRISTIE, Agatha. **O caso dos dez negrinhos**. São Paulo: Globo, 2000.

CIRQUEIRA, José Vandério. O continente libertário da geografia: descontinuidade na história do pensamento geográfico. **Boletim Goiano de Geografia**, v.40, n.1, p.1-40, 2020.

CLAMP, Peter. The landscape evaluation controversy. **Landscape Research**, v.6, n.2, p.13-15, 1981.

CLARK, David. Technology, Diffusion, and Time-Space Convergence: The Example of STD Telephone. **Area**, v. 6, n.3, p.181-184, 1974.

CLARK, S. B. K. The value of landscape. **Landscape Research**, v.1, n.6, p.10-12, 1974.

CLAVAL, Paul. Methodology and Geography. **Progress in Human Geography**, v.5, i.1, p.97-103, March, 1981.

CLAVAL, Paul. O território na transição da pós-modernidade. **Geographia**, v.1, n.2, p.7-26, 1999.

CLAVAL, Paul. **A Geografia Cultural**. Florianópolis: EDUFSC, 2001a.

CLAVAL, Paul. The cultural approach and geography – the perspective of communication. **Norsk Geografisk Tidsskrift – Norwegian Journal of Geography**, v.55, n.3, p.126-137, 2001b.

CLAVAL, Paul. "A Volta do Cultural" na Geografia. Fortaleza: **Mercator - Revista de Geografia da UFC**, Ano 1, Número 1, 2002.

CLAVAL, Paul. A evolução recente da geografia cultural de língua francesa. **Geosul**, v.18, n.35, p.7-26, 2003.

CLAVAL, Paul. A paisagem dos geógrafos. (in) CORRÊA, Roberto Lobato; ROSENDAHL, Zeny. **Paisagens, texto e identidades**. Rio de Janeiro: Eduerj, 2004.

CLAVAL, Paul. Geografia Cultural: um balanço. **Revista Geografia (Londrina)**, v.20, n.3, p.5-24, Set./Dez., 2011a.

CLAVAL, Paul. **Epistemologia da Geografia**. Florianópolis: Ed.UFSC, 2011b.

CLAVAL, Paul. A geografia pós-estrutural e a abordagem cultural. **Geousp: Espaço e Tempo**, v.26, n.2, p.1-17, e-200518, 2022.

CLIFFORD, James. Feeling historical. **Cultural Anthropology**, v.27, i.3, p.417-426, 2012.

CLOZIER, René. **História da Geografia**. Lisboa: Publicações Europa-América, 1988.

COATES, Peter. Editorial Postscript: The naming of strangers in landscape. **Landscape Research**, v.28, n.1, p.131-137, 2003.

COHEN, Anthony P. Culture as identity: An Anthropologist´s view. **New Literary History**, v.24, p.195-209, 1993.

COHEN, Saul Bernard. Geopolitics: **The geography of international Relations**. Lanham: Rowman and Littlefield, 2ªed., 2009.

COLLOT, Michel. Rumo à uma geografia literária. **Gragoatá**, n.33, p.17-31, 2°semestre, 2012.

COLLOT, Michel. Poesia, paisagem e sensação. **Revista de Letras**, v.1, n.34, p.17-26, 2015.

COLTEN, Craig E. Landscape and Place in Geographical Review. **Geographical Review**, v.100, n.1, p.1-5, January, 2010.

COLTRO, Fábio Luiz Zanardi. "Animal Geographies": reflexões sobre o não-humano no pensamento geográfico anglo-saxão contemporâneo. Tese defendida no **Departamento de pós-graduação em Geografia da Universidade Estadual de Londrina**, 2016.

COMBE, Dominique. A referência desdobrada: o sujeito lírico entre a ficção e a autobiografia. **Revista USP**, n.84, p.112-128, Dez./Fev., 2009-2010.

COMTE-SPONVILLE, André. **Pequeno tratado das grandes virtudes**. São Paulo: Martins Fontes, 2009.

CONFINO, Alon; SKARIA, Ajay. The Local Life of Nationhood. **National Identities**, v.4, n.1, p.7-24, 2002.

CONRAD, Joseph. **O coração das trevas**. São Paulo: Abril, 2010.

CONTI, José Bueno. Geografia e Paisagem. Santa Maria: **Ciência e Natura**, v.36, ed. Especial, p. 239-245, 2014.

COOKE, Ian; CRANG, Philip. The World on a plate: Culinary Culture, Displacement and Geographical Knowledge. **Journal of Material Culture**, v.1, n.2, p.131-153, 1996.

COOPER, Adrian. New Directions in the Geography of Religion. **Area**, v.24, n.2, p.123-129, June, 1992.

COOPER, Alix. The Indigenous versus the Exotic: Debating natural origins in early modern Europe. **Landscape Research**, v.28, n.1, p.51-60, 2003.

CORRÊA, Jhonatan Silva. Geografia Cultural: uma breve história. **Geographia Opportuno Tempore**, v.6, n.1, p.9-23, Jan./Abr., 2020.

CORRÊA, Margarida Maria da Silva. A pós-modernidade e as atuais orientações da geografia humana. **Boletim Goiano de Geografia**, v.20, n.1-2, p.43-76, Jan./Dez., 2000.

CORRÊA, Roberto Lobato. A dimensão cultural do espaço: alguns temas. **Espaço e Cultura**, ano 1, p.1-22, Outubro, 1995.

CORRÊA, Roberto Lobato. Monumentos, política e espaço. **Geo Crítica / Scripta Nova. Revista electrónica de geografia y ciências sociales**, v.IX, n.183, Febrero, 2005. Disponível em: <http://www.ub.es/geocrit/sn/sn-183.htm>.

CORRÊA, Roberto Lobato. Formas simbólicas e espaço: algumas considerações. **Geographia**, v.9, n.17, p.7-18, 2007.

CORRÊA, Roberto Lobato. Sobre a geografia cultural. **Instituto Histórico e Geográfico do Rio Grande do Sul**, 2009. Disponível em: <http://ihgrgs.org.br/artigos/contibuicoes/Roberto%20Lobato%20Corr%c3%aaa%20-%20Sobre%20a%20Geografia%20Cultural.pdf>

CORRÊA, Roberto Lobato. Denis Cosgrove – a paisagem e as imagens. **Espaço e Cultura**, UERJ, n.29, p.7-21, Jan./Jun., 2011.

CORRÊA, Roberto Lobato. Carl Sauer e Denis Cosgrove: a Paisagem e o Passado. **Espaço Aberto**, v.4, n.1, p.37-46, 2014.

CORRÊA, Roberto Lobato. O interesse do geógrafo pelo tempo. **Boletim Paulista de Geografia**, v.94, p.1-11, 2016.

CORRÊA, Roberto Lobato. Representações (Geo)gráficas: notas e exemplos. **RBG – Revista Brasileira de Geografia**, v.62, n.1, p.3-12, Jan./Jun., 2017.

CORRÊA, Roberto Lobato. Notas sobre diferenciação espacial. **Geousp: Espaço e Tempo**, v.26, n.1, e-193069, Abril, 2022.

CORRÊA, Roberto Lobato; ROSENDAHL, Zeny. A geografia cultural no Brasil. **Revista da ANPEGE**, v.2, n.2, p.97-102, 2005.

CORRÊA, Roberto Lobato; ROSENDAHL, Zeny. A geografia cultural brasileira: uma avaliação preliminar. **Revista da ANPEGE**, v.4, p.73-88, 2008.

CORRÊA, Roberto Lobato; ROSENDAHL, Zeny. Sobre Carl Sauer: uma introdução. (in) CORRÊA, Roberto Lobato; ROSENDAHL, Zeny (Orgs.) **Sobre Carl Sauer**. Rio de Janeiro: Eduerj, 2011.

CORREIA, Marcos Antonio. A geografia humanista no III milênio: uma nova perspectiva. **Luminaria**, v.1, n.9, p.140-148, 2008.

COSGROVE, Denis. Place, landscape, and the dialetics of cultural geography. **The Canadian Geographer**, v.XXII, n. 1, p.66-72, 1978.

COSGROVE, Denis. John Ruskin and the Geographical Imagination. **Geographical Review**, v.69, n.1, p.43-62, January, 1979.

COSGROVE, Denis. The myth and the stones of venice: an historical geography of a symbolic landscape. **Journal of Historical Geography**, v.8, n.2, p.145-169, 1982.

COSGROVE, Denis. Towards a radical cultural geography: problems of theory. **Antipode**, Vol. 5, Issue I, p.1-11, 1983.

COSGROVE, Denis. Prospect, Perspective and the Evolution of the Landscape Idea. **Transactions of the Institute of British Geographers**, new Series, v.10, n.1, p.45-62, 1985.

COSGROVE, Denis. A terrain of metaphor: cultural geography 1988-89. **Progress in Human Geography**, v.13, i.4, p.566-575, December, 1989.

COSGROVE, Denis. … Then we take Berlim: cultural geography 1989-90. **Progress in Human Geography**, v.14, i.4, p.560-568, December, 1990a.

COSGROVE, Denis. Landscape studies in geography and cognate fields of the humanities and social sciences. **Landscape Research**, v.15, n.3, p.1-6, 1990b.

COSGROVE, Denis. Environmental Thought and Action: Pre-Modern and Post Modern. **Transactions of the Institute of British Geographers**, v.15, n.3, p.344-358, 1990c.

COSGROVE, Denis. **The Palladian Landscape: Geographical change and its representation**. University Park, Pennsylvania State University Press, 1993a.

COSGROVE, Denis. On "the reinvention of Cultural Geography" by Price and Lewis. **Annals of the Association of American Geographers**, v.83, n.3, p.515-517, 1993b.

COSGROVE, Denis. Postmodern Tremblings: A reply do Michael Dear. **Annals of the Association of American Geographers**, v.84, n.2, p.305-307, 1994.

COSGROVE, Denis. Ideas and culture: a response to Don Mitchell. **Transactions of the Institute of British Geographers**, v.21, n.3, p.574-575, 1996a.

COSGROVE, Denis. Windows on the city. **Urban Studies**, v.33, n.8, p.1495-1498, 1996b.

COSGROVE, Denis. **Social Formation and symbolic landscape**. Madison: University of Wisconsin Press, 1998.

COSGROVE, Denis. Modernity, Community and the Landscape Idea. **Journal of Material Culture**, v.11, n.49, p.49-66, 2006.

COSGROVE, Denis. Idéias e Cultura: uma resposta a Don Mitchell. **Espaço e Cultura, UERJ**, Edição Comemorativa, p.107-109, 2008.

COSGROVE, Denis. A geografia está em toda parte: cultura e simbolismo nas paisagens humanas. (in): ROSENDAHL, Zeny; CORRÊA, Roberto Lobato (orgs). **Geografia Cultural: uma antologia**. Volume I. Rio de Janeiro: EDUERJ, p.219-237, 2012.

COSGROVE, Denis; DANIELS, Stephen. Fieldwork as theatre: a week's performance in Venice and its region. **Journal of Geography in Higher Education**, v.13, n.2, p.169-182, 1989.

COSGROVE, Denis; JACKSON, Peter. New Directions in Cultural Geography. **Area**, v.19, n.2, p.95-101, June, 1987.

COSGROVE, Denis; MARTINS, Luciana L. Millenial Geographics. **Annals of the Association of American Geographers**, v.90, n.1, p.97-113, 2000.

COSTA, Maria Helena Braga e Vaz da. Paisagem e simbolismo: representando e/ou vivendo o "real"? **Espaço e cultura, UERJ**, Edição comemorativa, p.157-166, 2008.

COSTA, Otávio. Memória e Paisagem: em busca do simbólico dos lugares. **Espaço e cultura, UERJ**, Edição comemorativa, p.149-156, 2008.

COSTA, Wanderley Messias da. **Geografia Política e Geopolítica**. São Paulo: Edusp, 2013.

COTTRELL, William Frederick. Of Time and the Railroader. **American Sociological Review**, v.4, n.2, p.190-198, 1939.

COUTINHO, Bernard Teixeira. A paisagem e o geográfico do espaço: o onde da ontologia da geografia. **Geousp: Espaço e tempo**, v.23, n.1, p.9-21, 2019.

COWAN, Dave; MORGAN, Karen; MCDERMONT, Morag. Nominations: An Actor-Network Approach. **Housing Studies**, v.24, n.3, p.281-300, 2009.

CRAIG, Douglas A; CURRIE, Douglas C; JOY, Deirdre A. Geographical history of the central-western Pacific black fly subgenus Inseliellum (Diptera: Simuliidae: Simulium) based on a reconstructed phylogeny of the species, hot-spot archipelagoes and hydrological considerations. **Journal of Biogeography**, v.28, p.1101-1127, 2001.

CRAMERI, Kathryn. Banal Catalanism? **National Identities**, v.2, n.2, p.145-157, 2000.

CRANG, Mike. Spacing Times, Telling Times and Narrating the Past. **Time & Society**, v.3, i.1, p.29-45, February, 1994.

CRANG, Mike. Commentary: Between Places: Producing Hubs, Flows and Networks. **Environmental and Planning A**, v.34, i.4, p.569-574, 2002.

CRANG, Mike. TOLIA-KELLY, Divya P. Nation, race, and affect: senses and sensibilities at national heritage sites. **Environmental and Planning A: Economy and Space**, v.42, i.10, p.2315-2331, October, 2010.

CRANG, Philip. Contrasting Images of the New Service Society. **Area**, v.22, n.1, p.29-36, 1990.

CRESSWELL, Tim. Landscape and the Obliteration of Practice. (in): ANDERSON, Kay, et.al. (Orgs.). **Handbook of Cultural Geography**. London: Sage Publications Ltd, 2003.

CRESSWELL, Tim. **Place: a short introduction**. Malden: Blackwell Publishing, 2004.

CRESSWELL, Tim. Place: encountering geography as philosophy. **Geography**, v.93, n.3, p.132-139, Autumn, 2008.

CRESSWELL, Tim. New cultural geography – an unfinished project? **Cultural geographies**, v.17, n.2, p.169-174, 2010.

CRESSWELL, Tim. Review essay Nonrepresentational theory and me: notes of an interested sceptic. **Environmental and Planning D: Society and Space**, v.30, i.1, p.96-105, February, 2012.

CRESSWELL, Tim. Geographies of poetry/poetries of geography. **Cultural geographies**, v.21, n.1, p.141-146, October, 2013.

CRESSWELL, Tim. Towards Topopoetics: Space, Place and the Poem. (in): JANZ B. (eds). **Place, Space and Hermeneutics. Contributions to Hermeneutics**. Springer, v.5, p.319-331, 2017.

CRICHYNO, Jorge. Árvore e imaginário simbólico como lugar poético de memória na paisagem. **Revista do Nufen**, v.9, n.2, p.124-137, Mai./Ago., 2017.

CROFTS, Roger S. The Landscape Component Approach to Landscape Evaluation. **Transactions of the Institute of British Geographers**, n.66, p.124-129, November, 1975.

CROUCH, David. The Allotment, Landscape and Locality: Ways of Seeing Landscape and Culture. **Area**, v.21, n.3, p.261-267, September, 1989.

CROUCH, David. The authentic, the everyday and the postmodern in landscape research: a note. **Landscape Research**, v.16, n.2, p.8-18, 1991.

CROUCH, David. Flirting with space: thinking landscape relationally. **Cultural Geographies**, v.17, n.1, p.5-18, 2010.

CROUCH, David. Bricolage, poetics, spacing. **Humanities**, v.6, n.95, p.1-7, 2017.

CROWE, Sylvia. Cilivization and Landscape. **Journal of the Royal Society of Arts**, v.110, n.5066, p.93-102, January, 1962.

CUDNY, Waldermar; APPELBLAD, Hakan. Monuments and their functions in urban public space. **Norsk Geografisk Tidsskrift-Norwegian Journal of Geography**, v.73, i.5, p.1-17, 2020.

CULLER, Jonathan. Presupposition and Intertextuality. **Comparative Literature**, v.91, n.6, p.1380-1396, December, 1976.

CURRY, Michael. The idealist dispute in anglo-american geography. **The Canadian Geographer**, v.26, i.1, p.37-50, March, 1982a.

CURRY, Michael. Postmodernism, Language, and the Strains of Modernity. **Annals of the Association of American Geographers**, v.81, n.2, p.210-228, 1991.

CURTIS, James R. Miami's Little Havana: Yard Shrines, Cult Religion and Landscape. **Journal of Cultural Geography**, v.1, n.1, p.1-15, 1980.

CURTIS, Michael. **Orientalism and Islam. Thinkers on muslim government in the Middle East and India**. New York: Cambridge University Press, 2009.

CUSACK, Tricia. Introduction: Riverscapes and the Formation of National Identity. **National Identities**, v.9, n.2, p.101-104, June, 2007.

DAHL, Robert A. **Poliarquia**. São Paulo: Edusp, 2005.

DANIELS, Stephen. The making of constable country, 1880-1940. **Landscape Research**, v.16, i.2, p.9-17, 1991.

DANIELS, Stephen. Place and the Geographical Imagination. **Geography**, v.77, n.4, p.310-322, October, 1992.

DANIELS, Stephen. Maps of Making. **Cultural Geographies**, v.17, n.2, p.181-184, 2010.

DANIELS, Stephen. Geographical Imagination. **Transactions of the Institute of British Geographers**, new series, v.36, n.2, p.182-187, April, 2011.

DANTAS, Eugênia Maria; MORAIS, Ione Rodrigues Diniz. Geografia: entre o sensível e o científico, um conhecimento complexo. **Geographia**, v.20, n.44, p.51-59, Set./Dez., 2018.

DARBY, H. C. On the Relations of Geography and History. **Transactions and Papers (Institute of British Geographers)**, n.19, p.1-11, 1953.

DARBY, H. C. The problem of geographical description. **Transactions and Papers (Institute of British Geographers)**,n.30, p.1-14, 1962.

DARBY, H. C. Historical Geography in Britain, 1920-1980: Continuity and Change. **Transactions of the Institute of British Geographers**, v.8, n.4, p.421-428, 1983.

DARDEL, Eric. **O Homem e a Terra: natureza da realidade geográfica**. São Paulo: Perspectiva, 2011.

DASTUR, Françoise. Phenomenology of the Event: Waiting and Surprise. **Hypatia**, v.15, n.4, p.178-188, Fall, 2000.

DAVES, Larissa Figueiredo; FACCIO, Neide Barrocá. Arqueologia da Paisagem pelo viés geossistêmico: Sítio Arqueológico Piracanjuba, Município de Piraju-SP. **Sociedade e Natureza**, v.33, p.1-14, 2021.

DAVIDSON, Joyce; BONDI, Liz. Spatialising affect; affecting space: an introduction. **Gender, Place and Culture: a Journal of Feminist Geography**, v.11, n.3, p.373-374, 2004.

DAVIDSON, Joyce; MILLIGAN, Christine. Embodying Emotion Sensing Space: Introducing emotional geographies. **Social & Cultural Geographies**, v.5, n.4, p.523-532, 2004.

DAVIES, Gail; DWYER, Claire. Qualitative methods: are you enchanted or alienated? **Progress in Human Geography**, v.32, i.2, p.257-266, 2007.

DAVIM, David E. Madeira. A experiência na pesquisa em geografia humanista: aberturas e desafios. **Geografias**, Edição Especial, IX Seminário Nacional sobre Geografia e Fenomenologia, p.2-19, 2019.

DAVIS, Bruce. Maps on Postage Stamps as Propaganda. **The Cartographic Journal**, v.22, p.125-130, December, 1985.

DAVIS, Mike. **Ecologia do Medo**. Rio de Janeiro: Record, 2001.

DAYARATNE, Ranjith. Landscapes of nation: Constructing national identity in the deserts of Bahrein. **National Identities**, v.14, n.3, p.309-327, 2012.

DEAR, Michael. The Postmodern Challenge: Reconstructing *Human Geography*. **Transactions of British Geographers**, new series, v.13, n.3, p.262-274, 1988.

DEAR, Michael. The Premature Demise of Postmodern Urbanism. **Cultural Anthropology**, v.6, n.4, p.538-552, November, 1991.

DEAR, Michael. Postmodern Human Geography: A Preliminary Assessment. **Erdkunde**, v.48, n.1, p.2-13, March, 1994a.

DEAR, Michael. Commentary - Who´s afraid of postmodernism?: reflections on Symanski and Cosgrove. **Annals of the Association of American Geographers**, v.84, n.2, p.295-300, 1994b.

DEARDEN, Philip. Factors influencing landscape preferences: an empirical investigation. **Landscape Planning**, v.11, p.293-306, 1984.

DEBORD, Guy. **A sociedade do espetáculo**. Rio de Janeiro: Contraponto, 1997.

DEFFONTAINES, Pierre. The religious factor in human geography: its forces and its limits. **Diogenes**, v.1, i.2, p.24-37, 1953.

DEL RIO, Vicente. Cidade da mente, cidade real: percepção ambiental e revitalização na área portuária do Rio de Janeiro. In: DEL RIO, Vicente; OLIVEIRA, Lívia de (Orgs.). **Percepção ambiental: a experiência brasileira**. São Paulo: Estúdio Nobel, 1999.

DELBEM, Danielle Conte. Folclore, identidade e cultura. **Unar**, v.1, n.1, p.19-25, 2007.

DELLA DORA, Veronica. Travelling landscape objects. **Progress in Human Geography**, v.33, i.3, p.334-354, 2009.

DELUE, Rachel, Ziady. Pissarro, Landscape, Vision, and Tradition. **The Art Bulletin**, v.80, n.4, p.718-736, 1998.

DEMERITT, David. The nature of metaphors in cultural geography and environmental history. **Progress in Human Geography**, v.18, i.2, p.163-185, 1994a.

DEMERITT, David. Ecology, objectivity and critique in writings on nature and human societies. **Journal of Historical Geography**, v.20, n.1, p.22-37, 1994b.

DEMERITT, David. What is the "social construction of nature? A tipology and sympathetic critique. **Progress in Human Geography**, v.26, i.6, p.767-790, 2002.

DENEVAN, William M. The Pristine Myth: The landscape of the Americas in 1492. **Annals of Association of American Geographers**, v.82, i.3, p.369-385, 1992.

DENEVAN, William M.; Mathewson, Kent. **Carl Sauer on culture and landscape: readings and commentaries**. Baton Rouge: Louisiana State University Press, 2009.

DENNIS, Richard. Rethinking historical geography. **Progress in Human Geography**, v.7, i.4, p.587-594, December, 1983.

DENNY, Walter B. Quotations in and out of Context: Ottoman Turkish Art and European Orientalist Painting. Leiden: **Muqarnas**, v.10, p.219-230, 1993.

DENZIN, Norman K. Confronting ethnography's crisis of representation. **Journal of Contemporary Ethnography**, v.31, n.4, p. 482-484, August, 2002.

DEUS, José Antônio Souza de; BARBOSA, Liliane de Deus. Uma contribuição ao estudo da paisagem nas regiões de antiga mineração do Brasil na ótica das geografias cultural e histórica. **Geografias**, v.15, n.2, p.38-49, 2017.

DEWSBURY, J. D; CLOKE, Paul. Spiritual landscapes: existence, performance and immanence. **Social & Cultural Geography**, v.10, n.6, p.695-711, 2009.

DICKENS, Charles. **Conto de Natal**. Rio de Janeiro: Rideel, 2003.

DICKINSON, Robert E. Landscape and society. **Scottish Geographical Magazine**, v.55, n.1, p.1-15, 1939.

DIEP, Van Thi. The landscape of void: truth and magic in Chinese landscape painting. **Journal of Visual Art Practice**, v.16, n.1, p.77-86, 2017.

DINIZ, Alexandre Magno Alves *et. al*. A paisagem geográfica de Lavras Novas, ouro Preto: uma apologia à "Morfologia da Paisagem" de Carl O. Sauer. **Cadernos de Geografia**, v.13, n.20, p.74-88, 2003.

DITTMER, Jason. Geopolitical assemblages and complexity. **Progress in Human Geography**, v.38, i.3, p.385-401, September, 2003.

DOAK, Kevin M. What is a Nation and Who Belongs? National Narratives and the Ethnic Imagination in Twentieth-Century Japan. **The American Historical Review**, v.102, n.2, p.283-309, April, 1997.

DODGE, Richard Elwood. The interpretation of Sequent Occupance. **Annals of the Association of American Geographers**, v.28, n.4, p.233-237, 1938.

DOEL, Marcus A. In stalling desconstruction: striking out the postmodern. **Environmental and planning D: society and space**, v.10, i.2, p.163-179, 1992.

DOEL, Marcus A. Desconstruction and Geography: Settling the Account. **Antipode**, v.37, i.2, p.246-249, March, 2005.

DOEL, Marcus A. Dialetics Revisited. Reality Discharged. **Environmental and Planning A**, v.40, i.11, p.2631-2640, November, 2008.

DOHERTY, Charles E. Nevinson´s elegy: Paths of Glory. Londres: **Art Journal**, v. 51, número 1, p.64-71, 1992.

DOLLFUS, Olivier. **O Espaço Geográfico**. São Paulo: Difel, 1982.

DOMINGUES, Álvaro. A paisagem revisitada. Lisboa: **Finisterra**, n. 72, p.55-66, 2001.

DOZENA, Alessandro. Os sons como linguagens espaciais. **Espaço e Cultura**, n.45, p.31-42, Jan./Jul., 2019.

DOZENA, Alessandro. Horizontes geográfico-artísticos entre o passado e o futuro. **Geograficidade**, v.10, número especial, p.73-82, 2020.

DRIVER, Felix. The historicity of human geography. **Progress in Human Geography**, v.12, i.4, p.497-506, December, 1988.

DRIVER, Felix. Geography´s empire: histories of geographical knowledge. **Environmental and Planning D: Society and Space**, v.10, i.1, p.23-40, January, 1992.

DRIVER, Felix. On Geography as a Visual Discipline. **Antipode**, v.35, i.2, p.227-231, March, 2003.

DROBNICK, Jim. Toposmia: art, scent, and interrogations of spatiality. **Journal of the Theoretical Humanities**, v.7, n.1, p.31-47, April, 2002.

DUNCAN, James. The superorganic in american cultural geography. **Annals of the Association of American Geographers**, v.70, n.2, p.181-198, June, 1980.

DUNCAN, James. Progress report: review of urban imagery: urban semiotics. **Urban Geography**, v.8, n.5, p.473-483, 1987.

DUNCAN, James. **The city as a text:.The Politics of Landscape Interpretation in the Kandya Kingdom**. Cambridge: Cambridge University Press, 1990.

DUNCAN, James. Commentary. **Annals of the Association of American Geographers**, v.83, n.3, p.517-519, 1993.

DUNCAN, James. Landscape Geography, 1993-1994. **Progress in Human Geography**, v.19, n.3, p.414-422, 1995.

DUNCAN, James; DUNCAN, Nancy. (Re)reading the landscape. **Environmental and Planning D. Society and Space**, v.6, p.117-126, 1988.

DUNCAN, James; DUNCAN, Nancy. Reconceptualizing the Idea of Culture in Geography: A Reply to Don Mitchell. **Transactions of the Institute of British Geographers**, new series, v.21, n.3, p.576-579, 1996.

DUNCAN, James; DUNCAN, Nancy. The Aestheticization of the Politics of landscape Preservation. **Annals of the Association of American Geographers**, v.91, n.2, p.387-409, 2001.

DUNCAN, James; DUNCAN, Nancy. Reconceitualizando a idéia de cultura em geografia: uma resposta a Don Mitchell. **Espaço e Cultura**, UERJ, Edição Comemorativa, p.111-115, 2008.

DUNCAN, James; LEY, David. Structural Marxism and Human Geography: a Critical Assessment. **Annals of the Association of American Geographers**, v.72, i.1, p.30-59, March, 1982.

DUNCAN, Nancy; SHARP, Joanne P. Confronting representation(s). **Environmental and Planning D**, v.11, i.4, p.473-486, August, 1993.

DUNN, Stuart. Folklore in the landscape: the case of the corpse paths. **Time and mind**, v.13, i.3, p.245-265, 2020.

DWYER, Owen J. Interpreting the Civil Rights Movement: Place, Memory and Conflict. **Professional Geographer**, v.52, n.4, p.660-671, 2000.

DWYER, Owen J. Symbolic accretion and commemoration. **Social & Cultural Geography**, v.5, n.3, p.419-435, September, 2004.

DWYER, Owen J; ALDERMAN, Derek H. Memorial landscapes: analytic questions and metaphors. **Geojournal**, v.73, p.165-178, 2008.

EADES, Gwilym Lucas. Determining environmental determinism. **Progress in Human Geography**, v.36, n.3, p.423-427, 2011.

EAGLETON, Terry. **As ilusões do pós-modernismo**. Rio de Janeiro: Jorge Zahar, 1998.

EAGLETON, Terry. **A ideia de Cultura**. São Paulo: Editora Unesp, 2011.

EARLE, Carville. Historical geography in extremis? Splitting personalities on the postmodern turn. **Journal of Historical Geography**, v.21, n.4, p.455-459, 1995.

EAST, William Gordon. A note on historical geography. **Geography**, v.18, n.4, p.282-292, December, 1933.

EDENSOR, Tim. Defamiliarizing the Mundane Roadscape. **Space & Culture**, v.6, n.2, p.151-168, May, 2003.

EDENSOR, Tim. Automobility and National Identity: representation, Geography and Driving Practice. **Theory, Culture & Society**, v.21, n.4-5, p.101-120, 2004.

EDENSOR, Tim. Waste matter – the debris of industrial ruins and the disordering of the material world. **Journal of Material Culture**, v.10, n.3, p.311-332, 2005.

EDWARDS, Gwyn. Alternative Speculations on Geographical Futures. **Geography**, v.81, n.3, p.217-224, July, 1996.

EDWARDS, Jess. Literature and sense of place in UK landscape strategy. **Landscape Research**, v.44, n.6, p.659-670, 2019.

EKMAN, Goesta; KUENNAPAS, Teodor. Scales of aesthetic value. **Perceptual and Motor Skills**, n.14, p.19-26, 1962.

ELDEN, Stuart. Heidegger´s Hölderlin and the importance of place. **Journal of the British Society of Phenomenology**, v.30, n.3, p.258-274, 1999.

ELDEN, Stuart. What´s shifting? **Dialogues in Human Geography**, v.1, n.3, p.304-307, 2011.

ENGELMANN, Sasha. More-than-human affinitive listening. **Dialogues in Human Geography**, v.5, n.1, p.76-79, 2015.

ENTRIKIN, J. Nicholas. Contemporary Humanism in Geography. **Annals of the Association of American Geographers**, v.66, n.4, P.615-632, December, 1976.

ENTRIKIN, J. Nicholas. Carl O. Sauer: Philosopher in Spite of Himself. **Geographical Review**, v.74, n.4, p.387-408, October, 1984.

ENTRIKIN, J. Nicholas. **The betweenness of place: towards a geography of modernity**. London: Macmillian Education LTD, 1991.

ENTRIKIN, J. Nicholas. Place and region. **Progress in Human Geography**, v.18, i.2, p.227-233, June, 1994.

ENTRIKIN, J. Nicholas. Place and region 2. **Progress in Human Geography**, v.20, i.2, p.215-221, June, 1996.

ENTRIKIN, J. Nicholas. Place and region 3. **Progress in Human Geography**, v.21, i.2, p.263-268, April, 1997.

ENTRIKIN, J. Nicholas. Political Community, Identity and Cosmopolitan Place. **International Sociology**, v.14, n.3, p.269-282, September, 1999.

ENTRIKIN, J. Nicholas. Hiding Spaces. **Annals of the Association of American Geographers**, v.91, n.4, p.694-697, 2001.

ENTRIKIN, J. Nicholas. Democratic place-making and multiculturalism. **Geografiska Annaler**, v.84, n.1, p.19-25, 2002.

ESCOBAR, Arturo. The "ontological turn" in social theory. A Commentary on "Human geography without scale" by Sallie Marston, John Paul Jones II and Keith Woodward. **Transactions of the Institute of British Geographers**, New Series, v.32, n.1, p.106-11, January, 2007.

ESHUN, Gabriel; Madge, Clare. "Now let me share this with you": exploring poetry as a method for postcolonial geography research. **Antipode**, v.44, i.4, 2012.

EVANGELISTA, Helio de Araujo. Geografia Moderna e Pós-Moderna. **Geographia**, Ano 1, n.1, p.121-137, 1999.

EVANGELISTA Pinto, Vania Kele; TRAVASSOS, Luiz Eduardo Panisset. Geografia, paisagem, literatura e geopatrimônio nas obras de Guimarães Rosa. **Ateliê Geográfico**, v.13, n.3, p.112-137, Dezembro, 2019.

EVANS, Sara Z. The Removal of Confederate Monuments: reflections on Power and Privilege in Shared Spaces. **Social Science Quaterly**, v.102, i.3, p.1044-1055, May, 2021.

EWING, Gordon. Multidimensional scaling and time-space maps. **Canadian Geographer**, v.XVIII, n.2, p.161-167, 1974.

FADEL, Djamel. Valuation Methods of Landscape. **International Journal of Reasearch & Methodology in Social Science**, v.2, n.2, p.36-44, Apr./Jun., 2016.

FALAH, Ghazi. The 1948 Israeli-Palestinian War and its Aftermath: The Tranformation and De-Signification of Palestinian´s Cultural Landscape. **Annals of the Association of American Geographers**, v.86, n.2, p.256-285, 1996.

FANON, Frantz. **Os condenados da Terra**. Juiz de Fora: Editora UFJF, 2005.

FANON, Frantz. **Pele Negra Máscaras Brancas**. Salvador: Editora UFBA, 2008.

FARHAN, Sabeeh; AKEF, Venus; NASAR, Zuhair. The transformation of inherited historical urban and architectural charcateristics of Al-Najaf´s Old City and possible preservation insights. **Frontiers of Architectural Research**, v.9, i.4, p.820-836, December, 2020.

FARINA, Almo. Editorial comment: From global to regional landscape ecology. **Landscape Ecology**, v.8, n.3, p.153-154, 1993.

FEATHERSTONE, David. On assemblage and articulation. **Area**, v.43, i.2, p.139-142, 2011.

FERGUNSON, Niall. **A grande degeneração: a decadência do mundo ocidental**. São Paulo: Planeta, 2013.

FERNANDES, Dalvani; GIL FILHO, Sylvio Fausto. Geografia em Cassirer: Perspectivas para a geografia da religião. **Geotextos**, v.7, n.2, p.211-228, 2011.

FERNANDES, Ulisses S; TORRES, Philippe D. L. Conceito de paisagem: entre a landscape inglesa e a landschaft alemã. **Espaço e Cultura**, n.48, p.1-20, Jul./Dez., 2020.

FERREIRA, Rafael Bastos. Geografia existencialista: notas para uma fenomenologia da humanidade. **Ra`e`ga**, v.29, p.157-176, Dezembro, 2013.

FEYERABEND, Paul. **Contra o Método**. São Paulo: Editora Unesp, 2011.

FICKELER, Paul. Questões fundamentais na geografia da religião. **Espaço e Cultura**, Edição comemorativa 1993-2008, p.7-35, 2008.

FIGUEIREDO, Vanessa Gayego Bello. O patrimônio e as paisagens: novos conceitos para velhas concepções? **Paisagem e Ambiente**, n.32, p.83-118, 2013.

FINNEGAN, Diarmid A. The Spatial Turn: Geographical Approaches in the History of Science. **Journal of the History of Biology**, v.41, p.369-388, 2007.

FINES, K. D. Landscape evaluation: a research Project in East Sussex. **Regional Studies**, v.2, n.1, p.41-55, 1968.

FIORAVANTE, Karina Eugenia. Geografia e Cinema: a releitura dos conceitos de espaço, paisagem e lugar a partir das imagens em movimento. **Ateliê Geográfico**, v.12, n.1, p.272-297, Abril, 2018.

FITZSIMMONS, Margaret. The matter of nature. **Antipode**, v.21, n.2, p.106-120, 1989.

FLAHERTY, Michael G. The crisis in representation: a brief history and some questions. **Journal of Contemporary Ethnography**, v.31, n.4, p. 479-482, August, 2002.

FOLCH-SERRA, Mireya. Geography and Post-Modernism: linking humanism and development studies. **The Canadian Geographer**, v.33, n.1, p.66-75, 1989.

FOOTE, Kenneth E; TÓTH, Attila; ÁRVAY, Anett. Hungary after 1989: Inscribing a new past on place. **The Geographical Review**, v.90, n.3, p.301-334, 2000.

FORD, Larry R. Historic Preservation and the Sence of Place. **Growth and Change: A Journal of Urban and Regional Policy**, v.5, i.2, p.33-37, April, 1974.

FORD, Larry R. Continuity and Change in Historic Cities: Bath, Chester, and Norwich. **The Geographical Review**, v.68, n.3, p.253-273, July, 1978.

FORER, Pip. A place for plastic space? **Progress in Human Geography**, v.2, i.2, p.230-267, June, 1978.

FOREST, Benjamin; JOHNSON, Juliet. Confederate monuments and the problem of forgetting. **Cultural Geographies**, v.26, i.1, p.127-131, August, 2018.

FOSTER, Ellen J. Finding Geography Using Found Poetry. **The Geography Teacher**, v.9, n.1, p.26-29, 2012.

FOUCAULT, Michel. **The order of things: an archaeology of the human sciences**. London: Routledge, 2002.

FOUCAULT, Michel. De espaços outros. **Estudos Avançados**, v.27, n.79, p.113-122, 2013.

FOX, Jon E. The edges of the nation: a research agenda for uncovering the taken--for-granted foundations of everyday nationhood. **Nations and Nationalism**, v.23, i.1, p.26-47, January, 2017.

FRANGELLI, Patrícia. Breves apontamentos sobre a dimensão espacial da cultura. **Para Onde!?** v.3, n.2, p.1-18, 2009.

FRANGELLI, Patrícia. A geografia da religião no Brasil: intelectuais pioneiros, propostas e metodologias de estudo. **Espaço e Cultura**, n.31, p.40-65, Jan./Jul., 2012.

FRANK, Bruno José Rodrigues; YAMAKI, Humberto Tetsuya. A paisagem vernacular segundo perspectivas de Sauer, Hoskins e Jackson. Uberlândia: **Revista Caminhos de Geografia**, v.19, n. 65, p. 245-256, Março, 2018.

FRENKEL, Stephen. Geography, Empire, and Environmental Determinism. **Geographical Review**, v.82, n.2, p.143-153, April, 1992.

FREUD, Sigmund. **O mal-estar na civilização**. São Paulo: Penguin Classics e Companhia das Letras, 2011.

FRIAS, Renato Coimbra. O trabalho de campo na geografia: características fundamentais e um convite à escuta. **Espaço e Cultura**, n.45, p.61-86, 2019.

FRIEDLAND, Roger. Review: Space, Place, and Modernity: The Geographical Moment. **Contemporary Sociology**, v.21, n.1, p.11-15, January, 1992.

FRIEDMAN, Jonathan. Our time, their time, world time: The transformation of temporal modes. **Ethnos: Journal of Anthropology**, v.50. n.3-4, p.168-183, 1985.

FRIEDMAN, Thomas L. **O mundo é plano: uma breve história do século XXI**. Rio de Janeiro, Objetiva, 2005.

FRIESS, Daniel A; JAZEEL, Tariq. Unlearning "landscape". **Annals of the Association of American Geographers**, v.107, i.1, p.14-21, October, 2016.

FUKUYAMA, Francis. **O Fim da História e o último homem**. Rio de Janeiro: Rocco, 1992.

FULLER, Harcourt. Father of the nation: Ghanaian Nationalism, Internationalism and the Political Iconography of Kwame Nkrumah, 1957-2010. **African Studies Quarterly**, v.16, i.1, p.33-70, December, 2015.

GADE, Daniel. Thoughts on Bibliographic Citations to and by Carl Sauer. (in): DENEVAN, William M.; MATHEWSON, Kent. **Carl Sauer: on culture and landscape**. Baton Rouge: Lousiana State University Press, 2009.

GADE, Daniel. Carl Sauer e a força da curiosidade nas pesquisas geográficas. (in): Roberto Lobato; Rosendahl, Zeny (Orgs.) **Sobre Carl Sauer**. Rio de Janeiro: Eduerj, 2011.

GALLAIS, Jean. Alguns aspectos do espaço vivido nas civilizações do mundo tropical. **Espaço e Cultura**, n.6, p.9-16, Jul./Dez., 1998.

GALLUP, John Luke; Gaviria, Alejandro; Lora, Eduardo. **Geografia é Destino?** São Paulo: UNESP, 2007.

GARRISON, William L. Some Confusing Aspects of Common Measurements. **Professional Geographer**, v.8, p.4-5, 1956.

GARTNER, G. Putting Emotions in Maps–The Wayfinding Example. (in): **Proceedings of the 8th Mountain Cartography Workshop**, Auckland, New Zealand, pp. 61–65, September, 2012.

GASPAR, Jorge. O retorno da paisagem à Geografia. Lisboa: **Finisterra**, Número 72, p.83-99, 2001.

GATES JR., Henry Louis. Editor´s Introduction: Writing "Race" and the Difference It Makes. **Critical Inquiry**, v.12, n.1, p.1-20, Autumn, 1985.

GAVIN, Masako. Nihon Fukeiron (Japanese Landscape): nationalistic or imperialistic? **Japan Forum**, v.12, n.2, p.219-231, 2000.

GELLNER, Ernest. **Nationalism**. London: The Orion Publishing Group, 1997.

GEORGE, Pierre. **Os Métodos da Geografia**. São Paulo: Difel, 1978.

GESLER, Wil. Therapeutic landscapes: medical issues in light of the new cultural geography. **Social Science & Medicine**, v.34, n.7, p.735-746, 1992.

GESLER, Wil. Using Herman Melville´s Moby-Dick to Explore Geographic Themes. **Journal of Geography**, v.103, n.1, p.28-37, 2004.

GESLER, Wil. Therapeutic Landscapes. (in): CALLAN, Hillary (ed.). **The International Encyclopedia of Anthropology**. John Wiley & Sons, 2018.

GIBBS, Leah M. Water Places: Cultural, Social and the More-Than-Human Geographies of Nature. **Scottish Geographical Journal**, v.125, n.3-4, p.361-369, 2009.

GIBSON-GRAHAM, J. K. Area studies after poststructuralism. **Environmental and Planning A**, v.36, i.3, p.405-419, 2004.

GIDDENS, Anthony. **A política da mudança climática**. Rio de Janeiro: Zahar, 2010.

GIESEKING, Jen Jack. Geographical Imagination. (in): Richardson, Douglas; et al. (eds). **The International Encyclopedia of Geography: people, the Earth, Environmental and Geography**, John Wiley & Sons, p.1-5, 2017.

GIL FILHO, Sylvio Fausto. Por uma geografia do sagrado. **Ra`e`ga**, v.5, p.1-15, 2001.

GIL FILHO, Sylvio Fausto. Geografia cultural: estrutura e primado das representações. **Espaço e Cultura**, UERJ, n.19-20, p.51-59, Jan./Dez., 2005.

GIL FILHO, Sylvio Fausto. Conformação simbólica dos espaços da vida e da morte: uma aproximação teórica. **Revista Brasileira de História das Religiões**, ano VI, v.6, n.18, p.133-144, Janeiro, 2014.

GIL FILHO, Sylvio Fausto; SILVA, Márcia Alves Soares da. Espacialidades de conformação simbólica. (in): GIL FILHO, Sylvio Fausto; SILVA, Márcia Alves Soares da; GARCIA, Rafael Rodrigues (orgs). **Ernst Cassirer: Geografia e Filosofia**. Curitiba: Programa de Pós-Graduação em Geografia, UFPR, 2019.

GILBERT, E. W. The idea of trhe region: Herbertson Memorial Lecture. **Geography**, v.45, n.3, p.157-175, July, 1960.

GILROY, Paul. Race ends here. Abringdon, Oxford: **Ethnic and Racial Studies**, vol. XXXI, nº5, pp.838-847, 1998.

GLICK, Thomas F. History and philosophy of geography. **Progress in Human Geography**, v.11, i.3, p.405-416, September, 1987.

GOETTEMS, Arno Aloísio; Joia, Antônio Luís. **Geografia: leituras e Interação 1.** São Paulo: Leya, 2016.

GOLD, John R. **An introduction to Behavioural Geography**. New York: Oxford University Press, 1980.

GOLD, John R.; GOODEY, Brian. Behavioural and perceptual geography. **Progress in Human Geography**, v.7, i.4, p.578-586, December, 1983.

GOMES, Paulo César da Costa. "Versalhes não tem banheiros!" As vocações da geografia cultural. **Espaço e Cultura, UERJ**, edição comemorativa, p.175-183, 2008.

GOMES, Paulo César da Costa. **Geografia e Modernidade.** Rio de Janeiro: Bertrand Brasil, 2011.

GOMES, Paulo César da Costa. Onde e quando cultura quer dizer liberdade e criatividade. **Espaço e Cultura, UERJ**, n.48, p.1-21, Jul./Dez, 2020.

GOMES, Paulo César da Costa; BERDOULAY, Vicent. Imagens na geografia: importância da dimensão visual no pensamento geográfico. **Cuadernos de Geografía, Revista Colombiana de Geografía**, v.27, n.2, p.356-371, Jul./Dez., 2018.

GOOD, James K. The vernacular regions of Arkansas. **Journal of Geography**, v.80, n.5, p.179-185, 1981.

GOTO, Tommy Akira. Fenomenologia, mundo-da-vida, e crise das ciências: a necessidade de uma geografia fenomenológica. **Geograficidade**, v.3, n.2, p.33-48, Inverno, 2013.

GOUGH, Paul. From heroes groves to parks of peace: landscapes of remembrance, protest and peace. **Landscape Research**, v.25, n.2, p.213-228, 2000.

GRAHAM, Brian J. No place of the mind: contested protestant representations of Ulster. **Ecumene**, v.1, n.3, p.257-281, 1994.

GRAHAM, Elspeth. Postmodernism and the possibility of a new human geography. **Scottish Geographical Magazine**, v.111, n.3, p.175-178, 1995.

GRAHAM, Stephen. The end of geography or the explosion of place? Conceptualizing space, place and information technology. **Progress in Human Geography**, v.22, i.2, p.165-185, 1998.

GRATALOUP, Christian. Os períodos do espaço. **Geographia**, v. VIII, n.16, p.31-40, 2006.

GREGORY, Derek. Rethinking Historical Geography. **Area**, v.8, n.4, p.295-299, 1976.

GREGORY, Derek. Editorial. **Environmental and Planning D, Society and Space**, v.5, p.245-248, 1987.

GREGORY, Derek. Areal Differentiation and Post-Modern Human Geography. (in): GREGORY, Derek; WALFORD, Rex (eds). **Horizons in Human Geography**. London: Macmillan, 1989.

GREGORY, Derek. Interventions in the Historical Geography of Modernity: Social Theory, Spatiality and the Politics of Representation. **Geografiska Annaler: Series B, Human Geography**, v.73, n.1, p.17-44, 1991.

GREGORY, Derek. Between the Book and the Lamp: Imaginative Geographies of Egypt, 1849-1850. **Transactions of the Institute of British Geographers**, v.20, n.1, p.29-57, 1995.

GREGORY, K. J. **A Natureza da Geografia Física**. Rio de Janeiro: Bertrand Brasil, 1992.

GREGSON, Nicky. Beyond boundaries: the shifting sands of social geography. **Progress in Human Geography**, v.16, n.3, p.387-392, 1992.

GREGSON, Nicky. And now it's all consumption? **Progress in Human Geography**, v.19, n.1, 1995.

GRIFFIN, Ernst; FORD, Larry. A model of a latin american city structure. **Geographical Review**, v.70, n.4, p.397-422, October, 1980.

GRINSELL, Leslie. The Christianisation of prehistoric and other pagan sites. **Landscape History**, v.8, n.1, p.27-37, 1986.

GROENING, Gert. The "Landscape must become the law" – or should it? **Landscape Research**, v.32, n.5, p.595-612, 2007.

GRÖNING, Gert. A questionalibilidade do conceito de paisagem. **RA'E'GA**, n.8, p.9-18, 2004.

GROSSBERG, Lawrence. The Circulation of Cultural Studies. **Review and Criticism**, v.6, n.4, p.413-421, 1989.

GUELKE, Leonard. Problems of scientific explanation in geography. **The Canadian Geographer**, v.15, n.1, p.38-53, 1971.

GUELKE, Leonard. An idealist alternative in human geography. **Annals of the Association of American Geographers**, v.64, n.2, p.193-202, June, 1974.

GUELKE, Leonard. On Rethinking Historical Geography. **Area**, v.7, n.2, p.135-138, 1975.

GUELKE, Leonard. Commentary: The philosophy of idealism. **Annals of the Association of American Geographers**, v.66, n.1, p.168-169, March, 1976.

GUELKE, Leonard. Views and Opinions: Regional Geography. **The Professional Geographer**, v.XXIX, n.1, p.1-7, February, 1977a.

GUELKE, Leonard. The role of laws in human geography. **Progress in Human Geography**, v.1, i.3, p.376-386, October, 1977b.

GUELKE, Leonard. Objectives of philosophical analysis in Geography. **Canadian Geographer**, v.XXIII, n.2, p.170-172, 1979a.

GUELKE, Leonard. Idealist human geography? **Area**, v.11, n.1, p.80-82, 1979b.

GUELKE, Leonard. The idealist dispute in anglo-american geography: a comment. **The Canadian Geographer**, v.26, i.1, p.51-57, March, 1982.

GUELKE, Leonard. On "Power, Modernity, and Historical Geography", by Harris. **Annals of the Association of American Geographers**, v.82, n.2, p.312-313, June, 1992.

GUELKE, Leonard. The relations between geography and history reconsidered. **History and Theory**, v.36, n.2, p.216-234, May, 1997.

GUELKE, Leonard. Nietzsche and postmodernism in geography: An idealist critique. **Philosophy & Geography**, v.6, n.1, p.97-116, 2003.

GUIBERNAU, Montserrat. **Nacionalismos: o estado nacional e o nacionalismo no século XX**. Rio de Janeiro: Jorge Zahar, 1997.

GUIMARÃES, Antonio Sérgio Alfredo. **Classes, Raças e Democracia**. São Paulo: Editora 34, 2002.

GUIMARÃES, Antonio Sérgio Alfredo. **Preconceito e Discriminação**. São Paulo: Editora 34, 2004.

GUIMARÃES, Antonio Sérgio Alfredo. **Racismo e Antirracismo no Brasil**. São Paulo, Editora 34, 2009.

GUPTA, Akhil; FERGUNSON, James. Beyond "culture": Space, identity, and the politics of difference. **Cultural Anthropology**, v.7, n.1, p.6-23, February, 1992.

HAESBAERT, Rogério. Filosofia, Geografia e Crise da Modernidade. **Revista Terra Livre**, n.7, 1990.

HAESBAERT, Rogério. Questões sobre a (pós-) modernidade. **Geouerj**, n.2, p.7-22, 1997.

HAESBAERT, Rogério. **Regional-Global**. Rio de Janeiro: Bertrand Brasil, 2010.

HAESBAERT, Rogério. **O mito da desterritorialização: do fim dos territórios à multiterritorialidade**. Rio de Janeiro: Bertrand Brasil, 2012.

HAESBAERT, Rogério. **Território e descolonialidade: sobre o giro (multi)territorial/de(s)colonial na "América Latina"**. Buenos Aires e Niterói: Clacso e Universidade Federal Fluminense, 2021.

HÄGERSTRAND, Torsten. Diorama, Path and Project. **Tijdschrift voor Economische en Sociale Geografie**, v.73, n.6, p.323-339, 1982.

HÄGERSTRAND, Torsten. A propagação de ondas de inovação. **Boletim Campineiro de Geografia**, v.3, n.2, p.348-368, 2013.

HÄKLI, Jouni. Regions, networks and fluidity in the Finnish nation-state. **National Identities**, v.10, n.1, p.5-20, 2008.

HALBWACHS, Maurice. **A Memória Coletiva**. São Paulo: Editora Vértice, 1990.

HALINK, Simon. The Icelandic mythscapes: sagas, landscape and national identity. **National Identities**, v.16, n.3, p.209-233, 2014.

HALL, Marcus. Editorial: The Native, Naturalized, and Exotic – plants and animal in human history. **Landscape Research**, v.28, n.1, p.5-9, 2003.

HALL, Robert Burnett. The Geographic Region: a Résumé. **Annals of the Association of American Geographers**, v.25, n.3, p.122-136, 1935.

HALL, Stuart. Culture, community, nation. **Cultural Studies**, v.7, n.3, p.349-363, 1993.

HALL, Stuart. **A identidade cultural na pós-modernidade**. Rio de Janeiro: DP&A, 2006.

HALL, Stuart. Pensando a diáspora: reflexões sobre a terra no exterior (in): SOVIK, Liv (org.). **Da diáspora: identidades e mediações culturais**. Belo Horizonte: Ed.UFMG, 2013.

HAMMETT, Daniel. From banal to everyday nationalism: narrations of nationhood. **Geography**, v.106, n.1, p.16-24, 2021.

HAMMOND, Timur. Heritage and the Middle East: Cities, power, and memory. **Geography Compass**, v.14, i.2, p.1-13, February, 2020.

HANLON, James. Spaces of Interpretation: Archival Research and the Cultural Landscape. **Historical Geography**, v.29, p.14-25, 2001.

HARDY, Dennis. Historical geography and heritage studies. **Area**, v.20, n.4, p.333-338, 1988.

HARMARSAH, Ömür. ISIS, Heritage, and the Spectacles of Destruction in the Global Media. **Near Eastern Archaeology**, v.78, n.3, p.170-177, September, 2015.

HARRIES, Karsten. Building and the Terror of Time. **Perspecta**, v.19, p.58-69, 1982.

HARRIS, Cole. Theory and synthesis in historical geography. **Canadian Geographer**, v.xv, n.3, p.157-172, 1971.

HARRIS, Cole. Power, Modernity, and Historical Geography. **Annals of the Association of American Geographers**, v.81, n.4, p.671-683, 1991.

HARRIS, Leila M. Imaginative Geographies of Green: Difference, Postcoloniality, and Affect in Environmental Narratives in Contemporary Turkey. **Annals of the Association of American Geographers**, v.104, n.4, p.801-815, 2014.

HARRISON, Paul. Making sense: embodiment and the sensibilities of the everyday. **Environmental and Planning D: Society and Space**, v.18, i.4, p.497-517, August, 2000.

HARRISON, Paul. "How shall I say it…?" Relating the nonrelational. **Environmental and Planning A: Economy and Space**, v.39, i.3, p.590-608, March, 2007.

HART, Deborah M. A Literary Geography of Soweto. **Geojournal**, v.12, n.2, p.191-195, 1986.

HART, Debora M; PIRIE, Gordon H. The Sight and Soul of Sophiatown. **Geographical Review**, v.74, n.1, p.38-47, January, 1984.

HART, John Fraser. Highest form of the Geographer's Art. **Annals of the Association of American Geographers**, v.72, n.1, p. 1-29, March, 1982.

HARTOG, François. Tempo e Patrimônio. **Varia Historia**, v.22, n.36, p.261-273, Jul./Dez., 2006.

HARTSHORNE, Richard. **Propósitos e natureza da Geografia**. São Paulo: Hucitec Edusp, 1978.

HARVEY, David. Monument and Myth. **Annals of the Association of American Geographers**, v.69, n.3, p.362-381, September, 1979.

HARVEY, David. **Explanation in Geography**. Bristol: Edward Arnold, 1986.

HARVEY, David. Between Space and Time: Reflections on the Geographical Imagination. **Annals of the Association of American Geographers**, v.80, n.3, p.418-434, 1990.

HARVEY, David. **Condição Pós-Moderna**. São Paulo: Edições Loyola, 2004.

HARVEY, David. O espaço como palavra-chave. **Geographia**, v.14, n.28, p.8-39, 2012.

HASSAN, Ihab. The Culture of Postmodernism. **Theory, Culture and Society**, v.2, n.3, p.119-130, 1985.

HASSAN, Ihab. Pluralism in Postmodern Perspective. **Critical Inquiry**, v.12, n.3, p.503-520, Spring, 1986.

HASSAN, Ihab. The trials of Postmodern Discourse. **New Literary History**, v.18, n.2, p.437-459, Winter, 1987.

HASSAN, Ihab. Realism, Truth, and Trust in Postmodern Perspective. **Third Text**, v.17, n.1, p.1-13, 2003a.

HASSAN, Ihab. Beyond Postmodernism: toward an aesthetic of trust. **Angelaki: Journal of the theoretical humanities**, v.8, n.1, p.3-11, April, 2003b.

HASSON, Shlomo. Frontier and periphery as symbolic landscapes. **Ecumene**, v.3, n.2, p.146-166, 1996.

HAVRELOCK, Rachel. My Home is Over Jordan: River as Border in Israeli and Palestinian National Mythology. **National Identities**, v.9, n.2, p.105-126, 2007.

HÄYRYNEN, Maunu. The Kaleidoscopic View: The Finnish National Landscape Imagery. **National Identities**, v.2, n.1, p.5-19, 2000.

HAYWARD, Philip. Aquapelagos and Aquapelagic Assemblages. **Shima**, v.6, n.1, p.1-11, 2012.

HEATWOLE, Charles A. The Bible Belt: A problem in regional definition. **Journal of Geography**, v.77, n.2, p.50-55, February, 1978.

HEFFERNAN, Michael J. The Limits of Utopia: Henri Duveyrier and the Exploration of the Sahara in the Nineteenth Century. **The Geographical Journal**, v.155, n.3, p.342-352, November, 1989.

HEFFERNAN, Michael J. The desert in French orientalist painting during the nineteenth century. London: **Landscape Research**, 16:2, p.37-42, 1991.

HEMPEL, Carl G. The Function of General Laws in History. **The Journal of Philosophy**, v.39, n.2, p.35-48, 1942.

HEPBURN, Ronald W. Literary and Logical Analysis. **The Philosophical Quarterly**, v.8, n.33, p.342-356, October, 1958.

HERBST, Jurgen. Social Darwinism and the History of American Geography. **Proceedings of the American Philosophical Society**, v.105, n.6, p.538-544, December, 1961.

HERSKOVITS, Melville J. Folklore after a Hundred Years: A Problem in Redefinition. **The Journal of American Folklore**, v.59, n.232, p.89-100, Apr./Jun., 1946.

HERVIEU-LÉGER, Danièle. Space and Religion: New Approaches to Religious Spatiality in Modernity. **International Journal of Urban and Regional Research**, v.26, n.1, 2002.

HERZOG, Thomas R.; KAPLAN, Stephen; KAPLAN, Rachel. The Prediction of Preference for Familiar Urban Places. **Environmental and Behavior**, v.8, i.4, p.627-645, December, 1976.

HEWES, Leslie. Carl Sauer: a personal view. **Journal of Geography**, v.82, n.4, p.140-147, 1983.

HIGGINS, Michael. Putting the nation in the news: the role of location formulation in a selection of Scottish newspapers. **Discourse & Society**, v.15, n.5, p.633-648, 2004.

HITCHINGS, Russell. People, plants and performance: on actor network theory and the material pleasures of the private garden. **Social & Cultural Geography**, v.4, n.1, p.99-114, 2003.

HITCHINGS, Russell. People can talk about their pratices. **Area**, v.44, n.1, p.61-67, 2012.

HOBSBAWN, Eric. **A era dos extremos: o breve século XX**. São Paulo: Companhia das letras, 1995.

HOBSBAWN, Eric. Language, Culture, and National Identity. **Social Research**, v.63, n.4, p.1065-1080, Winter, 1996.

HOBSBAWN, Eric. **Globalização, Democracia e Terrorismo**. São Paulo: Companhia das Letras, 2007.

HOEFLE, Scott William. Debates recentes na geografia Cultural anglo-americana: uma apreciação antropológica e filosófica. **Espaço e Cultura, UERJ**, Edição comemorativa, p.123-135, 2008.

HOELSCHER, Steven; ALDERMAN, Derek H. Memory and place: geographies of a critical relationship. **Social & Cultural Geography**, v.5, n.3, p.347-355, 2004.

HOLLOWAY, Julian. Enchanted Spaces: The Séance, Affect, and Geographies of Religion. **Annals of the Association of American Geographers**, v.96, n.1, p.182-187, 2006.

HOLLOWAY, Julian; VALINS, Oliver. Editorial: Placing religion and spirituality in geography. **Social & Cultural Geography**, v.3, n.1, p.5-9, 2002.

HOLZER, Werther. Uma discussão fenomenológica sobre os conceitos de paisagem e lugar, território e meio ambiente. Rio de Janeiro: **Revista Território**, Ano II, n.3, p.77-85, Jul./Dez., 1997.

HOLZER, Werther. O lugar na Geografia Humanista. **Revista Território**, ano IV, n.7, p.67-78, Jul./Dez., 1999.

HOLZER, Werther. Memórias de viajantes: paisagens e lugares de um novo mundo. **Geographia**, v.2, n.3, p.111-122, 2000.

HOLZER, Werther. Augustin Berque: Um trajeto pela paisagem. **Espaço e Cultura**, UERJ, n.17-18, p.55-63, Jan./Dez., 2004.

HOLZER, Werther. Sobre territórios e lugaridades. **Revista Cidades**, v.10, n.17, p.18-29, 2013.

HOLZER, Werther. O sabor do sal: paisagens vernaculares de Araruama. Niterói: **Geograficidade**, V.4, p.47-58, Outono, 2014.

HOLZER, Werther. Teias de memórias: sítios, lugares, arquitetura, paisagens, cidades e espaços geográficos. **Geograficidade**, v.10, n.especial, p.117-151, Outono, 2020.

HOMER-DIXON, Thomas F. On the threshold: environmental changes as cause of acute conflict. **International security**, v.16, n.2, Fall, 1991.

HOMER-DIXON, Thomas F. Environmental scarcities and violent conflict: Evidence from cases. **International security**, v.19, n.1, p.5-40, 1994.

HONES, Sheila. Text as it happens: literary geography. **Geography Compass**, v.2, n.5, p.1301-1317, 2008.

HONES, Sheila. Amplifying the Aural in Literary Geography. **Literary Geographies**, v.1, n.1, p.79-94, 2015.

HOOVER, Kara C. The Geography of Smell. **Cartographica**, v.44, n.4, p.237-239, Winter, 2009.

HOPKINS, Jeffrey S. P. West Edmonton Mall: Landscape of myths and elsewhereness. **The Canadian Geographer**, v.34, n.1, p.2-17, 1990.

HOURANI, Albert. **Uma história dos povos árabes**. São Paulo: Companhia das Letras, 2001.

HOWARD, Peter. Perceptual lenses. (in): HOWARD, P. et. al. (eds). **The Routledge Companion to Landscape Studies**. London: Routledge, p.51-61, 2019.

HUANG, Angela Shi-Han; LIN, Yann-Jou. The effect of landscape colour, complexity and preference on viewing behaviour. **Landscape Research**, v.45, i.2, p.214-227, April, 2019.

HUDSON, Brian J. The Geographical Imagination of Arnold Bennett. **Transactions of the Institute of British Geographers**, v.7, n.3, p.365-379, 1982.

HUDSON, Brian J. Landscape as Resource for National Development: a Caribbean View. **Geography**, v.71, n.2, p.116-121, April, 1986.

HUGGAN, Graham; TIFFIN, Helen. Green Postcolonialism. **International Journal of Postcolonial Studies**, v.9, n.1, p.1-11, 2007.

HUGGETT, Richard; PERKINS, Chris. Place as landscape. (in): DOUGLAS, Ian; HUGGETT, Richard; PERKINS, Chris. **Companion Encyclopedia of Geography**. London: Routledge, p.17-30, 2007

HUGHES, Thomas Parker. **Networks of power: electrification in Western Society, 1880-1930**. Baltimore and London: The Johns Hopkins University Press, 1983.

HUMMEL, Daniel. Banal Nationalism, National Anthems, and Peace. **Peace Review**, v.29, n.2, p.225-230, 2017.

HUNTINGTON, Ellsworth. Geography and History. **The Canadian Journal of Economic and Political Science**, v.3, n.4, p.565-572, November, 1937.

HUNTINGTON, Samuel. **O Choque das Civilizações**. Rio de Janeiro: Objetiva, 1997.

HUTTA, Jan Simon. The affective life of semiotics. **Geographica Helvetica**, v.70, i.4, p.295-309, October, 2015.

HUYSSEN, Andreas. Mapping the Postmodern. **New German Critique**, n.33, p.5-52, Autumn, 1984.

HUYSSEUNE, Michel. Landscape as a symbol of nationhood: the Alps in the rethoric of the Lega Nord. **Nations and Nationalism**, v.16, n.2, p.354-373, 2010.

IÇDUYGU, Ahmet; ROMANO, David; SIRKECI, Ibrahim. The ethnic question in an environmental of insecurity: The Kurds in Turkey. **Ethnic and Racial Studies**, v.22, n.6, p.991-1010, 1999.

INGLIS, Fred. Nation and community: a landscape and its morality. **The Sociological Review**, v.25, i.3, p.489-514, 1977.

INGOLD, Tim. The temporality of the landscape. **World Archaelogy**, v.25, n.2, p.152-174, 1993.

INGOLD, Tim. Culture on the ground: The world perceived through the feet. **Journal of Material Culture**, v.9, n.3, p.315-340, 2004.

INGOLD, Tim. Materials against materiality. **Archaeological Dialogues**, v.14, i.1, p.1-16, April, 2007.

INGOLD, Tim. Against Soundscape. (in): CARLYLE, A. **Sound and the environmental in artistic pratice**. Paris: Autumn Leaves, p.10-13, 2007.

INGOLD, Tim. Da transmissão de representações à educação da atenção. **Educação**, v.33, n.1, p.6-25, Jan./Abr., 2010.

INGOLD, Tim. Trazendo as coisas de volta à vida: emaranhados criativos em um mundo de materiais. **Horizontes Antropológicos**, ano 18, n.37, p.25-44, Jan./Jun., 2012.

INGOLD, Tim. Repensando o animado, animando o pensamento. **Espaço Ameríndio**, v.7, n.2, p.10-25, Jul./Dez., 2013.

INGOLD, Tim. That´s enough about ethnography! **Journal of Ethnographic Theory**, v.4, n.1, p.383-395, 2014.

INKPEN, Rob; COLLIER, Peter; RILEY, Mark. Topographic relations: developing a heuristic device for conceptualising networked relations. **Area**, v.39, n.4, p.536-543, 2007.

ISAAC, Erich. Myths, cults and livestock breeding. **Diogenes**, v.11, i.41, p.70-93, 1963.

ISLAM, Tolga. Outside the core: gentrification in Istambul. (in): Atkinson, Rowland; Bridge, Gary. **Gentrification in a Global Context: The new urban colonialism.** New York: Routledge, 2005.

IVAKHIV, Adrian. Toward a Geography of "Religion": Mapping the Distribution of an Unstable Signifier. **Annals of the Association of American Geographers**, v.96, i.1, p.169-175, 2006.

IVERSON, Wayne D. And That´s About the Size of It: Visual Magnitude as a Measurement of the Physical Landscape. **Landscape Journal**, v.4, n.1, p.14-22, 1985.

JACKSON, Peter. A Plea for Cultural Geography. **Area**, v.12, n.2, p.110-113, 1980.

JACKSON, Peter. Phenomenology and Social Geography. **Area**, v.13, n.4, p.299-305, 1981.

JACKSON, Peter. Social Geography: the rediscovery of place. **Progress in Human Geography**, v.10, i.1, p.118-124, 1986.

JACKSON, Peter. **Maps of Meaning.** London and New York: Routledge, 1989.

JACKSON, Peter. Mapping meanings: a cultural critique of locality studies. **Environmental and Planning A**, v.23, p.215-228, 1991a.

JACKSON, Peter. Guest Editorial: The crisis of representation and the politics of position. **Environmental and Planning D, Society and Space**, v.9, p.131-134, 1991b.

JACKSON, Peter. Berkeley and Beyond: Broadening the Horizons of Cultural Geography. **Annals of the Association of American Geographers**, v.83, n.3, p.519-520, 1993.

JACKSON, Peter. The idea of culture: a response to Don Mitchell. **Transactions of the Institute of British Geographers**, v.21, p.572-573, 1996.

JACKSON, Peter. Geography and the cultural turn. **Scottish Geographical Magazine**, v.113, n.3, p.186-188, 1997.

JACKSON, Peter. Constructions of "Whiteness" in the geographical imagination. **Area**, v.30, n.2, p.99-106, 1998.

JACKSON, Peter. Commodity cultures: the traffic in things. **Transactions of British Geographers**, n.24, p.95-108, 1999.

JACKSON, Peter. Rematerializing social and cultural geography. **Social & Cultural Geography**, v.1, n.1, p.9-14, 2000.

JACKSON, Peter. Thinking Geographically. **Geography**, v.91, n.3, p.199-204, 2006.

JACKSON, Peter. A idéia de cultura: uma resposta a Don Mitchell. **Espaço e Cultura, UERJ**, Edição Comemorativa, p.103-105, 2008.

JACKSON, Peter. New directions in cultural geography revisited. **Area**, v.48, n.3, p.367-370, 2016.

JACKOWSKI, Antoni. Geography of Religion. **Peregrinus Cracoviensis**, n.13, p.25-33, 2002.

JACQUES, David L. Landscape Appraisal: the case for a Subjective Theory. **Journal of Environmental Management**, v.10, p.107-115, 1980.

JACQUES, David L. The rise of cultural landscapes. **International Journal of Heritage Studies**, v.1, n.2, p.91-101, 1995.

JACQUES, David L; SHUTTLEWORTH, S. Landscape Appraisal: the "objective/subjective" debate. **Landscape Research**, v.6, n.1, p.32-33, 1981.

JAKLE, John A. Space, and the Geographic Past: A Prospectus for Historical Geography. **The American Historical Review**, v.76, n.4, p.1084-1103, October, 1971.

JAKUBOWSKA, Longina. Political Drama in Poland: The Use of National Symbols. **Anthropology Today**, v.6, n.4, p.10-13, August, 1990.

JAMESON, Fredric. O romance histórico ainda é possível? **Novos Estudos**, v.77, p.185-203, Março, 2007.

JASKULOWSKI, Krzysztof. The magic of the national flag. **Ethnic and Racial Studies**, v.39, i.4, p.557-573, 2016.

JEANS, D. N. Changing Formulations of the Man-Environmental Relationship in Anglo-American Geography. **Journal of Geography**, v.73, n.3, p.36-40, 1974.

JEANS, D. N. The first world war memorials in New South Wales: centres of meaning in landscape. **Australian Geographer**, v.19, n.2, p.259-267, 1988.

JECSON, Girão Lopes. A Geografia Humanística como ferramenta de ensino. **Geosaberes**, v.1, n.2, p.25-38, 2010.

JOHNSON, Nuala. Cast in stone: monuments, geography, and nationalism. **Environmental and Planning D: Society and Space**, v.13, p.51-65, 1995.

JOHNSON, Nuala. Framing the past: time, space and the politics of heritage tourism in Ireland. **Political Geography**, v.18, i.2, p.187-207, February, 1999.

JOHNSON, Nuala. Mapping monuments: the shaping of public space and cultural identities. **Visual Communication**, v.1, n.3, p.293-298, 2002.

JOHNSTON, R. J. **Geografia e Geógrafos**. São Paulo: Difel, 1986.

JOHNSTON, R. J; James D. Sidaway. **Geography and Geographers: anglo-american human Geography since 1945**. New York: Routledge, 2016.

JOHNSTON, Tom. Environmental Determinism. (in) Richardson, Douglas; et al. (eds). **The International Encyclopedia of Geography: people, the Earth, Environmental and Geography**, John Wiley & Sons, p.1-3, 2017.

JONES, Emrys. Cause and effect in human geography. **Annals of the Association of American Geographers**, v.46, n.4, p.369-377, 1956.

JONES, Martin. Phase Space: geography, relational thinking, and beyond. **Progress in Human Geography**, v.33, i.4, p.487-506, 2009.

JONES, Owain. Geography, Memory and Non-Representacional Geographies. **Geography Compass**, v.5, n.12, p.875-885, 2011.

JONES, Phil *et.al*. Exploring Space and Place With Walking Interviews. **Journal of Research Practice**, v.4, i.2, p.1-9, 2008.

JONES, Rhys. What time human geography? **Progress in Human Geography**, v.28, i.3, p.287-304, 2004.

JONES, Rhys; MERRIMAN, Peter. Network Nation. **Environmental and Planning A: Economy and Space**, v.44, i.4, p.937-953, April, 2012.

JUNG, Carl G. Chegando ao inconsciente. (in) JUNG, Carl G. (org.) **O homem e os seus símbolos**. Rio de Janeiro: Nova Fronteira, 2008.

KAPLAN, David H.; HERB, Guntram H. How geography shapes national identities. **National Identities**, v.13, n.4, p.349-360, 2011.

KAPLAN, Rachel. Patterns of Environmental Preference. **Environmental and Behaviour**, v.9, n.2, p.195-216, June, 1977.

KAPLAN, Rachel; HERBERT, Eugene J. Cultural e sub-cultural comparisons in preferences for natural settings. **Landscape and Urban Planning**, v.14, p.281-293, 1987.

KAPLAN, Rachel; TALBOT, Janet Frey. Ethnicity and Preference fotNatural Settings: A Review and Recent findings. **Landscape and Urban Planning**, v.15, p.107-117, 1988.

KARJALAINEN, Pauli Tapani. House, Home and the Place of Dwelling. **Scandinavian Housing & Planning Reasearch**, n.10, p.65-74, 1993.

KARJALAINEN, Pauli Tapani. Topobiography: remembrance of places past. **Nordia Geographical Publications**, v.38, n.5, p.31-34, 2009.

KARJALAINEN, Pauli Tapani. Lugar em Urwind: uma visão geográfica humanista. **Geograficidade**, v.2, n.2, p.4-22, Inverno, 2012.

KARJALAINEN, Pauli Tapani. On topobiography; or, how to write one´s place. **Nordia Geographical Publications**, v.44, n.4, p.101-107, 2015.

KAY, Jeanne. Commentary on "The Social Origins of Environmental Determinism". **Annals of the Association of American Geographers**, v.76, n.2, p.275-277, 1986.

KEARNS, Gerry. **Geopolitics and Empire: The legacy of Halford Mackinder**. New York: Oxford University Press, 2009.

KEARNS, Robin A. Place and Health: Towards a Reformed Medical Geography. **Professional Geographer**, v.45, n.2, p.139-147, May, 1993.

KEEGAN, John. **Uma história da Guerra**. São Paulo: Companhia das letras, 2006.

KENNEDY, Christina B; SELL, James L.; ZUBE Ervin H. Landscape Aesthetics and Geography. **Environmental Review**, v.12, n.3, p.31-55, Autumn, 1988.

KENNEDY, Paul M. **The rise and fall of british naval mastery**. London: Penguin Books, 1976.

KENNY, Judith T. Climate, Race, and Imperial Authority: The Symbolic Landscape of the British Hill Station in India. **Annals of the Association of American Geographers**, v.85, n.4, p.694-714, 1995.

KENNY, Judith T. Claiming the high ground: theories of imperial authority and the British hill stations in India. **Political Geography**, v.16, n.8, p.655-673, 1997.

KENZER, Martin S. Milieu and the "Intellectual Landscape": Carl O. Sauer´s Undergraduate Heritage. **Annals of the Association of American Geographers**, v.75, n.2, p.258-270, 1985.

KEOHANE, Robert O. e Nye Jr., Joseph S. **Power and Interdependence**. New York: Longman, 2012.

KERSTEN, Earl W. Sauer and "Geographical Influences". **Yearbook of the Association of Pacific Coast Geographers**, v.44, p.47-72, 1982.

KHMELKO, Valeri; WILSON, Andrew. Regionalism and Ethnic and Linguistic Cleavages in Ukraine. (in): KUZIO, Taras. **Dynamics of Post-Soviet Transformation: Contemporary Ukraine**. Routledge: London and New York, 1998.

KINDA, Akihiro. Some traditions and methodologies of Japanese historical geography. **Journal of Historical Geography**, v.23, n.1, p.62-75, 1997.

KING, Leslie J. Areal associations and regressions. **Annals of the Association of American Geographers**, v.69, i.1, p.124-128, 1979.

KINGSBURY, Paul. The extimacy of space. **Social & Cultural Geography**, v.8, n.2, p.235-258, 2007.

KINKAID, Eden. Is post-phenomenology a critical geography? Subjectivity and difference in post-phenomenological geographies. **Progress in Human Geography**, v.45, i.2, p.298-316, April, 2021.

KIRMAN, Joseph M. Aesthetics in Geography: Ideas for Teaching Geography Using Poetry. **Journal of Geography**, v.106, n.5, p.207-214, 2007.

KIRSCHENBLATT-GIMBLETT, Barbara. Theorizing Heritage. **Ethnomusicology**, v.39, n.3, p.367-380, Autumn, 1995.

KIRSCHENBLATT-GIMBLETT, Barbara. Folklore's crisis. **The Journal of American Folklore**, v.111, n.441, p.281-327, Summer, 1998.

KIRSCHENBLATT-GIMBLETT, Barbara. Intangible Heritage as Metacultural Production. **Museum International**, v.56, i.1-2, p.52-65, May, 2004.

KIYOTANI, Ilana. O conceito de paisagem no tempo. Florianópolis: **Geosul**, v.29, n.57, p.27-42, Jan./Jun., 2014.

KNEALE, James. From beyond: H. P. Lovecraft and the place of horror. **Cultural Geographies**, v.13, i.1, p.106-126, January, 2006.

KNOTT, Kim. Spatial Theory and Method for the Study of Religion. **Temenos**, v.41, n.2, p.153-184, 2005.

KNOTT, Kim. Religion, Space and Place: The Spatial Turn in Research on Religion. **Religion and Society: Advances in Research**, v.1, p.29-43, 2010.

KOCH, Natalie. Sport and soft authoritarian nation-building. **Political Geography**, v.32, p.42-51, 2013.

KOCH, Natalie. Gulf Nationalism and the Geopolitics of Construction of Falconry as Heritage Sport. **Studies in Ethnicity and Nationalism**, v.15, i.3, p.522-539, December, 2015.

KOCH, Natalie; PAASI, Anssi. Banal Nationalism 20 years on: Re-thinking, re-formulating and re-contextualizing the concept. **Political Geography**, v.54, p.1-6, June, 2016.

KONG, Lily L. L. Geography and religion: trends and prospects. **Progress in Human Geography**, v.14, i.3, p.355-371, September, 1990.

KONG, Lily L. L. Negotiating Conceptions of "Sacred Space": A Case Study of Religious Buildings in Singapore. **Transactions of the Institute of British Geographers**, v.18, n.3, p.342-358, 1993.

KONG, Lily L. L. A "new" cultural geography? Debates about invention and reinvention. **Scottish Geographical Magazine**, v.113, n.3, p.177-185, 1997.

KONG, Lily L. L. Mapping "new" geographies of religion: politics and poetics in modernity. **Progress in Human Geography**, v.25, i.2, p.211-233, 2001.

KONG, Lily L. L. Global shifts, theoretical shifts: changing geographies of religion. **Progress in Human Geography**, v.34, i.6, p.755-776, December, 2010.

KONG, Lily L. L.; TAY, Lily. Exalting the past: nostalgia and the construction of heritage in children´s literature. **Area**, v.30, n.2, p.133-143, June, 1998.

KOROSTELINA, Karina. Constructing nation: national narratives of history teachers in Ukraine. **National Identities**, v.15, n.4, p.401-416, 2013.

KOSTØ, Pål. National symbols as signs of unity and division. **Ethnic and Racial Studies**, v.29, n.4, p.676-701, 2006.

KRAUSE, Franz; STRANG, Veronica. Thinking Relantionships Through Water. **Society & Natural Resources**, v.29, n.6, p.633-638, 2016.

KROEBER, Alfred. The superorganic. **American Anthropologist**, v.19, n.2, Apr./Jun., 1917.

KROH, Dawn P.; GIMBLETT, Randy H. Comparing live experience with pictures in articulating landscape preference. **Landscape Research**, v.17, n.2, p.58-69, 1992.

KRUSE II, Robert J. Imagining Strawberry Fields as a place of pilmigrage. **Area**, v.35, i.2, p.154-162, 2003.

LACOSTE, Yves. **Geografia do Subdesenvolvimento**. São Paulo e Rio de Janeiro: Difel, 1978.

LACOSTE, Yves. **A geografia – isso serve, antes de tudo, para fazer a guerra**. Campinas: Papirus, 2005.

LAGOPOULOS, Alexandros P. Postmodernism, geography and the social semiotics of space. **Environmental and Planning D: Society and Space**, v.11, i.3, p.255-278, 1993.

LAMME III, A. J. The use of novels in geography classrooms. **Journal of Geography**, v.76, n.2, p.66-68, 1977.

LANDES, David Saul. **Riqueza e a pobreza das nações: por que algumas são tão ricas e outras são tão pobres**. Rio de Janeiro: Campus, 1998.

LANDO, Fabio. Fact and Fiction: Geography and Literature. **Geojournal**, v.38, n.1, p.3-18, 1996.

LANDZELIUS, Michael. Commemorative dis(re)membering: erasing heritage, spatializing disinheritance. **Environmental and Planning D: Society and Space**, v.21, i.2, p.195-221, 2003.

LANGTON, John. The Two Traditions of Geography, Historical Geography and the Study of Landscapes. **Geografiska Annaler**, v.70, n.1, p.17-25, 1988.

LARAIA, Roque de Barros. **Cultura: um conceito antropológico**. Rio de Janeiro: Jorge Zahar, 2009.

LARSEN, Laragh. Re-placing imperial landscapes: colonial monuments and the transition to independence of Kenya. **Journal of Historical Geography**, v.38, p.45-56, 2012.

LARSEN, Svend Erik. Is nature really natural? **Landscape Research**, v.17, n.3, p.116-122, 1992.

LATOUR, Bruno. **We have never been modern**. London: Harvester Wheatsheaf, 1993.

LATOUR, Bruno. On actor-network theory: a few clarifications. **Soziale Welt**, v.47, i.4, p.369-381, 1996.

LAURENCE, William. Roads to Rainforest Ruin. **New Scientist**, n.203, p.24-25, 2009.

LAURENCE, William; GOOSEM, Miriam; LAURANCE, Susan G. W. Impacts of roads and linear clearings on tropical forests. **Trends in Ecology and Evolution**, n.24, p.659-669, 2009.

LAURIER, Eric; PHILO, Chris. Possible geographies: a passing encounter in a café. **Area**, v.38, n.4, p.353-363, 2006.

LAW, John. Notes on the Theory of the Actor-Network: Ordering, Strategy, and Heterogeneity. **Systems Practice**, v.5, n.4, p.379-393, 1992.

LEA, Jennifer. Post-Phenomenology/Post-Phenomenological Geographies. (in) KITCHIN, Rob; THRIFT, Nigel. **Encyclopedia of Human Geography**. Elsevier, Amsterdam, 2009.

LEE, Sherman E. Chinese Landscape Painting. **The Bulletin of the Cleveland Museum of Art**, v.41, n.9, p.199-201, November, 1954.

LEES, Lynn Hollen. Urban public space and imagined communities in the 1980s and 1990s. **Journal of Urban History**, v.20, n.4, p.443-465, August, 1994.

LEIB, Jonathan. Identity, banal nationalism, contestation, and north american license plates. **The Geographical Review**, v.101, n.1, p.37-52, January, 2011.

LEIGHLY, John. Carl Ortwin Sauer, 1889-1975. **Annals of the Association of American Geographers**, v.66, n.3, p.337-348, September, 1976.

LEIGHLY, John. Drifting into geography in the twenties. **Annals of the Association of American Geographers**, v.69, n.1, p.4-9, March, 1979.

LEITE, Adriana Filgueira. O lugar: Duas Acepções Geográficas. **Anuário do Instituto de Geociências-UFRJ**, v.21, p.9-20, 1998.

LEITE, Maria Angela Foggin Pereira. Natureza e Cultura: Paisagem, Objetos e Imagens. **Paisagem Ambiente**, n.18, p.59-70, 2004.

LEITE, Maria Angela Foggin Pereira. Uma narrativa da paisagem. **Paisagem Ambiente**, n.28, p.59-78, 2011.

LEITNER, Helga; KANG, Petei. Contested urban landscapes of nationalism: the case of Taipei. **Ecumene**, v.6, n.2, p.214-133, 1999.

LEMOS, Amalia Inés Geraiges. Geografia da modernidade e geografia da pós-modernidade. **Geousp: Espaço e Tempo**, v.3, n.1, p.27-39, 1999.

LENCIONI, Sandra. **Região e Geografia**. São Paulo: EDUSP, 2014.

LÉVI-STRAUSS, Claude. **Le cru et le cruit**. Paris: Plon, 1967.

LÉVI-STRAUSS, Claude. **Mito e significado**. Lisboa: Edições 70, 1978.

LÉVI-STRAUSS, Claude. **O pensamento selvagem**. Campinas: Papirus, 1989.

LÉVI-STRAUSS, Claude. **Antropologia Estrutural**. São Paulo: CosacNaify, 2008.

LEVINE, Gregory J. On the Geography of Religion. **Transactions of the Institute of British Geographers**, v.11, n.4, p.428-440, 1986.

LÉVY, Jacques. Os novos espaços da mobilidade. **Geographia**, v.3, n.6, p.7-17, 2001.

LEWIS, Bernard. **O que deu errado no Oriente Médio?** Rio de Janeiro: Jorge Zahar, 2002.

LEWIS, Bernard. **Os assassinos: os primórdios do terrorismo no islã.** Rio de Janeiro, Jorge Zahar, 2003.

LEWIS, Bernard. **A crise do islã: Guerra Santa e Terror profano.** Rio de Janeiro: Jorge Zahar, 2004.

LEWIS, Bernard. **A descoberta da Europa pelo islã.** São Paulo: Perspectiva, 2010.

LEWIS, Peirce F. The Future of the Past: Our Clouded Vision of Historic Preservation. **Pioneer America**, v.7, n.2, p.1-20, July, 1975.

LEWIS, Peirce F. Beyond description. **Annals of the Association of American Geographers**, v.75, n.4, p.465-477, 1985.

LEWIS, Peter G. The politics of Iranian place-names. **Geographical Review**, v.72, n.1, p.99-102, January, 1982.

LEY, David. Cultural/humanistic geography. **Progress in Human Geography**, v.5, i.2, p.249-257, 1981.

LEY, David. Postmodernism, or the cultural logic of advanced intellectual capital. **Tijdschrift voor Economische en Sociale Geografie**, v.84, n.3, p.171-174, 1993.

LIGHT, Duncan. Street names in Bucharest, 1990-1997: exploring the modern historical geographies of post-socialist change. **Journal of Historical Geography**, v.30, n.1, p.154-172, 2004.

LIMA, Catharina P. C. dos Santos. Natureza e Cultura: O conflito de Gilgamesh. **Paisagem Ambiente**, n.18, p.7-57, 2004.

LIMONAD, Ester. A cidade na pós-modernidade: entre a ficção e a realidade. **Geographia**, ano II, n.3, p.89-110, 2000.

LINTON, David L. The assessment of scenery as a natural resource. **Scottish Geographical Magazine**, v.84, n.3, p.219-238, 1968.

LIVINGSTONE, D. N.; HARISSON, R. T. The frontier: metaphor, myth and model. **The Professional Geographer**, v.32, n.2, p.127-132, 1980.

LÖFGREN, Orvar. Island Magic and the making of a transnational region. **The Geographical Review**, v.97, n.2, p.244-259, April, 2007.

LOFTSDÓTTIR, Kristín. Iceland, rejected by Mcdonald´s: desire and anxieties in a global crisis. **Social Anthropology**, v.22, n.3, p.340-353, 2014.

LONG, Joanna C. Rooting diaspora, reviving nation: Zionist landscapes of Palestine-Israel. **Transactions of the Institute of British Geographers**, v.34, i.1, p.61-77, 2009.

LORIMER, Hayden. Cultural geography: the busyness of being "more-then-representational". **Progress in Human Geography**, v.29, i.1, p.83-94, 2005.

LORIMER, Hayden. Herding Memories of humans and animals. **Environment and Planning D: Society and Space**, v.24, p.497-518, 2006.

LORIMER, Hayden. Cultural geography: worldly shapes, differently arranged. **Progress in Human Geography**, v.31, n.1, p.89-100, February, 2007.

LORIMER, Hayden. Cultural geography: non-representational conditions and concerns. **Progress in Human Geography**, v.32, i.4, p.551-559, February, 2008.

LORIMER, Jaime. Moving image methodologies for more-than-human geographies. **Cultural Geographies**, v.17, n.2, p.237-258, 2010.

LORNELL, Christopher; MEALOR JR., W. Theodore. Traditions and Research Opportunities in Folk Geography. **Professional Geographer**, v.35, n.1, p.51-56, 1983.

LOVELOCK, James. **A Vingança de Gaia**. Rio de Janeiro: Intríseca, 2006.

LOVELOCK, James. **Gaia: Alerta Final**. Rio de Janeiro: Intríseca, 2010.

LÖW, Martina. O spatial turn: para uma sociologia do espaço. **Tempo social**, v.25, n.2, p.17-34, Novembro, 2003.

LOWENTHAL, David. Geography, experience, and imagination: towards a geographical epistemology. **Annals of the Association of American Geographers**, v.51, n.3, p.241-260, September, 1961.

LOWENTHAL, David. The American Scene. **Geographical Review**, v.58, n.1, p.61-88, January, 1968.

LOWENTHAL, David. Past Time, Present Place: Landscape and Memory. **Geographical Review**, v.65, n.1, p.1-36, January, 1975.

LOWENTHAL, David. The Bicentennial Landscape: A Mirror Held Up to the past. **Geographical Review**, v.67, n.3, p.253-267, July, 1977.

LOWENTHAL, David. Finding valued landscapes. **Progress in Human Geography**, v.2, i.3, p.373-418, March, 1978.

LOWENTHAL, David. Environmental perception: preserving the past. **Progress in Human Geography**, v.3, i.4, p.549-559, December, 1979.

LOWENTHAL, David. History and Memory. **The Public Historian**, v.19, n.2, p.30-39, Spring, 1997.

LOWENTHAL, David. Fabricating Heritage. **History & Memory**, v.10, n.1, p.5-24, Spring, 1998.

LOWENTHAL, David. Natural and Cultura Heritage. **International Journal of Heritage Studies**, v.11, n.1, p.81-92, March, 2005.

LOWENTHAL, David. Living with and looking at landscape. **Landscape Research**, v.32, n.5, p.635-656, 2007a.

LOWENTHAL, David. Island, Lovers and Others. **Geographical Review**, v.97, n.2, p.202-229, April, 2007b.

LOWENTHAL, David. Why the Past Matters. **Heritage & Society**, v.4, n.2, p.159-172, 2011.

LOWENTHAL, David. **The Past is a Foreign Country**. New York: Cambridge University Press, 2015.

LOWENTHAL, David; PRINCE, Hugh C. English Landscapes Tastes. **Geographical Review**, v.55, n.2, p.186-222, 1965.

LOWENTHAL, David; RIEL, Marquita. The nature of perceived and imagined environments. **Environment and Behavior**, v.4, p.189-207, 1972.

LOWTHER, Gordon R. Idealist History and Historical Geography. **The Canadian Geographer**, v.4, i.14, p.31-36, December, 1959.

LUCCI, Elian Alabi; Branco, Anselmo Lázaro; Mendonça, Cláudio. **Território e Sociedade no Mundo Globalizado 1**. São Paulo: Saraiva, 2017.

LUKERMANN, Fred E. Geography as a Formal Intellectual discipline and the way in which contributes to human knowledge. **The Canadian Geographer**, v.8, i.4, p.167-172, 1964.

LUKINBEAL, Chris. Cinematic Landscapes. **Journal of Cultural Geography**, v.23, n.1, p.3-22, 2005.

LYOTARD, Jean-François. **A condição pós-moderna**. Rio de Janeiro: José Olympio, 2009.

MACIEL, Caio Augusto Amorim. Morfologia da Paisagem e imaginário geográfico: uma encruzilhada onto-gnoseológica. **Geographia**, v.3, n.6, p.1-12, 2001.

MACIEL, Caio Augusto Amorim; VASCONCELOS, Priscila Batista. Entre paisagens e panoramas: fotografia e metáforas visuais. **Espaço e Cultura**, UERJ, n.48, p.1-21, 2020.

MACFIE, Alexander Lyon. **Orientalism**. Londres: Person Education, 2002.

MACKEY, Eva. "Death by Landscape": Race, Nature, and Gender in Canadian Nationalist Mythology. **Canadian Woman Studies**, v.20, n.2, p.125-130, 2000.

MACKINDER, Halford J. **Democratic Ideals and realities**. New York: Henry Holt And Company, 1919.

MACKINDER, Halford J. The geographical Pivot of History. In: Tuathail, Gearóid Ó; Dalby, Simon; Routledge, Paul. **The Geopolitics Reader**. London: Routledge, 2003.

MACLEAN, Matthew. Suburbanization, National Space and Place, and the Geography of Heritage in the UAE. **Journal of Arabian Studies**, v.7, n.2, p.157-178, 2017.

MACPHERSON, Hannah. Non-Representational Approaches to Body-Landscape Relations. **Geography Compass**, v.4, n.1, p.1-13, 2010.

MACPHERSON, Hannah. Navigation a non-representational research landscape and representing "under-represented groups": from complexity to strategic essentialism (and back). **Social & Cultural Geography**, v.12, n.6, p.544-548, 2011.

MACPHERSON, Hannah. Walking methods in landscape research: moving bodies, spaces of disclosure and rapport. **Landscape Research**, v.41, i.4, p.425-432, April, 2016.

MADDERN, Jo Frances; ADEY, Peter. Editorial: spectro-geographies. **Cultural Geographies**, v.15, i.3, p.291-295, July, 2008.

MAFFESOLI, Michel. O imaginário é uma realidade. **Revista Famecos**, n.15, p.74-82, Agosto, 2001.

MAGALHÃES, Cristiane Maria. A dimensão patrimonial da paisagem. **Poços de Caldas: II Fórum Regional do Patrimônio de Poços de Caldas**, p.1-16, 2017.

MAGNOLI, Miranda Martinelli. Paisagens urbanas – imaginário na fase da atual globalização. **Paisagem Ambiente**, n.35, p.13-59, 2015.

MAHAN, Alfred Thayer. The influence of Sea Power upon history. **Blacksmack Online**, 2004. Disponível em http://www.blackmask.com acesso em 1 de julho de 2020.

MAKHOTINA, Ekaterina. Between heritage and (identity) politics: dealing with the signs of communism in post-Soviet Lithuania. **National Identities**, v.23, i.5, p.511-530, 2021.

MALANSON, George P. **Riparian Landscapes**. New York: Cambridge University Press, 2002.

MALANSKI, Lawrence Mayer. Geografia escolar e paisagem sonora. **Ra`e`ga**, v.22, p.252-273, 2011.

MALANSKI, Lawrence Mayer. Geografia Humanista: percepção e representação espacial. **Revista geográfica de América Central**, n.52, p.29-50, Enero-Junio, 2014.

MALANSKI, Lawrence Mayer. O interesse do geógrafo pelos sons: alinhamento teórico e metodológico para estudos das paisagens sonoras. **Ra`e`ga**, v.40, p.145-162, Agosto, 2017.

MALPAS, Jeff. Retrieving Truth: Modernism, Post-Modernism and The Problem of the Truth. **Soundings: an Interdisciplinary Journal**, v.75, n.2/3, p.287-306, Summer/Fall, 1992.

MALPAS, Jeff. New Media, Cultural Heritage, amd the Sense of Place: Mapping the Conceptual Ground. International **Journal of Heritage Studies**, v.14, n.3, p.197-209, 2008.

MALPAS, Jeff. Putting space in place: philosophical topography and relational geography. **Environmental and Planning D: Society and Space**, v.30, i.2, p.226-242, April, 2012.

MALPAS, Jeff. Placing understanding/Understanding Place. **Sophia**, n.56, p.379-391, 2017.

MANNING, Owen D. Landscapes Revisited: a note on the methodology of criticism. **Landscape Research**, v.20, n.2, p.77-86, 1995.

MARANDOLA JR., Eduardo. Da existência e da experiência: origens de um pensar e de um fazer. **Caderno de Geografia**, v.15, n.24, p.49-67, 2005a.

MARANDOLA JR., Eduardo. Arqueologia fenomenológica: em busca da experiência. **Terra Livre**, Ano 21, v.2, n.25, p.67-79, Jul./Dez., 2005b.

MARANDOLA JR., Eduardo. Humanismo e a abordagem cultural em geografia. **Geografia**, Rio Claro, v.30, n3, p.393-419, Set./Dez., 2005c.

MARANDOLA JR., Eduardo. Fenomenologia e pós-fenomenologia: alternâncias e projeções do fazer geográfico humanista na geografia contemporânea. **Geograficidade**, v.3, n.2, p.49-64, Inverno, 2013.

MARANDOLA JR. Natureza e sociedade: em busca de uma geografia romântica. **Revista Terceiro Incluído**, v.7, p.7-17, 2017a.

MARANDOLA JR., Morte e vida do lugar: experiência política da paisagem. **Pensando – Revista de Filosofia**, v.8, n.16, p.33-50, 2017b.

MARANDOLA JR., Eduardo. Olhar encarnado, geografias em formas-de-vida. **Geotextos**, v.14, n.2, p.237-254, Dezembro, 2018a.

MARANDOLA JR., Eduardo. O gosto da morte na vida dos lugares. **Geografias – edição especial sabores geográficos**, p.71-82, 2018b.

MARANDOLA JR., Eduardo. Lugar e lugaridade. **Mercator**, v.19, p.1-12, 2020a.

MARANDOLA JR., Eduardo. Na fissura do presente. **Geograficidade**, v.10, n.especial, p.48-72, Outono, 2020b.

MARANDOLA JR., Eduardo. "O erro de Heidegger": do Estado-nação ao lugar como habitar poético. **Geotextos**, v.16, n.2, p.199-225, Dezembro, 2020c.

MARANDOLA, Hugo Leonardo; OLIVEIRA, Lívia de. Origens da paisagem em Augustin Berque: pensamento paisageiro e pensamento da paisagem. **Geograficidade**, v.8, n.2, Inverno, 2018.

MARCHETTI, Bethany. Japan´s Landscape in Literature. **Journal of geography**, v.92, n.4, p.194-200, 1993.

MARKEVICIENE, Jurate. The spirit of place – the problem of (re)creating. **Journal of Architecture and Urbanism**, v.36, n.1, p.73-81, April, 2012.

MARSH, John. Postcard Landscapes: an Exploration in Method. **Canadian Geographer**, v.29, n.3, p.265-267, 1985.

MARTIN, A. F. The Necessity for Determinism: A Metaphysical Problem Confronting Geographers. **Transactions and Papers (Institute of British Geographers)**, n.17, p.1-11, 1951.

MARTIN, Daniel W. Do you auralize? **The Journal of the Acoustical Society of America**, v.24, n.4, p.416, July, 1952.

MARTIN, Lauren; SECOR, Anna J. Towards a post-mathematical topology. **Progress in Human Geography**, v.38, i.3, p.420-438, June, 2014.

MARTINS, Élvio Rodrigues. Geografia e ontologia: o fundamento geográfico do ser. **Geousp: Espaço e Tempo**, n.21, p.33-51, 2007.

MARTINI, Alice de; Del Gaudio, Rogata Soares. **Geografia Ensino Médio 1º Ano**. São Paulo: IBEP, 2013.

MASSEY, Doreen. Questions of locality. **Geography**, v.78, n.2, p.142-149, April, 1993.

MASSEY, Doreen. Places and Their Pasts. **History Workshop Journal**, n.39, p.182-192, Spring, 1995.

MASSEY, Doreen. Talking of space-time. **Transactions of the Institute of British Geographers**. New series, v.26, n.2, p.257-261, 2001.

MASSEY, Doreen. Globalisation: What does it means for geography? **Geography**, v.87, n.4, p.293-296, October, 2002.

MASSEY, Doreen. The Responsabilities of Place. **Local Economy**, v.19, n.2, p.97-101, May, 2004.

MASSEY, Doreen. Landscape as provocation. **Journal of Material Culture**, v.11, n.1, p.33-48, 2006.

MASSEY, Doreen. A mente geográfica. **Geographia**, v.19, n.40, p.36-40, Mai./Ago., 2017.

MASSEY, Doreen; Keynes, Milton. Filosofia e política da espacialidade: algumas considerações. **Geographias**, v.6, n.12, p.7-23, 2004.

MATHEWSON, Kent. Sequent occupance. (In): **The International Encyclopedia of Geography: people, the Earth, Environmental and Geography**, John Wiley & Sons, p.1-4, 2017.

MATLESS, David. An occasion for geography: landscape, representation, and Foucault's corpus. **Environmental and Planning D: Society and Space**, 1992, v.10, i.1, p.41-56, February, 1992.

MATLESS, David. Effects of History. **Transactions of the Institute of British Geographers**, v.20, n.4, p.405-409, 1995.

MAXIMIANO, Liz Abad. Considerações sobre o conceito de paisagem. **RA 'E GA**, n.8, p.83-91, 2004.

MAY, J. "A Little Taste of Something More Exotic": The Imaginative Geographies of Everyday Life. **Geography**, v.81, n.1, p.57-64, January, 1996.

MAY, J. Algumas Observações sobre a filosofia implícita de Carl Sauer. (in): Roberto Lobato; Rosendahl, Zeny (Orgs.) **Sobre Carl Sauer**. Rio de Janeiro: Eduerj, 2011.

MCBRIDE, Neil. Actor-Network Theory and the Adoption of Mobile Communications. **Geography**, v.88, n.4, p.266-276, October, 2003.

MCCOMARCK, Derek P. The circumstances of post-phenomenological life worlds. **Transactions of the Institute of British Geographers**, v.42, i.1, p.2-13, March, 2017.

MCDONALD, Barry. Tradition as Personal Relantionship. **The Journal of American Folklore**, v.110, n.435, p.47-67, Winter, 1997.

MCEWAN, Cheryl. Paradise or pandemonium? West African landscapes in the travel accounts of Victorian Women. **Journal of Historical Geography**, v.22, n.1, p.68-83, 1996.

MCFARLANE, Colin. Translocal assemblages: Space, power and social movements. **Geoforum**, v.40, i.4, p.561-567, July, 2009.

MCLUHAN, Hebert Marshall e Fiore, Quentin. **Guerra e Paz na Aldeia Global**. Rio de Janeiro: Record, 1971.

MCMANIS, Douglas R. Places for mysteries. **Geographical Review**, v.68, n.3, p.319-334, July, 1978.

MEDEIROS, Aline Lúcia Nogueira. Paisagem de Praia. **Geograficidade**, v.10, n.especial, p.269-277, Outono, 2020.

MEINIG, Donald W. Geography as an art. **Transactions of the Institute of British Geographers**, New Series, v.8, n.3, p.314-328, 1983.

MEINIG, Donald W. O olho que observa: dez versões de uma mesma cena. **Espaço e Cultura**, n.13, p.35-46, Jan./Jul., 2002.

MELLO, João Baptista Ferreira de. Símbolos dos lugares, dos espaços e dos "deslugares". **Espaço e Cultura**, UERJ, edição comemorativa, p.167-174, 2008.

MELLO, Leonel Itaussu Almeida Mello. **Quem tem medo da geopolítica?** São Paulo: Edusp, 1999.

MELS, Tom. Landscape unmasked: Kenneth Olwig and the ghostly relations between concepts. **Cultural Geographies**, v.10, p.379-387, 2003.

MEMMI, Albert. **Retrato do colonizado precedido pelo retrato do colonizador**. Rio de Janeiro: Paz e Terra, 1977.

MENDES, Luís. Cidade pós-moderna, gentrificação e a produção social do espaço fragmentado. **Cadernos metrópole**, v.13, n.26, p.473-495, Jul./Dez., 2011.

MEREDITH, T. The upper Columbia valley, 1900-1920: an assessment of "boosterism" and the "biography of landscape". **Canadian Geographer**, n.29, p.44-55, 1985.

MERRIMAN, Peter; JONES, Rhyan. Nations, materialities and affects. **Progress in Human Geography**, v.41, i.5, p.600-617, October, 2017.

MIKESELL, Marvin W. Tradition and innovation in cultural geography. **Annals of the Association of American Geographers**, v.68, n.1, p.1-16, March, 1978.

MILITZ, Elizabeth; SCHURR, Carolin. Affective nationalism: Banalities of belonging in Azerbaijan. **Political Geography**, v.54, p.54-63, 2016.

MILLER, Joan Edith. Mark Twain in the Geography Classroom: Should We Invite Him In? **Journal of Geography**, v.88, n.2, p.46-49, 1989.

MILLS, Caroline A. "Life on the upslope": the postmodern landscape of gentrification. **Environment and Planning D: Society and Space**, v.6, i.2, p.169-189, June, 1988.

MINCA, Claudio. The touristic landscape paradox. **Social & Cultural Geography**, v.8, n.3, 433-453, 2007.

MINCA, Claudio. Postmodernism/Postmodern Geography. (in) KITCHIN, Rob, THRIFT, Nigel. **Encyclopedia of Human Geography**. Elsevier, Amsterdam, 2009.

MINK, Louis O. Change and Causality in History of Ideas. **Eighteenth-Century Studies**, v.2, n.1, p.7-25, Autumn, 1968.

MINK, Louis O. History and Fiction as Modes of Comprehension. **New Literary History**, v.1, n.3, p.541-558, Spring, 1970.

MINK, Louis O. Historians Fallacies. Toward a Logic of Historical Thought by David Hackett Fischer. **History and Theory**, v.10, n.1, p.107-122, 1971.

MINK, Louis O. Interpretation and Narrative Understanding. **The Journal of Philosophy**, v.69, n.20, p.735-737, November, 1972.

MITCHELL, Don. Review of Writing Worlds: Discourse, Text and Metaphor in the Representation of Landscape, by T. J. Barnes and J. S. Duncan. **Professional Geographer**, v.45, n.4, 474-475, 1993.

MITCHELL, Don. There's No Such Thing as Culture: Towards a Reconceptualization of the Idea of Culture in Geography. **Transactions of the Institute of British Geographers**, new series, v.20, n.1, p.102-116, 1995.

MITCHELL, Don. Sticks and Stones: The Work of landscape (A Reply to Judy Walton's "How real(ist) Can You Get?"). **Professional Geographer**, v.48, n.1, p.94-96, 1996a.

MITCHELL, Don. Explanation in Cultural Geography: A Reply to Cosgrove, Jackson and the Duncans. **Transactions of the Institute of British Geographers**, v.21, n.3, p.580-582, 1996b.

MITCHELL, Don. Writing the western: new western history's encounter with landscape. **Ecumene**, v.5, n.1, p.7-29, 1998.

MITCHELL, Don. Não existe aquilo que chamamos de cultura: para uma reconceitualização da ideia de cultura em geografia. **Espaço e Cultura**, Rio de Janeiro, UERJ, nº8, p.31-51, Ago./Dez., de 1999.

MITCHELL, Don. The end of culture? – Culturalism and Cultural Geography in the Anglo-American "University of Excellence". **Geographische Revue**, v.2, n.2, p.3-17, 2000a.

MITCHELL, Don. **Cultural Geography: A Critical introduction**. Malden: Blackwell Publishing, 2000b.

MITCHELL, Don. The lure of the local: landscape studies at the end of a troubled century. **Progress in Human Geography**, v.25, i.2, p.269-281, 2001.

MITCHELL, Don. Cultural landscapes: the dialectical landscape – recent landscape research in human geography. **Progress in Human Geography**, v.26, i.3, p.381-389, 2002.

MITCHELL, Don. Cultural landscapes: just landscapes or landscapes of justice? **Progress in Human Geography**, v.27, i.6, p.787-796, December, 2003.

MITCHELL, Don. Explicação em Geografia Cultural: uma resposta a Cosgrove, Jackson e aos Duncans. **Espaço e Cultura**, UERJ, Edição Comemorativa, p.117-121, 2008.

MITCHELL, Katharyne. Monuments, memorials, and the politics of memory. **Urban Geography**, v.24, n.5, p.442-459, 2003.

MÖISI, Dominique. **The geopolitics of emotion: How cultures of fear, humiliation, and hope are reshaping the world**. New York: Anchor Books, 2009.

MONASTIRSKY, Lionel Brizolla. Espaço urbano: memória social e patrimônio cultural. **Terra Plural**, v.3, n.2, p.323-334, Jul./Dez., 2009.

MONBEIG, Pierre. A paisagem, espelho de uma civilização. **Geographia**, ano 6, n.11, p.109-117, 2004.

MORAES, Maristela Maria de; CALLAI, Helena Copetti. A educação geográfica numa perspectiva de interdisciplinaridade: literatura e geografia. **Geosaberes**, v.11, p.318-333, 2020.

MOREIRA, João Carlos; SENE, Eustáquio. **Geografia Geral e do Brasil**. São Paulo: Scipione, 2017.

MOREIRA, Ruy. Da região à rede e ao lugar: a nova realidade e o novo olhar geográfico sobre o mundo. **Etc: espaço, tempo e crítica**, v.1, n.1, p.55-70, Junho, 2007.

MORI, Masato. The Localness, Materiality, and Visuality of Landscape in Japan. **Japanese Journal of Human Geography**, v.66, n.6, 2014.

MORGENTHAU, Hans. **A política entre as nações**. Brasília: Editora Universidade de Brasília – Clássicos IPRI, 2003.

MORPHY, Howard. Landscape and the Reproduction of the Ancestral Past. (in:) HIRSCH, Eric; O'HALLON, Michael. **The Anthropology of Landscape: perspectives on place and space**. Oxford: Oxford University Press – Clarendon Press, 1995.

MOURA-FÉ, Marcelo Martins de. Historicidade e contemporaneidade do conceito de paisagem. **Tamoios**, ano 10, n.2, p.101-114, Jul./Dez., 2014.

MUEHRCKE, Philip C; MUEHRCKE, Juliana O. Maps in literature. **Geographical Review**, v.64, n.3, p.317-338, July, 1974.

MUIR, Richard. Landscape: a wasted legacy. **Area**, v.30, n.3, p.263-271, 1998a.

MUIR, Richard. Reading the landscape, rejecting the present. **Landscape Research**, v.23, n.1, p.71-82, 1998b.

MULLER, Edward K. Historical Geography, Geographical History, and the American Way. **Historical Geography**, v.32, p.7-18, 2004.

MÜLLER, Martin; SCHURR, Carolin. Assemblage thinking and actor-network theory: conjunctions, disjunctions, cross-fertilisations. **Transactions of the Institute of British Geographers**, v.41, i.3, p.217-229, July, 2016.

MUNN, Nancy D. The cultural anthropology of time: a critical essay. **Annual Review of Anthropology**, v.21, p.93-123, 1992.

MURDOCH, Jonathan. Towards a geography of heterogeneous associations. **Progress in Human Geography**, v.21, i.3, p.321-337, 1997.

MURDOCH, Jonathan. The spaces of Actor-Network Theory. **Geoforum**, v.29, n.4, p.357-374, 1998.

NABOZNY, Almir. Da paisagem como olhar do geógrafo à paisagem como olhar os olhares dos outros. **Geografia, Ensino & Pesquisa**, v.15, n.1, p.27-40, Jan./Abr., 2011.

NASCIMENTO, Francyjonison Custodio do; COSTA, Maria Helena Braga e Vaz da. A hermenêutica das paisagens: um diálogo entre a geografia e a filosofia de Luigi Pareyson. **Geograficidade**, v.11, n.especial, Outono, 2021.

NASCIMENTO, Rafaela Araújo do; STEINKE, Valdir Adilson. Apontamentos teóricos para a relação entre paisagem e fotografia na geografia. **Ra´e Ga**, v.44, p.21-35, Maio, 2018.

NAME, Leo. O conceito de paisagem na geografia e sua relação com o conceito de cultura. **Geotextos**, v.6, n.2, p.163-186, Dezembro, 2010.

NANDY, Ashis. A mente não colonizada. (In) Castro, Lucia Rabelo (Org.). **A imaginação emancipatória: desafios do século 21**. Belo Horizonte: Editora UFMG, 2015.

NAVEH, Zev. Interactions of landscapes and cultures. **Landscape and Urban Planning**, v.32, p.43-54, 1995.

NASSAUER, Joan Iverson. Culture and changing landscape structure. **Landscape Ecology**, v.10, n.4, p.229-237, 1995.

NETTO, Marcos Mergarejo. A geografia do queijo minas artesanal. Rio Claro: Tese de doutorado, **UNESP- Instituto de Geociências e ciências exatas** – IGCE, 2011.

NETTO, Vinícius et.al. Uma geografia temporal do encontro. **Revista de Morfologia Urbana**, v.5, n.2, p.85-101, 2017.

NEWMAN, David. Boundaries. (in) Agnew, John *et.al.* **A companion to Political Geography**. Malden: Blackwell Publishing, 2006.

NIEMANN, Eberhard. Polyfunctional landscape evaluation – aims and methods. **Landscape and Urban Planning**, v.13, p.135-151, 1986.

NOBRE, Júlio Cesar de Almeida; PEDRO, Rosa Maria Leite Ribeiro. Reflexões sobre possibilidades metodológicas da Teoria Ator-Rede. **Cadernos UniFOA**, n.14, p.47-56, Dezembro, 2010.

NOGUEIRA, Amélia Regina Batista. Geografia e a experiência do mundo. **Geografia**, v.45, n.1, p.9-23, Jan./Jun., 2020.

NÓR, Soraya. O lugar como imaterialidade da paisagem cultural. **Paisagem e Ambiente**, n.32, p.119-128, 2013.

NORA, Pierre. Between Memory and History: Les Lieux de Memoire. **Representations**, n.26, p.7-24, 1989.

NORBERG-SCHULZ, Christian. **Genius Loci: towards a phenomenology of architecture**. New York: Rizzoli, 1980.

NORBERG-SCHULZ, Christian. O fenômeno do lugar. (in) Nesbitt, Kate. **Uma nova agenda para a arquitetura**. São Paulo: Cosac Naify, 2006.

NORTON, William. The Meaning of Culture in Cultural Geography: An Appraisal. **Journal of Geography**, v.83, n.4, p.145-148, 1984.

NORTON, William. Humans, land, and landscape: a proposal for cultural geography. **The Canadian Geographer**, v.31, n.1, p.21-30, 1987.

NORTON, William. **Cultural Geography**. Toronto: Oxford University Press, 2006.

NYE JR., Joseph S. **The Paradox of American Power; Why the world´s only superpower can´t go it alone**. Oxford and New York: Oxford University Press, 2002.

NYE JR., Joseph S. **O futuro do poder**. São Paulo: Benvirá, 2012.

OAKES, Timothy. Place and the Paradox of Modernity. **Annals of the Association of American Geographers**, v.87, n.3, p.509-531, 1997.

OGBORN, Miles. Teaching qualitative historical geography. **Journal of Geography in Higher Education**, v.16, n.2, p.145-150, 1992.

OGBORN, Miles. History, memory, and the politics of landscape and space: work in historical geography from autumn 1994 to autumn 1995. **Progress in Human Geography**, v.20, i.2, p.222-229, 1996.

OGBORN, Miles. (Clock)work in historical geography: autumn 1995 to winter 1996. **Progress in Human Geography**, v.21, n.3, p.414-423, 1997.

OGBORN, Miles. The relations between geography and history: work in historical geography in 1997. **Progress in Human Geography**, v.23, i.1, p.97-108, 1999.

OHMAE, Kenichi. **O fim do Estado-nação**. Rio de Janeiro: Campus, 1999.

OHNUKI-TIERNEY, Emiko. Concepts of Time among the Ainu of the Northwest Coast of Sakhalin. **American Anthropologist**, v.71, n.3, p.488-492, 1969.

OLIVEIRA, Ana Carolina. História e pós-modernidade: uma polêmica na historiografia. **Faces da História**, v.6, n.2, p.547-552, Jul./Dez., 2019.

OLIVEIRA, Lívia de. Percepção da paisagem geográfica: Piaget, Gibson e Tuan. **Geografia**, v.25, n.2, p.5-22, 2000.

OLIVEIRA, Lívia de. Percepção do meio ambiente e geografia. **Olam – ciência e tecnologia**, v.1, n.2, p.14-28, Novembro, 2001.

OLIVEIRA, Lívia de. Introdução: o estudo do sabor pela geografia. **Geograficidade**, v.2, n.1, p.27-29, Verão, 2012a.

OLIVEIRA, Lívia de. Sabor: identidades cultural e alimentar de astecas e maias. **Geograficidade**, v.2, n.2, p.50-57, Inverno, 2012b.

OLIVEIRA, Lívia de. Sentidos de lugar e de topofilia. **Geograficidade**, v.3, n.2, p.91-93, 2013.

OLIVEIRA, Lívia de. Lugares Míticos. **Geograficidade**, v.5, n.2, p.18-25, 2015.

OLIVEIRA, Lívia de. Portal da Terra: O Espaço e o Lugar. **Geograficidade**, v.10, número especial, p.5-10, Outono, 2020.

OLIVEIRA JÚNIOR, Wenceslao Machado de. Grafar o espaço, educar os olhos. Rumo a geografias menores. **Pró-posições**, v.20, n.3, p.17-28, Set./Dez., 2009.

OLSEN, Daniel H.; TIMOTHY Dallen J. Contested Religious Heritage: Differing Views of Mormon Heritage. **Tourism Recreation Research**, v.27, n.2, p.7-15, 2002.

OLSSON, Paul Gunnar. Expressed Impressions of Impressed Expressions. **Geographical Analysis**, vol.5, n.1, p.60-64, January, 1983.

OLSSON, Paul Gunnar. Invisible Maps. **Geografiska Annaler: Series B, Human Geography**, v.73, n.1, p.85-91, 1991.

OLSSON, Paul Gunnar. Palimpsest. **Cartographica**, v.44, i.2, p.101-109, Summer, 2009.

OLSSON, Paul Gunnar. The gone is not gone. **Progress in Human Geography**, v.31, i.6, p.823-826, December, 2007.

OLWIG, Kenneth R. Recovering the substantive nature of landscape. **Annals of the Association of American Geographers**, v.86, n.4, p.630-653, 1996.

OLWIG, Kenneth R. Landscape: The Lowenthal Legacy. **Annals of the Association of American Geographers**, v.93, n.4, p.871-877, 2003a.

OLWIG, Kenneth R. Natives and Aliens in the National Landscapes. **Landscape Research**, v.28, n.1, p.61-74, 2003.

OLWIG, Kenneth R. Representation and alienation in the political land-scape. **Cultural Geographies**, v.12, i.1, p.19-40, January, 2005.

OLWIG, Kenneth R. Has "geography" always been modern?: choros, (non)representation, performance, and the landscape. **Environmental and Planning A**, v.40, p.1843-1861, 2008.

OLWIG, Kenneth R. All that is landscape is melted into air: the "aerography" of ethereal space. **Environment and Planning D: Society and Space**, v.29, p.519-532, 2011.

OLWIG, Kenneth R. Nationalist heritage, sublime affect and the anomalous Icelandic landscape concept. **Norsk Geografisk Tidsskrift – Norwegian Journal of Geography**, v.69, n.5, p.277-287, 2015.

OLWIG, Kenneth R. *et. al*. Introduction to a special issue: the future of landscape characterization, and the future character of landscape – between space, time, history, place and nature. **Landscape Research**, 2016, v.41, i.2, p.169-174, February, 2016.

ORING, Elliott. Anti Anti-"Folklore". **The Journal of American Folklore**, v.111, n.441, p.328-338, Summer, 1998.

OSBORNE, Brian S. Fact, Symbol, and Message: Three approaches to literary landscapes. **The Canadian Geographer**, v.32, n.3, p.267-269, 1988.

OSBORNE, Brian S. Constructing landscapes of power: the George Etienne Cartier monument, Montreal. **Journal of Historical Geography**, v.24, n.4, p.431-458, 1998.

PAASI, Anssi. Region and place: regional identity in question. **Progress in Human Geography**, v.27, i.4, p.475-485, 2003.

PAASI, Anssi. Place and region: looking through the prism of scale. **Progress in Human Geography**, v.28, i.4, p.536-546, 2004.

PAASI, Anssi. Geography, space and the re-emergence of topological thinking. **Dialogues in Human Geography**, v.1, n.3, p.299-303, 2011.

PAASI, Anssi. Dancing on the graves: Independence, hot/banal nationalism and the mobilization of memory. **Political Geography**, v.54, p.21-31, September, 2016.

PAGANO, Tullio. Reclaiming Landscape. **Annali d`Italianistica**, v.29, p.401-416, 2011.

PAIVA, Daniel. Teorias não-representacionais na geografia I: conceitos para uma geografia do que acontece. **Finisterra**, v. LII, n.106, p.159-168, 2017.

PAIVA, Daniel. Teorias não-representacionais na geografia II: métodos para uma geografia do que acontece. **Finisterra**, v. LIII, n.107, p. 159-168, 2018.

PALONEN, Emilia. The city-text in post-communist Budapest: street names, memorials and the politics of commemoration. **Geojournal**, v.73, n.3, p.219-230, 2008.

PANDYA, Samir. Architecture in National Identities: a critical review. **National Identities**, v.22, n.4, 2020.

PANELLI, Ruth. More-than-human social geographies: posthuman and other possibilities. **Progress in Human Geography**, v.34, n.1, p.79-87, 2010.

PARKER, Geoffrey. **Geopolitics: Past, Present and Future**. London: Pinter, 1998.

PARKER, W. H. **Mackinder – Geography as an aid to statecraft**. Oxford: Clarendon Press, 1982.

PARKES, D. N; THRIFT, Nigel. Timing space and spacing time. **Environmental and Planning A**, v.7, i.6, p.651-670, 1975.

PARSONS, James J. Toward a more humane geography. **Economic Geography**, v.45, n.3, p.i-I (editorial), 1969.

PARSONS, James J. Carl Ortwin Sauer, 1889-1975 (1975). (in): DENEVAN, William M.; MATHEWSON, Kent. **Carl Sauer: on culture and landscape**. Baton Rouge: Lousiana State University Press, 2009.

PASSOS, Messias Modesto dos. Eco-história da paisagem. **Boletim de Geografia**, v.15, n.1, p.69-83, 2011.

PATTEN, John H. C. The Past and Geography Reconsidered. **Area**, v.2, n.3, p.37-39, 1970.

PEDROSA, Breno Viotto. O império da representação: a virada cultural e a geografia. **Espaço e Cultura, UERJ**, n.39, p.31-58, Jan./Jun., 2016.

PEET, Richard. The Social Origins of Environmental Determinism. **Annals of the Association of American Geographers**, v.75, n.3, p.309-333, 1985.

PEET, Richard. **Discursive idealism in the "landscape-as-text" school**. Professional Geographer, v.48, n.1, p.96-98, 1996.

PEET, Richard. Relações Sociais: a dimensão ausente na teorização de Carl Sauer. (in): CORRÊA, Roberto Lobato; ROSENDAHL, Zeny (Orgs.) **Sobre Carl Sauer**. Rio de Janeiro: Eduerj, 2011.

PEMBERTON, H. Earl. Culture-Diffusion Gradients. **American Journal of Sociology**, v.42, n.2, p.226-233, September, 1936a.

PEMBERTON, H. Earl. The Curve of Culture Diffusion Rate. **American Sociological Review**, v.1, n.4, p.547-556, August, 1936b.

PENNING-ROWSELL, Edmund C. Constraints on the application of landscapes evaluations. **Transactions of the Institute of British Geographers**, n.66, p.149-155, November, 1975.

PENNING-ROWSELL, Edmund C. The Social Value of English Landscape. (in) ELSNER, Gary H.; SMARDON, Richard C. **Proceedings of our national landscape: a conference on applied techniques for analysis and management of the visual resource**. Berkeley: Pacific Southwest Forest and Range Exp. Stn. Forest Service, 1979.

PENNING-ROWSELL, Edmund C. Fluctuating fortunes in gauging landscape value. **Progress in Human Geography**, v.5, i.1, p.25-41, March, 1981.

PENNING-ROWSELL, Edmund C. A public preference evaluation of landscape quality. **Regional Studies**, v.16, i.2, p.97-112, 1982.

PENN, Mischa; LUKERMANN, Fred. Corologia e paisagem: uma leitura internalista de "A Morfologia da Paisagem". (in): CORRÊA, Roberto Lobato; ROSENDAHL, Zeny (Orgs.) **Sobre Carl Sauer**. Rio de Janeiro: Eduerj, 2011.

PENROSE, Jan. Nation. (In): KITCHEN, Rob; THRIFT, Nigel (eds.). **International Encyclopedia of Human Geography** (1st Edition). Oxford: Elsevier, p.223-228, 2009.

PENROSE, Jan. Designing the nation. Banknotes, banal nationalism and alternative conceptions of the state. **Political Geography**, v.30, p.429-440, 2011.

PEREIRA, Carolina Machado Rocha Busch. Reflexões sobre o Espaço e o Tempo na pós-modernidade. **Geografia (Londrina)**, v.11, n.1, p.26-30, 2002.

PEREIRA, Clevisson Junior. Geografia da Religião: um olhar panorâmico. **Ra`e`ga**, v.27, p.10-37, 2013.

PETERSON, Gary G.; SAARINEN, Thomas F. Local Symbols and Sense of Place. **Journal of Geography**, v.85, n.4, p.164-168, 1986.

PHILLIPS, John. Agencement/assemblage. **Theory, Culture and Society**, v.23, i.2-3, p.108-109, May, 2006.

PHILLIPS, Richard. The impact agenda and geographies of curiosity. **Transactions of the Institute of British Geographers**, New Series, v.35, n.4, p.447-452, October, 2010.

PILE, Steven. Practising Interpretative Geography. **Transactions of the Institute of British Geographers**, v.16, n.4, p.458-469, 1991.

PILE, Steven. Emotions and affect in recent human geography. **Transactions of the Institute of British Geographers**, *New Series,* v.35, n.1, p.5-20, January, 2010.

PILE, Steven. For a geographical understanding of affect and emotions. **Transactions of the Institute of British Geographers**, v.36, n.4, p.603-606, October, 2011.

PILE, Steven; ROSE, Gillian. All or nothing? Politics and critique in the modernism-postmodernism debate. **Environmental and Planning D: Society and Space**, v.10, i.2, p.123-136, April, 1992.

PINTO, Jacques Ferreira. "Geografia imaginativa" brasileira: repertório orientalista por um viajante no século XIX. (in): BATALHA, Maria Cristina; ROCHA, Vanessa Massoni da. (Orgs.) **Literatura, história e pós-colonialidade: vozes em diálogo.** Rio de Janeiro: Dialogarts, 2019.

PIRES, Cláudia Luísa Zeferino. Entre o lugar e o além-lugar: o jogo de espelhos, paisagens, geografias. **Caminhos de Geografia,** v.18, n.63, 2017.

PISTRICK, Eckehard; Isnart, Cyril. Landscapes, soundscapes, mindscapes: introduction. **Etnográfica**, v.17, n.3, p.503-513, October, 2013.

PITT, Hannah. On showing and being shown plants – a guide to methods for more-than-human geography. **Area**, v.47, i.1, p.48-55, March, 2015.

PLUNKETT, John. Peepshows for All: Performing Words and the Travelling Showman. **Zeitschrift für Anglistik und Amerikanistik**, v.63, i.1, p.7-30, 2015.

POCOCK, Douglas C. D. Sight and Knowledge. **Transactions of the Institute of British Geographers**, v.6, n.4, p.385-393, 1981a.

POCOCK, Douglas C. D. Place and the novelist. **Transactions of the Institute of British Geographers**, v.6, n.3, p.337-347, 1981b.

POCOCK, Douglas C. D. The paradox of human geography. **Area**, v.15, n.4, p.355-358, 1983.

POCOCK, Douglas C. D. Geography and Literature. **Progress in Human Geography**, v.12, Issue 1, p.87-102, March, 1988.

POCOCK, Douglas C. D. Sound and the Geographer. **Geography**, v.74, n.3, p.193-200, June, 1989.

POCOCK, Douglas C. D. The senses in focus. **Area**, v.25, n.1, p.11-16, March, 1993.

POLANYI, Karl. **A grande transformação: as origens de nossa época.** Rio de Janeiro: Elsevier, 2012.

POLLAK, Michael. Memória, Esquecimento, Silêncio. **Estudos Históricos**, v.2, n.3, p.3-15, 1989.

POLLAK, Michael. Memória e identidade social. **Estudos Históricos**, v.5, n.10, p.200-212, 1992.

POLLAK, Michael. A gestão do indizível. **Revista do Instituto Cultural Judaico Marc Chagall**, v.2, n.1, p.9-49, Jan./Jul., 2010.

PONTE, Patrícia. Ver, ser e estar nas paisagens: trajetórias de um conceito em abertura. **Geotextos**, v.15, n.2, p.217-238, Dezembro, 2019a.

PONTE, Patrícia. Paisagens-grafite em São Paulo: reinvenções da vida urbana e do habitar as cidades. **Universidade Federal da Bahia, Programa de Pós-Graduação em Geografia do Instituto de Geociências**, tese de doutorado, 290p., 2019b.

PONTE, Patrícia. As paisagens-grafite como experiência do habitar. **Geograficidade**, v.10, n.especial, Outono, 2020.

PONTES, Emilio Tarlis Mendes; CAMPOS; Gabriel Silva. Paisagens Religiosas: cruzes e memoriais às margens das rodovias. **Ateliê Geográfico**, v.4, n.3, p.46-63, Agosto, 2010.

PORTEOUS, J. Douglas. Smellscape. Manchester: **Progress in Human Geography**, n.9, p.356-378, 1985.

PORTEOUS, J. Douglas. Bodyscape: The body-scape metaphor. **The Canadian Geographer**, v.30, n.1, p.2-12, 1986a.

PORTEOUS, J. Douglas. Inscape: landscapes of the mind in the canadian and mexican novels of Malcolm Lowry. **The Canadian Geographer**, v.30, n.2, p.123-131, 1986b.

PORTEOUS, J. Douglas. Deathscape: Malcolm Lowry's topophobic view of the city. **The Canadian Geographer**, v.31, n.1, p.34-43, 1987.

PORTEOUS, J. Douglas. **Planned to death: the annihilation of a place called Howdendyke**. Toronto: University of Toronto Press, 1988.

PORTEOUS, J. Douglas; MASTIN, F. Jane. Soundscape. Chicago: **Journal of Architectural and Planning Research**, v.2, n.3, p.169-186, 1985.

PORTEOUS, J. Douglas; SMITH, Sandra E. **Domicide: the global destruction of home**. Montreal: Mcgill-Queen's University Press, 2001.

PRAGER, Jeffrey. American racial ideology as collective representation. **Ethnic and Racial Studies**, v.5, n.1, p.99-119, 1982.

PRATT, Mary Louise. Language and the contemporary art of war. New York: **Modern Language Association**, v.124, n.5, p.1515-1531, 2009.

PRED, Allan. Place as Historically Contingent Process: Structuration and the Time-Geography of Becoming Places. **Annals of the Association of American Geographers**, v.74, n.2, p.279-297, 1984.

PRICE, C. Subjectivity and objectivity in landscape evaluation. **Environmental and Planning A**, v.8, p.829-838, 1976.

PRICE, Marie; LEWIS, Martin. The Reinvention of Cultural Geography. **Annals of the Association of American Geographers**, v.83, n.1, p.1-17, 1993a.

PRICE, Marie; LEWIS, Martin. Reply: On Reading Cultural Geography. **Annals of the Association of American Geographers**, v.83, n.3, p.520-522, 1993b.

PRICE, Liz; TRAVASSOS, Luiz Eduardo Panisset. Uso religioso de cavernas no Sudeste Asiático e China: a paisagem cárstica sob outra perspectiva. **Ateliê Geográfico**, v.10, n.3, p.129-159, Dezembro, 2016.

PRIGOGINE, Ilya. **O fim das certezas**. São Paulo: Editora Unesp, 2011.

PRINCE, Hugh. Trends in Historical Geography 1975-1981. **Area**, v.14, n.3, p.235-239, 1982.

PUNTER, John. Post-modernism. **Planning Practice & Research**, v.2, n.4, p.22-28, 1988.

PURCELL, A. T.; *et.al*. Preference or preferences for landscape? **Journal of Environmental Psychology**, v.14, p.195-209, 1994.

QUEIROZ FILHO, Antônio Carlos. Saboreando o espaço, inventando paisagens. **Paisagens em Debate**, n.5, p.1-8, dezembro, 2007.

QUEIROZ FILHO, Antônio Carlos. A edição dos lugares: sobre as fotografias e a política espacial das imagens. **Educação Temática Digital**, v.11, n.2, p.33-53, Jan./Jun., 2010.

QUONIAM, Stéphane. A painter, geographer of Arizona. **Environmental and Planning D: Society and Space**, v.6, i.1, p.3-14, March, 1988.

RACKHAM, Oliver. Landscape and the Conservation of Meaning. **RSA Journal**, v.139, n.5414, p.903-915, January, 1991.

RAENTO, Pauliina; BRUNN, Stanley D. Picturing a nation: Finland on postage stamps 1917-2000. **National Identities**, v.10, n.1, p.49-75, March, 2008.

RAFFESTIN, Claude. Paysage et territorialité. **Cahiers de geographie du Quebec**, v.21, n.53-54, p.123-134, 1977.

RAFFESTIN, Claude. **Por uma geografia do poder**. São Paulo: Ática, 1980.

RAIVO, Petri J. Politics of memory: historical battlefields and sense of place. **Nordia Geographical Publications**, v.44, n.4, p.95-100, 2015.

RATZEL, Friedrich. País e paisagem na alma do povo americano. **Espaço e Cultura**, UERJ, n.46, p.147-166, Jul./Dez., 2019.

RECLUS, Elisée. A complexidade da produção do espaço geográfico (in): **Elisée Reclus** (org.) ANDRADE, Manuel Correa. São Paulo: Ática, 1985.

REES, Ronald. Geography and landscape painting: an introduction to a neglected field. **Scottish geographical Magazine**, v.89, n.3, p.147-157, December, 1973.

RELPH, Edward. An inquiry into the relations between phenomenology and geography. **The Canadian Geographer**, v.14, i.3, p.193-201, September, 1970.

RELPH, Edward. **Place and Placelesness**. London: Pion Limited, 1976.

RELPH, Edward. **Rational Landscapes and Humanistic Geography**. New York: Barnes and Noble, 1981.

RELPH, Edward. The critical description of confused geographies (in): Adams, Paul C.; Hoelscher, Steven; Till, Karen E. **Textures of Place**. Minneapolis and London: Minnesota University Press, 2001.

REMBOLD, Elfie; CARRIER, Peter. Space and identity: constructions of national identities in an age of globalization. **National Identities**, v.13, n.4, p.361-377, 2011.

RENAN, Ernest. What is nation? (in): BHABHA, Homi K. **Nation and Narration**. London: Routledge, 1990.

RENNER, Mayme Pratt. Geography in poetry. **The Journal of Geography**, v.28, i.7, p.292-298, 1929.

RIABCHOUK, Mykola. Civil Society and Nation Building in Ukraine. (in): KUZIO, Taras. **Dynamics of Post-Soviet Transformation: Contemporary Ukraine**. Routledge: London and New York, 1998.

RICHARDSON, Miles. Comentary: On "The Superorganic in American Cultural Geography". **Annals of the Association of American Geographers**, v.71, n.2, p.284-287, June, 1981.

RIDING, James. Landscape after genocide. **Cultural Geographies**, v.27, i.2, p.237-259, April, 2020.

RIESTO, Svava. *et. al.* Plans for uncertain futures heritage and climate imaginaries in coastal climate adaptation. **International Journal of Heritage Studies**, p.1-18, November, 2021. DOI: 10.1080/13527258.2021.2009538.

RISSO, Luciene Cristina. Vivências paisagísticas como caminhos para novas percepções e experiências. **Geograficidade**, v.10, n.especial, p.309-323, Outono, 2020.

ROBERTS, Gareth. The cultural landscape. **Landscape Research**, v.19, n.3, p.133-136, 1994.

ROCHA, Lurdes Bertol. Fenomenologia, semiótica e geografia da percepção: alternativas para analisar o espaço geográfico. **Revista da Casa de Geografia de Sobral**, v.4/5, p.67-79, 2002-2003.

ROCHA, Samir Alexandre. Geografia Humanista: história, conceitos e o uso da paisagem percebida como perspectiva de estudo. Curitiba: **Revista Raega**, n.13, p.19-27, 2007.

RODIEK, Jon. The envolving landscape. **Landscape and Urban Planning**, v.16, i.1-2, p.35-44, 1988.

RODRIGUES, Glauco Bruce. Geografia histórica e ativismos sociais. **Geotextos**, v.11, n.1, p.241-268, 2015.

RODRIGUES, Jean Carlos. Geografia, representação e arte em Vicent Van Gogh: uma leitura do "passeio ao crepúsculo". **Geograficidade**, v.8, n.1, p.33-46, Verão, 2018.

RODRIGUES, Judivânia Maria Nunes. Corpo como Lugar e Arquivo da Experiência. **Geograficidade**, v.10, número especial, p.295-308, Outono, 2020.

ROEHE, Marcelo Vial; DUTRA, Elza. Dasein, o entendimento de Heidegger sobre o modo de ser humano. **Avances en Psicología Latinoamericana**, v.32, n.1, p.105-113, 2014.

ROQUÉ, Bianca Beatriz. Geografia sensível e suas origens na estética. **Geograficidade**, v.10, n.especial, p.183-202, Outono, 2020.

ROSA, João Guimarães. Manuelzão e Miguilim (in) Rosa, João Guimarães. **Ficção completa**. Rio de Janeiro: Nova Fronteira, 2017.

ROSE, Emma. Encountering Place: A psychoanalytic approach for understanding how therapeutic landscape benefit health and wellbeing. **Health & Place**, v.18, p.1381-1387, 2012.

ROSE, Mitch. Landscape and labyrinths. **Geoforum**, n.33, p.455-467, 2002.

ROSE, Mitch. The problem of power and the politics of landscape: stopping the Greater Cairo ring road. **Transactions of Institute of British Geographers**, v.32, i.4, p.460-476, October, 2007.

ROSE, Mitch; WYLIE, John. Guest Editorial. **Environmental and Planning D: Society and Space**, v.24, p. 475-479, 2006.

ROSENDAHL, Zeny. Geografia da religião: uma proposição temática. **Geousp: Espaço e Tempo**, n.11, p.9-19, 2002.

ROSENDAHL, Zeny. Construindo a Geografia da Religião no Brasil. **Espaço e Cultura**, n.15, p.1-13, 2003.

ROSENDAHL, Zeny. História, teoria e método em Geografia da Religião. **Espaço e Cultura**, n.32, p.24-39, 2012.

ROSENDAHL, Zeny. Tempo e temporalidade, espaço e espacialidade: a temporalização do espaço sagrado. **Cadernos de Geografia – Coimbra FLUC**, n.37, p.33-41, 2018a.

ROSENDAHL, Zeny. O sagrado e o urbano: gênese e função das cidades. (in): ROSENDAHL, Zeny. **Uma procissão na geografia**. Rio de Janeiro: EDUERJ, 2018b.

ROSENDAHL, Zeny. Espaço, o sagrado e o profano. (in): ROSENDAHL, Zeny. **Uma procissão na geografia**. Rio de Janeiro: EDUERJ, 2018c.

ROSENDAHL, Zeny. Comparação entre as hierópolis da América Latina e Europa: uma introdução. (in): ROSENDAHL, Zeny. **Uma procissão na geografia**. Rio de Janeiro: EDUERJ, 2018d.

ROSENDAHL, Zeny. Os caminhos da construção teórica: ratificando e exemplificando as relações entre espaço e religião. (in): ROSENDAHL, Zeny. **Uma procissão na geografia**. Rio de Janeiro: EDUERJ, 2018e.

ROSENDAHL, Zeny. Estratégias político-religiosas: ampliação, desmembramento e fragmentação de territórios religiosos – alguns exemplos. (in): ROSENDAHL, Zeny. **Uma procissão na geografia**. Rio de Janeiro: EDUERJ, 2018f.

ROSENDAHL, Zeny. Os estudos da geografia cultural no Brasil: as reflexões pretéritas, o presente contínuo e suas perspectivas futuras. **Geograficidade**, v.10, número especial, p.11-20, 2020.

RÖSSLER, Mechtild. World Heritage cultural landscapes: A UNESCO flagship programme 1992-2006. **Landscape Research**, v.31, n.4, p.333-353, 2006.

ROUGERIE, Gabriel. **Geografia das Paisagens**. São Paulo: Difusão Europeia do Livro, 1971.

ROWNTREE, Lester. Creating a sense of place: the Evolution of Historic Preservation of Salzburg, Austria. **Journal of Urban History**, v.8, n.1, p.61-76, November, 1981.

ROWNTREE, Lester. Cultural/humanistic geography. **Progress in Human Geography**, v.10, n.4, p.580-586, 1986.

ROWNTREE, Lester. Orthodoxy and new directions: cultural/humanistic geography. **Progress in Human Geography**, v.12, n.4, p.575-586, 1988.

ROWNTREE, Lester; CONKEY, Margaret. Symbolism and the Cultural Landscape. **Annals of the Association of American Geographers**, v.70, n.4, p.459-474, December, 1980.

RIDING, James; DAHLMAN, Carl T. Montage space: Borderlands, micronations, terra nullius, and the imperialism of the geographical imagination. **Dialogues in Human Geography**. <https://doi.org/10.1177/20438206221102597>, May, 2022.

RUGGERI, Maria Carolina Duprat. O artista e a paisagem: Claude Monet, uma correspondência entre a natureza e a natureza do artista. **Revista de História da Arte**, v.3, n.2, p.73-93, Maio, 2019.

RUMING, Kristian. Following the actors: mobilising an actor-network theory methodology in geography. **Australian Geographer**, v.40, n.4, p.451-469, 2009.

RÜSCHE, Roberto. Estética e natureza: a paisagem brasileira no início do século 19. **Pós-**, v.21, n.35, p.172-185, Junho, 2014.

SABHLOK, Anu. National identity in relief. **Geoforum**, v.41, p.743-751, 2010.

SACK, Robert David. Geography, Geometry and Explanation. **Annals of the Association of American Geographers**, v.62, i.1, p.61-78, 1972.

SACK, Robert David. Chorology and Spatial Analysis. **Annals of the Association of American Geographers**, v.64, i.3, p.439-452, September, 1974.

SACK, Robert David. Realism and Realistic Geography. **Transactions of the Institute of British Geographers**, v.7, n.4, p.504-509, 1982.

SACK, Robert David. The Power of Place and Space. **Geographical Review**, v.83, n.3, p.326-329, July, 1993.

SAÏD, Edward. Conrad: The Presentation of Narrative. **Novel: a Forum on Fiction**, v.7, n.2, p.116-132, Winter, 1974.

SAÏD, Edward. Representing the colonized: Anthropology's Interlocutors. **Critical Inquiry**, v.15, n.2, p.205-225, Winter, 1989.

SAÏD, Edward. Invention, Memory, and place. **Critical Inquiry**, v.26, n.2, p.175-192, Winter, 2000.

SAÏD, Edward. **Orientalismo**. São Paulo: Companhia de Bolso, 2007.

SAÏD, Edward. **Cultura e Imperialismo**. São Paulo: Companhia de Bolso, 2011.

SALECL, Renata. The arts of War and the war of arts. London: **European Journal of Social Theory**, v.4, n.1, p.81-94, 2001.

SALGADO, Sebastião. **Gênesis**. São Paulo: Taschen, 2013.

SALGUEIRO, Teresa Barata. Lisboa, metrópole policêntrica e fragmentada. **Finisterra**, v.XXXII, n.63, p.179-190, 1997.

SALGUEIRO, Teresa Barata. Cidade pós-moderna: espaço fragmentado. **Revista Território**, ano III, n.4, p.39-53, Jan./Jul., 1998.

SALGUEIRO, Teresa Barata. Paisagem e Geografia. Lisboa: **Finisterra**, n.72, p.37-53, 2001.

SALVI, Rosana Figueiredo. A questão pós-moderna e a geografia. **Geografia**, v.9, n.2, p.95-111, Jul./Dez., 2000.

SAMPAIO, Débora Vanessa Régis Ferreira; VANDERLINDE, Tarcísio. A temática da religião no contexto da geografia cultural. **Geografia em Questão**, v.13, n.1, p.9-24, 2020.

SANDBERG, L. Anders; MARSH, John S. Focus: literary landscapes – geography and literature. **The Canadian Geographer**, v.32, n.3, p.266-267, 1988.

SANDEVILLE JUNIOR, Euler. Paisagem. São Paulo: **Paisagem Ambiente**, n. 20, p.47-60, 2005.

SANDEVILLE JUNIOR, Euler. Paisagens Partilhadas. **Paisagem Ambiente**, n.30, p.203-214, 2012.

SANGUIN, André-Louis. Paisagens de fronteira: variações em um importante tema da geografia política. **Boletim Gaúcho de Geografia**, v.42, n.2, p.389-411, Maio, 2015.

SANTOS, Alberto Pereira dos. Introdução à geografia das religiões. **Geousp: Espaço e Tempo**, n.11, p.21-33, 2002.

SANTOS, Luiz Eduardo Neves dos. Toponímia e lugar: os significados múltiplos dos logradouros públicos no município de Grajaú, MA. **Caderno de Geografia**, v.30, n.62, p.612-626, 2020.

SANTOS, Maria de Fátima Bandeira dos; et.al., Estudos Críticos Pós-Coloniais: uma revisão sistemática de perspectivas teóricas e abordagens internacionais nas pesquisas de contabilidade. (in) **Anais XLIII Encontro da ANPAD**, São Paulo, p.1-16, 2019.

SANTOS, Milton. O lugar: encontrando o futuro. **Revista de Urbanismo e Arquitetura**, v.4, n.1, p.34-39, 1996.

SANTOS, Milton. **O Espaço Dividido**. São Paulo: Edusp, 2004a.

SANTOS, Milton. **Por uma Geografia Nova: da crítica da Geografia a uma Geografia Crítica**. São Paulo: Edusp, 2004b.

SANTOS, Milton. **Manual de Geografia Urbana**. São Paulo: Edusp, 2008.

SANTOS, Milton. **A Natureza do Espaço**. São Paulo: Edusp, 2012a.

SANTOS, Milton. **Por uma outra globalização**. Rio de Janeiro: Record, 2012b.

SANTOS, Milton. **Metamorfoses do Espaço Habitado**. São Paulo: Edusp, 2014.

SANTOS, Sheila Castro; KOZEL, Salete. A santificação do lugar. **Terra Plural**, v.7, n.2, p.193-206, Jul./Dez., 2013.

SARLO, Beatriz. Conflitos e representações culturais. **Novos Estudos**, v.75, p.81-91, Julho, 2006.

SASAKI, Karen. A contribuição da Geografia Humanística para a compreensão do conceito de identidade do lugar. **Revista de Desenvolvimento Econômico**, ano XIII, n.22, p.112-120, Dezembro, 2010.

SAUER, Carl Ortwin. The Survey Method in Geography and Its Objectives, **Annals of the Association of American Geographers**, v. 14, i.1, p. 17-33, 1924.

SAUER, Carl Ortwin. The personality of Mexico. **The Geographical Review**, v.31, n.3, July, 1941.

SAUER, Carl Ortwin. The education of a geographer. **Annals of the Association of American Geographers**, v.46, n.3, p.287-289, September, 1956.

SAUER, Carl Ortwin. The fourth dimension of Geography. Washington: **Annals of the Association of American Geographers**, v.64, n.2, June, 1974.

SAUER, Carl Ortwin. Geografia Cultural. **Espaço e Cultura**, UERJ, n.3, p.1-7, Janeiro, 1997.

SAUER, Carl Ortwin. The morphology of landscape. (in): OAKES, Timothy S; PRICE, Patricia L. (eds). **The Cultural Geography Reader**. New York: Routledge, 2008.

SAUNDERS, Angharad. Literary geography: reforging the connections. **Progress in Human geography**, v.34, n.4, p.436-452, 2010.

SAWYER, Suzana; AGRAWAL, Arun. Environmental Orientalisms. **Cultural Critique**, n.45, p.71-108, Spring, 2000.

SCAZZOSI, Lionella. Reading and assessing the landscape as cultural and historical heritage. **Landscape Research**, v.29, n.4, p.335-355, 2004.

SCHAEFER, Fred K. Excepcionalism in Geography: A methodological examination. **Annals of the Association of American Geographers**, v.43, n. 3, p.226-249, 1953.

SCHAMA, Simon. **The embarrassment of riches: an interpretation of dutch culture in the golden age**. New York: Alfred A. Knopf, 1987.

SCHAMA, Simon. **Paisagem e Memória**. São Paulo: Companhia das Letras, 2009.

SCHEIN, Richard H. The Place of landscape: A Conceptual Framework for interpreting an American Scene. **Annals of the Association of American Geographers**, v.87, n.4, p.660-680, 1997.

SCHEIN, Richard H. Teaching "race" and the Cultural Landscape. **Journal of Geography**, v.98, n.4, p.188-190, 1999.

SCHIER, Raul Alfredo. Trajetórias do conceito de paisagem na Geografia. Curitiba: **Ra'ega**, número 7, p.79-85, 2003.

SCHIOCCHET, Leonardo. Extremo Oriente Médio, admirável mundo novo: a construção do Oriente Médio e a Primavera Árabe. Rio de Janeiro: **Tempo do Mundo**, v.3, n.2, Agosto, 2011.

SCHIVELBUSCH, Wolfgang. Railroad Space and Railroad Time. **New German Critique**, n.14, p.31-40, Spring, 1978.

SCHLOSSER, Kolson. Intertextuality and Psychic Space. **Literary Geographies**, v.4, n.1, p.24-28, 2018.

SCHNACK, Karsten. Nature and nationhood: Danish Perspectives. **Studies in Philosophy and Education**, v.28, p.15-26, 2009.

SCOTT, Heidi. Cultural Turns (in): DUNCAN, James S.; JOHNSON, Nuala C.; SCHEIN, Richard H. **A companion to cultural geography**. Malden: Blackwell Publishing ltd, 2004.

SCOTT, Jamie S; SIMPSON-HOUSLEY, Paul. Relativizing the relativizers: on the postmodern challenge to human geography. **Transactions of the Institute of British Geographers**, v.14, n.2, p.231-236, 1989.

SCULLE, Keith A.; JAKLE, John A. Signs in motion: a dynamic agent in landscape and place. **Journal of Cultural Geography**, v.25, n.1, p.57-85, February, 2008.

SEAMON, David. Review of Edward Relph´s Rational Landscapes and Humanistic Geography. **Environmental Ethics**, summer, p.181-183, 1983.

SEAMON, David. Uma maneira de ver as pessoas e o lugar: a fenomenologia na pesquisa do comportamento ambiental. **Geograficidade**, v.9, n.1, p.4-28, Verão, 2019.

SEAMON, David; LUNDBERG, Adam. Humanistic Geography. (in) RICHARDSON, Douglas; *et al.* (eds). **The International Encyclopedia of Geography: people, the Earth, Environmental and Geography**, John Wiley & Sons, p.1-11, 2017.

SEEMANN, Jörn. Geografia Cultural: A Inovação da Tradição ou a Tradição da Inovação? **Espaço e Cultura**, UERJ, n.9-10, p.1-15, 2000.

SEEMANN, Jörn. Cartografias culturais na Geografia Cultural: Entre mapas da cultura e a cultura dos mapas. **Boletim Goiano de Geografia**, v.21, n.2, p.61-82, Jul./Dez., 2001.

SEEMANN, Jörn. Mapeando culturas e espaços: uma revisão para a Geografia Cultural no Brasil. (in): ALMEIDA, Maria Geralda de. RATTS, Alecsandro J. P. (Orgs.). **Geografia: Leituras culturais**. Goiânia: Alternativa, p.261-284, 2003.

SEEMANN, Jörn. A morfologia da paisagem cultural de Otto Schlüter: marcas visíveis da Geografia Cultural. **Espaço e Cultura**, UERJ, n.17-18, p.65-76, Jan./Dez., 2004.

SEEMANN, Jörn. Metáforas espaciais na geografia: cartografias, mapas e mapeamentos. (in) **Anais do X Encontro de Geógrafos da América Latina**, São Paulo, 2005a.

SEEMANN, Jörn. Em busca do lugar de Franz Boas na geografia cultural. **Espaço e Cultura**, UERJ, n.19-20, p.7-21, Jan./Dez., 2005b.

SEEMANN, Jörn. Cartografia e cultura: abordagens para a geografia cultural. (in): ROSENDAHL, Zeny; CORRÊA, Roberto Lobato (Orgs.). **Temas e caminhos para a geografia cultural**. Rio de Janeiro: Editora da UERJ, 2010.

SEEMANN, Jörn. O fim das representações na geografia cultural? (in): ROMANCINI, Sonia Regina; ROSSETTO, Onélia Carmem; DALLA NORA, Giseli (Orgs.). **As representações culturais no espaço: perspectivas contemporâneas em geografia**. Porto Alegre: Imprensa Livre, 2015.

SEMPA, Francis P. **Geopolitics: From the Cold War to the 21st century**. London: Transaction Publishers, 2002.

SEN, Amartya. **Desenvolvimento como Liberdade**. São Paulo: Companhia das Letras, 2000.

SENDA, Minoru. Progress in Japanese historical geography. **Journal of Historical Geography**, v.8, n.2, p.170-181, 1982.

SERPA, Angelo. Por uma geografia das representações sociais. **OLAM, Ciência & Tecnologia**, v.5, n.1, p.220-232, Maio, 2005.

SERPA, Angelo. O Trabalho de Campo em Geografia: Uma abordagem Teórico-Metodológica. São Paulo: **Boletim Paulista de Geografia**, v.84, p. 7-24, 2006.

SERPA, Angelo. Parâmetros para a construção de uma crítica dialético-fenomenológica da paisagem contemporânea. Presidente Prudente: **Revista formação**, n.14, v.2, p.14-22, 2007.

SERPA, Angelo. Milton Santos e a paisagem: parâmetros para a construção de uma crítica da paisagem contemporânea. São Paulo: **Paisagem Ambiente**, Ensaios, nº27, p.131-138, 2010.

SERPA, Angelo. Paisagem, lugar e região: perspectivas teórico-metodológicas para uma geografia humana dos espaços vividos. **Geousp: Espaço e Tempo**, n.33, p.168-185, 2013.

SERPA, Angelo. Lugar, paisagem e experiência. **Geograficidade**, v.10, número especial, p.99-105, 2020a.

SERPA, Angelo. Uma geografia que se pratica no dia a dia. **Geosaberes**, v.11, p.437-449, 2020b.

SERRÃO, Adriana Veríssimo. Paisagem: natureza perdida, natureza reencontrada? **Revista de Filosofia Moderna e Contemporânea**, ano 1, n.2, p.7-27, 2013.

SERRÃO, Adriana Veríssimo. Pensar a paisagem: interpelações à estética de Kant. **Estudos Kantianos**, v.5, n.1, p.43-58, Jan./Jul., 2017.

SETTEN, Gunhild. The habitus, the rule and the moral landscape. **Cultural Geographies**, n.11, p.389-415, 2004.

SHAFER JR., Elwood L.; HAMILTON JR, John F.; SCHMIDT, Elizabeth A. Natural Landscapes Preferences: A Predictive Model. **Journal of Leisure Research**, v.1, n.1, p.1-19, 1969.

SHAMAI, Shmuel. Sense of Place: an Empirical Measurement. **Geoforum**, v.22, n.3, p.347-358, 1991.

SHARP, Joanne P. A topology of "post" nationality: (re)mapping identity in The Satanic Verses. **Ecumene**, v.1, n.1, p.65-76, January, 1994.

SHARP, Joanne P. Towards a critical analysis of fictive geographies. **Area**, v.32, n.3, p.327-334, 2000.

SHILHAV, Yosseph. Principles for the location of synagogues: symbolism and functionalism in a spatial context. **Professional Geographer**, v.35, n.3, p.324-329, 1983.

SHOUSE, Eric. Feeling, emotion, affect. **M/C Journal**, n.8, w/o pages, 2005. Disponível em https://journal.media-culture.org.au/mcjournal/article/view/2443?source=post_page

SHURMER-SMITH, Pamela. Cixous' spaces: sensuous space in women´s writing. **Ecumene**, v.1, n.4, p.349-362, 1994.

SIDAWAY, James Derrick. Post-Fordism, Post-Modernity and the Third World. **Area**, v.22, n.3, p.301-303, September, 1990.

SIDAWAY, James Derrick. Iraq/Yugoslavia: Banal Geopolitics. **Antipode**, v.33, p.601-609, 2001.

SIDAWAY, James Derrick. Banal geopolitics resumed. **Antipode**, v.35, p.645-651, 2003.

SIDAWAY, James Derrick. The Dissemination of Banal Geopolitics: Webs of Extremism and Insecurity. **Antipode**, v.40, p.2-8, 2008.

SILK, J. Beyond Geography and Literature. **Environmental and Planning D: Society and Space**, v.2, p.151-178, 1984.

SILVA, Alex Nunes; OLIVEIRA, Jucélia Maria Rocha. Percurso teórico das abordagens em geografia cultural. **Terra Livre**, ano 36, v.1, n.56, p.86-111, 2021.

SILVA, Ingrid Gomes da; LIMA, Luiz Cruz. A indissociabilidade espaço-tempo como elementos de compreensão da ciência geográfica. **Geosul**, v.35, n.76, p.17-38, Set./Dez., 2020.

SILVA, Leonardo Luiz Silveira da. As evidências das práticas orientalistas como instrumento do imperialismo no pós-11 de setembro. **Geografias**, v.9, n.2, p.56-74, 2013.

SILVA, Leonardo Luiz Silveira da. O embate entre Edward Saïd e Bernard Lewis no contexto da ressignificação do Orientalismo. Niterói: **Revista Antropolítica**, n.40, 1º Semestre, p.280-306, 2016.

SILVA, Leonardo Luiz Silveira da. O papel das políticas territoriais especiais para a transformação das cidades de fronteira: o caso das cidades gêmeas de Brasiléia, Epitaciolândia e Cobija. **Revista Redes**, v.22, n.1, p.74-101, Jan./Jul., 2017a.

SILVA, Leonardo Luiz Silveira da. A formação de dois circuitos da economia urbana por intermédio da ação do Estado: o caso de Cobija (Bolívia). **Estudos de Sociologia**, v.22, n.43, p.235-260, Jul./Dez., 2017b.

SILVA, Leonardo Luiz Silveira da. Certos aspectos da economia em cidades de fronteira: o caso das cidades gêmeas de Brasiléia, Epitaciolândia e Cobija. **Geografia em Questão**, v.10, n.1, p.115-134, 2017c.

SILVA, Leonardo Luiz Silveira da. **O papel das cidades gêmeas de Brasiléia, Epitaciolândia e Cobija na intermediação das relações entre o Brasil e a Bolívia.** Belo Horizonte: Editora Puc Minas, 2018a.

SILVA, Leonardo Luiz Silveira da. A supressão da geografia no exercício da alteridade. Fortaleza: **Geosaberes**, v.9, n.17, p.1-13, 2018b.

SILVA, Leonardo Luiz Silveira da. As duas faces da supressão da experiência histórica. Fortaleza: **Revista de História Bilros**, v.6, n.11, p.36-55, 2018c.

SILVA, Leonardo Luiz Silveira da. Desafios e possibilidades da geografia no contexto do Novo Ensino Médio. (in): Brisckievicz, Danilo Arnaldo.; Steidel, Rejane. (Orgs.). **O Novo Ensino Médio: desafios e possibilidades.** Curitiba: Appris, p.97-120, 2018d.

SILVA, Leonardo Luiz Silveira da. O desafio do novo mundo à geopolítica clássica. **Caminhos de Geografia**, v.19, n.65, p.257-268, 2018e.

SILVA, Leonardo Luiz Silveira da. A geografia entre a materialidade e a imaterialidade. **Geotemas**, v.10, n.2, p.25-47, 2020a.

SILVA, Leonardo Luiz Silveira da. Segredos da Paisagem. **Revista da Casa de Geografia de Sobral**, v.22, n.2, p.133-151, 2020b.

SILVA, Leonardo Luiz Silveira da. Expressões militantes da paisagem. **Revista Percurso**, v.12, n.2, p.109-131, 2020c.

SILVA, Leonardo Luiz Silveira da. Paisagem entre textos e intertextos. **Tamoios**, v.17, n.21, p.129-147, 2021a.

SILVA, Leonardo Luiz Silveira da. Entre o cultural e o social nas abordagens geográficas. **Geographia**, v.23, n.50, p.1-13, 2021b.

SILVA, Leonardo Luiz Silveira da. Historiografias e historiofotias da paisagem. **Geosul**, v.36, n.80, p.43-68, 2021c.

SILVA, Leonardo Luiz Silveira da. O monumento e suas batalhas simbólicas. **Revista Elisée**, v.11, n.1, e111225, Jan./Jun., 2022a.

SILVA, Leonardo Luiz Silveira da. Intermediando discursos às margens dos estereótipos do tempo e do espaço. **Geonorte**, v.13, n.41, p.1-19, 2022b.

SILVA, Leonardo Luiz Silveira da; COSTA, Alfredo. A inadequação das regionalizações culturais mediante os pressupostos do pós-colonialismo. Salvador: **Geotextos**, v.14, n.1, p.225-247, 2018a.

SILVA, Leonardo Luiz Silveira da; COSTA, Alfredo. Cultura como comunidade imaginada: uma crítica à abordagem ontológica da cultura nos estudos geográficos. **Geografias**, v.16, n.1, p.27-41, 2018b.

SILVA, Leonardo Luiz Silveira da; COSTA, Alfredo. O desconforto das regiões e das classes. **Geousp: Espaço e Tempo**, v.24, n.3, p.533-546, Dezembro, 2020a.

SILVA, Leonardo Luiz Silveira da; COSTA, Alfredo. Questionando as delimitações cartográficas da cultura. **Caminhos de Geografia**, v.21, n.73, p.445-457, 2020b.

SILVA, Leonardo Luiz Silveira da; COSTA, Alfredo. As identidades como uma quimera de lugares. **Revista da Anpege**, v.17, n.34, p.50-54, 2022a.

SILVA, Leonardo Luiz Silveira da; COSTA, Alfredo. A paisagem enquanto campo de batalhas discursivo. **Caderno de Geografia**, v.32, n.69, p.524-549, 2022b.

SILVA, Leonardo Luiz Silveira da; COSTA, Alfredo. A presença da ausência: um paradoxo geográfico. **Geousp: Espaço e Tempo**, v.26, n.2, p.1-21, e-195614, 2022c.

SILVA, Leonardo Luiz Silveira da; COSTA, Alfredo; MATOS, Geraldo Magela. Mapeando fenômenos intangíveis. **Mercator**, v.20, n.1, p.1-14, 2021.

SILVA, Leonardo Luiz Silveira da; COSTA, Alfredo; SILVA, Larissa Santos Rocha da. Geografia-Pastiche. **Geografia, Ensino e Pesquisa**, n.26, e22, https://doi.org/10.5902/2236499466324, 2022.

SILVA, Leonardo Luiz Silveira da; DINIZ, Alexandre Magno Alves. Estereótipos transfronteiriços: olhares entrecruzados de bolivianos e brasileiros das cidades-gêmeas de Guajará-mirim (BRA) e Guayaramerín (BOL). **Geografia em Questão**, v.12, n.2, p.176-203, 2019.

SILVA, Leonardo Luiz Silveira da; SILVA, Larissa Santos Rocha da. Paisagem: O arcabouço da nação. **Revista de Geopolítica**, v.13, n.2, p.1-17, 2022.

SILVA, Leonardo Luiz Silveira da; PASSOS, Jamerson Sérgio Rezende. A pluralidade das paisagens de guerra. **Revista de Geopolítica**, v.9, n.2, p.13-28, 2018.

SILVA, Leonardo Luiz Silveira da; PASSOS, Jamerson Sérgio Rezende. A interpretação dos dogmas orientalistas por intermédio das imagens. **PROA: Revista de Antropologia e Arte**, v.10, n.2, p.38-59, Jul./Dez., 2020.

SILVA, Márcia Alves Soares da. Por uma geografia das emoções. **Geographia**, ano 18, n.38, p.99-119, 2016.

SILVA, Márcia Alves Soares da. Sobre emoções e lugares: contribuições da geografia das emoções para um debate interdisciplinar. **Revista Brasileira de Sociologia das Emoções**, v.17, n.50, p.69-84, Agosto, 2018.

SILVA, Márcia Alves Soares da. Um olhar sensível sobre o espaço geográfico: contribuições da geografia das emoções. **Geoatos: Revista Geografia em Atos**, v.5, n.12, p.37-59, Julho, 2019.

SILVA, Márcia Alves Soares da; GIL FILHO, Sylvio Fausto. Sobre o conceito de espaço vivenciado: refletindo as espacialidades a partir das experiências emocionais. **Geograficidade**, v.10, n.especial, p.153-168, Outono, 2020.

SILVA, Rafael Teixeira da. Por uma introdução sobre a importância da categoria espaço nos estudos de patrimônio. **Revista Okara**, v.9, n.3, p.400-409, 2015.

SILVA, Thiago Rocha Ferreira da. "Se não são ilusões, estamos num teatro": a possibilidade da paisagem como cenário. **Espaço e Cultura**, UERJ, n.25, p.97-108, Jan./Jun., 2009.

SILVA, William Ribeiro da. Memória e centralidade em Resende. **Mercator**, v.19, p.1-14, 2020.

SILVEIRA, Heitor Matos da. Outras ruínas e seus assombros. **Geograficidade**, v.10, n.1, p.45-57, Verão, 2020.

SIMANDAN, Dragos. Learning Wisdow Through Geographical Dislocations. **The Professional Geographer**, v.65, n.3, p.390-395, 2013.

SIMANDAN, Dragos. Proximity, subjectivity, and space: Rethinking distance in human geography. **Geoforum**, v.75, p.249-252, October, 2016.

SIMPSON, Paul. Nonrepresentational theory. (in): **The International Encyclopedia of Geography: people, the Earth, Environmental and Geography**. John Wiley & Sons, p.1-4, 2017.

SIMPSON-HOUSLEY, Paul. The idiosyncratic mode of regard. **The Canadian Geographer**, v.32, n.3, p.269-270, 1988.

SINGH, Ravi S.; AHMAD, Sarah. Geography of Pilgrimage with Special Reference to Islam. **Space and Culture**, v.8, n.4, p.7-21, 2021.

SINHA, Amita. Guest Editorial: landscapes of religion. **Landscape Research**, v.20, n.1, p.1-2, 1995.

SINNHUBER, Karl A. On the Relations of Folklore and Geography. **Folklore**, v.68, n.3, p.385-404, 1957.

SITWELL, O. Francis George. Elements of the cultural landscape as figures of speech. **Canadian Geographer**, v.XXV, n.2, p.167-180, 1981.

SIVIGNON, Michel. Sobre a Geografia Cultural. **Espaço e Cultura, UERJ**, n.14, p.33-39, Jul./Dez., 2002.

SKEY, Michael. The national in everyday life: A critical engagement with Michael Billig's thesis of Banal Nationalism. **The Sociological Review**, v.57, n.2, p.331-346, 2009.

SLUYTER, Andrew. Neo-Environmental Determinism, Intellectual Damage Control, and Nature/Society Science. **Antipode**, v.35, i.4, p.813-817, 2003.

SMITH, Anthony D. The Shifting Landscapes of "Nationalism". **Studies in Ethnicity and Nationalism**, v.8, n.2, p.317-330, 2008.

SMITH, Neil. Geography, Science and post-positivist modes of explanation. **Progress in Human Geography**, v.3, i.3, p.356-383, 1979.

SMITH, Susan J. Practicing Humanistic Geography. **Annals of the Association of American Geographers**, v.74, n.3, p.353-374, 1984.

SOEIRO, Ítalo César de Moura. Movimento espiral no conceito de paisagem: algumas aproximações e a estreita relação com o binômio homem-natureza. **Revista Movimentos Sociais e Dinâmicas Espaciais**, v.4, n.2, p.232-244, 2015.

SOJA, Edward W. **Geografias Pós-Modernas**. Rio de Janeiro: Jorge Zahar, 1993.

SOJA, Edward W. In different spaces: The cultural turn in urban and regional political economy. **European Planning Studies**, v.7, n.1, p.65-75, 1999.

SOJA, Edward W. Beyond Postmetropolis. **Urban Geography**, v.32, n.4, p.451-469, 2011.

SOJA, Edward W. Accentuate the regional. **International Journal of Urban and Regional Research**, v.39, i.2, p.372-381, March, 2015.

SOLCHANYK, Roman. The Post-Soviet Transition in Ukraine: Prospects for Stability. KUZIO, Taras. **Dynamics of Post-Soviet Transformation: Contemporary Ukraine**. Routledge: London and New York, 1998.

SOPHER, David E. Geography and religions. **Progress in Human Geography**, v.5, i.4, p.510-524, December, 1981.

SOUKI, Zahira. Alegoria: a linguagem do silêncio. **Mediação**, n.5, p.92-108, Novembro, 2006.

SOUZA, José Arilson Xavier de. A geograficidade no caminhar dos peregrinos. **Geograficidade**, v.8, n.1, p.47-61, Verão, 2018.

SOUZA JÚNIOR, Carlos Roberto Bernardes. Geografias culturais mais-que-humanas rumo ao coabitar na Terra. **Mercator**, v.20, p.1-10, 2021.

SPATE, Oskar Hermann Khristian. Toynbee and Huntington: A Study in Determinism. **The Geographical Journal**, v.118, n.4, p.406-424, December, 1952.

SPATE, Oskar Hermann Khristian. Quantity and Quality in Geography. **Annals of the Association of American Geographers**, v.50, n.4, p.377-394, December, 1960.

SPENCER, Joseph E. The growth of Cultural Geography. **American Behavioral Scientist**, v.22, n.1, September/October, p.78-92, 1978.

SPETH, William W. Historicismo: a visão disciplinaria de mundo de Carl Sauer. (in): CORRÊA, Roberto Lobato; ROSENDAHL, Zeny (Orgs.) **Sobre Carl Sauer**. Rio de Janeiro: Eduerj, 2011.

SPIVAK, Gayatri Chakravorty. **Pode o subalterno falar?** Belo Horizonte: Ed.UFMG, 2010.

STEBELSKY, Ihor. Putting Ukraine on the map: the contribution of Stepan Rudnyts'kyi to Ukrainian nation-building. Nationalities Papers: **The Journal of Nationalism and Ethnicity**, v.39, n.4, p.587-613, 2011.

STEPHENS, Angharad Closs. The affective atmospheres of nationalism. **Cultural Geographies**, v.23, i.2, p.181-198, February, 2015.

STEWART, John Q. Empirical Mathematical Rules concerning the Distribution and Equilibrium of Population. **Geographical Review**, v.37, n.3, p.461-485, 1947.

STILGOE, J. Popular photography, scenary values, and visual assessment. **Landscape Journal**, n.3, p.111-122, 1984.

STOGIANNOS, Alexandros. **The genesis of geopolitics and Friedrich Ratzel: Dismissing the myth of the Ratzelian Geodeterminism**. Cham: Springer, 2019.

STRACHULSKI, Juliano. O percurso do conceito de paisagem na ciência geográfica e perspectivas atuais. **Revista Sapiência: sociedade, saberes e práticas educacionais**, v.4, n.2, p.3-33, Jul./Dez., 2015.

STRAUS, Erwin W. Uma perspectiva existencial do tempo. **Revista Latinoamericana de Psicopatologia Fundamental**, v.3, n.3, p.115-123, Jul./Set., 2000.

STRECKER, Ivo. The "Genius Loci" of Hamar. **Northeast African Studies**, new series, v.7, n.3, p.85-118, 2000.

STROHMAYER, Ulf. Technology, modernity and the restructuring of the present in historical geographies. **Geografiska Annaler series B**, v.79, i.3, p.155-169, October, 1997.

SUERTEGARAY, Dirce. Epistemologia e autonomia da geografia brasileira aplicadas à análise das dinâmicas da paisagem? **Geografia**, v.44, n.1, Jan./Jun., p.159-171, 2019.

SUMARTOJO, Shanti. Commemorative atmospheres: memorial sites, collective events and the experience of national identity. **Transactions of the Institute of British Geographers**, v.41, i.4, p.541-553, October, 2016.

SWAFFIELD, Simon; BOWRING, Jacky. Editorial: Landscape and Nationhood. **Landscape Review**, v.7, n.2, p.1-2, 2001.

SWANWICK, Carys. People, nature and landscape: a research review. **Landscape Research**, v.14, n.3, p.3-7, 1989.

SYMANSKI, Richard. A critique of "the superorganic in american cultural geography". **Annals of the Association of American Geographers**, v.71, i.2, p.287-289, June, 1981.

TAKEUCHI, Keiichi. Some remarks on the texts by foreigners on Japan up to the end of the nineteenth century. **Regional Views**, n.12, 1999.

TAKEUCHI, Keiichi; NOZAWA, Hideki. Recent Trends in Studies on the History of geographical Thought in Japan – Mainly on the History of Japanese Geographical Thought. **Geographical Review of Japan**, v.61, n.1, p.59-73, 1988.

TANAKA, Hiroshi. The evolution of a pilgrimage as a spatial-symbolic system. **Canadian Geographer**, v.XXV, n.3, p.240-251, 1981.

TANAKA, Hiroshi. Landscape expression of the evolution of Buddhism in Japan. **Canadian Geographer**, v.XXVIII, n.3, p.240-257, 1984.

TAWADROS, Çeylan. Foreign bodies: Art history and the discourse of 19th-century orientalist art. Kingston: **Third Text**, 2:3-4, p.51-67, 1988.

TAYLOR, Archer. The Place of Folklore. **PMLA**, v.67, n.1, p.59-66, February, 1952.

TAYLOR, Diana. Performance e patrimônio cultural e intangível. **Pós**, v.1, n.1, p.91-103, Mai./Out., 2011.

TAYLOR, Ken; LENNON, Jane. Cultural landscapes: a bridge between culture and nature? **International Journal of Heritage Studies**, v.17, n.6, p.537-554, November, 2011.

THIEN, Deborah. After or beyond feeling? A Consideration of Affect and Emotion in Geography. **Area**, v.37, n.4, p.450-454, December, 2005.

THOMPSON, Edward. P. **A formação da classe operária**. Rio de Janeiro: Paz e Terra, 1987.

THON, Peter. Bruegel's The Triumph of Death Reconsidered. Chicago: **Renaissance Quarterly**, v. 21, n.3, p.289-299, 1968.

THORSEN, Rikke Stamp. Conceptualizations of pluralistic medical fields: exploring the therapeutic landscapes of Nepal. **Health & Place**, v.31, p.83-89, 2015.

THRIFT, Nigel. An introduction to time-geography. (in): **Concepts and Techniques in Modern Geography**. London: Institute of British Geographers, 1977.

THRIFT, Nigel. On the determination of social action in space and time. **Environmental and Planning D: Society and Space**, v.1, n.1, p.23-57, 1983a.

THRIFT, Nigel. Literature, the production of culture and the politics of place. **Antipode**, v.15, i.1, p.12-24, April, 1983b.

THRIFT, Nigel. Afterwords. **Environmental and Planning D: Society and Space**, v.18, i.2, p.213-255, April, 2000.

THRIFT, Nigel. Intensities of feeling: towards a spatial politics of affect. **Geografiska Annaler**, v.86, i.1, p.57-78, March, 2004.

THRIFT, Nigel. **Non-representacional theory: Space/politics/affect.** London: Routledge, 2008.

THRIFT, Nigel; PRED, Alan. Time-geography: a new beginning. **Progress in Human Geography**, v.5, i.2, p.277-286, June, 1981.

TILL, Karen E. Fragments, Ruins, Artifacts, Torsos. **Historical Geography**, v.29, p.70-73, 2001.

TIMOTHY, Dallen J. Tourism and the personal heritage experience. **Annals of Tourism Research**, v.24, i.3, p.751-754, 1997.

TIPS, Walter E. J.; SAVASDISARA, Tongchai. The influence of the socio-economic background of subjects on their landscape preference evaluation. **Landscape and Urban Planning**, v.13, p.225-230, 1986.

TISHKOV, Valery A. Forget the nation: post-nationalist understanding of nationalism. **Ethnic and Racial Studies**, v.23, n.4, p.625-650, 2000.

TORRES, Marcos Alberto. Os sons da paisagem: entre conceitos, contextos e composições. **Geograficidade**, v.8, número especial, p.141-154, Primavera, 2018.

TORRES, Marcos Alberto. As formas simbólicas e a paisagem. (in): GIL FILHO, Sylvio Fausto; SILVA, Márcia Alves Soares da; GARCIA, Rafael Rodrigues (orgs). **Ernst Cassirer: Geografia e Filosofia.** Curitiba: Programa de Pós-Graduação em Geografia, UFPR, 2019.

TORRES, Marcos Alberto; KOZEL, Salete. Paisagens sonoras: possíveis caminhos aos estudos culturais em Geografia. Curitiba, **Ra'e ga**, n.20, p.123-132, 2010.

TOWNSEND, Stacie A. Symbolic Discourses: The influence of Denis Cosgrove in the field of Geography. **The California Geographer**, n.54, p.59-68, 2015.

TRAVASSOS, Luiz Eduardo Panisset. A importância cultural do carte e das cavernas. Tese de doutorado – **Programa de Pós-Graduação em Geografia – Tratamento da Informação Espacial**, Pontifícia Universidade Católica de Minas Gerais, 374p., 2009.

TRAVASSOS, Luiz Eduardo Panisset; RODRIGUES, Bruno Durão; MOTTA, Aécio Rodrigo Schwertz da. Caverna das mãos: an example of dark zone rock art in Brazil. **Acta Carstologica**, v.41, n.2-3, p.304-309, 2012.

TRAVASSOS, Luiz Eduardo Panisset. Associação entre valor cênico, turismo, religião e cultura na paisagem do Quadrilátero Ferrífero, Minas Gerais. **Caderno de Geografia**, v.24, n.42, p.198-218, 2014.

TRAVASSOS, Luiz Eduardo Panisset; Amorim Filho, Oswaldo Bueno. Ibn-Battuta, travel geography, karst and the sacred underground. **Mercator**, v.15, n.2, p.55-75, Apr./Jun., 2016.

TRAVASSOS, Luiz Eduardo Panisset; SILVA, Glaycon de Souza Andrade e; BORGES, Felipe de Ávila Chaves. O Carste e o Geopatrimônio em Júlio Verne: o exemplo de Mathias Sandorf. **Ateliê Geográfico**, v.12, n.2, p.53-77, Agosto, 2018.

TROLL, Carl. Landscape Ecology (Geoecology) and Biogeocenology – a Terminological Study. **Geoforum**, v.2, i.4, p.43-46, 1971.

TROLL, Carl. A paisagem geográfica e sua investigação. **Espaço e Cultura**, UERJ, n.4, p.1-7, Junho, 1997.

TSEBELIS, George. **Jogos ocultos: escolha racional no campo da política comparada**. São Paulo: Universidade de São Paulo, 1998.

TUAN, Yi-Fu. Use of simile and metaphor in geographical descriptions. **The Professional Geographer**, v.9, i.5, p.8-11, 1957.

TUAN, Yi-Fu. "Environment" and "world". **The Professional Geographer**, v.17, i.5, p.6-8, 1965.

TUAN, Yi-Fu. Views: Our Treatment of the Environmental in Ideal and Actuality: A geographer observes man´s effect on nature in China and in the pagan and Christian West. **American Scientist**, v.58, n.3, p.244-249, May/Jun., 1970.

TUAN, Yi-Fu. Geography, Phenomenology, and the Study of Human Nature. **The Canadian Geographer**, v.15, n.3, 1971.

TUAN, Yi-Fu. Reflections on humanistic geography. **JAE**, vol.30, n.1, teaching the landscape, p.3-5, 1976.

TUAN, Yi-Fu. Sign and Metaphor. **Annals of the Association of American Geographers**, v.68, n.3, p.363-372, September, 1978.

TUAN, Yi-Fu. Space and Place: Humanistic Perspective. (in) Gale S; Olsson, G. (eds) **Philosophy in Geography**. Theory and Decision Library, Springer, v.20, 1979a.

TUAN, Yi-Fu. Sight and Pictures. **Geographical Review**, v.69, n.4, p.413-422, 1979b.

TUAN, Yi-Fu. **Topofilia: um estudo da percepção, atitudes e valores do meio ambiente**. São Paulo: Difel, 1980a.

TUAN, Yi-Fu. The Significance of the Artifact. **Geographical Review**, v.70, n.4, p.462-472, October, 1980b.

TUAN, Yi-Fu. Strangers and Strangeness. **Geographical Review**, v.76, n.1, p.10-19, January, 1986.

TUAN, Yi-Fu. Surface Phenomena and Aesthetic Experience. **Annals of the Association of American Geographers**, v.79, n.2, p.233-241, 1989.

TUAN, Yi-Fu. Realism and Fantasy in Art, History, and Geography. **Annals of the Association of American Geographers**, v.80, n.3, p.435-446, 1990.

TUAN, Yi-Fu. A View of Geography. **Geographical Review**, v.81, n.1, p.99-107, 1991.

TUAN, Yi-Fu. Environmental determinism and thje city: a historical-cultural note. **Ecumene**, v.1, n.2, p.121-126, 1994.

TUAN, Yi-Fu. **Passing Strange and Wonderful: aesthetics, nature and culture**. New York: Kodansha International, 1995a.

TUAN, Yi-Fu. Island selves: human disconnectedness in a world of interdependence. **Geographical Review**, v.85, n.2, p.229-239, April, 1995b.

TUAN, Yi-Fu. **Escapism**. Baltimore: The Johns Hopkins University Press, 1998.

TUAN, Yi-Fu. Life as a field trip. **The Geographical Review**, v.91, i.1-2, p.41-45, Jan./, Apr., 2001.

TUAN, Yi-Fu. Cultural Geography: Glances Backward and Forward. **Annals of the Association of American Geographers**, v.94, i.4, p.729-733, December, 2004.

TUAN, Yi-Fu. **Paisagens do medo**. São Paulo: Editora Unesp, 2005.

TUAN, Yi-Fu. Espaço, tempo, lugar: um arcabouço humanista. **Geograficidade**, v.1, n.1, p.4-15, 2011.

TUAN, Yi-Fu. **Espaço e lugar: a perspectiva da experiência**. Londrina: Eduel, 2013a.

TUAN, Yi-Fu. **Romantic Geography: in search of the sublime landscape**. Madison: Wisconsin University Press, 2013b.

TUATHAIL, Gearóid Ó. **Critical Geopolitics**. London: Routledge, 2005.

TURNER, Matthew. Classical chinese landscape painting and the aesthetic appreciation of nature. **Journal of Aesthetic Education**, v.43, n.1, p.106-121, Spring, 2009.

TWIGGER-ROSS, Claire L; Uzzel, David L. Place and identity process. **Journal of environmental psychology**, n.16, p.205-220, 1996.

UIMONEN, Heikki. Pure Geographer: Observations on J. G. Granö and Soundscapes Studies. **The Journal of Acustic Ecology**, v.8, n.1, p.14-16, 2008.

ULRICH, Roger S. View through a window may influence recovery from sugery. **Science**, v.224, p.420-421, January, 1984.

UNSTEAD, John Frederick. The Regional Geography of Siegfried Passarge: Review. **The Geographical Journal**, v.78, n.2, p.164-166, August, 1931.

UNWIN, K. I. The relationship of observer and landscape in landscape evaluation. **Transactions of the Institute of British Geographers**, n.66, p.130-134, November, 1975.

VAITKEVICIUS, Vykintas. Ancient sacred places in Lithuania: crossroads of geography, archaeology and folklore. **Archaeologia Baltica**, v.15, n.1, p.45-52, 2011.

VALENTINE, Gill. Whatever happened to the social? Reflections on the "cultural turn" in British Human Geography. **Norwegian Journal of Geography**, v.55, p.166-172, 2001.

VALLAUX, Camille. The Maritime and Rural Life of Norway. **Geographical Review**, v.14, n.4, p.505-518, October, 1924.

VALLAUX, Camille. As aspirações regionalistas e a geografia. **Geographia**, v.17, n.35, p.204-215, 2015.

VAN DYKE, Chris. Plastic eternities and the mosaic of landscape. **Environmental and Planning D: Society and Space**, v.31, p.400-415, 2013.

VAN EEDEN, Jeanne. Surveying the "Empty Land" in Selected South African Landscape Postcards. **International Journal of Tourism Research**, v.13, p.600-612, January, 2011.

VANNINI, Philip. Non-Representational Research Methodologies: An Introduction. (in)VANNINI, Philip. **Non-Representational Methodologies: Re-Envisioning Research**. New York: Routledge, 2015.

VARGAS, Gloria Maria. Em busca do sentido do lugar. **Caminhos de Geografia**, v.19, n.65, p.328-338, Março, 2018.

VECO, Marilena. *Genius Loci* as a meta-concept. **Journal of Cultural Heritage**, p.1-7, 2019.

VELOSO, Mariza. O fetiche do patrimônio. **Habitus**, v.4, n.1, p.437-454, Jan./Jul., 2006.

VENN, Couze. A note on assemblage. **Theory, Culture & Society**, v.23, i.2-3, p.107-108, May, 2006.

VEYNE, Paul Marie. **Acreditavam os gregos em seus mitos? Ensaio sobre a imaginação constituinte**. São Paulo: Brasiliense, 1984.

VIEIRA, Bianca Carvalho [Et. Al.]. **Geografia 1**. São Paulo: edições SM, 2016.

VIEIRA, Felipe da Silva; Alves, Flamarion Dutra. Paisagem e percepção: identidade e simbolismo no município de Passa Quatro-MG. **Geografia em Questão**, v.13, n.1, p.39-53, 2020.

VIERTLER, Renate Brigitte. **Ecologia Cultural: uma antropologia da mudança**. São Paulo: Ática, 1988.

VILLIERS, Marq. **Água: Como o uso deste precioso recurso natural poderá acarretar a mais séria crise do século XXI**. Rio de Janeiro: Ediouro, 2002.

VIRILIO, Paul. **O Espaço Crítico**. Rio de Janeiro: Editora 34, 1999.

WAGNER, Philip L. The Themes of Cultural Geography Rethought. **Yearbook of the Association of Pacific Coast Geographers**, v.37, p.7-14, 1975.

WALLACH, Bret. Painting, Art History, and Geography. **Geographical Review**, v.87, n.1, p.92-99, January, 1997.

WALLERSTEIN, Immanuel. **Após o Liberalismo**. Petrópolis: Vozes, 2002.

WALLERSTEIN, Immanuel. **O universalismo europeu: a retórica do poder**. São Paulo: Boitempo, 2007.

WALMSLEY, Dennis James. Positivism and phenomenology in human geography. **The Canadian Geographer**, v.18, n.2, p.95-107, 1974.

WALTON, Judy R. How Real(ist) can you get? **Professional Geographer**, v.47, i.1, p.61-65, 1995.

WALTON, Judy R. Bridging to divide – a reply to Mitchell and Peet. **Professional Geographer**, v.48, i.1, p.98-100, 1996.

WANG, Xiao-Lun. Geography and Chinese Poetry. **Geographical Review**, v.80, n.1, p.43-55, 1990.

WARDANA, Agung. Neoliberalising cultural landscapes: Bali´s agrarian heritage. **Critical Asian Studies**, v.52, i.2, p.270-285, 2020.

WARF, Barney. Can the region survive post-modernism? **Urban Geography**, v.11, n.6, p.586-593, 1990.

WATERTON, Emma. Sights of sites: picturing heritage, power and exclusion. **Journal of Heritage Tourism**, v.4, n.1, p.37-56, 2009.

WATERTON, Emma; SMITH, Laurajane. The recognition and misrecognition of community heritage. **International Journal of Heritage Studies**, v.16, n.1-2, p.4-15, 2010.

WATERTON, Emma. A More-Than-Representational understanding of heritage? The "Past" and the Politics of Affect. **Geography Compass**, v.8, i.11, p.823-833, November, 2014.

WATERTON, Emma. More-than-representational landscapes. (in): HOWARD, P. et. al. (eds). **The Routledge Companion to Landscape Studies**. London: Routledge, p.91-101, 2019.

WATSON, Graham. The reification of ethnicity and its political consequences in the north. **Canadian Review of Sociology**, v.18, i.4, p.453-469, November, 1981.

WATSON, James Wreford. Forest or bog: Man the deciding factor. **Scottish Geographical Magazine**, v.55, n.3, p.148-161, 1939.

WATSON, James Wreford. Geography and History versus "Social Studies". **Journal of Geography**, v.61, n.3, p.125-128, 1962.

WATSON, James Wreford. The role of illusion in north American geography: a note on the geography of north american settlement. **Canadian Geographer**, v.xiii, i.1, p.10-26, 1969.

WATSON, James Wreford. Geography and Image Regions. **Geographica Helvetica**, n.26, p.31-33, 1971.

WATSON, James Wreford. The soul of geography. **Transactions of British Geographers**, v.8, n.4, p.385-399, 1983.

WEIGHTMAN, Barbara A. Sacred Landscapes and the Phenomenon of Light. **Geographical Review**, v.86, n.1, p.59-71, January, 1996.

WEINSTEIN, Neil David. The statiscal prediction of environmental preferences: problems of validity and application. **Environmental and Behaviour**, v.8, n.4, p. 611-626, December, 1976.

WHATMORE, Sarah. Materialist returns: practicing cultural geography in and for a more-than-human world. **Cultural Geographies**, v.13, i.4, p.600-609, October, 2006.

WHITE, Hayden. Interpretation in History. **New Literary History**, v.4, n.2, p.281-314, Winter, 1973.

WHITE, Hayden. Historicism, History, and the Figurative Imagination. **History and Theory**, v.14, n.4, December, 1975.

WHITE, Hayden. The narrativization of Real Events. **Critical Inquiry**, v.7, n.4, p.793-798, Summer, 1981.

WHITE, Hayden. The Question of Narrative in Contemporary Historical Theory. **History and Theory**, v.23, n.1, p.1-33, February, 1984.

WHITE, Hayden. Historiography and Historiophoty. **The American Historical Review**, v.93, n.5, p.1193-1199, December, 1988.

WHITE, Hayden. **Meta-História: A imaginação histórica do século XIX**. São Paulo: Edusp, 1992.

WHITE, Richard. From Wilderness to Hybrid Landscapes: The Cultural Turn in Environmental History. **The Historian**, v.66, n.3, p.557-564, Fall, 2004.

WHITERS, Charles W. J. Place, memory, monument: memorializing the past in contemporary highland Scotland. **Ecumene**, v.3, n.3, p.325-344, 1996.

WHITTLESEY, Derwent. Sequent Occupance. **Annals of the Association of American Geographers**, v.19, n.3, p.162-165, 1929.

WHYTE, Ian D. **Landscape and history since 1500**. London: Reaktion Books, 2002.

WIDDOWFIELD, Rebekah. The place of emotions in academic research. **Area**, v.32, i.2, p.199-208, 2000.

WILCOCK, A. A. This is not geography. **Australian Geographer**, v.6, n.1, p.22-23, 1952.

WILCOCK, A. A. Region and Period. **Australian Geographer**, v.6, n.3, p.39-40, 1954.

WILLIAMS, Colin; SMITH, Anthony D. The national construction of social space. **Progress in Human Geography**, v.7, i.4, p.502-518, December, 1983.

WILLIAMS, Michael. Historical geography and the concept of landscape. **Journal of Historical Geography**, v.15, n.1, p.92-104, 1989.

WILLIAMS, Raymond. Base e estrutura na teoria cultural marxista, **Espaço e Cultura, UERJ**, n.14, p.7-21, Jul./Dez., 2002.

WILLIAMS, Raymond. **Cultura e Materialismo**. São Paulo: Editora Unesp, 2011.

WILLIAMS, Stephen Wyn. Realism, Marxism and Human Geography. **Antipode**, v.13, i.2, p.31-38, September, 1981.

WISHART, David. The selectivity of historical representation. **Journal of Historical Geography**, v.23, n.2, p.111-118, 1997.

WISHART, David. Period and region. **Progress in Human Geography**, v.28, n.3, p.305-319, 2004.

WOLIN, Richard. Modernism vs. Postmodernism. **Telos**, v.21, n.62, p.9-29, December, 1984.

WOODWARD, K; DIXON, D. P; JONES, J. P. Poststructuralism/Poststructuralist Geographies. (in) KITCHIN, Rob; THRIFT, Nigel. (eds). **International Encyclopedia of Human Geography**. Oxford: Elsevier, v.8, p.396-407, 2009.

WRIGHT, John Kirtland. The Study of Place Names Recent Work and Some Possibilities. **Geographical Review**, v.19, n.1, p.140-144, January, 1929.

WRIGHT, John Kirtland. Geography and history cross-classified. **The Professional Geographer**, v.12, n.5, p.7-10, 1960.

WRIGHT, John Kirtland. Terrae Incognitae: O lugar da imaginação na Geografia. **Geograficidade**, v.4, n.2, p.4-18, Inverno, 2014.

WYLIE, John. The subject of landscape: a brief reply to Mark Blacksell. **Transactions of the Institute of British Geographers**, n.30, p.521-522, 2005.

WYLIE, John. Smoothlands: fragments/landscapes/fragments. **Cultural Geographies**, v.13, p.458-465, 2006.

WYLIE, John. A landscape cannot be a homeland. **Landscape Research**, v.41, i.4, p.408-416, April, 2016.

WYLIE, John. Landscape and phenomenology. (in): HOWARD, P. et. al. (eds). **The Routledge Companion to Landscape Studies**. London: Routledge, p.127-138, 2019.

YANG Byoung E.; KAPLAN, Rachel. The Perception of Landscape Style: a Cross-Cultural Comparison. **Landscape and Urban Planning**, v.19, p.251-262, 1990.

YEE, Jennifer. Recycling the "Colonial Harem"? Women in Postcards from French Indochina. **French Cultural Studies**, v.15, i.1, p.5-19, February, 2004.

YOON, Hong-Key. Folklore and the study of environmental attitudes. **Annals of the Association of American Geographers**, v.69, n.4, p.635-637, December, 1979.

YOUNG, Benjamin D. Perceiving Smellscapes. **Pacific Philosophical Quarterly**, v.101, i.2, p.203-222, June, 2020.

YOUNG, Robert N. Two Dimensional Landscape Photography and the Three Dimensional Landscape. **Landscape Research**, v.17, n.1, p.36-46, 1992.

YUMUL, Arus; ÖZKIRIMLI, Umut. Reproducing the nation: "banal nationalism" in the Turkish press. **Media, Culture & Society**, v.22, i.6, p.787-804, 2000.

ZAKARIA, Fareed. **O mundo pós-americano**. São Paulo: Companhia das Letras, 2008.

ZARA, Cristiana. Venice in Vanarasi: Fluid landscapes, aesthetic encounters and the unexpected geographies of tourist representation. **Shima**, v.15, n.1, p.225-255, 2021.

ZELINSKY, Wilbur. Nationalism in the American Place-Name Cover. **Names: a Journal of Onosmatics**, v.31, n.1, p.1-28, 1983.

ZELINSKY, Wilbur. The changing face of nationalism in the american landscape. **The Canadian Geographer**, v.30, i.2, p.171-175, June, 1986.

ZERUBAVEL, Eviatar. The standardization of Time: **A Sociohistorical Perspective. American Journal of Sociology**, v.88, n.1, p.1-23, 1982.

ZERUBAVEL, Yael. The Death of Memory and the Memory of Death: Masada and the Holocaust as Historical Metaphors. **Representations**, v.45, p.72-100, Winter, 1994.

ZHURZHENKO, Tatiana. The myth of two Ukraines. **Eurozine**, September, 2002. Disponível em https://www.eurozine.com/the-myth-of-two-ukraines/.

ZUBE, Ervin H.; SELL, James L.; TAYLOR, Jonathan G. Landscape perception: research, application and theory. **Landscape Planning**, n.9, p.1-33, 1982.